JN336664

植物文化人物事典

江戸から近現代・植物に魅せられた人々

大場秀章 編

日外アソシエーツ

A Dictionary of Botanists and Persons Concerned with Japanese Plants

Compiled
by
Hideaki Ohba

●制作担当● 岩崎 奈菜／河原 努
装　丁：赤田 麻衣子

序　文

　四季の変化が顕著な中緯度帯に位置し、南北に長い日本には環境の変化に呼応するように多様な植物が生育する。植物は生活に欠かせない資源として利用されてきただけでなく、日本のあるいは地域の自然景観に特徴を与え、日本人の自然観の形成にも深く関わってきた。

　植物なしには暮しさえ成り立たない。食料はいうまでもないが、必要性はメタフィジカルな面にも及んでいる。とくに常日頃、豊富な植物の緑に囲まれた暮しを送っている日本人は、突然一木一草に欠ける砂漠のような環境に曝されようものなら、たちどころに不安を覚え、情緒にも安定を欠き、やがて恐怖さえ感じるようになる。当然のことだが、植物の多様なさまやそれが季節の変化と相俟って生み出される千変万化の様相がなければ、日本では詩歌の発展さえも盛り上がりを欠いたにちがいない。空気のような存在とはいかないまでも、植物は私たちにとってそれに迫る不可欠な存在なのである。

　こうした日本の植物について起源や進化の道筋、つくりや生きるためのすべなどを様々に研究することや、それを多種の用途に利用する方途を開くこと、栽培のための技術を開発することなど、多岐にわたる植物を核とする文化の諸領域に、多数の人々が関わりをもち、今日にいたっている。専門家ばかりではない。篤志家もいれば、植物学とは直接の関わり合いをもたない詩人や歌人、画家もいる。さらには政治家や財界人のように余暇を活用して植物文化に貢献した人たちも少なくない。植物文化という、そのあまりにも多岐に渡

る分野に関わった人たちの数は膨大であり、すべてを網羅し、彼ら全員の生い立ちや略歴、貢献などを限られた時間内に調べきることは至難の業である。

　本書は、単に植物学や農学、園芸学などの学問分野の専門家に限ることなく、篤志家、詩人や歌人、画家、政治家など、多少なりとも植物文化に関わりのあった故人の方々を網羅し、彼らの略歴と植物文化への貢献、参考となる資料などを記載・集大成した人名事典である。本書が扱う人名については、これまで類書となる事典類は皆無であったこともあり、本事典が植物文化人についての確かな情報ソースとして役立つものになるよう最大限努力を傾けてきたつもりである。本事典の刊行に当っては、実に多くの方々に資料提供などの協力や支援をいただいたことをここに記し謝意を表したい。

　ここで、編者の力量不足のため、業績の実態はもとより、生没年さえもようとして判りえなかった植物文化人も多かったことを告白しておかなくてはならない。本書では記載項目に不足がある文化人についても極力掲載する方向で編集を行ったため、項目ごとに記述にばらつきがある不ぞろいな内容のものとなってしまったことをお断りしておきたい。このような欠落や誤りについては、いつの日かに刊行されることを期待する次版にて、修正と加筆を加えていきたいと考えている。また、この事典を利用される読者諸賢からお気付きの点などをご教示いただくことができれば、それらもまた改定の際に反映させていきたいと思っている。ご協力を心からお願いする次第である。

　　2007年2月

　　　　　　　　　　　　　　　　　　　　　　　　　大場秀章

目　次

凡　例 ………………………………………… (6)

植物文化人物事典 …………………………… 1

人名索引 ……………………………………… 569

事項名索引 …………………………………… 609

凡　例

1. 基本方針

　本書は、日本の植物文化史に名を残した、本草学者、植物学者、篤農家、農業技術者、文人、画家、写真家、園芸家など、1,157人を収録する人物事典である。功績の定まった物故者を収録対象とする。

2. 人名見出し

　1）見出しには、一般的な名前を採用した。使用漢字は原則常用漢字、新字体に統一したが、戦後も旧字を使用した人物についてはそちらを優先した。
　2）見出しの五十音順に排列した

3. 記載事項

　記載事項およびその順序は以下の通り。

　1）プロフィール
　　生年月日／没年月日／職業／肩書／本名・別名・異表記など／出生地／家族・親族／学歴／師弟／学位／専攻／所属団体／受賞歴／経歴

　2）文　献
　　著　作　　　　　　　当人の植物関係の著作
　　評伝・参考文献　　　伝記、評伝、他参考文献
　　その他の主な著作　　植物関係以外の主要著作。ただし、作家・文学者など著述を本業とする人物については、全集・個人著作集などを中心に収載した。

4．人名索引

本文中に記載されている人名を五十音順に配列した。本文に見出しのある人物は太字とした。その下に該当人物から家族関係・師弟関係・交流関係のあった人名（及び該当頁）への指示を示した。

  例）**飯沼慾斎** ……………………… 29
    ▷ 小野職愨 ……………… 140
    ▷ 小野蘭山 ……………… 141

また、該当人物の別名（本名、通称、号など）から見出し人名（及び該当頁）への指示は「→」で示した。

  例）伊藤三之丞
    →伊藤伊兵衛（3代目）… 53

5．事項名索引

本文中の人名に関連する分野、植物など事項名を五十音順に配列し、その見出し人名（及び該当頁）への指示を示した。

植物文化人物事典

青木 昆陽

あおき・こんよう

元禄11年5月12日（1698年6月19日）～
明和6年10月12日（1769年11月9日）

儒学者，蘭学者

名は敦書，字は厚甫，通称は文蔵，甘藷先生（かんしょせんせい）。江戸・日本橋（東京都中央区）出生。

江戸・日本橋の魚問屋・佃屋半右衛門の子として生まれる。幼時から学問を好み，享保4年（1719年）京都に出て古義堂の伊藤東涯の門に入り，考証・経世・実用を重んじる儒学の一派古学を修めた。6年（1721年）江戸で大火があり，両親の家が類焼したため帰郷。10年（1725年）江戸・八丁堀に私塾を開いて古学を講じたが，父と母が相次いで没したため各3年間服喪し，墓参以外の外出は控えたという。この間，遠島に処された囚人や飢饉に遭った人々が五穀の不足から餓死するのを哀れみ，備荒のために甘藷（サツマイモ）の栽培を主張し，19年（1734年）「農政全書」「南方草木状」「本草綱目」といった中国の農書・本草書をもとに「蕃藷考」を著述。のち，その学才と孝心を認めた知人の与力・加藤枝直（国学者・歌人である加藤千蔭の父）により南町奉行の大岡忠相に推挙され，忠相に「蕃藷考」を仮名書きにしたものを添えて提示。折りしも17年（1732年）に起こった享保の大飢饉の直後で，救荒対策や飢饉に強い作物が求められていたことから，同書は将軍・徳川吉宗の目にも止まり，世間有用の書物として20年（1735年）に幕府の認可を受けて刊行されるに至った。さらに同年幕府は昆陽に小石川薬園での甘藷栽培を命じ，苗芋181個を植えて5000個以上の収穫に成功。また下総馬加や上総不動堂村でも実地に甘藷を試作し，一定の成果を上げた。これを機に各地に種芋が配布され，全国に甘藷が普及することとなり，備荒の効果もあがったことから，世人から"甘藷先生"として尊敬を集めた。元文4年（1739年）幕府の御書物御用達とな り，各地に散らばる古書典籍の蒐集に尽力。5年（1740年）からは御目見医師の野呂元丈と共に吉宗の命を受けて蘭書の研究をはじめ，毎年江戸に参府するオランダ人から西洋の文物やオランダ語の単語・文章を習うなどして「和蘭貨幣考」「和蘭話訳」「和蘭文訳」などを著し，日本における蘭学の端緒を開いた。延享4年（1747年）評定所儒者，明和4年（1767年）書物奉行に進んだ。その墓誌には生前に自書したといわれる"人予を呼んで甘藷先生という，甘藷流伝，天下に餓人無からしむ。是れ予の願いなり"とあり，本草学よりも経世済民を本領としたことが窺える。著書には「経済纂要」「官職略記」「草廬雑談」「昆陽漫録」「刑法国字訳」など多数。

【著作】

◇三十輻 第4［蕃藷考，蕃藷考補（青木敦書）］（国書刊行会本） 大田南畝編 国書刊行会 1917 600p 22cm

◇日本農書全集 第70巻 学者の農書2［甘藷記（青木昆陽，小比賀時胤）］ 佐藤常雄[ほか]編 農山漁村文化協会 1996.12 456, 13p 22cm

【評伝・参考文献】

◇柳水遺稿［青木昆陽伝］ 猪股延太郎（柳水）著 猪股ああや 1909.11 71, 104p 22cm

◇贈正四位青木昆陽先生伝 東京甘藷問屋組合 1912.6 12p 図版 21cm

◇解体新書の時代 杉本つとむ著 早稲田大学出版部 1987.2 328p 19cm

◇郷土開発（夢をもとめた人びと 5） 金平正，北島春信，蓑田正治編 玉川大学出版部 1987.3 126p 21cm

◇江戸期のナチュラリスト（朝日選書 363） 木村陽二郎著 朝日新聞社 1988.10 249, 3p 19cm

◇これはタダモノではない芋よ!(食卓のなぜ学ストーリー 4) 大路和子著 農山漁村文化協会 1990.2 291p 20×15cm

◇江戸学者おもしろ史話（ミューブックス） 杉田幸三著 毎日新聞社 1992.10 254p 18cm

◇人体を探究した科学者―竹内均・知と感銘の世界 ニュートンプレス 2003.5 219p 19cm

◇語り継ぎたい日本人（「歴史に学ぼう，先人に学ぼう」第1集） モラロジー研究所出版部編 モラロジー研究所, (柏）広池学園事業部〔発売〕 2004.9 223p 19cm

◇年譜青木昆陽傳 青木七男編 青木七男 2005.7 236p 図版16p 19cm

◇江戸人物科学史―「もう一つの文明開化」を訪ねて（中公新書） 金子務著 中央公論新社 2005.12 340p 18cm

青葉 高
あおば・たかし

大正5年(1916年)5月18日～
平成11年(1999年)1月31日

千葉大学教授
埼玉県浦和町(さいたま市)出生。千葉高等園芸学校(現・千葉大学園芸学部)〔昭和12年〕卒。農学博士(京都大学)〔昭和38年〕。圏野菜園芸学 団園芸学会、日本砂丘研究会 置園芸学会賞学術賞〔昭和51年〕「球根作物の球形成に及ぼす温度の影響」、勲三等旭日中綬章〔平成元年〕。

大阪府農学校教諭、山形大学農学部助手、講師、助教授を経て、昭和39年山形大学農学部教授。51年千葉大学園芸学部教授、57年定年退官。60年国立民族学博物館研究協力者委嘱。日本の野菜の起源と伝播について広範な研究、調査を展開した。著書に「北国の野菜風土記」「野菜—在来品種の系譜」など。

【著作】
◇北国の野菜風土誌 青葉高著 東北出版企画 1976.12 220p 図 19cm
◇野菜—在来品種の系譜(ものと人間の文化史 43) 青葉高著 法政大学出版局 1981.4 332, 10p 20cm
◇日本の野菜—果菜類・ネギ類 青葉高著 八坂書房 1982.6 162p 23cm
◇日本の野菜—葉菜類・根菜類(植物と文化双書) 青葉高著 八坂書房 1983.4 188p 23cm
◇菜果春秋—野菜・果物(〈食〉の昭和史 5) 青葉高, 平山莞二著 日本経済評論社 1988.3 264p 19cm
◇野菜の博物学—知って食べればもっとオイシイ!?(ブルーバックス) 青葉高著 講談社 1989.4 254, 4p 18cm
◇野菜の日本史 青葉高著 八坂書房 1991.4 317p 20cm
◇上手な老い方 サライ・インタビュー集 草緑の巻(サライブックス) サライ編集部編 小学館 1998.8 270p 19cm
◇日本の野菜(青葉高著作選 1) 青葉高著 八坂書房 2000.6 311, 14p 20cm
◇野菜の日本史(青葉高著作選 2) 青葉高著 八坂書房 2000.7 317p 20cm
◇野菜の博物誌(青葉高著作選 3) 青葉高著 八坂書房 2000.8 238p 20cm

赤澤 時之
あかさわ・よしゆき

大正4年(1915年)9月3日～
平成15年(2003年)12月3日

植物分類学者 高知女子大学名誉教授
徳島県板野郡大津村(鳴門市)出生。東京帝国大学理学部植物学科〔昭和16年〕卒。置勲三等旭日中綬章〔昭和63年〕。

上海自然科学研究所生物科嘱託、高知女子大学助教授を経て、教授。学生部長も務めた。昭和55年退官。高知県を中心とした四国の植物について実地に調査研究すると共に、49年に自らが設立し初代会長を務めた土佐植物研究会などを通じ、多くの教員、アマチュアに植物への関心を広め、知識の普及に貢献した。著書に「植物雑記帳」などがある。

秋元 末吉
あきもと・すえきち

?～昭和56年(1981年)12月24日

宮内庁管理部技術補佐員(非常勤)
栃木県の那須御用邸で昭和天皇の植物調査の道案内を30余年にわたって務めた。昭和55年夏を最後に案内役を辞退。

秋山 茂雄
あきやま・しげお

明治39年(1906年)2月～
昭和59年(1984年)11月26日

北海道大学教授

茨城県水戸市出身。東京帝国大学理科大学卒。理学博士。団植物分類学。

　北海道大学教授を経て、昭和40～46年金沢大学教授。植物分類学が専門で、特に東アジア産カヤツリグサ科スゲ属植物の分類について研究し、著書に「極東亜産スゲ属植物」がある。

【著作】
◇極東亜産スゲ属植物　秋山茂雄著　北海道大学　1955　2冊(図版共)37cm

秋山 庄太郎
あきやま・しょうたろう

大正9年(1920年)6月8日～
平成15年(2003年)1月16日

写真家　日本広告写真家協会会長、日本写真協会副会長、日本写真芸術専門学校校長

旧姓名は石塚。東京市神田区(東京都千代田区)出生。早稲田大学商学部〔昭和18年〕卒。団銀龍社、二科会、ギネ・グルッペ、日本写真家協会(名誉会員)、日本写真協会、全日本写真連盟、日本広告写真家協会(名誉会長)、花の会団講談社出版文化賞(写真部門、第5回)〔昭和49年〕「現代の作家」、紫綬褒章〔昭和61年〕、日本写真協会功労賞(第40回)〔平成2年〕、勲四等旭日小綬章〔平成5年〕、日本写真協会特別賞(第51回)〔平成13年〕。

　東京・神田に青果仲買業者の子として生まれ、生後すぐに父の姉の家である秋山家の養子となる。東京府立八中時代にパーレットを買ってもらい、写真を始める。昭和18年早稲田大学商学部を卒業、遺作集のつもりで写真集「翳」を自費出版。田辺製薬管理課に勤務するが、間もなく召集され中国大陸を転戦、20年内地に転属となり、長野で終戦を迎えた。21年大学の後輩である稲村隆正、土方健らと東京・銀座に秋山写真工房を開設。22年生涯の友・林忠彦の紹介で近代映画社に入り、原節子や上原謙といったスターのグラビア写真を撮影。同年林らが結成した銀龍社に参加。26年フリーとなり、同年林と銀座の松島ギャラリーで「二人展」を開催。28年二科会写真部創設に参加。健康的で優美な女性ポートレイトに定評があり、特に背景を真っ黒にしてしまう"黒焼き"の技法を得意とした。31年には女性写真家集団のギネ・グルッペを結成。女性写真の第一人者として「週刊文春」「週刊サンケイ」「週刊現代」「週刊ポスト」など週刊誌の表紙を多数手がけ、49年この功績により講談社出版文化賞を受賞した。32年からは林、岩宮武二、堀内初太郎、植田正治、緑川洋一と「六人展」を開催、以後毎年開催。一方、45年頃から花をテーマにした写真に新境地を開き、自然を被写体とするアマチュア写真家の"花の会"を創設し、後進の育成にも力を注いだ。38年日本写真家協会副会長、46年日本広告写真家協会会長、54年同名誉会長、53、55年日本写真芸術専門学校校長、平成6年全日本写真連盟副会長、同年日本デザイナー学院校長、9年日本写真協会副会長などを歴任した。写真集・作品集に「おんな・おとこ・ヨーロッパ」「花・女」「作家の風貌——五九人」「花舞台」「蝸牛の軌跡」「春夏秋冬」「薔薇よ!Rose365」などがある。

【著作】
◇花・女　秋山庄太郎〔写真〕　主婦と生活社　1970　1冊(付録共)38cm
◇蝸牛の軌跡——1949-1974 秋山庄太郎作品集　秋山庄太郎著　日本カメラ社　1974　1冊(頁付なし)30cm
◇薔薇—秋山庄太郎作品集　秋山庄太郎〔撮影〕ASA(企画・制作)　1975　1冊　31×31cm
◇春夏秋冬(現代日本写真全集 日本の美 第1巻)　秋山庄太郎著,日本アート・センター編　集英社　1979.11　133p 37cm
◇秋山庄太郎の千夜一夜　秋山庄太郎著　竹井出版　1981.4　244p 19cm
◇遠近の彩—花繚乱・風描雨刻・春夏秋冬　秋山庄太郎〔写真〕　朝日ソノラマ　1981.6　1冊(頁付なし)25×27cm
◇昭和写真・全仕事 series 1 秋山庄太郎　秋山庄太郎著　朝日新聞社　1982.4　152p 30cm
◇四季折々・花屏風—秋山庄太郎作品集 1981～1982　秋山庄太郎著　日本カメラ社　1982.6　1冊(頁付なし)26×27cm
◇四方の花・花宴—秋山庄太郎作品集　秋山庄太郎著,三輪映子詩　日本芸術出版社　1983.11

◇日々是好日―秋山庄太郎近作集　秋山庄太郎〔撮影〕　日本写真企画　1984.7　106p 29cm
◇一隅の四季　秋山庄太郎写真　日本芸術出版社〔1985〕　図版52枚 37cm
◇花舞台　秋山庄太郎著　キャノンクラブ・キャノン販売　1986.12　158p 21×30cm
◇花舞台　秋山庄太郎著　日本芸術出版社　1987.1　158p 22×31cm
◇花宇宙―秋山庄太郎・御木白日作品集　秋山庄太郎写真，御木白日詩　日本芸術出版社　1988.11　51p 22×27cm
◇花句会―花と俳句の写真集　秋山庄太郎写真，青柳志解樹〔ほか〕俳句　月刊さつき研究社（製作）　1989.4　108p 22×24cm
◇花273―秋山庄太郎写真集　秋山庄太郎著　日本カメラ社　1989.6　1冊（頁付なし）26cm
◇右往左往の日々―秋山庄太郎作品集　秋山庄太郎著　日本芸術出版社　1990.1　1冊（頁付なし）30cm
◇花筐（朝日文庫）　秋山庄太郎著　朝日新聞社　1990.3　271p 15cm
◇花 365日―秋山庄太郎写真集　秋山庄太郎著　小学館　1990.4　365p 21×21cm
◇花の大歳時記　秋山庄太郎写真　角川書店　1990.4　599p 27cm
◇EXPO'90 国際花と緑の博覧会記録写真集〔特別寄稿 さらば"花の万博"（秋山庄太郎と花の会）〕　花と緑EXPO'90出版事務局編　開隆堂出版　1990.11　319p 30cm
◇和花―岡田斎・秋山庄太郎作品集　岡田斎短歌，秋山庄太郎写真　日本芸術出版社　1990.12　179p 19×26cm
◇往時茫々―秋山庄太郎写真展　秋山庄太郎〔撮影〕　秋山庄太郎写真展実行委員会〔1991〕　95p 25×25cm
◇ダリヤ・天竺牡丹―秋山庄太郎写真集（Bee books）　秋山庄太郎著　光村印刷　1991.7　47p 17×19cm
◇花があったからいつも倖せだった　黒柳朝文，秋山庄太郎写真　文化出版局　1991.10　102p 23cm
◇私ひとりの雑写帖―秋山庄太郎自選集（ブティックムック 第115号）　秋山庄太郎〔著〕　Shink　1992.4　192p 24×26cm
◇花 365日 いちごいちえ―秋山庄太郎写真集　秋山庄太郎著　日本カメラ社　1992.9　365p 21×21cm
◇花恋　秋山庄太郎写真，こやま峰子詩　PHP研究所　1992.12　91p 22cm
◇薔薇薫る―十和田湖畔花鳥渓谷にて　秋山庄太郎写真集　秋山庄太郎著　栃の葉書房　1992.12　図版114p 21×21cm
◇秋山庄太郎写真集 花下草上（四季の花模様 1）　秋山庄太郎著　時事通信社　1993.3　142p 21×23cm

◇花逍遙―366日―秋山庄太郎写真集　秋山庄太郎著　日本芸術出版社　1993.6　366p 21×21cm
◇秋山庄太郎写真集 北国朱夏（四季の花模様 2）　秋山庄太郎著　時事通信社　1993.7　146p 21×23cm
◇秋山庄太郎写真集（四季の花模様 3）　時事通信社　1993.11　1冊（頁付なし）21×23cm
◇和洋花譜365日―秋山庄太郎写真集　秋山庄太郎著　婦人画報社　1994.4　1冊（頁付なし）21×21cm
◇チューリップ イン 礪波―秋山庄太郎写真集　秋山庄太郎著　栃の葉書房　1994.5　1冊 21×21cm
◇秋山庄太郎写真集―ダリアイン町田　栃の葉書房　1994.7　1冊（頁付なし）21×21cm
◇須賀川の牡丹―秋山庄太郎写真集　秋山庄太郎著　栃の葉書房　1995.3　100p 21×21cm
◇新津の花―秋山庄太郎写真集　秋山庄太郎著　栃の葉書房　1995.4　1冊（頁付なし）21×21cm
◇遊写三昧―花―365日 秋山庄太郎写真集　秋山庄太郎著　講談社　1995.4　365p 21×21cm
◇カメラひとつで飛び出して―写真でつづる昭和交遊録　秋山庄太郎　文藝春秋　1995.11　203p 23cm
◇さつきのふるさと鹿沼―秋山庄太郎写真集　秋山庄太郎著　栃の葉書房　1996.4　100p 21×21cm
◇写真集 花 15 花の会編，秋山庄太郎監修　栃の葉書房　1996.10　251p 24×25cm
◇フラワーガーデン―秋山庄太郎写真集　秋山庄太郎著　栃の葉書房　1996.11　100p 19×27cm
◇花と女―秋山庄太郎写真集　秋山庄太郎撮影　コスミックインターナショナル　1996.11　93p 27cm
◇薔薇よ!―Rose 365 秋山庄太郎　秋山庄太郎著　集英社　1997.5　1冊 21×21cm
◇花―写真集 16（別冊趣味の山野草）　秋山庄太郎監修，花の会編　栃の葉書房　1997.10　248p 24×25cm
◇秋山庄太郎展―美しい記憶　秋山庄太郎〔撮影〕，徳山市美術博物館編　徳山市美術博物館　1998.1　96p 29cm
◇花歌墨―花に酔い、花に詠う　秋山庄太郎写真，こやま峰子詩，金子卓義書　日本経済新聞社　1998.5　1冊（ページ付なし）29cm
◇花―写真集 17（別冊趣味の山野草）　秋山庄太郎監修，花の会編　栃の葉書房　1998.10　245p 24×25cm
◇花の表情（秋山庄太郎・自選集 2）　秋山庄太郎著　小学館　1999.7　139p 27cm
◇花―写真集 18（別冊趣味の山野草）　秋山庄太郎監修，花の会編　栃の葉書房　1999.10　238p 24×25cm

◇花―写真集19(別冊趣味の山野草)　秋山庄太郎監修, 花の会編　栃の葉書房　2000.10　239p 25×25cm
◇花―写真集20(別冊趣味の山野草)　秋山庄太郎監修, 花の会編　栃の葉書房　2001.10　239p 24×25cm
◇遊写三昧―秋山庄太郎の写真美学　秋山庄太郎〔撮影〕, 東京都歴史文化財団東京都写真美術館企画・監修　日本写真企画　2002.7　166p 24cm
◇花―写真集21(別冊趣味の山野草)　秋山庄太郎監修, 花の会編　栃の葉書房　2002.10　231p 24×25cm
◇写ガール2003 [ハイビスカス(秋山庄太郎)] 写ガール編集部編　日本藝術出版社　2002.11　159p 30cm

【評伝・参考文献】
◇なぜ撮るか―現代写真家の宿命的モチーフ　岡井耀毅著　山と溪谷社　1986.5　158p 19cm
◇昭和をとらえた写真家の眼―戦後写真の歩みをたどる　松本徳彦著　朝日新聞社　1989.3　180p 20×22cm
◇昭和の写真家　加藤哲郎著　晶文社　1990.2　375p 19cm
◇瞬間伝説―すごえ写真家がやって来た。　岡井耀毅著　ベストセラーズ　1994.7　351p 19cm
◇瞬間伝説―歴史を刻んだ写真家たち(朝日文庫)　岡井耀毅著　朝日新聞社　1998.11　311p 15cm
◇色いろ花骨牌　黒鉄ヒロシ著　講談社　2004.11　250p 19cm
◇冬の薔薇―写真家秋山庄太郎とその時代　山田一廣著　神奈川新聞社　2006.9　327p 19cm

芥川　鑑二
あくたがわ・かんじ

(生没年不詳)

植物研究家
　愛媛県の植物相についての分類研究を行い,「伊予産高等植物の分布」(昭和8年)を著した。

明峰　正夫
あけみね・まさお

明治9年(1876年)1月12日～
昭和23年(1948年)4月3日

作物育種学者　北海道帝国大学名誉教授
愛知県名古屋市出生。札幌農学校(現・北海道大学農学部)〔明治32年〕卒。農学博士〔大正7年〕。
　愛媛県立農業学校、熊本県立農業学校の教諭を務め、明治40年東北帝国大学農科大学助教授、大正7年北海道帝国大学農学部教授となった。9年から2年間、米国、英国、ドイツに留学。昭和11年から北海道帝国大学農学部附属農場長を兼務、15年定年退官。種子の発芽生理、イネの遺伝育種などの研究で業績をあげた。著書に「農業種子学」「作物育種学」がある。

【著作】
◇農業種子学　明峰正夫著　裳華房　1901.6　279p 23cm
◇最新農具論　明峯正夫著　六盟館　1906.2　136, 12p 23cm
◇種子及育種　明峯正夫著　裳華房　1907.11　320p 23cm
◇作物育種学―種子及育種後編　明峯正夫著　裳華房　1912　174, 10p 23cm
◇提要作物汎論　改訂　明峯正夫著　六盟館　1913　172p 23cm
◇作物育種学　明峯正夫著　裳華房　1917　456p 図版 23cm
◇植産学研究　明峯正夫著　養賢堂　1931　457p 23cm

【評伝・参考文献】
◇明峰正夫教授在職三十年記念農学論叢　長尾正人編　養賢堂　1938　265p 25cm

麻井　宇介
あさい・うすけ

昭和5年(1930年)7月16日～
平成14年(2002年)6月1日

酒造技術コンサルタント　メルシャン勝沼ワイナリー工場長
　本名は浅井昭吾(あさい・しょうご)。東京出身。東京工業大学工学部応用化学科〔昭和28年〕卒。團洋酒製造論　團日本醸造学会, 日本酒造史学会。
　姓は「まい」ともいう。昭和28年大黒葡萄酒(現・メルシャン)入社。オーシャン軽井沢ディス

ティラリー、メルシャン勝沼ワイナリー勤務。のち、藤沢工場長、第二製造部長、ワイン部長兼輸入酒部長、62年メルシャン勝沼ワイナリー工場長を経て、理事。退職後、酒造技術コンサルタント、国立民族学博物館共同研究員。この間、山梨県ワイン酒造組合会長の他、53年リュブリアーナ国際ワインコンクール、59年ブルガリア国際ワイン・コニャック・ブランデーコンクール各審査員をつとめた。著書に「比較ワイン文化考」「ブドウ畑と食卓のあいだ」「日本のワイン・誕生と揺籃時代」など。

【著作】
◇ウイスキーの本　碧川泉,麻井宇介著　井上書房　1963　226p 図版 25×27cm
◇比較ワイン文化考―教養としての酒学（中公新書）　麻井宇介著　中央公論社　1981.5　257p 18cm
◇ブドウ畑と食卓のあいだ―ワイン文化のエコロジー　麻井宇介著　日本経済評論社　1986.10　290p 20cm
◇「酔い」のうつろい―酒屋と酒飲みの世相史（〈食〉の昭和史 8）　麻井宇介著　日本経済評論社　1988.11　303p 19cm
◇日本のワイン・誕生と揺籃時代―本邦葡萄酒産業史論攷　麻井宇介著　日本経済評論社　1992.1　420p 22cm
◇ワインづくりの四季―勝沼ブドウ郷通信（東書選書 122）　麻井宇介著　東京書籍　1992.3　242p 19cm
◇ワインを気軽に楽しむ―豊潤なバッカスの世界への招待（講談社カルチャーブックス 64）　講談社　1992.10　143p 21cm
◇ブドウ畑と食卓のあいだ―ワイン文化のエコロジー（中公文庫）　麻井宇介著　中央公論社　1995.10　363p 16cm
◇日本の食・100年「のむ」（食の文化フォーラム）　熊倉功夫,石毛直道編著、浅井昭吾,豊川裕之,村上紀子,河野友美,大塚滋,杉田浩一,高田公理,角山栄著　ドメス出版　1996.11　235p 19cm
◇酒・戦後・青春（酒文ライブラリー）　麻井宇介著　TaKaRa酒生活文化研究所　2000.7　283p 19cm
◇ワインづくりの思想―銘醸地神話を超えて（中公新書）　麻井宇介著　中央公論新社　2001.9　329p 18cm
◇美酒楽酔飲めば天国［酒書彷徨（麻井宇介）］「世界の名酒事典」編集部編,阿川弘之,開高健,丸谷才一,吉行淳之介,遠藤周作ほか著　講談社　2006.10　275p 19cm

浅井 図南
あさい・となん

宝永3年（1706年）11月13日～
天明2年（1782年）8月5日

本草学者

初名は政直, 名は惟寅, 字は夙夜, 通称は冬至郎, 藤五郎, 周北, 頼母, 号は幹亭, 篤敬庵。父は浅井東軒（医師）, 長男は浅井南溟（医師）, 孫は浅井貞庵（医師）。

家は代々医師で, 父・東軒は享保10年（1725年）尾張藩に招聘され, 400石を給された。京都で医学を修める傍ら田中泉に詩文を学ぶ。30歳の頃にはすでに医名も高く, 諸公卿の家に出入りしたという。宝暦3年（1753年）父が亡くなると尾張藩医を継ぎ, その医名を慕って教えを請うものが数多く名古屋に訪れた。松岡恕庵門下の本草学者でもあり, 松平君山らと共に尾張に本草学を導入, 門弟に菅江真澄がいる。また画をよくし, 特に竹の画に秀でたことから宮崎筠軒, 御薗中渠, 山科宗庵とならび"平安四竹"と称される。著書に「浅井先生惟寅発句集」「図南雑話」「客遊観花記」「経験捷径」「扁倉伝割解」「図南文集」「砭脇録」などがある。

【著作】
◇続日本漢方腹診叢書 第4巻［図南先生腹診秘訣（浅井図南）］　オリエント出版社　1987.12　396p 27cm
◇臨床漢方診断学叢書 第6冊 基礎理論・医案［告徒録 附薗老二経（浅井図南）］　オリエント出版社　1994.5　459p 27cm
◇難経稀書集成 第5冊　オリエント臨床文献研究所監修　オリエント出版社　1997.3　458p 27cm
◇研究報告書 1998年度 3　浅井政直, 多紀元簡著　大東文化大学人文科学研究所　1999.3　98p 30cm

浅田 節夫
あさだ・せつお

大正7年（1918年）3月12日～

平成14年（2002年）8月12日

信州大学名誉教授
長野県松本市出身。京都帝国大学農学部卒。農学博士。専造林学 置勲三等旭日中綬章。

代々医師を務める家系に生まれたが、カラマツに魅せられて造林学を志す。昭和32年信州大学農学部教授に就任。カラマツの育種法や造林技術の確立に力を尽くし、10年未満の若い枝先を用いてヒーターで土を温める育種法を開発した他、挿し木による増殖法を研究した。58年退官後は、カラマツに関するドイツ語研究書の日本語訳をライフワークとした。

【著作】
◇技術的に見た有名林業 第2集［信州のカラマツ林（浅田節夫, 赤井竜男）］ 日本林業技術協会 1962 148p 21cm

浅田 宗伯
あさだ・そうはく

文化12年5月22日（1815年6月29日）～
明治27年（1894年）3月16日

漢方医
名は直民, 字は識此, 号は栗園。信濃国筑摩郡栗林村（長野県松本市）出生。

高遠藩の儒者・中村中倧の元で儒学を修め、ついで京都に上って中西深斎について古医、猪飼敬所に経書を、頼山陽に史学を学ぶ。その後、いったん帰郷するが、天保4年（1833年）江戸で開業。当初は知人も少なく困窮するが、幕府医官・本康宗円に知られ、さらにその紹介で多紀元堅や喜多村栲窓らの知遇を得ることにより医業が盛んになった。安政2年（1855年）幕府御目見医師となり、「医心方」の校訂に従事。4年（1857年）には幕命により滞日中のフランス公使を治療し、これを見事快癒させた。この間、安政から文久の頃に流行したコレラや湿疹の治療にも尽力。慶応2年（1866年）奥医師に昇進し、法眼に叙せられた。幕末の動乱期には川路聖謨、小栗忠順ら幕閣の要人と交流し、幕府瓦解時には和宮らの依頼により江戸に入った有栖川宮熾仁親王に拝謁して江戸市中の鎮撫を要請した。明治維新後も引き続き診療と弟子の教育、著述に専念。明治12年皇太子が誕生すると、その多彩な学識と臨床手腕が評価され、東宮侍医を務めて親王明宮（大正天皇）の治療にあたり、漢方医界の復興にも尽力した。著書に「脈法私言」「橘窓書影」「皇国名医伝」「勿誤薬室方函」など多数がある。現在、のど飴として販売されている「浅田飴」のもとを処方した人物としても知られる。

【著作】
◇和訓雑病論識 巻4-5 浅田栗園著, 森田幸門訳 神戸木曜会 〔出版年不明〕 2冊 25cm
◇皇国名医伝 前編 浅田惟常（栗園）著 丁字屋平兵衛 1873.6 上50, 中34, 下55丁 26cm
◇先哲医話 浅田宗伯著 松山良禎 1880.9 2冊（上74, 下80丁）26cm
◇雑病弁要―補亡論附 浅田宗伯著 如春医院 1881.12 上31, 中45, 下36丁 23cm
◇傷寒弁要 浅田宗伯著 好生医院 1881.12 26丁 23cm
◇傷寒翼方 浅田宗伯著 好生医院 1881.12 21丁 23cm
◇脈法私言 浅田宗伯著 浅田宗叔 1881.12 26丁 23cm
◇馬脾懲惩篇 浅田宗伯著, 下条俊超校 巌々堂 1883.7 18丁 19cm
◇橘窓書影 浅田宗伯（栗園）著 輔仁社 1886.12 4冊（巻1-4）23cm
◇小児寿草 浅田宗伯編 柴田元春 1887.6 18丁 23cm
◇通俗医法捷径 浅田宗伯（寂然居士）著 浅田恭悦 1890.10 2冊（上20, 下30丁）23cm
◇読史間話 浅田宗伯（惟常）著 浅田恭悦 1892.1 60丁（以下欠）26cm
◇牛渚漫録 浅田宗伯著 浅田恭悦 1892.9 5冊（続共）25cm
◇後猥言 浅田宗伯著 浅田恭悦 1895.3 30丁 26cm
◇杏林叢書［第3輯 橘黄年譜抄（浅田栗園）］ 富士川游等編 吐鳳堂書店 1922～1926 22cm
◇浅田宗伯処方全集 前, 後編 浅田竜雄編 安井泰山堂書店 1933 2冊 23cm
◇大日本思想全集 第12巻［浅田宗伯集］ 大日本思想全集刊行会 1934 図版 23cm
◇療雜百則 尾台榕堂, 浅田栗園著, 安西安周訳註 億兆社 1935 162, 10p 20cm
◇和訓古方薬議 浅田宗伯著, 木村長久校訂 日本漢方医学会出版部 1936 284p 22cm
◇橘窓書影 浅田惟常著 仁命堂薬局 1937 232p 24cm

◇勿誤薬室方函口訣類聚　竜野一雄編　漢方書林　1956　67p 13×19cm
◇和訓雑病論識　巻1-3　浅田栗園著，森岡幸門訳　神戸木曜会　1956序　3冊 25cm
◇険証百問　吉益南涯，華岡青洲，浅田宗伯著，西岡一夫訳註　医道の日本社　1965　144p 22cm
◇杏林叢話　富士川游〔等〕編　思文閣　1971　2冊 22cm
◇勿誤薬室方函口訣　浅田宗伯著　燎原書店　井上書店（発売）　横田書店（発売）　1975　325, 49p 22cm
◇橘窓書影　浅田宗伯著　燎原書店　1976.12　409p 22cm
◇医家伝記資料　青史社　1980.8　2冊 22cm
◇近世漢方医学書集成　95～100　浅田宗伯1～6　大塚敬節，矢数道明責任編集　名著出版　1982.11～1983.1　93, 308p 20cm
◇和訓古方薬議（東洋医学双書）　浅田宗伯著，木村長久校訓　春陽堂書店　1982.11　265, 19p 22cm
◇勿誤薬室方函・口訣釈義（東洋医学選書）　長谷川弥人著　創元社　1985.5　841p 22cm
◇日本漢方腹診書 第6巻 折衷系 其他 [医学典刊（抄）（浅田宗伯）]　オリエント出版社　1986.4　612p 27cm
◇近世漢方治験選集 12 浅田宗伯　安井広迪編集・解説　名著出版　1986.6　47, 386p 20cm
◇浅田宗伯書簡集　五十嵐金三郎編著　汲古書院　1986.8　334p 22cm
◇浅田宗伯選集 第1～5集　長谷川弥人校注　谷口書店　1987.9～1989.5　723, 15p 22cm
◇日本漢方名医処方解説 第6巻 折衷系 1 [勿誤薬室方函口訣（浅田宗伯）]　オリエント出版社　1989.9　796p 22cm
◇日本漢方名医処方解説 第16巻 臨床系 1 [方読便覧（浅田宗伯）]　オリエント出版社　1989.9　666p 22cm
◇傷寒弁要―訓訳　浅田宗伯原著，長谷川弥人訓訳　谷口書店　1989.11　160, 2p 20cm
◇必読・漢方医学余璧叢書 第1巻　オリエント出版社　1990.9　936p 22cm
◇浅田宗伯選集 続 第1～3集　長谷川弥人校注　谷口書店　1990.10～1992.8　698, 37p 22cm
◇傷寒雑病弁証　浅田宗伯原著，長谷川弥人訓読校注　谷口書店　1992.1　695, 8p 20cm
◇松本書屋貴書叢刊 第1巻 [古方薬議（浅田宗伯）]　松本一男編　谷口書店　1993.12　788p 27cm
◇雑病弁要　浅田宗伯原著，長谷川弥人訓読校注　谷口書店　1994.3　453, 20p 20cm
◇脉法私言　浅田宗伯原著，長谷川弥人訓読校注　谷口書店　1994.8　160p 21cm
◇臨床漢方診断学叢書 第30冊 [医門捷径（浅田宗伯）]　オリエント出版社　1995.12　398p 27cm
◇訓読校注傷寒論識　浅田宗伯原著，長谷川弥人訓注　たにぐち書店　1996.10　849, 14p 22cm
◇難経稀書集成 第5冊　オリエント臨床文献研究所監修　オリエント出版社　1997.3　458p 27cm
◇温疫論稀書集成 第3冊　オリエント臨床文献研究所監修，柳長華解説　オリエント出版社　1997.11　535p 27cm
◇私の読んだ傷寒論識―奇問珍問愚問に答えて　栗園浅田惟常原著，長谷川弥人編著　たにぐち書店　2003.5　532p 22cm

【評伝・参考文献】
◇浅田宗伯翁伝 巻上・中・下　赤沼金三郎著　寿盛堂　1895　3冊 図版 23cm
◇御一新の光と影（日本の『創造力』1 近代・現代を開花させた470人）　富田仁編　日本放送出版協会　1992.12　477p 21×16cm
◇泥坊の話・お医者様の話―鳶魚江戸文庫 22（中公文庫）　三田村鳶魚著，朝倉治彦編　中央公論社　1998.6　339p 15cm
◇浅田宗伯小伝　桑原三二〔著〕　桑原三二　1998.9　151p 19cm

浅野　貞夫
あさの・さだお

明治39年（1906年）12月～
平成6年（1994年）1月28日

植物学者
山形県山形市出生。山形県師範学校本科第一部〔大正15年〕卒。团植物学 賞千葉県文化功労賞〔昭和44年〕，地方文化功労賞〔昭和62年〕。
　大正15年山形県師範学校を卒業後、山形県下で小学校教師を務める。昭和5年千葉県立長狭中学教諭となり、戦後同校が長狭高校となった後も引き続き教鞭を執り、40年まで在職した。同年市川高校教諭に転じ、45年より千葉市泉自然公園管理事務所に勤務。長年に渡って千葉県の植物相についての分類研究を行い、ウワゲネザサ、ボウシュウネダケ、アサヒダケ、アズマミゾゴケ、ヒナハマキゴケなど発見した新種・変種・稀少種も多い。15年千葉県館山で採取したボウシュウネザサにはその名にちなんだ *Pleioblastus asanoi* Nakai の学名がつけられている。他の著書に「植物生態野外観察の方法」「芽ばえとたね」「似た草80種の見分け方」などがある。

【著作】
◇日本植物生態図鑑 第1 沼田真、浅野貞夫著 築地書館 1969 2冊（別冊共）30cm
◇日本植物生態図鑑 第2 沼田真、浅野貞夫著 築地書館 1970 173p（図版共）30cm
◇日本山野草・樹木生態図鑑 シダ類・裸子植物・被子植物（離弁花）編 浅野貞夫、桑原義晴編 全国農村教育協会 1990.8 664p 27cm
◇芽ばえとたね―原色図鑑 植物3態芽ばえ・種子・成植物 浅野貞夫著 全国農村教育協会 1995.7 280p 31cm
◇似た草80種の見分け方―図と写真で見る―これだけ知ればあなたはプロ 浅野貞夫、廣田伸七編・著 全国農村教育協会 2002.4 103p 19cm
◇浅野貞夫日本植物生態図鑑 浅野貞夫著 全国農村教育協会 2005.10 635p 31cm

浅野 春道
あさの・しゅんどう

明和6年（1769年）～天保11年（1840年）1月3日

植物学者
号は栗亭、思済堂。尾張国一宮（愛知県）出生。
　家は代々、医を業とした。少壮時、父に連れられて京都に上り、香川氏に医学を、小野蘭山に本草学を学ぶ。さらに長崎にも遊学し、名古屋に帰ったあとには医術を開業して大いに繁盛したという。文化11年（1814年）尾張藩の奥医師に任ぜられ、100俵（のち累進して250俵）を賜る。文政6年（1823年）には職を辞して寄合医となるが、天保7年（1836年）には奥医師に復帰。傍ら尾張中の医師の医業検定にも当たった。一方、奇болоtwg古銭の収集に励み、盆栽を愛し、珍草奇花を好み、水谷豊文など多くの医師に本草学博物学の興味を喚起、尾張本草学の発展に貢献した先駆者、育成者といわれている。

【評伝・参考文献】
◇医学・洋学・本草学者の研究―吉川芳秋著作集 吉川芳秋著、木村陽二郎、遠藤正治編 八坂書房 1993.10 462p 24×16cm

浅野 多吉
あさの・たきち

安政6年（1859年）2月2日～
昭和23年（1948年）7月31日

園芸家
讃岐国（香川県）出身。
　郷里の香川県仁尾村で温州ミカンを試作。明治23年和歌山県より苗木を仕入れて栽培を始め、近隣に広めた。

朝比奈 泰彦
あさひな・やすひこ

明治14年（1881年）4月16日～
昭和50年（1975年）6月30日

薬学者　東京大学名誉教授
東京出生。二男は朝比奈正二郎（昆虫学者）。東京帝国大学薬学科〔明治38年〕卒。師は下山順一郎。帝国学士院会員〔昭和5年〕。薬学博士。専門天然物有機化学　賞桜井賞〔大正元年〕、帝国学士院賞恩賜賞〔大正12年〕、服部報公会報公賞〔昭和9年〕、文化勲章〔昭和18年〕、文化功労者〔昭和26年〕。
　明治20年父親の転勤で熊本に移住し、22年東京に戻る。旧制一高を経て、38年東京帝国大学医科大学薬学科を首席で卒業した後は同大学院で生薬学教室の初代教授・下山順一郎の指導を受けた。42年欧州に留学し、スイスのR. M. ヴィルシュテッターやドイツのE. フィッシャーに有機化学を学んだ。45年帰国して東京帝国大学助教授となり、留学中に亡くなっていた下山の後を受けて生薬学講座を主宰。大正7年教授に就任。昭和16年定年退官。当時難問といわれていたキツネノボタンの有毒成分アネモニンの構造を解明したのをはじめ、サクラ樹皮成分のサクラニン、アジサイの甘味成分など各種和漢薬の成分研究を進め、大正12年「漢方薬成分の化学的研究」で帝国学士院恩賜賞を受賞し

た。14年頃からは地衣の分類と成分分析に力を注ぎ、斯学の世界的権威として多数の論文・著書を発表。その標本採集は台湾、朝鮮、中国にも及んだ。地衣類と並行して変形菌の収集も行い、採取した標本の一部は南方熊楠を通じて昭和天皇にも献上された。またショウノウからの強心剤「ビタカンファー」の開発を行うなど、製薬分野でも独創的な業績をあげている。昭和5年帝国学士院会員。8年「植物研究雑誌」主幹。13年日本薬学会会頭。18年文化勲章を受章。戦後、宮内庁の企画として正倉院薬物の科学調査が行われた際、その首班として指導に当たり、奈良時代の薬品が1200年を経た今日においても十分使用可能であることを明らかにした。その後も資源科学研究所長、薬理研究所長、分析化学会名誉会員などを歴任し、高齢となっても研究を続けた。編著に「日本の地衣」「正倉院薬物」「私のたどった道」などがある。

【著作】
◇有機化学攬要　オットー・ヂエルス著、朝比奈泰彦訳　蒼虬堂　1915
◇生薬学〔改正増補〕下山順一郎著、朝比奈泰彦増補　松崎蒼虬堂　1919　1冊22cm
◇医薬処方語羅和和羅辞典—羅典語入門及処方文例　朝比奈泰彦、清水藤太郎編　南江堂書店　1926　104, 115, 39p 18cm
◇岩波講座生物学　第8　植物学〔地衣類（朝比奈泰彦）〕岩波書店　岩波書店　1930　23cm
◇植物薬物学名典範　朝比奈泰彦、清水藤太郎著　春陽堂　1931　428p 23cm
◇処方解説医薬ラテン語　朝比奈泰彦、清水藤太郎著　南江堂書店　1933　266p 19cm
◇第五改正日本薬局方註解　朝比奈泰彦等註解　南江堂書店　1934　1冊25cm
◇朝比奈泰彦及協力者報文集　化学之部、植物学生薬学之部　東京帝国大学医学部薬学科生薬学教室編　東京帝国大学医学部薬学科生薬学教室　1934〜1935　2冊27cm
◇日本隠花植物図鑑　朝比奈泰彦編　三省堂　1939　1037p 19cm
◇化学実験学　第1部 第1巻〔植物成分研究の心得（朝比奈泰彦）〕河出書房　1940　23cm
◇化学実験学〔第2部 第13巻 有機化学・生物化学アネモニンの研究過程（朝比奈泰彦）〕河出書房　1941〜1944　22cm
◇私乃たどった道　朝比奈泰彦著　南江堂　1949　160p 図版 19cm
◇地衣成分の化学　朝比奈泰彦、柴田承二共著　河出書房　1949　300p 21cm
◇日本之地衣　第1〜3冊　朝比奈泰彦著　資源科学諸学会聯盟　1950〜1956　22cm
◇正倉院薬物　朝比奈泰彦編　植物文献刊行会　1955　520p（図版共）図版43枚（はり込図版共）30cm
◇植物薬物学名典範―科学ラテン・ギリシヤ語法　朝比奈泰彦、清水藤太郎共著　有明書房　1981.10　428p 23cm

【評伝・参考文献】
◇朝比奈泰彦伝　根本曽代子著　広川書店　1966　406p 図版10枚 22cm

浅平 端
あさひら・ただし

昭和3年(1928年)7月6日〜
平成4年(1992年)10月4日

京都大学名誉教授

新潟県新潟市出身。京都大学農学部〔昭和28年〕卒。農学博士〔昭和42年〕。専蔬菜花卉園芸学　団園芸学会、日本生物環境調節学会　賞読売農学賞（第29回）〔平成4年〕「器官培養利用による園芸作物の成育機構の解明に関する研究」。

昭和30年京都大学助手、36年講師、38年助教授、50年教授を歴任し、平成4年退官。訳書に「園芸植物の開花生理と栽培」（共訳）、編著に「園芸ハンドブック」（共編）。

【著作】
◇「生物生産プロセスのシステム化」研究報告〔浅平端〕〔1976〕311p 26cm
◇園芸植物の開花生理と栽培　ワルター・リュンガー著, 浅平端, 中村英司訳　誠文堂新光社　1978.9　252p 22cm
◇園芸ハンドブック―生産から流通・法規まで　苫名孝, 浅平端編　講談社　1987.10　722p 20cm

下見 吉十郎
あさみ・きちじゅうろう

延宝元年(1673年)〜
宝暦5年8月1日(1755年9月6日)

篤農家
伊予国越智郡大三島背戸村（愛媛県今治市）出生。

　先祖は物部氏の出身で、伊予の戦国大名・河野氏の一族といわれる。同氏の没落後に帰農し、安芸竹原（現・広島県竹原市）から妻を迎える。やがて4人の子供をもうけたが、いずれも4歳で早世してしまったので悲嘆に暮れていたところ、毎晩のように地蔵尊が夢枕にあらわれたため発心し、正徳元年（1711年）6月38歳のとき木像を彫って守り本尊とし、全国六十六部ケ所の霊場を巡って筆写した法華経を一ケ所ずつ納める旅に出発した。その途中、薩摩国日置郡伊集院村の土兵衛という農家に宿泊した際、食事として出された芋粥の中に入っていた甘藷（サツマイモ）の味に感動。さらにいろいろ尋ねるうちに、それが薩摩の農家では常食であること、飢饉に耐えうる作物であること、栽培が容易であることなどを知った。しかし、薩摩では藩の占有作物であったため他国への持出しは厳禁であり、提供者も罰せられることから、イモを衣に隠すなどして、持ち帰りには細心の注意を払った。正徳2年（1712年）大三島に帰郷した後は、甘藷の栽培と普及に尽力。以来、甘藷は次第に干魃と飢饉に悩まされていた瀬戸内海の他の島々にも広まり、享保の大飢饉では一人の餓死者も出さなかったといわれる。吉十郎はその後は子宝にも恵まれ、宝暦5年（1755年）82歳の高齢で没した。人々はその遺徳をしのんで芋を抱いた地蔵（甘藷地蔵）を向雲寺などに建立し、今日に至るまで毎年法要を行っている。六十六部ケ所霊場巡りの記録である『廻国宿帳』がある。

浅見 与七
あさみ・よしち

明治27年（1894年）3月12日～
昭和51年（1976年）11月6日

園芸学者, 果樹学者　東京大学名誉教授, 園芸学会会長

岐阜県出生。東京帝国大学農科大学農学科〔大正7年〕卒。農学博士〔大正12年〕。囻園芸学会(会長)。

　大正12年「日本林檎及油桃ニ就テ」で農学博士。同年東京大学助教授、昭和7年教授。16年から園芸試験場長を兼任。園芸学会役員、26年同会長を務め、29年退職、名誉教授。日本学術会議会員、全販連顧問も務めた。著書に「果樹栽培汎論」（全3巻）、「重要果樹原色図説」「新撰原色果物図説」などがある。

〈著作〉
◇日本林檎及油桃之分類学的研究─鍋島家農園学術報告　浅見与七著　鍋島家　1927　158p 図版72枚 27cm
◇果樹園芸に於ける最近の諸問題（農業教育パンフレット 第9）　浅見与七著, 農業教育研究会編　成美堂書店　1934　29p 19cm
◇果樹栽培汎論〔第1編〕結実篇　浅見与七著　養賢堂　1937.3　249p 22cm
◇園芸学─浅見与七先生講義プリント　浅見与七〔著〕　帝大プリント聯盟　1938　232p 21cm
◇園芸学─浅見与七先生講義プリント　新講1　浅見与七〔述〕　帝大プリント聯盟　1938　180p 22cm
◇果樹栽培汎論〔第2篇〕剪定及摘果篇〈6版〉浅見与七著　養賢堂　1949　215p 22cm
◇果樹栽培汎論〔第3篇〕土壌肥料編　浅見与七著　養賢堂　1951　206p 22cm
◇蔬菜品種の生態的分化に関する研究（文部省科学試験研究報告 第17）　浅見与七編　養賢堂　1954　75p 26cm
◇園芸技術新説　浅見与七博士還暦記念出版会編　養賢堂　1955　854p 22cm
◇新撰原色果物図説　浅見与七〔ほか〕編纂・解説　養賢堂　1961.6　1冊 28cm
◇果実の品質をめぐる諸問題　浅見与七編　全国販売農業協同組合連合会　1963　133p 図版19cm
◇果樹ハダニ類の生態と防除　浅見与七編　全国販売農業協同組合連合会　1963　133p 19cm
◇施設園芸の諸問題　浅見与七編　全国販売農業協同組合連合会　1965　152p 19cm
◇米国のリンゴ生産を語る　浅見与七編　全国販売農業協同組合連合会　1966　130p 19cm

芦田 譲治
あしだ・じょうじ

明治38年（1905年）4月28日～

足田 輝一
あしだ・てるかず

昭和56年(1981年)10月8日

京都大学名誉教授、愛媛大学名誉教授
兵庫県出生。京都帝国大学理学部植物学科〔昭和3年〕卒。理学博士〔昭和14年〕。団植物生理学 団日本植物生理学会(会長)。

京都帝国大学講師、助教授を経て、昭和17年教授となり、30年理学部長、46年愛媛大学学長を歴任し、54年退官。植物の生長ホルモン(ジベレリン)の研究、微生物の環境適応研究で知られる。日本植物生理学会の設立に努め、34年から9年間初代会長。

【著作】
◇京大理学講座 第1輯[植物ホルモン(芦田譲治)] 駒井卓編 創元社 1947 254p 21cm
◇酵素化学の進歩 第2集[オーキシンの作用機作(芦田譲治)] 赤堀四郎、田宮博共編 共立出版 1950 318p 21cm
◇最近の生物学 第2巻[微生物の適応現象(芦田譲治)] 駒井卓、木原均共編 培風館 1950 380p 22cm
◇生命現象の化学 芦田譲治、江上不二夫、吉川秀男編 朝倉書店 1955 865p 表 22cm
◇現代生物学講座 第2巻 生体の様相 芦田譲治等編 共立出版 1957 345p 22cm
◇現代生物学講座 第3巻 生化学からみた生命 芦田譲治等編 共立出版 1957 293p 22cm
◇現代生物学講座 第1巻 生物学総論 芦田譲治等編 共立出版 1958 213p 22cm
◇現代生物学講座 第4巻 生物の反応性 芦田譲治等編 共立出版 1958 298p 22cm
◇現代生物学講座 第5巻 生物と環境 芦田譲治等編 共立出版 1958 397p 22cm
◇現代生物学講座 第6巻 発生と増殖 芦田譲治等編 共立出版 1958 312p 22cm
◇現代生物学講座 第7巻 遺伝と変異 芦田譲治等編 共立出版 1958 395p 22cm
◇現代生物学講座 第8巻 進化と生命の起原 芦田譲治等編 共立出版 1958 330p 22cm
◇現代生物学講座 第9巻 人についての生物学 第1 芦田譲治等編 共立出版 1958 252p 22cm
◇現代生物学講座 第10巻 人についての生物学 第2 芦田譲治等編 共立出版 1958 274p 22cm
◇生命現象の化学 第2 芦田譲治、江上不二夫、吉川秀男編 朝倉書店 1961 553p 22cm

大正7年(1918年)4月30日〜
平成7年(1995年)4月8日

ナチュラリスト　朝日新聞出版局長
兵庫県出生。北海道大学理学部動物学科〔昭和16年〕卒。団生物学 団自然科学写真協会。

昭和16年朝日新聞社に入社。以来、出版局に勤務し「科学朝日」「週刊朝日」各編集長、図書編集第一部長、出版局長を歴任。48年定年退職し、以後はナチュラリストとして自然探究の生活を続けた。主な著書には「雑木林の博物館」「自然有情」「雑木林通信」などがある。

【著作】
◇草木の野帖　足田輝一著　朝日新聞社　1976 194p(図共)18cm
◇雑木林の博物誌(新潮選書)　足田輝一著　新潮社　1977.4 206p 図 19cm
◇雑木林の四季(平凡社カラー新書)　足田輝一著　平凡社　1978.4 144p 18cm
◇野草手帖 秋(平凡社カラー新書)　足田輝一著　平凡社　1978.7 143p 18cm
◇野草手帖 春(平凡社カラー新書)　足田輝一著　平凡社　1979.1 144p 18cm
◇カラー武蔵野の魅力　足田輝一文、小林義雄写真　淡交社　1979.10 226p 22cm
◇ミクログラフィア　足田輝一著　朝日新聞社　1980.5 210p 20cm
◇春の百花譜―カラー版歳時記　足田輝一解説　国際情報社　1981.3 143p 18×20cm
◇夏の百花譜―カラー版歳時記　足田輝一解説　国際情報社　1981.6 143p 18×20cm
◇草木を訪ねて三百六十五日(新潮選書)　足田輝一著　新潮社　1981.10 251p 20cm
◇自然有情―雑木林の花や虫たち　足田輝一著　草思社　1982.5 153p 18×20cm
◇樹(講談社現代新書)　足田輝一、姉崎一馬著　講談社　1983.10 160p 18cm
◇樹の文化誌(朝日選書 292)　足田輝一著　朝日新聞社　1985.11 503p 19cm
◇雑木林通信　足田輝一著　文藝春秋　1986.5 230p 19cm
◇松[日本の松(足田輝一)](日本の文様 3)　第二アートセンター編　小学館　1986.8 182p 27×22cm
◇東京の山 高尾山―身近な自然を考える　アサヒタウンズ編　朝日ソノラマ　1987.1 295p 19cm
◇桜[丘からの花見(足田輝一)](日本の名随筆 65)　竹西寛子編　作品社　1988.3 261p 19cm

◇草木夜ばなし・今や昔　足田輝一著　草思社　1989.4　334p 20cm
◇花々の染め帳　足田輝一著　東海大学出版会　1990.5　202p 20cm
◇シルクロードからの博物誌(朝日選書472)　足田輝一著　朝日新聞社　1993.4　364p 19cm
◇植物ことわざ事典　足田輝一編　東京堂出版　1995.7　338p 20cm
◇雑木林の光、風、夢　足田輝一著　文藝春秋　1997.4　254p 22cm
◇心にのこる草木の旅—足田輝一先生とともに　岡崎朗著　プリオシン　1997.4　247p 19cm

明日山 秀文
あすやま・ひでふみ

明治41年(1908年)12月2日〜
平成3年(1991年)10月4日

東京大学名誉教授

鹿児島県出生。東京帝国大学農学部〔昭和6年〕卒。農学博士。団植物病理学　賞日本植物病理学会賞(昭和51年度)「日本植物病理学会の発展に対する貢献」、日本農学賞(昭和53年度)「植物の病害をおこすマイコプラズマ様微生物の発見」、読売農学賞(第15回)〔昭和53年〕「植物の病害を起こすマイコプラズマ様微生物の発見」、日本学士院賞〔昭和53年〕。

昭和6年高知県立農学校教諭、7年東京帝国大学農学部副手、18年助教授、19年教授、44年名誉教授。同年農林省植物ウイルス研究所長。

【著作】
◇主要農作物病虫害の防ぎ方(農芸叢書 2)　上遠章、明日山秀文共著　秀英書房　1948　175p 18cm
◇植物バイラス病研究報告　明日山秀文、野口弥吉共編　養賢堂　1950　64p 図版 26cm
◇病害虫の生態と防除〔第1〕　湯浅啓温、明日山秀文共編　産業図書　1950　585p 22cm
◇農業図説大系 第3巻［病虫害(明日山秀文、河田党)］　野口弥吉編　中山書店　1954　294p 図版 22cm

麻生 慶次郎
あそう・けいじろう

明治8年(1875年)6月24日〜
昭和28年(1953年)10月28日

東京帝国大学名誉教授

東京出生。東京帝国大学農科大学農芸化学科〔明治32年〕卒。帝国学士院会員〔昭和13年〕。農学博士〔明治37年〕。団植物生理学。

植物生理化学を専攻、土壌肥料学の研究を進め、明治35年東京帝国大学助教授となり、ドイツ、フランス、イタリア、米国などに留学。帰国後、45年教授となった。我が国土壌肥料学の草分けで、オキシターゼ、アンガンの生理作用の研究などに貢献した。帝国学士院会員、特許局審判官、文部省督学官、東京農林学校長などを兼ね、昭和11年東京帝国大学名誉教授。著書に「土壌学」「土壌と肥料」「植物生理学」などがある。

【著作】
◇Introduction into chemical plant physiology, —sketches of lectures delivered by Dr. O. Loew, Professor in the Imperial University of Tokio, Japan　Edited by Keijiro Aso　K. Aso　1901　77p 23cm
◇植物生理化学　麻生慶次郎著　成美堂　1904.3　215, 7p 22cm
◇土壌学(地学叢書 第5巻)　麻生慶次郎、村松舜祐著　大日本図書　1907.12　284p 23cm
◇通俗肥料土壌論　麻生慶次郎述　愛知県農会　1914　136p 16cm
◇化学教科書—農学校用 有機編, 無機編〈改訂〉　麻生慶次郎, 片山外美雄著　成美堂書店　1916　2冊 22cm
◇稲作肥料図説 上編　麻生慶次郎著　裳華房　1918　14p 23cm
◇厩肥の話(子安叢書第6編)　麻生慶次郎著　子安農園出版部　1918　140p 19cm
◇土壌と肥料(農村更生叢書 20)　麻生慶次郎著　日本評論社　1933　302p 17cm
◇合成アンモニヤ及びより製造せらゝ新肥料に就て(農業教育パンフレット 第5)　麻生慶次郎著, 農業教育研究会編　成美堂書店　1934　30p 19cm
◇現下に於ける肥料の趨勢を論じて自給肥料の奨励に及ぶ(農業教育パンフレット 第6)　麻生慶次郎著, 農業教育研究会編　成美堂書店　1934　34p 19cm
◇土壌学 第1(岩波全書 第85)　麻生慶次郎著　岩波書店　1937　188p 17cm

◇厩肥　麻生慶次郎著　子安農園出版部　1940　169p 19cm
◇植物栄養と肥料　麻生慶次郎著　羽田書店　1948　243p 19cm
◇土壌学　第1（岩波全書 85）　麻生慶次郎著　岩波書店　1948　197p 図版 17cm

【評伝・参考文献】
◇土壌肥料新説―麻生慶次郎博士喜寿記念出版　麻生博士喜寿記念会編　養賢堂　1952　347p　表 22cm

安達 潮花（1代目）
あだち・ちょうか

明治20年（1887年）12月10日～
昭和44年（1969年）6月5日

華道家　安達式挿花創流者・初代家元
本名は安達良雄（あだち・よしお）。広島県安浦町（呉市）出生。長男は安達潮花（2代目）（安達式挿花2代目家元）、二女は安達瞳子（花芸安達流家元）。早稲田大学政経学部中退。賞勲五等瑞宝章。

幼児から池坊のいけ花を学び、明治41年大学中退後、京都六角堂池坊七夕会に出瓶して認められた。池坊から東京に派遣されたが、東京池坊派となじまず、大正4年第1回創流展を芝の紅葉館で開き、安達式飾花法家元を名乗って独立。飾花を標榜し、花型を洋裁同様のデザイン居敷で型紙化するなど新機軸を打ち出した。13年東京・青山に安達式挿花芸術学院を創立、いけ花のスクールシステムに先鞭をつけた。1年で免許状がとれるという時代に即した速成法で門下を拡大生産し、いけ花の近代化と大衆化を図った。戦後は草月流に押され、2代目は長男安達良昌が継承したが、後継を望んでいた二女瞳子は父から離脱、昭和48年花芸安達流を創始した。

【著作】
◇盛花投入大鑑　安達潮花著　泰山房　1918　469p　図版19枚 17cm
◇盛花投入標準花型図鑑　安達潮花著　安達良雄　1919　194p 28cm
◇観賞植物大図鑑　2, 7, 8月巻　安達潮花著　安達良雄　1921　3冊（82, 82, 84p）25cm
◇薫風帖　安達潮花編　潮花会　1921　図版69枚 19×26cm
◇新標準花型図講―安達式盛花投入 巻上　安達潮花著　安達良雄　1923　122p 25cm
◇盛花投入の研究―純日本室四方面三方面及洋室 第1, 2巻　安達潮花著　安達式盛花投入家元出版部　1924　2冊 19cm
◇影光帖　安達潮花著　安達式盛花投入家元　1925　図版49枚 21×31cm
◇安達式盛花投入新標準花型全図説―大正十五年版研精録詳解 上　安達潮花著　安達良雄　1926　172p 25cm
◇花型ノート―安達盛花投入家元指定 2 八月～十一月　安達潮花著　安達式盛花投入家元　1933　1冊（頁付なし）20cm
◇安達式盛花投入教授員養成講座 巻1～11　安達潮花著　安達式盛花投入家元　1935～1936 19cm
◇前期三十六花型範例写真　安達潮花作　安達式盛花投入家元　1935　1冊（頁付なし）19cm
◇女学校の挿花教育に関する私見―安達式挿花芸術学校の方針と現状　安達潮花著　安達式盛花投入家元　1937　63p 20cm
◇青年学校挿花教授法指導講座 第1年1期　安達潮花著　安達挿花芸術学校　1939　152p 20cm

【評伝・参考文献】
◇伝―安達潮花　安達瞳子編　安達潮花顕彰出版委員会　1987.6　2冊（別刷とも）27cm
◇華日記―昭和生け花戦国史　早坂暁著　新潮社　1989.10　350p 19cm

安達 瞳子
あだち・とうこ

昭和11年（1936年）6月22日～
平成18年（2006年）3月10日

華道家　花芸安達流主宰、花芸安達会会長
東京都港区出生。父は安達潮花（1代目，華道家）、兄は安達潮花（2代目，華道家）。学習院女子高等科卒。団日本ツバキ協会（会長）。

安達式挿花初代家元・安達潮花の二女として生まれる。60年の伝統ある流派の次期家元として育てられるが、昭和43年父との考え方の相違を理由に独立、安達瞳子制作室を設立。48年より別派の花芸安達流を主宰、日本の伝統的な華道と西洋芸術との融合を追究。55年2代目家元

となった長兄・良昌の急死を機に安達式は免許状や機関誌発行など一切の活動をやめ、56年事実上花芸安達流として一本化した。61年には新本部・花芸の館を建設。外部のいけ花団体には一切加盟せず独自の道を歩んだ。茶花、特にツバキに関心を持ち、日本ツバキ協会会長も務めた。一方、着物の似合う才女としてテレビ、ラジオなどでも活躍、NHKのバラエティ番組「連想ゲーム」で長く解答者を務めた。著書に「花芸への道」「花芸365日」「道・桜仙抄」「椿しらべ」などがある。

【著作】
◇伝―安達潮花　安達瞳子編　安達潮花顕彰出版委員会　1987.6　2冊（別冊とも）27cm
◇瞳子、花あそび。　安達瞳子著、中川十内撮影　文化出版局　1991.7
◇花芸365日　安達瞳子著　小学館　1994.4　176p 30cm
◇道―桜仙抄　安達瞳子著　六耀社　1994.12　142p 31×31cm
◇桜の木―丹地保堯写真集　丹地保堯著、安達瞳子文　小学館　1998.4　112p 25×27cm
◇椿しらべ　安達瞳子著　講談社　1999.3　242p 21cm
◇花を生ける―花と芸術　安達瞳子著　農山漁村文化協会　2004.12　36p 31cm

【評伝・参考文献】
◇安達瞳子の花一路　荒井魏著　毎日新聞社　2000.2　269p 20cm

跡見 玉枝
あとみ・ぎょくし

安政6年（1859年）4月〜昭和18年（1943年）8月7日

日本画家

本名は跡見勝子。別号は不言庵。江戸出生。従姉は跡見花蹊（女子教育家・画家）。師は跡見花蹊。

跡見花蹊の従妹。花蹊、玉泉に絵を習い、明治7年京都に移住。11年から京都高等女学校で写生画の教師をつとめた後、19年東京に戻り、神田に私塾を開く。13年日本画会展に「薔薇」を出品、その後、東京、京都、奈良などの博覧会、共進会に出品、前後8回銅賞を受けた。30年渡米、帰国後、内親王御用掛となる。桜花の写生が得意で、昭和8年皇室御用命で御苑のサクラを写生、当時の皇后陛下（香淳皇后）に画帖を献上し、10年には照宮内親王の御用命で桜花の大幅3点を写生した。のち絵画精華会を開いて良家の子女に絵を教えた。

【著作】
◇みくにの花の香　跡見勝子編　跡見勝子　1920　1冊（図版）肖像 26cm

阿部 亀治
あべ・かめじ

慶応4年（1868年）3月9日〜
昭和3年（1928年）1月2日

篤農家

出羽国田川郡大和村（山形県庄内町）出生。小学校中退。[賞]農事功労賞〔大正10年〕、藍綬褒章〔昭和2年〕。

出羽に大地主・本間家の小作人の長男として生まれる。12歳から家業に従事、少ない土地で米の収量をあげるため乾田馬耕、耕地整理、水稲品種改良などの研究に尽力。25歳の時、隣村の熊谷神社を参拝した際に冷害にやられたイネの中で起立して穂を付けていたイネに着目、譲り受けて栽培と種子選別を重ね、明治30年冷害に強い水稲品種'亀の尾'を作り上げた。同品種は全国で作付けされ、コシヒカリ、ササニシキ、あきたこまちなどの良質米のルーツとなったことで知られる。昭和に入ってからは新品種の登場により飯米としては姿を消したが、酒米として再び注目された。

【評伝・参考文献】
◇稲の新品種の創選者阿部亀治（近世日本興業偉人伝 12）　今野賢三著　日本出版社　1943　245p 19cm
◇庄内における水稲民間育種の研究　菅洋著　農山漁村文化協会　1990.3　318p 21cm
◇農業技術を創った人たち 2　西尾敏彦著　家の光協会　2003.1　379p 19cm

安部 熊之助
あべ・くまのすけ
文久元年（1862年）12月19日〜
大正14年（1925年）8月24日

園芸家, 農村指導者, 政治家　衆院議員
旧姓名は岩松。別名は熊之輔。豊前国企救郡長浜浦（福岡県北九州市小倉北区）出生。祖父は岩松助左衛門（庄屋, 社会事業家）。

明治10年に上京し、製缶所に勤務しながら独学で農業書を学ぶ。14年から中部地方各地を巡り、山梨県の広大なブドウ畑に影響されて果樹園芸を志した。18年に帰郷、県農会や帝国農会の会員として農村の指導に当たり、38年には私財を投じて足立山麓に園芸模範場を開き、果樹栽培の試験を行うなど農民福祉の向上と農業技術の改良に大きく貢献。また31年に福岡県議となるなど政界でも活動し、大正4年には衆院議員に当選して立憲政友会に所属、1期2年を務めた。著書に「日本の蜜柑」がある。

【著作】
◇果樹［日本の蜜柑（安部熊之輔）］（明治農書全集 第7巻）　松原茂樹編集　農山漁村文化協会　1983.12　507, 7p 22cm
◇日本の密柑　〔復刻版〕（明治後期産業発達史資料 第444巻）　安部熊之輔　龍溪書舎　1998.12　300p 21cm

阿部 将翁
あべ・しょうおう
寛文6年（1666年）〜
宝暦3年1月26日（1753年2月28日）

本草学者
別名は照任, 通称は友之進, 字は享, 別号は将翁軒, 丹山。陸奥国盛岡（岩手県）出生。

延宝年間（1673〜1680年）大坂に向かう航海中に清国のマカオに漂着。それから十数年間中国に滞在し、杭州で医学と本草学を修めたといわれる。やがて商船に乗って長崎に帰り、のち江戸に住んだ。帰国後は医業を専らとしたが、本草についても深く研究し、不明な点は長崎まで赴いて清国人に質問したりしたという。享保7年（1722年）幕府が国産薬物開発を拡大するに当たって本草に精通した人材を募集した際、意見書が認められ、幕府の採薬使に就任。以来、享保14年（1729年）まで全国各地で採薬を行い、数多くの金石や動植物標本を収集した。この間、3回蝦夷地に赴き、龍涎や附子などを得た。享保13年（1728年）には江戸・紺屋町に土地を与えられ、薬用植物の栽培・管理に従事。朝鮮人参栽培の普及や甘藷（サツマイモ）からの砂糖製造にも尽くし、世を益するところが大きかった。実利を重んじ、現地への採訪と実験による研究を推奨、江戸期に発展する物産学の基礎を築くとともに近代的植物学の先駆者と評される。著書に「上言本草」「薬草御用勤書」「本草徴義」「採薬使記」などがある。

【著作】
◇南部叢書 第10冊［薬草御用書・上（阿部友之進）］　南部叢書刊行会編　歴史図書社　1971　655p 22cm
◇採薬志1［採薬使記（阿部友之進）］（近世歴史資料集成 第2期 第6巻）　浅見恵, 安田健訳編　科学書院　1994.10　1257, 63p 27cm

【評伝・参考文献】
◇江戸期のナチュラリスト（朝日選書 363）　木村陽二郎著　朝日新聞社　1988.10　249, 3p 19cm
◇本草百家伝・その他（白井光太郎著作集 第6巻）　白井光太郎著, 木村陽二郎編　科学書院, 霞ケ関出版〔発売〕　1990.3　355, 63p 21cm

阿部 近一
あべ・ちかいち
明治41年（1908年）3月11日〜
平成5年（1993年）2月8日

植物研究家　徳島県文化財保護審議会会長
息子は阿部明士（日本イヌワシ研究会会長）。徳島師範学校卒。賞地域文化功労者〔平成2年〕，日本鳥類保護連盟総裁賞。

徳島県内の小、中学校教師を経て、昭和39年退職。この間22年より県史跡名勝天然記念物調査員、県鳥獣審議会委員などを務め、63年県文化財保護審議会会長に就任。また植物研究家としても知られ、タヌキノショクダイなど新種の植物を発見、平成2年研究成果をまとめた「徳島県植物誌」を出版した。

【著作】
◇阿波研究―飯田義資先生還暦記念論文集［徳島県における蛇紋岩植物と石灰岩植物の相関（阿部近一）］　岸本実、福井好行共編　飯田義資先生還暦記念祝賀会〔ほか〕　1955　188p 22cm
◇徳島の植物（徳島郷土双書41）　阿部近一著　徳島県教育会出版部　1967　209p（図版共）19cm
◇徳島県陸産ならびに淡水産貝類誌　阿部近一著　教育出版センター　1981.6　88p 図版29枚 26cm
◇徳島県野草図鑑 上・下　阿部近一解説・写真　徳島新聞社　1983.8～1984.6　19cm
◇徳島県植物誌―1990　阿部近一著　教育出版センター　1990.7　580p 図版68枚 27cm

【評伝・参考文献】
◇阿波学会40周年記念誌［故阿部近一先生を偲んで］　阿波学会編　徳島県立図書館　1994.10　141p 26cm

阿部　忠三郎
あべ・ちゅうざぶろう

明治41年（1908年）2月12日～
平成2年（1990年）3月11日

農業技術者
山形県出身。村山農学校卒。
　大麦の山形県奨励品種'置賜1号'を育成し、肥料分施技術を確立して水稲の安定多収栽培につくす。昭和42年から"山形県60万トン米づくり運動"を推進した。

【著作】
◇五石どりのイネつくり　阿部忠三郎著　農山漁村文化協会　1960　265p 19cm
◇農家のための菊つくり入門〈復刊〉　阿部忠三郎著　農山漁村文化協会　1999.3　241p 19cm

阿部　喜任
あべ・よしとう

文化2年（1805年）～明治3年（1870年）10月20日

本草学者、医師
字は亨父、通称は友之進、号は櫟斎、巴菽園。江戸出生。祖父は阿部将翁（本草学者）。師は岩崎灌園、曽占春。
　幕府に仕えた本草学者・阿部将翁（照任）の孫。岩崎灌園・曽占春に師事して本草学を修め、江戸・本石町一丁目で医業を営みながら著述に勤しんだ。その傍ら日本の各地を遊歴し、旅先の植物・産物を調査。文久2年（1862年）には幕府軍艦・咸臨丸で小笠原諸島に渡って同地の植物を調査し、日本で初めてパイナップルやバナナを紹介した。また、英語にも堪能で、慶応3年（1867年）には「英吉利文典」「英語箋階梯」などの辞書・文法書を編んでいる。著書は他に「南嶼行記」「蝦夷行程記」「隠居放言」「枕草子草木考」などがある。

【著作】
◇南嶼産物志 木部　阿部喜任著　写本　〔出版年不明〕　40丁 27cm
◇蝦夷行程記―2巻　阿部喜任纂述　〔出版者不明〕　1856序　41, 41丁 11×16cm
◇駆蟲法方―勧農必携　安倍喜任口授, 安倍為任増訂　安倍為任　1878.8　13丁 23cm
◇南部叢書 第10冊［薬草御用書・上（阿部友之進）］　南部叢書刊行会編　歴史図書社　1971　655p 22cm
◇食物本草本大成 12［救歉拳要（阿部喜任）］　吉井始子編　臨川書店　1980.9　12冊 22cm
◇道中記集成 第33巻［蝦夷行程記（阿部喜任）］　今井金吾監修　大空社　1997.6　304, 10p 22cm
◇近世紀行文集成 第1巻（蝦夷篇）［蝦夷行程記（阿部櫟斎）］　板坂耀子編　葦書房　2002.6　526p 20cm

阿部　与之助
あべ・よのすけ

天保13年（1842年）12月～
大正2年（1913年）6月30日

北海道開拓者
出羽国飽海郡南平田村(山形県酒田市)出生。

出羽南平田村・忠五郎の三男に生まれ、明治3年北海道岩内に渡る。6年札幌、8年白石に移り住み商店員、農業、飲食店業などを経て、豊平村(札幌市)で木材・雑穀商と土地開墾事業を始め、これが成功し巨万の富を得る。9年部落伍長、11年村総代人となり、学校の新設、道路の建設、造林などの公共事業に寄付金のほか所有地を提供するなどして尽力。30年から大正元年にかけて精進川沿いに行った大掛かりな植林は模範林として表彰された。

【評伝・参考文献】
◇開拓使時代(さっぽろ文庫50) 札幌市教育委員会編 北海道新聞社 1989.9 317p 19cm

天野 鉄夫
あまの・てつお

明治45年(1912年)3月31日～
昭和60年(1985年)7月24日

農業技術者 琉球林業協会長

旧姓名は金城鉄郎。沖縄県出身。沖縄農林学校〔昭和6年〕卒、農林省茶業講習所〔昭和8年〕卒。

戦前は沖縄県国頭郡農会技手を経て、北支那農事試験場に勤務。その間、植物採集を行った。戦後は琉球政府農林部長などを歴任し、沖縄県緑化推進委員会委員長、琉球林業協会長を務めた。琉球では広く、高等植物、コケ類などの調査と採集を行い、琉球列島の植物相解明に大きな貢献をなした。著書に「琉球列島植物方言集」など。

【著作】
◇沖縄植物目録 初島住彦,天野鉄夫編 沖縄生物教育研究会 1959 175, 10p 26cm
◇沖縄植物雑報 金城鉄郎著 天野鉄夫 1976.12 87p 21cm
◇沖縄動植物研究史 高良鉄夫,天野鉄夫著 「沖縄動植物研究史」刊行会 1977.2 129p 22cm
◇八重山植物の研究 高嶺英言著 天野鉄夫 1977.4 42p 21cm
◇琉球植物目録 初島住彦,天野鉄夫著 でいご出版社 1977.10 282p 26cm
◇琉球列島植物方言集 天野鉄夫編 新星図書出版 1979.6 303p 19cm
◇琉球列島有用樹木誌 天野鉄夫著 琉球列島有用樹木誌刊行会 1982.11 255p 27cm
◇私の戦後史 第8集 沖縄タイムス社編 沖縄タイムス社 1985.3 340p 20cm
◇蔓草庵資料 第1号～3号 天野鉄夫編 金城功 1986.5 38, 52, 43p 25cm

【評伝・参考文献】
◇琉球植物誌 初島住彦著 沖縄生物教育研究会 1971 940p 図 肖像20枚 27cm
◇天野鉄夫文庫展示目録―読書週間行事 沖縄県立図書館編 沖縄県立図書館 1987.11 64p 26cm

雨宮 竹輔
あめみや・たけすけ

万延元年(1860年)4月8日～
昭和17年(1942年)6月18日

園芸家
甲斐国牛奥村(山梨県甲州市)出生。

明治17年同郷の実業家・雨宮敬次郎を頼って上京し、小沢善平の谷中撰種園でブドウ栽培とワイン醸造法を学ぶ。19年郷里の山梨県に帰り、東京から持ち帰った'デラウェア'種の試植に成功。以後はその栽培と普及に努めるとともに、白渋病やフィロキセラなどの病害の防除にも力を尽くし、今日のブドウ栽培の基礎を作った。"デラ葡萄の父"と呼ばれ、没後の昭和31年には塩山雨敬橋のたもとに頌徳碑が建立された。

荒尾 宏
あらお・ひろし

?～平成15年(2003年)2月6日

植物研究家
團トキワマンサク。
　熊本県の植物を調査研究し、荒尾市の小岱山麓で希少植物トキワマンサクの自生地を確認した。保護にも尽力した。

荒木 英一
あらき・えいいち

明治37年（1904年）～昭和30年（1955年）11月29日

植物研究家
京都府福知山市出生。京都府師範学校（現・京都教育大学）〔大正14年〕卒。
　京都府福知山で小学校教師を務める傍ら、大江山、三岳山を中心に丹波の植物を採集。丹後の野村登、但馬の岩野頼三郎と三丹植物同好会を結成し、熊野郡植物、磯子植物、大江山植物などの目録を作成した。京都の博物同好会で理事を務め、機関誌「野外植物」に精力的に発表。昭和7年京都市の京極小学校に転任、小泉源一、田代善太郎、田川基二に師事して本格的な研究に入ったが、病を得て、16年退職。その後も亡くなるまで病床にて研究を続けた。

新崎 盛敏
あらさき・せいびん

明治45年（1912年）5月28日～
平成元年（1989年）10月26日

東京大学名誉教授
沖縄県那覇市出生。東京帝国大学農学部〔昭和11年〕卒。農学博士。團水産植物学。
　旧制七高造士館理科甲類から東京帝国大学農学部水産学科に進み、卒業後は三井海洋生物研究所研究員を経て、昭和11年より東京帝国大学助手として農学部附属水産実験所に勤務（のち同所長）。水産植物の養殖・発生・生理及び生態の研究に従事し、水産植物分類学、特にアオサやウシケノリ、生地沖縄に多く生育するカサノリの分類にも通じた。また22年の学位論文となった「アサクサノリの腐敗病に関する研究」を発表するなど、長年我が国の海苔養殖に甚大な被害を与えてきた病害の解明に尽くすとともに、世界に先駆けて海洋植物生理学という新分野を創設し、その発展及び教育にも貢献した。23年東京大学助教授、39年教授となり、水産海洋学講座を担当。48年定年退官し、54年まで日本大学農獣医学部教授を務めた。日本学術会議会員、日本海難防止協会水質汚染対策委員会会長や、海藻漁礁研究会会長なども歴任。編著に「水産学集成」（共著）や「原色海藻検索図鑑」「海藻のはなし」（新崎輝子との共著）などがある。

【著作】
◇蝦蟹介藻500種―携帯図鑑　大島泰雄, 新崎盛敏著　日本農林社　1953　224p 15cm
◇原色海藻検索図鑑　新崎盛敏著　北隆館　1964　217p（図版共）22cm
◇海［海の生物資源（新崎盛敏）］（東京大学公開講座15）　東京大学出版会　1972　304p 19cm
◇環境と生物指標 2水界編［生物指標としての海藻（新崎盛敏）］　日本生態学会環境問題専門委員会編　共立出版　1975　310, 4p 22cm
◇海藻（海洋科学基礎講座5）　新崎盛敏〔著〕　東海大学出版会　1976.4　451p 21cm
◇海藻のはなし（東海科学選書）　新崎盛敏, 新崎輝子著　東海大学出版会　1978.7　228p 19cm
◇原色新海藻検索図鑑　新崎盛敏著, 徳田廣編　北隆館　2002.9　205p 22cm

安西 安周
あんざい・やすちか

明治23年（1890年）～昭和44年（1969年）4月4日

漢方医, 医史学者　日本医史学会理事
栃木県出生。東京帝国大学医科大学卒。
　皮膚病理梅毒学を専攻し、大正13年東京帝国大学医科大学生理学教室に入り、かたわら文学部聴講生として宗教哲学を学んだ。15年浅田流漢方を研修し、昭和3年漢方専門医を開業。日本大学医史学講師、日本医史学会理事を務めた。著書に「日本儒医研究」「明治先哲医話」「漢方の真義と新食養法」「実験漢方新解」「漢方読本」などがある。

【著作】
◇実験漢方新解　安西安周著　億兆社　1934　190p 16cm
◇漢方読本　安西安周著　両全堂　1935　202, 12p 18cm
◇療難百則　尾台榕堂、浅田栗園著、安西安周訳注　億兆社　1935　162, 10p 19cm
◇明治先哲医説　安西安周著　竜吟社　1942　346p 19cm
◇日本儒医研究　安西安周著　竜吟社　1943　682p 21cm
◇漢法の臨床と処方　安西安周著　南江堂　1959　227p 図版　19cm
◇日本医道論—遺稿　安西安周著　東亜医学協会〔1971〕　150p（肖像共）21cm
◇日本儒医研究　安西安周著　青史社　1981.8　643, 39, 6p 22cm
◇安西安周選集 全4巻　安西安周〔著〕, 長谷川弥人編　たにぐち書店　2002.8　22cm

安藤 昌益
あんどう・しょうえき

元禄16年（1703年）～
宝暦12年10月14日（1762年11月29日）

漢方医, 思想家

字は良中, 号は確龍堂。出羽国秋田郡二井田村下村（秋田県大館市二井田）出生, 陸奥国（青森県）出身。

詳細な経歴は不明で, 延享元年（1744年）頃に陸奥八戸で町医者をしていたこと, 出羽秋田郡二井田村で没した事だけが確実とされる。その思想は, 生態系や共生思想に通じるものがあり, また, 封建的な身分制度を否定した徹底的な平等主義が特色。一方, 医者としての立場から心身共に健全な生き方を行うように勧めた。晩年を過ごした大館地方においては, 没後に"守農太神"と称されて崇拝されたものの, 一般には明治になって狩野亨吉が著書の『自然真営道』を入手して, その思想を紹介するまではまったく知られていなかった。他の著書に『統道真伝』など。

【評伝・参考文献】
◇安藤昌益と自然真営道　渡辺大濤著　木星社書院　1930　329p 19cm
◇忘れられた思想家—安藤昌益のこと 上・下（岩波新書 第25, 26）　E. ハーバート・ノーマン著, 大窪愿二訳　岩波書店　1950　2冊 図版 19×11cm
◇現代日本思想大系 第27 歴史の思想［人間 安藤昌益（狩野亨吉）］　桑原武夫編　筑摩書房　1965　414p 20cm
◇安藤昌益　桜田常久著　東邦出版社　1969　230p 20cm
◇安藤昌益と自然真営道　渡辺大濤著　勁草書房　1970　433p 図版11枚 20cm
◇洋学思想史論　高橋磌一著　新日本出版社　1972　348p 19cm
◇安藤昌益　八戸市立図書館編　伊吉書院　1974　501p 図 19cm
◇安藤昌益—郷土の思想家（郷土の先人を語る）　八戸市立図書館　1974　170p 図 18cm
◇安藤昌益（平凡社選書）　安永寿延著　平凡社　1976　306p 20cm
◇先駆安藤昌益　寺尾五郎著　徳間書店　1976　413p 20cm
◇安藤昌益入門—花岡事件から昌益の発掘・教材化まで　秋田県歴史教育者協議会編, 佐藤貞夫, 佐藤守著　民衆社　1977.8　140p 19cm
◇安藤昌益の闘い（人間選書 15）　寺尾五郎著　農山漁村文化協会　1978.6　254p 19cm
◇安藤昌益と中江兆民（レグルス文庫）　安永寿延著　第三文明社　1978.10　178p 18cm
◇追跡安藤昌益　川原衛門著　図書出版社　1979.5　222p 20cm
◇安藤昌益の世界—18世紀の唯物論者　ラードゥリ＝ザトゥロフスキー著, 村上恭一訳　雄山閣出版　1982.10　224p 22cm
◇安藤昌益の思想的風土・大館二井田民俗誌　三宅正彦編　そしえて　1983.5　414p 22cm
◇追跡安藤昌益の秘密結社　川原衛門著　農山漁村文化協会　1983.7　246p 20cm
◇よくわかる安藤昌益—その生涯と思想　佐藤貞夫著　秋田文化出版　1986.1　216p 19cm
◇人間安藤昌益—写真集　安永寿延編著, 山田福男写真　農山漁村文化協会　1986.10　126p 22cm
◇甦る!安藤昌益　寺尾五郎, いいだもも, 石渡博明編　社会評論社　1988.3　296p 21cm
◇安藤昌益と八戸の文化史—上杉修遺稿集　上杉修著　八戸文化協会　1988.8　255p 20cm
◇安藤昌益の思想　和田耕作著　甲陽書房　1989.11　398p 20cm
◇日本エコロジズムの系譜—安藤昌益から江渡狄嶺まで　西村俊一著　農山漁村文化協会　1992.6　272, 6p 22cm
◇論考安藤昌益　寺尾五郎著　農山漁村文化協会　1992.9　572p 22cm
◇安藤昌益と三浦梅園　和田耕作著　甲陽書房　1992.10　305p 20cm
◇安藤昌益—研究国際化時代の新検証　安永寿延著　農山漁村文化協会　1992.10　328p

- ◇小説・安藤昌益—現代への伝言・自然真営道　林太郎著　なのはな出版　1993.8　250p 19cm
- ◇安藤昌益—日本・中国共同研究　農山漁村文化協会編　農山漁村文化協会　1993.10　333, 9p 22cm
- ◇八戸における安藤昌益　安藤昌益基金編　安藤昌益基金　1995.10　79p 19cm
- ◇安藤昌益の「自然正世」論　東条栄喜著　農山漁村文化協会　1996.2　249p 22cm
- ◇安藤昌益の自然哲学と医学—続・論考安藤昌益（上）　寺尾五郎著　農山漁村文化協会　1996.3　465p 22cm
- ◇猪・鉄砲・安藤昌益—「百姓極楽」江戸時代再考（人間選書 192）　いいだもも著　農山漁村文化協会　1996.3　270p 19cm
- ◇安藤昌益の社会思想—続・論考安藤昌益（下）　寺尾五郎著　農山漁村文化協会　1996.4　480p 22cm
- ◇安藤昌益と地域文化の伝統　三宅正彦著　雄山閣　1996.5　413p 22cm
- ◇安藤昌益の学問と信仰　萱沼紀子著　勉誠社　1996.5　414p 22cm
- ◇安藤昌益と『ギャートルズ』　高野澄著　舞字社　1996.10　284p 20cm
- ◇安藤昌益と八戸藩の御日記　野田健次郎著　岩田書院　1998.4　148p 21cm
- ◇安藤昌益からの贈り物—石垣忠吉の物語　萱沼紀子著　東方出版　2001.1　228p 20cm
- ◇安藤昌益の思想史的研究　三宅正彦編　岩田書院　2001.11　523p 27cm
- ◇安藤昌益（日本アンソロジー）　尾藤正英, 松本健一, 石渡博明編　光芒社　2002.1　387p 19cm
- ◇八戸の安藤昌益（八戸の歴史双書）　稲葉克夫著　八戸市　2002.3　193p 19cm
- ◇昌益研究かけある記　石渡博明著　社会評論社　2003.10　366p 20cm
- ◇今にして安藤昌益—安藤昌益を読む人のために　稲葉守著　風濤社　2004.2　189p 20cm
- ◇安藤昌益からみえる日本近世　若尾政希著　東京大学出版会　2004.3　388, 17p 22cm
- ◇安藤昌益　狩野亨吉著　書肆心水　2005.11　125p 20cm

【その他の主な著作】
- ◇統道真伝 上・下（岩波文庫）　安藤昌益著, 奈良本辰也訳注　岩波書店　1966, 1967　443p 15cm
- ◇日本古典文学大系 第97 近世思想家文集〔自然真営道・統道真伝〔抄〕（安藤昌益著 尾藤正英校注）〕　岩波書店　1966　724p 図版 22cm
- ◇稿本自然真営道（東洋文庫 402）　安藤昌益〔著〕, 安永寿延校注　平凡社　1981.10　411p 18cm

安藤　忠彦
あんどう・ただひこ

大正13年（1924年）6月3日～
平成14年（2002年）10月13日

日本大学農獣医学部教授

東京出生。東京大学農学部農芸化学科〔昭和24年〕卒。農学博士。専 遺伝生化学, 微生物酵素学, 農芸化学 所 日本農芸化学会, 日本生化学会, 日本分子生物学会 賞 日本農芸化学会鈴木賞（昭和56年度）「ヌクレアーゼS1の発見と核酸分解酵素の研究」, 科学技術庁長官賞研究功績者表彰（昭和58年度）, 紫綬褒章〔平成3年〕, 勲三等瑞宝章〔平成8年〕。

理化学研究所研究生を経て, 昭和25年同所へ入所。32～34年フルブライト交換研究員（米国・ネブラスカ大学）。34年理化学研究所研究員, 41年副主任, 47年主任研究員, 60年同研究顧問, 61年日本大学教授を歴任した。

【著作】
- ◇栄養士のための実験書［食用微生物実験（安藤忠彦）］　掛川俊二等著　医歯薬出版　1962　318p 22cm
- ◇微生物学基礎講座 8巻 遺伝子工学　安藤忠彦, 坂口健二編　共立出版　1987.10　523p 22cm
- ◇Applied biological science—proceedings of the Nihon University International Symposium on Applied Biological Science, Biological Functions and Application, July 11-14, 1990 Tokyo　Edited by Tadahiko Ando　Nihon University　1991　ii, 189p ill 26cm
- ◇はなやかなバイオ技術（最先端技術 3）　広川秀夫, 軽部征夫, 熊倉鴻之助, 安藤忠彦, 水谷広, 金井寛著　森北出版　1992.1　186p 19cm

安藤　広太郎
あんどう・ひろたろう

明治4年（1871年）8月1日～
昭和33年（1958年）10月14日

農学者, 農政家　農林省農事試験場長

柏原県氷上郡柏原村（兵庫県丹波市）出生。東京

帝国大学農科大学農学科〔明治28年〕卒。帝国学士院会員〔昭和10年〕。農学博士〔大正8年〕。団作物育種学賞文化功労者〔昭和28年〕，文化勲章〔昭和31年〕。

実家は製油業を営む素封家。当初は応用化学を志すが、東京帝国大学農科大学に進み農学を専攻した。明治28年農商務省農事試験場に入って技手試補となり、29年技手、31年技師を経て、37年種芸部長、大正9年同場長。14年茶業試験場長、園芸試験場長を兼務。昭和16年退官。この間、大正10年〜15年九州帝国大学教授、12年〜昭和7年東京帝国大学教授を兼任した。10年帝国学士院会員、28年文化功労者、31年文化勲章。農業行政官としては、風土・環境の違いに応じて全国をいくつかの生態区に分け、国公立と県府の農業試験場の役割分担体制を整えた上で、国公立は基礎研究、県府はその土地に応じた優良品種の育成を行い、その品種名に「農林番号」を附して普及を図るという組織的な人工育種体制の確立に尽力。この制度は他に類例を見ない卓越した品種改良計画として大きな成果を上げ、世界的にも高い評価を得た。研究者としては、加藤茂苞と共にイネの人為交配による新種作成に取り組み、育種知識の普及にも力を注いだ。また凍霜害など農業災害に関する研究が多く、大正8年「植物ノ凍死及其耐寒性ニ関スル研究」で農学博士号を取得。東北地方の冷害に関してはその原因を寒暖流の水温に求める説を唱え、稲垣乙丙、遠藤吉三郎と論争を繰り広げた。農事試験場長退官後は稲作伝来の研究に専念し、昭和26年集大成として「日本古代稲作史雑考」を刊行した。

【著作】
◇稲作ニ関スル講話筆記　安藤広太郎述　諏訪郡農会　1900.3　38p 図版 20cm
◇稲作要綱　安藤広太郎著　大日本農会　1903.4　33p 23cm
◇実験牛馬耕伝習新書　小田東畊著, 安藤広太郎校　東京興農園　1906.5　82p 23cm
◇品種改良ニ関スル理論ノ摘要　〔安藤広太郎述〕、山口県内務部編　山口県内務部　1916　100p 21cm
◇米麦の品種改良　安藤広太郎著　神奈川県内務部　1916　102p 23cm
◇米麦品種改良　安藤広太郎講演, 愛知県内務部〔編〕　愛知県内務部　1917　98p 18cm
◇道府県農会主任技師講習会講演集　第1回［最近農業界に於ける技術上の進歩（安藤広太郎）］　帝国農会〔編〕　帝国農会　1918　22cm
◇成田山講演集［米の生産消費及価格に就て（安藤広太郎）］　小財捨太郎編　国産奨励会　1920　316p 22cm
◇地方小作官講習会講演集［米作豊凶論及収量査定法（安藤広太郎）］　農林省農務局編　帝国農会　1925　255p 22cm
◇第二十五週年記念論文集［将来に於ける米穀の需要額及内地の供給額に関する推算（安藤広太郎）］　大日本米穀会　1931　468p 図版 23cm
◇満蒙事情講習会記事［満州農業事情（安藤広太郎）］　偕行社編　偕行社　1934　277p 19cm
◇内原青年講演集 第4,5巻［東亜農業諸問題（安藤広太郎）］　週刊産業社　1941　337p 19cm
◇日本古代稲作史雑考　安藤広太郎著　地球出版　1951　163p 22cm
◇新嘗の研究 第1輯［稲の伝統について（安藤広太郎）］　にひなめ研究会編　創元社　1953　256p 図版5枚 22cm
◇稲の日本史〔第1〕（稲作史研究叢書 第1集）　盛永俊太郎編　農林協会　1955　256p 図版 19cm
◇日本農業発達史—明治以降における 第5巻［農事試験場の設立前後—安藤広太郎博士の語る（農業発達史調査会編）〕　農業発達史調査会編　中央公論社　1955　818p 22cm
◇稲の日本史（農業綜合研究所刊行物 第127号）　盛永俊太郎編　農林省農業総合研究所　1956　256p 図版 19cm
◇稲の日本史 第3（農業総合研究所刊行物 第176号）　盛永俊太郎編　農林省農業総合研究所　1958　279p 図版 18cm
◇日本古代稲作史研究（稲作史研究叢書）　安藤広太郎著, 盛永俊太郎編　農林協会　1959　383p 図版 19cm
◇稲の日本史 上（筑摩叢書）　盛永俊太郎等編　筑摩書房　1969　374p 図版10枚 地図 19cm
◇論集日本文化の起源 4 民族学2［稲の伝来（安藤広太郎）］　江上波夫編　平凡社　1984.4　603p 22cm

【評伝・参考文献】
◇近代日本生物学者小伝　木原均ほか監修　平河出版社　1988.12　567p 22cm
◇農の源流を拓く―続・碑文は語る農政史　中村信夫著　家の光協会　1989.1　309p 19cm

安楽庵策伝

あんらくあんさくでん

天文23年（1554年）〜

寛永19年1月8日（1642年2月7日）

僧侶（浄土宗）
諱は日快、号は醒翁。美濃国（岐阜県）出生。

　幼少の頃、美濃の浄音寺で出家。永禄7年（1564年）京都に上って東山禪林寺に入り、甫叔に師事した。天正年間に芸備地方で説法や七か寺の創建・中興に当たるなど、布教に尽力。文禄3年（1594年）和泉堺の正法寺の第13世住持となり、さらに美濃浄音寺、立政寺を経て、慶長18年（1613年）浄土宗西山深草派総本山である京都誓願寺法主となる。元和2年（1616年）宮中清涼殿で曼荼羅を講じ、5年（1619年）後水尾天皇より紫衣の勅許を賜った。9年（1623年）誓願寺の竹林院に安楽庵を結んで隠居。以後は和歌や茶道を楽しみ、徳川家光や近衛信尋、小堀遠州、松花堂昭乗など多くの公家や文化人らと交遊した。彼は話芸や説法に巧みで、京都所司代・板倉重宗は彼の話の面白さを認めて草子に書きとめておくことを依頼。これによって出来上がったのが「醒睡笑」8巻で、自分の見聞きした逸話・笑い話の他、「宇治拾遺物語」「沙石集」「伊曾保物語」などから着想を得たものなどもあり、中には「子ほめ」「星とり竿」「平林」といった落語の原型となった話もあることから、江戸咄本の源流、落語家の祖とされる。またツバキの収集にも熱心で、自宅に植えた百種のツバキについて、その命名や変種の由来などを記した「百椿集」を編んでいる。飛騨高山城主で茶人でもあった金森長近の弟といわれる（異説あり）。

飯柴 永吉
いいしば・えいきち

明治6年（1873年）2月26日～
昭和11年（1936年）6月17日

三重県一志郡中原村（松阪市）出生。
　明治24年三重県の中原尋常高等小学校教諭となり、34年退職して上京。36年より仙台市の東北学院中校に勤務。教職の傍ら蘚苔類の研究に従事し、45年植松栄次郎、加藤鉄次との共著で我が国初の蘚苔類関係の図説集「普通日本蘚苔類図説」を刊行。また「日本産蘚類総説」「日本産苔類総説」を著し、日本産蘚苔類の植物相解明に力を注いだ。大正8年仙台の大火のため大半の標本を焼失した。

【著作】
◇普通日本蘚類図説　飯柴永吉等著　成美堂　1912.1　568p 17cm
◇日本産蘚類総説　飯柴永吉著　西ケ原刊行会　1929　325p 23cm
◇日本苔類総説　飯柴永吉著　植物学同志会　1930　94p 22cm
◇日本産蘚類の分類―附・続日本産蘚類総説　飯柴永吉著　西ケ原刊行会　1932　176, 4, 4p 23cm
◇日本産蘚類総説　続　飯柴永吉著　西ケ原刊行会　1932　176p 図版 23cm

飯島 隆志
いいじま・たかし

大正5年（1916年）7月8日～
平成16年（2004年）1月3日

信州大学名誉教授
長野県伊那市出身。東京農業教育専門学校経済学部農学科卒、立命館大学経済学部〔昭和27年〕卒。農学博士。専植物生理学　団日本ビタミン学会, 日本農芸化学会, 日本食品工業会　賞勲二等瑞宝章〔平成4年〕。

　昭和18年奈良師範学校助教授、20年長野青年師範学校助教授、22年長野県立農林専門学校助教授を経て、37年信州大学教授。51年農学部長。57年退官、名誉教授。飯田女子短期大学教授、58年長野県農村工業研究所参与も務めた。この間、44年カリフォルニア大学に留学。58年長野県農村工業研究所参与。著書に「果実内の栄養成分」「加工適性―そ菜」がある。

飯泉 優
いいずみ・まさる

昭和3年（1928年）～?

植物研究家　府中第一中学校長

東京都出身。明治大学卒。団日本植物友の会（会長）賞文部大臣教育功労賞〔平成9年〕、勲五等瑞宝章〔平成14年〕。

東京都立大学理学部牧野標本館に内地留学し、植物学者・牧野富太郎の押し葉標本に出会う。以来、東京近郊のフロラ調査と植物知識の普及活動に専念。東京都文化財調査委員、通産省（現・経済産業省）石灰石鉱山緑対委員などを経て、府中市・小金井市文化財専門委員、府中市自然調査団長などを勤める。また、長らく日本植物友の会会長を務め、植物知識の普及などに貢献した。著書に「花」「北多摩植物誌」「草木帖」などがある。

【著作】

◇府中市自然調査報告 夏秋編　東京都府中市立郷土館編　東京都府中市教育委員会　1971　73p 図 26cm
◇府中市自然調査報告 第2次調査 冬春編　東京都府中市立郷土館編　東京都府中市教育委員会　1973　46p 図 26cm
◇府中市自然調査報告 第3次調査　東京都府中市立郷土館編　東京都府中市教育委員会　1974　93p（図共）26cm
◇府中市自然調査報告 第4次調査　東京都府中市立郷土館編　東京都府中市教育委員会　1974　87p（図共）26cm
◇花（カラーフォト・シリーズ）　冨成忠夫、飯泉優著　朝日ソノラマ　1977.5　158p（おもに図）21cm
◇草木帖―植物たちとの交友録　飯泉優著　山と渓谷社　2002.6　365p 20cm

飯田 倫子
いいだ・ともこ

昭和3年（1928年）8月31日～
平成14年（2002年）10月15日

アートフラワー作家　深雪アートフラワー主幹

本名は小林倫子。米国・イリノイ州シカゴ出生。母は飯田深雪（料理研究家）、長男は陸井鉄男（フルート奏者）。東京都立桜町高等女学校卒。

アートフラワーの創始者・飯田深雪の娘として生まれる。昭和24年より飯田深雪スタジオでアートフラワーの制作・指導にあたる。55年にはNHK婦人百科フェスティバルに初めて飯田倫子個人で出品するなど活躍を続け、57年正式に深雪アートフラワーの後継者となる。平成11年母娘展「アートフラワーシンフォニー 飯田深雪・倫子展」を開催。著書に「インテリアの花」「草の中の花」「美しい布の花」など。

【著作】

◇うつくしい造花―みゆきフラワー　飯田深雪、飯田倫子著　婦人画報社　1965　181p（図版共）26cm
◇飯田深雪の造花（主婦の友手芸ブック）　飯田深雪、飯田倫子著　主婦の友社　1966　104p（図版共）26cm
◇小さな造花　飯田深雪、飯田倫子著　婦人画報社　1977.3　165p（図共）27cm
◇美しい造花　飯田深雪、飯田倫子著　婦人画報社　1977.10　150p（図共）27cm
◇ばらの造花　飯田深雪、飯田倫子著　婦人画報社　1977.12　104p（図共）27cm
◇ばらの花―アートフラワー　飯田深雪、飯田倫子著　講談社　1978.9　214p 27cm
◇コサージュ　飯田深雪、飯田倫子著　婦人画報社　1978.10　177p 27cm
◇らんの花―アートフラワー　飯田深雪、飯田倫子著　講談社　1979.11　182p 27cm
◇美しき野草―深雪アートフラワー　飯田深雪、飯田倫子著　海竜社　1979.12　174p 31cm
◇アートフラワー―テーマと応用　飯田深雪、飯田倫子著　日本ヴォーグ社　1980.4　124p 27cm
◇季節の花　飯田深雪、飯田倫子著　婦人画報社　1980.5　151p 26cm
◇造花 研究科 2　飯田深雪、飯田倫子著　講談社　1980.10　161p 26cm
◇深雪アートフラワー―高等科　飯田深雪、飯田倫子著　講談社　1981.6　178p 27cm
◇インテリアの花　飯田倫子著　海竜社　1981.9　196p 27cm
◇らんの造花　飯田深雪、飯田倫子著　婦人画報社　1981.10　140p 26cm
◇深雪アートフラワー新作集 1　飯田倫子著　海竜社　1982.7　186p 27cm
◇美しき薔薇―Miyuki art flower　飯田深雪、飯田倫子著　婦人画報社　1982.7　148p 29cm
◇新ウエディングの花―深雪アートフラワー　飯田倫子著　海竜社　1982.11　102p 27cm
◇深雪アートフラワー新作集 2 草の中の花　飯田倫子著　海竜社　1984.10　168p 27cm
◇深雪・ミニミニ・アートフラワー（ハンドクラフトシリーズ）　飯田倫子〔著〕　グラフ社　1984.11　64p 26cm

◇アートフラワーをいける　飯田倫子〔ほか〕著　主婦の友社　1985.3　120p 27cm
◇アートフラワー野の花　飯田深雪, 飯田倫子著　講談社　1985.8　187p 27cm
◇鏡とアートフラワー　飯田深雪, 飯田倫子著　雄鶏社　1985.10　115p 31cm
◇ばらの新作集―深雪アートフラワー　飯田倫子著　海竜社　1986.2　121p 27cm
◇私の転機―道を拓く〔苦難乗り越えた花の生涯（飯田倫子）〕　朝日新聞「こころ」のページ編　海竜社　1986.6　180p 19cm
◇美しい布の花―アートフラワー（NHK婦人百科）　飯田倫子著　日本放送出版協会　1986.9　142p 27cm
◇深雪アートフラワー新作集3 私の出会ったやさしい花　飯田倫子　海竜社　1987.3　138p 27cm
◇服飾の花―アートフラワーパターン集　飯田倫子著　文化出版局　1987.8　16枚 26cm
◇野に咲く花―深雪アートフラワー新作集　飯田倫子著　海竜社　1988.7　157p 27cm
◇1本のばら（アートフラワーパターン集）　飯田倫子著　文化出版局　1989.2　1冊 26×21cm
◇室内を飾る花―新作アートフラワーとアレンジメント Miyuki art flower　飯田倫子著　海竜社　1989.2　144p 27cm
◇ままならぬ心のままに―花と人生の随想集　飯田倫子著　廣済堂出版　1989.5　247p 19cm
◇美しい盛り花―色彩のコーディネーション 深雪アートフラワー新作集　飯田倫子著　海竜社　1990.5　85p 29cm
◇楽しいアートフラワー入門―初めての方の副読本　飯田倫子著　海竜社　1991.5　90p 26cm
◇新しい着色法によるアートフラワー―美しい布の花part 2（NHK婦人百科）　飯田倫子著　日本放送出版協会　1991.9　142p 27cm
◇新着色法によるアートフラワー新作集　飯田倫子著　海竜社　1992.9　117p 26cm
◇はじめてのアートフラワー―深雪アートフラワー 基礎コース part 1　飯田倫子著　海竜社　1992.10　72p 26cm
◇楽しいアートフラワー―深雪アートフラワー 上級コース part 1　飯田倫子著　海竜社　1992.10　84p 26cm
◇新着色法によるアートフラワー新作集―Miyuki art flower　飯田倫子著　海竜社　1993.3　117p 27cm
◇新着色法によるオーストラリアのワイルドフラワー―Miyuki art flower　飯田倫子著　海竜社　1993.6　126p 27cm
◇新着色法によるばらの新作集　飯田倫子著　海竜社　1994.5　120p 27cm
◇新しい着色法によるアートフラワーの四季　飯田倫子著　日本放送出版協会　1994.9　126p 27cm
◇花しごと花人生　飯田倫子著　海竜社　1995.5　213p 20cm
◇野の花山の花―深雪アートフラワー　飯田倫子著　海竜社　1995.11　100p 26cm
◇花の幻想―深雪アートフラワー倫子アートフラワーとアール・ヌーヴォーの出会い　北沢美術館編, 飯田倫子デザイン制作　京都書院　1996.1　111p 30cm
◇アートフラワーのウエディング―ブーケ&コサージュ　飯田倫子著　海竜社　1997.4　106p 27cm
◇アートフラワーらんを楽しむ　飯田倫子著　日本放送出版協会　1997.10　126p 27cm
◇アートフラワーを飾る―花のインテリアデコレーション&ブーケ　飯田倫子, 村山百合子, 原裕子著　文化出版局　1998.5　99p 26cm
◇アートフラワーばら　飯田倫子著　日本放送出版協会　1998.9　126p 27cm

【評伝・参考文献】
◇人生き・ら・ら―30人の仕事女性が語る私の生き方メッセージ　並木きょう子著　オリジン社, 主婦の友社〔発売〕　1995.11　335p 19cm

---

飯沼 二郎
いいぬま・じろう

大正7年（1918年）3月20日～
平成17年（2005年）9月24日

農業経済学者　京都大学名誉教授

東京・両国（東京都墨田区）出生。京都帝国大学農学部農林経済科〔昭和16年〕卒。農学博士〔昭和36年〕。圃 農業経済学会, 日本史研究会, 朝鮮史研究会, 思想の科学研究会 圚 農業経済学会那須賞〔昭和28年〕, 読売農学賞（第32回）〔平成7年〕「農業革命の研究」。

時計商の二男として生まれる。国立国会図書館, 農林省農業技術研究所技官を経て、昭和29年京都大学人文科学研究所助教授、54年教授。56年退官、名誉教授。コメの裏作に麦を作り、また麦の間に野菜を作るという、古くから行われている農業経営手法を重視した複合経営論を唱え、コメ単作・規模拡大を推し進める戦後の農業政策を一貫して批判した。また敬虔なキリスト教徒で、40年から米軍によるベトナム北爆をきっかけとして市民運動にも取り組み、京都ベ平連の中心メンバーとして活動。44年鶴見俊輔と雑誌「朝鮮人」を創刊、在日韓国・朝鮮人の人権問題にも関心を寄せた。62年「君が代」斉

唱徹底の通達は憲法違反だと訴えた京都君が代訴訟では原告代表を務めたが、平成11年最高裁は上告を棄却して敗訴が確定した。著書に「風土と歴史」「日本農業の再発見」「思想としての農業問題」「わたしの歩んだ現代」「天皇制とキリスト者」があり、「飯沼二郎著作集」（全5巻、未来社）がある。

【著作】
- ◇世界農民史物語　飯沼二郎著　生活社　1947　314p 19cm
- ◇資本主義と農村共同体（社会科学ゼミナール 第12）　ソーブル著、飯沼二郎、坂本慶一訳　未来社　1956　136p 地図 19cm
- ◇農業革命論—近代社会の基盤（創元歴史選書）　飯沼二郎著　創元社　1956　162p 18cm
- ◇農学成立史の研究　飯沼二郎著　農業綜合研究刊行会　1957　379p 22cm
- ◇資本主義への道—過渡期の社会構造序説［土地制度と農業革命（飯沼二郎）］（社会科学選書）　河野健二編　ミネルヴァ書房　1959　252p 19cm
- ◇資本主義成立の研究　飯沼二郎、富岡次郎著　未来社　1960　346p 22cm
- ◇西洋経済史講座　封建制から資本主義への移行　第4［資本制大農経営の成立（飯沼二郎）］　大塚久雄、高橋幸八郎、松田智雄編　岩波書店　1960　378p 22cm
- ◇社会経済史大系　第7［一八・一九世紀のイギリス農業（飯沼二郎）］　増田四郎等編　弘文堂　1961　289p 22cm
- ◇ドイツにおける近代農学の成立過程　飯沼二郎著　農林水産技術会議事務局〔ほか〕　1963　293p 21cm
- ◇ドイツにおける農学成立史の研究　飯沼二郎著　御茶の水書房　1963　293p 図版 22cm
- ◇地主王政の構造—比較史的研究　飯沼二郎著　未来社　1964　368p 22cm
- ◇世界資本主義の形成　河野健二、飯沼二郎編　岩波書店　1967　498p 22cm
- ◇農業革命論　飯沼二郎著　未来社　1967　225p 19cm
- ◇信仰・個性・人生　飯沼二郎著　未来社　1968　290p 19cm
- ◇明治前期の農業教育　飯沼二郎著　京都大学人文科学研究所　1969　945p 図版 27cm
- ◇風土と歴史（岩波新書）　飯沼二郎著　岩波書店　1970　214p 図版 18cm
- ◇近代農学論集［福岡農学校における横井時敬—近代農学成立の一齣—（飯沼二郎）］　養賢堂　1971　708p 肖像 22cm
- ◇日本農業技術論（農学原論研究叢書　第4号）　飯沼二郎著　未来社　1971　255p 22cm
- ◇石高制の研究—日本型絶対主義の基礎構造　飯沼二郎著　ミネルヴァ書房　1974　214p 22cm
- ◇日本農業の再発見—歴史と風土から（NHKブックス）　飯沼二郎著　日本放送出版協会　1975　248p 19cm
- ◇農法展開の論理［近代日本における農業革命（飯沼二郎）］　農法研究会編　御茶の水書房　1975　273p 22cm
- ◇化政文化の研究—京都大学人文科学研究所報告［合理的農学思想の形成（飯沼二郎）］　林屋辰三郎編　岩波書店　1976　495, 54p 22cm
- ◇近世農書に学ぶ（NHKブックス）　飯沼二郎編　日本放送出版協会　1976　262p 19cm
- ◇現代農業と食糧問題を考える（自然農法研究シリーズ 第1集）　坂本慶一、川瀬勇、飯沼二郎著　メシアニカゼネラル　1976　158p 18cm
- ◇講座・比較文化 第3巻 西ヨーロッパと日本人［森と家畜の文化（飯沼二郎）］　伊東俊太郎〔等〕編　研究社出版　1976　325p 22cm
- ◇農業を復権する—農業と工業の均衡を求めて（東経選書）　飯沼二郎、星野芳郎ほか著　東洋経済新報社　1976　279p 19cm
- ◇農具（ものと人間の文化史）　飯沼二郎、堀尾尚志著　法政大学出版局　1976　206p 図 22cm
- ◇講座・比較文化 第5巻 日本人の技術［農産物（飯沼二郎）］　伊東俊太郎〔等〕編　研究社出版　1977.7　482p 22cm
- ◇日本農法の提唱（Humin books）　飯沼二郎著　富民協会　1977.7　219p 19cm
- ◇産直—ムラとまちの連帯—農業問い直しの提言（ダイヤモンド現代選書）　飯沼二郎、保田茂著　ダイヤモンド社　1978.10　208p 19cm
- ◇日本の古代農業革命（ちくまぶっくす27）　飯沼二郎著　筑摩書房　1980.11　222p 19cm
- ◇農書の時代［「国民」と農民（飯沼二郎）］　古島敏雄編　農山漁村文化協会　1980.11　285p 19cm
- ◇思想としての農業問題—リベラリズムと農本主義　飯沼二郎著　農山漁村文化協会　1981.8　204p 20cm
- ◇近世の日本農業［農書の成立—ひとつの仮説（飯沼二郎）］　岡光夫、三好正喜編　農山漁村文化協会　1981.10　348p 20cm
- ◇世界農業文化史　飯沼二郎著　八坂書房　1983.11　265, 5p 23cm
- ◇農の再生・人の再生—産直運動をめぐって　飯沼二郎、槌田劭著　人文書院　1983.11　192p 20cm
- ◇わたしの歩んだ現代　飯沼二郎著　日本基督教団出版局　1983.12　223p 20cm
- ◇明治農書全集 第11巻 農具・耕地整理　飯沼二郎、須々田黎吉編　農山漁村文化協会　1985.1　385, 72p 22cm
- ◇転換期の日本農業—農民への私信　飯沼二郎著　新地書房　1985.2　255p 19cm
- ◇農業革命の研究—近代農学の成立と破綻　飯沼二郎著　農山漁村文化協会　1985.8　804p

22cm
- ◇日本農村伝道史研究　飯沼二郎著　日本基督教団出版局　1988.11　198p 22cm
- ◇農業は再建できる―「経済大国」日本の選択　飯沼二郎著　ダイヤモンド社　1990.1　178p 19cm
- ◇稲作の技術と理論（叢書 近代日本の技術と社会 1）　岡光夫，飯沼二郎，堀尾尚志編　平凡社　1990.6　283p 19cm
- ◇日本文化としての公園　飯沼二郎，白幡洋三郎著　八坂書房　1993.4　228p 20cm
- ◇沖縄の農業―近世から現代への変遷（南島叢書66）　飯沼二郎著　海風社　1993.6　211，12p 19cm
- ◇朝鮮総督府の米穀検査制度（朝鮮近代史研究双書12）　飯沼二郎著　未来社　1993.9　186p 19cm
- ◇飯沼二郎著作集　第1巻　世界史研究　未来社　1994.1　365p 20cm
- ◇飯沼二郎著作集　第2巻　日本史研究　未来社　1994.3　357p 20cm
- ◇飯沼二郎著作集　第3巻　農学研究　未来社　1994.5　372p 20cm
- ◇飯沼二郎著作集　第4巻　市民運動研究　未来社　1994.7　343p 20cm
- ◇飯沼二郎著作集　第5巻　人物随想　未来社　1994.9　359p 20cm
- ◇有機農業を志す人のために（ひばり双書 持続可能な社会を求めて 5）　飯沼二郎著　スペースゆい　1994.12　143p 19cm
- ◇生き生きと農業をするための勇気　飯沼二郎〔ほか〕編　新教出版社　2000.10　201p 21cm

【その他の主な著作】
- ◇熱河宣教の記録　飯沼二郎編　未来社　1965　266p 図版 19cm

飯沼 慾斎
いいぬま・よくさい

天明2年（1782年）6月10日～
慶応元年閏5月5日（1865年6月27日）

本草学者

本名は飯沼長順。旧姓名は西村。幼名は本平、初名は守之、字は龍夫。伊勢国亀山（三重県）出生、美濃国（岐阜県）出身。三男は宇田川興斎（蘭学者）。

伊勢亀山の豪農の家に生まれる。幼少時から学問を志したが、父の理解が得られず、12歳で美濃大垣に住む叔父・飯沼長意を頼って出奔。やがて叔父のとりなしを得て一族である医師の飯沼長顕（初代龍夫）に師事、のち養嗣子となる。京都に出て官医の福井榕亭に漢方医学を、小野蘭山に本草学を学ぶ。28歳の時に前野良沢門下で大垣在住の蘭学者・江馬蘭斎の紹介で江戸に上り、蘭方医・宇田川玄真（榛斎）及びその高弟である藤井方亭に入門、蘭方医学及び博物学を修めた。その後、大垣に戻って町医者として活躍。文政12年（1829年）弟子の浅野恒進と共に美濃ではじめて刑死体の解剖を行う。天保3年（1832年）49歳で家業を義弟の長栄に譲ってからは、大垣近郊の長松村に別荘・平林荘を建てて隠棲。以後、本草学、特に植物の分類学的研究に没頭し、美濃国内のみならず越中・加賀・尾張・紀伊など各地の山野を巡って植物標本を採集した。また平林荘では国内種だけでなく外来種の植物も合わせて数百種の植物を栽培。実地に標本を採取できない場合は、知友から種子を分けてもらって育種を行った。各地の本草学者との交流・情報交換もさかんで、種類のわからない植物については蘭山や山本亡羊、尾張の水谷豊文、吉田平九郎ら諸先輩に質問した。その研究方法は、自らの眼でじっくり観察し、画家の手を借りず自らの手で詳細に写生するというもので、時には顕微

鏡を用いて花や草の構造を調べ、我が国で初めて植物観察に顕微鏡を導入したといわれる。また安政3年(1856年)から文久2年(1862年)にかけて植物図鑑「草木図説」を編纂。これはカル・フォン・リンネが確立した植物分類体系と二名法に基づいて1200種以上の植物を日本名で整然と分類・配列し、ラテン語やオランダ語の学名を付記したという近代的かつ学術的な図鑑であり、日本植物学史上における画期的な所産である。同書は生前に草部20巻のみが刊行され、当初予定していた木部10巻は未刊のままに終わったが、慾斎自身が「是れ今人の見るを求むるに非ず他年の機運を期す」と語っていたように、後年田中芳男や牧野富太郎らによって増補・改訂が行われ、「牧野植物図鑑」が出るまで最も信頼できる植物図鑑として広く利用された。また未刊であった木部は昭和52年北村四郎の編注で刊行された。一方、嘉永5年(1852年)頃という割合に早い段階から蘭書を教材としてダゲレオタイプによる写真術の研究をはじめており、慾斎夫妻の肖像写真も存在。三男の興斎はのち宇田川榕庵の養嗣子。門弟に久世治作、小島柳蛙(写真術)らがいる。編著は他に「南勢菌譜」「南勢海藻譜」「南海魚譜」などがあり、植物のみならず動物・魚類・虫・菌類を写生した図譜の未定稿も多数現存する。

【著作】
◇草木図説 前編〈新訂〉 飯沼慾斎(長順)著,小野職愨増訂 平林荘 1875 27cm
◇草木図説 第1, 2集〈増訂〉 飯沼長順著,牧野富太郎補 三浦源助 1907～1910 2冊(442, 330p)21cm
◇草木図説 草部 第3, 4輯〈増訂〉 飯沼慾斎著,牧野富太郎補 三浦源助 1913 2冊22cm
◇草木図説 木部 飯沼慾斎原著,北村四郎編註 保育社 1977.2 2冊 27cm
◇江戸の動植物図―知られざる真写の世界 朝日新聞社編 朝日新聞社 1988.10 161p 26×21cm
◇博物図譜ライブラリー 1 四季草花譜「草木図説」選 飯沼慾斎〔筆〕,木村陽二郎解説 八坂書房 1988.10 164p 27cm

【評伝・参考文献】
◇飯沼慾斎 飯沼慾斎生誕二百年記念誌編集委員会編 飯沼慾斎生誕二百年記念事業会

1984.5 513p 27cm
◇幕末の科学者―飯沼慾斎(こみね創作児童文学) 岸武雄作,三谷靱彦絵 小峰書店 1985.12 199p 22cm
◇飯沼慾斎の草木図説(スライド解説) 市原信治著〔市原信治〕1987.2 37p 18cm
◇生物学史論集 木村陽二郎著 八坂書房 1987.4 431p 21cm
◇江戸期のナチュラリスト(朝日選書 363) 木村陽二郎著 朝日新聞社 1988.10 249, 3p 19cm
◇小事典・野草の手帖―植物分類への道しるべ(ブルーバックス B-765) 長田武正著 講談社 1989.2 254, 8p 18cm
◇花の研究史(北村四郎選集 4) 北村四郎著 保育社 1990.3 671p 21cm
◇博物学者列伝 上野益三著 八坂書房 1991.12 412, 10p 23cm
◇医学・洋学・本草学者の研究―吉川芳秋著作集 吉川芳秋著,木村陽二郎,遠藤正治編 八坂書房 1993.10 462p 24×16cm
◇彩色江戸博物学集成 平凡社 1994.8 501p 27cm
◇本草学と洋学―小野蘭山学統の研究 遠藤正治著 思文閣出版 2003.4 409, 33p 21cm
◇野草の自然誌―植物分類へのみちしるべ(講談社学術文庫) 長田武正著 講談社 2003.7 269p 15cm
◇東国科学散歩 西条敏美著 裳華房 2004.3 174p 21cm

五百城 文哉

いおき・ぶんさい

文久3年(1863年)6月27日～
明治39年(1906年)6月6日

洋画家,高山植物研究家
本名は五百城熊吉。常陸国水戸(茨城県)出生。
　水戸藩士の子として生まれる。明治17年農商務省山林属となり標本を描く仕事を担当、同年高橋由一の画塾天絵楼にも入門し洋画を学ぶ。20年東京府主催工芸品共進会に「風景」を出品し、23年第3回内国勧業博覧会で「元禄時代花見図」が受賞。同年農商務省を退職、肖像画を描きながら北茨城から日光にかけて遊歴。26年シカゴ万国博に「日光東照宮陽明門」を出品、これを機に日光に住む。庭にロックガーデンを作り植物栽培をするなど高山植物に関心をもち、東京山草会にも参加、牧野富太郎、武

田久吉らとも交流があった。作品に写生をもとにした「御花畑図」「晃嶺群芳之図」「百花百草図」、植物学的資料として貴重な「日光高山植物写生図」などがある。

【著作】
◇日本山草図譜　五百城文哉画　八坂書房　1982.6　150p 37cm
◇五百城文哉展　五百城文哉〔画〕、寺門寿明監修　東京ステーションギャラリー　2005　207p 26cm

【評伝・参考文献】
◇植物学史・植物文化史（大場秀章著作選1）　大場秀章著　八坂書房　2006.1　419, 11p 22cm

鋳方 貞亮
いかた・さだあき

明治39年（1906年）12月20日～
平成2年（1990年）11月17日

関西大学名誉教授
東京市牛込区（東京都新宿区）出生、熊本県熊本市出身。京都帝国大学経済学部〔昭和7年〕卒、東京帝国大学大学院〔昭和11年〕修了、京都帝国大学大学院史学科〔昭和14年〕中退。農学博士（京都大学）〔昭和23年〕。團農業史（日本古代農業史）賞勲三等瑞宝章〔昭和58年〕。

昭和14年京都帝国大学農学部副手、22年大阪経済専門学校講師、23年関西大学教授、26年及び37年経済学部長、50年大阪学院大学教授を歴任。著書に「日本古代桑作史」「農具の歴史」「日本古代穀物史の研究」など。

【著作】
◇日本古代桑作史　鋳方貞亮著　大八洲出版　1948　186p 19cm
◇滝川博士還暦記念論文集［農業の起源について（鋳方貞亮）］　滝川博士還暦記念論文集刊行委員会編　中沢印刷　1957　2冊 21cm
◇農具の歴史（日本歴史新書）　鋳方貞亮著　至文堂　1965　197p 19cm
◇日本古代穀物史の研究　鋳方貞亮著　吉川弘文館　1977.4　320p 22cm

鋳方 末彦
いかた・すえひこ

明治27年（1894年）8月27日～
昭和51年（1976年）9月10日

植物病理学者　岡山県農業試験場長・農業講習所長、ノートルダム清心女子大学教授
熊本県下益城郡小野部田村（熊本市）出生。鹿児島高等農林学校（現・鹿児島大学農学部）〔大正5年〕卒。農学博士〔昭和16年〕。賞日本農学賞〔昭和13年〕「小麦の条斑病に関する研究」、岡山県文化賞〔昭和27年〕、山陽新聞賞〔昭和37年〕、勲三等瑞宝章〔昭和40年〕、三木記念賞（第1回）〔昭和43年〕。

農商務省農事試験場研究生、福岡県農事試験場技手を経て、大正9年より岡山県農業試験場に勤務。昭和16年「柿の重要寄生性病害に関する病理並びに治病学的研究」により農学博士。太平洋戦争中は東南アジアの農業調査に従事。戦後は農林省農事試験場技師を務め、25年岡山県農業試験場に復帰して場長兼農業講習所長。37年退職後はノートルダム清心女子大学教授、美作女子大学教授を歴任した。植物病害の研究に取り組み、イネのイモチ病やコムギの条斑病の研究に成果を上げ、またカキの落ち葉病を発見して、その防除法に成功した。病原を解明し、新たに命名した病害は26作物56病に及ぶ。著書に「実験果樹病害篇」「果樹病害防除講話」「病虫防除相談」などがある。

【著作】
◇実験果樹病害篇　鋳方末彦著　養賢堂　1927　385p 23cm
◇果樹病害防除講話　鋳方末彦著　日本之農村社　1930　51p 23cm
◇〔岡山県立農事試験場〕臨時報告 第41報［小麦条斑病ニ関スル研究（鋳方末彦、河合一郎）］　岡山県立農事試験場　1937　111p 図版 27cm
◇病虫防除相談〈新訂版〉（農芸相談叢書 第9）　鋳方末彦著　賢文館　1937　318p 19cm
◇食用作物病学 上巻 稲及び豆類（植物病学叢書 第6冊）　鋳方末彦著　朝倉書店　1949　318p 図版 26cm

◇病害虫の生態と防除〔第1〕[カキ 第1 病害（鋳方末彦）] 湯浅啓温, 明日山秀文共編 産業図書 1950 585p 22cm
◇傾斜地果樹園芸―栽培・経営[傾斜地果樹園の病害虫防除法（鋳方末彦）] 黒上泰治編著 養賢堂 1962 528p 22cm

伊川 鷹治
いがわ・たかじ

明治31年（1898年）12月28日～
昭和46年（1971年）11月28日

洋画家

長野県小県郡長瀬村（上田市）出生。賞春陽会賞〔昭和18年〕「文楽人形」「花」「風景」「魚貝」。

大正6年上京し、白馬会洋画研究所で5年間黒田清輝に師事、のち白滝幾之助、山本鼎らの指導を受けた。昭和5年春陽会展に初入選して以来同展に毎回出品。11年より木村荘八、中川一政らに学び、18年「文楽人形」「花」「風景」「魚貝」で春陽会賞、19年同会会友、23年会員となり、美術団体連合展などにも出品した。この間7～23年銀座資生堂で個展5回。他の代表作に「馬込別れ坂」「桜行く頃」など。

井口 樹生
いぐち・たつお

昭和9年（1934年）5月8日～
平成12年（2000年）1月18日

慶應義塾大学文学部教授

東京出生。父は山手樹一郎（作家）。慶應義塾大学文学部〔昭和33年〕卒、慶應義塾大学大学院文学研究科国文学専攻〔昭和43年〕博士課程修了。文学博士。団古代文学、芸能史、国文学団上代文学会、万葉学会、民俗芸能学会、芸能学会、全国大学国語国文学会、芸能史研究会。

作家・山手樹一郎の二男。大学では池田弥三郎に師事、古代文学を専攻した。昭和43年上智大学講師、45年慶應義塾大学講師、51年助教授、52年教授。著書に「植物故事―風の木水の花」「くらしの季節―日本人の民俗2 年中行事」「日本語の常識・非常識―間違えやすい成句・諺・古語の使い方」「日本語の履歴書」「古典の中の植物誌」「境界芸人伝承研究」がある。

【著作】
◇植物故事―風の木水の花 井口樹生著 三友社 1973 263p 22cm
◇古典の中の植物誌―古典の中に咲く花、古代人の心の中にそよぐ草木を、古代学・民俗学の方法をもって現代に再現する。(三省堂選書 155) 井口樹生著 三省堂 1990.2 261p 19cm

池上 太郎左衛門
いけがみ・たろうざえもん

享保3年（1718年）～
寛政10年2月15日（1798年3月31日）

新田開発家, 殖産興業家

名は幸政、字は幸豊。武蔵国橘樹郡大師河原村（神奈川県川崎市）出生。

武蔵橘樹郡大師河原村の名主。宝暦12年（1762年）767両を投じ、池上新田、さらに塩浜新田を開発。その功により明和5年（1768年）名字帯刀をゆるされた。砂糖の製法研究を行い、30余か年の研究の末に砂糖の製造に成功し、諸国を巡って製糖技術を普及させた。また甘藷（サツマイモ）の栽培の奨励、製塩、製硝、果樹栽培など諸産業の開発にも尽くした。著書に「和製砂糖製造弘方御用相勤候由諸書」「池上与楽亭集」など。

【著作】
◇博望舎日記 池上幸豊〔著〕 池上文庫 1941 241p 22cm
◇池上家文書 3（川崎史資料叢書 7） 川崎市市民ミュージアム編 川崎市市民ミュージアム 1998.3 342p 22cm
◇池上家文書 4（川崎史資料叢書 8） 川崎市市民ミュージアム編 川崎市市民ミュージアム 2000.3 343p 22cm
◇池上家文書 5（川崎史資料叢書 9） 川崎市市民ミュージアム編 川崎市市民ミュージアム 2002.3 312p 22cm

【評伝・参考文献】

◇従五位池上幸豊小伝　中道等編　池上文庫
　1940　143p 20cm
◇近世神奈川の地域的展開　村上直，神崎彰利編
　有隣堂　1986.4　399p 22cm
◇日本地域史研究［池上幸豊と和製砂糖の拡布について（仙石鶴義）］　村上直先生還暦記念出版の会編　文献出版　1986.10　667p 21cm
◇南武線歴史散歩（史跡をたずねて各駅停車）　中村吾郎著　鷹書房　1988.3　249p 19cm
◇東京市史稿 産業編 第21〈復刻版〉　東京都編　臨川書店　2002.3　770p 21cm
◇東京市史稿 産業篇 第25〈復刻版〉　東京都編　臨川書店　2002.11　702p 21cm
◇近世和糖業の発祥過程―池上太郎左衛門幸豊に視点を据えて　谷口學著　楓橋書房　2005.3　128p 22cm

池上　義信

いけがみ・よしのぶ

明治44年（1911年）～平成14年（2002年）7月29日

植物研究家
新潟県刈羽郡刈羽村出生。高等小学校卒。
　新潟県刈羽村の真言宗の寺に生まれる。高等小学校を卒業後、検定試験に合格して小学校、中学校の教員免許を取得。昭和7年頃に旧制相川中学教諭となったのを皮切りに、新潟中学、新潟南高校教諭を歴任し、46年定年退職した。少年時代から植物に興味を持ち、教師となってからは、授業準備を終えると未明まで原書を含む植物の研究や標本整理に励み、休みの度に採集行に出かけた。8年牧野富太郎の主宰する牧野植物同好会一行が弥彦山に採集行に訪れた際は案内役を務め、16年には最晩年の南方熊楠を訪ねて意気投合している。他にも服部新佐、堀川芳雄、中井猛之進といった著名な研究者と交友を持ち資料を提供しつつも、自身は学者としての名声に関心が無く、研究論文を余り発表しなかった。39年新潟県の植物研究者有志により植物同好じねんじょ会が発足すると顧問に迎えられ、論文や原稿の草稿に厳密な校訂を施すなど、後進の育成に力を尽くした。59年には新潟市に約47万点にのぼる標本を寄贈。55年からは新潟県内の身近な植物1250種を網羅した「新潟県植物分布図集」の監修に取り組み、平成12年までに全20集を刊行して高い評価を得た。

池田　謙蔵

いけだ・けんぞう

天保15年（1844年）11月29日～
大正11年（1922年）2月20日

官僚，農事改良家　三田育種場長
長男は池田伴親（園芸学者）。
　伊予松山藩士の子として生まれる。明治4年米国に留学。帰国後は勧業寮に入り、8年にできた内務省内藤新宿出張所で樹芸掛に任ぜられた。9年米国フィラデルフィアで開催された米独立100周年記念国際記念博覧会に副総裁兼審議官・西郷従道の随員として派遣され、米国南部の米作・綿作状況の視察や農具の購入などを行う。また、このとき養蜂やモモの缶詰技術を日本に持ち帰った。12年前田正名のあとを受けて三田育種場長に就任し、園芸技術導入・園芸学発展に貢献。同年東京附近の農業関係者と図り、東京農談会を設立した。14年には勧業局側の発起人の一人として大日本農会の結成に参画し、同会が分裂した後も全国農事会の幹事を務めるなど、農業団体の先覚者として活躍した。長男は園芸学者の池田伴親。

【著作】
◇鳩麦即ち薏苡仁の効用　池田謙蔵著　三田育種場　1885.11　10p 21cm
◇舶来穀菜要覧〈改訂増補〉　竹中卓郎編　池田謙蔵　1886.5　181p 22cm
◇明治維新後に於ける園芸事業の発達　日本園芸研究会　1915
◇私の履歴書―経済人 15〈復刻版〉　日本経済新聞社編　日本経済新聞社　2004.6　452p 22cm

池田　成功

いけだ・しげあき

明治35年（1902年）～昭和46年（1971年）5月26日

実業家，園芸家　日本園芸社長

父は池田成彬（銀行家），祖父は中上川彦次郎（実業家），弟は池田潔（英文学者），曽祖父は福沢諭吉（教育家）。慶應義塾普通部。

父は三井銀行常務を務めた銀行家の池田成彬，また母・艶は実業家・中上川彦次郎の娘で，福沢諭吉の孫にあたる。弟は英文学者の池田潔。幼少時から体が丈夫ではなく，植物を愛好。高等小学校に進学する頃には植物に関する雑誌記事をスクラップして収集したりするようになり，やがてその興味はランの栽培へと向くようになった。長男であるため将来は銀行家を継ぐことを嘱望されるが，本人は乗り気でなく，植物愛好癖はつのる一方であったため，父は農園の経営を勧めた。大正11年英国へ留学し，貴族の家の園丁などをしながら園芸学を修業。米国を経て，15年に帰国し，父が神奈川県大磯に用意した池田農園の専務となる。以来，米国や英国からランの株を取り寄せ，昭和6年からは米国方式によるラン栽培を開始。7年にはランの無菌培養に使用する培養液の製造に着手し，もと新宿御苑園丁でラン栽培の先駆者の一人である五島八左衛門らの協力でこれに成功，ランの大量生産を可能にした。9年同農園を日本園芸に改組し，大磯の本園以上の規模をもつ茅ケ崎分園を開園。16年全日本蘭業組合を設立し，理事長に就任。戦時中は物資不足や販売業績の低迷などに悩み，大戦末期には高級なランが肥料の欠乏により立ち枯れになることも多々あったが，それでも栽培を諦めることはなかった。戦後はランのほか，国内やハワイ，アジア向けのカトレアの栽培・販売や，カーネーションの切花などにも手を広げた。25年父の死に伴い，同社の代表取締役。33年全日本蘭協会の創立に参画し，副会長に推された。36年同社を解散。生涯に40種近くものランの新種を作出し，35年にはロンドンで開かれた第3回世界蘭会議で講演を行うなど，世界的な栽培家として知られた。また一生をかけて収集したランの実物や，関係文献，資料，ランに関する絵画などは父の郷里・山形県米沢市に寄贈されている。

【評伝・参考文献】
◇蘭の世界 '98［池田成功物語―その生涯とコレクション］（よみうりカラームックシリーズ）読売新聞社出版局企画制作，合田弘之監修　読売新聞社　1998.2　157p 30cm

池田 利良
いけだ・としろう

明治38年（1905年）9月3日～
平成6年（1994年）1月7日

農林省東海近畿農業試験場長，皇学館大学名誉教授

三重県津市出身。長男は池田勝彦（三重大学教授）。東京帝国大学農学部農学科卒。農学博士。
専 遺伝学　賞 日本農学賞〔昭和15年〕。

パンコムギの育種，栽培研究で，昭和15年に日本農学賞を受賞。三重県をはじめ，東海，近畿地方の農業振興に貢献した。

【著作】
◇農事試験場彙報［第3巻 第1号 本邦小麦の製麵麴試験並に麵麴用小麦の簡易鑑定法に就て（池田利良）］農事試験場編　農事試験場　1937～1938　27cm

池田 伴親
いけだ・ともちか

明治11年（1878年）2月22日～
明治40年（1907年）3月15日

果樹園芸学者　東京帝国大学農科大学助教授

東京府四谷左門町（東京都新宿区）出生。父は池田謙蔵（三田育種場長）。東京帝国大学農科大学〔明治34年〕卒。農学博士〔明治40年〕。

父は三田育種場長を務めた池田謙蔵。3歳にして百人一首を，4歳で世界国尽を暗誦し，神童と賞される。正則中学，旧制一高を経て，明治34年東京帝国大学農科大学を卒業後は大学院に進んで園芸学を専攻した。36年同大講師，39年には助教授となり，園芸学講座を担当。この間，36年頃から肋膜炎を患っており，健康状

態は常にすぐれなかったが、39年から英国ロンドンの園芸協会からの委嘱で日本の園芸状態に関する調査に奔走。俊英として知られ、我が国における園芸学に科学的研究を導入したが、40年流行性感冒に罹ってさらに肺患を併発し、農学博士の学位を授けられた直後に29歳で夭折した。著書に「園芸果樹論」「蔬菜園芸教科書」などがある。

【著作】
◇園芸果樹論　池田伴親著　成美堂　1904.8　442p　22cm
◇園芸要論（農学叢書 第5編）　池田伴親著、西師意訳　東亜公司　1907.2　122p 22cm
◇園芸果樹生態論　池田伴親著　泰弘館　1929　392p 22cm
◇園芸果樹論 果樹生態篇〈改版〉　池田伴親著　成美堂書店　1931　373p 23cm

池田 理英
いけだ・りえい

明治39年（1906年）2月26日～
平成11年（1999年）7月23日

華道家　古流松藤会家元
本名は池田イチ。東京市本郷区西片町（東京都文京区）出生。淑徳高等女学校〔大正12年〕卒。囲 日本いけばな芸術協会（参与）囂 紺綬褒章〔昭和36年〕、勲五等宝冠章〔昭和50年〕。
　父につき華道を修め、昭和19年2代目池田理英の名跡を継承。以来古流松藤会を育て、いけ花を海外にも広める。41年古流松藤会理事長に就任。著書に「古流生花独習書」「いけばな・グラフィック古流」「古流松藤会のいけ花」「日本のいけばな」「春秋花譜」「花閑話」など。

【著作】
◇古流生華写真帖 上巻　池田理英編　佐々木宗蔵　1931　37枚 37cm
◇古流生花師範相伝抄　松藤斎池田理英著　池田理英　1932　66丁 23cm
◇古流生花独習書（主婦の友の独習書全集 第19）　池田理英著　主婦の友社　1954　413p 図版 22cm

◇暮しを楽しむいけ花―古流（雄鶏社版実用叢書 第35）　池田理英著　雄鶏社　1954　64p 18×18cm
◇古流・現代のいけばな（ファミリーブックス）　池田理英、池田昌弘著　主婦と生活社　1963　180p（図版共）18cm
◇いけばな・グラフィック古流　池田理英, 池田昌弘著　主婦の友社　1964　180p（図版共）22cm
◇古流―現代華の考え方・学び方（いけばなテキストブック）　池田理英、池田昌弘共著　主婦の友社　1966　248p（図版共）22cm
◇古流の華12カ月　池田理英、池田昌弘共著　マコー社　1967　137p（図版共）19×21cm
◇古流松藤会のいけ花（講談社いけ花シリーズ）　池田理英、池田昌弘共著　講談社　1970　192p（図版共）22×19cm
◇日本のいけばな　第1巻　池田理英　小学館　1978.8　183p 39cm
◇池田理英いけばなごよみ　池田理英著　八坂書房　1982.1　222p 25cm
◇春秋花譜―池田理英作品集　池田理英著　主婦の友社　1990.10　142p 31cm
◇花閑話―米寿池田理英作品集　池田理英著　婦人画報社　1994.5　187p 27cm

池長 孟
いけなが・はじめ

明治24年（1891年）11月24日～
昭和30年（1955年）8月25日

南蛮美術研究家
兵庫県神戸市出生。父は池長通（神戸市会議長）。京都帝国大学仏法科・文科卒。囂 兵庫県文化賞〔昭和23年〕。
　生後すぐ兵庫県の素封家・池長通の養子となる。旧制三高を経て、大正3年京都帝国大学法律科に入学。5年牧野富太郎が借金返済のため標本30万点の売却を余儀なくされていることを知り、長谷川如是閑らの肝煎りで牧野の借金を肩代わりし、さらに散逸を防ぐためにその標本や蔵書を確保して神戸・会下山に池長植物研究所を設立した。当時まだ学生であり、牧野の窮状と学問を救った若き篤志家として新聞に大々的に報道された。また牧野のパトロンとして阪神植物同好会の発会にも参加。しかし牧野がなかなか標本の整理を行わず、また自身植物学にはさほど関心が深くなかったことや養母の

池野 成一郎

いけの・せいいちろう

慶応2年（1866年）5月13日～
昭和18年（1943年）10月4日

植物学者，遺伝学者
東京帝国大学農科大学教授

江戸・神田駿河台（東京都千代田区）出生。孫は池野成（作曲家）。東京帝国大学理科大学植物学科〔明治23年〕卒。理学博士〔明治43年〕。

明治24年帝国大学農科大学助教授となり、39年ドイツ、フランスに留学。42年帰国して教授に就任。昭和3年退官。この間、理科大学植物学教室助手の平瀬作五郎が進めていたイチョウ研究を援け、自身もソテツの精子研究に取り組んで、世界で初めてその精子を発見した。これにより高等隠花植物であるシダ類と裸子植物との近縁関係が明らかになり、明治45年平瀬と共に帝国学士院恩賜賞を受賞。この時、学士院は池野にだけ恩賜賞を贈ろうとしたが、池野が"平瀬がもらわないのなら、私も断る"と言ったため平瀬にも賞が贈られたといわれている。またトウガラシの細胞質遺伝研究や、オオバコを用いて様々な遺伝現象を説明するなど、特に同義遺伝子の研究で知られる。39年の「植物系統学」ではメンデリズムを詳述。さらに、植物の系統発生と大綱分類に造詣が深く、著書「植物系統学」は版を重ねた。ローマ字主義者として「Zikken-idengaku」の著書もある。妻・きく（幾玖）は植物学者・松村任三の妹であり、孫は作曲家の池野成。

理解が得られなかったこともあり、この事業は失敗に終わった。12年養父の後を継ぎ、育英商業学校校長兼校主に就任。昭和2年大阪のべにや美術品店で長崎版画を購入したのがきっかけとなり、南蛮・紅毛美術の蒐集を始め、安土桃山時代の作品や小田野直武、佐竹曙山、司馬江漢、亜欧堂田善、川原慶賀ら江戸中期～後期における草創期の蘭画家たちの作品などを入手。そのコレクションの中には桃山時代の「泰西王侯騎馬図」や「聖フランシスコ・ザビエル像」などといった重文級の逸品も数多く含まれていた。また本草学関係でも木村蒹葭堂の「蒹葭堂日録」や慶賀の「慶賀写真草」などを所蔵していた。15年神戸に南蛮美術館を開館。16年には30年近く眠ったままであった牧野の標本・旧蔵書類を返還した。26年美術コレクションを神戸市に委譲し、同年神戸美術館の開館とともに顧問となった。

【評伝・参考文献】
◇金箔の港―コレクター池長孟の生涯　高見沢たか子著　筑摩書房　1989.5　365p 20cm
◇南蛮堂コレクションと池長孟―特別展　神戸市立博物館編　神戸市立博物館　2003.7　127p 30cm

【その他の主な著作】
◇荒つ削りの魂―戯曲集　池長孟著　弘文社　1929　503p 20cm
◇開国秘譚―戯曲 別名・ラシヤメンお蘭一代記　池長孟著　弘文社　1930　529p 20cm
◇邦彩蛮華大宝鑑　第1，2　池長孟編　創元社　1933　2冊 32cm
◇「狂ひ咲き」―戯曲集　池長孟著　福音社　1933.12　622p 19cm
◇対外関係美術史料年表　池長孟編　創元社　1937　1枚 27cm
◇南蛮堂要録　池長孟著　池長美術館　1940　130p 19cm

【著作】
◇顕花植物分科検索篇　Franz Thonner原著，池野成一郎訳　〔1893〕　94p 24cm
◇植物系統学　池野成一郎著　裳華房　1906.10　579, 31p 26cm

◇実験遺伝学 Zikken idengaku（理学 3 之巻）　池野成一郎著　日本のろーま字社　1913　122p 22cm
◇岩波講座生物学 第8 植物学［植物の分類と系統（池野成一郎）］　岩波書店編　岩波書店　1930　23cm

【評伝・参考文献】
◇近代日本の科学者［第3巻 池野成一郎博士（野原茂六）］　人文閣編　人文閣　1941～1942　19cm
◇近代日本生物学者小伝　木原均ほか監修　平河出版社　1988.12　567p 22cm
◇日本科学者伝（地球人ライブラリー）　常石敬一ほか著　小学館　1996.1　316p 19cm

池坊 専応
いけのぼう・せんおう

文明14年（1482年）～天文12年（1543年）

僧侶, 華道家

　名は「せんのう」ともいう。京都・六角堂頂法寺の池坊に住した僧であったが、得度や入院の時期、立花の師匠など不明な点が多い。華道の元祖といわれる池坊慶のあとを継いで華道池坊流を確立するとともに、立花の構成要素である真、副、請、正真、見越、流枝、前置の"七つ道具"の規範の基を定め、立花を造形美術の域にまで高めた。また禁裏や幕府、青蓮院などに赴いて花を立て、天皇や公家らに華道を指南したともいわれている。その作風は素材を自然のままに生けるもので"御前ノ花"と言われる正統派であり、多くの貴人に手本にされ、同時代に活躍した2世文阿弥と並び称された。彼以降、歴代の池坊は立花を家業とした。その著書である「池坊専応口伝」は池坊流の秘伝であり、現在でも"大巻"と称され重んじられている。

【著作】
◇花道古書集成 第1期［仙伝抄 義政公御成式目 池坊専応口伝（池坊専応）］　華道沿革研究会編　大日本華道会　1930～1931　23cm
◇古典日本文学全集 第36 芸術論集［花道論 池坊専応口伝（安田章山訳）］　筑摩書房　1962　347p 図版 23cm
◇天理図書館善本叢書 和書之部 第72巻　天理図書館善本叢書和書之部編集委員会編　天理大学出版部　1986.3　2冊 27cm

【評伝・参考文献】
◇花道古典叢書 第8号［池坊専応の思慮（西堀一三）］　西堀久子, 岡田幸三編　伝統花道研究会　1979.10　36p 21cm
◇花僧―池坊専応の生涯（中公文庫）　沢田ふじ子著　中央公論社　1989.11　573p 16cm
◇古代中世芸術論　林屋辰三郎校注　岩波書店　1995.10　812p 22cm

池坊 専好 (1代目)
いけのぼう・せんこう

天文10年（1541年）～元和7年（1621年）

僧侶, 華道家

　華道池坊の13代目で、専好法印と称され、儒教を立花の構成理論に導入。真、副、請、正真、見越、流枝、前置の"七つ道具"と称する構成上の様式（役枝）を用い枝振りを整え、大瓶に生ける立花の創始者とされる。不世出の名手と評され、その作風は雄壮かつ軽妙であったと伝えられている。文禄3年（1594年）前田利家の邸宅で大きな盆に砂を張り、その上に花を差したいわゆる"砂の物"による座敷飾を施し、"池坊一代の出来物"と賞賛された。また慶長4年（1599年）には京都・大雲院の落慶で門弟百人と共に百瓶花会を催し、その妙技が人々から高く評価された。

【著作】
◇花道古典叢書 第13号［古今立花集（池坊専好ほか著）］　岡田幸三編　伝統花道研究会　1987.4　46p 21cm
◇生花資料集成 研究注解篇 上巻［生花傳書（池坊専好）］　生花資料集成刊行会編纂　茶華企画　2001.12　200p 31cm

池坊 専好 (2代目)
いけのぼう・せんこう

天正3年（1575年）～万治元年（1658年）

僧侶, 華道家
　名は秀朔。

初代専好のあとを継ぎ、専好法橋と称された。寛永年間(1624～1644年)に公家立花の指導者として活躍し、特に立花を好んだ後水尾天皇にたびたび召し出されて盛んに立花会を開き、また諸門跡や日野資勝ら貴人たちの許にも赴いた。寛永14年(1637年)には後水尾天皇の内意を受けて法橋に叙された。正保3年(1646年)「秘伝書」を著述。"池坊中興の祖""天下の名人"と謳われた名手で、立花に仏教思想を取り入れてこれを集大成し、池坊の名声の基礎を築いた。彼による立花の模様は近衛家煕の言行録「槐記」に詳しく、その作品は桜一色立花に代表されるように創意的にも技巧的にもすぐれたものであり、図も曼殊院、陽明文庫などに残されている。

【評伝・参考文献】
◇伝統と現代 第9 花 [二世池坊専好(松田修)] 武智鉄二、伝統芸術の会編 学芸書林 1969 269p 図版 24cm

生駒 義博
いこま・よしひろ

明治25年(1892年)5月30日～
昭和54年(1979年)4月2日

生物学者
鳥取県出身。鳥取師範学校卒。団鳥取自然保護の会(会長)。

鳥取県内の小・中学校教師を務める傍ら、動植物の採集、研究に取り組む。新種の発見、天然記念物指定などに尽くす。昭和46年鳥取自然保護の会を設立し、会長。著作に「日本ハンザキ集覧」など。

【著作】
◇郷土の文化財 第10 岡山・広島・鳥取・島根・山口 [鳥取県の文化財(下村章雄、生駒義博)] 宝文館 1960 323p 22cm
◇日本ハンザキ集覧 生駒義博編 津山科学教育博物館 1973 478p(図共)27cm
◇因伯産物薬効録 平田眠翁著、生駒義博、生駒義篤校訂 雄松堂 1982.4 431, 24p 27cm

【その他の主な著作】
◇原田愛中佐 生駒義博編 原田光子 1938 100p 肖像 23cm

井坂 宇吉
いざか・うきち

弘化2年(1845年)9月18日～
明治32年(1899年)9月13日

本草学者
号は節古。三重県宇治山田妙見町(尾上町)出生。

質業を営む家に生まれる。科学や本草学を好み、自宅で有用植物を栽培して近隣の人々に知識を授けた。また自園に設けた温室では当時としては珍しい熱帯植物を培養、この分野の先覚者となった。蔵書家としても知られた。

井坂 直幹
いさか・なおもと

万延元年(1860年)9月10日～
大正10年(1921年)7月27日

秋田木材創業者
常陸国水戸(茨城県)出生。慶應義塾卒。

水戸藩士の長男として生まれる。水戸学を修め、彰考館で「大日本史志類」編纂に携わる。洋学を志して彰考館を追われると福沢諭吉を慕い慶應義塾に学び、首席で卒業する。時事新報記者から実業家・大倉喜八郎の知遇を得て実業界に転じ、林産商会の支店長として秋田県能代に赴任。同商会の解散後も同地にとどまり、明治30年能代木材合資会社と能代挽材合資会社を創設。その後、設立した秋田製板合資会社の3社を合併し、40年秋田木材を創業。以来、全国の主要都市での支店展開や、関連事業として電気、鉄工事業を興すなど伝統的家内工業の域を出なかった明治期の木材産業を一新。機械化や多角化を進める一方、労働組合を認めるなど先駆的な経営手法を実践し、東洋一の企業グルー

プと称された。昭和47年旧井坂邸の土蔵を改造した井坂記念館が開館した。

【評伝・参考文献】
◇井坂直幹　井坂直幹君伝記編纂会編　井坂直幹君銅像建設会　1922　322,15p 23cm
◇井坂直幹伝—人とその事業　井坂直幹先生像再建会　1969　271p 図版 23cm
◇文明の実業人—井坂直幹と近代的経営のエトス　石坂巌編　巌書房　1997.1　348p 22cm

伊沢 一男
いざわ・かずお

明治43年（1910年）4月～
平成10年（1998年）2月22日

星薬科大学名誉教授
栃木県出身。明治薬学専門学校（現・明治薬科大学）〔昭和7年〕卒。師は牧野富太郎。専薬用植物学, 生薬学, 薬史学。

昭和7年卒業後、家業の薬局経営に携わり、18年星薬科大学講師、助教授を経て、24年教授。51年名誉教授。全国の山野を歩き、10万点以上の植物標本を集めた。著書に「薬草カラー図鑑」「薬草採取ポケット図鑑」「薬草療法なんでも相談」「驚くべきドクダミの効用と健康法」「あっぱれスギナの大薬効」など。

【著作】
◇生薬学便覧　伊沢一男著　学文社　1962　70p 26cm
◇最新生薬学総覧　伊沢一男著　学文社　1969　132p 27cm
◇薬草採取ポケット図鑑—初めての人も迷わず採取できる（主婦の友生活シリーズ）　伊沢一男著　主婦の友社　1986.10　455p 15cm
◇薬草療法なんでも相談—腰痛、冷え症から肝臓病、ガン予防まで（主婦の友健康ブックス）　伊沢一男著　主婦の友社　1989.3　220p 18cm
◇薬草カラー図鑑 1　伊沢一男著　主婦の友社　1990.3　248p 21cm
◇薬草カラー図鑑 2　伊沢一男著　主婦の友社　1990.3　244p 21cm
◇薬草カラー図鑑 3　伊沢一男著　主婦の友社　1990.3　246p 21cm
◇驚くべきドクダミの効用と健康法（ai・books）　伊沢一男著　日本文芸社　1991.5　174p 19cm
◇あっぱれスギナの大薬効—成人病から美肌づくりにまですごい威力を発揮（ビタミン文庫）　伊沢一男編　マイヘルス社　1992.4　204p 19cm
◇民間療法ハンドブック—この病気にこの薬草（学研健康ブックス）　学習研究社　1994.10　164p 21cm
◇薬木〈メグスリノキ〉—目がよくなる!肝臓病が治る!（ビタミン文庫）　伊沢一男著　マキノ出版　1995.2　169p 19cm
◇家庭でできるお茶健康法—すぐ役立つ「効能・症状別編集」　ナツメ社　1995.7　172p 21cm
◇薬草カラー図鑑 4　伊沢一男著　主婦の友社　1995.11　246p 21cm
◇薬草カラー大事典—日本の薬用植物のすべて　伊澤一男著　主婦の友社　1998.4　903p 26cm
◇薬草採取—440種の見わけ方と採取のコツ（Field books）伊澤一男著　主婦の友社　1998.4　455p 19cm
◇薬用植物大百科—伊沢一男遺稿集　伊沢一男著　伊沢俊夫　1999.4　543p 27cm
◇日本の薬草—437種　初めてでも迷わず採取できる　ポケット判　伊沢一男著　主婦の友社　2003.6　455p 16cm

伊沢 蘭軒
いざわ・らんけん

安永6年11月11日（1777年12月10日）～
文政12年3月17日（1829年4月20日）

医師, 考証家, 儒学者
名は信恬, 字は憺甫, 通称は辞安, 号は蘭斎。江戸・本郷（東京都文京区）出生。

備後福山藩医長安の長男。目黒道琢、武田叔安に医学を師事し、泉豊洲に儒学を、太田澄元に本草を学ぶ。文化3年（1806年）長崎に行き、清の医師と交流。その後、父のあとを継いで福山藩の侍医となり、儒官も務めた。狩谷棭斎らと親しく、書誌学をよくし、また文人を集めて詩会を主催した。門人に森立之、渋江抽斎らがいる。著書に「簡斎随筆」「簡斎要方」など。

【著作】
◇臨床和方治験選集 第5巻［青嚢括余拾遺（伊沢蘭軒輯）］　オリエント臨床文献研究所監修　オリエント出版社　1997.7　510p 27cm
◇伊沢蘭軒全集 第1冊　素問の部　伊沢蘭軒〔著〕　オリエント出版社　1998.2　524p 27cm

◇伊沢蘭軒全集 第2冊 霊枢の部　伊沢蘭軒〔著〕　オリエント出版社　1998.2　816p 27cm
◇伊沢蘭軒全集 第3冊 傷寒論の部　伊沢蘭軒〔著〕　オリエント出版社　1998.2　424p 27cm
◇伊沢蘭軒全集 第4冊 金匱要略の部　伊沢蘭軒〔著〕　オリエント出版社　1998.2　388p 27cm
◇伊沢蘭軒全集 第5冊 難経・読書記・考証・鍼灸の部　伊沢蘭軒〔著〕　オリエント出版社　1998.2　380p 27cm
◇伊沢蘭軒全集 第6冊 薬方集の部　伊沢蘭軒〔著〕　オリエント出版社　1998.2　432p 27cm
◇伊沢蘭軒全集 第7冊 本草・臨床・随筆・紀行の部　伊沢蘭軒〔著〕　オリエント出版社　1998.2　596p 27cm
◇伊沢蘭軒全集 第8冊 抄録・日記・詩集・目録の部　伊沢蘭軒〔著〕　オリエント出版社　1998.2　448p 27cm

【評伝・参考文献】
◇森鴎外全集 7〜8 伊沢蘭軒（ちくま文庫）　筑摩書房　1996.4, 5　15cm
◇鴎外歴史文学集 第6〜9巻 伊沢蘭軒　森鴎外著　岩波書店　2000.5〜2002.3　529p 20cm

石井 勇義

いしい・ゆうぎ

明治25年（1892年）9月20日〜
昭和28年（1953年）7月29日

恵泉女学園短期大学教授
千葉県千葉市出生。千葉県立成東中学〔明治44年〕中退。團園芸学。

大正2年小田原市の辻村農園に園芸研究生として入る。7年東洋園芸会社三軒茶屋農場の園芸主任に。11年花園・イシキ・ナーセリーを開設。ここでシネラリア、プリムラなど高級西洋草花の採種をし、種子の販売業を始める。15年「実際園芸」を創刊（昭和16年12月休刊）。昭和4〜23年青山学院女子専門講師、20〜28年恵泉女学園女子農芸専門学校（現・恵泉女子学園短期大学）教授を歴任。25年には、「葉の形態によるツバキ品種の識別に関する研究」に対し文部省より科学研究費を、25年と26年には「園芸大辞典」により文部省研究成果刊行費を交付された。

【著作】

◇温室園芸の知識（園芸の科学 第2編）　石井勇義著　新光社　1925　373p 19cm
◇花壇庭園の知識（園芸の科学 第3編）　石井勇義著　新光社　1925　356, 8p 20cm
◇実際園芸叢書 第1〜8巻　石井勇義著　誠文堂書店　1925〜1928　8冊 20cm
◇草花の副業栽培　石井勇義著　資文堂書店　1927　213p 20cm
◇最新園芸叢書 第4編 切花栽培の知識　石井勇義著　資文堂書店　1928　425p 20cm
◇実際園芸全集 第4, 10　石井勇義著　誠文堂　1929　2冊 19cm
◇牡丹花菖蒲の作り方　石井勇義著　誠文堂　1929.11　234p 20cm
◇カーネーションスキートピーの作り方　石井勇義著　誠文堂　1930　298p 19cm
◇温室草花の作り方　石井勇義著　誠文堂　1930　271p 19cm
◇原色園芸植物図譜 第1-6巻　石井勇義著　誠文堂　1930〜1934　6冊 19cm
◇最新盆栽の仕立方　石井勇義, 清水利悦著　誠文堂　1930　295p 19cm
◇綜合園芸大系 第1篇 園芸総論〈再版〉基礎学一般　石井勇義編　誠文堂　1933　590, 12p 23cm
◇綜合園芸大系 第2篇 最新果樹園芸〈再版〉総論・栽培・加工　石井勇義編　誠文堂　1933　640, 7p 図版16枚 23cm
◇綜合園芸大系 第3篇 最新蔬菜園芸〈再版〉総論・栽培・荷造法　石井勇義編　誠文堂　1933　680, 5p 23cm
◇綜合園芸大系 第4篇 温室及促成栽培〈3版〉建築・煖房・栽培　石井勇義編　誠文堂　1934　722, 6p 23cm
◇綜合園芸大系 第5篇 最新花卉園芸〈再版〉総論・1、2年草篇　石井勇義編　誠文堂　1933　436, 11p 23cm
◇綜合園芸大系 第6篇 最新花卉園芸〈再版〉球根植物篇　石井勇義編　誠文堂　1933　478, 6p 23cm
◇綜合園芸大系 第7, 8篇 最新花卉園芸〈再版〉温室植物篇 1, 2　石井勇義編　誠文堂　1933　2冊 23cm
◇綜合園芸大系 第9篇 最新花卉園芸〈3版〉朝顔・菊・盆栽篇　石井勇義編　誠文堂　1933　534, 6p 23cm
◇綜合園芸大系 第11篇 最新造園法〈5版〉洋庭・公園・遊園地篇　石井勇義編　誠文堂　1934　448, 5p 図版28枚 23cm
◇原色果物図譜　石井勇義著, 福羽発三校訂　誠文堂新光社　1935　161p（図版共）19cm
◇原色花卉類図譜　石井勇義著　誠文堂新光社　1935　157p 27cm
◇原色東洋蘭図譜　石井勇義著　誠文堂　1935　259, 6p 23cm
◇最新温室園藝―建て方・煖房・栽培〈改版〉（實際園藝叢書 第10編）　石井勇義編輯　金正

堂　1935.7　336p 25cm
◇原色園芸植物図譜　石井勇義著　誠文堂新光社
　1936　161, 9, 8p 19cm
◇浅沼喜道君の追憶　石井勇義編　石井勇義
　1941　202p 22cm
◇家庭の草花園芸（愛育社文化叢書 9）石井勇
　義著　愛育社　1947　243p 19cm
◇園芸大辞典 全6巻　石井勇義編　誠文堂新光社
　1949〜1956　6冊 22cm
◇花の営利栽培（営農叢書）石井勇義編　誠文堂
　新光社　1951　294p 19cm
◇家庭の草花（家庭文庫）石井勇義著　東洋経済
　新報社　1953　165p 15×15cm
◇原色園芸植物図譜 第1〜6巻　石井勇義, 穂坂
　八郎編　誠文堂新光社　1954〜1959　6冊（図
　版共）19cm
◇石井勇義ツバキ・サザンカ図譜　山田寿雄図, 津
　山尚編　誠文堂新光社　1979.2　210p 36cm

【評伝・参考文献】
◇名古屋大学農学部所蔵石井文庫目録　名古屋
　大学農学部図書室　1961　42p 21cm

石井 賀孝
いしい・よしたか

明治45年（1912年）1月8日〜
平成9年（1997年）9月9日

林業　石井林業会長
福島県飯舘村（飯豊町）出生。安積中学（旧制）
卒。賞朝日森林文化賞（第12回）〔平成6年〕、
北海道林産功労者〔平成8年〕。
　昭和4年先代が木炭業を営んでいた北海道・本
別町に渡り、炭作りに従事。のち林業経営に携
わる。30年"良い道をつける、良い木は切らな
い、切ったら必ず植える"の3つの誓いを立て、
以後浦幌町に所有する山林で実践。山の隅々ま
で入れる高密路網も提唱し、林道整備や複層
混交林育成など独自の集約的林業経営を確立
した。44年には全国農業祭で天皇杯を受賞。一
方、ライフワークとして樹木の戸籍とも言える
木籍簿作りに取り組み、針葉樹2万7000本を登
録。平成4年から広葉樹に取り組む。5年第一線
から引退した。

石川 格
いしかわ・いたる

大正11年（1922年）1月26日〜
平成12年（2000年）9月22日

千葉大学教授, 名古屋市東山植物園長
三重県北勢町（いなべ市）出身。千葉高等園芸学
校（現・千葉大学園芸学部）卒。農学博士。専
造園学。
　千葉大学園芸学部助教授を経て、教授。東京
農業大学教授、全国大学附属農場協議会会長、
名古屋市東山植物園長も務めた。東山植物園長
時代にはフラワー・ブラボー・コンクール（FBC）
事業に参画した。著書に「新しい庭の設計」「庭
木・花木の整姿・剪定」「学校緑化と花壇づく
り」などがある。

【著作】
◇庭の手入れ12カ月　石川格著　誠文堂新光社
　1966　221p（図版共）22cm
◇新しい庭の設計　石川格著　誠文堂新光社
　1967　236p（図版共）22cm
◇図解 庭木・花木の整姿・剪定　石川格著　誠文
　堂新光社　1970　291p 図版 22cm
◇学校緑化と花壇づくり　石川格著　誠文堂新光
　社　1975　230p 図 27cm
◇庭園学概論　石川格著　誠文堂新光社　1978.7
　292p 22cm
◇図解庭木・花木の手入れ12ケ月　石川格著　誠
　文堂新光社　1979.10　162p 24cm
◇雑木と下草―四季を楽しむ庭づくり（カラー版
　ホーム園芸）石川格, 相関芳郎著　主婦と生
　活社　1981.3　172p 23cm
◇花つき実つきの秘訣集―樹種別―すぐわかる
　手入れのコツ（Green diary）石川格著　主婦
　と生活社　1984.12　183p 19cm
◇小さな庭づくり園芸―春夏秋冬 庭木・草花の
　配植と手入れ12か月（Green diary）石川格著
　主婦と生活社　1985.11　183p 19cm
◇常識破りの園芸法　石川格著　講談社　1986.3
　351, 12p 19cm
◇造園技術ハンドブック　浅野二郎, 石川格編著
　誠文堂新光社　1988.12　174p 22cm
◇庭木・花木―手入れの仕方（花作り手帖）石川
　格著　誠文堂新光社　1992.4　135p 19cm
◇庭木花木の整姿・剪定―図解 樹種別作業事典
　石川格著　誠文堂新光社　1995.6　176p 23cm
◇花木庭木の手入れ―剪定鋏があれば、できる!!
　花木庭木が元気になる管理法（よくわかる図

41

解園芸シリーズ〕 石川格著 誠文堂新光社 2004.3 127p 21cm
◇らくらく園芸入門Q&A 石川格著 誠文堂新光社 2004.12 330, 6p 19cm

石川 武彦
いしかわ・たけひこ

明治24年(1891年)6月11日～
昭和57年(1982年)7月21日

山形大学名誉教授
熊本県出身。東京帝国大学農学科〔大正7年〕・政治学科〔大正12年〕卒。農学博士。圑農業経済学。

大正14年千葉県高等園芸学校教授、昭和17年日本綿花栽培協会参与兼軍産業部技術監、21年山形県立農林専門学校教授、22年校長。24年山形大学農学部長。著書に「旧約聖書農業考」「青果配給の研究」「経済上より観たる園芸地域変動論」など。

【著作】
◇旧約聖書農業考 石川武彦著 研友社 1931 324, 2, 8p 20cm
◇千葉高等園芸学校学術報告〔第1号 園芸業者の経営能力が園地地代に及ぼす影響(石川武彦)、第2号 商品果実の需要及価格に対する休日及気象の制約(石川武彦)〕 千葉高等園芸学校編 千葉高等園芸学校 1932～1942 26cm
◇青果価格の構成 リーベ著, 石川武彦訳 西ケ原刊行会 1934 95p 23cm
◇日本農業の展望〔日本の園芸的農業(石川武彦)〕 農業経済学会編 岩波書店 1935 826p 23cm
◇経済上より観たる園芸地域変動論 石川武彦著 日本評論社 1939 438p 図版 23cm
◇青果配給の研究 石川武彦著 西ケ原刊行会 1939 539p 23cm
◇果樹生産の立地的研究 石川武彦著 養賢堂 1943 253p 表 22cm
◇農業経営新説―渡辺侃博士還暦記念出版〔積雪地方農村部落における通婚と農地の配分との関係(石川武彦)〕 矢島武編 養賢堂 1954 299p 図版 22cm

【評伝・参考文献】
◇礎―石川武彦先生追想集 石川武彦先生を偲ぶ会実行委員会編 石川武彦先生を偲ぶ会 1983.4 263p 21cm

石川 光春
いしかわ・みつはる

明治17年(1884年)9月14日～
昭和43年(1968年)11月21日

植物細胞学者 旧制一高教授
東京府下谷区(東京都台東区)出生。父は石川光明(彫刻家)。東京帝国大学理科大学植物学科〔明治43年〕卒。

彫刻家で、東京美術学校(現・東京芸術大学)初代教授、帝室技芸員を歴任した石川光明の長男として生まれる。明治43年東京帝国大学理科大学を卒業、卒業論文は「てんじくぼたんノ染色体ニ就テ」で、藤井健次郎に指導を受けた。明治44年米国コーネル大学に留学。大正2年帰国して東京帝国大学大学院に入り、6年旧制一高講師、10年教授。15年米国とドイツに留学して昭和2年帰国、この間の見聞を「欧米曼荼羅雑記ヘヽのヽもへじ」にまとめた。19年退官し、その後は34年まで開成学園講師を務めた。植物細胞学、特にキク科植物の染色体数の研究で知られた。著書に「植物の構造と生殖」「趣味の植物春秋」「生物学大観」などがある。

【著作】
◇植物の構造と生殖 石川光春著 内田老鶴圃 1916 244, 32p 18cm
◇趣味の植物春秋 石川光春著 内田老鶴圃 1925 249p 19cm
◇生殖と遺伝 生殖篇 石川光春著 南郊社 1927 449, 2, 11p 22cm
◇欧米曼陀羅雑記ヘヽのヽもへじ 石川光春著 至玄社 1928 232p 19cm
◇植物学通論 上・下巻 石川光春著 内田老鶴圃 1929～1930 2冊 23cm
◇植物と比較したる人間〔春秋文庫 第1部 第42〕 石川光春著 春秋社 1931 158p 18cm
◇生物学大観 石川光春著 内田老鶴圃 1931 162, 22p 23cm
◇性と生殖の原理 石井重美, 石川光春著 内田老鶴圃 1933 269p 23cm
◇生物学自習用顕微鏡実習指針 石川光春著 内田老鶴圃 1935
◇花 石川光春著 内田老鶴圃 1938 252p 24cm
◇雑草 石川光春著 内田老鶴圃 1941 268p 21cm

◇生物ごよみ［思ひ出すこと（石川光春）］　内田清之助等著　筑摩書房　1952　294p 図版 19cm

【評伝・参考文献】
◇近代日本生物学者小伝　木原均ほか監修　平河出版社　1988.12　567p 22cm

石川 元助
いしかわ・もとすけ

大正2年（1913年）1月20日～
昭和56年（1981年）12月13日

名古屋学院大学教授
東京出生。日本大学法文学部史学科卒。専文化人類学。

　昭和14～21年軍籍にあり、中国北部、ニューギニアの民族学的調査を行う。この間、陸軍通訳官、マラリア免疫研究所主任研究官などを歴任。戦後は東京大学理学部で民族毒物学の研究に従事。40年には京都大学アマゾニア学術調査隊副隊長として民族植物、毒物類の調査に参加。日本大学講師などを経て、42年から名古屋学院大学教授。著書に「ガマの油からLSDまで―陶酔と幻覚の文化」「毒薬」がある。

【著作】
◇毒矢の文化（紀伊國屋新書）　石川元助著　紀伊國屋書店　1963　202p 18cm
◇毒薬　石川元助著　毎日新聞社　1965　252p 19cm
◇毒薬先生アドヴェンチャー旅行―アマゾニア180日幻想の美少女を求めて　石川元助著　大光社　1966　251p 図版 19cm
◇探検と冒険［想像を絶する幻覚の世界（石川元助）］（朝日講座 4）　朝日新聞社編　朝日新聞社　1972　455p 図 20cm
◇名古屋学院大学論集―創立十周年記念論文集［Experience of the "Ceremonia de los hangos alucinogenos" in Mexico and its considerations（石川元助）］　名古屋学院大学産業科学研究所　1974　794p 22cm
◇ガマの油からLSDまで―陶酔と幻覚の文化　石川元助著　第三書館　1990.11　324p 21cm
◇毒矢の文化（精選復刻紀伊國屋新書）　石川元助著　紀伊國屋書店　1994.1　202p 20cm
◇毒薬［幻覚薬LSD・25（石川元助）］（日本の名随筆 別巻78）　中島らも編　作品社　1997.8　252p 19cm

石川 林四郎
いしかわ・りんしろう

明治12年（1879年）12月19日～
昭和14年（1939年）8月31日

東京文理科大学教授
栃木県足利町（足利市）出身。東京帝国大学英文科卒。専英語、英文学。

　14歳で上京して、日本中学、明治学院高等学部に学ぶ。語学に堪能で、東京帝国大学英文科では小泉八雲と夏目漱石に学び、漱石の最初の講義で誤りを指摘したエピソードがある。東京高等師範学校講師、旧制六高教授を経て、東京高等師範学校教授となり、昭和4年大学制制定により東京文理科大学創設に伴い英語英文学の教授に就任。この間、米国、英国に2回留学。大正12年英語教授研究所（ハロルド・パーマー所長）企画に参加、所長を補佐して日本の英語教育の改善振興に尽力した。パーマー帰国後は同研究所長となり、口頭直接教授法の普及ににに努めた。また雑誌「英語の研究と教授」を主宰し、後進を指導した。大正13年「英語青年」誌に連載した、英文学に登場する花卉草木についての名称・形態・特色・寓意・文献などを取り上げた文章をまとめ「英文学に現はれたる花の研究」を出版した他、「コンサイス英和辞典」「コンサイス和英辞典」編集にも従事した。

【著作】
◇A garland of flower-poems―collected and arranged　By Rinsirô Isikawa　Eigaku-Shimpo-Sha　1906　136, xxxivp illus 16cm
◇英文学に現れたる花の研究　石川林四郎著　研究社　1924　268, 49p 図版 19cm
◇英友叢書 第5 自然文学　野津文雄著, 石川林四郎等監修　興文社　1938　220, 10p 20cm

【評伝・参考文献】
◇随筆集 2［石川林四郎先生］（定本 西脇順三郎全集 第12巻）　西脇順三郎著　筑摩書房　1994.11　586p 21cm

石倉 成行
いしくら・なりゆき

昭和10年（1935年）12月18日〜
平成5年（1993年）12月28日

熊本大学理学部教授
富山県出生。富山大学文理学部生物学科卒，東京教育大学（現・筑波大学）大学院植物学専攻〔昭和40年〕博士課程修了。理学博士。囲植物学，生物科学，代謝生化学 囲日本植物学会，日本植物生理学会，日本農芸化学会。

昭和41〜44年オーストラリア連邦政府CSIRO林産物研究所生理学部門で研究に従事（在メルボルン）。49年熊本大学教授に就任。60年にはコンコージア大学（カナダ・モントリオール）で生物学客員教授をつとめた。著書に「植物代謝生理学」，共著に「植物の生理・生化学」「核酸と生合成産物」「植物色素」，訳書に「ユーカリの生物学」。

【著作】
◇現代生物学大系 第10巻 植物の生理・生化学 三輪知雄監修 中山書店 1968 421p 図版12枚 27cm
◇植物遺伝学2 核酸と生合成産物 林孝三編 裳華房 1977.1 526p 22cm
◇ユーカリの生物学（Asakura-Arnold biology 24）L. D. プライオー著，石倉成行訳 朝倉書店 1981.3 119p 22cm
◇落葉樹の葉のタンパク質代謝に関する酵素化学的研究 石倉成行，熊本大学著 1985〜1986
◇植物代謝生理学 石倉成行著 森北出版 1987.4 297p 22cm

石黒 忠篤
いしぐろ・ただあつ

明治17年（1884年）1月9日〜
昭和35年（1960年）3月10日

農政家 参院議員（緑風会），農相
東京出生。父は石黒忠悳（陸軍軍医総監）。東京帝国大学法科大学〔明治41年〕卒。父は陸軍軍医総監を務めた石黒忠悳。少年時代から土いじりを好み，早くから農政に関心を持っていたという。旧制七高在学中，同校の教師であった日本学者G. マードックから二宮尊徳の本を紹介され，後年の仕事や人生に大きな影響を受ける。明治41年東京帝国大学法科大学を卒業し，農商務省に入省。大正3年から約1年間，農政研究のためヨーロッパに留学したのち農務局農政課長，同局小作課長，農林省農務局長などを経て，昭和6年農林次官。この間，小作慣行調査や小作調停法の立案などに従事した。9年に退官したのちは農村厚生協会会長，産業組合中央金庫理事長などを務めた。15年第二次近衛文麿内閣に農林相として初入閣したが，16年病気のため辞任。同年の父の死に際しては，爵位は一代限りであるという父の遺言に従い，子爵位を返上した。戦時中は小作問題解決の一環として加藤完治と共に満蒙開拓移民を推進した他，農業報国連盟理事長，満州移住協会理事長，日本農業研究所理事長などを務め，18年貴院議員に勅撰。20年鈴木貫太郎内閣で農相に就任し，大戦末期において食糧の確保に尽力した。戦後，21年に公職追放。追放解除後の27年には静岡地方区から参院議員に出馬し当選。31年参議院全国区で当選を果たした。国会では緑風会に所属し，憲法調査会委員や国会の議員総会議長などを歴任。一方で国際農友会会長，全国農民連合会会長，全国農業会議所理事長，全国農業協同組合中央会理事長など，農政関係団体の要職を務め農業の再建に心血を注いだが，A級戦犯に指定されて獄死した旧制七高時代からの親友・東郷茂徳との約束を守り，国政上の要職に就くことはなかった。農業振興，農民救済を掲げ，農本主義に支えられた農政を展開し，"農政の神様"と呼ばれた。著書に「農政落葉籠」がある。

【著作】
◇米国の穀物取引と穀倉―附・加奈太の農民穀物販売機関 石黒忠篤著 石黒忠篤 1918 232p 23cm
◇地方小作官講習会講演集［小作問題概要（石黒忠篤）］農林省農務局編 帝国農会 1925

255p 22cm
◇農林行政〔農村更生叢書 24〕 石黒忠篤著 日本評論社 1934 224p 19cm
◇稗叢書 第1輯〔稗栽培運動の提唱(石黒忠篤)〕 農村更生協会編 農村更生協会 1939 311p 19cm
◇皇国農民の道〔現下の国情と農民の使命(石黒忠篤)〕 農村更生協会編 朝日新聞社 1941 399p 図版 肖像 19cm
◇食糧増産と臣道実践 石黒忠篤〔述〕 富民協会 1941 10p 21cm
◇内原青年講演集 第2巻 農民の使命 石黒忠篤等著 週刊産業社 1941 221, 2p 19cm
◇農政落葉籠 石黒忠篤著 岡書院 1956 462p 図版14枚 19cm
◇日本の蚕糸業について語る—石黒忠篤農政談 (農業総合研究所刊行物 第560号) 石黒忠篤〔ほか述〕, 大鎌邦雄編・解題 農業総合研究所 1997.3 127p 21cm
◇米國の穀物取引と穀倉—附加奈太の農民穀物販賣機關 石黒忠篤著 東京穀物商品取引所 2003.7 232p 23cm

【評伝・参考文献】
◇石黒忠惠懐旧九十年 薄田貞敬編 石黒忠篤 1936 500p 肖像 23cm
◇石黒忠篤(一業一人伝) 小平権一著 時事通信社 1962 218p 図版 18cm
◇石黒忠篤先生追憶集 石黒忠篤先生追憶集刊行会編 石黒忠篤先生追憶集刊行会 1962 407p 図版 22cm
◇石黒忠篤伝 日本農業研究所編 岩波書店 1969 513p 図版 20cm
◇笹村草家人文集 下巻 笹村草家人著 田中繁雄 1980.2 540p 21cm
◇石黒忠篤の農政思想 石黒忠篤〔著〕, 大竹啓介編 農山漁村文化協会 1984.12 516p 22cm
◇日本帝国主義の経済政策 後藤靖編 柏書房 1991.6 331p 21cm
◇農家永続の研究 日本農業研究所編 農山漁村文化協会 1994.9 198p 21cm
◇石黒忠篤—伝記・石黒忠篤(伝記叢書 347) 小平権一著 大空社 2000.12 218, 4p 22cm

石津 博典
いしず・ひろすけ

大正4年(1915年)12月28日〜昭和60年(1985年)

画家
大阪府出生。八尾中学卒。団日本児童出版美術家連盟, 出版美術家連盟, 日本美術家連盟, 日本水彩画会。

動植物, 古生物, 歴史, 考古学などの図鑑やイラストで活躍。また東京都町田市郷土資料館の壁画を手がけた。主な挿絵に「おおむかしのかりゅうど」「登呂のむらの一年」「米のきた道」がある。

【著作】
◇もりのいのち—森林(えほん・こどもの科学 6) 吉良竜夫, 依田恭二文, 石津博典絵 ポプラ社 1978.4 1冊 24×27cm
◇登呂むらの一年—弥生時代の農業 たかしよいち作, 石津博典絵 岩崎書店 1979.2 31p 25cm
◇やまともりととりと うだがわたつお作, いしづひろすけ絵 ポプラ社 1979.4 27p 27cm
◇米のきた道 佐々木敏裕文, 石津博典絵 フレーベル館 1979.9 31p 27cm
◇米のきた道(新版かんさつシリーズ 9) 佐々木敏裕文, 石津博典絵 フレーベル館 1992.10 31p 27cm
◇うめ 石津博典作 福音館書店 2004.1 27p 26cm

石塚 喜明
いしずか・よしあき

明治40年(1907年)3月14日〜平成17年(2005年)9月13日

土壌肥料学者 北海道大学名誉教授
東京市四谷区(東京都新宿区)出生, 新潟県中蒲原郡横越村(新潟市)出身。北海道帝国大学農学部農芸化学科〔昭和4年〕卒。日本学士院会員〔昭和57年〕。農学博士〔昭和20年〕。団農芸化学団日本土壌肥料学会, 国際土壌学会, 日本農芸化学会賞日本農学賞・安藤賞〔昭和25年〕, 日本農業研究所賞〔昭和41年〕, 勲二等瑞宝章〔昭和52年〕, 日本学士院賞〔昭和55年〕「稲の生理栄養的研究など」, 北海道開発功労賞〔昭和56年〕, 台湾紫色綬景星勲章〔平成2年〕。

北海道大学助手, 助教授を経て, 昭和38年農学部教授。42〜44年学部長。45年退官し, アジア太平洋地域食糧肥料技術センター副所長, 所長を歴任(49年退任)。この間, 39〜43年国際イネ研究所理事, 50年アジア蔬菜研究所理事。イ

45

ネの水耕栽培に成功し、寒地・温帯・熱帯でイネの成長の様子や必要な栄養素が異なることを解明。北海道産のコメの食味向上にも貢献した。

【著作】
◇農芸化学 上・下(朝日新講座 第34) 石塚喜明著 朝日新聞社 1943 2冊 19cm
◇北方農業研究 伊藤誠哉監修 西ケ原刊行会 1943 270p 22cm
◇作物生理講座 第2巻 栄養生理編[各種作物の栄養生理(石塚喜明等)] 戸苅義次、山田登、林武編 朝倉書店 1960 298p 22cm
◇北海道農地開発調査資料 1954-61 [北海道における泥炭地と其開発をめぐる諸問題(石塚喜明)] 北海道農地開発協会 〔1961〕 1冊 21cm
◇水稲の栄養生理 石塚喜明、田中明共著 養賢堂 1963 307p 図版 22cm
◇大学における農学教育—特にカリキュラムの立場から 石塚喜明編 東京大学出版会 1971 277p 27cm
◇アジア・大洋州諸国における農学教育 宮山平八郎、石塚喜明編 日本学術振興会 1984.2 399p 27cm
◇植物栄養学論考 石塚喜明編 北海道大学図書刊行会 1987.11 245p 22cm
◇若き生命科学研究者に期待する(秋山財団ブックレット no. 3) 石塚喜明〔述〕 秋山記念生命科学振興財団 1994.10 34p 21cm
◇農業を学んで90年 石塚喜明著 石塚喜明 1999.3 100p 21cm
◇生命を支える農業—日本の食糧問題への提言 石塚喜明著 北海道大学図書刊行会 2001.10 119p 20cm
◇日本の農業・アジアの農業 石塚喜明著 北海道大学図書刊行会 2004.3 181, 6p 19cm

【評伝・参考文献】
◇北海道開発功労賞受賞に輝く人々 昭和56年 北海道総務部知事室渉外課編 北海道 1982.3 297p 図版11枚 22cm

石墨 慶一郎
いしずみ・けいいちろう

大正10年(1921年)7月17日〜
平成13年(2001年)5月6日

農業技術 福井県農業試験場長
福井県坂井郡高椋村(坂井市)出身。宇都宮高等農林学校卒。農学博士(名古屋大学)〔昭和52年〕。囲コシヒカリの育成 賞日本育種学会賞〔昭和39年〕、農林水産大臣賞〔平成5年〕。

昭和21年福井県立農事試験場(現・福井県農業試験場)に入所し、水稲の育種研究に取り組む。23年同所に'農林1号'と'農林23号'とを人工交配してできたイネの雑種3代が配布され、26年からは彼が中心となってその育成試験及び研究を行い、'越南17号'を作出した。この品種は奨励品種候補として各地に配布されたものの倒れやすく、イモチ病に弱いこともあって福井県ですら奨励品目に指定しなかったが、味や熟色が良かったため新潟県長岡農業試験場では改良の余地ありと判断され、31年新潟県で奨励品種に採用、作出地・福井と採用地・新潟の旧国名にちなみ"越の国に光り輝く"の意味をこめてコシヒカリと命名された。以後、改良が重ねられて全国に普及し、54年以降の国内におけるコメ作付面積の首位の座に君臨しつづけている。このため"コシヒカリの父"と呼ばれる。49年福井県農業試験場長を最後に退職。平成5年農業試験研究1世紀記念農林水産大臣賞を受賞した。

【著作】
◇福井県における水稲新品種育成事業の経過とその成果 石墨慶一郎著 福井県農業試験場 1974 215p 図 26cm

石田 竹次
いしだ・たけじ

?〜昭和56年(1981年)

つまみかんざし職人
息子は石田竹次(かんざし職人)、孫は石田毅司(かんざし職人)。

15歳の時、江戸かんざしの福田市松に弟子入りし、花柳界向けなどに、「宝船」「羽子板」「波に千鳥」「打ち出の小槌」など季節の花をあしらったつまみかんざしを製作。弟子は全国に20人を越える。作品集に「つまみかんざし3代」がある。

石館 守三

いしだて・もりぞう

明治34年(1901年)1月24日～
平成8年(1996年)7月18日

薬学者　東京大学名誉教授
青森県青森市出生。東京帝国大学医学部薬学科〔大正14年〕卒。薬学博士（東京帝国大学）〔昭和5年〕。所属 日本薬学会、日本癌学会、日本分析化学会、米国薬学会、英国薬学会、仏国薬学会（各学会名誉会員）、日本薬剤師会、フランス科学アカデミー、日中医学協会（名誉会長）受賞 服部奉公会賞〔昭和8年〕、日本学士院賞〔昭和18年〕「樟脳に関する研究」、日本薬学会賞・薬事日報学術賞〔昭和23年度〕「ジキタリス葉の強心性配糖体の研究」、勲二等旭日重光章〔昭和46年〕、佐藤尚武郷土大賞〔昭和48年〕、日本薬剤師会賞〔第28回・昭和58年度〕、パリ大学名誉博士号、青森市名誉市民〔昭和63年〕。
　青森県に薬種商の三男として生まれ、店員と薬の配達に行ったハンセン病療養所・北部保養院（松丘保養園）で患者たちの悲惨な状況を目にし、治療薬の開発を志した。二高から東京帝国大学医学部薬学科に進み、同志会に入ってキリスト教に目覚めるとともに、朝比奈泰彦に師事した。大正14年卒業と共に同大副手、昭和9年助手となり、田村憲造らとショウノウの強心作用の研究に取り組み、強心剤「ビタカンファー」を生み出した。11年欧米に留学。帰国後、14年助教授を経て、16年教授に進み、初代薬品分析化学講座を担当。33年薬学部長、36年定年退官。40年厚生省国立衛生試験所長、41年中央薬事審議会長。45年日本薬剤師会長に就任すると長く懸案とされてきた医薬分業の解決に尽くし、その道筋をつけた。この間、太平洋戦争中の18年、米国で結核薬「プロミン」がハンセン病（らい病）に効果があったという情報を知ると独自に開発に乗り出し、国産化に成功。21年ハンセン病治療薬「プロトミン」として商品化され多くのハンセン病患者を救うこととなり、

"救らいの父"とも呼ばれた。23年には国産初となる癌の化学療法剤「ナイトロミン」を開発するなど、我が国薬学の進歩、地位向上に決定的役割を果たした。

【著作】
◇化学に於ける最近の諸問題—連合講演会講演集 第1輯 [樟脳の生化学的研究(石館守三)] 日本化学会等編　日本化学会　1943　111p 26cm
◇微量定性分析—理論と実験　石館守三著　南山堂　1949　368p 図版 表 22cm
◇医学の進歩 第5集 [スルファミン剤の進歩 1 (石館守三)]　木下良順編　南条書店　1949　21cm
◇癌の化学療法 [抗癌物質(石館守三等)]　武田勝男編　医歯薬出版　1957　447p 26cm
◇薬の好ましくない作用—医薬品の副作用　C. Heusghem, P. Lechat著, 石館守三, 小林龍男監訳, 竹中祐典編集　広川書店　1978.12　677p 27cm
◇生活環境と発がん—大気・水・食品　石館守三編　朝倉書店　1979.9　228p 22cm
◇医薬品の評価—適正使用の実際　アメリカ医師会編, 石館守三, 吉利和監訳　広川書店　1979.11　2冊（別冊とも）26cm
◇聖書の中の「らい」　スタンレー・G. ブラウン著, 石館守三訳　キリスト新聞社　1981.9　78p 18cm

【評伝・参考文献】
◇石館守三伝—勇ましい高尚なる生涯　蝦名賢造著　新評論　1997.3　294p 20cm

石戸谷 勉

いしどや・つとむ

明治17年(1884年)～昭和33年(1958年)10月1日

薬学者, 植物研究家　東北薬科大学教授
札幌農学校（現・北海道大学）森林科卒。理学博士。
　札幌農学校森林科を卒業後、朝鮮総督府に赴任し、山林技師として同地の植林事業に従事。傍ら中井猛之進の指導のもとで同地の植物を調査した。のち京城薬学専門学校講師、京城帝国大学講師、中華民国北京大学教授などを歴任し、本草学を研究・講義するとともに、朝鮮、満州、中国といった諸地域の漢薬市場を巡って漢薬起源の同定に尽くした。戦後は東北薬

科大学教授を務めた。著書に「北支那の薬草」「Chinesische Drogen」の他、鄭台鉉との共著「朝鮮森林樹木鑑要」がある。

【著作】
◇朝鮮森林樹木鑑要　石戸谷勉，鄭台鉉編　朝鮮総督府林業試験場　1923　129, 35p 27cm
◇同仁会支那衛生叢書 第4輯 北支那の薬草　石戸谷勉著　同仁会　1931　94, 6, 6p 23cm
◇朝鮮自然科学協会北支蒙疆地方学術調査団報告論文集[蒙疆地方に行はる・蒙古薬とその原植物 他(石戸谷勉)]第1-2輯　朝鮮自然科学協会編　朝鮮自然科学協会　1939～1940　26cm
◇大陸文化研究[北亜細亜の植物資源(石戸谷勉)]　京城帝国大学大陸文化研究会編　岩波書店　1940　546p 23cm

伊集院 兼知
いじゅういん・かねとも

明治3年(1870年)10月～
昭和32年(1957年)2月19日

華族　貴院議員
本名は本荘。

丹後宮津藩主・本荘宗武の三男に生まれ、のち海軍軍人・伊集院兼寛の養子となった。明治29年以降主猟官を務め、31年養父の死去に伴い子爵を襲爵。37年貴院議員に選ばれ、研究会に所属。臨時治水調査会委員、狩猟調査会委員などを歴任し、昭和12年永年在職議員として表彰を受けた。14年引退。刀剣や釣りなどを愛好する趣味の人であったが、特に園芸家として知られ、数々の洋ランを栽培し、「蘭科培養の要諦」などの著書がある。

【著作】
◇蘭科培養の要諦　伊集院兼知著　横浜ガーデン　1927　100p 図版 19cm

石渡 秀雄
いしわた・ひでお

天保14年(1843年)～大正5年(1916年)

篤農家、政治家　田方郡椎茸同業組合会長
伊豆国門野原村(静岡県伊豆市)出生。孫は井上靖(小説家)。賞農商務大臣功労賞[明治32年]、農林大臣顕彰状[明治43年]。

伊豆地方におけるシイタケ栽培の先覚者で、シイタケの榾木の配列法として現在でも広く用いられている合掌法を考案。また、乾燥や貯蔵の方法についても研究を進めた。明治30年には田方郡の棚場山に椎茸栽培所を設立し、後進への技術指導に尽力。その功労によって32年農商務大臣功労賞、43年に農林大臣顕彰状を受けた。一方、戸長や郡会議員を務めるなど地方政界でも活躍。大正5年には田方郡椎茸同業組合の初代会長となった。孫は小説家の井上靖で、その自伝的小説「しろばんば」にも"石守林太郎"の名で登場する。

【著作】
◇椎茸の作り方—実地指導　石渡秀雄著　石渡秀雄　1903.4

磯 永吉
いそ・えいきち

明治19年(1886年)11月～
昭和47年(1972年)1月21日

作物育種学者
広島県出生。東北帝国大学農科大学(現・北海道大学農学部)[明治44年]卒。農学博士[昭和3年]。賞日本農学賞[昭和7年]、日本学士院賞[昭和36年]、大日本農会紅白有効賞。

台湾総督府農事試験場、同中央研究所から台北帝国大学助教授、教授となった。戦後も台湾に残り中華民国農林庁顧問を務め、昭和32年帰国した。この間、台湾におけるイネの日本品種改良に従事、214種の品種を育成し、大正15年の'蓬莱米'は有名。これらの業績に対し日本農学会から農学賞、大日本農会から紅白有功賞が贈られ、昭和36年日本学士院賞を受賞した。3年「台湾稲ノ育種学的研究」で農学博士。著書に「亜熱帯における稲と輪作物」(英文)がある。

【著作】
◇台湾総督府中央研究所農業部彙報［第5, 13, 14号 アロールート播種期及収穫期と澱粉製造期との関係（磯永吉, 戸村忠平）他］　台湾総督府中央研究所　1922～1926
◇台湾総督府中央研究所農業部報告［台湾稲ノ育種学的研究（磯永吉）］第37号　台湾総督府中央研究所編　台湾総督府中央研究所　1928　315p 27cm
◇蓬莱米談話（山口県農業試験場特別研究報告第16集）　磯永吉著　山口県農業試験場　1964　89p 21cm

【評伝・参考文献】
◇命がけの夢に生きた日本人―世界の国々に刻まれた歴史の真実　黄文雄　青春出版社　2006.4　366p 19cm

井田 昌胖
いだ・まさなお
（生没年不詳）

本草学者
号は白圭。
江戸中期の本草学者。瀬尾昌宅法印の弟子。宝永3年（1706年）「柑橘伝」を著述し、柑と橘を組み合わせて"柑橘"という言葉をはじめて用いたほか、ミカン類20種の名称、風味、産地などについて詳述した。

伊谷 以知二郎
いたに・いちじろう
元治元年（1864年）12月3日～
昭和12年（1937年）3月30日

水産学者　大日本水産会会長
旧姓名は田中。江戸出生、紀伊国（和歌山県和歌山市）出身。水産伝習所〔明治23年〕卒。
和歌山藩士・田中伝の二男として生まれ、のち同藩伊谷久吉の養子となる。明治21年大日本水産会が創立した水産伝習所第1期生として入学し、23年卒業、大日本水産会録事となる。下啓助と共に「水産拡張意見」を発表し、26年水産伝習所所長に就任。技術教育者として水産製造学を教授、日清戦争には軍用缶詰献納運動を企画する。30年農商務省が水産伝習所を吸収して水産講習所（現・東京水産大学）と改めると、水産局勤務となり引き続き教育に携わり、大正6年水産講習所所長となる。13年退任。のち日本勧業銀行理事、日本缶詰協会副会長を経て、昭和3年大日本水産会会長、7年日本水産学会会長などを務めた。樺太遠淵湖の海藻から良質の寒天が得られることを発見し、"伊谷草"の和名が与えられなど、日本の近代漁業振興の功労者として知られる。

【評伝・参考文献】
◇伊谷以知二郎を語る　井舟静水著　日本食糧協会　1937　358p 20cm
◇伊谷以知二郎伝　大日本水産会編　大日本水産会　1939　498p 肖像 23cm
◇伊谷以知二郎伝　鈴木善幸著　伊谷以知二郎伝刊行会　1969　350p 図版 12cm

伊谷 純一郎
いたに・じゅんいちろう
大正15年（1926年）5月9日～
平成13年（2001年）8月19日

霊長類・人類学者　京都大学名誉教授, 神戸学院大学名誉教授
鳥取県鳥取市西町出生, 京都府京都市出身。祖父は伊谷信太郎（鳥取子ども園創設者）、父は伊谷賢蔵（画家）、息子は伊谷原一（霊長類研究者）。京都大学理学部動物学科〔昭和26年〕卒, 京都大学大学院。理学博士。⬜人類進化論, 霊長類研究, アフリカ地域研究, サル学⬜日本人類学会, 日本民族学会, 日本アフリカ学会, 日本霊長類学会, 日本ナイルエチオピア学会⬜毎日出版文化賞〔昭和30年〕「高崎山のサル」, 朝日賞〔昭和43年度〕, ハクスリー賞〔昭和59年〕, 大同生命地域研究賞（第7回）〔平成3年〕, 紫綬褒章〔平成4年〕, 勲三等瑞宝章〔平成9年〕。
幼い頃からの動物好きが高じて霊長類・人類学の道に。今西錦司京都大学名誉教授の愛弟子で、昭和23年宮崎県都井岬で行われた今西の半

野生馬調査に同行。その際、野生のニホンザルに出会い、サルの研究に携わるようになる。のち日本モンキーセンター研究員、京都大学理学部助教授を経て、56年同大人類進化講座教授。61年4月アフリカ地域研究センター設立とともにセンター長に就任。大分県高崎山で世界で初めて野生ザルの餌付けに成功し、群れが性別、年齢、血縁に基づく"ルール社会"であることを発見、霊長類の進化研究のレールを敷いた。33年からはゴリラを、のちチンパンジー、焼畑農耕民族トングウェ、狩猟民族ピグミー、遊牧民トゥルカナなどを研究。霊長類の進化生態との関係から森林生態学にも関心を抱いた。59年人類学のノーベル賞といわれるハクスリー賞を日本人として初受賞。平成2年退官し、神戸学院大学教授に就任。著書に「高崎山のサル」「ゴリラとピグミーの森」「霊長類社会の進化」「森林彷徨」、共編に「アフリカ文化の研究」「自然社会の人類学」など。日本の"サル学"を創始し、人類学や霊長類学、アフリカ地域研究に大きく貢献した。

【著作】
◇サル・ヒト・アフリカ―私の履歴書　伊谷純一郎　　日本経済新聞社　1991.9　213p 20cm
◇森林彷徨（熱帯林の世界1）　伊谷純一郎　東京大学出版会　1996.9　235, 8p 20cm

市川 幸吉

いちかわ・こうきち

天保12年（1841年）11月～
大正10年（1921年）3月5日

農事改良家　東京府農会議員，神奈川県議
武蔵国大岱村（東京都東村山市）出生。賞緑綬褒章〔明治24年〕。

文久2年（1861年）農業の上京を視察するため諸国を巡歴。郷里の武蔵大岱村に帰った後、穀類や肥料を試作し、周囲の農家に頒布した。また、茶や夏蕎麦の栽培奨励や植林、郷土の特産品である村山飛白の品種改良などをすすめ、東村山地方の殖産興業に大きく貢献した。これらの功により、明治24年緑綬褒章を受章。晩年は地方政界で活躍し、東村山村議・東京府農会議員・神奈川県議を歴任した。

市河 三喜

いちかわ・さんき

明治19年（1886年）2月18日～
昭和45年（1970年）3月17日

英語学者　東京帝国大学教授
東京府下谷区下谷練塀町（東京都台東区）出生。祖父は市河米庵（書家）、父は市河万庵（書家）、弟は市河三禄（林学者）、長女は野上三枝子（日本橋女学館短期大学教授）。東京帝国大学文科大学言語学科〔明治42年〕卒。帝国学士院会員〔昭和14年〕。文学博士。賞文化功労者〔昭和34年〕。

祖父は"幕末の三筆"と謳われた書家・市河米庵で、父の万庵も書家。幼い頃より昆虫や植物採集を好み、府立一中在学中には博物学の教師であった帰山信順の影響を受けてよりいっそう博物趣味を深めた。明治33年小熊掉、村松（のち東条）操らと日本博物学会を結成、やがて武田久吉や内田清之助、高野鷹蔵、小島烏水らが加わり日本博物学同士会に発展した。一方、早くから富士登山を敢行するなど登山に親しみ、日本山岳会の創設にも関与した。語学にすぐれ、旧制一高から東京帝国大学言語学科に進み、卒業後の大正元年には英国に留学。同年我が国初の本格的な英語研究書である「英文法研究」を刊行した。5年帰国して東京帝国大学文科大学助教授、9年教授。12年「ロバート・ブラウニングの詩の言語研究」で文学博士の学位を取得。英語学者として活躍し、帝国学士院会員、日本英文学会会長、日本シェイクスピア協会会長、英語教授研究所長などを歴任、また「英語学辞典」「英語発音辞典」「英語学―研究と文献」などの著作や「大英和辞典」「A New Concise English Grammar」などの辞書・教科書の編纂に携わり、日本英語界で指導的な役割を果たした。昭和21年定年退官。34年文化功労

者。他の著書に「英語発音辞書」「聖書の英語」などがあり、「昆虫・言葉・国民性」「私の博物誌」など自然と自らの関わりについて述べた随筆集も多い。

【著作】
◇私の博物誌　市河三喜著　中央公論社　1956　217p 図版 18cm

【その他の主な著作】
◇日本シェイクスピア書誌 第1-16　市河三喜、山口武美共編　〔研究社〕　〔出版年不詳〕　1冊 24cm
◇万国音標文字　市河三喜編　光風館書店　1920　12p 22cm
◇大英和辞典　市河三喜、畔柳都太郎、飯島広三郎共著　冨山房　1931　1855p 24cm
◇英語発音辞典　市河三喜著　研究社　1923　372p 20cm
◇英語学パンフレット 第1編　市河三喜編輯　研究社　1933　36p 23cm
◇英語学パンフレット 第19-28編　研究社　1936～1940　10冊 22cm
◇手向の花束―市河晴子、三栄追悼録　市河三喜編　市河三喜　1945　256p 肖像 19cm
◇市河博士還暦祝賀論文集 第1-6輯　市河博士還暦記念会編　研究社　1946～1954　図版 18cm
◇小山林堂随筆　市河三喜著　研究社　1949　351p 19cm
◇旅・人・言葉　市河三喜著　ダヴィッド社　1957　292p 図版 19cm

市川 政司
いちかわ・せいじ

明治21年(1888年)11月10日～
昭和36年(1961年)6月8日

公園技師　東京市公園部技術課長
新潟県高田市(上越市)出生。高田農学校〔明治39年〕卒。

明治40年東京市役所道路課に入り、43年同技手、大正13年東京市技師、昭和3年保健局公園課技術掛長を経て、17年公園部技術課長。この間、建設現場の責任者として公園課長・井下清を助け、東京の公園・街路樹の新設・改良・維持管理に力を尽くした。関東大震災後には東京の公園復興に心血を注いだほか、老樹保護の研究にも従事。また公園事業の一環として一般市民への園芸趣味の普及にも当たり、東京市内で組織された桜の会、梅の会、蓮の会、園芸文化協会などに参加して民間の園芸家と積極的に交流を図った。特にハナショウブには一家言を持ち自ら栽培を試み、盆栽用の鉢に浅く土を入れて十数本のハナショウブを培養する東京盆養法を考案した。5年には井下や三好学、白井光太郎、堀切小高園園主・小高伊左衛門らと共に日本花菖蒲協会を結成して理事、理事長を務めた。19年定年退職後は公共慰霊事業に当たる傍ら、動植物の栽培を通じて植物愛護精神と都市緑化の必要性を訴え続けた。

【著作】
◇家庭菜園の造り方(住み方指導叢書 2)　市川政司著　住宅営団　1943　58p 図版 19cm
◇わが家の菜園　市川政司著　婦人之友社　1948　146p 19cm

【評伝・参考文献】
◇日本公園百年史　日本公園百年史刊行会編　日本公園百年史刊行会　1978.8　690p 27cm

一条 兼良
いちじょう・かねよし

応永9年5月7日(1402年6月7日)～
文明13年4月2日(1481年4月30日)

公卿、学者
諡号は後成恩寺、号は桃花翁、桃華叟、桃華老人、三関老人、東斎、法号は覚恵、通称は一条禅閣。祖父は二条良基(公卿)、父は一条経嗣(関白)。

名は「かねら」ともいう。「菟玖波集」を撰した二条良基の孫に当たり、五摂家の一である一条家の出身。父・一条経嗣は関白であった。兄・経輔が病弱のため、応永19年(1412年)に急ぎ元服。20年(1413年)従三位に叙され、23年(1416年)には家督を継いだ。永享元年(1429年)従一位左大臣に昇り、4年(1432年)後花園天皇の元服に際して摂政に任ぜられるが、間もなく解任。文安4年(1447年)関白となり、享徳2年

(1453年)に職を辞したのちは三宮に准された。応仁元年(1467年)応仁の乱の勃発に際し関白に還任するが、乱を逃れて奈良に疎開し、天皇から帰京を要請されるも応じず、文明2年(1470年)関白を辞職した。この間、乱により京都の邸宅や文庫(桃花坊)を失い、一条家の始祖・実経の頃の収集になる3万5000巻に及ぶ貴重な蔵書は散逸したが、その後も奈良に留まって学問や著述に没頭した。文明5年(1473年)出家。乱が収束した9年(1477年)京都に戻り、女性への禁書を解いて足利義政夫人・日野富子に「源氏物語」を談じたほか、将軍家や公家、各地の大名に学問を講じて重んじられた。古今東西の諸学や和歌に通じた碩学で、"500年来の学者""諸事の才覚優長の君子"と称され、自らも菅原道真以上の学者であると豪語しており、"私には菅公に勝ることが3つある。摂関家であること、(菅公が右大臣までに対して)太政大臣に至ったこと、延喜以後を知ることだ。しかし私が死んでも菅公ほどには世人が私を尊崇しないだろうことは残念だ"と語ったという。その著述は有識故実を述べた「公事根源」、和歌の「南都百首」、「源氏物語」の評釈である「花鳥余情」、神道研究の「日本書紀纂疏」、室町幕府第9代将軍・足利義尚に呈した政道論「文明一統記」「樵談治要」など、多岐に渡る。また植物学にも明るく、長享3年(1489年)に著した「尺素往来」では庭に植えるべき樹木80種や雑草類などを四季に分けて列記している。

【著作】
◇花鳥余情──条兼良自筆(阪本龍門文庫覆製叢刊13) 一条兼良筆 龍門文庫 1977.3 44丁 28cm

【評伝・参考文献】
◇一条兼良 福井久蔵著 厚生閣 1943 280p 19cm
◇一条兼良(人物叢書 日本歴史学会編) 永島福太郎著 吉川弘文館 1959 200p 図版 表 18cm

市村 俊英
いちむら・しゅんえい

大正10年(1921年)3月1日〜
平成10年(1998年)7月31日

筑波大学名誉教授
茨城県出生。東京文理科大学植物学科〔昭和24年〕卒。理学博士。團生物海洋学 団日本植物学会, 日本生態学会, 日本海洋学会 賞日本海洋学会賞〔昭和46年〕「海洋基礎生産の生態学的研究」, 勲三等瑞宝章〔平成7年〕。

筑波大学教授を経て、昭和59年千葉大学理学部教授。

市村 塘
いちむら・つつみ

明治5年(1872年)〜昭和19年(1944年)

動植物学者 旧制四高教授
石川県金沢市小立野出生。東京帝国大学理学部〔明治28年〕卒。

東京帝国大学理学部を卒業後、旧制二高教師を経て、旧制四高教授。退任後も長く動植物の研究を行い、大正末期から石川県の委嘱により県の天然記念物の調査を担当、その成果を「石川県天然記念物調査報告」にまとめた。

【著作】
◇近世動植物学教科書 市村塘著 積善館 1899.11 2冊(上274, 下233, 27p)23cm
◇独羅英和動植物字彙 市村塘著 丸善 1903.8 513, 6, 6p 17cm
◇動物植物顕微鏡実習摘要 市村塘著 丸善 1907.8 130p 15cm
◇綱要植物学講義 市村塘著 光風館書店 1914 289p 22cm
◇石川県下野生有用植物 市村塘, 安田作次郎著 石川県図書館協会 1941 370p 22cm
◇日本薬用植物図譜 市村塘著 科学書院 1980.4 360p 26cm

伊藤 五彦
いとう・いつひこ

大正12年(1923年)2月19日〜
平成9年(1997年)1月13日

京都教育大学名誉教授
京都府京都市出身。京都帝国大学農学部農林生物学科〔昭和22年〕卒。農学博士。団花卉園芸学 団日本エビネ協会（会長），京都エビネ会（会長）。

京都教育大学助教授を経て，教授。主にラン科植物を専門としたが，中でもエビネの研究で知られ，NHK趣味の園芸の講師の他，日本エビネ協会会長，京都エビネ会会長，趣味のえびね会代表幹事，京都園芸倶楽部評議員を歴任。著書に「エビネ」「エビネとその仲間」などがある。

【著作】
◇エビネとその仲間　伊藤五彦，唐沢耕司著　誠文堂新光社　1969　308p（図版共）22cm
◇えびね（カラーブックス　園芸ガイド 1）　唐沢耕司，伊藤五彦共著　保育社　1976　152p（図共）15cm
◇エビネ—花の色と形の変化を楽しむ（カラー版ホーム園芸）　伊藤五彦著　主婦と生活社　1979.4　156p 23cm

伊藤 伊兵衛（3代目・三之丞）
いとう・いへえ
?～享保4年（1719年）?

植木屋
通称は三之丞，きり嶋屋伊兵衛。

元禄年間頃の人。江戸の北郊・染井村で植木屋を営む。その祖は農業を営む傍ら同地にあった津藩主・藤堂家の下屋敷で庭の掃除人を務め、そこで不要になった花や木を自宅に移植することによってツツジ、ツバキ、カエデ、サクラなど数々の植木を持つようになり、植木屋としての基礎を固めたといわれている。主人は代々伊兵衛を称したが、三之丞は3代目（異説もある）で、自ら"きり嶋屋伊兵衛"と名乗ったとおり霧島ツツジやサツキの栽培を本領とし、彼の尽力によって染井から駒込、田端一帯に霧島ツツジを植える者が続出し、同地の名物といわれるに至った。彼は栽培だけでなく新品種の作出や技術革新、栽培指導にも熱心であったようで、江戸ではじめてモモの株にウメを接木したという記録もある。元禄5年（1692年）図入りでツツジ、サツキ類について解説した「錦繡枕」5冊（のち「長生花林抄」に改題）を刊行。この書は我が国初の園芸図説書といえるもので、挿入された絵は三之丞自ら筆を執ったといい、その取り扱う品種もツツジ類174種、サツキ類163種と数多く、花形や花質から栽培法に至るまで懇切に解説を加えている。8年（1695年）にはさらに多くの植物を取り上げた「花壇地錦抄」6巻5冊を上梓。その内訳は、1巻にボタン・シャクヤク、2巻にツバキやツツジ・ウメ・モモど、3巻に夏の木・冬の木、4巻及び5巻は春夏秋冬の花草、そして6巻に草木の栽培法であり、「錦繡枕」と違って絵図はないものの総合的な園芸書、農芸技術書と呼ぶに相応しいものとなっている。その他にも「草花絵前集」（三之丞・画、政武・編）の著がある。

【著作】
◇花壇地錦抄・草花絵前集（東洋文庫 288）　三之丞伊藤伊兵衛著，伊藤伊兵衛著，加藤要校注　平凡社　1976　321p 18cm
◇錦繡枕　伊藤伊兵衛著　青青堂出版　1976　5冊 11×17cm
◇花壇地錦抄・増補地錦抄（生活の古典双書）　伊藤伊兵衛三之丞著，伊藤伊兵衛政武著　八坂書房　1983.8　165, 117, 42p 20cm
◇花壇地錦抄（日本農書全集 第54巻園芸1）　君塚仁彦校注・執筆　農山漁村文化協会　1995.12　340, 13p 21cm

【評伝・参考文献】
◇植木の里—東京駒込・巣鴨（生活学選書）　川添登、菊池勇夫著　ドメス出版　1986.6　208p 19cm
◇江戸期のナチュラリスト（朝日選書 363）　木村陽二郎著　朝日新聞社　1988.10　249, 3p 19cm
◇本草百家伝・その他（白井光太郎著作集 第6巻）　白井光太郎著、木村陽二郎編　科学書院、霞ケ関出版〔発売〕　1990.3　355, 63p 21cm
◇伊藤伊兵衛と江戸園芸　2003年度第2回企画展図録　豊島区立郷土資料館編　豊島区教育委員会　2003.10　20p 30cm

伊藤 伊兵衛(4代目・政武)

いとう・いへえ

延宝4年(1676年)～宝暦7年(1757年)10月2日

植木屋

名は政武、号は翻紅軒、楓葉軒、樹久。

　江戸の北郊・染井村で植木屋を営む。主人は代々伊兵衛を名乗り、彼は3代目伊兵衛(三之丞)の子で4代目伊兵衛を称す。植木屋としては父祖と同様霧島ツツジやサツキの栽培に長じたほか、庭園に数多くの珍種を栽培し、特にモミジを愛好したという。また学識高く、書家の佐々木玄龍ら当代一流の文人と交際し、文や画もよくした。元禄12年(1699年)三之丞・政武・編で「草花絵前集」を刊行(一説に、三之丞の遺著といわれる。なお、後年来日した植物学者ツュンベルクが蘭学者中川淳庵から贈られ、西洋に持ち帰った書籍の中に本書が含まれていたといわれる)。さらに父の著した「花壇地錦抄」の大幅な増補・改訂に力を尽くし、宝永7年(1710年)に「増補地錦抄」8巻8冊、享保4年(1719年)に「広益地錦抄」8巻8冊、18年(1733年)に「地錦抄附録」4巻4冊を次々と出版した。これらは当時の園芸植物をほとんど網羅しただけでなく、野草の図示や舶来植物の渡来年代についても触れられている。この間、享保5年(1720年)から6年(1721年)にかけて、植物を愛好した将軍・徳川吉宗の命を受けて江戸の北部にある飛鳥山にサクラを、同じく滝野川にモミジをそれぞれ植林。これらは花時及び紅葉時に江戸庶民の行楽地としてにぎわいを見せ、現在に至っている。12年(1727年)には政武の庭園に吉宗が来臨するという栄誉に浴し、染井一帯のみならず江戸一の植木屋としての評判を確かなものにした。晩年は隠宅で大好きな紅葉への接木に興じていたという。この後も染井の伊藤一族は時の将軍が庭園を観覧するなど、江戸屈指の植木職として重んじられたが、肝心の伊兵衛家は政武の死後ふるわず、次第に没落したという。編著は他に「もみぢづくし」「百色紅葉集」がある。

【著作】
◇広益地錦抄(京都園芸倶楽部叢書 第6輯)　伊兵衛著　京都園芸倶楽部　1941　352p 19cm
◇花壇地錦抄・草花絵前集(東洋文庫 288)　三之丞伊藤伊兵衛著、伊藤伊兵衛著、加藤要校注　平凡社　1976　321p 18cm
◇花壇地錦抄・増補地錦抄(生活の古典双書)　伊藤伊兵衛三之丞著、伊藤伊兵衛政武著　八坂書房　1983.8　165, 117, 42p 20cm
◇広益地錦抄(生活の古典双書)　伊藤伊兵衛政武著　八坂書房　1983.8　352, 10p 20cm
◇地錦抄附録(生活の古典双書)　伊藤伊兵衛政武著　八坂書房　1983.8　214, 58p 20cm
◇『歌仙百色紅葉集』―モミジとカエデ 復刻・翻刻・現代語訳　楓葉軒樹久著、中嶋久夫編著　中嶋久夫　2002.1　229p 26cm

【評伝・参考文献】
◇江戸期のナチュラリスト(朝日選書 363)　木村陽二郎著　朝日新聞社　1988.10　249, 3p 19cm
◇本草百家伝・その他(白井光太郎著作集 第6巻)　白井光太郎著、木村陽二郎編　科学書院、霞ケ関出版〔発売〕　1990.3　355, 63p 21cm
◇伊藤伊兵衛と江戸園芸 2003年度第2回企画展図録　豊島区立郷土資料館編　豊島区教育委員会　2003.10　20p 30cm

伊藤 悦夫

いとう・えつお

明治42年(1909年)8月29日～
平成9年(1997年)6月12日

静岡大学名誉教授

　静岡県大東町(掛川市)出身。東京帝国大学農学部〔昭和10年〕卒。農学博士。遼造林学团日本林業技術協会 賞勲三等旭日中綬章。

　昭和10年帝室林野局に勤務。東京、木曽、静岡管内を経て、22年静岡農林専門学校教授に転出し、のち静岡大学農学部教授、学部長を務めた。48年定年退官し、名誉教授。著書に「富士山の造林」「緑よ永遠に」などがある。

【著作】
◇林業[森林生産(伊藤悦夫等)]　山林遥編　森北出版　1954　330p 図版 22cm

伊藤 音市
いとう・おといち

安政2年（1856年）12月26日〜
明治45年（1912年）1月16日

農事改良家
周防国小鯖村（山口県山口市）出身。
　水稲の品種改良に努め、明治22年'穀良都'、33年'光明錦'を作出。特に'穀良都'は西日本で広く栽培された。

伊東 金士
いとう・かなお

？〜昭和56年（1981年）

植物研究家
別名はいとう・かなお。大分県出身。
　小学校や中学の教師を務め、昭和24年中学校長を最後に教職を退く。その後、独学で野生植物の研究に取り組み、地元・大分県周辺のくじゅう山系や祖母山山系を踏破して40年間に渡って約3000種類の標本を集めた。平成12年遺族により、残された標本2302点が東京都立大学牧野標本館に寄贈された。

伊藤 圭介
いとう・けいすけ

享和3年（1803年）1月27日〜
明治34年（1901年）1月20日

本草学者，植物学者，男爵　東京帝国大学名誉教授
　旧姓名は西山。名は舜民，清民，号は錦窠。尾張国名古屋呉服町（愛知県名古屋市）出生。兄は大河内存真（尾張藩医），三男は伊藤譲（植物学者），孫は伊藤篤太郎（植物学者）。師は水谷豊文。東京学士院会員〔明治12年〕。理学博士〔明治21年〕。[賞]勲四等旭日小綬章〔明治20年〕。
　名古屋の町医・西山玄道の二男として生まれる。兄は尾張藩医・大河内家の養子となった大河内存真で、自身は伯父の養子となり、父の生家・伊藤家を継いだ。家業である医学を学ぶ傍ら、幼い頃より植物に興味を持ち、本草学者の水谷豊文に師事。水谷を中心として、大窪昌章や吉田雀巣庵、兄の存真がメンバーとなった本草学研究団体・嘗百社の結成に参画。文政3年（1820年）18歳で医業を開業し、4年（1821年）京都に出て蘭日辞書「訳鍵」の著者である藤林泰助につき洋学を修めた。9年（1826年）水谷、兄と3人でオランダ商館長の江戸参府に随行していたシーボルトを尾張・宮（熱田）に訪ねて面会、親しく知識を交換し、すぐに別れるに忍びず鳴海まで同道した。2ケ月後帰途に再び宮を通った時も3人でこれを迎え、熱心に語り合った。10年（1827年）植物採集をしながら東海道を下り、江戸で約1ケ月にわたって宇田川榕庵に親炙し、大きな刺激を受けた。また長崎に遊学してシーボルトの下で半年間にわたって博物学を修め、自らはシーボルトの求めに応じて蘭文による「勾玉考」を提出した。11年（1828年）長崎を去るにあたってシーボルトよりツュンベルク「日本植物志」を贈られ、12年（1829年）

同書と基礎に学名・和名の対照の「泰西本草名疏」を著し、付録で我が国に初めてリンネの植物分類体系24綱目を紹介した。天保の飢饉に際しては天保8年(1837年)「救荒食物便覧」を刊行。12年(1841年)には「暎咭唎国種痘奇書」で牛痘法を紹介、種痘所の設置にも尽くした。安政6年(1859年)尾張藩洋学館総裁心得となり、文久元年(1861年)には幕府より蕃書調所物産学出役、物産局教授を命ぜられたが、2年余りで帰郷した。明治維新後は3年新政府より大学出仕となり、4年より文部少教授として「日本物産志」の編纂に従事した。10年東京大学理学部員外教授、14年教授に就任。この間、小石川植物園を担当し、「小石川植物園図説」を著した。12年東京学士院会員。21年学位令制定に伴い、86歳にして我が国最初の理学博士号を受けた。34年死去に先立って男爵、名誉教授を授けられ、数え99歳で没した。

【著作】
◇番椒図説　伊藤圭介著　〔出版年不明〕　10p 19cm
◇本草会目録―文政10年3-9月　写本　〔出版年不明〕　1冊22cm
◇日本産物志 前編　伊藤圭介著　〔出版者不明〕　1872　6冊25cm
◇日本植物図説 草之部 初編　伊藤圭介著　花繞書屋　〔1874〕　52丁27cm
◇植物小学　松村任三編，伊藤圭介閲　錦森閣　1881.9　2冊(上34,下34丁)23cm
◇施福多先生文献聚影　シーボルト文献研究室　1936　11冊(解題共)8-31cm
◇名古屋叢書 第13巻 科学編[万宝叢書硝石篇(伊藤圭介訳者)]　名古屋市教育委員会編　名古屋市教育委員会　1963　481p 図版 21cm
◇江戸科学古典叢書12[硝石篇(伊藤圭介)]　恒和出版　1978.11　359, 17p 22cm
◇日本産物志　伊藤圭介著　青史社　1978.11　1冊 22cm
◇名古屋叢書三編 第19巻[泰西本草名疏(伊藤圭介訳者)]　名古屋市蓬左文庫編　名古屋市教育委員会　1982.11　536p 22cm
◇名古屋叢書 校訂復刻 第13巻 科学編[万宝叢書硝石篇(伊藤圭介訳者)]　名古屋市教育委員会編　愛知県郷土資料刊行会　1983.4　481p 22cm
◇採薬志1[山本篤慶採薬記(伊藤圭介写)](近世歴史資料集成 第2期 第6巻)　浅見恵，安田健訳編　科学書院　1994.10　1257, 63p 27cm

◇伊藤圭介日記 第1集 瓊浦游紀　圭介文書研究会編　名古屋市東山植物園　1995.2　159p 26cm
◇伊藤圭介日記 第2集 錦窠翁日記 天保9年6月～7月　圭介文書研究会編　名古屋市東山植物園　1996.3　142p 26cm
◇伊藤圭介日記 第3集 錦窠翁日記 慶応4年1月―閏4月　伊藤圭介〔著〕，圭介文書研究会編　名古屋市東山植物園　1997.3　226p 26cm
◇伊藤圭介日記 第4集 錦窠翁日記 慶応4年閏4月―8月　伊藤圭介〔著〕，圭介文書研究会編　名古屋市東山植物園　1998.3　187p 26cm
◇伊藤圭介日記 第5集 錦窠翁日記 明治6年1月―6月　伊藤圭介〔著〕，圭介文書研究会編　名古屋市東山植物園　1999.3　179p 26cm
◇伊藤圭介日記 第6集 錦窠翁日記 明治6年7月―12月　伊藤圭介〔著〕，圭介文書研究会編　名古屋市東山植物園　2000.3　171p 26cm
◇伊藤圭介日記 第7集 錦窠翁日記 明治7年1月―12月　伊藤圭介〔著〕，圭介文書研究会編　名古屋市東山植物園　2001.3　235p 26cm
◇伊藤圭介日記 第8集 伊藤圭介日記 文久2年3月―8月　伊藤圭介〔著〕，圭介文書研究会編　名古屋市東山植物園　2001.9　236p 26cm
◇伊藤圭介日記 第9集 錦窠翁日記 明治8年1月―5月　伊藤圭介〔著〕，圭介文書研究会編　名古屋市東山植物園　2002.11　246p 26cm
◇伊藤圭介日記 第10集 錦窠翁日記 明治8年5月―12月　伊藤圭介〔著〕，圭介文書研究会編　名古屋市東山植物園　2004.11　227p 26cm
◇錦窠翁日記 明治9年1月―7月(伊藤圭介日記 第11集)　錦窠翁〔著〕，圭介文書研究会編　名古屋市東山植物園　2005.11　225p 26cm

【評伝・参考文献】
◇理学博士伊藤圭介翁小伝　伊藤篤太郎著　伊藤篤太郎　1898.7　13p 25cm
◇伊藤圭介先生ノ伝　梅村甚太郎編　梅村甚太郎　1927　40p 図版11枚 肖像 22cm
◇伊藤圭介翁年譜　むかしの会編　むかしの会　1936　33p 19cm
◇伊藤圭介先生遺墨遺品展覧会記念　市立名古屋図書館編　市立名古屋図書館　1937　図版10枚 19×27cm
◇伊藤圭介翁―日本最初の理学博士尾張医科学文化の恩人　吉川芳秋著　伊藤圭介先生顕彰会　1957　75p 図版 19cm
◇伊藤圭介(人物叢書 第46 日本歴史学会編)　杉本勲著　吉川弘文館　1960　361p 図版 18cm
◇江戸期のナチュラリスト(朝日選書 363)　木村陽二郎著　朝日新聞社　1988.10　249, 3p 19cm
◇伊藤圭介記念室蔵書・蔵品目録　名古屋市東山植物園　〔1992〕　71p 26cm
◇御一新の光と影(日本の『創造力』1 近代・現代を開花させた470人)　富田仁編　日本放送出版協会　1992.12　477p 21×16cm

◇医学・洋学・本草学者の研究―吉川芳秋著作集　吉川芳秋著，木村陽二郎，遠藤正治編　八坂書房　1993.10　462p 24×16cm
◇伊藤圭介展―第6回特別展　シーボルト記念館　1994.9　14p 30cm
◇伊藤圭介関係資料指定目録―621件1017点 名古屋市指定有形文化財〔歴史資料〕　名古屋市教育委員会　1995.10　33p 30cm
◇知られざるシーボルト―日本植物標本をめぐって（光風社選書）　大森実著　光風社出版，成美堂出版〔発売〕　1997.11　256p 19cm
◇伊藤圭介と尾張本草学―名古屋で生まれた近代植物学の父　名古屋市博物館編　名古屋市博物館　2001.9　91p 30cm
◇江戸から明治の自然科学を拓いた人―伊藤圭介没後100年記念シンポジウム　名古屋大学附属図書館編　名古屋大学附属図書館　2001.9　31p 30cm
◇本草学と洋学―小野蘭山学統の研究　遠藤正治著　思文閣出版　2003.4　409, 33p 21cm
◇伊藤圭介の生涯とその業績―名古屋市東山植物園伊藤圭介記念室の蔵書・蔵品 生誕二百年記念　名古屋市東山植物園　2003.10　131p 30cm
◇錦窠図譜の世界―幕末・明治の博物誌 伊藤圭介生誕200年記念展示会・講演会　名古屋大学附属図書館・附属図書館研究開発室編　名古屋大学附属図書館・附属図書館研究開発室　2003.10　52p 30cm
◇牧野標本館所蔵のシーボルトコレクション　加藤僙重著　思文閣出版　2003.11　288p 21cm
◇東国科学散歩　西条敏美著　裳華房　2004.3　174p 21cm
◇伊藤圭介の研究―日本初の理学博士　土井康弘著　皓星社　2005.11　472p 22cm
◇植物学史・植物文化史（大場秀章著作選1）　大場秀章著　八坂書房　2006.1　419, 11p 22cm

伊藤 孝重

いとう・こうじゅう

明治30年（1897年）1月13日～
平成4年（1992年）12月15日

園芸家

岐阜県恵那市出身。上田蚕糸学校（現・信州大学繊維学部）卒。賞 全国園芸文化協会園芸文化賞〔平成3年〕。

蚕糸学校在学中、東京のデパートで輸入品のシクラメンを見学し、その美しさに感動して栽培を決意。卒業後の大正7年、本場ドイツから種や参考資料を取り寄せ、恵那市の大井ダムを建設したドイツ人技師の指導も受け、国内初の栽培を手掛けた。ほぼ10年かけて安定生産に成功。地元の農家に栽培法を指導し東京、大阪などを行商して販路開拓にも努め、恵那地域は戦後、シクラメン種苗の大産地に成長。75才で栽培の現役を退いた。

伊藤 若冲

いとう・じゃくちゅう

享保元年2月8日（1716年3月1日）～
寛政12年9月10日（1800年10月27日）

画家

名は汝鈞，字は景和，別号は斗米庵，心遠館。京都府出生。

京都・錦小路の青物問屋・枡屋の長男として生まれる。幼時から画を好み、父の死に伴って23歳で家督を継いだあとも商売や世事には関心がなく、専ら絵に執心したという。宝暦5年（1755年）40歳で弟に家督を譲り、隠居。以後は画業三昧の日々に入った。初め狩野派に学んだが、やがてそれに飽き足らず宋・元・明代の中国画を研究。また写生を重要視し、観賞用の鶏を自邸に飼ってよく観察・実写した（実証主義的な本草学に影響されたものともいわれる）。さらに尾形光琳の装飾画法をも取り入れ、緻密な描写と装飾性・幻想性をもった独自の画風を開いた。山水、花鳥などの動植物画を得意としたが、中でも鶏を描くのにすぐれ、"若冲の鶏"と称されている。宝暦8年（1758年）頃からは「動植綵絵」30幅の制作に取り掛かり、十年以上の歳月を費やして完成ののちこれに釈迦・文殊・普賢の三幅対を添え、禅の師であり"若冲"の居士号の名付け親でもある大典顕常を通じて相国寺に寄進した。晩年は仏道に帰依し、京都・深草石峯寺近くに隠棲。そこでは人の依頼を受けて米1斗で鶏の画を描いたことから"斗米庵"とも号した。代表作に「群鶏図」「五百羅漢像」「花卉図」などがあり、また「金閣寺書院襖絵」など水墨画でも独特の画才を発揮した。

【著作】
◇若冲名画集　伊藤若冲画、田島志一編　関西写真製版印刷　1904.10　図版30枚 49cm
◇若冲傑作画集　伊藤若冲画、後藤博山編　平安精華社　1925　図版25枚 29×38cm
◇御物若冲動植綵絵精影　伊藤若冲著　吉田幸三郎 七条憲三（発売）　1926　7枚 図版30枚 48cm
◇若冲遺筆金地襖絵　伊藤若冲画、榎原好賢編　西福寺　1926　図版10枚 29×39cm
◇若冲天井絵　伊藤若冲〔画〕　マリア書房　1970　図115枚 34cm
◇若冲　伊藤若冲〔画〕、辻惟雄〔解説〕　美術出版社　1974　251,7p（はり込図57枚、図22枚共）37cm
◇若冲画譜　伊藤若冲〔画〕　美乃美　1976.9　図100枚 44cm
◇伊藤若冲の花丸図　伊藤若冲〔画〕　京都書院　1978.3　p138～162 図版136枚 39cm
◇日本美術絵画全集 第23巻 若冲・蕭白　辻惟雄〔ほか〕　集英社　1981.8　147p 28cm
◇若冲の拓版画　若冲〔画〕、山内長三〔ほか〕編　瑠璃書房　1981.12　69p 図版148p 27cm
◇若冲　伊藤若冲画、狩野博幸監修・執筆　紫紅社　1993.10　362p 37cm
◇若冲動植綵絵—Plants and animal scrolls Ito Jakuchu（Art random classics）　伊藤若冲〔画〕　藍風館　1996.1　47p 31cm
◇伊藤若冲（新潮日本美術文庫 10）　伊藤若冲〔画〕、日本アート・センター編　新潮社　1996.9　93p 20cm
◇伊藤若冲 動植綵絵（ArT RANDOM CLASSICS）　伊藤若冲画　光琳社出版　〔1996.12〕　47p 31×24cm
◇伊藤若冲大全　伊藤若冲〔画〕、狩野博幸監修・執筆、京都国立博物館、小学館編　小学館　2002.11　2冊（別冊とも）31cm
◇若冲画譜（近代図案コレクション）　伊藤若冲著　芸艸堂　2006.7　99p 24×24cm
◇伊藤若冲鳥獣花木図屏風　伊藤若冲〔画〕、山下裕二著　小学館　2006.11　1冊 30cm

【評伝・参考文献】
◇NHK日曜美術館 第5集〔私と伊藤若冲（松田修）〕　学習研究社〔編〕　学習研究社　1978.5　206p 26cm
◇伊藤若冲—渋谷区立松濤美術館特別陳列〔東京〕　渋谷区立松濤美術館　1981　1冊（頁付なし）24×25cm
◇水墨画の流れ　塚本成雄著　日貿出版社　1986.8　406p 21cm
◇江戸の画家たち　小林忠著　ぺりかん社　1987.1　254p 19cm
◇江戸の動植物図—知られざる真写の世界　朝日新聞社編　朝日新聞社　1988.10　161p 26×21cm
◇奇想の図譜—からくり・若冲・かざり　辻惟雄著　平凡社　1989.6　269p 21cm

◇若冲の目　黒川創著　講談社　1999.3　349p 19cm
◇目をみはる伊藤若冲の『動植綵絵』（アートセレクション）　伊藤若冲〔画〕、狩野博幸著　小学館　2000.8　127p 25cm
◇日本の博物図譜—十九世紀から現代まで（国立科学博物館叢書）　国立科学博物館編　東海大学出版会　2001.10　10, 112p 26cm
◇もっと知りたい伊藤若冲—生涯と作品（アート・ビギナーズ・コレクション）　佐藤康宏著　東京美術　2006.2　79p 26cm

伊藤 重兵衛(4代目)

いとう・じゅうべえ

安政2年（1855年）10月～大正5年（1916年）8月

園芸家

幼名は常太郎。屋号は常春園。江戸出身。

　明治5年東京・駒込の植木職の4代重兵衛を継ぐ。サクラソウの研究、品種改良にあたり、「桜草銘鑑」を著した。10年、14年、23年内国勧業博覧会に出品し受賞。31年巣鴨町長となった。

伊藤 清三

いとう・せいぞう

明治45年（1912年）2月2日～
昭和55年（1980年）6月12日

林野庁長野営林局長, 日本文化財漆協会会長

山形県出生。岐阜高等農林学校（現・岐阜大学）〔昭和8年〕卒。賞毎日出版文化賞〔昭和54年〕「日本の漆」。

　岐阜高等農林学校（現・岐阜大学）を卒業後、岩手県庁山林課に勤務してウルシの指導に当たる。次いで農林省山林局、青森営林署新町営林局長。戦後は経済安定本部でウルシの統制指導に従事。林野庁特産課長補佐、研究普及課長を経て、昭和39年長野営林局長に就任した。退官後は林木育種協会理事長、全国特殊林産振興会会長、日本文化財漆協会会長を歴任。ウルシの育て方や採集方法に詳しく、54年には著書「日本の漆」で毎日出版文化賞を受けた。

【著作】
◇うるし—漆樹と漆液　伊藤清三著　農林週報社　1949.4　277p 19cm
◇林業の相談（新農事相談双書 第17）　上田弘一郎，伊藤清三編　家の光協会　1960　357p 図版 18cm
◇造林ハンドブック　坂口勝美，伊藤清三監修　養賢堂　1965　935p 22cm
◇うるしの栽培・採取等の技術的変遷に関する調査研究報告書　伊藤清三〔著〕　林木育種協会　1976.9　176p 26cm
◇日本の漆　伊藤清三著　東京文庫出版部　1979.2　682p 図版14枚 23cm

伊藤 誠哉

いとう・せいや

明治16年（1883年）8月7日〜
昭和37年（1962年）11月10日

植物病理学者，菌学者　北海道大学名誉教授
新潟県新潟市出生。東北帝国大学農科大学（現・北海道大学農学部）農学科〔明治41年〕卒。日本学士院会員〔昭和25年〕。農学博士〔大正8年〕。団日本植物病理学会（会長）賞日本農学会賞〔昭和10年〕，文化功労者〔昭和34年〕。

明治41年東北帝国大学農科大学助手，42年助教授を経て，大正7年北海道帝国大学に改称に伴い教授に就任。9年北海道庁技師を兼任。10年から2年間，欧米に留学。昭和2年同大附属植物園長，16年農学部長を経て，20年同大の第5代総長に就任した。25年各地の大学でレッドパージを唱えてきた連合国軍総司令部（GHQ）民間情報局顧問W. C. イールズが同大を訪れて「大学の自由について」という講演を行った際，それに対する学生の質問が集中して混乱し，大学評議会が学生を処分したイールズ事件の責任を取り辞任した。同年日本学士院会員，34年文化功労者。イネのイモチ病の研究で知られ，イモチ菌がワラ，モミについて越冬することを突きとめて防除法を提示。10年「水稲主要病害第一次発生とその総合防除法」で日本農学会賞を受賞。また畢生の大著「日本菌類誌」は世界的な業績とされる。18〜19年日本植物病理学会長を務めた。

【著作】
◇細菌学　伊藤誠哉著　成美堂書店　1918　662p 22cm
◇大日本菌類誌 第1巻，第2巻 第1-2号　伊藤誠哉著　栄賢堂　1936〜1939　3冊 25cm
◇稲熱病並に稲熱病文献抄録集　伊藤誠哉著　養賢堂　1943　253p 図版 22cm
◇日本農学発達史〔植物病理学発達史（伊藤誠哉）〕　全国農業学校長協会編　農業図書刊行会　1943　556p 図版 22cm
◇北方農業研究　伊藤誠哉監修　西ケ原刊行会　1943　270p 22cm
◇日本菌類誌 第2巻 担子菌類第3, 4, 5号　伊藤誠哉著　養賢堂　1950, 1955, 1959　435p 27cm
◇日本菌類誌 第3巻 子嚢菌類 第1号　伊藤誠哉著　養賢堂　1964　239p 27cm

【評伝・参考文献】
◇新潟寮と伊藤誠哉先生　新潟寮寮友会編　新潟寮友会　1966.8　124p 26cm
◇近代日本生物学者小伝　木原均ほか監修　平河出版社　1988.12　567p 22cm

伊藤 武夫

いとう・たけお

明治24年（1891年）8月21日〜
昭和50年（1975年）8月16日

植物学者

三重県度会郡宇治山田町（伊勢市）出生。賞伊勢文化賞〔昭和31年〕，三重県県民功労賞〔昭和41年〕。

父は神宮皇学館専門学校の英語教師。幼少時から生家の近隣の朝熊山にたびたび登り自然物や信仰に親しむうちに植物に関心を持つようになり，さらに三重県立第四中学教諭であった槙賀安平の薫陶を受け，よりいっそう植物への興味を深めた。やがて台湾の植物研究を志し，田中芳男や後藤新平の斡旋によって大正3年台湾総督府林野局に就職。ここで念願であった台湾の植物調査に従事したが，当時は未開の土地も多く，危険が付きものであったため，調査行には軍隊に随行してのものが多かったという。9年台北師範学校教諭に就任するが，教育指導のため植物図解の必要性を感じ，島内の実地調査に基づく名著「台湾植物図説」（昭和2年刊），

「続台湾植物図説」(3年刊)を編纂。大正15年に帰郷してからは宇治山田や松阪の中学で教鞭を執る一方、植物の研究を続け、昭和7年土地の名士である川喜多久太夫の出資を得て「三重県植物誌」を刊行。また委嘱を受けて伊勢神宮神域の植物調査を行い、その成果を「伊勢神宮顕花植物目録」「伊勢神宮羊歯植物目録」としてまとめ、さらにそれらをあわせて31年「伊勢神宮植物記」を上梓した。正規の植物学教育を受けなかったが、牧野富太郎や早田文蔵とも交流し、生涯を市井の植物学者として通した。著書は他に「台湾高山植物図説」「伊勢志摩国立公園総覧」などがある。

【著作】
◇三重県植物誌 上・下巻 伊藤武夫著 三重県植物誌発行所 1932 2冊 22cm
◇神宮宮域産生物目録[第1-2冊 種子植物類(伊藤武夫)他] 神宮農業館 1952～1961 26cm
◇伊勢神宮植物記 伊藤武夫著 神宮司庁 1961
◇近畿植物全観 伊藤武夫著 伊藤武夫 1965 310, 58p 図版 22cm
◇台湾植物図説 伊藤武夫著 国書刊行会 1976 2冊 22cm

伊藤 篤太郎
いとう・とくたろう

慶応元年(1865年)11月29日～
昭和16年(1941年)3月21日

植物学者 東北帝国大学講師

尾張国名古屋(愛知県)出生。祖父は伊藤圭介(本草学者)。東京大学医学部予科中退。理学博士〔明治33年〕。

本草学者・伊藤圭介の孫で、早くから東京の祖父の下で植物学を学ぶ。明治7年より愛知英語学校に入学し、10年東京大学医学部予科に進むが、病気のため間もなく退学。17年私費で英国に留学し、ケンブリッジ大学で最新の植物生理学、植物解剖学を修め、余暇にはキュー王立植物園内植物学研究所で同園総長ジョセフ・フッカーらの指導のもと植物分類学を研究した。20年帰国後は愛知県愛知郡尋常中学に勤務。21年トガクシショウマに対して小野蘭山に献名した*Ranzania japonica*の学名を与えて発表。これは24年に発表された矢田部良吉に献名した*Yatabea*の提称に先だったため、*Yatabea*は正名とならなくなり矢田部の怒りを買い、帝国大学植物学教室への出入りを禁じられてしまった。この事からトガクシショウマには"破門草"という別名が付けられたという。27年鹿児島高等中学造士館に赴任して博物学、英語、ラテン語を講じ、28年教授に就任したが、29年同校閉鎖に伴い退職。傍ら南西諸島の植物に関心を持ち、沖縄、奄美、沖永良部、宮古、石垣に渡って植物を採集。30年にはその成果をまとめて松村任三との共著で欧文論文「琉球植物誌」を発表した。その後、愛知県第一中学などで教鞭を執りながら教科書の編集や論文の執筆に当たったが、大正10年東北帝国大学に生物学科が新設されるとその講師となり、昭和3年まで務めた。退職後は東京に住み、日本の生物学史や祖父・圭介の事績の調査に専念。当初は西洋の方法をもとに東洋植物学の改革を唱えたが、のちには祖父の伝統的な本草学を継承することとなり、宇田川榕庵の「菩多尼訶経」の復刻などにも尽力した。その他、博物会の雑誌「多識会誌」の編集も担当。著書に「大日本植物図彙」などがある。

【著作】
◇Tentamen florae Lutchuensis. Sectio prima (plantae dicotyledoneae polypetalae.)(東京帝国大学理科大学紀要 12巻) 伊藤篤太郎, 松村任三共著
◇錦窠翁耋筵誌 伊藤篤太郎, 田中芳男編 田中芳男 1882～1890 22cm
◇錦窠翁九十賀寿博物会誌 伊藤篤太郎編 愛知博物館 1893.12 2冊(上102, 下92丁)24cm
◇理学博士伊藤圭介翁小伝 伊藤篤太郎著 伊藤篤太郎 1898.7 13p 25cm
◇Plantae Sinenses Yoshianae. sectio I Auctore Tokutaro Ito 〔出版者不明〕 1900 56p 26cm

◇最新植物学教科書　伊藤篤太郎著　三省堂　1903.2　207p 23cm
◇大日本植物図彙　第1巻 第2-5集　伊藤篤太郎著、植物研究所編　大日本植物図彙出版社　1912〜1913　30cm

【評伝・参考文献】
◇医学・洋学・本草学者の研究―吉川芳秋著作集　吉川芳秋著、木村陽二郎、遠藤正治編　八坂書房　1993.10　462p 24×16cm

伊藤 洋
いとう・ひろし

明治42年(1909年)2月21日〜
平成18年(2006年)9月2日

東京教育大学(現・筑波大学)名誉教授
高知県高知市出身。東京帝国大学理学部卒。理学博士。団 植物分類学 賞 勲三等旭日中綬章。
東京帝国大学で中井猛之進に師事しシダ植物の分類学研究を行った。「日本羊歯類図鑑」(昭和19年)、「大日本植物誌4 ウラボシ科ヲシダ亜科」(14年)などの著書論文がある。長く昭和天皇の植物研究の相談相手を務めた。

【著作】
◇大日本植物誌［第4 ウラボシ科 ヲシダ亜科 第1(伊藤洋)］　中井猛之進、本田正次監修　三省堂　1938〜1940　26cm
◇日本羊歯類図鑑　伊藤洋著　厚生閣　1944　図版256枚 22cm
◇高等植物分類表　伊藤洋著　北隆館　1952　89p 19cm
◇生物実験講座 第4巻［茎葉植物(伊藤洋)］　岩崎書店　1962　21cm
◇新生物実験講座 第4［植物分類学(印東弘玄、伊藤洋)］　岩崎書店　1964　22cm
◇シダ学入門　伊藤洋ほか共著　ニュー・サイエンス社　1972　177p 図 22cm
◇しだ―その特徴と見分け方　伊藤洋著　北隆館　1973　212p 19cm
◇シダの胞子―その誕生から成熟まで　伊藤洋監修、倉本嗣王著　廣川書店　1978.6　47, 247p 31cm
◇日本羊歯類図集　緒方正資著、伊藤洋補訂　国書刊行会　1981.2　3冊 40cm
◇埼玉県植物誌 1998年版　伊藤洋編　埼玉県教育委員会　1998.3　833p 31cm

伊藤 孫右衛門
いとう・まごえもん

天文12年(1543年)〜寛永5年(1628年)7月15日

農民
別名は仙右衛門。紀伊国有田郡糸鹿荘中番村(和歌山県有田市)出生。
紀伊有田郡糸鹿荘中番村(現・和歌山県有田市)で庄屋を務め、山がちで田畑が作りにくい同地の殖産興業に取り組む。天正2年(1574年)役務で肥後八代を訪れた際、他国への持ち出しが禁じられていたミカンの苗8本を盆栽にすると偽って持ち帰り、郷里に移植して人々に栽培法を教授した。さらに品種改良に努め、藩に"蜜柑税"を納めて藩財政にも貢献するなど、紀州ミカン農業発展の基礎を築いた。これが紀州ミカン(有田ミカン)の始まりといわれるが、文正年間に中番村の山中に自然繁茂していたものを移植したという説や、初代紀州藩主・徳川頼宣が民の窮状を見かねて肥後(あるいは中国とも)から苗木を取り寄せたという説など、その起源については異説もある。

伊東 弥恵治
いとう・やえじ

明治24年(1891年)10月〜
昭和33年(1958年)6月27日

千葉医学専門学校教授, 東洋医学研究会創設者
静岡県浜松市出生。東京帝国大学医科大学〔大正6年〕卒。医学博士。団 眼科医学, 漢方学。
大正8年千葉医学専門学校眼科学教授となり、10年ドイツ留学、14年帰国。同年論文「網膜電流知見補遺」により医学博士(12年に千葉医科大学昇格の第1号学位)。昭和30年同大退

官。この間、同大に東洋医学研究会を創設、東洋医学、特に漢方・インド医学の日本への紹介に貢献した。

【その他の主な著作】
◇徽毒と眼疾患 上・下（臨牀医学講座 第145-146輯） 伊東弥恵治著 金原商店 1939 19cm
◇伊東式トラコーマ集団治療手引―XL-10眼軟膏使用 伊東弥恵治著 杏林書院 1950 96p 19cm
◇梅毒と眼疾患（臨牀医学文庫 107） 伊東弥恵治著 日本医書出版 1950 48p 19cm
◇ススルタ大医典 1 K. L. Bhishagratna英訳、伊東弥恵治原訳、鈴木正夫補訳 日本医史学会 1971 57, 292, 25p 図 22cm
◇ススルタ大医典 2 K. L. Bhishagratna英訳、伊東弥恵治原訳、鈴木正夫補訳 日本医史学会、北沢書店（発売） 1972 504p 22cm
◇ススルタ大医典 3 K. L. Bhishagratna英訳、伊東弥恵治原訳、鈴木正夫補訳 日本医史学会、北沢書店（発売） 1974 276, 23p 22cm
◇アーユルヴェーダススルタ大医典 ススルタ〔著〕、Kaviraj Kunja Lal Bhishagratna英訳、伊東弥恵治原訳、鈴木正夫補訳 人間と歴史社 2005.10 69, 980p 29cm

【評伝・参考文献】
◇光と影［忘れ得ぬ恩師の面影 伊東弥恵治先生］ 久富良次著 近代文芸社 1989.4 139p 26cm

伊藤 譲
いとう・ゆずる

嘉永4年（1851年）〜明治23年（1890年）

植物学者
別名は伊藤謙三郎。父は伊藤圭介（本草学者）。

著名な本草学者、植物学者である伊藤圭介の三男で、謙三郎とも称した。文久元年（1861年）蕃書調所から物産学出役を命じられた父・圭介に伴われ、田中芳男と共に出府、翌年同所に入学して博物学を学ぶ。さらに明治4年には東京医学校に入学。父の「日本植物図説」の草部イ篇を編集したほか、「薬品名彙」「植物略解」などを著し、後者の一巻は文部省の官版として刊行された。将来が期待されたが、29歳で夭逝した。

伊藤 芳夫
いとう・よしお

明治40年（1907年）4月18日〜
平成4年（1992年）4月4日

サボテン研究家　日本カクタス研究所主宰
山口県宇部市出生。旧制中学〔大正14年〕卒。専サボテンの分類、新種作出 賞中国科学賞（第4回）〔昭和37年〕。

独学でサボテンを研究し、昭和27年中井猛之進の折紙付で東京大学理学部植物学教室へ学位請求論文「南米物サボテンの新分類法」を提出。32年に発表した「サボテン図説―南米物サボテンの分類」がバッケベルグ「サボテン科」（全6巻）に引用・採用され、分類学者として世界的に知られるようになる。35年宇部常盤サボテンセンターを建設。新種作出450、サボテン科分類266属、命名数1450を数える。また、世界サボテン界の五冠を獲得し、世界一ともなった。著書に「花サボテン新種作出法」「サボテン科大事典―266属とその種の解説」「原色 サボテン」、自叙伝「サボテン博士の歩いた道―がんと肝炎と闘って世界一」など。

【著作】
◇サボテンの知識と栽培法 伊藤芳夫著 タキイ種苗出版部 1952 224p 図版 19cm
◇サボテン綺談（朝日文化手帖 第9） 伊藤芳夫著 朝日新聞社 1953 170p 図版 20cm
◇サボテン―栽培と知識 伊藤芳夫著 朝倉書店 1954 468p 図版 22cm
◇サボテン放談（朝日文化手帖） 伊藤芳夫著 朝日新聞社 1955 180p 20cm
◇世界サボテン史 伊藤芳夫著 中央公論社 1955 216, 21p 18cm
◇サボテン図説―南米物サボテンの分類 伊藤芳夫著 風間書房 1957 318p 図版 26cm
◇サボテン（カラーブックス） 伊藤芳夫著 保育社 1962 127p 15cm
◇最新サボテン園芸（実用新書） 伊藤芳夫著 池田書店 1962 222, 75p 図版 19cm
◇原色花サボテン―咲き誇る花の魅力 伊藤芳夫著 農業図書 1963 278p（おもに図版）27cm
◇写真・花サボテン―図で見る実生から採種まで 伊藤芳夫著 池田書店 1963 190p 図版

22cm
◇神秘なサボテン　伊藤芳夫著　農業図書　1963　236, 95p 図版 22cm
◇サボテン栽培必携　伊藤芳夫著　池田書店　1964　198, 112p 22cm
◇サボテン栽培の要点（実用新書）　伊藤芳夫著　池田書店　1966　186p 図版 19cm
◇花サボテン図譜　伊藤芳夫著　誠文堂新光社　1967　184p 図版16枚 27cm
◇花サボテンの栽培—実益をあげる指針　伊藤芳夫著　有紀書房　1968　297p 19cm
◇目で見るサボテン栽培入門　伊藤芳夫著　日本文芸社　1968　430p（図版共）19cm
◇園芸植物大観 4 サボテン 原色　伊藤芳夫著　集英社　1971　464p（図共）27cm
◇サボテン記　伊藤芳夫著　中日新聞東京本社東京新聞出版局　1974　241, 3p（図共）22cm
◇花咲くサボテン—画文集　伊藤芳夫著　日貿出版社　1975　292p 図共 22cm
◇サボテン—2100種の見分け方と属別栽培法　伊藤芳夫著　講談社　1979.9　261, 29p 27cm
◇花サボテンの魅力—観賞と栽培法　伊藤芳夫著　共立出版　1980.9　151p 26cm
◇サボテン科大図鑑—分類と解説　伊藤芳夫著　新日本教育図書　1981.11　750p 31cm
◇原色花サボテン　伊藤芳夫著　家の光協会　1982.2　239p 19cm
◇サボテン科大事典—266属とその種の解説　伊藤芳夫著　未来社　1988.9　743p 27cm
◇サボテン博士の歩いた道—がんと肝炎と闘って世界一　伊藤芳夫著　四季出版　1989.1　195p 19cm

稲塚 権次郎

いなずか・ごんじろう

明治30年（1897年）2月24日〜
昭和63年（1988年）12月7日

育種家　農林省金沢農地事務所計画部長
富山県東砺波郡養谷村（南砺市）出身。富山県立農学校卒，東京帝国大学農科大学農学実科〔大正7年〕卒。賞勲三等瑞宝章〔昭和46年〕，城端町名誉町民〔昭和57年〕。

富山県立農学校を首席で卒業。東京帝国大学農科大学では育種学を学び，外山亀太郎の下でカイコの遺伝研究に従事した。大正7年農商務省農事試験場に入って品種改良の先駆となり，水稲の'農林1号'を生み出す。これがのちコシヒカリ，ササニシキなどの母胎となった。大正末期からはコムギの品種改良に取り組み，昭和4年コムギの'農林1号'を誕生させ，10年には半矮性遺伝子を持つコムギである'農林10号'を作出。稲塚が自ら"背が低くて，頑丈で，骨太で，まるで日本の農民のようだ"と評したこのコムギは，他のコムギに比べて背が低く，生長が早い上に寒さに強いという特徴を持ち，品質も良かったが，やや病害に弱い点があり普及しなかった。戦後，連合国軍総司令部（GHQ）農業顧問として来日していた米国人農学者のS. C. サーモンによって米国に持ち帰られると，品種改良に用いられるようになり，31年農学者ノーマン・ボーローグの手により'農林10号'を母胎とした'ソラノ種'などの多収性品種が生み出された。これらの多収性品種は世界各地の在来品種に比べて格段の高収量を得られ，飢餓に苦しんでいた多くの人々を救うこととなり，"緑の革命"と呼ばれた。45年この功績からボーローグはノーベル平和賞を受けたが，56年ボーローグは稲塚の元を訪ね，謝意を表した。戦後は金沢農地事務計画部長を務め，退職後，故郷の西明地区圃場整備を進めた。

【著作】
◇小麦栽培法の改良　稲塚権次郎著　大日本農会　1933　2180p 20cm

【評伝・参考文献】
◇世界の食糧危機を救った男—稲塚権次郎の生涯　千田篤著　家の光協会　1996.4　306, 19p 20cm

稲田 又男

いなだ・またお

（生没年不詳）

植物研究家
兵庫県のシダ植物相についての分類研究を行ない，「兵庫県下に於けるウラボシ科」（昭和13年）などを著した。献名された学名に *Polystichum inadae* Kurata（フナコシイノデ）がある。収集した4000点余のシダ類標本は兵庫県立人と自然の博物館に収蔵された。

【著作】
◇兵庫県羊歯植物誌　稲田又男著　日本シダの会関西談話会　1958　88p 図 21cm

井波 一雄
いなみ・かずお

大正6年(1917年)3月4日～
平成17年(2005年)1月7日

植物研究家　井波植物研究所所長
愛知県名古屋市出生。名古屋市立商〔昭和9年〕卒。師は牧野富太郎。[団]植物分類地理学[団]日本植物学会, 植物分類地理学会[賞]CBCクラブ文化賞(第27回)〔昭和61年〕「植物分類研究と啓蒙活動」, ミドリクラブ賞(第1回)〔平成6年〕, 植物地理・分類学会賞〔平成8年〕。

小さい頃から植物への関心が高く、10代半ばには自宅の庭の植物を調べるようになる。昭和9年鈴木植物研究所研究員、12年名古屋市立東山植物園助手。17年より高等女学校、新制中学校教師を務め、48年退職。同年井波植物研究所を開設、週刊植物通信「INAMIA」を発行。また、この頃愛知県瀬戸市で新種・ハイルリソウを発見した。平成4年絶滅した植物を含む植物のスケッチを初公開した「ボタニカルアート・東海の植物百選」を開催。6年10万点を超える植物標本を千葉県立中央博物館に"井波コレクション"として寄贈した。著書に「東海の植物記」「森林浴を楽しむ本」「薬草健康法」「広島県植物図鑑」(全5巻)などがある。

【著作】
◇名古屋の自然　井波一雄等著　六月社　1965　178p 18cm
◇日本スミレ図譜―北海道・本州・四国・九州・琉球　井波一雄著　六月社　1966.6　187p 図版32p 31cm
◇愛知の植物〔愛知県植物研究史私論 他(井波一雄)〕　愛知県高等学校生物教育研究会　1971　260p 図 27cm
◇薬草健康法　井波一雄著　毎日新聞社　1977.11　215p 18cm
◇スミレの観察と栽培(グリーンブックス 38)　井波一雄著　ニュー・サイエンス社　1978.4　83p 19cm
◇東海の植物記―海辺から高山まで　井波一雄著　中日新聞本社　1979.4　236p 19cm
◇広島県植物図選　全5巻　井波一雄著　博新館　1981.6～1990.12　5冊 26cm
◇薬草(野外ハンドブック 11)　井波一雄解説, 会田民雄写真　山と渓谷社　1983.5　239p 19cm
◇いまむかし暮らしの小道具・植物事典　井波一雄著　毎日新聞社　1985.10　222p 18cm
◇知的森林浴のすすめ―緑の深呼吸 東海編　井波一雄著　リバティ書房　1989.4　157p 19cm
◇薬草(山渓フィールドブックス 12)　井波一雄解説, 会田民雄写真　山と渓谷社　1995.10　239p 19cm
◇ハガキ通信「Inamia」　井波一雄著　井波植物研究所　2001.8　274p 30cm

稲荷山 資生
いなりやま・すけお

明治28年(1895年)5月15日～
昭和51年(1976年)5月22日

植物学者　奈良教育大学学長
旧姓名は土岐。大分県宇佐郡八幡村(宇佐市)出生。大分県師範学校卒、東京高等師範学校卒、京都帝国大学理学部植物学科〔昭和2年〕卒。理学博士。[団]植物細胞遺伝学[賞]勲二等旭日重光章〔昭和41年〕, 木原賞「ヒガンバナ属の細胞学的研究」。

大分県師範学校を出て2年ほど教壇に立ったが、東京高等師範学校に入り直し、卒業後は岐阜師範学校の教員となり人文地理を教えた。大正11年京都帝国大学理学部植物学科に進み、昭和2年徳川生物学研究所研究員、8年東京文理科大学講師を経て、20年東京教育大学(現・筑波大学)教授。30年奈良教育大学学長に就任、46年に退任するまで16年間務めた。ヒガンバナの細胞遺伝学研究に取り組んで"ヒガンバナの稲荷山"と呼ばれ、その染色体数が原始種と後生種では異なること突き止め、種の分化の仕組みを解明した。著書に「植物地理学」「生物の遺伝及変異」「生物のふえ方」「一般教育の生物学」などがある。

【著作】

◇地理学講座6〈修正版〉[植物地理学(稲荷山資生)] 地人書館 1937 23cm
◇世界地理 第2巻[満州の植物(稲荷山資生)] 河出書房 1939 23cm
◇世界地理 第14巻 阿弗利加[生物(稲荷山資生)] 河出書房 1940 481p 図 地図 22cm
◇博物学要綱 植物篇 稲荷山資生著 西ケ原刊行会 1940 136p 24cm
◇世界地理 第2巻満州[満州の植物(稲荷山資生)] 石田竜次郎等編 河出書房 1941 385p 21cm
◇植物学要綱 稲荷山資生著 学園出版部 1948 136p 22cm
◇一般教育の生物学 稲荷山資生等著 共立出版 1952 250p 22cm
◇高校生物実験書―教科傍用 稲荷山資生, 阪柳光春, 藤本繁共著 木村書店 1955 172p 19cm
◇生物のふえ方 稲荷山資生著 三省堂 1957

乾 純水
いぬい・きよみ
?〜安政5年(1858年)

本草家, 医師
名は濬, 号は桐谷, 字は善水。阿波国徳島(徳島県)出身。
名は「じゅんすい」ともいう。徳島藩医・乾元亮の長男で, 藩医となる。初代小原春造の弟子。阿波の医師学問所の創設に尽力した。安政2年(1855年)には「品物考証」(上下2巻, 上巻に植物33品を収める)を著し,「阿波淡路両国産物志」(「阿淡産志」)の編纂にも関与した。

【著作】
◇阿淡産志 [小原春造][等撰] 小和田勲石手写 1936 13冊 28cm

犬丸 愨
いぬまる・すなお
明治32年(1899年)9月14日〜
昭和63年(1988年)6月18日

広島大学名誉教授, 福山女子短期大学学長
広島県福山市金江町出生。広島文理科大学生物学科〔昭和7年〕卒。理学博士。団水産植物学会。賞勲三等瑞宝章〔昭和44年〕。
旧制高梁中学教諭, 広島高等師範学校教授などを経て, 昭和27年から広島大学水畜産学部教授。38年に退官, 同年から44年まで福山女子短期大学学長をつとめた。

井野 喜三郎
いの・きさぶろう
?〜昭和59年(1984年)10月5日

園芸家
賞カーネーション部会長賞(日本花き生産者協会)〔昭和58年〕。
全国のカーネーション生産の4割を占めるといわれる主要品種'コーラル'を開発。58年, 社団法人日本花き生産者協会からカーネーション部会長賞を贈られた。

猪野 俊平
いの・しゅんぺい
明治40年(1907年)4月1日〜
昭和56年(1981年)7月4日

海藻学者 岡山大学名誉教授
愛媛県越智郡菊間町(今治市)出生。東北帝国大学理学部生物学科〔昭和5年〕卒。団日本藻類学会, 日本植物学会。
生家は造り酒屋。東北帝国大学理学部では田原正人に師事した。昭和5年北海道帝国大学理学部助手, 講師, 助教授を経て, 昭和24年岡山大学理学部教授に就任。同学部長を務め, 47年定年退官。我が国の海藻発生学の草分け的存在で, 日本各地の真正紅藻類6目19科51種の胞子発生の比較研究に取り組み, その全容を解明した。

【著作】
◇植物学綜説 第8巻 植物の組織 猪野俊平著 内田老鶴圃 1943 383, 32p 19cm
◇生物学の進歩 第2輯[フークス科の組織学・細胞学及び発生学的研究の進歩(猪野俊平)] 共

立出版 1944 629p 図版 22cm
◇海藻の発生(日本生物学業績1) 猪野俊平著 北隆館 1947 255p 21cm
◇植物の表皮(生物学文庫 第3) 猪野俊平著 力書房 1948 85p 19cm
◇海藻と実験(生物学文庫 第5) 猪野俊平著 力書房 1948 115p 19cm
◇生物学の進歩 第3輯[真正紅藻類の発生学的研究の進歩(猪野俊平)] 野村七録,山羽儀兵監修 共立出版 1948 362p 22cm
◇基礎植物学 小野知夫,猪野俊平,佐藤重平共著 裳華房 1949 326p 22cm
◇植物の発生 猪野俊平著 河出書房 1950 237p 22cm
◇生物の発生[下等植物の発生(猪野俊平)](生物学選書) ネオメンデル会編 北隆館 1951 216p 図版 19cm
◇植物組織学 猪野俊平著 内田老鶴圃新社 1954 604p 図版10枚 27cm
◇最新生物学概論 永野為武,猪野俊平共著 三共出版 1961 232p 22cm
◇生物科学概論 永野為武,猪野俊平共著 三共出版 1973 262p 22cm

稲生 若水

いのう・じゃくすい

明暦元年7月27日(1655年8月28日)～
正徳5年7月6日(1715年8月4日)

本草学者

名は宣義,字は彰信,通称は正助,別号は白雲道人,別名は稲若水。江戸・小川町(東京都千代田区)出生。

山城淀藩医・稲生恒軒の長男。父の学問を継ぎ,木下貞幹に医学を,伊藤仁斎に儒学を,福山徳潤に本草学を学ぶ。22,3歳の頃に明の本草書「皇明経世文編」の日本の本草について論じている箇所を読んで一念発起し,本草を修めて国産を興し,さらにその一大著述を完成させて海外に日本の学問の粋を示すことを決意したといわれ,以後,群書を読破する一方,山野に分け入って実地に草木を鑑別し,知識と見識を養った。延宝8年(1680年)主家である永井家の除封にともない,京に出て私塾を開設。傍ら本草の研究を続け,李時珍の「本草綱目」の咀嚼に全力を注ぎ,「新校正本草綱目」を著述。掲載されている物産のうち3分の2が日本にも産する事を示すなど,学問的業績を上げた。そのため紀州や水戸より招聘を受けるが,学問への志が高い加賀藩主・前田綱紀に仕えることを望み,友人・木下順庵らの尽力もあって元禄6年(1693年)加賀藩の儒者役として召し抱えられた。以来,隔年詰という一年おきの自由出仕を許され,任地金沢に在る以外は京都に仮寓し,長崎から新来の漢籍を取り寄せて調査するなど研究に専念。7年(1694年)「金沢草木録」1巻を,8年(1695年)「食物伝信纂」12巻を著して綱紀に献上。元禄10年(1697年)には「本草綱目」に遺漏があることを憂えていた藩主・綱紀の命を受け,「庶物類纂」の編纂を開始した。同書は古今の漢籍から広く動植鉱物に関する記述を網羅し,花,木,竹,菌,鱗,介,羽毛,金,石など26属に分類して再編集したもので,薬物を中心とする本草学から進んで動植鉱物全体を対象とした博物学的な方向性を備えており,当初から正篇1000巻,続篇1000巻の合計2000巻を予定していたが,正徳5年(1715年)362巻まで進んだところで未完のまま病没した。没後,綱紀の命により加賀藩医で若水の高弟・内山覚仲が事業を引き継いだが,綱紀の死により中断した。これを惜しんだ徳川幕府第8代将軍・徳川吉宗は内山の他に幕府の医官・丹羽正伯や若水の子・孝興らに編纂の再開を命じ,元文3年(1738年)に正編の残り638巻が,延享4年(1747年)には補編(途中続編から名前変更)514巻が終了し,合計1514巻で完成した。江戸期における代表的な本草学者の一人で,門下は内山のほか,松岡恕庵,田村藍水,野呂元丈,津島桂庵らがいる。編著は他に「炮炙全書」「本草図」「詩経小識」「採薬独断」などがある。

【著作】
◇稲生若水書簡 写本(自筆) 〔出版年不明〕 1軸 52cm
◇庶物類纂 第1巻 草属・花属(近世歴史資料集成 第1期) 稲若水,丹羽正伯編 科学書院

1987.7　1694p 27cm
◇庶物類纂 第2巻 鱗属・介属・羽属・毛属(近世歴史資料集成 第1期)　稲若水, 丹羽正伯編　科学書院　1987.10　656p 27cm
◇庶物類纂 第3巻 水属・火属・土属(近世歴史資料集成 第1期)　稲若水, 丹羽正伯編　科学書院　1988.1　840p 27cm
◇庶物類纂 第4巻 石属・金属・玉属(近世歴史資料集成 第1期)　稲若水, 丹羽正伯編　科学書院　1988.3　1430p 27cm
◇庶物類纂 第5巻 竹属・穀属(近世歴史資料集成 第1期)　稲若水, 丹羽正伯編　科学書院　1988.5　822p 27cm
◇庶物類纂 第6巻 菽属・蔬属 1 (近世歴史資料集成 第1期)　稲若水, 丹羽正伯編　科学書院　1988.6　857p 27cm
◇庶物類纂 第7巻 蔬属 2 (近世歴史資料集成 第1期)　稲若水, 丹羽正伯編　科学書院　1988.8　618p 27cm
◇庶物類纂 第8巻 海菜属・水菜属・菌属・瓜属・造醸属・虫属 1 (近世歴史資料集成 第1期)　稲若水, 丹羽正伯編　科学書院　1988.9　1264p 27cm
◇庶物類纂 第9巻 虫属 2・木属・蛇属・果属・味属(近世歴史資料集成 第1期)　稲若水, 丹羽正伯編　科学書院　1988.10　1344p 27cm
◇庶物類纂 第10巻(近世歴史資料集成 第1期)　稲若水, 丹羽正伯編　科学書院　1988.11　590p 27cm
◇庶物類纂 第11巻 関連文書・総索引(近世歴史資料集成 第1期)　稲若水, 丹羽正伯編　科学書院　1991.3　816, 293p 27cm

【評伝・参考文献】
◇江戸期のナチュラリスト(朝日選書 363)　木村陽二郎著　朝日新聞社　1988.10　249, 3p 19cm
◇本草百家伝・その他(白井光太郎著作集 第6巻)　白井光太郎著, 木村陽二郎編　科学書院, 霞ケ関出版〔発売〕　1990.3　355, 63p 21cm
◇博物学者列伝　上野益三著　八坂書房　1991.12　412, 10p 23cm
◇江戸人遣い達人伝　童門冬二著　講談社　1994.6　339p 19cm
◇新編・おらんだ正月(岩波文庫)　森銑三著, 小出昌洋編　岩波書店　2003.2　404p 15cm

井上　健

いのうえ・けん

昭和23年(1948年)2月21日～
平成15年(2003年)7月28日

信州大学理学部教授

東京都出身。東京大学理学部生物化学科〔昭和45年〕卒, 東京大学大学院理学系研究所植物学専攻〔昭和58年〕博士課程修了。理学博士。専 植物分類学, 植物生態学 団 日本植物学会, 日本生態学会, 種生物学会, 日本植物分類学会 賞 山崎賞(第12回)〔昭和60年〕「ツレサギソウ属植物の分類、生態、進化を明らかにした研究」。

幼少の頃からサクラソウなどの園芸植物に興味を抱き、植物学への道を歩むことにつながった。東京大学理学部を卒業し、大学院でラン科植物を中心とした分類学研究を行う。その後、植物と送粉昆虫の関係についての研究に進み、植物の進化に関する論文を数多く発表。ラン科で種の分化が著しいツレサギソウ属植物の進化要因を明らかにし、分類体系を確立した。日本植物分類学会でレッドデータブックの改訂にあたる絶滅危惧植物・移入植物専門第一委員会の委員長も務めた。平成15年サハリンでの野外調査の折、感電事故で亡くなった。信州大学理学部教授。著書に「月下美人はなぜ夜咲くのか」、共著に「昆虫を誘い寄せる戦略」などがある。

【評伝・参考文献】
◇江戸の植物学　大場秀章著　東京大学出版会　1997.10　217, 5p 19cm

井上　覚

いのうえ・さとる

大正8年(1919年)10月15日～
平成9年(1997年)10月3日

熊本大学名誉教授

徳島県出生, 熊本県熊本市出身。広島文理大学生物科学部植物学科卒。理学博士。専 植物形態, 蘚苔類 団 日本植物学会, 日本蘚苔類学会, 染色体学会 賞 勲二等瑞宝章〔平成5年〕。

熊本大学講師、助教授、教養部教授、理学部教授を経て、昭和51～53年学部長。60年名誉教授。61年九州東海大学教授。

井上　浩

いのうえ・ひろし

昭和7年（1932年）3月30日〜
平成元年（1989年）12月29日

蘚苔類学者　国立科学博物館植物研究部長
高知県南国市出生。高知大学文理学部中退、東京教育大学（現・筑波大学）理学部植物学科〔昭和31年〕卒、東京教育大学大学院〔昭和36年〕修了。理学博士（東京教育大学）〔昭和36年〕。専コケ類の分類系統学　団日本植物学会、日本蘚苔類学会、日本植物分類学会、国際蘚苔類学会（会長）。

東京教育大学（現・筑波大学）理学部で伊藤洋に学び、また在学中から服部新佐の指導を受けてコケ類の研究に従事。昭和36年東京教育大学理学部助手、37年国立科学博物館植物研究部研究員を経て、56年植物第二研究室長、58年同部長。数千種しかなかった同館の蘚苔類コレクションの充実に尽くし、10万点を超えるまでに育て上げた。56年には日本人初の国際蘚苔類学会会長に就任。「日本産苔類図鑑」正続など、多数の著書を通じてコケ植物への一般の関心を広めた。

【著作】
◇コケ類—研究と採集・培養　井上浩著　加島書店　1962　162p 図版 19cm
◇コケの写真解説と栽培　井上浩著　加島書店　1964　166p 図 22cm
◇こけ—その特徴と見分け方—　井上浩著　北隆館　1969　191p（図版共）19cm
◇植物系統進化学　井上浩責任編集，山崎敬〔等〕著　築地書館　1974　311p 22cm
◇植物系統分類の基礎　井上浩〔等〕共著　図鑑の北隆館　1974　389p 22cm

【著作】
◇基礎生物科学　井上覚編　学術図書出版社　1990.12　186p 21cm

◇日本産苔類図鑑　井上浩著　築地書館　1974　189p（図共）30cm
◇コケに魅せられて—自然史科学への道　井上浩著　玉川大学出版部　1975　159p 19cm
◇シダ・コケ類の生態と観察（生態と観察シリーズ）　井上浩責任編集，大悟法滋，井上浩著　築地書館　1975　133p 23cm
◇日本産苔類図鑑　続　井上浩著　築地書館　1976.11　193p（図共）30cm
◇にわのはな（原色幼年図鑑2）　井上浩著，太田洋愛，藤島淳三絵　図鑑の北隆館　1977.5　56p 19×27cm
◇サイエンス・スタディエンサイクロペディア　レオナルド〔植物の世界（著者代表:井上浩）〕　講談社　1977.5　14冊 31cm
◇コケ盆景づくり—カラー版絵ときく（ドゥ・ブックス）　井上浩著　池田書店　1978.5　158p 18cm
◇コケ類の世界（出光科学叢書16）　井上浩著　出光書店　1978.10　178p 19cm
◇きのこ・こけ・しだ（自然観察と生態シリーズ）　井上浩，横山和正著　小学館　1979.9　194p 21cm
◇原色コケ・シダ　井上浩〔ほか〕著　家の光協会　1980.3　222p 19cm
◇コケ園芸のすべて—鉢植えから盆景・コケ庭まで　井上浩編著　日東書院　1980.5　215p 18cm
◇植物学入門講座　第1巻　植物の世界　井上浩著　加島書店　1980.11　127p 21cm
◇植物学入門講座　第2巻　植物の繁殖　井上浩著　加島書店　1981.2　127p 21cm
◇植物学入門講座　第3巻　植物の体制　井上浩著　加島書店　1981.6　126p 21cm
◇植物学入門講座　第4巻　植物の栄養　井上浩著　加島書店　1982.4　127p 21cm
◇富士山の植物（自然観察シリーズ 14 生態編）　井上浩著　小学館　1982.5　158p 21cm
◇植物学入門講座　第5巻　植物の遺伝　井上浩著　加島書店　1982.11　127p 21cm
◇コケとシダのある庭（実例:庭のデザインシリーズ）　井上浩，大橋忠成著　家の光協会　1983.4　158p 27cm
◇植物学入門講座　第6巻　植物の生活　井上浩著　加島書店　1983.6　127p 21cm
◇コケ（フィールド図鑑）　井上浩解説・写真　東海大学出版社　1986.12　194p 19cm
◇植物バイオテクノロジーと植物資源　井上浩著　加島書店　1989.6　127p 19cm

【評伝・参考文献】
◇井上浩博士追悼集　井上浩〔ほか著〕　井上浩博士記念事業会　1990.12　15,333p 22cm

井上 隆吉
いのうえ・りゅうきち

明治41年(1908年)9月15日～
平成5年(1993年)5月9日

埼玉大学名誉教授, 埼玉工業大学名誉教授
東京市本郷区駒込(東京都文京区)出身。東京帝国大学大学院理学研究科植物学専攻修了。理学博士(東京帝国大学)。［団］植物形態学。

昭和17年旅順高校教授、19年埼玉師範学校教授、25年埼玉大学助教授を経て、教授。40年教養部長、44年文理学部長。ウコギ科の葉の解剖学的研究やホウズキ属植物の維管束走向などを研究した。また、長らく埼玉大学文理学部にて植物形態学・解剖学の研究と教育を行った。

猪熊 泰三
いのくま・たいぞう

明治37年(1904年)8月12日～
昭和47年(1972年)9月1日

東京大学名誉教授
神奈川県出生。東京帝国大学農学部林学科〔昭和3年〕卒。［団］育林学、樹木学 ［賞］林木育種賞〔昭和45年〕。

東京帝国大学農学部林学科副手、助手を経て、昭和11年助教授、18年新設された森林植物学教室の教授となった。ハンノキ属などの分類学、樹木学的研究を行い、育林学者として果樹園方式による林木採種園の造成、育生方法、林木種子の採種法などについて研究を進め、日本の育林事業の発展に寄与した。45年その業績に対し林木育種協会から林木育種賞を受賞した。40年退官後は国立国会図書館で司書監、専門調査員として、博物学、林学関連の古文献の調査・整備を行った。

【著作】
◇甲州身延山及び七面山の樹木目録　猪熊泰三著　身延山久遠寺山林部　1934　27cm

井下 清
いのした・きよし

明治17年(1884年)8月1日～
昭和48年(1973年)8月8日

東京市公園部長, 東京農業大学教授
香川県出生。東京高等農林学校〔明治38年〕卒。［団］造園学　［団］日本造園学会(会長)。

明治38年東京市役所土木課園芸係に入る。長岡安平や本多静六の指導を受けて造園技術を学び、大正元年井の頭公園や、10年我が国初の公園墓地となる多磨霊園の設計・新設に当たった。12年東京市公園課長に就任してからは同年の関東大震災後における東京の公園復興に心血を注ぎ、帝都復興五十二小公園の設計・築造で高い評価を得た。また公園事業の一環として、一般市民の園芸趣味高揚に一役買い、自ら桜の会、梅の会、菊の会、日本花菖蒲協会などに参加して民間や植物の専門家と積極的に交流。さらに日本庭園協会、日本造園学会、日本児童遊園協会、東京高等造園学校などの設立にも協力し、造園事業の普及にも大きく貢献した。昭和7年東京緑地計画の立案に際し、実質的な幹部として多くの技術者と共にその実現に尽力。13年局長待遇の東京市理事に進み、18年には都制の実施に伴って勅任技師となった。21年定年退職。同年東京農業大学教授に転じ、常務理事、事務局長として同大の世田谷移転を断行し、33年退職。この間、東京都市計画審議会委員、同公園施設審議会委員、日本造園学会会長、日本庭園協会理事、東京都公園協会理事長、大日本農会副会長、国土緑化推進委員会常任委員などを歴任。東京都の公園行政のみならず、招かれて全国各地の公園、動物園、墓苑、神苑の新設・整備や工場緑化を指導しており、日本の造園関連事業の発展に大きな役割を果たした。著書に「公園の設計」「緑地生活」「街路樹」などがある。

【著作】

◇都市と公園［小公園に就て（井下清）］　庭園協会編　成美堂書店　1924　1冊 22cm
◇東京市の公園其他の施設に就て　井下清述　中央朝鮮協会　1936　36, 15p 19cm
◇橘花の香—母井下要子を憶ふ　井下清著　井下清　1939　190p 19cm
◇建墓の研究　井下清著　雄山閣　1942　205p 図版 19cm
◇緑地生活（生活科学新書 第30）　井下清著　羽田書店　1943　264p 19cm
◇街路樹　井下清著　東京市政調査会　1952　158p 図版15枚 19cm
◇街路並木　井下清著　全国市長会　1958　212p 図版 19cm
◇都市と緑—井下清著作集　井下清著　東京都公園協会　1973　653p 肖像 27cm

【評伝・参考文献】
◇井下清先生業績録　前島康彦編　井下清先生記念事業委員会　1974　395p 図 肖像 22cm
◇日本公園百年史　日本公園百年史刊行会編　日本公園百年史刊行会　1978.8　690p 27cm
◇動物園の歴史—日本における動物園の成立［東京市の動物園・井下清の努力］（講談社学術文庫）　佐々木時雄著　講談社　1987.2　359p 15cm

伊延 敏行
いのべ・としゆき

明治42年（1909年）～昭和49年（1974年）7月20日

植物学者　四国女子短期大学講師
徳島県実業補習学校教員養成所〔昭和10年〕卒。

昭和10年徳島県実業補習学校教員養成所を卒業後、徳島県公立青年学校教諭や、同県内の公立中学教師・校長を歴任。のち四国女子短期大学で講師を務めた。傍ら徳島県の植物の研究を進め、ミドリイチゲ、イノベギク、ヒメホウチャクソウ、アワノミツバツツジ、イノベハナゴケ、イノベゴケなどの新種を発見した。研究対象は高等植物からシダ植物、地衣類まで幅広く、その成果を「阿波学会紀要」「阿波の自然」「北陸の植物」などの雑誌に発表。その足跡は徳島県内のみならず、北は北海道利尻・礼文、南は鹿児島県屋久島にまで及んだ。

【評伝・参考文献】

◇徳島県立博物館収蔵資料目録—自然史部分 植物編 第10輯 伊延敏行氏標本 顕花植物編 1　徳島県立博物館　1980.12　118p 26cm
◇徳島県立博物館収蔵資料目録—自然史部分 植物編 第11輯 伊延敏行氏標本 顕花植物編 2　徳島県立博物館　1982.3　127p 26cm

井原 豊
いはら・ゆたか

昭和4年（1929年）～平成9年（1997年）

農業　井原行政書士事務所長、井原自動車工業会長

雅号は井原子柳（いはら・しりゅう）。兵庫県出生。竜野中学（旧制）卒。

兵庫県の太子村役場勤務ののち、昭和25年兵庫県警察官。37年兵庫県自動車学校教諭、42年帝国データバンク勤務を経て、59年井原行政書士事務所を開業。かたわら井原書道を開設して書道の指導にあたる。また農業も営み、"への字型イナ作"、無農薬、産直野菜つくりなど常識にとらわれない抜群の経営感覚で知られ、執筆・講演活動も行った。著書に「ここまで知らなきゃ農家は損する」「ここまで知らなきゃクルマで損する」「写真集・井原豊のへの字型イネつくり」「家庭菜園ビックリ教室」など。

【著作】
◇ここまで知らなきゃ農家は損する　井原豊著　農山漁村文化協会　1985.7　214p 19cm
◇ここまで知らなきゃ損する痛快イネつくり　井原豊著　農山漁村文化協会　1985.12　216p 19cm
◇ここまで知らなきゃ損する野菜のビックリ教室　井原豊著　農山漁村文化協会　1986.1　218p 19cm
◇ここまで知らなきゃ損する痛快ムギつくり　井原豊著　農山漁村文化協会　1986.11　183p 19cm
◇ここまで知らなきゃ損する痛快コシヒカリつくり　井原豊著　農山漁村文化協会　1989.3　202p 19cm
◇無農薬・旬の野菜づくり—つくりやすい野菜と品種（園芸ハンドブック）　学習研究社　1990.8　184p 21cm
◇井原豊のへの字型イネつくり—写真集　井原豊著　農山漁村文化協会　1991.3　67p 22cm

◇図解家庭菜園ビックリ教室　井原豊著　農山漁村文化協会　1994.3　148p 21cm

伊吹 庄蔵
いぶき・しょうぞう

文久4年（1864年）1月7日〜
昭和10年（1935年）8月7日

実業家
旧姓名は平井。因幡国（鳥取県）出身。
　平井家の四男として生まれ、幼い頃に菜種油の製造販売と材木商を営む伊吹家の養子となる。明治20年頃より肥料用油かすの販売を始め、鳥取県下屈指の肥料商に育て上げた。また伊吹植物園を開設、同園は名所として知られ、昭和4年には文部省の教育資料地に指定された。商工会幹事として鳥取の市制実現にも尽くした。

井部 栄範
いべ・えいはん

天保13年（1842年）1月25日〜
大正3年（1914年）2月22日

菅生村（愛媛県）村長、久万銀行頭取
紀伊国（和歌山県和歌山市）出生。
　名は「よしのり」ともいう。11歳の時に大和長谷寺で得度して仏門に入る。慶応元年（1865年）伊予に渡り、石手寺、浄瑠璃寺の執事を兼務。明治5年愛媛県久万町にある大宝寺に入山、執事となり、寺の山林を伐採して維新後の混乱期を乗り切る。郷里が林業地帯の大和・吉野に近いことから久万地域が林業に適していると判断して植樹を始めるが、7年大宝寺が全焼したのを機に寺の再興と地域発展のために還俗して山林事業に専念。風土・地質・地形を調べて綿密な計画を立てて植林を行い、また地域の人々にも杉の苗木を配って植林を進めるなど、今日林業で知られる上浮穴郡の基礎を築いた。26年久万融通会社（のち久万銀行）を設立した他、菅生村長などを務めた。

【評伝・参考文献】
◇郷土が生んだ先賢—山之内仰西・井部栄範・船田一雄　馬喰田高年著　ユーカリ実業　1995.9　95p 21cm

今井 伊太郎
いまい・いたろう

元治元年（1864年）12月8日〜
昭和16年（1941年）11月19日

タマネギ栽培業者
父は今井佐次平（タマネギ栽培業者）。
　和泉日根郡吉見村（現・大阪府泉南郡田尻町）の人。和泉地方の特産でありながら、明治以降の輸入物綿製品のために没落した綿作の代替作物としてタマネギに注目し、父の佐次平と共に栽培。出来上がったものを天満市場に出荷していたが、当時の人の味覚には合わなかったため全く売れず、"食べられないものを作る馬鹿、損をするタマネギを作る奴"などと冷笑されていたという。しかし、明治27年コレラが大流行した際にタマネギに薬効ありと噂されたのがきっかけで、徐々にタマネギが食されるようになった。36年には優良品種'泉州黄'を作出、のちに和歌山や淡路島に母球を移植し、それぞれ国内における一大タマネギ産地となる契機を作ったほか、海外輸出にも力を注ぎ、"玉葱王"と呼ばれるに至った。今日、和泉地方は泉南タマネギの産地として全国的に知られており、大正2年には「泉州玉葱栽培之祖」の顕彰碑が建立された。

【評伝・参考文献】
◇玉葱王—今井伊太郎とその父佐次平　今井伊太良監修、畑中加代子著　毎日新聞社大阪本社総合事務局（製作）　2002.3　168p 27cm

今井 佐次平
いまい・さじへい

天保7年(1836年)3月～明治41年(1908年)7月7日

タマネギ栽培業者

和泉国日根郡吉見村(大阪府泉南郡田尻町)出生。息子は今井伊太郎(タマネギ栽培業者)。

和泉日根郡吉見村(現・大阪府泉南郡田尻町)の人。同地を含めた河内・和泉地方はワタの一大産地であったが、明治以降に安価な外国産綿の輸入が始まると綿作は壊滅的な被害に遭い、代替作物の栽培が検討されるようになった。そこで佐次平とその子・伊太郎が着目したのがタマネギで、出来上がったタマネギを天満市場に出荷していたが、当時の人の味覚には合わなかったため全く売れず、"食べられないものを作る馬鹿、損をするタマネギを作る奴"などと冷笑されていたという。しかし、明治27年コレラが大流行した際にタマネギに薬効あると噂されて以来タマネギも食されるようになり、やがて伊太郎は優良品種'泉州黄'を作出して"玉葱王"の異名をとった。そのため今日、同地は泉南タマネギの産地として全国的に知られており、大正2年には「泉州玉葱栽培之祖」の顕彰碑が建立された。

【評伝・参考文献】
◇玉葱王—今井伊太郎とその父佐次平　今井伊太良監修、畑中加代子著　毎日新聞社大阪本社総合事務局(製作)　2002.3　168p 27cm

今井 貞吉
いまい・さだきち

天保2年(1831年)9月21日～
明治36年(1903年)3月27日

博物家、実業家

号は今井風山(いまい・ふうざん)、風山軒。土佐国土佐郡潮江村(高知県高知市)出生。息子は今井栄(写真師)。師は上野彦馬。団古銭研究。

幼少時から金石・古銭の蒐集を好んだ。土佐藩に町方下横目として仕え、安政6年(1859年)藩命により長崎で貿易についての取調べを行う。この時フランス語の写真書と望遠鏡を入手、上野彦馬に写真術を教わる。ついで薩摩で洋式工業を視察。帰国後過失を理由に免職となるが、堺に出て医者を業とする傍ら、植物を中心とした博物の標本を集め、「植物図説」を著す。この頃早崎鉄意から写真機を購入、撮影法を学ぶ。慶応3年堺事件の際には藩の取締として折衝にあたった。のち大阪に土佐商会を興し、明治5年共立社を設立して士族授産に尽力。写真・洋品業を営む他、慈善事業にも財を投じ、文明開化の先駆者となった。14～16年高知県議を務めたが、以後は古銭蒐集と研究生活に入り、10余年を費して「古泉大全」を完成させた。他の著書に「歴島史」「再遊雑記」「仙仏合宗」などがある。

【評伝・参考文献】
◇今井貞吉　間宮尚子著　高知市民図書館　1990.10　295, 6p 18cm

今井 三子
いまい・さんし

明治33年(1900年)2月20日～
昭和51年(1976年)1月9日

横浜国立大学教授

群馬県吾妻郡中之条町出生。北海道帝国大学農学部農業生物学科選科〔大正13年〕修了。農学博士〔昭和13年〕。団植物病理学、菌学。

大正13年北海道帝国大学助手、昭和18年北海道第一師範学校教授となり、19年北海道帝国大学農学部助教授を兼任。24年北海道学芸大学教授、28年横浜国立大学教授となった。31年から木原生物研究所研究員も務めた。退官後はフェリス女学院大学教授。菌蕈類の分類について研究を進め、植物病理学、菌学の発展に貢献した。

【著作】
◇一般生物学　今井三子著　北隆館　1955　268p 22cm

今井 精三
いまい・せいぞう

明治18年（1885年）～昭和24年（1949年）12月

サドヤ醸造場創業者
山梨県甲府市出生。長男は今井友之助（サドヤ醸造場会長）、三男は今井親輔（サドヤ農場主）、孫は今井裕久（サドヤ醸造場社長）。甲府商業学校卒。

江戸時代から続く油の老舗「佐渡屋」の跡取りであったが、ブドウ酒の生産に乗り出す。欧州産のブドウ苗木を取りよせ、研究を重ね、日本で一、二を争う高級ワイン「シャトーブリヤン」の基礎を築く。

今井 喜孝
いまい・よしたか

明治27年（1894年）～昭和22年（1947年）11月28日

遺伝学者
東京出生。東京帝国大学農科大学農学実科〔大正4年〕卒。農学博士〔昭和3年〕。

少年時代は数学や俳句に心を惹かれたが、やがて農学の研究に進む。大正4年東京帝国大学農学実科を卒業後は、農学部植物学教室において三宅驥一の下でアサガオを主とした遺伝研究に取り組んだ。昭和2～3年米国に留学、コロンビア大学のT. H. モーガンの下でショウジョウバエの遺伝学的研究に従事。帰国後は府立高校教授を務める傍ら易変遺伝子の研究に没頭、植物の斑入や色素体突然変異の原因は易変遺伝子や易変プラスチッドの影響によるとして、独創的な色素体遺伝子説を唱えた。

【著作】
◇朝顔の話（クロモシーリズ）　今井喜孝著　三省堂　1930　119p 20cm
◇原色朝顔図譜　三宅驥一，今井喜孝著　三省堂　1934　46, 2p 図版82枚 20cm
◇遺伝と結婚　三宅驥一，今井喜孝著　雄山閣　1935　196p 18cm
◇遺伝学講義　今井喜孝著　雄山閣　1936　522p 22cm
◇遺伝読本　今井喜孝著　科学知識普及会　1936
◇科学トピック　今井喜孝等著　雄山閣　1936　418p 19cm
◇生物学実験法講座〔遺伝学実験法（今井喜孝）〕建文館　1937～1938　23cm
◇寸鉄科学　今井喜孝等編　三省堂　1941　257p 19cm
◇いきもの考　今井喜孝著　大日本出版社峯文荘　1943　358p 図版 表 19cm
◇生物手帖　今井喜孝著　学芸社　1943　353p 図版 19cm
◇遺伝学問答　今井喜孝著　力書房　1947　406p 19cm
◇五風十雨　今井喜孝著　力書房　1947　271p 19cm
◇遺伝と人生（科学叢書 第2）　今井喜孝著　岩崎書店　1949　169p 図版 19cm

【評伝・参考文献】
◇近代日本生物学者小伝　木原均ほか監修　平河出版社　1988.12　567p 22cm

今関 六也
いまぜき・ろくや

明治37年（1904年）3月7日～
平成3年（1991年）7月24日

菌類研究家
旧姓名は野口。東京出生。東京帝国大学農学部〔昭和3年〕卒。専キノコの分類学、生態学 団日本菌学会（会長）、日本植物病理学会（名誉会員）。

野口家に生まれ、のち農学博士・今関常次郎の養嗣子となる。東京帝国大学在学中は草野俊助の指導を受け、その勧めでキノコ類の研究をはじめる。昭和6年東京科学博物館（現・国立科学博物館）に入り、学芸官補、学芸官を経て、21年文部技官。22年農林省林業試験場に転じ、菌類に関する事務に従事した。23年同保護部長に就任し、試験場の森林保護研究体制の確立に力を注いだ。37年保護部樹病科菌類研究室に移り、同年より東京大学農学部講師を兼任。41年退職。専門であるキノコ学に関しては、安田篤のあとを受けてサルノコシカケ科の研究を飛躍的に発展させ、いわゆる革新分類体系の整理に

尽力。マツタケ目、ヒダナシタケ目などキノコの分類学的研究を行ったほか、特に菌類と樹木との関係に着目し、生態研究やその応用といえる森林医学という研究分野を開いた。35年には「木材腐朽菌の分類学的ならびに生態学的研究」で植物病理学会賞を受賞。森林病害虫の生態駆除法を提唱したことでも知られる。また38年から日本植物病理学会長、40～43年、45～46年の2期、日本菌学会会長を務めた。編著に「原色日本菌類図鑑」「原色キノコ」「森の生命学」「風流きのこ譚」「日本のきのこ」などがある。

【著作】
◇東京科学博物館研究報告〔第1号 日本産マンネンタケ属（今関六也）、第2号 日本産Hymenochaete属の研究（今関六也）、第6号 日本産サルノコシカケ科の所属（今関六也）〕 東京科学博物館編 東京科学博物館 1940～1944 26cm
◇原色きのこ―茸の採集と見分け方 今関六也著 三省堂 1942 図版72p 解説104p 11×15cm
◇石狩川源流原生林総合調査報告 1952-54〔菌害（今関六也、青島清雄）〕 石狩川源流原生林総合調査団 旭川営林局 1955 393p 図版25枚 表 26cm
◇原色日本菌類図鑑（保育社の原色図鑑 第23） 今関六也、本郷次雄共著 保育社 1957 181p 図版38枚 22cm
◇原色キノコ 今関六也著 三省堂 1959 231p（図版、解説共）11×15cm
◇原色日本菌類図鑑 続（保育社の原色図鑑 第42） 今関六也、本郷次雄共著 保育社 1965 235p 図版34枚 22cm
◇標準原色図鑑全集 第14巻 菌類（きのこ・かび） 今関六也、本郷次雄、椿啓介著 保育社 1970 175p 図版32枚 20cm
◇きのこ（カラー自然ガイド） 今関六也、本郷次雄共著 保育社 1973 151p（図共）15cm
◇日本のキノコーカラー（山渓カラーガイド 64） 今関六也編・解説 山と渓谷社 1974 199p（おもに図）19cm
◇きのこ（野外ハンドブック 3） 今関六也解説、水野仲彦ほか写真 山と渓谷社 1977.11 247p（おもに図）19cm
◇風流キノコ譚―菌・自然・哲学 今関六也、本多修朗著 未来社 1984.6 331p 20cm
◇原色日本新菌類図鑑 1（保育社の原色図鑑 75） 今関六也、本郷次雄編著 保育社 1987.6 325p 22cm
◇森の生命学―つねに菌とともにあり 今関六也著 冬樹社 1988.6 261p 22cm
◇日本のきのこ（山渓カラー名鑑） 今関六也〔ほか〕編著 山と渓谷社 1988.11 623p 20×21cm
◇原色日本新菌類図鑑 2（保育社の原色図鑑 76） 今関六也、本郷次雄編著 保育社 1989.5 315p 図版36枚 22cm
◇野外植物〈新訂版〉（学習科学図鑑） 今関六也監修、大場達之、一戸正勝、生出智哉、小野新平、村岡健作執筆 学習研究社 1994.1 264p 30cm
◇海藻・菌類〈改訂新版〉（原色ワイド図鑑）〔今関六也、千原光雄、城川四郎〕〔監修〕 学習研究社 2002.11 241p 31cm

今堀 宏三
いまほり・こうぞう

大正6年（1917年）11月20日～
平成13年（2001年）2月20日

大阪大学名誉教授，鳴門教育大学学長
大阪府大阪市出生。兄は今堀誠二（広島大学名誉教授）、弟は今堀和友（東京大学名誉教授）。広島文理科大学生物学科〔昭和16年〕卒。理学博士〔昭和28年〕。團生物学（進化生物学、科学教育論）囲 International Union of Biological Sciences, American Inst. of Biological Sciences 賞大阪府教育委員会賞〔昭和60年〕「社会教育への貢献」、勲二等旭日重光章〔平成4年〕。

昭和21年金沢高師教授、24年金沢大学理学部助教授を経て、35年大阪大学教授に就任。56年退官して福井県立短期大学長となり、60年鳴門教育大学副学長、63年学長に就任。平成4年退官。のち広島女子大学学長。この間、昭和32～34年米国ロードアイランド州立大学客員教授、40年フルブライト交換教授を務めた。著書に「生命の起源への挑戦」「ヒトの生物学」「いのちを考える」「新体系の生物学」「ライフサイエンス入門」など。

【著作】
◇日本産輪藻類総説 今堀宏三著 金沢大学理学部植物学教室 1954 234p（図版共）26cm
◇新体系の生物学 今堀宏三著 広川書店 1967 209p 22cm
◇ナフィールド生物 啓林館 1968 5冊 26cm

◇ブルーナー入門［『教育の過程』とBSCS生物他（今堀宏三）］（明治図書新書）　佐藤三郎編著　明治図書出版　1968　222p 18cm
◇系統と進化の生物学　今堀宏三, 田村道夫共著　培風館　1971　140p 22cm
◇ライフサイエンスの基礎　今堀宏三編　講談社　1975　214p 27cm
◇生命の起原への挑戦―謎はどこまで解けたか（ブルーバックス）　A. I. オパーリン, C. ポナムペルマ, 今堀宏三著　講談社　1977.7　206p 18cm
◇いのちを考える（朝日カルチャーブックス 2）今堀宏三著　大阪書籍　1982.4　270p 19cm
◇ライフサイエンス入門　今堀宏三編　講談社　1983.4　219p 26cm
◇生物観察実験ハンドブック　今堀宏三［ほか］編　朝倉書店　1985.12　423p 22cm
◇分子進化学入門　続　今堀宏三［ほか］共編　培風館　1986.6　257p 22cm
◇心理学と人間理解―心理学は人間をどこまでとらえたか［生物学からの人間理解―人のいのちの本質的理解から人類永存を求めて（今堀宏三）］　前田嘉明編　ブレーン出版　1988.9　343p 22cm
◇いのちある限り―師道50年の軌跡　今堀宏三〔今堀宏三〕　1993.5　324p 20cm

今村 駿一郎
いまむら・しゅんいちろう

明治36年（1903年）5月9日〜
昭和61年（1986年）1月8日

京都大学名誉教授
鹿児島県出身。長男は今村成一郎（京都工芸繊維大学教授）。京都帝国大学植物学科〔昭和2年〕卒, 京都帝国大学大学院〔昭和5年〕修了。理学博士〔昭和17年〕。團植物生理学　賞勲三等旭日中綬章〔昭和48年〕。
昭和18年京都帝国大学農学部教授。42年退官し甲子園大学の初代学長を務めた。日本で初めてカワゴケソウを発見, 気孔の開閉機構などの分野で業績をあげ, アサガオの開花生理に関する研究では世界的に評価された。

著作
◇最近の生物学　第3巻　駒井卓, 木原均共編　培風館　1950　334p 21cm
◇現代生物学講座　第6巻 発生と増殖［植物の生長と分化（今村駿一郎, 加藤一男）］　芦田讓治等編　共立出版　1958　321p 22cm
◇植物栄養学実験［組織培養法（今村駿一郎, 浜田稔）］　植物栄養学実験編集委員会編　朝倉書店　1959　600p 表 22cm

井山 憲太郎
いやま・けんたろう

安政6年（1859年）6月18日〜
大正11年（1922年）3月11日

農業指導者　玉島村農会長
佐賀県玉島村（浜崎玉島町）出身。
故郷の佐賀県玉島村でミカン栽培を推進。明治32年柑橘栽培改良会を結成。41年玉島村農会長。

入江 静加
いりえ・しずか

明治36年（1903年）7月21日〜
昭和50年（1975年）6月29日

園芸家　岡山県果樹研究会長
岡山県御津郡馬屋上村（岡山市）出生。團祖山会, 温室葡萄協会, 岡山県果樹園芸研究青年同盟, 岡山県果樹研究会（会長）賞朝日農業賞〔昭和41年〕, 緑白綬有功章, 黄綬褒章。
一時米国に渡り, 帰国後の昭和3年に郷里の岡山県馬屋上村では初となるブドウの温室栽培を開始。はじめは篤農家の山内善男が主宰する祖山会で指導を受けるが, のち村内の有志と共に組合を設立し, 共同出荷をはかるとともにブドウ栽培技術の改良研究を進めた。戦後は21年に委員として温室葡萄協会の創立に参画したのを皮切りに, 県果樹園芸研究青年同盟温室葡萄部長や県果樹研究会長などを歴任。また, 県立農業試験場と協力して品種改良や技術革新を行い, ブドウの品種'マスカット・オブ・アレキサ

ンドリア'の栽培改善に成功した。さらに、岡山市富吉地区を日本有数の温室ブドウ産地に育て上げるのに力を尽くし、41年には同地区が朝日農業賞に選ばれるという栄誉に浴した。そのほか、岡山における果樹栽培の第一人者として後進に技術指導を行うなどの功績により黄綬褒章などを受章。

岩佐 正一

いわさ・しょういち

大正14年(1925年)11月21日～
昭和60年(1985年)12月1日

岩手大学農学部教授
福岡県福岡市出身。九州大学農学部農学科〔昭和26年〕卒。農学博士。團野菜園芸学。
　昭和44年九州大学農学部助教授、48年岩手大学農学部教授。アブラナ科細胞遺伝学の権威。

岩佐 吉純

いわさ・よしとう

昭和6年(1931年)2月5日～
平成18年(2006年)5月31日

サカタのタネ専務
大阪府大阪市出身。千葉大学園芸学部〔昭和26年〕卒。
　千葉大学助手を経て、昭和31年坂田種苗(現・サカタのタネ)に入社。園芸部長、47年取締役、平成3年常務、4年専務、のち顧問を務めた。様々な園芸植物、園芸関係の図書に関心を持ち、園芸知識の普及にも貢献した。16年日本ダリア会理事長、日本アジサイ協会会長。

【評伝・参考文献】
◇世界に夢をまく「サカタのタネ」―国際市場に挑戦する研究開発力(IN BOOKS)　鶴蒔靖夫著　IN通信社　1991.7　267p 19cm

岩崎 灌園

いわさき・かんえん

天明6年6月26日(1786年7月21日)～
天保13年1月29日(1842年3月10日)

本草学者
名は常正、通称は源蔵。江戸出生。
　江戸幕府直参の従士の家に生まれ、少年時より剣術や槍術、儒学を学ぶ。また本草にも興味があり、文化4年(1807年)同好の松本慎思と共に採集旅行で大山・鎌倉・江ノ島を訪れている。文化6年(1809年)小野蘭山に入門し、本草を学ぶが、間もなく蘭山が没したためその師弟関係はわずか3ケ月であった。文化11年(1814年)若年寄堀田正敦の命で屋代弘賢の「古今要覧」編纂事業に協力して動植物を担当し、その挿絵も手がけた。文化4年(1817年)からは自邸又玄堂で本草会を開き、門弟を指導。文政3年(1820年)には彼の学識を認めた堀田の周旋で幕府から薬草栽培用の土地を貸与され、以後大いに植物研究を行う。5年(1822年)父の病気のため跡役として召し出され、公務でも多忙になるが、その間も研究を怠らず、11年(1828年)写生彩色した2000余種の草木図に解説を付けた我が国最初の大植物図譜「本草図譜」96巻を完成させた。さらに実地の採集や観察も盛んに行い、江戸周辺に見られる動植物のリストである「武江産物志」を作成している。彼は伝統的な本草学の系譜に位置する学者であるが、一方で宇田川玄真(榛斎)らとワインマンの「薬用植物図譜」の講読会を行ったり、9年(1826年)江戸参府のドイツ人医師シーボルトに面会して西洋の植物学のことを尋ねるなど(この時に彼が描いたとされるシーボルトの肖像画が現存する)西洋に対しても並々ならぬ関心を持っていたという。天保5年(1834年)職を辞し、9年(1838年)に隠居。著書は他にも「岩崎灌園遺稿」「本草育

種」「本草穿要」「救荒本草通解」などがある。
なお、岡村尚謙や阿部喜任は門弟。

【著作】
◇本草図譜 第1-93・索引上・下　岩崎常正著　本草図譜刊行会　1916～1921　95冊 26cm
◇武江産物志(日本科学古典叢刊 第1)　岩崎常正著　井上書店　1967　3冊(附共)13×19cm
◇本草図譜　岩崎灌園画　春陽堂書店　1979.6　図版20枚 44cm
◇本草図譜綜合解説 第1巻　北村四郎〔ほか〕共著　同朋舎出版　1986.6　531p 27cm
◇本草図譜綜合解説 第2巻　北村四郎〔ほか〕共著　同朋舎出版　1988.3　p535～1227 27cm
◇本草図譜綜合解説 第3巻　北村四郎〔ほか〕共著　同朋舎出版　1990.6　p1231～1827 27cm
◇本草図譜綜合解説 第4巻　北村四郎〔ほか〕共著　同朋舎出版　1991.10　p1831～2169, 104p 27cm
◇木の手帖―江戸博物画と用例による樹木歳時記　尚学図書編　小学館　1991.8　214p 21cm

【評伝・参考文献】
◇本草百家伝・その他(白井光太郎著作集 第6巻)　白井光太郎著、木村陽二郎編　科学書院、霞ケ関出版〔発売〕　1990.3　355, 63p 21cm
◇彩色江戸博物学集成　平凡社　1994.8　501p 27cm
◇江戸の自然誌―『武江産物志』を読む　野村圭佑著　どうぶつ社　2002.12　385p 19cm
◇本草から植物学へ―岩崎灌園から牧野富太郎まで　平成15年度学習企画展　文京ふるさと歴史館編　文京ふるさと歴史館　2004.1　10p 30cm
◇十九世紀日本の園芸文化―江戸と東京、植木屋の周辺　平野恵著　思文閣出版　2006.3　503, 31p 21cm

岩崎 俊弥

いわさき・としや

明治14年(1881年)1月28日～
昭和5年(1930年)10月16日

実業家　旭硝子社長

東京出生。父は岩崎弥之助(三菱財閥2代目)、兄は岩崎小弥太(三菱合資社長)、伯父は岩崎弥太郎(三菱財閥創始者)。旧制一高卒。勲四等瑞宝章〔昭和5年〕。

三菱財閥の2代目当主・岩崎弥之助の二男。旧制一高を経て、明治33年英国へ留学して応用化学を修める。帰国後の37年志願して近衛騎兵隊に入隊、38年日露戦争後のポーツマス条約締結に反対する民衆暴動の宣撫に当たった。40年それまで輸入に頼りきりであった窓ガラスの国産に着手し、尼崎に旭硝子を設立して社長に就任。42年から実質的なガラス製造を開始したが、当初は人力に頼り習得に時間を要するベルギー式手吹法を行っていたため業績は思うように伸びず、実家の三菱銀行からも融資に難色を示されるなど資金面で苦境に立たされた。研究や改良を重ね、技師をヨーロッパに派遣して新製法のラーバス法を導入し、大正3年には工場を新築して再起を図ったところ、間もなく第一次大戦が勃発して当時における一大窓ガラス生産国であったベルギーが没落、特需景気もあって国産窓ガラスの必要性が高まったため、この機運に乗じて工場を増設して増産体制を確立。6年本社を東京に移し、また同年アンモニアソーダ法によりガラスの製造に欠かせない炭酸ソーダの製造も開始した。しかし、12年の関東大震災により横浜・鶴見の工場などが大打撃を受け、自ら陣頭で指揮してその復興に当たる中で病に倒れた。乗馬や写真、謡曲など幅広い趣味を持ったが、とりわけ熱心であったのはランの栽培で、自社の技術の粋を集めた温室を持ち、そこで栽培と研究に没頭した。中でもファレノプシスの培養に心血を注ぎ、当時非常に難しいとされていたこの種の実生に成功。以後、100種類以上の新種を作出し、'ドリテノプシス・アサヒ''ファレノプシス・トーキョー'など何種類かは英国王立園芸協会に発表され、権威あるサンダース・リストにも掲載されるなど、斯界の第一人者と目された。没後、彼の温室は妻の兄である園芸家・盧貞吉の手で管理され、昭和7年北海道帝国大学に移管された。

【評伝・参考文献】
◇岩崎俊弥　故岩崎俊弥氏伝記編纂会編　故岩崎俊弥氏伝記編纂会　1932　319p 23cm
◇蘭の世界 2000 特集・日本の洋蘭のあゆみ［あくなきチャレンジャー――岩崎俊弥の生涯と蘭の遺産］(よみうりカラームックシリーズ)　読売新聞社　2000.3　142p 30cm

岩田 吉人
いわた・よしと

明治43年(1910年)1月1日～
平成5年(1993年)2月16日

歌人　三重大学教授、農林省農業技術研究所病理昆虫部長
福岡県大牟田市出生。東京帝国大学農学部〔昭和12年〕卒、東京帝国大学大学院修了。団植物病理学 図日本植物病理学会(会長)。

昭和14年三重高等農林学校(現・三重大学農学部)教授として赴任、約15年間勤務。29年東京の農林省農業技術研究所に転勤、45年同研究所病理昆虫部長として定年退職。日本植物病理学会会長を務めたのち、日本植物防疫協会参与に。短歌に関しては、昭和9年アララギに入会。他に三重アララギ、相武アララギに所属。歌集に「ユーカリの木の下で」「潮騒」他。

【著作】
◇熱帯の畑作病害虫(熱帯農業シリーズ 熱帯農業要覧no. 8)　岩田吉人〔ほか著〕、国際農林業協力協会編　国際農林業協力協会　1986.3　158p 21cm

【その他の主な著作】
◇岩田吉人集―潮騒(日本全国歌人叢書 第69集)　近代文芸社　1989.12　98p 19cm

岩野 貞雄
いわの・さだお

昭和7年(1932年)1月3日～
平成10年(1998年)9月13日

ワイン研究家　岩野ワイン教室主宰
東京出生。長男は岩野裕一(音楽評論家)。東京農業大学〔昭和29年〕卒、東京大学大学院修了。団醸造学 圏OIV賞〔平成12年〕「岩野貞雄のワイン逍遙フランス編」。

東京大学応用微生物研究所を経て、イタリア・トリノ大学大学院にてブドウ栽培、ワイン醸造学を学ぶ。昭和37年北海道池田町に招かれ、北海道で初めてワインを製造した。また、日本で最初に野生ブドウを使って赤ワインを醸造、国際コンクールに出品して金賞受賞。十勝ワイン、富良野ワイン、越後ワインを世に出した日本のワインの第一人者。平成12年遺稿「岩野貞雄のワイン逍遙フランス編」が、日本人で初めて国際ブドウ・ワイン協会よりOIV賞を受賞。他の著書に「ワインの通になる本」「洋酒全書」「ワイン事典」「ものしり洋酒事典」、監修書に「ノルマンディーの恋人達」他多数。

【著作】
◇ワインの通になる本―どう選びどう楽しむか　岩野貞雄著　徳間書店　1974　240p 18cm
◇洋酒全書　岩野貞雄著　東京書房社　1975　356p 22cm
◇ワイン事典　岩野貞雄著　柴田書店　1979.12　954p 図版15p 27cm
◇ワインを楽しむ―ワインの買い方・選び方と料理(New life series)　岩野貞雄著,吉岡輝雄撮影　永岡書店　1980.11　112p 26cm
◇ヨーロッパワインの旅　岩野貞雄著　東邦出版　1981.9　246p 21cm
◇ヨーロッパワインの旅 続　岩野貞雄著　東邦出版　1982.7　246p 21cm
◇世界のワイン&チーズ事典 1989～90年版　飛鳥出版　1989.8　502p 26cm
◇世界のワイン&チーズ事典 1991～92年版　飛鳥出版　1991.8　492p 26cm
◇グルメ情報大全集 '94　東京企画,星雲社〔発売〕　1994.4　168p 26cm
◇岩野貞雄のワイン逍遙―フランス編　岩野貞雄著　実業之日本社　1998.11　314p 22cm

岩淵 初郎
いわぶち・はつろう

明治42年(1909年)1月8日～
昭和36年(1961年)5月28日

植物研究家
岩手県胆沢郡水沢町(奥州市)出生。盛岡高等農林学校農学科〔昭和5年〕卒。

　裕福な地主の家に生まれる。幼い頃から植物に関心があり、祖父に連れられて近くの山でキノコとりをした。水沢農学校時代には植物図鑑

を片手に独学で植物採集を行う。昭和2年生物学を学ぶため盛岡高等農林学校農学科に入学。5年卒業後、6年より水沢商業学校教諭。同年盛岡高等農林学校時代の仲間であった村井三郎と共に、岩手県初の本格的な植物同好会である岩手植物同好会を結成、その中心人物として岩手県の植物相についての分類研究を進め、同会の会誌「岩手植物研究」「東北博物界」に論文を寄稿。12年同会解散後も植物研究を続け、17年「岩手県の植物景観」を著した。19年水沢農学校に転じ、20年には校長、教頭が相次いで徴兵されたので実質上の校長代理を務めた。戦後は農地改革のため家産が傾き、21年副収入を得るため教職に在りながら古書店を開業。しかしこのために校長と衝突し、22年に自主退職したがわずか22日で復職し、水沢農学校附属博物館の開設に尽力した。23年同校が水沢農業高校に改称した後も引き続き助教諭として教鞭を執ったが、30年古書店ベガ書房を開いたことで再び校長との対立が激しくなり、32年免職。その後もしばらく非常勤教師として教壇に立ったが、34年には辞めさせられ、36年に亡くなった。

岩政 正男
いわまさ・まさお

昭和2年(1927年)3月29日～
平成10年(1998年)1月3日

佐賀大学名誉教授

山口県柳井市出生。九州大学農学部農学科〔昭和28年〕卒、九州大学大学院〔昭和33年〕修了。農学博士。圕果樹園芸学 圕園芸学会、日本育種学会 圕園芸学会賞。

昭和33年九州大学助手、34年農林省園芸試験場農林技官、44年佐賀大学農学部助教授、54年教授に就任。学部長も務めた。平成4年退官、名誉教授。のち九州東海大学教授。第15期日本学術会議会員。佐賀県特産ミカン'清見'種の生みの親。

イング
Ing, John

1840年8月22日～1920年6月4日

米国の宣教師

米国・イリノイ州出生。アズベリー大学卒。

父はキリスト教メソジスト派宣教師。南北戦争で北軍の騎兵隊大尉として従軍したのちインディアナ州アズベリー大学に学ぶ。1870年にメソジスト派の宣教師となり、中国の長江流域で伝道活動に従事。1874年帰国する途次に来日、青森の東奥義塾を経営する本多庸一の要請を受けて義塾の外国人教師となり、青森に赴任した。義塾では英語を教授したほか生徒をキリスト教に導き、のちの伯爵珍田捨己や外交官佐藤愛麿らすぐれた人材を育成。1875年東奥義塾経営者の菊池九郎らと共に弘前公会(のち弘前日本基督教会)を設立。1876年の明治天皇青森行幸に際しては自ら生徒を指導して唱歌・演説・作文の天覧授業を行った。またトマトやキャベツなどといった農作物の紹介も行い、青森に西洋種のリンゴを移入するのにも力があったと言われる。1878年夫人の病気のために帰国、ミズーリ州の教会に勤務したのち1902年イリノイ州に移って農場を経営。

隠元
いんげん

文禄元年(1592年)11月4日～
延宝元年4月3日(1673年5月19日)

渡来僧(黄檗宗)

名は隆琦、諡号は大光普照国師(だいこうふしょうこくし)。明・福州府福清県出生。

明国福州府福清県の出身で、10歳で仏門に入る。29歳の時に福州の黄檗山万福寺(古黄檗)で出家し、42歳頃、費隠通容の法を嗣いだ。獅子巌で修行した後、明の崇禎10年(1637年)費隠が退席したあとの万福寺住持となり、一時の退席を経て、清の順治3年(1646年)再度同寺に戻っ

た。承応3年(1654年)長崎の唐人寺であった興福寺の住職が空席となったため、逸然らの招きにより来日。彼の名にちなむインゲン豆は中南米原産のマメ科植物で、ヨーロッパを経て、中国に伝わり、さらに彼の渡来により日本にもたらされたものである。なお、関西で現在インゲン豆と呼ばれるものは、すでに平安時代の料理書にも見えているフジマメである。同時に中国の精進料理である普茶料理を伝え、その後の日本料理に大きな影響を与え、また寒天の名付け親としても知られる。明暦元年(1655年)崇福寺に進み、さらに同年竜渓宗潜らの招請で摂津普門寺の住持となった。当初は3年で帰国する約束であったが、万治元年(1658年)竜渓らの尽力で将軍・徳川家綱に拝謁し、大老・酒井忠勝らの勧めもあって日本に永住することを決意。幕府より山城宇治に土地を与えられて寛文元年(1661年)黄檗山万福寺を開創し、日本黄檗宗の開祖となった。3年には完成した法堂で祝国開堂を行い、黄檗三壇戒会を厳修した。4年万福寺内の松隠堂に退隠。後水尾法皇をはじめ皇族、幕閣、大名、商人などの帰依を受け、13年に入寂する直前には法皇から大光普照国師の諡号を贈られた。著書に「黄檗語録」「黄檗山誌」「扶桑会録」などがある。

【評伝・参考文献】
◇隠元(人物叢書 日本歴史学会編) 平久保章著 吉川弘文館 1962 289p 18cm
◇隠元渡来—興聖寺と万福寺 宇治市歴史資料館 宇治市歴史資料館 1996.10 56p 30cm
◇隠元禅師逸話選 禅文化研究所編 禅文化研究所 1999.4 216p 19cm

印東 弘玄
いんとう・ひろはる

明治41年(1908年)6月27日〜
平成15年(2003年)1月19日

隠花植物学者 東京教育大学(現・筑波大学)教授
東京文理大学卒。団 日本植物分類学会(名誉会員)。

東京文理大学、東京教育大学(現・筑波大学)で一般植物学を担当し、教育研究に携わった。サヤミドロモドキ属の発見など、水カビ類とケカビ類についての分類学研究を行い、後進の養成にも尽力した。1950年代始め、同学者と共に日本菌学会の前身となる菌類談話会を設立。また、小・中・高校で理科教育に携わる教員らの実地の指導や講演にも積極的に取り組んだ。

【著作】
◇少国民科学 年刊1[シヒタケ山(印東弘玄)] 日本少国民文化協会編 国民図書刊行会 1944 262p 21cm
◇理科単元学習と評価法 印東弘玄著 世界社 1951 294p 22cm
◇理科実験講座 第3[植物(印東弘玄)] 岩崎書店 1958 21cm
◇教師と教養[科学的教養と理数科の教師(印東弘玄)] 石山脩平編 朝倉書店 1954 300p 19cm
◇要説生物学 印東弘玄著 学燈社 1954 377p 18cm
◇理科実験講座 第4巻 印東弘玄編 岩崎書店 1954 254p 22cm
◇理科実験講座 第5巻[植物 第2(印東弘玄)] 印東弘玄編 岩崎書店 1954 88, 120p 22cm
◇生物学実験法講座 第4巻 E 菌類 小林義雄, 印東弘玄著, 岡田弥一郎編 中山書店 1955 51p 21cm
◇理科実験技術講座 第1 藤木源吾, 宇井芳雄, 印東弘玄共著 岩崎書店 1955 141p 22cm
◇理科実験技術講座 第2 藤木源吾, 宇井芳雄, 印東弘玄共著 岩崎書店 1955 178p 22cm
◇理科実験技術講座 第3 藤木源吾, 宇井芳雄, 印東弘玄共著 岩崎書店 1955 132p 22cm
◇理科実験技術講座 第4 藤木源吾, 宇井芳雄, 印東弘玄共著 岩崎書店 1955 115p 22cm
◇理科実験図説〈新訂版〉 藤木源吾, 宇井芳雄, 印東弘玄共著 岩崎書店 1956 526, 41p 図版 27cm
◇整理本位の生物学 印東弘玄著 学燈社 1957 377p 18cm
◇理科用語辞典(学生の辞典新書 第5) 印東弘玄編 岩崎書店 1957 213, 52, 42p 18cm
◇理科実験講座 2 印東弘玄[ほか] 岩崎書店 1957.8 22cm
◇生物研究 印東弘玄著 績文堂出版 1958 446p 22cm
◇中学校学習指導要領の展開〔第2〕 明治図書出版 1958 2冊 22cm
◇理科実験講座 3 印東弘玄[ほか]著 岩崎書店 1958.8 1冊 22cm

◇新理科実験講座 第5 岩崎書店 1961 22cm
◇生物実験講座 第4巻[葉状植物(印東弘玄)] 岩崎書店 1962 2冊 21cm
◇新生物実験講座 第4[植物分類学(印東弘玄、伊藤洋)] 岩崎書店 1964 22cm
◇世界の植物百科 F.A.ノバク著,印東弘玄監修・訳 岩崎書店 1967 594p(おもに図版)23cm
◇中学理科問題の解き方 印東弘玄監修、柴田薫、木谷要治共著 三省堂 1967.7 351p 21cm
◇印東弘玄年譜抄 印東弘玄博士喜寿祝賀会 [1985] 10p 26cm
◇理科教育私論 印東弘玄著 [印東弘玄] 1985.11 256p 20cm
◇原色きのこ図鑑(コンパクト版シリーズ 6) 印東弘玄、成田伝蔵監修 北隆館 1986.11 358p 19cm

禹 長春
う・ながはる

明治31年(1898年)4月8日～
昭和34年(1959年)8月10日

農学者

日本名は須永長春(すなが・ながはる)。広島県呉市出生。東京帝国大学農学部附属農学実科〔大正8年〕卒。農学博士(東京帝国大学)〔昭和11年〕。賞大韓民国文化褒賞〔昭和34年〕。

韓国人の父と日本人の母の間に生まれ、韓国籍と日本国籍を持つ。父の禹範善は朝鮮王妃閔妃暗殺の容疑者で、明治36年亡命先の広島県呉市で朝鮮からの刺客に暗殺された。苦労の末、東京帝国大学附属農学実科へ進学し、農林省西ケ原農事試験場に就職。昭和11年論文「種の合成」で東京帝国大学より農学博士号を取得、この論文は今日育種学者の古典となっている。12年タキイ種苗の長岡農場長となり、20年9月タキイを退社。この間、民族差別の中で日本では遇されず、25年52歳で韓国に渡り、韓国農業科学研究所所長に就任。28年中央園芸技術院(国立試験場)院長となり、済州島にミカンを栽培したり、ハクサイやダイコンなどの品種改良に努めるなど活躍した。韓国では"韓国農業の父""キムチの恩人"などとして小学校の教科書で紹介されている。平成3年NHKスペシャルに「わが祖国―ある日本人・禹長春」として取り上げられた。

【評伝・参考文献】
◇山河ヨ、我ヲ抱ケ―発掘 韓国現代史の群像 下 ハンギョレ新聞社編,高賛侑訳 解放出版社 1994.7 302, 10p 19cm
◇わが祖国―禹博士の運命の種(新潮文庫) 角田房子著 新潮社 1994.8 392p 15cm
◇第四の選択 韓国系日本人―世界六百万韓民族の生きざまと国籍 河炳旭著 文芸社 2001.3 338p 19cm

宇井 格生
うい・ただお

大正8年(1919年)11月15日～
平成3年(1991年)12月25日

北海道大学名誉教授

愛知県出生。北海道帝国大学農学部農業生物学科〔昭和18年〕卒。農学博士〔昭和32年〕。専植物病理学 団日本植物病理学会 賞日本植物病理学会賞〔昭和48年〕「土壌伝染性植物病原菌の生態」。

畑作物の土壌伝染性病害の研究などに取り組む。昭和35年北海道大学教授に就任。48年から8年間植物園長、56年農学部長を務め、58年定年退官。

【著作】
◇坂本正幸教授還暦記念論文集[土壌病害生態の問題(宇井格生)] 坂本正幸教授還暦記念論文集刊行会 1968 372p 図版 27cm
◇微生物の生態 2[糸状菌と高等植物の相互関係―土壌伝染性植物病原菌を中心として―(宇井格生)] 微生物生態研究会編 東京大学出版会 1975 216p 22cm
◇土壌病害に関する国内文献集 2 宇井格生編 日本植物防疫協会 1979.6 166p 21cm
◇微生物の生態 7技術論をめぐって〈識別〉[土壌中における植物病原菌類の菌核の識別(内記隆、宇井格生)] 微生物生態研究会編 学会出版センター 1980.4 228p 22cm
◇微生物の生態 11変動と制御をめぐって[土壌伝染性植物病の発病抑止土壌―インゲン根腐病抑止土壌を中心として(古屋広光、宇井格生)] 微生物生態研究会編 学会出版センター 1983.8 188p 22cm

◇土壌病害に関する国内文献集 3　宇井格生，荒木隆男，駒田旦，鈴井孝仁編　日本植物防疫協会　1990.3　302p 21cm

宇井 縫蔵
うい・ぬいぞう

明治11年（1878年）～昭和21年（1946年）

植物学者

旧姓名は滝浪。和歌山県西牟婁郡岩田村（上富田町）出生。和歌山師範学校卒。

和歌山師範学校を卒業後、小学校で訓導を務める。大正14年田辺高等女学校教諭となり、博物学を講じた。一方で和歌山県内の生物を研究、特に魚類を専門とし、13年「紀州魚譜」を刊行。その名は自らが発見したスズキ目ゴンベ科の魚ウイゴンベにも残っている。また植物の分野にも深い関心を持ち、高等植物からシダ植物、キノコまで幅広く採集。昭和4年「紀州植物誌」を著し、同書には自身が採集した植物だけでなく、日頃親交があった南方熊楠が県内で集めた維管束植物なども収録されている。8年に教職を退いた後は大阪・豊中に移住し、生物学と郷土史の研究に没頭した。その植物標本コレクションは武田薬品中央研究所に保管されている。編著に「南紀史叢考　竜水随筆」などがある。

【著作】
◇紀州植物 前編　宇井縫蔵編　宇井縫蔵　1918　79p 19cm
◇紀州植物誌　宇井縫蔵著　高橋南益社　1929　338, 28p 23cm

【その他の主な著作】
◇紀州魚譜　宇井縫蔵著　紀元社　1925　281, 43p 図版 23cm
◇南紀史叢考―竜水随筆（あおい叢書）　宇井縫蔵著　あおい書店　1988.2　268p 18cm

植木 秀幹
うえき・ほみき

明治15年（1882年）7月26日～

昭和51年（1976年）1月12日

造林学者　愛媛大学名誉教授

愛媛県喜多郡柚木村（大洲市柚木）出生。東京帝国大学農科大学林学実科〔明治37年〕卒。[専]樹木分類学。

宮城県立農学校教諭から、明治40年大韓帝国政府の招きで朝鮮水原農林専門学校に赴任。以来、同校教授兼林業技師や朝鮮総督府技師として害虫被害が少なく砂防目的に適するマツを発見するなど、朝鮮半島の造林事業に尽力。昭和20年帰国、愛媛県立農林専門学校勤務を経て、県立農科大学、愛媛大学農学部教授。樹木分類学の大家として知られ、アカマツとクロマツの自然交雑種であるアイグロマツなど、朝鮮時代を含めて150種類の新種・変種を発見。31年退官。その後は愛媛県大洲市で"木を愛する会"会長を務めた他、同市内の貴重な森や樹木保護を目指して市へ天然記念物指定を働きかける運動を行った。遺稿集に「樹木図説」がある。

【著作】
◇朝鮮の林木 第1編 公孫樹及び松柏類（林業試験場報告 第4号）　植木秀幹著　朝鮮総督府林業試験場　1926　145p 図41枚 27cm
◇朝鮮産赤松ノ樹相及ヒ是カ改良ニ関スル造林上ノ処理ニ就イテ（水原高等農林学校学術報告 第3号）　植木秀幹著　朝鮮総督府水原高等農林学校　1928　263, 5p 図58枚 27cm

上田 弘一郎
うえだ・こういちろう

明治31年（1898年）10月18日～

平成3年（1991年）3月23日

日本の竹を守る会理事長，京都大学名誉教授，京都産業大学名誉教授

京都府船井郡丹波町（京丹波町）出生。東京帝国大学農学部〔大正12年〕卒，京都帝国大学農学部林学科〔昭和2年〕卒。農学博士〔昭和25年〕。[専]林学，竹の生理，生態学，利用学 [団]日本林学会，京都府竹産業振興連合会，全日本竹産業連合会（名誉会長），日本の竹を守る会（理

事長〕賞日本林学会賞〔昭和37年〕「竹の生理学的研究」、勲二等瑞宝章〔昭和44年〕、京都新聞文化賞〔昭和57年〕、朝日森林文化賞〔昭和59年〕、京都府文化賞特別功労賞（第6回）〔昭和63年〕。

昭和2年京都帝国大学助手となり、助教授、教授を歴任して、36年名誉教授。40年京都産業大学教授、53年同大学名誉教授。"竹博士"として知られ、51年より日本の竹を守る会理事長。著書に「有用竹と筍―栽培の新技術」「竹と日本人」など。

【著作】
◇スギの研究［スギの開花結実（上田弘一郎）］佐藤弥太郎等著　養賢堂　1950　722p 22cm
◇造林と地床植物（林業解説シリーズ 41）　上田弘一郎〔著〕　日本林業技術協会　1952.1　36p 19cm
◇竹と筍の新しい栽培（農業新書）　上田弘一郎著　博友社　1953　356p 図版 15cm
◇水害防備林　上田弘一郎著　産業図書　1955　178p 図版 22cm
◇ササの生態とその利用（林業解説シリーズ 第94　林業解説編集室編）　上田弘一郎著　日本林業技術協会　1956　48p 19cm
◇林業の相談（新農事相談双書 第17）　上田弘一郎, 伊藤清三編　家の光協会　1960　357p 図版 18cm
◇有用竹と筍―栽培の新技術　上田弘一郎著　博友社　1963　314, 28p 図版 22cm
◇竹　上田弘一郎著　毎日新聞社　1968　238p 図版 20cm
◇竹と庭―栽培と観賞―（実用百科選書 カラー版）　上田弘一郎, 伊佐義郎共著　金園社　1969　286p 図版24枚 19cm
◇タイ国における竹林栽培指導総合報告書　上田弘一郎, 鈴木健敬〔著〕　海外技術協力事業団　1969.5　42p 図版5枚 25cm
◇竹と人生　上田弘一郎著　明玄書房　1976　420p 22cm
◇日本の美　竹　高間新治写真, 上田弘一郎文　淡交社　1977.6　205p（図共）31cm
◇竹と日本人（NHKブックス 338）　上田弘一郎著　日本放送出版協会　1979.3　230p 18cm
◇竹の観賞と栽培〈2版〉　上田弘一郎著　北隆館　1981.11　129p 22cm
◇竹と暮らし（小学館創造選書 59）　上田弘一郎編著　小学館　1983.6　159p 19cm
◇竹のはなし―日本人のくらしに深く融けこんだ竹の神秘を科学する（21世紀図書館 65）　上田弘一郎著　PHP研究所　1985.8　202p 18cm
◇竹づくし文化考　上田弘一郎著　京都新聞社　1986.4　223p 19cm
◇竹［日本の竹文化（上田弘一郎）］（日本の文様 6）　今永清二郎ほか編　小学館　1987.2　183p 29×23cm
◇竹庭と竹・笹　上田弘一郎, 吉川勝好共著　ワールドグリーン出版　1990.8　312p 19×27cm

【評伝・参考文献】
◇年々の竹［竹博士上田弘一郎先生のこと］　水上勉著　立風書房　1991.11　227p 21cm

上田 三平
うえだ・さんぺい

明治14年（1881年）3月15日～
昭和25年（1950年）12月19日

考古学者　文部省史蹟調査嘱託
福井県遠敷郡羽賀村（小浜市）出生。福井師範学校卒。

明治33年小学校の準訓導となるが、34年福井師範学校に進み、卒業後は同校附属小学校訓導を務めた。大正2年福井師範学校教諭。6年福井県史蹟勝地常任委員に就任。以後長きに渡って各地の史蹟調査に活躍し、10年石川県史蹟名勝天然物調査委員、13年奈良県史蹟名勝天然物調査嘱託を歴任、石川県の法皇山横穴群や平城京址の発掘調査などに当たった。昭和2年内務大臣官房地理課嘱託、3年文部省史蹟調査嘱託。また同年より有栖川宮奨学資金を得て、森野藤助の創設した森野旧薬園など各地の薬園の史的研究に取り組み、5年「日本薬園史の研究」を刊行した。その後も出羽国府や高知県龍河洞の発掘調査などを行った。「東京御茶水に於て発見せる地下式横穴の研究」「史跡を訪ねて三十余年」などの編著がある。

【著作】
◇地理教授法要義―新国定教科書準拠　上田三平著　中村書店　1911.6　208p 23cm
◇大和之特建・国宝・石仏―郡市社寺別一覧　上田三平編　仏教美術社　1925　78p 18cm
◇狐山古墳　上田三平著　狐山古墳保存会　1932　22p 23cm
◇越前及若狭地方の史蹟　上田三平著　三秀舎　1933　452p 21cm
◇日本史蹟の研究　上田三平著　第一公論社　1940　392p 18cm

◇下総国竜角寺の新研究　上田三平著　竜角寺本坊　1942　25p 図版 19cm
◇東京御茶水に於て発見せる地下式横穴の研究　上田三平著　日本史蹟研究所　1943　64p 図版 26cm
◇史跡を訪ねて三十余年(若狭文化新書)　上田三平著　小浜市立図書館　1971　96p 肖像 18cm
◇日本薬園史の研究〈改訂増補〉　上田三平著，三浦三郎編　渡辺書店　1972　464，23p 図版 22cm
◇越前及若狭地方の史蹟　上田三平著　歴史図書社　1974　14，452p 図81枚 地図2枚 22cm

植田 利喜造
うえだ・りきぞう

大正3年(1914年)4月24日～
平成3年(1991年)6月10日

筑波大学教授，東京家政学院大学教授
奈良県出身。東京文理科大学理学部生物学科卒。理学博士。専植物細胞学。

東京教育大学，筑波大学で植物細胞学、形態学の教育研究に携わり、後進の指導を行った。また、多くの著作を通じて植物学、植物形態学の普及に貢献した。

【著作】
◇生物学の進歩 第4集　野村七録，山羽儀兵共監修　共立出版　1949　285p 22cm
◇注解英和科学用語辞典―和英索引　植田利喜造等編　共立出版　1952　579p 17cm
◇植物組織化学実験法(生物学実験法講座 第8巻Ⅰ)　植田利喜造著　中山書店　1955　87p 21cm
◇テーブル式生物便覧　植田利喜造，田中雄吉，藤本繁共著　評論社　1957　204p 22cm
◇生物実験講座 第2巻〔第1〕〔植物形態学(植田利喜造)〕　岩崎書店　1958　21cm
◇生理・生態(高校理科研究選書)　植田利喜造，相沢敏章共著　共立出版　1959　250p 18cm
◇生殖・発生・遺伝(高校理科研究選書)　植田利喜造，古沢昭共著　共立出版　1960　202p 19cm
◇新生物実験講座 第2〔植物形態学(植田利喜造)〕　岩崎書店　1964　22cm
◇学習と受験生物学　植田利喜造，藤本繁共著　評論社　1964.4　469p 22cm
◇形態・分類・進化(高校理科研究選書)　植田利喜造，杉山浩共著　共立出版　1964.11　246p 18cm

◇サミットの理科 中学1年、中学2年、中学3年(サミットシリーズ)　植田利喜造，表美守編著　文英堂　1965.3　3冊 22cm
◇生物科学―大学教養　田中英彦，植田利喜造共著　大学出版社　1966　262p 22cm
◇生物教材図説(岩崎図説選集)　植田利喜造，古沢昭，喜多山治共著　岩崎書店　1967　406p (図版共)27cm
◇生物実験便覧―テーブル式　植田利喜造，篠原尚文，吉野孝一共著　評論社　1967.5　234p 22cm
◇大学における学問 自然科学編〔植物学(植田利喜造)〕　研究社編集部編　研究社出版　1970　348p 19cm
◇生物1・2実験便覧(ニュー・テーブル 29)　植田利喜造，篠原尚文，吉野孝一共著　評論社　1973.3　240p 22cm
◇生物1便覧―新指導要領準拠(ニュー・テーブル 16)　植田利喜造，藤本繁，上原勉共著　評論社　1973.4　168p 22cm
◇進研ハイシステム生物1―高校　植田利喜造，中西克爾，相沢敏章共著　福武書店　〔1980〕349p 22cm
◇植物構造図説　植田利喜造編著　森北出版　1983.12　356p 27cm
◇生物科学　植田利喜造〔ほか〕共著　八千代出版　1989.5　224p 27cm
◇生物ゼミノート―総合版 記入学習と完全整理〈3訂版〉　植田利喜造編著　数研出版　1994.4　175p 26cm

上野 実朗
うえの・じつろう

大正2年(1913年)7月26日～
平成6年(1994年)5月4日

静岡大学名誉教授
東京出生。東京帝国大学文学部東洋史学科〔昭和12年〕卒、京都帝国大学理学部植物学科〔昭和15年〕卒。理学博士(京都大学)〔昭和36年〕。専植物形態・分類学　団日本花粉学会(会長)，日本アレルギー学会，フランス花粉学会(名誉会員)，静岡県自然保護協会　賞勲三等旭日中綬章〔昭和60年〕。

昭和29年フランスに留学後、京都帝国大学、大阪市立大学を経て、静岡大学教授。44年理学部長、48年附属図書館長を歴任し、52年退官し、名誉教授。国立音楽大学教養部教授を経て、55年常葉学園大学教授、図書館長となり、59年退

職、教養学部非常勤講師。36年以来、日本花粉学会会長を務め、61年名誉会長。花粉形態の多面体理論や花粉学的植物系統樹の研究で知られる。著書に「花粉学研究」「花粉百話」がある。

【著作】
◇支那文化談叢［飛蟻に化する珍らしい無花果（上野実朗）］　除村一学編　名取書店　1942　258p 図版 26cm
◇古代史講座 第13 古代における交易と文化交流［ブドウ―特に古代における旧世界ブドウ三品種群の成立（上野実朗）］　石母田正等編　学生社　1966　302p 22cm
◇花粉学研究　上野実朗著　風間書房　1978.3　253, 210, 65p 27cm
◇花粉百話―楽しい入門書〈改訂版〉　上野実朗著　風間書房　1979.6　21, 191p 19cm
◇かたちの秘密［花粉の天国（上野実朗）］（彰国社サイエンス）　岩波洋造〔ほか〕著、彰国社編　彰国社　1986.10　247p 19cm
◇植物文化誌〈改訂版〉　上野実朗著　風間書房　1989.6　255, 16p 19cm

上野 益三
うえの・ますぞう

明治33年（1900年）2月26日～
平成元年（1989年）6月17日

動物学者, 博物史家　京都大学名誉教授, 甲南女子大学名誉教授
大阪府大阪市出生。長男は上野俊一（国立科学博物館名誉研究員）。京都帝国大学理学部動物学科選科〔大正15年〕卒。理学博士（京都帝国大学）〔昭和8年〕「淡水産鰓脚類の研究」。団日本動物学会（名誉会員）、日本陸水学会（名誉会員）、日本科学史学会[賞]勲三等瑞宝章〔昭和46年〕。

大正12年大阪薬学専門学校を経て、京都帝国大学理学部動物学科に進み、15年卒業後は助手、講師。川村多実二に師事して河川・湖沼・地下水といった陸水に生息する生物の研究を行い、昭和8年「淡水産鰓脚類の研究」で理学博士の学位を取得。18年助教授に昇り、理学部附属大津臨湖実験所長を兼務。28年教養部教授。38年定年退官。39年甲南女子大学教授となり、56年名誉教授。専門の陸水生物学に関しては世界的権威として知られ、「淡水生物学」「陸水生物学概論」などを著し、日本陸水学会長も務めた。また日本生物学史・博物学史に関する考究も進め、古代から明治期までを取り扱い、本草学が博物学となり、さらに動物学や植物学などの各分野に細分された変遷を解き明かした日本博物学通史の名著「日本博物学史」を著した他、「草を手にした肖像画」「博物学史散歩」「忘れられた博物学」などのエッセイ、「博物学者列伝」などの評伝などの編著で一般の読者にも広く親しまれた。他の著書に「明治前日本生物学史」「薩摩博物学史」「博物学論集」「博物学の時代」「年表日本博物学史」などがある。

【著作】
◇日本生物学の歴史（教養文庫）　上野益三著　弘文堂書房　1939　188p 図版 18cm
◇日本博物学史　上野益三著　星野書店　1948　232p 図版 19cm
◇生理学講座［第3 生物学史（上野益三）］　日本生理学会編　生理学講座刊行会　1950～1952　21cm
◇松原湖群の湖沼　田中阿歌麿著, 上野益三編修　南佐久教育会　1954　440p 図版 22cm
◇陸水動物実験法（生物学実験法講座 第10巻 A）　上野益三著　中山書店　1954　71p 21cm
◇下水内の湖沼―長野県下水内郡ならびにその周辺の小湖沼の研究　上野益三著　下水内教育会　1958　219p（図版共）21cm
◇生物の教育（初等・中等生物教育講座 第1巻）　上野益三等著, 市川純彦等編　中山書店　1959　364p 図版 22cm
◇ダーウイン進化論百年記念論集［本邦における進化論移入史略（上野益三）］　丘英通編　日本学術振興会　1960　229p 27cm
◇淡水生物学　上野益三著　北隆館　1960　162p 22cm
◇生物学実験ノート　山下孝介, 上野益三共著　養賢堂　1961　131p 22cm
◇戸隠飯網の湖沼―長野県上水内郡戸隠飯網黒姫湖沼誌　上野益三著　上水内郡誌編集会　1965　112p（図版共）21cm
◇お雇い外国人 第3 自然科学　上野益三著　鹿島研究所出版会　1968　258p 19cm
◇日本淡水生物学〈新版〉　川村多実二原著, 上野益三編修　図鑑の北隆館　1973　760p 27cm
◇日本博物学史　上野益三著　平凡社　1973　680, 73p 図 23cm
◇陸水学史　上野益三著　培風館　1977.4　367p 22cm

◇博物学史散歩　上野益三著　八坂書房　1978.9　276, 9p 23cm
◇江戸科学古典叢書 21 薬圃図纂, 草木奇品家雅見　恒和出版　1979.10　336, 17p 22cm
◇江戸科学古典叢書 24 植学啓原, 植物学　恒和出版　1980.2　382, 22p 22cm
◇江戸科学古典叢書 28 桃洞遺筆　恒和出版　1980.5　431, 17p 22cm
◇食物本草本大成　上野益三監修, 吉井始子編　臨川書店　1980.9　12冊 22cm
◇江戸科学古典叢書 34 斯魯斯動物学, 田中芳男動物学　恒和出版　1982.1　456, 12p 22cm
◇薩摩博物学史　上野益三著　島津出版会　1982.6　317, 11, 13p 22cm
◇江戸科学古典叢書 44 博物学短篇集 上　恒和出版　1982.12　400, 17p 22cm
◇江戸科学古典叢書 45 博物学短篇集 下　恒和出版　1982.12　512, 13p 22cm
◇博物学史論集　上野益三著　八坂書房　1984.6　595, 32p 23cm
◇草を手にした肖像画　上野益三著　八坂書房　1986.6　300p 20cm
◇江戸諸国産物帳——丹羽正伯の人と仕事　安田健著　晶文社　1987.7　139p 21cm
◇忘れられた博物学　上野益三著　八坂書房　1987.10　277p 20cm
◇植物（本草図説 1）　高木春山著, 八坂安守校注　リブロポート　1988.4　117p 26×27cm
◇日本博物学史（講談社学術文庫）　上野益三[著]　講談社　1989.1　281p 15cm
◇博物学の愉しみ　上野益三著　八坂書房　1989.1　327p 20cm
◇年表日本博物学史　上野益三著　八坂書房　1989.4　470, 68p 23cm
◇享保・元文諸国産物帳集成 第14巻 薩摩・日向・大隅　盛永俊太郎, 安田健編　科学書院　1989.12　712, 19p 27cm
◇博物学の時代　上野益三著　八坂書房　1990.3　276p 20cm
◇博物学者列伝　上野益三著　八坂書房　1991.12　412, 10p 23cm
◇彩色江戸博物学集成［江戸博物学のロマンチシズム］　平凡社　1994.8　501p 27cm

【評伝・参考文献】
◇科学者点描　岡部昭彦著　みすず書房　1989.9　308p 19cm
◇昆虫少年の博物誌——水棲昆虫とともに［陸水学・博物学史の開拓者——上野益三］　川合禎次著　東海大学出版会　2003.5　223p 21×14cm

【その他の主な著作】
◇明治科学史［生物学（上野益三）］　明治史講座刊行会編　日本文学社　1931　1冊 22cm
◇第一次満蒙学術調査研究報告［熱河産昆虫幼虫化石 他（上野益三）］　第一次満蒙学術調査研究団　1934〜1940　26冊 図版 27cm
◇上高地及び梓川水系の水棲動物　上野益三著　岩波書店　1935　258p 23cm
◇節足動物門 甲殻綱 鰓脚目（日本動物分類 第9巻 第1編 第1号）　上野益三著, 岡田弥一郎, 内田亨, 江崎悌三編　三省堂　1937　134p 23cm
◇太平洋の海洋と陸水［西太平洋圏諸地方の陸水生物（上野益三）］（太平洋圏学術叢書）　太平洋協会編　岩波書店　1943　884p 22cm
◇現代生物学の諸問題［鰓脚類の系統と分化（上野益三）］　中村健児編　増進堂　1950　589p 22cm
◇Insect fauna of Afghanistan and Hindukush (Results of the Kyoto University Scientific Expedition to the Karakoram and Hindukush, 1955 v. 4) edited by Masuzo Uéno Committee of the Kyoto University Scientific Expedition to the Karakoram and Hindukush, Kyoto University 1963 166p, [17] leaves of plates : ill. 27cm
◇昆虫類 中 節足動物（動物系統分類学 7 下 B）　上野益三[等], 内田亨監修　中山書店　1971　340p 27cm
◇日本動物学史　上野益三著　八坂書房　1987.1　531p 23cm

上原 敬二

うえはら・けいじ

明治22年（1889年）2月5日〜
昭和56年（1981年）10月24日

東京農業大学名誉教授
東京出生。東京帝国大学農科大学林学科〔大正3年〕卒。林学博士。専造園学, 樹木学。

　林学・造園学を学び、明治神宮造営局技手、帝都復興院技師などを経て、大正7年上原造園研究所を設立。13年東京高等造園学校（現・東京農業大学造園学科）を創り校長となり、14年日本造園学会を創立。昭和28年東京農業大学教授。造園学の普及に努め、生涯で約250の公園・庭園などを設計するなど庭園・都市公園の学問的体系化と技術開発に貢献した。また、樹木学の立場から外来樹種も記述した「樹木大図説」（全4巻）は類書のない大著として今日もなお活用されている。著書は200冊以上に及ぶ。主著に「庭園学概要」「都市計画と公園」「造園学汎論」「ガーデンシリーズ（全12巻）」「日本風景美論」など。

【著作】

◇樹木根廻運搬並移植法　上原敬二著　嵩山房　1918　337p 図版 23cm
◇神社境内の設計　上原敬二著　崇山房　1919　2冊（附図共）22cm
◇分り易キ木材立木尺〆材積計算法　上原敬二著　嵩山房　1919　74, 5p 19cm
◇住宅と庭園の設計　上原敬二著　嵩山房　1919　248p 22cm
◇林業の経営　上原敬二著　嵩山房　1920　340p 23cm
◇旅から旅へわたり鳥の記　上原敬二著　新光社　1922　275p 19cm
◇信州駒ケ岳森林公園と菅の台避暑地計画案　本多静六, 上原敬二著　赤穂町商工会　1923　63p 23cm
◇神秘郷をたづねて　上原敬二著　新光社　1923　155p 19cm
◇庭園学概要　上原敬二著　新光社　1923　322p 23cm
◇国立公園の話（常識科学叢書 第2）　上原敬二著　新光社　1924　157p 19cm
◇ハワイ印象記　上原敬二著　新光社　1924　192p 18cm
◇森林木材立木尺〆材積計算便覧　上原敬二著　郁民書院　1924　106p 19cm
◇造園学汎論　上原敬二著　林泉社　1924　465p 図版106枚 23cm
◇都市計画と公園　上原敬二著　林泉社　1924　423p 23cm
◇風景雑記　上原敬二著　春陽堂　1925　273p 20cm
◇ポケット造園便覧　上原敬二編　甲子社書房　1925　131, 90p 15cm
◇実験造園樹木　上原敬二著　養賢堂　1925　444, 9p 図版 23cm
◇樹木根廻運搬並移植法〈訂補〉　上原敬二著　嵩山房　1927　379, 51p 図版20枚 23cm
◇万有科学大系［林業（上原敬二）］　万有科学大系刊行会　1927～1931　18冊 図版 表 地図 26cm
◇家の改造と庭の改造　上原敬二著　金星堂　1931　378p 19cm
◇作業教育学校園の設計と造園法　上原敬二著　中文館書店　1931　417p 23cm
◇素人に出来る趣味の庭づくり　上原敬二著　金星堂　1931　284p 図版 19cm
◇庭園の鑑賞と築造　上原敬二著　金星堂　1931　269p 図版93枚 22cm
◇日米の楔点ハワイ　上原敬二著　先進社　1932　310p 図版12枚 20cm
◇小庭園叢書 第1巻 これからの小庭園　上原敬二著　金星堂　1932　230p 19cm
◇小庭園叢書 第2巻 小庭園の園芸　上原敬二著　金星堂　1932　241, 9p 19cm
◇小庭園叢書 第3巻 新しい室内庭園　上原敬二著　金星堂　1932　250, 6p 19cm

◇庭樹の知識─造庭参考　上原敬二著　博文館　1932　142p 18cm
◇芝・芝生・芝庭　上原敬二著　明文堂　1934　266p 20cm
◇造園植物大図説 第1-3巻　上原敬二著　平凡社　1935～1937　3冊 27cm
◇生籬と芝生　上原敬二著　成美堂　1938　317p 19cm
◇国防造園の提唱　上原敬二著　日本庭園学会　1939　42p 19cm
◇神社林苑と神社林　上原敬二著　日本庭園学会　1939　24p 19cm
◇庭園植物の害虫防除　上原敬二, 加藤常吉著　成美堂　1939　176p 19cm
◇日本式庭園の造り方　上原敬二著　三省堂　1939　161p 20cm
◇家の改造と庭の改造　上原敬二著　大洋社出版部　1940　378p 20cm
◇小住宅の園芸手引　上原敬二著　大洋社出版部　1940　241, 9p 20cm
◇新らしい趣味の小庭園　上原敬二著　大洋社出版部　1940　250, 6p 19cm
◇新らしい小庭園の作り方　上原敬二著　大洋社出版部　1940　230p 20cm
◇武蔵野　田村剛, 本田正次共編　科学主義工業社　1941　529p 図版25枚 19cm
◇応用樹木学─造園樹木 上・下　上原敬二著　三省堂　1942　2冊 図版 26cm
◇建築材料としての木材　上原敬二著　日本電建出版部　1943　193p 22cm
◇山林叙情　上原敬二編　新潮社　1943　199p 図版 19cm
◇新女性文化 家庭篇［庭園（上原敬二）］　中田秀夫編　国民社　1943　274p 図版 26cm
◇日本風景美論　上原敬二著　大日本出版　1943　442p 図版10枚 22cm
◇防空盆栽と偽装について　上原敬二著　上原造園研究所事務所　1943　43p 19cm
◇日本森林の性格と資源　上原敬二著　大日本出版　1944　378p 図版 22cm
◇庭の科学─十二ケ月　上原敬二著　新展社　1946　206p 19cm
◇建築材料としての木材　上原敬二著　新展社　1947　170p 18cm
◇建築材料としての石材　上原敬二, 渡辺虎一共著　新展社　1947　168p 18cm
◇造林と造園　上原敬二著　東洋堂　1947　235p 19cm
◇風景読本　上原敬二著　暁書房　1949　347p 図版 19cm
◇植樹の緑の国土─観察と実験　上原敬二著　同和春秋社　1951　207p 図版 22cm
◇庭樹─仕立と手入法　上原敬二著　アヅミ書房　1955　241p 19cm
◇庭樹─挿木・接木・取木・実生　上原敬二著　アヅミ書房　1957　268p 19cm

◇小庭の造り方―地割本位(ガーデン・シリーズ 第1) 上原敬二著 加島書店 1957 217p 図版 19cm
◇庭石と石組(ガーデン・シリーズ 第2) 上原敬二著 加島書店 1958 258p 図版 19cm
◇飛石・手水鉢(ガーデン・シリーズ 第3) 上原敬二著 加島書店 1958 178p 図版10枚 19cm
◇石灯籠・層塔(ガーデン・シリーズ 第4) 上原敬二著 加島書店 1958 120p 図版28枚 19cm
◇井戸・滝・池泉(ガーデン・シリーズ 第5) 上原敬二著 加島書店 1958 180p 図版32p 19cm
◇芝生と芝庭(ガーデン・シリーズ 第6) 上原敬二著 加島書店 1959 239p 図版 19cm
◇垣・袖垣・枝折戸 上(ガーデン・シリーズ 第7) 上原敬二著 加島書店 1959 209p 図版16p 19cm
◇垣・袖垣・枝折戸 下(ガーデン・シリーズ 第8) 上原敬二著 加島書店 1959 221p 図版 19cm
◇木柵・門・トレリス(ガーデン・シリーズ 第9) 上原敬二著 加島書店 1959 172p 図版16p 19cm
◇樹木大図説 第1-3, 索引 上原敬二著 有明書房 1959～1961 4冊 27cm
◇ペルゴラ・藤棚・蔓植物(ガーデン・シリーズ 第10) 上原敬二著 加島書店 1960 170p 図版12p 19cm
◇テラス・石積工(ガーデン・シリーズ 第11) 上原敬二著 加島書店 1960 213p 図版16p 19cm
◇橋・泉池・壁泉(ガーデン・シリーズ 第12) 上原敬二著 加島書店 1960 242p 図版16p 19cm
◇日時計と日照(ガーデン・シリーズ 第13) 上原敬二著 加島書店 1960 183p 図版 19cm
◇巣箱と鳥類保護(ガーデン・シリーズ 第14) 上原敬二著 加島書店 1960 179p 図版 19cm
◇園亭・ベンチ(ガーデン・シリーズ 第15) 上原敬二著 加島書店 1961 203p 図版 19cm
◇茶庭(ガーデン・シリーズ 第16) 上原敬二著 加島書店 1961 313p 図版 19cm
◇樹木の移植と根廻(樹芸学叢書) 上原敬二著 加島書店 1961 253p 図版16p 22cm
◇石組写真集―施工本位 第1 上原敬二編 加島書店 1962 図版128p 解説15p 22cm
◇樹木の植栽と配植(樹芸学叢書) 上原敬二著 加島書店 1962 271p 図版 22cm
◇樹木ガイド・ブック 上原敬二著 加島書店 1962 481p 18cm
◇日本式庭園(ガーデン・シリーズ 第17) 上原敬二著 加島書店 1962 197p 図版32p 19cm
◇実用庭園(ガーデン・シリーズ 18) 上原敬二著 加島書店 1963 304p 図版 19cm
◇樹木の増殖と仕立(樹芸学叢書) 上原敬二著 加島書店 1963 250p 図版 22cm
◇樹木の剪定と整姿(樹芸学叢書) 上原敬二著 加島書店 1963 219p 図版 22cm
◇樹木の保護と管理(樹芸学叢書) 上原敬二著 加島書店 1964 262p 図版 22cm

◇石庭のつくり方 上原敬二著 加島書店 1964 338p 図版48p 22cm
◇造園の施工まで(ガーデン・シリーズ 第19) 上原敬二著 加島書店 1964 218p 図版 19cm
◇築山庭造伝 前編解説 北村援琴著, 上原敬二編 加島書店 1965 110p 16×22cm
◇海外旅行裏ばなし 上原敬二著 加島書店 1965 164p 18cm
◇石組写真集―施工本位 第2 上原敬二編 加島書店 1965 図版136p 22cm
◇庭づくりの第一歩 上原敬二著 加島書店 1966 235p 図版16p 19cm
◇樹木三十六話 上原敬二, 本田正次, 三浦伊八郎共著 地球出版 1966 191p 19cm
◇庭木の植え方と手入(ガーデン・シリーズ 第20) 上原敬二著 加島書店 1966 215, 51p 図版 19cm
◇石組と池泉の技法 上原敬二著 加島書店 1967 204p 図版 22cm
◇樹木の栽培と育成(樹芸学叢書) 上原敬二著 加島書店 1967 252p 図版 22cm
◇樹木の総論と観賞(樹芸学叢書) 上原敬二著 加島書店 1967 262p 図版 22cm
◇樹木の美性と愛護(樹芸学叢書) 上原敬二著 加島書店 1968 243, 21p 図版 22cm
◇庭園入門講座 第1巻 庭づくりの用意と構想 上原敬二著 加島書店 1968 148p 21cm
◇庭園入門講座 第2巻 庭の調査・測量・見積 上原敬二著 加島書店 1968 154p 21cm
◇庭園入門講座 第3巻 庭樹解説・植栽・用途 上原敬二著 加島書店 1968 154p 21cm
◇庭園入門講座 第4巻 剪定・生垣・庭樹各論 上原敬二著 加島書店 1968 154p 21cm
◇庭木と植栽の技法 上原敬二著 加島書店 1968 218p 図版 22cm
◇石組園生八重垣伝解説 秋里籬島著, 上原敬二編および解説 加島書店 1969 108p(おもに図版)15×22cm
◇庭園入門講座 第5巻 芝生・苔・庭草・草花 上原敬二著 加島書店 1969 154p 21cm
◇庭園入門講座 第6巻 庭垣・袖垣・工作物類 上原敬二著 加島書店 1969 154p 21cm
◇庭園入門講座 第7巻 岩石・庭石・石組方法 上原敬二著 加島書店 1969 154p 21cm
◇庭園入門講座 第8巻 軒内・園路・池泉石組 上原敬二著 加島書店 1969 154p 21cm
◇庭園入門講座 第9巻 滝・橋・灯篭・石造物 上原敬二著 加島書店 1969 154p 21cm
◇庭園入門講座 第10巻 日本式庭園・各種庭園 上原敬二著 加島書店 1969 149p 21cm
◇樹木図説 第1巻 そてつ科 上原敬二著 加島書店 1970 82p 22cm
◇樹木図説 第2巻 イチョウ科 上原敬二著 加島書店 1970 200p 22cm
◇樹木図説 第5巻 まつ科 まつ属(日本産) 上原敬二著 加島書店 1971 234p 22cm

◇樹木図説 第6巻 まつ科2 まつ属(外国産) 上原敬二著 加島書店 1971 154p 22cm
◇解説芥子園樹石画譜 上原敬二編 加島書店 1971 127p 15×22cm
◇造園辞典 上原敬二著 加島書店 1971 296p 19cm
◇庭木栽培の手引―農地利用 上原敬二著 加島書店 1971 194p 19cm
◇解説南坊録抜萃・露地聴書 南坊宗啓〔著〕,上原敬二編 加島書店 1972 93p 16×22cm
◇解説余景作り庭の図―他三古書(読みと解説つき造園古書叢書8) 上原敬二編 加島書店 1972 93p 16×21cm
◇都林泉名勝図絵―抄(読みと解説つき造園古書叢書9) 秋里籬島著,上原敬二編 加島書店 1972 109p 16×21cm
◇解説園冶(読みと解説つき造園古書叢書10) 計成著,上原敬二編 加島書店 1972 108p 16×21cm
◇解説山水並に野形図・作庭記 上原敬二編 加島書店 1972 図16p 102p 16×21cm
◇造園大系 第2巻 庭園論 上原敬二著 加島書店 1973 152p図24p 22cm
◇造園大系 第1巻 造園総論 上原敬二著 加島書店 1974 120p 図・肖像16p 22cm
◇造園大系 第3巻 公園論 上原敬二著 加島書店 1974 126p 図・肖像16p 22cm
◇造園大系 第4巻 自然公園 上原敬二著 加島書店 1974 112p 図8p 22cm
◇造園大系 第6巻 植栽・並木 上原敬二著 加島書店 1974 153p 図8p 22cm
◇造園大系 第7巻 風景・森林 上原敬二著 加島書店 1974 128p 図8p 22cm
◇造園大系 第8巻 風景要素 上原敬二著 加島書店 1975 144p 図 22cm
◇樹木図説 第3巻 いちい科 上原敬二著 加島書店 1975 130p 22cm
◇樹木図説 第4巻 まき科 上原敬二著 加島書店 1975 178p 22cm
◇樹木大図説 上原敬二著 有明書房 1975～1976 4冊 27cm
◇数寄屋風の小庭(小庭つくり方叢書) 上原敬二著 加島書店 1977.1 138p 21cm
◇平庭・枯山水・植栽(小庭つくり方叢書) 上原敬二著 加島書店 1977.2 132p 21cm
◇洋風庭と構作物(小庭つくり方叢書) 上原敬二著 加島書店 1977.5 145p 21cm
◇世界並木写真集とグリエ 上原敬二編 加島書店 1977.11 104p(おもに図) 22cm
◇造園大辞典 上原敬二編 加島書店 1978.5 956p 19cm
◇文学碑―工法と実例 上原敬二著 加島書店 1979.2 621, 5p 図版16p 19cm
◇談話室の造園学 上原敬二著 技報堂出版 1979.5 222p 20cm
◇生垣の仕立方と手入 上原敬二著 加島書店 1979.6 168p 22cm
◇造園植栽法講義 上原敬二著 加島書店 1979.9 269p 22cm
◇樹木ガイド・ブック 上原敬二著 加島書店 1986.2 481p 18cm
◇石組と池泉の技法 上原敬二著 加島書店 1986.9 204, 8p 21cm
◇造園辞典 上原敬二編 加島書店 1987.4 296p 19cm
◇スギ・ヒノキの博物学 上原敬二著 大日本山林会 1989.1 878p 22cm

【評伝・参考文献】
◇上原敬二氏記念文庫目録 東京農業大学図書館編 東京農業大学図書館 1982.10 203p 26cm

上松 蕕

うえまつ・しげる

明治8年(1875年)～昭和33年(1958年)

粘菌学者
新潟県長岡市出生。立教大学卒。
　衆議院副議長を務めた安部井磐根の猶子。立教大学卒業後に古河興業に入社するが、40歳を前にして門司支店長で退職し、東京・大井町で製紙業を営んだ。少年期から雑誌に掲載された南方熊楠の論考を愛読しており、明治45年頃、同郷の親友・小畔四郎の紹介で熊楠を知る。以来、弟子として熊楠と親しく付き合い、ともに変形菌の採集に出かけたほか、顕微鏡や資料、研究材料などを提供し、物心両面で熊楠の研究や生活を援助した。また書もよくしたことから、大正15年小畔が進献、熊楠が選定した変形菌標本を摂政宮(のちの昭和天皇)へ献上する際、その表啓文をしたためている。この間、熊楠とは3年からその死去の直前である昭和16年まで頻繁に文通しており、それらは「門弟への手紙」としてまとめられた。薬草や香道の研究家として知られる。

【評伝・参考文献】
◇南方熊楠全集別巻1 平凡社 1974 627, 28p 図 肖像 22cm
◇門弟への手紙―上松蕕へ 南方熊楠著,中瀬喜陽編 日本エディタースクール出版部 1990.11 375p 20cm

上村 茂
うえむら・しげる

明治43年（1910年）3月27日～
平成6年（1994年）11月15日

福岡県花卉園芸連理事
福岡県八女郡忠見村（八女市）出生。忠見高等小学校卒。囲日本農業賞〔昭和47年〕、農林大臣賞〔昭和47年〕、黄綬褒章〔昭和52年〕「花卉園芸の功労」、勲五等瑞宝章〔昭和58年〕、西日本文化大賞社会文化部門（第50回）〔平成3年〕「八女電照菊を創始、長年の栽培技術界に尽くし全国の花卉園芸発展向上に寄与した功績」。

農業一筋に生き、キュウリの新品種を開発するなど地道に研究を積み重ね、昭和22年から電照栽培による冬期のキク作りに挑戦、3年後開花に成功。京都の花市場に出荷以来、八女地区で約270戸の農家が電照菊を栽培、毎年6000万本の花を全国に送り出すまでに成長、"八女の電照菊"のブランド名を不動のものにした。45年福岡県花卉園芸組合連合会理事。この間22～29年忠見村議（2期）、29～38年八女市議（3期）を務め、38年から八女市中の井水利委員会委員長を務める。

植村 利夫
うえむら・としお

明治43年（1910年）1月1日～
昭和63年（1988年）12月27日

杏林大学教授
和歌山県出身。和歌山県師範学校（現・和歌山大学）〔昭和7年〕卒。理学博士。囲動物学。

和歌山県並びに東京の小・中・高校で教職に従事する傍ら、クモ類を中心とした自然史研究を行う。8年に紀伊生物学会、11年に東亜蜘蛛学会、むさしの自然研究会を創設し、幹事、会長などを歴任した。45年から杏林大学教授をつとめ、動植物の段階変異と段階成長について独自の学説を提唱した。

【著作】
◇お庭の動物研究（少国民理科の研究叢書 第1）
　植村利夫著　研究社　1941　222p 19cm

植村 政勝
うえむら・まさかつ

元禄8年（1695年）～安永6年（1777年）1月8日

幕臣、本草学者
通称は佐平次、号は新甫。伊勢国飯高郡大津杉村（三重県松阪市）出生。

紀州藩領の郷士の家に生まれ、宝永7年（1710年）16歳で紀州殿御庭方御用として召し出される。享保元年（1716年）同藩主から徳川幕府第8代将軍となった徳川吉宗に従って江戸に移り、江戸城の本丸御庭方に任ぜられた。享保5年（1720年）駒場薬園開園に当たり、その預かりを命ぜられ、園の管理責任を担当。以後、同園の管理は植村家の世襲となる。また同年吉宗の意を受け、採薬のため日光に出張してから宝暦3年（1753年）までの34年間、日本各地で採薬を行い、その回数は実に80回以上、足跡は関東のみならず甲信越、奥州、近畿、東海に及んだ。特に11年（1726年）以降は6回に渡って熊野・大和・紀伊山地を綿密に調査。14年（1729年）の大和を中心とする採薬は調査に約150日を費やすという大規模なもので、その間に大和国下市を薬草木の栽培地に選定しており、以来、同地は大和生薬の一大産地となって現在に至っている。その植物学上の師は定かではないが（一説には阿部将翁とも言われる）、医師で本草家の丹羽正伯とはたびたび行動をともにし、学ぶところが多かったという。一方、採薬だけでなく、時には隠密行動や災害の被害調査などにも当たっていたといわれている。宝暦3年（1753年）日光での採薬を最後に、4年（1754年）御役御免となり、小普請人に転じた。その採薬と諸国巡回の記録は元文5年（1740年）吉宗に奉呈した「諸州採薬紀」にまとめられている。

【著作】
◇諸州採薬記抄録 5巻, 遊毛記（江戸期山書翻刻叢書 5） 植村政勝〔著〕, 小野蘭山〔著〕 国立国会図書館山書を読む会 1982.3 76p 26cm
◇採薬志 1［諸州採薬記抄録・植村政勝諸州採薬記原稿残欠・西州木状（植村政勝）］（近世歴史資料集成 第2期 第6巻） 浅見恵, 安田健訳編 科学書院 1994.10 1257, 63p 27cm

【評伝・参考文献】
◇本草家植村政勝と森野薬園の研究 松島博著 三重県立大学教養部 1967 352p 26cm
◇江戸期のナチュラリスト（朝日選書 363） 木村陽二郎著 朝日新聞社 1988.10 249, 3p 19cm
◇本草百家伝・その他（白井光太郎著作集 第6巻） 白井光太郎著, 木村陽二郎編 科学書院, 霞ケ関出版〔発売〕 1990.3 355, 63p 21cm
◇博物学者列伝 上野益三著 八坂書房 1991.12 412, 10p 23cm

上山 英一郎
うえやま・えいいちろう

文久2年（1862年）～昭和18年（1943年）9月7日

実業家　大日本除虫菊創立者
紀伊国有田郡（和歌山県）出生。慶應義塾卒。
　慶應義塾卒業後、郷里の和歌山県有田に戻り、家業のミカン栽培に従事。明治18年ミカンの輸出を志して上山商店（のち大日本除虫菊）を創業。恩師の福沢諭吉の紹介で米国でのミカン販売を計画していたH. E. アモアにミカンの苗を提供したのをきっかけに除虫菊の種子を譲り受け、その栽培に着手。全国への普及に力を入れ、23年世界初の棒状蚊取り線香「金鳥香」を発明。35年には渦巻き形にして飛躍的に燃焼時間を延ばすことに成功した。

【著作】
◇除虫菊解説書　上山英一郎編　上山英一郎　1895.5　40p 19cm
◇除虫菊栽培書　上山英一郎編　上山英一郎　1895.5　62p 20cm

ウェルニー
Verny, François Leone

1837年12月2日～1908年5月2日

フランスの造船技師
理工科大学卒。
　駐日フランス公使ロッシュの斡旋により、幕府の横須賀製鉄所（のち横須賀造船所）の主任造船技師として来日。日本にコルクガシとオリーブを植えることをすすめた。「日本植物目録」の著者の一人であり、サバチェの日本招聘に力を尽くし、彼の植物採集に協力した。氏に献名された学名に *Cynanchum vernyi* Franch. & Sav. などがある。また、横須賀市臨海公園に胸像が建立された。

【評伝・参考文献】
◇日本近代化の先駆者たち　手塚竜麿著　吾妻書房　1975　486, 21p 19cm

ウォーカー
Walker, Egbert Hamilton

1899年6月12日～1991年3月10日

米国の植物研究家
米国・イリノイ州シカゴ出生。ミシガン大学学芸学部教養部〔1922年〕卒。
　1940年ジョンズ・ホプキンス大学で博士号を取得。スミソニアン研究所の腊葉館副館長をつとめた。'51年には沖縄本島、宮古島、石垣島、西表島、与那国島の植物相を調査。氏を記念した学名にヨナクニギク *Aster walkeri* Kitam. がある。メリル（Merrill）と共著で「東亜植物文献目録」（'38年）、「同補遺」（'60年）、「太平洋諸島植物文献目録」（'47年）などを発表した。

宇佐美 正一郎
うさみ・しょういちろう

大正2年（1913年）1月27日～
平成7年（1995年）7月3日

北海道大学名誉教授
東京出身。弟は宇佐美誠次郎(法政大学名誉教授)。東京帝国大学理学部植物学科卒, 東京帝国大学大学院中退。理学博士。專植物生理学, 遺伝学 賞日本チェコスロバキア友好促進記念銀賞〔昭和40年〕, 勲二等瑞宝章〔昭和61年〕。

昭和13年北海道帝国大学に入り、理学部教授、評議員などを歴任。51年退官後、名誉教授。神奈川大学教授や日本植物学会評議員、同学会北海道支部長なども務めた。専門の植物生理学の研究教育のほか、進化についての新しい学説の紹介と解説などにも努めた。

【著作】
◇生命論の展望［生命と酵素(宇佐美正一郎)］(生物学叢書) ネオメンデル会編 北隆館 1949 276p 19cm
◇現代の進化論―どこに問題があるのか?〔微生物の進化―特に物質代謝型について(宇佐美正一郎)〕 徳田御稔編 理論社 1953 267p 表19cm
◇ソヴェト生物学(現代科学叢書) 宇佐美正一郎編及び監訳 みすず書房 1955 193p 図版19cm
◇緑と光と人間―光合成の探究(そしえて文庫 33) 宇佐美正一郎著 そしえて 1977.12 220p 20cm
◇自然の秘密をさぐる―宇宙から生命・頭脳まで 不破哲三対談集［現代の進化論(宇佐美正一郎)〕 不破哲三著 新日本出版社 1990.8 240p 21cm
◇どこまで描ける生物進化(自然と人間シリーズ) 宇佐美正一郎著 新日本出版社 1995.7 220,8p 20cm

牛島 謹爾

うしじま・きんじ

文久4年(1864年)1月6日～
大正15年(1926年)3月27日

馬鈴薯王 在米日本人会長
旧姓名は手嶋。幼名は清吉, 号は別天, 通称はポテト王ジョージ・シマ。筑後国鳥飼村(福岡県久留米市)出生。義弟は浮田和民(経済学者)。東京高商予科(現・一橋大学教養学部)卒。

豪農の三男として生まれる。明治11年九州の名儒と称された江碕済の北汭義塾に学ぶ。のち上京して二松学舎に入り、さらに東京高商本科を受験するが落第し、渡米を志す。21年友人の日比翁助(実業家, のち三越呉服店支配人)らの協力を得て単身サンフランシスコに渡航し、働きながら英語を学習した。その間、米国人の食生活におけるジャガイモの重要性を見抜き、22年頃カリフォルニア州ニューホープ村に15エーカーの耕地を借りてジャガイモの小作を、次いで日本人の同志らと共に23年頃から荒廃地の開墾に着手し、ジャガイモ栽培に成功した。さらに次々と近隣の荒地を切り拓いて大ジャガイモ農園を作り、彼の経営する農場の総面積は4万4000エーカーに及ぶといわれた。そのジャガイモは米国人の間で絶大な支持を得るに至り、"ポテト王ジョージ・シマ"の名で親しまれた。41年在米日本人会が組織されるとその初代会長に推され、米国で日本人移民排斥の機運が高まりつつあった時期にあって強い指導力を発揮し、日米両国の融和と親善に尽力。大正15年3月日本に帰国する途中に立ち寄ったロサンゼルスで客死。カリフォルニアには現在でもシマ・トラクトやストックトン大学のシマ・センターといった彼の名にちなむ地名や建物名が残っている。

【評伝・参考文献】
◇牛島謹爾(偉人傳文庫 10) 池田宣政著, 〔伊藤幾久造〕〔挿絵〕 大日本雄辯會講談社 1941.7 344,5p 19cm

【その他の主な著作】
◇別天詩稿―2編 牛島謹爾著 〔出版者不明〕 1926跋 1冊 26cm

後沢 憲志

うしろざわ・けんじ

大正3年(1914年)～平成元年(1989年)1月14日

長野県園芸試験場長
青森県十和田市出身。北海道帝国大学農学部〔昭和11年〕卒。專リンゴ栽培。

昭和25年から長野県の農業試験施設でリンゴ栽培研究ひと筋。高接病の解明は品種更新を容易にし、早生の主力品種'つがる'を開発。普及に貢献した。県を退職後はブラジルに10年近く定住、'ふじ'の栽培指導をするなど国際協力にも努めた。

【著作】
◇リンゴの増益栽培法（農業ブレッティン） 後沢憲志著 養賢堂 1954 203p 21cm
◇りんごづくりの手びき 後沢憲志〔著〕 国際協力事業団 1977.12 120p 21cm

薄井 宏
うすい・ひろし

大正13年（1924年）3月14日～
昭和62年（1987年）2月4日

宇都宮大学農学部教授 台湾・基隆出生、福島県西白河郡出身。宇都宮農林専院修士課程了。農学博士。 専 森林生態学、造林学。

森林の植生について教育研究を行った。特に森林の群落区分と群落の分布がササ類の分布と密接に関係することを明らかにした。栃木県足尾の緑化や日光杉並木の研究でも知られている。昭和58、59年の2度にわたり、那須御用邸で昭和天皇への御進講を行った。

【著作】
◇栃木県の動物と植物［栃木県の環境（薄井宏）］ 栃木県の動物と植物編纂委員会編 下野新聞社 1972 582p 図 地図2枚 27cm
◇森林生態学論文集―鈴木時夫博士退官記念 薄井宏編著 鈴木時夫博士退官記念論文集刊行会 1976.9 220p 26cm

宇田川 玄真
うだがわ・げんしん

明和6年12月28日（1770年1月24日）～
天保5年12月4日（1835年1月2日）

蘭方医

旧姓名は安岡。名は璘、号は榛斎（しんさい）。伊勢国山田（三重県伊勢市）出生。養父は宇田川玄随（蘭学者）、養子は宇田川榕庵（本草学者）。

もと安岡氏。江戸に遊学して宇田川玄随、大槻玄沢、桂川甫周らについて蘭学を修め、特に翻訳に長じた。杉田玄白に才能を認められその養子となったが、身を持ち崩したため離縁された。のち苦学して立ち直り、稲村三伯の助手として日蘭辞書「ハルマ和解」の編纂などを手伝った。寛政9年（1797年）師・玄随が没した際、師に子がいなかったため、門人の中から選ばれてその後を継ぎ、津山藩医となる。以後、医業の傍ら西洋の解剖学書の翻訳に従事し、文化2年（1805年）解剖学から生理学、病因にまで及ぶ医学書「和蘭内景医範提綱」3冊を刊行。さらに5年（1808年）には同書の附録として亜欧堂田善が描く我が国初の銅板解剖図「医範提綱銅板図」を上梓した。10年（1813年）幕府の天文翻訳方に任ぜられ、大槻玄沢らによる「厚生新編」の訳出事業に参加。また養父・玄随の遺した「西説内科撰要」の増訂も行った。一方、薬学や博物学にも関心を持ち、文政元年（1818年）玄沢と共にオランダより薬草60種の輸入を幕府に建言。さらに西洋薬物書の翻訳である「和蘭薬鏡」3冊（文政2年刊、その後たびたび増補・改訂）や「遠西医方名物考」45巻を著し、西洋の薬学や薬用植物を日本に紹介した。なお「遠西医方名物考」にはワインマンの植物図譜から摸刻したものが掲載されており、西洋博物学の影響も認めることが出来る。天保3年（1832年）津山藩医を辞し、江戸・深川に退隠。その後は門弟の宇田川榕庵が継いだ。

【著作】

◇〔医範提綱内象銅版図〕　宇田川玄真編，亜欧堂田善銅刻　1808　1冊 30cm
◇和蘭内景医範提綱 3巻　宇田川榛斎述，諏訪俊筆記　日本医学文化保存会（製作）　1973　4冊（付共）26cm
◇西説医範提綱―附拾遺　内象図（蘭学資料叢書 3）　宇田川玄真〔記述〕　青史社　1981.5　1冊 22cm
◇和蘭薬鏡　宇田川榛斎著　科学書院　1988.8　1289, 30p 27cm

【評伝・参考文献】
◇洋学者 宇田川家のひとびと（岡山文庫 174）　水田楽男著　日本文教出版　1995.2　171p 15cm
◇江戸の翻訳家たち　杉本つとむ著　早稲田大学出版部　1995.12　274p 19cm
◇江戸の阿蘭陀流医師　杉本つとむ著　早稲田大学出版部　2002.5　381, 18p 21cm
◇江戸時代における機械論的身体観の受容　クレインス・フレデリック著　臨川書店　2006.2　442, 16p 23cm

宇田川 玄随
うだがわ・げんずい

宝暦5年12月27日（1755年1月28日）～
寛政9年12月18日（1798年2月3日）

蘭方医
名は晋，字は明卿，号は槐園，東海。江戸出生。養子は宇田川玄真（蘭方医）。

作州津山藩医・宇田川道紀の子。幼少時から漢学を好み，家学である漢方医学を修める。25歳の時に桂川甫周の影響で蘭学に眼を開き，大槻玄沢，杉田玄白，前野良沢，中川淳庵などに師事してオランダ語や蘭方医学を学んだ。天明元年（1781年）より藩主の侍医となる。傍ら蘭学の研鑽を続け，甫周の勧めでJ.ホルテルの内科書の翻訳に没頭。オランダ通詞・石井庄助の下でオランダ語修業に励みながら約10年の歳月をかけてこれを完成させ，寛政5年（1793年）に「西説書内科撰要」18巻として刊行，蘭方医学が外科だけでなく内科に関してもすぐれていることを示し，我が国医学の発展に寄与した。9年（1797年）にはオランダの学者ニーランドが撰した西洋の諸家本草集成を「遠西草木略」として翻訳・刊行し，蕃椒や地楡など181品の植物や薬品について漢名・蛮名・用法・効能を解説。のち江戸茅場町に転居し，「西説書内科撰要」の重訂を企図したが，その半ばで死去した。子が2人いたがいずれも夭折したため，高弟の安岡玄真が養嗣子としてその家を継いだ。"初代宇田川"と称され，宇田川家蘭学の祖とされる。なお，号である槐園は家に多くの槐を植えていたことにちなむという。著書に「遠西名物考」「西洋医言」「東西病考」「槐園文集」「西文矩」などがある。

【著作】
◇泥蘭度草木略 3巻　宇田川槐園訳，木村秀茂編写本〔出版年不明〕　3冊 23cm
◇宇田川玄随集 1（早稲田大学蔵資料影印叢書 洋学篇第9巻）　杉本つとむ編　早稲田大学出版部　1995.4　421, 5p 27cm
◇宇田川玄随集 2（早稲田大学蔵資料影印叢書 洋学篇第10巻）　杉本つとむ編　早稲田大学出版部　1995.7　460, 13p 27cm

【評伝・参考文献】
◇骨が語る日本史［蘭学者，宇田川家の双璧―女性的な玄随と健脚だった榕菴］　鈴木尚著　學生社　1998.8　242p 21cm

宇田川 榕庵
うだがわ・ようあん

寛政10年3月9日（1798年4月24日）～
弘化3年6月22日（1846年8月13日）

洋学者
名は榕。江戸出生。養父は宇田川玄真（蘭方医）。

美濃大垣藩医江沢養樹の長男。文化8年（1811年）父の師である宇田川玄真に懇請され，その養子となる。以後，養父から徹底した医学教育を受け，中国の古医書や本草書を読んだ。9年（1812年）からは宇田川玄随・小野蘭山の高弟で医師の井岡桜仙から博物学の手ほどきを受け，春から夏にかけて山野に分け

入って実地に植物の採集に当たった。また養父が岩崎灌園や花戸群芳ら本草家とともに開いた名物考察の会にもしばしば同席している。11年蘭学を志し、父の許しを得て12年(1815年)幕府の訳官・馬場貞由に入門。また長崎通詞の吉雄俊蔵にも蘭語を教わった。14年(1817年)20歳の時にショメールの百科事典(叔氏韻府)を読んで西洋に植(物)学というものがあることを知り、以後その学問を熱心に究考することになる。文政5年(1822年)にはその成果の一つとして「菩多尼訶経」1冊を刊行。これは初学の人が朝夕読誦できるよう経文のスタイルで書かれ、総字数1178、如是我聞から始まってゲスナーやリンネら西洋の植物学者11人の名を列挙した上で西洋植物学の原理や分類を分りやすく要約・紹介しており、我が国初の西洋植物学入門書と言えるものである。ちなみに「菩多尼訶」とは植物学を意味するラテン語ボタニカのことである。9年(1826年)幕府の天文方蛮書和解御用訳員に任ぜられ、西洋科学の研究に従事。また幕府によるショメールの大百科事典「厚生新篇」の翻訳事業に参加して昆虫学の分野を担当、日本における科学的昆虫学の祖と言われる。天保5年(1834年)には我が国初の本格的西洋植物学書であり、リンネ式の4網分類法や根・茎・葉といった植物の諸器官などについても記述した「植学啓原」3巻を著述。これらの中で榕庵は従来の本草学になかった植物学の用語を苦心して訳出しており、中には柱頭や球根、葉脈、喬木、灌木など今日でも一般的に使われる語が少なくない。8年(1837年)我が国で初めて西洋化学の体系を紹介し、いまなお榕庵の名を高からしめている「舎密開宗」を著述。他にも温泉の定量分析をはじめ数学・測量学・兵器製造など多方面に渡って活躍し、日本近代化学の祖と称されるに相応しい業績を残した。著書はほかに「理学発微」や初のコーヒー紹介文「哥非乙説」などがある。

【著作】
◇江戸科学古典叢書 24 植学啓原・植物学　恒和出版　1980.2　382, 22p 22cm

◇植学啓原—宇田川榕菴—復刻と訳・注［植学啓原・植学独語・菩多尼訶経］　矢部一郎〔ほか〕著　講談社　1980.5　329p 図版12枚 27cm
◇植学啓原—理学入門　宇田川榕菴著　福島汀鷗　1991　1冊 25cm

【評伝・参考文献】
◇日本科学の先覚宇田川榕菴　吉川芳秋著　CA趣味社　1932　92p 19cm
◇日本洋学史の研究 2［宇田川榕菴とラホイシール『舎密原本』（島尾永康）］（創元学術双書）有坂隆道編　創元社　1972　306p 22cm
◇舎密開宗研究［宇田川榕菴—その生涯と業績—（道家達将）］　坂口正男〔等〕　講談社　1975　131p 31cm
◇幕末維新の洋学（大久保利謙歴史著作集 5）　大久保利謙著　吉川弘文館　1986.8　444, 15p 21cm
◇生物学史論集　木村陽二郎著　八坂書房　1987.4　431p 21cm
◇津山洋学資料 第10集 宇田川榕菴の楽律資料を巡って　津山洋学資料館　1988　82p 26cm
◇津山洋学資料 第10集 付録 宇田川榕菴楽律研究資料 写真編　津山洋学資料館　1988　59p 26cm
◇博物学の時代　上野益三著　八坂書房　1990.3　276p 19cm
◇江戸洋学事情　杉本つとむ著　八坂書房　1990.12　399p 19cm
◇自然科学の名著100選 中（新日本選書 418）　田中実, 今野武雄, 山崎俊雄編　新日本出版社　1990.12　196p 18cm
◇医学・洋学・本草学者の研究—吉川芳秋著作集　吉川芳秋著, 木村陽二郎, 遠藤正治編　八坂書房　1993.10　462p 24×16cm
◇洋学者 宇田川家のひとびと（岡山文庫 174）　水田楽男著　日本文教出版　1995.2　171p 15cm
◇江戸の植物学　大場秀章著　東京大学出版会　1997.10　217, 5p 19cm
◇洋学—洋学史学会研究年報 3　洋学史学会編　八坂書房　1995.10　183, 7p 21cm
◇宇田川榕菴と私　福島久幸〔著〕　〔福島久幸〕　1997.10　42p 20cm
◇骨が語る日本史［蘭学者、宇田川家の双璧—女性的な玄随と健剛だった榕菴］　鈴木尚著　學生社　1998.8　242p 21cm
◇実学史研究 11［本草から植学へ（二）—宇田川榕菴『植学啓原』の成立］　実学資料研究会編　思文閣出版　1999.5　316p 21cm
◇西欧文化受容の諸相（杉本つとむ著作選集 9）　杉本つとむ著　八坂書房　1999.8　616p 21cm
◇江戸の真実（宝島社文庫）　別冊宝島編集部編　宝島社　2000.3　365p 15cm
◇日蘭交流400年の歴史と展望—日蘭交流400周年記念論文集 日本語版［宇田川榕菴（塚原東吾）］（日蘭学会学術叢書 第20）　レオナルド・ブリュッセイ, ウィレム・レメリンク, イフォ・

スミッツ編　日蘭学会　2000.4　459p 31cm
◇シーボルトと宇田川榕菴―江戸蘭学交遊記（平凡社新書）　髙橋輝和著　平凡社　2002.2　225p 18cm
◇江戸の阿蘭陀流医師　杉本つとむ著　早稲田大学出版部　2002.5　381, 18p 21cm
◇新・シーボルト研究1 自然科学・医学篇　石山禎一, 沓沢宣賢, 宮坂正英, 向井晃編　八坂書房　2003.5　438, 91p 21cm
◇江戸人物科学史―「もう一つの文明開化」を訪ねて（中公新書）　金子務著　中央公論新社　2005.12　340p 18cm
◇日本の化学の開拓者たち（ポピュラー・サイエンス）　芝哲夫著　裳華房　2006.10　147p 19cm

内田 平四郎
うちだ・へいしろう

天保10年（1839年）～明治43年（1910年）

殖産家, 実業家　富士郡紙業組合会長
駿河国吉原宿（静岡県富士市）出生。
　明治2年より富士山麓の内山入会地の開拓をはじめ、ミツマタやクワ、チャを栽培。また、愛鷹山麓の村々にも同様の栽培を勧めるなど、生産力の向上に努めた。12年手漉き和紙の事業化を図り、栢森貞助と共に鉤玄社を設立。さらに19年には富士郡三椏同業会を発足させて常務委員に就任し、製糸技術の指導や品種改良に力を注いだ。その後、静岡県製紙部評議員や富士郡紙業組合会長などを歴任し、静岡の製紙業発展に大きな足跡を残した。

内野 東庵
うちの・とうあん

天保12年（1841年）9月24日～
大正15年（1926年）8月29日

医師
　明治時代、今の福岡県築上郡築城町本庄で、自費を投じて峠にトンネルを掘り、ミカンやハゼの栽培を奨励して産業振興を図るなどした郷土の先覚者。地元の築城町では、「内野東庵翁伝」を刊行し、住居跡に石碑を建てた。

【評伝・参考文献】
◇内野東庵とその一族　清原芳治著, 大分合同新聞文化センター編　『内野東庵とその一族』刊行委員会　2006.2　206p 22cm

内山 富治郎
うちやま・とみじろう

嘉永4年（1851年）～大正4年（1915年）

植物園園丁取締上席植木職
　明治9年小石川植物園に植木職として入り、のち園丁取締役。10年東京帝国大学理科大学植物標本室の創建に伴う国内採集旅行に参加。29年東京帝国大学理科大学が組織した台湾学術探検隊に参加。33年朝鮮、奄美大島で採集を行う。採集した植物から数多くの新種が発見された。

【評伝・参考文献】
◇日本植物研究の歴史―小石川植物園300年の歩み（東京大学コレクション4）　大場秀章編　東京大学総合研究博物館　1996.11　187p 25cm

宇都宮 貞子
うつのみや・さだこ

明治41年（1908年）12月3日～
平成4年（1992年）2月12日

民俗学研究家
　長野県長野市出生。長野高等女学校卒。賞エイボン教育賞〔昭和59年〕。
　野生植物のきめ細かい観察結果に基づいた随筆を数多く書いた。また植物民俗学にも造詣が深く、著作を通じて、この分野の知識の普及にも貢献した。著書に「植物と民俗」「草木おぼえ書き」「春の草木」「夏の草木」などがある。

【著作】
◇草木覚書　宇都宮貞子著　草木と民俗の会　1968　210p 図版 21cm
◇草木ノート　宇都宮貞子著　読売新聞社　1970　302p 図版 22cm

◇山村の四季　宇都宮貞子著　創文社　1971　289p　図 22cm
◇草木おぼえ書　宇都宮貞子著　読売新聞社　1972　356, 18p 22cm
◇八重葎帖　宇都宮貞子著　創文社　1973　291p　図 22cm
◇螢草抄　宇都宮貞子著　創文社　1975　276p　図 22cm
◇草木の話―春・夏　宇都宮貞子著　読売新聞社　1977.6　198p　図 22cm
◇草木の話―秋・冬　宇都宮貞子著　読売新聞社　1977.10　188p 図 22cm
◇草木抄―四季　宇都宮貞子文, 熊田達夫写真　山と渓谷社　1981.4　179p 19×20cm
◇野山の十二カ月（野外への扉）　宇都宮貞子著　評論社　1981.12　240p 20cm
◇植物と民俗（民俗民芸双書 87）　宇都宮貞子著　岩崎美術社　1982.3　285, 20p 19cm
◇夏の草木（新潮文庫）　宇都宮貞子著　新潮社　1984.6　236p 15cm
◇秋の草木（新潮文庫）　宇都宮貞子著　新潮社　1984.8　235p 15cm
◇冬の草木（新潮文庫）　宇都宮貞子著　新潮社　1984.12　219p 15cm
◇春の草木（新潮文庫）　宇都宮貞子著　新潮社　1985.2　231p 15cm
◇科の木帖　宇都宮貞子著　文京書房　1990.3　237p 22cm
◇私の草木誌　宇都宮貞子著　筑摩書房　1991.11　194p 22cm

【その他の主な著作】
◇たんたん滝水―村の自然と生活　宇都宮貞子著　創文社　1978.2　300p 22cm
◇山にあそび野にあそぶ　宇都宮貞子著　東京新聞出版局　1980.6　203p 20cm
◇雪の夜咄　宇都宮貞子著　東京新聞出版局　1980.10　203p 20cm

梅崎 勇
うめざき・いさむ

大正14年（1925年）4月18日～
平成7年（1995年）10月2日

植物学者　京都大学農学研究科教授、福井県立大学生物資源学部教授
福井県大飯郡加斗村（小浜市）出生。北海道大学理学部植物学科〔昭和23年〕卒。理学博士。
團 藻類学 団 日本水産学会、日本藻類学会（会長）、国際藻類学会。

昭和20年北海道大学理学部植物学科に入学し、山田幸男の下で藍藻類の分類学を研究。23年卒業後、その前年に京都府舞鶴に設立された京都大学農学部水産研究室の助手となり、米田勇一と共に水産学生物講座を担当した。当時は終戦直後で実験器具や文献も乏しく交通事情も悪かったが、国内各地に出向いて藻類の採集を行い、34年「The marine blue-green algae of Japan」を発表し、母校・北海道大学から理学博士号を授けられた。46年助教授。56年同大農学研究科熱帯農学専攻水産資源学講座の新設とともに教授に就任。62～63年日本藻類学会会長を務めた。平成元年定年退官後は関西総合環境センターの技術顧問を務めながら自宅で研究を続けたが、3年に新設された福井県立大学生物資源学部教授に招かれ再び教壇に立った。専門は海産藻類学で、のち真正紅藻類や褐藻類にも及び、ホンダワラ類とそれが形成する藻場（ガラモ場）に着目し研究したことでも知られる。他の著書に「藻場（ガラモ場）の生態の総合的研究」がある。

【著作】
◇微生物の生態 9糸状細胞［藍藻類の形態変異について（梅崎勇）］　微生物生態研究会編　学会出版センター　1981.2　240p 22cm
◇内湾海域赤潮生物挙動試験報告書 昭和56年度［汽水域及び淡水域の赤潮形成藍藻類の分類に関する研究（梅崎勇）］　水産庁　1982.3　26cm
◇内湾海域赤潮生物挙動試験報告書 昭和57年度［汽水域及び淡水域の赤潮形成藍藻類の分類に関する研究（梅崎勇）］　水産庁　1983.3　26cm
◇内湾海域赤潮生物挙動試験報告書 昭和58年度［汽水域及び淡水域の赤潮形成藍藻類の分類に関する研究（梅崎勇）］　水産庁　1984.3　26cm

梅田 倫平
うめだ・りんぺい

明治30年（1897年）9月5日～
昭和54年（1979年）4月19日

植物研究家
岡山師範学校卒。

文部省教員検定で中等教育博物科免許を取得。大正13年～昭和10年の間、長崎師範学校に勤め、理科教員の育成に尽力。のち、大村高校長、長崎東高校長、天然記念物調査委員、県理協会長などを歴任。五島黄島におけるノアサガオ及びモクレイシ、北松小佐々下島におけるハカマカズラなど、植物の新産地を発見した。

梅原 寛重

うめばら・かんじゅう

天保14年（1843年）～明治44年（1911年）

農業研究家

伊豆国田方郡神島村（静岡県伊豆の国市）出生。

多くの農業書を読み研究、自ら実践、試験を行い、数々の農業指導書を執筆。著書に「三椏培養新説」「草木撰種新説」「農事の愉しみ―十二ケ月」などがある。

【著作】
- ◇三椏培養新説　梅原寛重著　有隣堂　1881.2　24丁 23cm
- ◇雁皮栽培録　梅原寛重著　有隣堂　1882, 1893　2冊（11、続15丁）23cm
- ◇栗樹栽培法（勧農叢書）　梅原寛重, 濱村半九郎著　有隣堂　1885.1　10丁 23cm
- ◇田圃駆虫実験録（勧農叢書）　梅原寛重著　有隣堂　1886.1　22丁 23cm
- ◇農家年中行事（勧農叢書）　梅原寛重編　文正堂　1886.8　25丁 22cm
- ◇農家年中行事　続（勧農叢書）　梅原寛重編　梅原寛重　1886.12　29丁 22cm
- ◇椎茸製造独案内（勧農叢書）　梅原寛重編　文正堂　1887.6　24丁 23cm
- ◇田圃駆虫実験録 続（勧農叢書）　梅原寛重著　有隣堂　1888.8　44丁 23cm
- ◇農事期節便覧　梅原寛重著　三浦定吉　1889.8　40p 18cm
- ◇菓樹栽培新書　梅原寛重著　梅原寛重　1889.11　104p 19cm
- ◇農業百則　梅原寛重著　三浦定吉　1890.10　10p 18cm
- ◇日本麦圃鑑（勧農叢書）　梅原寛重編　有隣堂　1892.1　27丁 23cm
- ◇新撰農商工節用字類　梅原寛重著　有隣堂　1894.3　78丁 16cm
- ◇草木撰種新説（勧農叢書）　梅原寛重著　有隣堂　1894.11　71p 20cm
- ◇稲作再収法（勧農叢書）　梅原寛重著　有隣堂　1895　17p 19cm
- ◇肥料製造独案内　梅原寛重編　池田書店　1895.7　48p 18cm
- ◇農家暦―永代応用　梅原寛重著　池田商店　1895.10　67p 20cm
- ◇実用山林全書　梅原寛重著　池田商店　1896.3　147p 20cm
- ◇改正農業便覧　梅原寛重著　審農園　1901.3　202p 22cm
- ◇農家のみやげ　梅原寛重著　丸山舎　1901.12　56p 23cm
- ◇実地応用陸稲栽培法　梅原寛重著, 森要太郎閲　有隣堂　1902.12　47p 20cm
- ◇果菜栽培及調理法　梅原寛重著　有隣堂　1903.11　183p 19cm
- ◇椎茸養成独案内　梅原寛重著　有隣堂　1907.8　34p 19cm
- ◇薬草と毒草―附・人畜手療治　梅原寛重著　有隣堂　1909.6　102p 19cm
- ◇梅樹栽培新書　梅原寛重著　有隣堂　1909.9　30p 19cm
- ◇新撰農家要覧　梅原寛重著　大日本報徳奨農会　1910.2　238p 22cm
- ◇茄子と大根と蕪と　梅原寛重著　有隣堂　1910.6　56p 19cm
- ◇山葵栽培調理法　梅原寛重著　有隣堂　1911.2　21p 19cm
- ◇楮樹栽培と諸紙製法　梅原寛重著　有隣堂　1911.3　28p 19cm
- ◇明治農書全集 第12巻 病害虫・雑草・農業　小西正泰編　農山漁村文化協会　1984.10　645, 7p 22cm
- ◇農事の愉しみ―十二ケ月　梅原寛重著　博品社　1997.2　232p 20cm
- ◇自然栽培と調理　梅原寛重著　博品社　1998.1　291p 20cm
- ◇薬草と毒草　梅原寛重著　博品社　1998.3　275p 20cm

梅村 甚太郎

うめむら・じんたろう

文久2年（1862年）11月3日～昭和21年（1946年）3月21日

本草学者

志摩国（三重県）出身。三重師範学校卒。

幼い頃に母親から紫金牛や木槿の薬効などを聞いて動植物に関心を持つ。長じて伊勢の本草家・西村広休に師事し、伊勢や近畿のみならず遠く加賀・信州・日光まで赴いて動植物を採集。

さらに丹波修治の主宰した交友会にも参加し、同会の博物会にも出品した。明治14年三重県師範学校卒業後は教員となって岡崎中学、福島中学、松山中学、静岡師範学校などに勤務。この間、伊藤圭介の指導も受け、明治20年頃からは採集した植物を牧野富太郎に送付して鑑定を依頼している。植物、キノコ、昆虫に詳しく、伊勢、鳥羽の植物、木曽の薬用植物などについて「植物学雑誌」などに論文を発表した。21年福島中学教諭時代には昆虫採集解説書の嚆矢として名高い「昆虫植物採集指南」を刊行。34年には有志と名古屋博物学会を設立した。富士山の植物にも深い関心を示したびたび登山して同地の植物を採集、33年その成果を東京植物学会に報告して銅牌を授けられ、35年には富士周辺の植物約1000種を挙げてその説明や産地、写生図を付した「富士山植物目録」を編纂している。その後、名古屋に移り住み、愛知師範学校、尾張中学、愛知国学院で教鞭を執る傍ら、愛知県天然記念物調査委員を務めた。また薬物の利用厚生に意を用い、大正5年「民間薬用植物誌」を上梓した。晩年は三河鳳来寺近辺に住むブッポウソウの鳴き声をラジオで放送するなどユニークな活動で知られた。他の著書に「新編食用植物誌」「普通有毒植物誌」「東邦薬用動物誌」「蚯蚓及び其効用」「桜誌」「伊藤圭介先生ノ伝」「仏法僧漫録」などがある。

【著作】
◇昆虫植物採集指南　梅村甚太郎著　進振堂　1889.9　87p 18cm
◇富士山植物目録　梅村甚太郎著　東洋社　1902.8　142, 19p 図版 地図 18cm
◇飲食界之植物誌―常用救荒　梅村甚太郎著　飲食界植物誌発行所　1906〜1909　第1-18編 図版 21cm
◇新編食用植物誌　梅村甚太郎著　成美堂　1911.9　611, 11p 22cm
◇民間薬用植物誌　梅村甚太郎編　梅村甚太郎　1916　657, 6p 肖像 23cm
◇時局本草　梅村甚太郎著　正文館書店　1917　22cm
◇普通有毒植物誌　梅村甚太郎著　名古屋丸善書店　1917　164, 10p 肖像 20cm
◇吾帝国に珍らしき愛知県産の草木の話　梅村甚太郎　梅村甚太郎　1920　46p 22cm
◇富士山植物誌　梅村甚太郎著　任他楼　1923　388, 28p 図版 肖像 19cm
◇東邦薬用動物誌　梅村甚太郎編　任他楼　1925　448p 図版 23cm
◇伊藤圭介先生ノ伝　梅村甚太郎著　梅村甚太郎　1927　40p 図版11枚 肖像 22cm
◇名勝及天然紀念物鳳来寺山植物誌　梅村甚太郎著　梅村甚太郎　1935　145p 27cm
◇七拾四歳任他楼誌　梅村甚太郎述　梅村甚太郎　1936　39p 23cm
◇昆虫本草　梅村甚太郎著　正文館　1943　209p 19cm

【その他の主な著作】
◇小学手まり歌　梅村甚太郎著　山本亀太郎　1884.11　11丁 19cm
◇仏法僧漫録　梅村甚太郎述　梅村甚太郎　1935　7p 23cm

雲華
うんげ

安永2年4月1日（1773年5月21日）〜
嘉永3年10月9日（1850年11月12日）

学僧、画僧
名は末弘、別号は鴻雪、染香人、枳東園。豊前国満徳寺出生。

京都に出て仏教・儒教を学び、京都七条枳殻邸の東に住したことから枳東園と号した。頼山陽、田能村竹田らと交流し、自らも詩文や書画をよくし、特に画では蘭や竹を得意とした。天保5年（1834年）高倉学寮の講師を務めた。著書に「唱和集」がある。

栄西
えいさい

永治元年4月20日（1141年5月27日）〜
建保3年7月5日（1215年8月1日）

僧侶（臨済宗）
道号は明庵、俗姓は賀陽、別称は千光法師。備中国（岡山県）出生。

「ようさい」ともいう。11歳で仏門に入り、安養寺の静心に師事。14歳で落髪し、比叡山で

受戒して天台教学を修行した。博多で禅宗のさかんな中国の仏教事情を聞き、仁安3年(1168年)宋に渡って天台山万年寺に登る。同年秋に帰国し、宋より持ち帰った天台の真章疏三十余部60巻などを天台座主・明雲に献上。のち天台復興のため、宋を経由してインドに行くことを志すが、博多まで着いたところで平頼盛に制止され果たせなかった。平氏滅亡後の文治3年(1187年)再び入宋してインド行きを企てるが、モンゴルの勢いが強大となっていたため西域路が通行できず断念し、船主に促されて帰国する途中で嵐に遭い、中国の温州に漂着。そこで再び天台山万年寺に登って住持の虚庵懐敞から臨済禅を学び、法衣と嗣法の印を授けられて建久2年(1191年)帰国した。日本臨済宗の開祖として、九州を中心に禅の本格的な布教活動を開始。5年(1194年)には京に上るが、比叡山の働きかけなどにより排斥され、禅宗布教の停止を言い渡された。6年(1195年)博多に戻って我が国初の禅道場となる聖福寺を建立。9年(1198年)には「興禅護国論」を著し、禅は他宗を否定するものではなく、仏法の復興に必要なものである事を説いた。正治元年(1199年)京での布教に限界を感じて鎌倉に下り、鎌倉幕府第2代将軍・源頼家や北条政子らの帰依を受けて寿福寺を建立し、その住職となった。さらに頼家の外護を受けて京都に建仁寺を建立し、天台・密教・禅の道場とした。以降、幕府や朝廷の庇護を受けて禅宗の振興に努めた。建永元年(1206年)東大寺大勧進職となり大仏殿の完成させるなど、旧仏教の復興にも尽力。建保元年(1213年)権僧正。宋より茶の種を持ち帰り、本格的に日本に紹介した人物として知られ、3代将軍・源実朝に献上されたといわれるその著「喫茶養生記」では、茶の効用を説くとともに飲水、中風、不食、瘡、脚気の五病に対するクワの効用と用法にも触れている。

【著作】
◇日本茶業史 [附録:喫茶養生記 2巻(栄西)] 茶業組合中央会議所編 茶業組合中央会議所 1914 572p 図版94枚 表 23cm
◇喫茶養生記(法蔵文庫) 栄西著, 諸岡存校註 法蔵館 1939 76p 18cm
◇喫茶養生記 栄西〔著〕, 鎌倉同人会編 かまくら春秋社 1979.7 2冊(別冊とも)28cm
◇禅の古典1 喫茶養生記 栄西〔原著〕, 古田紹欽著 講談社 1982.9 133p 18cm
◇栄西—興禅護国論・喫茶養生記(禅入門1) 栄西〔著〕, 古田紹欽著 講談社 1994.1 422p 20cm
◇喫茶養生記(講談社学術文庫) 栄西〔原著〕, 古田紹欽全訳注 講談社 2000.9 186p 15cm

【評伝・参考文献】
◇栄西禅師(禅門叢書 第5編) 木宮泰彦著 丙午出版社 1916 277p 20cm
◇高僧名著全集 18巻 一遍上人・栄西禅師篇 山本勇夫編 平凡社 1931 19cm
◇栄西 伊藤古鑑著 雄山閣 1943 303, 15p 19cm
◇栄西(人物叢書 日本歴史学会編) 多賀宗隼著 吉川弘文館 1965 339p 図版 18cm
◇佐賀県郷土史物語 第1輯 脊振山と栄西・大潮と売茶翁 川頭芳雄編著 川頭芳雄 1974 954p 図 22cm
◇栄西の生涯(日本人の国際理解シリーズ 4) 水野恭一郎著 岡山ユネスコ協会 1975 57p 図 肖像 22cm
◇栄西禅師(叢書『禅』5) 木宮泰彦著 国書刊行会 1977.7 143p 22cm
◇日本の禅語録 第1巻 栄西 古田紹欽著 講談社 1977.9 406p 図 肖像 20cm
◇日本仏教の心 5 栄西禅師と建仁寺 竹田益州著, 日本仏教研究所編 ぎょうせい 1981.4 198p 29cm
◇教養講座シリーズ 42 [栄西(多賀宗隼〔述〕)] 国立教育会館編集 ぎょうせい 1982.9 200p 19cm
◇日本仏教宗史論集 第7巻 栄西禅師と臨済宗 平野宗浄, 加藤正俊編 吉川弘文館 1985.3 453p 22cm
◇高僧伝 6 栄西 明日を創る 平田精耕著, 松原泰道, 平川彰編 集英社 1985.9 267p 20cm
◇栄西・白隠のことば 菅沼晃著 雄山閣出版 1986.8 226p 20cm
◇茶事遍路 陳舜臣著 朝日新聞社 1988.4 237p 21×16cm
◇栄西(京都・宗祖の旅) 高野澄著 淡交社 1990.7 151p 19cm
◇栄西禅師—末法の世を生きた大きな心 対雲室善来文, 働正絵 石風社 1991.4 1冊 25cm
◇日本名茶紀行 松下智著 雄山閣出版 1991.8 269p 19cm
◇茶の話—茶事遍路(朝日文庫) 陳舜臣著 朝日新聞社 1992.5 281p 15cm
◇栄西を訪ねて—生誕地と生涯 芝村哲三著 吉備人出版 2004.5 555p 22cm

【その他の主な著作】
◇興禅護国論　栄西著，古田紹欽訳注　明世書店　1943　216p　肖像 16cm
◇興禅護国論―傍訳　栄西著，西村惠信監修，安永祖堂編著　四季社　2002.6　607p　22cm

永田 藤兵衛
えいだ・とうべえ

明治4年(1871年)1月10日～
大正13年(1924年)2月29日

実業家，政治家　吉野銀行頭取，奈良県議

号は可峰。奈良県下市町出身。父は永田藤平(奈良県議)。

永田藤平の長男として生まれる。奈良県下市町で家業の林業・製材業を継ぐ。明治36年奈良県議。38年吉野銀行頭取に就任。大正3年吉野桶木会社を創設，4年洞川電気索道の設立に関わるなど，奥吉野地方の木材資源の開発に貢献した。

江口 庸雄
えぐち・つねお

明治31年(1898年)6月7日～
昭和59年(1984年)11月17日

日本大学農獣医学部教授

佐賀県出生。東京帝国大学農学部〔大正14年〕卒。農学博士。[團]蔬菜園芸学 [賞]毎日学術奨励金〔昭和42年〕。

植物の花芽分化研究の権威で，岐阜高等農林教授，千葉高等園芸教授，台湾総督技師，ボゴール農業試験場(ジャワ)園芸部長，農林省農業技術研究所園芸部蔬菜課長，日本大学農獣医学部教授を歴任。著書に『蔬菜園芸』。42年11月，花芽分化の研究で毎日学術奨励金受賞。

【著作】
◇千葉高等園芸学校学術報告［第3号 葱頭の採種量と開花期及天候との関係に就て(江口庸雄)］　千葉高等園芸学校編　千葉高等園芸学校　1932～1942　26cm
◇園芸綜説蔬菜園芸　江口庸雄著　西ケ原刊行会　1939　372, 3p 図版 23cm
◇千葉高等園芸学校学術報告 第4号 植物の花芽分化前と分化後に於ける日照時間に対する反応の研究 フォトペリオヂズムに関する一新研究(江口庸雄)　千葉高等園芸学校編　千葉高等園芸学校　1939　112p 27cm
◇日本園芸発達史［蔬菜園芸の発達(江口庸雄)］　日本園芸中央会編　朝倉書店　1943　800p 22cm
◇蔬菜園芸―園芸綜説　江口庸雄著　地球出版　1947　375p 19cm
◇蔬菜の採種と経営(営農叢書)　江口庸雄著　誠文堂新光社　1950　302p 18cm
◇最新作物栽培事典　近藤頼巳，松尾孝嶺，江口庸雄監修　博友社　1958　465p 22cm
◇日本大学創立七十年記念論文集 第3集 自然科学編［パイナップル栽培に於ける葉上漉水の効果(江口庸雄, 池田三雄)］　日本大学　1960　653p 27cm
◇畑地農業の基本構造［そ菜作の改善方向(江口庸雄)］　近藤頼巳等著　農林協会　1961　251p 22cm
◇パイナップルとバナナの花芽分化に関する研究―東南アジアにおけるパイナップルおよびバナナ栽培の基礎的研究　江口庸雄著　江口先生記念出版会　1972　50p 26cm
◇作物の栄養と花成に関する研究　江口庸雄, 高橋文次郎共著　日本大学農獣医学部農学科園芸第一研究室江口先生記念出版会　養賢堂(発売)　1975　81p 図 26cm

榎本 中衛
えのもと・なかえ

明治25年(1892年)10月12日～
昭和36年(1961年)7月28日

京都大学名誉教授

和歌山県出生。東京帝国大学農科大学〔大正5年〕卒。農学博士〔昭和18年〕。[團]作物学。

新潟県農事試験場，農商務省農事試験場を経て，昭和4年京都帝国大学助教授，8年教授。九州帝国大学教授を兼務し，30年退官。その後，近畿大学農学部長となった。学術研究会議会員，学術振興会委員も務めた。冷水灌漑と開花期不稔の関係解明，花粉の人工発芽の成功など，水稲の冷害に関する研究で業績を挙げた。

【著作】

◇特別報告 第7号［籾米の乾燥に関する研究予報（榎本中衛等）］ 新潟県農事試験場〔編〕 新潟県農事試験場 1918 60p 22cm
◇特別報告 第13, 18号［水稲純系淘汰試験経過報告 其1, 2（榎本中衛, 柿崎洋一）］ 新潟県農事試験場〔編〕 新潟県農事試験場 1921～1925 26cm
◇満州の棉作と昭和九年の作柄に就て, 熱河に於ける棉作に就て 寺田慎一述, 榎本中衛述 日満実業協会 1935 38p 23cm
◇北支に於ける棉花に関する調査報告書 榎本中衛著 日満棉花協会 1936 53p 図版 22cm
◇河南省の棉作 榎本中衛, 長谷川清三郎共著 日本棉花栽培協会 1938 14p 表 地図 22cm
◇江北塩墾植棉事情（日棉資 第7輯） 榎本中衛著 日本棉花栽培協会 1939 92p 地図 24cm
◇仏領印度支那の棉作 榎本中衛, 西口逸馬, 人見芳夫著 日本棉花栽培協会 1941 38p 21cm
◇棉花図 方観承著, 榎本中衛, 吉川幸次郎訳 筑摩書房 1942 39枚（図版, 解説共）26cm
◇吉川幸次郎全集 第16巻 清・現代篇［御題棉花図―榎本中衛氏と共に］ 筑摩書房 1970 659p 図12枚 22cm

江馬 元益

えま・げんえき

文化3年（1806年）3月24日～
明治24年（1891年）1月24日

蘭方医
幼名は益也, 字は子友, 通称は春齢, 号は活堂, 藤渠。美濃国安八郡藤江村（岐阜県大垣市）出生。

　大垣藩医・江馬元弘の長男として生まれる。水谷豊文, 山本亡羊に本草学, 藤林泰助に蘭方医学を学ぶ。天保14年（1843年）福岡藩主・黒田斉清の眼疾を診療。15年（1844年）には幕府に召されて医学館において本草を講じた。弘化元年（1844年）富山藩主・前田利保を診療するとともに物産について進講。明治維新後は議員, 神祇調方心得を経て, 明治3年藩院上局議員を拝命した。祖父にあたる江馬蘭斎の開いた蘭学塾を継承・発展させ, 多くの弟子を育てるとともに蘭学の普及にも貢献。本草家として熱心に植物の標本・栽培を進め, 自ら植物をスケッチして「本草図彙」（70巻）にまとめたことで

も知られる。また嘉永2年（1849年）頃に本草学者・伊藤圭介に宛てた手紙には, 以前からドンクルカームル（写真鏡）を所持していたことが見えており, 写真前史の様子を知る記述として興味深い。

江本 義数

えもと・よしかず

明治25年（1892年）10月28日～
昭和54年（1979年）5月18日

微生物学者　学習院大学名誉教授
東京市本所区荒井町（東京都墨田区）出生。東京帝国大学理科大学植物学科〔大正6年〕卒。理学博士〔昭和9年〕。

　東京帝国大学で植物生理形態学を学び, 主として微生物, 変形菌についての研究を行った。昭和9年学習院教授となり, 28年から学習院女子短期大学教授, 国士舘短期大学教授を務め, 36年学習院大学名誉教授となり, 国士舘大学教授に就任した。また33～49年東京国立文化財研究所の調査研究員として法隆寺金堂焼損壁画, 高松塚古墳壁画の微生物調査と防除処理の研究を行う。主な著書に「日本変形菌原色図譜」がある。

エングラー

Engler, Adolf
1844年3月25日～1930年10月10日

ドイツの植物学者
ベルリン大学教授
サーガン出生。

　幼少時から植物に興味を持ち, 19歳で中学を卒業した頃にはすでに植物学に関する十分な知識を持っていたといわれる。ブレスラウの大学で教鞭を執っていたが, 1889年ベルリン大学に

招かれ、植物学教授、博物館長及びベルリン・ダーレム植物園長を兼任。植物分類学、地理学におけるベルリン学派を形成、主導した。当時ドイツが領有していた各地の植民地から送られてきた植物標本の整理に当たるとともに、植物地理学とアフリカにおける植物誌の研究に従事。またブレスラウ時代からプランテルと共に「植物分科体系」などを刊行し、その中で被子植物において、単純な構造を持つ花を原始的な形態とし、そこから徐々に複雑な構造の花を持つものへ進化したという考えから、系統的に配列分類して、現在でも広く用いられている新エングラー体系を確立した。1913年には日本にも来遊、日本の植物にも並々ならぬ関心を示して約4ケ月に渡って滞日し、各地の植物相を見学、早田文蔵らの紹介で九州・中国地方で採集活動を行った。

遠藤 吉三郎
えんどう・きちさぶろう

明治7年(1874年)8月～大正10年(1921年)3月14日

水産植物学者 北海道帝国大学農科大学教授 新潟県胎内市出生、北海道出身。父は遠藤吉平(衆院議員)。東京帝国大学理科大学動植物学科〔明治34年〕卒。理学博士(東京帝国大学)〔明治41年〕。

新潟県に生まれ、明治17年函館に移る。函館商を卒業後、北海道炭礦鉄道に入社するが、父の友人である上司の勧めで旧制二高に進み、安田篤の感化により植物学に興味を持つ。東京帝国大学では松村任三の指導の下で海藻学を専攻。36年軍艦に乗り千島列島及びカムチャッカ半島の調査に従事。40年札幌農学校教授、同年同校の東北帝国大学農科大学昇格により同教授となり、大正7年北海道帝国大学農科大学の独立により同教授。この間、明治44年～大正3年ドイツ、ノルウェー、英国に留学。海藻など水産植物学の研究者として活躍し、実用を心がけた研究に取り組んだ。8年北海タイムスに掲載された随筆「僕の家」が大学を批判していると

して当時の佐藤昌介北大総長より休職を命じられ、10年肺結核の転地療養へ向かう途中、仙台で病没した。海藻学のみならず諸分野に一家言を持ち、ナナリソ(莫語花)の筆名で森鴎外翻訳のイプセン劇の誤訳を指摘する文章を発表、世間の耳目を集めた。政治学者の吉野作造や農学者の安藤広太郎らとも論争を行い、日本人の行き過ぎた西洋崇拝に釘を刺す文章も数多く発表している。また、ノルウェー留学中にスキーを修めて複杖のノルウェー式スキーを持ち帰り、小樽商の運動場にある傾斜地に我が国初のジャンプ台(手作りの仮飛台)を作るなど、我が国におけるノルディックスキーの先駆者としても知られる。8年には北大の学生であった木原均とスキー技術書「最新スキー術」を共同で著した。著書に「日本有用海産植物」「実験隠花植物学」「莫語花」「海産植物学」「嗚呼西洋」「欧州文明の没落」「西洋中毒」などがある。

【著作】
◇日本有用海産植物 遠藤吉三郎著 博文館 1903.6 221p 図版 23cm
◇実験隠花植物学 遠藤吉三郎著 裳華房 1906.1 282, 16p 図版 23cm
◇海産植物学 遠藤吉三郎著 博文館 1911.3 748, 84p 図版 22cm
◇東北地方ノ稲作ノ豊凶ト海流トノ関係 其1-4 (農務彙纂 第58, 65, 72, 77) 遠藤吉三郎著, 農商務省農務局編 農商務省農務局 1916～1919 4冊 26cm

【評伝・参考文献】
◇近代日本生物学者小伝 木原均ほか監修 平河出版社 1988.12 567p 22cm

遠藤 元一
えんどう・もといち

明治22年(1889年)1月31日～
昭和37年(1962年)11月1日

園芸家
鳥取県国英村(河原町)出生。
花御所柿の栽培技術の研究を行い、改良・普及に尽くした。大正14年出荷組合を結成、販路

大井 次三郎
おおい・じさぶろう

明治38年(1905年)9月18日～
昭和52年(1977年)2月22日

植物分類学者 国立科学博物館附属自然教育園長
東京市深川区西森下町(東京都江東区)出生。東京府立園芸学校(現・東京都立園芸高)〔大正12年〕卒, 千葉高等園芸学校(現・千葉大学園芸学部)〔昭和2年〕卒, 京都帝国大学農学部農林生物学科〔昭和5年〕卒。理学博士(京都帝国大学)〔昭和12年〕。団 植物分類地理学会 賞 朝日賞(昭和46年度)。

木材商の二男として生まれる。東京府立園芸学校(現・東京都立園芸高)、千葉高等園芸学校から京都帝国大学農学部農林生物学科に進み、木原均の勧めにより理学部植物学科の小泉源一の指導を受け、植物分類学を専攻。一年後輩に北村四郎がいた。昭和5年京都帝国大学理学部副手、11年講師となり、また雑誌「植物分類地理」の編集・発行事務に携わる傍ら、南千島、朝鮮半島、台湾などの調査旅行を実施。18年からは陸軍司政官としてジャワのボゴール植物園に勤めた。戦後、21年復員して東京科学博物館(現・国立科学博物館)事務嘱託となり、23年研究員、24年図書課長、44年自然教育園長を歴任。45年退官、47年名誉館員。28年日本の植物を分類・集大成し、種の検索表を付した大著「日本植物誌」を刊行。32年に同シダ篇、40年に顕花植物篇を出版、スゲ、ホモノ科の分類に業績を挙げた。晩年はサクラについての研究も行った。

【著作】

◇千葉高等園芸学校戸定会学術彙報 第1号〔朝鮮咸鏡北道産スゲ属植物目録(大井次三郎)〕 千葉高等園芸学校戸定会編 千葉高等園芸学校戸定会 1930 51p 図版 26cm
◇日本植物誌 〔第1〕 大井次三郎著 至文堂 1953 1383p 27cm
◇日本植物誌 〔第2〕 シダ篇 大井次三郎著 至文堂 1957 244p(図版64p共) 27cm
◇標準原色図鑑全集 第9巻 植物 第1 大井次三郎著 保育社 1967 166p 図版32枚 21cm
◇標準原色図鑑全集 第10巻 植物 第2 大井次三郎著 保育社 1967 168p 図版32枚 20cm
◇モミジとカエデ 大井次三郎、有滝竜雄、中村恒雄共編 誠文堂新光社 1968 294p(図版共) 22cm
◇日本桜集 大井次三郎文、太田洋愛画 平凡社 1973 325p(図共) 31cm
◇日本の野生植物 草本 3 合弁花類 佐竹義輔、大井次三郎、北村四郎、亘理俊次、冨成忠夫編 平凡社 1981.10 259p 図版224p 27cm
◇日本の野生植物 草本 1 単子葉類 佐竹義輔、大井次三郎、北村四郎、亘理俊次、冨成忠夫編 平凡社 1982.1 305p 図版208p 27cm
◇日本の野生植物 草本 2 離弁花類 佐竹義輔、大井次三郎、北村四郎、亘理俊次、冨成忠夫編 平凡社 1982.3 318p 26cm
◇新日本植物誌 顕花篇 大井次三郎著, 北川政夫改訂 至文堂 1983.4 1716p 図版15枚 27cm
◇植物1(エコロン自然シリーズ) 大井次三郎著 保育社 1996.5 166p 図版64p 19cm
◇植物2(エコロン自然シリーズ) 大井次三郎著 保育社 1996.6 167p 19cm

【評伝・参考文献】
◇近代日本生物学者小伝 木原均ほか監修 平河出版社 1988.12 567p 22cm

大家 百次郎
おおいえ・ひゃくじろう

嘉永5年(1852年)3月5日～
大正4年(1915年)10月27日

園芸家
伊予国西宇和郡矢野崎村(愛媛県八幡浜市)出生。

生地・愛媛県向灘浦地方は漁業や養蚕などが農家の主な収入源になっていたので、農事の改良を思い立ち、明治27年九州から夏ミカンや温州ミカンの苗を導入し栽培を開始。以来、研究と改良を重ねて"日の丸ミカン"の基礎を確立

し、同地方を全国有数のミカン産地に育て上げた。また、私塾を開いて武道を教授するなど、青少年の育成にも力を注いだ。

大石 三郎
おおいし・さぶろう

明治36年(1903年)8月11日～
昭和23年(1948年)11月30日

東北帝国大学教授
山形県米沢市出生。東北帝国大学理学部地質学古生物学科〔昭和3年〕卒。理学博士〔昭和14年〕。團古生物学。

昭和5年東北帝国大学助手となり、7年助教授、18年教授となった。北日本の新生代植物化石や日本・中国の古生代及び中生代の植物化石の研究を重ね、中国には3回にわたって出張、化石の採集を行った。

【著作】
◇岩波講座地質学及古生物学・礦物学及岩石学〔第2 地質・古生物 ジュラ紀(大石三郎)〕,第4 地質・古生物学 中世代の植物化石(大石三郎)〕 岩波書店 1931～1934 23cm
◇東亜古植物分類図説 大石三郎著 地学出版社生社 1950 2冊(別冊共)図版 22cm

大泉 滉
おおいずみ・あきら

大正14年(1925年)1月1日～
平成10年(1998年)4月23日

俳優
東京出生。父は大泉黒石(ロシア文学者)、祖父はアレキサンドル・ワホヴィッチ(ロシア外交官)。城西学園中学中退。

祖父はロシア貴族アレキサンドル・ワホヴィッチで、父の大泉黒石は大正時代にロシア文学者・小説家として著名だった。しかし家は貧しく、小学校時代からプレス工場や納豆売りの行商などの手伝いをして家計を助けた。小学校5年の時にはより給金が良いということで児童劇団東童に入団、ロシア人の血を享けた眉目秀麗の美男子であったため、たちまち頭角を現し、昭和15年島耕二監督「風の又三郎」で映画初出演。19年徴兵されて首都防衛の高射砲部隊に配属され、夜ごと東京に来襲する爆撃機の迎撃をする傍ら、後楽園球場を耕してサツマイモ栽培に勤しんでいたという。戦後、21年文学座入りし、木下恵介監督「破れ太鼓」や今井正監督「また逢う日まで」などで二枚目俳優として活躍。26年には吉村公三郎監督「自由学校」にアプレ青年の役で出演したのが人気を呼び、"トンデモハップン"の流行語も生み出した。これを機にコメディアンに転身。29年文学座退団後はフリーとなり、小津安二郎監督「お早よう」、寺山修司監督「ボクサー」、山田典吾監督「茗荷村見聞記」、林海象監督「夢見るように眠りたい」などの映画や、「図々しい奴」「プレイガール」〈ウルトラマン〉シリーズなどのテレビ番組に出演、独特の風貌と飄々たる脇役ぶりで人気を集めた。趣味の完全有機農法による糞便を利用しての野菜作りは有名で、58年には野菜の育て方にからめて人生経験を綴った「ぼく野菜人」を出版した。

【著作】
◇ぼく野菜人―自分で種まき、育て、食べようよ!(カッパ・ブックス) 大泉滉著 光文社 1983.7 200p 18cm

大井上 康
おおいのうえ・やすし

明治25年(1892年)8月21日～
昭和27年(1952年)9月23日

農学者,農民運動指導者
広島県江田島市出生。父は大井上久麿(海軍少将)。東京農業大学〔大正3年〕卒。フランス農芸学士院。

父は海軍少将・大井上久麿。大正3年に東京農業大学を卒業して神谷酒造所牛久葡萄園の技師となる。8年静岡県田方郡に大井上理農学研

所を設立して本格的にブドウの研究に着手、11年にはフランス・ドイツ・英国へ渡って園芸学術の研究に従事した。日本の学会との関わりは薄かったが、昭和5年に発表した「理論実際 葡萄之研究」が認められ、フランス農芸学士院の会員に選ばれた。また研究の傍ら農民運動にも関心を寄せ、全農県連や日本農民連盟・静岡県農村連盟などで活動。14年東亜経綸同志会創立大会に際して座長を務め、15年には農村文化研究会の結成に参画した。17年ブドウの'石原早生'に'センテニアル'を交配した実生から大粒で糖度の高い新品種を作出、これは彼の農場から遠望できる富士山にちなみ'巨峰'と命名され、21年に発表ののち内外から高い評価を受けた。没後、後継者の努力によって需要が伸び、その生産量はブドウ全体の3割を超え、国内トップである。59年中伊豆町(現・伊豆市)に大井上記念館が設立された。

【著作】
◇家庭菜園の実際　大井上康著　旺文社　1946　143p 18cm
◇新栽培技術の理論体系―栄養週期学説の技術的展開〈4版〉　大井上康著　全国食糧増産同志会　1948　250p 21cm
◇肥料と施肥の新研究　大井上康著　生産日本社　1950　300p 22cm
◇葡萄之研究　大井上康著　日本巨峰会　1970　916p 肖像 22cm

大岩 金右衛門

おおいわ・きんうえもん

明治19年(1886年)10月17日～
昭和34年(1959年)3月23日

園芸家
愛知県出身。
　愛知県内海町のミカン農家の婿養子となり、家業を継ぐ。昭和21年'大岩五号'の育成に成功。内海ミカンの名を高めた。愛知県立内海果樹試験場の誘致にも尽力。

大上 宇市

おおうえ・ういち

慶応元年(1865年)～昭和16年(1941年)5月

博物学者
播磨国香嶋村(兵庫県たつの市)出生。小学校中退。
　明治6年小学校に入学するが、家が貧しく第5級で退学。幼い頃から病弱で、煎じて服用する薬草を求めて歩きまわった。また漢文を独習して「薬徴」全4巻を読破した他、書物を持つ人を訪ねては借りだして写本し漢方知識を蓄え、東京から専門雑誌を取り寄せて西洋医学を学ぶなど、病身の克服に努めた。明治22年お伊勢参りの帰りに本草学書「本草綱目」に出会ったことから本格的に植物研究の道に入り、陸産貝類や菌類、さらに動物学、気象、農産学、地域史など幅広い分野に目を配って農村振興のための実学的な研究に徹した。33年には牧野富太郎に託した標本から西播磨などにしか生息しないコヤスノキが見つかり、牧野により新種として発表された。大正8年居住していた篠首村の総代に選出され、治水工事や信用組合の活性化などに力を尽くした。数百にのぼる論文を学術雑誌に寄稿したが、生前まとまった著書を出版しなかったため世に知られることはなく、数百冊の未刊行著書が遺された。戦後、その業績が再発見され、昭和62年初の資料展が開催された。平成16年には学術雑誌への寄稿をまとめた「大上宇市と博物学 学術雑誌寄稿集」が刊行された。

【著作】
◇大上宇市と博物学―学術雑誌寄稿集　〔大上宇市〕[著]　新宮町教育委員会　2004.3　280p 30cm

【評伝・参考文献】
◇郷土の偉大な博物学者大上宇市　大上宇市調査委員会編著　新宮町教育委員会　1992.3　137p 26cm
◇二列目の人生 隠れた異才たち〔大上宇市―もうひとりの熊楠〕　池内紀著　晶文社　2003.4　230p 19cm

大内 幸雄
おおうち・ゆきお

昭和4年(1929年)2月10日～
平成11年(1999年)6月3日

岐阜大学名誉教授
岐阜県中津川市出身。岐阜農林専門学校林学科森林経理専攻〔昭和23年〕卒。農学博士。専森林経営学。

昭和23年中津高校教諭、29年岐阜大学農学部助手、38年講師、42年助教授、56年教授を経て、名誉教授。山形大学、高知大学、林業短期大学非常勤講師も務めた。一方、建設省の徳山ダム建設事業審議委員会環境部会長、日本林学会評議員、林業経済学会評議員、岐阜県自然環境保全審議会長、同県森林審議会長、土地利用審査会長を歴任。"開発と自然保護との共存"を訴え、開発に対し環境保全対策を助言した。著書に「林業の産地形成に関する研究」「森林計測学」「森林計測学講義」「日本の林業問題」「日本の択伐林山村問題と山村対策」などがある。

大内山 茂樹
おおうちやま・しげき

大正10年(1921年)～昭和41年(1966年)

植物学者
鹿児島県加治木町出生。盛岡高等農林学校(現・岩手大学農学部)農学科〔昭和16年〕卒。専作物学。

昭和17年より大日本精糖台湾支所農務研究室に勤務。戦後、23年国立農業試験場種子島分場に入り、在職のまま亡くなった。熱帯作物の栽培について調査研究も行い、「九州農業試験場ニュース」「日本作物学会九州支部会報」などに研究成果を発表。31年には奄美大島、与論島、石垣島で有用植物の調査を実施した。種子島を中心に野生植物についても研究し、佐々木舜一との共著で「種子島自生植物の地理的分布」がある。

【著作】
◇作物大系 第8編［甘蔗(大内山茂樹)］ 養賢堂 1963 106p 21cm
◇作物大系 第9編 養賢堂 1963 172p 21cm

大岡 雲峰
おおおか・うんぽう

明和2年(1765年)～嘉永元年(1848年)

博物画家
本名は大岡成寛。俗名は傅十郎、金十郎、次兵衛、字は公寮、通称は四谷南蘋。

旗本の家に生まれる。天明8年(1788年)父の跡を継いで奥右筆見習となる。寛政4年(1792年)務めを辞し、以後は画業に専心した。絵は渡辺玄對らに師事したほか、長島藩主で画人としても知られた増山雪斎(正賢)に沈南蘋の画法をも学び、四谷に住んだことから四谷南蘋とも呼ばれる。植物を愛好したこともあって山水や花卉を描くのに秀で、水野忠暁の「草木錦葉集」や繁亭金太の「草木奇品家雅見」などにも精細にして緻密な植物の写生画を寄せた。弟子に関根雲停、滝和亭、歌川広重らがいる。

大賀 一郎
おおが・いちろう

明治16年(1883年)4月28日～
昭和40年(1965年)6月15日

植物学者,ハス研究家　奉天教育専門学校教授
岡山県賀陽郡庭瀬村(岡山市)出生。妻は大賀歌子。東京帝国大学理科大学植物学科〔明治42年〕卒。理学博士(東京帝国大学)〔昭和2年〕。賞ハンブルク市名誉賞(ドイツ)〔昭和28年〕,紫綬褒章〔昭和36年〕、勲三等瑞宝章〔昭和40年〕。

岡山県の旧家に12人弟妹の長男として生まれる。岡山中を卒業した頃に洗礼を受け、キリ

スト教に入信。旧制一高時代は内村鑑三の下に出入りして大きな影響を受け、またその勧めにより植物研究の道を志し、東京帝国大学理科大学植物学科に進学。卒業研究は「アサガオの細胞学的研究」で、この頃よりハスに興味を持った。43年旧制八高講師となり、44年教授。大学卒業後、母を失って幼い弟や妹4人を引き取ったが、その際に弟たちの世話を焼いてくれた3歳上の塩尻歌子との結婚を内村に勧められ、同年内村の媒酌により結婚。大正4年生徒たちを引率して南洋諸島を視察。6年満鉄教育所員として満州に赴任すると満州各地の植生調査に従事、妻と一緒に山野を巡り、妻が発見した新種に「ウタコスミレ」と命名した。南満州・普蘭店（フランテン）の泥炭層から古いハスの実を発掘し、発芽実験に成功。12年満鉄本社より海外留学を命じられ、渡米準備のために東京に約3ヶ月間滞在。この間、恩師である藤井健次郎に古代ハスの発芽実験を報告すると、論文を書くことを勧められ、「今後種子の長寿に関する論文がかかれるときには、この論文は必ず第一に引用されるであろう。そしてこれによって君は天下に名をなすであろう」と予言された。米国ではジョンズ・ホプキンス大学のB. E. リビングストンの下で植物生理学を研究。また普蘭店のハスの実約1000個を持参して研究に取り組み、発芽実験の成功は新聞に大きく取り上げられ、全米に喧伝された。15年ヨーロッパを経由して帰朝、新設の奉天教育専門学校教授に就任。昭和2年「南満州フランテン産の生存古蓮実の研究」により理学博士号を授与され、同論文でハスの実は推定500年と植物中で最長寿で、さらに2500年は生きると発表。満州では師の内村より受け継いだ伝道精神を基に研究・教育にいそしんだが、陸軍による大陸侵攻政策に嫌悪を抱き、満州事変の勃発に伴い15年の在満生活を打ち切って昭和7年帰国。以後、東京女子大学、東京農林専門学校などの講師として教鞭を執った。10年より奈良県の当麻寺に伝わる、蓮糸によって編まれたとされる古い曼荼羅「当麻曼荼羅」の研究を行い、蓮糸織でないことを解明した。また同年、昔から蓮池として知られた東京・上野の不忍池の復興を図るため観蓮会を開催、"ハスの花の開花時には音がする"という言い伝えの実証を試みるが音はせず、開花時は無音無声であるとした。26年千葉県の検見川遺跡より約2000年前のハスの実を発見、発芽・開花に成功して"大賀ハス"と呼ばれ、28年ドイツのハンブルクで行われた国際園芸博覧会にも出品、ハンブルク市名誉賞を受けた。20年5月東京大空襲で家屋を失い府中市に疎開してからは亡くなるまで同地で暮らし、府中ケヤキ並木横観図作りにも携わった。後半生は在野の研究者として清貧の生活を送り、"ハス博士"として広く敬愛された。著書に「満州の植生状態と植物の分布」「ハスを語る」「近江妙蓮から近江妙蓮へ」「ハスと共に六十年」などがある。没後、蔵書は府中市立図書館に収められた。

【著作】
◇岩波講座生物学 第16特殊問題［満州の植生状態と植物の分布（大賀一郎）］ 岩波書店編 岩波書店 1930～1931 23cm
◇中尊寺と藤原四代—中尊寺学術調査報告［中尊寺のミイラとともにあった植物のタネ（大賀一郎）］ 朝日新聞社編 朝日新聞社 1950 260p 図版10枚 22cm
◇ハスを語る 大賀一郎 忍書院 1954 238p 図版 19cm
◇ハス 大賀一郎著 内田老鶴圃 1960 238p 図版 19cm
◇ハスと共に六十年 大賀一郎著 アポロン社 1965 255p 図版 19cm
◇蓮の実—ここを掘ればハスの実が出る 和歌山県大賀ハス保存会 1985.6 51p 18cm

【評伝・参考文献】
◇永遠の花—長篇叙事詩 大賀一郎博士伝記物語 市原三郎著 花園詩人社 1966 221p 図版 18cm
◇蓮ハ平和の象徴也—大賀一郎博士を偲ぶ 大賀一郎博士追憶文集刊行会編 大賀一郎博士追憶文集刊行会 1967.5 341p 19cm
◇大賀文庫目録 府中市立図書館 1968 216p 25cm
◇近代日本生物学者小伝 木原均ほか監修 平河出版社 1988.12 567p 22cm
◇世界にかがやいた日本の科学者たち 大宮信光著 講談社 2005.3 239p 21cm
◇探究のあしあと—霧の中の先駆者たち 日本人科学者（教育と文化シリーズ 第2巻） 東京書籍 2005.4 94p 26cm

◇古代蓮―大賀ハスと行田ハス　中谷俊雄著　新風舎　2005.8　205p 21cm

大賀 歌子
おおが・うたこ

明治16年(1883年)5月～昭和31年(1956年)3月2日

旧姓名は塩尻。京都府出身。夫は大賀一郎（植物学者・ハス研究家）。マクドウェル学校卒，コロンビア大学卒。

　丹波の貧しい家に生まれ，父母の後を追って上京。助産婦などを経て，明治44年内村鑑三の勧めにより植物学者の大賀一郎と再婚。大正6年夫に従って満州に移り，夫の研究を援けた。12年夫の米国留学に同行し，ニューヨークのマクドウェル学校，コロンビア大学を卒業。留学に際して採集した植物標本を矢部吉禎に寄託したが，整理中に関東大震災に遭い，焼失。昭和6年「すみれ図譜」を刊行。熱心なキリスト教徒として伝道活動に力を注ぎ，いくつもの日曜学校を開いて子どもたちを教えた。また手芸にも優れた才能を発揮，服装改善を提唱して編み物を満州に広めた。

大垣 智昭
おおがき・ちあき

昭和2年(1927年)2月28日～
平成元年(1989年)11月12日

筑波大学農林学系教授
北海道札幌市出生。東京農林専門学校農科〔昭和22年〕卒。農学博士。園園芸学（果樹園・利用学）所園芸学会，日本土壌肥料学会，日本食品工業学会。

　農林省園芸試験場助手を経て，昭和24年神奈川県園芸試験場技師，柑橘分場長，技術研究部長を歴任。50年東京教育大学農学部教授となり，52年筑波大学教授に就任。著書に「中国の柑橘」「果樹の整枝剪定」など。

【著作】
◇果樹の新しい整枝と剪定（図解農業技術 18）大野俊雄，大垣智昭著　家の光協会　1966　185p 図版 22cm
◇中国の柑橘　近藤康男，大垣智昭著　日本園芸農業協同組合連合会　1979.11　295p 22cm
◇果樹園芸　大垣智昭〔ほか〕共著　文永堂出版　1987.4　330p 22cm
◇園芸事典　松本正雄，大垣智昭，大川清編　朝倉書店　1989.4　397p 21cm

大久保 三郎
おおくぼ・さむろう

安政4年(1857年)5月23日～
大正13年(1924年)5月23日

植物学者
父は大久保一翁（幕臣）。ミシガン大学。

　幕臣・大久保一翁（明治初年東京府知事，元老院議官となり，のちに子爵）の子。明治4年米国に留学し，ミシガン大学で植物学を学ぶ。9年には英国に渡り，さらに研究を重ねた。帰国後，11年内務省及び宮内省勤務を経て，14年東京大学御用掛・植物学教場助手に任ぜられ，小石川植物園での植物取調も兼務。東京大学在職中は伊豆諸島や小笠原諸島，特に硫黄島の植物相を研究し，数多くの論文を発表。16年松村任三と共に助教授に昇進し，植物学教室教授の矢田部良吉を補佐して同教室の標本・施設の拡充に尽力した。20年には白井光太郎，斎田功太郎らと植物調査のため伊豆諸島に赴き，同地の植物標本を採集。22年牧野富太郎と連名で「植物学雑誌」にヤマトグサを日本で初めて学名を付けて発表した。28年同大学を非職となり高等師範学校教授に転じたが，以後は中学用の植物教科書の編纂に当たった以外，植物に関する論考を発表していない。その名は彼が箱根で採取したシダの一種オオクボシダに残る。編著に「植物学字彙」（斎田功太郎らとの共編）などがある。

【著作】
◇植物学字彙　大久保三郎等編　丸善　1891.6　269, 65p 図版 20cm
◇中学植物教科書　大久保三郎等著　文学社　1903.1　172p 23cm
◇植物教科書―師範学校　大久保三郎等著　文学社　1903.4　184p 23cm
◇植物教科書―高等女学校　大久保三郎等著　文学社　1903.4　82p 23cm

【評伝・参考文献】
◇日本植物研究の歴史―小石川植物園300年の歩み（東京大学コレクション4）　大場秀章編　東京大学総合研究博物館　1996.11　187p 25cm

大久保 重五郎
おおくぼ・じゅうごろう

慶応3年（1867年）8月13日～
昭和16年（1941年）1月15日

園芸家

備前国磐梨郡弥山村（岡山県岡山市）出生。千種小学校卒。師は小山益太（篤農家）。賞日本園芸会表彰〔昭和17年〕。

小学校を卒業後、篤農家の小山益太に師事して漢学と果樹栽培を学ぶ。明治19年郷里の岡山県弥上村に果樹園を開いてモモの栽培をはじめ、同時に栽培技術を研究。大正3年には師の小山に同行して倉敷奨農会農業研究所に入り、長きに渡って果樹園の主任管理者を務めた。モモの品種改良にも努め、'白桃'種や'大久保'種を発見。これらは太平洋戦争中から戦後にかけて我が国におけるモモの主要品種となり、岡山をモモの一大生産地に押し上げる原動力となった。また、噴霧器や剪定鋏を発明し、農具改良にも貢献。没後、モモの新品種育成功労者として日本園芸会から表彰された。

大久保 常吉
おおくぼ・つねきち

嘉永6年（1853年）～大正13年（1924年）2月13日

著述家, 新聞記者　東京府議

別名は善左衛門、号は夢遊、撃壌庵。武蔵国小金井（東京都小金井市）出生。

生家は武蔵小金井の名家。明治13年「江湖新聞」の創刊とともに署名編集人となり、開拓使長官・黒田清隆による官有物払下げ批判の論陣を張る。15年からは改進党内の鴎渡会派の機関誌「内外政党事情」で記者を務めた。この間、自由民権運動の論客として活動し、17年には自由党と改進党との団結を唱えた。19年「朝野新聞」署名印刷人となり、「国会準備新聞」や「西京新聞」の創刊・運営にも関与した。27年家督を継ぎ、父祖代々の名である善左衛門（13代目）を襲名。以後は政界で活動し、小金井村議、学務委員、東京府議などを歴任、34年には小金井村長に就任した。退任後も小金井保存会を興して玉川上水のサクラを保護するなど、郷里のために尽くした。一方、著述家としても知られ、大衆小説や滑稽小説、パンフレットなどを数多く執筆した。著書に「日本政党事情」「廟堂人物論」「おに小町」「東京未来繁盛記」などがある。

大窪 昌章
おおくぼ・まさあき

享和2年（1802年）～天保12年10月8日

本草学者, 尾張藩士

本名は志村昌章。幼名は舒弥, 通称は舒三郎, 号は薜茘庵。尾張国名古屋（愛知県名古屋市）出生。

尾張藩士の子として生まれる。早くから本草学を好み、文政4年（1821年）白山で採薬を行って「越前国白山採薬記」を著述。文政7年（1824年）名古屋の本草家・大窪光風の没後、その養嗣子となり、馬廻組や大番組などを歴任。さらに師である水谷豊文が主管する薬園で出役を務め、各地で採薬を行っている。一方、豊文や伊藤圭介ら名古屋の本草家たちによって組織された嘗百社にも参加し、植物だけでなく動物や魚類の研究でも業績を上げた。特に昆虫やカタツ

ムリ、クモに詳しく、「薜茘庵虫譜」やシーボルトが母国に持ち帰ったとされる「日本産蜘蛛図説」などが著名。動植物や昆虫の描画も巧みであったが、植物の拓本(印葉図)作成にもすぐれた腕を見せ、その草葉の種類や硬軟によってさまざまな工夫を凝らし、葉脈の美しさを見事に表現。それらをまとめたものに「真影本草」12冊をはじめ、「大窪翁植物真影図」「禾本類真影図」「大窪真影本草」などがある。天保12年(1841年)「昌章草木果」「薜茘庵魚譜」など多くの未完稿本を遺し、若くして没した。

【著作】
◇本草摺影　大窪昌章著、北村四郎、村田源解説　京都書院　1964　3冊 38cm
◇随筆百花苑　第4巻伝記日記篇 4[濃州信州採薬記(大窪舒三郎)]　頼祺一責任編集、森銑三〔ほか〕編　中央公論社　1981.4　404p 20cm
◇採薬志 1 [大窪舒三郎伊吹山採薬記](近世歴史資料集成 第2期 第6巻)　浅見恵、安田健訳編　科学書院　1994.10　1257, 63p 27cm

【評伝・参考文献】
◇彩色江戸博物学集成　平凡社　1994.8　501p 27cm

大隈 重信

おおくま・しげのぶ

天保9年(1838年)2月16日～
大正11年(1922年)1月10日

政治家、教育家、侯爵　首相、憲政党党首、早稲田大学創立者

初名は八太郎。肥前国佐賀城下(佐賀県佐賀市)出生。父は大隈信保(佐賀藩士)、孫は大隈信幸(駐コロンビア大使)。弘道館(鍋島藩校)、蘭学寮。団日本園芸会(会長)。

家は代々、佐賀藩の砲術師範を務める。7歳の時から藩校に通うが、藩の教育方針である葉隠主義になじまず蘭学を学ぶようになり、長崎に遊学してフルベッキに英学を教わった。慶応3年(1867年)将軍・徳川慶喜に朝廷へ政権を返還するよう進言するため脱藩を企てるが、途中で藩役人の追求に遭って送還され、1ケ月の謹慎を命ぜられる。復帰後は前佐賀藩主・鍋島直正に重用され、明治元年外国事務局判事として横浜に在勤し、キリスト教問題で英国公使パークスと会見。この時にパークスと互角に議論した手腕を買われ、同年外国官副知事に昇進。その後、民部大輔、大蔵大輔となり、鉄道や電信の敷設、工部省の開設に尽くした。明治3年参議、6年大蔵卿、7年台湾征討・10年西南戦争の各事務局長官、11年地租改正事務局総裁。この間、大久保利通の下で財政問題を担当、秩禄処分や地租改正を断行し、殖産興業政策を推進して近代産業の発展に貢献した。14年国会即時開設を主張し、さらに開拓使官有物払下げに反対して薩長派と対立したため免官され下野(明治14年政変)。15年小野梓、矢野龍渓らと立憲改進党を結成。一方、同年に東京専門学校(のち早稲田大学)を創立し、その経営にも当たった。20年伯爵。21年第二次伊藤内閣の外相として政界に復帰。続く黒田内閣でも留任し、条約改正交渉を進めたが、外国人判事の任用に非難が集中し、国粋主義者・来島恒喜に爆弾を投じられて片脚を失い辞職した。29年改進党を立憲進歩党に改組。同年松方内閣の外相。31年自由党の板垣退助と連携して憲政党を結成し、最初の政党内閣である第一次大隈内閣(隈板内閣)を組織したが4ケ月で瓦解。43年政界を退いて早稲田大学総長として教育事業に専念した。しかし大正期に入り第一次護憲運動の高揚によって三度政界に戻り、大正3年第二次大隈内閣を組閣。第一次世界大戦参戦、対華21か条の要求、軍備増強などを行い、5年に総辞職。16年侯爵となった。彼は非常に盆栽を愛好し、邸宅には明治天皇、李鴻章らから下賜された逸品や高さ2メートルを越す大物など、多くの盆栽を栽培していたといわれている。特にバラを好み、紅白のバラの一つ一つに女性の名前をつけ、「これは芸者の名だ」と冗談交じりに言って人を笑わせたという。また盆栽に限らず、キク、シュンランなど花卉栽培や温室による野菜栽培、教え子である若名英治のアサガオ栽培を支援するなど、園芸全般にわたって深い興味を持っており、東京朝顔研究会名誉会員、日本園芸会第2代会長

なども務めた。著書に「大隈伯昔日譚」「開国五十年史」(全2巻・編著)「大隈侯論集」「東西文明の調和」などがある。

【評伝・参考文献】
◇大隈重信―附・矢野文雄,大石正巳(今世人物評伝叢書 第2冊) 渡辺修二郎著 民友社 1896.10 138p 20cm
◇怪傑大隈重信 押川春浪,後藤矢峰著 中央書院 1914 324p 図版 19cm
◇文書より見たる大隈重信侯 渡辺幾治郎著 故大隈侯国民敬慕会 1932 502p 図版 23cm
◇人間大隈重信 五来欣造著 早稲田大学出版部 1938 537p 19cm
◇大隈重信―新日本の建設者 渡辺幾治郎著 照林堂 1943 444p 肖像 22cm
◇大隈重信 渡辺幾治郎著 大隈重信刊行会 1952 430p 図版 22cm
◇大隈重信(人物叢書 第76 日本歴史学会編) 中村尚美著 吉川弘文館 1961 325p 図版 18cm
◇明治文明史における大隈重信 柳田泉著 早稲田大学出版部 1962 498p 図版 22cm
◇大隈重信―その生涯と人間像 J. C. リブラ著,正田健一郎訳 早稲田大学出版部 1980.1 227, 13p 22cm
◇大隈重信―進取の精神、学の独立 榛葉英治著 新潮社 1985.3 2冊 20cm
◇エピソード大隈重信125話 エピソード大隈重信編集委員会編 早稲田大学出版部 1989.7 204p 19cm
◇大隈重信とその時代―議会・文明を中心として 大隈重信生誕一五〇年記念 早稲田大学大学史編集所編 早稲田大学出版部 1989.10 326p 22cm
◇大隈重信の余業 針ケ谷鐘吉著 東京農業大学出版会 1995.8 200p 19cm
◇知られざる大隈重信(集英社新書) 木村時夫著 集英社 2000.12 253p 18cm
◇大隈重信と政党政治―複数政党制の起源明治十四年―大正三年 五百旗頭薫著 東京大学出版会 2003.3 319, 7p 22cm
◇大隈重信(西日本人物誌 18) 大園隆二郎著,岡田武彦監修 西日本新聞社 2005.4 246p 19cm

大熊 徳太郎

おおくま・とくたろう

嘉永2年(1849年)7月～大正10年(1921年)

篤農家

武蔵国足立郡鳩ケ谷大字三ツ和庄(埼玉県)出生。

明治19年平柳勧農会を組織し、農業改善についての談話会を各所で開く。同年第1回農産物品評会を開催。27年から蓮根やクワイの栽培法の改良、レンゲ種子の共同購入、二毛作の実施、麦作法の改良などに尽力するなど農業指導者として活躍した。

【著作】
◇不二道農産物品種改良運動資料集2[大熊徳太郎の編著と初期運動](鳩ケ谷市の古文書 第24集) 鳩ケ谷市文化財保護委員会編 鳩ケ谷市教育委員会 2000.3 148p 21cm
◇不二道農産物品種改良運動資料集5[大熊徳太郎履歴書他](鳩ケ谷市の古文書 第27集) 鳩ケ谷市文化財保護委員会編 鳩ケ谷市教育委員会 2003.3 150p 21cm

大蔵 永常

おおくら・ながつね

明和5年(1768年)～万延元年(1860年)12月

農学者

字は孟純、通称は徳兵衛、喜内、喜太夫、号は亀翁、黄葉園主人、受ศ園主人。豊後国日田(大分県日田市)出生。

家は代々農業を営むが、祖父は綿の試作を行い、父は蝋晒に独自の技術を持っていたという。はじめ儒者になろうとするが、父に戒められて翻意し、天明3年(1783年)日田を襲った水害や凶作などの影響もあって農学を志す。20歳頃に出郷し、九州各地や四国を放浪。この間、九州の特産品であるハゼ(櫨)についての見聞を深めたほか、琉球ラン栽培や精糖・製紙の研究も行った。寛政8年(1796年)より大坂・長堀橋本町に定住し、苗木商及び農具類の取次販売を営むとともに精糖にも従事。傍ら農学の研究も怠らず、近畿・中国地方を巡ってつぶさにその土地の農事や風土・人情を視察した。また熱心に著述を進め、享和2年(1802年)ハゼの栽培法やハゼから蝋を取る方法などを解説した「農家益」を出版。さらに「老農茶話」「耕作便覧」「農家益後編」といった農書を続々と刊行するにお

よび、農学者としての名声は日増しに高まっていった。そんな中にあっても研究は絶えず続けられ、関西の蘭学者・橋本某から西洋の植物生理学について学び、それを接木の方法などに応用。また、農事視察のため関東や越後、丹後、紀伊なども訪れ、農事に関する見聞を深めた。文化14年（1817年）にはこれまでに得た農具の知識を集大成させ、彼の代表作の一つとして名高い「農具便利論」3巻を完成させた。文政8年（1825年）江戸に移住し、研究と著述に専念。その間にも藤堂藩の重臣・斎藤拙堂に救荒対策を、水戸藩主・徳川斉昭に産業開発を、幕府に菜種の栽培を進言している。天保4年（1833年）駿河田中藩で砂糖の製造やハゼの栽培などを指導。5年（1834年）には三河藩家老・渡辺崋山の推薦で同藩の殖産興業・農事改良に参画し、ハゼ・コウゾ・琉球ラン・甘藷（サツマイモ）の栽培や紙・砂糖・天ぷら粉・畳表・莫蓙・蝋の製造などをはじめた。また水田に菜種やムギを栽培する二毛作や救荒のために作物を貯蔵する報民倉の設立なども彼の献策によるものといわれている。しかし、崋山が蛮社の獄に連座したため彼の改革も頓挫し、10年（1839年）同藩を離れる。その後、しばらく不遇の時期が続いたが、弘化元年（1844年）遠江浜松藩主であり、老中でもあった水野忠邦に招かれて物産方として産業開発に活躍した。3年（1846年）忠邦が失脚すると老齢のため暇を賜って江戸に赴き、次いで大坂に戻って書肆・浅井吉兵衛の宅に仮寓し、著述に従った。その晩年に関しては不明な点が多い。農学者・農政家としての彼の思想は、徳川幕府末期にあって深刻化しつつあった農村の疲弊を打開する手立てとして、農家を当時勃興しつつあった商品経済・貨幣経済に順応させることが第一と考えたことで、そのためにハゼなどの徳用作物の栽培を奨励し、製造・加工の技術を興すなど多角的な農業経営を説いた。特に晩年をかけた大作「広益国産考」は天保5年（1834年）刊行の「国産考」を増補したもので、ハゼ、砂糖などの栽培方法やマツ、スギといった材木の利用方法をはじめ養蜂・製紙・製糸・人形製造などいずれも国産になるものを項目ごとに詳しく解説

したもので彼の著述の集大成といえる。その他の著書に「油菜録」「農稼肥培論」「綿圃要務」「製油録」などがあり、農民の読者のために図入りで分りやすく説明してあるものが多い。

【著作】
◇広益国産考　大蔵永常著　前川文栄堂　〔出版年不明〕　8冊 23cm
◇農具便利論　大蔵永常著　前川文栄堂　〔出版年不明〕　24, 33, 34丁 22cm
◇農暇必讀 初篇　大蔵永常著, 山崎美成編輯, 町田正房増補　萬笈閣　3冊 23cm
◇除蝗録　大蔵永常著　吉田屋文三郎等　〔明治年間〕　2, 2, 28丁 23cm
◇豊稼録　大蔵永常著　吉田屋文三郎等　〔明治年間〕　13, 13丁 23cm
◇竈の賑ひ—日用助食　大蔵永常編　文海堂　1885.8　27丁 16cm
◇農家心得草（勧農叢書）　大蔵永常著　有隣堂　1885.10　33丁 23cm
◇再種方——名・二度稲之記（勧農叢書）　大蔵永常著　有隣堂　1886.2　9, 8丁 23cm
◇老農茶話（勧農叢書）　大蔵永常著　有隣堂　1886.2　29丁 23cm
◇除蝗録（勧農叢書）　大蔵永常著　有隣堂　1886.11　31丁 23cm
◇豊稼録（勧農叢書）　大蔵永常著　有隣堂　1887　26丁 23cm
◇竈の賑ひ—日用助食　大蔵永常編　東京屋　1887.4　23丁 14cm
◇農稼肥培論（勧農叢書）　大蔵永常著　有隣堂　1888.3　3冊（上34, 中33, 下33丁）23cm
◇製油録（勧農叢書）　大蔵永常著　有隣堂　1890.12　2冊（上22, 下26丁）23cm
◇広益国産考（岩波文庫 3504-3507）　大蔵永常著, 土屋喬雄校訂　岩波書店　1946　306p 15cm
◇江戸科学古典叢書 4 農具便利論, たはらかさね耕作絵巻（抄）　大蔵永常他〔著〕　恒和出版　1977.3　233, 104p（おもに図）22cm
◇日本農書全集 第15巻　農山漁村文化協会　1977.10　433, 13p 図 22cm
◇日本科学古典全書 復刻 6 農業・製造業・漁業［農具便利論・製葛録・綿圃要務・製油録（大蔵永常）］　三枝博音編　朝日新聞社　1978.6　638, 10p 22cm
◇日本農書全集 第14巻 広益国産考　大蔵永常著, 飯沼二郎翻刻・現代語訳・解題　農山漁村文化協会　1978.12　437, 13p 22cm
◇食物本草大成 12巻［食物能毒篇（大蔵永常撰）］　吉井始子編　臨川書店　1980.9　22cm
◇山家薬方集　大蔵永常著　井上書店　1982.1　235p 27cm
◇日本農書全集 第45巻 特産 1　農山漁村文化協会　1993.10　454, 13p 22cm

◇日本農書全集 第50巻 農産加工1[製油録 他(大蔵永常)] 佐藤常雄[ほか]編 農山漁村文化協会 1994.8 362, 13p 22cm
◇日本農書全集 第69巻 学者の農書1[農稼肥培論(大蔵永常)] 佐藤常雄[ほか]編 農山漁村文化協会 1996.2 406, 13p 22cm
◇日本農書全集 第68巻 本草・救荒[農家心得草(大蔵永常)] 佐藤常雄[ほか]編 農山漁村文化協会 1996.10 443, 13p 27cm
◇江戸時代女性文庫 56[絵入民家育草(大蔵永常)] 大空社 1996.11 1冊(頁付なし)22cm
◇日本農法の水脈―作りまわしと作りならし(人間選書) 徳永光俊著 農山漁村文化協会 1996.11 270p 19cm
◇日本農書全集 第70巻 学者の農書2 佐藤常雄[ほか]編 農山漁村文化協会 1996.12 456, 13p 22cm
◇日本農書全集 第62巻 農法普及2 佐藤常雄, 徳永光俊, 江藤彰彦編 農山漁村文化協会 1998.2 429, 13p 22cm
◇大蔵永常資料集 第1巻(大分県先哲叢書) 大蔵永常[著] 大分県教育委員会 1999.3 669p 22cm
◇大蔵永常資料集 第2巻(大分県先哲叢書) 大蔵永常[著] 大分県教育委員会 1999.3 591p 22cm
◇大蔵永常資料集 第3巻(大分県先哲叢書) 大蔵永常[著] 大分県教育委員会 2000.3 636p 22cm
◇大蔵永常資料集 第4巻(大分県先哲叢書) 大蔵永常[著] 大分県教育委員会 2000.3 498p 22cm

【評伝・参考文献】
◇大蔵永常考 谷口熊之助著 日田郡興農会 1917 59p 20cm
◇大蔵永常 早川孝太郎著 早川孝太郎 1938 217p 23cm
◇大蔵永常 早川孝太郎著 山岡書店 1943 414p 図版11枚 21cm
◇大蔵永常―産業指導者 田村栄太郎著 図書出版 1944 376p 22cm
◇大蔵永常―日本農業の大先達 日田市明治百年記念事業推進委員会編 日田市 1968 191p 図版 19cm
◇講座・日本技術の社会史 別巻1 人物篇 近世[大蔵永常―利潤追求を勧めた農学者(津田秀夫)] 永原慶二[ほか]編 日本評論社 1986.11 284p 21cm
◇日本の農書―農業はなぜ近世に発展したか(中公新書 852) 筑波常治著 中央公論社 1987.9 219p 18cm
◇日本社会史における伝統と創造―工業化の内在的諸要因 1750〜1920年(MINERVA日本史ライブラリー) トマス・C.スミス著, 大島真理夫訳 ミネルヴァ書房 1995.7 305, 7p 21cm

◇大蔵永常(堂々日本人物史 戦国・幕末編 11) 筑波常治作, 田代三善絵 国土社 1999.3 222p 22cm
◇大蔵永常(大分県先哲叢書) 頼祺一監修, 豊田寛三他著 大分県教育委員会 2002.3 263p 19cm
◇実心実学の発見―いま甦る江戸期の思想 小川晴久編著 論創社 2006.10 200p 19cm

大河内 存真

おおこうち・ぞんしん

寛政8年(1796年)8月12日〜
明治16年(1883年)5月23日

本草学者, 植物学者

旧姓名は西山。幼名は代吉, 右仲, 名は重敦, 重徳, 字は子厚, 号は恒庵, 還諸子, 八松, 東郭。弟は伊藤圭介(本草学者)。

名古屋の町医・西山玄道の長男。本草学者の伊藤圭介は実弟。医術を尾張藩医・浅井貞庵に学び, のち浅井医学館の塾頭を務める。文政元年(1818年)尾張藩医・大河内周碩の養嗣子となり, 小普請御医師として禄高70俵を給せられた。一方, 水谷豊文に師事して本草学を修め, 水谷を中心とし大窪昌章や吉田雀巣庵, 弟の圭介ら尾張の博物学者らがメンバーとなった本草学研究団体・嘗百社の結成に参画。9年(1826年)2月水谷や弟と共に尾張熱田宮で江戸参府の途上にあったドイツ人医師シーボルトに面会。4月同じく師や弟と長崎に帰る途中のシーボルトと熱田宮で再会し, 植物図や乾腊葉標本, 日本産の「昆虫図譜」を贈った他, 夜遅くまで共に植物の鑑定を行った。10年(1827年)には自邸生済堂で本草会を主催。嘉永元年(1848年)奥医師に昇進し, 5年(1853年)尾張藩営の種痘所が設立されると弟と共にその主任に任ぜられ, 種痘の普及に尽力した。著書に「蟲類写類」などがある。

【著作】
◇本草会目録―文政10年3-9月 写本 [出版年不明] 1冊 22cm
◇牧野標本館所蔵のシーボルトコレクション 加藤僖重著 思文閣出版 2003.11 288p 21cm

【評伝・参考文献】
◇新・シーボルト研究1 自然科学・医学篇[『華彙』に貼付された書き付け―シーボルトと大河内存真] 石山禎一、沓沢宣賢、宮坂正英、向井晃編 八坂書房 2003.5 438,91p 21cm

大崎 六郎
おおさき・ろくろう

明治45年(1912年)7月14日〜
平成6年(1994年)10月29日

宇都宮大学名誉教授
号は鷺舟(ろしゅう)。埼玉県出生。東京帝国大学林学科〔昭和12年〕卒。農学博士。団林政学 賞勲三等旭日中綬章〔昭和59年〕。
昭和18年宇都宮高等農林学校教授、24年宇都宮大学教授を歴任。著書に「栃木県林政史」など。

【著作】
◇山林の管理(農芸新書 第9) 大崎六郎著 農芸科学社 1948 142p 19cm
◇林業政策―山林100年雑史(実践林業大学 16) 大崎六郎著 農林出版 1968.2 203p 18cm

大下 豊道
おおした・ほうどう

大正2年(1913年)11月12日〜
昭和61年(1986年)10月13日

僧侶 瑞泉寺(臨済宗円覚寺派)住職
長野県伊那市出生。養子は大下一真(瑞泉寺住職)。日本大学宗教学科〔昭和14年〕卒。
昭和18〜59年瑞泉寺第28代住職を務めた。45年開祖・夢窓疎石の造った庭園を復元、境内に梅や水仙を植え"花の寺"として親しまれるようにした。この間、円覚寺派大本山宗議会議員2期。

【評伝・参考文献】
◇豊道和尚絵詞 原田耕作編、大下一真編 青娥書房 1998.10 202p 21cm

大瀬 休左衛門
おおせ・きゅうざえもん

元和7年(1621年)〜
元禄13年4月13日(1700年5月31日)

篤農家
大隅国種子島西之表(鹿児島県西之表市)出生。
種子島西之表下石寺の農民。元禄11年(1698年)同島の領主・種子島久基の家臣・西村時乗に命じられ、琉球国王から久基への贈り物であった甘藷(サツマイモ)を預かり、その試作を開始、以後さまざまな試行錯誤を重ねて栽培に成功し、その後、全国に普及した。"甘藷の父"といわれる青木昆陽が甘藷栽培に着手する30年以上も前のことで、甘藷の先駆者とされる。これを記念して西之表市に「日本甘藷栽培初地之碑」が建立された。

太田 紋助
おおた・もんすけ

弘化3年(1846年)1月16日〜
明治25年(1892年)4月3日

アイヌ民族指導者、農業改良家
幼名はサンケクル。蝦夷地厚岸(北海道厚岸町)出生。賞北海道長官表彰。
厚岸場所の番人を務める中西紋太郎を父に、アイヌ人のシラリコトムを母に持つ。8歳で父と死別し、厚岸・国泰寺の住職に読み書きや算術を学んだ。はじめ厚岸地方を支配していた佐賀藩の開墾掛に雇われ、明治維新後は開拓使四等牧畜取扱を務める。明治15年に官を辞して独立し、アイヌ民族の経済的自立のために私財を投じて昆布干場を設立。次いで17年には駒場農学校(現・東京大学農学部)に赴いてハダカムギやコムギの栽培法を修得し、厚岸郡別寒辺牛村でアイヌ人農民の農業指導に当たった。23年厚岸原野に屯田兵村の新設が計画されると、その土地選定に尽力。その功績を顕彰し、建設され

た村は太田村と名付けられた。他にも農業・漁業を通じてアイヌの発展に尽力し、北海道庁長官表彰を受けるが、25年函館出張中に急死した。

太田 安定

おおた・やすさだ

大正11年(1922年)10月15日～
平成10年(1998年)7月3日

俳人　筑波大学名誉教授

俳号は太田安定(おおた・あんてい)。長崎県南高来郡加津佐町(南島原市)出生。九州大学農学部農芸化学科卒。農学博士。囲植物生理学団現代俳句協会賞自鳴鐘賞〔平成8年〕。

東京教育大学農学部教授を経て、筑波大学名誉教授。関東学院女子短期大学教授も務めた。作物の生理学的研究を行った。一方、俳人としては昭和23年横山白虹に師事し、「自鳴鐘」入会。27年同人。句集に「藍」「嬰児」、合同句集に「矢車」がある。

【著作】
◇植物の環境と生理　A. H. Fitter, R. K. M. Hay著、太田安定〔ほか〕共訳　学会出版センター　1985.5　381p 21cm

【その他の主な著作】
◇蘖―句集(自鳴鐘叢書　第40輯)　太田安定著　永田書房　1986.5　193p 20cm
◇生活科学　林淳三編著、太田安定〔ほか〕共著　樹村房　1990.4　219p 21cm

太田 洋愛

おおた・ようあい

明治43年(1910年)9月30日～
昭和63年(1988年)5月5日

植物画家　ボタニカルアート協会創立委員
愛知県出生。囲出版美術家連盟、現代水墨画会。

19歳で旧満州に渡り、ハスで知られる大賀一郎に植物画の才能を見出され、日本における植物画の草分けに。15年に及ぶサクラの旅は「日本桜集」(平凡社)に結実。昭和55年サクラ行脚を文章で綴った「さくら」(東京書籍)を出版。

【著作】
◇園芸植物―原色図譜　浅山英一著、太田洋愛、二口善雄画　平凡社　1971　638p(図共)27cm
◇日本桜集　大井次三郎文、太田洋愛画　平凡社　1973　325p(図共)31cm
◇園芸植物―原色図譜 vol. 2 温室編　浅山英一著、太田洋愛、二口善雄画　平凡社　1977.4　379p 27cm
◇にわのはな(原色幼年図鑑2)　井上浩著、太田洋愛、藤島淳三絵　図鑑の北隆館　1977.5　56p 19×27cm
◇さくら案内(カラーグラフィック 5)　藤井正夫写真、太田洋愛〔ほか〕文　グラフ社　1979.3　112p 30cm
◇花の肖像―画文集　太田洋愛、串田孫一著　講談社　1979.3　125p 22cm
◇さくら　太田洋愛著　日本書籍　1980.3　222p 20cm
◇花の肖像―画文集 第2集　太田洋愛、田中澄江著　講談社　1980.3　125p 22cm
◇花の肖像―画文集 第3集　太田洋愛著　講談社　1981.3　105p 22cm
◇太田洋愛画集ボタニカル・アート 1 桜　講談社　1981.3　69p 31cm
◇太田洋愛画集ボタニカル・アート 2 蘭　講談社　1981.5　68p 31cm
◇原色日本産ツツジ・シャクナゲ大図譜　太田洋愛絵、冨樫誠文　誠文堂新光社　1981.6　243p 37cm
◇太田洋愛画集ボタニカルアート 3 バラ　講談社　1981.10　68p 31cm
◇花の肖像―画文集(講談社文庫)　太田洋愛、串田孫一〔著〕　講談社　1983.4　129p 15cm
◇小さなグリーン(Picture book 観葉植物1)　浅山英一著、太田洋愛、二口善雄画　平凡社　1984.7　83p 26cm
◇蘭(Picture book)　浅山英一著、二口善雄、太田洋愛画　平凡社　1984.7　71p 26cm
◇きく科の花々 1(Picture book)　浅山英一著、二口善雄、太田洋愛画　平凡社　1984.9　71p 26cm
◇大きなグリーン(Picture book観葉植物2)　浅山英一著、二口善雄、太田洋愛画　平凡社　1984.9　83p 26cm
◇きく科の花々 2(Picture book)　浅山英一著、二口善雄、太田洋愛画　平凡社　1984.11　73p 26cm
◇窓辺の花(Picture book)　浅山英一著, 太田洋愛、二口善雄画　平凡社　1984.11　83p 26cm

◇ばら科の花木(Picture book)　浅山英一著，二口善雄，太田洋愛画　平凡社　1985.1　79p 26cm
◇ゆり科の花(Picture book)　浅山英一著，太田洋愛，二口善雄画　平凡社　1985.1　83p 26cm
◇つばき・つつじ・ふじ―庭の花木(Picture book)　浅山英一著，太田洋愛，二口善雄画　平凡社　1985.3　83p 26cm
◇花壇に咲く花(Picture book)　浅山英一著，二口善雄，太田洋愛画　平凡社　1985.3　83p 26cm
◇園芸植物図譜　浅山英一著，太田洋愛，二口善雄画　平凡社　1986.3　1冊 27cm
◇原色・日本産ツツジ・シャクナゲ大図譜〔増補〕　太田洋愛絵，冨樫誠文　誠文堂新光社　2005.7　242, 28p 38cm

大滝 末男

おおたき・すえお

大正9年(1920年)5月～
平成17年(2005年)1月9日

教育家，植物学者　水草研究会会長
北海道札幌市出生。東京文理科大学生物学科（植物学専攻）〔昭和22年〕卒。团生態学 団水草研究会（会長）。

都立両国高校などで教諭として生物学の教育に貢献した。水草研究会を創設し，初代会長となり，日本における水生植物への関心と知識の普及に努めた。著書に「日本水草図鑑」，共著に「淡水生物の生態と観察」などがある。

【著作】
◇基礎から学べる中学理科 2年用　志賀義雄，大瀧末男共著　千代田書房　1966.7　354p 22cm
◇水草の観察と研究―水草の概観・生態・分類・形態・見分け方・栽培法・教材としての水草　大滝末男著　ニュー・サイエンス社　1974　137p 図 19cm
◇日本水生植物図鑑　大滝末男，石戸忠共著　北隆館　1980.7　318p 27cm
◇ムラサキの観察と栽培（グリーンブックス 88）　大滝末男著　ニュー・サイエンス社　1982.6　165p 19cm

大谷 茂

おおたに・しげる

明治33年(1900年)1月14日～
昭和56年(1981年)1月24日

植物学者　横浜植物会顧問
神奈川県都筑郡都田村池辺（横浜市緑区池辺町）出生。父は大谷毅（政治家）。神奈川県師範学校本科第一部〔大正8年〕卒。賞横須賀市市制60周年特別表彰〔昭和42年〕，神奈川県明治100年表彰〔昭和43年〕。

若い頃には寺崎留吉や牧野富太郎に学んで植物学を愛好したという父・毅の影響を受け，幼少時から植物に関心を持つ。大正8年神奈川県師範学校本科第一部を卒業後ただちに教職に就き，神奈川県橘樹郡第一稲田尋常小学校訓導を皮切りに県内各地の小・中・女学校で教鞭を執る。その後，横須賀市博物館に勤務し，神奈川県や九州南部などの植物相についての分類学的研究を行った。その間，昭和8年横浜植物会に入会して牧野や松平重太郎らの指導を受け，のちには同会の顧問として会の運営や後進の指導に尽くした他，植物研究の成果を「ボタニカルノート」と題して同会誌に連載。33年刊行の「神奈川県植物誌」ではシダ植物部門の執筆を担当した。また神奈川の県花や県木の選定委員，横須賀市文化財専門審議委員なども務めた。

【著作】
◇図録横須賀の文化財　横須賀市教育委員会　1972　98p 図22枚 27cm
◇年報離島研究 1971　日本離島センター　1972　148p 26cm

【評伝・参考文献】
◇横須賀市博物館資料集 1〔大谷茂学芸員の業績〕　1978
◇植物学のたのしみ　大場秀章著　八坂書房　2005.8　270p 19cm

大塚 敬節
おおつか・よしのり

明治33年(1900年)2月25日～
昭和55年(1980年)10月15日

医師, 漢方医学者　北里研究所附属東洋医学総合研究所所長
高知県高知市出生。長男は大塚恭男(修琴堂大塚医院院長)。熊本医学専門学校(現・熊本大学医学部)〔大正12年〕卒。囲日本東洋医学会(会長)置日本医師会最高優功賞〔昭和53年〕。
名は「けいせつ」ともいう。高知県香美郡日章村(現・南国市)で江戸時代から4代続いた修琴堂大塚医院を継ぐ。6年間内科医を務めた後、昭和5年東京で湯本求真に漢方を学び、6年牛込船河原町に漢方専門医を開業。9年日本漢方医学会創立、18年同愛記念病院東方治療研究所設立などを主導。48年に北里研究所附属東洋医学総合研究所が設立され、初代所長に就任。漢方医学復興運動の先駆者で、日本漢方医学研究所理事長、日本東洋医学会会長なども務めた。著書に「漢方医学臨床提要」「漢方ひとすじ」などの他、「大塚敬節著作集」(全8巻・別巻1)がある。

【著作】
◇傷寒論・金匱要略要方解説(拓殖大学漢方医学講座 昭和14年度)　大塚敬節述　拓殖大学漢方医学講座　1939　116p 23cm
◇実験漢方医学叢書 第2(応用編)臨床応用編〈再版〉　大塚敬節著　春陽堂　1940　430p 23cm
◇漢方診療の実際　大塚敬節等著　南山堂　1941　411p 22cm
◇漢方医学—特質と治療(創元医学新書)　大塚敬節著　創元社　1956　201p 18cm
◇漢方大医典　大塚敬節等著　東都書房　1957　542p(図版共)19cm
◇診断処法と漢方療法(婦人倶楽部生活選書)　大塚敬節著　大日本雄弁会講談社　1957　240p 19cm
◇民間薬療法と薬草の知識(実用選書)　長塩容伸, 大塚敬節共著　東都書房　1957　226p 19cm
◇漢方診療三十年—治験例を主とした治療の実際　大塚敬節著　創元社　1959　389p 22cm

◇東洋医学とともに　大塚敬節著　創元社　1960　254p 19cm
◇症候による漢方治療の実際　大塚敬節著　南山堂　1963　781p 19cm
◇漢方療法(サラリーマン・ブックス)　大塚敬節, 山田光胤著　読売新聞社　1964　198p 18cm
◇薬草と知識と効用—二五〇種の薬草と名医の処方秘伝　大塚敬節, 長塩容伸共著　東都書房　1964　296p 図版 18cm
◇漢方と民間薬百科　大塚敬節著　主婦の友社　1966　464p(図版共)22cm
◇傷寒論解説—臨床応用(東洋医学選書)　大塚敬節著　創元社　1966　522, 63p 22cm
◇漢方診療医典　大塚敬節, 矢数道明, 清水藤太郎著　南山堂　1969　640p 19cm
◇漢方の特質(漢方双書1)　大塚敬節著　創元社　1971　253p 19cm
◇東洋医学をさぐる[東洋医学の治療(大塚敬節)]　大塚恭男著　日本評論社　1973　448p 19cm
◇漢方医学の源流—千金方の世界をさぐる[対談 日本の漢方医学(大塚敬節, 松岡英夫)]　千金要方刊行会編　毎日新聞開発 みづほ出版(製作)富民協会(発売)　1974　253p 図 19cm
◇漢方大医典　大塚敬節〔等〕著　講談社　1975　542p 19cm
◇漢方ひとすじ—五十年の治療体験から　大塚敬節著　日本経済新聞社　1976　217p 20cm
◇症状でわかる漢方療法　大塚敬節著　主婦の友社　1977.3　259p 19cm
◇漢方療法入門(講談社学術文庫)　大塚敬節著　講談社　1978.9　286p 15cm
◇金匱要略講話(東洋医学選書)　大塚敬節主纂, 日本漢方医学研究所編　創元社　1979.7　664p 22cm
◇大塚敬節著作集 第1巻 論説・随想篇1　春陽堂書店　1980.4　375p 22cm
◇大塚敬節著作集 第2巻 論説・随想篇2　春陽堂書店　1980.6　348p 22cm
◇大塚敬節著作集 第3巻 治療篇1　春陽堂書店　1980.8　317p 22cm
◇近世漢方医学書集成 36 中西深斎 2　大塚敬節, 矢数道明責任編集　名著出版　1981.4　347p 20cm
◇大塚敬節著作集 別冊 東洋医学史・年譜・索引　春陽堂書店　1982.1　249p 22cm
◇私の履歴書 文化人 19　日本経済新聞社編　日本経済新聞社　1984.7　540p 22cm
◇傷寒論弁脉法・平脉法講義　大塚敬節著　谷口書店　1992.10　178p 19cm
◇金匱要略の研究　大塚敬節著, 山田光胤校訂　たにぐち書店　1996.5　708, 6p 22cm
◇漢方の珠玉—大塚敬節『活』掲載文集　大塚敬節著　自然と科学社　2000.3　729p 21cm

大槻 只之助
おおつき・ただのすけ

明治21年(1888年)3月13日～
昭和47年(1972年)3月19日

果樹栽培家
福島県伊達郡桑折町出生。

　生地・福島県桑折町で蚕種問屋を営む。傍らリンゴの栽培にも興味を持ち、昭和6年からその品種改良に取り組み、研究を重ねて18年新品種を開発。これは'ゴールデンデリシャス'種と印度種の交配種とも、'ゴールデンデリシャズ'の偶発実生からの選抜とも言われている。その当時は、戦時体制のため果樹園が次々と田畑に変えられていったが、彼はその新品種の原木を守り抜き、大切に育て上げた。やがて戦争が終わると、この品種が福島県伊達農協の大森常重組合長の眼に止まり、リンゴの王様という意味をこめて27年に'王林'と命名され、世に出ることとなった。王林は果面の斑点が目立ち、見てくれが悪いということで農林省の登録品種にならなかったが、黄緑色で酸味が少なく、'ふじ'を凌ぐ甘さと芳醇にしてさわやかな香りを持っており、また安定した収穫量とすぐれた貯蔵性もあって育成しやすいことから、たちまち桑折地区を中心に栽培農家が増加。36年には同地区の農家45人が集まり王林会が結成されるに至った。今日では'ふじ''津軽'に次ぐ第三の品種として栽培されるのみならず、遠く米国ワシントン州でも奨励品種になっている。なお、彼の育成した'王林'の原木は、彼を顕彰する石碑とともに現存する。

大槻 虎男
おおつき・とらお

明治35年(1902年)11月1日～
平成7年(1995年)1月18日

お茶の水女子大学名誉教授
宮城県伊具郡丸森町出生、東京都渋谷区出身。東京帝国大学理学部植物学科〔大正15年〕卒、東京帝国大学大学院〔昭和3年〕修了。理学博士〔昭和13年〕。團 微生物学, 植物生化学 賞 毎日学術奨励金〔昭和26年〕「硝子に発生するカビの研究」、勲二等瑞宝章〔昭和48年〕。

　東京女子高等師範学校(現・お茶の水女子大学)教授を経て、昭和26年お茶の水女子大学理学部教授。のち、聖マリアンナ医科大学教授。古文化財科学研究会会長を務めた。著書に「養分の摂取及同化物質の利用」「代謝生理実験法」「植物学基本」など。

【著作】
◇岩波講座生物学［第6 植物学〔1〕養分の摂取及び同化物質の利用(大槻虎男)〕岩波書店編 岩波書店 1930～1931 22cm
◇中尊寺と藤原四代―中尊寺学術調査報告［藤原四代の遺体と微生物(大槻虎男)〕朝日新聞社編 朝日新聞社 1950 260p 図版10枚 22cm
◇病原生物・生物の採集・飼育・栽培(初等・中等生物教育講座 第7巻) 大槻虎男等著, 市川純彦等編 中山書店 1960 248p 図版 22cm
◇植物学基本―大学課程 大槻虎男, 太田次郎共著 養賢堂 1965 334p 22cm
◇聖書の植物 大槻虎男著 教文館 1974 285p (図共)21cm
◇聖書植物図鑑―カラー版 大槻虎男著 教文館 1992.1 126p 26cm

大坪 二市
おおつぼ・にいち

文政10年(1827年)9月9日～
明治40年(1907年)7月20日

篤農家
旧姓名は岡田。初名は仁助、号は霊芝庵菊仙。飛騨国吉城郡国府村(岐阜県高山市)出生。

　飛騨有数の豪農の家に生まれる。のち大坪家の養子となって仁助を称し、次いで二市に改めた。明治維新後、"考える農業"を唱導し、耕地の区画整理や茶・菜種・桐の栽培などを実施。また、"はさ"と呼ばれるイネ乾燥法の導入やトウモロコシの品種改良なども行った。明治14年

には岐阜県安八郡の棚橋五郎と共に第1回全国農談会に参加し、その体験や農法を発表するなど、篤農家として知られた。一方、霊芝庵菊仙の号で狂歌や川柳をよくし、「農具揃」「明治見聞史」「履歴七部集」などの著書もある。

【著作】
◇近世地方経済史料［第6巻 農具揃（大坪二市）］ 小野武夫編 近世地方経済史料刊行会 1931～1932 23cm
◇廣瀬旧記・荒城俗風土記—附図新工夫荒城一覧 大坪二市著, 国府史学会編 国府史学会 2003.3 159p 31cm

【評伝・参考文献】
◇岐阜 加藤秀俊, 谷川健一, 稲垣史生, 石川松太郎, 吉田豊編 農山漁村文化協会 1992.9 397p 27×19cm

大西 常右衛門
おおにし・つねえもん

嘉永3年（1850年）～昭和2年（1927年）

青谷村（京都府）初代村長
山城国青谷村（京都府城陽市）出身。

　地元の大地主で、明治22年市町村制施行により京都府青谷村の初代村長に就任。青谷村はウメ栽培が盛んであったが、明治時代に入り海外輸出のための茶園へ切替える農家が目立つようになり梅林は縮小。茶の輸出量が急速に減るとともに地域経済も低迷していった。30年頃、地元有力者らと青谷梅林保勝会を設立。江戸時代から有名であった観梅の地を守り、新たに観光客を呼びこもうと観梅道や橋を整備、梅林の紀行文や景勝図をまとめた「青谷絶賞」を刊行するなど尽力。その結果多いに賑わい、のち青谷梅林駅が奈良鉄道（現・JR奈良線）に常設された。

大沼 宏平
おおぬま・こうへい

安政6年（1859年）～昭和2年（1927年）10月4日

植物学者
福島県会津若松城下出生。外務省洋語学所, 東京外国語学校〔明治9年〕卒, 東京大学医学部中退。

　会津若松城下に儒者の子として生まれる。外務省洋語学所、東京外国語学校に学び、明治9年同校を卒業して東京大学医学部に進学。ここで同大講師ヒルゲンドルフに師事して植物学の独習をはじめたが、間もなく病気のため退学した。15年外務省雇いとなるが、約半年にして辞職。同年東京植物学会（後・日本植物学会）の創立に参加。25年東京帝国大学理科大学雇となり小石川植物園の管理人を務めるが、園内の植物を採集してひとり楽しむということがあったため1年余で免職され、その学殖を惜しんだ白井光太郎の尽力で同大農学部の嘱託として雇われた。その後も大学、民間会社などに雇われるもいずれも短期間にて辞職する。43年白井が会長となって組織された駒場腊葉会の指導主任として学生に植物学を教えた他、白井が行った岩崎灌園の「本草図譜」大正校正版の復刻刊行に協力し、解題、学名考定などを担当。また求めに応じて植物の同定にも当たり、詩人・医学者の木下杢太郎らもたびたび彼に植物を見てもらったという。一方、ドイツ語の天才として知られ、語学教師として同大の教壇にも立ち、エングラーらドイツの植物学者が来日した際にはその通訳として日本各地を案内した。しかし、白井が定年退官し、池野成一郎が駒場腊葉会の会長に就任すると間もなく辞職。植物研究を続けるが、成果を学術雑誌に発表することもなく、名利を求めず清貧に甘んじた。その生活ぶりや学統に超然とした態度から"植物道楽学者"と呼ばれ、多くの同好者に尊敬された。

【評伝・参考文献】
◇大沼宏平先生略伝 村松七郎編 1939?

大野 直枝

おおの・なおえ

明治8年(1875年)5月4日～
大正2年(1913年)10月19日

東北帝国大学農科大学(現・北海道大学農学部)教授

山口県出生。父は大野直輔(大蔵官僚)、弟は大野守衛(藤沢市長)、孫は大野茂男(横浜市立大学教授)、岳父は河上謹一(外交官・住友理事)。東京帝国大学理科大学植物学科〔明治32年〕卒、東京帝国大学大学院〔明治35年〕修了。理学博士〔明治44年〕。團植物生理学。

父は長州出身で、造幣局長、会計検査院部長を務めた大野直輔。明治29年東京帝国大学理科大学植物学科に入学、同期に柴田桂太、服部広太郎、草野俊助がいた。36年広島高等師範学校教授に赴任するが、37年私費でドイツに留学し、ライプチヒ大学のW.ペッファーの下で植物生理学を専攻。41年帰国。43年東北帝国大学農科大学(現・北海道大学農学部)教授となり、柴田の後任として植物学第二講座を担当したが、大正2年体調を崩して札幌を離れ、兵庫にある妻の実家・河上謹一宅で急逝した。蓮葉のガス排出や、植物の屈性についての研究がある。

【評伝・参考文献】
◇大野直枝の人と業績─悲運の植物学者(人と学問選書) 増田芳雄著 学会出版センター 2002.12 194p 19cm

大野 典子

おおの・のりこ

大正9年(1920年)3月17日～
平成9年(1997年)7月7日

華道家　国際いけ花協会会長

本名は岩城準子(いわき・じゅんこ)。東京出生。双葉高等女学校〔昭和13年〕卒。賞ブラジル文化勲章〔昭和50年〕、サンパウロ名誉市民〔平成3年〕、外務大臣表彰(平成4年度)、キューバ文化功労賞〔平成6年〕。

昭和12年女学校在学中の16歳から古典の立華、現代いけ花を学ぶ。29年文化使節としてブラジルを訪れたり、在日外国人に手ほどきをしたのを機に、30年流派にこだわらない国際いけ花協会を創設。各国大使夫人や留学生たちを教える。39年からは毎年いけ花のチャリティーショーを開催し、花の大使として文化交流に努めた。平成2年花博には「夢幻」を出品。幻想画家シャガールと親交があった。

【著作】
◇花─世界のトップレディをいける　大野典子著　河出書房新社　1964　117p 図版22枚 18cm
◇いけ花─花でつづる生活の詩　大野典子著　鎌倉書房　1980.10　136p 26×26cm
◇いけ花コミュニケーション─花と暮らしの歳時記　大野典子著　竜門出版社　1985.11　187p 18cm
◇花いっぱいの人生─いけ花外交の旅　大野典子著　河出書房新社　1995.5　251,15p 20cm

大野 俶嵩

おおの・ひでたか

大正11年(1922年)1月20日～
平成14年(2002年)9月5日

日本画家　京都市立芸術大学名誉教授

本名は大野秀隆。京都府京都市出生。京都市立美術工芸学校卒、京都市立絵画専日本画科(現・京都市立芸術大学)〔昭和18年〕卒。賞京展京都市長賞(第3回)〔昭和22年〕、紺綬褒章〔昭和54年〕、京都市文化功労者〔昭和58年〕、京都府文化賞(功労賞、第7回)〔平成元年〕。

昭和24～34年前衛絵画集団・パンリアル美術協会に参加。34年国際批評家連盟による日本現代美術代表作家に選ばれる。35年米国グッゲンハイム美術館に買い上げられたほか、斬新で前衛的な作品は国内外で評価された。パンリアル退会後は作風が一転、ボタンやヒガンバナなど花の綿密な写生を続け、宗教的・宇宙的な世界への昇華をめざした。45年京都市立芸術大学助

教授を経て、49年教授。62年退官。平成元年東京品川区のO美術館で回顧展。作品に、ドンゴロス（麻袋）を構成的にコラージュした「緋シリーズ」や、花を題材にした院体宋元画風の具象画などがある。画集に「大野俶嵩の花」、著書に「日本画」「画集―花に祈る」など。

【著作】
◇大野俶嵩の花―画集　大野俶嵩著　京都書院　1975　203p（おもに図）36cm
◇大野俶嵩素描集―花　京都書院　1977.10　図版32枚　55cm
◇日本画―初歩から制作まで　大野俶嵩著　日本放送出版協会　1978.6　142p 27cm
◇大野俶嵩画集―花に祈る　京都書院　1982.11　185p 33cm
◇日本画―草花を描く　基礎から応用　大野俶嵩著　マコー社　1986.6　144p 27cm
◇大野俶嵩展―「物質」から華へ　品川文化振興事業団O美術館編　品川文化振興事業団O美術館　1989　135p 28cm

【評伝・参考文献】
◇梅原猛著作集 16 湖の伝説［大野俶嵩―実在の発見］集英社　1982.3　372p 図版17枚 20cm
◇日本画の4人―大野俶嵩・下村良之介・星野真吾・三上誠展図録　大野俶崇〔ほか画〕、和歌山県立近代美術館編　和歌山県立近代美術館〔1987〕84p 25×26cm

大野　義輝
おおの・よしてる

大正2年（1913年）4月21日〜
平成15年（2003年）1月10日

気象庁天気相談所長
東京・目白出生。東京農業大学農学部〔昭和11年〕卒。

　東京農業大学で農業気象を学び、陸軍気象部の技師となる。戦後、中央気象台（現・気象庁）に入り、昭和28年から10年間に渡り初代天気相談所長を務めた。49年退職。"花の前線"という言葉で季節の変化を伝えるなど気象知識の普及に努め、"不快指数" "スモッグ"などの用語も広めた。39年の東京五輪の際には5月開催が有力であったが、調整時期が冬になる欧州の選手に

は不利と進言、また明治期までの気象データを調べ上げて10月開催のきっかけを作った。平成10年まで朝日新聞天気欄のコラムを執筆した。著書に「日本のお天気」などがある。

【著作】
◇お天気歳時記　大野義輝，平塚和夫著　雪華社　1964　286p 19cm
◇日本のお天気〈3訂版〉　大野義輝著　大蔵省印刷局　1964　182p 図版 22cm

大庭　季景
おおば・すえかげ

明治30年（1897年）〜？

植物研究家
山口県出身。鹿児島高等農林学校（現・鹿児島大学農学部）農学科〔昭和2年〕卒。

　大島中学、山口高校に勤務。大島中学在任中は奄美大島を中心に喜界島、徳之島、沖永良部島の植物相を調査し、採集した標本を主に京都大学の小泉源一に送った。氏を記念した学名にヒメテンダ*Polystichum obai* Tagawa、エラブハイノキ*Symplocos obai* Masamuneがある。

大政　正隆
おおまさ・まさたか

明治34年（1901年）6月24日〜
平成元年（1989年）1月20日

宇都宮大学名誉教授
愛媛県松山市出生。東京帝国大学農学部林学科〔大正15年〕卒、東京帝国大学大学院農学専攻〔昭和5年〕修了。農学博士。團林学、森林土壌学　圑日本林学会、日本土壌肥料学会、日本農薬学会　賞日本農学会賞〔昭和26年〕、農林大臣賞〔昭和29年〕、勲二等瑞宝章〔昭和46年〕。

　東京帝国大学助手、常勤講師を経て、昭和12年林業試験場に入所。6年ドイツ・エバースバルデ大学に留学、31年東京大学教授、39年宇都宮大学長。2〜5期日本学術会議会員。

【著作】
◇興林会叢書 第13輯 森林土壌調査方法　大政正隆，芝本武夫著　興林会　1935　124p 23cm
◇土じょうの弁　大政正隆著　林業新聞社　1955　160p 図版 18cm
◇自然保護と日本の森林　大政正隆著　農林出版　1974　281p 18cm
◇土の科学(NHKブックス)　大政正隆著　日本放送出版協会　1977.1　225p(図共)19cm
◇森に学ぶ(UP選書229)　大政正隆著　東京大学出版会　1983.12　204p 19cm

大森 熊太郎
おおもり・くまたろう

嘉永4年(1851年)5月16日～
明治35年(1902年)7月23日

園芸家　兵庫県明石農事試験場園芸主任

本名は大森政光。幼名は佐五郎。備前国津高郡栢谷村(岡山県岡山市)出生。賞内国勧業博覧会一等有功賞(第3回)〔明治23年〕。

漢学者の森芳滋に和漢学を学ぶ。はじめ、岡山の半田山官林の番所に勤務し、次いで郵便御用取扱となった。明治8年師や山内善男と共に栢谷村西山の官林2ヘクタールの払い下げを受け、士族授産をはかるための開墾に着手。当初はクワや茶などを栽培したが、11年より米国種ブドウの栽培・ブドウ酒の醸造に重点を置くようになった。16年には欧州種のブドウを導入し、その品種改良と普及に尽力。さらに、19年岡山県初のガラス温室を建設するなど、技術革新にも余念がなかった。23年には第3回内国勧業博覧会に出品した加温ブドウで一等有功賞を受賞。24年からは宮中顧問官・花房義質の招きで上京し、果樹栽培の試作・研究・講演に従事した。35年には兵庫県明石農事試験場の園芸主任に就任したが、間もなく病のため急逝した。

大谷木 一
おおやぎ・はじめ

天保元年?(1830年?)～明治35年(1902年)3月

園芸家

号は又新園主人。息子は大谷木備一郎(政治家)。

もと幕臣。又新園主人と号してアサガオ栽培を趣味とし、明治26年同じく旧幕臣で同好の士でもあった竹本要斎、杉田晋、鶴高雲樹とあさがお穊久会を結成。32年には萬花園横山茶来が嘉永7年(1854年)に編んだ「朝顔三十六花撰」を復刻再版した。アサガオにも造詣が深かった画家・岡不崩は、最も親密かつ種子を譲られるなどの益を受けた先輩として竹本要斎と共に彼の名を挙げ、「二翁の牽牛花に関する履歴は即明治の牽牛花史」と賞しており、自著「牽牛花図譜」の巻頭には彼の作品を掲げている。息子は衆院議員の大谷木備一郎で、明治期におけるアサガオ栽培書の古典「牽牛花通解」の著者として有名な戸波虎次郎は彼の縁戚に当たる。

【評伝・参考文献】
◇江戸の変わり咲き朝顔　渡辺好孝著　平凡社　1996.7　173p 21cm

岡 国夫
おか・くにお

大正7年(1918年)1月18日～
平成10年(1998年)11月8日

植物分類学者

旧姓名は金井(昭和16年12月以前)。広島県高田郡向原町戸島(安芸高田市)出生。東京帝国大学農学部林学科〔昭和16年〕卒。

昭和16年台湾総督府林業試験所嘱託となる。技手、東京帝国大学農学部演習林嘱託を経て、22～50年山口高校教諭。のち宇部短期大学教授。この間、山口県自然環境保全審議会委員、文化財保護審議官などを歴任した。「山口県植物誌」(共著, 47年)など多数の著作を発表し、山口県を中心とした植物相の分類学的研究に貢献した。

【著作】

◇山口県植物誌　岡国夫ほか編　山口県植物誌刊行会　1972　607p（図共）27cm
◇山口県の植物方言集覧　見明長門著，岡国夫，三宅貞敏補　見明好子　1999.12　205p 21cm
◇山口県の巨樹資料―植物調査の歩み　岡国夫〔著〕，山口県植物研究会編　山口県植物研究会　2000.11　236p 21cm
◇山口県産高等植物目録　岡国夫〔ほか〕編　山口県植物研究会　2001.11　92p 30cm

岡 研介

おか・けんかい

寛政11年（1799年）～
天保10年11月3日（1839年12月8日）

蘭方医，鳴滝塾頭
名は精，字は子究，号は周東，堂号は万松精舎。周防国熊毛郡（山口県）出生。

　名は「けんすけ」ともいう。文化13年（1816年）広島の蘭方医中井厚沢に入門し蘭学を学ぶ。文政2年（1819年）長州で開業。また豊後日田の広瀬淡窓，福岡の亀井昭陽に漢学などを学ぶ。文政7年（1824年）長崎に遊学し，吉雄権之助に入門すると共にシーボルトにも直接師事し，鳴滝塾の初代塾頭となる。ライデンのオランダ国立植物学博物館には，彼が採集したフノリの標本がある。天保元年（1830年）斎藤方策の勧めにより大坂で開業。7年（1836年）岩国藩医となったが，まもなく病気のため郷里で没した。著書に「生機論」「蘭説養生録」など。

岡 不崩

おか・ふほう

明治2年（1869年）7月15日～
昭和15年（1940年）7月29日

日本画家
本名は名和吉寿。幼名は又太郎，初号は梅渓，蒼石。福井県出生。東京美術学校（現・東京芸術大学）中退。師は狩野友信，狩野芳崖。

　父は越前大野藩士。明治14年狩野友信に学び，のち狩野芳崖に師事。18年鑑画会の第1回大会に「山水」「草花」を出品して入選し，19年第2回大会では「山水」で褒状を受けた。22年東京美術学校（現・東京芸術大学）絵画科（日本画科）に第1期生として入学するが，23年東京高等師範学校の講師に転じ，小・中学校での毛筆による図画教育法を研究，その教科書の編纂に携わった。28年に退職してからは約5年間にわたって九州を遊歴，一時期教職として長崎活水女学校や大村中学に勤務。33年東京に戻り，府立第二高等女学校・女子師範学校教諭となった。35年同志と真美会を創立，理事・審査員を務めた。また28年26歳であさがお穠久会の会員になって以来，アサガオの栽培と研究に没頭し，長崎在住時には長崎朝顔会の創立にも参画。さらに城北朝顔会や東京朝顔研究会などにも参加し，それらの会報にたびたび寄稿した。アサガオ研究の成果として「あさかほ手引草」「牽牛花図譜」「朝顔図説と培養法」などの著書も刊行。大正11年白井光太郎らと本草会を結成した。「山水図」（襖八面），「春草花」など，山水・花卉を画題とした作品が多い。晩年は画壇から遠ざかって古典や植物研究を専らとし，「万葉集草木考」「古典草木雑考」などを著した。

【著作】
◇朝顔図説と培養法　岡不崩述，杉本夢香編　民友社　1909.7　230p 図版 23cm
◇しのぶ草　岡不崩　日英舎　1910.12　43p 22cm
◇万葉集草木考　第1-3巻　岡不崩著　建設社　1932～1934　3冊 23cm
◇古典草木雑考　岡不崩著　大岡山書店　1935　365p 23cm
◇万葉集草木考　第4巻　岡不崩著　建設社　1937　672p 図版11枚 22cm

岡島 錦也

おかじま・きんや

大正3年（1914年）2月13日～
平成9年（1997年）6月13日

植物研究家　東海市長
別表記はおかじま・きんや。愛知県名古屋市出

生。愛知第一師範学校植物分類学専攻卒。〔賞〕勲四等旭日小綬章〔昭和61年〕。

愛知県広報課長、県知多事務所長などを経て、昭和44～60年東海市長を4期つとめ引退。一方、植物研究がライフワークで、帰化植物研究の第一人者。平成6年地中海沿岸などに分布するユリ科のハナツルボランが東海市北部の埋め立て地に帰化して自生しているのを発見した。

尾形 光琳
おがた・こうりん

万治元年（1658年）～
享保元年6月2日（1716年7月20日）

画家、工芸家

幼名は市之丞、名は惟富、伊亮、方祝、号は潤声、道崇、寂明、長江軒、青々斎。京都出生。

京都で呉服商・雁金屋を営んだ尾形宗謙の二男。光悦流の書や狩野派の絵などを好んだ父の影響を受け、幼少時から芸術に親しむ。天和3年（1683年）兄の藤三郎が家督を継ぐと、貞享元年（1684年）弟の乾山と共に財産を分与され、独立。しかし権門富商と交流し豪奢を尽くしたため、元禄年間の末頃には財産を蕩尽してしまったという。40歳の頃には収入を得るため本格的に画家として立つことを決意したといわれ、絵は初め山本素軒に師事して狩野派を学んだが、のち土佐派を祖述し、さらに本阿弥光悦や俵屋宗達に私淑して一種の純和様を作り出し、"光琳模様"と称される独自の大和絵画風を確立。その画の系統はのちに琳派と呼ばれ、江戸時代中期を代表する画家となった。商人や公家に多くのパトロンを持ち、特に公卿の二条綱平から厚く庇護され、その推薦によって元禄14年（1701年）法橋に叙された。宝永4年（1707年）江戸に下り、姫路藩主・酒井家から10人扶持（のち20人扶持）を給されて大名家や豪商家に出入りしたが、6年（1709年）には帰京。以後は画業の傍ら、弟・乾山の陶器の絵付にも取り組み、硯箱や印籠などのデザインも手がけた。斬新な意匠と主観的で装飾的傾向の著しい画風による大画面の作品を得意とし、中でも動植物画の評価が高く、その代表作「紅白梅図」「燕子花図」は国宝に指定されている。その他の作品に「草花図巻」「八橋図」「三十六歌仙図」「伊勢物語図」などがあり、人物画や山水画、水墨画もよくした。

【著作】
◇紅白梅図燕子花図（日本の古典 絵画篇） 尾形光琳画、白畑よし、山口蓬春、柳亮解説 美術出版社 1955 図版（はり込）12枚 解説16p 37cm
◇尾形光琳（講談社アート・ブックス 第39） 尾形光琳画、千沢楨治編集並に解釈 大日本雄弁会講談社 1957 図版34枚（解説共）17cm
◇光琳 尾形光琳画、田中一松編 日本経済新聞社 1959 図版64枚 解説48p 33cm
◇光琳名画譜 尾形光琳〔画〕、真保亨編 毎日新聞社 1978.10 313p 36cm
◇光琳百図 尾形光琳〔画〕、酒井抱一〔編〕 岩崎美術社 1981.12 5冊（別冊とも）26cm
◇光琳画譜―木版彩色摺 〔尾形光琳画〕、なにわ芳翠堂 芸艸堂 1986.4 2冊 26cm
◇尾形光琳（新潮日本美術文庫 8） 尾形光琳〔画〕、日本アート・センター編 新潮社 1996.9 93p 20cm
◇国宝紅白梅図屏風 尾形光琳筆、MOA美術館、東京文化財研究所情報調整室編 中央公論美術出版 2005.5 202p 35cm
◇光琳図案 尾形光琳著、芸艸堂編集部編 芸艸堂 2005.7 111p 19×26cm
◇国宝燕子花図―光琳元禄の偉才 〔尾形光琳〕〔ほか作〕、根津美術館編 根津美術館 2005.10 155p 30cm

【評伝・参考文献】
◇尾形光琳―稀世の天才 白崎秀雄著 講談社 1978.12 234p 20cm
◇彩色江戸博物学集成 平凡社 1994.8 501p 27cm
◇尾形光琳―江戸の天才絵師 飛鳥井頼道著 ウェッジ 2004.10 221p 22cm

尾形 昭逸
おがた・しょういつ

昭和2年（1927年）11月23日～
平成15年（2003年）12月11日

広島大学名誉教授

北海道札幌市出生。北海道大学農学部農芸化学

科〔昭和25年〕卒。農学博士(北海道大学)〔昭和36年〕。囲植物栄養生理学、草地学 所日本土壌肥料学会、草地学会、作物学会 賞日本草地学会賞斎藤賞(昭和61年度)「草類の栄養生理学的特性—地形草類の耐旱性の比較栄養生理学的解析」。

昭和25年北海道大学農学部助手、41年広島大学助教授を経て、42年教授。この間、33〜35年米国カリフォルニア大学バークレー校留学。

岡田 種雄
おかだ・たねお

大正11年(1922年)〜平成12年(2000年)8月12日

園芸家, 椿守 椿山延寿林庵主
大阪府茨木市出生。大阪府立園芸学校〔昭和15年〕卒。賞農林大臣賞、朝日文化賞(環境緑化部門奨励賞、第9回)。

農業指導員となるが、昭和18年召集、香港で兵役につく。21年帰国、復職。岡田穂と呼ばれる新種のイネを開発、また生シイタケの栽培で農林大臣賞を受賞するなど活躍。昭和30年代から自然の荒廃を憂い、先祖伝来の山を自然保護の砦にしようと、都市化で傷ついたツバキを山に移し、絶滅寸前の草木を永年かけて育て、"椿山"と命名、市民の憩いの場とした。1年に約2000本の挿し木をして苗木を育てる他、絶滅の危機にある日本の草花約1000種を育成。また、平成2年岩手県指定の天然記念物・大船渡の三面椿の蘇生に力を尽くす。"扇"、"師匠"、"椿守"、"花仙人"など70ほどの呼び名で呼ばれた。

【評伝・参考文献】
◇上手な老い方—サライ・インタビュー集 葡萄の巻(サライ・ブックス) サライ編集部編 小学館 1999.10 270p 19cm

緒方 正資
おがた・まさすけ

明治16年(1883年)〜昭和20年(1945年)

植物学者
熊本県熊本市出生。旧制五高中退、熊本薬学専門学校、同志社大学卒。

熊本の旧制五高を中退後、熊本薬学専門学校に学び、さらに同志社大学を卒業。大正10年より東京帝国大学医学部薬学科生薬研究室に勤務し、朝比奈泰彦の下で助手を務めた。朝比奈の勧めでシダ植物を中心に植物分類学、生薬学の研究を行い、沖縄、台湾、ジャワ島などに調査に赴いた。大型フォリオ版の「日本羊歯類図集」は名著の誉れが高い。なおシマシュスランの *Goodyera ogatai* Yamamotoや、オキナワシキミの *Illicium religiosum* var. *masa-ogatai* Makinoといった学名は彼に献名されたものである。

【著作】
◇日本羊歯類図集 第1-8輯 緒方正資著 三秀舎 1928〜1940 8冊 39×29cm
◇日本羊歯類図集 緒方正資著, 伊藤洋補訂 国書刊行会 1981.2 3冊 40cm

緒方 松蔵
おがた・まつぞう

文久3年(1863年)〜昭和19年(1944年)

植物研究家
宮崎県東臼杵郡諸塚村出生。

宮城県内の小学校に勤務する傍ら、広く県内で植物を調査・採集し、ツクシテンナンショウ *Arisaema ogatae* Koidz.、アオコウツギ *Deutgia ogatae* Koidz. などの学名が献名された。

岡田 松之助
おかだ・まつのすけ

安政6年(1859年)〜昭和2年(1927年)2月25日

植物学者
旧姓名は羽場。三重県出身。
　羽場家に生まれ、のち本草家・岡田正堅の養子となる。養父の薫育を受けて本草学を究め、更に丹波修治・田中芳男に学んだ。のち梅村甚太郎らと協力して三重博物学会を創立した。

岡田 要之助
おかだ・ようのすけ

明治28年(1895年)11月20日～
昭和21年(1946年)8月5日

植物学者　東北帝国大学教授
神奈川県横浜市保土ケ谷区出生。東京帝国大学理科大学植物学科〔大正8年〕卒。理学博士〔昭和5年〕。賞勲三等瑞宝章〔昭和20年〕。
　若い頃から秀才の誉れが高く、神奈川県第一中学を卒業して旧制一高に無試験入学。大正5年東京帝国大学理科大学植物学科に進学し、三好学の下で植物分類学を学んだ。8年大学院に進み、10年助手、12年講師を経て、14年東北帝国大学助教授となり、生物学第五講座(植物生態学並びに地理学)を担当。昭和5年オニバスの生理生態に関する研究で理学博士の学位を取得。6年より2年間、フランスに留学し、パリ・パストゥール研究所で微生物研究に従事した。9年帰国後は土壌微生物学の方面に力を注いで多くの論文を発表する一方で、植物地理学の特別講義も受け持った。14年教授に就任。また新設された農学研究所所員にも任ぜられ、農学の生理生態に関する基礎的な研究に取り組んだ。戦後も同大学の中堅教授として将来を嘱望されたが、21年夏頃から病を得、間もなく没した。著書に「土壌微生物学概論」がある。

【著作】
◇土壌微生物学概論　岡田要之助著　養賢堂　1941　258p 22cm
◇［東北帝国大学］農学研究所報告　［第4号 種子生態の研究 第1(岡田要之助, 我妻雄治)］、第5号 ［水田の土壌微生物に関する研究(岡田要之助)］、第7号 種子生態の研究 第2(岡田要之助, 我妻雄治)］　東北帝国大学農学研究所編　東北帝国大学農学研究所　1942～1944　26cm

岡田 利左衛門
おかだ・りざえもん

(生没年不詳)

小石川御薬園奉行
　江戸幕府小普請組。享保6年(1721年)の小石川薬園の拡大にともなう、薬園の東西二分の際に、新しく東側の管理を命ぜられ、小石川御薬園奉行と称した。

岡西 為人
おかにし・ためと

明治31年(1898年)8月3日～
昭和48年(1973年)5月5日

医史学者, 本草学者　瀋陽医学院教授, 塩野義研究所顧問
広島県出生。南満医学堂(満州医科大学の前身)〔大正8年〕卒。医学博士。
　南満医学堂中国医学研究室で黒田源次に師事、同校助教授、図書館長となったが、戦後中国に留用され国立瀋陽医学院教授を務め、昭和23年引き揚げて塩野義研究所顧問となった。在満中、中国医書の文献学的研究を行い著書には「中国医学書目」(正・続)、「宋以前医籍考」「重輯新修本草」「紹興本草解題」「本草経集注解題」「中国医書本草考」「本草概説」など多数。

【著作】
◇満州の漢薬　岡西為人著　満州医科大学東亜医学研究所　1937　514p 23cm
◇日本和漢薬文献―昭和初年―昭和十三年　岡西為人著　久保田元學長記念事業委員會　1940.11　386, 32p 26cm
◇明治前日本薬物学史 第2巻［中国本草の渡来と其影響(岡西為人)］　日本学士院日本科学史刊行会編　日本学術振興会　1958　513p 22cm
◇中国中世科学技術史の研究［中国医学における丹方(岡西為人)］　藪内清編　角川書店　1963　540p 27cm

◇本草経集注　斎陶弘景校注、小嶋尚真・森立之等重輯、岡西為人訂補・解題　南大阪印刷センター　横田書店(発売)大阪　前田書店(発売)　茨木　1972　144, 21, 12p 28cm
◇中国医書本草考　岡西為人著　南大阪印刷センター　前田書店(発売)　1974　643, 86, 17p 29cm
◇漢方医学の源流―千金方の世界をさぐる［古医学復興の歴史 中国編、日本編(岡西為人)］　千金要方刊行会編　毎日新聞開発 みづほ出版(製作)富民協会(発売)　1974　253p 図19cm
◇本草概説(東洋医学選書)　岡西為人著　創元社　1977.12　561p 図 22cm
◇明治前日本薬物学史 2巻［中国本草の渡来と其影響(岡西為人)］〈増訂版〉　日本学士院日本科学史刊行会編　日本古医学資料センター　1978.9　22cm
◇宋元時代の科学技術史［中国本草の伝統と金元の本草(岡西為人)］(京都大学人文科学研究所研究報告)　藪内清編　朋友書店　1997.12　468p 27cm

岡部　正義

おかべ・まさよし

明治29年(1896年)～昭和34年(1959年)

植物研究家

　大正末期、父島の清瀬に熱帯林業試験場を開設するため、小笠原諸島に入り、植物の保護育成及び有用植物の導入に努めた。また、その合間に植物採集に励み、大正末期頃小笠原で発見したビャクダンをムニンビャクダンとして学会に発表したが、ビャクダンであることが学会に認められなかったので、インドから取寄せたビャクダンを約10年かけて育てて比較し、証明した。

【著作】
◇資源香料植物(小川香料時報復刊 第3冊)　岡部正義、野崎志づ子共著　小川香料　1953　188p 27×37cm

岡村　金太郎

おかむら・きんたろう

慶応3年(1867年)4月2日～
昭和10年(1935年)8月21日

海藻学者　水産講習所所長

　江戸・芝新光町(東京都港区)出生。孫は岡村喬生(声楽家)、女婿は瀬川宗吉(海藻学者)、黒沼勝造(魚類学者)。帝国大学理科大学植物学科〔明治22年〕卒、帝国大学大学院修了。理学博士〔明治28年〕。

　明治24年水産伝習所(のち水産講習所、現・東京海洋大学)講師、25年第四高等中学教諭を経て、30年水産講習所講師、39年教授。大正3年教務課長を併任し、13年～昭和6年所長を務めた。また東京帝国大学講師として、農学部水産学科、理学部植物学科で水産学・藻類学を講じた。我が国の海藻学の開拓者で、その研究は分類・形態・発生・系統・分布と多くの分野に及び、日本に分布する1000種を超える海藻のうち、新属10を含む多数の新種を発見した。その数は自著「The distribution of marine algae in Pacific waters」(昭和7年)によれば、864種(緑藻類182、褐藻類194、紅藻類488)にのぼる。またアサクサノリ、テングサ、フノリの人工養殖、漁場の改善・開発にも貢献した。一方、江戸時代の初等教育教材に用いられた「往来物」の研究でも知られ、「往来物分類目録」の著書がある。著書に「海藻学汎論」「日本海藻図説」「日本藻類図譜」「日本藻類名彙」「藻類系統学」「日本海藻属名検索表」「浅草海苔」「趣味から見た海藻と人生」などがあり、没後には藻類学のバイブルといわれる大著「日本海藻誌」が刊行された。その蔵書は東京海洋大学図書館に岡村文庫として収蔵されている他、「往来物」の収集品は東京大学附属図書館に収められている。声楽家(バス)の岡村喬生は孫にあたる。

【著作】
◇植物学教科書　岡村金太郎著　富山房　1890.2　304p 20cm
◇植物学新書(普通学全書 第12)　岡村金太郎編　富山房　1891.8　133p 20cm
◇水産工芸沃度製造新書　相川銀次郎、岡村金太郎著　富山房　1892.3　55p 20cm

◇日本海藻学 第1編（総論之部） 岡村金太郎著 富山房 1892.3 56p 図版 27cm
◇日本海藻属名検索表 岡村金太郎著 東京植物学会 1899.4 51p 20cm
◇新撰普通植物学 岡村金太郎著 富山房 1899.12 202p 23cm
◇海藻学汎論 岡村金太郎著 敬業社 1900, 1902 2冊（別冊共）図版 23cm
◇日本海藻図説 第1巻 岡村金太郎著 敬業社 1900～1902 図版30枚 27cm
◇日本藻類名彙 岡村金太郎著 敬業社 1902.2 276p 23cm
◇水産一夕話 岡村金太郎著 富山房 1904 249p 図版 23cm
◇水産叢話（学芸叢書 第3編） 岡村金太郎著 博文館 1907.7 216p 24cm
◇日本藻類図譜 第1巻 第1-10集 岡村金太郎著 岡村金太郎 1907～1909 27cm
◇浅草海苔 岡村金太郎著 博文館 1909 374p 図版 地図 23cm
◇水理生物学要稿—漁業基本 北原多作, 岡村金太郎著 岡村金太郎 1910.10 59p 図版11枚 27cm
◇科学十講［動植物共に一也（岡村金太郎）］ 横山又次郎等述 東京国文社 1912 244p 22cm
◇水産講習所試験報告［第11巻 海藻播殖用岩掃除器（岡村金太郎, 森瀬清一郎）, 第12巻 赤潮ニ就テ（岡村金太郎）, 第13巻［てんぐさ成長試験（岡村金太郎）］ 水産講習所 水産講習所 1912～1918 26cm
◇漁業組合事業講演集 上巻［海草藻類ノ蕃殖保護（岡村金太郎）］ 農商務省水産局編 大日本水産会 1919 181p 22cm
◇趣味から見た海藻と人生 岡村金太郎著 内田老鶴圃 1922 290, 14, 17p 19cm
◇激震地方ニ於ケル海洋ト漁業［震災後ニ於ケル東京海湾ノ海洋並ニ漁業状態調査概況（岡村金太郎等）］其1 農商務省水産講習所 1923 26cm
◇日本藻類図譜 岡村金太郎著 岡村金太郎 1927～1942 7冊 27cm
◇藻類系統学 岡村金太郎著 内田老鶴圃 1930 542p 肖像 27cm
◇岩波講座生物学 第9 実際問題［あさくさ海苔（岡村金太郎）］〈補訂〉 岩波書店編 岩波書店 1932～1934 23cm
◇日本海藻誌 岡村金太郎著 内田老鶴圃 1936 979p 肖像 24cm
◇日本藻類図譜 第1-7巻 岡村金太郎著 風間書房 1951～1952 図版 27cm
◇日本の食文化大系 東京書房社 1982.10 21冊 22cm
◇浅草海苔〈復刻版〉（明治後期産業発達史資料） 岡村金太郎著 龍溪書舎 1997.2 1冊 21cm

【評伝・参考文献】

◇近代日本生物学者小伝 木原均ほか監修 平河出版社 1988.12 567p 22cm

【その他の主な著作】
◇往来物に依つて見たる徳川時代の庶民教育 岡村金太郎著 岡村金太郎〔1921〕42p 19cm
◇往来物分類目録 岡村金太郎編 啓明会事務所 1922 49p 23cm

岡村 周諦
おかむら・しゅうてい

明治10年（1877年）～昭和22年（1947年）

慶應義塾大学予科教授
和歌山県出身。和歌山県師範学校（現・和歌山大学）卒。理学博士〔大正5年〕。團蘚苔類。

高知県立第一中学（現・追手前高校）勤務の傍ら、高知の蘚苔類を収集。明治44年上京して東京帝国大学理科大学に選科生として入学。大正5年理学博士の学位を取得、これは我が国における蘚苔類の研究論文による学位取得の第一号とされる。その後、慶應義塾大学予科教授に就任。それまで欧米の学者に依存していた蘚苔類学を日本独自のものとして確立し、また採集家に向けて蘚苔類の概説、文献紹介にも努めた。

【著作】
◇生物学精義 〈7版〉 岡村周諦著 瞭文堂 1925 685, 56p 20cm
◇アルス文化大講座［第2巻 生物学講座（岡村周諦）］ アルス 1926～1928 23cm
◇岩波講座生物学 6 植物学2［苔蘚類（岡村周諦）］〈増訂版〉 岩波書店 1932～1934 23cm

【その他の主な著作】
◇動物実験の指針 岡村周諦著 大観堂 1941 1222p 22cm

岡本 省吾
おかもと・しょうご

明治34年（1901年）1月1日～
昭和61年（1986年）1月9日

京都大学農学部講師
山梨県出身。[団]樹木学。

　東京大学の台湾演習林勤務を経て、昭和14年から25年間、京都大学農学部の助手、講師。46年より京都府立大学の講師を務め、樹木の分類学を研究した。この間、京都大学徳山試験地の管理・整備を担当し、近辺の地域の植物を採集、「徳山試験地自生並びに栽培植物の目録」にまとめた。著書に保育社刊「樹木図鑑」など。

【著作】
◇京都帝国大学演習林報告［第13号 蘆生演習林樹木誌（岡本省吾著）, 第14号 和歌山演習林植物誌（岡本省吾）］ 京都帝国大学農学部附属演習林編　京都帝国大学農学部附属演習林　1941～1943　19cm
◇スギの研究［スギの分布 他（岡本省吾）］ 佐藤弥太郎等著　養賢堂　1950　722p 22cm
◇原色日本樹木図鑑（保育社の原色図鑑 第19）岡本省吾著, 北村四郎補　保育社　1959　306p 図版34枚 22cm
◇原色木材大図鑑　貴島恒夫, 岡本省吾, 林昭三共著　保育社　1962　204p 図版48枚 27cm
◇庭木（カラーブックス）　岡本省吾著　保育社　1963　153p 15cm
◇木の花・木の実（カラーブックス）　岡本省吾著　保育社　1964　153p（図版 解説共）15cm
◇標準原色図鑑全集 第8巻 樹木　岡本省吾著　保育社　1966　174p 図版32枚 21cm
◇庭木―樹種とその管理　岡本省吾著　保育社　1973　207p（図共）31cm
◇庭の木 1 葉もの編（カラーブックス）　岡本省吾著　保育社　1974　152p（おもに図）15cm
◇庭の木 2 花もの編（カラーブックス）　岡本省吾著　保育社　1974　152p（おもに図）15cm
◇原色木材大図鑑　貴島恒夫, 岡本省吾, 林昭三共著　保育社　1977.9　204p 図版48枚 27cm
◇樹木（エコロン自然シリーズ）　岡本省吾著　保育社　1995.12　173p 図版64p 19cm
◇銅版画 樹のある風景―制作から鑑賞まで　岡本省吾著　日貿出版社　1998.4　111p 26cm

岡本 東洋
おかもと・とうよう

明治24年（1891年）5月27日～
昭和43年（1968年）10月22日

写真家
京都府出身。

京都の友禅商の子として生まれる。家業を継ぐが、その一方で写真に熱中。トランスファーやゴム印画を得意とし、特にトランスファーに関しては外国の展覧会にも作品を出展した。また京都や滋賀のアマチュア写真家を招いてブロムオイルの講習会を開催するなど、後進の指導にも力を注いだ。のち植物や動物などの自然物を中心に撮影し、昭和5年牧野富太郎らの協力のもと「花鳥写真図鑑」（平凡社・全6巻）を刊行。8年から芸艸堂より「東洋花鳥写真集」（「静之巻」全25輯、「動之巻」全25輯、続編25輯）を刊行、さらに11年より「花鳥風月」シリーズ、17年からは「東洋花鳥選集」を上梓している。全関西写真連盟の第1回審査員、日本写真会関西支部委員。著書は他に「鳥獣百種」「西芳寺庭園」などがある。

【著作】
◇花鳥写真図鑑 1-6輯　岡本東洋撮　平凡社　1930　6冊 図版 27cm
◇東洋花鳥写真集 静之巻第1-25輯 動之巻第1-25輯　岡本東洋著　芸艸堂　1933～1935　50冊 38cm
◇花鳥風月 1-6輯　岡本東洋撮著　芸艸堂　1936～1937　図版82枚 38cm
◇美術写真大成 春1・2 夏1・2 秋1・2 冬1・2　岡本東洋撮　平凡社　1936～1937　8冊 32cm
◇西芳寺庭園　岡本東洋著　西芳寺　1941　図版4枚 35×38cm
◇写真京都　岡本東洋著　大雅堂　1946　120p 22cm
◇桂山荘　高桑義生文, 岡本東洋写真　芸艸堂出版部　1947　39p 図版15枚 19cm
◇修学院離宮　高桑義生著, 岡本東洋撮　芸艸堂出版部　1948　67p 図版32枚 21cm
◇禅の庭　岡本東洋撮影, 高桑義生解説　光村推古書院　1962　2冊 20×22cm
◇名園百趣　光村推古書院編集部編, 高桑義生解説　光村推古書院　1962　図版121p 20×22cm

岡本 勇治
おかもと・ゆうじ

明治28年（1895年）10月19日～
昭和8年（1933年）7月11日

植物研究家

旧姓名は植田。奈良県生駒郡片桐村(大和郡山市)出生。八尾中学〔大正4年〕卒。

大正4年大阪府立八尾中学を卒業後、奈良県立農事試験場の見習生となるが、間もなく辞す。同年奈良女子高等師範学校助手補となり、7年授業補助を経て、10年講師。傍ら、奈良県内の植物の分類研究に従事し、毎年のように大峰山や大台ケ原山を中心とした吉野群山の植物調査を行った。11年同校を退いたあとは植物研究を通じて親交があった牧野富太郎の推薦で京都帝国大学理学部植物学教室嘱託となり、学生の植物採集旅行などを指導。自身も牧野や小泉源一、三好学、白井光太郎らに師事して植物分類学を学び、分類に必要不可欠なラテン語やドイツ語の習得にも熱心であった。この間も奈良県の植物相についての研究を進め、昭和4年には吉野で発見したイヌモチを新種として「植物学雑誌」に発表。さらに県内の自然保護にも尽くし、5年には史跡名勝天然記念物調査会委員を委嘱された。しかし7年の暮れ頃から腎臓を患い、8年37歳の若さで亡くなった。著書に「世界乃名山大台ケ原山」「春日山原始林植物調査報告」などがあり、12年牧野や岸田日出男らの手により、奈良県植物研究の集大成とも言える遺稿集「大和植物志」が編まれた。

【著作】
◇大台ケ原山―世界乃名山　岡本勇治著　大台教会本部　1923　111, 287p 19cm
◇大和植物志　岡本勇治著、久米道民、松村義敏増訂　大和山岳会事務取扱所　1937　158p 肖像　26cm
◇大和植物志〈覆刻版〉　岡本勇治著、久米道民、松村義敏増訂　大和精版印刷　1997.10　158p　26cm

小川 信太郎
おがわ・のぶたろう

明治34年(1901年)～昭和62年(1987年)6月1日

アサガオ研究家

三重県阿山郡大山田村(伊賀市)出生。三重県立蚕糸学校卒。

三重県立蚕糸学校卒業後、同校に就職。昭和15年に民間会社に再就職。蚕からアサガオに研究対象を変え、以来アサガオの品種改良に取り組んだ。加藤楸邨との共著「あさがお百花」がある。

【著作】
◇あさがお百花(平凡社カラー新書)　小川信太郎、加藤楸邨著　平凡社　1975　143p(図共)　18cm
◇昭和の変化咲き朝顔―写真集　小川信太郎著　中日新聞本社　1981.5　215p 22cm

小川 由一
おがわ・ゆういち

明治22年(1889年)2月12日～
昭和45年(1970年)11月22日

植物研究家　和歌山信愛女子短期大学教授, 和歌山県生物同好会会長

和歌山県那賀郡岩出町(岩出市)出生。和歌山県師範学校(現・和歌山大学)本科〔明治43年〕卒。賞 勲四等瑞宝章〔昭和43年〕, 和歌山県文化賞〔昭和41年〕。

和歌山県の旧家に生まれる。明治43年岩出尋常小学校訓導、大正5年和歌山県高等女学校助教諭、8年教諭として生物を教え、昭和20年退職。22年より和歌山県岩出町に3選。35～42年和歌山信愛女子短期大学教授。元来草花を愛好したが、師範学校4年の時に徳島県の剣山で牧野富太郎から1週間の講義を受けて植物の道に進むことを志し、教職の傍ら和歌山県の植物を広く調査して採集・研究に従事。新種や新産地の発見は16種以上で、5万点近い標本を遺した。和歌山県下の植物方言・民俗の研究にも力を入れ、大学紀要に発表。大正11年に皇太子時代の昭和天皇が和歌山県を訪れた際に天然記念物係

として奉仕したのを始め、昭和4年、22年、37年にも天皇行幸に奉仕して、その知遇を得た。また和歌山県史蹟名勝天然記念物調査委員、県立公園審議委員、同鳥獣審議委員、和歌山県の木選定委員などを歴任、36年には和歌山県生物同好会に伴い初代会長に就任した。

【著作】
◇高野山の植物　小川由一著　高野山大学出版部　1940　229p 19cm
◇紀伊植物誌 1 紀州路の植物と民俗をたずねて　小川由一著　紀伊植物誌刊行会　1973　352p 図16枚 肖像 27cm
◇紀伊植物誌 2 高野山の植物　小川由一著　紀伊植物誌刊行会　1977　136p 図11枚 肖像 27cm
◇紀伊植物誌 3 紀州の植物覚書　小川由一〔ほか著〕、中村正寿編　紀伊植物誌刊行会　1985.5　271p 27cm

【評伝・参考文献】
◇紀州の植物研究家小川由一先生　和歌山県生物同好会編　和歌山県生物同好会　1971　38, 90p 肖像 26cm

奥貫 一男

おくぬき・かずお

明治40年(1907年)1月25日～
平成11年(1999年)5月29日

大阪大学名誉教授
埼玉県出生。東京帝国大学理学部〔昭和4年〕卒。日本学士院会員。囲酵素化学 団日本米国生化学会(名誉会員)、日本農芸化学会(名誉会員)、英国生化学会(名誉会員)賞日本学術協会賞〔昭和17年〕、朝日賞〔昭和35年〕、東レ科学技術賞〔昭和42年〕、日本学士院賞(第58回)〔昭和43年〕「チトクローム系の研究」、勲三等旭日中綬章〔昭和52年〕。

徳川生物学研究所、岩田植物生理化学研究所、長尾研究所各研究員を経て、昭和24年大阪大学教授、45年退官、名誉教授。細胞呼吸のメカニズムに関する基礎研究で知られ、各種チトクローム成分の抽出、精製に世界で初めて成功した。

【著作】
◇醗酵(生物学叢書 第12)　奥貫一男著　河出書房　1949　154p 21cm
◇醗酵化学(共立全書 第8)　奥貫一男著　共立出版　1951　266p 19cm
◇植物生理化学　奥貫一男著　朝倉書店　1954　728p 22cm
◇呼吸と醗酵の実験法(生物学実験法講座 第7巻 D)　奥貫一男著　中山書店　1955　139p 21cm
◇酵素研究法 第1巻〔酵素の抽出法 他(奥貫一男等)〕　赤堀四郎等編　朝倉書店　1955　780p 図版 22cm
◇酵素研究法 第2巻〔鉄ポルフィリン酵素(白川正治、奥貫一男)他〕　赤堀四郎等編　朝倉書店　1956　823p 図版 27cm
◇最新一般生理学　本川弘一、奥貫一男、富田軍二編　朝倉書店　1956　680p 22cm
◇現代生物学講座 第3巻〔酵素と酵素反応(奥貫一男)〕　芦田譲治等編　共立出版　1957　293p 22cm
◇チトクロム(生体酵素シリーズ 早石修、山野俊男監修)　奥貫一男、山中健生編　朝倉書店　1970　298p 23cm
◇代謝生理(植物生理学講座 2)　奥貫一男〔等〕著、古谷雅樹、宮地重遠、玖村敦彦編集　朝倉書店　1972　274p 22cm
◇チトクロムの研究―実験を中心に　奥貫一男教授退官記念会編　東京大学出版会　1973　445p 22cm
◇微生物のチトクロム　奥貫一男、山中健生著　講談社　1976　160p 18cm

奥原 弘人

おくはら・ひろと

明治39年(1906年)10月3日～
平成13年(2001年)12月5日

長野県奈川村(松本市)出生。長野県師範学校(現・信州大学)〔昭和2年〕卒。団植物分類学, 植物地理学 団植物地理分類学会, 日本シダの会, 長野県植物研究会。

昭和2年長野県下伊那郡内の尋常高等小学校教員、22年長野県公立学校長などを歴任。傍ら、植物の分類・分布の研究を行う。長野県内を中心に深山幽谷を巡り、約50種類の植物の新種を発見した。ナガワスミレなど出身地の南安曇郡奈川村にちなんで名付けた新種もある。

【著作】
◇木曽谷の植物　奥原弘人著　木曽教育会　1971　384p（図共）22cm
◇長野県野草図鑑　上・下　奥原弘人解説、田中豊雄写真　信濃毎日新聞社　1978.4～1979.3　19cm
◇長野県樹木図鑑　奥原弘人、田中豊雄著　信濃毎日新聞社　1979.10　300p 19cm
◇信州の高山植物　奥原弘人、千村速男著　信濃毎日新聞社　1980.7　388p 19cm
◇長野県野草図鑑　別巻　奥原弘人解説・写真、田中豊雄写真　信濃毎日新聞社　1983.3　308p 19cm
◇木曽の植物　奥原弘人著　信濃毎日新聞社　1985.5　236p 21cm
◇信州の野草　奥原弘人著　信濃毎日新聞社　1990.7　686p 21cm
◇信州の珍しい植物―出合いを求めて50年　奥原弘人著　信濃毎日新聞社　1992.11　174p 19cm

奥山 春季
おくやま・しゅんき

明治42年（1909年）1月1日～
平成10年（1998年）12月10日

植物研究家
山形県東根町（東根市）出生。千葉高等園芸学校（現・千葉大学園芸学部）〔昭和5年〕卒。
昭和7年東京科学博物館（現・国立科学博物館）に入る。49年退官。牧野富太郎や久内清孝の助力を得て野外の植物採集会を催し、また同館で一般会員が出品する"おし葉展"を開催して年中行事として定着させるなど、植物愛好者の増加とレベル向上に貢献。37～53年「植物採集ニュース」、54～63年「レポート日本の植物」を発行した。在職中は積極的に日本各地の植物相を調査して歩き、"原色野外植物図譜"（全7巻、32～38年）や労作「採集・検索日本植物ハンドブック」（49年）を出版している。

【著作】
◇日本区域別フローラ文献目録 1～2　奥山春季〔著〕　国立科学博物館　1948.8～1951.12　3冊 25cm
◇原色日本野外植物図譜　第1-7　奥山春季著　誠文堂新光社　1957～1963　27cm
◇日本高山植物図譜―カラー解説　奥山春季著　誠文堂新光社　1966　240p 図版54枚 26cm
◇植物採集ガイド　奥山春季監修　誠文堂新光社　1971　148p 26cm
◇日本植物ハンドブック―採集検索　奥山春季著　八坂書房　1974　783p 23cm
◇寺崎日本植物図譜　寺崎留吉図、奥山春季編　平凡社　1977.5　1165p（おもに図）27cm
◇茶花植物図鑑　奥山春季〔ほか〕著　主婦の友社　1978.12　231p 22cm
◇茶花植物ハンドブック―四季の野の花・庭の花　奥山春季、奥山和子著　主婦の友社　1983.10　227p 19cm
◇色別茶花・山草770種―12色・開花月順　奥山春季、奥山和子著　主婦の友社　1994.4　383p 19cm

小倉 謙
おぐら・ゆずる

明治28年（1895年）6月25日～
昭和56年（1981年）3月18日

東京大学名誉教授
宮城県仙台市出身。東京帝国大学理科大学植物学科〔大正8年〕卒。理学博士。團植物形態学団日本植物学会（会長），日本郵趣協会（会長）賞学士院賞〔昭和21年〕。
大正5年東京帝国大学理科大学に入学し、藤井健次郎に師事して植物形態学を学ぶ。8年大学院に進み、同年9月から同大講師として植物学第三講座を分担した。昭和2年助教授を経て、13年教授。同大附属植物園園長も務めた。31年定年退官後は横浜市立大学教授、東京家政大学教授、資源科学研究所長を歴任。この間、2年文部省在外研究員としてヨーロッパに派遣され、大英博物館やケンブリッジ大学で植物形態学の研究に従事し、さらにドイツ、米国を経て、5年帰国。シダ植物の形態学的・解剖学的研究を進め、21年帝国学士院賞を受賞した。植物化石の研究でも知られる。同年～30年日本植物学会会長。植物切手の収集でも知られ、日本郵趣協会会長も務めた。没後

そのコレクションは同協会に寄贈され、それによって得られた売上金をもとに同協会に小倉謙賞が創設された。編著に「植物解剖及び植物形態学」「生物学」「切手で見る植物図鑑」などがある。

【著作】
◇岩波講座生物学［第6 植物学［1］植物系統解剖学（小倉謙）］ 岩波書店編 岩波書店 1930～1931 22cm
◇植物形態学 小倉謙 養賢堂 1934 629p 23cm
◇植物解剖及形態学（農学全書） 小倉謙著 養賢堂 1949 232p 22cm
◇生物学 上 小倉謙編 東京大学出版会 1953 278p 22cm
◇生物学 下 小倉謙編 東京大学出版会 1953 336p 図版 地図 22cm
◇切手で見る植物図鑑 小倉謙著 蒼風書院 1955 83p 22cm
◇植物の事典 佐竹義輔,薬師寺英次郎,亘理俊次編 東京堂 1957 594p 図版 22cm

【評伝・参考文献】
◇小倉謙―追想録 小倉謙氏追想録刊行会編 小倉謙氏追想録刊行会 1979.5 3冊 22cm

尾崎 喜八

おざき・きはち

明治25年（1892年）1月31日～
昭和49年（1974年）2月4日

詩人, 随筆家
東京市京橋区鉄砲州（東京都中央区）出生。京華商〔明治42年〕卒。

　明治42年中井銀行に就職。この頃から文学に親しみ, 高村光太郎の知遇を得て, 千家元麿ら白樺派の詩人に接近し, 人道主義, 理想主義的立場から詩作を始める。大正9年朝鮮銀行に入行。11年処女詩集「空と樹木」を発表して詩壇に登場し, 13年「高層雲の下」, 昭和2年「曠野の火」などで詩人としての地歩を固めた。"山と高原の詩人"と称され, 山に関する随筆も多い。また植物学者・武田久吉の手ほどきで写真にも目を開き, 動植物生態写真研究会に所属して盛んに風景や植物, 気象学的被写体を撮影した。詩集に「旅と滞在」「行人の歌」「花咲ける孤独」, 随筆集に「山の絵本」, 訳書にヘッセ「画と随想の本」の他, 「尾崎喜八詩文集」（全10巻）がある。

【著作】
◇山の絵本―紀行と随想 尾崎喜八著 朋文堂 1935 346p 図版 21cm
◇残花抄 尾崎喜八著 玄文社 1948 171p 15cm
◇尾崎喜八詩文集 全10巻 創文社 1959～1975 20cm
◇わが庭の寓話・動物譚と植物誌 ジョルジュ・デュアメル著, 尾崎喜八訳 創文社 1963 319p 図版 20cm

尾崎 行雄

おざき・ゆきお

安政5年（1858年）11月20日～
昭和29年（1954年）10月6日

政治家　法相, 文相, 衆院議員, 東京市長
旧姓名は尾崎彦太郎。号は尾崎咢堂（おざき・がくどう）, 学堂, 愕堂, 卒翁, 莫哀荘主人。相模国又野村（神奈川県）出生。妻は尾崎テオドラ, 長男は尾崎行輝（日本航空取締役）, 三女は相馬雪香（国際MRA日本協会副会長・難民を助ける会会長）, 孫は尾崎行信（最高裁判事）, 女婿は相馬恵胤（子爵）。慶應義塾〔明治9年〕中退。賞憲政功労者表彰〔昭和10年〕, 国会名誉議員〔昭和28年〕, 東京名誉市民〔昭和28年〕。

　神奈川の生まれだが, 少年時代を伊勢市で過ごす。明治12年新潟新聞, 次いで報知, 朝野などの記者をし, 14年統計院権少書記官となるが, 政変で辞職。15年「郵便報知新聞」論説委員となり, 大隈重信の立憲改進党結成にも参加。以降, ジャーナリスト, 政治家として活躍。20年第一次伊藤内閣の条約改正に反対, 保安条例で東京退去処分を受け外遊。23年第1回総選挙に三重県から立候補, 当選。以来昭和28年に落選するまで連続当選25回。明治31年第一次大隈内閣の文相。33年立憲政友会創立委員。36～45年東京市長（国会議員兼務）を務め, 町並み整理や上下水道拡張などに実際政治家として

の手腕を発揮した。その間、ワシントンにサクラの苗木を贈る。大正元年第一次護憲運動に奔走。3年第二次大隈内閣の法相。5年憲政会筆頭総務。原内閣の時、普選運動の先頭に立ち、10年政友会除名。11年犬養毅の革新倶楽部に参加したが14年政友会との合同に反対して脱会、以後無所属。昭和6年頃から高まる軍国主義・ファシズムの批判を展開、さらに近衛内閣＝大政翼賛会と東条内閣の"独裁政治"を非難。17年翼賛選挙での発言で不敬罪として起訴されたが、19年無罪。20年議会の戦争責任を追及、自ら位階勲などを返上、議員の総辞職論を唱えた。戦後は世界平和を提唱、世界連邦建設運動を展開。代議士生活63年の記録を樹立、"議会政治の父""憲政の神様"として名誉議員の称号を贈られ、35年国会前に尾崎記念会館（憲政記念館）が建設された。著書に「墓標に代えて」「わが遺言」などのほか、「尾崎咢堂全集」（全12巻）がある。

【著作】
◇咢堂自伝　尾崎行雄著　咢堂自伝刊行会　1937　456p 18cm
◇尾崎咢堂全集 全12巻　尾崎行雄著、尾崎咢堂全集編纂委員会編　公論社　1955〜1956

【評伝・参考文献】
◇尾崎行雄の行き方（自由叢書 11）　伊佐秀雄著　文苑社　1946　47p 18cm
◇偉人尾崎行雄　伊佐秀雄著　文宣堂　1947　184p 図版 19cm
◇尾崎行雄　伊佐秀雄著　文苑社　1947　263p 図版 19cm
◇咢堂言行録　石田秀人著　時局社　1953　200p 図版 19cm
◇尾崎行雄（人物叢書 第48 日本歴史学会編）　伊佐秀雄著　吉川弘文館　1960　260p 図版 18cm
◇尾崎行雄　沢田謙著　尾崎行雄記念財団　1961　2冊 19cm
◇尾崎行雄伝（尾崎財団シリーズ 1）　尾崎行雄記念財団　1964　55p 18cm
◇憲政の人・尾崎行雄　竹田友三著　同時代社　1998.1　239p 20cm
◇尾崎行雄―「議会の父」と与謝野晶子　上田博著　三一書房　1998.3　304p 20cm
◇咢堂尾崎行雄（Keio UP選書）　相馬雪香、富田信男、青木一能編著　慶應義塾大学出版会　2000.8　322p 19cm

長田　武正
おさだ・たけまさ

大正元年（1912年）12月1日〜平成12年（2000年）

山梨県立女子短期大学教授
東京都中央区越前堀出生。東京高等師範学校理科三部〔昭和9年〕卒。師は牧野富太郎。理学博士。専帰化植物, 蘚苔類, 植物分類学 団日本蘚苔類学会。

東京府立六中（現・新宿高）在学中から牧野植物同好会に所属。神奈川県立横須賀中学、朝鮮咸興師範学校、西南学院高校などの教諭を経て、山梨県立女子短期大学教授。昭和54年定年退職。著書に「原色日本帰化植物図鑑」「日本産スゲゴケ科研究」「日本イネ科植物図譜」「原色野草観察・検索図鑑」「野草の自然史」などがあり、「検索入門野草図鑑」（全8巻）はロングセラーとなった。

【著作】
◇日本帰化植物図鑑　長田武正著　北隆館　1972　254p 図 27cm
◇人里の植物 1（カラー自然ガイド 2）　長田武正著　保育社　1973　151p（おもに図）15cm
◇人里の植物 2（カラー自然ガイド 3）　長田武正著　保育社　1973　151p（おもに図）15cm
◇こけの世界（カラー自然ガイド）　長田武正著　保育社　1974　151p（おもに図）15cm
◇原色日本帰化植物図鑑（保育社の原色図鑑 53）　長田武正著　保育社　1976　図64p, 425p 22cm
◇帰化植物―雑草の文化史（カラーブックス）　長田武正, 富士堯共著　保育社　1977.6　151p（図共）15cm
◇富士の自然（カラーブックス）　長田武正著　保育社　1978.6　151p 15cm
◇野草の自然史―植物分類へのみちしるべ　長田武正著　講談社　1979.5　233, 4p 19cm
◇原色野草観察・検索図鑑（保育社の原色図鑑 58）　長田武正著　保育社　1981.5　518p 22cm
◇検索入門野草図鑑 1 つる植物の巻　長田武正著, 長田喜美子写真　保育社　1984.3　206p 19cm
◇検索入門野草図鑑 2 ゆりの巻　長田武正著, 長田喜美子写真　保育社　1984.3　206p 19cm
◇検索入門野草図鑑 3 すすきの巻　長田武正著, 長田喜美子写真　保育社　1984.5　206p 19cm
◇検索入門野草図鑑 4 たんぽぽの巻　長田武正著, 長田喜美子写真　保育社　1984.7　206p

◇検索入門野草図鑑 5 すみれの巻　長田武正著, 長田喜美子写真　保育社　1984.9　206p 19cm
◇検索入門野草図鑑 6 おきなぐさの巻　長田武正著, 長田喜美子写真　保育社　1984.11　207p 19cm
◇検索入門野草図鑑 7 さくらそうの巻　長田武正著, 長田喜美子写真　保育社　1985.1　205p 19cm
◇検索入門野草図鑑 8 はこべの巻　長田武正著, 長田喜美子写真　保育社　1985.2　206p 19cm
◇検索入門野草図鑑 別巻 総さくいん　長田武正著　保育社　1985.2　62p 19cm
◇検索入門樹木 1　尼川大録, 長田武正共著　保育社　1988.4　207p 19cm
◇検索入門樹木 2　尼川大録, 長田武正共著　保育社　1988.6　206p 19cm
◇小事典・野草の手帖―植物分類への道しるべ(ブルーバックス)　長田武正著　講談社　1989.2　253, 8p 18cm
◇日本イネ科植物図譜　長田武正著　平凡社　1989.12　759p 27cm

小沢 圭次郎

おざわ・けいじろう

天保12年(1842年)4月2日～
昭和7年(1932年)1月12日

造園家

号は酔園。江戸・築地(東京都中央区)出生。

桑名藩医の子として生まれる。漢学を芳野金陵に学ぶ。文久2年(1862年)長崎に遊学し、ついで大坂に移って蘭学者の緒方洪庵に入門した。明治元年藩命により英学を修業し、4年から海軍兵学校で教鞭を執るが、5年には辞職。6年東京師範学校教官となり、のち同校校長心得に累進した。12年東京学士会院書記。この間、東京では新しい首都の建設のため、大名屋敷や古い庭園が破壊されつつあり、それを嘆いて職務の傍ら古い庭園の記録と資料の収集に奔走。19年に職を退いてからは作庭を業とし、数多くの名士の庭園を設計した他、21年伊勢神宮神苑、26年奈良公園の改良、35年ロンドンの日英同盟記念日本風林泉、昭和3年桑名の九華公園を手がけるなど、公園の新設及び改良にも大きな業績を残した。また日比谷公園の新設に際しては日本風庭園を提案したが、折からの西洋庭園の流行により彼の案は不採用となった。造園史の研究にも力を尽くし、明治23～38年美術雑誌「国華」に長論文「園苑源流考」を発表。さらにその概略をまとめて45年より「建築工芸叢誌」に「庭園源流略史」を連載した。44年からは東京府立園芸学校で長く造園史を講じる傍ら、数十年を費やして膨大な量にのぼる「園林叢書」の編纂に心血を注いだが、その完成を見ずに没した。現在、その収集による庭園関係の資料が国立国会図書館に所蔵されている。他の著書に「明治庭園史」「晩成堂詩草」などがある。

【評伝・参考文献】
◇日本公園百年史　日本公園百年史刊行会編　日本公園百年史刊行会　1978.8　690p 27cm

織田 一麿

おだ・かずま

明治15年(1882年)11月11日～
昭和31年(1956年)3月8日

洋画家, 植物研究家

東京都出生。祖父は織田信愛(幕臣)、父は織田信徳(動物剥製製作者)、兄は織田東禹(画家)、海東久(鉱物学者)。圑日本創作版画協会, 洋風版画会, 日本版画協会　賞京都新古美術展一等褒賞〔明治32年〕「観桜の図」、京都新古美術展二等褒賞〔明治33年〕「摘草帰りの図」、京都新古美術展一等褒賞〔明治35年〕「秋陽西傾」。

代々徳川幕府の高家を務める家柄に生まれ、祖先は織田信長の二男・信雄という。幕末期に海軍奉行を務めた祖父・信愛は植物趣味の人で、父の信徳も我が国初の動物剥製製作者として知られており、生物学に縁のある家柄で、自身も幼少時より昆虫や植物を愛好した。明治31年大阪に行き、兄で画家の織田東禹と同居。この頃から川村清雄に絵画を、金子政次郎に石版を学ぶ。32年京都新古美術展に「観桜の図」を出品して一等褒賞、33年同展において水彩画「摘草

帰りの図」で二等褒賞を受けるなど早くから画才を発揮し、36年の第5回勧業博覧会では立体図案で入選。同年東京に帰り、根岸はいばら印刷工場の作版主任を短期間務めたのち自宅で依頼に応じて複製石版を制作した。傍ら展覧会への参加も旺盛に行い、トモエ会や文展などに水彩画を出展。42年から「方寸」同人、パンの会会員。44年再び大阪に移り、大阪帝国新聞社に約半年間勤務するとともに中山太陽堂広告部も兼職した。大正3年帰京し、4年日本水彩画会審査員となるが、5年に20点の連作石版画「東京風景」の製作に着手してからは石版画の製作も盛んに行うようになった。7年戸張孤雁、山本鼎、寺崎武男らと日本創作版画協会を結成。11年家庭内の不和のため石版機械その他を一切処分して山陰地方を放浪するが、14年松江市赤山に赤山織田創作版画研究所を開いて石版画の製作を再開。昭和2年東京に戻り、雑司が谷に居を定める。同年帝展が創作版画の陳列を許可するようになったので、同展初の石版画となる「白い花」を出品。4年には洋風版画会を設立し、さらに6年同会と日本創作版画協会を合併してできた日本版画協会に参加した。11年より文展無鑑査。戦時中は富山県福野に疎開し、戦後は日展を中心に作品を発表した。その石版画は風景に題材をとったものが多く、緻密な画風で知られる。また装幀家として野田宇太郎や内田百閒らの著書を手がけた。一方、幼少時からの関心であった生物学の方面でも少なからず業績を残し、植物に関しては特にシダ植物及び武蔵野の植生を研究。8年武蔵野雑草会を興し、戦時中には「喰へる雑草」を上梓して時節柄、雑草料理について論じるなど雑草の認知度向上に一役買っている。著書に「水彩画法」「水彩画手本」「武蔵野の記録」などがあり、没後、「織田一磨石版画全作品集」が刊行された。

【著作】
◇喰へる雑草―自然科学と芸術　織田一磨著　駸々堂　1943　344p 図版, 19cm
◇武蔵野の記録―自然科学と芸術　織田一磨著　洸林堂書房　1944　397p 図版27枚, 27cm

【その他の主な著作】
◇織田一磨自画石版画集―東京20景・大阪20景　東出版　1973　はり込み図20枚, 61cm
◇織田一磨―石版画全作品集　織田一磨著　三彩社　1974　30p（肖像共）図346枚, 30cm
◇織田一磨展―武蔵野市開村一〇〇年記念展　武蔵野市　1989.9　126p, 24×25cm

小田 常太郎
おだ・つねたろう

明治9年（1876年）2月22日～
昭和16年（1941年）12月7日

植物学者
山口県美祢市東厚保出身。山口農学校〔明治31年〕卒。

　母校である山口農学校、山口高等女学校など、山口県下の中学、高校の教師を務める傍ら、山口県内で植物分布の調査を行い、植物相の解明にあたった。柚野村で日本で初めてゴショイチゴを発見した他、基準標本となるヤマグチカナワラビを採集。採集した標本は白井光太郎、牧野富太郎、中井猛之進、小泉源一らに送られ、現在国立科学博物館、東京大学、京都大学、山口博物館などに保存されている。

【著作】
◇防長水竜骨科植物　小田常太郎編　小田常太郎　1927　11, 3p 27cm
◇ほたでノ話〈改訂〉　小田常太郎著　山口県立山口高等女学校　1936　8p 23cm
◇周防鴻峯植物誌　小田常太郎著　山口県立山口高等女学校　1936　17p 26cm
◇大内のりノ話〈改訂〉　小田常太郎著　山口県立山口高等女学校　1936　8p 23cm

【評伝・参考文献】
◇山口県植物誌　岡国夫ほか編　山口県植物誌刊行会　1972　607p（図共）27cm

御旅屋 太作
おたや・たさく

明治14年(1881年)～昭和17年(1942年)

植物研究家

富山県砺波中学教諭で、同県各地の植物相を調査し、標本を採集した。タテヤマアザミの学名 *Cirsium otayae* Kitam. は氏に献名されたものである。

越智 一男
おち・かずお

明治42年(1909年)～昭和54年(1979年)

植物研究家

西条高校などで教育に携わる一方、櫻井久一の指導で愛媛県産のコケ植物を研究し始める。のち、次第に同県産高等植物の研究に中心を移していった。愛媛県産のコケ植物と高等植物について数多くの論考などを発表している。

落合 英二
おちあい・えいじ

明治31年(1898年)6月26日～
昭和49年(1974年)11月4日

薬化学者　東京大学名誉教授

千葉県出生。東京帝国大学医学部薬学科〔大正11年〕卒。師は近藤平三郎。日本学士院会員〔昭和40年〕。薬学博士〔昭和3年〕。團有機合成化学賞帝国学士院賞〔昭和19年〕「芳香族複素環塩基の研究」、藤原賞〔第8回〕〔昭和42年〕、文化勲章〔昭和44年〕。

大正11年東京帝国大学医学部副手となって近藤平三郎の門下に入り、ツヅラフジ科アルカロイドの研究、さらに苦参アルカロイドの構造研究に参画。昭和5年ドイツ留学、スタウディンガーに高分子化学を、ノイベルクに生化学的手法を学んだ。5年東京帝国大学医学部助教授、13年教授、33年薬学部教授、34年名誉教授。アルカロイド研究で生まれた芳香族異項環化合物の電子論的研究を体系化した。芳香族アミンN・オキシドの研究は合成化学に大きく貢献。31年日本薬学会会頭、その後、ドイツ薬学会、米国薬学会名誉会員に推挙された。44年文化勲章受章。著書に「有機微量少量定量分析法」「医薬品結合研究法」などがある。

【著作】
◇有機微量小量定量分析法　落合英二,津田恭介著　科学書院　1937　217p 22cm
◇化学実験学［第2部 第13巻 有機化学・生物化学 苦蔘塩基の研究過程（落合英二）］　河出書房　1941～1944　22cm
◇医薬品結合研究法　落合英二,黒柳惣十著　南山堂　1944　118p 22cm
◇近藤平三郎アルカロイド研究の回顧　落合英二編　近藤先生喜寿記念委員会　1953.11　1262p 22cm
◇薬学の進歩 第3集 第1最近の有機合成［モルフィン系アルカロイドの合成（落合英二）］　日本薬学会編　医歯薬出版　1954　93p 22cm

落合 孫右衛門
おちあい・まごえもん

(生没年不詳)

薩摩藩士,園芸家

享保12年(1727年)将軍・徳川吉宗の殖産興業の一環として、琉球よりサトウキビの苗を取り寄せ、吹上園で試植を開始。そこで出来たサトウキビの苗は武蔵砂村新田、駿河、肥前などに分与され、特に武蔵大師河原の池上太郎左衛門幸定に与えられた苗は、幸定の子である製糖業の先覚者・幸豊に受け継がれている。当時、砂糖の輸入により金銀が流出し、経済の混乱のもととなっていたため、それを防ぐため糖業の振興を図ったものとされる。

小野 哲夫
おの・てつお

明治24年(1891年)～?

写真家
本名は小野勇次郎。三重県津市出生。東京帝国大学法科大学〔大正6年〕卒。實関西写真連盟展準特選、関東写真連盟展準特選。

小学校時代に兄のカメラを持ち出して以来の写真好き。三重一中、旧制八高を経て、東京帝国大学法科大学に学び、大正6年に卒業した後は13年まで川崎造船所に勤務した。15年鹿児島に移り、電鉄会社、運輸会社、自動車販売会社などの経営に参画。昭和7年東京に戻り、製薬会社を創業するが失敗した。この間も写真を続け、関西写真連盟展で準特選を1回、関東写真連盟展で準特選を3回受賞。特に動植物の生態写真研究に取り組み、8年には本庄伯郎、加藤邦三らと自然科学写真連盟を結成。10年東京・下目黒に写真材料店五十鈴を開業。傍ら、特許弁理士を副業とした。

小野 知夫
おの・ともお

明治34年(1901年)2月11日～
昭和51年(1976年)12月31日

細胞遺伝学者　東北大学名誉教授
福島県いわき市出身。盛岡高等農林学校(現・岩手大学農学部)〔大正11年〕卒、東北帝国大学理学部生物学科〔大正15年〕卒。

大正11年京都帝国大学理学部助手となり、同大植物学教室にいた木原均に"プレパラートを作りたい"と相談したところ、たまたま持ち合わせていたスイバを渡されたことがきっかけで、木原と共にスイバの研究を始める。12年共同で「植物学雑誌」にスイバに3連の性染色体対合を発見したと報告、これまで下等植物にしか性染色体は発見されておらず、高等植物としては初めての発見であった。同年東北帝国大学理学部生物学科に進み田原正人に学び、15年卒業して講師、昭和3年旧制二高教授に就任、同校でスイバ研究を大成させた。24年東北大学教授、31年同大富沢分校主事を務め、39年定年退官。各種植物を用いた性決定機構の研究に取り組んだ後は、15年より醸造科学研究所の助力を得てホップ研究に従事し、大きな成果を上げた。

【著作】
◇生物綱要　小野知夫著　裳華房　1944　252p 21cm
◇基礎植物学　小野知夫等著　裳華房　1949　326p 22cm
◇現代の生物学 第2集 発生　岡田要、木原均共編　共立出版　1950　400p 21cm
◇植物の生殖(岩波全書 第127)　小野知夫著　岩波書店　1951　205p 18cm
◇植物の雌雄性(岩波全書)　小野知夫著　岩波書店　1963　234p 18cm
◇生物科学　小野知夫著　裳華房　1964　252p 22cm

【評伝・参考文献】
◇近代日本生物学者小伝　木原均ほか監修　平河出版社　1988.12　567p 22cm

小野 記彦
おの・ふみひこ

明治42年(1909年)6月13日～
昭和62年(1987年)3月10日

東京都立大学名誉教授
大分県大分市出身。東京帝国大学大学院理学研究科植物学専攻修了。理学博士。團細胞遺伝学。

東京帝国大学で篠遠喜人に学ぶ。タンポポ類の属間雑種における染色体消失の追跡研究を酒井文三と行った。

【著作】
◇植物学綜説 第6 染色体　小野記彦著　内田老鶴圃　1938　213p 20cm
◇現代遺伝学説［細胞質遺伝学(小野記彦)］(生物学選書)　ネオメンデル会編　北隆館　1949　345p 図版 19cm
◇遺伝学・細胞学文献綜説 1940-1946 第2巻［細胞質遺伝(小野記彦)］　メンデル会編　北隆館　1950　203p 26cm
◇性と生殖［性の分化(小野記彦)］(生物学選書)　ネオメンデル会編　北隆館　1950　305p 図版

19cm
◇現代遺伝学説［細胞質遺伝（小野記彦）］〈新訂版〉（生物学選書）　ネオメンデル会編　北隆館　1953　392p 図版 19cm
◇細胞・遺伝・進化（研究社学生文庫 F 第3）　小野記彦著　研究社出版　1952　207p 18cm
◇推計学入門（理科教養文庫　第5 採集と飼育の会編）　小野記彦, 加藤幸雄著　内田老鶴圃　1954　246p 19cm
◇生物の基礎（高校基礎シリーズ）　小野記彦著　旺文社　1955　398p 19cm
◇生物学―根底から応用へ　小野記彦著　千代田書房　1955　341p 22cm
◇生物の完全整理（大学入試完全整理叢書 第9）　小野記彦編　旺文社　1957　397p 19cm
◇理科基礎講座　第8巻 生物学2［植物体のつくり, 植物の分類, 遺伝（小野記彦）］　石田寿老等編　岩崎書店　1957　278p 22cm
◇生物の総合整理（大学入試総合整理叢書 第11）　小野記彦編　旺文社　1959　285p 19cm
◇生物の傾向と対策（新課程大学入試対策シリーズ　昭和41年版 10）　小野記彦著　旺文社　1965.7　286, 8p 19cm
◇現代生物学大系 第13巻 細胞・遺伝　森脇大五郎監修, 小野記彦編　中山書店　1966　390p（おもに図版）27cm

小野　職孝

おの・もとたか

安永3年（1774年）～嘉永5年（1852年）10月3日

本草学者

旧姓名は安部。字は士徳, 号は蕙畝, 衆芳軒。祖父は小野蘭山（本草学者）, 息子は小野職愨（植物学者）。

　本草学者・小野蘭山の孫。父は安部有義。祖父譲りで本草学をよくし, その学殖を認められて蘭山の後継者と目される。蘭山が校名により京都から江戸に移る時に同行し, 蘭山の日常を助けた。享和3年（1803年）より祖父の講義の口述筆記を「本草綱目啓蒙」として整理し, 文化3年（1806年）までに全48巻を刊行。5年（1808年）には江戸を発って京阪に遊び, 蘭山門下の本草家たちと物産会を開催, その帰途には白山・立山に立ち寄って採薬を行った。祖父の死後もその学問をよく受け継ぎ, 祖父と同様に幕府の医学館に出仕して薬品の鑑定などに従事した。天保14年（1843年）には祖父が生前果たせなかっ

た「救荒本草」と「救荒野譜」の解釈を行い, 「救荒本草啓蒙」「救荒野譜啓蒙」全5冊として編纂。本書の内容は植物学的記事がほとんどで, その題名が示すような気味や効能, 毒の有無に触れることは少なく, 彼の植物学的傾向を垣間見ることができる。その他の著書に「本草啓蒙名疏」「飲膳摘要」「和漢日用方物略」「詩経草木解」「秘伝花鏡彙解」などがある。小野職愨は息子。

小野　職愨

おの・もとよし

天保9年（1838年）4月1日～
明治23年（1890年）10月27日

博物学者

通称は苓庵, 号は薫山。江戸出生。曾祖父は小野蘭山（本草学者）, 父は小野職孝（本草学者）。

　本草学者・小野蘭山の曾孫で, 父・小野職孝も蘭山同様本草家として著名であった。曲直瀬篁庵に師事して医術を修め, のち医役をもって幕府に仕える。文久元年（1861年）幕府の小笠原諸島巡察に同行し, 阿部喜任らと共に4ケ月に渡って同地の植物を調査。そのときの記録を「物産識」にまとめている。明治維新後, 大学南校に学び, 卒業後は文部省博物局に勤務。やがて博物局の所管換えに伴って内務省・農商務省を転々としたが, その間にも植物学の研究と啓蒙に努め, 明治7年英・ラテン・日三ケ国語による植物学の対訳語辞典である「植学訳筌」を, 8年植物の外部形態の図説である「植学浅解初編」を刊行。さらに7年から8年にかけて田中芳男と協力して飯沼慾斎の「草木図説」を改訂し, 学名を付記した「新訂草木図説」を上梓している。そのほかにもポケット版色刷りの有毒植物図譜である「毒品便覧」や田中と共編で「有用植物図説」を編纂するなど, 明治初年の啓蒙期における植物学に多大な業績を残した。

【著作】

◇植学訳筌 小野職愨訳, 田中芳男閲 文部省 1874.5 27p 17cm
◇草木図説目録 草部 田中芳男, 小野職愨選 博物館 1874.10 1冊 20cm
◇植学浅解 初編 小野職愨編訳, 田中芳男閲, 久保弘道校 文部省 1875 33丁 26cm
◇草木図説 前編〈新訂〉 飯沼慾斎(長順)著, 小野職愨増訂 平林荘 1875 27cm
◇有用植物図説 田中芳男解説原稿, 小野職愨著 写本 1875～1887 8冊 24cm
◇小学用博物図 小野職愨, 田中芳男著, 長谷川竹葉画 北尾禹三郎 1876.12 6丁 23cm
◇毒品便覧 小野職愨著, 最上孝吉画 小野職愨 1878, 1882 2帖(第1, 2集)17cm
◇植学浅解 小野職愨編訳, 田中芳男閲, 久保弘道校 石川治兵衛 1881.10 33丁 26cm
◇植物名実図考―重修 呉其濬著, 小野職愨重修, 岡松甕谷句読 奎文堂 1883～1889 19cm
◇日本竹品名牌 小野職愨撰述 小野職愨 1889.8 1冊 53×48cm(折りたたみ24×15cm)
◇明治初期教育稀覯書集成［第1輯］[文部省編纂博物図教授法(田中芳男訳 小野職愨閲 安倍为任解)] 唐沢富太郎編集 雄松堂書店 1980.8
◇有用植物図説 解説・目録・索引 田中芳男, 小野職愨撰 科学書院 1983.10 566, 177p 22cm
◇有用植物図説 図画 田中芳男, 小野職愨撰, 服部雪斎図画 科学書院 1983.10 266p 22cm

【評伝・参考文献】
◇博物学者列伝 上野益三著 八坂書房 1991.12 412, 10p 23cm
◇本草学と洋学―小野蘭山学統の研究 遠藤正治著 思文閣出版 2003.4 409, 33p 21cm

小野 蘭山
おの・らんざん

享保14年8月21日(1729年9月13日)～
文化7年1月27日(1810年3月2日)

本草学者

本姓は佐伯, 名は職博, 道敬, 通称は喜内, 字は以文, 別号は朽匏子。京都府出生。孫は小野職孝(本草学者), 曾孫は小野職愨(植物学者)。

　少年の頃より草木を調べるのを好み, 11歳の時には中国の本草書「秘伝花鏡」を手に入れて全て筆写し, 本草学に興味をもつようになったという。13歳で松岡恕庵に入門して「本草綱目」を学び, 延享3年(1746年)に師が没してからは独学で研鑽を積み, 夜は戌の刻(午後7時)で就寝し, 丑の刻(午前1時)に起床して勉学に励み, 生来の博覧強記も手伝って若くして本草学の蘊奥を究めた。体質が弱かったため25歳の時に仕官しない意志を固め, 京都に家塾・衆芳軒を開いて本草学を教授。以後, 植物採集に赴く以外は家に閉じこもり, 読書と研究に明け暮れた。寛政11年(1799年)幕府に召されて71歳で江戸に移り, 医学館で本草学を講義するとともに, 孫の職孝と同館附属薬園の管理及び施設の拡充に尽力。また博物学好きの若年寄・堀田正敦の邸宅でも「本草綱目」を会読した。さらに享和元年(1801年)から文化2年(1805年)にかけて, 幕命により5回に渡って諸国を巡り, 常野・甲駿豆相・紀州・上州妙義山並武州三峯山など, 行く先々の地名を冠した採薬記をまとめた。その学風は師の恕庵が旨とした簡潔さと, 恕庵の師・稲生若水の持つ博大精緻さとの中道を行くもので, 蘭山の講義記録を孫の職孝が整理してまとめた主著「本草綱目啓蒙」(48巻)は, 日本国内の様々な動植鉱物に関する博物学的知識の集大成であり, 特に各動植物における方言の収録に関しては古今無比といわれる。また明和

2年(1765年)に全8巻が完成した島田充房との共著「花彙」は、彼自ら絵筆を執って描いた植物図譜で、江戸中期にあって極めて科学的とされる。その教えを受けた者は飯沼慾斎、杉田玄白、谷文晁、水谷豊文をはじめ、京都在住時や江戸在住時、採薬旅行時のものも含めて1000人を超えるといわれており、幕末期の本草学に大きな影響を与えた。他にも「十品考」「通史昆虫草木略」、講義録「本草綱目記聞」「大和本草会識」などの著書がある。

【著作】
◇三十幅［鹿細略記,蘭山先生十品考（小野職博撰）］（国書刊行会刊行書）　大田覃編　国書刊行会　1917　23cm
◇日本古典全集［第3期 重訂本草綱目啓蒙（小野蘭山）］　正宗敦夫編　日本古典全集刊行会　1925～1933　16cm
◇本草綱目啓蒙 第1-4〈重訂〉(日本古典全集 第3期〔第8〕)　小野蘭山著,正宗敦夫編纂校訂　日本古典全集刊行会　1929　3冊16cm
◇東洋医薬叢刊 第2 重訂本草綱目啓蒙 第1冊（巻1-13）　小野蘭山著,脇水鉄五郎,刈米達夫考註　春陽堂　1933　455p 23cm
◇本草綱目啓蒙—本文・研究・索引　小野蘭山著,杉本つとむ編著　早稲田大学出版部　1974　864,114p 図 肖像 27cm
◇花彙（生活の古典双書19,20）　小野蘭山,島田充房著　八坂書房　1977.4　2冊20cm
◇重訂本草綱目啓蒙（覆刻日本古典全集）　小野蘭山著,正宗敦夫編纂校訂　現代思潮社　1978.2　4冊16cm
◇諸州採薬録抄録 5巻,遊毛記（江戸期山書翻刻叢書5）　植村政勝［著］,小野蘭山［著］　国立国会図書館蘭山書を読む会　1982.3　76p 26cm
◇本草綱目啓蒙 1（東洋文庫 531）　小野蘭山著　平凡社　1991.4　345p 18cm
◇本草綱目啓蒙 2（東洋文庫 536）　小野蘭山著　平凡社　1991.7　335p 18cm
◇本草綱目啓蒙 3（東洋文庫 540）　小野蘭山著　平凡社　1991.10　335p 18cm
◇本草綱目啓蒙 4（東洋文庫 552）　小野蘭山著　平凡社　1992.7　146,199p 18cm
◇採薬志 2［常野採薬記・上州妙義山并武州三峰山採薬記・駿州勢州採薬記・甲駿豆相採薬記・勢州採薬志・紀州採薬記（小野蘭山）］（近世歴史資料集成 第2期 第7巻）　浅見恵,安田健訳編　科学書院　1996.4　786,76p 27cm
◇臨床漢方処方解説 第18冊　オリエント出版社　1996.8　424p 27cm
◇牧野標本館所蔵のシーボルトコレクション　加藤僖重著　思文閣出版　2003.11　288p 21cm

【評伝・参考文献】
◇蘭山紀念号—植物学雑誌　東京植物学会　1909　76,8p 図版24cm
◇江戸期のナチュラリスト（朝日選書363）　木村陽二郎著　朝日新聞社　1988.10　249,3p 19cm
◇江戸洋学事情　杉本つとむ著　八坂書房　1990.12　399p 19cm
◇彩色江戸博物学集成　平凡社　1994.8　501p 27cm
◇江戸の植物学　大場秀章著　東京大学出版会　1997.10　217,5p 19cm
◇辞書・事典の研究 2（杉本つとむ著作選集 7）　杉本つとむ著　八坂書房　1999.3　614p 21cm
◇本草学と洋学—小野蘭山学統の研究　遠藤正治著　思文閣出版　2003.4　409,33p 22cm
◇江戸の博物学者たち（講談社学術文庫）　杉本つとむ著　講談社　2006.5　380p 15cm

小野 透
おのでら・とおる

大正2年(1913年)11月15日～
平成15年(2003年)9月21日

バラ作出者　埼玉大学名誉教授,日本ばら会名誉会長
千葉県出身。東京帝国大学〔昭和12年〕卒。專応用地質学,岩石学,ばら作り 团日本地質学会（名誉会員）,埼玉ばら会（名誉会長）,日本ばら会（名誉会員）賞英国バラ会国際試作場賞〔昭和45年〕「のぞみ」。

内務省、建設省で建設行政に22年間携わる。のち教育界に転じ国際基督教大学や埼玉大学で教授を務めた。昭和22年バラの花を貰ったのがきっかけで、23年創立の新日本ばら会に入会。40余種の新種を作出、一番初めに作った'のぞみ'が45年英国バラ会から国際試作場賞を受賞。戦時に亡した姪の名に因んだ、一重でピンクの'のぞみ'は"小野寺ローズ"として各国に広まった、他にも国内外で受賞多数。

小幡 高政
おばた・たかまさ

文化14年(1817年)11月19日～

明治39年（1906年）7月27日

官僚，実業家　第百十銀行頭取

旧姓名は祖式。通称は蔵人，彦七。周防国吉敷郡恒富村（山口県）出生。

　長州藩士祖式家に生まれ，のち小幡家の養子となり，嘉永3年（1850年）家督を継ぐ。大組物頭弓頭役や萩町奉行などを経て，江戸留守居役となり，安政6年（1859年）には志士・吉田松陰の処刑にも立ち会った。文久2年（1862年）公武間周旋御内用掛に任ぜられ，江戸と京都を往復。元治元年（1864年）一旦職を辞すが，間もなく三田尻頭人役として再出仕し，幕長戦争などで戦功を立てた。慶応3年（1867年）には郡奉行となり，明治元年長州藩の民政主事に就任。廃藩置県後は新政府に迎えられ，少議官・宇都宮県参事・小倉県参事・小倉県権令を歴任した。9年に退官した後は萩に帰り，夏ミカンの栽培を奨励して士族授産に大きく貢献した。また，実業界でも活躍し，第百十銀行頭取などを務めた。

小原　春造（1代目）

おはら・しゅんぞう

宝暦12年（1762年）～文政5年（1822年）

本草学者，医師

旧姓名は沢。別名は俊悦，就正，号は峒山。阿波国徳島（徳島県）出生。

　徳島藩出身である京都の医師小原玄住の子。父に医学を，小野蘭山に本草学を師事。同門の山本亡羊と親交があった。諸国を巡り薬草や鉱物を採集。寛政7年（1795年）徳島藩に招かれて，藩で最初の医師学問所と薬園を創設して教授となり，物産方御用も兼務した。本草学や博物学に通じ，「龍骨一家言」を著して讃岐の龍骨は象の化石であると論じた。また，「阿波淡路両国産物志」（略称「阿淡産志」）の編纂を命じられるが，途上で没する。なお，植物854品を扱う同書は2代目春造，3代目栄造などが助力し，明治11年に完成した。他の著書に「逍遥漫録」「広東人参弁」など。

【著作】
◇阿淡産志　〔小原春造〕〔等撰〕　小和田勲石手写　1936　13冊 28cm
◇江戸科学古典叢書44 博物学短篇集 上〔龍骨一家言（小原春造）〕　恒和出版　1982.12　400, 17p 22cm

小原　豊雲

おはら・ほううん

明治41年（1908年）9月29日～
平成7年（1995年）3月18日

華道家　小原流家元（3代目），日本いけばな芸術協会名誉相談役

本名は小原豊。大阪府大阪市出生。父は小原光雲（小原流2代家元）。大阪府立高等園芸卒。[賞]ブラジル・オールデン・ソベラーナ・デ・ベラクルス勲章〔昭和33年〕，兵庫県文化章〔昭和38年〕，神戸市文化章〔昭和49年〕，勲三等旭日中綬章〔昭和55年〕。

　昭和8年第1回個展を新宿・三越で開催。13年父・小原流2代家元の光雲他界のあとを受け，3代家元となる。小原流を日本の代表的な流派に育て上げるとともに，いけ花作家として独自の境地を開拓。戦後いちはやく"前衛いけばな"を提唱し，幻想的な力作を発表。また27年から米国大使館でいけ花の指導を始めるなど，いけ花の海外普及に貢献している。この間，33年日本いけばな芸術協会副理事長，46年理事長を歴任。著書に「挿花百規」「豊雲の眼」がある。

【著作】
◇小原流盛花瓶華の生け方　小原豊雲著　主婦之友社　1933　296p 図版8枚 21cm
◇花道周辺　小原豊雲著　河原書店　1950　158p 図版 19cm
◇小原流生花独習書（主婦之友の独習書全集 第5）小原豊雲著　主婦之友社　1951　255p（図版共）22cm
◇小原流の新しい生花（いけばな双書）　小原豊雲著　主婦の友社　1956　172p 図版32p 22cm
◇小原流生花（独習シリーズ）　小原豊雲著　主婦の友社　1961　410p（図版共）22cm
◇小原流の花　小原豊雲著　婦人画報社　1962　220p（図版共）26cm

おはら　　　　　　　　　　　　　　　　　　　　　　　　　　　　　植物文化人物事典

◇小原流（いけばなグラフイック）　小原豊雲著　主婦の友社　1963　138p（図版解説共）22cm
◇盛花と小原流（主婦の友新書）　小原豊雲著　主婦の友社　1963　260p（図版共）18cm
◇小原流いけ花入門―すぐわかる分解写真式（講談社いけ花シリーズ）　小原豊雲著　講談社　1966　248p（図版共）22cm
◇日本の花　小原豊雲著　主婦の友社　1967　346p（図版共）31cm
◇小原豊雲　小原豊雲著　講談社インターナショナル　1969.10　185p 43cm
◇ネパール・インドに生ける　小原豊雲〔作〕　主婦の友社　1970　図版179p（解説共）はり込み原色図版16枚　31cm
◇いけばな植物事典　小原豊雲，瀬川弥太郎共著　小原流文化事業部　1971　676, 39p 19cm
◇定本小原流様式集成　小原豊雲著　小原流文化事業部　1971　287p（図共）30cm
◇花の心（日本の心シリーズ）　小原豊雲著　毎日新聞社　1973　251p 肖像 20cm
◇小原流（オールカラーいけばな全書）　小原豊雲著　小学館　1975　203p（おもに図）27cm
◇小原流いけばなの源流―雲心・光雲名作集　小原豊雲編著　小原流文化事業部　1975　209p（図共）26cm
◇小原流いけばな（新独習シリーズ）　小原豊雲著　主婦の友社　1977.1　367p（図共）22cm
◇挿花百規　小原豊雲著　主婦の友社　1978.1　271p 43cm
◇花に関する五十章　小原豊雲編　講談社　1978.10　365p 20cm
◇日本のいけばな　第3巻　小原豊雲　小学館　1979.6　182p 39cm
◇豊雲の眼　小原豊雲著　文化出版局　1983.9　179p 22cm
◇私の履歴書 文化人 9　日本経済新聞社編　日本経済新聞社　1984.2　569p 22cm
◇小原流いけばな―カラー独習　小原豊雲，小原夏樹著　主婦の友社　1984.4　313p 22cm

【評伝・参考文献】
◇華日記―昭和生け花戦国史　早坂暁著　新潮社　1989.10　350p 19cm

小原 雅子
おばら・まさこ

昭和3年（1928年）～平成5年（1993年）6月29日

画家
東京出生。夫は小原秀雄（動物学者）。東京家政学院専中退。師は藤島淳三（植物画家）。團植物画 国 日本ボタニカルアート協会。

昭和22年動物学者の秀雄と結婚。子供を亡くし、33年頃からボタニカルアートを始めた。一時中断後、50年頃より再開し、55年日本ボタニカルアート協会に入会、同委員となる。国立科学博物館図書室勤務のかたわら、産経学園などの講師や植物画協会の事務、展覧会の世話役を務める。

【著作】
◇野に咲く花―ボタニカルアートでかたる　本谷勲文, 小原雅子画　丸善　1993.9　44p 19cm

表 与兵衛
おもて・よへえ

嘉永4年（1851年）8月19日～
大正11年（1922年）11月10日

農政家
加賀国河北郡小坂（石川県金沢市）出生。
明治35年千葉から郷里の石川県にハスの種を持ち帰り、小坂地域のレンコンを品種改良し、"加賀れんこん"の基礎を作った。

折下 吉延
おりしも・よしのぶ

明治14年（1881年）10月5日～
昭和41年（1966年）12月23日

緑地行政家, 造園家　内務省復興局建築部公園課長
東京市麻布区（東京都港区）出生。東京帝国大学農科大学農学科〔明治41年〕卒。
明治41年東京帝国大学農科大学卒業後、宮内省内苑寮技手となる。45年東京府立園芸学校（現・東京都立園芸高）で教鞭を執ったが、大正元年奈良女高師教授として赴任。在任中、橿原神宮の林苑整備事業に携わる。4年明治神宮造営局技師に就任、日本式の典雅さと西洋式の明快さを巧みに折衷した新意匠を実現させ、外苑には4列のイチョウ並木を配した。8～9年欧米

視察のため出張。帰国後、都市計画に公園を組み込むことに力を注ぎ、都市における大規模公園の設置を力説。12年関東大震災が起こると内務省復興局建築部公園課長に起用され、我が国初のリバーサイド公園である隅田公園や横浜の山下公園といった大公園造成や、街路樹や橋台地緑化などの事業に取り組んだ。昭和7年満州に渡り、満州各地の都市計画事業に参画。21年復員。その後は後進の育成に努める傍ら、地方の都市計画指導や軍用跡地の公園化促進、東京の緑化事業に尽くした。"公園行政の祖"と呼ばれ、造園を行政分野として確立した功労者とされる。没後、遺族の意向を組んだ都市計画協会により、緑地行政に功績のあった人に贈られる公園緑地折下功労賞が制定された。

【評伝・参考文献】
◇日本公園百年史　日本公園百年史刊行会編　日本公園百年史刊行会　1978.8　690p 27cm

恩田　経介
おんだ・けいすけ

明治21年（1888年）4月10日〜
昭和47年（1972年）4月18日

植物生理学者　明治薬科大学学長
長野県出身。東京帝国大学理学部植物学科〔大正5年〕卒、東京帝国大学大学院中退。
　東京帝国大学在学中は三好学の指導を受ける。大学院中退後、明治薬科大学教授、のちに学長となった。木本植物への関心を終生抱き続けていた。

【著作】
◇おもしろい植物　恩田経介著、岡村夫二男絵　学習社　1942　222p 21cm

恩田　鉄弥
おんだ・てつや

元治元年（1864年）11月18日〜
昭和21年（1946年）6月10日

農学者　農林省園芸試験場場長
大坂・住吉出生。駒場農学校（現・東京大学農学部）〔明治18年〕卒。農学博士〔大正8年〕。
囲日本園芸学会(会長)。
　福島師範学校、同尋常中学、埼玉県尋常師範学校、岩手県農事講習所などで教師を務め、明治33年農事試験場に勤めた。35年同園芸部長、大正8年農学博士、10年園芸試験場が設立されて初代場長となった。園芸指導員養成のため地方農学校出の練習生を募集、実技中心に訓練した。園芸学会会長、大日本農学会顧問も務めた。退職後東洋拓殖会社嘱託、東京農業大学教授となり、昭和14年退任。著書に「実験園芸講義」「食糧増産の基礎—酒匂常明博士伝」などがある。

【著作】
◇萃菓栽培法（寸珍百種　第26編）　恩田鉄弥著　博文館　1893.4　184p 16cm
◇実用苹果栽培書　恩田鉄弥著　博文館　1897.11　128p 23cm
◇農学汎論（帝国百科全書 第10編）　恩田鉄弥著　博文館　1898.8　332p 24cm
◇排水乾田稲作改良法——名・農事調査　恩田鉄弥著　博文館　1902.3　236p 23cm
◇実用栽培論　恩田鉄弥、矢田貞吉著　実業之日本社　1903.4　333p 23cm
◇秋田県仙北郡農事調査報告　下　恩田鉄弥他著　仙北郡　1904　1冊 22cm
◇実験園芸講義　恩田鉄弥著　博文館　1909.12　366p 22cm
◇園芸講習会講演筆記（岐阜県農商工報告　第42号）　原煕、恩田鉄弥述　岐阜県　1910.12　79p 26cm
◇実験苹果栽培法（園芸叢書 第1巻）　恩田鉄弥著　博文館　1911.8　374p 図版 22cm
◇実験柿果栽培法（園芸叢書 第2巻）　恩田鉄弥、村松春太郎著　博文館　1912　344p 23cm
◇実験和洋梨栽培法（園芸叢書 第3巻）　恩田鉄弥、草野計起著　博文館　1914　446p 23cm
◇実験柑橘栽培法（園芸叢書 第4巻）　恩田鉄弥、内田郁太著　博文館　1915　750p 図版 22cm
◇蔬菜学教科書　恩田鉄弥著　博文館　1915　224p 22cm
◇実験蔬菜不時栽培法（園芸叢書 第5巻）　恩田鉄弥、喜田茂一郎著　博文館　1917　642p 22cm
◇実験果物採取貯蔵及荷造法　恩田鉄弥、式地俊材著　博文館　1919　378p 22cm
◇果樹園経営法　恩田鉄弥著　博文館　1920　436p 22cm

おんち　　　　　　　　　　　　　　　　　　　　　植物文化人物事典

◇果樹学教科書　恩田鉄弥著　博文館　1922　226p　22cm
◇実験果樹剪定法　恩田鉄弥著　博文館　1924　410p 23cm
◇通俗園芸講話〔第1，2〕　恩田鉄弥著　博文館　1926　2冊 20cm
◇通俗園芸講話〔第3〕梨・桜桃・桃・李・梅・杏　恩田鉄弥著　博文館　1928　402p 19cm
◇果樹栽培講義　恩田鉄弥著　日本農村協会　1931　161, 10p 22cm
◇消費者・商店・生産者各方面から見た果物　恩田鉄弥著　大日本農会　1934　143p 19cm
◇果樹栽培　恩田鉄弥著　農山社　1937　161p 23cm
◇日本園芸発達史〔総論（恩田鉄弥）〕　日本園芸中央会編　朝倉書店　1943　800p 22cm
◇食糧増産の礎―酒匂常明博士伝　恩田鉄弥著　目黒書店　1945　145p 図版 肖像 19cm
◇日本児童文庫―復刻版 42 花と果実・昆虫の生活　恩田鉄弥，横山桐郎著　名著普及会　1982.6　242p 19cm

【評伝・参考文献】
◇フリュイ（果物）の香り―農学者恩田鉄弥の生涯　恩田重孝著　エース出版　2002.5　273p 22cm

恩地 孝四郎
おんち・こうしろう

明治24年（1891年）7月2日〜
昭和30年（1955年）6月3日

版画家，挿絵画家，装幀家，詩人
東京府淀橋（東京都新宿区）出生。娘は恩地三保子（英米児童文学翻訳家），長男は恩地邦郎（画家・明星学園高校校長）。東京美術学校（現・東京芸術大学）西洋画科〔大正3年〕中退。

明治43年東京美術学校（現・東京芸術大学）西洋画科に入り，竹久夢二に兄事。大正3年学友の田中恭吉，藤森靜雄と共に詩と版画の同人雑誌「月映（つくはえ）」を創刊した。7年山本鼎らと日本創作版画協会を結成。以来，創作版画運動を推進し，抽象的かつ超現実的な木版画で知られた。9年には野島康三の経営する兜屋画堂で自身の版画による初の個展を開催。さらに帝展や日本版画協会展，国画会などにも作品を出展，萩原朔太郎「月に吠える」や室生犀星「打情小曲集」など単行本の装本・装幀にもすぐれた手腕を示した。また金丸重嶺の「新興写真の作り方」などの写真関連書籍の装幀を手がけたのがきっかけで自らも写真をはじめ，新興写真の影響を受けた写真やフォトグラムを数多く撮影。昭和9年には自らの詩と写真，版画による詩画集「飛行官能」（版画荘）を刊行した。戦後は日本アブストラクト・アート・クラブを設立，世界各国の国際版画展にも出品して好評を博した。版画の代表作に「リリック」連作や「フォルム」連作があり，画集に「恩地孝四郎版画集」「恩地孝四郎装本の業」，著書に「工房雑記」「本の美術」「日本の現代版画」，詩集に「季節標」「虫・魚・介」などがある。植物を題材とした作品も多く，昭和17年に刊行した写真と随筆による「博物誌」では，新即物主義的かつ前衛的な植物や虫の写真を多く収録。21年には島崎藤村，室生犀星，北原白秋らの花についての詩を集め，それに対する自身や川上澄生，川西英らの版画を添えた詩華集「日本の花」を編んだ。

【著作】
◇季節標　恩地孝四郎著　アオイ書房　1935　95p 37cm
◇工房雑記―美術随筆　恩地孝四郎著　興風館　1942　312p 図版6枚 19cm
◇博物志　恩地孝四郎著　玄光社　1942　141p（図版共）26cm
◇草・虫・旅　恩地孝四郎著　竜星閣　1943　150p 19cm
◇日本の花―詩華集　恩地孝四郎編　富岳本社　1946.5　123, 3p 26cm
◇恩地孝四郎―色と形の詩人　恩地孝四郎〔著〕，横浜美術館〔ほか〕編　読売新聞社　1994　333p 22cm
◇モダニズムの光跡―恩地孝四郎・椎原治・瑛九　恩地孝四郎〔ほか撮影〕，東京国立近代美術館編　東京国立近代美術館　1997　39p 30cm

【評伝・参考文献】
◇恩地孝四郎装本の業　恩地邦郎編　三省堂　1982.12　205p 29cm
◇日本のアール・ヌーヴォー　海野弘著　青土社　1988.5　299p 21cm
◇白と黒の造形　駒井哲郎著　小沢書店　1989.10　224p 21×16cm
◇月映の画家たち―田中恭吉・恩地孝四郎の青春　田中清光著　筑摩書房　1990.12　269, 4p 22cm

146

◇近代から現代へ―木版画の革新―恩地孝四郎から萩原英雄まで　山梨県立美術館編　山梨県立美術館　2005　147p 30cm

【その他の主な著作】
◇海の童話―詩を伴ふ版画連作　恩地孝四郎著　版画荘　1934　1冊（頁付なし）29cm
◇飛行官能　恩地孝四郎編　版画荘　1934　1冊（頁付なし）26cm
◇虫・魚・介（アオイ書房十週年記念書窓版画帖十連聚 8）　恩地孝四郎著　アオイ書房　1943　図版11枚（文共）27cm
◇ちいさいひとへのおはなし春夏秋冬　恩地孝四郎著　友文社　1947　105p 図版 21cm
◇本の美術　恩地孝四郎著　誠文堂新光社　1952　135p（図版60p共）27cm
◇日本の現代版画（創元選書　第240）　恩地孝四郎著　創元社　1953　85p 図版163p 19cm
◇日本の憂愁　恩地孝四郎著　竜星閣　1955　120p（図版、原色図版共）19cm
◇本の美術　恩地孝四郎著　出版ニュース社　1973　135p（図共）27cm
◇恩地孝四郎版画集　形象社　1975　327p（原色はり込み図78枚共）37cm
◇恩地孝四郎版画集―1891-1955　形象社　1977.3　326p 肖像 37cm
◇恩地孝四郎詩集　六興出版　1977.11　286p 図 肖像 21cm
◇新東京百景―木版画集　恩地孝四郎〔ほか〕画　平凡社　1978.4　105p 図版54枚 32×33cm
◇竹久夢二スケッチ帖抄―1906-29　恩地孝四郎編　未來社　1984.1　174p 24cm
◇装本の使命―恩地孝四郎装幀美術論集　恩地孝四郎著，恩地邦郎編　阿部出版　1992.2　396p 22cm
◇抽象の表情―恩地孝四郎版画芸術論集　恩地孝四郎著，恩地邦郎編　阿部出版　1992.2　540p 22cm

貝原　益軒
かいばら・えきけん

寛永7年11月14日（1630年12月17日）～
正徳4年8月27日（1714年10月5日）

儒学者，博物学者
本名は貝原篤信。字は子誠，通称は勘三郎，久兵衛，初号は柔斎，損軒。筑前国（福岡県）出生。
名は「えっけん」ともいう。福岡藩右筆の子。父や兄に医学，漢学を学び，また早くから和算書「塵却記」や節用集，軍記物といった和書を愛読した。慶安元年（1648年）藩主・黒田忠之に仕えたが，のちにその怒りに触れ，以後6年余りの浪人生活を余儀なくされた。この間，26歳の時に祝髪して柔斎と号し，医師を志す。また江戸に上って幕府の儒官・林鵞峯とも面会するなど，儒学に進む傾向も示した。明暦元年（1655年）文治政策をとる藩主・黒田光之のもとで再出仕し，同藩医となる。3年藩命で京都に遊学し，朱子学を修めると共に松永尺五，木下順庵，山崎闇斎，向井元升，稲生若水ら儒者・本草家らと交流。帰藩後，正式に藩士としての待遇を与えられ，39歳で結婚してからは再び髪を蓄え，藩主より祖父の通称である久兵衛を賜った。この頃から藩主や重臣への儒書の講義を行う一方，藩命により「黒田家譜」「筑前国続風土記」などの編纂に従事。また藩政にも参画し，朝鮮通信使の応対や朝鮮漂流民との筆談などに当たった他，佐賀藩との国境問題では自藩に有利となる資料集めに奔走した。71歳で致仕した後は著述に専念。儒学については「近思録備考」「自娯集」「慎思録」など数多くの注釈書を著したが，晩年には朱子学の観念論を批判するようになり「大疑録」をまとめた。また民生日用の学を標榜して本草学にも関心を持ち，李時珍の「本草綱目」の読破と校訂を経て，寛文12年（1672年）和刻本「本草綱目新校訂」を刊行。さらに

宝永7年(1709年)には「大和本草」16巻、附録2巻を上梓した。この書は主に我が国に産する動植物1366品目について名称や来歴、形態、効能を記した本草図譜で、分類は「本草綱目」のものに自らの独創も加味し、薬品にならないものも収録。それらは群書を参考にしただけでなく、「筑前国続風土記」編纂の過程で領内をくまなく巡検したことや数度の旅行での見聞も含まれるなど多分に実物を見て得た知識が使用されており、我が国の博物学史上画期的な書物である。その他にも本草書の「花譜」「諸譜」や、教育書「和俗童子訓」、養生を唱えた書「養生訓」などの著作があり、これらはすべて平易な文体で書かれており、後世に大きな影響を与えた。

【著作】
◇諸菜譜(勧農叢書) 貝原篤信著 有隣堂 1887.1 89p 20cm
◇薬草薬木療病宝典 貝原益軒編、帝国講学会編輯部補編 帝国講学会出版部 1929 673p 19cm
◇菜譜(京都園芸倶楽部叢書 第3輯) 貝原益軒著 京都園芸倶楽部 1933 62, 4p 19cm
◇花譜(京都園芸倶楽部叢書 第5輯) 貝原益軒著 京都園芸倶楽部 1937 121, 5p 19cm
◇花譜・菜譜(生活の古典双書 7) 貝原益軒著 八坂書房 1973 155p 20cm
◇大和本草 貝原篤信〔原著〕 有明書房 1975.10 2冊 図 22cm

【評伝・参考文献】
◇貝原益軒言行録(修養史伝 第7編) 上田南人著 東亜堂書房 1916 160p 肖像 18cm
◇教育思想家としての貝原益軒(春秋文庫 第5部 第1) 入沢宗寿著 春秋社 1936 188p 肖像 18cm
◇番山・益軒(大教育家文庫 第4) 津田左右吉著 岩波書店 1938 225p 20cm
◇貝原益軒(日本教育先哲叢書 第8巻) 入沢宗寿著 文教書院 1943 214p 図版 19cm
◇貝原益軒(人物叢書 日本歴史学会編) 井上忠著 吉川弘文館 1963 370p 図版 表 18cm
◇貝原益軒(日本教育思想大系) 日本図書センター 1979.1 2冊 22cm
◇江戸期のナチュラリスト(朝日選書 363) 木村陽二郎著 朝日新聞社 1988.10 249, 3p 19cm
◇博物学者列伝 上野益三著 八坂書房 1991.12 412, 10p 23cm

◇貝原益軒(西日本人物誌1) 岡田武彦監修、西日本人物誌編集委員会編 西日本新聞社 1993.7 190p 19cm
◇彩色江戸博物学集成 平凡社 1994.8 501p 27cm
◇貝原益軒―天地和楽の文明学(京都大学人文科学研究所共同研究報告) 横山俊夫編 平凡社 1995.12 388p 22cm
◇江戸の植物学 大場秀章著 東京大学出版会 1997.10 217, 5p 19cm

【その他の主な著作】
◇養生訓(中公文庫) 貝原益軒〔著〕、松田道雄訳 中央公論社 1977.5 249p 15cm
◇養生訓(講談社学術文庫) 貝原益軒〔著〕、伊藤友信全訳 講談社 1982.10 441p 15cm
◇本朝千字文 貝原益軒著, 小野次敏註釈 貝原真吉 1982.12 21p 21cm
◇大和俗訓(岩波文庫) 貝原益軒著, 石川謙校訂 岩波書店 1993.9 267p 15cm
◇養生訓―現代文 貝原益軒著, 森下雅之訳 原書房 2002.6 249p 19cm
◇養生訓―ほか(中公クラシックス J27) 貝原益軒〔著〕、松田道雄訳 中央公論新社 2005.12 375p 18cm

加賀 正太郎
かが・しょうたろう

明治21年(1888年)～昭和29年(1954年)

登山家, 育種家　ニッカウヰスキー創業者
大阪府出身。孫は加賀誠太郎(スイス日興銀行社長)。東京高等商業学校(現・一橋大学)卒。
賞 紺綬褒章〔昭和25年〕。

　大阪有数の資産家に生まれ、父は証券業を営んでいた。12歳の時に父が没したため店を閉じたが、莫大な遺産があり、生活に困ることはなかった。幼い頃から自然科学に関心を持ち、はじめは蝶類の採集を好んだが、やがて植物に興味を移し、趣味の登山で日本各地の高山を極める傍ら、高山植物の採集にも熱をあげた。東京高等商業学校在学中の明治43年、日英博覧会の開催を機に渡欧。同年8月日本人として初めてヨーロッパアルプス4000メートル峰のユングフラウ(4158m)に登頂し、日本登山界に大きな刺激を与えた。次いで英国に転じ、ロンドンに滞在。この間にキュー王立植物園で見た洋ラ

ンに魅せられ、以後、その栽培と収集に力を注いだ。同校を卒業後、証券業に従事するが、間もなく健康を害し、京都郊外の大山崎に土地を購入し、大規模な山荘を建設。大正3年から同地に小さな温室を建て、本格的にラン栽培を開始し、6年インドネシアで自生状態のランを視察したのを経て、コレクション熱に拍車がかかり、東南アジアや南米など世界各地からランの株を取り寄せた。のちには"蘭の神様"と呼ばれた後藤兼吉を招聘してランの人工交配に積極的に取り組み、最終的に後藤と共に行った人工交配は1100回を超えるといわれ、シンビジウム・オオカガミなどの新種を多数育成した。昭和9年竹鶴政孝と共にニッカウヰスキーを創立し、同社の筆頭株主となる。戦時下にあっては我が国の版画技術の粋を駆使した「蘭花譜」の編纂に情熱を傾け、図の作成には日本画家の池田瑞月や写真家の岡本東洋、彫師の大倉半兵衛、摺りに大岩雅泉堂といった一流を起用し、紙も上質の本場奉書を使用するというこだわり様で、21年に限定300部で刊行された。29年死の直前にニッカウヰスキーの持ち株すべてを朝日麦酒(現・アサヒビール)に売却。没後の昭和50年日本山岳会名誉会員となった。

【著作】
◇蘭花譜　加賀正太郎編　〔芸艸堂〕　〔1970〕図版105枚 57cm
◇蘭花譜―天王山大山崎山荘　加賀正太郎著　同朋舎出版　1995.4　104p 23cm

【評伝・参考文献】
◇大山崎山荘と蘭花譜―数寄者加賀正太郎の世界　第1回特別展・展示図録　大山崎町歴史資料館　1995.11　28p 21×30cm
◇蘭の世界'97(よみうりカラームックシリーズ)　読売新聞社　1997.2　157p 29×22cm

加賀屋 伝蔵

かがや・でんぞう

文化元年(1804年)～明治7年(1874年)

代々木根室場所請負人藤野家アイヌ語通訳, 漁番家付

屋号は加賀屋。秋田県山本郡八森町(八峰町)出身。

江戸時代末期の安政年間(1854～1860)、北海道・野付半島に住む。代々木根室場所請負人藤野家に、アイヌ語通訳兼漁番家付として仕えた、加賀屋の4代目に当たる。アイヌ語の権威として「和語・アイヌ語辞典」などを編纂したほか、オンネンクルに畑地を造成し、陸稲、オオムギ、コムギ、ニンジン、ゴボウなど20種以上の作物を試作。昭和59年書き残した古文書類の一部がゆかりの地である北海道根室管内別海町の町文化センターで一般公開された。

香川 冬夫

かがわ・ふゆお

明治25年(1892年)2月4日～
昭和49年(1974年)8月25日

京都大学名誉教授, 愛媛大学名誉教授
広島県広島市出生。東京帝国大学農科大学〔大正5年〕卒。農学博士〔昭和3年〕。　専　作物育種学。

宇都宮高等農林学校教授から同校長となり、昭和3年「小麦属及類縁植物ノ系統ニ関スル研究」で農学博士。18年京都帝国大学教授、同大農学部附属農場長、農学部長を歴任、33年退官、愛媛大学学長、退任後同大名誉教授にもなった。ムギ類の種・属間雑種に関する細胞遺伝学的研究で業績を残し、大学の農学研究体制の充実に尽力した。著書に「種属間交雑による作物育種学」がある。

【著作】
◇飼料の話(子安叢書 第5編)　香川冬夫著　子安農園　1918　111p 19cm
◇農業植物学汎論　香川冬夫著　養賢堂　1932　489p 23cm
◇種・属間交雑による作物育種学　香川冬夫著　産業図書　1957　555p 22cm

【その他の主な著作】
◇遠ゆく川―歌集　香川冬夫著　初音書房　1958　200p 19cm

◇石鎚―歌集　香川冬夫著　初音書房　1968　159p 19cm
◇秋篠―歌集　香川冬夫著　初音書房　1970　93p 19cm
◇続秋篠―歌集　香川冬夫著　初音書房　1975　102p 肖像 19cm

賀来 章輔
かく・しょうすけ

昭和5年(1930年)3月10日～
平成13年(2001年)4月10日

九州大学名誉教授
山口県小野田市出身。広島文理科大学生物学科〔昭和27年〕卒。理学博士。㊥生物学, 植物生理学㊥日本植物生理学会, 日本植物学会, 国際低温生物学会。

昭和27年下関商業高校教諭、36年九州大学講師、38年助教授を経て、48年教授を務めた。

【著作】
◇植物の生長と発育(基礎生物学シリーズ7)　賀来章輔, 倉石晋共著　共立出版　1980.4　143p 21cm
◇生命体の科学―地球生命の探求　賀来章輔著　共立出版　1995.9　144p 21cm
◇一薬草―植物研究者の晩学俳句 句文集　賀来章輔著　角川書店　2000.5　242p 20cm
◇天空―句文集 余命一年、自然・植物詠に徹する　賀来章輔著　角川書店　2001.5　178p 20cm

賀来 飛霞
かく・ひか

文化13年(1816年)1月30日～
明治27年(1894年)3月10日

本草家, 医師　小石川植物園取調掛
名は睦之、別名は季和、通称は睦三郎。豊後国高田(大分県豊後高田市)出生。師は帆足万里、山本亡羊、十市石谷。

島原藩領であった豊後宇佐郡の医家に生まれる。6歳の頃から豊後日出藩の儒者・帆足万里の塾に入り、医学・本草学を学ぶ。天保12年(1841年)江戸に遊学。採薬・本草学研究のため東北地方にも足をのばした。天保14年(1843年)には京都の本草家・山本亡羊に入門。弘化元年(1844年)に帰郷した後は医師として活躍する傍ら、九州各地の植物・動物を調査。この間、嘉永3年(1850年)西日本の飢饉に際して「救荒本草略記」を著している。安政4年(1857年)兄の死にともなって島原藩医となるが、間もなく辞職。明治維新後、宇佐郡公立四日市病院長兼医学校長などを歴任。明治11年本草学者・伊藤圭介に招かれて東京小石川植物園取締掛に就任し、植物研究や図譜の作成・後進の指導などに当たった。15年には東京植物学会の創立にも参加。21年に退職後は郷里で余生を送った。画家・十市石谷に師事して絵をよくし、調査記録や図譜にはその精巧な写生技術が遺憾なく発揮された。"日本三大本草家"の一人に数えられる。編著に「東北採薬記」「高千穂採薬記」「杵築採薬記」などが、また伊藤圭介との共著で「小石川植物園草木図説」などがある。

【著作】
◇日本庶民生活史料集成 第20巻 探検・紀行・地誌補遺　竹内利美, 原口虎雄, 宮堅常一編　三一書房　1972　811p 27cm
◇高千穂採薬記, 高千穂採薬記の周辺(みやざき21世紀文庫 19)　賀来飛霞著, 澤武人著　鉱脈社　1997.9　479p 20cm

【評伝・参考文献】
◇賀来飛霞, 大井憲太郎(郷土の先覚者シリーズ 第8集)　辻英武筆, 楠本達男著　大分県教育委員会　1978.2　144p 22cm
◇賀来飛霞関係資料調査報告書　安心院町教育委員会編　安心院町教育委員会　1986.3　95p 26cm
◇賀来飛霞関係史料調査報告書2　安心院町教育委員会編　安心院町教育委員会　1996.3　90p 30cm
◇知られざるシーボルト―日本植物標本をめぐって(光風社選書)　大森実著　光風社出版, 成美堂出版〔発売〕　1997.11　256p 19cm
◇賀来飛霞展―幕末の本草学者　賀来飛霞〔画〕〔第13回国民文化祭安心院町実行委員会〕〔1999〕　28p 15×21cm

笠原 安夫

かさはら・やすお

明治44年(1911年)9月～
平成11年(1999年)8月14日

岡山大学名誉教授
勝間田農林卒。農学博士。[団]雑草学。

　大原農業研究所（岡山大学資源生物科学研究所の前身）の助手時代、農学者の近藤萬太郎所長に勧められ、昭和30年から雑草学に取り組む。戦後まもなく、米国で穀物用に使われていた農薬が日本の水田で除草に劇的な効果があることを確認、普及に尽力した。のち岡山大学農業生物研究所助教授を経て、45年教授に就任、日本で初めての雑草学講座を持つ。退官後は考古学遺跡から出土した種子の分析で知られた。著書に「日本雑草図説」などがある。

【著作】
◇雑草と2・4-Dの上手な使い方（農業百科文庫 第13） 笠原安夫著　朝倉書店　1952　181p 図版 16cm
◇耕地雑草群落及び作物と雑草との競争に関する実験的研究　笠原安夫著　岡山大学農業生物研究所　1961　173, 47p 図版 表24枚 26cm
◇作物大系 第14編 第1［雑草の特性と雑草害（笠原安夫）］　養賢堂　1962　126p 21cm
◇除草剤による耕地雑草防除に関する研究―除草剤研究史と除草剤の性状及び20ケ年間にわたる田畑の雑草防除試験成績の総括　笠原安夫著　岡山大学農業生物研究所　1963　183p 26cm
◇生態学大系 第6巻 下 応用生態学 下［雑草と病害の防除（笠原安夫等）］　沼田真、内田俊郎編　古今書院　1963　382p 図版 22cm
◇日本雑草図説―種子、幼植物および成植物　笠原安夫著　養賢堂　1968　518p 27cm
◇走査電子顕微鏡で見た雑草種実の造形　笠原安夫著　養賢堂　1976.12　130p（おもに図）27cm

梶浦 実

かじうら・みのる

明治37年(1904年)2月18日～
昭和58年(1983年)10月11日

農林省園芸試験場長, 園芸学会会長
東京出生。旧制一高卒, 東京帝国大学農学部卒。農学博士〔昭和18年〕。[団] 園芸学会（会長）[賞] 勲三等旭日中綬章〔昭和54年〕。

　旧制一高から東京帝国大学に進学。"ガリベン仲間にもまれるのがイヤになった"という理由で農学部に入り、桂離宮や修学院に魅せられて造園学を専攻、それを将来の道にしようとも考えていたが、折からの不況で造園の注文が振るわなかったことを知り、卒業後は果樹生産の道を選んだという。昭和4年農林省園芸試験場興津支場に入り、以来、果樹の育種・品種改良・栽培研究を担当。18年には「柿の生理的落果に関する研究」で農学博士号を取得。22年同場長を経て、24年農業改良局研究部長となり、戦争で壊滅的な被害を受けた果樹産業界の建て直しに尽力した。36年農林省園芸試験場長に就任。この間、豊富な識見と先見性・実行力を発揮し、ナシの'新水'やクリの'筑波'など様々な新品種を育成。現在、ナシの人気ナンバーワンの座に君臨する'幸水'の育成にも大きく関与し、戦後の混乱や22年の園芸試験場興津支場の平塚移転というあわただしい状況の中で大規模な育種計画を実施し、系統選抜などの指導に当たった。一方、日本学術会議会員、園芸学会会長、果樹振興審議会会長をはじめ多くの農林・学術団体に名を連ね、研究者や生産者からは"成長農産物の育ての親""梶浦天皇"と尊敬された。41年退官後は日本園芸農業組合連合会常任顧問を務めた。編著に「園芸新品種大鑑」「果樹つくりの技術と経営」「安定増収をめざす果樹経営の実際」などがある。

【著作】
◇ビタミン論抄［果樹と果実私見（梶浦実）］　ビタミン集談会編　朝倉書店　1948　176p 19cm
◇開拓地の栽培技術（開拓叢書 第2輯 第9分冊（果樹））　梶浦実著, 農林省開拓局編　日本開拓協会　1948　23p 19cm
◇今後の果樹つくり―経営と技術（朝日農業選書 10）　梶浦実, 永沢勝雄, 森英男共著　朝日新聞社　1950　189p 19cm
◇園芸新品種大鑑　梶浦実等編　養賢堂　1956　576p 図版6枚 22cm

◇果樹つくりの技術と経営 第1 ミカン・ビワ 梶浦実編 農山漁村文化協会 1958 495p 19cm
◇果樹つくりの技術と経営 第2 ナシ 梶浦実編 農山漁村文化協会 1958 245p 19cm
◇果樹つくりの技術と経営 第3 モモ・オウトウ 梶浦実編 農山漁村文化協会 1958 373p 19cm
◇果樹つくりの技術と経営 第4 ブドウ 梶浦実編 農山漁村文化協会 1958 268p 19cm
◇果樹つくりの技術と経営 第5 カキ・クリ 梶浦実編 農山漁村文化協会 1958 327p 19cm
◇果樹つくりの技術と経営 第6 リンゴ 梶浦実,森英男編 農山漁村文化協会 1959 387p 19cm
◇安定増収をめざす果樹経営の実際(新農業選書第10) 梶浦実著 家の光協会 1959 283p 図版 18cm
◇林業改良普及叢書 第22 クリ・クルミの栽培 梶浦実等編 全国林業改良普及協会 1963 19cm
◇福田仁郎博士果樹害虫研究集録—その発展と応用 梶浦実編 福田仁郎博士追悼記念刊行会 1964 295p 図版 27cm

鹿島 清兵衛
かしま・せいべえ

慶応2年(1866年)〜大正13年(1924年)8月6日

写真業
芸名は三木助月(如月)。播磨国(兵庫県)出生。妻はぽんた(芸妓),二女は飯塚くに(坪内逍遙の養女)。

　播磨の酒造家に生まれ,東京・京橋の酒問屋・鹿島清兵衛の養子となるが,本業より演芸,幻燈,写真に凝り,その道のパトロンとして有名になる。特に写真に関しては自ら浅草の写真師・小津松林堂や帝国大学工科教授のバルトンに学び,小西六本店や浅沼商会から欧米の写真材料を輸入するなど熱心であった。明治22年小川一真が試みた乾板写真の研究に投資援助したのをはじめ,アマチュア写真団体の創設や写真会の開催,関係書籍の刊行など写真技術の向上にも大きく貢献した。さらに木挽町に大写真館・玄鹿館を建設し,英国で写真術を習得した弟・清二郎に経営を任せた。日露戦争後には好況に大尽風を吹かせ,新橋の名妓・初代ぽんた(鹿島ゑつ)を落籍。しかし,これらがたたって破産,養子縁組も解消し,"今紀文"と呼ばれた。その後,本郷で写真業を経営したが,撮影中のマグネシウム爆発によって負傷し廃業。以後は梅若能に出演し,笛の名手として活躍した。この間,妻のぽんたは落ちぶれた夫を助け,子育て,踊の師匠,寄席,地方巡業に出るなど,貞女をうたわれた。二女の飯塚くには坪内逍遙の養女となった。出版した写真集に「花」がある。

【著作】
◇花 鹿島清兵衛編 鹿島清兵衛 1901.6 図版13枚 25cm

【評伝・参考文献】
◇ぜいたく列伝 戸板康二著 文藝春秋 1992.9 293p 19cm
◇写真事件帖—明治・大正・昭和 井上光郎著 朝日ソノラマ 1993.7 305p 19cm
◇遊鬼—わが師わが友(新潮文庫) 白洲正子著 新潮社 1998.7 268p 15cm
◇カネが邪魔でしょうがない—明治大正・成金列伝(新潮選書) 紀田順一郎著 新潮社 2005.7 205p 19cm

鹿島 安太郎
かしま・やすたろう

明治16年(1883年)3月2日〜
昭和40年(1965年)4月4日

農事改良家
東京府豊島郡上練馬村(練馬区)出生。

　豊島郡上練馬村の農家に生まれる。生涯,同村の名産である練馬大根の品種改良・栽培及び加工技術の改善に尽力し,毎年の品評会に出品して高い評価を得,"大根博士"と呼ばれた。また神奈川・埼玉・千葉・福島など各県の土地ごとに適したダイコンの品種を開発しており,中でも神奈川県三浦の特産品となった三浦大根が有名。戦後,練馬地区の宅地化が進み,ダイコン栽培に適さなくなってくると,キャベツや洋菜類への転換を図り,近郊農業の発展に大きく寄与した。没後,その功績を称えて練馬の愛染院前に練馬大根碑が建立された。

賀集 久太郎

かしゅう・きゅうたろう

文久元年(1861年)6月15日～
明治33年(1900年)10月19日

園芸家

淡路国三原郡賀集村(兵庫県南あわじ市)出生。兵庫県立医学校卒。

　代々、里正を務めるという淡路の名家に生まれる。兵庫県立医学校を卒業後、明治21年郷里で開業。27年脳病にかかり、一家を挙げて京都に移住、療養に努めた甲斐あって間もなく快癒した。この間、父の影響もあり早くから園芸を志し、親族であった平瀬氏の種苗部を受け継いで京都長者町の自園を朝陽園と号し、園芸の研究及び改良に尽力した。28年「朝顔培養全書」を刊行。31年には「芍薬花譜」を著して園芸家を大いに裨益した。さらに30年頃からはバラの研究をはじめ、温湯灌水法などを考案、これらをまとめて「薔薇栽培新書」の編集を計画したが、突然の脳充血により完成を見ぬまま死去。同書は没後遺稿集として上梓された。

【著作】
◇朝顔培養全書　賀集久太郎編　平瀬種禽園　1895, 1899　2冊(正164, 後編134p) 19cm
◇芍薬花譜　賀集久太郎編　朝陽園　1898.9　1帖 26cm
◇薔薇栽培新書　賀集久太郎著　朝陽園　1902.7　204p 24cm

勧修寺 経雄

かじゅうじ・つねお

明治15年(1882年)4月13日～
昭和11年(1936年)11月1日

伯爵, 園芸家　貴院議員

父は勧修寺顕允(伯爵)。東京高等農学校〔明治41年〕卒。

　勧修寺家は藤原冬嗣の孫である内大臣高藤を祖とし、南北朝時代に芝山内大臣と言われた経顕から勧修寺氏を称する。父・顕允は陸軍軍人・貴院議員。明治33年父の死にともなって伯爵を継ぎ、以後、殿掌、掌典、陵墓監などを歴任。この間、桃山陵奉仕の大喪使祭官、桃山東陵奉仕の大喪使祭官副長官も務めた。また大正8年には貴院議員に就任し、14年まで在職。また、東京高等農学校に学んだ園芸研究家でもあり、学徒に園芸を教えたほか、同行の士と共に京都園芸倶楽部を設立し、その中心人物として重んじられた。明治45年京都御所の水道完成にちなんで明治天皇行幸の話が持ち上がった際、天覧に供するべく御所内の由緒ある樹木について調査を始めるが、間もなく天皇が崩御したため頓挫。その後、知友が京都を訪れたときに名所見物がてら樹木観賞の趣味を広めるために同地の名木調査を再開した。こうしてまとめられたのが「古都名木記」である。

【著作】
◇古都名木記　勧修寺経雄編　勧修寺経雄　1925　45p 19cm

片山 正英

かたやま・まさひで

大正3年(1914年)2月17日～
平成17年(2005年)3月22日

政治家　参院議員(自民党), 日本林業協会名誉会長

宮城県仙台市出生。東京帝国大学農学部林学科〔昭和14年〕卒。賞 勲二等旭日重光章。

　昭和14年東京帝国大学農学部林学科を卒業後、農林省に入省。以来、一貫して林野行政に携わった。戦後は林野庁から一時経済審議庁に出向したが、30年林野庁に戻り、洞爺丸台風で大損害を受けた北海道の国有林の風倒木処理を担当。これは当時の柴田栄林野庁長官の迅速な決断により思い切った措置がとられ、他の営林署から署員や作業員を大量に北海道へ送るとともに道内の営林署も増設されたものである。これにより国有林の経営技術は格段に向上した。

153

33年からは技術革新、林道整備、林業の機械化を三本柱とした林力増強計画を指導。36年には河野一郎農相の指示で木材のインフレを抑えるべく国有林の増伐、民有林の伐採奨励、外材の輸入強化を図った。38年群馬県林務部長、41年林野庁業務部長などを経て、42年林野庁長官に就任。45年退官。46年より参院議員に2選、自民党に所属し、49年第二次田中角栄内閣と三木武夫内閣で科学技術政務次官、51年三木内閣と福田赳夫内閣で農林政務次官、56年文教常任委員長をつとめた。

【著作】
◇語りつぐ戦後林政史［風害木発生とその処理対策（片山正英）］ 林政総合協議会編 日本林業調査会 1977.3 163p 19cm

【評伝・参考文献】
◇トップリーダーが明かす素顔の国有林—その生いたちと未来 森巌夫編 第一プランニングセンター 1983.2 343p 22cm

勝井 信勝
かつい・のぶかつ

大正13年（1924年）9月1日〜
平成11年（1999年）9月3日

北海道大学名誉教授
北海道岩見沢市出身。北海道大学理学部化学科卒。理学博士。団天然物有機化学 団日本化学会。
　北海道大学理学部教授を務め、昭和63年退官。

香月 繁孝
かつき・しげたか

明治44年（1911年）〜？

農薬学者
福岡県出身。盛岡高等農林学校（現・岩手大学農学部）卒。盛岡高等農林学校（現・岩手大学農学部）を卒業後、福岡県専門技術員、東亜農薬技術部長を経て、昭和47年までクミアイ化学工業技術普及部長。農薬や野菜に発生する変形菌についての研究で知られ、30年米谷平和と共に「夏蔬菜に発生する変形菌」を発表。さらに45年には「日本産サーコスポラ属菌の分類学的研究」で日本植物病理学会賞を受賞した。編著に「野菜の農薬相談」「農薬便覧」がある。

【著作】
◇農薬便覧 香月繁孝，菅原寛夫，飯塚慶久共著 農山漁村文化協会 1959 329p 19cm
◇野菜の農薬相談 香月繁孝著 農山漁村文化協会 1961 206p 18cm
◇新・野菜の農薬相談 香月繁孝著 農山漁村文化協会 1971 299p 19cm

桂 樟蹊子
かつら・しょうけいし

明治42年（1909年）4月28日〜
平成5年（1993年）10月24日

俳人 「霜林」主宰, 京都府立大学名誉教授
本名は桂琦一（かつら・きいち）。京都府京都市出生。京都帝国大学農学部農林生物学科〔昭和11年〕卒。農学博士〔昭和37年〕。団植物病学 団日本植物病理学会（名誉会員），俳人協会（顧問），京都俳句作家協会（顧問）賞馬酔木賞〔昭和11年〕，日本植物病理学会賞〔昭和46年〕「植物疫病菌に関する研究」，京都市芸術文化協会賞〔平成4年〕，勲三等瑞宝章。
　京都農林専門学校教授、京都府立大学教授などを歴任し、植物疫病菌の研究に従事。かたわら旧制七高時代に作句を始め、昭和6年水原秋桜子に師事、「馬酔木」に投句。10年京都馬酔木会を結成し、12年「馬酔木」同人。22年指導していた京都大学生俳句会を中心に「学苑」を創刊、26年「霜林」と改題して主宰。京都新聞、読売新聞京都版、毎日新聞滋賀版の俳壇選者を歴任。著書に「植物の疫病」、句集に「放射路」「朱雀門」「安良居」などがある。平成6年

1月「霜林」は550号で廃刊した。

【著作】
◇植物の疫病―理論と実際　桂琦一著　誠文堂新光社　1971　128p 27cm
◇植物病学実験ノート　赤井重恭, 桂琦一編集　養賢堂　1974　329p 27cm
◇病害―ポケットブック 第1 主要食糧作物　赤井重恭, 桂琦一共著　産業図書　1952　204p 図版16cm
◇むしと菌　桂琦一著　築地書館　1982.3　211p 20cm

【その他の主な著作】
◇放射路　桂樟蹊子著　学苑俳句聯盟　1948　122p 18cm
◇桂樟蹊子集(自註現代俳句シリーズ・第II期 12)　俳人協会　1978.8　154p 18cm
◇夕陽の放射路―追憶の満州　桂樟蹊子著　毎日新聞社　1981.5　207p 20cm
◇東海道俳句の旅　桂樟蹊子著　四季出版　1987.1　205p 27cm
◇桂樟蹊子集(自解100句選)　牧羊社　1989.5　104p 21cm
◇筒城野―選集 句集　桂樟蹊子著　角川書店　1989.10　323p 23cm
◇句集 回帰線　桂樟蹊子著　牧羊社　1991.4　236p 21cm
◇白祥庵記―随想　桂樟蹊子著　本願寺出版社　1993.10　125p 21cm
◇夕陽の紫禁城―追憶の中国　桂樟蹊子著, 桂瑛一編　霜林発行所　1994.10　263p 図版15枚 20cm

桂 文治(10代目)

かつら・ぶんじ

大正13年(1924年)1月14日～
平成16年(2004年)1月31日

落語家　桂派宗家(10代目), 落語芸術協会会長, 日本演芸家連合副会長
本名は関口達雄(せきぐち・たつお)。前名は桂小よし, 桂伸治, 雅号は桂籬風。東京市小石川区雑司ケ谷町(東京都豊島区)出生。父は柳家蝠丸(1代目, 落語家)。工専中退。師は桂小文治。囲日本演芸家連合, 落語芸術協会, 書壇院圀芸術祭賞(優秀賞)〔昭和56年〕, 芸術選奨文部大臣賞(第46回, 平成7年度)〔平成8年〕, 勲四等旭日小綬章〔平成14年〕。

初代柳家蝠丸の長男として生まれる。昭和21年桂小文治に入門, 桂小よしを名のる。23年二ツ目で桂伸治となり, 33年真打ちに昇進。テレビ演芸の草分け的番組「お笑いタッグマッチ」に出演して人気を集めた。54年10代目文治を襲名, 桂派10代目宗家となる。普段から和服で過ごし, 江戸の言葉遣いにこだわった江戸落語の重鎮で, 江戸っ子気質を押し出した軽妙洒脱の芸風で知られ, 高座では黒紋付きで通した。人情噺や怪談噺には目もくれず, 落し噺一筋に活躍, とぼけた味の爆笑落語が持ち味で「源平盛衰記」「お血脈」「やかん」などの地噺は"文治流"とも呼ばれた。平成11年から落語芸術協会会長を務め, 16年80歳を機に最高顧問に退くことが決まっていたが, 会長の任期最後の日に急逝した。他の得意噺に「二十四考」「親子酒」「道具屋」など, 著書に「噺家のかたち」がある。一方, 書道, 彫刻, 盆栽など落語界きっての多芸としても有名であり, 飯田東籬に師事した南画では, 書壇院展で特選を繰り返し, 東京都美術館の審査員も務めた。村田書店からの四君子(蘭・竹・菊・梅)南画の依頼に応じ, 「蘭百態」を描き出版した。

【著作】
◇蘭百態(四君子シリーズ 1)　桂文治著　村田書店　1981.12　110p 27cm

【評伝・参考文献】
◇酒と博奕と喝采の日日(文春文庫)　矢野誠一著　文藝春秋　1997.8　285p 15cm

桂川 甫賢

かつらがわ・ほけん

寛政9年(1797年)～弘化元年(1844年)12月6日

医師
幼名は小吉, 名は国寧, 字は清遠, 号は桂嶼, 翠藍, 梅街, 通称は甫安。祖父は桂川甫周(4代目, 蘭方医)。

桂川甫筑(国宝)の長男。江戸幕府将軍家侍医・桂川家の第6代として, 祖父・甫周(国瑞)の

教導を受け、オランダ語、漢学、本草、書画などに早くから才能を発揮。大槻玄沢、坪井信道らと共に蘭学を学ぶ。医学に関しては蘭方・漢方の両方を修めた。文化9年(1812年)第11代将軍・徳川家斉に御目見得し、文政10年(1827年)奥医師、天保2年(1831年)法眼。文化7年(1810年)に弱冠14歳でオランダ商館長ズーフに認められ、"植物学者"の意味を持つ"ウィルヘルム・ボタニクス"(W. Botanicus)という蘭名を授けられたほど植物学に明るく、シーボルトが江戸に参府した際には「蝦夷本草之図」や多くの植物標本を与え、オランダ商館長ブロンホフにも蘭文解説付きの植物・鉱物標本類を贈った。このため、シーボルトは「日本」「日本植物誌」で再三その名を登場させ、"オランダ人とヨーロッパの学術の偉大な友"と賞賛している。また彼らの紹介により文政9年(1826年)我が国初のバタビア芸術科学協会会員となり、天保13年(1842年)にはライデン大学教授ブリューメから蘭書、植物標本などをオランダから送られるなど国際的に知られる存在であった。国内でも渡辺崋山、小関三英らをはじめ幅広い交友関係を持ち、また西洋料理や詩文など多彩な趣味でも知られた。著訳書に「酷烈辣(コレラ)弁」「剖散撮要」「蝦夷本草之図」「山猫図説」など。

【評伝・参考文献】
◇オランダ流御典医 桂川家の世界—江戸芸苑の気運 戸沢行夫著 築地書館 1994.4 320p 19cm

桂川 甫周(4代目)

かつらがわ・ほしゅう

宝暦元年(1751年)～
文化6年6月21日(1809年8月2日)

蘭方医, 地理学者
名は国瑞、幼名は小吉、字は公鑑、通称は甫謙、甫安、号は月池、無碍庵、雷晋、震庵、繕生室、迎旭書屋。江戸・築地(東京都中央区)出生。孫は桂川甫賢(医師)。

幕府医官・桂川家3代目・甫三(国訓)の長男で、同家の4代目にあたる。父や前野良沢、杉田玄白に蘭学や医学を学び、明和5年(1767年)御目見に任ぜられ、6年(1769年)に19歳で奥医師となる。安永元年(1772年)江戸参府のオランダ商館長フェイトと面会して以来、オランダ人一行が江戸に来た際には毎回面会し、西洋に関する知識を深めた。また玄白、良沢らの「解体新書」翻訳にも協力。5年(1776年)にはオランダ商館付医師として江戸に来た植物学者ツンベルクとも交友し、リンネの植物分類方式による標本作成法を教わった。天明3年(1783年)法眼に昇ったが、大奥問題により6年(1786年)寄合医師に格下げされた。寛政4年(1792年)ロシア船が日本の漂流民・大黒屋光太夫と磯吉を送還するため松前に来航した際、にわかに北方問題が論じられるようになったため「魯西亜志」を訳述。5年(1793年)には将軍臨席の下で行われた光太夫の聴取に同席したが、この時、光太夫はロシア人が知っている日本人の名前として中川淳庵と共に甫周の名を挙げている。これはツンベルクの著書「日本紀行」の中にたびたび彼らの名前が挙がっていたからである。同年奥医師に復帰し、6年(1794年)幕府医学館教授に就任。編著に光太夫の陳述をもとに著した「北槎聞略」の他、地理学の分野では世界地理書「新製地球万国図説」「地球全図」、医学では「和蘭薬撰」「海上備要方」「和蘭袖珍方」などがある。また顕微鏡を初めて医学に応用して「顕微鏡用法」を著したことでも知られる。

【著作】
◇北槎聞略 桂川甫周著,亀井高孝校訂 三秀舎 1937 352p 図版23枚 地図5枚 23cm
◇北槎聞略—光太夫ロシア見聞記 桂川甫周著,竹尾弌訳 武蔵野書房 1943 424p 19cm
◇北槎聞略 桂川甫周著,亀井高孝,村山七郎編・解説 吉川弘文館 1965 352, 30p 図版24枚 地図8枚 23cm
◇和蘭字彙 桂川甫周編,杉本つとむ解説 早稲田大学出版部 1974 5冊 27cm
◇北槎聞略(海外渡航記叢書1) 桂川甫周著,宮永孝解説・訳 雄松堂出版 1988.11 449p 22cm
◇北槎聞略—大黒屋光太夫ロシア漂流記(岩波文庫) 桂川甫周著,亀井高孝校訂 岩波書店 1990.10 484p 15cm

◇北槎聞略―影印・解題・索引　桂川国瑞〔著〕, 杉本つとむ編著　早稲田大学出版部　1993.1　718, 11p 19×27cm

【評伝・参考文献】
◇オランダ流御典医 桂川家の世界―江戸芸苑の気運　戸沢行夫著　築地書館　1994.4　320p 19cm
◇偉人暦 続編 下(中公文庫)　森銑三著　中央公論社　1997.12　355p 15cm

加藤 誠平
かとう・せいへい

明治39年(1906年)2月7日～
昭和44年(1969年)5月7日

林学者, 登山家　東京大学名誉教授
東京出生。東京帝国大学農学部林学科〔昭和4年〕卒, 東京帝国大学大学院〔昭和6年〕修了。農学博士〔昭和29年〕。団森林利用学賞日本農学賞〔昭和32年〕。

　昭和6年内務省衛生局に入局。13年厚生技師, 16年東京帝国大学農学部講師, 19年助教授を経て, 30年教授。41年定年退官。内務省技師として国立公園の候補地調査に従事した他, 森林の休養保健目的開発を唱え, 林野庁に働きかけて国有林の休養・観光資源としての自然休養林制度を確立。各県の観光診断の先駆で, 北海道野幌森林公園計画などに携わり, 長野県上高地の河童橋の設計施工も手がけた。林業土木分野では林業用索道の研究にも取り組み, 放物線索理論による架空索理論や, 伐木運材技術についての研究で業績を挙げた。著書に「林業土木学」「伐木運材経営法」「風景と観光」「橋梁美学」などがある。一方, 38年夏には登山家として東京大学カラコルム遠征隊長を務めた。

【著作】
◇林業土木学(科学農業叢書)　加藤誠平著　産業図書　1951　339p 22cm
◇伐木運材経営法　加藤誠平著　朝倉書店　1952　302p 22cm
◇林業機械化の動向(林業解説シリーズ)　加藤誠平著　日本林業技術協会　1955　38p 18cm
◇森林土木　加藤誠平, 夏目正著　朝倉書店　1956　219p 22cm
◇林学実験書〔森林土木実習(加藤誠平)〕　東京大学農学部林学教室編　産業図書　1956　337p 22cm
◇索道設計法―林業用　加藤誠平著　金原出版　1959　223, 65p 図版 22cm

【評伝・参考文献】
◇日本公園百年史　日本公園百年史刊行会編　日本公園百年史刊行会　1978.8　690p 27cm

【その他の主な著作】
◇橋梁美学　加藤誠平著　山海堂　1936　115p 25cm
◇カラコルムへの道(NHKブックス)　加藤誠平著　日本放送出版協会　1964　218p 図版 18cm

加藤 竹斎
かとう・ちくさい

文政元年(1818年)～?

植物画家
本名は加藤督信。
　明治4年に創設された博物局(後・国立博物館に合流)に所属し, 博物画を作成する。明治14年から東京大学小石川植物園御用掛となり, 非職となる19年まで植物画を描き, 世界的に注目された「東京大学小石川植物園草木図説」の植物画を描いた。英国のキュー王立植物園やベルリンのダーレム植物園には竹斎が板に描いた植物画コレクションが収蔵され, その裏書きに「明治十一年最新発明加藤竹斎」の朱印が押されている。

【著作】
◇菓木栽培法　藤井徹著, 加藤竹斎画　静里園　1876～1878　23cm
◇丹青秘録　加藤竹斎著　有隣堂　1884.3　26丁 23cm

【評伝・参考文献】
◇植物学史・植物文化史(大場秀章著作選1)　大場秀章著　八坂書房　2006.1　419, 11p 22cm

加藤 留吉(2代目)
かとう・とめきち

明治16年(1883年)1月4日～
昭和21年(1946年)9月20日

盆栽家
山形県東村山郡鈴川村(山形市)出生。息子は加藤秀男(盆栽家)。

若い頃から植物が好きで、学業を卒えたのち知人を頼って上京し、駒込神明町の園芸家・蔓青園の初代加藤留吉の弟子となる。温順な人間性と高い技術を持っていたことから加藤に見込まれてその女婿となり、のちには養父を継いで蔓青園の2代目園主となった。大正13年清水利太郎、鈴木重太郎らと埼玉県大宮に盆栽村を創設。以来後進の指導と盆栽振興に努めた。また生涯をかけてエゾマツの盆栽作りを研究し、非常な努力と犠牲の末に国後島のエゾマツをもとにして原木活着法を考案するとともに、多くの後援者を得てエゾマツ盆栽の地位向上に尽力した。後世に残されたエゾマツ盆栽の名品のほとんどは彼の手によるものであるといい、彼を慕う盆栽愛好家も少なくない。

加藤 秀男
かとう・ひでお

大正7年(1918年)3月5日～
平成13年(2001年)11月3日

盆栽家　日本盆栽協同組合理事長
東京市本郷区駒込(東京都文京区)出身。娘は加藤文子(園芸家)、父は加藤留吉(蔓青園2代目当主)。団 日本盆栽協会。

盆栽家の名門・蔓青園の2代目加藤留吉の二男として生まれ、兄の三郎、弟の照吉と共に盆栽家の"加藤三兄弟"として知られる。大正12年父が開村した大宮盆栽村に移る。幼少時から盆栽を好み、祖父及び父にその手ほどきを受ける。昭和22年に独立して蔓青園分園を設立。56年同園の移転にともない八雲蔓青園に改称した。盆栽の創作を進める傍ら日本盆栽協同組合理事長、日本盆栽協会理事、同協会常任理事などを歴任し、盆栽の普及や国際化に努めた。国内外の盆栽ファンに親しまれ、プロボクサーの白井義男や俳優の中村是好らも彼のお得意様であった。著書に「盆栽の力」「園芸相談・盆栽」「盆栽大百科」「盆栽百撰」他がある。

【著作】
◇盆栽培養早わかり―73樹種の年間作業(カラー園芸入門)　加藤秀男著　主婦の友社　1979.5　206p 19cm
◇盆栽―仕立て方と管理〈新版〉(カラー園芸入門)　加藤秀男著　主婦の友社　1979.8　214p 19cm
◇松柏1 黒松・赤松(実用 盆栽大百科 1)　中郡英夫, 加藤秀男, 丸島秀夫編　ぎょうせい　1990.3　253p 31cm
◇雑木(実用 盆栽大百科 4)　中郡英夫, 加藤秀男, 丸島秀夫編　ぎょうせい　1990.6　253p 26cm
◇松柏2 五葉松・蝦夷松(実用 盆栽大百科 2)　中郡英夫, 加藤秀男, 丸島秀夫編　ぎょうせい　1990.9　253p 30cm
◇松柏3 真柏・杜松(実用 盆栽大百科 3)　中郡英夫, 加藤秀男, 丸島秀夫編　ぎょうせい　1990.10　253p 30cm
◇花もの(実用 盆栽大百科 5)　中郡英夫, 加藤秀男, 丸島秀夫編　ぎょうせい　1991.2　253p 30cm
◇実もの・草もの(実用 盆栽大百科 6)　中郡英夫, 加藤秀男, 丸島秀夫編　ぎょうせい　1991.3　253p 30cm
◇盆栽百撰　加藤秀男〔著〕, 毎日新聞社編　毎日新聞社　1992.3　134p 35cm
◇盆栽の力　加藤秀男著　家の光協会　2000.10　209p 20cm

加藤 元助
かとう・もとすけ

明治18年(1885年)4月11日～
昭和51年(1976年)4月8日

植物研究家,農業指導者
山形県東田川郡廻館村(庄内町)出身。庄内農業学校〔明治37年〕卒,盛岡高等農林学校(現・岩手大学農学部)〔明治41年〕卒。
明治41年村山農学校教諭。昭和5年上山農学校校長となり、8年置賜農学校、18年庄内農学校の各校長も務め、21年退職。傍ら、山形県内各地で植物を調査し、その植物相解明に貢献した。43年標本1万数千点を山形大学農学部に寄贈。また同県における野生植物への関心を高め、同好者の育成にも寄与した。

門田 正三
かどた・まさみ

大正3年(1914年)1月1日～
平成12年(2000年)5月25日

電源開発総裁,東京電力副社長
熊本県宇土市出身。東京帝国大学法学部〔昭和13年〕卒。賞藍綬褒章〔昭和55年〕、勲二等旭日重光章〔平成元年〕。
昭和13年東京電灯に入社。戦後の電力再編成にともない、26年東京電力に引継入社し、41年営業部長、43年取締役、53年副社長を歴任。"営業の門田"として30年代から55年の料金値上げまで、東電の電気料金改定をほとんど手がけた。58年電源開発総裁に就任。61年電源開発が新体制に移行するのを機に退任。趣味は洋ランなどの植物栽培で、自宅に3坪の温室を作った。

金井 紫雲
かない・しうん

明治20年(1887年)1月2日～
昭和29年(1954年)1月19日

美術記者
本名は金井泰三郎。群馬県出身。
明治35年上京、独学で研鑽、この間坪内逍遙・田村江東などの薫陶を受けた。42年中京新聞社に入社し社会部に勤務、大正11年都新聞社へ移る。美術記者として活躍し、のち学芸部長を務め、15年間勤続した。趣味の幅が広く、美術だけでなく盆栽・花・鳥なども専門的に研究し、多くの著書を遺した。主な著書に「盆栽の研究」「花と鳥」「花鳥研究」「東洋花鳥図攷」「鳥と芸術」「東洋画題綜覧」「芸術資料」「趣味の園芸」などがある。

【著作】
◇盆栽の研究　金井紫雲著　隆文館　1914　276p　図版　22cm
◇趣味の園芸　金井紫雲著　隆文館図書　1917　438p　19cm
◇新趣向の盆栽　金井紫雲著　実業之日本社　1917　313p　20cm
◇百花倶楽部(家庭自学文庫)　金井紫雲著　自学奨励会　1917　302p　20cm
◇花と鳥－趣味と栽培飼育〈3版〉　金井紫雲編　都新聞社出版部　1925　506p　図版12枚　20cm
◇盆栽－趣味と培養　金井紫雲著　交誠堂書店　1925　326p　19cm
◇花と芸術　金井紫雲著　芸艸堂　1929　268p　図版24枚　19cm
◇樹木と芸術　金井紫雲著　芸艸堂　1930　278p　図版27枚　20cm
◇草と芸術　金井紫雲著　芸艸堂　1931　312p　18cm
◇蔬果と芸術　金井紫雲著　芸艸堂　1933　320p　図版30枚　20cm
◇花鳥研究　金井紫雲著　芸艸堂　1936　330p　19cm
◇東洋画題綜覧　第1-11冊　金井紫雲編　芸艸堂　1941　11冊　26cm
◇東洋花鳥図攷　金井紫雲著　大雅堂　1943　325p　図版　19cm
◇松　金井紫雲著　芸艸堂　1946　322p　図版　19cm

◇芽の味覚　金井紫雲著　芸艸堂出版部　1947　163p 19cm
◇築山庭造法　中島春郊著, 金井紫雲校訂　芸艸堂出版部　1948　119p 19cm
◇四季の花―挿花便覧　金井紫雲著　推古書院　1950　211p 図版8枚 19cm

【その他の主な著作】
◇鳥　内田清之助, 金井紫雲著　三省堂　1929　420p 20cm
◇動物と芸術　金井紫雲著　芸艸堂　1932　299p 図版27枚 19cm
◇魚介と芸術　金井紫雲著　芸艸堂　1933　312p 図版30枚 18cm
◇虫と芸術　金井紫雲著　芸艸堂　1934　306p 図版28枚 20cm
◇鳥と芸術　金井紫雲著　芸艸堂　1936　328p 図版29枚 19cm
◇木曽御岳山開闢普寛行者の由来並本庄町の一班　金井紫雲著　木曽御岳山開闢普寛行者霊場　1936　25p 図版 22cm
◇天象と芸術　金井紫雲著　芸艸堂　1938　304p 20cm
◇山水と芸術　金井紫雲著　芸艸堂　1940　304p 図版 19cm
◇鳥と芸術　金井紫雲著　芸艸堂　1948　328p 図版4枚 19cm

金城 三郎
かなぐすく・さぶろう

明治11年（1878年）〜昭和4年（1929年）3月

植物学者　沖縄県議
沖縄県島尻郡小禄村（那覇市）出生。沖縄県師範学校〔明治36年〕卒, 東京高等師範学校博物科〔明治39年〕卒。

沖縄県師範学校を経て、東京高等師範学校博物科に学ぶ。明治39年卒業後、沖縄県立師範学校、同県立第二中学、同県立第一中学教諭を歴任。大正8年教職を退き、9年沖縄県議に当選、2期を務めた。その後は木材商を経営したが、東京高等師範学校時代の恩師・三土忠造の協力で浅野セメントの沖縄代理店を開いた。この間、沖縄を中心に植物の研究を進め、採集した標本を東京大学や牧野富太郎に送って鑑定を依頼、琉球植物研究を支援した。中には新種として発表されたものもあり、ヒメクロウメモドキの Rhamnus kanagusukii Mak. やシマムカデシダの Prosaptia kanashiroi Nak. などの学名が献名された。晩年は実業界での活動の傍ら、長期にわたって薬草に関する調査・研究を行い、その成果をまとめて「不思議によくきく薬草と治療法」を著したが、出版直前に没した。

【著作】
◇不思議によくきく薬草と治療法　金城三郎著　金城菊子　1933　379p 肖像 19cm

金行 幾太郎
かなゆき・いくたろう

明治15年（1882年）2月9日〜
昭和39年（1964年）11月27日

キノコ研究家
広島県豊田郡大和町萩原（三原市）出生。賞黄綬褒章〔昭和31年〕。

彼の生まれ育った広島県大和町周辺の山々は、余り地味の良くない赤松林地帯であった。そこで、それを有効活用するためマツタケの増産を思い立ち、大正時代から調査研究を重ねて"金行式栽培法（金行式環境整備施業法）"を考案。これはマツタケが生育しやすいように赤松林の環境を整えるという方法で、以後、同法の指導と普及に努め、広島県内のみならず他県でも行われるようになった。昭和30年これまでの研究の成果をまとめた「愛林豊国の書」を刊行した。

兼岩 芳夫
かねいわ・よしお

大正2年（1913年）12月28日〜
平成4年（1992年）5月12日

静岡大学名誉教授
静岡県掛川市出身。京都帝国大学農学部農林経済学科〔昭和12年〕卒。農学博士。[専]林政学。
　昭和34年静岡大学教授となり、42年附属図書館長、50年農学部長を歴任。農林漁業基本問題調査会専門委員、中央森林審議会専門委員、静岡県森林審議会委員なども務めた。著書に「静岡県木材史」「天竜林業発達史」がある。

【著作】
◇林業〔林業経済(中山博一、兼岩芳夫)〕　山林選編　森北出版　1954　330p 図版 22cm
◇林業発達史資料 第64号 天龍林業発達史　兼岩芳夫著　林業発達史調査会　1956　25cm
◇林業経済研究―平田憲夫先生古稀記念論文集〔山村経済の類型と森林組合(兼岩芳夫)〕　日本林業技術協会　1961　393p 図版 22cm
◇静岡県木材史　静岡県木材協同組合連合会　1968　804p 図 27cm
◇林業技術史1〔天竜林業技術史(兼岩芳夫)〕　日本林業技術協会編　日本林業技術協会　1972　727p 27cm

金子 健太郎
かねこ・けんたろう

昭和10年(1935年)11月～
平成7年(1995年)2月18日

食料問題研究家　　バオバブ社長
旧満州・新京(長春)出生。双葉高校(福島県)中退。[専]プランクトンの食用化。
　中学生の頃からプランクトン(南極オキアミ、藻類)の食用化を志す。昭和37年南極オキアミの試食実験のため、ドラム缶イカダ「MU号」で南極海をめざすが出入国管理令違反で逮捕される。47年南極オキアミ試食人体実験を行い、栄養食品であることを実証。49年ドラム缶イカダ「イナンナ号」で再び太平洋横断に挑戦するが失敗。その後は世界各地の湖沼で植物性プランクトンの食用調査を行い、アフリカ民芸品を販売するバオバブ社長も務める。著書に「53歳のアフリカ200日」。

【その他の主な著作】

◇53歳のアフリカ200日　金子健太郎著　創和出版　1988.11　254p 19cm

金子 善一郎
かねこ・ぜんいちろう

大正15年(1926年)3月28日～
平成11年(1999年)12月22日

サカタのタネ社長
福島県白河市出身。長男は金子英人(サカタ・シード・アメリカ副社長)。東北大学農学部〔昭和26年〕卒。[団]日本種苗協会(会長)、日本家庭園芸普及協会(会長)[賞]藍綬褒章〔昭和63年〕。
　昭和26年坂田種苗(現・サカタのタネ)入社。32年卸部長、41年取締役卸部長、49年専務、54年社長に就任。その他、共栄農事、フローリストサカタ、サカタシード・アメリカン・カンパニー各社長。日本種苗協会会長、日本家庭園芸普及協会会長も務めた。

【評伝・参考文献】
◇世界に夢をまく「サカタのタネ」―国際市場に挑戦する研究開発力(IN BOOKS)　鶴蒔靖夫著　IN通信社　1991.7　267p 19cm
◇こころの羅針盤―西丸与一対談集　西丸与一著　かまくら春秋社　2000.3　335p 21cm

金平 亮三

かねひら・りょうぞう

明治15年(1882年)1月1日～
昭和23年(1948年)11月27日

植物学者 九州帝国大学農学部教授

岡山県出生。東京帝国大学農科大学林学科〔明治40年〕卒。林学博士〔大正9年〕。 造林学 日本農学賞〔昭和11年〕「南洋群島植物誌」。

明治40年に東京帝国大学農学部林学科を卒業後、米国に約1年間私費留学。43年台湾総督府技師となり、台湾の樹木や有用植物を調査して「台湾の森林」「台湾樹木誌」などをまとめた。大正9年同中央研究所林業部長。昭和3年帰国して九州帝国大学教授となり、農学部長、附属演習林長を務めた。この間、東南アジアを中心に樹木の調査を行い、さらにニューギニア、ミクロネシア、メラネシア、ポリネシアなど南洋諸島に研究範囲を広げ、それらの樹木相、林木分布について分類学的研究を進め、同地域における林業資源の現状分析も行った。18年中井猛之進と共にジャワ・ハイテンゾルフの司政長官に任ぜられ、同地の図書館長・腊葉館長を兼任。戦後、21年に帰国し、連合国軍総司令部(GHQ)天然資源局に勤務した。他の著書に「熱帯有用植物誌」「南洋群島植物誌」「ニューギニヤ探検」などがある。

【著作】
◇南洋諸島視察復命書 金平亮三著, 台湾総督府編 台湾総督府 1914 118, 80p 22cm
◇林業試験場報告 第1-7 台湾総督府殖産局 1914～1921 6冊 26cm
◇台湾樹木誌 金平亮三 台湾総督府殖産局 1917 1冊 26cm
◇南支那及南洋調査 第60輯〔錫蘭、英領印度及蘭領東印度の林業(金平亮三)〕 台湾総督官房調査課編 台湾総督官房調査課 1922 113, 15p 23cm
◇台湾総督府中央研究所林業部報告 第4号〔大日本産重要木材の解剖学的識別(金平亮三)〕 台湾総督府中央研究所編 台湾総督府中央研究所 1926 297, 11, 7p 26cm
◇南支那及南洋調査 106輯〔熱帯有用植物誌(金平亮三)〕 台湾総督官房調査課編 台湾総督官房調査課 1926 736, 62p 図版 21cm
◇熱帯有用植物誌 金平亮三著 南洋協会台湾支部 1926 736p 図版110枚 23cm
◇南洋群島植物誌 金平亮三著 南洋庁 1933 468, 37p 図版21枚 27cm
◇蘭領ニューギニヤ探検(資源科学諸学会聯盟講演集 第2輯) 金平亮三著 資源科学諸学会聯盟 1941 28p 21cm
◇ニューギニヤ探険 金平亮三著 養賢堂 1942 346p 19cm
◇台湾樹木誌 金平亮三著 井上書店 1979.10 754p 図版50枚 27cm
◇清国及比律賓群島森林視察復命書, 南洋諸島視察復命書(アジア学叢書 152)〔仙田桐一郎〕〔著〕, 農商務省山林局編, 〔金平亮三〕〔著〕, 台湾総督府編 大空社 2006.4 188, 118, 80p 22cm

狩野 探幽

かのう・たんゆう

慶長7年1月14日(1602年3月7日)～
延宝2年10月7日(1674年11月4日)

画家

名は四郎次郎, 通称は守信, 号は生明。京都出生。

狩野孝信の子。慶長17年(1612年)徳川家康に謁見、続いて徳川秀忠にも謁見して"絵事後素"の印を賜る。元和3年(1617年)江戸鍛冶橋門外に屋敷を与えられ、さらに京都にも屋敷を賜るなどにより、鍛冶橋狩野派として地位を拡大。寛永13年(1636年)剃髪して法眼に叙せられ、探幽斎と名乗る。寛文2年(1662年)"筆峰大居士"の印を与えられて宮内卿法印に叙せられた。江戸城の障壁画、芝、日光、上野の徳川家霊廟、大坂城、京都御所、諸寺院の装飾などで活躍し、"竜"は同家のお家芸として知られた。優美で瀟洒な画風を開拓して狩野派の中興に貢献し、その江戸狩野様式は江戸時代の絵画に大きな影響を与えた。一方で、茶を小堀遠州に、禅を沢庵禅師に学ぶなど広い教養を備えた。作

品に「東照宮縁起」など。

【著作】
◇草木花写生―東京国立博物館蔵　狩野探幽〔画〕，中村渓男，北村四郎編　紫紅社　1977.6　247, 9p　26×37cm
◇日本美術絵画全集 第15巻 狩野探幽　武田恒夫著　集英社　1980.5　147p 28cm
◇探幽縮図 上　狩野探幽〔筆〕，京都国立博物館編　同朋舎出版　1980.5　339p 37cm
◇探幽縮図 下　狩野探幽〔筆〕，京都国立博物館編　同朋舎出版　1981.5　315p 37cm
◇探幽縮図　狩野探幽〔画〕，文人画研究所編　藪本荘五郎　1986.7　524p 37cm
◇狩野派 探幽・守景・一蝶〔江戸名作画帖全集 4〕安村敏信編　駸々堂出版　1994.4　192, 7p 31×24cm
◇狩野探幽（新潮日本美術文庫 7）〔狩野探幽〕〔画〕，日本アート・センター編　新潮社　1998.4　93p 20cm

【評伝・参考文献】
◇江戸の画家たち　小林忠著　ぺりかん社　1987.1　254p 19cm
◇植物文化史（北村四郎選集 3）　北村四郎著　保育社　1987.12　613p 21cm
◇御用絵師 狩野家の血と力（講談社選書メチエ）松木寛著　講談社　1994.10　233p 19cm
◇幽微の探究―狩野探幽論 図版篇　鬼原俊枝著　大阪大学出版会　1998.2　179p 27cm
◇幽微の探究―狩野探幽論 本文篇　鬼原俊枝著　大阪大学出版会　1998.2　298p 27cm

狩野 常信
かのう・つねのぶ

寛永13年3月13日（1636年4月18日）～
正徳3年1月27日（1713年2月21日）

画家

幼名は三位，通称は右近，号は養朴，古川叟，青白斎。京都出生。

狩野尚信の長男。慶安3年（1650年）父の死により木挽町狩野家2代目となる。15歳の頃に伯父探幽に引き取られて，その教えをうける。探幽の没後は，狩野派の代表的画家として活動し，宝永6年（1709年）法印に叙せられた。山水・人物・花鳥図に優れ，元信，永徳，探幽とと共に"狩野家の四大家"の一人とされる。代表作に

「常信縮図」「桐鳳凰図屏風」など。

【著作】
◇狩野常信花鳥画譜 後編，続編　福井月斎縮図　青木嵩山堂　1895　2冊（各12枚）27cm

狩野 光信
かのう・みつのぶ

永禄8年（1565年）～
慶長13年6月4日（1608年7月15日）

画家

幼名は四郎次郎，通称は右京進。山城国（京都府）出生。

狩野永徳の長男。天正4年（1576年）父の助手として安土城造営の障壁画制作に従事。天正18年（1590年）父の没後，狩野家をついで狩野一門の中心となり，豊臣秀吉の肥前名護屋城，徳川秀忠邸の障壁画などを制作。慶長11年（1606年）幕府の命により江戸に下り，のちその帰途の桑名で病没した。父永徳の豪壮な様式から脱し，大和絵の伝統を生かした優美で抒情的な作風で知られる。主な作品に「園城寺勧学院客殿花鳥図」「法然院方丈花鳥図」など。

鏑木 徳二
かぶらぎ・とくじ

明治16年（1883年）1月1日～
昭和42年（1967年）4月25日

林学者　朝鮮総督府林業試験場長
石川県金沢市出身。東京帝国大学農科大学林学科〔明治40年〕卒。林学博士。

神職の長男として生まれる。明治42年久原鉱業に入る。茨城県日立鉱山の煙害防止に取り組み，43年煙害警戒法を実施。また農事試験場を設けて耐煙樹種苗木を生産し，周辺の山に植林した。大正9年農商務省嘱託として欧州に留学。12年宇都宮高等農林学校教授，昭和7年朝鮮総督府林業試験場長。著書に「森林立地学」「森

林の科学知識」などがある。

【著作】
◇実験煙害鑑定法　鏑木徳二, 庵原良介著　鏑木徳二　1916　418p 23cm
◇森林立地学　鏑木徳二著　養賢堂　1928　402,8p 23cm
◇岩波講座生物学〔第16 特殊問題[2]植物の煙害・植物の生長と風(鏑木徳二)〕岩波書店編　岩波書店　1930〜1931　23cm
◇森林と社会(クロモシーリズ)　鏑木徳二著　三省堂　1930　78p 20cm
◇森林の科学知識　鏑木徳二著　三浦書店　1930.2　202p 20cm
◇林業讀本　鏑木徳二著　農林出版　1956.5　255p 19cm

【評伝・参考文献】
◇谷中村から水俣・三里塚へ―エコロジーの源流(思想の海へ「解放と変革」24)　宇井純編著　社会評論社　1991.2　328p 21cm

上村　登

かみむら・みのる

明治42年(1909年)10月12日〜
平成5年(1993年)1月8日

植物学者　高知学園短期大学学長
高知県土佐市出生。東京帝国大学農学部〔昭和5年〕中退, 高知農業補習教員養成所〔昭和7年〕卒。理学博士(東京文理科大学)〔昭和37年〕。
賞 高知県文化賞〔昭和28年〕。

昭和7年高知農業補習教員養成所を卒業後, 高知県内の小・中学校で教師を務める。傍ら植物採集会などを通じて牧野富太郎の教えを受け, その勧めで蘚苔類の分類学的研究を行った。また高知県の植物相についての分類研究も進め, 19年「土佐の植物」を刊行。37年ヤスデゴケの研究で東京文理科大学から理学博士の学位を受けた。農業試験場技師, 高知大学講師, 高知女子大学講師などを経て, 42年高知学園短期大学教授。51年同短大学長となり, 高知リハビリテーション学院長を兼ねた。54年国立フィリピン大学客員教授, デ・オカンポ記念大学名誉学長。晩年は師・牧野の伝記執筆に専念し, 死の直前の平成4年末に完成, 没後の11年「花と恋して 牧野富太郎伝」として刊行された。他の著書に「南四国の自然」「なんじゃもんじゃ―植物学名の話」などがある。

【著作】
◇土佐の植物　上村登著　共立出版　1944　258p 図版 22cm
◇牧野富太郎伝　上村登著　六月社　1955　358p 図版 19cm
◇南四国の自然　上村登編　六月社　1965　183p 18cm
◇なんじゃもんじゃ―植物学名の話　上村登著　北隆館　1973　221p 19cm
◇草と木と花と　上村登著, 竹葉剛, 竹葉美貴編　竹葉剛　1994.1　76p 図版10枚 26cm
◇花と恋して―牧野富太郎伝　上村登著　高知新聞社　1999.6　373p 20cm

神谷　辰三郎

かみや・たつさぶろう

(生没年不詳)

植物学者
東京帝国大学理科大学〔明治37年〕卒。
旧制七高造士館教授。奄美大島で植物調査を行った。

【著作】
◇顕花植物分類学　神谷辰三郎著, 松村任三閲　成美堂　1909〜1910　2冊(上・下992p)23cm
◇小さい進化論　神谷辰三郎著　広文堂書店　1924　192p 20cm
◇小さい生物学　神谷辰三郎著　広文堂　1925　238p 19cm
◇人生遺伝学　神谷辰三郎著　養賢堂　1928　468p 23cm
◇自然科学概説　神谷辰三郎著　広文堂　1930　350p 20cm
◇植物地理学　神谷辰三郎著　古今書院　1933　286p 22cm
◇羊歯の検索と鑑定　神谷辰三郎著, 中井猛之進校　成美堂書店　1934　457p 23cm
◇葉による樹木の鑑定　裸子植物篇　神谷辰三郎著, 中井猛之進校　成美堂書店　1935　240p 19cm

神谷 伝蔵
かみや・でんぞう

明治3年(1870年)10月11日～
昭和11年(1936年)10月20日

実業家　牛久シャトー経営者
旧姓名は小林。別名は神谷伝兵衛(2代目)。出羽国旅籠町(山形県)出生。養父は神谷伝兵衛(1代目,実業家)。

　上京して本郷湯島の金原医籍店に勤務したが、やがて神谷伝兵衛の経営するワイン業者神谷酒造に入社。のち働きぶりが認められて伝兵衛の養子となり、その後継者となった。伝兵衛と共に国産ブドウを使用したワイン醸造に取り組み、明治27年フランスへ留学。デュボア商会の所有するボルドーのカルボフラン村醸造所でワイン用ブドウの栽培法・醸造法を研究した。ワイン醸造の修業証を取得したのち、ワイン用ブドウの苗木や土壌のサンプル、醸造機械などを携えて31年に帰国。すぐさまブドウの栽培地探しに着手し、はじめ伝兵衛の出身地である三河に候補地を求めるが適切な場所が見つからず、のち茨城県牛久に適地を見いだして栽培を開始。34年牛久産ブドウによるワインの醸造に成功し、36年にはフランスの著名な醸造所をモデルとした本格的醸造設備の牛久シャトーを建設した。のちにはワインのみならずシャンパンも醸造するようになり、できあがった品物は各地の勧業博覧会などに出品し、高い評価を得た。大正11年伝兵衛の死後、2代目伝兵衛を襲名。

【評伝・参考文献】
◇神谷伝兵衛　坂本箕山著　坂本辰之助　1921
　318,11p　肖像　22cm
◇神谷伝兵衛と近藤利兵衛　日統社編輯部著　日統社　1933　46p　19cm
◇神谷伝兵衛―牛久シャトーの創設者(ふるさと文庫)　鈴木光夫著　筑波書林　1986.1　97p　18cm
◇浅草の百年―神谷バーと浅草の人びと　神山圭介著　踏青、審美社〔発売〕　1989.9　241p　19cm

神谷 宣郎
かみや・のぶろう

大正2年(1913年)7月23日～
平成11年(1999年)1月10日

大阪大学名誉教授,国立基礎生物学研究所名誉教授
東京出生,愛知県出身。妻は神谷美恵子(精神医学者)、長男は神谷律(東京大学大学院教授)。東京帝国大学理学部植物学科〔昭和11年〕卒。日本学士院会員。理学博士(東京大学)〔昭和23年〕,名誉理学博士(ベルリン自由大学)〔昭和55年〕。 專 植物生理学 团 日本細胞生物学会,日本植物学会,日本植物生理学会,日本生物物理学会,米国植物生理学会,国際バイオレオロジー学会,国際細胞生物学連合会(会長) 賞 日本学士院賞〔昭和46年〕「植物細胞の原形質流動および水分生理の研究」、南方熊楠賞(第1回)〔平成3年〕。

　昭和13年ドイツ・米国に留学、18年東京帝国大学理学部講師、24年大阪大学理学部教授、37年プリンストン大学客員教授、44年ニューヨーク州立大学客員教授、52年大阪大学定年退官。52年国立基礎生物学研究所教授、56年退官。56年ダートマス大学客員教授、60年ドイツ・ボン大学客員教授。山田科学振興財団理事、国際細胞生物学連合会会長なども務めた。

【著作】
◇最新一般生理学　本川弘一、奥貫一男、富田軍二編　朝倉書店　1956　680p　22cm
◇現代生物学講座　第2巻　生体の様相［細胞の基本的要素・原形質(神谷宣郎、中島宏道)］　芦田譲治等編　共立出版　1957　345p　22cm
◇続生物物理学講座　第10　細胞生物物理研究法1［遠心処理(田沢仁、黒田清子、神谷宣郎)、植物細胞実験法(黒田清子、田沢仁、神谷宣郎)］　日本生物物理学会編　吉岡書店　　丸善(発売)　1969　466p　22cm

【評伝・参考文献】
◇神谷美恵子　人として美しく―いくつもの生　ただひとつの愛　柿木ヒデ著　大和書房　1998.7　221p　19cm

神山 恵三
かみやま・けいぞう

大正6年(1917年)1月18日～
昭和63年(1988年)12月22日

共立女子大学家政学部教授
群馬県桐生市出生。気象大学校〔昭和24年〕卒。医学博士。团生気象学、被服衛生学、生活環境学団日本環境学会(会長)、日本生気象学会、日本衛生学会、日本家政学会、日本生物環境調節学会、日本温泉気候物理医学会、日本防食協会賞運輸大臣賞。

気象研究所研究室長、東京医科歯科大学講師、東京農工大学農学部教授、共立女子大学教授を歴任。樹木から発散される「フィトンチッド」と呼ばれる物質の薬理作用を実証し、森林浴の効果を理論的に解明。森林浴博士として日本環境学会長、緑の文明学会常任理事、仏モーリス・メッセゲ・フィトテラピー研究所長なども務める。著書に「気象と人間」「森の不思議」「森は効く」など。

【著作】
◇地球と宇宙(私の大学・科学の教室 第4) 島村福太郎編 理論社 1957 286p 19cm
◇植物の不思議な力 フィトンチッド―微生物を殺す樹木の謎をさぐる(ブルーバックス) B. P. トーキン, 神山恵三共著 講談社 1980.4 196p 18cm
◇森の不思議(岩波新書) 神山恵三著 岩波書店 1983.9 212p 18cm
◇森と人のくらし―森はなぜ大切か(知識の絵本) 神山恵三作, 木川秀雄絵 岩崎書店 1984.10 31p 25cm
◇森林浴の楽しみ方 森は効く 〈新装版〉(心の健康シリーズ 1) 神山恵三監修 五柳書院 1986.5 190p 19cm
◇森林浴入門(カラーブックス) 高橋良孝著, 神山恵三監修 保育社 1986.6 151p 15cm

刈米 達夫
かりよね・たつお

明治26年(1893年)8月19日～
昭和52年(1977年)6月20日

京都大学名誉教授
大阪府出生。東京帝国大学薬学科〔大正6年〕卒。薬学博士〔大正13年〕。团生薬学団勲二等旭日重光章〔昭和41年〕。

朝比奈泰彦に師事、東京衛生試験所薬用植物部長から昭和15年京都帝国大学教授となり、28年国立衛生試験所長を兼任。31年退官。パリ大学名誉博士、米国生薬学会名誉会員。著書に「最新生薬学」「最新生薬化学」「植物成分の化学」「薬用植物図譜」「最近和漢薬用植物」「薬用植物画譜」などがある。

【著作】
◇邦産薬用植物―成分及薬効 刈米達夫, 木村雄四郎著 日本薬報社 1928 401p 23cm
◇薬用植物写真集 第1篇 刈米達夫著 津村研究所出版部 1928 1冊(頁付なし)23cm
◇薬草と和漢薬(クロモシーリズ) 刈米達夫著 三省堂 1930 53p 19cm
◇有用植物学名解―薬用・農作・園芸・用材植物等 刈米達夫, 角倉一編 日本薬報社 1930 129, 22, 10p 17cm
◇岩波講座生物学〔第14 実際問題[2]薬用植物(刈米達夫)〕 岩波書店編 岩波書店 1930～1931 23cm
◇薬用植物栽培法 刈米達夫, 若林栄四郎著 養賢堂 1934 446, 7p 22cm
◇原色薬用植物図譜 刈米達夫著 三省堂 1936 204p 図版32枚 19cm
◇和漢薬用植物―成分及薬効(訂4版) 刈米達夫, 木村雄四郎共著 広川書店 1948 519p 22cm
◇最新生薬学 刈米達夫著 広川書店 1949 366p 27cm
◇薬学大全書 第1巻〔和漢薬(刈米達夫)〕 非凡閣 1949 276p 22cm
◇薬用植物栽培採収法 刈米達夫, 若林栄四郎共著 南条書店 1949 260p 22cm
◇植物成分の化学 刈米達夫著 南山堂 1953 292p 27cm
◇薬局方通論 刈米達夫著 広川書店 1955 285p 図版 22cm
◇薬用植物図譜 刈米達夫著 金原出版 1961 図版320p(解説共)26cm
◇最新生薬化学 刈米達夫著 広川書店 1962 208p 表 27cm
◇薬用植物分類学 刈米達夫, 北村四郎共著 広川書店 1965 345p 図版 27cm
◇タイ国生薬現状に関する報告書(海技協派第19号) 刈米達夫著 海外技術協力事業団〔1967〕 12p 25cm
◇薬用植物画譜 刈米達夫解説, 小磯良平画 武田薬品工業 1971 図151枚(解説共)35cm

◇和漢生薬　刈米達夫著　広川書店　1971　358p 図 27cm
◇最新薬用植物学　刈米達夫, 名越規朗共著　広川書店　1973　182p 22cm
◇世界の民間薬　刈米達夫著　広川書店　1973　218p 図 22cm
◇有毒植物・有毒キノコ　刈米達夫, 小林義雄共著　広川書店　1979.3　109p 22cm

川上 善兵衛(6代目)

かわかみ・ぜんべえ

慶応4年(1868年)3月10日～
昭和19年(1944年)5月21日

園芸家　岩の原葡萄園創業者

幼名は芳太郎。越後国頸城郡北方村(新潟県上越市)出生。[専]ブドウ栽培, ワイン醸造 [賞]日本農学賞(富民協会賞)〔昭和16年〕。

江戸時代から知られた豪農の家に生まれる。明治8年6代目善兵衛を継ぐ。韓国併合に活躍した武田範之と親交があり, 彼を通じて知った中央の有名人が外国製ブドウ酒を愛飲するのを見て, ブドウ栽培とブドウ酒醸造を思いたった。山梨に出向き, この地方に適した品種を作ることに専心, 先進国研究家と文通, 欧米から苗を取り寄せ, 明治26年ブドウ酒醸造を開始した。初めは酸味が強く失敗, 改良を加え, フランス・米国種の交配で優良品種マスカット"ベリーA"など20余種を作り, 日本のブドウ酒醸造用ブドウの生産にメドをつけた。昭和9年寿屋(現・サントリー)と共同出資で寿葡萄園を設立。11年岩の原葡萄園と改称。19年他界するまで研究執筆を続け, 生涯をブドウ酒造りに捧げ, "日本のワインぶどうの父"と言われる。著書「葡萄全書」(全3巻)は栽培法から醸造法にいたる国内初の体系的研究書といわれる。他に「葡萄提要」がある。

【著作】
◇葡萄種類説明　川上善兵衛著　塚田勝　1899.3　80p 23cm
◇実験葡萄栽培書　川上善兵衛著　博文館　1899.9　228p 23cm
◇農家の光――一名・行啓記事　川上善兵衛著　塚田節　1902.7　22p 23cm
◇葡萄提要　川上善兵衛著　実業之日本社　1908.12　594p 23cm
◇実験葡萄全書 上・中・下　川上善兵衛著　西ケ原刊行会　1932～1933　3冊 23cm
◇明治農書全集 第7巻 果樹〔葡萄提要(川上善兵衛)〕松原茂樹編集　農山漁村文化協会　1983.12　507, 7p 22cm

【評伝・参考文献】
◇日本, アメリカ, オーストラリアのワイン(世界の酒 2)　井上宗和著　角川書店　1990.9　139p 26cm
◇川上善兵衛伝(サントリー博物館文庫 18)　木島章著　サントリー, ティビーエス・ブリタニカ〔発売〕　1991.12　297p 19cm

川上 滝弥

かわかみ・たきや

明治4年(1871年)8月20日～大正4年(1915年)

植物学者　台湾博物館長

山形県松嶺町(酒田市)出身。札幌農学校(現・北海道大学)本科植物病理学専攻。

札幌農学校(現・北海道大学)本科に学び, 宮部金吾の下で植物病理学を専攻。在学中の明治30年には荷担ぎとして北海道庁の雌阿寒岳山頂気象観測隊に参加し, 阿寒湖の西岸シュリコマベツ湾の湖底で新種のまり状の藻を発見。31年の東京植物学会発行の「植物学雑誌」に発表した論文で,「まりも(毬藻)」の和名を付けたことを報告した。卒業後の35年, 教師として熊本県立農学校に赴任し, その傍ら同県下の桐萎縮病を調査・研究。37年台湾総督府技師に任ぜられ, 殖産局農務課勤務を経て, 農事試験場病理部長となり, 中原源治, 島田弥市らと共に台湾の有用植物調査と台湾植物目録の編纂に従事した。40年には中原と共に沖縄・八重山諸島を訪れ, 同地の植物を採集。その後, 中国の有用植物について研究するが, 44年官命を受けてジャワを

はじめとする東南アジア地方の植物調査に出張し、その旅行記は没後に「椰子の葉陰」として刊行された。この間、台湾博物学会を設立。晩年は台湾博物館長を務めた。大正4年台湾で赤痢にかかり客死。他の著書に「北海道森林植物図説」「七島蘭鼈甲病論」「はな」などがある。

【著作】
◇北海道森林植物図説　川上滝弥著，宮部金吾閲　裳華房　1902.4　205p 図版 27cm
◇桐樹天狗巣病原論　川上滝弥著　裳華房　1902.12　19p 27cm
◇支那食料植物　ブラスダーレ著，川上滝弥訳　台湾総督府殖産局　1911.4　66p 22cm
◇椰子の葉蔭　川上滝弥著　六盟館　1915　636, 28p 図版34枚 22cm

河口 慧海
かわぐち・えかい

慶応2年（1866年）1月12日～
昭和20年（1945年）2月24日

仏教学者，チベット探険家
幼名は定治郎，僧名は慧海仁広（えかいじんこう）。大阪府堺市出身。東京哲学館（現・東洋大学）〔明治24年〕卒。

桶樽製造業を営む家に生まれる。明治20年井上円了の東京哲学館に入り，宗教，哲学を学ぶ。23年東京・本所の黄檗宗五百羅漢寺の僧となって慧海仁広の僧名を受けた。のち同寺住職となるが，間もなく辞任。つねづね漢訳仏典に疑問を持っており，その不備を補うため，チベット語仏教原典を入手すべくチベット行きを決意した。30年6月神戸港を出航。インドでチベット語を学びながら機会をうかがい，ネパールに赴いて梵語を修得。そして34年マンゲンラ峠を越境して当時鎖国下にあったチベットに密入国，首都ラサにあるセラ大学に入学したが，35年日本人であることが露見したため文献を持って脱出し，36年帰国。37年チベット行きの顚末を「西蔵旅行記」（上下）として刊行したことから，秘境を旅した冒険家として一躍クローズアップされる存在となった。38年再びネパールに入り，さらにベナレスのインド大学でサンスクリット語を研究。大正2年には2度目のチベット入りを果たし，ダライ・ラマとも交歓，チベットの一切経（大蔵経）や仏像，仏画などを得た。この間，ヒマラヤと日本の植物に関連性を見出していた伊藤篤太郎からチベットでの植物採集を依頼され，隠密行動に近い厳しいスケジュールであったにも関わらず，植物標本の採集に奔走した。5年におびただしい仏典仏画，民俗資料を携えて帰国したが，同時に植物標本も多数持ち帰り，それらをもとに「植物学雑誌」の例会で「西蔵の高山植物の採集に就いて」の題で講演を行った。しかし，チベットが遠隔の秘境であることが忌避されたため，当時の学者の間でこれらの標本が生かされることはなく，その再評価は太平洋戦争後を待たねばならなかった。その後，彼は出家主義に矛盾を感じて10年に僧籍を返上し，在家仏教を標榜。また大正大学教授，東洋文庫研究員などを務めながら，チベットから持ち帰った仏典の研究に邁進し，"チベット学"の祖といわれた。その他の著書に「西蔵文典」「漢蔵対照・国訳 維摩経」「梵蔵伝訳・国訳 法華経」「西蔵語文法」などがある。

【評伝・参考文献】
◇河口慧海―日本最初のチベット入国者　河口正著　春秋社　1961　229p 図版 20cm
◇20世紀を動かした人々　第14 未知への挑戦者　岩村忍編　講談社　1963　418p 図版 19cm
◇チベット 上（東洋叢書 3）　山口瑞鳳著　東京大学出版会　1987.6　33p 19cm
◇国際交流につくした日本人2 アジア2（河口慧海・植村直己ほか）　くもん出版　1990.11　227p 23cm
◇西蔵漂泊―チベットに魅せられた十人の日本人 上　江本嘉伸著　山と溪谷社　1993.3　293p 21cm
◇遙かなるチベット―河口慧海の足跡を追って　根深誠著　山と溪谷社　1994.10　315p 22cm
◇河口慧海―人と旅と業績　高山龍三著　大明堂　1999.7　222p 22cm
◇評伝河口慧海　奥山直司著　中央公論新社　2003.8　404p 20cm
◇河口慧海―人と旅と業績　高山龍三著　原書房　2004.2　222p 21cm
◇仏教を歩く no. 28 大谷光瑞・河口慧海（週刊朝日百科）　朝日新聞社　2004.5　32p 30cm

【その他の主な著作】
◇西蔵旅行記　河口慧海著　博文館　1904　2冊　23cm
◇生死自在　河口慧海著　博文館　1904.6　112p　19cm
◇西蔵伝印度仏教歴史――一名・釈迦牟尼仏之伝　上巻　河口慧海著　貝葉書院　1922　319p　22cm
◇在家仏教　河口慧海著　世界文庫刊行会　1926　304p　19cm
◇菩薩道　河口慧海著　世界文庫刊行会　1926　128p　20cm
◇平易に説いた釈迦一代記　河口慧海著　金の星社　1929　230p　20cm
◇ヒマーラヤ山の光―苦行詩聖ミラレエパ　河口慧海著　日本蔵梵学会　1931　329p　20cm
◇釈迦一代記　河口慧海著　古今書院　1936　230p　20cm
◇正真仏教　河口慧海著　古今書院　1936　478p　19cm
◇西蔵文典　河口慧海著　大東出版社, 大日本蔵梵学会　1936　275p　23cm
◇西蔵語読本 第1　河口慧海著　大日本蔵梵学会　1937　97p　23cm
◇第二回チベット旅行記　河口慧海著　河口慧海の会　1966　249p 図版 地図 20cm
◇チベット旅行記(旺文社文庫)　河口慧海著　旺文社　1978.4　668p 16cm
◇チベット旅行記　河口慧海著, 長沢和俊編　白水社　1978.6　389p 20cm
◇チベット旅行記 1-5(講談社学術文庫)　河口慧海〔著〕　講談社　1978.6～1910　15cm
◇第二回チベット旅行記(講談社学術文庫)　河口慧海〔著〕　講談社　1993.9　282p 15cm
◇仏教の長生不老法　河口慧海著　国書刊行会　2004.1　179p 22cm
◇チベット旅行記―抄(中公文庫)　河口慧海著, 金子民雄監修　中央公論新社　2004.7　360p 16cm
◇チベット旅行記 上・下(白水Uブックス)　河口慧海著, 長沢和俊編　白水社　2004.8　18cm

河越　重紀
かわごえ・しげのり

明治15年(1882年)～昭和7年(1932年)

植物研究家
鳥取県鳥取市出身。東京農科大学農学科〔明治41年〕卒。
　明治42年鹿児島高等林学校(現・鹿児島大学農学部)教授。大正3～4年間の約2ケ月間小泉源一らとミクロネシアの植物を採集。12年米国で広く1万点以上の標本を採集。13年英国キュー王立植物園で経済植物を研究した。標本は鹿児島大学農学部に保管される。氏を記念した学名にトカラアジサイ Hydrangea kawagoeana Koidz.、シマヒメタデ Polygonum kawagoeanum Mak. がある。

川崎　次男
かわさき・つぎお

昭和4年(1929年)～昭和48年(1973年)

東京学芸大学助教授
茨城県出身。東京文理科大学植物学科〔昭和28年〕卒, 東京文理科大学大学院特別研究生〔昭和33年〕修了。理学博士〔昭和37年〕。
　東京文理科大学で伊藤洋に師事。昭和39～40年米国アリゾナ大学、44年ワシントン大学とアリゾナ大学で在外研究。著書に「胞子と人間 パリノロジーの世界」、編著に「新編植物系統学概論」がある。

【著作】
◇新編植物系統学概論　川崎次男編著　広川書店　1971　264p 図 27cm
◇胞子と人間―パリノロジーの世界(環境と人間の科学 1)　川崎次男著　三省堂　1971　281, 41p 20cm

川崎　哲也
かわさき・てつや

昭和4年(1929年)1月15日～
平成14年(2002年)9月28日

植物研究家, 植物画家, ホルン奏者, 指揮者
愛知県名古屋市出身。宇都宮農林専門学校農芸化学科〔昭和23年〕卒。
　宇都宮農林専門学校を卒業後、埼玉県浦和市(現・さいたま市)内の中学教諭を務めた。この間、牧野富太郎の教えを受け、「牧野植物図鑑」などに植物画を描く。31年にソメイヨシノの花

の変異について検察結果を発表したのを皮切りに、サクラについて多数の論考を著した。著書に「日本の桜」(共著,平成5年)がある。

【評伝・参考文献】
◇川崎哲也追悼文集―驕らず 卑下せず 黙々と― 新島依子編 新島依子 2004

川崎 敏男
かわさき・としお

大正9年(1920年)10月31日～
平成16年(2004年)2月23日

九州大学名誉教授
大阪府大阪市出生,兵庫県西宮市出身。東京帝国大学医学部薬学科〔昭和18年〕卒。薬学博士。団植物薬品化学 団日本薬学会(名誉会員),日本生薬学会 賞宮田専治学術振興会学術奨励賞(第1回)〔昭和41年〕「ステロイドサポニンに関する研究」、日本薬学会学術賞(昭和49年度)「配糖体,とくにオリゴグリコシドに関する研究」,勲二等旭日重光章〔平成7年〕。

昭和18年東京帝国大学医学部副手、19年助手を経て、25年九州大学医学部助教授、35年教授。39年同薬学部教授。59年退官し、摂南大学教授。この間、32～34年米国 N. I. H. Visiting Scientist。

【著作】
◇天然薬物化学 川崎敏男、西岡五夫編著 広川書店 1986.4 304p 27cm

川島 佐次右衛門 (2代目)
かわしま・さじえもん

(生没年不詳)

篤農家
武蔵国多摩郡長沼村(東京都稲城市)出生。
元禄年間、武蔵多摩郡長沼の代官増岡平右衛門と共に京都に旅した際、山城内で'淡雪'というナシを発見、これを持ち帰って邸内で栽培したのが多摩川ナシの始まりであると伝えられている。子孫は代々農業を営み、その原木も明治22年まで現存したが、幹の周囲は180センチメートル、枝張りは100平方メートルにまで達したという。子孫に、17年にナシ栽培の共盟社を興した川島吉蔵がいる。

川瀬 勇
かわせ・いさむ

明治41年(1908年)1月13日～
平成11年(1999年)8月24日

草地農学者,作曲家 川瀬牧草農業研究所所長
兵庫県西宮市出生。慶應義塾大学〔昭和5年〕中退,カンタベリー農科大学(ニュージーランド)〔昭和8年〕卒,マッセイ農科大学〔昭和9年〕卒。農学博士(北海道大学)〔昭和32年〕。団日本草地学会(名誉会員),ニュージーランド・ソサエティ・オブ・ジャパン副会長(関西支部長)賞ニュージーランドQ.S.O.勲章,兵庫県功労章,日本草地協会賞。

兵庫県西宮に約500年続く旧家に生まれる。昭和6年ニュージーランドに留学。牧畜を学び、9年帰国して川瀬牧草農業研究所を設立。農林省草地開発委員や岐阜大学、名古屋大学、岡山大学、大阪府立大学などの講師を歴任。太平洋戦争中は日本軍にニュージーランドへの侵攻阻止の立場で情報を提供。24～28年岐阜県鏡village村長を1期務めた。34年ニュージーランドとの民間友好団体として日本ニュージーランド協会を設立、両国の交流に活躍した。一方、45年60歳から作曲を学び、交響曲を発表した。我が国における草地農学研究の草分けで、日本草地学会樹立者の一人。著書に「実験牧草講義」「荳科牧草による野草地の改良」「南の理想郷ニュージーランド」「箸とフォーク―東西文化比較論」など。

【著作】
◇川瀬牧草農業研究所発表論文 第1号 日本緬羊論 川瀬勇著 川瀬牧草農業研究所 1935 33p 23cm

◇川瀬牧草農業研究所発表論文 第2, 4号 川瀬牧草農業研究所 1937〜1940 2冊 23cm
◇実験牧草講義 川瀬勇著 養賢堂 1941 327p 図版 22cm
◇牧草と飼料作物(朝日農業選書13) 川瀬勇, 鶴田祥平著 朝日新聞社 1950 157p 19cm
◇牧草による野草地の改良 川瀬勇著 富民社 1955 227p 22cm
◇土と草と血—長寿の秘訣 川瀬勇著 川瀬コーポレーション 大阪 科学情報社(発売) 1972 276p 19cm
◇ニュージーランドに魅せられて—川瀬勇追想・遺稿集 川瀬勇追想・遺稿集出版委員会編 日本ニュージーランド協会(関西) 2000.12 270p 21cm

川瀬 善太郎

かわせ・ぜんたろう

文久2年(1862年)6月1日〜
昭和7年(1932年)8月29日

林学者　東京帝国大学教授

江戸・麹町(東京都千代田区)出生, 和歌山県出身。東京農林学校卒。林学博士〔明治32年〕。

　紀州藩士・川瀬成質の長男として江戸藩邸で生まれる。明治23年農商務省に入り, 25年文部省留学生として林政学研究のためドイツに留学。28年帰国し帝国大学教授となり, 林政学, 森林法律学を講義する一方, 29年農商務技師, 山林局森林監査官を兼任し国の林政にも参与, 大正2年欧米へ出張した。9年東京帝国大学農学部長となり, 13年定年により退官。また明治25年から大日本山林会役員となり, 大正9年会長に就任。木材と木炭規格統一に関する事業や山林所得税の是正, 記念植樹, 演習林, 農林高校の普及などに尽力した。著書に「林政要論」など。

【著作】
◇林政要論 川瀬善太郎著 有斐閣〔ほか〕 1903.11 576p 23cm
◇信濃山林会講話筆記 川瀬善太郎述 信濃山林会 1908.8 88p 23cm
◇林業経済 川瀬善太郎著 和歌山県内務部 1908.9 18p 23cm
◇経済全書[第2巻 林業, 狩猟(川瀬善太郎)] 神戸正雄編 宝文館 1910〜1913 24cm

◇欧米ノ林業 川瀬善太郎著 農商務省山林局 1915 135p 26cm
◇林業回顧録 中村弥六著, 川瀬善太郎〔編〕 大日本山林会 1930 221, 39p 肖像 19cm
◇明治後期産業発達史資料 第692巻 公有林及共同林役(農林水産一斑篇9) 川瀬善太郎著 龍溪書舎 2003.11 354p 22cm

【評伝・参考文献】
◇林業先人伝—技術者の職場の礎石 日本林業技術協会 1962 605p 22cm

河田 杰

かわだ・まさる

明治22年(1889年)1月6日〜
昭和30年(1955年)1月16日

林学者　農林省林業試験場技師

東京市四谷区西信濃町(東京都新宿区)出生。父は河田烋(政治家), 兄は河田烈(政治家), 山川黙(植物学者), 河田黨(森林生態学者), 染木煦(洋画家)。東京帝国大学農科大学林学科〔大正3年〕卒。農学博士(京都帝国大学)〔昭和14年〕。賞 白沢賞〔昭和10年〕, 勲四等旭日章〔昭和15年〕, 日本農学賞〔昭和17年〕, 勲三等瑞宝章〔昭和30年〕。

　政治家・河田烋の三男で, 政治家・河田烈, 植物学者・山川黙の弟。旧制一高から東京帝国大学農科大学林学科に学び, 農商務省に入省。大正13〜15年欧米に留学, 主に英国で森林生態学を修めた。山林技師, 林業試験場技師から, 昭和9年東京営林局造林課長, 13年3月同造林部長を経て, 7月青森営林局長。14年から再び林業試験場技師兼林政技師。21年退官。24年より東京教育大学農学部講師, 28年十和田科学博物館初代館長を務めた。大正7年から砂防造林試験地に指定された村松海岸(茨城県東海村)の造林に着手し, 22万本のクロマツを植栽。砂丘の形状, 生成の調査・研究に基づく河田式造林法を確立した。著作に「森林生態学講義」「海岸砂丘造林法」「四季を通ずる降水量の配布状態がスギヒノキの分布に及ぼす影響」がある。

【著作】
◇森林生態学講義　河田杰著　養賢堂　1932　454p 23cm
◇間伐に就て　河田杰著　石川県山林会　1933　34p 23cm
◇森林簡易統計算法　河田杰著　興林会　1937　118p 23cm
◇造林事業に関して気付きたる諸点　河田杰著　信濃山林会　1937　48p 23cm
◇海岸砂丘造林法　河田杰著　養賢堂　1940　54p 24cm
◇間伐と林内簡易統計（林業大系 5）　河田杰著　秋豊園出版部　1941　251p 表 22cm
◇四季を通ずる降水量の配布状態がスギ、ヒノキの分布に及ぼす影響　河田杰著　興林会　1941　2冊 26cm
◇屋久島の国立公園問題　国立公園協会　1955　128p 図版 21cm

【評伝・参考文献】
◇河田杰　河田伸一著　河田伸一　1991.10　2冊 22cm

川田 龍吉
かわだ・りょうきち

安政3年（1856年）3月14日～
昭和26年（1951年）2月9日

実業家, 農園主, 男爵　函館ドック専務
土佐国土佐郡杓田村（高知県高知市）出生。父は川田小一郎（実業家）。慶應義塾卒。

　父は実業家で日銀総裁を務めた川田小一郎。明治10年父の友人である実業家の岩崎弥太郎の命を受けて渡英し、機械工学や造船学を学ぶ。17年帰国したのち日本郵船に入社。さらに横浜ドックに出向し、35年まで専務として経営に当たった。この間、29年父の急死に伴い、男爵を襲爵。39年函館ドック専務（実質的に社長）に就任し、経営難にあった同社の再建に従事した。傍ら植物を愛好し、軽井沢で農場を営むが失敗。39年北海道渡島郡七飯村に1200ヘクタールの土地を購入し、そこを七飯村清香園と名付けて大々的に農場経営をはじめた。この頃、北海道ではジャガイモの栽培が盛んになりつつあったが、たびたび病害に苦しめられており、強い品種が求められていた。彼は病害に耐えるジャガイモが欧米にあることを知り、以来、海外の種苗商を通じて数種のジャガイモを輸入。その中の一つである米国産の'アイリッシュ・コブラー'という品種が早熟で、かつ病害虫に強いことを認めると、40年から試作・栽培に入った。やがてこれが評判となり次第に道内各地に普及、いつしか彼にちなんで"男爵芋"と呼ばれるようになり、昭和3年には北海道農事試験場より優良限定品種の指定を受けるに至った。明治44年函館ドックを退職した後は自身の農場を会社組織化し、機械を試験的に導入するなど北海道の農業近代化に尽くし、最晩年の昭和23年にはトラピスト修道院で洗礼を受け92歳でキリスト教徒となった。一方、横浜ドック時代の明治34年に米国からロコモビル社製蒸気自動車を購入し、我が国初のオーナードライバーになったことでも知られる。

【評伝・参考文献】
◇男爵薯の父川田竜吉　館和夫著　男爵資料館　1986.2　279p 18cm
◇男爵薯の父川田竜吉伝（道新選書 22）　館和夫著　北海道新聞社　1991.12　254p 19cm
◇続 北へ……異色人物伝　北海道新聞社編　北海道新聞社　2001.9　315p 21cm
◇人間登場―北の歴史を彩る 第1巻（NHKほっからんど 212）　合田一道、番組取材班著　北海道出版企画センター　2003.3　253p 19cm
◇サムライに恋した英国娘―男爵いも、川田龍吉への恋文　伊丹政太郎、A. コビング著　藤原書店　2005.9　293p 20cm

川名 りん
かわな・りん

明治35年（1902年）～昭和45年（1970年）11月

花卉栽培家
千葉県安房郡和田町（南房総市）出生。

　大正13年頃から郷里の千葉県で花卉の栽培を開始。その花作りは、はじめ周囲の農家の非難を浴びたが、着実に栽培の実績を伸ばし、房総半島における花作りの草分けとなった。田宮虎彦の小説「花」の主人公"はな"は、彼女をモデルとしている。

【評伝・参考文献】
　◇花　田宮虎彦著　新潮社　1964　196p 20cm

川浪　養治
かわなみ・ようじ

？〜昭和60年（1985年）11月14日

日本画家，中学校教師　佐賀美術協会顧問
佐賀県西松浦郡有田町出生。息子は川浪重年（東陶機器専務），父は川浪竹山（陶芸家），祖父は川浪平吉（画家），伯父は川浪貞次（画家）。東京美術学校（現・東京芸術大学）日本画科〔大正11年〕卒，東京美術学校美術研究科（現・東京芸術大学大学院）絵画専攻〔大正12年〕中退。師は川合玉堂，弟子は小泉今右衛門（13代目），青木龍山（日展評議員）。団日本野鳥の会 賞文部大臣賞（地域文化功労）〔昭和60年〕。

美校の卒業制作「柘榴」が文部省買い上げになり研究科に進むが，関東大震災時に帰郷，大正12年下村湖人が校長を務める旧制鹿島中学（現・佐賀県立鹿島高校）の図画教師になる。唐津中学校長を経て，昭和2年八幡中学へ。日本図画手工協会佐賀県支部長・福岡県支部長として図画教育の向上に尽力する。8年から母校・有田工業学校教諭。戦後は新制中学校長も務めた。画風は控え目で「鯉」を得意とし，大正7年以来佐賀美術協会展に欠かさず出品するなど佐賀県の美術界に貢献，数多くの後進を育てた。画集に「川浪養治・四季草花写生図」（全10巻）、著書に「有田の文様」がある。

【著作】
　◇四季草花写生図　夏の篇1　川浪養治筆　美乃美　1976.11　1冊（はり込図22枚 図8枚）53cm
　◇四季草花写生図　春の篇1　川浪養治筆　美乃美　1976.11　1冊（はり込図22枚 図8枚）53cm
　◇四季草花写生図　春の篇2　川浪養治筆　美乃美　1977.2　1冊（はり込図20枚 図12枚）53cm
　◇四季草花写生図　春の篇3　川浪養治筆　美乃美　1977.3　1冊（はり込図20枚 図12枚）53cm
　◇四季草花写生図　秋の篇1　川浪養治筆　美乃美　1977.4　図版32枚　53cm
　◇四季草花写生図　夏の篇3　川浪養治筆　美乃美　1977.5　図版32枚　53cm
　◇四季草花写生図　春の篇3　川浪養治筆　美乃美　1977.6　図版31枚　53cm
　◇四季草花写生図　夏の篇4　川浪養治筆　美乃美　1977.7　図版33枚　53cm
　◇四季草花写生図　春の篇4　川浪養治筆　美乃美　1977.8　図版31枚　53cm
　◇四季草花写生図　秋の篇2　川浪養治筆　美乃美　1977.9　図版32枚　53cm
　◇四季の花鳥画　川浪養治筆　美乃美　1978.12　2冊　53cm

川原　慶賀
かわはら・けいが

天明6年（1786年）〜万延元年（1860年）

画家
本名は川原種美。通称は川原登与助，別画号は聴月楼主人。肥前国長崎（長崎県）出生。

父・川原香山は日本画家。父から絵の手ほどきを受け，さらに当時の長崎画壇における実力者であった石崎融思に師事。文化8年（1811年）25歳の頃にはすでに出島出入絵師の資格を得ていたといわれ，出島でオランダ人の求めに応じて土産用の絵を描いた。文政6年（1823年）に来日したシーボルトに見出されてそのお抱絵師となり，以後，シーボルトの日本研究に資するため植物や動物，虫，魚類などの写生図を多数手がけた。その画は実際に花を解剖したものを描くなど植物学の知識に裏打ちされた形態学的写生にすぐれる。またシーボルトが連れてきた絵師ド・ヴィルヌーヴについて西洋の画技を学んだともいわれ，のちには自身の本来の持ち味と西洋画法を融合させた独自の画風に進んだ。9年（1826年）シーボルト江戸参府の際にも随行するなど，シーボルトとの仕事関係はきわめて密接であったが，11年（1828年）いわゆるシーボルト事件に連座し，その関係の深さゆえに牢獄につながれた。2年後に許されて画業を再開し，天保7年（1836年）植物関係の図を集めて「慶賀写真草」を刊行。しかし天保13年（1842年）外国人に禁じられていた佐賀藩主・鍋島家の家紋を描いた罪により，江戸及び長崎所払いとなった。その後，弘化3年（1846年）長崎

野母観音寺の天井画の制作などを行った。作品に「シーボルト瀉血手術図」「ブロンホフ家族図」「夏日清談図」などがある。

【評伝・参考文献】
◇エンゲルベルト・ケンペル、フィリップ・フランツ・フォン・シーボルト記念論文集　独逸東亜細亜研究協会　1966　314p 図版 27cm
◇川原慶賀展—ライデン国立民族学博物館所蔵シーボルト記念館開館記念特別展　シーボルト記念館　〔1989〕　2枚 26cm
◇江戸洋学事情　杉本つとむ著　八坂書房　1990.12　399p 19cm
◇彩色江戸博物学集成　平凡社　1994.8　501p 27cm
◇日蘭交流400年の歴史と展望—日蘭交流400周年記念論文集 日本語版〔オランダ人のための絵画—絵師川原慶賀と研究者シーボルト(ケン・フォス)〕(日蘭学会学術叢書 第20)　レオナルド・ブリュッセイ、ウィレム・レメリンク、イフォ・スミッツ編　日蘭学会　2000.4　459p 31cm
◇シーボルトと町絵師慶賀—日本画家が出会った西欧(長崎新聞新書)　兼重護著　長崎新聞社　2003.3　231p 18cm
◇シーボルトの眼—出島絵師川原慶賀　ねじめ正一著　集英社　2004.5　259p 20cm
◇江戸時代の蘭画と蘭書—近世日蘭比較美術史 下巻　磯崎康彦著　ゆまに書房　2005.3　584p 21cm

河辺 敬太郎
かわべ・けいたろう

？〜昭和60年(1985年)4月30日

日本甜菜製糖常務札幌支社長
京都府京都市出身。鬯西ドイツ一等功労十字章〔昭和60年〕。
　大正時代にドイツで農業を学び、北海道でのビート栽培普及に尽力。

川村 幸八
かわむら・こうはち

天明8年(1788年)〜明治2年(1869年)1月18日

農事改良家
名は茂博、号は只水。陸奥国名取郡中田村(宮城県仙台市太白区)出生。
　陸奥中田村(現・宮城県仙台市)で農業の傍ら薬種商を営む家に生まれ、温良な性格と精励な働きから郷里の人の尊敬を集めた。ある時、急病にかかった下総(現・千葉県)の旅人を手厚く介護したところ、旅人はその礼として中田村と土壌のよく似た下総で栽培されているサツマイモの存在を幸八に教え、さらに意があれば種苗を分け与えるから試作してはどうかと勧めた。喜んだ幸八は下総に赴いて種芋を持ち帰り、試作に苦労を重ねた末、文化8年(1811年)サツマイモの栽培に成功。やがてサツマイモは仙台やその近郊にも広まり、遂に地方の物産として相当の地位を占めるに至った。その業績から"甘藷翁""東北の青木昆陽"と称され、慶応3年(1867年)には仙台藩主から賞状賞品を賜った。没後の明治18年には村の有志らにより墓所のある宝泉寺に顕彰碑が建立された。

川村 純二
かわむら・じゅんじ

明治43年(1910年)〜平成13年(2001年)12月6日

鹿児島市立美術館館長
鹿児島県鹿児島市出身。鹿児島師範学校卒。
　鹿児島師範学校教諭を経て、昭和20年鹿児島県庁に移り、産業教育課長、社会教育課長などを歴任、戦後の鹿児島県教育界の発展に貢献した。県立東高校校長から、鹿児島市立美術館館長に就任。56年まで11年にわたり収蔵品の充実や本館改築など、新時代に即応した美術館の基礎を築いた。鹿児島県文化財保護審議会委員、鹿児島市文化財保護審議会会長、南日本出版文化賞専攻委員も長年務めた。また植物学や郷土史の研究でも知られ、シダのサクラジマハナヤスリの新種を発見した。

川村 清一
かわむら・せいいち

明治14年(1881年)5月11日〜

昭和21年(1946年)3月11日

植物学者　千葉高等園芸学校(現・千葉大学園芸学部)教授

岡山県東南条郡上之町(津山市)出生。父は川村良次郎(教育家)、弟は川村多実二(動物学者)、福田邦三(生理学者)。東京帝国大学理科大学植物学科〔明治39年〕卒。理学博士。

津山中、旧制三高を経て、東京帝国大学理科大学植物学科で三好学に師事。卒業後は東京学院、東京青山学院中学部で教師を務め、明治42年農商務省嘱託、45年より林業試験場に最初の植物病理学者として勤務した。大正3年千葉県立高等園芸学校教諭に転じ、6年教授。昭和4年同学校が文部省に移管され千葉高等園芸学校となると同教授。16年退官。菌類の研究に取り組み、特にキノコや毒菌を専門として"キノコ博士"と呼ばれ、大正5年には「ツキヨタケの研究」で理学博士号を取得している。一方、明治40年岡山県北部に自生するトラフダケの成因を解明、これを機として希少種の保護を志し、内務省に白井光太郎、松村任三、伊藤篤太郎と連名で「稀種保護の建白書」を提出、天然記念物保存法制定の機運を高めた。著書に「原色日本菌類図鑑」などがある。

【著作】
◇林業試験報告［第10号 杉苗赤枯病ノ研究(川村清一)］　農商務省山林局編　農商務省山林局　1913～1920　26cm
◇我邦ニ於ケル木造洋風家屋ト其ノ腐朽　川村清一　農商務省山林局　1916　33p 27cm
◇日本菌類図説―原色版　川村清一著　大地書院　1929　図版169p 解説174p 23cm
◇食菌と毒菌　川村清一著　岩波書店　1931
◇岩波講座生物学［第14 実際問題［2］食用菌及び有毒菌(川村清一)］　岩波書店編　岩波書店　1930～1931　23cm
◇最新科学図鑑 第15 植物図譜　川村清一著　アルス　1932　203p 25cm
◇千葉高等園芸学校学術報告 第1号［蓮華の園芸変種並に畸形態に関する報文(川村清一)］　千葉高等園芸学校編　千葉高等園芸学校　1932　26cm
◇原色日本菌類図鑑 第1巻　川村清一著　風間書房　1954　71p(図版共)26cm
◇原色日本菌類図鑑 第2巻　川村清一著　風間書房　1954　83p 図版14枚 27cm
◇原色日本菌類図鑑 第3巻　川村清一著　風間書房　1954　75p(図版、解説共)27cm
◇原色日本菌類図鑑 第4巻　川村清一著　風間書房　1954　99p 原色図版16枚 27cm
◇原色日本菌類図鑑 第5巻　川村清一著　風間書房　1954　99p 原色図版16枚 27cm
◇原色日本菌類図鑑 第6巻　川村清一著　風間書房　1954　90p 図版14枚 27cm
◇原色日本菌類図鑑 第7巻　川村清一著　風間書房　1954　89p 原色図版14枚 27cm
◇原色日本菌類図鑑 第8巻　川村清一著　風間書房　1955　63, 18, 13p 図版10枚 26cm

川村　修就

かわむら・ながたか

寛政7年(1795年)～明治11年(1878年)

新潟奉行、幕府御庭番

将軍・徳川吉宗によって創設された御庭番(将軍直属の隠密)の家に生まれる。幼少時代から砲術、柔術、関流算法、冷泉流歌道などを学び、人より秀でる。7度の遠国御用、無数の江戸向地廻御用を果たし、天保10年(1840年)45歳で「北越秘説」に新潟地方の実態を書いて、水野忠邦に提出。豪商の公儀に対する違背と、長岡藩との密着ぶりを指摘した結果、公儀は長岡藩から新潟浜村をとりあげ天領とする。同14年初代新潟奉行に任命され、10年間の在任中に、海岸の砂害を防ぐためにマツの木を合計2万6000本植えるなど、新潟町発展に尽くした。安政2年(1855年)には長崎奉行に任ぜられ、外交に手腕を発揮した。

【評伝・参考文献】
◇初代新潟奉行川村修就文書 1 在勤日記(新潟市郷土資料館調査年報 第2集)　新潟市郷土資料館編　新潟市郷土資料館　1978.3　192p 21cm
◇初代新潟奉行川村修就文書 2 諸達掛合往復留・諸向文通留・市中御触并触書留(新潟市郷土資料館調査年報 第3集)　新潟市郷土資料館編　新潟市郷土資料館　1978.10　193p 21cm
◇初代新潟奉行川村修就文書 3 弘化二年地方諸向文通留・弘化二年公事方諸向文通留・弘化三年地方諸向文通留・弘化三年公事方諸向文通留(新潟市郷土資料館調査年報 第4集)　新潟市郷土資料館編　新潟市郷土資料館　1980.2　148p 21cm

◇初代新潟奉行川村修就文書 4 地方諸向文通留・公事方諸向文通留（新潟市郷土資料館調査年報第5集）　新潟市郷土資料館編　新潟市郷土資料館　1980.10　232p 21cm
◇初代新潟奉行川村修就文書 5 新潟上知の頃の新潟町情勢・天保改革期の地方への諸通達・新潟奉行の配下への諸通達・幕末新潟町の戸数人数（新潟市郷土資料館調査年報第6集）　新潟市郷土資料館編　新潟市郷土資料館　1982.3　179p 21cm
◇初代新潟奉行川村修就文書 6 日新録書抜 2・新潟町中地子石高間数家並人別帳 上冊・五人組帳（新潟市郷土資料館調査年報第7集）　新潟市郷土資料館編　新潟市郷土資料館　1983.3　211p 21cm
◇初代新潟奉行川村修就文書 7 幕閣から地方への諸通達、新潟奉行就任と赴任、新潟奉行所役人の勤務、新潟奉行所役人の俸給、新潟奉行所役人に関する幕府への伺・届、新潟奉行所備付帳簿、新潟奉行退任（新潟市郷土資料館調査年報第8集）　新潟市郷土資料館編　新潟市郷土資料館　1984.2　186p 21cm
◇初代新潟奉行川村修就文書 8 新潟風俗、公事出入吟味物 1（新潟市郷土資料館調査年報第9集）　新潟市郷土資料館編　新潟市郷土資料館　1985.3　189p 21cm
◇初代新潟奉行川村修就文書 9 公事出入吟味物 2（新潟市郷土資料館調査年報第10集）　新潟市郷土資料館編　新潟市郷土資料館　1986.3　176p 21cm
◇初代新潟奉行川村修就文書 10 経済・陸上交通・海上交通（新潟市郷土資料館調査年報第11集）　新潟市郷土資料館編　新潟市郷土資料館　1987.3　206p 21cm
◇初代新潟奉行川村修就文書 11 新潟表非常援兵関係文書・新潟御備場防備関係文書（新潟市郷土資料館調査年報第12集）　新潟市郷土資料館編　新潟市郷土資料館　1987.3　42p 21cm
◇初代新潟奉行川村修就文書 12（新潟市郷土資料館調査年報第13集）　新潟市郷土資料館編　新潟市郷土資料館　1989.3　56p 21cm
◇初代新潟奉行川村修就文書 13 於新潟荻野流砲術稽古関係文書（新潟市郷土資料館調査年報第14集）　新潟市郷土資料館編　新潟市郷土資料館　1990.3　61p 21cm
◇初代新潟奉行川村修就文書 14 新潟奉行所、役宅普請関係文書（新潟市郷土資料館調査年報第15集）　新潟市郷土資料館編　新潟市郷土資料館　1991.3　58p 21cm
◇初代新潟奉行川村修就文書 15 川村家系譜関係文書・御庭番関係文書・要用留（修続）（新潟市郷土資料館調査年報第16集）　新潟市郷土資料館編　新潟市郷土資料館　1992.3　54p 21cm

【評伝・参考文献】
◇幕末遠国奉行の日記―御庭番川村修就の生涯（中公新書）　小松重男著　中央公論社　1989.3　204p 18cm
◇初代新潟奉行川村修就（新潟市郷土資料館調査年報 第22集）　新潟市郷土資料館編　新潟市郷土資料館　1997.9　36p 26cm
◇川村修就とゆらぐ幕府支配―企画展　新潟市歴史博物館編　新潟市歴史博物館　2005.3　35p 30cm

菊池 秋雄
きくち・あきお

明治16年（1883年）1月28日～
昭和26年（1951年）4月5日

京都大学名誉教授
青森県弘前市出生。父は菊池楯衛（青森県リンゴの開祖）。東京帝国大学農科大学農学科〔明治41年〕卒。農学博士〔昭和4年〕。團果樹園芸学会 団園芸学会（会長）。

明治41年東京府立園芸学校（現・東京都立園芸高）教諭となり、大正5年神奈川県農事試験場長となったが、9年退職、園芸学研究のため欧米に留学。10年鳥取農業高校教授を経て、15年京都帝国大学農学部教授となり、昭和2年農学部長、4年「日本梨品種、果皮ノ色及其遺伝ニ就テ」で農学博士、同年大典記念京都植物園長兼任（24年まで）。13年園芸学会長、14年学術研究会議議員を務め18年定年退官、19年名誉教授。同年京都府立高等農林学校長となった。20年退職、24年日本学術会議会員。著書に「果樹園芸学」（上下）がある。

【著作】
◇軍隊農事講習講演集 第1, 2集　大日本農会　1915　2冊 22cm
◇園芸講習録　菊池秋雄, 関慎之助述　中央園芸会　1933　29p 19cm
◇京都帝国大学農学部園芸研究室園芸学研究集録 第2輯　菊池秋雄, 並河功監輯　養賢堂　1937　309p 25cm
◇北支果樹園芸　菊池秋雄著　養賢堂　1944　342p 図版15枚 22cm
◇果樹園芸学 上巻 果樹種類各論　菊池秋雄著　養賢堂　1948　528p 22cm
◇綜合農学大系 第3巻［園芸通論第3（菊池秋雄）］　綜合農学大系刊行会編　群芳園　1948　309p 図版 26cm

◇綜合農学大系 第1巻［園芸通論（菊池秋雄）］綜合農学大系刊行会編　群芳園　1949　275p　26cm
◇園芸通論（農学大系 第3部門 第1）　菊池秋雄著　養賢堂　1950　272p 図版6枚 22cm
◇果樹園芸学 下巻 果樹繁殖論，果樹生態論　菊池秋雄著　養賢堂　1953　225p 図版 22cm

菊池 楯衛
きくち・たてえ

弘化3年（1846年）2月2日～
大正7年（1918年）4月8日

陸奥国弘前（青森県弘前市）出生。長男は菊池秋雄（京都大学名誉教授），孫は菊池卓郎（弘前大名誉教授）。

弘前藩士。廃藩置県後，青森県庁に出仕。早くから果樹園芸に関心を持ち，明治8年内務省勧業寮より西洋果樹の苗木をうけ，長官の命令によって青森県庁構内で栽培した。リンゴ，ブドウ，モモ，オウトウ，アンズ，スモモ，ナシそのほかの西洋果樹の青森県内への輸入の最初であった。また函館在留の米国人よりジャガイモを手に入れて栽培したり，北海道の七飯勧業場の米国人技師から接木法などリンゴ栽培技術を学んでこれを広めたりした。弘前に戻ってからは，士族仲間を集めて化育社を設立，接木繁殖を実施して苗木を供給した。特にリンゴの栽培と販路拡張に尽くし，リンゴを青森県の一大特産品とした恩人として知られる。

【著作】
◇陸奥弘前後凋園主菊池楯衛遺稿　菊池秋雄編　菊池秋雄　1938　75p 22cm

【評伝・参考文献】
◇ここに人ありき 第5巻 菊池楯衛　船水清著　陸奥新報社　1973　225p 図 肖像 19cm
◇洋風文化と意識刷新（日本の『創造力』近代・現代を開花させた470人 5）　日本放送出版協会　1992.10　437p　21×16cm

菊地 政雄
きくち・まさお

明治41年（1908年）12月15日～
昭和44年（1969年）3月21日

植物学者　岩手大学教育学部教授

岩手県東磐井郡猿沢村（一関市）出生。団岩手植物の会（会長）。

農業を営む家に生まれる。大正15年盛岡農学校を卒業後，家業を継ぐため精励するが，やがて精神的な苦痛もあって勉学に志す。昭和3年両親に内緒で盛岡高等農林学校（現・岩手大学農学部）を受験し，合格するが，父から進学を猛反対され，さらに弟が水沢農学校に行くこととなり学費の捻出が困難になったことから進学を断念した。同年猿沢小学校の代用教員に任ぜられたのがきっかけで植物学に眼を開き，植物の採集と研究を開始。また岩手を訪れた牧野富太郎を自宅近くにある蓬莱山を案内し，親しく指導を受けた。4年藤沢町農会技手に転じ，藤沢実業専修学校教員も兼任して農村青年の指導に当たった。5年には東山植物同好会の結成に参加して事務局を務め，会誌「東山の植物」の編集に従事。のち文部省の中等教員検定に合格し，台湾台北州淡水中学教諭，大阪府立生野中学教諭，大阪市立住吉商業学校教諭，岩手県立宮古中学教諭などを経て，21年岩手師範学校教諭。24年同校が岩手大学教育学部に改組すると助教授となり，39年教授に就任。この間も独学で植物分類学の研究を進めてゴヨウザンヨウラクなどの新種を発見した他，北上山系周辺の植物相や八幡平の植物調査など，東北地方を中心とする植物地理学的研究でも多くの業績を残した。38年には自ら中心となって岩手植物の会を設立し，会長を務めた。晩年は45年の岩手国体の開催に合わせて岩手植物誌編纂に張り切ったが，未完成のまま44年心筋梗塞で急死した。

【著作】
◇北上市国見山とその附近の植物―菊地政雄調査報告　北上市教育委員会　1962.5　13p 26cm

【評伝・参考文献】
◇岩手の植物に生きる―岩手大学教授菊地政雄追悼集　菊地政雄追悼集編集委員会編　菊地政雄追悼集編集委員会　1987.3　263p 20cm

菊池 理一
きくち・りいち

明治32年（1899年）1月10日～
昭和46年（1971年）7月29日

農業技師，変形菌研究家　千葉大学薬学部嘱託研究員
岩手県盛岡市出生。岩手県立盛岡農学校〔大正6年〕卒。

　盛岡農学校を卒業後、大正7年より青森県農業試験場に勤務。12年宇都宮高等農林学校に転じ、作物学を実験指導。この頃から変形菌（粘菌）の採集・研究をはじめ、昭和3年には同校の校友会雑誌に「宇都宮並ニ其ノ附近ニ於テ採集セル粘菌類」を発表した。4年栃木県経済部農務課技官となり、5年には同県立農事試験場に移って作物学・植物病理学の研究に従事。また、この間にも変形菌の研究を進め、栃木県内各地で標本を採集するとともに、落合英二・南方熊楠・小畔四郎らその道の先達に種の同定や指導を仰いだ。6年には南方の紹介で粘菌に深い関心を寄せる昭和天皇に29種の変形菌標本を献上。これらの中には稀少な種類も含まれていたそうで、貴重な資料を取り上げるには忍びないという天皇の温情により、後日菊池のもとに返却されている。14年農林技師、16年正七位。また、県農会技術養成所の教育主任も務め、農学指導者の育成にも尽力した。21年に農業試験場を退いた後は那須開拓実験場、岩手県立穴原農場、同県立雫石農場に勤め、31年からは34年まで栃木県農務部の嘱託として新農村建設の指導に当たる。36年には千葉大学薬学部嘱託研究員に就任し、43年まで務めた。弟子に中川九一や伊藤春夫らがいる。

岸田 松若
きしだ・まつわか

明治21年（1888年）～昭和19年（1944年）2月

内務省衛生局の命を受け、民間で使用される植物の大半を集めた「薬用植物調査概要」をまとめる。晩年は主にテンナンショウ科の植物の写生に励んだ。

【著作】
◇薬用植物調査概要　岸田松若編　日本薬学会事務所　1919　34p 22cm

木島 才次郎
きじま・さいじろう

明治5年（1872年）8月15日～
昭和8年（1933年）2月11日

共同出荷組合朝陽社初代組合長
神奈川県平塚市出生。
　神奈川県平塚でキュウリの促成栽培を行い、病虫害予防にボルドー液を使用した。明治41年共同出荷組合朝陽社を設立、初代組合長。

貴島 恒夫
きしま・つねお

明治43年（1910年）10月14日～
昭和58年（1983年）2月13日

京都大学名誉教授，日本木材学会会長
大阪府出身。京都帝国大学農学部〔昭和9年〕卒。團木材組織・解剖学　団日本木材学会（会長）。

　昭和30年京都大学木材研究所教授、同研究所所長などを務め、49年退官。40年から2年間、日本木材学会会長を務めた。南洋材の樹種識別に関する研究では世界的権威。著書に「原色木材大図鑑」（共著）などがある。

【著作】
◇スギの研究［スギの用途（貴島恒夫）］　佐藤弥太郎等著　養賢堂　1950　722p 22cm
◇原色木材大図鑑　貴島恒夫，岡本省吾，林昭三共著　保育社　1962　204p 図版48枚 27cm

岸本 定吉
きしもと・さだきち

明治41年（1908年）6月13日～
平成15年（2003年）11月15日

東京教育大学農学部教授，炭やきの会名誉会長
埼玉県出生。東京帝国大学農学部林学科〔昭和10年〕卒。林学博士。囲林学，木炭研究囲炭やきの会（会長），国際炭やき協力会（会長）。

昭和10年農林省山林局に入局，13年より出征して主に中国戦線に従軍。18年富岡営林署長。戦後は21年農林省林業試験場勤務となり，24年木炭研究室長，25年産製造科長を経て，38年東京教育大学（現・筑波大学）農学部教授。47年退官。長年にわたって木炭の利用研究に従事。60年使用が激減した木炭の復活を図るため炭やきの会を結成，会長に就任。脱臭，農薬流出防止，土壌改良などの効用を説き，内外で技術指導，普及奨励に当たり，木炭研究の第一人者として知られた。日本木炭新用途協議会会長，国際炭やき協力会会長を歴任。著書に「森林エネルギーを考える」「炭」などがある。

【著作】
◇触媒製炭―木炭増収のしかた　岸本定吉著　林野共済会　1959　130p 20cm
◇炭　岸本定吉著　丸ノ内出版　1976　219p 22cm
◇日曜炭やき師入門　岸本定吉，杉浦銀治共著　総合科学出版　1980.5　250p 19cm
◇森林エネルギーを考える　岸本定吉著　創文　1981.3　196p 19cm
◇炭やき産業を見直そう―森林・山村を復興する道（山崎農研双書 3）　岸本定吉〔著〕　山崎農業研究所　1984.1　44p 19cm
◇木炭の博物誌　岸本定吉著　総合科学出版　1984.7　260p 19cm
◇炭・木酢液の利用事典　岸本定吉監修　創森社　1997.12　317p 21cm
◇炭　岸本定吉著　創森社　1998.12　331p 21cm
◇竹炭・竹酢液のつくり方と使い方―農業、生活に竹のパワーを生かす　岸本定吉監修，池嶋庸元著　農山漁村文化協会　1999.4　142p 21cm
◇木炭・竹炭大百貨―木炭・竹炭・木酢液・竹酢液の総合商品ガイドブック　岸本定吉監修，池嶋庸元著　チャコール・コミュニティ　2000.8　151p 26cm
◇炭・木酢液のすごさがよくわかる本―驚異の自然素材 住まいの環境改善から河川土壌改良までの活用法　岸本定吉監修　中経出版　2001.6　191p 21cm
◇炭人たちへ―炭博士にきく木炭小史　岸本定吉監修，池嶋庸元編著　DHC　2001.11　187，8p 20cm
◇新木炭・竹炭大百貨―炭やき最新情報と商品、設備の総合ガイド　岸本定吉監修，池嶋庸元著，チャコール・コミュニティ編　DHC　2004.2　107p 26cm

北川 政夫
きたがわ・まさお

明治43年（1910年）2月～平成7年（1995年）8月4日

横浜国立大学名誉教授
旧満州・大連出生，三重県出身。東京帝国大学理学部植物学科〔昭和8年〕卒，東京帝国大学大学院理学研究科植物学専攻修了。理学博士〔昭和12年〕。囲植物分類学。

昭和10～20年旧満州・大陸科学院研究官，同中央植物館学会官などを経て，22年農林省開拓研究所と農業技術研究所に勤める。25年横浜国立大学教授，50年定年退官，名誉教授。監修に「日本植生便覧」がある。

【著作】
◇第一次満蒙学術調査研究報告　第一次満蒙学術調査研究団　1934～1940　26冊 図版 27cm
◇生きている植物の四季　北川政夫，宮脇昭著　誠文堂新光社　1958　144p 図版 21cm
◇新日本植物誌 顕花篇　大井次三郎著，北川政夫改訂　至文堂　1983.4　1716p 図版15枚 27cm

北見 秀夫
きたみ・ひでお

明治40年（1907年）6月9日～平成4年（1992年）

植物研究家
新潟県相川町北狄(佐渡市)出生。圑日本植物学会,日本植物分類学会,植物地理分類学会,日本藻類学会。

　新潟県佐渡島の西三川中学や両津高校で理科や生物を教えた。傍ら,佐渡の植物相を研究し,昭和38年1509種を記載した「佐渡の植物」を刊行。中央の植物学者とも親交が深く,牧野富太郎,本田正次,武田久吉などを佐渡に招いた。また新潟県自然環境保全審議委員会専門調査員,相川町文化財調査審議委員会会長なども務め,文化財保護や自然保全にも努めた。

北村 四郎
きたむら・しろう

明治39年(1906年)9月22日～
平成14年(2002年)3月21日

京都大学名誉教授
滋賀県大津市出生。京都帝国大学理学部植物学科〔昭和6年〕卒,京都帝国大学大学院修了。理学博士〔昭和13年〕。圑植物分類学,植物地理学 圑植物分類地理学会 賞勲三等旭日中綬章〔昭和52年〕,松下幸之助花の万博記念賞(第1回)〔平成5年〕。

　中学時代はヨーロッパの文学を濫読して西洋文化に興味を持ち,静岡高校では文科系を専攻。しかし同時に植物にも深い関心があり,同高在学中から植物分類学に開眼して植物採集に没頭した。昭和3年京都帝国大学理学部植物学科に入学し,小泉源一に師事。6年同大学院に進み,小泉の指導の下で種の多いキク科の分類学的研究に従事した。7年小泉や大井次三郎,田川基二らと植物分類地理学会を設立。14年同大助手,18年助教授を経て,20年教授に就任し,植物分類学教室を担当。この間もキク科の研究を進め,新分類体系の確立や多数の新種を発見・発表したほか,日本のキクとの関連を探るため中国や朝鮮のキクとも比較調査を行うなど,世界の権威として知られた。30年京都大学カラコルムヒンズークシ学術探検隊に植物班員として参加,アフガニスタンを調査して数多くの新種を発見。その後もヒマラヤなど世界各地を現地調査で訪れた。また昭和天皇の植物学の進講役としてその植物観察や調査に随行し,天皇の最後の著書となった「皇居の植物」を共同研究した。32年からは植物分類学の普及を意識し,現在でもカラー植物図鑑のロングセラーとして親しまれている「原色日本植物図鑑」(共著,保育社)の刊行を開始(54年まで,全5巻)。45年定年退官後もフランス国立自然史博物館の標本調査を行うなど旺盛に活動した。本草学や有用植物にも精通し「本草図譜総合解説」「有用植物」などを編纂,植物と文化に関係する論文や著述も多い。他の著書に「日本菊科植物誌」「菊」「ネパールヒマラヤの顕花植物」「滋賀県植物誌」や,「北村四郎選集」(全5巻)がある。

【著作】
◇菊(教養文庫　第74)　北村四郎著　弘文堂　1940　168p 18cm
◇菊(平凡社全書)　北村四郎著　平凡社　1948　176p 19cm
◇最近の生物学 第2巻　駒井卓,木原均共編　培風館　1950　380p 22cm
◇有用植物学　北村四郎著　朝倉書店　1952　262p 図版 22cm
◇砂漠と氷河の探検　木原均編　朝日新聞社　1956　298p 図版17枚 地図 19cm
◇原色日本植物図鑑 草本篇 第1 合弁花類(保育社の原色図鑑 第15)　北村四郎,村田源,堀勝共著　保育社　1957　297p 図版70枚 22cm
◇十八世紀の自然科学[十八世紀におけるアジア植物の研究(北村四郎)]　小堀憲編　恒星社厚生閣　1957　269p 26cm
◇原色日本樹木図鑑(保育社の原色図鑑 第19)　岡本省吾著,北村四郎補　保育社　1959　306p 図版34枚 22cm
◇原色日本植物図鑑 草本篇 第2 離弁花類(保育社の原色図鑑 第16)　北村四郎,村田源共著　保育社　1961　390p 図版36枚 22cm
◇比叡山—その自然と人文　北村四郎,景山春樹,藤岡謙二郎共編　京都新聞社　1961　340p 図版23枚 地図 26cm
◇菊(カラーブックス)　北村四郎著　保育社　1963　152p(図版共)15cm
◇中国中世科学技術史の研究[酉陽雑俎の植物記事(北村四郎)](京都大学人文科学研究所研究報告)　藪内清編　角川書店　1963　540p 27cm

◇原色日本植物図鑑 草本篇 第3 単子葉類(保育社の原色図鑑 第17) 北村四郎,村田源,小山鉄夫共著 保育社 1964 464p 図版108p 22cm
◇薬用植物分類学 刈米達夫,北村四郎共著 広川書店 1965 345p 図版 27cm
◇滋賀県植物誌 北村四郎編 保育社 1968 362p 図版35枚 27cm
◇日本の文様花鳥 第1 日本系列 北村四郎,吉田光邦,田中一光著 淡交新社 1968 233p(図版共)29cm
◇日本の文様花鳥 第2 中国系列 北村四郎,吉田光邦,田中一光著 淡交新社 1968 229p(図版共)29cm
◇日本の文様花鳥 第3 異国系列 北村四郎,吉田光邦,田中一光著 淡交新社 1968 265p(図版共)29cm
◇明清時代の科学技術史 [明清の植物名物学(北村四郎)](京都大学人文科学研究所研究報告) 藪内清,吉田光邦編 京都大学人文科学研究所 1970 582p 27cm
◇花と日本文化 小原流文化事業部 1971 320p (図:p163-210) 22cm
◇草木図説 木部 飯沼慾斎原著,北村四郎編註 保育社 1977.2 2冊 32cm
◇草木花写生―東京国立博物館蔵 狩野探幽[画],中川渓男,北村四郎著 紫紅社 1977.6 247, 9p 26×37cm
◇原色日本植物図鑑 木本編 2(保育社の原色図鑑 50) 北村四郎,村田源共著 保育社 1979.10 545p 図版72枚 22cm
◇原色日本植物図鑑 草本編 3 単子葉類 42版(保育社の原色図鑑 17) 北村四郎[ほか]著 保育社 1981.6 465p 図版54枚 22cm
◇原色日本植物図鑑 木本編 1 ⟨16版⟩(保育社の原色図鑑 49) 北村四郎,村田源共著 保育社 1981.7 453p 図版36枚 22cm
◇本草写生図譜―読書室所蔵 [花卉・薬草 他(北村四郎,本郷次雄同定)] 山本渓愚筆 雄渾社 1981.10~1983.12 9冊 37cm
◇日本の野生植物 草本 3 合弁花類 佐竹義輔,大井次三郎,北村四郎,亘理俊次,冨成忠夫編 平凡社 1981.10 259p 図版224p 27cm
◇日本の野生植物 草本 1 単子葉類 佐竹義輔,大井次三郎,北村四郎,亘理俊次,冨成忠夫編 平凡社 1982.1 305p 図版208p 27cm
◇日本の野生植物 草本 2 離弁花類 佐竹義輔,大井次三郎,北村四郎,亘理俊次,冨成忠夫編 平凡社 1982.3 318p 26cm
◇北村四郎選集 1 落葉 保育社 1982.5 349p 22cm
◇北村四郎選集 2 本草の植物 漢名と和名,学名との同定 保育社 1985.9 638p 22cm
◇本草図譜総合解説 第1巻 北村四郎[ほか]共著 同朋舎出版 1986.6 531p 27cm
◇北村四郎選集 3 植物文化史 栽培植物の起源,伝来,分類 続本草の植物 保育社 1987.12 613p 22cm
◇本草図譜総合解説 第2巻 北村四郎[ほか]共著 同朋舎出版 1988.3 p535~1227 27cm
◇北村四郎選集 4 花の研究史 アジア東部の顕花植物を研究した本草学者と植物学者の伝記 保育社 1990.3 671p 図版39p 22cm
◇本草図譜総合解説 第3巻 北村四郎[ほか]共著 同朋舎出版 1990.6 p1231~1827 27cm
◇本草図譜総合解説 第4巻 北村四郎[ほか]共著 同朋舎出版 1991.10 p1831~2169, 104p 27cm
◇北村四郎選集 5 植物の分布と分化 アジア東部の顕花植物の分布と分化と自然保護 保育社 1993.7 299, 257p 22cm
◇明清時代の科学技術史 [明清の植物名物学(北村四郎)](京都大学人文科学研究所研究報告) 藪内清,吉田光邦編 朋友書店 1997.12 582p 27cm
◇花木真写―植物画の至宝 近衛豫楽院画,源豊宗,北村四郎監修・執筆,今橋理子解説 淡交社 2005.12 191p 31cm

北脇 永治

きたわき・えいじ

明治11年(1878年)10月1日~
昭和25年(1950年)1月23日

園芸家 鳥取県果物組合連合会長,鳥取県議
鳥取県松保村(鳥取市)出身。

鳥取県松保村(現・鳥取市)で農業を営む。明治37年千葉県松戸を訪れ,ナシ'二十世紀'の発見者・松戸覚之助からその苗木10本を購入して持ち帰り,栽培を開始。42年には出来上がった'二十世紀'を初出荷して高い評価を得た。また育苗したものを希望者に分譲するなどその普及にも力を注ぎ,やがて稲作の副業や綿作の代替作物として農家に受け入れられ急速に栽培面積が増加した。大正初年には黒斑病に苦しめられるが,植物病理学者・卜蔵梅之丞の指導を受けて鳥取二十世紀梨防除組合連合会の組織や県内一斉の薬剤散布を実施するなど,防除体制の強化に尽力。14年には鳥取県梨共同販売所を設立してその初代所長となり,共同出荷販売体制の確立や販路の拡大に努め,'二十世紀'を鳥取県の特産品に育て上げた。鳥取県議や鳥取県果物組合連合会長を歴任。56年彼の生家に生誕碑が建立された。

木梨 延太郎
きなし・のぶたろう

明治4年（1871年）～昭和21年（1946年）

植物研究家
和歌山県出身。

　近畿地方、続いて青森県の植物について実地に調査・採集して標本を作製し、京都帝国大学などに寄贈した。日本、台湾、朝鮮半島などで植物を採集したフォリーの友人であり、彼の没後、その標本などを遺族より購入し、京都帝国大学理学部植物学教室へ寄贈されるように骨を折った。またその標本整理のため大正10～13年京都帝国大学嘱託となった。

木下 道円
きのした・どうえん

寛永11年（1634年）～
正徳6年（享保元年？）（1716年）

守直, 医師　小石川薬園初代管理

　幕府御番医師となり、麻布薬園園監を務めた後、小石川薬園初代管理に任ぜられる。のち、幕府の寄合医師。

木下 杢太郎
きのした・もくたろう

明治18年（1885年）8月1日～
昭和20年（1945年）10月15日

詩人, 皮膚医学者, キリシタン史研究家　東京帝国大学医学部教授

本名は太田正雄（おおた・まさお）。別号は竹下数太郎、きしのあかしや、地下一尺生、堀花村、北村清六、桐下亭、葱南。静岡県賀茂郡湯川村（伊東市）出生。長男は河合正一（建築学者）。東京帝国大学医科大学皮膚科〔明治44年〕卒。医学博士（東京帝国大学）〔大正11年〕。

生家は家号を米惣といい、古い商家であった。医者となるため独協中学に入るが、同窓にのちに小説家となる長田秀雄らがおり、美術や文学への関心を深めた。卒業後は美術学校進学を志したが許されず、旧制一高を経て、東京帝国大学医科大学に入学、土肥慶蔵の下で皮膚科を専攻。しかし文芸への志望を棄てきれず、在学中の明治40年、長田の紹介で与謝野鉄幹主宰の新詩社に参加し、機関紙「明星」に詩や小品文などを発表した。41年同社を脱退し、北原白秋や石井柏亭、森田恒友らとパンの会を結成。42年創刊された「スバル」に小説「荒布橋」が掲載され、引き続き戯曲「南蛮寺門前」「和泉屋染物店」など南蛮風味とキリシタン趣味、耽美的情緒を持ち合わせた作品を次々と発表、白秋と共に耽美派の代表的存在となった。44年大学卒業後も皮膚医学の研究を続け、大正5年満鉄南満医学堂教授に就任し、10～13年欧米に私費留学。帰国後は愛知医科大学教授、15年東北帝国大学医学部教授を経て、昭和12年東京帝国大学医学部教授。この間もたゆまず創作活動や歴史研究を行い、14年小説「古都のまぼろし」「安土城記」「口腹の小説」、20年現代語狂言「わらひ藁」を発表した。皮膚医学の権威であり、癩風菌の研究で医学博士号を取得したほか、リヨン大学植物学教授ランゲロンと共同で糸状菌に関する分類法を発表するなど、数々の業績がある。同時にキリシタン史研究家としても活動し、その影響から発する南蛮風味は彼の文学にも大きな影響を与えた。文人としては劇作、小説、随筆、評論、翻訳と幅広く活躍したが、中でも明治40年の処女詩以来、印象主義の絵画理論を用いて日本における印象詩を確立した詩人としての評価が高い。また少年時代より植物に親しみ、満州在勤中には押し葉標本の楽しみを覚え、国内勤務時にはたびたび学生を連れて植物採集を行った。昭和18年からは毎日眼に触れた草花をスケッチし、死の直前の20年夏まで900点近くの植物図を描いた。これらはいずれも日々刻々と悪化しつつある戦局や自身の体調などについての感想や詩人らしい箴言が付された日記にもなっており、没後「百花譜」とし

て刊行された。なお、絶筆は自身と植物との関わりを記した随筆「すかんぽ」であった。他の著書に詩集「食後の唄」、小説集「唐草表紙」、美術論集「印象派以後」、随筆集「地下一尺集」「其国其俗記」、翻訳にルイス・フロイス「日本書簡」などがあり、「木下杢太郎日記」(全5巻)、「木下杢太郎全集」(全25巻、岩波書店)がある。

【著作】
◇百花譜 木下杢太郎著 岩波書店 1979.3 2冊 31cm
◇百花譜百選 木下杢太郎著 岩波書店 1983.5 図版100枚 36cm
◇新百花譜百選 木下杢太郎著、前川誠郎選 岩波書店 2001.3 図版100枚 36cm

【評伝・参考文献】
◇太田先生と古典の世界 新田義之〔述〕、太田慶太郎編 杢太郎記念館 1974 14p 19cm
◇木下杢太郎日記に見る若き日の杢太郎 太田慶太郎編 杢太郎記念館 1980.12 36p 19cm
◇目でみる木下杢太郎の生涯 木下杢太郎記念館 緑星社出版部 1981.10 150p 22cm
◇木下杢太郎文庫目録 神奈川文学振興会編 神奈川文学振興会 1988.3 179p 27cm
◇木下杢太郎 小林利裕著 近代文芸社 1994.11 195p 20cm
◇木下杢太郎―ユマニテの系譜(中公文庫) 杉山二郎著 中央公論社 1995.8 531p 16cm
◇木下杢太郎―郷土から世界人へ 杢太郎会編 杢太郎会 1995.5 237p 19cm
◇近代作家追悼文集成 第30巻 ゆまに書房 1997.1 342p 22cm
◇木下杢太郎と熊本―「五足の靴」天草を訪ねる 第101回日本皮膚科学会総会編著 熊本日日新聞社 2003.6
◇ユマニテの人―木下杢太郎とハンセン病 成田稔著 成田稔 2004.3

【その他の主な著作】
◇木下杢太郎日記 第1-5巻 太田正雄著 岩波書店 1979.11～1980.7 19cm
◇木下杢太郎全集 第1-25巻 岩波書店 1981.5～1983.5 19cm
◇木下杢太郎画集 第1巻 仏像篇 太田正雄著、富士川英郎〔ほか〕編 用美社 1985.10 187p 31cm
◇太田正雄先生(木下杢太郎)生誕百年記念会文集 太田正雄先生(木下杢太郎)生誕百年記念会 1986.3 418p 図版11枚 22cm
◇木下杢太郎画集 第2巻 紀行篇 太田正雄著、富士川英郎〔ほか〕編 用美社 1986.1 203p 31cm

◇木下杢太郎画集 第3巻 昆虫篇 太田正雄著、富士川英郎〔ほか〕編 用美社 1986.5 197p 31cm

木原 均

きはら・ひとし

明治26年(1893年)10月21日～
昭和61年(1986年)7月27日

植物遺伝学者 木原生物学研究所名誉所長、京都大学名誉教授、全日本スキー連盟名誉会長

東京市(東京都)出生。北海道帝国大学農学部農学科〔大正7年〕卒。日本学士院会員〔昭和24年〕、米国科学アカデミー名誉会員、ドイツ自然科学アカデミー名誉会員。スウェーデン王立農業大学名誉博士〔昭和32年〕、理学博士(京都帝国大学)〔大正13年〕。日本遺伝学会、日本花粉学会(名誉会員) 日本遺伝学会賞(第1回)〔昭和15年〕、日本学士院賞恩賜賞〔昭和18年〕「小麦の細胞遺伝学的研究」、文化勲章〔昭和23年〕、文化功労者〔昭和26年〕、勲一等旭日大綬章〔昭和50年〕、米国園芸学会賞、遺伝学大賞〔昭和52年〕。

麻布中学の生物教師が札幌農学校の出身であったことから、同校の後身である東北帝国大学農科大学に進み、さらに北海道帝国大学農学部となった大正7年に卒業。同大では郡場寛の下で植物生理学を専攻し、卒業論文は花粉発芽と培養基上での吸水速度の関係であった。このことから、昭和52年に日本花粉学会が創設された際には徳川義親と並んで名誉会員に推された。大学院では海外留学する坂村徹からコムギの細胞遺伝学的研究を託され、生涯のライフワークとなった。9年郡場の京都帝国大学理学部赴任に伴い同助手、11年新設の農学部に移って実験遺伝学講座の講師となり、13年助教授。14年ドイツ、英国、米国に留学、ドイツではメンデルの法則の再発見者の一人であるC.コレ

ンスに師事した。昭和2年京都帝国大学教授に就任。17年産学連携の木原生物学研究所を設立(59年横浜市立大学に移管)。31年定年退官。30〜44年国立遺伝学研究所長を務め、39〜40年農林省植物ウイルス研究所長を兼務した。コムギ研究では坂村の発見した3系統を交雑させる中で、7本の染色体がコムギをコムギたらしめる最も重要な遺伝情報単位と認め、これにドイツのH. ウィンクラーが用いた"ゲノム"という言葉を当てはめた。このゲノム説に基づいて植物の進化の過程を分析し、19年染色体21本のパンコムギが、14本の染色体を持つマカロニコムギ(二粒系コムギ)と7本の染色体を持つタルホコムギとの交配により生み出されたと仮定。その後、30年京都大学カラコルム・ヒンズークシ学術探検隊隊長として同地でタルホコムギを入手し、二粒系コムギと交雑させることでパンコムギの合成に成功して自説を立証、ゲノム分析の手法を確立した。これにより植物の進化過程を遺伝学的に解明できるようになっただけではなく、作物の品種改良といった応用技術の基礎を与え、自身でも種なしスイカを生み出している。これ以外にも、大正12年には小野知夫と共同で「植物学雑誌」にスイバに3連の性染色体対合を発見したと報告、これまで下等植物にしか性染色体は発見されておらず、高等植物としては初めての発見となった他、植物の左右性などを研究した。23年文化勲章、50年勲一等旭日大綬章を受章。著書に「実験遺伝学」「小麦」「小麦の合成」などがある。一方で、大学院時代には我が国のノルディックスキーの先駆者である遠藤吉三郎にスキーを習い、大正8年共同でスキー技術書「最新スキー術」を著し、自身の研究著作に先駆ける最初の本となった。留学中の15年には国際スキー連盟の会議に日本代表として出席、正式加盟を果たした他、昭和32〜42年全日本スキー連盟会長を務め、35年スコーバレー五輪、39年インスブルック五輪の両冬季五輪では日本選手団団長を務めた。

【著作】

◇岩波講座生物学［第1 生物学通論 変異とメンデル性遺伝（木原均）］ 岩波書店編 岩波書店 1930〜1931 23cm
◇植物染色体数の研究 木原均等著 養賢堂 1931 352p 23cm
◇実験遺伝学（岩波全書 第67） 木原均著 岩波書店 1935 18cm
◇遺伝・育種学叢書 第9輯 稲の遺伝と育種 長尾正人著, 木原均編 養賢堂 1936 219p 24cm
◇遺伝・育種学叢書 第10輯 蕎麦類の遺伝 徳田御稔著, 木原均編 養賢堂 1936 108p 25cm
◇遺伝・育種学叢書 第11輯 人為突然変異 田中義麿著, 木原均編 養賢堂 1938 195p 24cm
◇小麦の研究 木原均編 厚生閣 1938 930p 23cm
◇内蒙古の生物学的調査 木原均編 養賢堂 1940 202p 24cm
◇小麦の祖先（百花文庫 12） 木原均著 創元社 1947 122p 18cm
◇農学講座 第1巻 木原均等編 柏葉書院 1948 381p 21cm
◇農学講座 第2巻 木原均等編, 栃内吉彦等著 柏葉書院 1948 303p 21cm
◇農学講座 第3巻 木原均等編 柏葉書院 1948 342p 21cm
◇細胞遺伝学 第1巻 基礎篇 上 木原均編 養賢堂 1948 146p 21cm
◇科学者の見た戦後の欧米—第八回国際遺伝学会に出席して 木原均著 毎日新聞社 1949 299p 図版 19cm
◇現代の生物学 第1集 遺伝 木原均, 岡田要共編 共立出版 1949 320p 22cm
◇農学講座 第4巻 木原均等編 柏葉書院 1949 320p 21cm
◇農学講座 第5巻 木原均等編 柏葉書院 1949 288p 21cm
◇現代の生物学 第2集 発生 岡田要, 木原均共編 共立出版 1950 400p 21cm
◇現代の生物学 第3集 性 岡田要, 木原均共編 共立出版 1950 382p 22cm
◇現代生物学の諸問題［植物の左右性（木原均）］ 中村健児編 増進堂
◇最近の生物学 第1巻 駒井卓, 木原均共編 培風館 1950 323p 22cm
◇最近の生物学 第2巻 駒井卓, 木原均共編 培風館 1950 380p 22cm
◇最近の生物学 第3巻 駒井卓, 木原均共編 培風館 1950 334p 21cm
◇最近の生物学 第4巻 駒井卓, 木原均共編 培風館 1951 377p 22cm
◇小麦—生物学者の記録 木原均著 中央公論社 1951 320p 図版 22cm
◇細胞遺伝学 第1巻 基礎編 下 木原均編 養賢堂 1951 162p 22cm
◇小麦の研究 〈改著〉 木原均編著 養賢堂 1954 753p 図版 22cm

◇最近の生物学 第5巻 駒井卓、木原均編 培風館 1955 394p 22cm
◇砂漠と氷河の探検 木原均著 朝日新聞社 1956 298p 図版17枚 地図 19cm
◇統計遺伝学―連続変異の研究 マザー著、木原均、小島健一、末本雛子訳 岩波書店 1959 280p 22cm
◇ダーウイン進化論百年記念論集［進化における雑種の役割（木原均）］ 丘英通編 日本学術振興会 1960 229p 27cm
◇科学随筆全集 第8巻植物の世界［小麦 他16篇（木原均）］ 吉田洋一、中谷宇吉郎、緒方富雄編 学生社 1961 348p 図版 20cm
◇生物学閑話―郡場寛博士との対談 木原均編 広川書店 1962 233p 図版 19cm
◇十人百話 第2 毎日新聞社 1963 198p 19cm
◇生物学閑話―郡場寛博士との対談 第2集 郡場寛著、木原均編 広川書店 1966 293p 図版 19cm
◇生物学閑話―郡場寛博士との対談 第3集 郡場寛著、木原均編 広川書店 1968 286p 図版 19cm
◇わが道 第1 朝日新聞社 1969 315p 20cm
◇生物学閑話―郡馬寛博士との対談 第4集 木原均編 広川書店 1970 374p 19cm
◇箱根の樹木と自然 木原均編 箱根樹木園 1971.8 365p 図12枚 22cm
◇黎明期日本の生物史 木原均〔等〕著 養賢堂 1972 436p 図 27cm
◇教養講座シリーズ 18［遺伝と環境（木原均）］ 国立教育会館編 帝国地方行政学会 1973 212p 19cm
◇小麦の合成―木原均随想集 講談社 1973 357, 30p 20cm
◇生物講義 木原均著 講談社 1976 151p 19cm
◇現代教養講座 8［遺伝と環境（木原均）］ 国立教育会館編 ぎょうせい 1977.2 19cm
◇植物の世界（科学随筆文庫 22） 木原均〔ほか〕著 学生社 1978.7 216p 18cm
◇私の生物学―小さい実験 木原均編著 講談社 1979.3 253p 20cm
◇一粒舎主人寫眞譜 木原均著 木原生物学研究所 1985.4 256p 24cm

【評伝・参考文献】
◇近代日本生物学者小伝 平河出版社 1988.12 567p 22cm
◇科学者点描 岡部昭彦著 みすず書房 1989.9 308p 19cm
◇世界にかがやいた日本の科学者たち 大宮信光著 講談社 2005.3 239p 21cm

木部 米吉
きべ・よねきち

嘉永6年（1853年）6月6日～
大正9年（1920年）10月15日

盆栽名人

号は米翁。江戸・小川町（東京都千代田区）出生。
遠州堀江藩士の子として生まれる。幼少時から厳格な教育を受け、剣術、馬術、国学、漢学を学ぶ。明治維新後、幾度か職を変えたのち、明治7年しばしば彼の家を訪れていた盆栽業者・鈴木孫八に入門。当初は造園の仕事に従事したが、盆栽でもたちまち頭角を現し、11年独立して東京・九段坂上に苔香園を開業した。以来、南画や「芥子園画伝」「十竹斎画譜」などを手本に盆栽の改革を進め、その生きている絵画のような作品は愛盆家でもあった子爵・鳥尾小弥太らに激賞された。造園にもすぐれた手腕を発揮し、靖国神社や三浦梧楼邸、岩倉右大臣邸などの庭園を手がけた。20年頃、愛盆家団体の先駆けである長春会を結成。21年飯田町に店を移転。23年第3回内国勧業博覧会に出品した「松泉清聴」「夏山幽趣」が褒状を受け、さらに皇后の眼にとまり、以降はたびたびその作品が皇居に買い上げられた。25年芝公園に店を移し、41年清水利太郎と共に東洋園芸会を設立。43年には東京府の委嘱によりロンドンで開かれた日英大博覧会に作品を出展し、名誉大賞を受賞した。多年にわたって盆栽の普及と指導に尽くし、45年には彼の作品の同好会である米翁会ができるなど、全国の愛盆家に親しまれた。著書に「盆栽培養法」「盆栽培養法秘訣」がある。

【著作】
◇盆栽培養法 木部米吉著 三銀水石園 1903.5 89p 26cm
◇盆栽培養法秘訣 木部米吉著 苔香園 1911.11 83p 23cm

木村 有香
きむら・ありか

明治33年（1900年）3月1日～
平成8年（1996年）9月1日

植物分類学者　東北大学名誉教授

石川県江沼郡橋立村(加賀市)出生。兄は木村素衞(哲学者)、義弟は出口勇蔵(京都大学名誉教授)。東京帝国大学理学部植物学科〔大正14年〕卒。団植物分類学　賞勲三等旭日章。

旧制七高から京都帝国大学理学部への進学を考えたが、同大植物学教室の小泉源一に相談したところ、"標本も図書もないから"と東京帝国大学理学部への進学を勧められ、同大で早田文蔵の指導を受けた。昭和3年東北帝国大学助教授となり、22年教授。33年同大附属植物園の初代園長に就任。38年退官。アジアのヤナギ属分類に業績を挙げ、特に樺太、千島、北海道、本州のヤナギを詳細に研究。ヤナギ研究の第一人者として世界に知られ、東北大学附属植物園にヤナギ科植物の一大コレクションを遺した。また原寛、本田正次、佐藤達夫らと昭和天皇の植物採集のお供をし、研究の相談にあずかった。旧制七高時代に最も原始的なクモの一種で生きた化石として有名なキムラグモを発見したことでも知られる。

【著作】
◇仙台城[御裏林の植物(木村有香)]　仙台市文化財保護委員会編　仙台市教育委員会　1967　293p(図版共)地図 27cm

木村 蒹葭堂

きむら・けんかどう

元文元年11月28日(1736年12月29日)〜
享和2年1月25日(1802年2月27日)

文人, 商人, 好事家
本名は木村孔恭(きむら・こうきょう)。通称は坪井屋吉右衛門。大坂出生。

生家は代々、大坂で坪井屋吉右衛門を称する造り酒屋。一説によると大坂の陣で豊臣方について奮戦した後藤又兵衛の後裔といわれる。蒹葭堂の号は25歳の頃、井戸を作るため庭に穴を掘らせたところ、土中から古い蘆の根が出てきたことから、「浪華の蘆は伊勢の浜荻」という古歌にちなんで付けたもの。生来、虚弱体質であったため父親から植物を植えることを許され、その世話をするうち本草学に興味を持つようになった。父の没後、16歳の頃に京都に上り、松岡恕庵門下の本草家・津島桂庵に入門。師に従って大坂で開かれた本草会にたびたび出席した他、師の紹介で医家・戸田旭山や江戸の本草家・田村藍水、奇石の収集家・木内石亭らを知り、物産学についての知識を深めた。桂庵没後の天明4年(1784年)からは小野蘭山に師事した。本草家としては「山海名産図会」「唐土名勝図会」「百合譜」「桜譜」「竹譜」「人参譜」「菌譜」「琴譜」「禽譜」「盆石志」「奇貝図譜」「本草綱目解」「骨董志」「読書志」「皮革手鑑」「一角纂譜」など多岐に渡る著述をなしたが、特に裕福な経済力を活かしての珍書や奇書、書画骨董などの蒐集で知られ、大坂に来る文人や学者は蒹葭堂に面会して蔵書や所蔵品を閲覧するのを楽しみにしたという。その交遊録である「遡遊従之」には大田南畝、立原翠軒、司馬江漢、大槻玄沢、最上徳内、長久保赤水、森島中良、田能村竹田など各地の著名な文人が名を連ねている。一方、早くから狩野派の画工・大岡春卜や大

和郡山藩主で文人画家であった柳沢淇園に画の手ほどきを受け、さらに長崎の南蘋派の画僧・鶴亭から花鳥画を、池大雅から山水を教わっており、自らの手で博物図を描くなど画家としても一家を成した。中でも大雅を尊敬し、のちの大雅再評価のきっかけとなる「大雅堂点景人物帖」「掌痕帖」なども秘蔵。詩文は片山北海につき、その主宰する混沌詩社に参加、のちには自らの堂でたびたび詩会を催した。茶は売茶翁の門人で、同行の士と共に清風社を結成。また地理にも精通して蝦夷の物産にも詳しく、伊能忠敬による実測図も所有していたという。寛政2年(1790年)酒造過多により謹慎を受け、伊勢に退去したが間もなく許されて大坂に戻り、同地で没した。

【著作】
◇日本山海名産・名物図会［日本山海名産図会(木村孔恭)］　千葉徳爾註解　社会思想社　1970　308p 19cm
◇遡遊従之（大阪資料叢刊　第1）　大田南畝〔問〕、木村蒹葭堂〔答〕　大阪府立図書館　1971　78,6p 21cm
◇木村蒹葭堂資料集—校訂と解説1　木村蒹葭堂，瀧川義一，佐藤卓彌〔編〕　蒼土舎　1988.8　293p 26cm
◇諸国庶物志　〔木村蒹葭堂〕〔著〕，水田紀久編　中尾松泉堂書店　2001.1　124,19p 26cm

【評伝・参考文献】
◇大阪市立自然史博物館収蔵資料目録　第14集　木村蒹葭堂貝石標本　江戸時代中期の博物コレクション　大阪市立自然史博物館　1982.3　69p 26cm
◇木村蒹葭堂の蘭学志向1　語学・本草学を中心に　滝川義一著　科学書院　1985.3　205p 22cm
◇近世の大坂の町と人　脇田修著　人文書院　1986.10　268p 19cm
◇日本洋学史の研究8［木村蒹葭堂所蔵の『マラバル本草』(宮下三郎)］（創元学術双書）　有坂隆道編　創元社　1987.4　274p 22cm
◇考古学の先覚者たち（中公文庫）　森浩一編　中央公論社　1988.4　410p 15cm
◇箱抜けからくり綺譚　種村季弘著　河出書房新社　1991.9　253p 19cm
◇物のイメージ・本草と博物学への招待　山田慶児著　朝日新聞社　1994.4　409p 19cm
◇彩色江戸博物学集成　平凡社　1994.8　501p 27cm
◇木村蒹葭堂のサロン　中村真一郎著　新潮社　2000.3　758p 22cm

◇木村蒹葭堂研究—水の中央に在り　水田紀久著　岩波書店　2002.5　315,7p 22cm
◇書物耽溺　谷沢永一著　講談社　2002.8　238p 19cm
◇木村蒹葭堂—なにわ知の巨人　特別展没後200年記念　木村蒹葭堂〔著〕，大阪歴史博物館編　思文閣出版　2003.1　220p 30cm
◇大阪における都市の発展と構造［木村蒹葭堂と北堀江五丁目(塚田孝)］　塚田孝編　山川出版社　2004.3　379p 22cm
◇都市の異文化交流—大阪と世界を結ぶ［拡大する知木村蒹葭堂(三浦國雄)］（大阪市立大学文学研究科叢書　第2巻）　大阪市立大学文学研究科叢書編集委員会編　清文堂出版　2004.3　299p 22cm

---

木村　康一
きむら・こういち

明治34年(1901年)5月27日～
平成元年(1989年)10月2日

東日本学園大学名誉教授
東京出生。東京帝国大学薬学科〔昭和2年〕卒。薬学博士〔昭和12年〕。團薬学。

　昭和2年東京帝国大学医学部副手、上海自然科学研究所員を経て、25年大阪大学教授、31年京都大学教授に就任。40年退官し、富山大学和漢薬研究施設長となる。44年名城大学教授、のち東日本学園大学教授。著書に「薬用植物学総論」「原色日本薬用植物図鑑」「薬用植物学各論」（以上共著）など。

【著作】
◇中国有用植物一覧(資料 丁 第6号 C)　木村康一編　東亜研究所　1941　426p 23cm
◇和漢薬名彙　木村康一，木島正夫，丹信実共編　広川書店　1946　316p 21cm
◇薬学大全書　第8巻　非凡閣　1949　296p 22cm
◇薬用植物学総論　内部形態学編　木村康一，木島正夫共著　広川書店　1949　224p 27cm
◇薬用植物学各論　木村康一，木島正夫共著　広川書店　1956　315p 原色図版 27cm
◇日本の薬用植物—総天然色　第1巻　木村康一撮影・解説　広川書店　1958　121p(図版解説共) 27cm
◇日本の薬用植物—総天然色　第2巻　木村康一撮影・解説　広川書店　1960　133p(図版解説共) 27cm

きむら 植物文化人物事典

◇原色日本薬用植物図鑑（保育社の原色図鑑 第39）木村康一，木村孟淳共著　保育社　1964　184p 図版 22cm
◇明清時代の科学技術史［本草綱目内容の評価（木村康一）］（京都大学人文科学研究所研究報告）藪内清，吉田光邦編　京都大学人文科学研究所　1970　582p 27cm
◇国訳本草綱目　第1-15冊　李時珍編，鈴木真海訳，白井光太郎校注，木村康一〔等〕新注校定　春陽堂書店　1973～1978　33, 281, 163p 図10枚 22cm
◇明清時代の科学技術史［本草綱目内容の評価（木村康一）］（京都大学人文科学研究所研究報告）藪内清，吉田光邦編　朋友書店　1997.12　582p 27cm

木村 達明

きむら・たつあき

大正14年（1925年）11月27日～
平成13年（2001年）6月18日

自然史科学研究所理事長，東京学芸大学教授
東京出生。東京文理科大学地学科〔昭和26年〕卒。理学博士〔昭和36年〕。団古生物学団日本古生物学会（会長），日本地質学会。

昭和26年東京教育大学（現・筑波大学）附属高校教諭，35年目白学園高校教諭を経て，38年目白学園女子短期大学教授，39年目白学園高校校長を歴任。45年から50年にかけて，毎年3ケ月間英国のレディング大学に留学し，中生代植物化石学の権威T. M. ハリスに師事した。49年東京学芸大学教授。62年日本古生物学会会長。63年同大退官後は自然史科学研究所理事長兼所長を務めた。我が国における古植物学研究の第一人者で，東アジアの中生代古植物地理区の検討をライフワークとし，石川県手取川地域で発見された中生代の植物化石を研究。中生代の植物群の分類である手取型・領石型・混合型を提唱したことで知られる。また同地で長枝を持つツル性のソテツ Nilssoniocladus 属の化石を発見。高知や和歌山，東北，千葉県銚子などの植物化石も調査し，平成に入ってからは北海道の鉱化植物化石の研究を進めた。著書に「技法地学」「植物の進化」「ジュラ紀―白亜紀初期にわたる裸子植物の被子化過程」「東北地方に分布する中生代植物群の古植物学的研究」などがある。

【著作】
◇原色前世紀の生物　Josef Augusta著，Zdenek Burian画，木村達明訳　岩崎書店　1962　図版60枚 解説37p 36cm
◇原色人類の祖先　Josef Augusta著，Zdenek Burian画，木村達明訳　岩崎書店　1963　図版52枚 解説35p 35cm
◇調査資料 第10号　八王子北浅川河床で発見したメタセコイア化石林の研究　藤本治義，木村達明，吉山寛著　日本私学教育研究所　1971　31p 26cm
◇風景を読む―身近な自然の科学（ブルーバックス）　稲森潤，木村達明著　講談社　1975　247, 8p 18cm
◇地球の科学　関利一郎，稲森潤，木村達明編著　秀潤社　1977.3　223p 21cm
◇植物の進化―陸に上がった植物のあゆみ（ブルーバックス）　浅間一男，木村達明著　講談社　1977.8　321, 5p 18cm
◇古生物学 4〈新版〉　藤岡一男編　朝倉書店　1978.4　456p 23cm
◇化石の手帖―過去との対話のハンドブック（ブルーバックス）　木村達明，猪郷久義著　講談社　1978.11　253p 18cm
◇恐竜学　犬塚則久，山崎信寿，杉本剛，瀬戸口烈司，木村達明，平野弘道著，小畠郁生編　東京大学出版会　1993.11　353p 21cm

木村 彦右衛門

きむら・ひこえもん

明治12年（1879年）2月5日～
昭和8年（1933年）5月31日

大阪薬学専門学校教授
大阪府出身。旧制五高医学部薬学科〔明治32年〕卒。薬学博士〔大正2年〕。

明治35年東京帝国大学で薬化学を研究、40年ドイツに留学しベルリン大学でトーマス博士の指導のもと薬物学の研究を重ね、大正2年帰国。大阪で薬局経営の傍ら、木村理化学研究所を設立し研究に従事。大阪薬学専門学校教授、日本薬剤士会副会長を務めた。著書に「植物解剖生理学」がある。

【著作】

◇植物解剖生理学　木村彦右衛門著　南山堂　1902.11　259p 23cm
◇戦敗の独逸を歴遊して　木村彦右衛門著　鈴屋書店　1921　148p 19cm

木村 允

きむら・まこと

昭和7年(1932年)11月9日～
平成8年(1996年)8月2日

東京都立大学名誉教授
東京出身。東京都立大学大学院理学研究科生物学専攻博士課程修了。理学博士。團植物生態学。
東京都立大学にて宝月欣二のもとで植物生態学を学び、シラビソの生長解析などの研究を行った。

【著作】
◇植物の生産過程(生態学講座9)　戸塚績, 木村允著　共立出版　1973　121, 6p 21cm
◇生態系の構造と機能　E. P. オダム他著, 木村允監訳　築地書館　1973　229p 22cm
◇陸上植物群落の生産量測定法(生態学研究法講座8)　木村允著, 北沢右三〔等〕編集委員　共立出版　1976　112, 2p 21cm
◇交わらなかった軌跡―木村允論集　木村允〔著〕1997.8　315p 27cm

木村 資生

きむら・もとお

大正13年(1924年)11月13日～
平成6年(1994年)11月13日

国立遺伝学研究所名誉教授
愛知県岡崎市出生。叔父は鈴木俊三(鈴木自動車工業創業者)、兼岩伝一(参院議員)。京都帝国大学理学部植物学科〔昭和22年〕卒、ウィスコンシン大学大学院遺伝学専攻〔昭和31年〕博士課程修了。米国科学アカデミー外国人会員〔昭和48年〕、米国芸術・科学アカデミー外国人名誉会員〔昭和53年〕、日本学士院会員〔昭和57年〕、英国王立協会外国人会員〔平成5年〕。Ph. D.(ウイスコンシン大学)〔昭和31年〕、理学博士(大阪大学)〔昭和31年〕。團遺伝学 団日本遺伝学会(会長)、日本人類遺伝学会 置日本遺伝学会賞〔昭和34年〕、ウェルドン賞(オックスフォード大学)〔昭和40年〕、日本学士院賞〔昭和43年〕、日本人類遺伝学会賞〔昭和45年〕、文化功労者〔昭和51年〕、文化勲章〔昭和51年〕、シカゴ大学名誉理学博士(D. Sc.)〔昭和53年〕、ウィスコンシン大学名誉理学博士(D. Sc.)〔昭和61年〕、朝日賞(昭和61年度)〔昭和62年〕、カーティ科学進歩賞(米国科学アカデミー)〔昭和62年〕、国際生物学賞(第4回)〔昭和63年〕、ダーウィン・メダル〔平成4年〕。
京都大学農学部助手を経て、昭和24年国立遺伝学研究所研究員となり、39年同所集団遺伝部長、59年同所集団遺伝研究系主幹並びに教授。63年定年退官で名誉教授、集団遺伝研究系客員教授。この間、56～59年日本遺伝学会会長。集団遺伝学の分野に高度な数学的理論を導入、"分子進化の中立説"を提唱し今世紀最大の科学論争のひとつ"中立説対淘汰説論争"を引き起こした。著書に「分子進化の中立説」「生物

進化を考える」「分子進化入門」「遺伝学から見た人類の未来」など。

【著作】
◇現代遺伝学説［集団遺伝学（木村資生）］（生物学選書）　ネオメンデル会編　北隆館　1949　345p 図版 19cm
◇最近の生物学 第1巻［遺伝数学（木村資生）］　駒井卓, 木原均共編　培風館　1950　323p 22cm
◇最近の生物学 第2巻［綜合抄録（木村資生）］　駒井卓, 木原均共編　培風館　1950　380p 22cm
◇最近の生物学 第4巻［数理集団遺伝学 第2（木村資生）］　駒井卓, 木原均共編　培風館　1951　377p 22cm
◇集団遺伝学［自然集団における遺伝子頻度の機会的変動について（木村資生）］　駒井卓, 酒井寛一共編　培風館　1956　266p 26cm
◇応用編 集団遺伝学の数学的理論（岩波講座現代応用数学 B 第11）　木村資生著, 山内恭彦等編　岩波書店　1957　61p 21cm
◇現代生物学講座 第8巻 進化と生命の起原［進化要因論ならびに進化現象についての統計的考察（木村資生）］　芦田譲治等編　共立出版　1958　330p 22cm
◇集団遺伝学概論　木村資生著　培風館　1960　312p 22cm
◇遺伝学から見た人類の未来　木村資生編　培風館　1974　219, 6p 19cm
◇生命の起源と分子進化（岩波講座現代生物科学 7）　木村資生, 近藤宗平, 飯島宗一〔等〕編集委員　岩波書店　1976　218p 図 21cm
◇遺伝学概説　J. F. クロー著, 木村資生〔ほか〕共訳　培風館　1978.9　304p 21cm
◇人間と文化—教養講演集 20（三愛新書）　木村資生〔ほか〕著　三愛会　1980.2　182p 18cm
◇分子進化学入門　木村資生編　培風館　1984.6　296p 22cm
◇続・分子進化学入門　今場宏三, 木村資生, 和田敬四郎共編　培風館　1986.6　257p 21cm
◇分子進化の中立説　木村資生著, 向井輝美, 日下部真一訳　紀伊國屋書店　1986.10　396p 22cm
◇日本の科学者と創造性［集団遺伝学者の世界観（木村資生）］（創造性研究 5）　日本創造学会編　共立出版　1987.11　249p 21cm
◇タマリン 遺伝学 上　R. H. タマリン著, 福田一郎, 大西近江, 石和貞男, 三浦謹一郎, 渡辺公綱共訳, 木村資生監訳　培風館　1988.1　369p 21cm
◇生物進化を考える（岩波新書）　木村資生著　岩波書店　1988.4　290p 18cm
◇タマリン遺伝学 下　R. H. タマリン著, 三浦謹一郎, 渡辺公綱, 福田一郎, 大西近江, 石和貞男共訳, 木村資生監訳　培風館　1988.6　354p 21cm

◇生物の歴史（岩波講座分子生物科学 3）　木村資生, 大島泰三編　岩波書店　1989.10　204p 27cm
◇遺伝学概説　J. F. クロー著, 木村資生, 太田朋子共訳　培風館　1991.1　341p 21cm
◇生物の歴史（岩波講座 分子生物科学 3）　木村資生, 大島泰三編　岩波書店　1992.11　204p 26cm
◇進化遺伝学から見た人類の過去と未来（高等研選書 2）　木村資生著　国際高等研究所　1999.11　40p 19cm

【評伝・参考文献】
◇ダイソン 生命の起原（未来の生物科学シリーズ 19）　フリーマン・ダイソン著, 大島泰郎, 木原拡訳　共立出版　1989.11　112p 19cm
◇二十世紀を動かした思想家たち（新潮選書）　ギ・ソルマン著, 秋山康男訳　新潮社　1990.6　261p 19cm
◇独創の軌跡—現代科学者伝　日本経済新聞社編　日経サイエンス社, 日本経済新聞社〔発売〕　1992.10　204p 19cm
◇学問は自由だ—対話・知のクロスロード　吉永良正編著　東京出版　1994.10　207p 19cm
◇現代進化学入門　コリン・パターソン著, 馬渡峻輔, 上原真澄, 磯野直秀訳　岩波書店　2001.9　283p 21cm
◇カブトムシと進化論—博物学の復権　河野和男著　新思索社　2004.11　346p 19cm
◇世界にかがやいた日本の科学者たち　大宮信光著　講談社　2005.3　239p 21cm

木村 雄四郎

きむら・ゆうしろう

明治31年（1898年）4月3日～
平成9年（1997年）1月1日

薬学者　日本大学教授, 日本薬史学会会長
石川県金沢市出身。東京帝国大学医学部薬学科卒。團生薬, 薬学史　日本薬史学会（会長）　勲三等瑞宝章。

大正8年東京帝国大学医学部薬学科介補となり, 朝比奈泰彦に師事して生薬学・植物化学を学ぶ。その後, 東京衛生試験所員, 津村研究所主任兼植物園長, 東京都製薬研究所長などを経て, 日本大学理工学部薬学科主任教授に就任。退職後は北里研究所附属東洋医学研究所客員部長に招かれた。専門は生薬・薬用植物で, 関連する論文や記事を多数執筆したほか, 生薬の規

格設定の研究にも携わり厚生省や東京都・新潟県の専門委員会委員や大学の講師、関係団体の役員・顧問なども務めた。また薬史学研究の必要性を唱え、昭和29年師の朝比奈らと日本薬史学会を設立。51年朝比奈の死去を受け、その後任会長となり、国際薬史学会議への参加や世界の医薬遺蹟探訪など様々な企画を推進した。著書に「植物化学概論」「薬になる植物と用い方」「和漢薬の世界」などがあり、刈米達夫との共著で「和漢薬用植物」がある。

【著作】
◇和漢生薬攬要　木村雄四郎著　津村研究所　1925　86, 13, 8p 22cm
◇和漢生薬攬要 第2編　木村雄四郎纂著　津村研究所　1927　62, 14p 23cm
◇邦産薬用植物─成分及薬効　刈米達夫, 木村雄四郎著　日本薬報社　1928　401p 22cm
◇植物化学概論　木村雄四郎著　木村雄四郎　1936　93p 22cm
◇〔日本大学〕文学科研究年報 第8輯 特輯号吉田博士古稀祝賀記念論文集［伊豆縮砂の生薬学的研究（木村雄四郎）］　日本大学文学科編　日本大学文学科　1941　504p 22cm
◇南方医薬研究資料 第1号［医薬資源としての南方民間薬（木村雄四郎）］　東京帝国大学南方科学研究会医薬部編　南山堂　1943　113p 26cm
◇常用薬局便覧［局方生薬及び主要和漢薬（木村雄四郎）］　宮木高明等編　和光書院　1954　568p 22cm
◇最新和漢薬用植物〈改稿版〉　刈米達夫, 木村雄四郎著　広川書店　1959　510p 図版 27cm
◇薬になる植物と用い方（リビング・シリーズ）　木村雄四郎著　主婦と生活社　1966　149p（図版共）22cm
◇東洋医学をさぐる［生薬の規格設計に関する研究（木村雄四郎）］　大塚恭男編　日本評論社　1973　448p 19cm
◇新潟県の薬用植物　木村雄四郎, 新潟県衛生部薬事衛生課編　新潟県　1974　129p 図 27cm
◇和漢薬の世界　木村雄四郎著　創元社　1975　344p 19cm
◇和漢薬の選品と薬効　木村雄四郎著　谷口書店　1993.2　433p 22cm

木村 陽二郎
きむら・ようじろう

大正元年（1912年）7月31日～
平成18年（2006年）4月3日

植物分類学者　東京大学名誉教授

山口県山口市出生。東京帝国大学理学部植物学科〔昭和8年〕卒、東京帝国大学大学院〔昭和11年〕修了。理学博士（東京帝国大学）〔昭和19年〕。専生物学史, 科学史 団日本植物学会, 日仏生物学会, 日本科学史学会, 日本医史学会 賞パルム・アカデミック勲章シュバリエ章〔昭和52年〕, 勲三等旭日中綬章〔昭和60年〕。

長崎中学時代から植物採集を好む。山口高校を経て、東京帝国大学植物学科に入り、中井猛之進のもとで植物分類学を学ぶ。昭和8年同大学院に進み、大学の卒業論文でも扱った日本産オトギリソウの分類に関する研究を進め、「植物学雑誌」や「植物研究雑誌」に論文を発表した。同大副手、助手を経て、24年東京大学教養学部助教授、35年教授となり、生物学を講じた。29年文部省在外研究員としてフランスに留学してパリの自然誌博物館に勤務。この間、コゴメグサ属やケンポナシ属植物の分類研究などにも着手。また自然分類を少数の形質で表現する分類体系を組み立て、植物門を対象に独自の図示法で表した新しい分類体系を確立した。一方、生物学史や植物学史についても考察を深め、シーボルトや飯沼慾斎ら植物学者の伝記的研究にも貢献。34年玉虫文一の退官後は同大科学史・科学哲学科の主任を務め、大学院の科学史・科学基礎論課程の設置に尽くすなど、斯学の発展に寄与した。48年退官、58年まで中央大学教授。著書に「日本自然誌の成立」「シーボルトと日本の植物」「ナチュラリストの系譜」「生物学史論集」「江戸期のナチュラリスト」などがある。

【著作】
◇植物分類・地理─小泉博士還暦記念［日本産コゴメグサ属新植物（木村陽二郎）］　植物分類地理学会編　星野書店　1944　320p 26cm
◇生物学概論〈3版〉　木村陽二郎著　新星社　1949　274p 19cm

◇大日本植物誌 第10号　中井猛之進,本田正次監修　国立科学博物館　1951　273p 27cm
◇生物学　木村陽二郎著　世界書院　1952　312p 19cm
◇現代生物学講座 第1巻 生物学総論［生物学の過去と現在（木村陽二郎）］　芦田譲治等編　共立出版　1958　213p 22cm
◇生命［生命現象の探究（木村陽二郎）］（東京大学公開講座）　東京大学出版会　1965　248p 19cm
◇科学思想のあゆみ　Ch. シンガー著,伊東俊太郎,木村陽二郎,平田寛訳　岩波書店　1968　586p 図版 19cm
◇科学史　木村陽二郎編　有信堂　1971　257, 10p 22cm
◇原典による自然科学の歩み　玉虫文一,木村陽二郎,渡辺正雄著　講談社　1974　537, 11p 20cm
◇日本自然誌の成立―蘭学と本草学（自然選書）　木村陽二郎著　中央公論社　1974　386p 19cm
◇植学啓原＝宇田川榕菴―復刻と訳・注［宇田川榕菴 日本最初の植物学者（木村陽二郎）］　矢部一郎〔ほか〕著　講談社　1980.5　329p 図版12枚 27cm
◇シーボルトと日本の植物―東西文化交流の源泉　木村陽二郎著　恒和出版　1981.2　235p 19cm
◇自然科学概論　木村陽二郎著　裳華房　1981.3　168p 22cm
◇ナチュラリストの系譜―近代生物学の成立史（中公新書）　木村陽二郎著　中央公論社　1983.2　240p 18cm
◇白井光太郎著作集 第1-6巻　木村陽二郎編　科学書院　1985.5～1990.3　22cm
◇生物学史論集　木村陽二郎著　八坂書房　1987.4　431p 23cm
◇私の植物散歩　木村陽二郎著　筑摩書房　1987.4　226, 2p 20cm
◇江戸期のナチュラリスト（朝日選書 363）　木村陽二郎著　朝日新聞社　1988.10　249, 3p 19cm
◇博物図譜ライブラリー 1 四季草花譜―「草木図説」選　飯沼慾斎〔筆〕,木村陽二郎解説　八坂書房　1988.10　164p 27cm
◇花の日本史（シリーズ自然と人間の日本史 2）　新人物往来社　1989.10　157p 30cm
◇図説草木名彙辞典　木村陽二郎監修　柏書房　1991.11　481p 22cm
◇博物図譜ライブラリー 4 美花図譜―植物図集選　ウエインマン〔著〕,木村陽二郎解説　八坂書房　1991.9　131p 27cm
◇原典による生命科学入門（講談社学術文庫）　木村陽二郎〔著〕　講談社　1992.2　239p 15cm
◇博物図譜ライブラリー 6　木村陽二郎,大場秀章解説　八坂書房　1992.8　159p 27cm
◇医学・洋学・本草学者の研究―吉川芳秋著作集　吉川芳秋著,木村陽二郎,遠藤正治編　八坂書房　1993.10　462p 23cm
◇彩色江戸博物学集成［小野蘭山（木村陽二郎）］　平凡社　1994.8　501p 27cm
◇日本植物誌―フローラ・ヤポニカ　シーボルト〔著〕,木村陽二郎,大場秀章解説　八坂書房　2000.12　159p 27cm
◇図説花と樹の事典　木村陽二郎監修,植物文化研究会,雅麗編　柏書房　2005.5　589p 22cm

【評伝・参考文献】
◇科学の名著 第2期［木村陽二郎著『動物哲学』の成立（高橋達明）］　伊東俊太郎〔ほか編〕　朝日出版社　1988.6　59, 489p 20cm

木村 亘

きむら・わたる

?～昭和56年（1981年）5月21日

熱川バナナワニ園園長,日本博物館協会監事
静岡県賀茂郡城東村（東伊豆町）出生。静岡県立富士商業学校〔昭和16年〕卒,豊橋予備士官学校卒。

農業と旅館を経営する家に生まれる。中学を卒業後,富士商業学校に通う。昭和16年志願入隊し,陸軍大尉・横浜憲兵隊小田原派遣隊長で終戦を迎えたのち郷里・熱川に帰った。28年頃,ワニの飼育と繁殖に取り組み,温泉地におけるワニ飼育法を確立。さらにワニ園と熱帯植物園との組合せで新しい観光施設として33年に熱川バナナワニ園を開設した。その後,熱帯の珍しい植物を多数収集した。日本植物園協会評議員、理事、常務理事などを歴任し,47年副会長に就任。また49年には伊豆大島に分園（伊豆大島ハワイ植物園）を開園。同時にワニも世界中から集め,ワニの人工孵化に成功し,51年にはキューバアカデミーに招かれ,現地で絶滅に近いキューバワニの繁殖指導を行った。静岡県観光協会理事,園芸文化協会理事,伊豆地区観光施設競技会会長なども務めた。東北大学薬学部非常勤講師などもつとめた。著書に「世界のワニ」（深田祝との共著）,自伝「ころんだら種子をひろえ」がある。

【その他の主な著作】

◇世界のワニ　木村亘, 深田祝共著　熱川ワニ園
　1966.5　127p 27cm

◇殿様生物学の系譜（朝日選書421）　科学朝日編
　朝日新聞社　1991.3　292p 19cm

清棲 幸保
きよす・ゆきやす

明治34年（1901年）2月28日～
昭和50年（1975年）11月2日

宇都宮大学教授

旧姓名は真田。東京市麻布区材木町（東京都港区）出生。養父は清棲家教（伯爵），実父は真田幸民（信州松代藩11代）。東京帝国大学理学部動物学科〔大正13年〕卒。理学博士〔昭和31年〕。圑鳥類学　圀栃木県文化功労章, 日本鳥学会賞。

　松代藩主・真田家の出身で、伏見宮家の流れを汲む清棲家の養子となる。小学校時代から写真撮影が趣味であった。大正12年養父の死によって家督を継ぎ、伯爵を襲爵。東京帝国大学卒業後、徳川生物学研究所に入り、生物学者・渡瀬庄三郎に師事。次いで京都帝国大学大学院で川村多実二教授に学んだ。昭和7年農林省鳥獣調査室嘱託となってからは資料のために鳥類の生態の写真撮影を開始、「動物生態写真集」を刊行するなど、動物生態写真の世界で先駆的業績を為した。11年には動植物生態写真研究会を設立。のち資源科学研究所員を経て、29年宇都宮大学講師となり、同大助教授、教授を歴任。鳥類の渡り・繁殖・食性や、日本アルプス・中国・朝鮮などの鳥の生態研究で知られる。著書に「高山の鳥」「花・鳥・虫」「日本鳥類大図鑑」（全3巻）「原色日本野鳥生態図鑑1、2」などがある。また、28年には本田正次との共著で「原色高山植物」を著した。

【著作】
　◇花・鳥・虫―自然と生物　清棲幸保著　日本出版社　1950　101p 図版 26cm
　◇原色高山植物　本田正次、清棲幸保共著　三省堂出版　1953　原色図版96p（解説共）53p 19cm

【評伝・参考文献】

桐野 忠兵衛
きりの・ちゅうべえ

明治33年（1900年）10月8日～
昭和52年（1977年）1月4日

農業技術者　日本果汁農協連合会会長, 愛媛県議

愛媛県周桑郡周布村（東予市）出生。愛媛県立農業技術員養成所卒。

　越智郡農会や宇和島市農会の技師を経て、愛媛県農会に入り、東京や大阪などに愛媛の農産物の販売を斡旋。太平洋戦争後は県農協の創設に奔走し、諸団体の役員を歴任。特に果樹の栽培・技術革新・販売に尽力し、果樹王国・愛媛発展の礎を築いた功績は大きい。また、我が国ではじめて柑橘果汁の加工に着手、できあがった製品は昭和27年に「ポンジュース」として販売されて以来、全国的に知られるようになり、ジュースのブランドとして定着した。日本果汁農協連合会会長として果汁加工製品の普及にも努めた。その間、26年から愛媛県議を連続7期26年間務め、35年には議長に就任した。

【評伝・参考文献】
　◇ミカン山のがいな奴　斎藤明著　家の光協会　1977.12　293p 18cm

草野 俊助
くさの・しゅんすけ

明治7年(1874年)3月2日～
昭和37年(1962年)5月19日

菌類生態学者　東京帝国大学名誉教授
福島県出身。東京帝国大学理科大学〔明治32年〕卒。理学博士〔大正2年〕。団日本菌学会(会長)、日本植物病理学会(会長)　賞帝国学士院東宮御成婚記念賞〔昭和8年〕。

　東京帝国大学理科大学で植物学を学び、卒業後は大学院にて三好学の下で植物生理の研究に従事する傍ら、東京帝国大学農科大学実科講師を嘱託され、明治40年助教授。大正4年南洋のマーシャル、カロリン、マリアナ諸島の植物調査に従事。11年より2年間、欧米に留学。14年白井光太郎の退官により、農学部植物病理学講座の2代目教授に就任。昭和9年退官。一方、6～12年東京文理科大学教授兼任。20年帝国学士院会員。この間、大正14年と昭和5～17年の14年間にわたって日本植物病理学会会長を務め、31年には日本菌学会を創設、初代会長となった。菌類の生態学を専門とし、クズの葉に寄生するシンキトリウムと、ナンテンハギに寄生するオルピジウムの生活史を研究。8年壺状菌類の生活史に関する研究で帝国学士院東宮御成婚記念賞を受賞した。また3年原始性現象について相対性有性作用説を唱えた。

【著作】
◇生物学(早稲田大学四十二年度文学科第一学年講義録)　草野俊助述　早稲田大学出版部〔1909〕　138p 22cm
◇植物学 上 第1-2冊、下 第1冊　エドワード・ストラスブルガー等著、三宅驥一、草野俊助訳　隆文館書店　1913～1916　3冊 25cm
◇科学講話—一般常識　草野俊助著　文誠社出版部　1923　361p 19cm

◇岩波講座生物学［第11 古生物学・人類学・医学其他［2］植物病理原論(草野俊助)］　岩波書店編　岩波書店　1930～1931　23cm

【評伝・参考文献】
◇近代日本生物学者小伝　木原均ほか監修　平河出版社　1988.12　567p 22cm

串田 孫一
くしだ・まごいち

大正4年(1915年)11月12日～
平成17年(2005年)7月8日

随筆家、詩人、哲学者
旧筆名は初見靖一(はつみ・せいいち)。東京市芝区(東京都港区)出身。父は串田万蔵(三菱銀行会長)、長男は串田和美(演出家)、二男は串田光弘(グラフィックデザイナー)。東京帝国大学文学部哲学科〔昭和14年〕卒。団日本文芸家協会　賞紫綬褒章〔昭和55年〕。

　父は三菱銀行会長を務めた串田万蔵。暁星中時代に山登りを始め、東京高文科では山岳部に所属。東京帝国大学哲学科在学中の昭和13年、短編集「白椿」を出版。15年からは福永武彦、矢内原伊作らと同人誌「冬夏」を出した。戦後は草野心平に誘われ、詩誌「歴程」の同人になり、33年には尾崎喜八と山の芸術誌「アルプ」を創刊、58年300号で廃刊するまで編集責任者を務めた。傍ら、上智大学、国学院大学などで教鞭を執り、40年東京外国語大学教授を最後に退官、以後は執筆活動に専念。パスカルやモンテーニュなどフランスのモラリストに関心を持ち、自らも登山や植物との交わりを通じて自然との深い対話・思索を重ねた。山と音楽を愛し、西洋哲学や植物に深い知識を持つ教養人で、アイリッシュ・ハープの演奏や絵画にも才能を発揮。散文詩的なエッセイという独自のスタイルを確立し、詩、小説、人生論、博物誌、哲学書、画集など著作は400冊を超え、主な作品は「串田孫一随想集」「串田孫一著作集」「串田孫一哲学散歩」などにまとめられている。また40年から始まったラジオの音楽番組「音楽の絵本」は

平成6年まで1500回続く長寿番組となった。他の作品に「山のパンセ」「博物誌」「永遠の沈黙 パスカル小論」「パスカル冥想録評釈」「モンテーニュ素描」「羊飼の時計」「旅人の悦び」「夜の扉」「若き日の山」「雲」などがある。長男の串田和美は演出家、二男の串田光弘はグラフィックデザイナーとして活躍。

【著作】
◇わたしの博物誌　串田孫一著　朝日新聞社　1963　244p 20cm
◇雲花雨街樹鳥海夜　串田孫一編　人文書院　1964　245p 図版 20cm
◇花の歴史(文庫クセジュ)　リュシアン・ギヨー, ピエール・ジバシエ著, 串田孫一訳　白水社　1965　162p 18cm
◇花の肖像―画文集　太田洋愛, 串田孫一著　講談社　1979.3　125p 22cm
◇わたしは猫・花の町で見た夢　串田孫一文, 雨田光弘絵　講談社　1985.6　79p 27cm
◇桜　高波重春撮影, 串田孫一文　時事通信社　1987.4　96p 27×30cm
◇日本の桜［桜物語(串田孫一)］　浅井喜市, 藤井正夫写真, 奈良本辰也文　毎日新聞社　1990.3　151p 37cm
◇ブナ原生林　太田威撮影, 串田孫一文　時事通信社　1990.4　96p 27×29cm
◇山のパンセ(集英社文庫)　串田孫一著　集英社　1990.6　461p 16cm
◇野生の花―ボタニカルアート画文集　串田孫一文, 荒谷由美子絵　アトリエ風信　1990.6　72p 20cm
◇草(日本の名随筆 94)　杉浦明平編　作品社　1990.8　250p 19cm
◇虫と花の寓話　串田孫一著　東京新聞出版局　1994.7　165p 20cm
◇花の詩集　串田孫一, 田中清光編　筑摩書房　1995.5　212p 19cm
◇岩の沈黙―山行(串田孫一集 第3巻)　串田孫一著　筑摩書房　1998.1　518p 22cm
◇微風の戯れ(串田孫一集 第5巻 随想1)　串田孫一著　筑摩書房　1998.2　429p 22cm
◇惜春賦―小説(串田孫一集 第1巻)　串田孫一著　筑摩書房　1998.3　424p 21cm
◇季節の手帖―博物(串田孫一集 第4巻)　串田孫一著　筑摩書房　1998.4　479p 21cm
◇青く澄む憧れ(串田孫一集 第6巻 随想2)　串田孫一著　筑摩書房　1998.5　441p 22cm
◇智の鳥の囀り―思索(串田孫一集 第2巻)　串田孫一著　筑摩書房　1998.7　452p 21cm
◇向う側の天(串田孫一集 第7巻 随想3)　串田孫一著　筑摩書房　1998.8　499p 21cm
◇わたしの博物誌　串田孫一文, 辻まこと画　みすず書房　1998.8　1冊(ページ付なし) 27cm
◇流れ去る歳月―日記(串田孫一集 第8巻)　串田孫一著　筑摩書房　1998.9　526p 21cm
◇花の名随筆 12 十二月の花［冬の薔薇(串田孫一)］　大岡信, 田中澄江, 塚谷裕一監修　作品社　1999.11　238p 18×14cm
◇博物誌 上(平凡社ライブラリー)　串田孫一著　平凡社　2001.7　325p 16cm
◇博物誌 下(平凡社ライブラリー)　串田孫一著　平凡社　2001.8　320p 16cm
◇花の町で猫が見た夢　串田孫一文, 雨田光弘絵　ネット武蔵野　2003.4　47p 20×20cm
◇鳥と花の贈りもの　串田孫一文, 叶内拓哉写真　暮しの手帖社　2006.3　135p 20cm

櫛部　国三郎
くしべ・くにさぶろう

明治23年(1890年)2月20日～
昭和31年(1956年)9月26日

農事改良家
愛媛県周桑郡田野村(丹原町)出生。

　早くから果樹生産を志し、農業学校を卒業後、愛媛県松山の東野にあった旧松山藩主・久松家の農園で果樹栽培に従事。帰郷後、周桑郡岩根村原産の愛宕柿を地域の名産にしようと考え、大正2年からその優良系統を選抜して毎年苗木を生産し、希望する人にはこれを配布した。さらに生産技術の指導も熱心に行い、その結果、丹原町は愛宕柿の主要生産地として大きく成長した。現在、愛宕柿は正月のお飾りとして広く用いられている。

楠美　冬次郎
くすみ・とうじろう

文久3年(1863年)11月25日～
昭和9年(1934年)4月14日

勧農家
青森県中津軽郡清水村(弘前市)出生。祖父は楠美太素(藩政家)、父は楠美晩翠(藩政家)。

　陸奥弘前藩士の家に生まれる。祖父・太素は幕末期における津軽藩の参政であり、父・晩翠も藩の要人であった。また代々、平家琵琶の津

工藤 祐舜

くどう・ゆうしゅん

明治20年（1887年）3月6日～
昭和7年（1932年）1月8日

植物学者　台北帝国大学理農学部教授

秋田県平鹿郡増田町（横手市）出生。東京帝国大学理科大学植物学科〔明治45年〕卒。理学博士〔大正12年〕。

横手中時代に植物に興味を持ち、鹿児島の旧制七高在学中は屋久島の植物を調査した。東京帝国大学理科大学植物学科で松村任三に師事。明治45年東北帝国大学農科大学（現・北海道大学農学部）実科講師として北海道に赴任、6年助教授。宮部金吾の下で北海道の主要樹木の選定・解剖・図譜編集に携わった。14年欧米に出張、15年台湾総督府高等林学校教授。昭和3年新設の台北帝国大学理農学部教授兼附属植物園長に就任し、4年台湾総督府中央研究所技師を兼任。北樺太の植物相を調査して、フリードリッヒ・シュミットが指摘した温帯と亜寒帯の植物地理学上の境界線を確認し、同線を"シュミット・ライン"と呼ぶことを提案した。

軽の宗家であり、祖父・父ともに名手として知られる。明治13年から青森県中津軽郡清水村（現・弘前市）でブドウとリンゴの栽培を開始。14年には同村にリンゴ園を開き、リンゴ栽培を本格化させた。以来、熱心に研究に打ち込み、23年には従弟の佐野熙と共に津軽地方に植えられているリンゴ61種を調査し、品種名鑑「苹果便覧」を編纂。同年第3回内国勧業博覧会に'楠美'と名付けたリンゴを出店し、有功2等賞を受けた。33年には菊池楯衛と共に津軽産業会を設立。さらに同会員中1町以上の耕地を持つ農家を中心に津軽果樹研究会を組織し、品種・栽培法の研究や他県への視察を積極的に行った。38年には日本農会の彰功銀賞を受賞。その後も県内外でのリンゴ栽培指導や博覧会・共進会・品評会での審査員などで活躍した。特に病害中駆除法の研究で知られ、41年には皇太子（のち大正天皇）に拝謁し、特別に激励の言葉を賜っている。また、一口かじって品種名を言い当てるほど品種鑑別の技術に長じた。大正13年果樹組合指導員として中国・大連に渡り、没するまで同地で技術の指導に尽くした。

【著作】
◇苹果要覧　佐野熙, 楠美冬次郎著　菊池三郎　1890.10　29p 19cm
◇津軽地方苹果要覧　楠美冬次郎 編　津軽苹果名称一定会　1894.10　20p 20cm

【評伝・参考文献】
◇ここに人ありき 第2巻　船水清著　陸奥新報社　1970　19cm

【著作】
◇東北帝国大学農科大学演習林研究報告［第1巻第4号　苫小牧演習林野生植物調査報告（工藤祐舜, 吉見辰三郎）］　東北帝国大学農科大学演習林　1915～1917　27cm
◇北海道帝国大学農学部演習林研究報告［第1巻第8号　北海道産樺木科樹種ノ材ノ解剖学的研究（工藤祐舜, 山林遑）］　北海道帝国大学農学部演習林　1918～1925　27cm
◇北海道主要樹木図譜 第1-28輯　宮部金吾, 工藤祐舜共著, 須崎忠助画　三秀舎　1920～1931　28冊 39cm
◇日本有用樹木分類学　工藤祐舜編　丸善　1922　423p 22cm
◇北海道薬用植物図彙　工藤祐舜, 須崎忠助著　川流堂小林又七　1922　1冊（頁付なし）22cm

◇北樺太植物調査報告書　工藤祐舜, 館脇操〔著〕薩哈嗹軍政部　1922　122p 27cm
◇シュミト半島植物調査報告書　工藤祐舜〔著〕薩哈嗹軍政部　1923　112p 27cm
◇天然紀念物調査報告 植物之部〔第5輯 北海道琵琶瀬並に静狩泥炭地調査報告（吉井義次, 工藤祐舜）〕内務省編　内務省　1925～1926　22cm
◇岩波講座生物学〔第16 特殊問題 台湾の植物（工藤祐舜）〕岩波書店編　岩波書店　1930～1931　23cm
◇北海道主要樹木図譜　宮部金吾, 工藤祐舜共著, 須崎忠助画　北海道大学図書刊行会　1984.8 図版87枚 37cm
◇北海道薬用植物図彙　工藤祐舜, 須崎忠助共著　北海道大学図書刊行会　1988.8　1冊（頁付なし）23cm

【評伝・参考文献】
◇近代日本生物学者小伝　木原均ほか監修　平河出版社　1988.12　567p 22cm

久保田　金蔵
くぼた・きんぞう

明治39年（1906年）～昭和55年（1980年）

横浜を中心とした地域の植物を研究し、知識の普及に努めた。

久保田　尚志
くぼた・たかし

明治42年（1909年）11月8日～
平成16年（2004年）1月1日

化学者　大阪市立大学名誉教授

鹿児島県鹿児島市出身。東北帝国大学理学部〔昭和7年〕卒。理学博士〔昭和14年〕。団有機化学 賞 東レ科学技術賞（昭和49年度）「甘藷黒斑病に関する研究」、日本学士院賞（昭和50年度）「植物の苦味物質に関する研究」、勲三等旭日中綬章〔昭和56年〕。

鹿児島の旧制七高造士館から東北帝国大学理学部化学科に進み、日本における理学系有機化学の泰斗・真島利行の指導を受ける。昭和7年卒業後はそのまま母校の助手となり、藤瀬新一郎の下で約3年間研究に従事した。11年大阪帝国大学理学部に転じ、小竹無二雄研究室の助手を経て、14年助教授。同年白茶に含まれるフラバノール、アンペロプチンの構造研究で理学博士の学位を授けられた。16年財団法人日東理化学研究所の設立されると研究第二部長に就任し、大阪大学理学部講師も兼任。24年大阪市立大学理工学部が発足に伴い教授となり、生物化学講座を担当した。38年理学部長。48年定年退官、近畿大学教授。有機化学の権威として知られ、特に甘藷（サツマイモ）の黒斑病の原因がイポメアマロンであることを突きとめ、我が国における天然物化学の発展に寄与した。50年には「植物の苦味物質に関する研究」で日本学士院賞。ユーモアと温かみをもつ気さくな人柄で、筆も立ち、雑誌「化学」で毎号巻頭言を担当。これらは彼の米寿の記念で出版された「久保田尚志素描」に収録されている。その最後の仕事は恩師・真島の業績に関する化学史的・伝記的研究であった。著書に「有機化学実験室便覧」（中村暢夫との共著）、「日本の有機化学の開拓者真島利行」がある。

【著作】
◇化学実験学 第1部 第1巻, 第2部 第2巻　河出書房　1940　2冊 23cm
◇有機化学の進歩 第5-13集　共立出版　1947～1959　9冊 22cm
◇有機化学実験室便覧　久保田尚志, 中村暢夫共編　葛城書房　1948　121p 15cm
◇改篇化学実験学 有機化学篇 第1巻 一般操作法〔抽出, 濾過, 洗滌（久保田尚志）〕河出書房　1950　543p 22cm
◇基礎技術 第2（実験化学講座 第2）久保田尚志編　丸善　1956　407p 22cm
◇脂環式化合物 第1（大有機化学 第6）久保田尚志等編, 井本稔等編　朝倉書店　1958　628p 22cm
◇天然有機化合物取扱い法（実験化学講座 第22）久保田尚志編　丸善　1958　535p 22cm
◇有機化合物の合成 第3 上（実験化学講座 第21上）久保田尚志編　丸善　1958　318p 22cm
◇有機化合物の合成 第3 下（実験化学講座 第21下）久保田尚志編, 日本化学会編　丸善　1958　468p 22cm
◇基礎技術 第1 上（実験化学講座 第1 上）奥野久輝, 久保田尚志編　丸善　1959 4刷　587p 表 22cm

◇日本の有機化学の開拓者眞島利行　久保田尚志著　久保田一郎　2005.1　92p 26cm

久保田 秀夫
くぼた・ひでお
（生没年不詳）

サクラ研究家　東京大学理学部附属植物園日光分園主任
長野県出身。

　東京大学理学部附属植物園日光分園主任などを務め、植物の分類研究を行った。特にサクラについての研究では野生種の変異の解析や自然雑種について研究し、数多の論文を発表した。

【著作】
◇栃木県の動物と植物〔サクラ, 花木 他（久保田秀夫）〕　栃木県の動物と植物編纂委員会編　下野新聞社　1972　582p 図 地図2枚 27cm
◇原色山野草　久保田秀夫, 会田民雄著　家の光協会　1975　203p（おもに図）19cm
◇原色山野草 続　久保田秀夫, 会田民雄著　家の光協会　1976　205p（おもに図）19cm
◇原色高山の花　久保田秀夫, 会田民雄著　家の光協会　1977.7　220p（おもに図）19cm
◇鬼怒沼湿原の植物　久保田秀夫〔ほか〕著, 栃木県林務観光部環境観光課編　栃木県　1983.3　2冊（別冊とも）27cm
◇原色山野草 続々　久保田秀夫, 会田民雄著　家の光協会　1984.5　205p 19cm
◇山野草―カラー版　久保田秀夫解説, 会田民雄ほか写真　家の光協会　1990.3　342p 19cm

熊井 喜和子
くまい・きわこ
？～昭和59年（1984年）4月4日

押花作家　日本原色押花文化協会会長, 西日本婦人文化サークル講師
賞 フローデア'82・グランド・ゴールデン賞〔昭和57年〕。

　原色押花の普及に努め、西日本各地に教室を開設、昭和57年にはオランダで開かれた花の祭典「フローデア'82」で最高賞のグランド・ゴールデン賞を受賞した。

熊谷 八十三
くまがい・やそみ
明治7年（1874年）～昭和44年（1969年）10月22日

農林省園芸試験場長
東京出生。東京帝国大学農学部卒。

　明治41年農商務省農業試験場園芸部技師となり、優良果樹の苗木の育成及び配布に尽力。45年には東京市長・尾崎行雄の委嘱を受け、日米親善のためワシントン市に贈呈するサクラの樹の育苗に当たった。その際、先に42年に同市へ贈ったものが樹病のためやむなく焼却処分になったことを踏まえて、無病苗の5000本の中から12品種3000本を厳選。この桜は今日でも同市ポトマック河畔や近郊住宅地で見事な花を咲かせている。　大正12年農林省園芸試験場の第2代場長に就任。果樹園芸技術普及の重要性を感じ、見習生育成事業を興した。13年退官後は西園寺公望家の執事を務めた。著書に「実験果樹繁殖論」「実用園芸栽培法講義」などがある。

【著作】
◇実用園芸栽培法講義〈2版〉　熊谷八十三述, 大日本普通学講習会編　嵩山堂　1913　118p 23cm
◇重要果樹栽培・高等蔬菜園芸　熊谷八十三, 市川実太郎述　岐阜県農会　1924　84p 19cm
◇実験果樹繁殖論　熊谷八十三, 上林諭一郎共著　明文館　1926　380, 19p 23cm

倉石 晋
くらいし・すすむ
昭和6年（1931年）9月3日～
平成5年（1993年）2月2日

広島大学総合科学部教授
京都府出生。東京大学理学部生物学科〔昭和29年〕卒、東京大学大学院生物学系研究科博士課程修了。理学博士。所 環境生理学 団 日本植物

学会, 日本植物生理学会, 環境調節学会。

昭和34～38年米国ウィスコンシン大学生化学教室, アイオワ大学植物学教室研究員。のち広島大学総合科学部教授。著書に「植物ホルモン」, 共著に「植物生理学講座3」他。

【著作】
◇植物生理学講座 3 生長と運動　長尾昌之〔等〕著, 古谷雅樹, 宮地重遠, 玖村敦彦編集　朝倉書店　1971　280p 22cm
◇植物生理学入門 上　W.スタイルズ, E. C.コッキング著, 倉石晋, 西成典行訳　東京大学出版会　1972　335p 22cm
◇植物生理学入門 下　W.スタイルズ, E. C.コッキング著, 倉石晋, 西成典行訳　東京大学出版会　1973　626p 22cm
◇植物ホルモン(UP biology)　倉石晋著　東京大学出版会　1976　142p 19cm
◇植物の生長と発育(基礎生物学シリーズ 7)　賀来章輔, 倉石晋共著　共立出版　1980.4　143p 21cm

クラーク

Clark, William, Smith
1826年7月31日～1886年3月9日

米国の教育者, 農学者

米国・マサチューセッツ州出生。アマスト大学卒。

高校時代から植物に興味を持つが, アマスト大学在学中は鉱物採集に没頭し, 鉱石標本を売って学費の足しにしていたという。同大卒業後, 化学を学ぶためドイツ・ゲッチンゲンのゲオルギア・アウグスタ大学に留学。その途中でロンドンに立ち寄った際, キュー王立植物園でオオオニバスを見て感激し, 植物学を修める決心をするとともに米国にも植物園を作りたいと思うようになった。1852年化学博士号を得て帰国し, 母校・アマスト大学の化学教授となる。南北戦争が勃発すると州の義勇軍に身を投じ, 戦後には州議会議員も務めた。1867年マサチューセッツ農科大学の創立とともに学長に就任, 植物学教授・園芸学教授を兼ねた。1876年学長現職のまま新設されたばかりの札幌農学校教頭として招聘を受け, 1年間の休暇を利用し, 弟子の若き教師2人を伴って来日。以来、附属農園の設置や乳牛・テンサイの導入、兵式体操の取り入れ、管理運営などを進めて同校の基礎を確立した。また自ら英語や植物学を講じ、実学を尊重する立場から農学教育のために植物園の必要性を説いたといわれる。教育者としてはキリスト教の精神に基づいた近代的な全人教育を行い、多くの教え子に深い感化を与えた。その在職はわずか9ケ月であったが、その帰国に際して教え子たちに「イエスを信ずる者の契約」に署名させ、帰国後も熱心に指導したことから、その遺風は後々にも及び、彼の直弟子からは内村鑑三、新渡戸稲造、大島正健、伊藤一隆といったキリスト者を輩出するに至った。札幌を離れる際に教え子たちに残した"Boys be ambitious"の言葉は余りにも有名。帰国後はマサチューセッツ農科大学に復帰したが、間もなく辞任。その後は洋上大学や鉱山経営に手を染めたが、いずれも失敗し、晩年は不遇であった。著書に「日本の農業」などがある。

【著作】
◇札幌農黌第一年報　クラーク著, 佐藤秀顕訳　開拓使　1878.11　188p 22cm
◇明治文化全集 補巻 3 農工篇［札幌農黌第一年報(クラーク原撰)］　明治文化研究会編　日本評論社　1974　440p 図 22cm

【評伝・参考文献】
◇北門開拓とアメリカ文化—ケプロンとクラークの功績　山本紘照著　文化書院　1946　134p 19cm
◇クラーク先生とその弟子達　大島正健著, 大島正満補訂　新教出版社　1948　288p 図版 19cm
◇クラーク先生詳伝　逢坂信悟著　クラーク先生詳伝刊行会　1956　495p 図版10枚 22cm
◇クラーク精神と北大東京同窓会三十年の歩み　東京エルム会　1975　1032p 図 肖像 22cm
◇クラーク—その栄光と挫折　ジョン・エム・マキ著, 高久真一訳　北海道大学図書刊行会　1978.4　358, 2p 19cm
◇クラークの一年—札幌農学校初代教頭の日本体験　太田雄三著　昭和堂　1979.8　305, 8p 19cm
◇大志と野望—ウィリアム・スミス・クラークの足跡をたずねて　北海道放送「大志と野望」特別取材班著　KABA書房　1981.11　270p 20cm

◇クラークと内村鑑三の教育　山枡雅信著　日新出版　1981.10　173p 19cm
◇クラークの手紙―札幌農学校生徒との往復書簡　佐藤昌彦〔ほか〕編・訳　北海道出版企画センター　1986.6　320p 19cm
◇クラーク先生評伝―伝記・W. S. クラーク（伝記叢書 192）　逢坂信悟著　大空社　1995.10　495, 5p 22cm
◇クラーク先生とその弟子たち　大島正健、大島正満、大島智夫補注　教文館　1993.5　384p 20cm

倉田 悟
くらた・さとる

大正11年（1922年）2月24日～
昭和53年（1978年）9月10日

森林植物学者　東京大学農学部教授

愛知県岡崎市出生。東京帝国大学農学部林学科〔昭和18年〕卒、東京帝国大学大学院修了。理学博士〔昭和40年〕。団日本シダの会。

9歳の時に父の転勤で上京。武蔵高校在学中から植物に興味を持ちはじめ、昭和16年東京帝国大学農学部林学科に入学。戦争のため就学年限が短縮されると、18年同大学院に進み、猪熊泰三教授の指導を受けた。戦局が悪化した20年には猪熊研究室ごと新潟県高田に疎開し、同地で植物を研究していた矢頭献一に植物学を学んだ。23年助教授となり、森林植物学の講義を担当。27年日本シダの会の発足に参加し、会長・行方富太郎を助けて会の運営に力を注いだ。40年猪熊の定年退官に伴い後任の森林植物学講座担当教授に就任。43年同大総合研究資料館に森林植物部門が設置されると、その部門主任も兼ねた。51年農学部図書館長。森林樹木学研究の第一人者であり、39年から約15年の歳月をかけて取り組んだ「原色日本林業樹木図鑑」は日本の樹木学界における最も重要な成果といわれる。研究対象は森林の下草構成要素として重要なシダ植物にも及び、40年「日本産オシダ科シダ類の分類地理学的研究」で理学博士号を取得した。また樹木方言名や植物と民俗との関係についての研究でもすぐれた業績を残している。著書に「日本主要樹木名方言集」「日本のシダ植物図鑑」といった専門書の他、「植物と文学の旅」「樹木と方言」などの随筆集もあり、短歌もよくした。

【著作】
◇林学実験書［森林植物学（倉田悟）］　東京大学農学部林学教室編　産業図書　1956　337p 22cm
◇樹木と方言　倉田悟著　地球出版　1962　150p 図版 22cm
◇日本主要樹木名方言集　倉田悟著　地球出版　1963　291p 19cm
◇原色日本林業樹木図鑑　第1-4巻　倉田悟著　地球社　1964～1973　4冊（図共）31cm
◇樹木と方言　続　倉田悟著　地球出版　1967　213p 図版 22cm
◇植物と民俗　倉田悟著　地球出版　1969　328p 図版 22cm
◇樹木民俗誌　倉田悟著　地球社　1975　169p 図 22cm
◇原色日本林業樹木図鑑　第5巻　倉田悟著　地球社　1976　238p（図共）31cm
◇植物と文学の旅　倉田悟著　地球社 1976 229p 19cm
◇シダ讃歌　倉田悟著　地球社　1978.3　276, 15p 22cm
◇日本産羊歯植物論文選集　倉田悟〔著〕　〔日本シダの会〕　1979　402p 27cm
◇日本のシダ植物図鑑―分布・生態・分類　第1巻　倉田悟、中池敏之編集　東京大学出版会　1979.7　628p 31cm
◇日本のシダ植物図鑑―分布・生態・分類　第2巻　倉田悟、中池敏之編集　東京大学出版会　1981.9　648p 31cm
◇日本のシダ植物図鑑―分布・生態・分類　第3巻　倉田悟、中池敏之編集　東京大学出版会　1983.3　728p 31cm
◇日本のシダ植物図鑑―分布・生態・分類　第4巻　倉田悟、中池敏之編　東京大学出版会　1985.1　850p 31cm
◇日本のシダ植物図鑑―分布・生態・分類　第5巻　倉田悟、中池敏之編　東京大学出版会　1987.2　816p 31cm
◇日本のシダ植物図鑑―分布・生態・分類　第6巻　倉田悟、中池敏之編　東京大学出版会　1990.2　881p 31cm
◇日本のシダ植物図鑑―分布・生態・分類　第7巻　倉田悟、中池敏之編　東京大学出版会　1994.12　409p 31cm

◇日本のシダ植物図鑑—分布・生態・分類 第8巻 倉田悟, 中池敏之編 東京大学出版会 1997.2 473p 31cm

【評伝・参考文献】
◇倉田悟博士著作論文目録 倉田悟博士著作論文目録刊行会 1979.9 87p 22cm

倉田 益二郎
くらた・ますじろう

明治43年(1910年)8月2日～
平成10年(1998年)5月20日

東京農業大学名誉教授,日本緑化工研究会名誉会長
富山県射水郡小杉町(射水市青井谷)出生。東京帝国大学農学部林学科〔昭和9年〕卒。農学博士(九州大学)〔昭和22年〕。團造林学,緑化工学 囲日本緑化工研究会 賞朝日森林文化賞(環境緑化奨励賞)(第4回)〔昭和61年〕「緑化工技術の発明と普及」。

富山県林業試験場、農林省林業試験場勤務を経て、昭和28年宇都宮大学教授、36年東京農業大学教授。急斜傾地を短期間に緑化できる"早期全面緑化方式"を考案、高速道路や鉄道ののり面、宅地造成地の急斜面、ダム建設現場に次々に採用され、広く各地に普及。この功績により、昭和61年朝日森林文化賞環境緑化奨励賞を受賞した。著書に「緑化工概論」「緑化工技術」など。

【著作】
◇特用樹種(造林学全書 第4冊) 倉田益二郎著 朝倉書房 1949 276p 22cm
◇三椏・楮・桐の栽培 倉田益二郎著 アヅミ書房 1950 217p 19cm
◇飼・肥料木草と植栽法(農業新書) 倉田益二郎著 博友社 1950 350p 15cm
◇特用樹の有利な栽培法(農業新書) 倉田益二郎著 博友社 1951 286p 図版 15cm
◇有畜農家のための家畜の飼料〔飼料木(倉田益二郎)〕 千田英二等著 朝倉書店 1952 214p 表 26cm
◇優良牧草の栽培とその利用(農業新書) 倉田益二郎著 博友社 1955 306p 図版 15cm
◇特用樹の栽培 倉田益二郎著 富民社 1956 188p 19cm
◇優良牧草と飼料木 倉田益二郎著 富民社 1958 350p 19cm
◇緑化工概論—治山砂防・草木増植 倉田益二郎著 養賢堂 1959 295p 22cm
◇山地農業と治山(グリーン・エージ・シリーズ 第9) 小出博,倉田益二郎共著 森林資源総合対策協議会,グリーン・エージ編集室 1961 185p 19cm
◇草生造林の実際—労力節約・成長促進・土壌保全・飼料生産をねらいとする 倉田益二郎著 農林出版 1965 189p 図版 19cm
◇緑化工技術 倉田益二郎著 森北出版 1979.4 298p 22cm

クラマー
Kramer, Carl

1843年～1882年10月8日

ドイツのプラントハンター,庭師 東京医学校教授

父親はハンブルクの庭師。1867年ヴィーチ商会のプラントハンターとして来日。明治になって横浜で行われたフラワーショーにバラを出品、1872年「日新真事誌」に英国産バラの日本最初の広告を掲載。お雇い外国人のフランス人医師で植物学者でもあったサバチェと交友を持ち、その採集などを助けた。1873～4年陸軍軍人の私雇い外国人として農学教師を務め、1876年には半年ながら東京医学校に製薬・植物学教授として勤務。のち鹿児島県の植物学教師となり、西南戦争により長崎県に退去すると1879年まで私雇いの植物学教師を務めた。帰国後はフランスのサン・ジールでシャトーの園丁長となった。

栗本 鋤雲
くりもと・じょうん

文政5年3月10日(1822年5月1日)～
明治30年(1897年)3月6日

幕臣,新聞記者
名は鯤,通称は瑞見,号は匏庵,字は化鵬。江戸

出生。父は喜多村槐園(医師)、兄は喜多村信節(考証家)。

医師・喜多村槐園の三男。17歳で儒者・安積艮斎に入門し、天保11年(1840年)昌平黌に入って佐藤一斎、古賀侗庵に師事。嘉永元年(1848年)幕府奥詰医師・栗本家の養嗣子となって家業を継ぎ、6代目瑞見を名のる。多紀楽真院に医学を、曲直瀬養安院に本草学を学んだのち、嘉永3年(1850年)より幕府内班侍医を務め、安政年間には医学館で講書を行うなど頭角を現すが、安政5年(1858年)先輩に讒言されて蝦夷地に移住させられた。以後、6年に渡って箱館に滞在する間、七重村に薬草園を開き、医学館や病院の建設、牧畜・製塩・養蚕事業の開始などを次々と行って治績をあげた。文久2年(1862年)には士籍に移されて箱館奉行組頭となり、同年から翌3年(1863年)にかけて樺太・千島を調査・探検した。また箱館に来たフランス宣教師メルメ・ド・カションと交流して西洋事情を学び、「鉛筆紀聞」を著述。3年(1863年)箱館での業績を買われて江戸に召還され外交の第一線に立ち、監察、軍艦奉行、外国奉行などを歴任して洋式による横須賀製鉄所(のち横須賀造船所)の建設やフランス式陸軍の導入、フランス軍事顧問の招聘、仏国語学所の設置を推進。慶応3年(1867年)には渡仏し、幕府の使節としてフランスに滞在していた徳川昭武を助けるとともにフランスからの対幕借款を促進するなど日仏間の交渉に努めた。また滞欧中にはスイス・アルプスに赴き、同地の植物を採集している。フランスで幕府瓦解の報にふれ、明治元年に帰国。その後は新政府からの出仕の誘いを断り、5年横浜毎日新聞社に入社し、6年郵便報知新聞の主筆に迎えられ、藤田茂吉や尾崎行雄ら後進の育成に尽力した。晩年は本所二葉町の自邸借紅園に隠棲し、花卉栽培を行った。小説家・島崎藤村は彼の晩年の弟子である。著書はほかに「暁窓追録」「匏庵遺稿」などがある。

【評伝・参考文献】
◇十大覚記者伝　大阪毎日新聞社　東京日日新聞社　1926　170p 図版 23cm
◇日本における自由のための闘い[栗本鋤雲―埋もれた先覚者](復刻文庫)　吉野源三郎編　評論社　1969　339p 19cm
◇明治文学全集 4 成島柳北・服部撫松・栗本鋤雲集　塩田良平編　筑摩書房　1969　435p 図版 23cm
◇転機(ブレーン:歴史にみる群像 5)　豊田穣、杉本苑子、吉村貞司、徳永真一郎、榛葉英治、網淵謙錠著　旺文社　1986.5　292p 19cm
◇人脈の人間学―明日をひらく知・情・意　松浦溪典著　潮文社　1987.5　220p 19cm
◇『夜明け前』研究　鈴木昭一著　桜楓社　1987.10　270p 21cm
◇人物列伝幕末維新史―明治戊辰への道　網淵謙錠著　講談社　1988.2　247p 19cm
◇栗本鋤雲　桑原三二著　桑原三二　1997.8　180p 19cm
◇箱館奉行・栗本鋤雲 上巻(緑の笛豆本 第421集)　桜井健治著　緑の笛豆本の会　2004.1　43p 9.4cm
◇箱館奉行・栗本鋤雲 下巻(緑の笛豆本 第422集)　桜井健治著　緑の笛豆本の会　2004.2　42p 9.4cm

【その他の主な著作】
◇匏菴十種　栗本鋤雲(匏庵)著　九潜館　1869.6　2冊 23cm
◇唐太小詩　栗本鋤雲(匏庵)著　栗本鋤雲　1891.11　7丁 23cm
◇栗本鋤雲遺稿　栗本瀬兵衛編　鎌倉書房　1943　312p 図版 19cm

栗本 瑞見
くりもと・ずいけん

宝暦6年7月27日(1756年8月22日)～
天保5年3月25日(1834年5月3日)

本草学者、医師
幼名は新次郎、名は昌綱、昌蔵、通称は元東、元格、号は丹洲。江戸・神田(東京都千代田区)出生。父は田村藍水(本草学者)、兄は田村西湖(本草学者)。

本草学者・田村藍水の二男。安永4年(1775年)幕府の医師・栗本昌友の養子となり、のち幕府医官栗本家を継いで4代目瑞見を名乗った。寛政元年(1789年)奥医師に任ぜられ、さらに同年法眼に叙された。4年(1792年)より江戸城二の丸の製薬所を主宰。6年(1794年)からは幕府の医学館で本草学を講じるとともに薬品の鑑定

にも従事した。文政4年(1821年)法印に進む。その本草学は医療において使用される薬物としての学問から出発したが、次第に博物学的な観点に進み、主に動物や虫魚を研究した。画技にもすぐれ、その写生図は極めて精緻である。特に世に動植物の図譜が多いのに、薬用にならないということで虫類の図譜が無いのを憂い、文化8年(1811年)我が国における虫類図譜の嚆矢「千蟲譜」を編纂した。これに対して植物に関する著述は少ないが、文政9年(1826年)江戸参府のシーボルトを訪ねた際、「蟹蝦類」や「魚類」の図(これらはのちシーボルトの大著「日本動物誌」に引用された)とともに自らの手になる植物図説を贈っている。著書は他に「本草存真図」「丹洲翁七種考」「魚譜」などがある。

【評伝・参考文献】
◇博物学者列伝　上野益三著　八坂書房　1991.12　412, 10p 23cm
◇彩色江戸博物学集成　平凡社　1994.8　501p 27cm

グレイ

Gray, Asa
1810年～1888年

米国の植物分類学者　ハーバード大学教授

北米の植物の分類学研究を行い、1854年にロジャースの率いる米国北太平洋探検隊が日本で採集した植物やペリー艦隊の採集品を研究し、日本からヤグルマソウ、タチツボスミレなど多数の新植物を記載した。ダーウィンの「種の起源」を米国でいちはやく認め、賛意を表したことでも有名。

黒岩　恒

くろいわ・ひさし

安政5年(1858年)8月8日～
昭和5年(1930年)5月25日

植物学者　国頭農学校校長

土佐国佐川(高知県高岡郡佐川町)出生。

明治25年沖縄尋常師範学校に赴任。以後、同県内の植物、動物、地理、農林業の調査を進め、28年から5年間に渡って「沖縄の博物界」を「琉球教育」に連載するなど、明治中期から大正初期までの間、同県内における自然科学研究の第一人者として活躍した。その手により発見された植物・動物は数多く、植物のクロイワラン、クロイワザサ、トカゲの仲間クロイワトカゲモドキ、セミの仲間クロイワゼミ、クロイワツクツクなどは、その名にちなんで命名されたものである。また紀州ミカン、キャベツ、クズウコン、タシロイモ、クロトンなどの有用植物を沖縄に導入するなど、同地の農業・園芸業発展にも貢献した。30年には尖閣諸島に渡って同島近辺の地理や動植物の調査に従事し、「地学雑誌」に「尖閣列島探検記事」を発表。なお、"尖閣列島"という表記が用いられたのはこの論文が初めてである。35年国頭農学校校長に就任。その後、沖台拓殖製糖勤務を経て、大正4年和歌山に移住した。

【評伝・参考文献】
◇琉球植物誌　初島住彦著　沖縄生物教育研究会　1971　940p 図　肖像20枚 27cm
◇沖縄県史 第5巻　沖縄県教育委員会編　沖縄県教育委員会　1975.2　1069p 肖像22cm

黒川　喬雄

くろかわ・たかお

明治16年（1883年）～昭和46年（1971年）

植物研究家

　三重県立上野高校などで教鞭を執る。傍ら、同県伊賀地方の植物相を調べ、分類するとともに標本を作製し、京都大学などに寄贈、高度の学術研究の推進を支援した。日本で最初に発見されたシダ類イノデ属の自然種間雑種であるアカメイノデの学名 Polistichum × kurokawae Tagawa は黒川に献名されたものである。

黒木 宗尚
くろき・むねなお

大正10年（1921年）3月11日～
昭和63年（1988年）10月18日

北海道大学名誉教授
宮崎県宮崎市出身。北海道大学理学部〔昭和21年〕卒。理学博士。　植物分類学。

　農林水産省東北水産研究所を経て、昭和41年より北海道大学教授。北海道・阿寒湖の特別天然記念物マリモの調査、保護に力を注いだ。

【著作】
◇特別天然記念物阿寒湖のマリモの生息状況と環境　黒木宗尚編　阿寒町　1976.3　90p 26cm

畔田 翠山
くろだ・すいざん

寛政4年（1792年）3月～
安政6年6月18日（1859年7月17日）

本草学者，動物学者，紀伊藩医
名は伴存，通称は十兵衛，別号は翠嶽，紫藤園。
紀伊国和歌山（和歌山県）出生。

　家は代々紀州和歌山藩士。幼少より学を好み、早くから漢籍を学んだが、のち本居大平に師事し、国学、歌学を修めた。また天産物の興味を持ち、同じ和歌山藩士の小原桃洞に本草学を学んだ。やがて藩主・徳川治宝に学才を認められて紀伊藩医となり、西浜御殿にある藩の薬園の管理も担当。その禄高は20石と少なかったが、和歌山の豪商・雑賀長兵衛（歌人でもあり、またの名を安田長穂といった）のようなパトロンを得たといわれており、その援助のもと各地での採薬や本草に関する古典籍の収集を行った。文政5年（1822年）には越前の九頭竜川を遡って松岡、勝山から加賀白山に登り、山頂付近を散策ののち金沢方面に下り、倶利伽羅峠から越中に至る間、各地で白山の山容をスケッチし、すぐれた山岳志である「白山記」を著述。さらに白山で見つけたハクサンイチゲやハクサンコザクラなど草59種、木28種をはじめ動物・鉱物にいたるまで一つ一つに考究を加え、その地の特色を明らかにした山岳植物志「白山草木志」を編んでいる。一方、自藩領である紀州一帯や隣接する天領（幕府直轄地）の熊野はくまなく散策して動植物を調べ上げており、晩年にはその集大成として「和州吉野郡中物産志」「熊野物産初志」を作成、これらは地方動植物志の傑作として高い評価を受けている。安政6年（1859年）熊野山中で急病にかかり死去。そのほか代表的な著作として、和漢の古典に現れた動植物金石を「本草綱目」に従って配列した「古名録」85巻や、彼の没後に田中芳男らによって刊行された見事な彩色水族図譜「水族志」をはじめ「桜花記」「紀伊六郡志」「金嶽草木志」などがある。

【著作】
◇白山紀行―近世の白山登山［白山紀行，白山草木志（畔田伴存）］　久保信一編・校訂　白山問題研究会　1976　57p 22cm
◇畔田翠山古名録―本文・研究　杉本つとむ編著　早稲田大学出版部　1978.11　2冊（別巻とも）27cm
◇古名録（覆刻日本古典全集）　畔田伴存〔著〕，正宗敦夫編纂校訂　現代思潮社　1978.12　8冊 16cm
◇熊野物産初志（紀南郷土叢書 第9輯）　畔田翠山稿，紀南文化財研究会編　紀南文化財研究会　1980.11　216p 26cm
◇江戸科学古典叢書 45 博物学短篇集 下［白山草木志・白山の記（畔田翠山）］　恒和出版　1982.12　512, 13p 22cm

◇幕末本草家交信録―畔田翠山・山本沈三郎文書（清文堂史料叢書 第76刊）　畔田翠山, 山本沈三郎〔著〕, 上田穣編　清文堂出版　1996.2　294p 22cm
◇和州吉野郡群山記―その踏査路と生物相　畔田翠山〔著〕, 御勢久右衛門編著　東海大学出版会　1998.2　282p 27cm
◇江戸後期諸国産物帳集成　第10巻大和・紀伊［熊野物産初志（畔田伴存著）］（諸国産物帳集成 第2期）　安田健編　科学書院　2001.1　751, 97p 27cm

【評伝・参考文献】
◇贈従五位畔田翠山翁伝　山口華城著　山口藤次郎　1932　86p 24cm
◇江戸洋学事情　杉本つとむ著　八坂書房　1990.12　399p 19cm
◇江戸時代の動植物図鑑―紀州の本草学を中心に　'94特別展　和歌山市立博物館編　和歌山市教育委員会　1994.10　78p 26cm
◇彩色江戸博物学集成　平凡社　1994.8　501p 27cm
◇畔田翠山伝―もう一人の熊楠　銭谷武平著　東方出版　1998.8　305p 20cm
◇辞書・事典の研究 2（杉本つとむ著作選集 7）　杉本つとむ著　八坂書房　1999.3　614p 21cm
◇江戸の博物学者たち（講談社学術文庫）　杉本つとむ著　講談社　2006.5　380p 15cm

黒田 チカ
くろだ・ちか

明治17年（1884年）3月24日～
昭和43年（1968年）11月8日

化学者　お茶の水女子大学名誉教授
佐賀県佐賀郡松原町（佐賀市）出生。東京女子高等師範学校（現・お茶の水女子大学）〔明治39年〕卒。師は真島利行。理学博士〔昭和4年〕。
賞　日本化学会真島褒章〔昭和11年〕, 紫綬褒章〔昭和34年〕, 勲三等宝冠章〔昭和40年〕。

大正2年東北帝国大学理学部化学科に帝国大学初の女子研究生として入学, 真島利行に師事, 有機化学を研究した。福井女子師範学校教諭, 東京女子高等師範学校（現・お茶の水女子大学）助教授兼教諭を経て, 7年教授。10～12年文部省在外研究員として英国に留学。紫根, 紅花など日本の植物色素について研究, 昭和4年西欧の科学者に先駆して紅花の色素の構造研究の論文を発表。27年にはタマネギの色素研究から血圧降下剤を作り出すことに成功した。日本における女性科学者の草分けの一人。平成11年東北大学により, 学業で成果や努力が認められた同大の女子大学院生に贈られる黒田チカ賞が創設された。

【評伝・参考文献】
◇郷土史に輝く人びと　第10集 森永太一郎・黒田チカ　佐賀県青少年育成県民会議　1978.12　158p 19cm
◇拓く―日本の女性科学者の軌跡　都河明子, 嘉ノ海暁子著　ドメス出版　1996.11　220p 19cm
◇黒田チカ資料目録　お茶の水女子大学ジェンダー研究センター編　お茶の水女子大学ジェンダー研究センター　2000.3　78p 30cm
◇探究のあしあと―霧の中の先駆者たち 日本人科学者（教育と文化シリーズ 第2巻）　東京書籍　2005.4　94p 26cm
◇化学者たちのセレンディピティー―ノーベル賞への道のり　吉原賢二著　東北大学出版会　2006.6　164p 21cm

黒田 長溥
くろだ・ながひろ

文化8年（1811年）3月1日～
明治20年（1887年）3月7日

旧福岡藩主
幼名は桃次郎, 別名は斉溥, 通称は官兵衛, 字は子観, 号は龍風, 霞関。江戸・高輪（東京都港区）出生。実父は島津重豪（薩摩藩主）, 養父は黒田斉清（福岡藩主）, 養子は黒田長知（福岡藩主）。

薩摩藩主・島津重豪の九男として江戸藩邸に生まれる。文政5年（1822年）福岡藩主・黒田斉清の養嗣子となり名を長溥と改め, 天保5年（1834年）家督を相続。実父, 養父とも蘭学に親しんでいた影響もあり, 早くから西洋事情に目を向け, 文政11年（1828年）以来鳴滝塾を開いたことで知られるドイツ人医師・シーボルトとも交流し, 家臣を長崎に派遣して牛痘, 写真, 印刷, 軍艦操練などを積極的に導入, 弘化2年（1845年）には博多・中之島に精錬所を設けて殖産興業を図った。ペリー来航時は幕府の諮問に答え

て当時少数派であった積極的開国論を主張。文久2年(1862年)内勅に応じて上京、3年(1863年)には世子・長知を上京させて公武合体政策実現のために尽力。その後、幕府と長州藩の間の周旋を行うが、慶応元年(1865年)藩内の勤王派を徹底的に弾圧(乙丑の獄)、佐幕色を強め、幕末の激動に素早い対処が出来ないまま明治維新を迎えた。明治10年西南戦争に際して欧米留学で不在の長知に代わって旧藩士の軽挙妄動を戒め、勅使に従い鹿児島で島津久光父子と対面して事態の収拾を図り、その功により13年麝香間伺候となった。養父・斉清は富山藩主・前田利保や旗本・馬場大助らで形成された楂鞭会に参加しており本草学にも明るかったが、長溥もその影響を受けて本草を学び、慶応2年(1866年)より草花を写生して「本草図」を編んでいる。これにはチューリップやヒヤシンスなど、幕末から明治にかけて日本に導入された植物の図も含まれており、我が国植物学史上の貴重な資料となっている。

【評伝・参考文献】
◇新訂黒田家譜 第6巻 従二位黒田長溥公伝 川添昭二，福岡古文書を読む会校訂 文献出版 1983.9 3冊 22cm
◇悲運の藩主 黒田長溥 柳猛直著 海鳥社 1989.12 226p 19cm
◇幕末日本の情報活動─「開国」の情報史 岩下哲典 雄山閣出版 2000.1 377p 21cm

桑田 義備
くわた・よしなり

明治15年(1882年)10月5日～
昭和56年(1981年)8月13日

植物細胞学者　京都大学名誉教授
大阪府出生。二男は桑田道夫(洋画家)。東京帝国大学理科大学植物学科〔明治41年〕卒。日本学士院会員〔昭和28年〕。理学博士〔大正6年〕。團植物細胞学 賞日本学士院賞〔昭和28年〕，文化功労者〔昭和37年〕，文化勲章〔昭和37年〕。

東京帝国大学理科大学では藤井健次郎の下でイネやトウモロコシの細胞学的研究に従事。大正2年東京帝国大学理科大学助手、6年講師となり、同年米国に留学。8年京都帝国大学教授助教授、11年教授。25年国立遺伝学研究所客員教授。一貫して細胞核分裂の機構解明に努め、核分裂の動的過程分析や染色体の構造研究に大きな功績を挙げ、我が国の細胞学・染色体研究の水準を世界的レベルまで引き上げた。29年主著「核分裂の進化」を刊行。28年学士院賞を、37年文化勲章を受章した。

【著作】
◇岩波講座生物学 [第1 生物学通論 核学(桑田義備)] 岩波書店編 岩波書店 1930～1931 23cm
◇核分裂の進化 桑田義備著 岩波書店 1954 211p 図版14p 22cm
◇細胞学 桑田義備編 培風館 1956 300p 図版 27cm
◇細胞分裂 [核分析の分析(桑田義備)] (科学文献抄 第30) 藤井隆編 岩波書店 1956 86p 図版 26cm

【評伝・参考文献】
◇生命の文脈─続・生物学と哲学との間　飯島衛著　みすず書房　1986.7　295p 19cm
◇近代日本生物学者小伝　木原均ほか監修　平河出版社　1988.12　567p 22cm
◇博物学の愉しみ　上野益三著　八坂書房　1989.1　327p 19cm

桑原 義晴
くわばら・よしはる

明治41年(1908年)～平成9年(1997年)1月

植物研究家
北海道虻田郡倶知安町出生。倶知安中学〔昭和3年〕卒，北海道札幌師範学校教員養成講習所修了。團植物生態学 團日本植物学会北海道支部 賞読売教育賞(第1回)〔昭和27年〕「高等学校生物学習指導の実践的研究」，日本生物教育会賞。

倶知安実科高等女学校教諭を経て、昭和24年中等教員無試験検定合格(生物)。同年より北海道立倶知安高で20年間、生物の教諭。退職後札幌商業高講師、道立有朋高講師。平成8年40年にわたるニセコや羊蹄の植物の調査の集大

成「羊蹄山植物図説」、9年「ニセコ連峰の植物図説」を刊行。10年遺稿となる図説「北海道の野草の自然誌点描」が刊行された。他の著書に「後志の植物」「日本イネ科植物生態図鑑」「北海道の雑草」「野草ハンドブック」「日本原色雑草図鑑」など。

【著作】
◇天然記念物と町文化財(倶知安双書3) 桑原義晴〔ほか〕著 倶知安郷土研究会 1986.3 56p 15cm
◇野草の四季(倶知安双書4) 桑原義晴著 倶知安郷土研究会 1986.6 60p 15cm
◇ニセコ植物誌(倶知安双書 別巻1) 桑原義晴著 倶知安郷土研究会 1987.5 65p 15cm
◇日本山野草・樹木生態図鑑 シダ類・裸子植物・被子植物(離弁花)編 浅野貞夫,桑原義晴編 全国農村教育協会 1990.8 664p 27cm
◇羊蹄山植物誌(倶知安双書 別巻2) 桑原義晴著 倶知安郷土研究会 1992.8 66p 15cm

ケンペル

Kämpfer, Engelbert
1651年9月16日～1716年11月2日

ドイツの医師, 博物学者
ドイツ・レムゴー出生。

牧師の子として生まれる。ダンチヒ、クラコウ、ケーニヒスベルクなどで哲学、医学、博物学を学び、また古典語やフランス語、英語、ロシア語、スウェーデン語、ラテン語、ギリシャ語など数ケ国語を習得した。さらにスウェーデンのウプサラ大学で医学・博物学の教授ルードベックに師事。スウェーデン国王チャールズ11世に認められ、1683年ロシア及びペルシャとの条約締結を目的とした同国使節団に書記官として参加、フィンランド、モスクワ経由でペルシャに赴き、約5年ものあいだ同地に滞在した。専門は医学であったが、博物学にも感心が深く、この間の旅程を記した「日記集」にも頻繁に植物に関する記述が見られる。1688年冒険心と好奇心に突き動かされてオランダの東インド会社医官となり、ジャワ、シャムを経て、1690年日本の長崎に到着。滞日中はオランダ商館付医師を務める一方で、日本の青年を助手に国内の植物や風俗を調査・観察。また1691年と1692年の2回、商館長に随行して江戸に参府。その調査の範囲は出島と二度の江戸参府における往復の街道に限られたが、採集した植物や得た見聞はおびただしく、主著「Amoenitatum exoticarum」(邦題「廻国奇観」)の第5分冊を日本の植物に関する記述だけで当てたほどであった。また彼が描いた植物図は科学的かつ正確で、後年のリンネらによる新種の発見や同定にも利用された。同年多くの植物コレクションとともに離日。1693年にアムステルダムに到着した後は、もぐさの研究でライデン大学から医学の学位を授けられた。帰郷後は学問に専念することを希望したが、領主の侍医という職が多忙を極めたため果たせず、50歳の時には持参金付きの16歳の少女と結婚したが私生活は幸福ではなかった。生前に公刊された著書は「廻国奇観」のみであったが、日本に関する遺稿は1727年に「日本誌」として英訳本が刊行され、ヨーロッパ人における日本観の形成に大きく寄与した。日本では同書の附録を基に志筑忠雄が「鎖国論」(1801年)を著している。その日本関係のコレクションは大英博物館に寄贈された。

【著作】
◇〔ケンペル,ツンベルク碑拓本〕〔出版者不明〕〔出版年不明〕 1枚 123×138cm(折りたたみ 42×35cm)
◇異国叢書〔[第6-7] ケンプェル江戸参府紀行上・下巻 附:長崎の記事・日本の外国貿易史・鎖国論・日本人種起源(ケンプェル) 雄松堂書店 1966 23cm
◇日本誌—日本の歴史と紀行 エンゲルベルト・ケンペル著,今井正翻訳 霞ケ関出版 1973 2冊 27cm
◇江戸参府旅行日記(東洋文庫 303) ケンペル〔著〕, 斎藤信訳 平凡社 1977.2 371, 12p 18cm
◇史料京都見聞記 第1巻紀行 1〔江戸参府旅行日記(ケンペル)〕駒敏郎〔ほか〕編 法蔵館 1991.9 427p 22cm
◇ケンペルのみたトクガワ・ジャパン ヨーゼフ・クライナー編 六興出版 1992.1 294p 20cm
◇検夫爾日本誌 上巻 エンゲルベルト・ケンペル著, 坪井信良訳 霞ケ関出版 1997.6 921p 27cm

◇検夫爾日本誌 中巻 エンゲルベルト・ケンペル著, 坪井信良訳 霞ケ関出版 1997.6 p922-1890 27cm
◇検夫爾日本誌 下巻 エンゲルベルト・ケンペル著, 坪井信良訳 霞ケ関出版 1997.6 p1892-2758 27cm

【評伝・参考文献】
◇エンゲルベルト・ケンペル, フィリップ・フランツ・フォン・シーボルト記念論文集 独逸東亜細亜研究協会 1966 314p 図版 27cm
◇鎖国の思想—ケンペルの世界史的使命（中公新書） 小堀桂一郎著 中央公論社 1974 214p 18cm
◇ケンペルの見た巨蟹—静岡県の海と生きもの（しずしん博物選書） 鈴木克美著 静岡新聞社 1979.11 302p 19cm
◇知日家の誕生 新堀通也編著 東信堂 1986.4 300p 19cm
◇忘れられた博物学 上野益三著 八坂書房 1987.10 277p 19cm
◇東洋奇観—エンゲルベルト・ケンペルの旅〈3版〉 カール・マイヤー〔著〕, 宮坂真喜弘訳 八千代出版 1989.5 328p 22cm
◇ケンペル展—ドイツ人の見た元禄時代 ドイツ・日本研究所〔ほか〕編 ドイツ・日本研究所〔1990〕 165p 24×25cm
◇花の研究史（北村四郎選集 4） 北村四郎著 保育社 1990.3 671p 21cm
◇ケンペル展—ドイツ人の見た元禄時代 国立民族学博物館, ドイツ・日本研究所編 国立民族学博物館 1991.2 165p 24×25cm
◇博物学者列伝 上野益三著 八坂書房 1991.12 412, 10p 23cm
◇長崎のオランダ医たち〈特装版〉（岩波新書の江戸時代） 中西啓著 岩波書店 1993.7 228, 6p 20cm
◇ケンペルと徳川綱吉—ドイツ人医師と将軍との交流（中公新書） B. M. ボダルト＝ベイリー著, 中直一訳 中央公論社 1994.1 255p 18cm
◇日蘭交流の歴史を歩く KLMオランダ航空ウインドミル編集部編 NTT出版 1994.7 254p 21cm
◇ケンペルのみた日本（NHKブックス 762） ヨーゼフ・クライナー編 日本放送出版協会 1996.3 252p 19cm
◇江戸の植物学 大場秀章著 東京大学出版会 1997.10 217, 5p 19cm
◇海の往還記—近世国際人列伝（中公文庫） 泉秀樹著 中央公論社 1999.1 359p 15cm
◇江戸時代の自然—外国人が見た日本の植物と風景 青木宏一郎著 都市文化社 1999.4 229p 19cm
◇薬と日本人（歴史文化ライブラリー） 山崎幹夫著 吉川弘文館 1999.5 6, 231p 19cm
◇遙かなる目的地—ケンペルと徳川日本の出会い ベアトリス・M. ボダルト＝ベイリー, デレク・マサレラ編, 中直一, 小林早百合訳 大阪大学出版会 1999.7 298p 20cm
◇『ニッポン通』の眼—異文化交流の四世紀 ヘルベルト・ブルチョウ著 淡交社 1999.12 252p 19cm
◇江戸のオランダ人—カピタンの江戸参府（中公新書） 片桐一男著 中央公論新社 2000.3 310p 18cm
◇出島のくすり 長崎大学薬学部編 九州大学出版会 2000.9 203p 18cm
◇虹の懸橋 長谷川つとむ著 冨山房 2004.7 318p 21cm
◇植物学史・植物文化史（大場秀章著作選 1） 大場秀章著 八坂書房 2006.1 419, 11p 22cm

呉 継志

ご・けいし

（生没年不詳）

本草学者
字は子善。

　琉球の学士。安永年間（1772年〜1780年）の末頃にたまたま薩摩を訪れていたところ、同藩主・島津重豪より薩南諸島や琉球諸島の植物誌編纂の命を受けた村田経船に誘われ、その実際の作業に当たる。天明年間には清国の学者5名に各品の図と質問を送り、その返答をまとめ稿本を作成、天明6年（1786年）に藩の薬園局に提出。刊行は重豪没後の天保8年（1837年）に斉彬が実現させた。こうして出来上がったのが「質問本草」5冊で、琉球・薩南の植物で日本の本草学者が未知の物も含めて160種の植物が掲載されており、薩摩本草学中、出色の書といわれている。草稿本の例言には呉継志は架空の人物と明記されており、その実在は疑問視もされている。

【著作】
◇質問本草（日本科学古典叢刊 第2） 呉継志著 井上書店 1967 5冊 26cm
◇臨床実践家伝・秘伝・民間叢書 第6巻 曲直瀬道三, 奥西治兵衛, 河南四郎右衛門, 呉継志著 オリエント出版社 1995.4 509p 27cm
◇訳注質問本草 呉継志著, 原田禹雄訳注 榕樹書林 2002.7 626, 12p 27cm

小畑 四郎
こあぜ・しろう

明治8年(1875年)～昭和26年(1951年)4月19日

実業家,変形菌研究家　日本海運社長
新潟県長岡市出生。神戸商業学校〔明治27年〕卒。

　父は長岡藩士で、河井継之助の門弟であり、藩内屈指の剣客でもあった。明治27年日本郵船に入社して船員となり、南海航路を担当、香港やメルボルンに在勤中には下宿で多くの熱帯ランを栽培していたという。のち近海郵船の小樽・神戸各支店長、内国通運専務、石原汽船専務、日本海運社長などを歴任。この間、35年休暇で那智を訪れた際に南方熊楠と偶然出会ったことから変形菌に興味を持つようになり、以後、多忙な本業の傍ら、南方を師として変形菌の採集及び研究に熱中。その足跡は国内から朝鮮、中国、樺太に及び、大正13年には台湾・阿里山で変形菌を採集・記録した(台湾における初の変形菌に関する記録といわれる)。これらで得た標本は初め師に同定を要請したが、のちには自身で鑑定に当たるようになり、生涯を通じて多くの新種を発見した。家族を東京に残して神戸に長く在勤したが、これは同地が変形菌の保存に適した気候・環境であるためだという。15年南方らと共に採集した変形菌90種を皇太子(のち昭和天皇)に進献。昭和4年には師に続き、戦艦長門艦上で昭和天皇に変形菌について御進講を行った。8年に昭和天皇が福井県を行幸した際にも、県内で採取した変形菌標本を献上している。太平洋戦争後は公職追放となるが、23年那須に住む菊池理一の家に滞在して変形菌研究を行い、同年夏には菊池や中川九一と那須山中で菌を採集するなど旺盛に活動した。また求めに応じて変形菌の鑑定や採集指導を行い、後進の育成にも貢献した。没後、彼が残した1万種に及ぶ標本は、中川らの努力によって国立科学博物館に収蔵された。

【著作】
◇脱禅間話　小畑四郎著　船舶運輸時報社　1933　144p 20cm

小泉 源一
こいずみ・げんいち

明治16年(1883年)11月1日～
昭和28年(1953年)12月21日

植物分類学者　京都帝国大学教授
山形県米沢市出生。弟は小泉秀雄(植物学者)。東京帝国大学理科大学植物学科〔明治41年〕卒。理学博士〔大正2年〕。団植物分類地理学会。

　東京帝国大学理科大学に入学して松村任三の下で分類学を専攻、小石川区戸崎町にあった牧野富太郎の家に住み、そこから大学に通った。大正2年「日本薔薇科植物考」で理学博士号を受ける。同大嘱託として標本室の整理にあたり、8年京都帝国大学助教授に赴任、植物学教室の創設に尽力。12年沖縄に5ケ月に及ぶ採集旅行に出かけ、約1800種を採集した。14年～昭和2年欧米に留学。7年植物分類地理学会を創設。11年京都帝国大学教授に就任、18年退官。22年郷里の米沢市に帰り、同地で没した。この間、東亜の植物分類地理に関する多数の論文を発表、牧野、中井猛之進と共に日本の植物分類地理学の礎を築いた三大学者といわれる。

【著作】
◇大日本樹木誌　巻之1　中井猛之進,小泉源一著　成美堂書店　1922　511, 28p 22cm
◇支那植物科属―昭和中期調査記録　小泉源一著、山内英司編　山内英司　〔1995〕　438p 26cm

小泉 秀雄
こいずみ・ひでお

明治18年(1885年)11月1日～
昭和20年(1945年)1月18日

植物学者　共立女子薬学専門学校教授
山形県米沢市出生。兄は小泉源一（植物分類学者）。盛岡高等農林学校（現・岩手大学農学部）〔明治38年〕中退。

　旧米沢藩士の家に生まれる。盛岡高等農林学校（現・岩手大学農学部）に学ぶが、家の都合で中退して教員となり、山形県下の小学校で教える。明治41年東京の芝中学教授嘱託。44年北海道の上川中学（現・旭川東高）に赴任、同年初めて大雪山に登ったのを皮切りに大雪山系の調査に着手し、大正7年冊子「北海道中央高地の地学的研究付図」などを著した他、日本山岳会の機関誌「山岳」に同山に関する論文や報告を発表した。また大雪山系の山々の命名も行っており、"大雪山の父"と呼ばれ、同山系の小泉岳にその名を残している。9年高知県立第三中学を経て、長野県立松本女子師範学校に転任。以後は同県史蹟名勝天然記念物調査委員として県内各地及び関東・近畿の植物や山岳、名勝を調査した。この間にもたびたび北海道やサハリンにも出張しており、13年には大雪山調査会委員に任ぜられた。14年松本高校講師。昭和8年共立女子薬学専門学校講師となり、のち教授に就任して同校の薬草園植物栽培主任も兼ねた。植物学者としては高山などの寒地植物（彼は高山植物の語を用いず、この語に用いている）を中心に北はサハリンから南は台湾まで赴いて各地の植物を採集しており、チシマヒゲノカズラ、センジョウスゲ、ヤツガタケタンポポ、シロウマタンポポといった新種を発見。地衣類や蘚苔類にも注目しており、彼が発見した甲斐駒ケ岳に産する地衣類イワタケモドキの学名 *Umbilicaria koidzumii* Yasuda にその名にちなんで名付けられた。生涯に渡って採集した標本は牧野富太郎に次ぐ約16万点を数え、国立科学博物館に収蔵

されている。著書に「日本アルプスの寒地植物誌」「上伊那植物誌」「下伊那植物誌」「実地適用菊科植物検索表」などがある。

【著作】
◇日本南アルプス寒地植物誌　小泉秀雄著，横内斎増補補〔横内斎〕　1959.4　621p 21cm
◇小泉秀雄植物図集　清水敏一編　小泉秀雄植物図集刊行会　1995.1　251p 31cm

【評伝・参考文献】
◇大雪山わが山小泉秀雄　清水敏一著　清水敏一　1982.8　264p 22cm
◇大雪山わが山小泉秀雄　続　清水敏一編　清水敏一　1984.4　236p 22cm
◇大雪山の父・小泉秀雄(HTBまめほん58)　清水敏一著　北海道テレビ放送　1996.4　88p 9.4×9.6cm
◇北へ…異色人物伝　北海道新聞社編　北海道新聞社　2000.12　308p 21cm
◇大雪山の父・小泉秀雄―山と植物ひと筋に生き抜いた生涯　清水敏一著　北海道出版企画センター　2004.11　438p 22cm

【その他の主な著作】
◇大雪山―登山法及登山案内　小泉秀雄著　大雪山調査会　1926　364, 39p 19cm

小出 信吉
こいで・のぶきち

明治45年(1912年)1月20日～
昭和58年(1983年)11月24日

盆栽家　日本盆栽協会理事長（初代）
栃木県出生。西那須野高等小学校〔昭和2年〕卒。囲日本盆栽協会。

　名は「しんきち」ともいう。盆栽家を志して地元の業者に師事し、昭和3年東京・千駄ケ谷の明樹園に入門。10年独立して松竹園を開設した。早くから盆栽界の向上発展を希求し、業界人と趣味家を包含する協会の結成を唱導、40年吉田茂元首相を会長に日本盆栽協会を発足させた。また盆栽を通じて国際親善を図る一方、業界人の質的向上のための公認講師制や名盆栽の保存に益する貴重盆栽制を制定。五葉松の大家。「盆栽大事典」を刊行した。

【著作】
◇The masters' book of bonsai By directors of the Japan Bonsai Association, Nobukichi Koide〔and oters〕 Kodansha International 1980 144p 20×21cm
◇盆栽大事典 日本盆栽協会編 同朋舎出版 1983.2 3冊 31cm

小祝 三郎
こいわい・さぶろう

（生没年不詳）

植物研究家

関東・中部地方の植物相についての分類研究を行なった。

高 良斎
こう・りょうさい

寛政11年5月19日（1799年6月22日）～
弘化3年9月13日（1846年11月1日）

蘭方医，播磨明石藩士

旧姓名は山崎。名は淡，字は子清，別号は輝淵。阿波国（徳島県）出生。

阿波藩中老・山崎好直の二男。眼科医・高錦国の養嗣子となり、養父に眼科を，乾純水に本草学を学ぶ。文化14年（1817年）には長崎に遊学し，吉雄権之助のもとで蘭語及び蘭方医学を修めた。文政6年（1823年）よりシーボルトに師事して蘭学を研究する一方，鳴滝塾の塾頭を務め，植物標本や関係文献の入手などを行いシーボルトの日本研究に貢献。傍ら師の身辺の世話にも当たり，9年（1826年）師の江戸参府にも随行を許されるなど絶大な信頼を得ていた。12年（1829年）シーボルト事件に連座して投獄されるが，半年で赦免。シーボルトが国外退去を命じられ離日する際には，日本に残された妻・お滝と彼女との間に生まれた娘・イネの世話を二宮敬作と共に任された。天保2年（1831年）島に帰郷して眼科医を開業。傍ら医学や蘭学の研究を進めるが，思うようにはかどらないため家督を継母弟・定国に譲り，7年（1836年）大坂に移住。ここでも医業を続けたが，大塩平八郎の乱による被害で一時期はなはだしく困窮したという。その後，明石藩主の眼病を治療したのがきっかけで，11年（1840年）明石藩の医員となった。著訳書に「西医新書」「西説眼科必読」「銀海秘録」「眼科実地」などがあり，「薬品撮要」「蘭薬語用弁」「薬品応手録」など薬学関係の著訳述も多い。

【評伝・参考文献】
◇贈従五位高良斎先生略伝 徳島県医師会編 徳島県医師会 1939 10p 肖像 20cm
◇高良斎―伝記・高良斎（伝記叢書138） 高於苑三，高壮吉著 大空社 1994.2 1冊 22cm
◇高良斎とその時代 福島義一著 思文閣出版 1996.5 260p 22cm

纐纈 理一郎
こうけつ・りいちろう

明治19年（1886年）7月8日～
昭和56年（1981年）1月20日

植物生理学者 九州大学名誉教授

岐阜県出生。東京帝国大学理科大学〔明治45年〕卒。[専] 植物水分生理学。

大正8年植物生理学研究のため米国、英国、イタリアなどに留学。帰国後、九州帝国大学農学部開設に伴い、植物学講座の初代教授となる。昭和6年我が国最初の植物生理学書「生理植物学」を著すなど、植物水分生理学の権威として知られた。また文部省視学委員や日本植物学会評議員なども務めた。

【著作】
◇岩波講座生物学 第6 植物学［1］［水の吸収蒸散及び通導（纐纈理一郎）］ 岩波書店編 岩波書店 1930～1931 22cm
◇生理植物学――一般植物学の生理学的解説 纐纈理一郎著 明文堂 1931 834p 23cm
◇自然科学叢書 第11編 植物水分生理 纐纈理一郎編 日本評論社 1932 397, 22, 12p 23cm
◇科学のあとくち 纐纈理一郎著 三省堂 1943 282p 19cm

◇植物水分生理概要　繩繩理一郎著　明文堂　1953　107p 21cm
◇教育生物学—生物界事象の一丸的解説　繩繩理一郎著　養賢堂　1954　214p 22cm

高坂 和子
こうさか・かずこ

大正13年(1924年)4月25日～
平成17年(2005年)10月1日

画家
北海道室蘭市出生。室蘭高等女学校卒。置道展新人賞〔昭和55年〕，道展佳作賞〔昭和56年〕，道展会友賞〔昭和58年〕，根室市文化賞〔平成4年〕。

昭和20年結婚により根室に移住。3人の子宝に恵まれ、子育てが一段落した39歳の時から本格的に絵画に取り組む。歯科医の傍ら、根室の自然、特に植物をモチーフとした作品を描き、"叢(くさむら)の画家"と呼ばれた。47年道展初入選、59年同展会員。

【著作】
◇高坂和子展—路傍抄：さいはての幻影　高坂和子　1992　32p 30cm
◇高坂和子展—道東根室・林・草原・叢・野の花・花(郷土画家作品展 2001)　高坂和子〔画〕　郷土画家作品展実行委員会　2001　60p 21×26cm

上坂 伝次
こうさか・でんじ

慶応3年(1867年)1月12日～
昭和23年(1948年)7月31日

農事改良家
越中国小鹿野村(富山県滑川市)出身。

明治35～36年の凶作を機会に、魚肥にかわる水田用自給肥料として裏作のレンゲ栽培に取り組む。大正8年積雪にも耐えられる新品種を作ることに成功、レンゲ栽培は全国的に普及した。

上妻 博之
こうずま・ひろゆき

明治12年(1879年)11月28日～
昭和42年(1967年)7月20日

郷土史家，植物研究家
熊本県託麻郡健軍村(熊本市)出生。熊本師範学校〔明治34年〕卒。團熊本県史，植物学 圖 熊本記念植物採集会(会長)。

明治45年九州学院教諭となる。この頃より細川家北岡文庫調査を始め、肥後藩陽明学史、切支丹事跡研究に従事。また、植物学を牧野富太郎に師事。熊本薬学専門学校講師として、植物分類学を教授した。終戦後、熊本記念植物採集会を組織し、昭和59年会長となり、県下の植物相の調査と研究に貢献した。大正10年熊本県史蹟名勝天然記念物調査委員、昭和25年熊本県文化財専門委員。著書に「肥後藩の陽明学」「肥後切支丹史」「肥後文献解題」など。

【その他の主な著作】
◇肥後藩之陽明学　上妻博之著　私立九州学院学友会　1921　29p 23cm
◇肥後文献解題(郷土文化叢書 第10篇)　上妻博之著　日本談義社　1956　291p 22cm
◇肥後切支丹史　上妻博之編著，花岡興輝校訂　エルピス　1989.5　2冊 22cm

幸田 文
こうだ・あや

明治37年(1904年)9月1日～
平成2年(1990年)10月31日

小説家，随筆家
東京府南葛飾郡向島寺島(東京都墨田区)出生。父は幸田露伴(作家)，長女は青木玉(随筆家)，孫は青木奈緒(随筆家)。女子学院〔大正11年〕

卒。日本芸術院会員〔昭和51年〕。団日本文芸家協会 賞読売文学賞〔第7回, 小説賞〕〔昭和30年〕「黒い裾」, 日本芸術院賞〔第13回〕〔昭和31年〕「流れる」, 新潮社文学賞〔第3回〕〔昭和31年〕「流れる」, 女流文学賞〔第12回〕〔昭和48年〕「闘」。

　文豪・幸田露伴の二女として生まれる。明治43年生母を、45年姉を失い、家事や作法を厳しくしつけられた。大正15年には弟を亡くし、露伴のただ一人の子供となる。昭和3年酒問屋の三橋家に嫁ぎ、病弱な夫に代わって店を切り盛りするが、13年離婚して長女の玉と一緒に生家に戻り、晩年の露伴の看護にあたった。22年露伴の傘寿を記念して作られた雑誌「芸林間歩」の記念号に初めての随筆「雑記」を発表、同年父を看取って「終焉」「葬送の記」を書き、その正確な観察眼と歯切れのよい行き届いた文章が一躍注目を集めた。24年父に関する随筆集「父―その死」を刊行。傍ら、「露伴の書簡」「露伴小品」など父の未刊行文献編纂にも従事。一時絶筆を宣言、柳町の芸者置屋へ奉公し、31年その体験を小説「流れる」として結実させ、同作で新潮社文学賞と日本芸術院賞を受賞。以来、身体に備わった張りのある文体で独自の道を歩み、小説「おとうと」「闘」「きもの」、随筆「崩れ」「木」などの作品を残した。また50年には落雷で焼失した奈良県斑鳩の法輪寺五重塔再建に尽力した。死後、長女の玉が祖父・母の思い出を描いた「小石川の家」で随筆家としてデビューし、また孫娘の奈緒も随筆家となった。他の著書に「こんなこと」「みそっかす」「黒い裾」「ちぎれ雲」「包む」「番茶菓子」「台所の音」などがあり、「幸田文全集」(全7巻, 中央公論社)、「幸田文全集」(全23巻, 別巻1, 岩波書店)もある。

【著作】
◇木　幸田文著　新潮社　1992.6　162p 22cm
◇草の花（講談社文芸文庫 現代日本のエッセイ）　幸田文〔著〕　講談社　1996.7　235p 16cm
◇花の名随筆 5 五月の花〔藤（幸田文）〕 大岡信, 田中澄江, 塚谷裕一監修　作品社　1999.4　222p 19cm
◇作家の自伝 99 幸田文（シリーズ・人間図書館）幸田文著, 橋詰静子編解説, 佐伯彰一, 松本健一監修　日本図書センター　1999.4　274p 22cm
◇花の名随筆 12 十二月の花〔山茶花（幸田文）〕　大岡信, 田中澄江, 塚谷裕一監修　作品社　1999.11　238p 18×14cm

【評伝・参考文献】
◇祖父のこと母のこと―青木玉対談集　青木玉ほか著　小沢書店　1997.11　251p 21cm
◇小石川の家（講談社文庫）　青木玉〔著〕　講談社　1998.4　259p 15cm
◇幸田文の世界　金井景子〔ほか〕編　翰林書房　1998.10　397p 22cm
◇幸田文の箪笥の引き出し（新潮文庫）　青木玉著　新潮社　2000.9　237p 15cm
◇幸田文没後10年―総特集（Kawade夢ムック 文藝別冊）　河出書房新社　2000.12　215p 21cm
◇幸田文のかたみ　深谷考編　青弓社　2002.10　286p 20cm
◇幸田文（女性作家評伝シリーズ 13）　由里幸子著　新典社　2003.9　207p 19cm
◇幸田文のマッチ箱　村松友視著　河出書房新社　2005.7　234p 20cm

【その他の主な著作】
◇幸田文全集 全23巻・別巻　幸田文著　岩波書店　2001.7～2003.6　19cm

甲田 栄佑
こうだ・えいすけ

明治35年（1902年）7月10日～
昭和45年（1970年）1月17日

染織家
宮城県仙台市出生。長男は甲田綏郎（染織家）。八王子織染工業学校〔大正9年〕卒。師は佐山万次郎。重要無形文化財保持者（精好仙台平）〔昭和31年〕。団精好仙台平 賞仙台市政功労章〔昭和34年〕、紫綬褒章〔昭和43年〕。

　父や織工の名人といわれた佐山万次郎に師事。大正12年父の甲田機業場を継ぎ、植物染の工夫、技術の改良を行った。"精好仙台平"で昭和31年重要無形文化財保持者に認定された。仙台平は仙台で織られる絹の袴地のことで、長時間座ってもシワにならない強靭な織物。精好とは経糸に練糸、緯糸に生糸、または経緯とも練糸で織った厚手の織物をいう。

【評伝・参考文献】
◇人間国宝シリーズ 18 小川善三郎 献上博多織，甲田栄佑 精好仙台平 岡田譲〔ほか〕編 講談社 1978.7 40p 36cm

幸田 露伴
こうだ・ろはん

慶応3年（1867年）7月23日～
昭和22年（1947年）7月30日

小説家

本名は幸田成行（こうだ・しげゆき）。幼名は鉄四郎，別号は蝸牛庵，叫雲老人，脱天子。江戸・下谷三枚橋横町（東京都台東区）出生。兄は郡司成忠（海軍大尉・開拓者），弟は幸田成友（歴史学者），妹は幸田延（ピアニスト），安藤幸（バイオリニスト），二女は幸田文（小説家），孫は青木玉（随筆家）。通信省電信修技学校〔明治17年〕卒。帝国学士院会員〔昭和2年〕，帝国芸術院会員〔昭和12年〕。文学博士（京都帝国大学）〔明治44年〕。賞文化勲章（第1回）〔昭和12年〕。

代々，幕府の表坊主を務める家に生まれる。幼時から漢文の素読を受け，小学校卒業後は東京府立第一中学や東京英学校（のち青山学院）などに通うが，いずれも卒業せず，菊池松軒の漢学塾に学ぶ。この間，13歳の時から湯島聖堂の図書館に入り浸り，漢籍や仏典，俳書，日本の古典を濫読。この頃，井原西鶴再評価のきっかけを作った趣味人・淡島寒月を知る。明治16年電信修技学校に入り，卒業後の20年には電信技手として北海道余市に赴任するが，日々の生活に不満を感じ，わずか一年で職を棄てて帰京。22年「都の花」に小説「露団々」を発表して文壇に登場し，以来「風流仏」「対髑髏」「一口剣」「辻浄瑠璃」「いさなとり」「風流微塵蔵」など香気とロマンあふれる秀作を次々と執筆，親交があった尾崎紅葉と並び称されて文学界に"紅露時代"という一時代を築いた。特に24年より「国会」で連載を開始した「五重塔」は芸道のために自らを非情の鬼と化した，のっそり十兵衛の生き方を描き，明治文学史上の傑作として名高い。またこの頃，饗庭篁村，森田思軒，幸堂得知ら，いわゆる根岸派の文人たちと交わって遊楽を共にし，中でも道を歩きながら路傍の草木に赤味噌を付けて食すという奇妙な遊びをしており，うっかり毒草を食って唇が真っ赤にはれあがって大変な目に遭ったこともあるという。38年長編小説「天うつ浪」が未完に終わった後は，文筆活動の重点を評論，随筆，校訂などに移すようになり，41年には狩野亨吉に招かれて1年ほど京都帝国大学講師を務めた。大正期以降は「頼朝」「名和長年」「幽情記」「運命」などの史伝や，「芭蕉七部集」の評釈などに没頭。昭和12年71歳で第1回文化勲章を受章。同年芸術院創設と同時に会員。一方で再び小説の筆を執り，13年「幻談」，15年には「連環記」など，重厚にして滋味のある作品を発表した。八宗兼学，古今東西に通ずる無双の知識を誇り，趣味も釣，囲碁，将棋，料理など多岐にわたったが，植物についても詳しく，「望樹記」「菊 食物としての」「花鳥」など植物を題材に取った小説や随筆もある。また三人の子らに同じ種類の木を一本ずつ与えて世話をさせたり，木の葉を見せてその種類を当てさせるなど，植物を通じた教育を子供たちに施しており，二女・文は露伴没後に随筆家・小説家として立った。他の著書に「一国の首都」「長語」「努力論」「蝸牛庵句集」「音幻論」「木屑」などの他，「露伴全集」（全41巻，岩波書店）がある。

【著作】
◇植物（書物の王国5） オスカー・ワイルド，クリスティナ・ロセッティ，ジャン・アンリ・ファーブル，幸田露伴，一戸良行ほか著 国書刊行会 1998.5 222p 21cm
◇花の名随筆5 五月の花［菖蒲湯（幸田露伴）］ 大岡信，田中澄江，塚谷裕一監修 作品社 1999.4 222p 19cm
◇作家の自伝81 幸田露伴（シリーズ・人間図書館） 幸田露伴著，登尾豊編解説，佐伯彰一，松本健一監修 日本図書センター 1999.4 257p 22cm
◇花の名随筆10 十月の花［菊―食物としての（幸田露伴）］ 大岡信，田中澄江，塚谷裕一監修 作品社 1999.9 222p 18×14cm

【評伝・参考文献】
◇幸田露伴 柳田泉著 中央公論社 1942 472p 図版 19cm

◇露伴翁家語　塩谷賛著　朝日新聞社　1946　224p　図　肖像　19cm
◇鴎外と露伴（創元選書第170）　日夏耿之介著　創元社　1949　323p　図版　19cm
◇幸田露伴　斎藤茂吉著　洗心書林　1949　216p　図版　19cm
◇父―その死　幸田文著　中央公論社　1949　136p　18cm
◇東西百傑伝　第3巻［幸田露伴（鈴木由次）］　池田書店　1950　321p　19cm
◇幸田露伴　上・中・下　塩谷賛著　中央公論社　1965～1968　20cm
◇文明批評家としての露伴　瀬里広明著　未来社　1971　298p　22cm
◇幸田露伴―日本ルネッサンス史論から見た　福本和夫著　法政大学出版局　1972　497p　図　20cm
◇露伴と遊び　塩谷賛著　創樹社　1972　285p　図　20cm
◇漱石・啄木・露伴　山本健吉著　文藝春秋　1972　269p　20cm
◇晩年の露伴　下村亮一著　経済往来社　1979.5　205p　20cm
◇露伴と道元　瀬里広明著　創言社　1986.11　402p　20cm
◇露伴・風流の人間世界　二瓶愛蔵著　東宛社　1988.4　307p　22cm
◇史伝閑歩（中公文庫）　森銑三著　中央公論社　1989.1　308p　15cm
◇露伴と現代　瀬里広明著　創言社　1989.1　344p　22cm
◇幸田露伴研究序説―初期作品を解読する　渇沼誠二著　桜楓社　1989.3　199p　22cm
◇人間露伴（近代作家研究叢書94）　高木卓著　日本図書センター　1990.3　243,8p　22cm
◇露伴の俳話（講談社学術文庫）　高木卓〔著〕　講談社　1990.4　181p　15cm
◇幸田露伴―詩と哲学　瀬里広明著　創言社　1990.12　370p　22cm
◇蝸牛庵訪問記（講談社文芸文庫）　小林勇著　講談社　1991.1　375p　15cm
◇忘れ得ぬ人々（講談社文芸文庫）　辰野隆著　講談社　1991.2　266p　15cm
◇東京の雑木林　矢口純著　福武書店　1991.4　221p　19cm
◇露伴―自然・ことば・人間　瀬里広明著　海鳥社　1993.4　305p　20cm
◇人物篇5（森銑三著作集　続編　第5巻）　森銑三著　中央公論社　1993.6　616p　21cm
◇新編　思い出す人々（岩波文庫）　内田魯庵著、紅野敏郎編　岩波書店　1994.2　437p　15cm
◇蝸牛庵覚え書―露伴翁談叢抄〈増補〉　斎藤越郎著　けやき出版　1994.11　189p　20cm
◇祖父のこと母のこと―青木玉対談集　青木玉ほか著　小沢書店　1997.11　251p　21cm
◇小石川の家（講談社文庫）　青木玉〔著〕　講談社　1998.4　259p　15cm
◇土門拳　風貌　土門拳著、土門たみ監修　小学館　1999.1　247p　30cm
◇露伴とその時代　瀬里廣明著　白鴎社　2000.1　277p　20cm
◇帰りたかった家（講談社文庫）　青木玉著　講談社　2000.2　220p　15cm
◇現代に生きる幸田露伴　瀬里廣明著　白鴎社　2000.12　371p　19cm
◇幸田露伴と明治の東京（PHP新書）　松本哉著　PHP研究所　2004.1　270p　18cm

【その他の主な著作】
◇露伴全集　全41巻・別巻上・下　幸田露伴〔著〕　岩波書店　1978.5～1980.3　19cm
◇露伴随筆　第1-5冊　幸田露伴著　岩波書店　1983.3～7　20cm

晃天　園瑞

こうてん・えんずい

元禄15年（1702年）～
安永4年12月11日（1776年1月2日）

僧侶，農業改良家　薬王山建命寺住職
旧姓名は田川。信濃国高井郡新野（長野県中野市）出生。

　信濃高井郡の松山寺住職・徹眼台道の弟子となり、各地で修行。水内郡五束の弥勒寺を経て、宝暦年間には野沢温泉の薬王山建命寺第8世の住職となった。この頃（寺伝には宝暦6年）、上方へ遊学した際に大坂の名産・天王寺蕪を知り、その種子を持ち帰って寺の畑に播種。しかし北信濃の厳しい自然のためか、蕪なのに根が太くならず、葉だけが大きいものが出来上がった。これは、その三尺を超える葉の大きさから「三尺菜」と呼ばれ、近隣の農家にも配布された。やがて冬越しの漬け菜として利用されるようになり、さらに山国で塩が不足していたため越後の海水を運んできて漬けてみたところ、海苔気を含んで非常に美味となり、以来、北信濃各地に広まったという。これがのちに野沢菜として全国的に知られるようになった。その後、園瑞は高井郡高石村の泉竜寺第11世を18年間務め、野沢菜の普及に尽力した。またその弟子たちも野沢菜の栽培指導に当たったという。野沢温泉村では園瑞を野沢菜の始祖としており、その遺

徳をしのんで顕彰碑も建てられている。

河野 禎造
こうの・ていぞう

文化14年12月1日(1818年1月7日)〜
明治4年(1871年)2月10日

蘭学者,農学者
名は剛,本姓は原田。筑前国(福岡県)出生。
　福岡藩士河野氏の養子。嘉永2年(1849年)藩命により長崎に遊学し、シーボルトに医学や植物学を、ファン・デン・ブルークに化学を学ぶ。帰郷後、眼科医を開業したが、のち農学に転向し、国学の思想をふまえつつ肥料化学や植物学など洋学の成果を盛り込んだ「農家備要」を著す。他に、我が国最初の無機分析化学書「舎密便覧」や、「農家備要」の啓蒙普及版「農薬花暦」などがある。

【著作】
◇農家備要 前編 河野剛著 黒金舎〔ほか〕1870.9 5冊 25cm
◇農業花暦 河野剛著 黒金屋助四郎 1870.9 1帖 26cm

河野 齢蔵
こうの・れいぞう

慶応元年(1865年)2月8日〜
昭和14年(1939年)4月3日

登山家,植物学者,教育家　長野師範学校校長
信濃国東筑摩郡(長野県)出生。長野師範学校(現・信州大学教育学部)卒。
　明治22年長野県尋常師範学校を卒業後、小学校に勤務しながら植物、動物、生理各科の中学、女学校、師範学校の教員資格を取得。長野高等女学校校長、伊那高等女学校校長などを歴任した。傍ら高山植物の研究に力を注ぎ、26年乗鞍岳、31年白馬岳、36年赤石岳などに登山し、昭和7年には千島方面、8年には北海道から樺太にも足跡を残した。この間、39年信濃博物会、44年信濃山岳研究会を創設。早くから写真技術を習得し、松本市の写真術研究会の会長として指導にも携わった。著書に「高山植物の研究」「高山研究」「日本高山植物図説」「日本アルプス登山案内」などがある。

【著作】
◇普通理科教科書 理化学及礦物之部　矢沢米三郎,河野齢蔵著　帝国通信講習会　1901.4 132p 24cm
◇高山植物の研究　河野齢蔵著　岩波書店　1917 102, 65p 22cm
◇高山研究　河野齢蔵著　岩波書店　1927 199p 図版66枚 23cm
◇日本高山植物図説　河野齢蔵著　朋文堂　1931 35p 図版54枚 解説54枚 23cm
◇高山植物の培養　河野齢蔵著　朋文堂　1934 167p 20cm

【その他の主な著作】
◇日本アルプス登山案内　矢沢米三郎,河野齢蔵共著　岩波書店　1923　323p 図版17cm
◇動物教科書教授精説—女子用　浜幸次郎,河野齢蔵共著　光風館書店　1928　221p 20cm
◇日本アルプス(信濃郷土叢書 第10編)　河野齢蔵著・画　信濃郷土文化普及会　1929　50p 19cm
◇日本アルプス—附・登山案内　矢沢米三郎,河野齢蔵　岩波書店　1929

合屋 武城
ごうや・たけしろ

明治11年(1878年)〜昭和34年(1959年)

植物研究家
福岡県粕屋郡出生。東京帝国大学理科大学臨時教員養成所〔明治37年〕卒。
　明治37年東京帝国大学理科大学臨時教員養成所を卒業後、山口県師範学校に赴任し、県下で植物採集を行い、標本を東京帝国大学に送り、研究を支援した。その中から、オオイチゴツナギやサイコクヌカボシソウという新種が発見された。のち、福岡県で教職に就き、同県下の植物についても調査研究した。

郡場 寛

こおりば・かん

明治15年(1882年)9月6日～
昭和32年(1957年)12月15日

植物生理学者 弘前大学学長、京都大学名誉教授 旧姓名は白戸。青森県青森市栄町出生。母は郡場ふみ子（植物研究家）。東京帝国大学理科大学植物学科〔明治40年〕卒。理学博士〔大正元年〕。

生家は青森県の酸ケ湯温泉の湯主で旅館を営み、母・ふみは女将の傍ら高山植物の標本作りに励んだ。旧制二高から東京帝国大学理科大学に進み、三好学に植物生理学を学ぶ。明治42年東京帝国大学理科大学副手、大正2年東北帝国大学農科大学（現・北海道大学農学部）講師となり、4年療養生活に入った大野直枝の後任として教授に就任。7年から2年半の欧米留学を経て、9年京都帝国大学教授に転じ、10年京都府立植物園初代園長を兼任。昭和7年シベリア経由で欧州や北米・南米を、15年中国、内モンゴル、満州を視察。16年京都帝国大学理学部長を務めた。太平洋戦争開戦後17年9月に同大を定年退官すると、12月には陸軍司政長官（将官相当）として日本占領下のシンガポールに渡り、ラッフルズ植物園を改名した昭南植物園の園長に赴任。19年徳川義親総長の帰国後は羽根田弥太と共に植物園・同博物館を管理し、捕虜収容所に入らず残留していた英国人植物学者のE. J. H. コーナー副館長らと手を携えて蔵書や標本の保全に当たり、両施設を戦火から守ることに尽力した。同地ではコーナーらと熱帯樹木の生長周期などを研究、職員からはその暖かな人柄より"オラン・ヤング・バイ・サカリ（まことの紳士）"と呼ばれ、敬愛を受けた。21年帰国。23年京都大学名誉教授。29年請われて郷里の弘前大学学長に就任した。植物生理学・生態学の分野で多岐にわたる研究を行い、逸見武雄、芦田譲治ら多くの弟子を育てた。

【著作】
◇岩波講座生物学［第6 植物学[1]植物の組織及び機能（郡場寛）］ 岩波書店編 岩波書店 1930～1931 22cm
◇小川博士還暦祝賀記念論叢［噴火と植生（郡場寛）］ 小川琢治博士還暦祝賀会編 弘文堂書房 1930 1冊 27cm
◇現代の生物学 第1集 遺伝 ［ホルモンと遺伝性（郡場寛）］ 木原均,岡田要共編 共立出版 1949 320p 22cm
◇植物の形態 郡場寛著 岩波書店 1951 265p 22cm
◇植物生理生態 郡場寛著 養賢堂 1953 503p 22cm
◇生物学閑話―郡場寛博士との対談 木原均編 広川書店 1962 233p 図版 19cm
◇生物学閑話―郡場寛博士との対談 第2集 郡場寛著,木原均編 広川書店 1966 293p 図版 19cm
◇生物学閑話―郡場寛博士との対談 第3集 郡場寛著,木原均編 広川書店 1968 286p 図版 19cm

【評伝・参考文献】
◇近代日本生物学者小伝 木原均ほか監修 平河出版社 1988.12 567p 22cm

郡場 ふみ子

こおりば・ふみこ

安政3年(1856年)～大正14年(1925年)7月20日

植物採集家

旧姓名は三上。陸奥国弘前（青森県）出生。二男は郡場寛（植物生理学者）。

弘前藩儒・三上家に生まれ、同藩士・郡場直也と結婚。夫は八甲田山の酸ケ湯温泉に旅館を開いた人物で、女将として経営を助ける一方、薬草を中心に自然豊かな八甲田の植物を採集して標本を作り、その数は千余種を数えた。さらにそれらを各地の大学や研究機関に送付して鑑定を要請し、植物学界に大きく貢献した。無学ながら抜群の記憶力で植物の生態を正確に理解し、八甲田山中では足跡が至らざるところなしといわれ、同地の温泉を愛した文人・大町桂月

をして"仙女"と評された。その子息・寛は長じて植物学者として立った。

粉川 昭平
こかわ・しょうへい

昭和2年(1927年)1月12日～
平成13年(2001年)10月25日

大阪市立大学名誉教授

奈良県奈良市出身。京都大学理学部〔昭和26年〕卒,京都大学大学院修了。理学博士(京都大学)〔昭和37年〕。団古生物学 団日本植物学会,日本地質学会,日本古生物学会,奈良植物研究会。

昭和26年京都大学理学部を卒業して同大学院に進み,奈良・三笠山の火山地質とその編年を研究。同時に,同地で発掘された植物化石に興味を持ち,それらの同定を三木茂に依頼した。これが縁で32年大阪市立大学理学部助手となり,三木の指導を受けてミツガシワの種子遺体の研究を進め,37年「本邦におけるミツガシワ種子遺体の分布と層位」で京都大学より理学博士号を受けた。その後,同大教授に就任して植物分類学教室を主宰し,三木の植物化石研究を受け継いだ。1970年代以降は考古学的な遺蹟から産出した植物遺体,花粉を主な研究対象とするようになり,各地で行われた鉄道や道路の建設に伴う遺蹟の発掘調査で出土した植物化石の鑑定に当たり,その分類と,その結果に基づく地層の堆積年代の推定や当時の環境について幅広い研究と教育を行い,考古植物学の確立に大きく貢献した。平成2年退官して大阪千代田短期大学教授となり,附属図書館長を兼任。傍ら,大阪市立自然史博物館で自らが採集した植物化石標本の整理を行った。同博物館友の会や奈良植物研究会の会長も務めた。編著に「日本化石集30」などがある。

【著作】
◇人文地理学研究法〔人文地理学に必要な地質の調査法(粉川昭平)〕 藤岡謙二郎編 朝倉書店 1957 332p 22cm

◇地質調査報告書〔植物遺体(粉川昭平,島倉巳三郎)〕 小林国夫等編 浜松市 1964 381p 図版11枚 表 地図 26cm
◇日本化石集 日本化石集編集委員会編 築地書館 1968.8～1984.2 30cm

国分 寛
こくぶん・ひろし

大正14年(1925年)11月27日～
平成14年(2002年)3月17日

香川大学名誉教授

福島県本宮町(本宮市)出生。東北大学理学部生物学科〔昭和25年〕卒。団植物生理学 団日本植物学会,日本植物生理学会,日本生化学会。

姓は「こくぶ」ともいう。昭和25年東北農業試験場勤務。27年香川大学助手となり,助教授を経て,47年教授に就任。59年附属図書館長,平成元年定年退官。アッケシソウ研究の第一人者。高松市の御坊川を美しくする会など環境保護運動も推進した。

小島 烏水
こじま・うすい

明治6年(1873年)12月29日～
昭和23年(1948年)12月13日

登山家,紀行文家,浮世絵研究家 日本山岳会初代会長

本名は小島久太。香川県高松市出生,神奈川県横浜市出身。長男は小島隼太郎(登山家)。横浜商〔明治25年〕卒。

幼少時より詩文を作り,歴史や地理を愛好し,横浜正金銀行に入行後も「文庫」に評論や紀行文を投稿。それらが同誌の主筆・山縣悌三郎に認められ,明治30年同誌記者となり,文芸批評,社会評論などを執筆。一方,志賀重昂の「日本風景論」に触発されて登山に開眼し,32年浅間山,33年乗鞍岳に登る。35年には岡野金次郎と共に長野県の白骨から霞沢を経て,日本人として初の槍ケ岳登頂に成功するとともに,

その紀行文「槍ケ岳探検記」を著して山岳作家としての地歩を固めた。36年宣教師で我が国における近代登山の先覚者でもあるウエストンの知遇を得、さらに雑誌に発表した紀行文などを通じて武田久吉ら多くの山岳愛好家らと知り合い、38年には武田や城数馬らと山岳会(日本山岳会の前身)を創立。以後、明治30年代後半から大正初期にかけて、八ケ岳、甲斐駒ケ岳、明石岳、穂高岳の登頂、槍ケ岳縦走、飛騨双六谷遡行などを行うなど日本アルプスの探検に輝かしい業績を残し、それらをもとに「扇頭小景」「日本山水論」「雲表」といった紀行文集や山岳研究書を数多く著して近代登山の啓蒙に尽くした。特に43年から刊行が始まった「日本アルプス」(全4巻)は、それまでの実践的な紀行文に加えて、美術評論家ラスキンの影響のもと審美的かつ科学的な態度で論じた風景論、山岳論を多数収録し、日本近代における山岳文献中、出色の作とも評される。また、高山植物にも常に注意を払い、前記「槍ケ岳探検記」を収めた「山水無尽蔵」には槍ケ岳の植生について触れた文章を附録として設けている他、高山植物やその保護について論じた文章も多い。大正4年正金銀行支店長として渡米、ロサンゼルス、サンフランシスコに在勤する傍ら米国シエラネバダやカスケード山系の山々に遊び、氷河にも親しんだ。昭和2年帰国後はたびたび富士山に登り、「朝日新聞」紙上に「不尽の高嶺」を連載。5年同行を退職。6年日本山岳会初代会長に就任し、10年名誉会員に推された。浮世絵の収集・研究でも知られ、「浮世絵と風景画」「江戸末期の浮世絵」といった研究書も刊行。米国在勤時には西洋版画の収集も始め、そのコレクションの一部は横浜美術館に収蔵されている。他の著書に「烏水文集」「アルピニストの手記」「書斎の岳人」「偃松の匂ひ」や、「小島烏水全集」(全14巻)がある。

【著作】
◇小島烏水全集 全14巻 大修館書店 1979.9〜1987.9 23cm
◇花の名随筆 7 七月の花 [石楠花(小島烏水)] 大岡信監修・編、田中澄江、塚谷裕一監修 作品社 1999.6 230p 18×14cm

【評伝・参考文献】
◇小島烏水—山の風流使者伝 近藤信行著 創文社 1978.1 453p 22cm
◇近代の異能者たち(讃岐人物風景14) 四国新聞社編 丸山学芸図書 1986.4 214, 4p 19cm

小島 利徳
こじま・としのり

?〜平成13年(2001年)7月23日

園芸家 日本ばら会理事長, 愛川町(神奈川県)町議

神奈川県愛川町出身。賞世界バラ展最優秀賞。
国内のバラ作りの第一人者で、日本ばら会理事長を3期勤めた。長年、皇居内のバラの管理・指導にあたった。品種改良したピンクの大輪'ミスターコジマ'が有名。

小島 均
こじま・ひとし

明治28年(1895年)3月28日〜
平成8年(1996年)11月26日

九州大学名誉教授
広島県広島市出身。東京帝国大学理学部植物学科〔大正7年〕卒。理学博士。専植物細胞生理学。
東京帝国大学理学部で三好学に師事。九州帝国大学助手、講師、福岡高校教授を経て、大正12年九州帝国大学助教授、昭和22年教授。33年退官。裸子植物および双子葉間の血清学的類縁関係、花色の遺伝研究などを行った。

小清水 亀之助
こしみず・かめのすけ

(生没年不詳)

苗木栽培家

　埼玉県安行(現・川口市安行)の苗木栽培家で、新郷村の松本伝太郎の苗園にあった、古くから荒川堤などに植生していたサクラ100系統ほどの栽培品種を引き継ぎ保存した。また、サトザクラの品種保存に務めた。

小清水 卓二
こしみず・たくじ

明治30年(1897年)6月15日～
昭和55年(1980年)10月24日

奈良女子大学名誉教授
神奈川県出身。京都帝国大学理学部植物学科〔昭和2年〕卒。理学博士〔昭和26年〕。团植物生理学 团奈良植物研究会(会長)。

　京都帝国大学理学部で郡場寛に師事。昭和7年奈良女子高等師範学校(現・奈良女子大学)教授。31年退官。52年奈良植物研究会を設立、初代会長を務めた。著書に「万葉植物 写真と解説」などがある。日本での亜熱帯植物の分布の限界線のひとつであるハマオモト線の命名者。

【著作】
◇日本古文化研究所報告 第2〔高殿出土植物遺品の調査(小清水卓二)〕 日本古文化研究所編 日本古文化研究所 1936
◇海の生物〔海藻類 他(小清水卓二)〕 岩田正俊編 文祥堂 1942 184p 図版 22cm
◇万葉植物―写真と解説〈改訂版〉 小清水卓二著 三省堂 1942 188p 図版89枚 19cm
◇大和の名称と天然記念物 小清水卓二著 小清水卓二 1943 189p 表 19cm
◇顕微鏡で見る生物〔顕微鏡の扱い方(小清水卓二)〕 岩田正俊編 文祥堂 1943 176p 22cm
◇野原の生物〔野原の植物の観察(小清水卓二)〕 岩田正俊編 文祥堂 1943 152p 22cm
◇植物生長ホルモン(自然科学選書 203) 小清水卓二著 績文堂 1944 209p 19cm
◇大峯山 吉野熊野国立公園協会奈良県支部 1944 222p 図版 19cm
◇万葉植物と古代人の科学性 小清水卓二著 大阪時事新報社 1948 278p 表 22cm
◇万葉集大成 第8巻 民俗篇〔万葉集の植物第1(小清水卓二)〕 平凡社 1953 389p 図版 22cm
◇私の採集図鑑 小清水卓二,津田松苗編 清文堂・学習出版社 1953.7 56p 22cm
◇奈良県史跡名勝天然記念物調査抄報 第5-8輯 奈良県教育委員会 1955～1956 4冊 26cm
◇平城宮跡―朝堂院跡北方地域の調査〔平城宮跡遺溝から出土した遺体植物(小清水卓二)〕(埋蔵文化財発掘調査報告 第5) 文化財保護委員会編 吉川弘文館 1957 図版48枚 解説 92p 26cm
◇十津川文化叢書 第2〔十津川の生物(小清水卓二,津田松苗)〕 奈良県教育委員会事務局文化財保存課編 十津川村 1961 22cm
◇近畿古文化論攷〔古代日本の住居跡から出土する桃核について(小清水卓二)〕 橿原考古学研究所 吉川弘文館 1963 629p 図版 22cm
◇奈良の自然 小清水卓二等著 六月社 1965 208p 18cm
◇日本古文化論攷〔考古学的にみた日本の栽培植物(小清水卓二)〕 橿原考古学研究所編 吉川弘文館 1970 648p 図版 22cm
◇万葉の草・木・花 小清水卓二著 朝日新聞社 1970 358p 20cm
◇花の大和路 田中真知郎写真,岡部伊都子,小清水卓二文 朝日新聞社 1971 158p(図共) 22cm
◇戸隠―総合学術調査報告〔戸隠高原の植物(小清水卓二,横内斎)他〕 信濃毎日新聞社戸隠総合学術調査実行委員会編集 信濃毎日新聞社 1971 534p 図75p 27cm
◇日本の文様 18 桜 小清水卓二〔等〕編 光琳社出版 1975 図63枚 34p 29cm
◇橿原考古学研究所論集 第4〔橿原遺跡の「橿」攷(小清水卓二)〕 橿原考古学研究所編 吉川弘文館 1979.9 576p 22cm
◇橿原考古学研究所論集 第5〔チョウジ(丁子)攷(小清水卓二)〕 橿原考古学研究所編 吉川弘文館 1979.9 548p 22cm
◇真珠の小箱 4奈良の冬〔梅の文化―月ケ瀬(小清水卓二)〕 角川書店編 角川書店 1979.11 242p 19cm
◇花の大和路(朝日文庫) 田中真知郎,小清水卓二著 朝日新聞社 1986.4 204p 15cm
◇万葉集大成 第8巻 民俗篇〔万葉集の植物第1(小清水卓二)〕 平凡社 1986.6 389p 22cm

小高 伊左衛門
こだか・いざえもん

(生没年不詳)

農家,園芸家
　江戸東郊の堀切村(現・東京都葛飾区)の農家。生来の植物好きで、草花の培養に特に意を用いていたという。中でも花菖蒲に興味を持ち、文化年間、花菖蒲の収集で知られた旗本・松平定

朝(菖翁、左金吾)や江戸・本所北割下水の万年録三郎らと交流、彼らから'立田川''十二一単''月下の波'といった珍種を譲り受け、それらの栽培をはじめた。これが堀切の菖蒲の始まりといわれる。また文政初年には富士登山の帰途、相模から持ち帰った菖蒲の珍種を'七福神'と命名(のち、これから変化して'酔美人'ができる)。その後も菖蒲の培養や品種改良・珍種の収集に力を注ぎ、名花を多数生み出すとともにその園池は江戸庶民の行楽の場として名所図会にも描かれるほどの人気となった。彼の菖蒲園は、のちに小高園を称し、武蔵園、堀切園などと並んで堀切における花菖蒲の中心地となり、昭和8年には文部省から名勝の指定を受けた。太平洋戦争中の戦時体制のために周りの菖蒲園が廃園になる中、小高園も政府の要請により水田に変えられてしまったが、戦後になって堀切園の跡が堀切菖蒲園として再生し、現在も都民の憩いの場として親しまれている。

【評伝・参考文献】
◇堀切菖蒲園(東京公園文庫23) 相関芳郎著 郷学舎 1981.6 104p 18cm
◇堀切菖蒲園―葛西花暦 特別展 〔東京都〕葛飾区郷土と天文の博物館 1995.3 103p 30cm

児玉 親輔

こだま・しんすけ

明治17年(1884年)9月17日～
昭和19年(1944年)1月9日

シダ研究家

東京府小石川区(東京都文京区)出生。東京帝国大学理科大学植物学科〔明治41年〕卒。

明治38年東京帝国大学理科大学動物学科に入学し、40年植物学科に転入。41年大学院に進み、松村任三の指導の下でシダ類の分類学研究をはじめた。45年大学院を退学後は天台宗中学や、東京中学、曹洞宗第一中学で教鞭を執る傍ら、イノデ属やオシダ属などの研究を続け、「植物学雑誌」に論文を寄稿。また松村が編集した「新撰植物図譜」第1巻(明治44年刊)ではシダ植物の解説を担当している。しかし大正8年山口高校開校とともにその教授として招かれることになり、また12年の関東大震災で苦心して収集した標本や図譜を失ったこともあってシダ類の研究を断念した。山口高校では生物学を教えたが、その門下からは植物学者・木村陽二郎や生物学者・飯島衛、目白寄生虫館館主・亀谷了などといった優れた生物学者たちを輩出した。昭和16年より同校の生徒主事を務め、同年勅任官となったが、19年脳溢血のため現職のまま死去した。

後藤 兼吉

ごとう・けんきち

明治28年(1895年)～昭和57年(1982年)12月

園芸家　全日本蘭協会会長

東京市四谷区(東京都新宿区)出生。正則中学。団 全日本蘭協会(会長) 賞 園芸文化賞〔昭和52年〕。

4歳のときに父を亡くし、母も目が悪かったため、叔母の家で育つ。正則中学の夜学で英語を学んだ後、明治42年15歳で新宿御苑の見習となる。間もなく、鉢を磨いていたところを'福羽イチゴ'の作出者として名高い福羽逸人に知られ、大正3年から福羽家に寄宿。以来、福羽の指導のもとで御苑の業務に励み、最新の園芸学を習得した。福羽からは住み込みの愛弟子として可愛がられたが、10年頃ふとした事から福羽の勘気を被り、福羽家から退去。同年相馬子爵と共に東南アジアに旅行することとなり、帰朝ののち福羽に謝罪しようと考えていたが、その前後に福羽が死去したため、遂にその機会を得ることが出来なかった。11年御苑を辞し、美術・植物コレクターである実業家・加賀正太郎の招きで京都大山崎にある彼の温室に移り、以後は洋ランの栽培と品種改良に専念。加賀は莫大な私財を投じて外国から多くの種類の洋ランを取り寄せており、それらを元にして加賀とのコンビで交配・作出した洋ランは1140種、約1万株に及ぶといわれ、一躍大山崎は西日本にお

ける洋ラン栽培のメッカとなった。彼らの作出した美しい洋ランの数々は、加賀が最高級の職人を用意して作らせた「蘭花譜」という極彩色の図譜で見ることができる。この間、家族の不幸が度重なったが、ラン栽培への情熱は消失せず、昭和29年帰京するまでの32年間、加賀家でランの育成に従事した。32年に全日本蘭協会が設立されると委員となり、46年には石田博英の後を受けて同協会の第3代会長に就任。52年園芸文化賞を受賞。天才的なセンスとすぐれた技量・豊富な知識から、"日本最高の園丁""洋蘭の神様"と称される。

後藤 捷一
ごとう・しょういち

明治25年(1892年)1月2日～
昭和55年(1980年)9月17日

染織研究家　凌霄文庫主宰
徳島県名東郡国府村(徳島市)出生。徳島工染織科卒。囲阿波藍染 賞勲五等瑞宝章〔昭和43年〕。

　小学校、技芸女学校教師を経て、被服廠勤務時代に染織史に興味を持つようになる。大正7年大阪に出て染織・染料の研究を始めるとともに、数々の染織関係の雑誌を編集。昭和27年三木文庫主事となり、三木家の修史と藍の研究を進めた。阿波藍染研究の権威で、郷土史や民俗も研究。主著に「染料植物譜」「日本染織譜」「日本染織文献総覧」などがある。

【著作】
◇染料植物譜　後藤捷一, 山川隆平編　高尾書店　1937　1346p 22cm
◇江戸時代染色技術に関する文献解題　後藤捷一著　日本植物染研究所　1940.1　43p 27cm
◇日本の民具[庶民の染色(後藤捷一)]　日本常民文化研究所編　角川書店　1958　279p 図版 19cm
◇古書に見る近世日本の染織　後藤捷一著　大阪史談会　1963　539p(図版共)22cm
◇日本染織譜—家蔵版　後藤捷一著　東峰出版　1964.9　499p 22cm

◇木綿麻日記—校注(郷土史談 第15編)　松月堂心阿著, 後藤捷一編　大阪史談会　1970　97p(図, 肖像共)地図 22cm
◇日本の郷土産業5[徳島の藍玉—その隆盛と退潮(後藤捷一)]　日本地域社会研究所編　新人物往来社　1975　321p 20cm
◇日本染織文献総覧　後藤捷一著　染織と生活社　1980.4　301, 108p 27cm

【評伝・参考文献】
◇後藤捷一大人著述目録　岩村武勇編　後藤捷一先生祝寿記念会　1969　82p(図版共)22cm
◇後藤捷一八十八年の足跡　吉川捷子編　吉川捷子　1981.5　126p 21cm

後藤 伸
ごとう・しん

昭和4年(1929年)～平成15年(2003年)1月27日

植物学者
和歌山大学教育学部卒。囲日本生態学会 賞勲五等瑞宝章〔昭和43年〕, 南方熊楠賞(特別賞, 第13回)〔平成15年〕。

　大学卒業後、田高高校など和歌山県内の中学、高校に35年間勤務。この間、南紀生物同好会、日本生態学会に所属し、田辺市文化財審議委員、天神崎の自然を大切にする会理事などを務めた。また南方熊楠邸保存顕彰会理事として、熊楠の残した多数の標本の復元・保存などに尽力。和歌山県に生息する昆虫(半翅類)と植生を中心にした調査研究報告書などを執筆。平成9年国内では見つかったことがないシソ科の植物を、和歌山県日置川沿いで発見した。また熊野の森に照葉樹を植える活動を続け、天神崎のナショナルトラスト運動を支えた。著書に「自然を捨てた日本人」「日本の自然」「虫たちの熊野」、共著に「天神崎の自然」がある。

【著作】
◇天神崎の自然　後藤伸, 佐々木賢太郎, 玉井済夫〔ほか〕共著, 福里良和写真　牽牛舎舎　1991.1　125p 31cm
◇虫たちの熊野—照葉樹林にすむ昆虫たち　後藤伸著　紀伊民報　2000.6　256p 21cm

【評伝・参考文献】

後藤 梨春
ごとう・りしゅん

元禄9年（1696年）〜
明和8年4月8日（1771年5月21日）

本草学者、蘭学者
旧姓名は多田。名は光生、通称は太仲、号は梧桐庵。江戸出生。

　能登七尾城主・多田氏の家系に生まれ、のち後藤と改姓。田村藍水に師事して本草学を修め、蘭学にも通じたという。のち幕府奥医師・多紀氏の医学校である躋寿館の教授となり、本草学を講義した。当時、稲生若水と並ぶ本草の泰斗として知られ、宝暦2年（1752年）「本草綱目」に掲載されたもの以外の物品に関する目録とその注である「本草綱目補物品目録」（上下）を刊行。10年（1760年）に大坂・浄安寺で開かれた物産会にも出品した。しかしオランダの地理・物産・風俗などを紹介した明和2年（1765年）刊の「紅毛談」は、オランダ文字アルファベットを挿入したため、幕府によって禁書処分にされ絶版となった。同年自ら書写した「紹興校定経史類備急本草画巻」を躋寿館に寄付。その他の著書に「合鑑本草」「本草綱目会読纂」「春秋七草」「和産目録」「随観写真」「百花譜」「甘蔗考」などがある。

【著作】
◇江戸科学古典叢書17［紅毛談（後藤梨春）］　恒和出版　1979.3　319, 66p 22cm

【評伝・参考文献】
◇江戸期のナチュラリスト（朝日選書363）　木村陽二郎著　朝日新聞社　1988.10　249, 3p 19cm
◇すらすら読める蘭学事始　酒井シヅ著　講談社　2004.11　222p 19cm

近衛 家熈
このえ・いえひろ

寛文7年6月4日（1667年7月24日）〜
元文元年10月3日（1736年11月5日）

公卿
幼名は増君、号は吾楽軒、昭々堂主人、虚舟子、予楽院入道。父は近衛基熙（公卿），息子は近衛家久（公卿）。

　関白・近衛基熙の子で、母は後水尾天皇の皇女常子内親王。延宝元年（1673年）元服し、従五位上に叙され、昇殿を聴される。貞享3年（1686年）20歳で内大臣となったのを皮切りに、元禄6年（1693年）右大臣、宝永元年（1706年）左大臣を経て、宝永4年（1707年）関白・氏長者となる。宝永6年（1709年）東山天皇が譲位して中御門天皇が践祚すると摂政に任ぜられ、7年（1710年）太政大臣に昇るが、正徳元年（1711年）には辞職し、2年（1712年）には摂政をも辞した。享保10年（1725年）落飾し、予楽院真覚虚舟と号す。幼少時より学問や諸芸を好み、茶湯は慈胤法親王から宗和の茶風を学んで一家を成し、書は空海や小野道風ら名蹟を手本にして書写に努め、上代様を基礎とした書風を確立。画は墨竹を好んで描き、致仕後は「唐六典」の欠や誤謬の校定に当たるなど、礼典儀式にも通暁した。また立花も得意としたが、やがてそれに用いる植物の本性を極めようと思い立ち、疑問が生じるごとに当代一流の本草学者・松岡恕庵に質問したという。著書に日記「家熈公記」などがあり、その言行録に侍医であった山科道安がまとめた「槐記」がある、また、写実的かつ精確な筆致で京都近辺の野草木（トケイソウ、ウコン、千日紅などの渡来種も含む）が描かれ、日本でのボタニカルアートの先駆ともいえる「花木真写」3巻の著者といわれている。

木島 正夫
このしま・まさお

大正2年(1913年)11月11日〜
平成8年(1996年)3月27日

京都大学名誉教授
京都府出生。東京帝国大学医学部薬学選科卒。薬学博士。团生薬学 団日本生薬学会,日本薬学会 賞勲三等旭日中綬章〔昭和60年〕。

　京都薬学専門学校(現・京都薬科大学)を卒業後、東京大学医学部薬学選科を修了し、昭和14年京都帝国大学医学部助手になる。24年から16年間、京都薬科大学教授を務めた後、40年からは京都大学教授、52年に北海道薬科大学教授。59年2代目学長に就任。著書に「生薬学」「和漢薬名彙」「薬用植物学総論」などがある。

【著作】
◇和漢薬名彙　木村康一,木島正夫,丹信実共著　広川書店　1946　316p 21cm
◇薬用植物学総論 内部形態学編　木村康一,木島正夫共著　広川書店　1949　224p 27cm
◇顕微鏡実験を主とする植物形態学の実験法　木島正夫著　広川書店　1954　280p 図版22cm
◇薬用植物学各論　木村康一,木島正夫著　広川書店　1956　315p 原色図版27cm
◇広川薬用植物大事典　木島正夫等編　広川書店　1963　468p 22cm
◇生薬学(現代薬学叢書)　木島正夫〔ほか〕著　朝倉書店　1978.6　351p 22cm

小林　新
こばやし・あらた

大正3年(1914年)10月15日〜
昭和62年(1987年)12月10日

植物研究家
秋田県大曲市(大仙市)出生。秋田県師範学校〔昭和10年〕卒。賞秋田県教育功労賞受賞〔昭和32年〕。

　昭和10年秋田県師範学校を卒業して高梨尋常高等小学校訓導となり、以後各校の訓導を務める。22年大館中学教論。26年東北大学理学部生物学教室専攻生となる。36年秋田県教育庁指導主事、39年鷹巣南中学校長、41年大館市立第二中学校長、43年東舘中学校長、45年長木小学校校長を歴任し、49年退職。傍ら、秋田県の植物相についての分類研究を進め、アオサドスゲ、ダイセンキスミレ、ウゴヒメタンポポなどの新種や変種、希少種を発見。26年には「秋田県の植物」を刊行した。他の著書に「薬用食用植物採集」「藁の文化」「藁の用途」などがある。

【著作】
◇秋田県の植物 第2部 主として高山及海岸植物採集案内(私の研究 第32号)　小林新著　私の研究後援会　1954　122p 図版20枚 25cm
◇秋田県に於ける藁の用途―わたしたちの周囲には多くのワラが使われていた(私の研究 第35号)　成田昇,小林新共著　私の研究後援会　1956　44p 図版 25cm
◇比内町の植物調査報告 第2報(1977年)　小林新　比内町教育委員会　1977.3　12p 26cm

小林　純子
こばやし・すみこ

大正11年(1922年)7月13日〜?

植物学者　東京都立大学牧野標本館助手
日本女子大学家政学部2類〔教員〕卒。团植物分類学 団日本植物分類学会,植物分類地理学会, The International Bureau for Plant Taxonomiy and Nomenclature。

　資源科学研究所研究員を経て、昭和33年東京都立大学理学部牧野標本館に勤務。退職後も引きつづき同所に勤務。小笠原諸島のラン科植物などの分類学的研究を行なった。著書に「小笠原自然環境現況調査」「日本列島花百景」(共著)「牧野新植物図鑑」(分担執筆)他。

小林　貞作
こばやし・ていさく

大正10年(1921年)9月16日〜
平成13年(2001年)12月10日

富山大学名誉教授
山形県尾花沢市出生。名古屋帝国大学理学部生物学科〔昭和20年〕卒。理学博士。团生物学,

植物遺伝学 団日本遺伝学会, 日本植物学会, 国際細胞学会, 富山県生物学会（会長）, 染色体学会, 日本ゴマ科学会（代表）置北日本新聞文化功労賞〔昭和59年〕, 勲三等旭日中綬章〔平成8年〕。

昭和28年富山大学理学部助教授を経て、40年教授に就任。ゴマの生態と歴史を知るため、植物学、地理学、食物学から遺伝学まで幅広く探索して品種改良を手がける。通常の6倍もの収穫を上げる高品種を作り出し、ビルマにおいて世界初の三期作に成功。第三世界を中心に種子の普及に努めた。62年退官。著書に「遺伝の知識」「立山ルート緑化研究報告」「ゴマの来た道」「ゴマの科学」など。

【著作】
◇中部山岳国立公園立山ルート緑化研究報告書第1報　立山黒部貫光株式会社立山ルート緑化研究委員会編　立山黒部貫光株式会社　1974　128p 図 27cm
◇中部山岳国立公園立山ルート緑化研究報告書第2報　立山黒部貫光株式会社立山ルート緑化研究委員会編　立山黒部貫光　1980.4　175p 27cm
◇ゴマの来た道（岩波新書）　小林貞作著　岩波書店　1986.10　208p 18cm
◇ゴマの科学（シリーズ〈食品の科学〉）　並木満夫, 小林貞作編　朝倉書店　1989.10　246p 22cm
◇ゴマ・スーパー健康法——若さと強さの妙薬（ゴマブックス）　小林貞作著　ごま書房　1994.4　209p 18cm
◇食べる丸薬黒ゴマが効く!——耳鳴り、めまい、ハゲ、老眼、高血圧、糖尿病をハネ返す（マキノ出版ムック）　小林貞作監修　マキノ出版　1997.5　64p 26cm
◇中部山岳国立公園立山ルート緑化研究報告書第3報（1997年）　立山ルート緑化研究委員会編著　立山黒部貫光　1997.12　149p 27cm
◇ごまは健康を守るクスリ——若返りと長寿を助ける驚異のパワー（センシビリティbooks 32）　小林貞作監修　同文書院　1999.4　159p 18cm
◇黒ごま物語——21世紀の健康を開く!　国連機関も推奨するごま健康法のすべて!　小林貞作監修　新風書房　2000.4　40p 15cm

小林　弘
こばやし・ひろむ

大正15年（1926年）3月30日～
平成8年（1996年）7月12日

東京学芸大学教育学部教授

三重県出生。東京文理科大学生物学科卒。理学博士。団植物形態・分類学, 理科教育 団日本植物学会, 日本藻類学会（会長）, 日本生物教育学会。

東京文理科大学生物学科で植物分類学や生態学の研究をはじめ、母校や東京教育大学（現・筑波大学）助手、講師、助教授を歴任。特に珪藻の分類学的研究を専門とし、独自に開発した顕微鏡写真技術を駆使して微細構造に基づく珪藻研究を進めた。また渓流域や東京湾の基礎生産に関する生態学的研究にも従事。49年東京学芸大学教授に就任。以後、珪藻研究においていち早くFE-SEMを活用した電顕的手法を導入し、斯学の最先端を行く学究として世界的に知られた。また同附属小金井小学校長をも兼任し、野外実習における新しい指導法の創始や教材の開発にも積極的であった。平成元年定年退官後は東京都小金井市に設立された東京珪藻研究所を拠点に研究活動を続けた。日本藻類学会会長、日本珪藻学会会長、国際珪藻学会副会長なども務めた。

小林　勝
こばやし・まさる

明治28年（1895年）～昭和56年（1981年）

福島大学教育学部教授

名は「かつ」ともいう。福島県を中心とした野生植物やイワタケなどの研究を行った。著書に「福島県植物誌」（昭和27年）がある。

小林　万寿男
こばやし・ますお

明治43年（1910年）10月4日～
平成3年（1991年）11月9日

こばやし　　　　　　　　　　　　　　　　　　　　　植物文化人物事典

東京学芸大学名誉教授

茨城県北相馬郡藤代町(取手市)出生。東京文理科大学理学部植物学科〔昭和18年〕卒。理学博士(東京文理科大学)〔昭和37年〕。[専]植物生理学 [団]日本植物学会,日本植物生理学会,日本生物教育学会(名誉会員)。

東京第三師範学校教授を経て、昭和24年東京学芸大学助教授、33年教授。41年東京学芸大学大学院教授、49年退職、名誉教授。49〜60年星美学園短期大学教授。

【著作】
◇植物形態学入門—教師のための植物観察　小林万寿男著　共立出版　1975　128p 21cm
◇植物生理学入門—教師のための平易な解説　小林万寿男著　共立出版　1982.4　268p 21cm

小林 義雄
こばやし・よしお

明治40年(1907年)5月17日〜
平成5年(1993年)1月6日

国立科学博物館植物研究部長
熊本県熊本市出生。東京帝国大学〔昭和6年〕卒。理学博士。[専]菌類学(主として分類学) [団]日本菌学会,国際菌類学連盟 [賞]南方熊楠賞(第1回)〔平成3年〕。

昭和6年より16年まで東京文理科大学助手、講師。16〜20年満州国立博物館薦任官、21〜22年長春大学教授、23〜47年東京国立科学博物館植物研究部員、部長をつとめた。南方熊楠の厖大な菌類図譜稿本を整理し、62年「南方熊楠菌誌」を出版。冬虫夏草の研究でも知られた。

【著作】
◇大日本植物誌 [第2 ヒメノガスター亜目及スツポンタケ亜目(小林義雄)] 中井猛之進,本田正次監修　三省堂　1928~1940　26cm
◇菌類(生物学実験法講座 第4巻 E)　小林義雄,印東弘玄著,岡田弥一郎編　中山書店　1955　51p 21cm
◇現代生物学講座 第6巻 発生と増殖 [生物の生活史(内田亨,竹内正幸,小林義雄)]　芦田譲治等編　共立出版　1958　321p 22cm
◇極地—その自然と植物　小林義雄著　誠文堂新光社　1969　207p(図版共)27cm
◇四季の庭木　小林義雄著　朝日新聞社　1973　186p(図共)22cm
◇菌類の世界—驚異の生命力と生態を見る(ブルーバックス)　小林義雄著　講談社　1975　252p 18cm
◇樹の実草の実—カラー(山渓カラーガイド)　小林義雄解説　山と渓谷社　1975　199p(図共)19cm
◇松図鑑　小林義雄[等]共著　池田書店　1975　220p(図共)22cm
◇庭園樹木図鑑 1 常緑樹編 樹種・樹形・配植　小林義雄,大山陽生,埴生雅章著　池田書店　1976　334p(図共)27cm
◇有毒植物・有毒キノコ　刈米達夫,小林義雄共著　広川書店　1979.3　109p 22cm
◇カラー武蔵野の魅力　足田輝一文,小林義雄写真　淡交社　1979.10　226p 22cm
◇浅川実験林のさくら—創立60周年記念　小林義雄著,農林水産省林業試験場浅川実験林編　農林水産省林業試験場浅川実験林　1981.11　73p 26cm
◇日本中国菌類歴史と民俗学　小林義雄著　広川書店　1983.4　162, 254p 27cm
◇冬虫夏草菌図譜　小林義雄,清水大典共著　保育社　1983.12　280p 27cm
◇図説菌類学　小林義雄著　広川書店　1985.4　234p 27cm
◇木の名の由来　深津正,小林義雄著　日本林業技術協会　1985.5　152p 20cm
◇花木の博物誌 1　小林義雄著　青娥書房　1985.8　222p 19cm
◇南方熊楠菌誌 第1巻　小林義雄[ほか]編　南方文枝　1987.7　177p 27cm
◇南方熊楠菌誌 第2巻　小林義雄編　南方文枝　1989.5　381p 27cm
◇世界の菌類図譜　小林義雄著　小林義雄　1991.4　57p 27cm
◇日本産藻菌類図説　小林義雄著　鳥海書房　1993.1　96p 27cm
◇木の名の由来(東書選書 131)　深津正,小林義雄著　東京書籍　1993.5　290p 19cm
◇見沼田んぼを歩く—首都圏最後の大自然空間　小林義雄著　農山漁村文化協会　1993.12　106p 21cm
◇花を楽しむ庭木—植物の特徴と育て方がわかる(新編ホーム園芸)　船越亮二,小林義雄著　主婦と生活社　1994.2　204p 23cm
◇緑を楽しむ庭木—植物の特徴と育て方がわかる(新編ホーム園芸)　船越亮二,小林義雄著　主婦と生活社　1994.2　188p 23cm
◇実を楽しむ庭木—植物の特徴と育て方がわかる(新編ホーム園芸)　船越亮二,小林義雄著　主婦と生活社　1994.10　164p 23cm
◇日本桜めぐり(JTBキャンブックス)　小林義雄監修　JTB　1999.3　143p 21cm

◇むさしの桜紀行　小林義雄監修、桜井信夫文　ネット武蔵野　2001.3　31p 27cm
◇桜・武蔵野　小林義雄監修、桜井信夫文、瀬戸豊彦写真　ネット武蔵野　2006.1　47p 26cm

小松 茂
こまつ・しげる

明治16年（1883年）8月3日～
昭和22年（1947年）10月21日

京都帝国大学教授
高知県香美郡奈半利村（奈半利町）出生。京都帝国大学理学部化学科〔明治40年〕卒。理学博士〔大正4年〕。團有機化学 賞帝国学士院東宮御成婚記念賞〔昭和15年〕。
京都帝国大学大学院の特費給費学生となり有機化学を専攻。大正4年理学博士となり、同年欧米に留学、9年帰国。母校・京都帝国大学の教授となる。渋柿タンニンのシブオールを分離した。数種の日本産植物に関する生物科学的研究で、昭和15年学士院東宮御成婚記念賞を受賞した。

【著作】
◇生物化学概論　小松茂著　弘文堂　1937　457p 23cm

小松 春三
こまつ・しゅんぞう

明治12年（1879年）～昭和7年（1932年）

植物学者
東京帝国大学理科大学〔明治42年〕卒。
ツツジ類を中心として植物分類学的に研究したほか、サハリンの植物の採集・研究も行った。

【著作】
◇生物学精講　小松春三著　三省堂　1934

小松崎 一雄
こまつざき・かずお

明治41年（1908年）1月4日～
昭和51年（1976年）5月12日

植物研究家
青山師範学校〔昭和3年〕卒。
昭和3年青山師範学校を卒業後、江戸川区内の小・中学校で教鞭を執る。傍ら植物分類学を学び、23年から東京大学植物学教室に内地留学して研修。帰化植物や関東地方の植物相についての分類研究を進め、特に水草の専門家として知られた。また東京及び千葉の生物学教員の指導に当たった。野外植物研究会会員。

【著作】
◇東京都文化財調査報告書 第23〔葛西地区の植物（本田正次、矢野佐、小松崎一雄）〕　東京都教育委員会　1970　166p 図版 表 26cm

小水内 長太郎
こみずうち・ちょうたろう

明治41年（1908年）8月28日～
平成7年（1995年）2月2日

植物研究家、教育者
岩手県遠野市出身。岩手師範学校卒。賞遠野市勢振興功労者〔昭和57年〕。
岩手師範学校卒業後、理科教師となり釜石や遠野の小・中学校に勤務。昭和26年達曽部中、34年土渕中、40年中沢小、41年駒木小の校長を歴任。一方、盛岡農学校在学中に植物分類学の道に入り、昭和初期から北上産地の植物分布調査に従事して早池峰山の植物をくまなく集めてその全体像を初めて明らかにし、「岩手県植物誌」「遠野市植物誌」をまとめた。生前4万点の標本を遠野市に寄贈、平成14年死後に遺族から寄贈された2万点と合わせて6万点のコレクションを収める自然資料館が遠野ふるさと村内に完成した。

【著作】
◇岩手県植物誌　岩手植物の会編　岩手県教育委員会　1970　703p 図18枚 27cm
◇遠野市植物誌　小水内良太郎編　遠野市立博物館　1987.3　595p 27cm

小南 清
こみなみ・きよし

明治16年（1883年）4月1日～
昭和50年（1975年）6月6日

植物学者　東京大学教授, 財団法人海外移住婦人ホーム理事長
東京府芝区浜松町（東京都港区）出生。妻は小南ミヨ子（社会事業家）。旧制一高卒, 東京帝国大学理科大学植物学科〔明治41年〕卒。團微生物学, 菌類学, 樹木学。

　旧制一高を経て, 東京帝国大学理科大学植物学科に学ぶ。在学中の明治39年より日本植物学会会員。41年卒業後は陸軍省火薬研究所の嘱託となり, 綿火薬腐敗に関する微生物学的研究やレンズに生える微生物などについて研究。44年東京帝国大学農科大学講師となり, 水産植物学を教えた。大正13年助教授に任ぜられ, 林学科で森林植物学を講じるとともに猪熊泰三ら多くの樹木学者を教育。昭和11年ドイツをはじめとする欧米歴訪の旅行に出発し, 帰国後の12年には三宅驥一のあとを受けて東京帝国大学農学部植物学講座を担当した。17年同教授に就任。18年退官後は財団法人長尾研究所理事兼主任研究員として招かれ, 微生物の研究に専念。特に日本人としてはじめて抗生物質であるペニシリンを生成するアオカビを発見し, ペニシリンの生産, ひいては医療の発展に寄与した功績は大きい。24年同研究所長。また, ユネスコ国際細菌命名法委員会日本代表委員や日本微生物株保存機関連盟理事長なども兼任し, 日本国内の微生物株保存目録の作成にも力を尽くした。29年にはパリで開催された第8回国際植物学会議に菌学部会の副議長として出席。36年同研究所を退職してからは夫人とともに財団法人海外移住婦人ホームを設立して理事長を務め, 海外に移住する青年の花嫁探しやその結婚後のサポートなど社会事業に貢献した。著書に「菌類と其の培養法」「植物生理学」などがある。

【著作】
◇菌類と其の培養法　小南清著　科学知識普及会　1923　56p 18cm
◇岩波講座生物学［第9 植物学［4］菌類（小南清）］岩波書店編　岩波書店　1930～1931　23cm
◇植物生理学—小南清先生講義プリント 1　小南清［著］　帝大プリント聯盟　1938　155p 22cm

古家 儀八郎
こや・ぎはちろう

明治40年（1908年）12月20日～
昭和31年（1956年）9月30日

植物研究家
秋田県北秋田郡田代町（大館市）出生。
　昭和2年秋田県の早口営林局に入り, 13年からは秋田営林局に勤務。この間, 6年頃から秋田県の植物相についての分類研究をはじめ, 14年中井猛之進、北村四郎、田代善太郎、山蔦一海らに植物の同定を依頼して「秋田県産植物断報第一報」を発表。以後, 第三報まで続いた。キタヌマハリイ, フイリアキタ, テンナンショウ, ヒロハミゾシダ, シロバナハナアザミなど発見した新種・変種・希少種は数多い。

近藤 典生
こんどう・のりお

大正4年（1915年）4月28日～
平成9年（1997年）1月21日

東京農業大学名誉教授, 進化生物学研究所理事長
三重県松阪市出生。東京農業大学農学部農学科卒。農学博士。團細胞遺伝学, 資源生物学　囲サザンクロス・ジャパン（会長）　賞 Aguila Asteca de Encommienda勲章, 紫綬褒章, 勲三等旭日中綬章, マダガスカル人民共和国国家勲

章Commandeur、ボリビア・コンドル・デ・ロスアンデス勲章〔平成3年〕、ブラジル国教育研究Gra-Gruz章。

昭和16年木原生物学研究所に入所。細胞遺伝学、育種学の分野で活躍、タネナシスイカ作りなどで脚光を浴びた。23年より東京農業大学で教鞭を執った。進化生物学研究所理事長も務めた。編著書に「バオバブ―ゴンドワナからのメッセージ」がある。

【著作】
◇花と蔬菜の育種　志佐誠、近藤典生監修　誠文堂新光社　1957　497p 22cm
◇島に生きる生物（Time life library 世界の野生動物）　マリオン・スタインマン、近藤典生〔著〕パシフィカ　〔1979〕　143p 28cm
◇助成集報 vol. 12（1985年）（とうきゅう環境浄化財団研究助成 no. 77～86）　とうきゅう環境浄化財団　〔1985〕　10冊 26cm
◇近藤典生、もうひとつの世界―エコロジカル・パークの思想とその方法　近藤典生著　プロセスアーキテクチュア　1992.4　120p 30cm
◇バオバブ―ゴンドワナからのメッセージ（進化生研ライブラリー 2）　近藤典生編著　信山社　1997.1　101p 21×22cm

【その他の主な著作】
◇世界の三葉虫（進化生研ライブラリー 1）　近藤典生、吉田彰著　信山社　1996.9　97p 22×22cm
◇トリバネアゲハの世界（進化生研ライブラリー 3）　近藤典生、西田誠編　信山社　1998.1　104p 21×22cm

今野　円蔵

こんの・えんぞう

明治31年（1898年）10月24日～
昭和52年（1977年）10月3日

地質学者
山形県東根市出生。東京帝国大学理学部地質学科〔大正12年〕卒。

静岡高校講師となり大正14年教授、15年九州帝国大学理学部講師、昭和16年教授、地質学第一講座を担当。23年東北大学教授となり理学部地質学古生物学教室で地質学第一講座を担当、37年定年退官。北九州、山口、朝鮮、中国東北部などの中・古生層の地質構造、層序の調査、植物化石の研究、また朝鮮、中国東北部の炭田、山形県の亜炭田調査も行い炭田開発に貢献した。

斎田　雲岱

さいた・うんたい

寛政13年（享和元年?）（1801年）～
安政5年（1858年）

本名は鵲。通称は万蔵、字は有巣。武蔵国花原郡代田出生。

武蔵の名主の家に生まれ、大岡雲峰に絵を学ぶ。多数の博物図を描いたが、富山藩主・前田利保編「延胡索考万番図説」「越中立山採薬図」の写本が知られている。本草学にも詳しく、楮鞭会の佐橋丘三郎との交流が知られている。

【著作】
◇江戸の博物図譜―世田谷の本草画家斎田雲岱の世界 特別展図録　斎田雲岱〔画〕、斎田記念館、〔東京都〕世田谷区立郷土資料館編　世田谷区立郷土資料館　1996.11　104p 26cm

斎田　功太郎

さいだ・こうたろう

安政6年（1859年）12月5日～
大正13年（1924年）1月22日

植物学者　東京女子高等師範学校（現・お茶の水女子大学）教授
信濃国松代（長野県）出生。東京大学〔明治19年〕卒。理学博士〔明治23年〕。

信濃松代藩士の長男に生まれる。藩校の文武学校で漢籍や和算を学ぶが、少年時代はほとんど学業に就かず、樵夫と共に田野を耕し、あるいは木版彫刻を習って家計を助けた。また早く

から植物に興味を持ち、泥深い池で水草の観察を行っていたところを近所の人に見られ、奇異に思われたこともあったという。明治7年上京して訓蒙学舎に学び、中村正直の同人社に入る。14年大学予備門の前身・官立英語学校を卒業して東京大学地質学科に入り、植物科に転じて19年その第1回卒業生となった。その後、引き続き同大学院に学び、矢田部良吉の指導を受けた。同年東京高等師範学校嘱託となり、20年教授に就任。23年論文「東京およびその附近の淡水産藻類」で理学博士の学位を得るが、これは学位令に基づく我が国初の博士号であった。30年ドイツに留学し病理学・細菌学・動物生理学などを修め、34年帰国。40年より東京女子高等師範学校(現・お茶の水女子大学)教授を兼務して多数の男女中等教員を養成し、理科教育の発展に貢献。稀に見る人格者で学生たちから"斎田聖人"と呼ばれた。著書に「小植物学」「大日本普通植物誌」、共著に「最新図説内外植物誌」などがある。

【著作】
◇植物学講義(尋常師範学科講義録) 斎田功太郎述 明治講学会 〔出版年不明〕 282p 21cm
◇植物生理学 K. Prantl著,斎田功太郎,染谷徳五郎訳 敬業社 1889.9 110p 19cm
◇植物学入門 斎田功太郎,染谷徳五郎著 斎田功太郎〔ほか〕 1890.5 27丁 23cm
◇植物形態学 K. Prantl著, S. H. Vines英訳,斎田功太郎,染谷徳五郎訳 敬業社 1892.8 78p 19cm
◇新式植物学 斎田功太郎,高橋章臣著 文学社 1892.10 231p 21cm
◇応用植物学―中等教科 斎田功太郎編 文学社 1893.9 302p 22cm
◇植物学講義(前期医学科講義録) 斎田功太郎著 〔明治講医会〕 〔1895〕 137p 21cm
◇小植物学 斎田功太郎編 文学社 1896.6 196p 19cm
◇大日本普通植物誌 斎田功太郎著 大日本図書 1897.1 618p 20cm
◇生理衛生学―中等教育 斎田功太郎著 敬業社 1897.5 115p 23cm
◇中等植物教科書 松村任三,斎田功太郎著 大日本図書 1897.7 192p 22cm
◇植物新編―女子教育 斎田功太郎,塚原常之助著 大日本図書 1904.2 136p 23cm
◇新撰植物教科書 斎田功太郎,稲葉彦六著 大日本図書 1904.3 136, 141p 23cm
◇植物教科書―師範学校 斎田功太郎,佐藤礼介著 大日本図書 1904.5 184, 28p 23cm
◇中等植物学教科書 矢島喜源次編,斎田功太郎閲 内田老鶴圃 1905.1 172p 22cm
◇植物学教科書―実業学校 斎田功太郎,佐藤礼介著 宝文館 1906.12 122p 22cm
◇内外実用植物図説 斎田功太郎,佐藤礼介編 大日本図書 1907.4 517, 38p(索引共)20cm
◇自然科学(帝国百科全書 第193, 194編) Berntein著,斎田功太郎編訳 博文館 1909.4 2冊(上300, 下288p)24cm
◇内外普通植物誌 下等植物篇 斎田功太郎著 大日本図書 1910.8 546, 137, 43p(索引共)17cm
◇参考植物学講義 斎田功太郎,佐藤礼介著 宝文館 1910.10 600p 23cm
◇植物学講義(新撰百科全書 第131編) 斎田功太郎著 修学堂 1915 294p 22cm
◇近世植物学教科書〈訂6版〉 斎田功太郎,佐藤礼介著 東京宝文館 1916 136, 22p 23cm
◇内外植物誌―最新図説 斎田功太郎,佐藤礼介編 大日本図書 1917 1798, 132p 20cm

【評伝・参考文献】
◇斎田功太郎先生 斎田先生記念誌編纂代表編 山崎与吉 1929 16, 110, 41p 23cm

斎藤 謙綱

さいとう・けんこう

昭和2年(1927年)7月22日～
平成11年(1999年)2月1日

イラストレーター
東京出生。早稲田大学工芸美術(旧制)卒。団日本理科美術協会 賞日宣美賞(共同作品)〔昭和37年〕、朝日広告賞〔昭和42年〕。
　事典・図鑑などに主として昆虫など生物の細密画を描く。昭和35～51年日本デザインセンターにイラストレーターとして勤務、退社後再びフリーで広告イラストと出版物の細密画を発表。イラストに「優雅生活論」「やさしい植物画」「虫の生活」「昆虫の図鑑」など。

【著作】
◇花と実の図鑑―花芽から花・実・たねまで 1 春に花が咲く木 斎藤謙綱絵,三原道弘文 偕成社 1990.5 40p 29cm
◇花と実の図鑑―花芽から花・実・たねまで 2 夏・秋・冬に花が咲く木 斎藤謙綱絵,三原道弘文

偕成社　1990.5　40p 29cm
◇花と実の図鑑―花芽から花・実・たねまで 3 公園や庭でみられる木　斎藤謙綱絵, 三原道弘文　偕成社　1992.6　40p 29cm
◇花と実の図鑑―花芽から花・実・たねまで 4 校庭や街路でみられる木　斎藤謙綱絵, 三原道弘文　偕成社　1993.7　40p 29cm
◇花と実の図鑑―花芽から花・実・たねまで 5 散歩道でみられる木　斎藤謙綱絵, 三原道弘文　偕成社　1994.3　40p 29cm
◇花と実の図鑑―花芽から花・実・たねまで 6 身近な樹木の 1 年　斎藤謙綱絵, 三原道弘文, 菱山忠三郎監修　偕成社　1997.5　40p 29cm
◇花と実の図鑑―花芽から花・実・たねまで 7 身近な樹木の観察 1　斎藤謙綱絵, 三原道弘文, 菱山忠三郎監修　偕成社　2000.12　40p 29cm
◇花と実の図鑑―花芽から花・実・たねまで 8 身近な樹木の観察 2　斎藤謙綱, 番場瑠美子絵, 三原道弘文, 菱山忠三郎監修　偕成社　2004.3　39p 29cm

斎藤　賢道
さいとう・けんどう

明治11年（1878年）6月28日〜昭和35年（1960年）

微生物学者　大阪帝国大学名誉教授
石川県金沢市出生。東京帝国大学理科大学植物学科〔明治33年〕卒。理学博士〔明治42年〕。専発酵微生物学。

東京帝国大学理科大学植物学科在学中の明治31年から日本植物学会に入会。卒業後の37年以降、大気中や醸造物などに現れる微生物について研究した。42年農商務省海外実業練習生としてドイツに留学し、醸造業を実習。44年満鉄中央試験場に入り、同所長などを務め、昭和2年退職。4年大阪工業大学教授、8年大阪帝国大学教授に就任し、同大醸造学科の創設と発展に尽くした。15年定年退官後は23年まで長尾研究所主任研究員を務めた。のち大阪醸造学会会長。主な業績に「東洋醸造物中に現れる菌類の研究」で多くの酵母菌や不完全菌を発見したことや、「ケカビ属Mucor諸種間の交配研究」などがある。現在、旧蔵書は大阪大学工学部に斎藤文庫として収蔵されている。著書に「工業用植物繊維」「応用菌学汎論」「清酒醸造の菌学」「発酵菌類検索便覧」「日本及び近隣地域の発酵微生物目録」などがある。

【著作】
◇工業用植物繊維（工業叢書）　斎藤賢道著　博文館　1903.11　229p 19cm
◇袖珍醗酵菌類検索便覧　斎藤賢道著　丸善　1905.12　166, 9p 15cm
◇東洋産有用醗酵菌　斎藤賢道著　博文館 1909.11　200p 22cm
◇応用菌学汎論　斎藤賢道著　博文館　1912　336p 22cm
◇醗酵菌類検索便覧　斎藤賢道編　丸善　1929　226, 27p 18cm
◇岩波講座生物学［第14 実際問題［2］醗酵（応用方面）（斎藤賢道）］　岩波書店編　岩波書店　1930〜1931　23cm
◇要説醗酵生理学　斎藤賢道著　丸善　1938　229, 4, 7p 22cm
◇要説醗酵微生物学　斎藤賢道著　丸善　1943　184p 22cm
◇醗酵微生物記　斎藤賢道著　富民社　1949　225p 19cm
◇醗酵微生物実験法　斎藤賢道著　大阪醸造学会　1949　112p 19cm
◇清酒醸造の菌学　斎藤賢道著　大阪醸造学会　1950　268p 図版 22cm
◇醸界の展望［微生物の拮抗作用と其の一例（斎藤賢道）］　江田喜寿記念刊行会編　明文堂　1950　406p 図版 22cm
◇日本及び近隣地域の醗酵微生物目録　斎藤賢道著, 故斎藤賢道先生記念事業会〔編〕　大阪醸造学会　1961.10　94p 21cm

斉藤　龍本
さいとう・たつもと

明治22年（1889年）〜昭和36年（1961年）

植物研究家
熊本県出生。熊本県立商業学校, 薬学校卒。
　薬剤師試験に合格し、福岡県、朝鮮咸鏡北道などで薬局を開業した。朝鮮から多数の植物標本を京都大学に送り、研究を支援した。ウスユキヨモギ*Artemisia saitoana* Kitam.、コガネシダモドキ*Woodsia saitoana* Tagawaなどの学名が氏に献名された。

斎藤 昌美
さいとう・まさみ

大正7年(1918年)11月21日～
平成3年(1991年)11月27日

果樹農業

青森県弘前市出身。玉成尋常小〔昭和9年〕卒。[賞]農林大臣賞〔昭和25年〕、日本農業賞〔第1回〕〔昭和47年〕、日本農林漁業振興会長賞、青森県りんご産業功労賞〔昭和49年〕、黄綬褒章〔昭和56年〕。

昭和22年から4年連続で青森県りんご協会主催のリンゴ立木品評会で優勝。33年農林水産省園芸試験場東北支部よりリンゴの品種'ふじ'を譲られ、同品種の着色を改良した他、台木との拒絶反応である高接病の対策を考案。以後、その普及に尽力し、それまでの'国光'や'紅玉'といった品種からの主要品種交代を促した。47年第1回日本農業賞を受賞。

【著作】
◇新しょう長穂つぎ法の高つぎ更新（技術シリーズ 43） 斎藤昌美述、山田三智穂編 青森県りんご協会 1986.7 17p 21cm

【評伝・参考文献】
◇リンゴ道の探求者—斉藤昌美の人と技術 山田三智穂著 斉藤昌美顕彰会 1994.8 234p 22cm

斉藤 吉永
さいとう・よしなが

（生没年不詳）

博物研究家　柏市消防署長, 柏市公民館長

千葉県の植物相についての分類研究を行ない、「千葉県柏市羊歯植物目録」〔昭和44年〕などを著した。

斎藤 義政
さいとう・よしまさ

明治43年(1910年)5月1日～
昭和52年(1977年)9月10日

実業家　銀座千疋屋社長
[賞]黄綬褒章〔昭和36年〕。

家は果物食料品の老舗として名高い銀座千疋屋で、大正10年家を継いで同店主となる。業務の傍ら果物事情調査のためたびたび海外に渡り、昭和4年ニューヨークで'スターキング・デリシャス'の苗木を入手。これを青森県のリンゴ栽培農家・対馬竹五郎に依頼して育成させ、初収穫した2果のうち一つを皇太后に献上した。その後、まとまった量が収穫できるようになり、スターキングの果実をリンゴの木に結びつけて1個1円で販売したところ、当時売られていた普通のリンゴ（1個5銭～10銭程度）よりも高額でありながら飛ぶように売れ、大いに千疋屋の宣伝になったという。6年業務伸長に伴い大阪・中の島に支店を開店。同年宮内省御用達を命ぜられた。10年には熱帯果樹・果実の研究及び栽培を目的とした千疋屋農園を開設。12年経営の近代化を図るため同店を改組して株式会社銀座千疋屋を設立し、社長に就任。さらに14年には朝鮮・京城（現・ソウル）にも支店を置いた。戦後は引き続き同社の経営に当たる一方、22年から東京果物商業協同組合理事長、日本果物商業組合連合会会長などを歴任し、業界の発展に尽力した。36年黄綬褒章を受章。また、文筆をよくし、著書を通じて果物の啓蒙と普及に当たった。著書には「果物通」「くだもの百科」「くだものの本」などがある。

【著作】
◇果物通（通叢書 第5巻）　斎藤義政著　四六書院 1930 170p 肖像 19cm
◇くだものの本（新潮文庫）　斎藤義政著　新潮社 1986.3 221p 16cm

【評伝・参考文献】
◇味覚極楽〈改版〉［西瓜切る可からず—銀座千疋屋主人・斎藤義政氏の話］（中公文庫BIB-

LIO）子母沢寛著　中央公論新社　2004.12　259p 15cm

佐伯 伝蔵
さえき・でんぞう

?〜昭和62年（1987年）9月19日

伝蔵小屋（北アルプス）主人，富山県警山岳警備協力隊員
富山県出身。小卒。
　小学校卒業後父親と一緒に山に入り，山案内や炭焼きを手伝う。一時兵役に服すが，戦後再びガイドの仕事に戻り，やがて富山営林署の嘱託として高山植物の保護・監視の仕事に従事。しかし昭和44年正月に剣岳で6人死亡，行方不明13人を出す大量遭難事故が起きたのを教訓に，46年9月剣岳・早月尾根に「伝蔵小屋」を建設。生涯山と酒を愛し，アルピニストたちに親しまれた"名物男"であった。

佐伯 敏郎
さえき・としろう

昭和2年（1927年）8月21日〜平成16年（2004年）4月

東京大学名誉教授
東京市大森区（東京都大田区）出生。東京大学理学部植物学科〔昭和25年〕卒。理学博士（東京大学）〔昭和35年〕。団 植物生態学 団 日本生態学会 賞 朝日賞〔昭和53年〕。
　昭和29年東京大学助手、33年講師、37年助教授を経て、50年教授。37年より2年間オーストラリアCSIROで研究。恩師である門司正三東京大学教授と植物群落の生産力を見積もる群落光合成理論を創出、モデルを表す"門司・佐伯の式"を考案した。

【著作】
◇植物水分生理実験法（生物学実験法講座 第7巻 C）　佐伯敏郎著　中山書店　1955　29p 21cm
◇生態学大系 第2巻 上 植物生態学 第2　吉良竜夫編　古今書院　1960　402p 図版 22cm
◇助成集報 vol. 6（1981年）〔多摩川河川敷の植生の多様性についての研究 植生調査及び既存資料による多様性の把握（佐伯敏郎，倉本宜）〕（とうきゅう環境浄化財団研究助成 no. 31〜40）　とうきゅう環境浄化財団〔1981〕10冊 26cm
◇助成集報 vol. 10（1984年）〔多摩川中流の河辺植生における多様性の成立機構についての研究 一斉試験及び継続観察による解析（佐伯敏郎，倉本宜）〕（とうきゅう環境浄化財団研究助成 no. 62-1, 63〜72）　とうきゅう環境浄化財団〔1984〕11冊 26cm
◇植物生態生理学　W. ラルヘル著, 佐伯敏郎, 舘野正樹監訳　シュプリンガー・フェアラーク東京　1999.4　375p 26cm

酒井 忠興
さかい・ただおき

明治12年（1879年）6月6日〜
大正8年（1919年）9月22日

園芸家, 伯爵
父は酒井忠邦（姫路藩主），養子は酒井忠正（貴院議長・農相），岳父は三条実美（政治家・公卿）。学習院卒、東京音楽学校卒。
　姫路藩主・酒井忠邦の長子。明治20年家督を継ぎ、伯爵を襲爵。園芸家として小石川町の自邸に多くの花卉を栽培し、特に熱帯植物は700種を有し東京一と称せられた。また写真の愛好家としても知られ、22年頃に写真入絹団扇や写真入帛紗絹地写真などを発明して工芸写真の発展に貢献。30年代には自邸で年に春秋の2回、幻燈会を開いた。

【著作】
◇酒井伯園芸談　酒井忠興述, 秋元秋雨編　大倉書店　1911.3　243p 図版 22cm

坂口 総一郎
さかぐち・そういちろう

明治20年(1887年)1月5日～
昭和40年(1965年)1月4日

生物学者 坂口自然科学研究所所長
和歌山県海草郡岡崎村(和歌山市)出生。和歌山県師範学校(現・和歌山大学)〔明治41年〕卒。

明治41年に和歌山県師範学校(現・和歌山大学)を卒業したのち教師となり、和歌山県安原小学校で6年間、和歌山市立実科高等女学校で5年間、次いで海草中学で3年間教鞭を執る。傍ら、和歌山県内の動植物の研究を行い、特に同郷の先達・南方熊楠に親炙し、大正9年には共に高野山で植物を採集。この時の紀行文と写真を「南方先生の高野登山随行記」として「大阪朝日新聞」に寄稿するが、熊楠に無断であったためその不興を買い、しばらく絶縁状態となった。同年11月沖縄県立第一中学に赴任。沖縄でも動植物調査を続け、13年には「沖縄植物目録」をまとめている。14年和歌山県師範学校教諭となり、以後、11年間に渡って在職し、県の史跡名勝天然記念物調査委員・師範学校教務委員などを兼任した。昭和14年行幸記念博物館長。17年京都帝国大学嘱託となり、瀬戸臨界実験所に勤務した。戦後、23年に昭和天皇、24年に皇太子(今上天皇)が相次いで和歌山に来県した際には、生物学に造詣の深い陛下・殿下のために御案内・御説明するという光栄に浴した。27年坂口自然科学研究所を設立し、所長に就任。その後も文化財専門審議会委員や新和歌浦水族館長・鳥獣審議会委員を務めるなど和歌山県生物学界で活躍した。生物研究者として取り扱った分野は植物から魚介・昆虫と幅広く、その生物標本も新発見のもものも含めて万を数えるといわれ、「沖縄産昆虫総目録」「野外植物研究之栞」「紀州植物研究之栞」など多数の著書・論文がある。また、多年に渡って生物教育に携わり、門下からはクモの研究で名高い湯原清次らすぐれた生物学者を輩出している。なお、和歌浦に生息する巻貝のファイアバンキアサカグチイクロダは彼の名にちなんで命名されたものである。

【著作】
◇やぶまめ栽培ノススメ 坂口総一郎著 坂口総一郎 1918 12p 23cm
◇沖縄植物総目録 坂口総一郎著 石塚書店 1924 152p 23cm
◇沖縄に於ける有利なる移出蔬菜の作り方 坂口総一郎著 長崎屋 1925 99p 19cm
◇沖縄写真帖 第1,2輯 坂口総一郎著 坂口総一郎 1925 2冊(図版)16×23cm
◇野外植物研究ノ栞 坂口総一郎著 坂口総一郎 1928 254p 23cm
◇紀州植物研究之栞 坂口総一郎編 福本印刷所出版部 1937 299p 23cm
◇下津町郷土史研究 第1-3集 下津町公民館 1960～1962 22cm
◇松山王子尚順遺稿〔尚順男爵の思い出(坂口総一郎)〕 尚順遺稿刊行会 1969 215p 図 肖像 27cm

【その他の主な著作】
◇沖縄産昆虫総目録 坂口総一郎著 坂口総一郎 1927 34p 26cm

坂田 武雄
さかた・たけお

明治21年(1888年)12月25日～
昭和59年(1984年)1月12日

坂田種苗(現・サカタのタネ)創立者
東京府四谷荒木町(東京都新宿区)出生。東京帝国大学農科大学実習科〔明治42年〕卒。賞藍綬褒章〔昭和33年〕, 神奈川県文化賞〔昭和35年〕, 勲四等瑞宝章〔昭和40年〕。

農商務省海外実業練習生として欧米に留学、花づくりを学び、大正2年横浜に坂田商会(現・サカタのタネ)を設立、植物種子の生産・輸出を始めた。大正9年、100%八重咲きのペチュニア(ツクバネアサガオ)を開発、この品種は第二次大戦まで世界市場を独占した。戦後も日本で

初めてプリンスメロンの育成に成功するなど、品種改良に務め、農林水産大臣賞(36回受賞)など国内外の賞を多数受賞した。ヨーロッパ絵画中心の「坂田コレクション」の収集家としても有名。

【著作】
◇農業叢書 第6輯 有利な副業草花の作り方 坂田武雄著 大日本農会 1936 38p 19cm
◇日本園芸発達史[種苗業の発達(坂田武雄)] 日本園芸中央会編 朝倉書店 1943 800p 22cm
◇種子に生きる—坂田武雄追想録 坂田正之編 坂田種苗 1985.5 525p 図版24p 22cm

【評伝・参考文献】
◇花筐—坂田武雄の足跡 大木英吉著 坂田種苗 1981.12 130p 22cm
◇世界に夢をまく「サカタのタネ」—国際市場に挑戦する研究開発力(IN BOOKS) 鶴蒔靖夫著 IN通信社 1991.7 267p 19cm

阪谷 芳郎

さかたに・よしろう

文久3年(1863年)1月16日〜
昭和16年(1941年)11月14日

財政家,子爵 蔵相,貴院議員(男爵)

備前国(岡山県)出生,東京都出身。父は阪谷朗廬(漢学者,教育者),長男は阪谷希一(植民地官僚),二男は阪谷俊作(図書館学者),岳父は渋沢栄一。東京大学政治学理財学科〔明治17年〕卒。法学博士。

父は広島藩儒・教育者の阪谷朗廬。明治3年父と共に上京。箕作秋坪の三叉学舎や東京大学予備門を経て,17年東京大学政治学理財科を首席で卒業し,大蔵省に入る。20年24歳の若さで会計法草案の起草に携わり,以後,主計局調査課長,予算決算課長などを務め,日清戦争では大本営付主計として戦時財政を編成・運用に当たった。戦後は30年主計局長,34年大蔵省総務長官を歴任し,36年大蔵次官となって日露戦争開戦前の戦費調達に奔走。39年1月第一次西園寺公望内閣の蔵相となり,主に日露戦後の財政再建に尽力し,戦時公債の整理償還や戦時の臨時増税から経常税への切替えを行うが,41年予算編成に当たって逓信相・山県伊三郎と衝突して辞任。蔵相辞任後は大日本麦酒社長・馬越恭平と共に洋行し,米国大統領セオドア・ルーズベルト,英国王エドワード7世,フランス大統領ポアンカレ,同国首相クレマンソーら各国の要人と面会した。45年尾崎行雄の後を受けて東京市長に就任し,大正5年までの在職期間中には乃木公園や西ケ原の二本榎公園などの整備を行い,都市の緑の増殖に努めている。市長辞任後は日本政府代表委員としてパリ連合国経済会議に出席。6年より貴院議員に5選し,得意の経済問題を中心に活躍した。満州事変後は計画的健全財政論を主張して軍部の財政拡張要求に反対。軍部を揶揄して"沸虎(ヒットラー)にまんまと一ぱい喰はされて国をあやまる罪ぞ恐ろし"の狂歌も残している。温厚篤実で世話好きな性格から帝国発明協会会長,学士会理事長,専修大学学長,日加協会会長,日本倶楽部会長など多数の団体・学校・学会・事業に名を連ね,"百会長"といわれた。その他,初の国勢調査の実施や軍艦三笠の保存に尽くしたことでも知られる。明治40年男爵,昭和16年子爵にのぼった。

【評伝・参考文献】
◇日本公園百年史 日本公園百年史刊行会編 日本公園百年史刊行会 1978.8 690p 27cm

坂村 徹

さかむら・てつ

明治21年(1888年)10月13日〜
昭和55年(1980年)10月18日

植物生理学者,細胞遺伝学者 北海道大学名誉教授

広島県広島市出生。東北帝国大学農科大学(現・北海道大学農学部)農学科〔大正2年〕卒,東京帝国大学理科大学大学院〔大正7年〕修了。日本学士院会員〔昭和39年〕。理学博士〔昭和9年〕。専 植物細胞学,植物生理学 賞 文化功労

者〔昭和51年〕。

東北帝国大学農科大学(現・北海道大学農学部)農学科で植物学を学び、卒業後は東京帝国大学理科大学大学院の藤井健次郎の下で細胞遺伝学を専攻。大正7年9月母校に戻って麦類交配種の研究に取り組み、これまで信じられてきたコムギの染色体数の誤りを指摘して、コムギの染色体数には14、28、42の3系統があると世界で初めて突き止め、これに基づいて4倍性と6倍性の種間雑種の合成に成功した。これは画期的な発見であったが、直後の11月助教授に進み、12月には次期教授候補として植物生理学を学ぶ為にハーバード大学、ベルン大学に留学したため、コムギの細胞遺伝学的研究は後輩の木原均に託した。木原は研究を一層発展させ、後年文化勲章を受章するに至る。9年帰国、10年教授に昇進し、農学部植物第二講座を担当。昭和2年より北海道帝国大学理学部創設に携わり、5年理学部開設により同学部に転じ、植物生理学講座を担当。27年定年退官し、ノートルダム清心女子大学教授。植物細胞の滲透圧生理や、カビ類を用いた窒素栄養や微量重金属、特にモリブデンの作用に関する研究を行い、生物を利用した微量重金属の検出法を編み出した。18年には植物生理学分野を網羅・総合した大著「植物生理学」を刊行、26年増訂して上下巻に、34年には全訂版を出し、同分野文献の金字塔として大きな影響を与えた。51年文化功労者に選ばれた。

【著作】
◇岩波講座生物学 [第1 生物学通論 原形質(坂村徹)] 岩波書店編 岩波書店 1930～1931 23cm
◇実験生物学集成 第1 植物細胞滲透生理 坂村徹著 養賢堂 1934 156p 25cm
◇植物生理学 坂村徹著 裳華房 1943 586,15p 26cm
◇生物学綜報 第2輯 [微量重金属の植物生理学的及生化学的作用(坂村徹)] 日本学術会議編 丸善出版 1949 167p 26cm
◇植物生理学 上巻 〈全訂版〉 坂村徹著 裳華房 1958 1015p 27cm
◇植物生理学 下巻 〈全訂版〉 坂村徹著 裳華房 1959 516p 27cm

【評伝・参考文献】
◇近代日本生物学者小伝 木原均ほか監修 平河出版社 1988.12 567p 22cm
◇生命・科学・信仰―生物学者の思索と随想 鳥山英雄著 南窓社 1990.2 245p 21cm

桜井 半三郎

さくらい・はんさぶろう

万延元年(1860年)～昭和8年(1933年)

野生植物の研究者。高山の植物を調査し、標本を作製した。標本の一部は国立科学博物館に収蔵される。

迫 静男

さこ・しずお

大正14年(1925年)10月10日～
平成2年(1990年)3月25日

鹿児島大学農学部助教授

鹿児島県鹿児島市出身。鹿児島高等農林学校(現・鹿児島大学農学部)〔昭和19年〕卒。專林学。

昭和21年鹿児島農林専門学校助手、25年鹿児島大学農学部助手を経て、助教授。氏を記念した学名にサコスゲ Carex sakonis T. Koyama がある。

【著作】
◇屋久島の環境保全と森林施業・利用体系に関する研究 迫静男, 鹿児島大学著 1983
◇鹿児島の樹木 迫静男編 第35回全国植樹祭鹿児島県実行委員会 1984.5 164p 19cm

笹岡 久彦
ささおか・ひさひこ

明治22年(1889年)～?

蘚苔類研究家
号は迷蘚愚奴。富山県月岡村(富山市)出生。

富山県月岡村の出身で、明治43年上京。杉並区天沼に住み、自宅に東洋蘚類研究所を設立。自らを"迷蘚愚奴"と号して蘚苔類の研究を続けた。その手による「日本蘚類植物標品集彙 第1集」は我が国初の蘚類エキシカータ(乾燥植物標本集)とされる。後年、そのコレクション約1万点が国立科学博物館に"笹岡久彦コレクション"として収められ、日本の蘚類フロラの解明に重要な役割を果たした。

佐々木 舜一
ささき・しゅんいち

明治21年(1888年)8月18日～
昭和35年(1960年)9月26日

台湾総督府技師
大分県出身。

明治41年頃に川上滝弥と台湾の植物調査を行い、大正7年からは台湾総督府技師として中央研究所林業部腊葉館の拡充と標本収集に専念。台湾の植物研究で知られた早田文蔵の研究を援け、早田の研究が一段落した後も独自に標本の整理を進め、昭和3年台湾に生育する植物の総目録「台湾植物名彙」を、5年には腊葉館の標本目録「台湾総督府林業部腊葉館目録」を出版した。11年マレー、インド、ジャワ、南アフリカ、マダガスカル島に、14年オランダ領インドネシアに出張、熱帯植物の見聞を広めた。太平洋戦争中は陸軍司政官としてジャワ島ボゴールの林業試験場長に就任、林業開発に当たった。21年帰国後は日本香料薬品の種子島農場に勤務した。

【著作】
◇林業試験場報告［第4 台湾産針葉樹葉ニ於ケル樹脂溝ノ配列(金平亮三、佐々木舜一)］ 台湾総督府殖産局 1914～1921 26cm
◇台湾総督府中央研究所林業部報告 第1号［新高山彙森林植物帯論(佐々木舜一)］ 台湾総督府中央研究所編 台湾総督府中央研究所 1922 108p 26cm
◇台湾総督府中央研究所林業部報告［第21号 隠花植物篇〔英文〕(佐々木舜一)］ 台湾総督府中央研究所 1931～1937 27cm

佐々木 甚蔵
ささき・じんぞう

慶応2年(1866年)1月24日～
昭和29年(1954年)12月11日

開拓事業家
因幡国(鳥取県)出身。

明治35年鳥取砂丘東部の多鯰ケ池近辺の山林を開墾し、ナシ・カキなどの果樹栽培を始めた。大正6年からは隣接する福部地区の海岸砂防事業に力を尽くした。

笹村 祥二
ささむら・しょうじ

明治40年(1907年)～昭和51年(1976年)10月17日

植物学者
🏅勲六等瑞宝章。

昭和3年岩手県教育会主催の植物講習会に参加し、牧野富太郎の知遇を得る。以来、主に岩手県の三陸海岸沿岸部に生育する植物について研究を進め、昭和25年その成果として「岩手県沿岸帯植物誌」を刊行した。1950年代以降はササやタケの研究と標本収集に力を注いだ。傍ら釜石市文化財調査委員、釜石市社会教育委員などを歴任。生涯をかけて収集した腊葉標本は

約2万点を数え、現在は岩手県立博物館で"笹村祥二コレクション"として公開されている。他の著書に「岩手県沿岸帯植物誌補遺」などがある。

【著作】
◇岩手県沿岸帯植物誌　笹村祥二著　盛岡生物学会　1950.5　114p 22cm

佐竹 健三
さたけ・けんぞう

大正14年(1925年)～昭和48年(1973年)1月24日

シダ類研究家
静岡県浜松市出身。囲浜松植物同好会。

小学校勤務の傍ら、伊豆を中心にベニシダ類、カナワラビ類の採集や研究に努め、シビイヌワラビなどの新種を発見した。著書に「伊豆のシダ」、編著に「浜松の植物」がある。

佐竹 利彦
さたけ・としひこ

明治43年(1910年)5月6日～
平成10年(1998年)7月24日

佐竹製作所名誉会長
広島県東広島市西条本町出身。父は佐竹利市(佐竹製作所創業者)、女婿は佐竹覚(佐竹製作所社長)。山陽中学〔昭和3年〕卒。賞藍綬褒章〔昭和25年〕、勲三等瑞宝章〔昭和57年〕、広島大学名誉博士号〔平成7年〕。

父は精米機メーカーである佐竹製作所の創業者・佐竹利市。旧制山陽中学卒業後に同社に入る。14年佐竹製作所を株式に改組し、副社長を経て、18年社長に就任。この間、精米に関する学術的研究に取り組み、15年体系的精米理論を発表して今日の工学的精米理論の基礎を築いた。さらに持ち前の研究熱心さで様々な新製品を開発、高い技術力と精度を誇り、同社を精穀機の世界的トップメーカーに育て上げた。

なお、国内における同社製精米機のシェアは80パーセントを超え、世界100ケ国以上に輸出されている。精米機以外にも61年発売のおいしさを百点法で採点する食味計など、多くのヒット商品を世に送り出した。63年「近代精米技術の研究」で東京大学から博士号を取得。平成2年会長、7年名誉会長。また、昭和8年に入手したビロウに惹かれ、より詳しいことを調べようと小石川植物園を訪ねるが、まとまった文献や資料がなかったことから、一念発起してヤシ科植物の標本・資料収集及び研究を開始。以来、世界中から約1500種のヤシ科植物を集めただけでなく自ら新種や珍種を発見しており、誠文堂新光社の「園芸大事典」や小学館の「ジャポニカ百科事典」でヤシやソテツの項目も執筆、平成5年ヤシの研究により東京農業大学から名誉農学博士号を、7年広島大学から名誉農学博士号を贈られるなど斯学の権威として知られた。ヤシ科*Satakentia*属はH. Moore博士が佐竹利彦に献呈した学名である。

佐竹 義輔
さたけ・よしすけ

明治35年(1902年)8月8日～
平成12年(2000年)3月31日

日本高山植物保護協会会長、国立科学博物館副館長
秋田県湯沢市佐竹町出生。東京帝国大学理学部植物学科〔昭和3年〕卒。理学博士〔昭和12年〕。団植物分類学 囲日本植物学会、日本植物分類学会、日本高山植物保護協会(会長) 賞湯沢市名誉市民〔昭和63年〕。

佐竹南家第19代当主。東京帝国大学理学部在学中、早田文蔵の下でイラクサ群、イグサ科、ウラハグサなどの解剖学的研究に従事。昭和3年卒業後は同大学植物学教室副手となって中

井猛之進の指導を受け、次第に種属誌的な植物分類学に移行し、特にイグサ科、ホシクサ科の研究はその後のライフワークとなった。12年日本産ヤブマオ属研究で理学博士号を取得。東京農業大学講師、東京高等師範学校講師を経て、14年東京科学博物館学芸員に任ぜられ、国立科学博物館の発足後は24年学芸部長、37年第一研究室長、41年植物研究部長を歴任、館の運営と拡充に力を尽くした。44年副館長で定年退官。47年同館名誉館員。この間、18年オランダ領ニューギニアのヘールフィンク湾周辺の学術調査に当たり、35年には尾瀬の特別天然記念物総合調査を行った。51年宮中で昭和天皇にホシクサ科植物について進講した。平成元年日本高山植物保護協会の初代会長に就任。著書に「西イリアン記」「日本の野生植物」（全5巻）「植物の分類」「日本の花」「花のある風景」などがある。

【著作】
◇大日本植物誌［第1 トウシンサウ科, 第6 ホシクサ科（佐竹義輔）］ 中井猛之進, 本田正次監修 三省堂 1938〜1940 26cm
◇東京科学博物館研究報告［第4号 A revision of the Japanese eriocaulon（佐竹義輔）］ 東京科学博物館編 東京科学博物館 1940〜1944 26cm
◇生命の神秘（春陽堂文化選書） 佐竹義輔著 春陽堂 1942 126, 20p 図版 18cm
◇屋久島の国立公園問題 国立公園協会 1955 128p 図版 21cm
◇植物の事典 佐竹義輔, 薬師寺英次郎, 亘理俊次編 東京堂 1957 594p 図版 22cm
◇郷土研究講座 第1巻 風土［郷土の生物（沼野井春雄, 佐竹義輔, 伊藤隆吉）］ 西岡虎之助等編 角川書店 1958 282p 20cm
◇西イリアン記—ニューギニアの自然と生活 佐竹義輔著 広川書店 1963 341p 図版 22cm
◇植物の分類—基礎と方法 佐竹義輔著 第一法規出版 1964 380p 22cm
◇原色図解理科実験大事典 生物編 佐竹義輔監修 全国教育図書 1967 312p 31cm
◇高山植物—原色・自然の手帖（ブルーバックス） 佐竹義輔編 講談社 1967 209p（おもに図版）18cm
◇野の花—原色・自然の手帖（ブルーバックス） 佐竹義輔編 講談社 1967 212p（おもに図版）18cm
◇花の手帖—野の花（原色写真文庫） 佐竹義輔, 冨成忠夫著 講談社 1968 150p（おもに図版）19cm
◇高山の花—高山植物写真図譜 青山富士夫写真, 佐竹義輔, 中尾佐助, 亘理俊次文 毎日新聞社 1971 286p（おもに図）31cm
◇日本の花（山渓カラーデラックス） 佐竹義輔編 山と渓谷社 1972 368p（おもに図）26cm
◇日本の野生植物 草本 3 合弁花類 佐竹義輔〔ほか〕編 平凡社 1981.10 259p 図版224p 27cm
◇日本の野生植物 草本 1 単子葉類 佐竹義輔〔ほか〕編 平凡社 1982.1 305p 図版208p 27cm
◇日本の野生植物 草本 2 離弁花類 佐竹義輔〔ほか〕編 平凡社 1982.3 318p 図版272p 27cm
◇花のある風景（この人と植物 1） 佐竹義輔著 アボック社出版局 1984.1 217p 20cm
◇日本の野生植物 木本 1 佐竹義輔〔ほか〕編 平凡社 1989.2 321p 図版304p 27cm
◇日本の野生植物 木本 2 佐竹義輔〔ほか〕編 平凡社 1989.2 305p 図版288p 27cm

佐藤 泉
さとう・いずみ

元治元年（1864年）〜昭和14年（1939年）

植物研究家

山形県飽海郡観音寺村（酒田市）出生。山形県師範学校卒。

山形県師範学校に学び、卒業後は白岩小学校、観音寺小学校教諭を務め、明治23年遊佐小学校校長。退職後、大正5〜13年観音寺村村長、山形県史跡名勝天然記念物調査委員などを歴任。同県庄内地方、特に鳥海山の植物を調査し、多数の標本を作成した。昭和10年「鳥海山植物目録」を発表。同県出身の植物学者・川上滝弥の良き協力者でもあり、「荘内産顕花植物」刊行に尽力した。また、押し葉標本が遊佐小、鶴岡南高に残されている。

佐藤 栄助
さとう・えいすけ

明治2年（1869年）〜昭和25年（1950年）

山形県東根市出身。

山形県東根で味噌・醤油の醸造業を営んでいたが、明治40年果樹栽培に転業。大正元年から輸送に適したサクランボの品種改良に取り組み、味はいいが日持ちのしない'黄玉'と、日持ちはいいが酸味の勝った'ナポレオン'の交配・選抜を繰り返し、13年砂糖のような甘さと美しい赤色とを持ち合わせた新品種を作出。昭和3年には'佐藤錦'と命名され、友人でありその命名者でもある苗木商・岡田東作の協力によって世に出た。以来、'佐藤錦'はサクランボの優良品種として普及し、現在では全国の約7割以上を占める山形県のサクランボ収穫量のうち、約8割を占めるまでになった。平成15年山形新幹線さくらんぼ東根駅前に銅像が建立された。

佐藤 庚
さとう・かのえ

大正9年(1920年)3月21日〜
平成3年(1991年)9月24日

東北大学名誉教授

山梨県石和町(笛吹市)出生。東京帝国大学農学部農学科〔昭和18年〕卒。農学博士(東京大学)〔昭和36年〕。團作物学、草地学、生態生理学、作物の環境形態学(Eco-morphology) 團日本作物学会、日本草地学会、日本熱帯農業学会、全日本東洋蘭連合会 賞日本作物学会賞(第14回)〔昭和42年〕「稲の組織内澱粉に関する研究」。

東京大学副手、助手を経て、昭和28年東北大学へ配置換、32年助教授。36年米国・コロンビアへ出張、37年から1年間、ペンシルベニア大学、ニューヨーク州立大学(コーネル大学)に留学。ひき続き38年英国、デンマーク、西ドイツ、フランス、イタリアへ出張、50年東北大学教授、58年名誉教授、東京農業大学非常勤講師となる。

【著作】

◇植物と温度(Asakura-Arnold biology 22) J.サトクリフ著, 佐藤庚訳 朝倉書店 1981.2 82p 22cm
◇工芸作物学 佐藤庚〔ほか〕共著 文永堂出版 1983.9 294p 22cm
◇食用作物学 佐藤庚〔ほか〕共著 文永堂出版 1983.9 293p 22cm
◇作物の生態生理 佐藤庚〔ほか〕共著 文永堂出版 1984.9 392p 22cm

佐藤 清明
さとう・きよあき

明治38年(1905年)5月9日〜
平成10年(1998年)9月17日

植物研究家

岡山県浅口郡里庄村(里庄町)出生。團岡山博物同好会(会長)、岡山自然愛護協会(会長) 賞文化庁長官功労者賞〔昭和53年〕、山陽新聞賞〔昭和58年〕。

金光中学を卒業後、旧制六高で助手を務めながら勉強し、教員免許を取得。大正14年理科教師として福岡県の小倉中学に赴任するが、間もなく結核を患い休職。のち教壇に復帰し、清心女学校、清心女子大学、岡山県立保育専門学校、岡山工業高校、関西学園高校などで教鞭を執った。この間、岡山県内の植物相を研究し、昭和9年「岡山県特殊植物誌」を編纂。変形菌にも関心を抱いて南方熊楠や小畔四郎らとも交流し、県内各地で採集した成果をリムルス学会会報などに報告した。また昆虫の研究家としても著名で、26年倉敷昆虫同好会を結成した。同年岡山女子大学講師、33〜60年岡山大学農学部講師を務めた。岡山博物同好会会長、岡山自然愛護協会会長なども歴任した。

【著作】

◇博物科学叢話―教育参考各科叢話 佐藤清明著 文教書院 1932 567p 19cm
◇岡山県植物目録 佐藤清明編 リムルス学会 1935 130p 24cm
◇名席図会 巻1 佐藤清明編 リムルス学会 1939 図版23枚 23cm

【その他の主な著作】

◇カブトガニ　佐藤清明著　リムルス学会　1932　23p 18cm
◇方言叢書 第7篇 現行全国妖怪辞典　佐藤清明著　中国民俗学会　1935　52p 22cm

佐藤 潤平
さとう・じゅんぺい

明治29年(1896年)4月14日～
昭和45年(1970年)2月6日

薬用植物学者,植物分類学者　満州国遼陽県指導農場長,中国医学大学薬学院教授
秋田県南秋田郡金足村(秋田市)出生。秋田県師範学校(現・秋田大学)本科一部〔大正6年〕卒。薬学博士(薬学博士)〔昭和37年〕。

秋田県師範学校時代に植物図鑑を読んで植物に傾倒、そのために他の学課の成績は良くなく、卒業時の成績は最下位であったが、すぐれた点を伸ばすという校長の方針により、"植物および園芸に関し特別なる技能を有することを証す"という異例の証状を受けた。大正6年より秋田県の小・中学校に勤め、10年満州の旅順高等女学校教諭となり、13年満鉄立教育専門学校講師、14年関東庁博物館嘱託を兼務。昭和3年旅順植物園園長兼満鉄農務課嘱託を経て、13年満州国遼陽県指導農場長に就任。20年8月同地で終戦後を迎えたが、その後も旧満州に留まり、22年中国の東北大学教授として農学院で森林樹木学、理学院で植物分類学、薬用植物学を講じた。以来、28年に帰国するまで瀋陽医学院教授、中国医学大学薬学院教授、中華人民共和国薬典編纂委員などを歴任。在満30年の間に、不正確な数字ながら、約30万点の植物標本と約3万冊の植物文献を収集したという。帰国後は30年から農林省東京営林局、42年から三宝製薬に勤務した。著書に「東北実用植物之新研究」「満蒙の野外花卉」「漢薬の原植物」「家庭で使える薬になる植物」などがある。

【著作】
◇東北実用植物之新研究　佐藤潤平著　成見書店　1919　433p 22cm
◇満蒙の野外花卉 正編　佐藤潤平著　南満州教育会　1927　214p 図版47枚 23cm
◇満蒙有用植物名彙　佐藤潤平著　関東庁　1930　1冊 31cm
◇満州水草図譜　佐藤潤平著,杉野光孝画　三省堂　1942　179p 図版 26cm
◇満蒙樹木図説　佐藤潤平著　誠文堂新光社　1942　392p 19cm
◇漢薬の原植物　佐藤潤平著　日本学術振興会　1959　476, 26p 図版 27cm
◇家庭で使える薬になる植物　佐藤潤平著　創元社　1961　286p 19cm
◇家庭で使える薬になる植物 第2集　佐藤潤平著　創元社　1965　201p 19cm
◇家庭で使える薬になる植物 第3集　佐藤潤平〔ほか〕共著　創元社　1979.7　307, 18p 19cm
◇武蔵野植物誌　佐藤潤平著　科学書院　1986.1　1122p 22cm

佐藤 達夫
さとう・たつお

明治37年(1904年)5月1日～
昭和49年(1974年)9月12日

人事院総裁,法制局長官
福岡県久留米市出生。東京帝国大学法学部〔昭和3年〕卒。賞日本エッセイストクラブ賞(第15回)〔昭和42年〕「植物誌」。

昭和3年内務省に入り、7年法務局に移り、22年から29年まで法制局長官を務めた。30年国会図書館専門調査員を経て、37年人事院総裁に就任、49年に死去するまでその職にあった。この間、日本国憲法の立案を担当したほか、国家公務員法の制定に参画。著書に「国家総動員法」「国家公務員制度」「日本国憲法成立史」などのほか、「植物誌」「花の画集」(全3巻)「法律の悪魔」などの随筆集がある。趣味の広さでも定評があり、日本エッセイストクラブ賞を受けた。

【著作】
◇常陸国西茨城郡笠間町城山所産植物目録　佐藤達夫著　佐藤達夫　1951　39p 25cm
◇皇居に生きる武蔵野［吹上のことなど(佐藤達夫)］　毎日新聞社社会部,写真部編　毎日新聞社　1954　112p(図版解説共)原色図版1枚 27cm

◇武蔵国加治丘陵植物仮目録　佐藤達夫著　佐藤達夫　1955　50p 25cm
◇植物誌　佐藤達夫著　雪華社　1966　221p（図版共）21cm
◇花の絵本—画文集　佐藤達夫著　東京新聞出版局　1970　133p（図共）27cm
◇花の画集1　佐藤達夫著　中日新聞東京本社東京新聞出版局　1971　66p（図共）31cm
◇花の画集2　佐藤達夫著　中日新聞東京本社東京新聞出版局　1972　66p（図共）31cm
◇自然の心（日本の心シリーズ）　佐藤達夫著　毎日新聞社　1972　248p 肖像 20cm
◇花の画集3　佐藤達夫著　中日新聞東京本社東京新聞出版局　1973　66p（図共）31cm
◇花の幻想　佐藤達夫写真と文　矢来書院　1974　63p 31cm
◇私の植物図鑑　佐藤達夫著　矢来書院　1975　206p（図共）31cm
◇私の絵本—画文集　佐藤達夫著　矢来書院　1976　206p 31cm
◇私の植物図鑑　佐藤達夫著　矢来書院　1977.4　206p（図共）30cm
◇植物誌　続　佐藤達夫編　学陽書房　1977.6　209p（図共）21cm
◇県の花—佐藤達夫画文集　佐藤達夫画　矢来書院　1978.2　78p 22cm
◇植物誌　佐藤達夫著　雪華社　1982.3　221p 21cm
◇サトーズ・フローラ—佐藤達夫花の画集 a（U・leag book 2）　佐藤達夫著　ユーリーグ　1995.6　189p 18cm
◇サトーズ・フローラ—佐藤達夫花の画集 b（U・leag book 3）　佐藤達夫著　ユーリーグ　1995.6　189p 18cm

佐藤 信淵

さとう・のぶひろ

明和6年（1769年）6月15日～
嘉永3年1月6日（1850年2月17日）

経済学者，経世家

字は元海，通称は百祐，号は椿園。出羽国西馬音内（秋田県）出生。

父は農政学者・佐藤信季。江戸に出て宇田川玄随に蘭学を，木村桐斎に天文，地理など洋学を学び，その後，諸国を遊歴しつつ，各地の藩士に経世策を献じたといわれるが，詳細は不詳。のち平田篤胤に師事し，その国学や神道思想に大きく影響を受けた。この間，文化11年（1814年）神道講談所設立問題に連座して江戸払いに処せられた。文政年間には著述に専念し，「宇内混同秘策」「経済要録」などの主要な著作を執筆。天保4年（1833年）には禁を犯して江戸に入ったため江戸十里四方お構いとなり，武蔵鹿手袋村に蟄居。のち高野長英や渡辺崋山ら尚歯会の洋学者グループと交際し，天保10年（1839年）蛮社の獄に連座したが罪は免れた。その著述は経済論や国家論などを中心に多方面にわたるが，強力な中央集権制や絶対主義国家的な思想を鮮明に主張し，また徳川幕府を中心としたアジア全体におよぶ統一国家を構想するなどで，大きく異彩を放つ。著書は他に「農政本論」「復古法概言」など。

【著作】
◇農政本論　佐藤信淵著，織田完之訂　松蘚堂　1871　23cm
◇草木六部耕種法　佐藤信淵著　名山閣〔ほか〕1874.7　23cm
◇農政教戒六箇条　佐藤信淵著　織田完之　1885 序　18丁 23cm
◇佐藤信淵自叙伝　小島好治編　三浦書店　1967　99p 19cm

【評伝・参考文献】
◇佐藤信淵翁伝　飯村粋著　飯村粋　1893　231p 図版 23cm
◇二宮尊徳・佐藤信淵　峡北隠士著　富士書店　1900.1　115p 23cm
◇佐藤信淵ノ農政学説　中田公直著　中田明道　1915　406, 13p 肖像 23cm
◇佐藤信淵　秋田県教育会編　石川書店　1925　96, 11p 図版 23cm
◇佐藤信淵に関する基礎的研究　羽仁五郎著　岩波書店　1929　209p 23cm
◇神国日本と佐藤信淵先生　上領三郎著　歴史叢書刊行会　1933　32p 20cm
◇佐藤信淵（社会科学の建設者人と学説叢書 第7）　小野武夫著　三省堂　1934　246p 肖像 20cm
◇佐藤信淵と綾部　村島渚編，何鹿郡蚕業同志会編　何鹿郡蚕業同志会　1934　43p 19cm
◇佐藤信淵の研究 第1編 大陸政策論　花岡淳二著　未来の日本社　1938　80p 19cm
◇佐藤信淵　鴇田恵吉著　大観堂　1941　414p 22cm
◇佐藤信淵（戦争文化叢書 第35輯）　坂本稲太郎著　日本問題研究所　1941　92p 19cm
◇佐藤信淵の思想　中島九郎著　北海出版社　1941　188p 19cm
◇佐藤信淵先生の事蹟と其の大経綸　鴇田恵吉著　信淵神社造営奉賛会　1941　59p 19cm

◇先覚佐藤信淵(日本先覚者叢書 1) 松原晃著 多摩書房 1941 275p 19cm
◇佐藤信淵―疑問の人物 森銑三著 今日の問題社 1942 299p 19cm
◇佐藤信淵思想録 古志太郎著 教材社 1942 286p 15cm
◇佐藤信淵武学集 上・中(日本武学大系 22-23) 日本武学研究所編 岩波書店 1942～1943 2冊 図版 肖像 22cm
◇佐藤信淵(偉人傳文庫 12) 下村湖人著 大日本雄辯會講談社 1942.2 325, 5p 19cm
◇佐藤信淵 小野武夫著 潮文閣 1943 312p 19cm
◇兵学者佐藤信淵―佐藤信淵の神髄 川越重昌著 鶴書房 1943 529p 図版 22cm
◇佐藤信淵―偉大なる先駆者(信友文庫) 今野賢三著 信友社 1953 219p 図版 16cm
◇亡国への繁栄―佐藤信淵に学ぶ 飯島安雄著 新読書社 1965 190p 19cm
◇洋学思想史論 高橋磌一著 新日本出版社 1972 348p 19cm
◇佐藤信淵―思想の再評価 碓井隆次著 タイムス 1977.4 215p 21cm
◇佐藤信淵―幕藩の動向と改革をめぐる人々 泉武夫著 〔泉武夫〕 1984.8 304p 22cm
◇佐藤信淵大人の二人名跡(弥高叢書 第3輯) 渋谷鉄五郎著 弥高神社平田篤胤佐藤信淵研究所 1987.3 46p 19cm
◇佐藤信淵の「天火の小球」説―その説と西洋化学史への投影(弥高叢書 第4輯) 川越重昌著 弥高神社平田篤胤佐藤信淵研究所 1991.5 74p 19cm
◇考証佐藤信淵 3 津山藩江戸屋敷 殺気燃える猛士三十八人の決起(弥高叢書 第6輯) 川越重昌著 弥高神社平田篤胤佐藤信淵研究所 1995.5 119p 19cm
◇佐藤信淵と阿波(徳島市民双書 29) 川越重昌著 徳島市立図書館 1997.3 450p 19cm
◇佐藤信淵の虚像と実像―佐藤信淵研究序説 稲雄次著 岩田書院 2001.3 280p 21cm

佐藤 広喜
さとう・ひろき

大正14年(1925年)3月20日～
平成10年(1998年)8月13日

画家

本名は佐藤春義。香川県丸亀市出身。香川県立工芸学校卒。団ボタニカルアート団日本理科美術協会, 日本ボタニカルアート協会。

絵物語の他、雑誌、図鑑、教科書などの挿絵、資料画を広く手がける。のち植物画に専念、ボタニカルアート(植物の細密画)の第一人者として活躍。昭和46年には仲間と日本ボタニカルアート協会を設立。平成5年「佐藤広喜ボタニカル・アート展」を開催。代表作に絵物語「紅孔雀」、さし絵に「草花あそび事典」「こども百科」「原色日本林業図鑑」など。

【著作】
◇野草のかんさつ(理科の実験観察シリーズ 21) 永井昭三著, 佐藤広喜絵 ポプラ社 1972 114p 22cm
◇植物の冬ごし(理科の実験観察シリーズ 41) 永野房夫著, 佐藤広喜絵 ポプラ社 1973 100p 22cm
◇生物の世界―文研の学習図鑑 2 植物―くらしとなかま 菅沼孝之著, 藤島淳三, 佐藤広喜ほか絵 文研出版 1975 247p 27cm
◇生きている森―ふるさとの森を考える(文研科学の読み物) 宮脇紀雄, 宮脇昭共著, 佐藤広喜絵 文研出版 1975.3 80p 23cm
◇植物画講座―Botanical art テキスト v. 1 佐藤廣喜執筆・作画指導 日本園芸協会 〔198―〕 84p 35cm
◇植物画講座―Botanical art テキスト v. 2 佐藤廣喜執筆・作画指導 日本園芸協会 〔198―〕 60p 35cm
◇植物画講座―Botanical art テキスト v. 3 佐藤廣喜執筆・作画指導 日本園芸協会 〔198―〕 52p 35cm
◇植物画講座―Botanical art テキスト v. 4 佐藤廣喜執筆・作画指導 日本園芸協会 〔198―〕 56p 35cm
◇草花あそび事典(くもん選書) 藤本浩之輔著 くもん出版 1989.1 281p 19cm
◇木の実を描く―ボタニカルアート入門 佐藤広喜著 日貿出版社 1995.4 103p 26cm

佐藤 正己
さとう・まさみ

明治43年(1910年)7月16日～
昭和59年(1984年)8月30日

茨城大学名誉教授

山形県東田川郡山添村(鶴岡市)出生。東京大学植物学科〔昭和9年〕卒。理学博士〔昭和17年〕。団植物学団勲三等旭日中綬章〔昭和

57年〕。

水戸高校を経て、東京帝国大学理学部植物学科に学び、中井猛之進や朝比奈泰彦の指導を受けて地衣類の研究を進める。昭和13年同大助手。22年山形県農林専門学校教授となり、25年同校が改組した山形大学農学部教授、29年茨城大学文理学部教授。この間も職務の合間を縫って地衣類の標本採集に当たり、自身の出身地である東北や北関東から、北は北海道利尻島、南は沖縄まで、その足跡は日本各地に及び、我が国地衣類研究の権威と呼ばれた。39年には文部省在外研究員としてニュージーランドに派遣。50年定年退官。著書に「有用植物分類学」「日本産地衣類総目録」などがあり、生涯に渡って収集した約2万点に及ぶ地衣類の標本は、茨城県自然博物館に"佐藤正己コレクション"として収蔵されている。

【著作】
◇大日本植物誌［第5 地衣類ウメノキゴケ目 1，第7 地衣類ハナゴケ目（佐藤正己）］ 中井猛之進，本田正次監修 三省堂 1938～1943 26cm
◇地衣類（生物学実験法講座 第4巻 B） 佐藤正己著，岡田弥一郎編 中山書店 1955 23p（図版共）21cm
◇有用植物分類学 佐藤正己著 養賢堂 1957 530p 図版 22cm

【評伝・参考文献】
◇茨城県自然博物館収蔵品目録―植物標本目録 第3集 佐藤正己コレクション ミュージアムパーク茨城県自然博物館植物研究室編 ミュージアムパーク茨城県自然博物館 2003.3 279，15p 30cm

佐藤 弥六
さとう・やろく

天保13年（1842年）～大正12年（1923年）

農業指導者 青森県議

陸奥国弘前（青森県）出生。六男は佐藤紅緑，孫はサトウハチロー（詩人），佐藤愛子（作家）。賞 緑白綬有功賞〔明治29年〕。

陸奥弘前藩士の二男として生まれる。藩校・稽古館で学び，早くから俊英として知られた。文久2年（1862年）藩命により江戸に遊学し，海軍術を習得する傍ら福沢諭吉の塾で英学を，横浜で商法を修める。慶応4年（1868年）京都に出て西洋兵学を修得するため広瀬元恭の時習堂に入門。幕末から明治初期の変革期にあって国事に奔走しつつ再び横浜で商法を学ぶが，兄が死んだため帰郷し，兄嫁と結婚して家督を継いだ。以後は維新後に没落した士族の生活を助けるため養蚕やリンゴ・ブドウの栽培を指導。また弘前親方町に唐物店を開業，自ら店頭に立って商売し，青森に支店を置くまで成長した。その一方で郡会議員，明治21年青森県議となるなど地方政界でも活躍し，産業の振興に尽力。25年には仙台で開かれた大日本農会主催のリンゴ品評会で三等賞を受賞した。さらに26年リンゴ160種について図解したうえ，原産地・形状・時期・接木の仕方並びに青森で実際に栽培されている61種について説明した「林檎図解」を著述している。29年緑白綬有功賞受賞。晩年は公職に付かず，地域の世話役的な立場であった。その他の著書に「陸奥評林」「陸奥のしるべ」などがあり，藩の歴史や林政についても通暁した。なお，六男の洽六は「ああ玉杯に花うけて」の作者として知られる小説家・俳人の佐藤紅緑。「リンゴの歌」の作詞者として名高い詩人のサトウハチロー，作家の佐藤愛子は孫。

【著作】
◇林檎図解 佐藤弥六編 恵愛堂 1893.5 218p 23cm
◇津軽のしるべ 佐藤弥六編 佐藤弥六 1900 108p 22cm
◇陸奥評林 佐藤弥六著 菊屋出版部 1915 368p 肖像 22cm
◇青森県りんご史資料 第25集 林檎図解 青森県農業総合研究所 〔1955〕 22cm

佐藤 和韓鴉
さとう・わかし

明治39年（1906年）12月20日～
昭和22年（1947年）10月15日

植物学者

岐阜県出生。広島文理科大学生物学科植物学専攻〔昭和9年〕卒。理学博士。圏植物生態学。

広島文理科大学在学中は堀川芳雄に師事。昭和9年卒業後は愛知県第一師範学校教諭、広島高等師範学校教授、文部省嘱託を歴任し、19年金沢高等師範学校教授となった。専門は植物形態学で、師の堀川と共にデンマークの植物学者ラウンケルが考案した生活形（植物がその生育環境に適応した形態のこと）による分類方式を日本の植物に初めて導入したことで知られる。また生育する植物の生活形から環境に対する統一的な把握を行うことによって"植物気候"を導き出し、その重要性を主張した。22年には日本における生活形研究の先駆けと呼ばれる学位論文「日本西南部植物気候の研究」を発表。弟子にブナ林の研究で知られる佐々木好之らがいる。著書に「生物の新研究」「生物学実験法」などがある。

【著作】
◇全体の理科教育　佐藤和韓鵄,北川若松著　目黒書店　1939　306p 23cm
◇欧米比較最近の理科教育思潮　佐藤和韓鵄著　宝文館　1940　664p 22cm
◇生物学教授の方法　アルフレッド・シ・キンズィ著,佐藤和韓鵄訳　積善館　1940　436p 20cm
◇オンガクモノガタリ麦の笛　有賀正助,佐藤和韓鵄著　誠文堂新光社　1941　267p 22cm
◇理論実践理数科の教育　佐藤和韓鵄著　宝文館　1942　257p 22cm
◇新制中等学校の教育―制度の解説と其の運営　曽我部久,佐藤和韓鵄著　宝文館　1943　298p 22cm
◇新制生物の研究　佐藤和韓鵄著　旺文社　1944　272p 22cm
◇中等生物學習書―高等女學校用 巻1　佐藤和韓鵄著　冨山房　1947　278p 19cm
◇生物の新研究　佐藤和韓鵄著　旺文社　1948　209p 22cm
◇高校生の生物學寶典　佐藤和韓鵄著　富山房　1950　612p 19cm

里見 信生
さとみ・のぶお

大正11年（1922年）9月27日～

平成14年（2002年）6月2日

金沢大学理学部教授
長野県長野市大字長野花咲町出生。東京農林専門学校農学科（現・東京農工大学）〔昭和19年〕卒。圏植物分類学,地理学団日本植物学会、日本生態学会、日本植物分類学会、植物分類地理学会、全国巨樹・巨木林の会賞石川テレビ賞（第7回）〔昭和59年〕、朝日森林文化賞（平成9年度）。

昭和21年文部教官千葉農業専門学校勤務、25年千葉大学園芸学部助手兼任、26年金沢大学理学部助手、33年講師を経て、62年教授。63年退官。平成元年石川県巨樹の会を設立、巨木の保全を目指す。5年全国巨樹・巨木林の会を設立、会長に就任。植生に関する研究の業績は30篇をこえ、特に石川県の植生に科学的メスを入れ、その保存の必要性や価値など自然保護の重要性を強く訴えた。著書に「寺崎日本植物図譜」「アルプスの蝶と高山植物」「日本の野生植物」「北陸の自然史」など。また落語好きで知られ、昭和62年には自演の落語レコードを製作した。校章や徽章などのコレクターでもあった。

【著作】
◇小豆島の植物　正宗厳敬,里見信生編　北陸の植物の会　1963　69p（図共）26cm
◇北陸の自然（自然シリーズ 10）　里見信生編　六月社　1966　208p 18cm
◇石川県の自然環境 第2分冊 植生　里見信生編著　石川県　1977.2　8p 図26枚 45×61cm
◇寺崎日本植物図譜　寺崎留吉図,奥山春季編　平凡社　1977.5　1165p（おもに図）27cm
◇北陸の自然誌 海編（日本海カラーブックス 04）　里見信生編著　巧玄出版　1979.6　157p 19cm
◇北陸の自然誌 野編（日本海カラーブックス 05）　里見信生編著　巧玄出版　1979.6　157p 19cm
◇北陸の自然誌 山編（日本海カラーブックス 06）　里見信生編著　巧玄出版　1979.6　157p 19cm
◇石川県の巨樹―特に天然記念物指定に関する規準の考察　里見信生,鈴木三男編　石川県林業試験場　1982.3　288p 27cm
◇石川県樹木誌図譜　里見信生,小牧旌著　石川県林業試験場　1987.12　48, 483p 27cm

佐野 藤右衛門
さの・とうえもん

明治33年(1900年)10月10日～
昭和56年(1981年)5月19日

造園家

京都府京都市出生。商業学校卒。賞フィレンツェ市名誉市民。

家業の造園業を継いでサクラの研究に打ち込み、昭和5年ヤマザクラの新種を発見、牧野富太郎により"佐野ザクラ"と名付けられた。京都・円山公園の枝垂桜を復活させ、大阪・造幣局のサクラの保存、育成に尽くしたほか、43年にはイタリア・フィレンツェ市にサクラを植樹するなど"サクラ博士"と親しまれた。著書に「桜図鑑」「桜花抄」「桜守二代記」などがある。

【著作】
◇桜　佐野藤右衛門著　光村推古書院　1961　原色はり込図版101枚　図版8枚　36cm
◇桜花抄　佐野藤右衛門著　誠文堂新光社　1970　248p　図版　22cm
◇桜守二代記　佐野藤右衛門著　講談社　1973　275p　20cm
◇さくら大観　佐野藤右衛門著　佐野藤右衛門　1990.4　322p　31cm
◇京の桜　佐野藤右衛門著　佐野藤右衛門　1993.4　401p　31cm
◇桜のいのち庭のこころ　佐野藤右衛門著, 塩野米松聞き書き　草思社　1998.4　220p　20cm
◇木と語る(Shotor library)　佐野藤右衛門〔述〕　小学館　1999.11　127p　21cm
◇櫻よ―「花見の作法」から「木のこころ」まで　佐野藤右衛門, 小田豊二著　集英社　2001.2　261p　20cm
◇桜さくら―Picture Book of Cherry Blossoms　青幻舎　2006.4　263p　15cm

【評伝・参考文献】
◇芸と美の伝承―日本再発見　安田武著　朝文社　1993.12　229p　19cm
◇上手な老い方―サライ・インタビュー集 金の巻　サライ編集部編　小学館　2000.4　269p　19cm
◇これが私の生きる道―キダ・タロー対談 ひと・こころ・いのち 26人からのメッセージ　キダタロー著　本願寺出版社　2004.5　325p　19cm

佐野 楽翁
さの・らくおう

天保9年(1838年)11月15日～
大正12年(1923年)10月9日

篤農家

旧姓名は楠美。通称は吉郎兵衛。陸奥国津軽弘前蔵王町(青森県弘前市)出生。賞内国勧業博覧会有功褒状〔明治23年〕。

旧弘前藩士。嘉永5年(1852年)同藩の佐野家の養子となる。慶応3年(1867年)銃隊長に任ぜられ京都内の護衛に従事。戊辰戦争では、鳥羽伏見の戦いや庄内藩追討などに参加した。明治4年旧藩主の薦めにより陸奥野里村に帰農し、養蚕技術などを伝習。9年には青森県からリンゴ苗木400本を含む500本の西洋果樹を配布され、果樹栽培に転じた。中でも西洋リンゴの可能性に注目し、11年野里村から弘前に移ってリンゴ園を開くとともに、接木法を試みるなど栽培法の改良にも携わった。さらに23年には内国勧業博覧会にリンゴを出品して有功褒状を受けるなど、リンゴ王国・青森の先覚者の一人として大きな業績を残している。また、和歌や平曲を嗜み、明治21年には平曲の秘伝を伝授された。

サバチェ

Savatier, Paul Amedée Lúdovic
1830年1月19日～1891年8月27日

フランスの植物研究家・採集家、医師
フランス・シャラント県ドレロン島出生。
医学を修めるとともに植物学にも通暁した。1862年から64年にかけて太平天国の乱の鎮圧に当たっていた中国・寧波駐屯のフランス軍に所属。のち帰国して造船所に勤務するが、1865年江戸幕府が建設していた横須賀製鉄所（のち横須賀造船所）の所長であったフランス人ウェルニーの推薦により、同所の医官として来日。明治維新後も新政府の所有になった同所に引き続き勤務した。この間、同所員のみならず横須賀周辺の民間人にも施療し、傍ら日本の植物にも強い関心を示して勤務地近辺の植物を採集。医師としての職務が多忙を極めたために遠出はかなわなかったが、同所で船の建造に使用する材木の鑑定を行っていたフランス人技師デュポンやその随員の佐波一郎といった協力者のおかげで三浦半島や箱根を中心に日本各地の植物を調査・採集し、それらをフランス本国に送り、パリ博物館の植物学者フランシェに研究・鑑定を依頼した。これにより多くの新種が発見され、中にはタテヤマギク、フジハタザオ、ミネガラシ、ミヤマクロスゲのようにサバチェ・フランシェ両人の名を冠した学名をつけられたものもある。余暇には自ら研究を進め、在職中に本草学者の伊藤譲、田中芳男、小野職愨らと交流して影響を与え、伊藤圭介の「日本植物図説」や田中・小野の「新訂草木図説」といった著作の校訂も手がけた。1871年静養のためいったん帰国し、1873年再来日して同所に復帰。1876年任期満了のため離日する際には、長きに渡って医務に尽くした功績により明治天皇から特に勅語を賜り、1877年日本政府より勲四等に叙された。フランシェとの共著である主著「日本野生植物目録」は帰国前の1875年から帰国後の1879年にかけてパリで刊行され、彼が日本で採集した植物標本をもとに3000種近くの顕花植物及びシダ植物を掲載、日本の植物相研究の基礎的文献として、日本の学者たちに多大な利益をもたらした。また、それ以前における日本の本草学者たちの業績にも注意を払い、1873年には島田充房・小野蘭山共著の「花彙」を仏訳し、パリで出版した。彼の収集した日本植物の標本はパリの国立自然史博物館顕花植物部門などに保管されている（日本には存在しない）。

【評伝・参考文献】
◇博物学者列伝　上野益三著　八坂書房　1991.12　412, 10p 23cm
◇植物学史・植物文化史［黎明期の日本植物研究］（大場秀章著作選1）　大場秀章著　八坂書房　2006.1　419, 11p 22cm

佐原 鞠塢

さはら・きくう

宝暦12年（1762年）～天保2年（1831年）8月29日

骨董商
通称は平八、初名は平蔵、北野屋平兵衛、菊屋宇兵衛、別号は菊宇。陸奥国仙台（宮城県）出生。

仙台の農家に生まれる。天明年間、大飢饉で困窮したため江戸に上り、中村座芝居茶屋を営む和泉屋勘十郎に奉公。勘十郎の妻は5代目市川団十郎（白猿）の長女で、7代目団十郎の生母でもあったので、彼は幼い7代目の世話を焼いたという。ここで財産と人脈を作った彼は、10年ほどのち北野屋平兵衛を名のって日本橋住吉町で骨董商を創業。商才に長けただけでなく文事にも通じたことから、加藤千蔭、大田南畝、亀田鵬斎、大窪詩仏、酒井抱一といった当時一流の文人墨客の愛顧を受け、また茶人の川上不白らの紹介で大名や旗本とも交流した。しかし、愛好家を招いて骨董の道具市（競り市）を開いたところ、お上から賭け事とみなされて捕縛

され、間もなく無罪放免になったものの、これを機に商売を止めて隠居した。以後は菊宇と号して（のち鞠塢に改名）趣味三昧に生きた。特に力を入れたのは庭園造りで、文化初年、江戸東郊寺島村にある約3000坪の旧旗本屋敷を買い取り、そこに秋の草花や付き合いのあった文人たちから寄付を受けたウメの木360本を植え、さらに東屋を建てたところ、文人たちが相集って閑談や詩吟を楽しむようになった。また南畝が園のために揮毫した「花屋敷」の額や、千蔭の掛け灯、詩仏が書いた「春夏秋冬花不断」「東西南北客争来」の聯なども呼び物となり、江戸の庶民も多く足を運ぶようになった。そこで訪れる客から茶代をとったり、園内でとれたウメの実で作った梅干や隅田川焼という楽焼を売ったりして収入を得たという。なお、この園は当初秋の草が主で秋芳園と称し、またウメの花が名物で新梅屋敷とも呼ばれたが、やがて秋草だけでは飽き足らず春夏冬の草花をも取り揃え、何時いっても花が咲いていることから"百花園"と呼ばれるようになった。これが「向島百花園」のはじまりである。一方、自身の園だけでなく他人の庭造りでも才能を発揮し、江戸本郷にある阿部備後守の下屋敷や京都の尾形光琳の墓所修築などを手がけている。さらに自ら著述も行い、園内の草花について記した「秋芳園展観目録」「群芳録」「梅屋花品」「墨水遊覧誌」など著書も多い。

【評伝・参考文献】
◇奇っ怪紳士録　荒俣宏著　平凡社　1988.8　269p 19cm
◇古人の風貌　鶴ケ谷真一著　白水社　2004.10　187, 3p 19cm

沢田　兼吉
さわだ・かねよし

明治16年（1883年）12月26日〜昭和25年（1950年）

菌類学者　台北高等農林学校教授
岩手県盛岡市出生。盛岡中学（現・盛岡一高）卒。圕病害研究。

盛岡中学（現・盛岡一高）を卒業後、盛岡高等農林学校（現・岩手大学農学部）助手となる。のち台湾に渡り、台湾総督府農事試験場の技手を皮切りに、台北高等農林学校教授、台北帝国大学司書官、同大農学部講師を歴任。傍ら、台湾の変形菌を採集・研究し、菌類フロラの解明に貢献。その標本の一部は小畔四郎らによって昭和天皇に献上された。また、稲馬鹿苗病やイモチ病など同地の病害について考究するところがあり、稲籾種の消毒をはじめ病害虫の防除・駆除にも尽力した。大正3年からは「台湾博物学会報」に「台湾菌類資料」を連載。その他「台湾総督府中央研究所農業部報告」に連載した「台湾菌類調査報告」や、昭和6年に出版した「台湾産菌類目録」などは台湾の菌類について知る第一級の資料となっている。戦後は帰郷して盛岡農林専門学校で教鞭を執った。他の著書に「菠薐草露菌病と雑草との関係」「台湾に於ける罌粟病害調査」「書病攷」がある。なお、ウドンコ病菌科のSawadaea属は彼の名にちなむ。

【著作】
◇農事試験場特別報告　第2, 3, 11, 16, 19号　台湾総督府農事試験場　1911〜1920　26cm
◇菠薐草露菌病と雑草との関係（出版　第101号）沢田兼吉著　台湾総督府農事試験場　1916　17p 23cm
◇台湾に於ける罌粟病害調査　沢田兼吉〔著〕台湾総督府農事試験場　1918　32p 22cm
◇台湾総督府中央研究所農業部彙報　[第9, 17, 18, 21, 24号]　台湾総督府中央研究所　1922〜1926　22-15×22cm
◇台湾総督府中央研究所農業部報告 第2号　台湾産菌類調査報告 第2編　沢田兼吉著　台湾総督府中央研究所　1923　1冊 26cm
◇台湾総督府中央研究所農業部報告 第51号　[台湾産菌類調査報告（沢田兼吉）]　台湾総督府中央研究所編　台湾総督府中央研究所　1931　26cm

沢田　武太郎
さわだ・たけたろう

明治32年（1899年）11月17日〜
昭和13年（1938年）12月27日

植物学者

東京市小石川区(東京都文京区)出生。岳父は沼田頼輔(紋章学者)。東京帝国大学経済学部〔大正13年〕卒。

家は箱根底倉の老舗旅館・蔦屋。父は東京高等師範学校を出た博物学教師であった。自然豊かな箱根に育ったこともあって植物に興味を持つ。東京帝国大学経済学部に学ぶ傍ら、早田文蔵の許しを得て同大植物学教室に出入りするようになり、在学中に北はカムチャッカから西は山口県下まで広範な範囲で植物の採集を行った。しかし大正12年の関東大震災で実家が壊滅的被害に遭ったため学者への進路を断り、13年同大卒業後は父を援けて実家の復興に邁進した。以後は実家の旅館経営や村政、教育事業、官幣小社箱根神社嘱託などで活躍したが、寸暇を得て箱根近辺の植物研究を進め、ハコネラン、ハコネメダケ、ハコネアザミ、センダイヒゴタイなどの新種を発見、それらの研究成果を「植物研究雑誌」などに「箱根植物雑記」として発表した。学生時代は樹木学を専門としたことから、箱根の樹木には並々ならぬ愛着があったという。また学生時代から続けていた植物関係の文献収集は学術的内容を備えた優秀なコレクションで、現在は神奈川県立図書館に沢田文庫として収蔵されている。著書に「沢田武太郎植物日記」がある。

【著作】
◇沢田武太郎植物日記　沢田武太郎著　箱根町教育委員会　1979.6　3冊 26cm

【評伝・参考文献】
◇沢田文庫目録 1972　神奈川県立博物館　1972　40p 26cm

繁亭 金太
しげるてい・きんた
?～文久2年(1862年)8月

植木屋, 育種家
別名は種樹屋金太, 増田金太郎。

江戸・青山権田原に住む種樹屋。風雅を好み、多くの画家や文人、学者らと交わった。築庭の術にも長じたことから旗本などの屋敷にも出入りりし、特に当時園芸の大家と目され「草木錦葉集」の著もある旗本・水野忠暁からは園芸のことについて教えられることが多かったという。文政年間には江戸の庶民の間で植物の斑入りや奇態(変わり物)が流行したが、彼は商売柄と珍しい植物に対する興味から画家を伴って各地の奇品愛好家たちを訪ね、その植物の実態を写生させたり、来歴を聞いてまわり、文政10年(1827年)私家版として図録「草木奇品家雅見」をまとめた。同書は斑入りや帯化・強捩・枝垂などの変わり物を約500種も集めて図示しており、植物学的資料として非常に重要なものであるが、その図を彼と交流のあった関根雲停や大岡雲峰といった一流の画家(さらに一部には谷文晁が絵筆を執ったものもある)が手がけていることから、美術的にも高い価値を持つ。その後、老中・水野忠邦によって天保の改革が断行された際、奇品栽培の流行を煽って奢侈を助長したとして処罰され、家財没収・江戸所払いを命ぜられ、代々木に移った。生来、サクラを好み、代々木の庭に植えたナンジャモンジャノキが有名であったと伝えられている。

【著作】
◇草木奇品家雅見　種樹家金太撰輯　青青堂出版　1976　4冊〔解説共〕27cm
◇江戸科学古典叢書 21 薬圃図纂 草木奇品家雅見　恒和出版　1979.10　336, 17p 22cm

【評伝・参考文献】
◇博物学の時代　上野益三著　八坂書房　1990.3　276p 19cm

篠崎 信四郎
しのざき・しんしろう
(生没年不詳)

植物研究家

関東地方南部の植物相についての分類研究を行なった。東京植物同好会会員。

【著作】
◇最近植物採集法　篠崎信四郎著　成美堂　1910.2　407p 20cm

篠遠 喜人
しのとお・よしと

明治28年(1895年)2月20日～
平成元年(1989年)9月16日

国際基督教大学名誉教授
長野県諏訪郡下諏訪町出生。東京帝国大学理学部植物学科〔大正9年〕卒。理学博士〔昭和4年〕。囲遺伝学 囲染色体学会(名誉会長)，日本メンデル協会(会長)圀紫綬褒章〔昭和41年〕，勲三等旭日中綬章〔昭和46年〕。

大正15年東京帝国大学理学部助手、昭和4年講師。細胞遺伝学や染色体関連の研究を専門とし、同年には植物の雄ヘテロ型の確認を行うなどの業績を挙げた。また獲得形質遺伝論に関する研究も行っている。7年文部省の在外研究員として欧米に出張。この時、遺伝学の祖メンデルが起居し、かつ研究を行ったチェコ・ブルノの修道院を訪れ、その遺品や実験庭園を見学、さらに同院からメンデルが作ったシダ植物の標本を贈られた。以後、自らを"メンデルに憑かれた男"と称し、帰国してからはその伝記的研究に没頭。9年には同大にメンデル会を結成してその著書の講読会を開き、メンデルの法則の再発見論文やメンデルの原著「植物の雑種に関する実験」「人工受精によって得たミヤマコウゾリナ属の二三の雑種について」を翻訳するなど、日本におけるメンデルの研究・業績の紹介及び普及に大きく貢献した。18年教授に昇進し、遺伝学講座を担当。戦時中は同講座とともに山梨県塩崎村に疎開し、戦後、同地に染色体研究所を設置して機関紙「染色体」を創刊。22年には同研究所を財団法人化させ、さらにそれを発展させて24年に染色体学会を設立し、理事長となった。28年国際基督教大学教授を経て、46年学長に就任。また「Cytologia(キトロギア)」「採集と飼育」といった学術雑誌の編集も担当。60年には日本メンデル協会を組織し、会長を務めた。また、熱心な無教会派キリスト教徒であり、研究の傍ら40年の歳月をかけて平成元年「篠遠喜人私訳新約聖書」を完成させた。他の著書に「遺伝学史講」「メンデル」「十五人の生物学者」などがある。

【著作】
◇大生物学者と生物学　篠遠喜人，向坂道治著　興学社出版部　1930　476p 23cm
◇岩波講座生物学 第1 生物学通論［日本に於ける細胞学の過去及び現状(篠遠喜人)］　岩波書店編　岩波書店　1930～1931　23cm
◇日本細胞学史 植物学の部　篠遠喜人著　内田老鶴圃　1932　506p 23cm
◇メンデルとその前後　篠遠喜人著　内田老鶴圃　1935　245p 23cm
◇ダーウィン全集 第4［家畜・栽培植物の変異 上(永野為武，篠遠喜人訳)］　白揚社　1938　781p 20cm
◇生物学実験法講座［［3］植物細胞学実験法(篠遠喜人)］　建文館　1937～1938　23cm
◇ダーウィン全集 第5［家畜・栽培植物の変異 下(篠遠喜人，湯浅明訳)］　白揚社　1939　708p 20cm
◇細胞 上　ウィルソン著，篠遠喜人訳　内田老鶴圃　1939　430p 肖像 25cm
◇世界文化史大系［第23巻 現代の科学(菅井準一，篠遠喜人共著)］　白鳥庫吉等監修　新光社　1934～1940　27cm
◇ショクブツノチエ〈改訂版〉(幼兒標準繪本8)　篠遠喜人，武井武雄共編　鈴木仁成堂　1940.7　1冊 27cm
◇一五人の生物学者(科学新書)　篠遠喜人著　河出書房　1941　201p 19cm
◇植物の雑種に関する実験—人為受精によって得たミヤマコーゾリナ属の二三の雑種について　グレゴア・メンデル著，篠遠喜人訳　大日本出版　1943　165p 図版 22cm
◇遺伝学史講　篠遠喜人著　力書房　1945　206p 図版 19cm
◇植物　篠遠喜人著　力書房　1948　215p 図版 22cm
◇メンデル法則再発見論文集　ドフリス等著，篠遠喜人，長島礼共訳［編］　力書房　1948　84p 19cm
◇結婚の科学—これからの結婚のために　篠遠喜人編　北隆館　1949　237p 図版 19cm
◇メンデル(科学史をつくる人々)　篠遠喜人著　弘文堂　1950　128p 図版 19cm
◇日本の科学者(中学生全集49)　篠遠喜人著　筑摩書房　1951　172p 図版 19cm
◇遺伝の実習　ウォレン・H.レナード編，篠遠喜人訳　北隆館　1951　202p 図版 15cm

◇現代自然科学講座 第3巻 朝永振一郎, 伏見康治共編 弘文堂 1951 189p 図版 22cm
◇生物ごよみ［進歩のための研究方法（篠遠喜人）］ 内田清之助等著 筑摩書房 1952 294p 図版 19cm
◇生物学実験法講座 第1巻 D 植物細胞学実験法 篠遠喜人著, 岡田弥一郎編 中山書店 1955 147p 21cm
◇ぼくの朝顔づくり 篠遠喜人著, 滝川清絵 岩崎書店 1956 51p 図版 21cm
◇遺伝の科学―子はなぜ親ににるか（理科教養文庫 第7） 篠遠喜人著 内田老鶴圃 1956 182p 図版11枚 19cm
◇遺伝（毎日ライブラリー） 篠遠喜人編 毎日新聞 1957 277p 19cm
◇植物の世界（少年少女最新科学全集 7） 篠遠喜人著 あかね書房 1959 228p 図版 23cm
◇ダーウィン進化論百年記念論集［ダーウィン進化論百年記念にあたつて（篠遠喜人）］ 丘英通編 日本学術振興会 1960 229p 27cm
◇科学随筆全集 第12 生物学往来 大町文衛, 丘英通, 岡田要, 篠遠喜人, 宮地伝三郎著, 吉田洋一, 中谷宇吉郎, 緒方富雄編 学生社 1963 346p 図版 20cm
◇遺伝学 篠遠喜人, 柳沢嘉一郎著 岩波書店 1965 201p 図版 18cm
◇メンデルの発見の秘録―メンデルの生誕150年記念祭にささげる V. オレル著, 篠遠喜人訳 教育出版 1973
◇サクラ並木の道をとおって―ICUのフロンティアは世界である 篠遠喜人著 採集と飼育の会 1981.7 314p 22cm

【その他の主な著作】
◇新約聖書―篠遠喜人私訳 篠遠喜人訳 「篠遠喜人私訳聖書刊行会」実行委員会 1989.5 957p 19cm

柴田 和雄

しばた・かずお

大正7年（1918年）11月15日〜
昭和58年（1983年）7月27日

理化学研究所主任研究員, 東京工業大学理学部教授

東京都出身。早稲田大学応用化学科〔昭和17年〕卒。理学博士。[専]光合成, 植物生理, 分光測定, 生物化学 [賞]紫綬褒章〔昭和55年〕。

理化学研究所主任研究員の傍ら, 早稲田大学応用化学科助教授, 東京工業大学理学部も歴任。生体試料の分光手法"柴田シフト"を発見するなど, 生物化学分野の権威として知られた。

【著作】
◇高分子実験学講座 第14 高分子実験学の進歩［オパール・グラス分光分析法（柴田和雄）］ 高分子学会編 共立出版 1959 269, 49p 22cm
◇酵素研究法 第4巻［生物資料の直接分光測定法（柴田和雄）］ 赤堀四郎等編 朝倉書店 1961 892p 図版 27cm
◇生物物理学講座 続 第1 物理的測定法1［可視紫外部における吸収および散乱スペクトル（柴田和雄）］ 日本生物物理学会編 吉岡書店 1968 466p 22cm
◇生物化学実験法 C 第1 蛋白質研究法 第1［高次構造の化学的研究法（柴田和雄）］ 瓜谷郁三等編 東京大学出版会 1969 180p 21cm
◇光合成（モダンバイオロジーシリーズ 16） C. E. フォッグ著, 柴田和雄訳 共立出版 1970 124, 11p 図版 22cm
◇スペクトル測定と分光光度計 柴田和雄著 講談社 1974 422p 22cm
◇生物による太陽エネルギー変換―水素発生を中心として サン・ピエトロ他編著, 柴田和雄, 宮地重達監訳 東京大学出版会 1976 159p 22cm
◇分光測定入門（光生物学シリーズ） 柴田和雄著 共立出版 1976 167p 22cm
◇太陽エネルギーの生物・化学的利用 柴田和雄〔ほか〕編著 学会誌刊行センター 1978.4 218p 22cm
◇光生物学 上 柴田和雄〔ほか〕編 学会出版センター 1979.8 220p 23cm
◇太陽エネルギーの生物・化学的利用 2 柴田和雄〔ほか〕編著 学会誌刊行センター 1979.10 229p 22cm
◇光生物学 下 柴田和雄〔ほか〕編 学会出版センター 1979.11 290p 23cm
◇バイオマス―生産と変換 上 柴田和雄, 木谷収編 学会出版センター 1981.8 282p 23cm
◇バイオマス―生産と変換 下 柴田和雄, 木谷収編 学会出版センター 1981.10 239p 23cm
◇太陽エネルギーの生物・化学的利用 3 柴田和雄〔ほか〕編著 学会誌刊行センター 1981.12 278p 22cm
◇光と植物―光合成のエネルギーとエントロピー 柴田和雄著 培風館 1982.9 153p 22cm
◇太陽エネルギーの分布と測定（日本分光学会測定法シリーズ 15） 柴田和雄, 内嶋善兵衛編 学会出版センター 1987.5 191p 21cm

柴田 桂太
しばた・けいた

明治10年(1877年)9月20日～
昭和24年(1949年)11月19日

植物生理化学者　東京帝国大学名誉教授

東京府下駿河台(東京都千代田区神田駿河台)出生。父は柴田承桂(薬学者)、弟は柴田雄次(化学者)、二男は柴田承二(薬学者)、女婿は上田良二(名古屋大学名誉教授)、甥は柴田南雄(作曲家)。東京帝国大学理科大学植物学科〔明治32年〕卒。帝国学士院会員〔昭和14年〕。理学博士〔明治37年〕。団日本植物学会(会長)賞帝国学士院恩賜賞〔大正7年〕「植物界におけるフラボン体の研究」。

父は薬学者の柴田承桂で、弟は化学者の柴田雄次。家は代々名古屋で藩医を務めた家柄。明治40年旧制一高教授、41年東北帝国大学農科大学(現・北海道大学農学部)教授、42年東京帝国大学理科大学講師、45年助教授を経て、大正7年教授。昭和8年理学部長。13年退官。同年～21年日本植物学会会長、14年帝国学士院会員。この間、10年岩田正二郎の出資で設立された岩田植物生理化学研究所所長を兼務し、16年より文部省資源科学研究所所長を務めた。大学時代から植物の形態学的な研究に取り組むが、明治37年に発表した論文「カビ類におけるアミド分解」より植物生理化学の分野に歩を進める。43年より2年間、ドイツに私費留学してライプチヒ大学のW.ペッファーの下で植物生理学を専攻し、またフランクフルト大学のフロイントからは有機化学を学び、シダの精子の走化性や、光学活性物質の研究に従事した。帰国後は植物色素フラボノールの研究に携わり、大正7年「植物界におけるフラボン体の研究」で帝国学士院恩賜賞を受賞。さらにその賞金を元に友人からの寄付を受け、8年植物学教室横に植物生理化学実験室を新設、今日では展示などを行う柴田記念館として保存・公開されている。また錯塩化学・分光化学を専門とする弟と協力して、金属錯塩の生体における触媒作用を追究し、クロロフィルの光合成での役割や、チトクロームの細胞呼吸での役割などに独自の見解を示した。11年より独文の植物化学論文誌「Acta Phytochimica(アクタ・フィトキミカ)」を、13年からは大学で植物生理化学講座を主宰するなど、我が国の植物生理化学の開拓者として、その基礎を築いた。

【著作】
◇薬用植物学　下山順一郎著, 柴田桂太校　松崎蒼虬堂　1892.4　22cm
◇道府県農会主任技師講習会講演集 第1回[薬用植物一班(柴田桂太)]　帝国農会〔編〕　帝国農会　1918　22cm
◇大正七年六月衛生技術会議ニ於ケル訓示並講演　内務省衛生局　1919　115p 22cm
◇岩波講座生物学[第6 植物学[1]炭素及び窒素の同化作用, 呼吸及び醗酵(柴田桂太)]　岩波書店編　岩波書店　1930～1931　22cm
◇資源植物事典　柴田桂太編　北隆館　1949　876, 35, 64p 22cm

【評伝・参考文献】
◇近代日本生物学者小伝　木原均ほか監修　平河出版社　1988.12　567p 22cm

柴田 萬年
しばた・まんねん

明治36年(1903年)12月10日～
平成5年(1993年)11月5日

熊本大学理学部教授・富山大学文理学部長

秋田県出身。東北帝国大学理学部生物学科〔昭和3年〕卒。理学博士。団植物生理学。

東北大学から富山大学に赴任し、昭和30～32年文理学部長。のち熊本大学理学部教授を務めた。この間、3年クロレラの純粋培養に世界で初めて成功した。

【著作】
◇植物生理要論　G. A. Strafford著, 柴田萬年訳　共立出版　1975　249p 図 22cm

柴田 南雄
しばた・みなお

大正5年(1916年)9月29日〜
平成8年(1996年)2月2日

作曲家,音楽評論家　東京芸術大学教授

東京都千代田区出生,東京都新宿区出身。妻は柴田純子(翻訳家),父は柴田雄次(化学者),祖父は柴田承桂(薬学者),杉村濬(外交官),伯父は柴田桂太(植物学者),叔父は徳永重康(地質学者),従兄は徳永康元(言語学者)。東京帝国大学理学部植物科〔昭和14年〕卒,東京帝国大学文学部美学美術史学科〔昭和18年〕卒。師は諸井三郎。団音楽理論　団日本現代音楽協会(名誉会員),日本作曲家協議会(名誉会員),日本音楽執筆者協議会(名誉会員),中島健蔵記念現代音楽振興基金,小泉文夫記念民族音楽基金　賞毎日音楽賞〔昭和24年〕,尾高賞(第22回)〔昭和48年〕,芸術祭賞優秀賞(第32回,昭52年度)「オルガンのための『律』」,サントリー音楽賞(第13回)〔昭和56年〕,紫綬褒章〔昭和57年〕,勲四等旭日小綬章〔昭和63年〕,京都音楽賞(第4回)〔平成元年〕,有馬賞(第12回)〔平成4年〕,文化功労者〔平成4年〕,歴程賞(第32回)〔平成6年〕,京都音楽賞(特別賞,第11回)〔平成8年〕。

父は化学者の柴田雄次で,祖父は薬学者の柴田承桂,おじに植物学者の柴田桂太,地質学者の徳永重康という学者一家に生まれる。母からピアノを習い,また音楽愛好家だった従兄の徳永康元の影響で音楽に親しむ。植物に縁の深い家だったことや、牧野富太郎の東京植物同好会の例会に参加したこともあり,大学は生物学教師の資格を取ろうと東京帝国大学理学部植物学科に進んだ。卒業後は大学院に進むが退学し,16年まで東京科学博物館(現・国立科学博物館)研究部植物課に嘱託として勤務,サトイモ科テンショウ属の分類研究を行なった。傍ら,チェロを弾くようになり,東京弦楽団に在籍。同年東京帝国大学文学部美学美術史学科に入学。諸井三郎に師事し,18年卒業後は諸井の紹介で理研科学映画に入社し,文化映画音楽を作曲した。戦後,21年入野義朗、團伊玖磨、繁田裕司(三木鶏郎)らと新声会を結成、歌曲集「優しき歌」などの抒情的作曲を発表。32年黛敏郎らと二十世紀音楽研究所を結成。35年頃から12音技法による「シンフォニア」などの前衛音楽に向った。47年高橋悠治、武満徹らとトランソニックを結成。現代音楽の紹介、音楽史などの評論でもすぐれた業績を残した。この間,27年桐朋女子高校非常勤講師、お茶の水女子大学専任講師、34年東京芸術大学助教授、41年教授を歴任し、44年退官。その後、59年〜平成2年放送大学教授を務めた。代表曲に交響曲「ゆく河の流れは絶えずして」「コンソート・オブ・オーケストラ」、合唱曲「追分節考」「宇宙について」、著書に「西洋音楽の歴史」「音楽の理解」「音楽は何を表現するか」「王様の耳」「印象派以降」「グスタフ・マーラー」「聴く歓び」「声のイメージ」、「人間について」3部作など多数。

【著作】
◇わが音楽わが人生　柴田南雄著　岩波書店　1995.9　402,12p 20cm

【評伝・参考文献】
◇日本の作曲家たち 上　秋山邦晴著　音楽之友社　1978　349p 22cm
◇柴田南雄(人物書誌大系 18)　国立音楽大学附属図書館柴田南雄書誌作成グループ編　日外アソシエーツ　1987.8　348p 22cm

【その他の主な著作】
◇音楽史年表　入野義郎,柴田南雄著　東京創元社　1954　530p 13×19cm
◇現代音楽(現代選書)　柴田南雄著　修道社　1955.10　208p 18cm
◇世界の民謡集—合唱　柴田南雄編　ダヴィッド社　1956　156p(楽譜共)18cm
◇現代の作曲家　柴田南雄著　音楽之友社　1958　250p 18cm
◇現代音楽の歩み(角川新書)　柴田南雄著　角川書店　1965　256p 18cm
◇西洋音楽の歴史 上・中・下　柴田南雄著　音楽之友社　1967〜1973　237p 図版 19cm
◇レコードつれづれぐさ　柴田南雄著　音楽之友社　1976　346p 21cm

◇日本の音をつくる　柴田南雄, 那谷敏郎著, 尾崎一郎写真　朝日新聞社　1977.2　97p（図共）26cm
◇名演奏のディスコロジー——曲がりかどの音楽家　柴田南雄著　音楽之友社　1978.6　350p 20cm
◇音楽の骸骨のはなし——日本民謡と12音音楽の理論　柴田南雄著　音楽之友社　1978.12　173p 22cm
◇音楽の理解　柴田南雄著　青土社　1978.12　244p 20cm
◇西洋音楽散歩　柴田南雄著　青土社　1979.9　304p 20cm
◇私のレコード談話室——演奏スタイル昔と今　柴田南雄著　朝日新聞社　1979.2　221, 17p 20cm
◇わたしの名曲・レコード探訪（音楽選書）　柴田南雄著　音楽之友社　1981.11　242, 4p 19cm
◇日本の音を聴く　柴田南雄著　青土社　1983.4　327p 20cm
◇グスタフ・マーラー——現代音楽への道（岩波新書）　柴田南雄著　岩波書店　1984.10　208, 2p 18cm
◇王様の耳　柴田南雄著　青土社　1986.3　299p 20cm
◇おしゃべり交響曲——オーケトラトラの名曲101　柴田南雄著　青土社　1986.9　295p 20cm
◇唄には歌詞がある（日本語で生きる 5）　柴田南雄編　福武書店　1987.11　239p 19cm
◇ニューグローヴ世界音楽大事典　第1～21, 別巻1　〔グローヴ〕〔著〕, Stanley Sadie〔ほか編〕, 柴田南雄, 遠山一行総監修　講談社　1993.1～95.1

渋江 長伯

しぶえ・ちょうはく

宝暦10年（1760年）～天保元年（1830年）

本草学者
字は潜夫, 別号は西圃, 確亭。

太田元達の四男で, 渋江陳胤の養子となる。安永8年（1779年）家督を継ぎ, 将軍・徳川家治に謁す。寛政5年（1793年）奥詰医師, 巣鴨薬園総督を兼任。医学館で書を講じ, 飯田町, 一番町などの薬園管理を担当しつつ薬草を研究。寛政11年（1799年）幕命を受けて門人の谷元旦らと蝦夷地に赴き, 植物調査を行って「蝦夷草木志料」を著す。文化14年（1817年）巣鴨薬園で羊を飼養し羅紗を試作した。他の著書に「渋江長伯蝦夷採薬記」「東遊紀勝」「北遊草木帖」などがあるほか, 多数の標本を残した。

【著作】
◇採薬志 1 ［東夷物産志稿（渋江長伯）］（近世歴史資料集成 第2期 第6巻）　浅見恵, 安田健訳編　科学書院　1994.10　1257, 63p 27cm
◇東遊奇勝 日光・奥州街道編（渋江長伯シリーズ 上）　渋江長伯著, 山崎栄作編　山崎栄作　2003.3　621p 22cm
◇東遊奇勝 蝦夷編（渋江長伯シリーズ 中）　渋江長伯著, 山崎栄作編　山崎栄作　2003.11　502p 図版52p 22cm
◇東遊奇勝 帰路編（渋江長伯シリーズ 下）　渋江長伯著, 山崎栄作編　山崎栄作　2006.7　418p 図版65p 22cm
◇渋江長伯集——徳川幕府奥御医師 資料編（渋江長伯シリーズ 別巻）　山崎栄作編　山崎栄作　2006.7　467p 図版48p 22cm

渋佐 信雄

しぶさ・のぶお

明治35年（1902年）～昭和48年（1973年）4月

植物研究家

栃木県立日光, 今市, 佐野女子, 鹿沼の各高校校長を歴任後, 宇都宮植物同好会（栃木県植物同好会）に入会。日光中禅寺茶の木平植物園園長, 今市市文化財保護審議委員会委員長も務めた。栃木県内のシダとカワノリを研究し, その成果をそれぞれ「栃木県植物目録」「栃木県の動物と植物」に発表した。

【著作】
◇栃木県の動物と植物　栃木県の動物と植物編纂委員会編　下野新聞社　1972　582p 図 地図2枚 27cm

シーボルト

Siebold, Philipp Franz von
1796年2月17日～1866年10月18日

ドイツの博物学者、医学者

ドイツ・ウュルツブルグ出生。息子はシーボルト、アレクサンダー（外交官）、娘は楠本イネ（女医）。ウュルツブルグ大学〔1820年〕卒。父はバワリア王国のウュルツブルグ大学の生理学教授、弟のカールも生理学・動物学者として名を成した学者一家に生まれる。1815年ウュルツブルグ大学に入学し、医学を専攻する傍ら地学や民俗学を学ぶ。また自然哲学者オーケンの影響を受けて自然科学や万有学にも興味を持っており、やがてその眼は極東の島国日本に向くことになる。1820年に大学を卒業後、1822年オランダ植民相ファルクの計らいで東インド陸軍病院外科少佐となり、ジャワ、バタビアを経て（この間、長崎出島のオランダ商館医員に任ぜられる）、1823年長崎に着任。はじめは出島のオランダ商館内で館員を相手に施療をしていたが、1824年長崎奉行の認可により長崎町内の吉雄幸載塾や楢林塾で診療や医学の講義をするようになり、さらに同町郊外の鳴滝に塾を開くことを許された。この鳴滝塾は学生たちの宿舎や薬園を備えており、彼はここに週1回出張して実際の診療に当たるとともに、集まった門弟に臨床講義や医学以外の様々な分野の講義をも実施し、高野長英、小関三英、伊藤玄朴、石井宗謙、二宮敬作、美馬順三、川原慶賀、高良斎といった俊英を育てた。1826年正月には新任の商館長に随行して江戸参府旅行に出発。大宰府、直方、瀬戸内海、兵庫、大坂、京都を経て、名古屋に至り、熱田宮では水谷豊文、伊藤圭介、大河内存真の来訪を受けて深夜まで天産物の鑑定に当たるなど交流を深めた。江戸到着後は約1ケ月にわたって滞在し、島津重豪、最上徳内、宇田川榕庵、桂川甫賢、大槻玄沢、高橋景保、土生玄碩らとも面会、博物学や地理、医学、民俗学に渡る様々な知識を交換した。またこの旅行では往復の沿道や滞在先で植物や動物を記録し、標本を採集しており、植木屋から園芸植物を買い入れたりもしている。同年6月長崎に帰着。11年任期が満了したため離日しようとしたところ、滞日中に収集した研究資料を積んだ船が台風に遭って難破・漂着し、その中から日本地図や葵の紋服など国禁の品々が発見され、彼や門弟、長崎通詞らは厳しい取調べを受け、特に日本地図を彼に与えたといわれる天文方の高橋景保は獄中で死亡した（シーボルト事件）。1829年幕府から日本退去・再来の禁止を命じられ、離日。ヨーロッパに戻った後はライデンでその膨大な日本資料の整理と著述に専念。またオランダ国王による幕府への開国勧告の起草にも当たった。日本の開国後、日蘭修好条約の締結により再来の禁が解かれると1859年再び来日して幕府顧問を務め、1862年まで日本に滞在した。1866年明治維新を見ぬままドイツのミュンヘンで死去。著書に総合的な日本研究書「日本」や日本の動物に関する「日本動物誌」がある。植物に関しては長崎滞在中や江戸参府旅行の途上で収集した標本、または宇田川榕庵、桂川甫賢、水谷豊文らから寄贈された押し葉標本などのうち、無事ヨーロッパに送られたものが多数あり、それらや日本での見聞などをもとにミュンヘンの植物学者ツッカリニの協力を得て「日本植物誌」を著述した。なお最初の日本滞在中、長崎の芸者・楠本其扇（お滝）との間に生まれた娘・イネは長じて産婦人科医の先駆者となった。

【著作】
◇異国叢書［第2 シーボルト江戸参府紀行（シーボルト），第8 シーボルト日本交通貿易史］ 駿南社 1927～1931 23cm
◇シーボルトの最終日本紀行 アレキサンデル・フォン・シーボルト著，小沢敏夫訳註 駿南社 1931 231p 図版 23cm
◇異国叢書 雄松堂書店 1966 13冊 23cm
◇日本 第1巻 フィリップ・フランツ・フォン・シーボルト著，中井晶夫訳 雄松堂書店 1977.11 414p 23cm

◇日本 第2巻　フィリップ・フランツ・フォン・シーボルト著, 中井晶夫, 斎藤信訳　雄松堂書店　1978.1　400p 23cm
◇日本 図録第1巻　フィリップ・フランツ・フォン・シーボルト著, 中井晶夫, 八城圀衞訳　雄松堂書店　1978.3　76p 図版24枚 31cm
◇日本 第3巻　フィリップ・フランツ・フォン・シーボルト著, 斎藤信, 金本正之訳　雄松堂書店　1978.5　386p 23cm
◇日本 第4巻　フィリップ・フランツ・フォン・シーボルト著, 中井晶夫〔ほか〕訳　雄松堂書店　1978.7　350p 23cm
◇日本 図録第2巻　フィリップ・フランツ・フォン・シーボルト著, 中井晶夫, 金本正之訳　雄松堂書店　1978.9　56p 図版92枚 31cm
◇日本 第5巻　フィリップ・フランツ・フォン・シーボルト著, 尾崎賢治訳　雄松堂書店　1978.12　292p 23cm
◇日本 図録第3巻　フィリップ・フランツ・フォン・シーボルト著, 末木文美士〔ほか〕訳　雄松堂書店　1979.2　102p 図版69枚 31cm
◇日本 第6巻　フィリップ・フランツ・フォン・シーボルト著, 加藤九祚〔ほか〕訳　雄松堂書店　1979.5　482p 23cm
◇参府旅行中の日記　シーボルト〔著〕, フリードリヒ・M. トラウツ〔編〕, 斎藤信訳　思文閣出版　1983.10　211, 11p 20cm
◇シーボルト日本鳥類図譜　文有　1984.8　309p 38cm
◇原色精密日本植物図譜　Ph. Fr. ド・シーボルト著　講談社　1984.10　347p 39cm
◇博物図譜ライブラリー 6 日本植物誌 フローラ・ヤポニカ　シーボルト〔著〕, 木村陽二郎, 大場秀章解説　八坂書房　1992.8　159p 27cm
◇シーボルト日本の植物　P. F. B. フォン・シーボルト著, 瀬倉正克訳　八坂書房　1996.6　296, 7p 22cm
◇シーボルト日記—再来日時の幕末見聞記　シーボルト〔著〕, 石山禎一, 牧幸一訳　八坂書房　2005.11　398, 8p 22cm

【評伝・参考文献】
◇シーボルトとアイヌ語学　金田一京助著　〔出版年不明〕　25p 23cm
◇言語学史上におけるシーボルト先生　新村出著　〔出版年不明〕　14p 23cm
◇シーボルト―其生涯及び功業　呉秀三著　呉秀三　1896　120p 図版 23cm
◇シーボルト先生渡来百年記念展覧会出品目録　シーボルト先生渡来百年記念会　1924　36p 23cm
◇シーボルト先生渡来百年記念論文集　シーボルト先生渡来百年記念会　1924　190p 図版12枚 23cm
◇シーボルト資料展覧会出品目録　日独文化協会, 日本医史学会, 東京科学博物館編　日独文化協会　1935　122p 表 23cm
◇日独文化講演集 第9輯　シーボルト記念号　日独文化協会　1935　115p 図版 表 22cm
◇施福多先生文献聚影　シーボルト文献研究室　1936　11冊 (解題共) 8-31cm
◇シーボルト関係書翰集—シーボルトよりシーボルトへ　日本学会, 日独文化協会共編　大井久五郎　1941　138p 図版 22cm
◇シーボルト研究　日独文化協会編　岩波書店　1942　712p 図版 地図 22cm
◇フォン・シーボルト—日本近代文化の開拓者 (信友文庫)　松山思水著　信友社　1953　225p 図版 15cm
◇シーボルト (人物叢書 第45 日本歴史学会編)　板沢武雄著　吉川弘文館　1960　281p 図版地図 18cm
◇エンゲルベルト・ケンペル, フィリップ・フランツ・フォン・シーボルト記念論文集　独逸東亜細亜研究協会　1966　314p 図版 27cm
◇シーボルト先生—その生涯及び功業 第1 (東洋文庫 103)　呉秀三著, 岩生成一解説　平凡社　1967　401p 図版 18cm
◇シーボルト先生—その生涯及び功業 第2 (東洋文庫 115)　呉秀三著, 岩生成一解説　平凡社　1968　342p 18cm
◇シーボルト先生—その生涯及び功業 第3 (東洋文庫 117)　呉秀三著　平凡社　1968　277, 20p 18cm
◇シーボルトと日本動物誌—日本動物史の黎明　L. B. ホルサイス, 酒井恒著　学術書出版会 啓学出版 (発売)　1970　323p (図共) 31cm
◇シーボルト父子伝　ハンス・ケルナー〔著〕, 竹内精一訳　創造社　1974　277, 11p 図 20cm
◇シーボルト「日本」の研究と解説　緒方富雄〔等著〕　講談社　1977.1　319p 31cm
◇シーボルトの日本探険—この「人間と歴史」の風景　布施昌一著　木耳社　1977.11　278p 図 19cm
◇シーボルト研究　日独文化協会編　名著刊行会　1979.7　712p 22cm
◇近世の洋学と海外交渉　岩生成一編　巌南堂書店　1979.8　384p 22cm
◇日本洋学史の研究 5 [シーボルトと『日本辺界略図』(海野一隆)] (創元学術双書)　有坂隆道編　創元社　1979.9　302p 22cm
◇シーボルトと日本の植物—東西文化交流の源泉 (恒和選書 5)　木村陽二郎著　恒和出版　1981.2　235p 19cm
◇作家のノート 2 万年筆の旅 [「ふぉん・しいほると」ノート] (文春文庫)　吉村昭著　文藝春秋　1986.8　303p 15cm
◇シーボルトの日本史　布施昌一著　木耳社　1988.10　278p 19cm
◇シーボルトと鳴滝塾—悲劇の展開 (オリエントブックス)　久米康生著　木耳社　1989.3　244p 19cm
◇シーボルト前後—長崎医学史ノート　中西啓著　長崎文献社　1989.8　108, 8p 26cm

- ◇花の研究史(北村四郎選集 4) 北村四郎著 保育社 1990.3 671p 21cm
- ◇長崎通詞ものがたり―ことばと文化の翻訳者 杉本つとむ著 創拓社 1990.6 322p 19cm
- ◇博物学者列伝 上野益三著 八坂書房 1991.12 412, 10p 21cm
- ◇ふぉん・しいほるとの娘 上(新潮文庫) 吉村昭著 新潮社 1993.3 632p 15cm
- ◇ふぉん・しいほるとの娘 下(新潮文庫) 吉村昭著 新潮社 1993.3 676p 15cm
- ◇シーボルトと日本の博物学―甲殻類 山口隆男編 日本甲殻類学会 1993.3 731p 図版24p 27cm
- ◇評伝シーボルト―日出づる国に魅せられて ヴォルフガング・ゲンショレク著, 真岩啓子訳 講談社 1993.5 294p 20cm
- ◇洋学 1 洋学史学会編 八坂書房 1993.5 233, 6p 21cm
- ◇日蘭交流の歴史を歩く KLMオランダ航空ウインドミル編集部編 NTT出版 1994.7 254p 21cm
- ◇シーボルトのみたニッポン シーボルト記念館著 シーボルト記念館 1994.9 64p 21cm
- ◇シーボルト父子のみた日本 ドイツ・日本研究所〔ほか〕編 ドイツ・日本研究所 1996.2 1冊(頁付なし)30cm
- ◇小シーボルト蝦夷見聞記(東洋文庫 597) H. v. シーボルト〔著〕, 原田信男〔ほか〕訳注 平凡社 1996.2 299p 18cm
- ◇シーボルトと日本の開国近代化 箭内健次, 宮崎道生編 続群書類従完成会 1997.2 321p 22cm
- ◇シーボルトと鎖国・開国日本 宮崎道生著 思文閣出版 1997.3 361p 22cm
- ◇江戸の植物学 大場秀章著 東京大学出版会 1997.10 217, 5p 19cm
- ◇シーボルトの日本研究 石山禎一編著 吉川弘文館 1997.11 198, 4p 22cm
- ◇知られざるシーボルト―日本植物標本をめぐって(光風社選書) 大森實著 光風社出版 1997.11 256p 19cm
- ◇堂々日本史 17〔日本地図を奪え!オランダ発秘密指令追跡・シーボルト事件〕 NHK取材班編 KTC中央出版 1998.9 247p 19cm
- ◇黄昏のトクガワ・ジャパン―シーボルト父子の見た日本(NHKブックス) ヨーゼフ・クライナー編 日本放送出版協会 1998.10 284p 19cm
- ◇江戸時代の自然―外国人が見た日本の植物と風景 青木宏一郎著 都市文化社 1999.4 229p 19cm
- ◇司馬遼太郎の日本史探訪(角川文庫) 司馬遼太郎著 角川書店 1999.6 318p 15cm
- ◇シーボルトと日本―その生涯と仕事 アルレッテ・カウヴェンホーフェン, マティ・フォラー本文 Hotei出版 2000 110p 27cm
- ◇江戸のオランダ人―カピタンの江戸参府(中公新書) 片桐一男著 中央公論新社 2000.3 310p 18cm
- ◇日本の西洋医学の生い立ち―南蛮人渡来から明治維新まで 吉良枝郎著 築地書館 2000.3 221p 19cm
- ◇シーボルト―日本の植物に賭けた生涯 石山禎一著 里文出版 2000.4 281p 20cm
- ◇シーボルトと日本―その生涯と仕事 アルレッテ・カウヴェンホーフェン, マティ・フォラー著, フォラーくに子, 佐藤悟訳 Hotei Publishing, 八木書店〔発売〕 2000.12 110p 27×19cm
- ◇花の男シーボルト(文春新書) 大場秀章著 文藝春秋 2001.12 198, 8p 18cm
- ◇シーボルトと宇田川榕菴―江戸蘭学交遊記(平凡社新書) 高橋輝和著 平凡社 2002.2 225p 18cm
- ◇シーボルトと町絵師慶賀―日本画家が出会った西欧(長崎新聞新書) 兼重護著 長崎新聞社 2003.3 231p 18cm
- ◇新・シーボルト研究 2(社会・文化・芸術篇) 石山禎一〔ほか〕編 八坂書房 2003.7 470, 25, 6p 22cm
- ◇シーボルトの21世紀(東京大学コレクション 16) 大場秀章編 東京大学総合研究博物館 2003.11 231p 27cm
- ◇牧野標本館所蔵のシーボルトコレクション 加藤僖重著 思文閣出版 2003.11 288p 22cm
- ◇その時歴史が動いた 22〔海を越えた愛、日本を守る―シーボルト、日本開国への秘話〕 NHK取材班編 KTC中央出版 2003.12 253p 19cm
- ◇花に魅せられた人々―発見と分類(自然の中の人間シリーズ 花と人間編 7) 大場秀章著, 農林水産省農林水産技術会議事務局監修, 樋口春三編 農山漁村文化協会 2005.9 36p 30cm
- ◇植物学史・植物文化史(大場秀章著作選 1) 大場秀章著 八坂書房 2006.1 419, 11p 22cm
- ◇歳月―シーボルトの生涯 今村明生著 新人物往来社 2006.2 847p 20cm
- ◇発覚、シーボルト事件―新しい学問をめざした人たち(ものがたり日本歴史の事件簿 5) 小西聖一著, 高田勲絵 理論社 2006.3 145p 22cm
- ◇シーボルト、波瀾の生涯 ヴェルナー・シーボルト著, 酒井幸子訳 どうぶつ社 2006.8 317p 20cm

島 善鄰

しま・よしちか

明治22年(1889年)8月27日～
昭和39年(1964年)8月9日

農学者　北海道大学名誉教授

広島県広島市出生，岩手県稗貫郡矢沢村（花巻市）出身。岳父は瀬川弥右衛門（貴院議員）。東北帝国大学農科大学（現・北海道大学農学部）〔大正3年〕卒。農学博士〔昭和11年〕。賞紫綬褒章〔昭和31年〕，北海道開発功労者〔昭和34年〕，勲一等瑞宝章〔昭和39年〕。

東北帝国大学農科大学（現・北海道大学農学部）で宮部金吾に植物病理学を，伊藤誠哉に菌学を学ぶ。同大助手を経て，大正5年青森県農事試験場技師となり，7年報告書「苹果減収の原因と其救済策」をまとめ，同年リンゴの習性からみた剪定理論を体系化し，病害虫防除と施肥改善を目的とした試験地を開設。病害虫防除暦を作り，果実を腐らせるモニリア病の発生機構を解明した。11年にはリンゴ研究のため渡米，12年米国から初めて'ゴールデンデリシャス'を導入した。昭和2年北海道帝国大学助教授となり，14年教授。20年農学部長，25年第六代学長を歴任。29年退官，弘前大学教授。31年北海道公安委員長。ユネスコ国内委員も務めた。リンゴの権威として知られ，"リンゴの神様"とも呼ばれた。

【著作】
◇実験リンゴの研究　島善鄰著　養賢堂　1931　558p 23cm
◇リンゴ栽培の実際　島善鄰著　養賢堂　1936　236p 18cm
◇苹果栽培二三の問題に就て　島善鄰〔述〕　南津軽郡農会　1937　41p 24cm
◇時局下の苹果栽培特に袋の問題に就て　島善鄰〔述〕　青森県南津軽郡農会　1943　38p 21cm
◇馬鈴薯の浴光催芽法―早掘栽培法　島善鄰，伊藤正輔共著　柏葉書院　1946　24p 19cm
◇りんごの無袋栽培（園芸叢書3）　島善鄰著　柏葉書院　1946　38p 19cm

【評伝・参考文献】
◇島善鄰先生生誕百年記念誌　渋川潤一〔ほか〕編　島善鄰先生生誕百年記念事業発起人会　1989.8　552p 図版12枚 22cm

島 利兵衛

しま・りへえ

?～元文5年（1740年）

農家

山城国久世郡富野荘村長池（京都府城陽市）出生。

山城久世郡富野荘村長池（現・京都府城陽市）で薬種問屋を営む。正徳年間（1711年～1715年）、取り扱っていた薬品が幕府御禁制に触れ、薩摩硫黄島に流罪となる。ここで救荒作物である甘藷（サツマイモ）の作り方を聞き覚えたといわれ、さらに享保元年（1716年）に赦免されると、種芋を隠匿して郷里に持ち帰り、試行錯誤の末、栽培に成功した。これを機に近隣の村々に甘藷栽培が伝わり、やがて山城全域に広まるようになった。人々は彼の徳を称えて"甘藷翁""芋宗匠"と呼び、没後の延享2年（1745年）には大蓮寺境内に"島利兵衛琉球諸の宗匠"と印刻された芋型の墓が建立された。彼のもたらした甘藷は寺田芋と称され、現在でも城陽市の名産として知られている。

嶋倉 巳三郎

しまくら・みさぶろう

明治39年（1906年）5月5日～
平成9年（1997年）10月5日

奈良教育大学名誉教授

東北帝国大学理学部地質学古生物学科卒。理学博士。専古生物学　団日本地質学会，日本古生物学会，日本第四紀学会。

奈良教育大学教授を経て，奈良県立橿原考古学研究所研究顧問を歴任。新世代花粉分析研究の先駆者。全国各地の遺跡から出土した木材の破片や炭化木の鑑定に携わった。著書に「日本植物の花粉形態」、共著に「日本古代文化の探究・家」、共編に「橿原考古学研究所論集〈10〉〈12〉」など。

【著作】
◇家［家と木材（嶋倉巳三郎）］（日本古代文化の探究）　大林太良編　社会思想社　1975　365p 20cm

◇古代技術の復権―技術から見た古代人の生活と知恵 森浩一対談集［木材―豊かな樹種が生み育てた木の文化（嶋倉巳三郎）］ 森浩一編 小学館 1987.2 317p 19cm
◇橿原考古学研究所論集 第10［遺跡から出土する植物性炭化物（嶋倉巳三郎）］ 橿原考古学研究所編 吉川弘文館 1988.10 616p 21cm
◇橿原考古学研究所論集 第12［遺跡から出土する植物性炭化物続報（嶋倉巳三郎）］ 橿原考古学研究所編 吉川弘文館 1994.1 514p 22cm

島津 重豪
しまず・しげひで

延享2年11月7日（1745年11月29日）～
天保4年1月15日（1833年3月6日）

薩摩藩主

初名は久方、幼名は善次郎、通称は兵庫、又三郎、号は南山、栄翁。薩摩国加治木（鹿児島県）出生。父は島津重年（薩摩藩主）、息子は島津斉宣（薩摩藩主）、奥平昌高（中津藩主）、南部信順（南部藩主）、黒田長溥（福岡藩主）。

薩摩藩第7代藩主・島津重年の長子。宝暦5年（1755年）襲封し、11歳と若かったため祖父・継豊が後見した。8年元服して重豪を名のる。10年（1760年）祖父が亡くなると、政治の実権を握り藩政の改革に着手。主に文明的事業に力を注ぎ、安永2年（1773年）藩校・造士館及び演武館、3年（1774年）医学館、8年（1779年）天文館と立て続けに文教施設を設置。これらは武士階級だけでなく農民や町人も開放された。また藩地の都化政策の一環として江戸や京都の言葉を使うよう奨励したほか、他地域からの商人の招聘、劇場をはじめとする遊興施設の増設などを行って薩摩の文化発展を促進したが、これにより華美遊蕩の悪癖が瀰漫し、かつ藩財政も危機を迎えたため、これを改めたうえで天明7年（1787年）43歳で隠居し、子の斉宣に家督を譲った。しかし藩の実権は持ち続け、斉宣と重臣らによる質素倹約を旨とした藩政改革に反対し、文化5年（1808年）樺山主税、秩父太郎ら改革派の重臣を大量に処罰（近思録崩れ）、さらに斉宣を廃して孫の島津斉興を立てた。その後も後見人として権力を持ったが、晩年に至ってようやく財政改革に取り掛かり、下級武士の調所広郷を抜擢して事に当たらせた。妻は一橋宗尹の娘・保姫で、三女の茂姫は将軍・徳川家斉の夫人となったほか、中津藩主・奥平昌高、南部藩主・南部信順、福岡藩主・黒田長溥と実子を各藩の養子に送り込んだことから幕府においても一目置かれ、藩邸のあった場所にちなんで"高輪下馬将軍"とあだ名された。若い頃から学問を好み、23歳の時には自ら筆をとって中国語研究書「南山俗語考」6巻を著述。蘭学を好んだ、いわゆる蘭癖大名としても知られ、早くから長崎に赴いてオランダ船にも乗っており、後年にはオランダ語を習得して自在にその文字を操ったともいわれ、ティチング、ドゥーフ、シーボルトなどとも親交を結んだ。博物学・物産学にも深い関心を持ち、明和5年（1768年）より琉球の産物調査を実行。江戸の本草学者・田村藍水には材料を与えて「琉球産物誌」を編纂させた。寛政4年（1792年）には曽占春を登用して領内の産物を調査させ、彼や国学者の白尾国柱を総責任者として穀物や蔬菜、薬草、禽獣、魚介などを含めた大規模な博物誌編纂の事業を進め、文化元年（1804年）に「成形図説」100巻として刊行。ほかにも領内の吉野に薬園を開き、その奉行である村田経鐺や琉球の学士・呉継志に命じて「質問本草」を著述させるなど、薩摩本草学の発展に大きく寄与した。

【評伝・参考文献】
◇島津重豪（人物叢書181） 芳即正著 吉川弘文館 1980.12 272p 18cm
◇薩摩藩主島津重豪―近代日本形成の基礎過程 松井正人著 本邦書籍 1985.5 251p 23cm
◇NHK かごしま歴史散歩 原口泉著、NHK鹿児島放送局編 日本放送出版協会 1986.5 233p 19cm
◇考証 風流大名列伝（旺文社文庫） 稲垣史生著 旺文社 1987.6 226p 15cm
◇殿様生物学の系譜（朝日選書421） 科学朝日編 朝日新聞社 1991.3 292p 19cm
◇博物学者列伝 上野益三著 八坂書房 1991.12 412、10p 23cm
◇彩色江戸博物学集成 平凡社 1994.8 501p 27cm

◇考証 風流大名列伝(新潮文庫) 稲垣史生著 新潮社 2004.4 252p 15cm

島津 忠重
しまず・ただしげ

明治19年(1886年)10月20日～
昭和43年(1968年)4月9日

海軍少将、公爵　島津興業会会長
鹿児島県出身。父は島津忠義(薩摩藩主)、岳父は徳大寺実則(政治家)。海兵卒、海大卒。帝国愛蘭会(会長)。

薩摩藩主・島津忠義の長男に生まれ、明治31年父の死に伴い11歳で公爵を嗣ぐ。34年高等学校の鹿児島誘致を支援し、旧制七高造士館を開校させた。その後、海軍を志し、海軍兵学校、海軍大学校などを卒業後、41年海軍少尉に任官。軍令部参謀、海軍大学校教官、海軍砲術学校教官、英国駐在武官、海軍艦政本部造兵造船監督長などを務め、昭和4年ロンドン軍縮会議に際し全権随員。10年少将で退役した。一方、明治44年貴院議員に勅撰され、昭和21年までの約30年の間に、学習院評議会議長、華族会館館長、貴院仮議長などを歴任する。14歳の時に園芸業者からインシグネを2鉢購入したのがきっかけで園芸を愛好するようになり、大正2年には鎌倉の島津家別荘に約60坪の温室を新築。以来、デンドロビウムやシプリペディウムなどのラン類を主に栽培し、珍種の収集や人工交配による新種の作出に没頭した。6年帝国愛蘭会の創立に参加(のち会長)、11年会誌「蘭」が創刊されると、ほぼ毎号に渡りランに関するレポートを寄稿した。昭和4年我が国初のRHS蘭委員会委員に選ばれ、その例会や品評会にもたびたび出席した。19年社団法人園芸文化協会の初代会長に就任。戦後は島津興業会会長などの傍ら、33年に発足した全日本蘭協会初代会長を務め、戦後におけるラン栽培の復興と普及に尽くした。没後、同協会の例会において最もすぐれた出品花に与えられる賞として島津賞が制定された。その生涯において作出した新種は、カトレア'シラユキ'をはじめ60種以上にのぼる。著書に「炉辺南国記」「はばたき」「ふるさと」などがある。

【評伝・参考文献】
◇しらゆき―島津忠重・伊楚子追想録　島津出版会編　島津出版会　1978.4　545p 図版112p 22cm
◇蘭の世界 '99(よみうりカラームックシリーズ)　読売新聞社　1999.2　141p 29×22cm

【その他の主な著作】
◇炉辺南国記　島津忠重著　鹿児島史談会　1957.12　348p 18cm
◇なみかげ―随筆　島津忠重著　東京書院　1965.2　312p 19cm
◇はばたき―随筆　島津忠重著　東京書院　1966.1　450p 図版4枚 19cm
◇ふるさと―随筆　島津忠重著　東京書院　1966.11　336p 19cm
◇炉辺南国記　島津忠重著　島津出版会　1983.1　346p 20cm

島津 忠済
しまず・ただなり

安政2年(1855年)3月9日～
大正4年(1915年)8月19日

公爵　貴院議員
幼名は真之助、初名は久済、号は秋碧園。薩摩国鹿児島(鹿児島県)出生。父は島津久光、兄は島津忠義(薩摩藩主)、息子は島津忠承(日本赤十字社社長)、島津久大(外交官)。

島津久光の六男。明治5年明治天皇が鹿児島に行幸された際、病気の父に代わって天皇を奉迎・奉送した。6年父と共に上京。7年には父の命を受けて九州を視察し、佐賀の乱後の鹿児島県内及び九州の事情を報告した。21年父の死に伴い、公爵を継ぐ。23年貴院議員。以後、33年麝香間祗候、43年宗秩寮審議官などを歴任した。この間、兄の忠義と連署して東宮御学問の件について建言。また秋碧園と号して熱心に変化アサガオの作出に取り組み、あさがほ穠久会や東京朝顔研究会の重鎮としてたびたび品評会に出品した。

島田 充房
しまだ・みつふさ
（生没年不詳）

本草家，博物画家
別名は宗淳，号は雍南，不磷斎。

宝暦，明和年間頃の人。京都の商家・戎屋八郎右衛門の当主。松岡恕庵（玄達）に本草学を学ぶ。宝暦9年（1759年）小野蘭山との共著「花彙」の刊行を開始し，明和2年（1765年）に全8巻が完成。これは草木各100種の図説で，いずれも著者自らが筆を執って図を描き，江戸時代中期の代表的な植物学的な図譜として知られる。

【著作】
◇花彙（生活の古典双書 19, 20） 小野蘭山，島田充房著 八坂書房 1977.4 2冊 20cm

島村 環
しまむら・たまき

明治34年（1901年）11月30日～
昭和63年（1988年）11月26日

名古屋大学名誉教授
大阪府大阪市出身。東京帝国大学理学部卒。専細胞遺伝学 賞勲三等瑞宝章〔昭和46年〕。

名古屋大学教授，横浜市立大学教授を歴任。「倍数体の研究」や「裸子植物の受精現象」の研究などで知られた。

【著作】
◇現代生物学講座 第2巻 生体の様相［核（島村環），細胞分裂（島村環，団勝磨）］ 芦田譲治等編 共立出版 1957 345p 22cm

清水 謙吾
しみず・けんご

天保11年（1840年）～明治40年（1907年）7月7日

治水家 東京府議
旧姓名は堀内。俳号は淡如。武蔵国南足立郡沼田村（東京都足立区）出生。

堀内庄左衛門の二男に生まれる。のち清水氏を継ぎ，生地・東京府南足立郡沼田村など4ケ村の戸長となる。その頃，荒川堤は足場が悪く歩行困難な状態であったので，明治18年同地を訪れた東京府知事の渡辺洪基に堤の修築を請願。それが許可され，19年東京の堤の工事が完成すると，春は花を愛で，夏は避暑にもなるというのでサクラ並木を植えることを発案し，南足立郡長の尾崎斑象と協力して資金を集め，高木孫右衛門に依頼してサクラ数十種，約3000本を植えた。これはのち"荒川堤の桜""五色桜"と呼ばれ，最盛期には隅田川の定期航路が臨時便を出すなど同村の名所となり，荒川堤桜花の詩文歌俳を収集して「昭代楽事」も刊行した。なお東京市長時代に尾崎行雄が米国ワシントン市に贈ったサクラは荒川堤のサクラがもとになっている。22年初代江北村長に就任。また東京府議なども務めた。

清水 大典
しみず・だいすけ

大正4年（1915年）12月6日～
平成10年（1998年）8月19日

冬虫夏草研究家
埼玉県秩父市出生。専菌類（特に冬虫夏草）と高等植物の分類 団日本植物学会，日本菌学会，日本爬虫類学会，日本冬虫夏草の会 賞斎藤茂吉文化賞（第14回）〔昭和43年〕「植物～菌学の調査研究」。

満州国大陸科学院植物研究室（有機化学），東京大学理学部小石川植物園を経て，自宅で研究を進めた。菌類の冬虫夏草研究の第一人者であった。

【著作】
◇家庭でつくれる木の酒・草の酒・果実の酒 石田穣，清水大典著 家の光協会 1966 212p 図版 19cm

◇山菜全科—採取と料理　清水大典著　家の光協会　1967　358p 図版 19cm
◇原色きのこ全科—見分け方と食べ方　清水大典著　家の光協会　1968　418p(図版共)18cm
◇本草酒—草木・果実・きのこの酒つくり方と効用　清水大典著　家の光協会　1977.6　487p(図共)19cm
◇冬虫夏草(グリーンブックス 51)　清水大典著　ニュー・サイエンス社　1979.3　97p 19cm
◇原色きのこ　清水大典〔ほか〕著　家の光協会　1979.9　262p 19cm
◇薬酒・果実酒全科—本草酒のつくり方と効用　清水大典著　家の光協会　1983.1　390p 19cm
◇冬虫夏草菌図譜　小林義雄，清水大典共著　保育社　1983.12　280p 27cm
◇原色しゅんの山菜　清水大典〔ほか〕著　家の光協会　1986.3　174p 19cm
◇きのこ—カラー版 見分け方食べ方　清水大典，伊沢正名著　家の光協会　1988.9　335p 19cm
◇山菜—見分け方食べ方 カラー版　清水大典，会田民雄著　家の光協会　1990.2　271p 19cm
◇果実酒・薬酒—作り方楽しみ方 カラー版　清水大典，安藤博著　家の光協会　1991.9　239p 21cm
◇きのこ—はじめての人のための　清水大典，伊沢正名著　家の光協会　1992.8　223p 15cm
◇山菜—はじめての人のための　清水大典，安藤博著　家の光協会　1993.3　223p 15cm
◇原色冬虫夏草図鑑　清水大典著　誠文堂新光社　1994.12　381p 27cm
◇冬虫夏草図鑑—カラー版　清水大典著　家の光協会　1997.9　446p 22cm

清水 東谷

しみず・とうこく

天保12年(1841年)1月28日～
明治40年(1907年)6月

画家，写真師

幼名は三吉，号は玉龍，玉童。江戸・浅草森下町(東京都台東区)出生。師はシーボルト。

狩野派の絵師の子として生まれる。13歳の時に鍛冶橋狩野家に入門し，絵の道を志す。安政6年(1856年)2度目の来日をしたドイツ人医師シーボルトの下で植物の写生を手伝う。その際に洋画と写真術の指導を受け，文久2年(1862年)シーボルトが日本を去るとその写真機や薬品を譲り受けたといわれる。明治5年横浜に写真館を開業，同年10月には東京に移転。のち宮中写真師も拝命し当代屈指の人気写真師になり，さらに油絵でも内国勧業博の入賞者に名を連ねるなど江戸から明治にかけその芸術的才能を発揮した。経歴に不明な点が多かったが，明治44年に出版された雑誌「写真新報」の評伝が解明のかぎとなり，木村陽二郎らのサンクトペテルブルクのシーボルトコレクションなどの調査で，平成4年その経緯が確認された。

清水 藤太郎

しみず・とうたろう

明治19年(1886年)3月30日～
昭和51年(1976年)3月1日

植物研究家　平安堂薬局主人
神奈川県横浜市出身。薬学博士。

横浜・馬車道の平安堂薬局の3代目主人。明治44年横浜植物会に入会し，牧野富太郎に師事。その後，薬物の研究に転じた。長く神奈川薬剤師会会長を務め，昭和17年には会の有志を集めて艸楽会を創立，生薬の研究を主として薬用植物の採集を行い，漢方薬の研究を通じた植物知識の向上に尽くした。牧野との共著「植物学名辞典」，朝比奈泰彦との共著「医薬処方語羅和和羅辞典」「植物薬物学名典範」の他，「薬局方概論」「本草辞典」「調剤学概論」「国医薬物学研究」などの著書がある。

【著作】
◇医薬処方語羅和和羅辞典—羅典語入門及処方文例　朝比奈泰彦，清水藤太郎編　南江堂書店　1926　104, 115, 39p 18cm
◇植物薬物学名典範　朝比奈泰彦，清水藤太郎著　春陽堂　1931　428p 23cm
◇薬局方概論　清水藤太郎著　清水藤太郎　1932　98p 23cm
◇処方解説医薬ラテン語　朝比奈泰彦，清水藤太郎著　南江堂書店　1933　266p 19cm
◇植物学名辞典　牧野富太郎，清水藤太郎著　春陽堂　1935　302p 20cm
◇本草辞典　清水藤太郎著　春陽堂　1935　253p 22cm
◇薬学ラテン語　杉井善雄，清水藤太郎共著　南山堂書店　1935　102p 23cm

◇薬局経営及商品学　清水藤太郎著　南山堂書店　1935　126p 23cm
◇調剤学概論　清水藤太郎著　科学書院　1938　107p 23cm
◇国民保健ト皇漢薬　清水藤太郎述　新義真言宗豊山派宗務所教学部　1939　93p 19cm
◇漢方掌典　清水藤太郎著　薬業往来社　1941　289p 19cm
◇国医薬物学研究　清水藤太郎著　広川書店　1941　183p 21cm
◇漢方診療の実際　大塚敬節、矢数道明、清水藤太郎共著　南山堂　1941　426p 図版 19cm
◇清水調剤学　清水藤太郎著　科学書院　1942　272p 22cm
◇漢方薬の話（東亜研究講座 第108輯）　清水藤太郎著、東亜研究会編　東亜研究会　1943　72p 19cm
◇日本薬学史　清水藤太郎著　南山堂　1949　531p 22cm
◇薬学ラテン語　清水藤太郎著　南山堂　1949　147p 22cm
◇薬学大全書 第5巻［薬局法概論（清水藤太郎）］　非凡閣　1949　314p 22cm
◇日本薬局方一注解 第6改正（昭和26年3月1日施行）　清水藤太郎、不破竜登代共編　南山堂　1951　1076p 22cm
◇日本薬局法要覧 第6改正　清水藤太郎監修　南山堂　1951　203p 16×9cm
◇薬局経営学　清水藤太郎著　南山堂　1952　118p 図版 22cm
◇薬剤学　清水藤太郎著　南山堂　1952　465p 図版 22cm
◇明治前日本薬物学史　日本学士院日本科学史刊行会編　日本古医学資料センター　1954　2冊 22cm
◇日本薬学古書文献目録一日本薬学会七十五年記念　清水藤太郎編　日本薬学会　1954序　17p 26cm
◇薬剤学入門　清水藤太郎著　南山堂　1955　254p 図版 22cm
◇公定医薬品便覧一第六改正日本薬局方第二改正国民医薬品集　清水藤太郎編　南山堂　1956　312p 19cm
◇現代医薬品事典一日本薬局方・国民医薬品集　清水藤太郎著　南山堂　1957　1204p 19cm
◇新しい薬局経営　清水藤太郎、清水不二夫共著　南山堂　1962　175p 22cm
◇日本薬局方ハンドブック 第7改正 日本薬局方第1部、第2部　清水藤太郎編著　南山堂　1962　760p 19cm
◇薬局の漢方　清水藤太郎著　南山堂　1963　141p 22cm
◇漢薬典　清水藤太郎著　平安堂薬局　1963　136p 図版 22cm
◇湯本求真先生著皇漢医学索引　清水藤太郎編　大安　1963　74p 21cm
◇日本薬局方便覧 第7改正 第1-2部　清水藤太郎、清水正夫共編　南山堂　1966　284p 19cm
◇薬局方ハンドブック 第7改正日本薬局方第1部（1961）第2部（1966）　清水藤太郎、清水正夫編　南山堂　1967　641p 19cm
◇漢方診療医典　大塚敬節、矢数道明、清水藤太郎著　南山堂　1969　640p 19cm
◇日本薬局方ハンドブック 第8改正 第1部、第2部　清水藤太郎、清水正夫編　南山堂　1972　530p 図 22cm
◇薬学・薬局の社会活動史　ジョージ・ウルダング著、清水藤太郎訳　南山堂　1973　114p 22cm
◇植物薬物学名典範一科学ラテン・ギリシヤ語法　朝比奈泰彦、清水藤太郎共著　有明書房　1981.10　428p 23cm

志村 烏嶺

しむら・うれい

明治7年（1874年）2月5日～昭和36年（1961年）

教育者、登山家、山岳写真家
本名は志村寛。栃木県那須郡烏山町（烏山市）出生。

明治29年栃木県師範学校を卒業、31年師範学校、中学、高等女学校の教員免許を取得。栃木県立一中、四中、茨城師範学校の教員を務め、茨城師範在職中に水戸の営業写真家から写真術を教わる。36年長野県に赴任、長野中学に在職中、植物の垂直分布を研究。37年には戸隠、浅間、八ケ岳、白馬岳など日本アルプスの山々に登り、北アルプス鷲羽山に初登頂するなど、明治期日本山岳界パイオニアとして活躍した。最初の白馬岳登山の際に撮影した、白馬雪渓を前景にした杓子岳の写真は高頭式を介してウォルター・ウェストンに渡され、39年5月発行の英国山岳機関誌「アルパイン・ジャーナル」に掲載された。大正5年台中市にある台湾公立中学教諭として台湾に渡り、植物の採集・研究に従事。7年には新高山（現・玉山）に登頂。12年帰国、東京豊島高等女学校に勤めたのち、園芸をはじめた。生涯に収集した約4000点の植物標本は昭和26年に国立科学博物館に寄贈された。また植物学者として高山植物のシロウマオウギ、ヒメウメバチソウを発見したといわれる。著書に「やま」「高山植物採集及培養法」「千山万岳」など

があり、写真集としては「山岳美観」がある。

【著作】
◇高山植物採集及培養法　志村寛著　成美堂　1909.3　274p 図版 20cm

【その他の主な著作】
◇山岳美観　第1, 2輯　志村寛著　成美堂書店　1909　2冊（図版）39cm
◇千山万岳　志村烏嶺　嵩山房　1913　306p 23cm
◇山　第1［千山万岳（志村烏嶺）］　串田孫一編集　解説　筑摩書房　1960　317p 図版12枚 20cm
◇日本山岳名著全集 第11［千山万岳（志村烏嶺）］　あかね書房　1963　321p（図版共）21cm
◇やま　志村烏嶺、前田曙山著　岳書房　1980.11　374p 20cm

志村 義雄
しむら・よしお

大正2年(1913年)9月21日～?

静岡大学教育学部教授

静岡県小笠郡大東町（掛川市）出身。広島文理科大学〔昭和19年〕卒。團植物生理学。

昭和20年兵庫師範学校、23年静岡師範学校を経て、24年より静岡大学に勤務。52年定年退官。シダ植物の分類と生態に関心を抱き、日本産全種の生態写真を集大成した「日本シダ植物生態写真集成」を刊行した。他の著書に「日本のイノデ属」がある。

【著作】
◇日本シダ植物生態写真集成　志村義雄著　採集と飼育の会（東京農業大学育種学研究所内）1973　530, 52p 27cm
◇日本のイノデ属（シダ植物）　志村義雄著　志村義雄　1992.9　160p 27cm

下郡山 正巳
しもこおりやま・まさみ

大正6年(1917年)1月7日～
平成9年(1997年)9月20日

東京大学名誉教授

宮城県出身。東京帝国大学理学部植物学科〔昭和15年〕卒。理学博士。團植物生理学　団日本植物学会、日本植物生理学会、日本生化学会　賞勲三等旭日中綬章〔平成2年〕。

東京大学理学部教授退官後、東邦大学大学院理学研究科教授を務め、昭和62年退職。東京都杉並区教育委員長も務めた。著書に「生体色素」（共著）、「最新植物用語辞典」（共編）など。

【著作】
◇最新植物用語辞典　原寛等編　広川書店　1965　679p 19cm
◇生体色素（医学・生物学のための有機化学 6）服部静夫、下郡山正巳共著　朝倉書店　1967　187p 22cm

下沢 伊八郎
しもざわ・いはちろう

（生没年不詳）

植物研究家

戦前台湾にて植物採集を行なった。戦後は石川県のシダ植物について研究し、「金沢卯辰山のシダ」（昭和39年）などの著作がある。

【著作】
◇郷土の自然［医王山（下沢伊八郎）］（郷土シリーズ 第5）　石川郷土史学会編　石川県図書館協会　1955　135p 18cm

下田 喜久三
しもだ・きくぞう

明治28年(1895年)1月6日～
昭和45年(1970年)2月17日

北海道岩内郡岩内町出生。長男は下田晶久（旭川医科大学名誉教授）。農学博士〔昭和23年〕。團アスパラガス栽培、キチン研究　賞北海道文化賞〔昭和33年〕。

東京で薬学を学んだのちに北海道岩内町に戻り、家業の雑貨・肥料店を引き継ぐ。傍ら、農業

指導にあたる。冷害に強い作物の研究にも取り組み、大正9年アスパラガス'瑞洋'を生みだす。以後道内各地で栽培され、アスパラガス栽培の基礎を築き、道内産アスパラガスの父として知られる。戦後は独自にキチンの研究を進め、ザリガニの体内からキチンの一種などを発見、農学博士号を取得。36年富良野市に転勤、43年退職後札幌で生活。平成6年長男のもとにあった資料が故郷の岩内町郷土館に寄贈された。

【著作】
◇アスパラガス　下田喜久三著　瑞洋食品研究所　1924　68p 22cm

下斗米 直昌
しもとまい・なおまさ

明治34年（1901年）4月11日〜
平成元年（1989年）2月7日

広島大学名誉教授
岩手県出身。東京大学理学部〔大正13年〕卒。団植物学　勲二等瑞宝章〔昭和46年〕、中国文化賞。

東北帝国大学理学部助教授から、昭和4年に新設された広島文理科大学に教授として赴任。キク科植物を中心に多様な植物の細胞遺伝学的研究を積極的に推進、多くの後進を育てた。

【著作】
◇田中舘秀三—業績と追憶〔追憶（下斗米直昌）〕田中舘秀三著、田中舘秀三業績刊行会編　世界文庫　1975　1冊 22cm

下山 順一郎
しもやま・じゅんいちろう

嘉永6年（1853年）2月18日〜
明治45年（1912年）2月12日

薬学者　東京帝国大学医科大学教授、日本薬剤師会初代会長
尾張国犬山（愛知県犬山市）出生。大学南校、第一大学区医学校（現・東京大学医学部）製薬学科〔明治11年〕卒。薬学博士〔明治31年〕。団日本薬剤師会（会長）。

明治11年東京大学医学部製薬学科助教授兼陸軍薬剤官となり、16年ドイツに留学、ストラスブルグ大学で薬学を研究。20年帰国後、帝国大学医科大学教授となり、薬学講座を開設、以後25年間務めた。他に東京薬学会（現・日本薬学会）副会長、日本薬剤師会初代会長、私立薬学校（現・東京薬科大学）初代校長など歴任。薬草の研究も多い。英訳書に「生薬学」「薬用植物学」がある。

【著作】
◇無機化学講義（前期医学科講義録）　下山順一郎述、池田儀宗記　明治講医会　〔出版年不明〕492p 21cm
◇化学真理　下山順一郎述、高橋秀松校補、安藤一郎、石田範三記　競英堂〔ほか〕　1880.6　248p 20cm
◇製薬化学　下山順一郎編　島村利助等　1888〜1890　3冊（上281、中310、下470p）20cm
◇生薬学　下山順一郎著、大島太郎補　下山順一郎　1890.6　2冊（上323、下342p）22cm
◇生薬標本目録　下山順一郎、島田耕一著　島田耕一　1891.5　19p 26cm
◇薬用植物学　下山順一郎編、柴田承桂訂　下山順一郎　1892.4　352p 22cm
◇薬学実験全書　巻1（定性分析篇）　下山順一郎等編　下山順一郎　1894.1　302, 2p 20cm
◇新薬日新　恩田重信著、下山順一郎閲　東京医事新誌局　1894.12　359p 16cm
◇薬用植物学講義（前期医学科講義録）　下山順一郎著　明治講医会　〔1895〕　324p 21cm
◇提要無機化学　下山順一郎等編　丸善　1898.10　461p 23cm
◇第三改正日本薬局方註解　下山順一郎著　南江堂〔ほか〕　1906.12　1408p 23cm
◇博士の売薬研究　下山順一郎述、岩本新吾編　春泥書房　1908.5　152, 26p 19cm
◇製薬化学〔改正増補10版〕　下山順一郎編　蒼虬堂　1908.10　3冊（上270、中364、下559p）23cm
◇日本薬制註解　下山順一郎、池口慶三著　南江堂書店　1911.9　722p 23cm
◇独逸薬局方—鼇頭標註〔改正5版〕　下山順一郎等編訳　蒼虬堂〔ほか〕　1911.10　664, 11, 18p 23cm

【評伝・参考文献】
◇下山順一郎先生伝—草楽太平記　根本曽代子著　薬学部新館竣工記念事業委員会　1994.3

132p 22cm

シュトルム

Sturm, Pater Georg
1915年～2004年7月

スイスのカトリック神父　二戸カトリック教会主任司祭
スイス・シュイーツ出生。フリブール大学卒，グレゴリア大学卒。賞岩手日報文化賞（第55回）〔平成14年〕。

　ベトレヘム会の神学校を卒業後、1946年宣教師として中国に渡り、南海大学でドイツ語を教えながら布教活動。'52年来日、大籠教会、水沢教会を経て、'59年より二戸カトリック教会にて主任司祭。同地で20年以上にわたって植林事業を行う傍ら、植物や二戸市の風景を描いた水彩画を遺した。2004年12月遺品が市に寄贈された。著書に「バイブルソングズ」「子山羊とフランシス」「幸せの種」などがある。

【著作】
◇子山羊とフランシス　ゲオルグ・シュトルム著，岩手日報社出版部編　岩手日報社　1993.11　137p 19cm
◇幸せの種―日本とヨーロッパ、岩手とスイスを結ぶ　農民神父が蒔いた一粒の（SBC市民双書3）　ゲオルグ・シュトルム著　信山社出版、大学図書（発売）　1998.12　146p 19cm
◇神父と野の花　ゲオルグ・シュトルム画、國香よう子文・編　〔國香よう子〕　2006.7　104p 30cm

城　数馬

じょう・かずま

元治元年（1864年）8月7日～
大正13年（1924年）1月23日

法曹人、登山家　朝鮮覆審法院長
筑後国久留米（福岡県久留米市）出生。帝国大学仏法科〔明治21年〕卒。団日本山岳会（名誉会員）。代々久留米藩に馬術をもって仕える家に生まれる。明治12年上京、司法省法学校や帝国大学仏法科に学び、卒業後は司法省に入って参事官補、次いで大審院書記長となった。25年官を辞して代言人（弁護士）を開業。また政治家としても東京市議、同副議長、日本橋区議などを歴任。41年韓国法部次官の倉富勇三郎の招きで朝鮮に渡り、京城控訴院長に就任。日韓併合後は朝鮮覆審法院長を務めた。一方、当時有数の高山植物収集家として名高く、各地の高山に登って多くの珍種を採集。34年画家の五百城文哉や東京帝国大学教授の松村任三と諮り、日光に高山植物園を開設することを計画、のちに東京帝国大学附属植物園日光分園の開園として結実した。35年5月には文哉や松平康民らと東京・本郷で山草陳列会を開催。さらに同年7月八ヶ岳に登山してウルップソウや祖父の名にちなんで命名したツクモソウなどの新種を数種発見し、武田久吉や早田文蔵らの登山熱を刺激した。38年日本山岳会の結成に参画し、最年長であることと社会的地位の高さから後見人（のち名誉会員、会員番号1番）に推された。採集した植物は「観賞植物標本」として押し葉標本にされ、後年東京大学に寄贈された。著書に「刑法原理」「内地雑居論」「民法財産論」などがある。

常谷　幸雄

じょうたに・ゆきお

明治37年（1904年）3月11日～
平成9年（1997年）11月5日

東京農業大学名誉教授
石川県金沢市出生。東京農業大学農学部〔昭和4年〕卒。農学博士。専植物病理学、植物分類学。

　昭和4年東京農業大学助手を経て、30年教授。37年同大二高校長、44年図書館長。昭和49年定年退職。この間、8～24年日本獣医学校（現・日本獣医畜産大学）講師、25～49昭和薬科大学講師を兼任。伊豆諸島全島を実地に訪ね、その植物相を調査し、植物誌をまとめた。また、アオ

イ科フヨウ属を研究し、新種サキシマフヨウを大場秀章と共同で発表した。45年には日本植物園協会の第1回海外事情調査隊長としてタイを調査。50年からは熱川バナナワニ園研究室顧問としてハイビスカスの研究に取り組んだ。著書に「教養の生物学」がある。

【著作】
◇教養の生物学　安立網光、佐藤金治、常谷幸雄共著　朝倉書店　1961　276p 22cm
◇明治の森高尾国定公園の植物　常谷幸雄著　東京都西部公園緑地事務所　1971　132p 図 26cm

昭和天皇
しょうわてんのう

明治34年（1901年）4月29日～
昭和64年（1989年）1月7日

東京・青山東宮御所（千代田区）出生。父は大正天皇、母は貞明皇后、妻は香淳皇后、長男は天皇明仁、二男は常陸宮正仁、長女は東久邇成子、二女は久宮祐子、三女は鷹司和子、四女は池田厚子、五女は島津貴子。東宮御学問所。

皇太子明宮嘉仁親王（のち大正天皇）と、皇太子妃節子（のち貞明皇后）の間に第一皇男子として生まれ、祖父の明治天皇より中国の古典「書経」から迪宮（みちのみや）裕仁（ひろひと）と命名された。幼時は海軍軍人で枢密顧問官を務めていた川村純義に養育され、その没後の明治41年学習院初等科に入り、院長・乃木希典の薫陶を受ける。修了後は東宮御所内に設置された東宮御学問所にて、御学問所総裁・東郷平八郎以下、山川健次郎、白鳥庫吉、服部広太郎、杉浦重剛ら一流の学者たちから様々な学問を学んだ。当初は歴史学の道を志したが、元老の西園寺公望が"歴史を深く研究すれば、危険な政治に巻き込まれる可能性がある"とし、生物学を趣味の学問とした。大正5年立太子の礼を行って皇太子となり、10年3月日本の皇太子として初めて欧州歴訪の旅に出、帰国後の10月大正天皇の病により摂政に就任。12年アナーキスト・難波大助による狙撃事件（虎ノ門事件）が発生。13年久邇宮良子女王（のち香淳皇后）と結婚。15年12月25日、父の崩御により25歳で皇位（124代）を継承、元号も昭和と改まった。昭和4年張作霖爆殺事件（満州某重大事件）が起こり、その責任者処分を巡って当時の田中義一首相（陸軍出身）を厳しく叱責したところ、内閣は総辞職し、田中も間もなく亡くなったことから、立憲君主制での自らの政治的関与に慎重な姿勢を示すようになった。11年天皇親政を求める青年将校たちによるクーデターである二・二六事件が起こり、股肱の重臣たちを殺傷されると、怒りを露わにして反乱軍の鎮圧を命じ、当初鎮圧に消極的な姿勢を示していた陸軍首脳部に対し自ら近衛師団を率いて鎮定に当たってもよいとの意志を示した。12年からの日中戦争には拡大方針に必ずしも賛成ではなかったが内閣の決定を追認してゆき、日米戦争にも強い懸念を示したが、開戦を防ぐ決定的な役割を果たせず、16年の太平洋戦争開戦に至った。当初優勢に見えた戦局も間もなく悪化の一途を辿り、20年8月広島・長崎への原爆投下、ソ連の参戦を経て、ポツダム宣言受諾を巡る御前会議の席上で阿南惟幾陸相らの戦争継続意見を退けて終戦の意志を表明、戦争終結に決定的な役割を果たし、終戦の詔勅をラジオ放送に吹き込んで、15日その肉声により約4年に渡る戦争の終結を国民に伝えた。9月、連合国軍総司令部（GHQ）総司令官のマッカーサー元帥を訪ね、この時"自分はどうなってもいいから国民を助けてほしい"と述べ、マッカーサーは大きな感銘を受けたといわれる。この撮影された、軍服を着て胸を張る大柄なマッカーサーと小柄でモーニングを着る天皇が並んでいる写真は、21年1月年頭の詔書において、天皇が"現御神"であるのは架空であるとした、いわゆる"人間宣言"と並び、国民に大きなショックを与えた。以後、ソフト帽に背広姿で各地を巡幸して祖国復興に働く国民を激励し、22年施行の日本国憲法では天皇は"国民統合の象徴"として位置づけられた。この間、戦争責任を退位という形で表そうと考えたこともあったが、側近の意見により思いとどまっ

た。その後、憲法の規定に忠実にふるまい国内で様々な行事をこなす傍ら、多くの国賓を応接し、46年ヨーロッパ、50年には米国に天皇として初めて赴き、皇室外交も行った。63年病に倒れ、64年1月7日早朝、87歳で崩御。昭和天皇の諡号を贈られ武蔵野陵に葬られた。一方、子供の頃から御用邸の近辺で貝類や昆虫などを採集して生物学に興味を持ち、東宮御学問所で服部広太郎について生物学を修めた。大正7年17歳の時には早くも沼津御用邸で採れた海藻の中から体長23センチもある大型エビを発見。新種と直感したところ、寺尾新の同定により新種とされ、寺尾によりシンパシフェア・インペリアリスと命名された。生物に関する幅広い領域に関心を持ったが、服部との相談の上で、公務の余暇で出来、研究者が遠慮しないよう競合する研究者が多くない分類学分野を研究することに決め、変形菌類(粘菌)とヒドロ虫類(ヒドロゾア)を専門とした。即位後は昭和3年皇居内に生物学御研究所が建設され、4年和歌山県田辺を訪れた際に南方熊楠から進講を受けたのを始め、訪れる各地で研究者たちから土地の生物についての説明を受けた。7年英国リンネ協会名誉会員。生物学者としては、42年の「日本産1新属1新種の記載をともなうカゴメウミヒドラ科のヒドロ虫類の検討」以下、生前7編のヒドロ虫類に関する論文を発表。新種も多く発見するなど、日本有数のヒドロ虫類分類学者として評価を受けた。専門外とした分野の研究は、各分野の専門家との共同研究として「相模湾産後鰓類図譜」以下の〈相模湾〉シリーズに結実した。植物学分野は伊藤洋、北村四郎、木村有香、佐藤達夫、原寛、本田正次らが研究の手伝いをし、様々な植物が茂る那須御用邸では、37年の「那須の植物」以下4冊、伊豆の須崎御用邸では「伊豆須崎の植物」をまとめた。続いて、自身の住居で、武蔵野の植物が自然に繁茂するにまかせた野草園(元々はゴルフ場であった)を持つ皇居の植物を調査した「皇居の植物」に取りかかったが、刊行を見ずに亡くなった。没後、天皇誕生日であった4月29日は"みどりの日"として引き続き国民の休日とされたが、平成19年"み

どりの日"は5月4日に移され、4月29日は"昭和の日"となった。かつて、侍従長を務めた入江相政が留守中に草刈りをした際に、"雑草という草はない。どんな植物でもみな名前があって、それぞれ自分の好きな場所で生を営んでいる。人間の一方的な考え方で、これを雑草として決め付けてしまうのはいけない"と注意されたという。

【著作】
◇那須の植物　生物学御研究所編　三省堂 1962.4
◇伊豆須崎の植物　生物学御研究所編　保育社 1980.11　22, 171p 図版32枚 27cm
◇皇居の植物　生物学御研究所編　保育社 1989.11 546p 26cm

【評伝・参考文献】
◇天皇と生物学研究　田中徳著　大日本雄弁会講談社　1949　187p 図版 21cm
◇天皇の素顔　小野昇著　双英書房　1949　213p 図版 19cm
◇天皇陛下　文藝春秋編　文藝春秋新社　1949　175p 図版 19cm
◇天皇陛下　高宮太平著　酣灯社　1951　454p 図版 22cm
◇ある日の天皇　大竹貞吉著　岡倉書房新社　1953　32p(図版共) 22cm
◇皇居に生きる武蔵野　毎日新聞社社会部、写真部編　毎日新聞社　1954　112p(図版解説共) 原色図版1枚 27cm
◇天皇　宮廷記者団編　東洋経済新報社　1955　211p 図版 18cm
◇天皇の人生　入江元彦著　彩光社　1956　281p 図版 19cm
◇背広の天皇　甘露寺受長著　東西文明社　1957　261p 図版 19cm
◇天皇さまのサイン　鈴木一著　毎日新聞社　1962　223p 図版 19cm
◇天皇さまの還暦　入江相政著　朝日新聞社　1962　243p 図版 20cm
◇天皇さま　甘露寺受長著　日輪閣　1965　381p 図版 22cm
◇天皇ヒロヒト　レナード・モズレー著, 高田市太郎訳　毎日新聞社　1966　358p 図版 21cm
◇宮中侍従物語(角川文庫)　入江相政著　角川書店　1985.11　305p 15cm
◇天皇―八十四年の素顔　フジテレビ編　扶桑社　1985.11　121p 31cm
◇昭和の天皇　東京新聞出版局　1989.1　1冊(頁付なし) 30cm
◇昭和の天皇―地方ご巡幸にも心温まる思い出　中日新聞本社　1989.1　1冊(頁付なし) 30cm
◇思い出の昭和天皇―おそばで拝見した素顔の陛下(カッパ・ブックス)　秩父宮勢津子〔ほか〕

著　光文社　1989.12　187p 18cm
◇花の研究史（北村四郎選集4）　北村四郎著　保育社　1990.3　671p 21cm
◇昭和天皇の笑顔―植物三部作取材日記　横井斉著　保育社　1990.4　181p 18cm
◇殿様生物学の系譜（朝日選書421）　科学朝日編　朝日新聞社　1991.3　292p 19cm
◇大東亜科学綺譚　荒俣宏著　筑摩書房　1991.5　443p 21cm
◇南方熊楠の図譜　荒俣宏，環栄賢編　青弓社　1991.12　229p 19cm
◇メタセコイア―昭和天皇の愛した木（中公新書）　斎藤清明著　中央公論社　1995.1　238p 18cm
◇素顔の昭和天皇―宮内庁蔵版　吉岡専造撮影　朝日新聞社　1996.10　157p 26×27cm
◇奇人は世界を制す エキセントリック―荒俣宏コレクション2（集英社文庫）　荒俣宏著　集英社　1998.5　367p 15cm
◇浜名湖花博「昭和天皇自然館」図録　邑田仁監修，小倉一夫編纂　静岡国際園芸博覧会協会　2004.4　253p 19cm
◇皇居の森（とんぼの本）　姉崎一馬，今森光彦，叶内拓哉ほか著　新潮社　2005.3　127p 21cm
◇昭和天皇の変形菌標本コレクション（昭和記念筑波研究資料館所蔵標本目録 第3号）　昭和記念筑波研究資料館編　国立科学博物館　2005.3　156p 27cm

白井 光太郎

しらい・みつたろう

文久3年（1863年）6月2日〜
昭和7年（1932年）5月30日

植物病理学者，本草学者
東京帝国大学名誉教授
江戸出生，越前国（福井県）出身。帝国大学理科大学（現・東京大学理学部）植物学科〔明治19年〕卒。
名は「こうたろう」ともいう。福井藩主・松平慶永（春嶽）の側近の子として、江戸・霊巌島の福井藩邸に生まれる。父と共に春嶽の覚えがめでたく、直々に英語の初歩を授けられた。東京英語学校から東京大学に進み、明治19年帝国大学理科大学（現・東京大学理学部）植物学科を卒業。卒業論文は蘚類の研究で、我が国における蘚類の学術的研究の嚆矢とされる。同年東京農林学校助教に就任、23年同校の帝国大学農科大学（現・東京大学農学部）合併に伴い植物学講座担任、39年植物病理学講座設置に際して初代担当となった。40年教授。この間、32年ドイツに留学。大正14年退官。植物病理学の開拓者としてその発展に寄与し、サクラのテングス病などの研究で知られ、明治36年には500ページ近い大著である「最近植物病理学」を刊行。一方、本草、園芸、農業書など植物に関連する古文献を広く収集して本草学・博物学史研究の先駆者としても活躍、24年編年体による「日本博物学年表」を著し、我が国の博物学発展の経緯を初めて系統的にまとめた書物として名高い。植物学の学識と本草学への深い造詣が合致した独自の学問は、「本草学論考」（4冊）の他、植物の奇形・変異に解説を加えた「植物妖異考」、外来植物の記録をまとめた「植物渡来考」、古代より明治に至るまでの文献に表れる樹木の和名を考証した「樹木和名考」などに結実した。その蔵書は今日、国立国会図書館に白井文庫として収められている。自然保護を訴えて史跡名勝天然記念物保存法の制定に尽くし、史跡名勝天然記念物調査会委員、調査嘱託として実地調査にも従事した。考古学にも一家言を持ち、人類学者・考古学者で友人の坪井正五郎と東京人類学会創立に参画。坪井とのコロボックル論争の他、「人類学会報告」で「縄文土器」の言葉を初めて用い、その発案者でもある。昭和7年68歳で急逝したが、健康薬としてトリカブトを服用した際に調合を誤ったためといわれる。

【著作】
◇植物解剖学講義（大日本中学会第1学級講義録）　白井光太郎述　大日本中学会　〔出版年不明〕66p 21cm
◇植物学講義（大日本中学会29年第1学級講義録）　白井光太郎述　大日本中学会　〔出版年不明〕177p 19cm
◇植物学講義（大日本中学会30年度第1学級講義録）　白井光太郎述　大日本中学会　〔出版年不明〕177p 21cm
◇植物自然分科検索表　アサ・グレー著，白井光太郎訳　敬業社　1888.9　18p 24cm

◇日本博物学年表　白井光太郎著　丸善書店　1891　86丁 23cm
◇植物病理学　白井光太郎著　有隣堂　1893, 1894　2冊(上247, 下286p) 20cm
◇中等植物学教科書　白井光太郎著　金港堂　1893　2冊(226, 続編233, 4, 24p) 21cm
◇中等植物学教科書　続編　白井光太郎著　金港堂書籍　1896　233, 24p 23cm
◇新編中等植物学　白井光太郎著　六盟館　1898.3　218, 22p 23cm
◇新編小植物学　白井光太郎著　六盟館　1899.1　112, 65p 19cm
◇植物学教程〔白井光太郎, 大津源三郎編〕陸軍中央幼年学校　1903　110p 22cm
◇最近植物病理学　白井光太郎著　嵩山房　1903.2　498p 23cm
◇植物博物館及植物園の話　白井光太郎編　丸善　1903.4　105p 23cm
◇救荒植物　白井光太郎著　嵩山房　1903.5　105p 23cm
◇日本菌類目録　白井光太郎編, 三宅市郎補校　東京出版社　1905　1冊 19cm
◇A list of Japanese fungi hitherto known　By Kotaro Sirai　Nihon Engei Kenkyukai 1905　124, 12, 5p 19cm
◇日本博物学年表〈増訂版〉白井光太郎著　白井光太郎　1908　220, 36p 図版 19cm
◇国文学に現はれたる植物考　松山亮蔵著, 白井光太郎校閲　宝文館　1911　318p 図 23cm
◇植物妖異考　上(甲寅叢書 第2編)　白井光太郎著　甲寅叢書刊行所　1914　176p 20cm
◇植物妖異考　下(甲寅叢書 第5編)　白井光太郎著　甲寅叢書刊行所　1914　168p 20cm
◇日光—史蹟名勝天然紀念物保存協会第三回報告[植物学上より観たる日光(白井光太郎)]　史蹟名勝天然紀念物保存協会編　画報社　1915　205, 19p 22cm
◇最新植物病理学提要　白井光太郎著　東京出版社　1917　267p 23cm
◇染料植物及染色編(駒場叢書)　白井光太郎著　大倉書店　1918　162p 22cm
◇薬用植物製造学　沖田秀秋著, 白井光太郎校閲　大倉書店　1919　880p 図 23cm
◇シーボルト先生渡来百年記念論文集　シーボルト先生渡来百年記念会編　シーボルト先生渡来百年記念会　1924　190p 図版12枚 23cm
◇財団法人明治聖徳記念学会紀要[23巻 古事記に見えし植物(白井光太郎)]　明治聖徳記念学会編　明治聖徳記念学会　1924〜1926
◇植物妖異考　白井光太郎著　岡書院　1925　376p 20cm
◇天然紀念物調査報告　植物之部[第5輯 明治神宮外苑内のヒトツバタゴ調査報告・奈良県下の植物調査報告(白井光太郎)]　内務省編　内務省　1925〜1926　22cm
◇日本菌類目録〈訂正増補 原摂祐再訂増補〉白井光太郎著　原摂祐　養賢堂(発売)　1927　1冊 19cm
◇植物渡来考　白井光太郎著　岡書院　1929　289p 19cm
◇頭註国訳本草綱目—52巻, 拾遺10巻　李時珍著, 白井光太郎校註, 鈴木真海訳　春陽堂　1929〜1934　15冊 23cm
◇岩波講座生物学[第16 特殊問題[2]支那及日本本草学の沿革及本草家の伝記(白井光太郎)]　岩波書店　1930〜1931　23cm
◇万葉学論纂[植物学的研究 梓弓の材に就いて(白井光太郎)]　佐佐木信綱編　明治書院　1931　448p 21cm
◇樹木和名考　白井光太郎著　内田老鶴圃　1933　507, 62, 35p 23cm
◇本草学論攷　白井光太郎著　春陽堂　1933〜1934　3冊 23cm
◇日本博物学年表〈改訂増補〉白井光太郎著　大岡山書店　1934　437p 図 肖像 23cm
◇本草学論攷　第4冊　白井光太郎著　春陽堂　1936　644p 23cm
◇植物渡来考　白井光太郎著　有明書房〔1967〕289p 19cm
◇植物妖異考　白井光太郎著　有明書房〔1967〕376p 19cm
◇国訳本草綱目 第1冊　李時珍著, 鈴木真海訳, 白井光太郎校注, 木村康一[等]新注校定　春陽堂書店　1973　33, 281, 163p 図10枚 22cm
◇国訳本草綱目 第2冊　李時珍著, 鈴木真海訳, 白井光太郎校注, 木村康一[等]新注校定　春陽堂書店　1973　568p 22cm
◇国訳本草綱目 第4冊　李時珍著, 鈴木真海訳, 白井光太郎校注, 木村康一[等]新注校定　春陽堂書店　1973　650p 22cm
◇国訳本草綱目 第3冊　李時珍著, 鈴木真海訳, 白井光太郎校注, 木村康一[等]新注校定　春陽堂書店　1974　735p 22cm
◇国訳本草綱目 第5冊　李時珍著, 鈴木真海訳, 白井光太郎校注, 木村康一[等]新注校定　春陽堂書店　1974　628p 22cm
◇国訳本草綱目 第6冊　李時珍著, 鈴木真海訳, 白井光太郎校注, 木村康一[等]新注校定　春陽堂書店　1974　634p 22cm
◇国訳本草綱目 第7冊　李時珍著, 鈴木真海訳, 白井光太郎校注, 木村康一[等]新注校定　春陽堂書店　1975　482p 22cm
◇国訳本草綱目 第8冊　李時珍著, 鈴木真海訳, 白井光太郎校注, 木村康一[等]新注校定　春陽堂書店　1975　596p 22cm
◇国訳本草綱目 第9冊　李時珍著, 鈴木真海訳, 白井光太郎校注, 木村康一[等]新注校定　春陽堂書店　1975　726p 22cm
◇国訳本草綱目 第11冊　李時珍著, 鈴木真海訳, 白井光太郎校注, 木村康一[等]新注校定　春陽堂書店　1976　402p 22cm
◇国訳本草綱目 第10冊　李時珍著, 鈴木真海訳, 白井光太郎校注, 木村康一[等]新注校定　春陽堂書店　1976.12　649p 22cm

◇国訳本草綱目 第12冊 李時珍著、鈴木真海訳、白井光太郎校注、木村康一〔等〕新註校訂 春陽堂書店 1977.4 568p 22cm
◇国訳本草綱目 第13冊 本草綱目拾遺 李時珍著、鈴木真海訳、白井光太郎校注 新註校訂、木村康一〔等〕新註校訂 春陽堂書店 1977.9 438p 22cm
◇国訳本草綱目 第14冊 本草綱目拾遺 李時珍著、鈴木真海訳、白井光太郎校注、木村康一〔ほか〕新注校訂 春陽堂書店 1977.12 643p 22cm
◇国訳本草綱目 第15冊 度量衡・索引 李時珍著、鈴木真海訳、白井光太郎校注、木村康一〔ほか〕新注校訂 春陽堂書店 1978.10 97, 367p 22cm
◇白井光太郎著作集 第1巻 本草学・本草学史研究 木村陽二郎編 科学書院 1985.5 434p 22cm
◇白井光太郎著作集 第2巻 植物研究 木村陽二郎編 科学書院 1986.3 398p 22cm
◇白井光太郎著作集 第3巻 園芸植物と有用植物 木村陽二郎編 科学書院 1986.11 412p 22cm
◇白井光太郎著作集 第4巻 自然保護・考古学・人類学 木村陽二郎編 科学書院 1987.7 480p 22cm
◇白井光太郎著作集 第5巻 植物採集紀行・雑記 木村陽二郎編 科学書院 1988.11 610p 22cm
◇白井光太郎著作集 第6巻 本草百家伝 その他 木村陽二郎編 科学書院 1990.3 355, 63p 22cm

【評伝・参考文献】
◇近代日本生物学者小伝 木原均ほか監修 平河出版社 1988.12 567p 22cm
◇博物学者列伝 上野益三著 八坂書房 1991.12 412, 10p 23cm
◇医学・洋学・本草学者の研究―吉川芳秋著作集 吉川芳秋著、木村陽二郎、遠藤正治編 八坂書房 1993.10 462p 24×16cm
◇国立公園成立史の研究―開発と自然保護の確執を中心に 村串仁三郎著 法政大学出版局 2005.4 417p 21cm

白尾 国柱
しらお・くにはしら

宝暦12年8月5日(1762年9月22日)～
文政4年2月15日(1821年3月18日)

国学者、薩摩藩士
初姓は本田、初名は親白、通称は助之進、斎蔵、号は親麿、鼓泉、端楓。薩摩国岩崎村(鹿児島県岩崎)出生。

本多休左衛門親昌の子。寛政2年(1790年)薩摩藩士・白尾国倫の養嗣子となる。のち江戸藩邸に召された藩主・島津重豪のもとで記録奉行、物頭などを務める。本草学に造詣の深い藩主の命により、近臣の博物学者・曽占春と共に、江戸期を代表する物産学図鑑「成形図説」(全100巻)の編纂を行う。また「三国名勝図会」「神代山陵考」なども編纂した。江戸で塙保己一、村田春海に師事し、本居宣長に私淑した。国典に長じ、また詩歌にも秀でていた。

【著作】
◇神代三山陵 [神代山陵考 他(白尾国柱)] 鹿児島史談会編 鹿児島史談会 1935 123p 27cm
◇成形図説 曽槃、白尾国柱〔等〕編 国書刊行会 1974 4冊 22cm

【その他の著作】
◇倭文麻環 白尾国柱著、山本盛秀編 山本盛秀 1908.8 6冊(1-12巻) 27cm

白沢 保美
しらさわ・やすみ

明治元年(1868年)8月18日～
昭和22年(1947年)12月20日

林学者 農林省山林局林業試験所長、貴院議員
信濃国南安曇郡明盛村(長野県安曇野市)出生。東京帝国大学農科大学林学科〔明治27年〕卒、東京帝国大学大学院修了。師は本多静六。林学博士〔明治36年〕。囮日本林学会(会長)、日本農学会(会長)。

名は「ほみ」「やすよし」ともいう。代々医家の家柄に生まれ、幼い頃から本草学に興味を持った。大阪英和学舎から東京林学校に学び、明治27年同校が改組した東京帝国大学農科大学の林学科を卒業。同大大学院在学中から農商務省山林局の嘱託により森林植物の調査研究を始め、30年東京帝国大学農科大学講師、農商務省技師。32年ヨーロッパに出張し、ドイツ、スイスで森林植物学を学んだ。35年帰国し、41年より林業試験所長を務めた。昭和7年退官。一方、日本林学会会長、日本農学会会長、林学

会理事長、糧食研究会理事長を歴任し、21～22年勅選貴院議員。明治から昭和にかけての林業行政・林学界で指導的な役割を担い、樹木分類学、樹木生理学、造林学に業績を残した。都市緑化事業に強い関心を持ち、東京市の街路樹や公園樹木のためにプラタナスやリリオデンドロンを大量に導入して戦前で10万本を超える街路樹整備に貢献した。また大正4年中国山東省の孔子廟からカイノキ（楷樹）を持ち帰って育て、東京の湯島聖堂や渋沢資料館、栃木県足利学校、岡山県閑谷学校といった孔子ゆかりの地に分かち植えた。著書に「日本森林樹木図譜」「日本竹類図譜」などがある。

【著作】
◇植樹造林法 第1（苗木仕立法） 白沢保美著 埼玉県内務部 1895.3 13p 22cm
◇日本森林樹木図譜 白沢保美編、丸山宣光、大石栄雄画 農商務省山林局 1900～1910 4冊 26-46cm
◇樟樹造林法 白沢保美著 大蔵省主税局 1905.11 35p 23cm
◇林学教科書―農学校用 白沢保美著 博文館 1910.2 288p 22cm
◇日本森林樹木図譜 上・下編 白沢保美著 成美堂書店 1911～1912 2冊（図版）26cm
◇林業試験報告［第10号 林木種子ノ産地及遺伝性ニ関スル試験 第2回報告（白沢保美）、第17号［林木種子ノ貯蔵試験並播種用トリテノ古種子ノ価値（白沢保美、小山光男）］ 農商務省山林局編 農商務省山林局 1913～1920 26cm
◇最新林学提要 白沢保美、後藤房治著 成美堂書店 1914 332,12p 23cm
◇原色精密日本森林樹木図譜（付・日本竹類図譜） 白沢保美著、丸山宣光、大石栄雄画 講談社 1983.7 397p 39cm

【評伝・参考文献】
◇近代日本の科学者 第2巻［白沢保美伝（佐藤敬二）］ 堀川豊永著 人文閣 1942 267p 19cm
◇林業先人伝―技術者の職場の礎石 日本林業技術協会 1962 605p 22cm
◇日本公園百年史 日本公園百年史刊行会編 日本公園百年史刊行会 1978.8 690p 27cm

進野 久五郎

しんの・きゅうごろう

明治33年（1900年）11月7日～

昭和59年（1984年）10月19日

植物研究家

山形県出生。広島高等師範学校附設第二教員養成所博物科卒。

大正13年教師として富山中学に赴任。以来、富山県の植物相についての分類研究を進め、14年富山博物学会（のち富山県生物学会）を結成した。昭和3年より富山師範学校で教鞭を執り、その後は19年富山県立科学教育研究所長、26年富山中部高校校長、30年滑川高校校長、33年上市町教育長を歴任。38～57年富山県文化財保護審議委員を務めて自然保護にも力を尽くし、その周旋により浜黒崎の松並木や縄ケ池のミズバショウなど県内の自然物50件が天然記念物に指定された。また富山県花のチューリップ、同県木の立山スギの選定にも当たった。54年から富山市科学文化センター建設委員を務め、完成後の57年には、戦災で一度焼失した後、戦後再度築き上げた7000点にのぼる押し葉標本コレクションを同センターに寄贈した。著書に「富山県産蘭科植物目録」「富山の植物」などがある。

【著作】
◇立山賛歌［立山の科学（進野久五郎）］（北日本郷土シリーズ 2） 北日本出版社編 北日本出版社 1972 39p（図共）19cm
◇富山の植物―風土と四季を訪ねて（富山文庫 1） 進野久五郎著 巧玄出版 1973.11 256p 21×22cm
◇富山市科学文化センター収蔵資料目録 第1号 進野久五郎植物コレクション 富山市科学文化センター編 富山市科学文化センター 1987.3 222p 26cm

真保 一輔

しんぽ・かずすけ

明治20年（1887年）12月25日～

昭和39年（1964年）7月17日

植物学者 新潟大学教授

新潟県白根市（新潟市）出生。東京帝国大学理科大学植物学科〔明治44年〕卒。

新潟県白根の素封家に生まれ、新潟中学、旧制一高を経て、東京帝国大学理学部植物学科に学ぶ。明治44年同大卒業後は同大学院に進み、大正8年新設されたばかりの新潟高校教授に就任。昭和24年同校が廃校となると新潟大学理学部に移り、生物科講師として系統植物学を講じた。33年教授に就任し、34年退職。特に虫癭の研究で著しい業績を上げたほか、新潟県史蹟名勝天然記念物調査会委員として新潟県内の植物についてもくまなく精査し、それらを格調高い文章で報告している。また佐渡や粟島の植物相の調査でもすぐれた論文も残した。なお、ドイツ留学時には菌類の生殖生理についても考究したが、それらについての論文は発表していない。

【評伝・参考文献】
◇新潟の自然 第1集 新潟の自然刊行委員会〔編〕 新潟県学校教育用品 1968

神保 忠男
じんぼう・ただお

明治30年（1897年）3月22日～
昭和55年（1980年）12月25日

東北大学名誉教授
東京出身。東北帝国大学理学部生物学科〔大正15年〕卒。理学博士。團植物生態学。

大正15年徳川生物学研究所に入所。昭和4年東北帝国大学講師、助教授を経て、25年教授。同大学理学部附属八甲田山植物実験所で湿地や湿原などの池塘の湖沼学研究や花粉分析学の研究などを行った。

末松 直次
すえまつ・なおじ

明治22年（1889年）5月18日～
昭和54年（1979年）4月23日

團応用植物生理学。

応用植物生理学の研究者であり、「南方植物記」を著した。

【著作】
◇応用植物学汎論 末松直次著 養賢堂 1924 261, 16p 23cm
◇応用植物学各論 上巻 末松直次著 養賢堂 1925 294p 23cm
◇応用植物学各論 下巻 末松直次著 養賢堂 1927 296-756p 23cm
◇作物病害新教本 末松直次著 西ケ原刊行会 1929 146, 3p 23cm
◇桑樹病虫害論（蚕業講座 第9巻） 末松直次, 横山桐郎共述 弘道館 1930 87, 187p 23cm
◇植物採集行 末松直次著 西ケ原刊行会 1931 180p 図版51枚 20cm
◇生物学雑話 末松直次著 成美堂 1931 229p 19cm
◇応用植物生理学大要 末松直次著 西ケ原刊行会 1934 118p 22cm
◇植物病理学大要 末松直次著 西ケ原刊行会 1934 115p 23cm
◇近代日本の科学者 第1巻［古在由直伝（末松直次）］ 人文閣編 人文閣 1941 19cm
◇作物病害（食糧増産叢書） 末松直次著 成武堂 1942 153p 19cm
◇南方植物記 末松直次著 柏葉書院 1944 207p 図版 19cm

【その他の主な著作】
◇君遷子―末松直次歌集（新輯覇王樹叢書） 末松直次著 覇王樹社 1966 199p 図版 19cm
◇身閑集―末松直次歌集（新輯覇王樹叢書 第70篇） 末松直次著 新星書房 1976 161p 20cm

菅江 真澄
すがえ・ますみ

宝暦4年（1754年）～
文政12年7月19日（1829年8月18日）

国学者, 紀行家
本名は白井英二。初名は秀雄。三河国渥美郡牟呂村（愛知県豊橋市）出生。

はじめ賀茂真淵門下の植田義方に師事して和学、和歌を修める。明和7年（1770年）頃から尾張藩薬草園に勤務して浅井図南に本草医学を、丹羽嘉言に漢学を学んだ。図南没後の天明3年（1783年）諸国遊歴の旅に出発し、以後約40年に

渡って美濃、信濃、越後、出羽、陸奥、蝦夷、駿河、近江など各地の名所・古跡を巡遊。この間、寛政9年(1797年)から11年(1799年)まで津軽藩の採薬御用も務めた。文化8年(1811年)秋田藩の城下町久保田に入り、藩校・明徳館の助教であった那珂通博の仲介で藩主・佐竹義和に謁見。これ以降は同地に定住し、藩主の協力のもと藩内出羽六郡地誌の作成に全力を注ぎ、巡検調査を重ねるが、12年(1815年)義和の急死により中断。文政7年(1824年)から藩より筆・墨・紙を給されて地誌の作成を再開するが、12年(1829年)領内の仙北郡神代村(現・仙北市)で病に倒れ、地誌の完成を見ることなく死去した。旅行や巡検中は常に旅日記を携帯し、経験したことやその土地の民俗、習慣、風俗、自然などをこまめに書き綴っており、それらは「菅江真澄遊覧記」と総称され冊数にして70を数える。特に写生にすぐれ、挿図には彩色されているものもあり、写実的かつ学術的な記録として民俗学的にも地誌学的にも高く評価されている。その他の著書に「雪の出羽路」「月の出羽路」といった地誌や、「久保田の落穂」「筆のまにまに」などの随筆がある。

【著作】
◇菅江真澄遊覧記 第1-5(東洋文庫) 内田武志,宮本常一編訳 平凡社 1965～1968 245p 18cm
◇未刊菅江真澄遊覧記 白山友正編 白帝社 1966 182p 図版 19cm
◇菅江真澄全集 第1巻 日記1 未来社 1971 498p 図11枚 22cm
◇菅江真澄全集 第2巻 日記2 未来社 1971 496p 図20枚 22cm
◇菅江真澄全集 第3巻 日記3 未来社 1972 460p 図67枚 22cm
◇菅江真澄全集 第4巻 日記4 内田武志,宮本常一編集 未来社 1973 358p 図109枚 22cm
◇菅江真澄全集 第9巻 民俗・考古図 内田武志,宮本常一編集 未来社 1973 532p 図 22cm
◇菅江真澄全集 第10巻 内田武志,宮本常一編集 未来社 1974 583p 図 22cm
◇菅江真澄全集 第5巻 地誌1 内田武志,宮本常一編集 未来社 1975 485p(図共)22cm
◇菅江真澄全集 第6巻 地誌2 内田武志,宮本常一編集 未来社 1976 662p 図62枚 22cm
◇菅江真澄全集 別巻1 菅江真澄研究 内田武志編著,宮本常一編集 未来社 1977.10 607p 図22cm
◇菅江真澄全集 第7巻 地誌3 内田武志,宮本常一編集 未来社 1978.5 530p 図版55枚 22cm
◇菅江真澄全集 第8巻 地誌4 内田武志,宮本常一編集 未来社 1979.7 544p 図版46枚 22cm
◇菅江真澄全集 第11巻 雑纂1 内田武志,宮本常一編集 未来社 1980.12 708p 図版21枚 22cm
◇菅江真澄全集 第12巻 雑纂2 内田武志,宮本常一編集 未来社 1981.9 595p 図版38枚 22cm

【評伝・参考文献】
◇菅江真澄翁伝 磊山村井良八著 村井良八 1928 30p 肖像 23cm
◇菅江真澄翁著書生地伝記研究 服部聖多朗編 典籍研究会 1941 32p 図版 22cm
◇菅江真澄(創元選書) 柳田国男著 創元社 1942 252p 図版5枚 19cm
◇松前と菅江真澄 内田武志著 北方書院 1949 189p 図版 19cm
◇陸中大原と菅江真澄 小林文夫著 草笛社 1967 80p 図版 地図 18cm
◇菅江真澄のふるさと 内田武志,浅井敏,伊奈繁弌編 内田武志〔等〕 1970 132p 図 19cm
◇菅江真澄の旅と日記 内田武志著 未来社 1970 292p(図版共)19cm
◇菅江真澄と津軽語彙 秋田篇(津軽語彙 第20編) 松木明著 松木明 1973 158p 26cm
◇賀茂真淵と菅江真澄—三河植田家をめぐって 近藤恒次著 橋良文庫 1975 424p 図 22cm
◇菅江真澄と秋田の風土 秋田県立博物館 1975 60p 肖像 26cm
◇新釈菅江真澄遊覧記 青森県の部 奈良一彦編 奈良きせ 1976 498p 肖像 22cm
◇歌の行方—菅江真澄追跡 安水稔和著 国書刊行会 1977.1 270p 20cm
◇菅江真澄のふるさと 続 仲彰一,伊奈繁弌編 仲彰一 1977.12 180p 21cm
◇菅江真澄(旅人たちの歴史2) 宮本常一著 未来社 1980.10 303p 20cm
◇菅江真澄と柳田国男 葛西ゆか,斎藤道子著 長谷川道子 1982.5 168p 19cm
◇菅江真澄と江差浜街道 小林優幸著 みやま書房 1984.5 273p 19cm
◇菅江真澄のふるさと 続々 仲彰一,伊奈繁弌編 仲彰一 1984.10 12,174p 21cm
◇菅江真澄読本(秋田の古典を読もう叢書1) 秋田県立秋田南高等学校国語科 1986.3 61p 21cm
◇菅江真澄と太田 太田町文化財保護協会編 太田町文化財保護協会 1986.11 91p 22cm
◇紀行を旅する(中公文庫) 加藤秀俊著 中央公論社 1987.2 317p 15cm
◇菅江真澄顕彰記念誌 岡崎市立図書館編 岡崎市立図書館 1987.10 35p 26cm
◇菅江真澄資料内田文庫目録 岡崎市立図書館編 岡崎市立図書館 1987.10 41p 26cm

- ◇菅江真澄没後百六十年資料展　秋田市立赤れんが郷土館　〔1988〕　48p 26cm
- ◇菅江真澄（民俗選書 vol. 17）　田口昌樹著　秋田文化出版社　1988.7　332p 19cm
- ◇菅江真澄民俗図絵　内田ハチ編　岩崎美術社　1989.2　3冊 27cm
- ◇秋田（全国の伝承 江戸時代 人づくり風土記 5 ふるさとの人と知恵）　加藤秀俊, 谷川健一, 稲垣史生, 石川松太郎, 吉田豊編　農山漁村文化協会　1989.7　381p 26cm
- ◇「境界」からの発想―旅の文学・恋の文学　長谷川政春著　新典社　1989.11　150p 19cm
- ◇菅江真澄の信濃の旅（現代口語訳信濃古典読み物叢書 第6巻）　駒込幸典〔ほか〕編　信濃教育会出版部　1990.6　165p 22cm
- ◇菅江真澄の旅　石上玄一郎著, 岩手日報社出版部編　岩手日報社　1990.9　375p 22cm
- ◇菅江真澄と阿仁〈改訂版〉　福岡竜太郎著　福岡竜太郎　1990.12　168p 19cm
- ◇菅江真澄と阿仁 続　福岡竜太郎著　福岡竜太郎　1990.12　148p 19cm
- ◇菅江真澄の旅と日記　内田武志著　未来社　1991.3　292p 20cm
- ◇菅江真澄・秋田の旅　田口昌樹著　秋田文化出版　1992.1　233p 21cm
- ◇風景とは何か―構想力としての都市（朝日選書 445）　内田芳明著　朝日新聞社　1992.3　232p 19cm
- ◇菅江真澄のことども―菅江真澄研究会10周年記念論集　菅江真澄研究会10周年記念論集編集委員会編　菅江真澄研究会　1992.7　273p 21cm
- ◇神主・菅江真澄　神山真浦著　耕風社　1992.9　161p 21cm
- ◇還らざる人―ある菅江真澄伝 黒川典秋集（日本短編小説文庫 第29編）　黒川典秋著　近代文芸社　1992.12　92p 19cm
- ◇「菅江真澄」読本　田口昌樹著　無明舎出版　1994.4　226p 19cm
- ◇菅江真澄と男鹿―男鹿の菅江真澄の道　男鹿市教育委員会編　男鹿市教育委員会　1995.5　63p 26cm
- ◇菅江真澄考―謎多き人物　伊奈繁弌編　伊奈繁弌　1995.11　326p 22cm
- ◇真澄紀行―菅江真澄資料センター図録　秋田県立博物館編　秋田県立博物館　1996.3　47p 30cm
- ◇菅江真澄（旅人たちの歴史 2）　宮本常一著　未来社　1996.4　303p 20cm
- ◇菅江真澄と津軽（緑の笛豆本 第341集）　坂本吉加著　緑の笛豆本の会　1997.3　45p 9.4cm
- ◇菅江真澄とアイヌ　堺比呂志著　三一書房　1997.12　339, 7p 22cm
- ◇菅江眞澄みちのくの旅　神山眞浦著　日本図書刊行会　1998.2　176p 20cm
- ◇「菅江真澄」読本 2　田口昌樹著　無明舎出版　1998.5　266p 19cm
- ◇菅江真澄研究の軌跡　磯沼重治編　岩田書院　1998.9　551p 22cm
- ◇「菅江真澄」読本 3　田口昌樹著　無明舎出版　1999.2　215p 19cm
- ◇菅江眞澄深浦読本　桜井冬樹執筆編集　深浦町真澄を読む会　1999.6　132p 30cm
- ◇菅江真澄展―白井英二・秀雄より真澄へ　豊橋市美術博物館編　豊橋市美術博物館　1999.8　120p 30cm
- ◇東北学 vol. 1 総特集 いくつもの日本へ〔菅江真澄の旅―東北学のために〕　赤坂憲雄編　東北芸術工科大学東北文化研究センター, 作品社〔発売〕　1999.10　302p 21cm
- ◇「菅江真澄」読本 4　田口昌樹著　無明舎出版　2000.3　246p 19cm
- ◇絵画（ものがたり 日本列島に生きた人たち 5）　黒田日出男編集協力　岩波書店　2000.11　269p 19cm
- ◇菅江真澄みちのく漂流　簾内敬司著　岩波書店　2001.1　226p 20cm
- ◇菅江真澄の旅、三十年―天明三年～文化九年　舛田辰郎著〔舛田辰郎〕　2001.3　719p 27cm
- ◇続 北へ…―異色人物伝　北海道新聞社編　北海道新聞社　2001.9　315p 21cm
- ◇菅江真澄と近世岡崎の文化　新行和子, 新行紀一編　桃山書房　2001.11　182p 22cm
- ◇「菅江真澄」読本 5　田口昌樹著　無明舎出版　2002.3　254p 19cm
- ◇菅江真澄のエクリチュール（菅江真澄学報 20026）　西田耕三著　西田耕三　2002.6　96p 21cm
- ◇菅江真澄の岩手東山漂流記（菅江真澄学報 20027）　西田耕三著　西田耕三　2002.7　108p 21cm
- ◇眼前の人―菅江真澄接近（真澄の本）　安水稔和著　編集工房ノア　2002.10　225p 20cm
- ◇おもひつづきたり―菅江真澄説き語り（真澄の本）　安水稔和著　編集工房ノア　2003.10　369p 20cm
- ◇菅江真澄と秋田（んだんだブックレット）　伊藤孝博著　無明舎出版　2004.11　72p 21cm
- ◇江戸の旅日記―「徳川啓蒙期」の博物学者たち（集英社新書）　ヘルベルト・プルチョウ著　集英社　2005.8　238p 18cm
- ◇辺境を歩いた人々　宮本常一著　河出書房新社　2005.12　224p 19cm
- ◇菅江真澄と北上地方―日記「けふのせば布」と「岩手の山」を読む（北上川流域の自然と文化シリーズ 27）　北上市立博物館　2006.3　56p 21×22cm

菅谷 貞男
すがや・さだお

大正6年（1917年）3月22日〜
平成10年（1998年）4月13日

東北大学名誉教授
東京出身。東北帝国大学理学部〔昭和15年〕卒。理学博士。団植物形態学，植物分類学 団日本植物学会，日本植物分類学会，日本シダ学会 賞勲三等旭日中綬章〔平成2年〕。

東北大学理学部助手，講師を経て，昭和25年助教授，38年教授。55年退官し，名誉教授。

須川 長之助
すがわ・ちょうのすけ

天保13年（1842年）2月6日〜
大正14年（1925年）2月24日

植物採取家
陸奥国紫波郡（宮城県紫波郡）出生。師はマキシモヴィッチ。

万延元年（1860年）開港直後の箱館で，ロシアの植物学者マキシモヴィッチの助手となる。国内で自由に行動できない師に代わり，約3年に渡って全国の山野を跋渉し，植物の採取に従事。師が帰国したのちも独自に植物の研究を続け，数多くの新種を発見した。彼が明治22年に立山で発見した新種の草は，のちに牧野富太郎の顕彰によりチョウノスケソウと命名された。

【評伝・参考文献】
◇須川長之助物語　井上幸三著　岩手植物の会　1971　104p 図 18cm
◇マクシモービチと須川長之助―日露交流史の人物　井上幸三著　岩手植物の会　1981.6　302p 19cm
◇ダニイル須川長之助　井上幸三著　岩手植物の会　1997.3　172p 20cm

菅原 繁蔵
すがわら・しげぞう

明治9年（1876年）〜昭和42年（1967年）

長男は寒川光太郎（小説家）。

大正11年にサハリンに渡って以来，植物相の調査と研究に没頭し，その成果を「樺太植物図誌」（全4巻）として刊行した。長子・憲光（小説家・寒川光太郎）は原図の墨入れなどで，父を手伝った。

【著作】
◇薄荷栽培及製造法　菅原繁蔵（北洋子）著　北洋堂　1905.9　63p 19cm
◇[樺太庁]史蹟名勝天然紀念物調査報告書 第3輯 [海馬島特殊植物群落地帯（菅原繁蔵）]　樺太庁史蹟名勝天然紀念物調査会編　樺太庁　1936　27cm
◇樺太植物図誌 第1-4巻　菅原繁蔵著　樺太植物図誌刊行会　1937〜1940　4冊 26cm
◇樺太庁博物館報告 第1巻 第1号，第3巻 第3号　樺太庁博物館　1938〜1939　2冊 27cm
◇樺太の植物 総括篇・苔蘇篇・地衣篇　菅原繁蔵著　函館植物研究会　1956　55p 27cm
◇函館山植物誌　菅原繁蔵，小松泰造著　市立函館図書館　1958　233p 図版 26cm
◇CARL JOHANN MAXIMOWICZ　菅原繁蔵著　函館市立図書館　1960　32p 図版 26cm
◇樺太植物誌　菅原繁蔵著　国書刊行会　1975　4冊 図 地図 27cm

【評伝・参考文献】
◇山形県文学全集 第2期（随筆・紀行編）第6巻（現代編）[父と子菅原繁蔵・寒川光太郎（安達徹著）]　近江正人，川田信夫，笹沢信，鈴木実，武田正，堀司朗，吉田達雄編著　郷土出版社　2005.5　419p 20cm

杉浦 重剛
すぎうら・じゅうごう

安政2年（1855年）3月3日〜
大正13年（1924年）2月13日

教育家，思想家　東京英語学校創立者，東宮御学問所御用掛，衆院議員
幼名は謙次郎，号は梅窓，天台道士，鬼哭子，破扇子，磔川。近江国膳所別保（滋賀県大津市）出生。大学南校（現・東京大学）卒。

名は「しげたけ」ともいう。膳所藩の藩儒の家に生まれる。藩校・遵義堂に学んだ後，藩儒の高橋坦堂に漢学を，同じく藩儒で蘭学者でも

あった黒田麹廬に英語・フランス語・天文・理化学などを授けられ、はじめて西洋の学術に触れた。明治元年京都に上り、兄・楠陰の師であった儒者・巌垣月洲に入門。3年膳所藩進貢生として大学南校(のち開成学校)に入学し、小村寿太郎や宮崎道正らを知った。9年には開成学校の第二次海外留学生に選抜され英国に留学。サイレンシストル農学校、マンチェスターのユニバーシティ・カレッジ、ロンドンのユニバーシティ・カレッジなどで化学・物理・数学などを修めたが、13年肺病のために帰国した。同年東京大学理学部博物場掛取締に任ぜられ、14年には事務掛として小石川植物園に勤務した。15年東京大学予備門長に任ぜられ、同校寄宿舎掛取締を兼務。傍ら、私塾の称好塾や東京英語専門学校を開き、公教育以外でも活動した。18年東京大学予備門独立に反対して辞職。以降は読売新聞で論説を担当して教育や外交などを論じた他、自著の著述や染物業の紅霓社の経営、ナシ・ブドウといった果樹の栽培なども行っている。20年小村寿太郎、高橋健三らと乾坤社を興し、井上馨外相の条約改正案を排撃。21年三宅雪嶺、井上円了、志賀重昂らと政教社を設立して雑誌「日本人」の創刊に尽力、当時蔓延していた表層的な欧化政策に対抗して日本古来の文化や民族の独自性を保存しようとする日本主義(国粋主義)を鼓吹した。同年文部省専門学務局次長となるが、23年辞して第1回総選挙に立候補し当選。議会では大成会に属すが間もなく脱会し、24年には議員も辞職した。この間にも陸羯南の新聞・日本の後援や、大隈重信外相の条約改正案に反対すべく日本倶楽部を結成するなど言論界で異彩を放った。25年東京朝日新聞論説員。教育界では23年東京英語学校校長となり、25年には校名を私立日本中学に改めて以後亡くなるまで同校長を務めた。また国学院学監、皇典講究所幹事長、東亜同文書院長などを歴任、大正3年東宮御学問所御用掛に任ぜられ、皇太子裕仁親王(のち昭和天皇)に倫理科を進講した。著書に「日本通鑑」(共著、全7巻)、「倫理御進講草案」「杉浦重剛座談録」「杉浦重剛全集」などがある。

【評伝・参考文献】
◇杉浦重剛先生　大町桂月,猪狩史山共著　政教社　1924　788p 図版 23cm
◇国士杉浦重剛　橘文七著　昭和教育社　1929　240p 肖像 19cm
◇杉浦重剛先生小伝　史山猪狩又蔵著　日本中学校同窓会出版部　1929　156p 肖像 19cm
◇杉浦重剛先生の日本精神とその教育　西村久吉著　江州公論社　1936　270p 肖像 20cm
◇杉浦重剛(新伝記叢書)　猪狩史山著　新潮社　1941　248p 肖像 19cm
◇杉浦重剛座談録(岩波文庫 2761-2762)　猪狩史山,中野刀水共編　岩波書店　1941　198p 肖像 15cm
◇杉浦重剛先生　仏性誠太郎著　立命館出版部　1942　147p 図版 肖像 19cm
◇杉浦重剛—帝王学の権威　今堀文一郎著　愛隆堂　1959　158p 図版 19cm
◇新修杉浦重剛の生涯　石川哲三編著　大津梅窓会　1987.8　371p 19cm
◇国師杉浦重剛先生　藤本尚則著　石川哲三　1988.7　594p 19cm
◇怪物科学者の時代　田中聡著　昌文社　1998.3　279p 19cm
◇明治の教育者杉浦重剛の生涯　渡辺一雄著　毎日新聞社　2003.1　238p 20cm

【その他の主な著作】
◇杉浦重剛全集　第5巻　語録・詞藻・書簡　明治教育史研究会編　杉浦重剛全集刊行会　1982.1　698p 22cm
◇杉浦重剛全集　第4巻　倫理思想　明治教育史研究会編　杉浦重剛全集刊行会　1982.4　809p 22cm
◇杉浦重剛全集　第3巻　教育史・理化学　明治教育史研究会編　杉浦重剛全集刊行会　1982.7　978p 22cm
◇杉浦重剛全集　第2巻　論説 2　明治教育史研究会編　杉浦重剛全集刊行会　1982.11　1076p 22cm
◇杉浦重剛全集　第6巻　日誌・回想　明治教育史研究会編　杉浦重剛全集刊行会　1983.2　870p 317欄 22cm
◇杉浦重剛全集　第1巻　論説 1　明治教育史研究会編　杉浦重剛全集刊行会　1983.5　1034p 22cm

杉浦 寅之助
すぎうら・とらのすけ

明治30年(1897年)3月20日～
昭和57年(1982年)5月21日

大阪大学名誉教授
兄は杉浦徳次郎(神奈川大学教授)。理学博士〔昭和16年〕。団植物細胞学。

旧制大阪高校教授などを経て、大阪大学教授。藤井健次郎門下で高等植物の染色体研究を行った。

【著作】
◇植物学の準備―学習受験 杉浦寅之助著 駸々堂書店 1939 326, 19p 18cm
◇生物学 植物篇 杉浦寅之助著 堀書店 1948 257p 21cm
◇生物学〔第2〕動物篇 杉浦寅之助著 堀書店 1949 357p 22cm

杉野 辰雄
すぎの・たつお

明治31年(1898年)～昭和47年(1972年)

植物研究家
福岡師範学校〔大正7年〕卒。

福岡師範学校を卒業後、田代善太郎に師事して植物採集活動に入る。三池植物同好会の中心となって植物採集・調査に励み、昭和7年774種を掲載した「小岱山・三池山植物目録」にまとめた。主に筑紫南部の植物を調査し続け、その標本は東京大学、京都大学に残されており、大井次三郎も多数参考としている。

杉原 美徳
すぎはら・よしのり

明治45年(1912年)2月11日～
平成10年(1998年)8月13日

東北大学名誉教授,宮城教育大学名誉教授
東京出生,宮城県仙台市出身。東北帝国大学理学部生物学科〔昭和13年〕卒。理学博士。専植物学 団日本植物学会,日本植物分類学会。

昭和28年東北大学教育学部教授、40年宮城教育大学教育学部教授、52年共立女子大学家政学部教授を歴任。著書に「裸子植物の胚発生」「植物遺伝学3」(共著)がある。

【著作】
◇大学受験本位簡明生物 杉原美徳, 尾畑孝夫共著 旺文社 1953 298p 19cm
◇裸子植物の胚発生 杉原美徳著 東京大学出版会 1992.9 269p 27cm

杉本 順一
すぎもと・じゅんいち

明治34年(1901年)9月22日～?

植物研究家
静岡県静岡市出生。賞勲五等双光旭日章〔昭和49年〕。

東京都立大学牧野標本館研究員などを務めた。独学で植物の研究を行い、日本の植物相の分類学に貢献をした。類似する植物との異同を示す検索表の形で表した「日本樹木総索引表」をはじめ、草本植物、シダ植物などの類書は多くの同好の人々に活用され今日に至っている。

【著作】
◇日本樹木総検索表 杉本順一著 杉本生物学研究所 1936 516p 23cm
◇日本植物研究 第1輯 裸子植物 杉本順一著 日本植物研究会 1938 52p 23cm
◇静岡県の植物(静岡県文化叢書 第1輯) 杉本順一著 明文堂書店 1948 136p 22cm
◇伊豆の植物 杉本順一著 東京緑友会 1962 236p 18cm
◇日本草本植物総検索誌 双子葉篇 杉本順一著 六月社 1965 832p 19cm
◇東海の自然 杉本順一編 六月社 1966 196p 18cm
◇日本草本植物総検索誌 シダ植物篇 杉本順一著 六月社 1966 460p 図 19cm
◇新日本樹木総検索誌 杉本順一著 井上書店 1972 583p 19cm
◇日本草本植物総検索誌 単子葉篇 杉本順一著 井上書店 1973 630p 19cm
◇世界の針葉樹 杉本順一著 井上書店 1987.10 302p 22cm

杉山 吉良
すぎやま・きら

明治43年(1910年)10月17日～
昭和63年(1988年)12月12日

写真家
本名は杉山吉良(よしろう)。静岡県伊東市出生。早稲田中学〔大正14年〕中退。囲日本写真家協会。

伊豆で海運業を営む家に8人兄弟の長男として生まれるが、大正12年早稲田中在学中に関東大震災により発生した津波で父母と弟妹5人と財産全てを失い、自殺を図る。昭和2年叔父の紹介によりパラマウントニュース社の極東総局長を務めていたヘンリー小谷に師事、映画のカメラマンとなる。9年水着姿の妻を撮影した写真が認められて「オール読物」のグラビアページに起用され、写真家として出発。14年文藝春秋特派員として中支戦線に赴き、解除後は上海の外国租界への潜入ルポを試み、「文藝春秋」誌上に「上海の裏街」を発表。17年陸軍のアッツ島上陸作戦に従事、その後は陸軍参謀本部に所属する映画配給社でトップカメラマンを務めるなど、軍部に協力。20年東京大空襲により友人に預けてあった全てのフィルムを焼失した。22年杉山事務所を開設、モデルを募集してヌード撮影を行い、23年には銀座・松坂屋でヌード写真の個展「裸体群像」展を開催。以来、ヌード写真の第一人者として活躍、撮影後に修正するのは不自然として、撮影前にモデルのヘアをカミソリでそり落とすことを最初に命じたカメラマンとされる。28年文藝春秋特派員としてブラジルのサンパウロに渡り、3年半にわたって同地で取材を重ねた。32年帰国、33年アマゾンのガビオン族を撮影した「ガビオン族の生態」展を開催。39年から1人の素人ヌードモデルを4年間撮影し、44年1500点の作品から60点をえり抜いた個展「讃歌」を開催、大きな成功を収め、同年末にモデルが入水自殺を遂げたことでも大きな話題となった。傍ら、"電力の鬼"と呼ばれた実業家・松永安左エ門のポートレイト撮影を続けた。眼底出血のために左目を失明、右目の視力を半分失ったが、53年アッツ島を再訪、戦死した仲間たちの鎮魂の為に同島に咲く高山植物を撮影、個展「鎮魂花」を開き、写真集「花 北限・南限の鎮魂の花」を刊行した。

【著作】
◇アリューシャン戦記　杉山吉良著　六興商会出版部　1943　187p 図版 19cm
◇北限の花アッツ島再訪　杉山吉良著　文化出版局　1979.9　113p 22cm
◇花—杉山吉良写真集　杉山吉良撮影　ノーベル書房　1983.11　237p 36cm

【評伝・参考文献】
◇昭和の写真家　加藤哲郎著　晶文社　1990.2　375p 19cm

杉山 彦三郎
すぎやま・ひこさぶろう

安政4年(1857年)7月5日～
昭和16年(1941年)2月7日

篤農家　静岡県議
駿河国安部郡有度村(静岡県静岡市)出生。賞大日本農会緑白綬有功章〔昭和3年〕。

生家は駿河安部郡有度村(現・静岡市)の医家で、農業と酒造業も兼ねた。生来病弱であったため、医業を継がなかったが、茶の栽培を志し、明治4年から10年に渡って山野を開拓し、3丁余りの茶園を開く。10年より農商務省技師の多田元吉から茶の指導を受け、栽培と製造を実施。また清国出身の胡秉枢から紅茶について教わり、さらに緑茶についても静岡県小笠郡南山村の山田文助を招き、伝習所を創設してその技術を伝習させた。彼は茶の生葉を噛んで甘味のあるものだけを選抜し、試植して2～3年観察したのちさらに良いものを殖やしていくというやり方で茶の品種改良と研究を進め、優良な茶葉を求めて全国の主要茶産地を調査し、時には沖縄や韓国にまで出向いた。熱心に茶畑をうろつく様から"イタチ"と渾名され、茶葉の噛みすぎで前歯が欠けたほどであったという。明治30年代には南洋開発事業に失敗したため一時期茶の栽培が頓挫したが、41年孟宗竹の藪の跡を開いて造った茶園の北側で'やぶきた'の原樹を発見

し、増殖を開始。42年には彼の茶にかける熱意に感銘を受けた茶業組合中央会会頭の大谷嘉兵衛から試験地2.7ヘクタールを提供され、ますます茶の品種改良に専心、'やぶきた'の育成を進めたほか、'安倍1号'など緑茶14種、紅茶8種を創成した。この間、安倍郡や静岡県内の茶業組合の要職を歴任。また、地方政治にも参画し、明治26～29年静岡県議、36～37年度村長を務めた。さらに土地の有志と共に有修学舎を設立するなど、教育事業でも活躍している。昭和3年茶業功労者として静岡県知事から表彰及び銀杯一組、また大日本農会から緑白綬有功章を授けられた。彼が創成した'やぶきた'は6年頃からその優秀さが認められるようになり、9年には静岡農業試験場での研究で高評価を獲得。28年には農林省の登録品種となり、現在では日本の茶園面積の75パーセントで栽培される超大型品種となっている。

【評伝・参考文献】
◇杉山彦三郎翁伝　静岡県茶業会議所編　静岡県茶業会議所　1973　128p 図 肖像 22cm

鈴木 梅太郎
すずき・うめたろう

明治7年(1874年)4月7日～
昭和18年(1943年)9月20日

農芸化学者　東京帝国大学農学部教授
静岡県榛原郡地頭方村(牧之原市)出生。岳父は辰野金吾(建築家)。東京帝国大学農科大学農芸化学科〔明治29年〕卒。帝国学士院会員〔大正14年〕、ドイツ学士院会員〔昭和7年〕。農学博士〔明治34年〕。賞帝国学士院賞〔大正13年〕、文化勲章〔昭和18年〕。

静岡県に自作農の二男として生まれる。14歳の時に家出して上京、明治22年東京農林学校(23年に帝国大学に統合、農科大学となる)に入って古在由直や外国人教師のレーブに農芸化学を学び、その影響を受けた。大学院時代は植物生理化学に取り組み、高等植物の体内でのタンパク質生成などを研究、我が国におけるタンパク質の先駆者とされる。また当時流行していたクワの萎縮病の原因が害虫や微生物によるものではなく、葉の摘み過ぎや刈り込み過ぎによる栄養不良であることを発見し、クワの枯死に悩んでいた養蚕業界を救った。33年東京帝国大学農科大学助教授。34年農学博士の学位を受け、また同年欧州に留学、ベルリン大学のE.フィッシャーらに学んだ。39年帰国して盛岡高等農林学校(現・岩手大学農学部)教授、40年東京帝国大学農科大学教授に就任。この間、外国人と日本人の体格差を痛感してその原因を栄養学上に求め、日本人の主食である米のタンパク質の栄養価を研究。43年米ヌカから脚気に効果のある成分を抽出しアベリ酸と命名(45年にイネの学名オリザ・サティバにちなみオリザニンと改名)、東京化学会で"白米を与えて動物が早く死ぬのはアベリ酸の欠乏のためであり、アベリ酸は従来未知の一新栄養素であって、総ての動物生育に欠くべからざるものである"と発表したが、ほとんど反響なく、脚気の臨床には用いられるどころか、逆に医者たちから"医者でも薬学者でもない者が"と無視冷笑の目に遭い、本格的に臨床に用いられたのは10年近く後になってからであった。翌44年、英国のC.フンクが同様の方法で同じ成分を発見、この論文は一躍世界の注目を集め、まだ邦文のみの発表であった鈴木の研究は影に隠れ、この栄養素の名はフンクが命名した"ビタミン"の名で国際的に定着した。大正5年理化学研究所創立委員となり、理研主任研究員を兼務。その研究室からは米を使わない酒である合成酒(理研酒)やビタミンAなどを送り出して理研の財政基盤を固めた。昭和2年東京帝国大学農学部長、9年退官。12～16年満州国大陸科学院長を務めた。18年文化勲章を受章。著書に「植物生理化学」「植物生理の研究」「蛋白化学の研究」「研究の回顧」などがある。

【著作】
◇肥料学原理　鈴木梅太郎著　成美堂　1902.9　160p 23cm

◇最近煙草論　鈴木梅太郎, 高林盛基著　成美堂　1903.1　388p 23cm
◇植物生理化学　鈴木梅太郎著　成美堂　1911.3　731p 図版 22cm
◇簡易植物営養論　鈴木梅太郎, 松村舜祐編　成美堂　1911.9　220p 22cm
◇人口問題と化学　鈴木梅太郎講演　食養研究会　1926　23p 23cm
◇栄養学講話　鈴木梅太郎著　桃井正次　1934　73p 21cm
◇栄養読本　鈴木梅太郎, 井上兼雄著　日本評論社　1936　290p 23cm
◇食物講座［1 栄養学概論（鈴木梅太郎, 二国二郎共著）, 4 ビタミン第1号 ビタミン概説（鈴木梅太郎, 井上兼雄共著）］　雄山閣編　雄山閣　1936～1938　23cm
◇最新化学工業大系　第13巻〈改訂〉　誠文堂新光社　1936.6　588p 23cm
◇ビタミン　鈴木梅太郎著　日本評論社　1938　554p 22cm
◇食料工業　鈴木梅太郎編　丸善　1939　724p 22cm
◇ホルモン　鈴木梅太郎著　日本評論社　1941　411p 20cm
◇ビタミンと臨床　鈴木梅太郎, 大森憲太編　金原商店　1942　489p 26cm
◇栄養学概論　鈴木梅太郎, 二国二郎著　雄山閣　1942　234p 22cm
◇食糧の生産と消費, 国民生活の新設計（戦時生活叢書 2）　鈴木梅太郎, 川島四郎［著］　北光書房　1943　68p 15cm
◇研究の回顧　鈴木梅太郎著　輝文堂　1943　366p 19cm
◇戦時に於ける茶の重要性　茶業組合中央会議所　〔1943〕　18p 19cm
◇南方有用植物図説　鈴木梅太郎, 百瀬静雄共著　成美堂書店　1943　193p 図版 22cm
◇栄養読本　井上兼雄, 鈴木梅太郎共著　日本評論社　1947　319, 86p 18cm
◇霜柱―外四篇［ビタミン研究の回顧（鈴木梅太郎）］（信濃文庫 第4輯）　信濃教育会出版部　1947　91p 18cm
◇鈴木梅太郎博士論文集　第1巻 植物生理の研究　理化学研究所旧鈴木研究室有志編　北光書房　1948　299p 21cm
◇鈴木梅太郎博士論文集　第2巻 蛋白化学の研究　北光書房　1948　253p 21cm
◇栄養化学〈改稿版〉（岩波全書）　鈴木梅太郎, 二国二郎著　岩波書店　1954　264p 18cm

【評伝・参考文献】
◇近代日本の科学者　第2巻［鈴木梅太郎伝（枝元長夫）］　堀川豊永著　人文閣　1942　267p 19cm
◇黎明期に於ける郷土の科学者　静岡県科学協会　1944.5　152p 図19枚 肖像 21cm
◇鈴木梅太郎先生伝　鈴木梅太郎博士顕彰会, 鈴木梅太郎先生伝刊行会編　鈴木梅太郎博士顕彰会, 鈴木梅太郎先生伝刊行会　1967　354p（図版共）22cm
◇オリザニンの発見―鈴木梅太郎伝　斎藤実正著　共立出版　1977.12　318p 18cm
◇盛岡高等農林学校と鈴木梅太郎・宮沢賢治　岩手大学農学部農芸化学科内記念碑を建てる会　1984.6　156p 19cm
◇人間風景―鈴木梅太郎と藪田貞治郎　激動期の理化学研究所　加藤八千代著　共立出版　1987.5　253p 20cm
◇あるのかないのか? 日本人の創造性―草創期科学者たちの業績から探る（ブルーバックス B-713）　飯沼和正著　講談社　1987.12　358p 18cm
◇日本科学者伝（地球人ライブラリー）　常石敬一ほか著　小学館　1996.1　316p 19cm
◇科学に魅せられた日本人―ニッポニウムからゲノム, 光通信まで（岩波ジュニア新書）　吉原賢二著　岩波書店　2001.5　226p 17cm
◇人物化学史―パラケルススからポーリングまで（科学史ライブラリー）　島尾永康著　朝倉書店　2002.11　234p 21cm
◇世界にかがやいた日本の科学者たち　大宮信光著　講談社　2005.3　239p 21cm
◇化学者たちのセレンディピティー―ノーベル賞への道のり　吉原賢二著　東北大学出版会　2006.6　164p 21cm
◇日本の化学の開拓者たち（ポピュラー・サイエンス）　芝哲夫著　裳華房　2006.10　147p 19cm

鈴木　貞雄

すずき・さだお

明治42年（1909年）～?

植物分類学者　玉川大学教授

専 タケ・ササ。

タケ, ササ類の生態及び分類について研究を行い, その結果を集大成した「日本タケ科植物総目録」を昭和3年に著した。

【著作】
◇日本タケ科植物総目録　鈴木貞雄著　学習研究社　〔1978〕　384p 31cm
◇日本タケ科植物図鑑　鈴木貞雄著　鈴木貞雄　1996.1　271p 27cm

鈴木　重隆

すずき・しげたか

大正9年(1920年)3月15日～
昭和61年(1986年)9月9日

植物研究家
　1930年代に台北帝国大学附属農林専門部に関係し、台湾の植物の分類学研究を行った。昭和20年以降は武蔵野自然研究会での指導的役割を担うなど、東京を中心に活動した。著書に本田正次、水島正美との共著による「原色植物百科図鑑」(39年、集英社)、「日本特産植物図説 第1 ナンテン」(40年、The Suzuki Botanical Institute) などがある。

【著作】
◇原色植物百科図鑑　本田正次, 水島正美, 鈴木重隆編　集英社　1964　799p (図版 解説共) 19cm
◇日本特産植物図説 第1 ナンテン　鈴木重隆著　The Suzuki Botanical Institute　1965　25p 図版　はり込み原色図版1枚　28cm

鈴木 重良
すずき・しげよし

明治27年(1894年)～昭和12年(1937年)

植物研究家
宮崎県出身。鹿児島高等農林学校(現・鹿児島大学農学部)農学科〔大正6年〕卒。
　鹿児島高等農林学校(現・鹿児島大学農学部)卒業後の大正6年、台湾総督府糖業試験場に勤務。11年台湾総督府高等農林学校助教授。琉球、台湾などの植物相を調べ、分類した。標本は鹿児島大学などに保管される。同氏を記念した学名にオキナワススコウジュ属 *Suzukia* がある。

鈴木 省三
すずき・せいぞう

大正2年(1913年)5月23日～
平成12年(2000年)1月20日

バラ育種家　京成バラ園芸研究所長
旧姓名は若林省三。東京市小石川区水道端町 (東京都文京区)出生。東京府立園芸学校(現・東京都立園芸高)卒。団 園芸学会, 園芸文化協会 賞 ハンブルク国際新品種コンクール銅賞〔昭和31年〕「天の川」、ハーグ国際コンクール銀賞「かがやき」、ニュージーランドばら展金賞・南太平洋金星賞〔昭和47年〕「聖火」、ローマばらコンクールグランプリ〔昭和57年〕「乾杯」、園芸文化賞〔昭和59年〕、オール・アメリカ・ローズ・セレクション大賞〔昭和63年〕「光彩」、園芸学会賞(功労賞)〔平成元年〕、松下幸之助花の万博記念賞〔平成9年〕。
　昭和6年東京府立園芸学校(現・東京都立園芸高)を卒業後、東京・阿佐谷の西郊園、江古田の紫雲園、奥沢の毛利ダリア園で修業。13年遺伝学を師事した今井喜孝の勧めにより、等々力にとどろきばらえんを開き、独立。15年結婚により鈴木に改姓。16年太平洋戦争が始まっても、世間の冷たい目の中でバラ作りを続け、17年には日本影響下のアジア指導者たちが集った大東亜会議の席上を彩った。戦後は23年、銀座・資生堂のギャラリーで戦後初のバラ展を実施して国内外に大きな反響を呼び、ニュース映画にも取り上げられた。またこれを機に新日本バラ会が発足、事務所をとどろきばらえんに置いた。33年京成バラ園芸設立に伴い研究所長を委嘱され兼務、48年にとどろきばらえんを閉じるまで二足のわらじを履いた。バラの新品種をつくり出すブリーダー(育種家)として活躍し、33年ドイツのハンブルク国際コンクールで'天の川'が銅賞を得たのを皮切りに、45年オランダのハーグ国際コンクールで'かがやき'が銀賞、47年ニュージーランドの国際コンクールで'聖火'が金賞・南太平洋金星賞を受賞。そして57年'乾杯'で世界3大コンクールの一つであるローマばらコンクールグランプリを、63年には'光彩'でオール・アメリカ・ローズ・セレクション(AARS)大賞を受けるなど、世界の最高峰を極め、"ミスター・ローズ"の名で知られた。著書に「ばらに贈る本」などがある。

【著作】
- ◇世界のバラ　鈴木省三著　高陽書院　1956　136, 98p 図版185p(解説共)図版 27cm
- ◇バラ栽培12ケ月　鈴木省三著　東都書房　1963　190p 図版 18×19cm
- ◇バラ作り—新品種と咲かせ方〈新版〉(カラー園芸入門)　福岡誠一, 鈴木省三著　主婦の友社　1980.4　191p 18cm
- ◇ばら花譜　二口善雄画, 鈴木省三, 籾山泰一解説　平凡社　1983.4　96p 図版81枚 31cm
- ◇バラ図譜 1　ピエール・ジョゼフ・ルドゥーテ画, 鈴木省三図版解説　学習研究社　1988.9　191p 38×28cm
- ◇バラ図譜 2　ピエール・ジョゼフ・ルドゥーテ画　学習研究社　1988.11　189p 37cm
- ◇ばらに贈る本(家庭の園芸 3)　鈴木省三著　婦人之友社　1989.6　98p 21cm
- ◇ばら・花図譜　鈴木省三著　小学館　1990.6　398p 27cm
- ◇日本と世界のバラのカタログ　成美堂出版　1992.5　146p 29cm
- ◇暮らしを飾る英国の薔薇　あんりゆき, 鈴木省三著　文化出版局　1994.4　87p 21×22cm
- ◇バラの育て方—よくわかるバラの栽培12ケ月(カラー図鑑)　鈴木省三著　成美堂出版　1994.9　191p 21cm
- ◇ばら花図譜—国際版　鈴木省三著　小学館　1996.4　318p 30cm
- ◇バラ図鑑—日本と世界のバラのカタログ 最新版　成美堂出版　1997.3　143p 29cm
- ◇花とハーブの香り—熊井明子対談集　HERB編集部編　誠文堂新光社　1997.6　117p 23×19cm
- ◇Mr. Rose鈴木省三—僕のバラが咲いている(Seisei mook)　野村和子監修　成星出版　2000.5　123p 24cm
- ◇薔薇と生きて—自らが語る「薔薇の生涯」103人が綴る「Mr. Rose」　鈴木省三著, バラ文化研究所編　成星出版　2000.6　391p 20cm

【評伝・参考文献】
- ◇美しい出会い—道ひとすじの人々を訪ねて[聖母の花々にいたる道 鈴木省三]　木崎さと子著　女子パウロ会　1988.7　221p 19cm
- ◇青いバラ(新潮文庫)　最相葉月著　新潮社　2004.6　634p 15cm

鈴木 貞次郎
すずき・ていじろう

明治20年(1887年)11月5日～
昭和42年(1967年)11月14日

植物学者

福島県出身。福島蚕業学校卒。賞 福島県文化功労賞〔昭和34年〕。

カナヤマザサなど20種にのぼるササの新種や、白河・宇都宮間に分布するシラカワタデを発見した。昭和34年福島県文化功労賞を受賞。著書に「福島県植物誌」「旭岳植物目録」などがある。

鈴木 時夫
すずき・ときお

明治44年(1911年)～昭和53年(1978年)3月10日

大分大学学芸学部教授

東京都出身。台北帝国大学理農学部生物学科卒。専 植生学, 植物分類学。

昭和9年より台湾の亜熱帯、暖温帯の森林植生の調査を始めるが、17年兵役の為に中断。22年帰国後は日本列島の暖温帯から冷温帯まで領域を広げ、27年研究を集大成した「東亜の森林植生」を刊行。33年大分大学学芸学部教授。37年より高山帯、亜高山帯の植生にも研究領域を広げ、日本アルプスをはじめとする中部山岳と北海道の山地で調査を行い、日本の植生の大要を明らかにした。

【著作】
- ◇世界地理大系 第1巻世界の自然と社会[生物の分布(鈴木時夫)]　石田竜次郎, 渡辺光共編　河出書房　1951　330p 地図 26cm
- ◇東亜の森林植生(形成選書)　鈴木時夫著　古今書院　1952　137p 18cm
- ◇森林植生単位の決定(林業解説シリーズ 第54)　鈴木時夫著　日本林業技術協会　1953　36p 19cm
- ◇生態調査法(形成選書)　鈴木時夫著　古今書院　1954　155p 表 18cm
- ◇生態学大系 第1巻 植物生態学 第1　沼田真編　古今書院　1959　588p 図版 22cm
- ◇高崎山の野生ニホンザル—餌づけ10年目の総合調査報告　伊谷純一郎, 池田次郎, 田中利男編　勁草書房　1964　210p 表 地図 27cm

◇北アルプスの自然［奥黒部地方の高山および亜高山植生の植物社会学的研究（鈴木時夫）］　富山大学学術調査団編　古今書院　1965　254p（図版共）表 27cm
◇植物社会学　ブラウン・ブランケ著，鈴木時夫訳　朝倉書店　1971　2冊 22cm
◇大分県の植生―大分県植生図　大分生態談話会研究グループ編，鈴木時夫解説　大分県商工労働部観光課　1973　地図6枚（袋入）解説40p　81×58cm（折りたたみ26cm 解説:26cm）

【評伝・参考文献】
◇森林生態学論文集―鈴木時夫博士退官記念　薄井宏編著　鈴木時夫博士退官記念論文集刊行会　1976.9　220p 26cm

鈴木 兵二
すずき・ひょうじ

大正4年（1915年）4月13日～
平成15年（2003年）5月10日

広島大学名誉教授
福島県西白河郡出身。広島高等師範学校卒，広島文理科大学生物学科卒。理学博士。団 植物生態学 団 日本蘚苔類学会（会長）。

　広島高等師範学校から広島文理科大学生物学科に進み，昭和16年同大助手として蘚苔学の権威・堀川芳雄の指導を受けた。太平洋戦争が始まると中国南部に従軍。戦後，大学に復帰し，25年堀川と共に学術雑誌「ヒコビア」を創刊した。同年広島大学理学部助教授，43年教授。44～54年附属自然植物園園長を兼任。54年に定年退官，広島女学院大学教授。この間，37～38年ドイツに留学。日本蘚苔類学会会長，広島県文化財保護審議会委員なども務めた。植物学の中でも顕花植物から蘚苔類，藻類，菌類まで幅広い分野を取り扱ったが，特に湿原におけるミズゴケのフロラ解明の研究で知られ，八甲田，八幡平，尾瀬，月山など国内各地やヒマラヤなどで標本を採集。その研究の集大成として56年「日本産ミズゴケ属標本集」を発表した。また牧野富太郎に親炙し，植物のスケッチにもすぐれた。

【著作】

◇石狩川源流原生林総合調査報告 1952-54［蘚苔類（鈴木兵二）］　石狩川源流原生林総合調査団　旭川営林局　1955　393p 図版25枚 表 26cm
◇広島県文化財調査報告 第11集 天然記念物編［天然記念物比婆山のブナ純林（鈴木兵二，関太郎，豊原源太郎）他］　広島県教育委員会　1973　102p 図 地図 26cm
◇杉の花―歌集（山麓叢書 第79篇）　鈴木兵二著　山麓発行所　1995.11　279p 19cm

鈴木 丙馬
すずき・へいま

明治39年（1906年）2月3日～
昭和58年（1983年）10月17日

林学者　宇都宮大学名誉教授
栃木県河内郡篠井村（宇都宮市）出生。宇都宮高等農林学校〔大正15年〕卒。林学博士〔昭和35年〕。賞 栃木県文化功労者〔昭和43年〕。

　宇都宮高等農林学校の第1期生で，大正15年卒業。鳥取県庁勤務を経て，昭和3年宇都宮高等農林学校助教授。11年より人工保護林である日光杉並木の研究に着手し，土壌学的・地理学的見地からその保護と更新の仕組みを探求。13年には満州における材木の伐採事情視察を機に，森林の保護と造林の必要性を痛感し，15年には中国に招かれて造林事業に携わった。戦後，帰国して宇都宮高等農林専門学校講師に就任。25年同校が宇都宮大学に昇格すると，30年助教授，のち教授。以後も日光杉並木の研究を進める傍ら，その保護活動にも力を尽くし，特に自動車の増加による道路整備事業と杉並木の保護との調和をはかった報告書「日光杉並木保存の国際的意義」が名高い。また鉱毒により森林が死滅した足尾の荒廃地を調査し，その植林・造山を推進した。

【著作】
◇日光並木杉に関する研究　鈴木丙馬著　日光東照宮　1961　290p（図版共）表 27cm
◇日光杉並木300年の記録　鈴木丙馬著　農林出版　1964　326p 図版 27cm
◇日光杉並木街道保存の国際的意義（並木叢書1）　鈴木丙馬著　日光杉並木街道保存委員会

1970　24p　図　21cm
◇日光杉並木街道の緊急保存対策(案)—昭和49年(1974)12月28日　鈴木丙馬著　鈴木丙馬　1975　70p(図共)30cm

鈴木 由告
すずき・よしつぐ

昭和3年(1928年)3月30日～
平成元年(1989年)5月23日

植物研究家

東京市小石川区(東京都文京区)出生。東京高等師範学校理科三部〔昭和24年〕卒、東京高等師範学校研究科〔昭和25年〕修了。

昭和25年より墨田川高校に生物教師として勤務。白馬岳の高山植物の美しさに魅せられ、校務の傍ら植物研究を始め、40年処女論文「白馬山系のコマクサ群落」を発表。のちカタクリの生態と分布を中心に研究し、生活史と落葉樹林の景観の関係についての調査は生活史研究の手本といわれ、中学の理科の教科書にも採用された。また、東京周辺の雑木林などの植物と地形の研究は、植物生態学に影響を与えた。56年カタクリ研究同好会を結成し、機関誌「カタクリ研究」を発行。59年都立上野高校教諭を辞め、福生市郷土資料室で研究に専念し、108編の論文を執筆した。

【著作】
◇助成集報 vol. 13(1986年)〔多摩川中流域におけるカタクリ群落の分布と生態および保護育成に関する研究(鈴木由告)〕(とうきゅう環境浄化財団研究助成 no. 62-2, 87～91)　とうきゅう環境浄化財団　〔1986〕　26cm
◇植物生態学論文選集　鈴木由告著、小泉武栄他編　鈴木由告氏の論文集を出版する会　1990.5　395p 26cm

須藤 千春
すとう・ちはる

明治43年(1910年)～昭和43年(1968年)

植物学者

植物の細胞遺伝学について研究した。また、ユキノシタ科ネコノメソウ属の分類に貢献した。

住吉 如慶
すみよし・じょけい

慶長4年(1599年)～
寛文10年6月2日(1670年7月18日)

画家

別名は広通, 忠俊, 幼名は長重丸, 通称は内記、旧姓は土佐。

土佐光吉の二男。父から画を学び、天海僧正の招きで江戸に移り、幕府の御用絵師となる。寛文2年(1662年)後水尾天皇の勅許を受けて、鎌倉時代の伝説的絵師・住吉慶恩の跡を再興、土佐派から分れて住吉派を創設し、以後明治時代まで続いた。「菊花写生図巻」などキクの写生画で知られる。主な作品に「堀川夜討絵巻」「東照宮縁起絵巻」など。

陶山 鈍翁
すやま・どんおう

明暦3年11月28日(1658年1月1日)～
享保17年6月24日(1732年8月14日)

儒学者, 農政家

本名は陶山存。字は士道、別号は訥庵、通称は庄右衛門。対馬国(長崎県)出生。

対馬藩医・陶山玄育の子。江戸で木下順庵に師事して程朱学を学んだのち、奈良、京都に遊学。延宝3年(1675年)儒者として対馬藩に仕え、8年(1680年)家督を継ぎ、天和元年(1681年)馬廻格となる。その後、いったん儒者を辞して医師となるが、元禄3年(1690年)念願であった農政・農村復興に参画することとなり再び藩に出仕。8年(1695年)の竹島帰属問題や11年(1698年)の肥前田代領における堺論といった対外交渉で活躍し、同年朝鮮支配佐役、12年(1699年

郡奉行に抜擢された。以後、不退転の決意で事に当たり、生類憐れみの令施行の最中でありながら、藩の農業に大打撃を与えていた野猪の駆除を断行。さらに食糧不足を解消するため「栗孝行芋植立下知覚書」を著して甘藷(サツマイモ)を導入するなど(青木昆陽の甘藷普及事業よりも早い)、対馬の農政に尽力し、農村人口の増加や作物の増収に成功した。また鉄砲保持者の辺境警備配置や、朝鮮貿易依存からの脱却を図るなどの業績を上げた。宝永5年(1708年)側用人に転じるが、わずか3ケ月で引退し、以後は著述に専念。特に郡奉行時代の経験を元に「土穀物」「農政問答」「水利問答」「甘藷説」「老農類語」「猪麁追詰覚書」など多くの農政書を著しており、享保7年(1722年)には宮崎安貞の「農業全書」の約言を記して島内に配布している。その他にも「宗氏家譜」「財用問答」「対韓雑記」「竹島文談」「津島紀略」などの著書がある。

【著作】
◇日本農書全集 第32巻 老農類語(対馬)、刈麦談(対馬) 陶山訥庵著、山田竜雄翻刻・現代語訳・解題、陶山訥庵著,月川雅夫翻刻・現代語訳・解題 農山漁村文化協会 1980.8 373, 13p 22cm
◇日本農書全集 第64巻 開発と保全 1 [木庭停止論(対馬)(陶山訥庵)] 佐藤常雄〔ほか〕編 農山漁村文化協会 1995.8 391, 13p 22cm

【評伝・参考文献】
◇史学論叢—小林教授還暦記念 立教大学史学会 1938 629p 図版 23cm
◇江戸人遣い達人伝 童門冬二著 講談社 1994.6 339p 19cm
◇環境と文化—"文化環境"の諸相 長崎大学文化環境研究会編 九州大学出版会 2000.6 363p 21cm

瀬川 宗吉
せがわ・そうきち

明治37年(1904年)5月6日～
昭和35年(1960年)11月4日

海藻学者 九州大学農学部教授
岩手県盛岡市出生。岳父は岡村金太郎(海藻学者)。岩手県立農学校〔大正11年〕卒,盛岡高等農林学校(現・岩手大学農学部)農学科〔昭和2年〕卒,北海道帝国大学理学部植物学科〔昭和9年〕卒。

岩手県立農学校、盛岡高等農林学校(現・岩手大学農学部)に学び、昭和3年秋田県の花輪高等女学校教諭となる。6年北海道帝国大学理学部に入り、山田幸男教授の指導を受けた。9年三井海洋生物学研究所研究員、12年同所員を経て、17年九州帝国大学農学部助教授。伊豆地方の海藻の分類研究を行い、23年「有節サンゴモの解剖分類学的研究」で理学博士号を取得。35年九州大学農学部教授に進むが、その3日後、日本藻類学会大会に出席中に倒れ急逝した。我が国における海藻の研究と知識の普及に努め、29年「原色日本海藻図鑑」を著した。

【著作】
◇原色日本海藻図鑑(保育社の原色図鑑 第18) 瀬川宗吉 保育社 1956 175p 図版72p 22cm
◇天草臨海実験所近海の生物相 第3集 [海藻類(瀬川宗吉,吉田忠生共編)] 九州大学理学部天草臨海実験所 九州大学理学部天草臨海実験所 1961.1 24p 26cm
◇東京水産大学瀬川文庫目録 東京水産大学附属図書館 1965 124, 11, 3p 25cm

瀬川 経郎
せがわ・つねお

大正2年(1913年)12月16日～
平成元年(1989年)9月6日

造園コンサルタント 岩手県文化財保護審議会委員
岩手県盛岡市出身。千葉高等園芸学校(現・千葉大学園芸学部)卒。

盛岡中学(現・盛岡一高)教諭など10年間の教職を経て、昭和22年岩手県庁に入り、27年より県文化財保護審議会委員として県立自然公園制度などの業務に従事。46年退職し、造園関係のコンサルタントに。盛岡市自然環境保全審議会委員などを歴任。著書に「新いわて風土記」「折

りふしの花」「続折りふしの花」、共著に「いわての風物誌」「八幡平の自然」がある。

【著作】
◇いわての風物誌　森嘉兵衛, 瀬川経郎共著　熊谷印刷出版部　1969　450p 図 地図 21cm
◇新いわて風土記―自然と風物　瀬川経郎著　岩手県文化財愛護協会　1971　835p 図 27cm
◇天然記念物調査報告　岩手県教育委員会　1972　34p 26cm
◇続 折りふしの花―絵と随筆　瀬川経郎, 獅子内武夫著　岩手県芸術文化協会　1982.2　288p 図版48枚 25cm
◇八幡平の自然（いわての自然公園シリーズ 1）瀬川経郎, 中村茂文, 安野木正, 中村茂写真　熊谷印刷出版部　1982.11　155p 17×18cm
◇陸中海岸の自然（いわての自然公園シリーズ 2）瀬川経郎, 田鎖巌文　熊谷印刷出版部　1983.7　168, 55p 17×18cm
◇折りふしの記　瀬川経郎著　熊谷印刷出版部　1985.8　248p 19cm

瀬川 弥太郎
せがわ・やたろう

明治45年（1912年）3月22日～
平成13年（2001年）2月1日

京都大学助教授
京都府京都市出身。鳥取高等農林学校〔昭和7年〕卒。園芸学 日本植物園協会（名誉会員）　園芸文化賞〔昭和61年〕。

京都で300年続く庄屋の家に生まれる。昭和8年滋賀県農林部技師を経て、12年京都帝国大学農学部助手となり、高槻市にある同大附属古曽部園芸場に赴任。18年住友本社林業所に入社してインドネシアのスマトラ島に派遣され、熱帯植物の研究・栽培に当たった。戦後、21年京都帝国大学助手に復帰して古曽部園芸場を管理した。42年紀伊大島の農学部附属亜熱帯植物実験所に初代主任助教授として赴任し、その基礎を築いた。51年定年退官。49年には日本植物園協会の第5回海外事情調査隊長としてインドネシアを調査した。観葉植物の研究で知られ、編著書に「熱帯植物図説」「いけばな植物事典」などがある。一方、34年同窓会で学生時代を過ご

した鳥取市を訪れた際、旧袋川右岸にあったサクラ並木が27年の鳥取大火で焼失してしまったことを知り、36年より毎年100本のサクラの苗木を鳥取市に贈り続けた。売名行為とみられるのを嫌い、匿名でわざわざ遠方の業者を通じて贈り、地元では"サクラのあしながおじさん"と呼ばれていたが、鳥取市によりその正体が突き止められ、41年感謝状が贈られた。

【著作】
◇熱帯植物図説　瀬川弥太郎著　立命館出版部　1943　264p 図版 19cm
◇フレームと温室の作り方（タキイ園芸文庫）瀬川弥太郎著　タキイ種苗出版部　1951　57p 19cm
◇花卉の半促成栽培（タキイ園芸文庫）　瀬川弥太郎著　タキイ種苗出版部　1951　51p 表 19cm
◇観葉植物　瀬川弥太郎著　加島書店　1958　352, 21p 図版16枚 22cm
◇サボテンの作り方　瀬川弥太郎著　タキイ種苗出版部　1961　253, 37p 図版 19cm
◇観葉植物 下巻 椰子編　瀬川弥太郎著　加島書店　1964　316p 図版32p 22cm
◇サボテンと観葉植物（リビング・シリーズ）　瀬川弥太郎, 溝口正也著　主婦と生活社　1965　143p（図版共）22cm
◇観葉植物 上巻 総論・一般観葉植物編　瀬川弥太郎著　加島書店　1969　324p 図版32p 22cm
◇趣味の多肉植物　瀬川弥太郎監修　青人社　1969　459, 87p 図版 22cm
◇いけばな植物事典　小原豊雲, 瀬川弥太郎共著　小原流文化事業部　1971　676, 39p 19cm
◇観葉植物 中巻 熱帯産花木・アナナス他六編　瀬川弥太郎著　加島書店　1971　33, 412p 図64p 22cm
◇三省堂いけばな草花辞典　瀬川弥太郎編, 木下章画　三省堂　1997.9　663, 31p 19cm

瀬木 紀男
せき・のりお

大正3年（1914年）7月30日～
昭和54年（1979年）3月8日

海藻学者　三重大学名誉教授
愛知県出生。東京帝国大学理学部植物学科〔昭和14年〕卒。理学博士（北海道大学）〔昭和25年〕。日本藻類学会。

昭和15年北海道帝国大学理学部副手、19年同大大学院特別研究生を経て、25年3月瑞穂短期大学教授、4月三重県立大学講師、7月教授に就任。48年同大の国立移管に伴い三重大学水産学部教授となり、同学部長も務めた。53年定年退官、瑞穂短期大学教授。海藻類の分類・生態やその利用についての研究に取り組み、紅藻類イトグサ属の分類を確立。またテングサ属の分類に再検討を加え、日本産の種類を明らかにした。

【著作】
◇尾鷲湾ダム放水の漁業に及ぼす影響の予察調査論文集［尾鷲湾における海藻の分布と放水の影響について（瀬木紀男、喜田和四郎）］ 尾鷲湾ダム放水影響調査団 1960 303p 図版18枚 表 26cm

関江 重三郎
せきえ・じゅうざぶろう

大正8年（1919年）7月4日～
平成14年（2002年）2月13日

フラワーデザイナー　老舗花重会長，日本生花商協会会長

東京出生。妻は関江きよ（東京フラワーデザインセンター副理事長）。京北実業学校〔昭和14年〕卒。団AIFD, AAF賞東京都知事表彰〔昭和61年〕、労働大臣表彰〔昭和62年〕、農林水産功労者〔平成元年〕、勲五等双光旭日章〔平成2年〕。

昭和22年家業の花重商店に入り、29年株式に改組、45年老舗花重と改称。40年東京フラワーデザインセンター理事長、47年日本フローリスト養成学校校長、52年東京都生花商連合協同組合理事長、のち名誉会長、57年フラワー装飾技能検査中央協議会会長、58年国際花き連合（WFC）会長、最高顧問（Founder）、日本生花商協会会長など歴任した。著書に「フローラル68パターンデザイン」他がある。

【著作】
◇フローラル68パターンデザイン　関江重三郎著　マコー社　1984.5　160p 27cm

◇じかもり　関江重三郎著　六曜社　1997.12　158p 35cm

関口 長左衛門
せきぐち・ちょうざえもん

文化5年（1808年）～明治5年（1872年）1月

篤農家
号は梨昌。上野国下大島村（群馬県前橋市）出生。

生地・上野国下大島村は古利根の川床であり砂礫が多く耕作に適さなかったことから、模索のすえ、文政13年（1830年）より不良土壌を有効に活用できるナシの栽培をはじめる。やがて近在の農家にも彼に倣ってナシを栽培するものが急速に増え、この大島ナシは一躍地域の名産品となった。万延元年（1860年）にはその名声を聞きつけた岡山足守藩主・木下利恭からナシ栽培を藩業とするために招かれたほか、伊勢でも指導した。没後、農家など関係者の手により、顕彰碑が建立された。著書としてナシの品種やその特徴を記した家伝書が残っている。

関根 雲停
せきね・うんてい

文化元年（1804年）～明治10年（1877年）4月7日

博物画家
通称は栄吉。江戸出生。

代々、江戸・四谷永住町に住む。生来、絵画を好み、はやくから大岡雲峰に師事した。細密な花鳥画をよくしたので本草学趣味の大名や旗本に気に入られ、動植物の写生画を多く描いた。特に富山藩主・前田利保からは深い愛顧を受けており、彼や福岡藩主・前田斉清、旗本・馬場大助らによって形成された博物学グループ・赭鞭会にも画家として参加し、多くの本草家・博物愛好家と交流した。東京国立博物館所蔵の「獣譜」「魚譜」に見られるような躍動感ある動物画を本領とするが、水野忠暁「草木錦葉集」「小不老

草名寄」や繁亭金太「草木奇品家雅見」といった江戸後期の園芸書にもすぐれた草木の写生画を寄せている。幕末期には外国に寄贈するための花鳥画も多数手がけており、明治維新後は田中芳男に招かれて博物局の画工となって博物画を描いた。同時代に活躍した博物画家・服部雪斎と並び称され、植物や静物を得意とした"静"の雪斎に対し、"動"の雲停と評された。また雪斎と競作したヒヤシンスの図も残されている。その他の著作に「雲停鯉魚譜」などがある。未完となった多数の植物図は高知県立牧野植物園に収蔵されている。

【評伝・参考文献】
◇彩色江戸博物学集成 平凡社 1994.8 501p 27cm

関本 平八

せきもと・へいはち

明治22年(1889年)2月20日〜
昭和44年(1969年)1月18日

植物研究家 下野植物同好会会長
栃木県水橋村(芳賀町)出生。栃木県師範学校卒。置勲六等瑞宝章〔昭和18年〕、栃木県文化功労者表彰〔昭和24年〕。

教員となり、栃木県下の中学や女学校・師範学校教諭を歴任。この間に植物の研究を始め、県内をくまなく歩き回り、大正7年にヒメゼンソウ、昭和2年にクリヤマハハコなどの新種を発見した。5年には下野植物同好会を結成、その会長として植物の調査や植物知識の普及に尽力。自ら野山の調査行を先導したほか、牧野富太郎や本田正次ら著名な植物学者を招聘して合同の野外調査を行うなど、会員の教育・指導にも熱心であった。22年に退職し、以後は下野中学で教鞭を執りながら、植物研究に専念。24年に栃木県文化功労者として表彰された。長年に渡る研究の成果は「栃木県植物総覧」「続栃木県植物総覧」に集成されている。

【著作】
◇栃木県植物総覧 関本平八著 関本平八 1941 479p 図版 肖像 26cm
◇栃木県植物要覧 関本平八著 関本平八 1941 151p 25cm

曽 占春

そう・せんしゅん

宝暦8年(1758年)〜天保5年(1834年)2月20日

本草学者
名は槃、昌啓、永年、字は子孜。江戸出生。
庄内藩医の子で、祖先は中国・福建からの帰化人といわれる。父の死後、19歳で庄内藩に仕えるが、安永7年(1778年)に致仕。のち江戸に出て田村藍水に師事し、本草学を修めた。また多紀藍渓の医学館・躋寿館で医学を学び、天明4年(1784年)からは同館で師・藍水に代って本草を講じた。寛政4年(1792年)より侍医として薩摩藩主・島津重豪に仕えたが、その本草の知識を買われて藩の文化事業にも当たり、江戸と薩摩を往復し、藩地では領内をくまなく巡検して動植物を調査した。さらに重豪の命を受けて藩の国学者・白尾国柱と共に農作物や野草、薬草、禽獣、昆虫にいたる一大博物誌「成形図説」の編纂を進め、文化元年(1804年)にその一部である30巻を刊行した(しかし残りは刊行されず、稿本や写本が伝わっている)。その他にも「成形図説」中に出てきた植物にオランダ名を付記した「西洋草木韻箋」2巻や、日本の古典に現れた動植物を五十音順に配列して解説を加えた「国史草木昆蟲考」12巻などを著し、薩摩藩における博物学・本草学・洋学の興隆に大きく貢献した。その他の著書に「本草綱目纂疏」「春の七草」「渚の丹敷」などがある。

【著作】
◇仰望節録,常陸帯(日本偉人言行資料) 曽占春著,藤田彪著 国史研究会 1917 239p 19cm
◇国史草木昆虫攷 上・下(日本古典全集) 曽占春著,正宗敦夫編纂校訂 日本古典全集刊行会 1937 2冊 18cm
◇成形図説 曽槃,白尾国柱〔等〕編 国書刊行会 1974 4冊 22cm

◇明治北方調査探検記集成 別巻2 漂流奇談全集 上［韃靼漂流記 他（曽槃）］ 石井研堂〔校訂〕 ゆまに書房 1989.2 402p 22cm
◇江戸漂流記総集—石井研堂これくしょん 第1巻 山下恒夫再編 日本評論社 1992.4 622p 20cm

相馬 寛吉
そうま・かんきち

大正15年（1926年）8月28日～
平成7年（1995年）6月26日

植物学者　東北大学名誉教授
北海道函館市出生。東北大学理学部生物学科〔昭和28年〕卒。理学博士。囲 花粉分析学 囲 日本第四紀学会（会長）。

昭和28年東北大学理学部附属八甲田山植物実験所に勤務。神保忠男に師事して花粉分析を用いた植生変遷史の研究を進め、主に中生代から新生代における被子植物の進化と植生の変遷を解明するため、その基礎的研究に心血を注いだ。31年助手、38年助教授となり、41～47年附属植物園長を兼任。55年教養部教授。この間、客員研究員として36年アリゾナ大学、37年オレゴン大学、48年カーネギーメロン大学といった米国の大学に赴き、これらの大学の研究者とも共同研究を行っている。定年退官後は津田記念館で現生植物群の花粉形態及びその系統学的研究に従事し、木村有香のあとを受けてヤナギ科花粉形態の研究をまとめた。平成5年日本第四紀学会会長に選ばれた。著書に「太古のなぞを解く」などがある。

相馬 孟胤
そうま・たけたね

明治22年（1889年）8月14日～
昭和11年（1936年）2月23日

子爵，植物研究家　宮内省式部官・楽部長
東京市（東京都）出生。東京帝国大学理学部植物学科〔大正4年〕卒、東京帝国大学大学院。理学博士。賞 ビクトリア勲章（英国）〔昭和4年〕。

旧磐城中村藩主・相馬順胤の長男として生まれ、大正8年家督を継ぐ。東京帝国大学理学部植物学科に学び、洋ランの研究に取り組んだ。11年式部官となり、12年より朝香宮御用掛としてフランスに滞在。15年帰国。ゴルフ好きで知られた朝香宮鳩彦王の影響でゴルフを始めたが、植物学を研究した経歴からゴルフ自体よりもゴルフ場の芝の方に興味を持ち、昭和3年東京ゴルフ倶楽部の駒沢コースで冬の枯れた高麗芝の中から鮮やかな緑の芝を発見。その芝は岩崎小弥太が英国から持ち帰ってコースに蒔いたものの生き残りで、その品種を特定して我が国で初めて常緑のベント芝のターフ作りに成功した。

【著作】
◇常緑の芝草　相馬孟胤著　草野俊助　1937　91p 27cm
◇常緑の芝草　相馬孟胤著　ソフトサイエンス社　1991.7　91p 図版14p 27cm

【評伝・参考文献】
◇子爵相馬孟胤閣下追悼録　相馬郷友会　1936.10　176p 23cm

相馬 貞一
そうま・ていいち

慶応3年（1867年）4月11日～
昭和10年（1935年）10月27日

リンゴ栽培家　産業組合運動の先駆者
幼名は源太、前名は相馬政治。青森県平賀郡尾崎組唐竹村（平川市）出生。三男は相馬貞三（民芸運動家）。東奥義塾〔明治16年〕卒，東京専門学校（現・早稲田大学）〔明治21年〕中退。賞 緑綬褒章〔大正15年〕。

政治を志し、東京専門学校に進むが、明治21年帰郷して先代からのリンゴ園の経営を継ぐ。山間地帯にリンゴ栽培を導入。40年リンゴの共同販売を目的に、竹館村林檎購買販売組合（農協の前身）を設立。リンゴの共同選果・販売を実施したほか、農薬や肥料の共同購入も行い、東北一の模範組合に成長、全国に名を知られた。

また、リンゴを原料にジャム、ジュース、シャンパンの加工にも意欲を燃やしたが、失敗に終わった。

【評伝・参考文献】
◇相馬貞一翁伝―協同組合運動の先覚者　佐藤健造〔ほか〕編　相馬貞一翁頌徳会　1984.11　527p 22cm

相馬 禎三郎
そうま・ていさぶろう

明治12年(1879年)～大正6年(1917年)9月20日

植物研究家　台湾総督府国語学校助教授
旧姓名は油橋。千葉県山武郡大富村(山武市)出生。
　千葉県師範学校附属小学校に勤務後、明治40年東京師範学校農業植物専修科に学ぶ。43年より台湾総督府国語学校助教授を務め、公務の傍ら自費で台湾の植物採集と研究に励んだ。

園原 咲也
そのはら・さくや

明治18年(1885年)8月26日～
昭和56年(1981年)7月4日

植物研究家
長野県出身。木曽山林学校卒。
　大正元年から沖縄県に住み、沖縄県林業技術員、国有林植生調査員、沖縄農林学校教諭、戦後は北部農林高校教諭を務めた。生涯沖縄の植物研究に打ち込んだ、琉球植物調査研究の泰斗。採集した標本は主に京都大学の大井次三郎、北村四郎らに送られた。著書に「琉球有用樹木誌」、共著に「沖縄植物誌」などがある。

【評伝・参考文献】
◇琉球植物誌　初島住彦著　沖縄生物教育研究会　1971　940p 図 肖像20枚 27cm

薗部 澄
そのべ・きよし

大正10年(1921年)2月14日～
平成8年(1996年)3月5日

写真家　フォトス・ソノベ主宰
東京市京橋区佃島(東京都中央区)出生。京橋尋常高等小学校〔昭和12年〕卒。師は木村伊兵衛。団日本写真家協会置日本写真協会年度賞(第18回・39回)〔昭和43年・平成元年〕「日本の民具」「黒川能」「忘れえぬ戦後の日本」、芸術選奨文部大臣賞(第45回)〔平成7年〕「冬日本海」「冬北海道」。
　小学校卒業後、昭和12年赤坂の書店・金松堂に奉公。主人が写真を趣味としており、実益を兼ねて赤坂の芸者衆のブロマイドを店頭で販売していたが、主人が急逝して焼付を行う者がいなくなったため、志願して見よう見まねで暗室の仕事を始める。15年カメラ店・双美商会に転じて暗室技術を磨く傍ら、写真の撮影にも取り組む。18年から中央工房にいた木村伊兵衛に師事、木村が写真部長を務め、対外宣伝グラフ雑誌「FRONT」を発行していた東方社に入社し、暗室係として木村から現像や引き伸ばし技術を学ぶ。19年応召してフィリピンに送られ、20年末に復員。22年サン・ニュース・フォトス入社、写真グラフ誌「週刊サンニュース」で暗室係と木村の助手を務める。25年岩波映画製作所に転じ、「岩波写真文庫」のカメラマンを経て、32年独立。33年初の写真集「北上川」を発表して注目を集め、以後"ふるさと"をテーマとした風景写真に自らの境地を見いだし、農村風景や郷土玩具、民具などの撮影に生涯を捧げた。60年からは"桜前線"をテーマに毎年写真展を開催。写真集に「黒川能」「日本の郷土玩具」「日本の民具」「ふるさと」「最上川―終りなき旅」「忘れえぬ戦後の日本」「冬日本海」など。

【著作】
◇桜前線　薗部澄著　ぎょうせい　1990.4　270p 33cm

染谷 徳五郎
そめや・とくごろう

（生没年不詳）

明治12年に東京大学理学部に入り、矢田部良吉に植物学を学んだ。植物学の普及に貢献し、入門書や植物形態学、植物理学書の翻訳なども行った。ミョウギシダの学名 Polypodium someyae Yatabe は氏に献名されたものである。

【著作】
- ◇植物生理学　プラントル著, 斎田功太郎, 染谷徳五郎訳　敬業社　1889.9　110p 19cm
- ◇植物学入門　斎田功太郎, 染谷徳五郎著　斎田功太郎〔ほか〕　1890.5　27丁 23cm
- ◇植物形態学　K. Prantl著, S. H. Vines英訳, 斎田功太郎, 染谷徳五郎訳　敬業社　1892.8　78p 19cm

大後 美保
だいご・よしやす

明治43年（1910年）11月8日～
平成12年（2000年）7月25日

産業科学評論家　成蹊大学名誉教授

筆名は立花保（たちばな・たもつ）。東京市牛込区中里（東京都新宿区）出生。東京帝国大学農学部農学科〔昭和10年〕卒。農学博士〔昭和21年〕。団産業気象学, 農業気象学, 季節学, ことわざ 団日本農業気象学会, 日本作物学会, 日本地球学会, 海洋学会, 日本生気象学会, 家政学会, 科学放送振興協会, 畜産コンサルタント団, テスコ研究会, 農林水産航空事業研究会 賞運輸大臣賞〔昭和21年〕「農業気象による研究」, 日本農業気象学会賞〔昭和27年〕「農地微気象に関する研究」, 岡田賞〔昭和41年〕「農業気象の普及並びに生活気象の開発への功績」。

昭和10年中央気象台に入り、11年気象台技手、13年中央気象台附属技術官養成所講師、14年気象技師、17年東京大学農学部講師、20年中央気象台研究部第四課長、21年中央気象台産業気象課長、29年産業気象研究会会長、38年日本農業気象学会会長を歴任。39年退職して、気象協会常務理事、6月産業科学学会会長、42年東北大学農学部講師、43年成蹊大学法学部教授、同年7月成蹊学園天文気象観測所長を務めた。気象庁産業気象課長であった26年、サクラの開花予想の発表を始めた。

【著作】
- ◇農業気象の知識　大後美保著　帝国農会　1942　232, 28p 図版 19cm
- ◇植物生理気象学　大後美保著　共立出版　1943　232p 21cm
- ◇旱害の研究　大後美保著　地人書館　1943　217p 図版 22cm
- ◇日本作物気象の研究―日本に於ける農作物と気象との関係に対する汎農業気象学的研究　大後美保著　朝倉書店　1945　655p 26cm
- ◇農業気象綜説　大後美保著　養賢堂　1945　326p 図版 21cm
- ◇日本農業気象図便覧　大後美保編, 日本気象学会監修　共立出版　1947　234p 21cm
- ◇日本生物季節論（産業気象叢書 1）　大後美保, 鈴木雄次共著　北隆館　1947　234p 21cm
- ◇農業と気象　大後美保著　朝倉書店　1947　228p 18cm
- ◇農業と物理―鈴木清太郎教授還暦記念論文集　日本農業気象学会　1947　162p 図版 26cm
- ◇農作物と気象（生活科学新書 10）　大後美保著　羽田書店　1947　276p 18cm
- ◇農業気象の研究 第3輯　大後美保編　共立出版　1947　295p 21cm
- ◇農業気象の研究 第4集　大後美保編　共立出版　1948　303p 21cm
- ◇農地微気象の研究（産業気象叢書 3）　大後美保　北隆館　1948　258p 図版 22cm
- ◇農業気象通論　大後美保著　養賢堂　1948　277p 21cm
- ◇農地微気象の研究（産業気象叢書 第3）　大後美保　北隆館　1948　258p 図版 22cm
- ◇農業気象による豊凶予想法　大後美保著　資料社　1949　198p 22cm
- ◇農業災害とその防ぎ方（農業新書）　大後美保著　博友社　1952　343p 図版 15cm
- ◇農業気象学通論―新編　大後美保著　養賢堂　1955　295p 22cm
- ◇作物保護　大後美保, 平塚直秀, 三坂和英著　天然社　1956　159p 22cm
- ◇四季の農業気象（朝倉農芸新書 第20）　大後美保著　朝倉書店　1957　219p 19cm
- ◇日本の季節〔第2〕植物編　大後美保著　実業之日本社　1958　228p 図版 19cm
- ◇生物の生態と資源（初等・中等生物教育講座 第5巻）　大後美保等著　中山書店　1959　288p 図

版 22cm
◇実用農作業ハンドブック(実用農業ハンドブックシリーズ 第5) 江川了, 大後美保編 朝倉書店 1962 345p 20cm
◇農林防災(防災科学技術シリーズ 9) 大後美保編 共立出版 1967 517p 22cm
◇原色季節の花大事典 大橋広好, 福田泰二, 大後美保著 毎日新聞社 1974 366, 22p(図共) 27cm
◇新編農業気象学通論 大後美保著 養賢堂 1980.4 420p 22cm

【その他の主な著作】
◇産業気象の研究 第1-3輯 大後美保編 共立出版 1943〜1947 3冊 22cm
◇産業気象(三省堂百科シリーズ 第6) 大後美保著 三省堂出版 1955 214p 図版 17cm
◇ことわざの真実—天気・災害・豊凶のことわざから(三省堂百科シリーズ) 大後美保著 三省堂出版 1956 213p 図版 17cm
◇気象と人生(河出新書) 大後美保 河出書房 1957 206p 図版 18cm
◇天候ノイローゼ(ミリオン・ブックス) 大後美保 大日本雄弁会講談社 1957 228p 18cm
◇日本の季節〔第1〕動物編 大後美保 実業之日本社 1958 220p 図版 19cm
◇季節の事典 大後美保著 東京堂 1961 307p 19cm
◇生活科学ハンドブック 大後美保, 庄司光共編 朝倉書店 1964 630p 22cm
◇融雪杭 大後美保著 産業科学学会 1966 508p 図版 19cm
◇くらしの歳時記—365日 大後美保著 北隆館 1968 383p 19cm
◇気象と生活 大後美保編 海文堂出版 1968 210p 21cm
◇季語辞典 大後美保編 東京堂出版 1968 656p 19cm
◇工業と天候 大後美保編・監修 産業科学学会 1968 228p 19cm
◇都市気候学 大後美保, 長尾隆著 朝倉書店 1972 214p 22cm
◇気候と文明 大後美保著 日本放送出版協会 1976 293p 20cm
◇微気象の探究—生活のなかの観察と活用(NHKブックス) 大後美保著 日本放送出版協会 1977.9 253p 19cm
◇暮しのことわざ事典 大後美保著 創元社 1980.4 318p 19cm
◇医学ことわざ事典 大後美保編著 産業科学学会 1983.9 389p 19cm
◇天気予知ことわざ辞典 大後美保編 東京堂出版 1984.6 364p 19cm
◇健康ことわざ辞典 大後美保編 東京堂出版 1985.1 389p 19cm
◇災害予知ことわざ辞典 大後美保編 東京堂出版 1985.5 220p 19cm

平良 芳久
たいら・よしひさ

大正2年(1913年)〜昭和17年(1942年)

植物研究家

沖縄県那覇市出身。沖縄県立農林学校〔昭和7年〕卒。

　沖縄本島の植物相を調査し、標本を採集した。同氏を記念した学名にヨシヒサラン *Arisanorchis tairae* Fukuyama、リュウキュウヤノネグサ *Polygonum tairae* Ohwiがある。

【著作】
◇琉球植物通信—vol. 1 no. 1〜vol. 2 no. 1 平良芳久著 「琉球植物通信」刊行会 1978.1 64p 21cm

高木 春山
たかぎ・しゅんざん

?〜嘉永5年(1852年)12月

博物学者

名は以孝、通称は八太郎。孫は高木正年(衆院議員)。

　家は代々諸侯の御用達を務める商人であったが、彼自身は幕府御家人の身分であった。幼少時から歌道や学問に打ち込み、特に故実に通じて伊勢貞丈の著書を読破。のち国産の振興を志し、そのためには博物学が不可欠だと考えて薩摩の曽占春に師事した。薩摩藩主・島津家から江戸・目黒永峰町権之助坂沿いの別邸を下賜されてからは、諸候御用達を業とし、そこを薬園にして本草学研究に没頭。やがて緒鞭会の有志が企図していた原色版博物図に刺激されて博物図鑑の編纂に取り組むようになり、水野忠邦の家臣で土佐派の画家であった小田切直助に絵の手ほどきを受けた。また諸国を旅して珍しい動植物を収集し、その旅程を記した旅日記「諸国廻村記」も残している。莫大な資金と後半生をかけて我が国最初の総合的な彩色博物図譜「本

293

草図説」の編纂に心血を注いだが、完成を見ないまま嘉永5年(1852年)に没した。同書は未完に加え散逸も多いが、現存するものには山草、毒草、水草、喬木、灌木など総計1213種類の植物と、150種の化生虫、451種の水産動物について図説してあり、精確かつ科学的なものとして評価が高い。しかし彼の没後には赭鞭会や師の占春に比べてその業績に正当な評価がなされておらず、明治16年これを憂えた孫の高木正年(のち衆議院議員)が水産動物の部のみを抜粋・編集して水産博覧会に出品したところ三等入賞を果たし、以後その再評価も進んだ。岩瀬文庫に195冊の自筆本が残されている。

【著作】
◇本草図説 1 植物(江戸博物図鑑 1) 八坂安守校註、高木春山〔著〕 リブロポート 1988.4 117p 26×26cm
◇本草図説〔2〕水産(江戸博物図鑑 2) 高木春山〔著〕、浅井ミノル、新妻昭夫校註 リブロポート 1988.10 114p 26×26cm
◇本草図説〔3〕動物(江戸博物図鑑 3) 新妻昭夫、渡辺政隆校註、高木春山〔著〕 リブロポート 1989.4 119p 26×26cm
◇本草圖説 1 高木春山〔著〕 西尾市岩瀬文庫 2002.3 40p 30cm
◇本草圖説 2 〔高木春山〕〔著〕 西尾市岩瀬文庫 2003.3 40p 30cm
◇本草圖説 3 植物 1 〔高木春山〕〔著〕 西尾市岩瀬文庫 2004.3 40p 30cm

【評伝・参考文献】
◇大東亜科学綺譚 荒俣宏著 筑摩書房 1991.5 443p 21cm
◇博物学者列伝 上野益三著 八坂書房 1991.12 412, 10p 23cm
◇彩色江戸博物学集成 平凡社 1994.8 501p 27cm
◇日本博物学史覚え書 3 磯野直秀著 慶應義塾大学日吉紀要・自然科学19号 1996
◇花空庭園(平凡社ライブラリー) 荒俣宏著 平凡社 2000.4 302p 15cm

高木 哲雄
たかぎ・てつお

?～昭和20年(1945年)8月28日

植物学者　広島文理科大学助手
山口県由宇町出生。師は牧野富太郎。

広島文理科大学植物学教室助手時代に牧野富太郎に師事して広島県内各地で植物採集を重ね、帝釈峡や三段峡を中心に広島県の植物相を研究。昭和7年「備後帝釈峡植物目録」などを著し、また自生植物の克明な記録をノートに残した。20年7月戦火を避けてノートや標本、写真などの資料を箱に詰めて広島市西区横川の自宅床下に埋め、8月6日の原子爆弾の被爆による焼失から免れたが、自身は8月末に没した。資料は家族により掘り出され山口県由宇町の実家に持ち帰られたが、同年9月の枕崎台風で一部を残して破損した。平成17年広島市植物公園により残されたノートが「高木リスト 広島県産高等植物目録」として刊行された。

高木 虎雄
たかぎ・とらお

明治32年(1899年)12月11日～
昭和45年(1970年)5月8日

植物研究家

香川県木田郡平井町(三木町)出生。香川県木田教員養成所〔大正6年〕卒、京都高等蚕糸学校〔大正9年〕卒。囲京都植物同好会(会長)。

京都高等蚕糸学校助手、香川県農林技手を経て、大正15年東京帝国大学で植物学を修める。昭和2年愛知県作手農林学校を経て、5年京都府に出向し、福知山、園部、亀岡の高校を歴任。37年退任後は華頂高等女学校教諭を務めた。この間、27年京都植物同好会発足に際して初代会長に就任。ササ類の研究で業績を上げ、同会機関誌「京都植物」に度々発表した。

高木 孫右衛門
たかぎ・まごえもん

(生没年不詳)

植木屋

東京・巣鴨の種樹屋。父の代より名桜を栽培していたという。明治維新後、江戸に在住していた大名が藩地に帰り、その屋敷が桑畑などになって、植えられていた樹木が荒廃するのを惜しみ、遺されていた名木を収集して自園に移植して栽培と保護に努めた。明治19年江北村長・清水謙吾が荒川堤に桜を植えようと画策していた際、これに協力して自身が集めていた78品種約4000本の桜を提供した。

高碕 達之助

たかさき・たつのすけ

明治18年(1885年)2月7日～
昭和39年(1964年)2月24日

政治家、実業家　衆院議員(自民党)、通産相、電源開発初代総裁

大阪府高槻市出生。水産講習所製造科〔明治39年〕卒。

明治39年農商務省の水産講習所製造科を卒業して東洋水産の缶詰技師となる。44年渡米して製缶技術を修得し、さらにメキシコに移って缶詰製造の指導に当たった。この間、のちに米国大統領となるハーバート・フーバーの知遇を得た。大正4年帰国後、パイナップルなどの熱帯果樹の缶詰製造と普及に尽力し、6年我が国初の缶詰用空缶製造専門業者である東洋製缶を設立、10年社長に就任。昭和9年東洋鋼鈑を設立し社長、17年には国策企業の満州重工業総裁に転じた。戦後、満州で日本人会会長となり、抑留邦人の引揚げに尽くした。22年帰国。公職追放解除後の27年電源開発の初代総裁となり、岐阜県御母衣ダムの建設を進め周辺住民との折衝に当たるが、視察で現地を訪れた際、ダム湖底に沈む予定となっていた中野集落の光輪寺及び照蓮寺で見た樹齢400年の老桜(荘川桜)の見事さに心を打たれ、その保存を決意。計画通りダムの建設が決定すると、著名なサクラの研究家であった笹部新太郎や当時日本一の庭師といわれた丹羽正光と協力し、35年世界植樹史上稀に見る難事業といわれた荘川桜の同ダム湖岸への移植工事を成功させた。政界でも活躍し、29年第一次鳩山一郎内閣の経済審議庁長官となり、30年民主党から衆院議員に当選、以来連続4選。第二次・第三次鳩山内閣でも経済企画庁長官留任、33年第二次岸内閣では通産相に就任。日ソ漁業交渉や日中民間貿易でも大きな役割を果たした。自邸に植物研究所を置き、またワニやライオンを飼育したほどの動植物好きで知られた。

【著作】
◇布哇に於ける鳳梨缶詰事業—附・パインアップル買入契約　高碕達之助著　缶詰普及協会　1924　72, 26p 図版 23cm
◇世界罐詰業の趨勢より見たる前途ある我国農産罐詰業　高碕達之助著　東洋製罐　1936　19p 23cm
◇私の履歴書 経済人 1　日本経済新聞社編　日本経済新聞社　1980.6　477p 22cm

【評伝・参考文献】
◇小島直記伝記文学全集 第11巻　中央公論社　1987.11　533p 20cm

【その他の主な著作】
◇缶詰及製缶業から工作機械製造業に　高碕達之助著　東洋鋼鈑　1937　12p 23cm
◇ダイヤモンド産業全書 第14 罐詰　高碕達之助著　ダイヤモンド社　1938　208p 図版 19cm
◇缶詰輸出年額四億円達成十ケ年計画の提唱　高碕達之助著　東洋製缶　1938　12p 23cm
◇満州の終焉　高碕達之助著　実業之日本社　1953　339p 図版12枚 19cm
◇世に出るまで—私の実業勉強［海の幸に夢を託す(高碕達之助)］　実業之日本社　1960　294p 19cm
◇高碕達之助集　高碕達之助集刊行会編　東洋製缶　1965　2冊 19cm

高階 隆景

たかしな・りゅうけい

(生没年不詳)

絵師

土佐派の絵師で、土佐隆兼の二男。文永11年(1274年)に刊行された馬医のための本草書「馬医草紙」の画作を担当し、写実性に優れた多く

の植物画を描いた。

高田 豊四郎
たかた・とよしろう

明治18年（1885年）7月10日～
昭和36年（1961年）11月3日

園芸家
旧姓名は松原。鳥取県出身。
　日本各地を視察してナシ栽培技術の研究と改良に努め、大正12年郷里の鳥取県にナシ園・不老園を開く。オールバック整枝法を考案し、黒斑病予防のためパラフィン紙袋の導入を進めた。

高田 英夫
たかだ・ひでお

大正3年（1914年）9月4日～
平成15年（2003年）8月12日

大阪市立大学名誉教授
大阪府大阪市出身。京都帝国大学理学部植物学科〔昭和16年〕卒。理学博士。植物生理学団日本植物学会、日本植物生理学会、日本菌学会。
　大阪市立大学理学部教授を経て、名誉教授。帝塚山学園長、同顧問も務めた。著書に「塩と生物」「生物学」（共著）「食品」（共編）。

【著作】
◇塩と生物―海洋生物開発の基礎　高田英夫著　創元社　1974　200p 19cm
◇食品―そのサイエンス　食品科学教育協議会、高田英夫編　創元社　1990.4　257p 21cm
◇植物の散歩　高田英夫著　日本織物文化研究会　2002.7　152p 18cm

高野 長英
たかの・ちょうえい

文化元年5月5日（1804年6月12日）～
嘉永3年10月30日（1850年12月3日）

蘭学者
名は譲，号は驚夢山人，瑞皐。陸奥国水沢（岩手県）出生。
　陸奥水沢藩の後藤実慶の三男で、幼い頃に父と死別し、母方の伯父で杉田玄白門下の蘭医であった高野玄斎の養子となる。文政3年（1820年）養父の反対を押し切って江戸に上り、杉田伯元に入門。次いで吉田長淑に師事し、その才能を認められて師から一字をもらい長英に改名した。長淑の死後、文政8年（1825年）長崎に赴いてシーボルトの鳴滝塾に入り、ここで約3年に渡って蘭学を修める。11年（1828年）シーボルト事件が起こると連座を恐れていち早く長崎から離れ、途中で蘭学の講義や診療を行いながら熊本、豊後、広島、京都を経て、天保元年（1830年）江戸に戻った。この間に養父を亡くしたが、水沢には戻らず家督相続を放棄して江戸にとどまり、麹町で町医者となった。3年（1832年）我が国初の生理学書「医原枢要」5巻の刊行を開始。同年三河・田原藩家老・渡辺崋山を知り、その蘭学研究を援けた。天保の大飢饉の際には「救荒二物考」を著して天候不順でも栽培が可能なソバとジャガイモを栽培することを説き、蘭書から引用してそれらの栽培法や調理法、効用を記した。なお崋山の筆になる「馬鈴薯略図」は本書の挿図である。この頃、崋山や小関三英ら江戸の開明的名士と共に尚歯会を結成し、救荒問題から学問的社会的な諸問題について意見を交換。9年（1838年）モリソン号事件が起こると幕府の外交政策を批判して「戊戌夢物語」を著述した。10年（1839年）会友の小笠原諸島渡航計画が露見したのが発端となり、あたかも尚歯会が国禁を破って海外への渡航あるいは密貿易を企てているものとの虚偽の嫌疑を受け、その首謀者として崋山と共に捕らえられ、幕政批判の罪で入牢した（蛮社の獄）。獄中で「蛮社遭厄小記」を書き綴って無罪を訴えるが容れられず、雑役夫に金を与えて牢を放火させ、それに乗じて脱獄。各地を潜行しつつ蘭書を翻訳したが、江戸・青山で幕吏に襲われて自殺した。その他の著訳書に「避夷要法」「兵制全書」「鳥の鳴音」「験温管略説」などがある。

【著作】
◇施福多先生文献聚影 第1-10冊 シーボルト文献研究室編 シーボルト文献研究室 1936 11冊（解題共）13×17-28cm
◇日本農書全集 第70巻 学者の農書2 佐藤常雄〔ほか〕編 農山漁村文化協会 1996.12 456, 13p 22cm

【評伝・参考文献】
◇高野長英先生伝 長田偶得著 高野長運 1899 286p 23cm
◇高野長英先生遺墨 高野長運編 高野長運 1900.3 図版26枚 39cm
◇高野長英 碧瑠璃園著 東亜堂書房 1917 646p 19cm
◇高野長英伝 高野長運著 史誌出版社 1928 633p 図版5枚 23cm
◇杉田玄白・高野長英（日本教育家文庫 第37巻）吉田三郎著 北海出版社 1937 106p 図版 19cm
◇科学の道―高野長英のこと（日本叢書66） 向坂逸郎著 生活社 1946 31p 19cm
◇日本の思想家 第1 高野長英他19篇 高橋磌一著, 朝日新聞社朝日ジャーナル編集部編 朝日新聞社 1962 333p 19cm
◇現代日本思想大系 第1 近代思想の萌芽［覚醒と構想 夢物語（高野長英）］ 松本三之介編 筑摩書房 1966 432p 20cm
◇高野長英（筑波常治化記物語全集3） 筑波常治著 国土社 1969.1 222p 22cm
◇高野長英［上］（蘭学始末記） 西口克己著 東邦出版社 1972 309p 19cm
◇高野長英 下 西口克己著 東邦出版社 1972 640p 20cm
◇洋学思想史論 高橋磌一著 新日本出版社 1972 348p 19cm
◇高野長英と群馬―町人学者の群馬に於ける全貌 屋代周二著 あさを社 1977.3 300p 図肖像 19cm
◇崋山と長英（レグルス文庫） 杉浦明平著 第三文明社 1977.5 173p 18cm
◇幕末におけるヨーロッパ学術受容の一断面―内田五観と高野長英・佐久間象山 川尻信夫著 東海大学出版会 1982.3 339p 22cm
◇高野長英（朝日選書276） 鶴見俊輔著 朝日新聞社 1985.3 357p 19cm
◇知的散索のたのしみ―江戸期の科学者と鍛冶技術（共立科学ブックス） 吉羽和夫著 共立出版 1986.6 201p 19cm
◇シーボルトの日本史（オリエントブックス） 布施昌一著 木耳社 1988.10 278p 19cm
◇江戸期のナチュラリスト（朝日選書363） 木村陽二郎著 朝日新聞社 1988.10 249, 3p 19cm
◇長英逃亡 上・中・下（ミューノベルズ） 吉村昭著 毎日新聞社 1988.10 3冊 18cm

◇科学者高野長英 須川力著 岩手出版 1990.7 183p 19cm
◇医学・洋学・本草学者の研究―吉川芳秋著作集 吉川芳秋著, 木村陽二郎, 遠藤正治編 八坂書房 1993.10 462p 24×16cm
◇高野長英（岩波新書） 佐藤昌介著 岩波書店 1997.6 228p 18cm
◇高野長英（堂々日本人物史 戦国・幕末編13） 筑波常治作, 田代三善絵 国土社 1999.3 222p 22cm
◇大風呂敷―後藤新平の生涯 上（毎日メモリアル図書館） 杉森久英著 毎日新聞社 1999.11 365p 19cm
◇鶴見俊輔集 続3 高野長英・夢野久作 鶴見俊輔著 筑摩書房 2001.2 506p 20cm
◇新編・おらんだ正月（岩波文庫） 森銑三著, 小出昌洋編 岩波書店 2003.2 404p 15cm
◇高野長英フォーラム高野長英の実像を探る―長英と長崎・伊予 高野長英生誕200年記念企画 〔高野長英生誕200年記念事業実行委員会〕〔2004〕100p 30cm
◇高野長英関係年表・基本資料一覧 水沢市教育委員会 〔2004〕20p 30cm
◇日本の技術者―江戸・明治時代 中山秀太郎著, 技術史教育学編 雇用問題研究会 2004.8 206p 21cm
◇高野長英―鎖国のなか近代日本の扉を叩いた男の生涯 高野長英生誕二〇〇年記念特別企画展 水沢市教育委員会社会教育課, 高野長英記念館編 高野長英生誕二〇〇年記念事業実行委員会 2004.9 98p 30cm

【その他の主な著作】
◇高野長英全集 第1巻 医書 高野長英全集刊行会編 第一書房 1978.4 555p 22cm
◇高野長英全集 第2巻 医書 高野長英全集刊行会編 第一書房 1978.6 611p 22cm
◇高野長英全集 第3巻 兵書 高野長英全集刊行会編 第一書房 1978.8 600p 22cm
◇高野長英全集 第4巻 雑書 高野長英全集刊行会編 第一書房 1978.10 1冊 22cm
◇高野長英全集 第5巻 礦家必読 高野長英全集刊行会編 第一書房 1980.4 431p 22cm
◇高野長英全集 第6巻 蘭文 第一書房 1982.4 281, 225, 10p 22cm

高橋 郁郎

たかはし・いくろう

明治25年（1892年）3月14日～
昭和56年（1981年）3月22日

柑橘類栽培研究 日本園芸農業協同組合連合会専務理事

静岡県賀茂郡岩科村(松崎町)出生。長男は高橋裕(河川工学者)。静岡県農学校(現・磐田農)〔明治42年〕卒。團柑橘類栽培研究 賞藍綬褒章〔昭和39年〕、勲五等双光旭日章〔昭和41年〕。

明治44年農商務省農事試験場に入る。大正6年熊本県農林技手、10年農商務省園芸試験場技手となり、昭和7年より農事試験場技手兼務。10年退官、地方農林技手。14〜21年静岡県柑橘試験場長。我が国の柑橘類栽培研究の草分け的存在で、第一人者として"ミカンの父""柑橘の父"と呼ばれた。大正2年の著作「柑橘栽培」は26版の刊行を重ねた。

【著作】
◇柑橘栽培　高橋郁郎　成美堂書店　1913　452p 23cm
◇園芸試験場調査報告 第2号 ワシントン・ネーブルオレンヂの調査　高橋郁郎編　農商務省園芸試験場　1924　60,5p 23cm
◇園芸試験場報告 第4号〔柑橘の砧木に関する試験成績(高橋郁郎編)〕　農林省園芸試験場編　農林省園芸試験場　1925　28p 図版 22cm
◇柑橘　高橋郁郎著　桜会出版部　1926　322p 22cm
◇柑橘　高橋郁郎著　養賢堂　1931　448p 23cm
◇柑橘栽培講習録　高橋郁郎　大分県速見郡農会〔ほか〕　1933　56p 23cm
◇柑橘講演会速記録(農事試験場時報 特別号)　高橋郁郎述　長崎県立農事試験場農事時報部　1935　43p 19cm
◇日本の果実産業　高橋郁郎　日本果実販売農業協同組合連合会　1949　156p 21cm
◇静岡県柑橘試験業績集録—創立十五周年記念出版 昭和15-29年　静岡県柑橘試験場　1955　50p 図版 26cm
◇果樹栽培技術の問題点　兼商　1960　96p 26cm
◇果実と共に半世紀　高橋郁郎著　静岡県柑橘農業協同組合連合会　1964　314p 19cm
◇果樹農業改善新説　高橋郁郎著　養賢堂　1964　176p 22cm

【評伝・参考文献】
◇柑橘の父高橋郁郎　高橋柑橘顕彰会　1982.4　207p 22cm

高橋 真太郎
たかはし・しんたろう

明治42年(1909年)8月8日～
昭和45年(1970年)6月27日

大阪大学薬学部教授

京都府出生。京都薬学専門学校〔昭和6年〕卒。薬学博士。團生薬学, 薬史学。

京都薬学専門学校を卒業後、東京帝国大学で朝比奈泰彦の指導を受ける。のち大阪大学助教授、教授。生薬の形態学的研究、漢薬研究を進め、著書に「印度薬用植物解説」「漢方概説」などがある。

【著作】
◇明治前日本薬物学史 第2巻〔中国の薬物療法と其影響(高橋真太郎)〕　日本学士院日本科学史刊行会編　日本学術振興会　1958　513p 22cm
◇新中国の医学—中西医合作の近況(浪速books)　高橋真太郎著　浪速社　1966　179p 18cm
◇明解漢方処方　高橋真太郎, 西岡一夫著　浪速社　1966　152p 19cm

高橋 忠助
たかはし・ちゅうすけ

明治37年(1904年)10月10日～
昭和63年(1988年)5月26日

高忠(商家)主人, 大河原町公安委員長
幼名は義太郎。宮城県柴田郡大河原町出身。

宮城県大河原町で酒・雑貨商を営む。昭和24年町公安委員長、26年町議会副議長、町文化財保護委員長などを務めた。幕末にはベニバナの集荷販売の権利を握る紅花差配人を務めた商家・高忠の第17代当主で、57年宮城のベニバナ栽培の歴史をまとめた「奥州南仙台・紅花物語」を出版した。

【著作】
◇奥州南仙台紅花物語　高橋忠助著　観光堂出版部　1982.3　408p 22cm

高橋 延清
たかはし・のぶきよ

大正3年(1914年)2月6日～
平成14年(2002年)1月30日

東京大学名誉教授,北上市みちのく民俗村村長,グリーン・ルネッサンス代表

筆名はどろ亀さん。岩手県和賀郡沢内村(西和賀町)出生。息子は高橋延昭(札幌医科大学助教授),兄は高橋喜作(雪氷学者),甥は高橋克彦(作家),高橋雪人(沢内村碧祥寺博物館主任学芸員)。東京帝国大学農学部林学科〔昭和12年〕卒。賞森林学 団緑の文明学会(会長),北海道材木育種協会,北海道森林審議会賞林木育種賞(第12回)〔昭和43年〕「カラマツ類の交雑育種の研究と実用化」,北海道新聞文化賞〔昭和49年〕「林分施業法の確立」,グリーン賞(林野庁林政記者クラブ)(第17回)〔昭和51年〕,朝日森林文化賞(第1回)〔昭和58年〕「美林育成と環境保全の林分施業法の確立」,勲三等旭日中綬章〔昭和62年〕,北方林業会賞功績賞,富良野市特別功労賞,日本学士院賞エジンバラ公賞〔平成4年〕,みどりの文化賞(第7回)〔平成8年〕,北海道功労賞〔平成11年〕。

北海道富良野市にある東京大学農学部附属北海道演習林の育ての親で,天然林育成の「林分施業法」理論で世界的に知られる。昭和12年東京帝国大学助手となり,13年同大北海道演習林に着任,17年助教授,のち同演習林長,29年教授。"森が教室だから"と東京・本郷の教壇に1度も立つことなく研究生活を続け,49年東京大学教授を退官。研究のため森を泥まみれになって歩く姿から"どろ亀さん"との愛称で親しまれた。退官後は日本緑化センター理事,緑の文明学会会長など兼務。学識経験者とともに鹿児島県屋久島の縄文杉の保護を訴えるなど,自然保護活動に取り組んだ。60年3月国際森林年にあたって,NHK国際放送・ラジオジャパン短波放送(21言語)より「ある日本人・どろ亀さんの森林と人生」が紹介された(対談形式)。また49年には科学映画「樹海」(第1部「北国の森林」,第2部「天然林を育てる」)を作製し,文部省特選,科学技術映画祭入選,産業映画祭,教育映画祭にて大臣賞,最優秀作品賞などを受賞。平成4年自然保護の基礎研究で成果を上げた研究者に贈られる日本学士院賞エジンバラ公賞を受賞。著書に「樹海に生きて」「森に遊ぶ」

「詩集 どろ亀さん」など。

【著作】

◇林木育種の旅(林業解説シリーズ 第79 林業解説編集室編) 高橋延清著 日本林業技術協会 1955 44p 19cm
◇林業改良普及叢書 第17[アカシヤモリシマ・コバノヤマハンノキ・ストローブマツ(青木義雄,千葉春美,高橋延清)] 全国林業改良普及協会 1962 19cm
◇林分施業法―その考えと実践 高橋延清著 1971.5 127p 21cm
◇樹海に生きて―どろ亀さんと森の仲間たち 高橋延清著 朝日新聞社 1984.6 194p 20cm
◇森のひと―どろ亀さん(北の肖像) 米" 米山晃多郎著 春秋社 1984.9 193p 20cm
◇森のメルヘンをおいもとめて―東大北海道演習林を育てた高橋延清(ノンフィクション・シリーズ かがやく心) 高橋健作,石倉欣二絵 佼成出版社 1986.10 163p 21cm
◇授業―母校の教壇に立って 第1巻[森のくらし(高橋延清)] 日本放送協会編 日本放送出版協会 1988.4 236p 19cm
◇どろ亀さん―詩集 森の生きものたちと共作の詩 高橋延清著 緑の文明社 1988.6 109p 21cm
◇森に遊ぶ―どろ亀さんの世界 高橋延清著 朝日新聞社 1992.6 210p 20cm
◇森を継ぐもの―FOREST HANDBOOK C・Wニコルほか著 KDDクリエイティブ 1994.11 231p 21cm
◇森からのメッセージ(NHK教育テレビ「シリーズ授業」) 高橋延清著 あすなろ書房 1999.3 77p 22cm
◇樹海―夢,森に降りつむ 高橋延清著 世界文化社 1999.10 302p 21cm
◇森と生きる―どろ亀さんと東京大学北海道演習林(未来へ残したい日本の自然 1) 高橋健文 ポプラ社 2000.1 143p 20cm
◇どろ亀さん,最後のはなし―夢はぐくむ富良野の森づくり 高橋延清著 新思索社 2003.12 340p 20cm

【評伝・参考文献】

◇愚者の智恵―森の心の語り部たち 今田求仁生対談集 今田求仁生編 柏樹社 1990.10 272p 19cm
◇清貧の生きかた(こころの本) 中野孝次編 筑摩書房 1993.8 193p 19cm
◇おとこ友達との会話 白洲正子著 新潮社 1997.10 274p 21cm
◇天下御免―高橋喜平,延清,克彦 太田祖電ら一族 福来保夫著 日貿出版社 1998.3 261p 19cm
◇上手な老い方―サライ・インタビュー集 橙の巻 サライ編集部編 小学館 1999.6 270p 19cm

◇夢紡ぐ人びと——隅を照らす18人　笹本恒子写真・文　清流出版　2002.1　215p 21cm
◇祖母・白洲正子 魂の居場所　白洲信哉著　世界文化社　2002.10　269p 21cm
◇富良野市——もうひとつの「北の国から」（北海道ふるさと新書）　北海道ふるさと新書編集委員会編　北海道新聞社　2003.9　159p 18cm
◇誇り高き日本人でいたい　C・W．ニコル著，松田銑，鈴木扶佐子，千葉隆章訳　アートデイズ　2004.12　226p 19cm

高橋 萬右衛門
たかはし・まんえもん

大正7年（1918年）1月26日～
平成16年（2004年）6月5日

北海道大学名誉教授，北海道グリーンバイオ研究所名誉所長
岩手県水沢市（奥州市）出生。父は高橋丑治（北海道大学教授），長男は高橋是太郎（北海道大学教授）。北海道帝国大学農学部〔昭和15年〕卒。日本学士院会員〔昭和62年〕。農学博士（北海道大学）〔昭和31年〕。圑育種学　団日本育種学会，日本遺伝学会　賞日本育種学会賞〔昭和38年〕，日本学士院賞〔昭和40年〕「イネにおける十二連鎖群の研究」，北海道文化賞〔昭和58年〕，勲二等旭日重光章〔平成元年〕，北海道開発功労賞〔平成4年〕，文化功労者〔平成7年〕。

昭和15年北海道大学助手，22年助教授を経て，40年教授。52年農学部長。56年退官，のち，北海道武蔵女子短期大学学長，北海道文教大学学長などを歴任した。この間，62年北海道グリーンバイオ研究所長。育種学の世界的権威として知られ，イネ遺伝子の全連鎖地図を解明した。耐冷性などの遺伝子を発見し，北海道の気候風土に適した品種改良に貢献した。

【著作】
◇大麦の遺伝学（生物選書 第2）　長尾正人，高橋万右衛門共著　北方出版社　1947　92p 22cm
◇農学講座 第3巻［植物育種学（長尾正人，高橋万右衛門著）］　木原均等編　柏葉書院　1948　342p 21cm
◇植物の遺伝学（のぎへんのほん）　高橋万右衛門著　研成社　1984.3　200p 19cm

【評伝・参考文献】
◇緑の地平線——高橋萬右衛門の歩んだ道　高橋萬右衛門著　〔高橋萬右衛門〕　1996.6　206p 22cm

高嶺 英言
たかみね・えいげん

大正2年（1913年）～昭和48年（1973年）

植物研究家
沖縄県石垣市出身。沖縄県立農林学校〔昭和6年〕卒。

沖縄県農林技手、与儀農事試験場技官を経て、八重山農林高校教諭。高校勤務の傍ら、同島などの植物の採集につとめ、多数の標本を正宗巌敬、小泉源一に送った。リュウキュウチシャノキ Ehretia takaminei Hats.、イシガキクマタケラン Alpinia takaminei Masam. などは同氏を記念して命名された学名である。

【著作】
◇八重山植物の研究　高嶺英言著　天野鉄夫　1977.4　42p 21cm

高宮 篤
たかみや・あつし

明治43年（1910年）8月23日～
昭和51年（1976年）1月16日

東京大学名誉教授
東京出身。東京帝国大学理学部植物学科〔昭和7年〕卒。理学博士。圑植物生理学　団日本植物生理学会（会長）。

昭和8年徳川生物学研究所に入所。17年より武蔵高校、23年からは東京工業大学で教鞭を執った。31年東京大学理学部教授に就任し、植物生理学講座、のちには生物化学教室に移り、研究教育に携わった。46年定年退官後は東邦大学に招かれ、生物物理学教室を主宰した。この間、34年には田宮博、芦田譲治らと日本植物生理学会を設立、会長も務めた。生涯にわたって

光合成など、植物生理学の諸問題を研究。東邦大学教授時代から晩年にかけてはクロロフィル淡白とオオハネモの研究に専念した。生理学研究に先立ち、小笠原諸島の植物相調査を行い、収集した多数の標本は東京大学に収蔵されている。訳書にラッカー「エネルギー代謝の機構」、ボナー・ゴールストン「植物の生理」などがある。

【著作】
◇現代自然科学講座 第6巻［生物学に於ける効果・法則・諸現象（高宮篤）］ 朝永振一郎,伏見康治共編 弘文堂 1952 143p 図版 22cm
◇酵素研究法 第1巻［酵素反応の解析的研究法（高宮篤）］ 赤堀四郎等編 朝倉書店 1955 780p 図版 22cm
◇植物の生理 ボナー,ゴールストン共著,高宮篤,小倉安之訳 岩波書店 1955 450p 22cm
◇分子生物学［生体の微細構造と機能との問題（村上悟,高宮篤）］ 小谷正雄等編 朝倉書店 1963 677p 22cm

田川 基二
たがわ・もとじ

明治41年（1908年）4月11日～
昭和52年（1977年）7月19日

植物分類学者 京都大学名誉教授
大阪府大阪市東区出生。兄は田川基一（陶芸家）、弟は田川基三（ドイツ文学者）。京都帝国大学理学部植物学科〔昭和8年〕卒。理学博士〔昭和19年〕。囲植物分類学、シダ植物 団植物分類地理学会、日本シダ学会。

旧制三高から京都帝国大学理学部に進み、小泉源一の下で植物分類学を学び、シダ植物の研究を始める。卒業後の昭和14年、ただちに京都帝国大学理学部副手、17年講師、28年京都大学助教授を経て、45年教授。同年退官、49年名誉教授。一貫してシダの研究に打ち込み、19年樺太から台湾までを含む当時の日本産のウラボシ亜科の研究で理学博士の学位を取得。40年からは東南アジア、特にタイのシダ植物の研究に取り組んだ。34年には伊藤洋、百瀬静男と共に日本シダ学会を設立。著書に「原色日本羊歯植物図鑑」など。

【著作】
◇原色日本羊歯植物図鑑（保育社の原色図鑑 第24） 田川基二著 保育社 1959 270p 図版36枚 22cm

滝井 治三郎
たきい・じさぶろう

明治23年（1890年）5月19日～
昭和48年（1973年）12月11日

タキイ種苗会長, 参院議員
京都府京都市出生。商業学校中退。

父を早くに亡くし、祖母・津祢の手によって育てられる。東京の種苗店で修業ののち、家業の種苗業を継ぐ。大正9年株式会社化して滝井治三郎商店を創業し、15年には社名をタキイ種苗と改称。「早生京都節成キュウリ」などといった京野菜を素材として品質改良を重ね、昭和10年京都府乙訓郡に長岡実験農場（現・タキイ長岡研究農場）を設立して科学的な育種に取り掛かり、23年には'福寿一号'トマトを発売するなど民間企業における交配種に先鞭をつけた。さらに種子の販路を拡大し、業界最大手の一つに成長させた。22年長岡農場内に園芸専門学校（現・タキイ研究農場附属園芸専門学校）を創立。25年参院議員に当選し、自由党に所属。1期5年を務めた。

田口 啓作
たぐち・けいさく

明治38年（1905年）6月7日～
平成3年（1991年）6月10日

北海道大学名誉教授，北海道拓殖短期大学長
東京出生。北海道帝国大学農学部〔昭和8年〕卒。農学博士〔昭和32年〕。囲作物育種学 賞河北新報社文化賞〔昭和28年〕，農林大臣賞〔昭和31年〕，育種学会賞〔昭和34年〕「馬鈴薯品種の交雑育種に関する研究」，北海道澱粉工業協会賞〔昭和43年〕，勲三等旭日中綬賞〔昭和51年〕。

昭和32年北海道大学農学部教授となり，学生部長，農学部附属農場長を歴任。退官後は50〜56年北海道拓殖短期大学学長を務めた。

【著作】
◇〔北海道農事試験場〕農事試験調査資料 第11号〔馬鈴薯葉の就眠運動と育種（田口啓作）〕 北海道農事試験場編 北海道農事試験場 1941 26cm
◇ジャガイモつくり—見透しと栽培の合理化〔見透しと新品種（田口啓作）〕（朝日農業選書 第6）農業朝日編 朝日新聞社 1951 129p 19cm
◇作物大系 第5編 第5〔馬鈴薯の栽培（田口啓作）〕 養賢堂 1963 98p 21cm
◇馬鈴薯—Potatoes in Japan 田口啓作，村山大記監修 グリーンダイセン普及会 1977.2 545, 17p 図12p 22cm

田口 亮平
たぐち・りょうへい

明治43年（1910年）3月4日〜
昭和63年（1988年）3月14日

信州大学名誉教授
岐阜県恵那郡坂下町（中津川市）出生。上田蚕糸専門学校（現・信州大学繊維学部）卒，九州帝国大学農学科〔昭和12年〕卒，九州帝国大学大学院〔昭和18年〕修了。農学博士〔昭和22年〕。囲植物生理生態学 賞日本農学賞〔昭和35年〕，日本蚕糸科学功績賞〔昭和49年〕，勲三等旭日中綬章〔昭和57年〕。

上田蚕糸専門学校を卒業して岐阜県農林技手となるが，九州帝国大学農学科に進む。卒業後は同大農学部副手として大学院で学び，18年愛媛県農林専門学校講師，24年松山農科大学教授を経て，25年信州大学繊維学部教授。47年同学部長。50年退官，60年中京短期大学教授。クワの権威として知られた。著書に「作物生理学」「植物生理学大要」。

【著作】
◇生態学概説〔光と植物の生態 田口亮平〕 八木誠政，野村健一共編 養賢堂 1952 300p 22cm
◇作物生理学 田口亮平著 養賢堂 1958 826p 22cm
◇作物生理講座 第3巻 水分生理編〔耐旱性の生理（田口亮平）〕 戸苅義次，山田登，林武編 朝倉書店 1961 183p 図版 22cm
◇植物生理学大要—基礎と応用 田口亮平著 養賢堂 1964 343p 22cm
◇植物生理生態学実習—実験 田崎忠良，田口亮平共著 養賢堂 1968 237p 図版 22cm

竹内 敬
たけうち・けい

明治22年（1889年）12月12日〜
昭和43年（1968年）12月28日

植物研究家　大本教花明山植物園園長
京都府南桑田郡篠村（亀岡市）出生。京都府師範学校（現・京都教育大学）本科〔明治43年〕卒。囲植物分類地理学会，京都植物同好会 賞勲五等双光旭日章〔昭和41年〕。

明治43年京都府の河原尋常小学校，大正9年伏見第一尋常小学校教諭を経て，14年向島尋常高等小学校校長。昭和9年室戸台風で校舎が倒壊し多くの死傷者が出たことから狭心症の発作を発症し，退職休養に入る。12〜19年京都商業教諭。この間，京都府師範学校時代に茨木一の感化を受けて植物研究を始め，小泉源一，田代善太郎に師事した。宇治市の巨椋池を中心に植物を研究し，4年向島村と紀伊郡の植物調査を行い，5年「京都府伏見市紀伊郡植物目録」を発表した。京都植物同好会では指導的立場にあり，7年植物分類地理学会の創設に関わった。26年大本教花明山植物園園長に就任。著書に「京都府草木誌」がある。

【著作】

◇京都府草木誌　竹内敬著　大本　1962　157p　図版16枚　22cm

竹内　正幸
たけうち・まさゆき

大正14年（1925年）5月26日〜
平成17年（2005年）3月3日

埼玉大学名誉教授
旧満州・大連出生。東京帝国大学理学部植物学科〔昭和22年〕卒。理学博士〔昭和37年〕。専植物形態学 団日本植物学会，日本植物生理学会，日本植物組織培養学会 賞勲二等瑞宝章〔平成12年〕。

昭和24年東京大学理学部助手を経て，41年埼玉大学理工学部助教授，43年教授。51〜54年理学部長，61年〜平成4年学長を務めた。のち淑徳短期大学教授，埼玉工業大学学長。この間，昭和45年メキシコ国立チャピンゴ大学大学院客員教授。著書に「植物組織培養の技術」などがある。

【著作】
◇植物器官学実験法（生物学実験法講座 第4巻 H）　前川文夫，竹内正幸著，岡田弥一郎編　中山書店　1956　53p 21cm
◇現代生物学講座 第6巻 発生と増殖［生物の生活史（内田亨，竹内正幸，小林義雄）］　芦田譲治等編　共立出版　1958　321p 22cm
◇植物組織培養　竹内正幸，石原愛也，古谷力編集　朝倉書店　1972　468p 22cm
◇アマゾン（未踏の大自然）　トム・スターリング著，タイムライフブックス編集部編，竹内正幸監訳　タイムライフブックス　1974　183p（おもに図）27cm
◇基礎生化学実験法 1生物材料の取扱い方［植物の組織培養 器具と設備の大要 他（竹内正幸）］　阿南功一〔等〕編　丸善　1974　376p 22cm
◇中米のジャングル（未踏の大自然）　ドン・モウザー著，タイムライフブックス編集部編，竹内正幸監訳　タイムライフブックス　1976　184p（おもに図）27cm
◇発生と分化（教養講座ライフサイエンス 5）　渡辺一雄，竹内正幸著，赤堀四郎，湯川秀樹監修，大江精三，塚田裕三，渡辺格編集委員　共立出版　1977.7　206p 21cm
◇新植物組織培養　竹内正幸〔ほか〕編集　朝倉書店　1979.9　411p 22cm

◇植物組織培養の技術　竹内正幸〔ほか〕編集　朝倉書店　1983.10　227，11p 26cm
◇植物の組織培養（基礎生物学選書 11）　竹内正幸著　裳華房　1987.6　167p 22cm
◇生物の実験―基礎と応用　竹内正幸，石原勝敏編　裳華房　1992.12　403p 22cm

竹腰　徳蔵（1代目）
たけこし・とくぞう

嘉永4年（1851年）〜大正10年（1921年）3月

殖産家
上野国群馬郡箕輪（群馬県）出生。

酒造業を営む家に生まれる。家業の傍ら，榛名山麓の御料地を借り受け，マツ・スギ・ヒノキなどの植林事業を行った。また白川流域の開発や牧場経営による馬の改良などにも携わった。

竹崎　嘉徳
たけざき・よしのり

明治15年（1882年）7月27日〜
昭和50年（1975年）1月11日

島根農科大学名誉学長，京都大学名誉教授
島根県出生。東京帝国大学農科大学農学部〔明治44年〕卒。農学博士〔昭和2年〕。専作物育種学。

農商務省農事試験所技手となり，大正14年京都帝国大学助教授，昭和3年教授となり，農学部長をつとめ17年退官，名誉教授。23年島根県立農林専門学校校長，26年島根農科大学学長となり，36年退官，名誉学長。茶樹の挿木育種法の開発，紅茶品種の日本への導入と改良などの業績を残し，著書に「作物育種学講義」がある。

【著作】
◇実験作物改良講義　竹崎嘉徳著　裳華房〔ほか〕　1922　189p 23cm

【評伝・参考文献】
◇竹崎嘉徳先生の思い出　思い出刊行事業会編　竹崎嘉徳先生の思い出刊行事業会　1977.1　886p 図・肖像104p 21cm

竹嶋 儀助
たけしま・ぎすけ

明治31年(1898年)～平成6年(1994年)

リンゴ栽培家

青森県南津軽郡藤崎町出生。藤崎町尋常高等小学校高等科卒。〔賞〕木村甚弥賞〔昭和48年〕、黄綬褒章〔昭和55年〕、青森県民褒賞〔昭和55年〕。

藤崎町議、社会党藤崎支部長などを務める。一方、'ふじ'発祥地・藤崎町で17歳のときリンゴ園経営を始めた。完全有機栽培を通し、有益昆虫の独創的な研究によりマメコバチを昭和20年から飼育、繁殖させるほか、ハマキムシを天敵ミカドドロバチを使って駆除するなど自然受粉や脱農薬の研究で指導的役割を果たす。また、新聞、雑誌、テレビなどで論文を発表し、化学肥料、殺虫剤づけの農政を批判した。著書に「マメコ蜂とリンゴの交配」など。

【その他の主な著作】
◇われらかく闘えりー電灯料値下げ運動史　竹嶋儀助著　津軽書房　1968　131p 図版 19cm

武田 久吉
たけだ・ひさよし

明治16年(1883年)3月2日～
昭和47年(1972年)6月7日

植物学者、登山家

東京市麹町区(東京都千代田区)出生。父はサトウ、アーネスト(駐日英国公使)。英国王立理科大学〔大正元年〕卒。理学博士(東京帝国大学)〔大正5年〕。団日本自然保護協会、国立公園協会、日本山岳会(会長)〔賞〕勲四等旭日章〔昭和39年〕。

父は英国の外交官アーネスト・サトウ。早くから植物や登山に興味を持ち、府立一中時代、日本博物学同志会に参加して「博物之友」を創刊。明治38年には日本山岳会の創立に参加し、のち第6代会長となった。39年日本で初めて尾瀬を紹介。43年英国留学し、キュー王立植物園や王立理工科大学植物学科に学ぶ。次いでバーミンガム大学で淡水藻の研究に従事した。大正5年に帰国した後は京都帝国大学、九州帝国大学、北海道帝国大学で植物学を講じた。この間、日光、尾瀬、白馬岳など全国各地で研究登山を行い、論文、紀行などを多数発表。7年の丹沢登山からは山行にカメラを携行し、海外の写真技術書から独自に体得した撮影術を駆使して昭和5年写真と文章による「尾瀬と鬼怒沼」を刊行。富士山を集中的に撮影した「日本地理体系別巻5・富士山」や植物学者・田辺和雄と「高山植物写真図聚」を編むなど、日本における自然写真の先駆者として知られる。戦後は連合国軍総司令部(GHQ)天然資源局農林部顧問、AFFE技術顧問を歴任。日本自然保護協会評議員、国立公園協会評議員なども務め、自然保護にも力を尽くした。他の著書に「道祖神」「日本の自然美」「民俗と植物」「明治の山旅」などがある。平成11年彼が一生愛してやまなかった尾瀬を擁する檜枝岐村に武田久吉メモリアルホールが開館、遺族や関係者の寄贈による植物スケッチノート、手紙、植物研究メモの他、蛇腹式カメラなど研究資料や尾瀬に関する一級資料など約300点が展示される。

【著作】
◇高山植物　武田久吉著　同文館　1917　102p 図版16枚 19cm
◇高山植物とその生活　武田久吉著　大阪毎日新聞社〔ほか〕　1924　89, 17p 図版 15cm
◇尾瀬と鬼怒沼　武田久吉編　梓書房　1930　369p 図版100枚 20cm
◇高山植物写真図聚　武田久吉, 田辺和雄共編　梓書房　1931～1932　2函 32cm
◇高山植物図彙　武田久吉著　梓書房　1933　図版321p 解説80p 15cm
◇岩波講座生物学　第8［生態写真ー植物(武田久吉)］〔補訂〕　岩波書店編　岩波書店　1933.8　23cm

◇新修写真科学大系 第7巻［植物写真(武田久吉)］ 誠文堂新光社編 誠文堂新光社 1938 22cm
◇登山と植物 武田久吉著 河出書房 1938 414p 20cm
◇高山の植物(アルス文化叢書 第1) 武田久吉著 アルス 1941 図版64p 解説29p 19cm
◇農村の年中行事 武田久吉著 竜星閣 1943 590p(図版140p共)19cm
◇美の思索［植物の美(武田久吉)］ 教材社編輯部編 教材社 1943 250p 図版 19cm
◇日本の自然美 武田久吉著 富岳本社 1946 127p 19cm
◇高山花譜 武田久吉, 船崎光治郎共著 富岳本社 1947 73p 図版 29cm
◇民俗と植物 武田久吉著 山岡書店 1948 263p 図版 18cm
◇日本高山植物図鑑 武田久吉, 田辺和雄, 竹中要共著 北隆館 1950 310p 図版33枚 19cm
◇山岳講座 第3巻［御花畠(武田久吉)］ 川崎隆章, 近藤等編 白水社 1954 208p 図版 22cm
◇高嶺の花(山岳新書) 武田久吉著 山と渓谷社 1956 158p 18cm
◇原色日本高山植物図鑑(保育社の原色図鑑 第12) 武田久吉著 保育社 1959 図版78p 解説109p 22cm
◇原色日本高山植物図鑑 続(保育社の原色図鑑 第28) 武田久吉著 保育社 1962 114p(図版, 解説共)22cm
◇高山植物(カラーブックス) 武田久吉著 保育社 1963 153p(図版共)15cm
◇登山と植物(日本岳人全集) 武田久吉著 日本文芸社 1969 707p 図版 23cm
◇日本高山植物図鑑─学生版 武田久吉, 田辺和雄共著 北隆館 1983.9 347p 図版16枚 19cm
◇民俗と植物(講談社学術文庫) 武田久吉［著］ 講談社 1999.11 249p 15cm
◇尾瀬回想─"尾瀬"との出会いと関わりあい 武田久吉［述］,［土橋進一］［編］ ［土橋進一］ ［2005］ 55p 21cm

【評伝・参考文献】
◇国立公園成立史の研究─開発と自然保護の確執を中心に 村串仁三郎著 法政大学出版局 2005.4 417p 21cm

【その他の主な著作】
◇明治の山旅 武田久吉著 創文社 1971 276p 肖像 22cm
◇路傍の石仏 武田久吉著 第一法規出版 1971 257p(図共)24cm

竹中 要
たけなか・よう

明治36年(1903年)11月7日～
昭和41年(1966年)3月18日

植物細胞遺伝学者 国立遺伝学研究所遺伝部長 兵庫県出生。東京帝国大学理学部植物学科〔昭和2年〕卒。理学博士〔昭和25年〕。

東京帝国大学大学院に学び、昭和4年京城帝国大学予科教授に就任。戦後帰国して東京大学嘱託となり、24年国立遺伝学研究所員、28年国立遺伝学研究所遺伝部長を務めた。著書に「日本高山植物概論」「半島の山と風景」などがある。

【著作】
◇日本高山植物概論 竹中要著 春陽堂 1934 280p 図版 23cm
◇半島の山と風景 竹中要著 古今書院 1938 254p 19cm
◇山の生物［山の植物分布(竹中要)］ 岩田正俊編 文祥堂 1942 182p 図版 22cm
◇大陸文化研究 続［東亜乾燥地帯の植物景観(竹中要)］ 京城帝国大学大陸文化研究会編 岩波書店 1943 492p 22cm
◇現代の生物学 第3集 性［性の遺伝と決定(竹中要)］ 岡田要, 木原均共編 共立出版 1950 382p 22cm
◇日本高山植物図鑑 武田久吉, 田辺和雄, 竹中要共著 北隆館 1950 50, 310p 図版33枚 19cm
◇遺伝学の入門(遺伝学講座 第1) 竹中要著 北隆館 1955 182p 図版 22cm
◇最近の生物学 第5巻［タバコ属植物の細胞遺伝学(竹中要)］ 駒井卓, 木原均編 培風館 1955 394p 22cm
◇植物遺伝実験法(生物学実験法講座 第12巻A) 竹中要著, 岡田弥一郎編 中山書店 1955 92p 21cm
◇原色朝顔図鑑 竹中要著 北隆館 1958 原色図版64p 解説90p 22cm
◇原色朝顔検索図鑑 〈新版〉 米田芳秋, 竹中要共著 北隆館 1981.6 100, 14p 図版80p 22cm

竹中 義雄
たけなか・よしお

?～平成15年(2003年)12月9日

谷汲村(岐阜県)村長, 谷汲踊保存会長
賞 中日社会功労賞(第43回)〔平成7年〕。

昭和28年源平時代に起源を発する谷汲村伝統の"雨乞い踊り"を"谷汲踊"として再興するため谷汲踊保存会を設立、初代会長に就任。30年岐阜県の重要無形文化財第一号に指定される。42年同村長に当選。63年フランス・ベルサイユ市で開かれた日本伝統文化紹介イベント・第8回ベルサイユ祭で海外初公演。米国でも公演を行い、ジョンソン大統領に官邸に招かれた。また自費で1万2000本のサクラの植樹をし、"昭和の花咲かじいさん"とも呼ばれた。

武内 才吉
たけのうち・さいきち

安政2年(1855年)9月～昭和3年(1928年)8月30日

実業家　天津商工銀行頭取
大坂出身。
　明治初年に横浜で新燈社を興して雑貨輸出業を開業。のち貿易業を営み、天津商工銀行頭取となる。また武斎汽船を創立して社長に就任した。この間、英領ボルネオのラバダットでヤシの栽培を試みたこともある。

竹内 亮
たけのうち・まこと

明治27年(1894年)8月～
昭和57年(1982年)11月1日

福岡山の会創設者
愛知県名古屋市出生。北海道帝国大学農学部林学実科〔大正7年〕卒。農学博士(東京帝国大学)〔昭和9年〕。団福岡山の会(会長)。
　大正11年～昭和14年九州帝国大学農学部植物学教室で研究。12年満州大陸科学院嘱託、14年満州国林野総局嘱託、16年建国大学講師。戦後は中国で教授を務め、32年帰国。この間、福岡時代に福岡山の会を創設、初代会長を務めた。植物研究のため九州各地を踏査し、山岳雑誌に報告。福岡市郊外の野河内渓谷の発見者として知られる。植物では特にスミレの研究が名

高い。著書に「耶馬溪の風景と植物」「植物利用環境測定法」「筑紫風景誌」など。

【著作】
◇耶馬溪彦山地方の植物景観　竹内亮著　耶馬溪鉄道　1934　61p 図版29枚 23cm
◇耶馬溪彦山地方の天然林並びに二三の注意すべき木本植物に就て　竹内亮著　耶馬溪鉄道　1934　23p 23cm
◇植物利用環境測定法　竹内亮著　養賢堂　1936　127p
◇筑紫風景誌　竹内亮著　古今書院　1941　441p
◇中国東北経済樹木図説　竹内亮他編著　科学出版社　1959　237p 21cm
◇図説・広葉樹の見分け方―葉形の見かけによる　竹内亮著　農林出版　1975　249p 21cm

建部 到
たけべ・いたる

昭和4年(1929年)3月16日～
昭和63年(1988年)6月5日

名古屋大学理学部教授
東京都豊島区出生。東京大学理学部植物学科〔昭和27年〕卒、東京大学大学院生物系研究科植物学専攻〔昭和32年〕博士課程修了。理学博士。専植物生理学、植物細胞生物学、植物分子生物学 団日本植物生理学会、日本植物学会、日本分子生物学会 賞ジャコブ・エリクソン・ゴールドメダル(スウェーデン)(第4回)〔昭和50年〕「植物プロトプラストを用いたウイルス感染実験系の開発」。
　東京大学応用微生物研究所助手、農水省植物ウイルス研究所研究室長を経て、昭和53年名古屋大学理学部教授。西ドイツ、米国でも研究を行った。

竹本 常松
たけもと・つねまつ

大正2年(1913年)1月28日～
平成元年(1989年)1月23日

東北大学名誉教授、徳島文理大学名誉教授 大阪府岸和田市出身。大阪薬学専門学校卒、東京帝国大学医学部選科〔昭和13年〕修了。薬学博士。団 化学系薬学 団 日本薬学会、日本化学会、日本農芸化学会 賞 日本薬学会賞（薬事日報学術賞、昭和23年度）、日本寄生虫学会小泉賞〔昭和29年〕「海人草の有効成分の研究」、日本薬学会賞（学術賞、昭和30年度）「海人草有効成分の研究」、保健文化賞（昭和30年度）、大河内記念賞（大河内記念技術賞）〔昭和31年〕、全国発明表彰（発明協会会長賞）〔昭和32年〕、朝日文化賞（昭和42年度）、河北文化賞（第25回、昭和50年度）、紫綬褒章〔昭和50年〕、勲二等瑞宝章〔昭和60年〕。

昭和22年大阪薬学専門学校教授、24年大阪大学薬学部教授、35年東北大学医学部教授、47年大阪大学医学部教授、51年東北大学薬学部長を歴任。52年徳島文理大学教授に就任。生薬研究所長のち薬学部長を委嘱。生物活性アミノ酸並びに昆虫変態ホルモンの権威。主な著書に「薬になる植物のはなし」「元気が育つ！あまちゃづる」など。

【著作】
◇薬になる植物のはなし―薬草の履歴書とその効用(DBS cosmos library)　竹本常松、近藤嘉和著　同文書院　1976　212p 図 19cm
◇あまちゃづる―新しい薬草　かんたんに栽培できる手づくり健康法(Lyon books)　竹本常松著　リヨン社　1983.7　262p 18cm
◇みんなの薬草あまちゃづる―タネ・苗・さし木でどんどん増やせる　飲用実例Q&A(Lyon books)　竹本常松、西本喜重編著　リヨン社　1984.6　261p 18cm
◇あまちゃづる―すばらしい薬草(Lyon books)　竹本常松編著　リヨン社　1985.6　284p 18cm
◇元気が育つ！あまちゃづる―ためしてビックリ！すごい効果(Lyon books)　竹本常松編著　リヨン社　1986.5　233p 18cm
◇薬草教室―120種を解説　竹本常松、近藤嘉和著　同文書院　1989.12　235, 8p 19cm

【評伝・参考文献】
◇治らないと諦めている人へ贈る私が見つけた名治療家32人〔竹本常松氏〈胃腸病、高血圧、皮膚病〉―アマチャヅルが、高血圧や胃腸病に大効果〕　遠藤周作著　祥伝社　1986.4　379p 19cm

◇竹本常松先生報文集　西本喜重〔編〕　〔西本喜重〕　〔1991〕　3冊 26cm

竹本 要斎

たけもと・ようさい

天保2年(1831年)～明治32年(1899年)

幕臣、園芸家　外国奉行

名は正明、通称は隼人正、別号は其日庵、旭窓。子は竹本隼太(陶芸家)。

500石の旗本の家に生まれる。13歳で御小納戸となり、次いで御小姓に進んで従五位下に叙され、隼人正を称す。安政6年(1859年)御小姓組頭取を経て、文久元年(1861年)から元治元年(1864年)にかけて外国奉行を2度務め、神奈川奉行や開成所総奉行も兼務。在任中は下関事件や生麦事件、英国公使館焼き討ち事件など攘夷派による外国人殺傷が横行する外交的に難しい時期であった。善処の功績により、御側御用取次に昇進。慶応元年(1865年)には菊之間縁頬詰に任ぜられた。明治維新後は江戸北郊の北豊島郡高田村に移って子の隼太と共に陶磁器の製造事業を興し、工場を含翠園と称して植木鉢や美術品を製造。明治3年田中芳男と共に九段坂旧薬園地で物産会を開催するなど博覧会事業にも関与し、10年の第1回内国勧業博覧会でも審査員を務めた。園芸を好み、アサガオの栽培では大家と呼ばれ、幕末期から明治期にかけて奇品流行の中心人物であった。26年には元幕臣の大谷木一、杉田晋、僧侶の鶴高雲寿と共に東京で初のアサガオ育種家団体となるあさがほ穠久会を結成。以来、明治維新を経て勢いが衰えつつあったアサガオ界の復興に尽くし、当初40名であった会員は発会10年後には全国に1000名強を数えるなど着実に愛好者を増やし、幕末期に作出された奇品を後世に伝えることに貢献した。舶来植物の収集と栽培も行っていたようで、明治初年に彼が主宰した物産会では琉球産亜熱帯植物やシダ・サボテン・ユリなどを出品している。著書に「牽牛花新編」がある。

【著作】
◇牽牛花新編　旭窓迂老著　竹本要斎　1892.7　26p 20cm

【評伝・参考文献】
◇近代日本の形成と展開［旧幕臣・竹本要斎と「含翠園」の創業について（横山恵美）］　安岡昭男編　巖南堂書店　1998.11　442p 22cm

多湖 実輝
たご・さねてる

明治16年(1883年)12月～昭和54年(1979年)

植物学者　日本歯科大学教授
東京市神田区（東京都千代田区）出生。旧制七高卒。専海藻分類学。

小学校では武田久吉と同級。その後、城北中学から九州の旧制七高に進み、学業の傍ら鹿児島・宮崎の山野を跋渉した。明治40年日本植物学会に入会。同年から旧制一高で生物学を教え、昭和9年助教授を経て、23年教授。この間、明星学園でも教鞭を執った。25年旧制一高退職後は日本歯科大学教授となった。海藻分類学を専門とし、自身の名を冠したタゴノリを含め多数の新種を発見・記載した。

田崎 忠良
たざき・ただよし

大正3年(1914年)5月29日～
平成7年(1995年)10月10日

東京農工大学名誉教授
東京出身。東京帝国大学理学部植物学科〔昭和14年〕卒。理学博士。専植物生理生態学　賞日本農学賞〔昭和48年〕「桑を中心とした植物の光合成・水代謝および物質生産に関する研究」。

東京農工大学大気環境講座の教授を務めた。クワを中心とした光合成と水代謝や物質生産などについて研究した。編著に「環境植物学」がある。

【著作】
◇家政学講座 第1部 第3巻 基礎部門 家政生物学［生態学（北沢右三、田崎忠良共著）］　家政学講座刊行会編　恒春閣　1951　396p 22cm
◇植物生理生態学実習―実験　田崎忠良、田口亮平共著　養賢堂　1968　237p 図版 22cm
◇環境と生物指標 1 陸上編［土壌重金属汚染の指標としての野生植物（田崎忠良）］　日本生態学会環境問題専門委員会編　共立出版　1975　291, 6p 図 22cm
◇人間生存と自然環境 3［数種重金属の高等植物に対する影響について―特にカドミウムおよび亜鉛による生育阻害と、イオン吸収蓄積よりみた植物の種特異性について―（牛島忠広、田崎忠良、門司正三）］　佐々学、山本正編　東京大学出版会　1975　306p 27cm
◇環境植物学　田崎忠良編著　朝倉書店　1978.8　270p 22cm

田島 直之
たじま・なおゆき

文政3年(1820年)～明治21年(1888年)11月

林業家　紙蔵頭人
通称は与次右衛門, 号は愛林。周防国玖珂郡錦見村（山口県岩国市）出生。

周防岩国藩士。30歳の頃から儒学を学び、のち実学や経済に進んだ。特に林業に精通し、弘化4年(1847年)郷里・周防玖珂郡田尻山の建山総締となる。以来、同山の植林に従事し、独自の芝草採取法を編み出して多大な成果を上げた。また、クワの栽培や養蚕を奨励するなど、地域産業の興隆にも力を注いだ。元治元年(1864年)藩の紙蔵頭人に就任。同年、隊長として幕長戦争（第一次長州征伐）に従軍したのち、藩命で豊後木浦山に赴き、鉱山学を修得。帰藩後は岩国藩領内の各地で鉱山を開発した。明治6年からは山口県の軍事用材・鉄道用枕木の管理を担当。19年には玖珂郡勧業農会を設立した。この間、多年にわたる林産業への功績が評価され、東京山林共進会から銀杯と金一封を贈られている。著書に「山林助農説」「稲田増穫説」がある。

田島 政人
たじま・まさと

昭和2年(1927年)～平成8年(1996年)9月16日

昭島市文化財保護審議会会長
鹿児島県大口市出生。鹿児島青年師範学校〔昭和23年〕卒、法政大学文学部国文学（万葉集）専攻〔昭和30年〕卒。

鹿児島県内で4年間教員を務めたのち、昭和30年東京都青梅市立友田小学校、以後63年まで同市、昭島市の小学校に勤務。この間、36年昭島市の多摩川河原で約500年前のクジラとされるアキシマクジラの骨格化石を発見、発掘、復元に従事。また43年多摩川で食虫植物タヌキモの大群生を発見、研究保護に取り組んだ。昭島市文化財保護審議会会長、植物調査会会長などを務めた。著書に「アキシマクジラ物語」がある。

【著作】
◇アキシマクジラ物語　田島政人著　けやき出版　1994.8　85p 23cm

田尻 栄太郎
たじり・えいたろう

明治3年(1870年)1月3日～
昭和21年(1946年)2月25日

殖産家
大阪府三島村（茨木市）出生。

郷里・大阪府三島村（現・茨木市）の湿地を利用してコリヤナギの栽培に成功、同地の特産物となった。

田尻 清五郎 (3代目)
たじり・せいごろう

文政4年(1821年)8月11日～
大正3年(1914年)8月9日

殖産家
豊前国下毛郡和田村田尻（大分県中津市）出生。

庄屋の子として生まれ、18歳で家督を相続、3代目清五郎を名乗る。余水川の新開事業、野田御林の開墾などの新田開発、ハゼの木を植えて木蝋を生産、田尻塩田の開発などに尽くす。明治26年新港を塩田西隅に築造し製塩業を発展させた。村の子供に自家製の菓子を配ったことも有名で"清五郎菓子"の名を残し、死後村民は余水川神社（俗称・清五郎神社）を建立した。

田代 善太郎
たしろ・ぜんたろう

明治5年(1872年)2月22日～
昭和22年(1947年)2月20日

植物研究家
福島県東白河郡出生。福島師範学校〔明治25年〕卒、東京高等師範学校〔明治30年〕卒。

4歳で母を、12歳で父を亡くし、白河の橋本家で養育を受ける。明治21年福島師範学校に入り、同校の教師であった根本莞爾の影響で植物に興味を持つ。次いで東京高等師範学校専科に進み、郷友会で活動したが、学業不振に陥ったため退学させられそうになり、校長・嘉納治五郎の温情により専科から博物選科に転じることで事なきを得た。この間、牧野富太郎に師事し、植物への関心をさらに深めた。30年卒業後は教員となり福島師範学校に勤務したが、間もなく病気で休職。のち回復し、熊本師範学校を経て、35年長崎高等女学校に赴任。45年教頭で同校を退職してからは鹿児島県の加治木中学で教鞭を執った。教職の傍ら植物の分類学的・地理学的研究を行い、大正10年沖縄に訪れたのをはじめ、日本各地で植物標本を採集。この間に発見した新種はソウマシオジやシブツアサツキなど数多く、タシロラン、タシロノガリヤス

などその名にちなんで命名された種も多い。14年これまでに採集した植物約2万5000点を京都帝国大学に寄贈。さらに同大理学部植物学教室の小泉源一に招かれてその嘱託となり、昭和15年まで在職して標本の採集や整理に当たった。一方で二階重楼や小田常太郎、山下幸平、古家儀八郎ら各地の植物研究家と連絡を取り合い、彼らから送られてきた植物標本の同定も行っている。著書に「鹿児島県屋久島の天然紀念物調査報告」「田代善太郎日記」などがある。

【著作】
◇天然紀念物調査報告 植物之部［第5輯 鹿児島県屋久島の天然紀念物調査報告（田代善太郎）］ 内務省編 内務省 1925〜1926 22cm
◇田代善太郎日記 明治篇 田代晃二編 創元社 1968 603p 図版 地図 22cm
◇田代善太郎日記 大正篇 田代晃二編 創元社 1972 560p 図 肖像 22cm
◇田代善太郎日記 昭和篇 田代晃二編 創元社 1973 880p 図 肖像 22cm
◇屋久島天然記念物調査報告—大正12年6月 田代善太郎著, 山内英司編 山内英司 1992.11 59p 26cm
◇鹿児島県屋久島の天然紀念物調査報告—復刻版 田代善太郎著 屋久島産業文化研究所生命の島 1995.10 122p 19cm

【評伝・参考文献】
◇時と人と言葉—父と子の七十余年 田代晃二編著 教育出版センター新社 1987.7 390p 22cm

田代 安定
たしろ・やすさだ

安政3年（1856年）8月22日〜
昭和3年（1928年）3月16日

植物学者

幼名は直一郎。薩摩国鹿児島城下加治屋（鹿児島県鹿児島市）出生。

明治3年鹿児島市外にある柴田圭三の塾に入り、5年柴田が造士館のフランス語教員となるとそれに従って同館に入学。さらに同館在学のままフランス語助教となる。柴田と共に同館を辞職したあとは開物社で師の翻訳助手を務めた。明治7年上京。はじめ東京開成学校への入学を希望するが家庭の事情のため果たせず、8年内務省に採用され、博物局の田中芳男の下で植物学を研修。12年には同局が発行した「博物雑誌」（5号で廃刊）に「オオバヤドリギ」「黒檀之説」など数編の論説を発表した。13年鹿児島県庁勧業課陸産掛に転じ、渡辺千秋県令の命で県内の植物調査に取り組み「鹿児島県草木譜内篇」を編纂。15年農商務省御用掛として沖縄に出張、キナノキの苗木植栽試験に従事した。以来、たびたび奄美、沖縄及び八重山諸島を訪れ、これらの地域特有の植物を調査・採集して多数の新種を発見、近代日本における熱帯植物研究の端緒を開いた。17年農商務省に派遣され、ロシアの首都ペテルブルグで開催された万国園芸博覧会に事務官として参加。博覧会終了後も同地にとどまり、ロシア屈指の植物学者で日本の植物にも通暁したマキシモヴィッチに面会して植物について親しく教えを受けた。ベルギー、ドイツ、オーストリアを経て、帰国後は引き続き南西諸島の調査に従事。特に八重山諸島の開拓を企図して19年から約1年をかけて同地に滞在し、くまなく実地を測量・調査してその開拓計画を内閣各大臣に上申したが、外交関係上受け入れられず農商務省

を辞した。その後、帝国大学の嘱託として南海諸島の植物・人類学上の調査をした他、22年から23年にかけて海軍練習艦に便乗しフィジー、サモア、グアムなどの熱帯産業を調査。29年台湾総督府民政局技師、30年台湾総督府技師に任ぜられ、大正4年に免官となるまでの約20年に渡り熱帯植物や熱帯農林業の研究・殖育に心血を注いだ。この間、44年からは鹿児島高等農林学校（現・鹿児島大学農学部）講師も兼任。辞職後の大正10年、星製薬嘱託となり、キナノキ栽培を指導した。著書に「台湾街庄植樹要鑑」「恒春熱帯植物殖育場事業報告」などがある。

【著作】
◇甲川採薬記 1集2巻 田代安定著 写本〔明治年間〕 2冊 27cm
◇台湾街庄植樹要鑑 田代安定著 台湾総督府民政部 1900.12 284p 23cm
◇恒春熱帯植物殖育場事業報告 第3-6輯（殖産局出版 第72, 164号）田代安定著 台湾総督府民政部殖産局 1912〜1917 3冊 26cm
◇蔓草庵資料 第1号〜3号 天野鉄夫編 金城功 1986.5 38, 52, 43p 25cm
◇石垣島調査報告書1（地域研究シリーズ no. 31）沖縄国際大学南島文化研究所 2003.3 139p 26cm

【評伝・参考文献】
◇博物学者列伝 上野益三著 八坂書房 1991.12 412, 10p 23cm
◇明治の冒険科学者たち—新天地・台湾にかけた夢（新潮新書）柳本通彦著 新潮社 2005.3 219, 4p 18cm

多田 智満子
ただ・ちまこ

昭和5年（1930年）4月1日〜
平成15年（2003年）1月23日

詩人, エッセイスト　英知大学名誉教授
本名は加藤智満子（かとう・ちまこ）。福岡県福岡市博多区出生、東京出身。慶應義塾大学文学部英文学科〔昭和30年〕卒。団フランス文学、神話学、古代宗教 団地中海学会、日本現代詩人会、日本文芸家協会 賞現代詩女流賞（第5回）〔昭和55年〕「蓮喰いびと」、井植文化賞（文芸部門）〔昭和56年〕、現代詩花椿賞（第16回）〔平成10年〕「川のほとりに」、読売文学賞（詩歌俳句賞、第52回）〔平成13年〕「長い川のある国」。

詩人、評論家として活躍したほか、フランス語を中心に翻訳の仕事も手がけた。主著に、詩集「花火」「贋の年代記」「多田智満子詩集」「蓮喰いびと」「祝火」「川のほとりに」「長い川のある国」、エッセイ「花の神話学」「夢の神話学」「森の世界爺」「十五歳の桃源郷」、評論「鏡のテオーリア」「宇遊自在ことばめくり」、訳書にユルスナール「ハドリアヌス帝の回想」「東方綺譚」、ケッセル「ライオン」、「サン・ジョン・ペルス詩集」など多数。

【著作】
◇薔薇宇宙 多田智満子著 昭森社 1964 69p 22cm
◇花の神話学 多田智満子〔著〕 白水社 1984.6 240p 23cm
◇森の世界爺—樹へのまなざし 多田智満子著 人文書院 1997.7 208p 20cm
◇植物［蓮喰いびと（多田智満子）］（書物の王国5）オスカー・ワイルド, クリスティナ・ロセッティ, ジャン・アンリ・ファーブル, 幸田露伴, 一戸良行ほか著 国書刊行会 1998.5 222p 21cm

多田 元吉
ただ・もときち

文政12年（1829年）6月11日〜
明治29年（1896年）4月2日

内国勧業博覧会審査官
上総国富津村（千葉県富津市）出生。賞藍綬褒章〔明治23年〕。

上総富津村（現・千葉県富津市）に網元の長男として生まれる。のち江戸に出て、剣客として知られた千葉周作の道場に通う。万延元年（1860年）神奈川奉行下番世話役助となり、慶応2年（1866年）長州出兵に参加。大政奉還がなると将軍家に従って静岡に移り、茶の栽培で成功を収める。間もなく、紅茶生産を急務としていた新政府に登用され、明治8年から10年にかけて清、インドなどを視察してその製法の調査研

究に従事。帰国後は内務省に勤務、24年に引退するまで日本各地を巡回して紅茶の伝習に努めた他、インドから持ち帰った苗を元に品種改良を行うなど、茶業の近代化に尽力。また長く内国勧業博覧会の審査官を務めた。

【著作】
◇紅茶製法纂要　多田元吉著　勧農局　1878.5　2冊（上39,下33丁）23cm
◇紅茶説　歌羅尼爾摩尼（コロネル・モネー）著，多田元吉訳　勧農局　1878.12　4冊（巻1-4）23cm
◇茶業改良法　多田元吉著　擁万堂　1888.5　105p 19cm
◇日本茶業史資料集成　第17冊　［茶業改良（多田元吉）］（Bunsei Shoin digital library）　小川後楽監修，寺本益英編　文生書院　2003.12　1冊 23cm
◇日本茶業史資料集成　第18冊　［紅茶製法纂要 他（多田元吉）］（Bunsei Shoin digital library）　小川後楽監修，寺本益英編　文生書院　2003.12　1冊 23cm

【評伝・参考文献】
◇茶業開化―明治発展史と多田元吉　川口国昭，多田節子著　全貌社　1989.8　502p 19cm

橘 保国
たちばな・やすくに

正徳5年（1715年）～寛政4年（1792年）閏2月22日

画家

旧姓名は楢原。通称は大助、号は秋筑堂、後素軒。大坂出生。父は橘守国（画家）。

　浮世絵師・絵本画家の橘守国（号は素軒）の子。父に絵を学び、その業を受け継いで法橋となり、のちには法眼に叙された。風俗人物画や絵本の挿絵などを得意とした。宝暦5年（1755年）刊の「画本野山草」5冊は、花や草木185種を図示し、それぞれに注解を加えたもので、絵の優秀さに加えて、ケマンソウ、ウコン、トケイソウなどこの当時から広く培養されていた渡来植物を多く含む点からも植物学史上の貴重な資料として、また、画業を志す人や利便性のための参考書として名高い。その他の著書に「絵本詠物選」「画志」などがあり、父との合作による絵本もある。

【著作】
◇絵本野山草（生活の古典双書）　橘保国著，平野満校訂　八坂書房　1982.4　275p 20cm

辰野 誠次
たつの・せいじ

明治39年（1906年）10月15日～
平成8年（1996年）6月15日

広島大学名誉教授，日本蘚苔類学会長
広島県広島市袋町出生。広島高等師範学校理科〔昭和4年〕卒，広島文理科大学理学部生物学科植物学専攻〔昭和7年〕卒。理学博士〔昭和17年〕。専 植物細胞学 団 日本植物学会，日本遺伝学会，染色体学会，日本蘚苔類学会（会長）賞 日本遺伝学会賞〔昭和31年〕。

　広島文理科大学の第1期生で、昭和7年卒業して母校の助手となり、14年講師、17年助教授。25年より広島大学理学部助教授を併任、38年教授。45年定年退官。在学中より蘚苔類の細胞学及び、それを材料とする細胞遺伝学を研究。多数の蘚苔類を材料に性染色体が多型分化を示すことや、単相栄養体植物でも倍数性による進化が起きていることを発見し、進化論的発想を基盤に蘚苔類の進化様式を提示した。

伊達 邦宗
だて・くにむね

明治3年（1870年）9月10日～
大正12年（1923年）5月27日

伯爵

幼名は菊重郎、字は子徳、号は松洲。陸前国仙台（宮城県）出生。父は伊達慶邦（仙台藩主）。ケンブリッジ大学（英国）。

　陸奥仙台伊達家第13代慶邦の六男として生まれる。明治32年兄・宗基の嗣子となり邦宗と

改名。大正6年伯爵を襲爵。長じてケンブリッジ大学に留学、経済学を修める。帰国後、仙台一本杉邸に養種園を創設、果樹・蔬菜の改良普及に努め、若い農業者育成に尽力した。また十数年かけて伊達家の家系、歴代藩主の事跡、仙台城築城の経緯などを詳細に記録した「伊達家史叢談」をまとめたことでも知られる。

立石 敏雄
たていし・としお

明治41年(1908年)2月10日～
昭和54年(1979年)7月15日

植物研究家　新つくし山岳会会長
福岡県鞍手郡鞍手町出生。福岡師範学校〔昭和2年〕卒。

昭和2年福島師範を卒業後、教員となって福岡県鞍手郡内の小学校に勤務。傍ら福岡県の植物相についての分類研究を行い、8年吉岡重夫と共に北筑豊植物研究会を結成した。特に筑豊地方の福智山、帆柱山を精査しており、同年「帆柱山植物目録」を著している。14年若松高等女学校に赴任し、以後、門司高等女学校、大濠高校を経て、福岡大学薬学部講師。登山家としても知られ、早くから山岳に親しみ、新つくし山岳会会長も務めた。また山岳の自然保護にも尽力し、福岡県の自然を守る会副会長なども歴任した。著書は他に「九州の山」「祖母・大崩山群」などがある。

舘岡 亜緒
たておか・つぐお

昭和6年(1931年)～?

植物学者　国立科学博物館植物研究部室長
理学博士。

イネ科植物の野生集団について遺伝学的解析を進め、その結果にもとづく分類学的研究を行なった。

【著作】
◇イネ科植物の解説　館岡亜緒著　明文堂　1959　151p 図版 27cm
◇ヒメノガリヤス(無融合体複合種)の内部構造の解析(文部省科学研究費補助金研究成果報告書)　館岡亜緒,国立科学博物館編著　1980～1982
◇植物の種分化と分類　館岡亜緒著　養賢堂　1983.7　269p 22cm
◇日本産ミヤマヌカボ複合体の細胞分類・地理学的研究(文部省科学研究費補助金研究成果報告書)　館岡亜緒,国立科学博物館編著　1984～1986

建部 恵潤
たてべ・えじゅん

大正5年(1916年)～?

植物研究家
兵庫県の植物相についての分類研究を行なった。

館脇 操
たてわき・みさお

明治32年(1899年)9月1日～
昭和51年(1976年)7月18日

北海道大学名誉教授
神奈川県横浜市出生。北海道帝国大学農業生物学科〔大正13年〕卒。農学博士〔昭和8年〕,理学博士〔昭和20年〕。團森林生態学。

昭和8年北海道帝国大学農学部助教授、27年教授に就任、33年同大附属植物園長をつとめ、38年名誉教授。のち酪農学園大学、札幌商科大学教授などを歴任。森林生態学、特にアカエゾマツ林の群落学の研究の業績があり、著書に「地方圏の植物」などがある。また北海道総合開発調査委員会委員、森林専門委員会委員などを歴任した。

【著作】
◇北樺太植物調査報告書　工藤祐舜,館脇操〔著〕薩哈嗹軍政部　1922　122p 27cm

◇阿寒国立公園地帯植物学的研究 館脇操著 北海道景勝地協会 1934 28p 27cm
◇北見礼文島植物概説 館脇操〔著〕 北海道景勝地協会 1934 10, 24p 図版9p 27cm
◇東亜研究資料［第30号 満州松花江移民地採草期に於ける部落牧野の植物概報(館脇操)］ 北海道帝国大学東亜研究会 1939～1942 22cm
◇自然科学上より見たる阿寒国立公園 鈴木醇、犬飼哲夫、館脇操共著 北海道景勝地協会 1941 52p 22cm
◇山西学術探検記［山西の植物(館脇操)］ 山西学術調査研究団編 朝日新聞社 1943 265p 地図 19cm
◇自然科学観察と研究叢書 北海道・樺太・千島列島［北日本の植物分布(館脇操)］ 山下秀之助編 山雅房 1943 384p 22cm
◇北海道帝国大学農学部演習林研究報告 第13巻第2号［アカエゾマツ林の群落的研究(館脇操)］ 北海道帝国大学農学部演習林編 北海道帝国大学農学部演習林 1943 26cm
◇北樺太の植物(資料丁 第30号C) 館脇操〔著〕 東亜研究所 1943 68p 26cm
◇北方農業研究 伊藤誠哉監修 西ケ原刊行会 1943 270p 22cm
◇千島学術調査研究隊報告書 第1輯［幌筵海峡地帯の植物 館脇操］ 綜合北方文化研究会編 綜合北方文化研究会 1944 156p 図版 表 地図 26cm
◇北方の植物(アルス文化叢書36) 館脇操著 アルス 1944 103p(図版共)19cm
◇北国の花 館脇操著 柏葉書院 1947 215p 19cm
◇花(科学の泉 24) 館脇操著 創元社 1948 189p 18cm
◇植物の分布(生物学集書10) 館脇操著 河出書房 1948 170p 22cm
◇北方風物叢書 第2輯 北方書院 1949 191p 19cm
◇大雪山の植物 館脇操著 林友会旭川支部 1949.9 87, 18p 22cm
◇世界地理大系 第2巻日本［生物資源(館脇操)］ 石田竜次郎、渡辺光共編 河出書房 1951 346p 図版 27cm
◇樹木学 第1編 樹木の形態(林業技術叢書 第11輯) 館脇操著 日本林業技術協会 1952 96p 21cm
◇阿寒国立公園足寄口の植生 館脇操著 帯広営林局 1954 53p 図版14枚 26cm
◇植生スケッチ集 館脇操著 名古屋営林局 1954序 49p 図版43枚 表12枚 22cm
◇石狩川源流原生林総合調査報告 1952-54［植物群落(館脇操、高橋啓二)他］ 石狩川源流原生林総合調査団編 旭川営林局 1955 393p 図版25枚 表 26cm
◇北欧の森林 館脇操著 日本林業技術協会 1959 316p 19cm

◇北海道(カラーブックス) 館脇操著 保育社 1963 153p(図版共)15cm
◇北方植物の旅 館脇操著 朝日新聞社 1971 343p 20cm

【その他の主な著作】
◇丘―歌集 館脇操著 東京詩学協会 1929 101p 20cm

田中 治
たなか・おさむ

大正15年(1926年)7月30日～
平成14年(2002年)8月30日

広島大学名誉教授
群馬県前橋市出生。東京大学医学部薬学科〔昭和25年〕卒, 東京大学大学院修了。薬学博士(東京大学)〔昭和34年〕。専 天然物有機化学 団 日本薬学会、日本農芸化学会、日本生薬学会(会長) 賞 日本薬学会奨励賞(昭和44年度)「ダマラン系トリテルペンの化学的研究」、日本薬学会学術賞(昭和59年度)「C-13NMRによる配糖体の化学構造の研究―薬用人参とその同族体及び甘味植物成分研究への応用」。

昭和30年東京大学薬学部助手、33年米国NIH留学、38年東京大学薬学部助教授を経て、45年広島大学教授。のち、鈴峯女子短期大学教授、学長。平成10年退任。日本生薬学会会長も務めた。

田中 貢一
たなか・こういち

明治14年(1881年)12月14日～
昭和40年(1965年)2月25日

植物研究家 帝国駒場農園技術長
長野県東筑摩郡広丘村(塩尻市)出生。長野県師範学校(現・信州大学)〔明治36年〕卒。

矢沢米三郎、河野齢蔵、志村烏嶺らと並ぶ、高山植物採集の先駆者。長野県師範学校(現・信州大学)在学中より長野の植物を研究し、いくつかの新種を発見。また4年時の明治35年には

矢沢教諭らによる信濃博物学会創設に加わり、編集主任として機関誌「信濃博物学雑誌」を発行した。またこの年、皇太子（のち大正天皇）が同校を訪れた際にあらかじめ採集してあったトガクシショウマ（トガクシソウ）をご覧に入れ、東宮御所にも献上。36年古牧小学校訓導。37年上京、採集した植物を送るなど交友のあった牧野富太郎の斡旋により東京帝国大学農科大学助手となり、池野成一郎の下についた。大正2年帝国駒場農園を設立、技術長として農産物種子の検査や苗木の育成販売、特に全国小学校の学校園植物の普及事業に従事。一方、5年より8年間、牧野の「日本植物図鑑」編集に協力し、昭和3年には牧野との共著「科属検索日本植物志」を出版した。またキバナノアツモリ、ゲンジスミレ、ミヤマツメクサ、シロウマナズナなどの新種も多く発見している。他の著書に「信濃の花」「花物語」がある。小説家の島崎藤村とは師範学校時代からの友人で、藤村の「破戒」の登場人物・土屋銀之助のモデルといわれる。

【著作】
◇信濃の花―植物美観　田中貢一著、牧野富太郎閲　荻原朝陽館　1903.9　221p 23cm
◇花物語　田中貢一著　博文館　1908.3　464p 23cm
◇科属検索日本植物誌　牧野富太郎、田中貢一編　大日本図書　1928　864p 図版27枚 19cm

田中 孝治
たなか・こうじ

大正14年（1925年）1月22日〜
平成16年（2004年）6月17日

生薬コンサルタント　東京都薬用植物園長
東京出生。日本大学専門部拓農科薬草園芸専攻〔昭和19年〕卒。團薬草園芸。

昭和21年東京都衛生局薬務課に勤務。生薬の指導取り締まりを担当するかたわら、薬用植物園の建設・栽培研究に尽くす。東京都小金井保健所医薬係長を経て、43年東京都薬用植物園長に就任。60年定年退職。昭和薬科大学薬用薬草園園長を経て、生薬コンサルタントとして活躍。日本漢方医学研究所評議員、農水省特産農作物利用開発中央会議薬用作物振興部会委員なども務めた。主な著書に「薬になる植物百科」「薬草毒草300」「身近な民間薬　からだに効く食べもの」「図解薬草の実用事典」「家庭で使える薬草植物大事典」など。

【著作】
◇野山の薬草―その薬用メモ　山西潔, 坪川忠, 田中孝治共著　北隆館　1968　193, 20p 図版 19cm
◇薬になる花　安藤博写真、田中孝治文　朝日新聞社　1972　151p（おもに図）22cm
◇薬草の効能・使用法―採集・栽培から始める（ひかりのくに実用文庫）　田中孝治著　ひかりのくに　1977　96p（図共）19cm
◇草・木・きのこ（家庭の園芸）　田中孝治著　学習研究社　1977.7　164p 26cm
◇薬草手帖 上（平凡社カラー新書）　田中孝治文, 木原浩写真　平凡社　1980.6　144p 18cm
◇薬草手帖 下（平凡社カラー新書）　田中孝治文, 木原浩写真　平凡社　1980.7　144p 18cm
◇身近かな薬草100種―採取と薬効　田中孝治著　家の光協会　1981.5　125p 19cm
◇薬になる植物百科―260種の採取と用い方（カラー版ホーム園芸）　田中孝治文, 高橋孜写真　主婦と生活社　1983.11　259p 23cm
◇野菜は女をしあわせにする　田中孝治著　はまの出版　1989.11　228p 18cm
◇漢方は女を美しくする　田中孝治著　はまの出版　1989.12　228p 18cm
◇からだに効く食べもの―薬効のある野菜・くだもの・魚介類と用い方　身近な民間薬（よくわかる本）　田中孝治著　主婦と生活社　1993.2　223p 19cm
◇身近な薬効植物100―からだにプラス！　田中孝治著　実業之日本社　1993.11　229p 19cm
◇薬になる植物百科―260種の採取と用い方（新編ホーム園芸）　田中孝治著　主婦と生活社　1994.2　259p 23cm
◇薬草健康法―効きめと使い方がひと目でわかる（ベストライフ）　田中孝治著　講談社　1995.2　231p 19cm
◇図解自家製薬®事典―野草や野菜がこんなに効くとは知らなかった!（「これからはおもしろい」おもしろ選書8）　ハート出版　1995.7　181p 21cm
◇薬草ハーブ―種類・効能・ハーブバス・アロマテラピー（ハーブ選書）　菅原明子, 難波恒雄, 田中孝治, トモダジュンコほか著　誠文堂新光社　1995.9　139p 19cm
◇山菜・野草157種―いつ、どこで、どのように…調べる・採る・味わう（別冊家庭画報）　世界

文化社　1996.5　146p 28cm
◇薬用植物―種類・効用・使い方（最新園芸教室）　田中孝治著　誠文堂新光社　1996.12　151p 19cm
◇薬草手帖　上（平凡社カラー新書セレクション）　田中孝治文, 木原浩写真　平凡社　1997.2　143p 18cm
◇薬草手帖　下（平凡社カラー新書セレクション）　田中孝治文, 木原浩写真　平凡社　1997.2　144p 18cm
◇楽しいハーブ百科　主婦と生活社編, 田中孝治監修　主婦と生活社　1997.5　144p 26cm
◇ハーブバイブル―薬用ハーブのすべて　アール・ミンデル著, 田中孝治日本語版監修　同朋舎　1999.8　245p 21cm
◇図解薬草の実用事典　田中孝治著　家の光協会　2001.2　143p 21cm
◇家庭で使える薬用植物大事典　田中孝治著, 神蔵嘉高写真　家の光協会　2002.2　287p 26cm
◇ハーブ・サプリ・バイブル―体によく効くハーブのすべて（よくわかる栄養補助食品ガイド3）　アール・ミンデル著, 田中孝治, 丸元康生日本語版監修, 荒井稔訳　ネコ・パブリッシング　2003.10　523p 19cm
◇食品産業のための高機能バイオセンサー―最新検出技術の開発と応用［抗原抗体反応を利用したスライドガラスセンサーチップにおける菌体検出技術の開発(山田雅雄, 田中孝治, 高島成剛)］　農林水産先端技術産業振興センター高機能バイオセンサー事業部会編　化学工業日報社　2003.10　367p 21cm

田中　彰一

たなか・しょういち

明治34年（1901年）11月18日～
昭和62年（1987年）5月9日

玉川大学農学部教授, 国際柑橘学会会長
鳥取県西伯郡大山町出身。京都帝国大学農学部農林生物学科〔昭和6年〕卒。農学博士〔昭和20年〕。專植物病理学団国際柑橘学会（会長）。
　農林省園芸試験場興津支場長などを経て、昭和38～47年玉川大学農学部教授。ナシの黒斑病や柑橘枯病などを研究。53～57年国際柑橘学会会長を務めた。

【著作】
◇農業薬剤要説（富民叢書 第52輯）　田中彰一著　富民協会　1937　74p 19cm
◇上手な農薬の使ひ方（富民叢書 第73輯）　田中彰一著　富民協会　1942　79p 19cm
◇実用農業薬剤要論〈2版〉　田中彰一著　養賢堂　1948　139p 図版 22cm
◇上手な農薬の使い方　田中彰一著　富民社　1948　81p 19cm
◇蔬菜病害防除論　田中彰一著　朝倉書店　1948　316p 図版 21cm
◇綜合農学大系 第1巻［農業薬剤学（田中彰一）］　綜合農学大系刊行会編　群芳園　1949　275p 26cm
◇果樹病虫害防除法　田中彰一著　朝倉書店　1950　242p 図版 表 22cm
◇病害虫の生態と防除〔第1〕　湯浅啓温, 明日山秀文共編　産業図書　1950　585p 22cm
◇実用農薬要論　田中彰一著　養賢堂　1956　192p 図版 21cm
◇農薬精義（農学大系 農学共通部門）　田中彰一著　養賢堂　1956　382p 22cm
◇東海近畿農業試験場園芸部特別報告 第1号 柑橘の黄化症に関する研究　田中彰一著　東海近畿農業試験場園芸部　1960　83p 図版 26cm
◇蔬菜の病害と防除法　田中彰一, 岸国平共著　養賢堂　1963　264p 22cm

田中　正三

たなか・しょうぞう

明治37年（1904年）1月18日～
平成3年（1991年）5月1日

京都大学名誉教授
京都帝国大学理学部〔昭和3年〕卒。理学博士。專生物化学。
　昭和18～42年京都帝国大学理学部教授。生物化学の草分け的存在で、植物病理学に生化学を導入、新しい学問分野を開拓した。稲の伝染病であるイモチ病など植物病理の解明や、大腸菌や黄色ブドウ状球菌などの生合成過程の解明に尽くした。ノーベル賞を受賞した利根川進・米マサチューセッツ工科大学教授の恩師。

【著作】
◇食品化学　京都帝国大学理学部有機生物化学教室　1943　1冊 26cm
◇自然科学読本［分子の世界（田中正三）］　長谷川万吉等編　世界思想社　1951　381p 図版 22cm
◇細菌の代謝　M. Stephenson著, 田中正三, 鈴木達雄共訳　丸善　1955　422p 22cm

◇生物化学の基礎（基礎化学シリーズ 第4 日本化学会編） 田中正三著 大日本図書 1968 231p 22cm
◇生化学的薬理学 吉田博，田中正三編集 朝倉書店 1971 463p 27cm
◇分子薬理学 吉田博，田中正三編集 朝倉書店 1979.9 534p 22cm
◇薬の安全な使い方―臨床家のために P. I. フォルブ著，田中正三，末広誠之訳 シュプリンガー・フェアラーク東京 1986.11 153p 27cm
◇簡明薬理学用語辞典 田中正三著 シュプリンガー・フェアラーク東京 1991.10 225p 19cm

田中 澄江
たなか・すみえ

明治41年（1908年）4月11日～
平成12年（2000年）3月1日

劇作家，小説家　女性の登山の会主宰

旧姓名は辻村。東京・板橋出生。夫は田中千禾夫（劇作家），長男は田中聖夫（嫁菜の花美術館館長）。東京女子高等師範学校（現・お茶の水女子大学）国文科〔昭和7年〕卒。師は額田六福。団 歴史，地理，古典 団 日本ペンクラブ，日本演劇協会，日本文芸家協会，日本放送作家協会 賞 ブルーリボン賞脚本賞（第2回・昭和26年度）「我が家は楽し」「少年期」「めし」，NHK放送文化賞（第13回）〔昭和37年〕，芸術祭賞優秀賞（音楽放送部門）（第26回・昭和46年度）「NHK・長崎の緋扇」（作詞），芸術選奨文部大臣賞（文学・評論部門）（第24回）〔昭和48年〕「カキツバタ群落」，紫綬褒章〔昭和52年〕，読売文学賞（第32回・随筆紀行賞）〔昭和55年〕「花の百名山」，勲四等宝冠章〔昭和59年〕，紫式部文学賞〔平成8年〕「夫の始末」，東京都名誉都民〔平成11年〕。

昭和7年聖心女子学院に勤務。学生時代から岡本綺堂主宰の「舞台」などで習作にはげむ。9年劇作家・田中千禾夫と結婚。菊池寛の戯曲研究会にも参加，14年「劇作」に発表した「はる・あき」で知られるようになる。戦後は一時期地方新聞の芸能記者として働きながら戯曲「悪女と眼と壁」「京都の虹」などを発表。26年カトリックの洗礼を受ける。30年「つづみの女」，34年「がらしあ・細川夫人」を発表する一方，小説面でも活躍し「虹は夜」「きりしたん殉教のあとをたずねて」などを発表。また，NHK朝のテレビ小説「うず潮」「虹」で知られるシナリオ作家でもあった。登山好きで知られ，女性の登山家の会を主宰。昭和63年自宅に無名女性画家のための嫁菜の花美術館を建設。晩年は随筆「老いは迎え討て」などを著し，老年哲学を説いた。他の著書に「カキツバタ群落」「ハマナデシコと妻たち」「花の百名山」「新・花の百名山」，自叙伝「遠い日の花のかたみに」，自伝風連作をまとめた「夫の始末」などがある。

【著作】

◇山のわかれ山の出会い 田中澄江著 講談社 1959 212p 図版 20cm
◇山によみがえる（レモン・ブックス） 田中澄江著 学習研究社 1968 203p 19cm
◇越えてきた山々 田中澄江著 丸ノ内出版 1971 209p 図 18cm
◇山によせる心 田中澄江著 大和書房 1971 204p 図 肖像 18cm
◇山によみがえる 田中澄江著 立風書房 1971 230p 20cm
◇散る花のように 田中澄江著 立風書房 1971 215p 20cm
◇私の旅私の花 田中澄江著 大和書房 1971 235p 図 肖像 19cm
◇カキツバタ群落 田中澄江著 講談社 1973 228p 20cm
◇山がそこにあるから 田中澄江著 スキージャーナル 1978.7 246p 20cm
◇花の肖像―画文集 第2集 太田洋愛，田中澄江著 講談社 1980.3 125p 22cm
◇花の百名山 田中澄江著 文藝春秋 1980.7 362, 12p 20cm
◇聖地の花 田中澄江文，善養寺康之写真 講談社 1983.3 100p 22cm
◇私の好きな山の花 田中澄江著 山と渓谷社 1985.11 256p 19cm
◇山―生きる・学ぶ・探る［花の山（田中澄江）］ 小宮昌平，近藤和美編 大月書店 1986.2 237p 19cm
◇山野草グルメ―四季の香りと味を楽しむ 田中澄江，本田力尾著 主婦の友社 1986.3 255p 19cm
◇花を撮る［エッセー 私の花の思い出（田中澄江）］（シリーズ写真百科） 朝日新聞社編 朝日新聞社 1986.4 170p 21×14cm
◇遠い日の花のかたみに―女の自叙伝 田中澄江著 婦人画報社 1986.8 199p 19cm

◇桜［サクラの思い出（田中澄江）］（日本の文様4）今永清二郎編　小学館　1986.10　183p 28cm
◇花と歴史の武蔵野　田中澄江著　ぎょうせい　1988.2　350p 21cm
◇花と歴史の山旅　田中澄江著　東京新聞出版局　1988.4　263p 19cm
◇花に生き、花に生かされて―ずいひつ　田中澄江著　PHP研究所　1989.10　239p 20cm
◇野の花が好き　田中澄江著　家の光協会　1989.12　220p 20cm
◇万葉の花ごよみ　田中澄江著　ぎょうせい　1990.10　206p 21cm
◇新・花の百名山（JTBのmook）　田中澄江著　日本交通公社出版事業局　1991.7　176p 28cm
◇花と歴史の50山―いまも現役山々を語る　田中澄江著　東京新聞出版局　1992.7　255p 19cm
◇花名所―都会人に贈る憩いガイド（光文社文庫）光文社　1993.2　191p 16cm
◇野の花と人生の旅　田中澄江著　家の光協会　1995.3　235p 20cm
◇花とともに生きる（PHP文庫）　田中澄江著　PHP研究所　1995.7　283p 15cm
◇思い出の歌思い出の花　田中澄江著　家の光協会　1995.9　235p 20cm
◇王朝の美に咲く花たち　田中澄江著　ぎょうせい　1997.2　218p 19cm
◇花伝説―日本の四季と旅を楽しむ本（光文社文庫）　光文社　1997.2　201p 16cm
◇私はいつでも山に登りたい　田中澄江著　大和書房　1997.4　206p 20cm
◇花の百名山〔愛蔵版〕　田中澄江著　文藝春秋　1997.6　395p 22cm
◇夫婦で六十二年　田中澄江, 田中千禾夫著　講談社　1997.10　224p 20cm
◇一月の花（花の名随筆1）　大岡信, 田中澄江, 塚谷裕一監修　作品社　1998.11　222p 18cm
◇二月の花（花の名随筆2）　大岡信, 田中澄江, 塚谷裕一監修　作品社　1999.1　222p 18cm
◇三月の花―名句選（花の名随筆3）　大岡信, 田中澄江, 塚谷裕一監修　作品社　1999.2　234p 18cm
◇四月の花―名句選（花の名随筆4）　大岡信, 田中澄江, 塚谷裕一監修　作品社　1999.3　222p 18cm
◇五月の花―名句選（花の名随筆5）　大岡信, 田中澄江, 塚谷裕一監修　作品社　1999.4　222p 18cm
◇六月の花―名句選（花の名随筆6）　大岡信, 田中澄江, 塚谷裕一監修　作品社　1999.5　230p 18cm
◇七月の花―名句選（花の名随筆7）　大岡信, 田中澄江, 塚谷裕一監修　作品社　1999.6　230p 18cm
◇八月の花―名句選（花の名随筆8）　大岡信, 田中澄江, 塚谷裕一監修　作品社　1999.7　222p 18cm
◇九月の花―名句選（花の名随筆9）　大岡信, 田中澄江, 塚谷裕一監修　作品社　1999.8　221p 18cm
◇十月の花―名句選（花の名随筆10）　大岡信, 田中澄江, 塚谷裕一監修　作品社　1999.9　222p 18cm
◇十一月の花―名句選（花の名随筆11）　大岡信, 田中澄江, 塚谷裕一監修　作品社　1999.10　221p 18cm
◇十二月の花―名句選（花の名随筆12）　大岡信, 田中澄江, 塚谷裕一監修　作品社　1999.11　238p 18cm
◇山はいのちをのばす―老いを迎え討つかしこい山の歩き方（青春文庫）　田中澄江著　青春出版社　2000.4　231p 15cm
◇自然との対話―24人のトークコレクション　山と渓谷社編　山と渓谷社　2001.8　293p 19cm
◇新・花の百名山（JTBキャンブックス）　田中澄江著　JTB　2002.4　175p 21cm

【評伝・参考文献】
◇上手な老い方―サライ・インタビュー集 葡萄の巻（サライ・ブックス）　サライ編集部編　小学館　1999.10　270p 19cm

田中 節三郎
たなか・せつさぶろう

慶応元年（1865年）～明治36年（1903年）

植物研究家

旧姓名は後藤。越後国北蒲原郡（新潟県）出生。養父は田中芳男（農学者）。公立新潟学校〔明治14年〕卒, 駒場農学校（現・東京大学農学部）普通農学科〔明治15年〕卒。農学博士（駒場農学校農学本科）。

旧新発田藩士の家に生まれる。駒場農学校（現・東京大学農学部）普通農学科卒業後, 明治18年田中芳男の養子となり, 田中姓に改姓。19年同校助教授となり, 兼務期間を経て, 農務局に移り, 22年農商務省技手見習, 25年農科大学助教授。24年1～8月の間, 種子島, 奄美大島, 沖縄, 石垣島, 西表島, 与那国島で489種の植物を採集。標本は東京帝国大学に保管され, 松村任三らにより研究された。氏に献名された学名にコクテンギ *Euonymus tanakae* Max.、ツルモウリンカ *Cynanchum tanakae* Max. などがある。

【著作】
◇農業改良演説筆記　田中節三郎述，二味道政編　菅間定治郎　1888.4　14丁　19cm
◇織物原料辣美実用新書――名・苧麻栽培録　福島住一著，田中節三郎閲　有隣堂　1897.10　144，17p 19cm
◇栽培各論（帝国百科全書 第68編）　田中節三郎著　博文館　1901.6　385p 24cm

田中 剛
たなか・たけし

明治40年（1907年）8月8日～
平成9年（1997年）11月10日

藻類学者　鹿児島大学名誉教授
福岡県柳川市出生。北海道帝国大学理学部植物学科〔昭和9年〕卒。理学博士〔昭和24年〕。団日本藻類学会，日本水産学会 賞南日本文化賞〔昭和29年〕。
　北海道帝国大学で山田幸男の指導を受ける。同大副手，助手を経て，昭和21年鹿児島水産専門学校教授となり，24年鹿児島大学水産学部への改組により同教授，43年学部長。48年定年退官，52年まで南日本短期大学教授。日本産ガラガラ属やイバラノリ属の分類学的研究の他，鹿児島大学では鹿児島から南に広がる南西諸島の海藻相を研究。また水産分野ではアマノリ属の養殖を広め，出水地方の養殖事業を成功させた。自然保護活動にも積極的に係わり，57年～平成6年まで鹿児島県自然環境保全審議会会長を務めた。

田中 長三郎
たなか・ちょうざぶろう

明治18年（1885年）11月3日～
昭和51年（1976年）6月27日

大阪府立大学名誉教授
大阪府大阪市出生。東京帝国大学農科大学〔明治43年〕卒。農学博士〔昭和7年〕，理学博士〔昭和29年〕。団果樹園芸学 賞カリフォルニア大学名誉博士号〔昭和30年〕。
　明治43年東京帝国大学農科大学を卒業後，上田蚕糸専門学校講師，九州帝国大学講師，宮崎高等農林学校教授を歴任。大正15年福岡県の医師宮川謙吉の邸宅で枝変わりの温州ミカンを発見し，持ち主にちなんで'宮川早生'と命名，良好な経済品種としてその普及に努めた。昭和4年台北帝国大学教授に就任。7年には論文「温州蜜柑譜，特ニ芽条変異ニ拠ル新変種ノ発生ニ就テ」で農学博士号を取得した。19年定年退官。戦後は連合国軍総司令部（GHQ）技術嘱託を経て，23年東京農業大学教授，30年大阪府立大学教授。同年カリフォルニア大学名誉博士。31年当時の琉球政府に招かれて米軍統治下の沖縄に赴き，果樹技術指導と資源植物の調査を行った。柑橘についてセミノールオレンジを日本に導入するなど多くの研究業績をのこし，特にその分類学的研究に関しては世界的権威として知られた。また柑橘の歴史的研究も進め，古代，垂仁天皇の命で常世の国に派遣された田道間守が持ち帰ったものとして「古事記」「日本書紀」に見える非時香菓という果実について，香り高い柑橘のダイダイであるとする説を主張した。資源植物の研究も行った。著書に「柑橘学」「南方植産資源論」「果樹分類学」「琉球の柑橘」「農業民主化の指針」などがあり，宮沢文吾との共編で「有用野生植物図説」がある。

【著作】
◇遺伝学教科書　田中長三郎著　丸山舎書籍部　1915　180, 7p 22cm
◇シーボルト先生渡来百年記念論文集　シーボルト先生渡来百年記念会編　シーボルト先生渡来百年記念　1924　190p 図版12枚 23cm
◇岩波講座生物学［第13 実際問題［1］果樹（田中長三郎）］　岩波書店編　岩波書店　1930～1931　23cm
◇岩波講座生物学［第16 特殊問題［2］泰西本草及び本草家（田中長三郎）］　岩波書店編　岩波書店　1930～1931　23cm
◇山地開発資料 第1編［山地開発問題の全貌（田中長三郎）］　台北帝国大学理農学部園芸学教室編　養賢堂　1936　56p 図版 24cm
◇東亜共栄圏の植産資源と計画生産（経済研究叢書 105）　田中長三郎著　日本工業倶楽部　1941　90p 19cm
◇南洋地理大系 第6巻 東印度 第2 旧蘭印 第2・旧英領ボルネオ・葡領チモール［東印度（旧蘭印）の農業（田中長三郎）］　飯本信之, 佐藤弘編　ダイヤモンド社　1942　22cm
◇南方植産資源論——東亜共栄圏国土計画資料　田中長三郎著　養賢堂　1943　301p 図版 22cm
◇日本園芸発達史［台湾に於ける園芸の発達（田中長三郎）］　日本園芸中央会編　朝倉書店　1943　800p 22cm
◇都市の蔬菜栽培—附:日本の家庭蔬菜　V. R. ボーズウエル, R. E. ウエスター著, 田中長三郎訳　長谷川書店　1947　161p 19cm
◇日本食糧論（真日本農業文庫 第1）　田中長三郎著　真日本社　1948　138p 18cm
◇農業民主化の指針　田中長三郎著　長谷川書店　1948　208p 18cm
◇有用野生植物図説　宮沢文吾, 田中長三郎共著　養賢堂　1948　442p 22cm
◇果樹分類学　田中長三郎著　河出書房　1951　311p 22cm
◇園芸学 上巻　田中長三郎著　東京農業大学出版会　1953　243p 図版 21cm
◇農民組織化の問題—新しい農民運動の指標　田中長三郎著　東京農業大学出版会　1953　78p 21cm
◇農業小辞典　近藤康男, 岩住良治, 田中長三郎監修　博文社　1954　829, 145p 19cm

田中　長嶺

たなか・ながね

嘉永2年（1849年）4月24日～
大正11年（1922年）6月30日

殖産家

幼名は重次郎。越後国三島郡才津村（新潟県長岡市）出生。

越後に生まれる。慶応元年（1865年）絵画を学ぶために上京したが、明治2年母の懇望により農業に入る。傍ら菌学を研究し、19年より矢田部良吉の下で菌学を学ぶ。23年田中延次郎との共著で我が国最初の菌類学書である「日本菌類図説」を出版。また人工接種によるシイタケ栽培法や木炭改良法などを研究、28年田中式改良窯を考案した。他の著書に「香蕈培養図説」「十余三産業絵詞」「炭焼手引草」などがある。

【著作】
◇日本菌類図説 第1巻　田中延次郎, 田中長嶺著　丸善　1890.8　21p 図版 26cm
◇参河北設楽郡香蕈培養図解　田中長嶺著　石川芝太郎　1892.9　16丁 23cm
◇炭焼手引草　田中長嶺著　利民社　1898.9　42p 23cm
◇小野宮御偉績考　田中長嶺著　近藤活版所　1900.8　22, 20, 32丁 26cm
◇散木利用編 第1巻 あかがし　田中長嶺著並画　近藤圭造　1901　18p 23cm
◇散木利用編 第2巻 くぬぎ　田中長嶺著並画　近藤圭造　1901　18p 23cm
◇散木利用編 第3巻 黒炭　田中長嶺述並画　近藤圭造　1902　44p 23cm
◇散木利用編 第4巻 香蕈　田中長嶺著並画　近藤圭造　1903　70p 23cm
◇明治叢書全集 第13巻 林業・林産　赤羽武編集　農山漁村文化協会　1984.4　451, 7p 22cm

【評伝・参考文献】
◇明治殖産業の民間先駆者田中長嶺の研究　中村克哉, 安井広, 浜口隆共著　風間書房　1967　533p 図版 22cm

【その他の主な著作】
◇参河名所　田中長嶺著　近藤出版部　1922　図 18枚 23cm

田中　延次郎

たなか・のぶじろう

元治元年（1864年）3月～
明治38年（1905年）6月21日

菌類学者

旧姓名は市川延次郎。号は秋園。江戸出生。
帝国大学理科大学植物学科専科〔明治22年〕

修了。

　東京・南千住に酒問屋の長男として生まれる。明治18年帝国大学理科大学植物学教室専科に入学。高等菌類から植物寄生菌、カビ、変形菌に至るまで幅広く菌類に関心を持ち、我が国で初めて変形菌に関する論文を発表し、その際に"変形菌"という語を創案した。傍ら、在学中に「植物学雑誌」発刊を主唱者し、その題字を揮毫している。22年田中長嶺との共著で「日本菌類図説」を刊行。25年より愛知県桑樹萎縮病試験委員を務め、30年東京養蚕講習所の桑樹萎縮病調査会が設置されるとその事務を担当し た。30年私費でドイツに留学し、酵母菌の研究に従事。晩年は適当な就職口がなく、また妻も失い、やがて精神を病んで精神病院で亡くなった。日本で最も早く湿室培養を行なった人物でもある。

【著作】
◇あをき・つばき・やぶにくけいの葉に黒き斑点を形成する菌の形状の比較及び其発生　田中延次郎著　田中延次郎　1888.4　13p 図版 25cm
◇日本菌類図説 第1巻　田中延次郎、田中長嶺著　丸善　1890.8　21p 図版 26cm

【評伝・参考文献】
◇近代日本生物学者小伝　木原均ほか監修　平河出版社　1988.12　567p 22cm

田中 信徳

たなか・のぶのり

明治43年(1910年)8月11日～
平成8年(1996年)11月10日

　東京大学名誉教授、日本植物園協会名誉会長　神奈川県出生、東京出身。東京帝国大学植物学科〔昭和10年〕卒。理学博士。団細胞学、遺伝学　国日本遺伝学会(名誉会員)、日本植物園協会(名誉会長)　賞勲三等旭日中綬章〔昭和57年〕。

　東京大学助手、講師、助教授を経て、昭和35年教授、42年附属植物園長を兼任。46年帝京大学医学部教授、57年一般教育教授をつとめた。

また日本メンデル協会会長なども務めた。

【著作】
◇異数性の問題(日本生物学業績 4)　田中信徳著　北隆館　1948　379p 21cm
◇進化学説の展望〔雑説(田中信徳)〕(生物学選書)　ネオメンデル会編　北隆館　1949　282p 19cm
◇遺伝学・細胞学文献綜説 1940-1946 第2巻〔植物の細胞遺伝学(田中信徳)〕　メンデル会編　北隆館　1950　203p 26cm
◇進化学説の展望〔雑説(田中信徳)〕(生物学選書)　ネオメンデル会編　北隆館　1951　282p 18cm
◇遺伝の実習(実験叢書)　田中信徳著　中教出版　1953　270p 図版 19cm
◇細胞の遺伝　R. セガー、F. J. ライアン著、池田庸之助、田中信徳訳　岩波書店　1966　411p 22cm
◇DNAと染色体　E. J. DuPraw著、田中信徳、黒岩常祥、渡部真訳　丸善　1973　346p 22cm
◇新しい細胞遺伝学(細胞生物学シリーズ1)　田中信徳編　朝倉書店　1978.11　212p 22cm
◇花(学研の図鑑)　田中信徳監修　学習研究社　1986.7　183p 26cm

田中 正雄

たなか・まさお

?～平成3年(1991年)9月6日

池の平小屋(剣岳)管理人

　昭和24年親類の米沢幸作が経営する山小屋・池の平小屋(立山町)の管理人となる。毎年7月上旬から10月中旬まで小屋に入り、大工の実績を生かして改築・修理にあたった。また登山道の整備にも尽力。環境庁委嘱高山植物監視員となり、剣岳の景観保持に努めた。平成2年小屋が老朽化で倒壊するが、病のため復旧にあたれずに死去。

【評伝・参考文献】
◇剱・池の平讃―田中正雄さんを偲んで　上田応輔編　剱・池の平の会　1993.9　156p 21cm

田中 正武

たなか・まさたけ

大正9年(1920年)6月10日～
平成13年(2001年)2月13日

京都大学名誉教授

東京出生,京都府亀岡市出身。京都帝国大学農学部農林生物学科〔昭和22年〕卒。農学博士。団栽培植物起源学 賞勲三等旭日中綬章〔平成6年〕。

京都大学農学部教授、昭和48～58年同大附属植物生殖質研究施設長、のち横浜市立大学木原生物学研究所長を経て、京都大学名誉教授、木原記念横浜生命科学振興財団常務理事、のち顧問を務めた。コムギなど栽培植物の起源の研究で知られた。著書に「栽培植物の起源」など。

【著作】

◇コムギの祖先(科学写真シリーズ 第4) 松村清二解説,望月明,田中正武共編 岩崎書店 1953 124p(図版32p共)23cm
◇栽培植物の起源(NHKブックス) 田中正武著 日本放送出版協会 1975 241,8p 19cm
◇Catalogue of Aegilops-Triticum germ-plasm preserved in Kyoto University edited by Masatake Tanaka Plant Germ-plasm Institute, Faculty of Agriculture, Kyoto University 1983 179p 26cm
◇植物遺伝資源入門 田中正武〔ほか〕編著 技報堂出版 1989.5 274p 21cm

田中 瑞穂

たなか・みずほ

大正5年(1916年)11月23日～
昭和52年(1977年)12月19日

自然保護運動家 北海道学芸大学教授

広島県広島市出生,長野県須坂市出身。東京高等師範学校理科三部〔昭和16年〕卒。団植物学。

昭和16年旭川師範学校、20年北海道第三師範学校、25年八雲高校教諭を経て、33年北海道学芸大学釧路分校助教授、40年教授。"釧路湿原"の名付け親で、釧路湿原植生図を初めて完成させた。釧路湿原の保護運動に先駆者として取組み、46年北海道自然保護協会釧路支部幹事長に。47年「『釧路湿原国定公園』への試案」を発表し、この中でラムサール条約についても紹介、48年釧路湿原対策特別委員会のまとめた意見に反映された。著書に「子どものための東北海道の植物」「湿原のしくみ」「釧路湿原」などがある。

【著作】

◇釧路の植物(釧路叢書 第5巻) 田中瑞穂著,釧路叢書編纂委員会編 釧路市 1963 194p 図版 22cm
◇昭代干拓誌 田中瑞穂 柳川市昭代干拓土地改良区 1973 258p 図 22cm
◇こどものための東北海道の植物〈第4版〉(釧路新書 6) 田中瑞穂著 釧路市 1985.3 175p 図版4枚 18cm
◇「共生き」は二十一世紀のキーワード 田中瑞穂著 田中瑞穂 1998.9 212p 22cm

田中 稔

たなか・みのる

明治35年(1902年)10月15日～
平成5年(1993年)6月29日

農林省青森県農業試験場長

東京市本郷区(東京都文京区)出生,山形県天童市出身。三重高等農林学校農学科〔昭和2年〕卒。農学博士(東北大学)〔昭和36年〕。団水陸稲の育種 団日本作物学会(名誉会員) 賞藍綬褒章〔昭和25年〕「水稲藤坂5号の育成」。

昭和2年人口食糧問題調査会(内閣)、4年秋田県農業試験場技手、10年青森県農業試験場藤坂支場勤務、27年青森県農業試験場長を経て、45～54年青森県農林部顧問を務めた。この間、イネの生育を記録し、品種改良を重ねて耐冷多収の水稲品種'藤坂5号'を開発した。

【著作】

◇リンゴ栽培の実際 田中稔,水木淳一著 北日本農園 1926 245p 22cm
◇ライ麦(雑穀叢書) 田中稔著 産業図書 1946 44p 19cm
◇寒地稲作増収技術 田中稔著 富民社 1953 588p 表 19cm
◇大豆の増産技術 雑穀奨励会 1953 184p 19cm

◇三池平古墳―静岡県庵原郡庵原村［三池平古墳の環境（鮫島輝彦，田中稔，内藤晃］　内藤晃，大塚初重編　庵原村教育委員会　1961　193p 図版52枚 26cm
◇最新稲作診断法　戸苅義次，天辰克己共編　農業技術協会　1962　2冊 22cm
◇北の稲と四〇年　田中稔著　家の光協会　1968　306p 18cm
◇農業近代化への歩み―随想　田中稔著，青森県農事懇談会編　農業図書　1969　254p 21cm
◇深層追肥稲作―稲をみて稲をつくる　田中稔著　富民協会　1974　204p 19cm
◇畑作農法の原理　田中稔著　農山漁村文化協会　1976.6　206p 19cm
◇これからの稲作技術―深層追肥の基本　田中稔　家の光協会　1979.11　158p 22cm
◇稲の冷害　田中稔著　農山漁村文化協会　1982.2　266p 19cm
◇野外活動おもしろ図鑑　8　手づくり生活術　田中稔作，田沢梨枝子絵　岩崎書店　1990.3　39p 29cm
◇野外生活図鑑―自然・体験・発見・工夫・創造　田中稔著　創和出版　1992.8　128p 21×22cm
◇環境化学概論（化学教科書シリーズ）　田中稔，船造浩一，庄野利之共著　丸善　1998.2　182p 21cm
◇分析化学概論（化学教科書シリーズ）　田中稔，澁谷康彦，庄野利之共著，塩川二朗〔ほか〕監修　丸善　1999.7　233p 21cm

【評伝・参考文献】
◇北国のイネを育てた男―田中稔氏の足跡を辿って　青森県農業試験場編　田中稔稲作顕彰会　1995.2　136p 27cm
◇全国農業博物館資料館ガイド　［田中稔記念館（稲作資料館）］　橋本智編著　筑波書房　2002.1　226p 19cm
◇昭和農業技術史への証言　第1集［松島省三さんと田中稔さんに仕えて］（人間選書）　昭和農業技術研究会，西尾敏彦編　農山漁村文化協会　2002.3　255, 5p 19cm

---

田中　諭一郎

たなか・ゆいちろう

明治34年（1901年）5月1日～
昭和58年（1983年）11月25日

静岡県柑橘試験場長
愛知県出生。愛知県安城農林学校〔大正8年〕卒。賞勲四等瑞宝章〔昭和55年〕。

農商務省園芸試験場助手、台北帝国大学園芸学教室助手、講師を経て、昭和16年静岡県柑橘試験場技師。21年2代目場長に就任。ミカン分類・育種の専門家で、静岡県内各地でミカン栽培の巡回指導に当たった他、温州ミカンの優良系統である'青島温州'の選出と普及に努めた。著書に「日本柑橘図譜」「園芸植物繁殖法」などがある。

【著作】
◇栗の栽培法　田中諭一郎著　明文堂　1933　290, 16p 20cm
◇園芸植物繁殖法　下巻　田中諭一郎著　明文堂　1936　472, 39p 19cm
◇山地開発資料　第1編［実梅の品種に関する研究（田中諭一郎）］　台北帝国大学理農学部園芸学教室編　養賢堂　1936　56p 図版 24cm
◇園芸植物繁殖法―総論及果樹・庭木温室植物及一般草花〈訂3版〉　田中諭一郎著　明文堂　1942　886p 19cm
◇日本柑橘図譜―日本に於ける柑橘の種類に関する譜学的研究　上・下巻　田中諭一郎著　養賢堂　1948　2冊 26cm
◇園芸植物繁殖法　上巻　総論及果樹　田中諭一郎著　明文堂　1949　376p 図版 19cm
◇みかんとびわ（職業文庫）　田中諭一郎著　実業教科書　1950　101p 19cm
◇ミカンの増収技術　田中諭一郎著　富民協会　1960　270p 19cm
◇日本柑橘図譜―日本に於ける柑橘の種類に関する譜学的研究　続編　田中諭一郎著　養賢堂　1980.9　175p 27cm

田中 芳男

たなか・よしお

天保9年(1838年)8月9日～
大正5年(1916年)6月22日

博物学者、男爵 農商務省農務局長、大日本山林会長、貴院議員(勅選) 幼名は芳介。信濃国飯田(長野県飯田市)出生。弟は田中義廉(教科書編纂者)。師は伊藤圭介。帝国学士院会員〔明治39年〕。団 大日本山林会(会長)。

18歳の時に名古屋に出て尾張藩の藩儒・塚田某に漢学を、本草学者の伊藤圭介に博物学を学んだ。文久元年(1861年)幕府の蕃書取調所物産学出役となり、海外から送られてきた植物類の試験栽培や国内の産物調査を担当。慶応3年(1867年)パリ万国博覧会に出張。明治維新後、文部省に勤め、明治4年ウィーン万博参加が決まり5年文部大丞の町田久成と共に博覧会事務局御用掛を兼務。一方同年政府は博物館建設を計画、田中は大学南校に設けられた物産局担当となり、町田の片腕として博物館建設に尽力した。同年末博覧会事務官専一となった。14年農商務省農務局長、16年元老院議官、18年東京学士会会員、23年勅選貴院議員、39年帝国学士院会員を歴任。物産学とは鉱物、植物、動物を対象の博物学で、田中はその道に精通、大日本山林会長、大日本農会、水産会各顧問を務め産業界に貢献した。大正4年男爵。訳纂書に「動物学初編 哺乳類」「有用植物図説」などがあり、他に約60年間に渡って催し物のチラシや商品ラベルなど様々な紙片をスクラップした「捃拾帖」98冊を残した。

【著作】

◇泰西訓蒙図解 田中芳男訳、内田晋斎校 文部省 1871.12 2冊(上・下各30丁)23cm
◇植物綱目表(林娜氏) リンネ著、田中芳男編 文部省博物局 1872.8 1冊19cm
◇植物自然分科表 垤甘度爾列著、田中芳男訳 文部省博物局 1872.10 1帖19cm
◇草木図説目録 草部 田中芳男、小野職愨選 博物館 1874.10 1冊20cm
◇有用植物図説 解説原稿 田中芳男、小野職愨著 写本 1875～1887 8冊24cm
◇小学用博物図 小野職愨、田中芳男著、長谷川竹葉画 北尾禹三郎 1876.12 6丁23cm
◇博物図 鳥獣之部 田中芳男編、久保弘道校、服部雪斎画 玉井忠造等 1877.4 2帖19cm
◇錦窠翁盡筵誌 伊藤篤太郎、田中芳男編 田中芳男 1882～1890 22cm
◇古名録 畔田伴存(翠山)著 田中芳男 1885～1890 巻1-85、索引、総目録19cm
◇錦窠翁盡筵誌 第2(本日寄贈ノ書並出品解説) 田中芳男編 田中芳男 1890.9 73p 22cm
◇有用植物図説 田中芳男等著 帝国博物館 1891.8 7冊23cm
◇錦窠翁米賀会誌 田中芳男、宍戸昌編 田中芳男〔ほか〕 1891.9 184, 99p 23cm
◇美術応用天造物ノ話 田中芳男述 山本復一 1896.7 48p 23cm
◇第二回水産博覧会出品奨励ニ係ル演説 田中芳男述 福島県内務部 1897.1 26p 22cm
◇澳国博覧会参同記要 田中芳男、平山成信編 森山春雍 1897.8 1冊 図版22cm
◇農業館列品目録 田中芳男編 神苑会 1900.3 778p 23cm
◇新撰日本物産年表 田中芳男編 十文字商会 1901 137p 23cm
◇徴古館案内陳列品目録 田中芳男編 神苑会徴古館 1909.12 188p 22cm
◇田中芳男君七六展覧会記念誌 大日本山林会 1913 231p 23cm
◇林産名彙 田中芳男編、堀田正逸補輯 大日本山林会 1914 193p 図版20cm
◇田中芳男のサボテン研究 田中芳男著、奥一〔編〕著 奥一 1956 126p 22×16cm
◇明治前期産業発達史資料 第8集〔澳国博覧会参同紀要(田中芳男、平山成信編)〕 明治文献資料刊行会 1964～1965 22cm
◇有用植物図説 解説・目録・索引 田中芳男、小野職愨撰 科学書院 1983.10 566, 177p 22cm
◇有用植物図説 図画 田中芳男、小野職愨撰、服部雪斎図画 科学書院 1983.10 266p 22cm
◇明治後期産業発達史資料 第499巻〔林産名彙(田中芳男編)〕(農林水産一斑篇8) 龍渓書舎 1999.11 1冊22cm
◇訓蒙図彙集成 第23巻〔泰西訓蒙図解(田中芳男訳)〕 朝倉治彦監修 大空社 2000.3 340p 22cm
◇田中芳男十話, 田中芳男経歴談 田中義信〔著〕, 田中芳男〔述〕, 田中義信校注 田中芳男を知る会 2000.4 147p 26cm

【評伝・参考文献】
◇田中芳男君七六展覧会記念誌　大日本山林会編　大日本山林会　1913　231p 図版 肖像 23cm
◇伊那史叢説　市村咸人著　山村書院　1937　3冊 19cm
◇近代日本を築いた田中芳男と義廉　村沢武夫著　田中芳男義廉顕彰会　1978.12　115p 22cm
◇田中芳男伝—なんじゃあもんじゃあ　みやじましげる編　田中芳男・義廉顕彰会　1983.6.30, 438p 22cm
◇動物園の歴史—日本における動物園の成立（講談社学術文庫）　佐々木時雄著　講談社　1987.2　359p 15cm
◇江戸期のナチュラリスト（朝日選書 363）　木村陽二郎著　朝日新聞社　1988.10　249, 3p 19cm
◇殿様生物学の系譜（朝日選書 421）　科学朝日編　朝日新聞社　1991.3　292p 19cm
◇日本の博物館の父田中芳男展　飯田市美術博物館編　飯田市美術博物館　1999.9　92p 28cm
◇田中芳男伝—伝記・田中芳男（伝記叢書 342）　みやじましげる編　大空社　2000.12　438, 5p 22cm

田中屋 喜兵衛

たなかや・きへえ

（生没年不詳）

篤農家
山城国愛宕郡聖護院村（京都府京都市左京区）出生。

　山城愛宕郡聖護院村（現・京都市）で農業を営む。文政元年（1818年）尾張から同村黒谷の光明寺に宮重大根2本が献上された際、それが従来同村で栽培していた中堂寺大根よりも優良であることを見抜き、住職に頼んでそのうちの1本を分けてもらい、採種して試作を開始。はじめは細長いものが収穫されたが、同村の季候や土質にも合って生育も良好であったことから栽培と管理を続けたところ、徐々に楕円形となり、遂には円みを帯びた新品種が出来上がった。これは同村の名をとって聖護院大根と呼ばれ、収穫量も多く美味であることから多くの農家で栽培されるようになった。また天保元年（1830年）には聖護院カブの開発者として知られる伊勢屋利八と共に早生の先進地である和歌山を視察。そこで黒潮の影響によって海水が温暖になっているのを利用し海辺に浮かべた船の上でキュウリやナスを作っているのにヒントを得て、帰郷後、藁囲いの床に藁と太陽の下で暖めておいた石を敷き詰めることにより作物の生育を早めるという一種の促成栽培を考案した。子の金蔵も農事改良に尽力し、油を塗った障子で野菜の苗床を覆う農法を編み出した。

田辺 和雄

たなべ・かずお

明治33年（1900年）5月8日〜
昭和36年（1961年）11月9日

登山家　松江高校校長
旧姓名は浜田。東京出生。東京帝国大学〔昭和2年〕卒。團植物生態学。

　大正15年鹿島集落から爺ケ岳を経て鹿島槍積雪期初登攀を記録。東京帝国大学で武田久吉に卒業論文の指導を受け、白馬岳・八ケ岳・尾瀬を中心に高山植物の研究を続け、昭和5年古海正福の後任植物学担当教授として松江高校へ赴任後も、大学院学生時代から力を注いだ高山植物の生態研究をライフワークとした。特に日本アルプスをフィールドとして完成させた「高山植物写真図聚」（共著）は名著として名高い。36年11月早稲田大学海外調査探検隊長として南アフリカ踏査旅行に赴きキリマンジャロ登山中に発病、ナイロビの病院で客死した。

【著作】
◇高山植物写真図聚　武田久吉, 田辺和雄共編　梓書房　1931〜1932　2函 32cm
◇白馬岳—山とスキーと植物の案内　田辺和雄著　古今書院　1937　96p 図版 19cm
◇日本高山植物図鑑　武田久吉, 田辺和雄, 竹中要共著　北隆館　1950　50, 310p 図版33枚 19cm
◇生物学実験法講座 第2巻 C 植物および動物生態写真撮影法［植物写真撮影法（田辺和雄）］　岡田弥一郎編　中山書店　1955　49p 21cm
◇原色高山植物　田辺和雄著　朋文堂　1956　図版164p（解説54p, 索引10p共）19cm

◇原色日本植物生態図鑑 第1 水平分布・垂直分布編 田辺和雄著 保育社 1960 141p(図版解説共)27cm
◇山とお花畑―原色写真でみる高山植物 第1巻 北アルプス編 田辺和雄著 高陽書院 1961 17, 53, 38p 図版94p 26cm
◇山とお花畑―原色写真でみる高山植物 第2巻 尾瀬,上信越,東北,北海道編 田辺和雄著 高陽書院 1961 12, 33, 46p 図版72p 27cm
◇山とお花畑―原色写真でみる高山植物 第3巻 田辺和雄著 高陽書院 1961 60, 45p 原色図版72p 27cm
◇日本高山植物図鑑―学生版 武田久吉,田辺和雄共著 北隆館 1983.9 347p 図版16枚 19cm

【その他の主な著作】
◇上高地・槍・穂高(マウンテンガイドブックシリーズ 第1) 田辺和雄著 朋文堂 1952 110p(図版32p共)地図 19cm
◇白馬・後立山連峰(マウンテンガイドブックシリーズ 第2) 田辺和雄著 朋文堂 1952 110p(図版32p共)地図 19cm
◇尾瀬(マウンテンガイドブックシリーズ 第3) 田辺和雄等著 朋文堂 1953 116p(図版共)地図 19cm
◇立山・剱・黒部(マウンテンガイドブックシリーズ 第7) 田辺和雄等共著 朋文堂 1954 109p(図版32p共)地図 19cm

田部 長右衛門(21代目)
たなべ・ちょうえもん

嘉永3年(1850年)～昭和17年(1942年)2月14日

山林地主　貴院議員
旧姓名は宇山。幼名は虎三郎,諱は長秋,号は琴峰。出雲国(島根県)出生。
　母里藩士。早くから槍術を学び,小姓として藩に仕え,明治維新に際しては藩内で最初に断髪した。明治7年島根県吉田村の大地主である田部家の養嗣子となり,18年に22代目長右衛門を襲名。以後,日本有数の山林地主として50年間に200万本の杉檜苗を植え付けるなど林業の振興に尽力,23年には多額納税者互選で貴族院議員となった。事業の傍ら琴峰と号して俳句を嗜み,美術工芸の鑑賞を愛好したことでも知られる。

谷 利一
たに・としかず

昭和4年(1929年)10月25日～
平成13年(2001年)3月30日

香川大学名誉教授
香川県大川郡長尾町(さぬき市)出生。香川県立農業大学農産製造学科〔昭和29年〕卒。農学博士(京都大学)〔昭和39年〕。専植物保護,植物病理学 団日本植物病理学会,日本菌学会,日本芝草学会, American Phytopathological Society 賞日本植物病理学会賞〔昭和55年〕「エンバク冠銹病菌の寄生性に関する病態生理学的研究」。
　昭和31年香川大学農学部助手、39年助教授を経て、54年教授。この間、41年米国ワシントン州立大学に留学。ゴルフ場の芝の低農薬管理などに取り組んだ。

【著作】
◇最新芝草病害の諸問題とその対策(グリーンブックス) 谷利一著 理研グリーン 1988.9 24p 26cm
◇芝草病害概説 アメリカ植物病理学会〔編〕,谷利一監訳 ソフトサイエンス社 1995.6 101p 29cm

谷川 利善
たにかわ・としよし

明治13年(1880年)～昭和21年(1946年)4月10日

農業技師　園芸試験場技師
東京帝国大学農科大学農科卒。
　東京帝国大学農科大学農科を卒業後、米国コーネル大学農学科園芸学科で園芸学を修める。明治41年に帰国してからは農事試験場園芸部に勤務し、果樹の品種改良に取り組んだ。大正年間には'谷川文旦'や珠心胚実生の'谷川温州''谷川夏橙'といった柑橘系の新品種を作出。そのほか'興津桃'をはじめとするモモ類や'九十九びわ''瑞穂びわ'といったビワ類、さらにはナシや

イチジクなどでも新しい栽培品種を生み出している。また大正5年頃には南満州鉄道の委嘱で満州の果樹調査に当たり、その報告として「満州之果樹」(正続)を著した。著書は他に「柑橘の根接について」(上林諭一郎と共著)がある。

【著作】
◇満州之果樹 正, 続編(産業資料 其4, 6) 谷川利善〔著〕, 南満州鉄道株式会社地方部地方課〔編〕 南満州鉄道地方部地方課 1915～1916 2冊 図版 23cm
◇園芸試験場報告 第3号 [柑橘の根接に就て(谷川利善, 上林諭一郎)] 農林省園芸試験場編 農林省園芸試験場 1925 11p 22cm
◇日本園芸発達史 [果樹品種の変遷 他(谷川利善)] 日本園芸中央会編 朝倉書店 1943 800p 22cm

谷口 信一
たにぐち・しんいち

大正4年(1915年)1月1日～
平成12年(2000年)1月31日

北海道大学名誉教授
北海道江部乙村(滝川市江部乙町)出生。北海道帝国大学農学部林学科卒。林学博士。團森林経理学 団日本林学会 賞勲三等旭日中綬章〔昭和63年〕。

昭和22年北海道大学農学部助教授、38～53年教授を経て、名誉教授。30年頃から航空写真を森林の樹種や木材資源量の調査に応用する手法の確立に先駆的に取り組み、日本林学会道支部長などを務めた。

【著作】
◇石狩川源流原生林総合調査報告 1952-54 [林分構成(井上由扶, 谷口信一)] 石狩川源流原生林総合調査団編 旭川営林局 1955 393p 図版25枚 表 26cm
◇シラキユースの大学生活(林業解説シリーズ 第122 林業解説編集室編) 谷口信一著 日本林業技術協会 1959 32p 19cm
◇演習林業務資料 第4号 [問寒別川流域の森林経営と保全に関する基礎的研究―問寒別川流域森林の測樹学的研究(谷口信一)] 北海道大学農学部演習林 1962 26cm

◇北海道林業の諸問題 [北海道における個別森林施業計画の動向と問題点(谷口信一)] 三島教授退職記念事業会編 日本林業調査会 1968 413p 22cm
◇林業の経営と森林施業 谷口信一教授退官記念会編 北海道大学図書刊行会 1980.4 496p 22cm

種子島 久基
たねがしま・ひさもと

寛文4年(1664年)9月5日～
寛保元年(1741年)7月16日

藩政家 種子島第18代島主, 薩摩藩家老
童名は鶴裂娑丸、初名は義時、伊時、通称は三郎二郎、左内、弾正、号は栖林。薩摩国(鹿児島県)出生。父は種子島久時(種子島島主)。

種子島第18代島主・種子島久時の子。延宝3年(1675年)元服。元禄9年(1696年)薩摩藩老であった父に代わり、一時種子島の政治を担当。その頃の種子島はたびたび飢饉や疫病に悩まされ、島民の暮らしも困窮のきわみにあった。そこで元禄11年(1671年)琉球王の尚貞から贈られた甘藷に目を着け、家臣の西村権左衛門に命じて試植させた。この時、実際の試作は島内西之下石寺(現・西之表市)の篤農・大瀬休左衛門が当たったが、これが日本本土における初のサツマイモ栽培であるといわれ、後年、同地に日本甘藷栽培初地の碑が建立された。その後も甘藷栽培によって五穀の不足を補い、島の生活を救ったので、島民は彼のことを"芋殿様"と呼んで崇敬したという。宝永7年(1710年)薩摩藩家老職に就任。以来、質素倹約と文武奨励に努め、また行政力にもすぐれた手腕を発揮し、農事の振興や製鉄、武器・農具の製造、種子島での製鑞事業を開始するなど殖産興業に努めた。また杉山や松並木の保存といった景観保存にも努めた。享保20年(1735年)老齢のため藩老を辞すると同時に家督を子の家純に譲り、栖林と号して隠退。その性格は英邁かつ恩恕・廉潔であり、幕末薩摩藩の英主・島津斉彬に似ているといわれる。また若い頃は軍学者・山鹿素行の門

人として同門の大内良雄(内蔵助)と親しく交わったとも伝えられている。著書に「我が目分明記」がある。

【評伝・参考文献】
◇栖林種子島久基公略伝　阿世知国良著　熊毛郡聯合男女青年団　1936　79p 23cm
◇薩摩秘史―島津家の名家老種子島久基伝　家坂洋子著　高城書房出版　1991.9　286p 19cm

田原 正人
たはら・まさと

明治17年(1884年)7月13日～
昭和44年(1969年)2月17日

植物細胞学者　東北大学名誉教授

山梨県甲府市出生。東京帝国大学理科大学植物学科〔明治41年〕卒。理学博士〔大正6年〕。

東京帝国大学理科大学で藤井健次郎について細胞学を専攻。明治41～42年東京帝国大学副手を務め、大正6年理学博士の学位を受けた。10年東北帝国大学理学部生物学教室設立に際して助教授として赴任、同時に欧米に留学。12年帰国して教授に就任。昭和21年定年退官。その後、29年まで横浜市立大学教授を務めた。染色体の形態学、裸子植物・海草類の胚発生の研究に従事し、中でも、キク属の染色体の倍数性の発見で名高い。またウニの単為生殖に日本で初めて成功した。著書に「植物形態学汎論」「一般植物学」「細胞学総論」などがある。

【著作】
◇植物細胞及組織学講義　田原正人著　中興館書店　1914　196, 8p 22cm
◇植物形態学汎論　田原正人著　裳華房　1926　300p 22cm
◇細胞学総論　田原正人著　内田老鶴圃　1928　288, 8p 23cm
◇一般植物学　田原正人著　裳華房　1929　300p 22cm
◇岩波講座生物学［第7 植物学［2］植物の生殖(田原正人)］　岩波書店編　岩波書店　1930～1931　23cm
◇写真で見た植物の世界(理科教養文庫 第3 採集と飼育の会編)　田原正人著　内田老鶴圃　1952　94p(図版32p共)19cm

【評伝・参考文献】
◇近代日本生物学者小伝　木原均ほか監修　平河出版社　1988.12　567p 22cm

玉城 哲
たまき・あきら

昭和3年(1928年)7月8日～
昭和58年(1983年)7月2日

専修大学経済学部教授

東京出生。兄は玉城徹(歌人)、玉城素(社会学者)。東京農業大学農学科〔昭和28年〕卒。專農業経済学。

東京農業大学農学科在学中は遺伝学を専攻。しかし主任教授と合わず、やがて学生運動を通じて農業経済に関心を持つようになり、卒業論文のテーマは「日本農業の機械化」であった。昭和28年同大卒業後は日本産業新聞社、水利科学研究所、農村金融研究所などを経て、42年専修大学経済学部講師、43年助教授、49年教授。岐阜大学農学部や東京大学農学部の非常勤講師も務めた。農村の水利慣行の問題に着目、丹念な農村・水利調査を行い、農業と水との関係から発展して文化人類学的な"むら論"を展開した。著書に「稲作文化と日本人」「風土の経済学」「むら社会と現代」などがある。

【著作】
◇我妻東策先生古稀記念論文集[明治期における農業水利団体の確立過程(玉城哲)]　東京農業大学農業経済学会　1967　591p 図版 22cm
◇農法展開の論理［日本稲作農業の展開と水利(玉城哲)］　農法研究会編　御茶の水書房　1975　273p 22cm
◇論争・日本農業論[高度成長と農民層分解論の軌跡―梶井功・伊藤喜雄批判(玉城哲)]　高橋七五三編　亜紀書房　1975　282p 20cm

◇風土の経済学―西欧モデルを超えて 玉城哲著 新評論 1976 302p 20cm
◇稲作文化と日本人 玉城哲著 現代評論社 1978.7 238p 20cm
◇むら社会と現代 玉城哲著 毎日新聞社 1978.10 225p 20cm
◇水の思想 玉城哲著 論創社 1979.5 263p 20cm
◇灌漑農業社会の諸形態(研究参考資料 280) 玉城哲編 アジア経済研究所 1979.10 171p 25cm
◇むらは現代に生かせるか 玉城哲〔ほか〕著 農山漁村文化協会 1979.12 254p 19cm
◇むらづくり、まちづくりにおける農協と自治体―その連携と役割分担のあり方を中心に(相談資料 no. 22) 玉城哲〔ほか述〕 地域社会計画センター 1980.8 48p 25cm
◇水紀行―むらを訪ねて 玉城哲著 日本経済評論社 1981.1 275p 20cm
◇日本の社会システム―むらと水からの再構成 玉城哲著 農山漁村文化協会 1982.2 219p 20cm
◇日本農業改革への提言(現代総研シリーズ no. 9) 玉城哲著 現代総合研究集団 1982.9 86p 18cm
◇水社会の構造 玉城哲著 論創社 1983.2 257p 20cm
◇川の変遷と村―利根川の歴史 玉城哲著 論創社 1984.1 244p 22cm
◇土地資本研究 玉城哲著 論創社 1984.10 222p 20cm
◇水利の社会構造(国連大学プロジェクト「日本の経験」シリーズ) 玉城哲〔ほか〕編 国際連合大学 1984.11 327p 22cm

玉利 喜造

たまり・きぞう

安政3年(1856年)4月25日～
昭和6年(1931年)4月21日

農学者 鹿児島高等農林学校(現・鹿児島大学農学部)校長、貴院議員(勅選)
薩摩国(鹿児島県)出生。駒場農学校(現・東京大学農学部)〔明治13年〕卒。農学博士〔明治32年〕。
駒場農学校(現・東京大学農学部)勤務を経て、明治17年米国に留学、ミシガン州農学校及びイリノイ大学に学ぶ。20年帰国し、東京農林学校(のち東京大学農学部)教授に就任。36年盛岡高等農林学校を創設し校長となる。東北地方開発について、稲作に偏ることを戒め、耐寒作物の栽培をすすめた。またリンゴ、ジャガイモ、燕麦などの栽培を奨励して「混合農業」と称した。42年鹿児島高等農林学校(現・鹿児島大学農学部)の設立と共に校長に就任。大正11年勅選貴院議員となった。

【著作】
◇農家速算 玉利喜造著 有隣堂 1883.3 107p 22cm
◇農学 玉利喜造訳 丸善 1884.10 74p 27cm
◇農事奨励と其成績 玉利喜造述、大島国三郎編 全国農事会 1903.12 45p 22cm
◇東北振興策―大和民族の寒国に於ける発展策 玉利喜造著 全国農事会 1904.9 72p 地図 23cm
◇佐藤信淵家学大要 佐藤信淵者、織田完之、玉利喜造編 碑文協会 1906.11 662p 図版 23cm
◇日本農業発達史―明治以降における 第9巻農学の発達〔日本農学ノ今昔(玉利喜造著 奥谷松治解題)〕 農業発達史調査会編 中央公論社 1956 775p 22cm
◇明治園芸史 玉利喜造〔ほか〕合著、日本園芸研究会編 有明書房 1975.11 1冊 図 肖像 22cm

【評伝・参考文献】
◇玉利喜造先生伝 玉利喜造先生伝記編纂事業会 1974 499p 肖像 22cm
◇ファミリー・ファームの比較史的研究〔日清戦後期の「農会」構想―玉利喜造と酒匂常明(井川克彦)〕 椎名重明編 御茶の水書房 1987.2 546p 22cm

【その他の主な著作】
◇冷水浴の実験と学理 玉利喜造著 実業之日本社 1907.9 139p 19cm
◇実用倫理 玉利喜造著 弘道館 1909.5 372p 23cm

田宮 博

たみや・ひろし

明治36年(1903年)1月5日～
昭和59年(1984年)3月20日

植物生理化学者 東京大学名誉教授
大阪府大阪市出生。兄は田宮猛雄(東京大学名誉教授)。東京帝国大学理学部植物学科〔大正15年〕卒、東京帝国大学大学院〔昭和2年〕修

了。米国アカデミー外国人会員〔昭和41年〕、東ドイツアカデミー外国人会員、日本学士院会員〔昭和45年〕。理学博士〔昭和7年〕。専細胞生理化学 団日本植物生理学会 賞日本学士院賞〔昭和40年〕、勲二等旭日重光章〔昭和48年〕、文化勲章〔昭和52年〕。

兄は東京大学名誉教授で、日本医師会会長を務めた田宮猛雄。東京帝国大学理学部植物学科、大学院で柴田桂太に師事し、服部広太郎の下で副手を務める。卒業論文で柴田よりコウジカビ(アスペルギルス)を材料するよう命じられて以来、そのチトクロームや脱水素酵素、呼吸に対する一酸化炭素の影響などを研究、研究文献リストも編んだ。チトクロームなどの呼吸酵素に関しては、ドイツのO. ワールブルク、英国のD. ケイリンらに伍して研究を進め、独自の学説を発表して重要な貢献をなした。9〜10年ヨーロッパに留学し、パリのR. ユルムサーの研究所で研究。14年東京帝国大学助教授を経て、18年教授。36年同大応用微生物研究所長を務め、38年退官。この間、3年徳川生物学研究所員を兼務し、7年同研究所の目白移転を機に同所長代理、21年所長となり、45年に研究所が廃止されるまで采配をふるった。戦後は外国の熱心な要請を受けてクロレラの成長に関する基礎的な研究に従事、28年光合成の生化学的研究をもとに、明暗を一定の周期で与えるとクロレラが同調的に大きくなり分裂するという同調培養法を発表、大きな反響を呼び、"クロレラ博士"の異名をとった。22年には連合国軍総司令部(GHQ)のH. C. ケリー博士の肝いりで、茅誠司、嵯峨根遼吉と日本学術会議創設に奔走している。また、旧制一高時代からチェロの名手としても知られ、数曲の日本初演をしたことでも知られている。

【著作】
◇岩波講座生物学[第6 植物学[1]エネルギーの変転(田宮博)] 岩波書店 岩波書店 1930〜1931 22cm
◇酵素化学の進歩 第1集 赤堀四郎, 田宮博共編 共立出版 1949 405p 図版 22cm
◇生命とは何か(アテネ文庫 第70) 田宮博等述 弘文堂 1949 70p 15cm
◇酵素化学の進歩 第2集 赤堀四郎, 田宮博共編 共立出版 1950 318p 22cm
◇生理学講座[[第1]光合成(田宮博)] 日本生理学会編 生理学講座刊行会 1950〜1952 21cm
◇現代自然科学講座 第7巻[光と生物―光合成(田宮博)] 朝永振一郎, 伏見康治共編 弘文堂 1952 122p 図版 22cm
◇酵素化学の進歩 第3集 赤堀四郎, 田宮博共編 共立出版 1953 316p 図版 22cm
◇酵素化学の進歩 第4集 赤堀四郎, 田宮博編 共立出版 1954 295p 22cm
◇酵素化学の進歩 第5集の1 赤堀四郎, 田宮博編 共立出版 1954 135p 22cm
◇酵素化学の進歩 第5集の2 赤堀四郎, 田宮博編 共立出版 1955 164p 22cm
◇酵素研究法 第1巻[酵素研究の進め方(田宮博, 植村定治郎)] 赤堀四郎等編 朝倉書店 1955 780p 図版 22cm
◇岩波講座現代化学[生体内反応論2(田宮博)] 岩波書店 1956〜1957 21cm
◇酵素化学の進歩 第5集の3 赤堀四郎, 田宮博編 共立出版 1956 426p 22cm
◇藻類実験法 田宮博, 渡辺篤編 南江堂 1965 455p 22cm

【評伝・参考文献】
◇科学者点描 岡部昭彦著 みすず書房 1989.9 308p 19cm

田村 輝夫
たむら・てるお

大正4年(1915年)6月10日〜
平成14年(2002年)1月10日

琉球大学教授
中国・天津出身。台北帝国大学理農学部農学科卒。農学博士。専園芸学, ツツジ 団日本つつじ協会(会長)。

琉球大学教授、農林省野菜試験場久留米支場長などを歴任。日本つつじ協会会長を務めるなどツツジの研究で知られ、"ツツジ博士"として親しまれた。平成元年世界つつじまつり実行委員会副会長や、佐賀県基山町の大興寺つつじ園顧問も務めた。著書に「ツツジとシャクナゲ」「ツツジ」などがある。

【著作】

◇花卉園芸講座 第2［花木類の繁殖（田村輝夫）］ 塚本洋太郎編 朝倉書店 1957 248p 図版 22cm
◇花木と庭木（カラー園芸図鑑） 塚本洋太郎，田村輝夫著 主婦の友社 1970 270p（おもに図）19cm
◇躑躅・皐月・石楠花 田村輝夫，芝端祥介，和田弘一郎，冨成忠夫写真 講談社 1974 416p（図共）31cm
◇ツツジ（NHK趣味の園芸:作業12か月） 田村輝夫著 日本放送出版協会 1977.6 152p（図共）19cm
◇ツツジ－庭植え・鉢植え・盆栽の木作り（園芸入門） 小川由太郎，田村輝夫著 主婦の友社 1978.5 183p 19cm

田村 又吉
たむら・またきち

天保13年（1842年）1月5日～
大正10年（1921年）10月

篤農家　稲取村（静岡県）村長
伊豆国賀茂郡稲取（静岡県東伊豆町）出生。藍綬褒章〔明治37年〕。

　明治9年静岡県稲取村地主総代、20年稲取村ほか4ケ村戸長を経て、22～25年稲取村村長。この間、大部分が山林で耕地が少なく、漁業で生計を立てていた同村に、寒天の原料となるテングサの栽培を広めて村の特産品として村費を捻出し、学校、病院、水道などのインフラ整備に努めた。28年報徳運動家で柑橘栽培を広めていた片平信明と知り合ったことがきっかけに同村に柑橘栽培を広め、これらにより36年稲取村は全国三大模範村の一つに選ばれた他、今日ミカンの産地として知られる静岡県加茂郡の基礎を築いた。

【著作】
◇田村翁村治談　田村又吉述　島根県隠岐島農会　1908.12　92p 20cm

田村 藍水
たむら・らんすい

享保3年（1718年）～
安永5年3月23日（1776年5月10日）

本草学者
名は登、本姓は坂上、字は玄台、通称は元雄。江戸出生。長男は田村西湖（本草学者），二男は栗本瑞見（本草学者）。

　家は代々医家で、本姓は坂上氏だが坂上田村麻呂の支族であることから田村氏を称した。父宗宣に医術を、阿部将翁に本草学を学ぶ。長く市井の町医であったが、若い頃から薬用ニンジンに興味を持ち、元文2年（1737年）幕府からチョウセンニンジンの種を下付され、「人参譜」5巻を著述。さらに寛延元年（1748年）自身の経験を基に絵入りの「人参耕作記」を刊行した。宝暦7年（1757年）平賀源内らと共に江戸・湯島で我が国初の薬品会を開催。宝暦13年（1763年）には幕府医官に取り立てられ、禄300石を給された。以来、日光にある幕府のニンジン耕作地の管理を担当するなどチョウセンニンジンの栽培・製造に尽力した。また幕命に従い全国各地で採薬を行っている。明和元年（1764年）には宝暦10年（1760）の火災で版木が焼けた「人参耕作記」を復刻し、「朝鮮人参耕作記」を自家蔵版で上梓。ニンジン以外にも博物学的研究を進め、清の徐葆光の「中山伝信録」に載せられた動植物の彩色図解を作成し、「中山伝信録物産考」3巻としてまとめた。明和7年（1770年）には蘭学にも通じた薩摩藩主・島津重豪から同藩が採集した奄美諸島近辺の植物を贈られ、それらをもとに考察を加え、自作の彩色描画をふんだんに用いた南方植物誌「琉球産物志」を著した。高雅洒落の人であったといわれる。弟子には平賀源内のほか、曽占春、後藤梨春らがいる。また長男・田村西湖、二男・栗本瑞見（丹洲）ともに父に劣らぬ本草家となった。著書はほかに「甘蔗製造伝」「諸州薬譜」など。

【著作】
◇日本農書全集 第45巻 特産1　農山漁村文化協会　1993.10　454，13p 22cm

【評伝・参考文献】
◇忘れられた博物学　上野益三著　八坂書房　1987.10　277p 19cm

多和田 真淳

たわだ・しんじゅん

明治40年(1907年)1月7日～
平成2年(1990年)12月21日

植物研究家，考古学研究家　琉球政府林業試験場長

沖縄県那覇市首里崎山町出生。沖縄師範学校本科第二部〔大正15年〕卒。

大正15年沖縄師範学校を卒業して沖縄県で小学校の訓導を務める。昭和17年文部省資源科学研究所嘱託(植物採集方)、18年沖縄県立第一中学教授嘱託(植物)。戦後は知念高校、首里高校の教官を経て、沖縄民政府に勤務し、28年琉球政府林業試験場長。沖縄の植物や考古学研究の先駆者として知られ、多くの論文や文章を発表した。サワシマフジバカマ *Eupatorium tawadae* Kitamura、*Rubus tawadanus* koidz. などの植物が献名されている。著書に「沖縄薬草のききめ」など。

【著作】

◇沖縄薬用植物薬効　多和田真淳編　球陽堂書房　1931　178p 24cm

◇鬱金考　多和田真淳著　琉石産業研究所　1960　30枚 26cm

◇沖縄薬草のききめ　多和田真淳著　沖縄文教出版社　沖縄出版開発センター(発売)　1972　176p 22cm

◇沖縄の山野の花　多和田真淳解説，高良拓夫撮影　風土記社　1975　142p(図共)27cm

◇おきなわ子供のあそび　植物編　沖縄あそび研究会編，多和田真淳植物解説　ひるぎ社　1976　85p(図共)26cm

◇沖縄の薬草百科―誰にでもできる薬草の利用法　やさしい煎じ方と飲み方　多和田真淳，大田文子共著　新星図書出版　1985.11　447p 27cm

◇蔓草庵資料 第2号〔琉球植物の研究(多和田真淳，園原咲也)〕天野鉄夫編　金城功　1986.5　38, 52, 43p 25cm

【その他の主な著作】

◇多和田真淳選集―古稀記念 考古・民俗・歴史・工芸篇　古稀記念多和田真淳選集刊行会編　古稀記念多和田真淳選集刊行会　1980.1　367p 22cm

俵屋 宗達

たわらや・そうたつ

?～寛永20年(1643年)

画家

号は対青軒。京都出身。

京都の裕福な町衆の出身で、俵屋という絵屋を営み、扇面・色紙・短冊などに絵を描き、また襖絵や屏風絵も手がけた。光悦の書の下絵を金銀泥絵で描き「四季草花下絵和歌巻」などの傑作を制作。また多様な技法を用いて「蓮池水禽図」などを描き、大和絵風水墨絵画を完成させたといわれる。法橋に叙せられ、後水尾上皇の命をうけて三双の金屏風を描くなど、朝廷や公家などにも広く知られ、烏丸光広、本阿弥光悦、千少庵らと交遊した。代表作に「風神雷神図屏風」「松島図」「舞楽図」「扇面屏風」など。大胆な構図と明快な色彩感覚を駆使し、琳派の創始者とされる。

【著作】

◇四季草花絵巻　本阿弥光悦書，俵屋宗達画　東京美術院　1939　1軸 33cm

◇宗達光琳派図録　国立博物館編　便利堂　1952　図版123p 解説45p 38cm

◇宗達(講談社版アート・ブックス 第19)　宗達画，田中一松編集並解説　大日本雄弁会講談社　1955　図版34枚(解説共)18cm

◇宗達　宗達画，山根有三編〔解説〕　日本経済新聞社　1962　257, 31p(図版解説共)32cm

◇日本美術絵画全集 第14巻 俵屋宗達　源豊宗，橋本綾子著　集英社　1980.4　147p 28cm

◇四季草花宗達下絵和歌巻―日野原家蔵〔本阿弥〕光悦筆、〔俵屋〕宗達〔画〕，日本古典文学会監修　貴重本刊行会　1988.12　1軸 34cm

◇宗達と光琳 江戸の絵画2・工芸1(日本美術全集 18)　小林忠，村重寧，灰野昭郎編著　講談社　1990.12　233p 37cm

◇琳派美術館 1 宗達と琳派の源流　集英社　1993.5　139p 31cm

◇俵屋宗達(新潮日本美術文庫 5)　俵屋宗達〔画〕，日本アート・センター編　新潮社　1997.6　93p 20cm

【評伝・参考文献】
◇宗達(東洋美術選書) 村重寧著 三彩社 1970 73p 図版17枚 22cm
◇烏丸光広と俵屋宗達―特別展 〔東京都〕板橋区立美術館 1982.4 1冊(頁付なし)26cm
◇江戸の画家たち 小林忠著 ぺりかん社 1987.1 254p 19cm
◇山根有三著作集 1 宗達研究 1 中央公論美術出版 1994.6 373p 22cm
◇山根有三著作集 2 宗達研究 2 中央公論美術出版 1996.2 348p 22cm
◇俵屋宗達とその流れ―宗達会発足90年記念特別展 金沢市立中村記念美術館編 金沢文化振興財団 〔2003〕 59p 30cm
◇モオツァルト・無常という事〔光悦と宗達〕(新潮文庫) 小林秀雄著 新潮社 2006.8 317p 15cm

丹沢 善利(1代目)
たんざわ・よしとし

安政2年(1855年)〜明治41年(1908年)

実業家 生盛薬館創業者
山梨県出生。息子は丹沢善利(2代目)。
　生薬屋、旅館業などを営んだのち、上京して薬の行商・生盛薬館を創業。家宝の徳本大医の医方書「梅花無尽蔵」によって薬を処方し、軍服姿のセールスマンによって販路を広げた。

【評伝・参考文献】
◇日本の広告―人・時代・表現 山本武利、津金沢聰広著 日本経済新聞社 1986.10 326p 21cm

千葉 常三郎
ちば・つねさぶろう

慶応3年(1867年)〜昭和19年(1944年)

植物研究家
長崎県大村出生。長崎師範学校〔明治25年〕卒。
　長崎県内の小学校で教育に携わり、のち、西大村小学校校長。大村、諫早など県内各地の植物相を調査研究し、標本を作製した。ヒゼンマユミ *Euonymus chibae* Makinoの学名は氏に献名されたものである。二男・馬場胤義は佐賀県

での植物研究の指導者として活躍。

千葉 保胤
ちば・やすたね

大正6年(1917年)〜昭和42年(1967年)11月23日

九州大学理学部教授
團植物生理学。
　九州大学で主に光合成の研究を行った。

塚本 洋太郎
つかもと・ようたろう

明治45年(1912年)1月3日〜平成17年(2005年)

京都大学名誉教授
旧朝鮮・大邱出生, 福岡県出身。京都帝国大学農学部農学科〔昭和12年〕卒。團園芸学, 花卉学 囲園芸学会, 植物化学調節学会, 日本生物環境調節学会, 中日園芸文化協会(会長) 賞園芸学会賞〔昭和23年〕, 日本農学会賞〔昭和49年〕「球根類の休眠に関する研究」, 京都府文化賞(特別功労賞)〔平成3年〕, 松下幸之助花の万博記念賞(第1回)〔平成5年〕。
　昭和27年京都大学教授となり、50年退官。その後、南九州大学教授などを務めた。日本における花卉を中心とした園芸の新興と教育に尽くし、平成2年花と緑の博覧会副会長、10年設立された日本アジサイ協会顧問となる。著書に「花卉汎論」「花卉総論」「園芸の時代」「花と美術の歴史」など著書多数であり、「園芸植物大事典」(全6巻)では総監修を担当した。

【著作】
◇綜合農学大系 第3巻〔花卉園芸学(西洋花卉)第3(塚本洋太郎)〕 綜合農学大系刊行会編 群芳園 1948 309p 図版 26cm
◇綜合農学大系 第1巻〔花卉園芸学―西洋花卉(塚本洋太郎)〕 綜合農学大系刊行会編 群芳園 1949 275p 26cm
◇花卉園芸(新農業全書 第10冊) 塚本洋太郎著 朝倉書店 1952 336p 図版 22cm

◇花卉汎論(農学全書)　塚本洋太郎著　養賢堂　1952　331p 22cm
◇原色花卉図鑑 上 宿根・球根編(保育社の原色図鑑 第9)　塚本洋太郎著　保育社　1956　107p 図版42枚 22cm
◇原色花卉図鑑 下 一・二年草・花木編(保育社の原色図鑑 第10)　塚本洋太郎著　保育社　1955　115p 図版38枚 22cm
◇原色薔薇洋蘭図鑑(保育社の原色図鑑 第11)　塚本洋太郎等共著　保育社　1956　181p 原色図版72p 図版24p 22cm
◇花卉園芸講座 第1[花卉園芸の歴史・特徴と花卉の種類(塚本洋太郎)]　塚本洋太郎編　朝倉書店　1957　248p 図版 22cm
◇花卉園芸講座 第2　塚本洋太郎編　朝倉書店　1957　248p 図版 22cm
◇花卉園芸講座 第3[観葉植物・特殊温室植物(高田正純,塚本洋太郎)]　塚本洋太郎編　朝倉書店　1957　297p 図版 22cm
◇花卉園芸の相談(新農事相談双書 第5)　塚本洋太郎編　家の光協会　1960　357p 図版 18cm
◇切花—200種(カラーブックス)　塚本洋太郎著　保育社　1962　127p(図版共)15cm
◇花卉園芸新技術　塚本洋太郎監修　タキイ種苗出版部　1962　407p 22cm
◇原色園芸植物図鑑 第1 一・二年草編(保育社の原色図鑑)　塚本洋太郎著　保育社　1963　172p 図版68p 22cm
◇原色園芸植物図鑑 第2 宿根草編 第1(保育社の原色図鑑)　塚本洋太郎著　保育社　1964　176p 図版68p 22cm
◇原色園芸植物図鑑 第3 宿根草編 第2(保育社の原色図鑑)　塚本洋太郎著　保育社　1964　179p 図版68p 22cm
◇原色園芸植物図鑑 第5 花木編(保育社の原色図鑑)　塚本洋太郎著　保育社　1967　245p 図版36p 22cm
◇園芸植物の開花調節(最新園芸技術 7)　塚本洋太郎編著　誠文堂新光社　1970　449p 22cm
◇花木と庭木(カラー園芸図鑑)　塚本洋太郎,田村輝夫著　主婦の友社　1970　270p(おもに図)19cm
◇草花(カラー園芸図鑑)　塚本洋太郎著　主婦の友社　1971　264p(図共)19cm
◇花の美術と歴史　塚本洋太郎著　河出書房新社　1975　264p 図 23cm
◇「生物生産プロセスのシステム化」研究報告〔塚本洋太郎〕　〔1976〕　461p 25cm
◇アメリカの西洋シャクナゲ　テッド・バン・ビーン著, 塚本洋太郎,奥本裕昭訳　赤塚植物園　1976　176p 図 31cm
◇園芸の時代(NHKブックス 316)　塚本洋太郎著　日本放送出版協会　1978.5　264p 19cm
◇ヨーロッパ花の散歩道(朝日旅の百科 海外編 別冊)　北尾順三写真, 塚本洋太郎解説　朝日新聞社　1980.10　112p 30cm
◇花ごよみ—名画に見る四季の花　塚本洋太郎著　講談社　1980.10　99p 22cm
◇セントポーリア—室内環境と栽培　塚本洋太郎〔ほか〕著　文化出版局　1982.3　182p 25cm
◇花卉総論　塚本洋太郎著　養賢堂　1985.7　548p 22cm
◇私の花美術館(朝日選書 284)　塚本洋太郎著　朝日新聞社　1985.7　296p 19cm
◇原色温室植物図鑑 1　塚本洋太郎著　保育社　1987.9　337p 図版72p 22cm
◇原色茶花大事典　塚本洋太郎監修, 庵原遜ほか著　淡交社　1988.3　869, 65p 27cm
◇世界の花　塚本洋太郎著　淡交社　1990.4　93p 26cm
◇花をつくる(園芸の世紀 1)　塚本洋太郎編著　八坂書房　1995.12　351p 20cm
◇花のくらし 春　塚本洋太郎監修　講談社　1996.3　206p 31cm
◇花の美術と歴史(京都書院アーツコレクション 79 絵画 9)　塚本洋太郎著　京都書院　1998.2　383p 15cm
◇庭木を楽しむ(朝日選書 676)　塚本洋太郎著　朝日新聞社　2001.5　262p 19cm
◇四季の花 上巻 〔復刻〕　酒井抱一, 鈴木其一, 中野其明原作, 塚本洋太郎版解説　青幻舎　2006.7　271p 26cm
◇四季の花 下巻 〔復刻〕　酒井抱一, 鈴木其一, 中野其明原作, 塚本洋太郎版解説　青幻舎　2006.7　271p 26cm

柘植 千嘉衛

つげ・ちかえ

文久元年(1861年)1月21日～
明治28年(1895年)9月14日

植物学者　第一高等中学教授
筑後国久留米十軒屋敷(福岡県久留米市)出生。東京大学理科大学〔明治20年〕卒。

　早くから西欧の学問を受け、長じて久留米師範学校に学ぶ。明治12年上京し、東京大学予備門を経て、16年東京大学に入学、植物学を専攻。20年同大理科大学を卒業した後は同大学院に進み、さらに植物学研究を続けた。21年第一高等中学教諭となり、22年陸軍教授に就任、23年からは第一高等中学教授も兼ねた。この間、学生時代から日本植物学会に入会し、学会誌「植物学雑誌」創刊第2号に掲載された「地銭類植物採集の心得」など多くの論考を寄せて

いる。その人となりは温厚寡言で、倦むことなく学生を誘掖し続け、威厳の風采を帯びた教師として人々に尊敬されたが、28年春頃より胃腸を病み、それでも教壇に立ちつづけたものの夏になって病はいよいよ篤く、9月に34歳の若さで亡くなった。専門は蘚苔類であったが、「植物学」といった教科書の著述もある。

【著作】
◇植物学―形態学（大日本中学会第1学級講義録） 柘植千嘉衛述　大日本中学会　〔出版年不明〕107p 21cm

辻 永
つじ・ひさし

明治17年（1884年）2月20日〜
昭和49年（1974年）7月23日

洋画家
広島県広島市柳町出生。東京美術学校（現・東京芸術大学）西洋画科〔明治39年〕卒。師は黒田清輝。帝国芸術院会員〔昭和22年〕。賞文化功労者〔昭和34年〕。

福井の中学校図画教師を経て、弟の山羊園で山羊の作品を制作、山羊の画家として知られた。明治41年の第2回文展以来、官展系の画家として活躍。大正7年光風会会員、のち会長。9年渡欧、以後風景画家の傾向を強めた。昭和22年帝国芸術院会員。33年社団法人日展が設立され、理事長となった。主な作品に「飼われたる山羊」「無花果畑」「ブルージュの秋」など。著書に草花の写生による「万花図鑑」「万花譜」などがある。

【著作】
◇洋画一斑　橋本邦助, 辻永著　服部書店　1905.5　192p 19cm
◇万花図鑑 第1-8集, 続第1-4集　辻永著　平凡社　1930〜1932　13冊（別冊共）27cm
◇邦風油彩花卉画集　辻永画, 美術工芸会編　美術工芸会　1937　図版32枚 27cm
◇辻永作品集 第1輯　美術工芸会　1938　28p 27cm
◇万花譜 第1巻 3月の花　辻永画, 牧野富太郎校訂, 前川文夫, 佐々木尚友, 久保田美夫解説　平凡社　1955　原色図版128枚（解説共）26cm
◇万花譜 第2巻 4月の花　辻永画, 牧野富太郎校訂, 前川文夫, 佐々木尚友, 久保田美夫解説　平凡社　1955　原色図版128枚（解説共）26cm
◇万花譜 第3巻 4月の花 第2　辻永画, 牧野富太郎校訂, 前川文夫, 佐々木尚友, 久保田美夫解説　平凡社　1955　原色図版128枚（解説共）26cm
◇万花譜 第4巻 5月の花 第1　辻永画, 牧野富太郎校訂, 前川文夫, 佐々木尚友, 久保田美夫解説　平凡社　1955　原色図版128枚（解説共）26cm
◇万花譜 第5巻 5月の花 第2　辻永画, 牧野富太郎校訂, 前川文夫, 佐々木尚友, 久保田美夫解説　平凡社　1955　原色図版128枚（解説共）26cm
◇万花譜 第6巻 6月の花 第1　辻永画, 牧野富太郎校訂, 前川文夫, 佐々木尚友, 久保田美夫解説　平凡社　1955　原色図版122枚（解説共）26cm
◇万花譜 第7巻 6月の花 第2　辻永画, 牧野富太郎校訂, 前川文夫, 佐々木尚友, 久保田美夫解説　平凡社　1956　原色図版128枚（解説共）26cm
◇万花譜 第8巻 7月の花　辻永画,〔牧野富太郎校訂〕,〔前川文夫, 佐々木尚友, 久保田美夫解説〕　平凡社　1956　原色図版128枚（解説共）26cm
◇万花譜 第9巻 8月の花　辻永画, 牧野富太郎校訂, 前川文夫, 佐々木尚友, 久保田美夫解説　平凡社　1956　原色図版128枚（解説共）26cm
◇万花譜 第10巻 9月の花　辻永著, 牧野富太郎校訂, 前川文夫, 佐々木尚友, 久保田美夫解説　平凡社　1956　原色図版128枚（解説共）26cm
◇万花譜 第11巻 10, 11, 12月の花　辻永画, 牧野富太郎校訂, 前川文夫, 佐々木尚友, 久保田美夫解説　平凡社　1957　原色図版128枚（解説共）26cm
◇万花譜 第12巻, 索引 1, 2月の花　辻永画, 牧野富太郎校訂, 前川文夫, 佐々木尚友, 久保田美夫解説　平凡社　1957　2冊（索引共）26cm
◇辻永画集　六芸書房　1991.5　265p 36cm

【評伝・参考文献】
◇回想の芸術家たち（弥生叢書 23）　三宅正太郎著　国鉄厚生事業協会　1986.3　281p 19cm
◇辻永展―〈山羊の画家〉の軌跡 特別展　水戸市立博物館編　水戸市立博物館　1986.10　113p 25×25cm
◇万花譜の世界―辻永の植物画展―特別陳列　水戸市立博物館編　水戸市立博物館　1995　68p 26cm

辻 利右衛門
つじ・りえもん

天保15年（1844年）5月24日〜
昭和3年（1928年）1月8日

宇治茶製造業者
山城国宇治(京都府)出生。

　生地の山城宇治で茶業を営む。宇治茶の製茶法の改良に取り組み、明治初年に抹茶用の葉茶から良質の煎茶を作ることを考案し'玉露'と名付け、その製法を完成させた。のち販路拡大と生産増加にも努め、玉露は広く一般にも普及し、宇治の茶業を再興させた。

【評伝・参考文献】
◇辻利右衛門翁　辻翁顕彰会編　辻翁顕彰会　1933　101p 23cm

対馬 竹五郎
つしま・たけごろう

明治17年(1884年)6月1日～
昭和46年(1971年)9月22日

園芸家　青森県議

青森県船沢村(弘前市)出生。東奥義塾中退。師は外崎嘉七。[賞]黄綬褒章〔昭和31年〕、東奥賞〔昭和43年〕、木村甚弥賞〔昭和46年〕。

　日露戦争に従軍後、リンゴ栽培家の外崎嘉七に弟子入り。以来、リンゴ栽培や品種改良・剪定などの研究を重ね、大正10年に青森県中津軽郡のリンゴ栽培指導講師嘱託となった。さらに岩手や秋田など東北各地や長野県でも栽培指導を行い、'スターキング'や'ふじ'といった品種の普及に尽力。昭和23年には青森県議に選出され、リンゴの課税問題や県苹果試験所の存続問題で活躍した。多年に渡るリンゴ栽培・研究・普及の功績により31年黄綬褒章、43年東奥賞を受賞。

辻村 伊助
つじむら・いすけ

明治19年(1886年)4月22日～
大正12年(1923年)9月1日

登山家、紀行文家、園芸家

神奈川県小田原市出生。東京帝国大学農学部農芸化学科卒。

　高校時代から登山を始め、明治42年飛騨山脈を縦走、44年4月には徳本峠を越えて初めて雪の上高地へ入山、登山史に1ページを記した。大正元年園芸研究のため渡欧したが、主な目的は登山で、英国のハイランド地方やスイスを旅行。3年には冬のユングフラウとメンヒに登頂したが、さらに足をのばして下山中スリップ事故で負傷、入院先のインターラーケンの病院の看護婦ローザ・カレンと結婚して10年帰国する。のち神奈川県の箱根湯本に高山植物の研究庭園をつくったが、12年関東大震災の日、岩なだれにより妻子と共に不慮の死をとげた。近代登山の草創期に活躍した山岳紀行家として「スウィス日記」「ハイランド」の2書と、発掘された遺稿「続スウィス日記」がある。

【評伝・参考文献】
◇人と紀行[辻村伊助の回想](辻村太郎著作集7)　辻村太郎著　平凡社　1986.11　363p 19cm
◇小田原が生んだ辻村伊助と辻村農園　松浦正郎著　箱根博物会　1994.7　135p 21cm
◇忘我の記(文春文庫)　中里恒子著　文藝春秋　1994.11　331p 15cm
◇山書の森へ―山の本 発見と探検［辻村伊助 爽やかな青春のアルプス］　横山厚夫著　山と溪谷社　1997.3　243p 19cm

【その他の主な著作】
◇スウィス日記　辻村伊助著　思索社　1949　516p 19cm
◇スウィス日記(平凡社ライブラリー)　辻村伊助著　平凡社　1998.2　479p 19cm

◇ハイランド（平凡社ライブラリー） 辻村伊助著　平凡社　1998.9　324p 16cm

津田 仙
つだ・せん

天保8年（1837年）7月6日～
明治41年（1908年）4月24日

農学者, 教育家　青山学院女子部創設者
旧姓名は小島。下総国佐倉（千葉県佐倉市）出生。二女は津田梅子（津田塾大学創始者）。

　下総佐倉藩士の子として生まれる。安政4年（1857年）蕃書調書教授方・塚律蔵の塾に入って蘭学を修めるとともに、医師の伊藤貫斎らに師事して英語を学ぶ。文久元年（1861年）御三卿の一つである田安家の家臣・津田栄七の婿養子となる。2年（1862年）外国奉行支配通弁。慶応3年（1867年）勘定吟味役・小野友五郎らに従って渡米し、西洋式農法の見聞を深めた。戊辰戦争では同志と共に越後へ向かうが敗れて東京に戻り、江戸幕府の瓦解後は公職を辞して築地のホテル館に勤務。この時外国人の食事に新鮮な野菜が必要不可欠であることを認め、明治4年麻布本村町に耕地を求めて洋菜やリンゴ、イチゴなどの果樹を栽培した。6年田中芳男に随行し、庭園植物主任兼審査官としてウィーン万国博覧会に出席、オーストリアの農学者ホーイブレンクから欧州の農法を教わった。帰国後の7年ホーイブレンクの口授をまとめて「農業三事」（上下）を刊行し、気筒を地中に埋めて作物の生育を助長する「気筒」、樹の枝を曲げることによって幹に勢力を集中させる「偃曲」、蜜を塗った媒助縄で開花時に噴出する花粉を捉え受粉を確実なものにする「媒助」の三法を紹介した。特に媒助法をめぐっては効果を疑問視するものもあり、激しい論争が繰り広げられたが、内藤新宿試験場での試験による裏付けや、お雇外国人の農学者ワグネルの批判などによって徐々に廃れていった。またウィーンからの帰国時にニセアカシアの苗木を持ち帰ってきており、これを大手町付近の堀端や江戸川橋に植えたのが日本における街路樹の初めといわれている。9年には農業の近代化と人材育成を目指し、学農社農学校を創立。同時に「農業雑誌」を創刊し、西洋の新しい農法や蔬菜を数多く紹介した。一方、8年キリスト教宣教師ソーパーのもとで受洗して熱心なキリスト教徒となり、11年メソジスト派の婦人宣教師スクーンメーカーと共に耕教学舎（青山学院女子部の前身）を創設。明治30年代には足尾銅山鉱毒事件の被害を目の当たりにし、被災者の保護と鉱毒反対の世論興起に尽くした。さらに禁酒雑誌「日の丸」を発刊して禁酒運動を鼓吹した他、禁煙運動や盲唖教育といった社会事業でも活躍した。41年横須賀線下り列車内で急死。編著はほかに「農業新書」「英華和訳字典」「輸出作物栽培新書」「酒の害」などがあり、トーマス「果実栽培」、クララ・ホイットニー「手軽西洋料理」といった農書、料理書の翻訳もある。二女は初の海外留学女学生で津田塾の創始者・津田梅子。

【著作】
◇ホーイブレンク氏法農業三事　津田仙著　青山清吉〔ほか〕　1874.5　2冊（上巻23, 下巻22丁）23cm
◇農業新書　津田仙編訳, 十文字信介編　学農社　1879.4　5冊 20cm
◇桑樹談話会報告　津田仙著　学農社　1888.12　82p 図版 23cm
◇果実栽培　トーマス著, 津田仙訳　学農社　1890～1892　131, 115, 164p 図版 20cm
◇輸出作物栽培新書―附・除虫菊ノ培養　津田仙, 横山久四郎著　学農社　1896.12　188p 22cm

【評伝・参考文献】
◇津田仙―明治の基督者　都田豊三郎著　都田豊三郎　1972　229p 肖像 19cm
◇津田仙―明治の基督者 伝記・津田仙（伝記叢書341）　都田豊三郎著　大空社　2000.12　229, 5p 22cm
◇近代日本のキリスト者たち　高橋章編著　パピルスあい, 社会評論社〔発売〕　2006.3　335p 21cm

槌賀 安平
つちが・やすへい

明治19年（1886年）5月29日～

昭和46年（1971年）9月19日

生物学者　三原高校講師
旧姓名は大宿。兵庫県三原郡賀集村鍛冶屋（南あわじ市）出生。広島高等師範学校本科博物学部〔明治42年〕卒。専 コケ類学 賞 勲六等単光旭日章〔昭和45年〕。

洲本中学から広島県高等師範学校に進む。この頃は体調もすぐれず、蓄膿症の手術などで二度の入院生活を送り、欠席届と薬瓶が欠かせない生活であったという。明治42年同校卒業後は教員となり、兵庫県立姫路中学を皮切りに奈良県立畝傍中学、三重県立第四中学（改称して宇治山田中学）に勤務。この間、生物分類学者として魚類の研究に着手し、大正11年米国スタンフォード大学学長で高名な魚類学者であったジョルダン博士の来日時にはその案内役を務めた。さらに博士から米国行きを勧められ、文部省の許可を得てその準備に取り掛かるが、運悪く理髪店で丹毒に感染し、渡米を断念した。次いで9年頃からはじめたコケ類の研究を本格化させ、ヘルシンキ大学のブロテルス教授らと交流。11年神宮皇学館嘱託となり、13年から伊勢神宮内の植物調査を委嘱された。この時に発見したササオカゴケは新属・新種として発表され、一躍彼の名が学界に知られることとなった。また昆虫類や粘菌、地学の研究も行い、生涯に発見・発表した新種も数多い。中にはジョルダン博士によって鑑定されたシラウオの一種 *Gnosophyllum tutigae* Jordan などのように彼に献名された学名もある。昭和3年三重県立木本中学校長に就任、8年河原田農学校長、9～11年員弁実業女学校長。その後は三重県師範学校で教えながら学生を対象とした生物学同好会を主宰した。25年郷里・淡路島の三原高校に講師として赴任。30年退職したのちも同校生物部・地学部の顧問を務め、さらに請われて市立前平高等文化学園校長も兼ねた。教育者としては実用主義に基づき、学生たちに努めて自ら研究すること、精密に観察・実験すること、正確に思考することを課して生徒指導に当たったが、それはそのまま彼自身の研究態度でもあった。著書に「三重県の地質学」がある。現在、三原高校内に槇賀記念室があり、淡路を中心に採集されたコケ類や魚介・鉱石・化石などが保管されている。ちなみに33年広島大学の安藤久次によって彼の名にちなむ *Tutigae* というコケ類の新属が発表されている。

【評伝・参考文献】
◇槇賀先生喜寿祝賀文集　槇賀先生喜寿祝賀事業会〔編〕　兵庫県立三原高等学校　1965　377, 194p 図版 22cm
◇槇賀安平先生を偲んで　槇賀安平先生を偲んで発刊実行委員会　2004.2　286, 134p 27cm

恒石　熊次
つねいし・くまじ

嘉永6年（1853年）8月3日～
昭和9年（1934年）7月25日

高知県香美郡西川村舞川（香美市）出身。
　明治17年ミツマタ栽培に取組みはじめる。21年高知県がミツマタの栽培を奨励、地元の人達にも勧め、指導に務める。30年頃には村内でも認められるようになる。一生を通じてミツマタを導入し、地元の経済振興に尽力した。

恒川　敏雄
つねかわ・としお

?～昭和60年（1985年）9月8日

三河生物同好会長, 愛知県文化財保護指導委員　愛知県渥美町出身。賞 中日教育賞〔昭和47年〕, 豊橋市政功労者。
　渥美半島の植物分布を調査。愛知県文化財保護指導委員、環境庁自然公園指導員を務めた。

角田　重三郎
つのだ・しげさぶろう

大正8年（1919年）10月9日～
平成13年（2001年）6月19日

東北大学名誉教授

大阪府大阪市出生。弟は左右田謙（推理作家）。東京帝国大学農学部〔昭和18年〕卒。農学博士（東京大学）〔昭和34年〕。団育種学国日本育種学会賞育種学会賞〔昭和41年〕、日本農学賞〔昭和45年〕、読売農学賞〔昭和45年〕、紫綬褒章〔昭和60年〕、勲二等瑞宝章〔平成2年〕。

農林省技官、大阪府立大学講師、助教授、東京大学助教授、東北大学助教授、教授などを歴任後、昭和58年東北大学名誉教授、53～60年日本学術会議会員、61年宮城県農業短期大学長。イネなどの収量を高める品種改良理論の第一人者として知られた。著書に「『新みずほの国』構想─日欧米緑のトリオをつくる」など。

【著作】
◇稲の形態と機能─稲作多収の基礎理論［形態と機能からみた多収性品種（角田重三郎）］　松尾孝嶺編　農業技術協会　1960　235p 22cm
◇Brassica crops and wild allies―, biology and breeding　Edited by S. Tsunoda〔and others〕　Japan Scientific Societies Press　1980　354p 24cm
◇Biology of rice(Developments in crop science, 7)　Edited by Shigesaburo Tsunoda and Norindo Takahashi　Japan Scientific Societies Press　1984　380p 25cm
◇植物育種学　角田重三郎［ほか］共著　文永堂出版　1984.3　325p 22cm
◇「新みずほの国」構想─日欧米緑のトリオをつくる　角田重三郎著　農山漁村文化協会　1991.4　208p 20cm
◇人類と穀類の運命交響曲─ヒト科人類とイネ科穀類のシンフォニー　角田重三郎〔著〕、東北大学農学部植物遺伝育種学研究室育翠会編　東北大学農学部植物遺伝育種学研究室育翠会〔2005〕　180p 21cm

椿 角太郎

つばき・かくたろう

明治元年（1868年）11月1日～
昭和37年（1962年）10月24日

果樹園芸家
山口県徳佐村（阿東町）出身。

明治30年果樹園を始め、関西以西で初めてリンゴ栽培に成功。40年頃には接ぎ木により無核ユズを作りだし、"角太郎ユズ"と呼ばれた。山口県徳佐村村議も務めた。

椿 椿山

つばき・ちんざん

享和元年6月4日（1801年7月14日）～
安政元年9月10日（1854年10月31日）

南画家
名は弼、字は篤甫、通称は仲太、別号は琢華堂、休菴。江戸・小石川（東京都文京区）出生。

幕府の槍組同心で、平山行蔵に兵学を学び武術を得意とした。また金子金陵に画を学び、金陵の没後、渡辺崋山に師事。天保10年（1839年）蛮社の獄では崋山の救援運動の中心となって奔走し、崋山の死後は崋山の子の教育にあたった。門人に野口幽谷、浅野梅堂らがいる。穏和で品格ある作風により花鳥画や肖像画を得意とした。作品に「渡辺崋山像」、「蘭竹図（屛風）」「久能山図」など。

【著作】
◇椿山画譜　椿椿山画、人見甚四郎編　瀬山直次郎　1880　4冊 16cm
◇椿山画集　椿椿山画、深田藤三郎編　深田図案研究所　〔1911〕　図版22枚 31cm
◇椿山画譜（芸苑叢書 第2期）　椿椿山　風俗絵巻図画刊行会　1920　1帖 18cm
◇椿山画譜　椿椿山画　青谷文聖堂　1922　図版12枚 28×38cm

【評伝・参考文献】
◇森銑三著作集　第3巻　人物篇3　中央公論社　1973　546p 図 20cm

坪井 洋文

つぼい・ひろふみ

昭和4年（1929年）7月28日～
昭和63年（1988年）6月25日

国立歴史民俗博物館民俗研究部教授・部長 旧姓名は郷田。広島県山県郡新庄村（大朝町）出生。国学院大学文学部文学科〔昭和28年〕卒。文学博士（国学院大学）〔昭和59年〕。団民俗学（日本文化論，神道信仰）団日本民俗学会，日本宗教学会。

民俗学研究所所員、国学院大学日本文化研究所研究員を経て、昭和44年同大学文学部助教授、51年教授を歴任し、56年より国立歴史民俗博物館教授・民俗研究部長。農耕文化の研究で知られる。著書に「イモと日本人」「稲を選んだ日本人」など。

【著作】
◇八丈島〔角川文庫〕 大間知篤三，金山正好，坪井洋文著 角川書店 1966 326p（図版共）15cm
◇離島生活の研究〔佐賀県鎮西町加唐島（坪井洋文）〕 日本民俗学会編 集英社 1966 959p 22cm
◇イモと日本人—民俗文化論の課題 坪井洋文著 未来社 1979.12 291p 20cm
◇稲を選んだ日本人—民俗的思考の世界 坪井洋文著 未来社 1982.11 236p 20cm
◇日本文化の深層を考える 網野善彦，塚本学，坪井洋文，宮田登著 日本エディタースクール出版部 1986.7 199p 19cm
◇神道的神と民俗的神 坪井洋文著 未来社 1989.6 341p 22cm

【評伝・参考文献】
◇日本の民俗学者—人と学問〔神奈川大学評論ブックレット 21〕 神奈川大学評論編集専門委員会編，福田アジオ編著 御茶の水書房 2002.5 73p 21cm

津村 重舎（1代目）
つむら・じゅうしゃ

明治4年（1871年）7月5日～
昭和16年（1941年）4月28日

津村順天堂創立者，貴院議員

奈良県出生。兄は山田安民（ロート製薬創業者），息子は津村重舎（2代目・ツムラ取締役相談役），津村重孝（ツムラ副社長），津村幸男（ツムラ取締役相談役），孫は津村昭（ツムラ会長）。東京商業学校〔明治25年〕卒。

兄はロート製薬創業者の山田安民。明治26年津村順天堂を設立、婦人専門薬「中将湯」を売り出して成功を収めた。37年～大正15年東京市議、明治43年～大正14年小石川区議を兼ね、14年からは多額納税議員として貴族院に席を持ったが、二・二六事件に際しての反軍演説で懲罰動議を受け、やむなく辞任した。また東亜公司社長の他、第一製薬、江東製薬社長、日本売薬、東京計量器製作所などの取締役を務めた。大正13年津村研究所と薬用植物園を創設、特に植物園は最盛期には23万坪という東洋一の広さを誇り、我が国の生薬学研究に貢献した。また牧野富太郎らの植物研究を支援し、2年学術雑誌「植物研究雑誌」の出版を援助した。

【評伝・参考文献】
◇津村順天堂七十年史 津村順天堂 1964 180p 図版 27cm
◇風雲を呼ぶ男 杉森久英著 時事通信社 1977.2 346p 19cm
◇挑戦する経営者〔集英社文庫〕 杉森久英著 集英社 1983.2 270p 16cm
◇昭和の怪物たち〔河出文庫〕 杉森久英著 河出書房新社 1989.6 276p 15cm

【その他の主な著作】
◇皇室中心主義 第2編 津村重舎著 時潮社出版部 1935 114p 18cm

津村 重舎 (2代目)

つむら・じゅうしゃ

明治41年(1908年)9月5日〜
平成9年(1997年)7月12日

ツムラ会長

幼名は基太郎。東京・日本橋出生。父は津村重舎(1代目、津村順天堂創業者)、息子は津村昭(ツムラ社長)、弟は津村重孝(ツムラ副社長)、津村幸男(ツムラ取締役相談役)、甥は風間八左衛門(ツムラ社長)。慶應義塾大学経済学部〔昭和9年〕卒。賞藍綬褒章〔昭和46年〕、勲三等瑞宝章〔昭和53年〕。

昭和9年津村順天堂に入り、11年取締役。15年社長に就任し、51年会長。63年ツムラに社名変更。平成7年取締役相談役に退く。著書に「漢方の花ひらく—古来の実績に科学の光を」。和漢薬に関心を抱き、研究を推進支援した。

【著作】
◇漢方の花—順天堂実記　津村重舎著　津村順天堂　1982.3　288p 22cm
◇漢方の花ひらく—古来の実績に科学の光を(心の経営シリーズ 4)　津村重舎著　善本社　1993.4　168p 19cm

【評伝・参考文献】
◇津村順天堂七十年史　津村順天堂　1964　180p 図版 27cm
◇勇往邁進(藤原弘達のグリーン放談 4)　藤原弘達編　藤原弘達著作刊行会, 学習研究社〔発売〕　〔1986.8〕　270p 19cm

津山 尚

つやま・たかし

明治43年(1910年)11月9日〜
平成12年(2000年)10月16日

お茶の水女子大学名誉教授

広島県広島市出生。東京帝国大学理学部植物学科〔昭和7年〕卒、東京帝国大学大学院〔昭和14年〕修了。理学博士。專植物分類学　団日本植物分類学会(会長)。

東京帝国大学理学部植物学科、同大学院で中井猛之進の指導を受けて植物分類学を研究。昭和10年には沖縄に渡り、同地の植物を採集した。14年同大助手、16年資源科学研究所研究員、21年日本女子大学教授を経て、25年お茶の水女子大学助教授に転じ、27年教授。この間、日本各地やミクロネシア、ニューギニア、インドネシア、ヒマラヤの植物を調査・採集し、特に小笠原諸島の植物相解明で知られた。牧野富太郎の没後には前川文夫や原寛と共にその遺著である「牧野新日本植物図鑑」の増補改訂に従事。ラン、ツバキ、熱帯植物研究にも貢献し、41年植物画家の二口善雄と共にツバキ画集「日本椿集」を編纂し、日本ツバキ協会などの民間団体にも参加した。51年退官し、同年〜52年日本植物分類学会会長を務めた。他の編著に「小笠原島産ノむらさきしきぶ属ニ就テ」「特記すべき小笠原島の植物」「日本の椿」などがあり、山田寿雄との共編で「石井勇義ツバキ・サザンカ図譜」、浅海重夫との共編で「小笠原の自然」などがある。

【著作】
◇特記すべき小笠原島の植物　津山尚著　津山尚　〔昭和年間〕　7, 5p 21cm
◇Linnéノ三名命名ト日本産ノMelilotus属の学名　津山尚著　津山尚　1939　3p 23cm

◇むにんびゃくだんとびゃくだん属ノ各種ノ分布　津山尚著　津山尚　1939　16p 22cm
◇小笠原島産ノむらさきしきぶ属ニ就テ　津山尚著　津山尚　1940　6p 23cm
◇東南アジアノおにのやがら属複数種ニ就テ　津山尚著　津山尚　1941　8p 21cm
◇日本産ノまゝこな属ニ就テ　津山尚著　津山尚　1941　19p 21cm
◇南洋地理大系　第4巻　マレー・ビルマ［マレー及びビルマの動植物（古川晴男，津山尚）］飯本信之，佐藤弘編　ダイヤモンド社　1942　22cm
◇Rumphius氏の"Arborovigera"及び近縁の種並にハスノハギリに就いて（資源科学研究所植物学業績 1）　津山尚著　津山尚　1943　44p 図版 26cm
◇牧野新日本植物図鑑　牧野富太郎著，前川文夫，原寛，津山尚編　北隆館　1961.6　1057p 図版 27cm
◇日本椿集　津山尚文，二口善雄画　平凡社　1966　468p（図版共）25cm
◇日本の椿　津山尚編著　武田科学振興財団　1969　2冊（図版共）27cm
◇小笠原の自然　津山尚，浅海重夫編著　広川書店　1970　2冊 27cm
◇石井勇義ツバキ・サザンカ図鑑　山田寿雄図，津山尚編　誠文堂新光社　1979.2　210p 36cm

ツュンベルク
Thunberg, Carl Peter
1743年11月11日～1828年8月8日

スウェーデンの博物学者，医師
イエンチェピンク出生。
　故郷・南スウェーデンで初等教育を受けたのち，18歳でウプサラ大学に入学し，医学と植物学を学ぶ。在学中には終生師と仰いだ大植物学者カール・フォン・リンネの薫陶を受け，その植物学の門下の中では出藍の誉れが高かった。卒業後，奨学金を受けてパリへ留学。そこでの学業を終えて帰国する途中，オランダ・アムステルダムの著名な植物学者ブルマンに勧められて喜望峰地帯と日本の植物研究を志し，師の推薦もあって外科医としてオランダ東インド会社に就職した。1772年喜望峰地帯に渡り，約3年間同地の多彩な植生の調査と植物採集に従事。その後，ジャワを経由して1775年長崎に到着し，オランダ商館に入った。1776年には商館長に随行して江戸に参府し，道中の植物を採集・調査。特に箱根では自由に山中を散策することを黙認されたため，大いに植物を観察できたという。江戸では桂川甫周や中川淳庵といった蘭学者たちと親しく交流しており，二人は離日後も彼に書簡を送るなど長く師礼をとった。同年6月長崎に帰着し，12月に離日。その滞日はわずか約15ケ月であったが，できる限りの植物標本を収集しており，その主著「日本植物誌」では種子植物735種類，隠花植物33種を記した上でそれらに二名法による学名をつけている。喜望峰，英国を経て帰国した後の1784年，師のあとを継いでウプサラ大学の植物学教授となり，亡くなるまで務めた。著書に「喜望峰植物誌」「ツュンベルグ日本紀行」などがある。

【著作】
◇異国叢書〔第4〕日本紀行　ツンベルグ著，山田珠樹訳　駿南社　1928　503p 肖像 23cm
◇江戸参府随行記（東洋文庫 583）　C.P.ツュンベリー〔著〕，高橋文訳　平凡社　1994.11　406p 18cm

【評伝・参考文献】
◇Thunberg氏記念展覧会出品目録―日本科学之大恩人瑞典国チュンベリー（ツンベルグ）〔東京科学博物館〕〔1933〕29p 19cm
◇ツンベリー研究資料　日本学術会議，日本植物学会共編　日本学術会議　1953　164p 図版 地図 21cm
◇ツンベリー来日200年記念誌　日本植物学会　1978.5　57p 26cm
◇博物学者列伝　上野益三著　八坂書房　1991.12　412, 10p 23cm

鶴田 章逸
つるた・しょういつ
明治21年（1888年）～大正7年（1918年）

変形菌研究家
　静岡県内を中心に植物や変形菌を採集。大正

5年静岡県引佐郡を巡視中に土地の農民からタバコ苗についた変形菌病を見せられ、安田篤に鑑定を仰いだところ、灰色埃黴であるとの教示を受けた。これをもとに6年論文「煙草の灰色埃黴病」を執筆し、日本で初めて変形菌病を発表、タバコ病害研究の先駆者となった。

鶴町 猷
つるまち・ゆう

明治16年（1883年）～昭和30年（1955年）

植物研究家
　茨城県の植物相についての分類研究を行なった。

勅使河原 蒼風
てしがはら・そうふう

明治33年（1900年）12月17日～
昭和54年（1979年）9月5日

華道家　草月流創始者
本名は勅使河原鉀一（てしがはら・こういち）。東京出生。父は勅使河原和風久次（遠州流華道家）、弟は勅使河原和風（順三、華道家）、息子は勅使河原宏（草月流3代目家元）、娘は勅使河原霞（草月流2代目家元）。⬜芸術選奨文部大臣賞〔昭和36年〕、レジオン・ド・ヌール勲章〔昭和36年〕。

幼年から父・和風久次に遠州流華道を習うが満足せず、昭和2年独立して草月流を創設し家元となる。前衛美術に刺激されて自由な花線を基本とした新感覚のいけ花を探求し、3年東京・銀座の千疋屋で流展を開催して以降、雑誌やラジオのいけ花講座などを通じて徐々に支持者を獲得していった。評論家・重森三玲との交流から古典立花への理解を深め、6年には"新興いけばな"を宣言し、東京・麹町の草月流講堂を拠点に活動を進め、同流を伝統的華道と対立する一大勢力に育てあげた。戦後は在日米軍将校の夫人たちにいけ花を指導して流派の基礎を確立。

24年には日本花道展に大作「再建の賦」を出品し、ずば抜けた造形力を見せ、以後前衛いけ花のオピニオンリーダーとして活躍した。また石・鉄・巨木など異質花材を駆使したオブジェがブームになり、欧米各地で個展を開くなど、いけ花の芸術性を国際的にも認知させた。特にフランス政府からは現代美術への貢献を評価され、36年レジオン・ド・ヌール勲章を受けた。41年日本いけばな芸術協会の設立にともない、初代理事長に就任。著書に「勅使河原蒼風名作選華」「私の十二ケ月」「花ぐらし」などがある。

【著作】
◇蒼風随筆　勅使河原蒼風著　秋豊園出版部　1937　250p 20cm
◇鋏だこ　勅使河原蒼風著　生活社　1942　235p 図版 19cm
◇草月流いけばなの生け方　勅使河原蒼風著　主婦之友社　1942　372p 図版 22cm
◇草月流いけばな 投入篇　勅使河原蒼風著　婦人書房　1947　100p（図版共）15×21cm
◇一花一葉―随筆　勅使河原蒼風著　生活研究社　1948　222p 19cm
◇新しいお花のいけ方　勅使河原蒼風著　講談社　1949　84p 図版 18×26cm
◇草月流生花独習書　勅使河原蒼風著　主婦之友社　1951　267p 図版 22cm
◇勅使河原蒼風作品集 第1集　ホームライフ社　1952　98p（図版66p共）26cm
◇草月流お花のいけ方　勅使河原蒼風著　大日本雄弁会講談社　1953　147p 図版 19cm
◇私の十二ケ月　勅使河原蒼風著　中央公論社　1955　242p 図版 18cm
◇花ぬすびと　勅使河原蒼風著　宝文館　1956　269p 図版 19cm
◇ヨーロッパの旅　勅使河原蒼風著　東峰書房　1956　173p 図版24枚 20cm
◇学校は出なくても―十一人の名士の歩んだ道 [自分らしい生き方を（勅使河原蒼風）]（3版）　扇谷正造編　有紀書房　1957　211p 19cm
◇草月流生花　勅使河原蒼風著　主婦の友社　1959　325p（図版24p共）22cm
◇草月の花　勅使河原蒼風著　婦人画報社　1962　図版225p（解説共）27cm
◇花ぐらし（主婦の友新書）　勅使河原蒼風著　主婦の友社　1963　335p（原色図版共）18cm
◇草月流―いけばなグラフィック　勅使河原蒼風著　主婦の友社　1963　118p（図版）22cm
◇私の履歴書 第25集　日本経済新聞社　1965　320p 19cm
◇日本の工芸 第6 ガラス　勅使河原蒼風,邦光史郎,岡田譲著　淡交新社　1966　225p（おもに図版）22cm

◇蒼風の花　勅使河原蒼風著　主婦の友社　1966　364p(おもに図版)31cm
◇私の花　勅使河原蒼風著　講談社インターナショナル　1966.5　130p 40cm
◇10冊の本　第8　美をたずねて［一花一葉(勅使河原蒼風)］　井上靖,臼井吉見編　主婦の友社　1969　392p 図版 19cm
◇ヨーロッパのフローラルアート―伝統と創造の花の芸術　ローランス・ビュッフェシャイエ著,ジャック・ベダ作品制作・技術指導,勅使河原蒼風訳・監修　東京インターナショナル出版　1970　213p(はり込み図版39枚共)26×27cm
◇華―勅使河原蒼風名作選　勅使河原蒼風著　三省堂　1971　127p(おもに図)37cm
◇草月―蒼風の芸術　勅使河原蒼風〔作〕　主婦の友社　1971　2冊 21×30cm
◇草月流(オールカラーいけばな全書)　勅使河原蒼風,勅使河原霞著　小学館　1974　203p(おもに図)27cm
◇三人三様　勅使河原蒼風,土門拳,亀倉雄策著　講談社　1977.1　307p(図共)肖像 22cm
◇花伝書　勅使河原蒼風著　草月出版　1979.11　153p 22cm
◇花ぐらし―わが造形人生　勅使河原蒼風著　主婦の友社　1980.3　239p 20cm
◇日本のいけばな　第7巻　勅使河原蒼風　小学館　1980.9　183p 39cm
◇草月テキスト 花材 秋・冬　勅使河原蒼風著　草月出版　1980.11　160p 25cm
◇草月テキスト 花材 春・夏　勅使河原蒼風著　草月出版　1981.5　159p 25cm
◇勅使河原蒼風瞬刻の美　勅使河原蒼風作品・文,勅使河原宏編　二玄社　2000.6　119,6p 24cm
◇岡本太郎発言!―対談集［前衛芸術の旗手(花田清輝,勅使河原蒼風対話)］　岡本太郎〔述〕,岡本敏子,川崎市岡本太郎美術館共編　二玄社　2004.10　326p 21cm

【評伝・参考文献】
◇勅使河原蒼風伝　羽根田整著　ホーチキ商事出版部　1973　268p 図 19cm
◇花に魅せられ人に魅せられ(女の自叙伝)　勅使河原葉満著　婦人画報社　1989.11　211p 19cm
◇勅使河原蒼風　土屋恵一郎著　河出書房新社　1992.6　177p 22cm
◇はな一会―蒼風の眼と心　世界文化社　1996.5　246p 28cm
◇花のピカソと呼ばれ―華道を超えていった宗匠・勅使河原蒼風の物語　勅使河原純著　フィルムアート社　1999.11　237p 20cm
◇勅使河原蒼風―戦後日本を駆け抜けた異色の前衛―図録 第1巻　遠藤望,杉山悦子編　世田谷美術館　2001　325p 22cm
◇勅使河原蒼風―戦後日本を駆け抜けた異色の前衛―図録 第2巻　遠藤望,杉山悦子編　世田谷美術館　2001　159p 22cm

◇目眩めく生命の祭―勅使河原蒼風の世界　広瀬典丈著　エディット・パルク　2002.2　198p 19cm

デーダーライン

Döderlein, Ludwig
1855年3月3日～1936年3月23日

ドイツの魚類学者
ストラスブルグ大学教授
ドイツ出生。

1879年11月24歳の時に来日。大学南校(現・東京大学)でドイツ語、植物学、動物学教師を務める傍ら、日本の海産動物を採集した。奄美大島、加計呂麻島では採集の他に地質、気象、地理、土俗などの調査も行い、「Die Liukiu-Insel Amami-oshima」として発表した。1881年任期満了で帰国。帰国後はストラスブルグ大学教授となり、動物博物館長を兼務(～1919年)。動物地理学、棘皮動物で功績をあげた。献名された学名に、オオシンジュガヤ *Scleria doederleinii* Boeck.、シバニッケイ *Cinnamomum doederleinii* Engl. などがある。

【評伝・参考文献】
◇お雇い外国人 第3 自然科学　上野益三著　鹿島研究所出版会　1968　258p 19cm
◇ドイツ人のみた明治の奄美(おきなわ文庫 60)　L.ドゥーダーライン〔著〕,クライナー・ヨーゼフ,田畑千秋共訳著　ひるぎ社　1992.2　226p 18cm

デュポン

Dupont, Ingenieur Emile
(生没年不詳)

江戸時代末期に幕府が設立した横須賀製鉄所(のち横須賀造船所)に材木技師として雇われ来日。木材資源調査のために国内各地を歩き

植物を採集し、同僚で「日本植物目録」を刊行したサバチェの助力をした。

◇火の山巡礼　曽宮一念著，大沢健一編　木耳社　1989.2　213p 19cm

寺内 萬治郎
てらうち・まんじろう

明治23年（1890年）11月25日～
昭和39年（1964年）12月14日

洋画家

大阪府大阪市出生。東京美術学校（現・東京芸術大学）西洋画科本科〔大正5年〕卒。日本芸術院会員〔昭和35年〕。帝展特選（第6回・8回）〔大正14年・昭和2年〕「裸婦」「インコと女」、日本芸術院賞〔昭和26年〕。

明治42年白馬会葵橋洋画研究所に入り黒田清輝に師事。東京美術学校（現・東京芸術大学）では藤島武二の指導を受ける。大正7年文展に初入選。11年耳野卯三郎らと金塔社を結成。14年第6回帝展で「裸婦」が、昭和2年第8回帝展で「インコと女」が、それぞれ特選となる。昭和初期から埼玉県浦和に住む。4年光風会会員となり、同会をはじめ帝展、新文展の審査員を歴任。戦後は23年頃より裸婦制作一筋に打ち込み、26年第6回日展出品の「横臥裸婦」および一連の裸婦作品によって日本芸術院賞を受賞した。35年日本芸術院会員、日展理事。東京美術学校などの講師として後進の指導にも当たった。「コドモノクニ」「幼年倶楽部」の挿絵画家としても親しまれた。また、中井猛之進の「朝鮮森林植物編」に幾多の植物画を描き、中井の肖像画を描いたことでも知られる。

【著作】
◇寺内万治郎画集 第1, 2輯　美術工芸会編　美術工芸社　1934～1935　2冊 27cm
◇寺内万治郎画集 第3-5輯　美術工芸会　1937～1940　3冊 27cm
◇寺内万治郎展　埼玉県立博物館　1973　68p（おもに図）26cm
◇浦和画家とその時代―寺内萬治郎・瑛九・高田誠を中心に（開館記念展1）　うらわ美術館編　うらわ美術館　2000　161p 20×25cm

【評伝・参考文献】

寺崎 留吉
てらさき・とめきち

明治4年（1871年）6月20日～
昭和20年（1945年）1月4日

植物学者，植物画家

大阪府大阪市北区老松町出生。東京帝国大学理科大学選科〔明治29年〕修了。

明治21年大阪府立中学を卒業して上京、22年東京帝国大学植物園の園丁となる。23年退職して同大理科大学簡易講習科に入学し、26年同選科に進んだ。29年修了後は30年より香蘭女学校で教鞭を執り、理科を担当。35年日本中学教員に就任、以後約40年に渡って在職した。また地方政界でも活躍し、大正2～10年東京・小石川区議を務めた。傍ら、北は北海道羊蹄山から南は沖縄まで日本各地の山野を跋渉し、植物を採集。その足跡は日本に留まらず、樺太、台湾、朝鮮、満州、中国にも及んだ。こうして各地で発見あるいは収集した植物を自らの手で写生し、そのうちの2100種に解説をつけて昭和10年「日本植物図譜」として刊行。さらに13年には1899図を描いて「続日本植物図譜」として自主刊行した。15年に日本中学退職後も旺盛に植物研究を行い、太平洋戦争の最中であった17年には朝鮮を経て中国に渡り、ハルビン、黒河、満州里などで植物のスケッチに奔走した。この間、14年から亜熱帯地方の植物図譜製作を志し、以後5年間に渡りたびたび九州や台湾に赴いて南方植物の図を写生。これらをまとめて19年に「日本植物図譜」の続々篇として春陽堂から刊行される予定になっていたが、印刷所が空襲に遭い未刊に終わった。彼はその後も大陸植物図のまとめに取り組んだが、完成を見るこ

となく20年に死去。52年彼が遺した既刊、未刊の図を集大成して平凡社から「寺崎日本植物図譜」が出版された。

【著作】
◇博物示教―尋常中学　長阪富次，寺崎留吉　敬業社　1896.3　130p 23cm
◇日本地理　寺崎留吉，川村良四郎編　敬業社　1897　188p 24cm
◇動物学中教科書　寺崎留吉編　敬業社　1902.2　138p 23cm
◇新撰動植物学問答　寺崎留吉編　博文館　1903.7　222p 16cm
◇南洋諸島　寺崎留吉著　国民書院　1915　168p 16cm
◇科学百科解説―常識問答　寺崎留吉著　国民書院　1918
◇日本植物図譜　寺崎留吉著　春陽堂　1933　2100，59p 23cm
◇日本植物図譜 続　寺崎留吉著　日本植物図譜刊行会　1938　2004p 23cm
◇寺崎日本植物図譜　寺崎留吉図，奥山春季編　平凡社　1977.5　1165p（おもに図）27cm

【その他の主な著作】
◇新撰物理学問答　寺崎留吉編　博文館　1903.7　186p 16cm
◇新撰鉱物地質問答（受験問答叢書 第17編）　寺崎留吉編　博文館　1903.8　188p 15cm

寺島 良安
てらじま・りょうあん
承応3年（1654年）～?

医師，考証家
字は尚順，号は杏林堂。大坂・高津出生。
　羽後能代の問屋（船問屋とも）の出身だが，商人の株を売って大坂に出たという。はじめ伊藤良玄に医学や本草学を学び，次いで医師・和気仲安に入門。のち大坂城の御城入医師となり法橋に叙せられる。医業の傍ら和漢の学問に精通し，師・仲安の勧めによって「和漢三才図会」全81冊（105巻）の編纂を開始し，三十数年の歳月をかけて正徳2年（1712年）に刊行した。その形式は中国の「三才図会」に範をとり，歴史，地理，動植物，金石，有職故実など古今凡百の事象を収集して図や解説を加えたもので，我が国の百科事典の嚆矢といわれる。なお植物に関する事項は82巻から104巻に渡って記載されており，香木類（柏，樅など），喬木類（椿，朴など），潅木類及び寓木類（桑，楮など），五果類及び山果類（杏，桃など），夷果類・味果類・鮨果類及び水果類（海松子，無果花，覇王樹など），山草類薬品（薬品類とその使用法），山草類（茅，紫陽花など），芳草類（芍薬，牡丹など），湿草類（菊，よもぎなど），毒草類（附子，鳳仙花など），蔓草類（苺，朝顔など），水草類及び石草類（菖蒲，浮き草，菰など），葷草類（韮，蒜など），鮨菜類及び芝類（茄子，南瓜など），柔滑菜（ほうれん草，なずななど），穀類及び菽豆類（米，亜麻，大麦など）に分類されている。その他の著書に「済生宝」「三才諸神本紀」などがある。

【著作】
◇和漢三才図会　寺島良安編　東京美術　1970　2冊 22cm
◇倭漢三才図絵 全16巻　寺島良安著　新典社　1979.1～1980.9　27cm
◇和漢三才図会 1-16（東洋文庫）　寺島良安〔著〕，島田勇雄〔ほか〕訳注　平凡社　1985.7～1991.5　18cm

土井 脩司
どい・しゅうじ
?～平成15年（2003年）5月6日

花と緑の農芸財団理事長
千葉県出身。早稲田大学卒。
　早稲田大学在学中の昭和41年，東南アジア学生親交会を結成して戦時下のベトナムやカンボジアを訪問し，難民や孤児の救済活動に取り組む。また成田空港反対闘争に心を痛め，"花と緑の空港計画"を訴えて成田市の空港周辺に農場を開拓。46年花の栽培から直送までを一貫して行う初の会社・花の企画社を設立した。61年花と緑の農芸財団を創設，"花の輪運動"として小・中学校に四季の花を無料で配るなどの活動を行った。

土井 八郎兵衛
どい・はちろべえ

明治5年(1872年)10月10日～
昭和29年(1954年)8月12日

林業家, 実業家　尾鷲銀行頭取
三重県牟婁郡尾鷲(尾鷲市)出身。東京専修学校卒。

　明治26年家業の林業を継ぐ。植林方法の改良に取り組み、水力応用の挽材機や原動機を用いて経営を飛躍的に発展させた。30年尾鷲銀行(現・百五銀行)頭取に就任。著書に「紀州尾鷲地方森林施業法」がある。没後の昭和45年、林学に関する研究を奨励する目的で土井林学振興会が設立された。また、収集した日本産鳥類の剝製・卵などのコレクションが土井鳥類コレクションとして大阪市立自然史博物館に収蔵されている。

【著作】
◇紀州尾鷲地方森林施業法　土井八郎兵衛著　尾鷲町農会　1905.12　211p 22cm

土井 美夫
どい・よしお

明治34年(1901年)～昭和61年(1986年)

広島県尾道市出生。広島高等師範学校附属第二臨時教育養成所卒。

　鹿児島県立伊集院中学など、同県及び広島県下の中・高校で教育に携わる。「薩摩植物誌」「広島県植物目録」などの著作がある。

【著作】
◇広島県植物目録　土井美夫著　博新館　1983.9　148p 26cm

東郷 彪
とうごう・ひょう

明治16年(1883年)2月28日～
昭和44年(1969年)6月5日

園芸家, 政治家　侯爵, 主猟官
東京出生。父は東郷平八郎(海軍軍人)。東京高等農学校〔明治44年〕卒。

　日本海海戦勝利の立役者である東郷平八郎の長男。生まれたときの顔が幕末の水戸学者・藤田東湖に似ていたので、その幼名から彪と名付けられる。父母ともに庭いじりを好み、その血をより濃く受け継いだようで、熊本済々黌在学中はさして勉学が出来なかったことから進路を心配した父が同校長の井芹経平に相談したところ、「この子は植木屋にすればよい」と言われたという。その後、東京高等農学校に進み、明治44年卒業後は興津の農商務省園芸試験場に勤務。大正2年英国に留学し、帰朝後の5年以降は宮内省に出仕し内匠寮嘱託、式部官、主猟官、内匠寮御用掛、大礼使典儀官などを歴任した。昭和9年父の死去により侯爵を襲爵。さらに貴院議員となり、火曜会に属し22年まで在職した。宮内省勤務時は主に宮中の植木の管理をしており、侯爵位を持つ珍しい植木屋であった。著書に「吾が父を語る」がある。

【その他の主な著作】
◇吾が父を語る　東郷彪著　実業之日本社　1934　316p 図版10枚 19cm

当麻 辰次郎
とうま・たつじろう

文政9年(1826年)11月1日～
明治38年(1905年)4月11日

果樹農業
武蔵国大師河原村(神奈川県川崎市)出身。

　神奈川県大師河原村(現・川崎市)で農業を営む傍ら、ナシの新種改良に努める。明治22年新品種を発見、屋号にちなみ'長十郎'と命名。30年黒星病の発生で各地の梨園が打撃を受けた時も'長十郎'はわずかな被害で収まったことか

ら、病虫害に強く、多収穫な品種として注目を集め、全国各地に広まった。

遠山 正瑛
とおやま・せいえい

明治39年(1906年)12月14日～
平成16年(2004年)2月27日

鳥取大学名誉教授、日本沙漠緑化実践協会会長。山梨県富士吉田市出生。長男は遠山柾雄(鳥取大学乾燥地研究センター助教授)。京都帝国大学農学部〔昭和9年〕卒。農学博士。園芸学団日本砂丘研究会(現・日本砂丘学会、会長)賞勲三等旭日中綬章〔昭和52年〕、吉川英治文化賞(第27回)〔平成5年〕「親子2代で砂漠緑化・農業開発」、日韓国際環境賞(第2回)〔平成8年〕、読売国際協力賞(特別賞、第3回)〔平成8年〕、マグサイサイ賞(平和・国際理解部門)〔平成15年〕、国連人類に対する思いやり市民賞。

真宗寺院の三男に生まれる。昭和10年から外務省文化事業部の留学生として北京に滞在。帰国後、17年鳥取高等農林学校(現・鳥取大学部)教授。戦後、同大砂丘研究所を開設、砂丘地利用の研究を進め、同大を乾燥地研究の拠点に育て上げた。47年退官。この間、42～48年日本砂丘研究会(現・日本砂丘学会)会長。54年以来、度々中国西域・シルクロードを訪れ、砂地農法による緑化の技術指導に尽力。鳥取市内に園芸産業研究所を開設した他、60年沙漠開発研究所、平成3年日本沙漠緑化実践協会を設立。15年"アジアのノーベル賞"と呼ばれるフィリピンのマグサイサイ賞を受賞した。著書に「よみがえれ地球の緑」などがある。

【著作】
◇よみがえれ地球の緑―沙漠緑化の夢を追い続けて　遠山正瑛著　佼成出版社　1989.12　260p 20cm
◇沙漠緑化に命をかけて　遠山正瑛著　ティビーエス・ブリタニカ　1992.7　197p 19cm

【評伝・参考文献】
◇平成老人烈伝　NTT出版　1991.9　105p 19cm

◇上手な老い方―サライ・インタビュー集 空の巻(SERAI BOOKS)　サライ編集部編　小学館　1998.12　269p 19cm
◇「地球環境」につくした日本人(めざせ!21世紀の国際人)　畠山哲明監修　くもん出版　2002.4　47p 30cm
◇夢をつむぐ人々　白鳥正夫著　東方出版　2002.7　244p 19cm

遠山 富太郎
とおやま・とみたろう

明治43年(1910年)9月26日～
平成14年(2002年)11月20日

島根大学名誉教授

京都府京都市東山区出身。京都帝国大学農学部林学科〔昭和8年〕卒。農学博士。育林学。

昭和9～19年京都帝国大学附属演習林(本部、樺太、芦生)に勤務。昭和27年島根県立農科大助教授、30年同教授を経て、43年島根大学農学部教授。49年定年退官。

【著作】
◇山岳森林生態学―今西錦司博士古稀記念論文集〔天然生スギ林の分布についての二、三の問題(遠山富太郎)〕　加藤泰安、中尾佐助、梅棹忠夫編　中央公論社　1976　473p 図 肖像 22cm
◇杉のきた道―日本人の暮しを支えて(中公新書)　遠山富太郎著　中央公論社　1976　215p 18cm

遠山 友啓
とおやま・ともひろ

大正6年(1917年)4月1日～
昭和63年(1988年)11月1日

洋画家

本名は遠山義春。愛知県名古屋市出身。紺綬褒章。

日展会友、光風会評議員。日展特選2回。雑草をテーマに独特の画風を築いた。

遠山 三樹夫

とおやま・みきお

昭和8年(1933年)6月10日～
平成11年(1999年)9月14日

横浜国立大学名誉教授
神奈川県横浜市鶴見区出生。横浜国立大学学芸部小学校教員養成科卒。理学博士。専 植物生態学,植生学。

　北海道大学助手、横浜国立大学教育学部助教授、教授を経て、名誉教授。富士山の森林植生を研究した。また、横浜植物の会顧問を務め、植物知識の普及に貢献した。

【著作】
◇小学校・中学校生物実験の基本操作法(シリーズ・理科実験の基本操作法)　遠山三樹夫、秋沢一位編　東洋館出版社　1980.5　165p 22cm

富樫 常治

とがし・つねじ

明治10年(1877年)2月14日～
昭和31年(1956年)5月16日

農業技術者　神奈川県農事試験場長
山形県飽海郡北平田村曽根田(酒田市)出生。東京帝国大学農学科卒。

　明治35年から神奈川県農事試験場に勤務。40年県農業技師となり、昭和9年農事試験場長。17年退職。ナシの"菊水"八雲"、モモの"富士"白鳳'の新種や'相模半白キュウリ'などを開発した。著書に「神奈川県園芸発達史」などがある。

【著作】
◇実験果樹園芸 上・中・下巻　富樫常治著　裳華房　1917～1921　3冊 23cm
◇実験蔬菜栽培講義　富樫常治著　裳華房〔ほか〕　1922　500p 22cm
◇実験果実栽培講義　富樫常治著　養賢堂　1925　553p 22cm
◇実験活用園芸宝典　富樫常治著　養賢堂　1927　708p 18cm
◇柑橘と柿・栗の実利的栽培法(富民叢書 第38輯)　富樫常治著　富民協会　1933　55p 19cm
◇梨・桃の実利的栽培法―附・梅及び李(富民叢書 第33輯)　富樫常治著　富民協会　1933　57p 19cm
◇販売本位果樹園経営法　富樫常治著　賢文館　1938　573p 23cm
◇神奈川県園芸発達史　富樫常治著　養賢堂　1944　166p 肖像 22cm
◇蔬菜園芸図編―品種本位　篠原捨喜,富樫常治共著　養賢堂　1951　634p 22cm

富樫 誠

とがし・まこと

明治44年(1911年)～平成10年(1998年)11月8日

プラントハンター
東京府立園芸学校(現・東京都立園芸高)〔昭和6年〕卒。賞 園芸文化賞(昭和61年度)。

　東京大学小石川植物園を経て、武田薬品工業社員として中国で薬草の栽培調査に従事する。ヒマラヤ、ボルネオ、日本などで地衣類、高等植物の採集を行い、膨大な標本を収集した。日本を代表するプラントハンターであり、標本は東京大学、国立科学博物館などに寄贈され、多くの研究者を支援した。カンカケニラ Allium togashii H. haraなど、数多くの植物が献名されている。著書に「原色日本産ツツジ・シャクナゲ大図譜」(太田洋愛と共著,誠文堂新光社)などがある。

【著作】
◇原色日本産ツツジ・シャクナゲ大図譜　太田洋愛絵,富樫誠文　誠文堂新光社　1981.6　243p 37cm

【評伝・参考文献】
◇ブナ林を慕いて―冨樫誠追悼集　富樫徹編　富樫和子　2000.1　334p 26cm

戸苅 義次

とがり・よしじ

明治41年(1908年)11月30日～
平成14年(2002年)9月4日

東京大学名誉教授
愛知県豊川市出生、埼玉県出身。東京帝国大学農学部農学科〔昭和7年〕卒。農学博士〔昭和25年〕。専作物学 団農業技術協会(会長) 賞勲三等旭日中綬章〔昭和55年〕。

昭和7年農林省農事試験場技手、21年作物部長を歴任し、24年東京大学農学部教授に就任。44年より日本大学農獣医学部教授、農業技術協会会長を歴任。著書に「作物のはなし」「主要食糧」「食用作物学」など。

【著作】
◇作物栽培の技術[甘藷の栽培技術(戸苅義次)](農芸叢書1) 農村協会中央連合会編 秀英書房 1948 220p 22cm
◇稲作新説(3版)(農業シリーズ 第1冊) 戸苅義次編 朝倉書店 1951 566p 22cm
◇食用作物増収栽培法 安間正虎、戸苅義次共著 農業宝典社 1951 339p 19cm
◇菜種の上手な作り方〈2版〉(農民叢書 第71号) 戸苅義次著 農業技術協会 1952 65p 19cm
◇雑穀 戸苅義次著 農業宝典社 1952 177p 19cm
◇麦作新説 戸苅義次、安間正虎編 朝倉書店 1954 537p 22cm
◇作物の生理生態 戸苅義次等編 朝倉書店 1955 490p 22cm
◇稲作の新機軸 戸苅義次、竜野得三編著 地球出版 1956 335p 19cm
◇稲作講座 第1-3 戸苅義次、松尾孝嶺編 朝倉書店 1956 22cm
◇作物試験法〈2版〉 戸苅義次等著 農業技術協会 1957 553p(図版共)22cm
◇食用作物(農学全書) 戸苅義次、菅六郎共著 養賢堂 1957 497p 22cm
◇雑草防除の新技術 戸苅義次、杉穎夫共編 富民社 1958 399p 19cm
◇麦作の新機軸 戸苅義次、安間正虎編 地球出版 1958 316p 19cm
◇畑作の新機軸 戸苅義次、安孫子孝一、竜野得三編 地球出版 1958 365p 19cm
◇稲作講座 続 第1-2 戸苅義次、天辰克己編 朝倉書店 1959 22cm
◇陸稲の早期栽培(地球全書) 戸苅義次、天辰克己共編 地球出版 1959 164p 19cm
◇作物試験法 続 戸苅義次等編 農業技術協会 1960 540p(図版共)22cm
◇作物生理講座 第1巻 発育生理編 戸苅義次、山田登、林武編 朝倉書店 1960 218p 22cm
◇作物生理講座 第2巻 栄養生理編 戸苅義次、山田登、林武編 朝倉書店 1960 298p 22cm
◇食用動植物 戸苅義次、末広恭雄、内藤元男共著 同文書院 1960 311、12p 22cm
◇作物生理講座 第3巻 水分生理編 戸苅義次、山田登、林武編 朝倉書店 1961 183p 図版 22cm
◇作物生理講座 第4巻 細胞・酵素編 戸苅義次、山田登、林武編 朝倉書店 1961 253p 22cm
◇最新稲作診断法 戸苅義次、天辰克己共編 農業技術協会 1962 2冊 22cm
◇作物生理講座 第5巻 呼吸・光合成編 戸苅義次、山田登、林武編 朝倉書店 1962 248p 22cm
◇作物大系 第5編 第1[甘藷の生育(戸苅義次、藤瀬一馬)] 養賢堂 1962 130p 21cm
◇実用稲作ハンドブック(実用農業ハンドブックシリーズ 第6) 戸苅義次編 朝倉書店 1962 391p 20cm
◇ビール麦の栽培 戸苅義次、長谷川新一共編 地球出版 1963 224p 図版 19cm
◇作物のはなし(農業の基礎知識2) 戸苅義次著 家の光協会 1963 237p 図版 18cm
◇作物大系〔第15編〕 養賢堂〔1963〕48p 21cm
◇食品材料〈新訂版〉 戸苅義次等著 東京同文書院 1964 344p 22cm
◇あすの農業技術10話 戸苅義次著 家の光協会 1967 237p 19cm
◇土地利用と機械化・機械化と栽培技術に関する調査研究—とくに傾斜地について 戸苅義次、一戸貞光著 農業機械化研究所 1967 66p 25cm

時田 郁

ときた・じゅん

明治36年(1903年)8月17日～
平成2年(1990年)11月29日

牧師 北海道大学名誉教授、札幌独立キリスト教会主管
神奈川県横浜市出生。北海道帝国大学農学部農業生物学科〔昭和2年〕卒。農学博士〔昭和20年〕。専藻類学 団日本藻類学会(会長) 賞勲二等旭日重光章〔昭和50年〕。

神奈川県立第一中学、北海道帝国大学予科を経て、北海道帝国大学農学部農業生物学科に入学。在学中は宮部金吾に師事し、卒業論文として「南樺太の海藻」をまとめて以来、同地に生息する海藻の分類、分布、生態の研究を進めた。昭和2年卒業後は同大附属水産専門部（現・水産部）講師、同教授、函館高等水産学校教授を務め、15年北海道帝国大学助教授、20年教授。同年南樺太における海藻研究の集大成として論文「The Marine Algae of Southern Saghalien」を完成させ、農学博士を受けた。また北海道沿岸地域における繊維資源海藻の分類、生態並びに利用の研究や、コンブ科植物についての調査研究などについても業績を挙げている。38年同大水産学部長。40年退官。この間、日本藻類学会の設立に際して発起人の一人となり、41～43年会長を務めた。一方、敬虔なキリスト教徒として知られ、師・宮部らと同じく札幌独立教会会員であり、21年より同教会主管者、58年からは亡くなるまで名誉主管者の職にあった。

【著作】
◇臨海実習法　海藻（生物学実験法講座　第10巻C　第2）　時田郇著、岡田弥一郎編　中山書店　1955　71p（図版共）21cm

徳川　家康
とくがわ・いえやす

天文11年12月26日（1543年1月31日）～
元和2年4月17日（1616年6月1日）

徳川幕府初代将軍

幼名は竹千代、法号は安国院、通称は駿河大納言。三河国（愛知県）出生、駿河国（静岡県）出身。三男は徳川秀忠（徳川幕府第2代将軍）。

三河岡崎城主・松平広忠の長男で、母は水野忠政の娘・於大（伝通院）。幼少時に駿河の今川義元の人質となり、19歳まで駿府で過ごす。永禄3年（1560年）義元が桶狭間で敗死すると岡崎に戻って独立。尾張の織田信長と同盟を結び、7年（1564年）には三河の一向一揆を鎮圧して西三河をその支配下に収めた。永禄9年（1566年）徳川と改姓。11年（1568年）遠江を制圧し、元亀元年（1570年）浜松に居城を移した。同年の姉川の戦いで信長を助けて奮戦したが、2年（1571年）からは甲斐の武田信玄にたびたび三河・遠江を侵攻され、3年（1572年）には三方ケ原で武田の大軍と戦って敗退し、辛くも浜松に引き上げた。その直後に信玄が急死すると、天正3年（1575年）信長と共に長篠の戦いで武田勝頼を破り、さらに信長による武田領の甲斐・信濃攻めにも協力して駿河を抑え、駿府に拠点を移した。10年（1582年）本能寺の変で信長が討たれた時には少人数の家来と共に堺におり、伊賀・伊勢を越えて自領に帰還。続いて信長没後で混乱した甲斐、信濃に出兵し、これを平定した。12年（1584年）には信長の後継者である豊臣秀吉と対立したが、のち和睦し、秀吉に臣従してその全国統一に協力した。18年（1590年）小田原征伐での戦功によって北条氏の遺領であった関八州を与えられ、江戸を居城に関東の経営に当たった。秀吉の晩年には五大老として重きをなし、慶長元年（1596年）正二位内大臣に叙任された。秀吉の没後、慶長5年（1600年）関ケ原の戦いで勝利して覇権を確立させ、慶長8年（1603年）征夷大将軍となって江戸幕府を開府。同10年（1605年）将軍職を三男・秀忠に譲って駿府に退いたが、"大御所"と称されて政治の実権を保持し続けた。その後、大坂冬の陣・夏の陣で豊臣氏を滅ぼして、天下統一を完成。元和2年（1616年）太政大臣となったが、まもなく駿府城で没した。彼は非常に健康に気を遣い、食事は質素を旨とし、麦飯やヤマモモなどの果実、鷹狩で得た野鳥の肉などをバランスよく食べたといわれる。また本草にも精通し、自ら調薬して自身の健康管理に役立てたのみならず、孫の家光の病気をも治したといわれ、慶長12年（1607年）に初めて江戸にもたらされた李時珍の「本草綱目」を座右に置き、常に愛読したという。

徳川　圀斉
とくがわ・くになり

明治45年（1912年）3月23日～

昭和61年(1986年)7月20日

水戸徳川家第14代当主,水府明徳会会長
東京都墨田区出生。叔父は徳川宗敬(農学者,参院議員)。慶應大学文学部予科。

"烈公"といわれた水戸徳川家9代目の斉昭の曽々孫。東京・墨田区の同家の下屋敷で生まれ、慶應大学文学部予科を卒業。外務省職員、常陽銀行嘱託などを経て、昭和44年、先代の圀順(くにゆき)の死去により、14代目当主として家督を継ぐ。水戸市の彰考館博物館と徳川博物館の創設者で徳川博物館を運営する水府明徳会会長のほか、大能林業、常磐興業といった関連会社の社長も務めていた。また洋ランファンの草分け的存在であり、水戸・偕楽園と向かい合う自宅には約1000鉢の洋ランが残された。

【著作】
◇徳川圀順を偲ぶ　徳川圀斉　1971　432p 図肖像 22cm

徳川 秀忠

とくがわ・ひでただ

天正7年4月7日(1579年5月2日)～
寛永9年1月24日(1632年3月14日)

徳川幕府第2代将軍
幼名は長松、竹千代、法号は台徳院。遠江国浜松(静岡県)出生。父は徳川家康(徳川幕府初代将軍)。

徳川家康の三男、母は西郷氏の娘お愛(宝台院)。はじめ幼名を長松君といったが、のち竹千代を称し、元服後は豊臣秀吉から一字拝領して秀忠を名のる。天正18年(1590年)上洛して初めて秀吉に拝謁。慶長5年(1600年)会津の上杉景勝攻撃で先鋒を務めるが、行軍途中に下野小山で石田三成挙兵の報を聞き、急遽西上。この時、東海道を進軍した父・家康に対し、東軍の主力約3万8000を率いて東山道を進むが、同年8月信州上田で石田方の真田昌幸率いるわずか2000の兵に阻まれ、大いに時間を空費した挙句、自軍に多数の死傷者を出した。この結果、天下分け目の合戦といわれた関ヶ原の戦いに間に合わず(これには家康が東軍の主力部隊を温存させるため、わざと関ヶ原へ参戦させなかったという説もある)、父の勘気を被り、戦後3日間は面会を許されぬほどであった。10年(1605年)家康から譲られて征夷大将軍となり、11年(1606年)新営成った江戸城に入城。しかし当時は駿府にいる大御所の家康が政治の実権を握っていた。19年(1614年)大坂冬の陣及び元和元年(1615年)の大坂夏の陣では父と共に出陣して豊臣氏を滅ぼし、名実共に徳川氏の天下となった。2年(1616年)家康の没後は、土井利勝ら自らの側近を老中などの要職につけて将軍親政を開始、家康の遺訓を守り、一国一城令、武家諸法度、禁中並公家諸法度などの法制を整備し、幕藩体制の確立に尽力した。その一方で5年(1620年)無断で広島城を修築したとして同城主・福島正則を改易したのをはじめ、一代で41家もの大名を改易。この中には家康の側近であった下野宇都宮城主・本多正純ら譜代大名なども含まれ、その代替として自らの一門を紀伊・水戸・尾張に置いていわゆる御三家を創出するなど、幕府権力の安定化を図った。9年(1623年)将軍職を家光に譲り、江戸城西丸に隠居。茶道や書もよくし、また花卉園芸を好んで各地から珍しい草花を集めさせ、江戸城内吹上花園に植えて愛玩。特にツバキを愛したようで、当時江戸や京都で起こったツバキブームの火付け役といわれている。正室・宗源院は浅井長政の三女で豊臣秀吉の養女、豊臣秀頼の母・淀君の妹に当たる。将軍の在職期間は慶長10年から元和9年(1605～1623年)。

徳川 宗敬

とくがわ・むねよし

明治30年(1897年)5月31日～
平成元年(1989年)5月1日

伯爵　参院議員(緑風会), 国土緑化推進機構理事長, 日本博物館協会会長

旧姓名は徳川敬信。東京市本所区向島（東京都墨田区）出生。妻は徳川幹子（茨城県婦人会館顧問），父は徳川篤敬（侯爵）。東京帝国大学農学部林学科〔大正12年〕卒。農学博士〔昭和16年〕。団日本博物館協会（会長）賞勲四等瑞宝章〔昭和15年〕，勲二等旭日重光章〔昭和42年〕，勲一等瑞宝章〔昭和56年〕。

御三家の一つである水戸徳川家に，徳川篤敬侯爵の二男として生まれる。大正5年一橋徳川家の養子となり，名を敬信から宗敬に改名した。15年～昭和3年ドイツに留学。9年12代目当主を継ぎ，伯爵を襲爵。14年貴院議員に就任，21年最後の副議長に就任。22年参院議員に転じると所属会派・緑風会の議員総会議長も兼務した。この間，東京帝国大学農学部林学科に学び，大正12年卒業。一橋家の家臣であった本多家を継いでいた森林学者の本多静六が旧主家筋の御曹司に恩返ししようと熱心に林学の道へ誘導し，昭和16年「江戸時代に於ける造林技術の史的研究」で農学博士号を取得。15年には大日本山林会誌「山林」に「江戸時代における林業思想」と題し，10ケ月に渡って造林功労者に関する論文を連載している。同年～28年東京帝国大学農学部講師で林業史を講義。また25年国土緑化運動を進めるために国土緑化推進委員会（現・国土緑化推進機構）が設立されると副委員長，39年委員長を務め，全国植樹祭・育樹祭主催をはじめ様々な緑化推進・保護活動に尽くし，"緑化の父"と呼ばれた。他にも伊勢神宮大宮司，森林愛護連盟会長，中央林業懇話会会長，日本林業経営協会会長，帝国森林会などを歴任し，大宮司時代には伊勢神宮の20年後の遷宮の際にどこの山を伐採したかという記録をまとめた「神宮御杣山記録」全4巻を刊行した。

【著作】
◇江戸時代に於ける造林技術の史的研究　徳川宗敬著　西ケ原刊行会　1941　379p 22cm
◇緑想―徳川宗敬先生随筆集　徳川宗敬〔著〕徳川先生米寿祝賀会　1984.8　73p 21cm

【評伝・参考文献】
◇緑化の父徳川宗敬翁　国土緑化推進機構 1990.10　553p 22cm

◇根の教育―徳川宗敬と私　平野鈴子著　近代文芸社　1994.3　174p 20cm

徳川 義親

とくがわ・よしちか

明治19年（1886年）10月5日～
昭和51年（1976年）9月6日

政治家，植物学者，侯爵　尾張徳川家19代目当主，徳川生物学研究所・徳川林政史研究所創立者，貴院議員

幼名は錦之丞。東京府小石川区水道町（東京都文京区）出生。父は松平慶永（旧福井藩主），兄は松平慶民（宮内相）。東京帝国大学文科大学史学科〔明治44年〕卒，東京帝国大学理学部植物学科〔大正3年〕卒。団日本花粉学会（名誉会員）。

越前藩主を務めた松平慶永（春嶽）の五男で，明治41年尾張徳川家の養子となり，侯爵を継いだ。44年東京帝国大学史学科に学び尾張家所有の木曽山林政史の論文を書くが評価を得られず，卒業後に尾張出身の服部広太郎の口利きで植物科に学士入学した。花粉研究の卒業論文を提出して卒業後，東京・麻布の自邸に徳川生物学研究所を開き，服部を所長に迎えた（7年荏原，昭和5年目白に移転）。以来，同研究所では桑田義備，服部，江本義数，田宮博ら多くの植物学者が研究に従事した。12年には徳川林政史研究所を設立。7年頃より旧尾張藩士が開拓している北海道八雲町の徳川農場の経営に注意を払い，同地で熊狩りを行ったことから一躍"熊狩りの殿様"として有名になり，10年蕁麻疹に悩まされマレー半島に転地療養に赴いた際には"熊狩りの殿様"の噂を聞いた現地のサルタン（国王）が虎狩りの準備を整えており，象狩りまで体験して"虎狩りの殿様"として名を馳せるに至った。その後，ヨーロッパを経由して帰朝したが，スイスで見かけた熊の木彫りを農民の冬場の仕事にと考え，その製作を奨励，今日では北海道土産として有名な熊の木彫りの開祖となった。この間，明治44年より貴院議員も務め，

処女演説で「貴族政治亡国論」を説き、治安維持法制定にも反対の姿勢を見せるなど、革新貴族として活動し、陸軍のクーデターである三月事件や二・二六事件にも関与した。マレー語の語学教科書「馬来語四週間」(共著)を出すほどの国内屈指のマレー通であり、昭和16年太平洋戦争が始まると自ら宣撫班に志願して、陸軍省嘱託のマレー最高軍政顧問としてシンガポールに赴任。マレー半島の占領行政に携わる傍ら、英国から接収したラッフルズ博物館・植物園を改名した昭南博物館・植物園の総長を務め、郡場寛、羽根田弥太や同館副館長であった英国人植物学者のE. J. H. コーナーら日英の学者たちと両施設を戦火から守り、貴重な学術資料の散逸を防ぐことに尽力した。戦後は日本社会党結成にも協力している。初期の花粉研究者で、52年に日本花粉学会が創設された際には木原均と並んで名誉会員に推された。日本猟友会会長、鳥獣審議会委員など多くの団体の会長、委員を歴任したが、"虎狩りの殿様"にかけて"虎刈りの殿様"との理由で日本理容師協会名誉会長も務めた。

【著作】
◇じゃがたら紀行　徳川義親著　郷土研究社　1931　374p 図版25枚 地図 19cm
◇江南ところどころ　徳川義親著　モダン日本社　1939　243p 図版 19cm
◇木曽の材方の研究　徳川義親著　徳川林政史研究所　1958　324p 地図 21cm
◇私の履歴書 第20集　江崎利一、川又克二、徳川義親、三島徳七、柳田誠二郎　日本経済新聞社　1964　356p 19cm
◇最後の殿様—徳川義親自伝　徳川義親著　講談社　1973　231p 肖像 20cm
◇じゃがたら紀行(中公文庫)　徳川義親著　中央公論社　1980.5　331p 15cm
◇私の履歴書 文化人16　日本経済新聞社編　日本経済新聞社　1984.5　496p 22cm

【評伝・参考文献】
◇革命は芸術なり—徳川義親の生涯　中野雅夫著　学芸書林　1977.10　244p 20cm
◇徳川義親の十五年戦争　小田部雄次著　青木書店　1988.6　223p 20cm
◇近代日本生物学者小伝　木原均ほか監修　平河出版社　1988.12　567p 22cm
◇殿様生物学の系譜(朝日選書421)　科学朝日編　朝日新聞社　1991.3　292p 19cm
◇大東亜科学綺譚　荒俣宏著　筑摩書房　1991.5　443p 21cm
◇コレクターシップ—「集める」ことの叡智と冒険(TURTLE BOOKS 4)　長山靖生著　JICC出版局　1992.4　189p 19cm
◇ぜいたく列伝　戸板康二著　文藝春秋　1992.9　293p 19cm
◇ぜいたく列伝(人物文庫)　戸板康二著　学陽書房　2004.4　324p 15cm
◇徳川さん宅の常識　徳川義宣著　淡交社　2006.3　197p 19cm

【その他の主な著作】
◇木曽山　徳川義親著　徳川義親　1915　24, 402, 5p 22cm
◇熊狩の旅　徳川義親著　精華書院　1921　258p 18cm
◇馬来の野に狩して　徳川義親著　坂本書店出版部　1926　280p 肖像 20cm
◇馬来語四週間　徳川義親, 朝倉純孝著　大学書林　1937　329p 19cm
◇七里飛脚　徳川義親著　国際交通文化協会　1940　67p 19cm
◇日常礼法の心得　徳川義親著　実業之日本社　1941　250p 19cm
◇きのふの夢　徳川義親著　那珂書店　1942　339p 19cm
◇とくがわエチケット教室　徳川義親著　黎明書房　1959　215p 図版 19cm
◇尾張藩石高考　徳川義親著　徳川林政史研究所　1959　348p 地図 21cm

徳川 吉宗
とくがわ・よしむね

貞享元年10月21日(1684年11月27日)～
宝暦元年6月20日(1751年7月12日)

徳川幕府第8代将軍

幼名は源六、院号は有徳院。紀伊国(和歌山県)出身。

　紀伊藩主・徳川光貞の四男で、母は巨勢氏の娘お由利(浄円院)。元禄10年(1697年)徳川幕府第5代将軍・徳川綱吉に拝謁して越前丹生に3万石を領す。宝永2年(1705年)長兄・綱教、次兄・頼職の相次ぐ死により第5代紀伊藩主となり、綱紀粛正と藩財政の立直しを図った。享保元年(1716年)第7代将軍・徳川家継が4歳で死亡し、徳川宗家の血筋が途絶えたため、第8代将軍に就任。以後、家康の精神に戻ることを標榜

し、間部詮房や新井白石らの側用人政治を排して将軍親政を実施。自ら率先して倹約を示し、年貢を増収して開幕以来最悪の状態に陥っていた財政を立て直したほか、足高の制を制定するなどの官僚制度改革、訴訟を潤滑に運用するために公事方御定書を制定するなどの法令改革、新田開発、庶民の意見を政治に反映するための目安箱の設置、江戸町火消しの創設、武芸の奨励、大岡忠相ら人材の登用、各藩1万石につき100石を上納させる上げ米制度の導入、大奥の改革などの政策を次々と打ち出した。とりわけ、当時甚だしく高下した米価の安定に腐心し、そのために"米将軍"と称された。殖産興業にも力を入れ、特に青木昆陽に救荒作物であるサツマイモ栽培を命じたことで知られる。またサトウキビ苗を琉球から取り寄せ、薩摩の落合孫右衛門に命じて製糖事業を開始した。学問の面では特に実学を重視し、本草学、暦学、天文学、史書、経書、地理、法制に関心を持ち、丹羽正伯らに稲生若水の遺業である本草書「庶物類纂」の編纂を再開させた。一方でキリスト教に関係のない外国書を認めたことから医学、博物学、蘭学、天文学などが発達した。そのほかにも江戸市民の遊楽のために飛鳥山や墨田堤にサクラを植えたことでも有名。これらの治績から徳川幕府中興の将軍と讃えられ、30年に及ぶ在職の間になされたこれらの改革は、その中心となった時期の年号から享保の改革と呼ばれる。延享2年(1745年)将軍職を子の家重に譲って西ノ丸に退いたが、家重が虚弱体質であったため暫くは大御所として政治をみた。

【評伝・参考文献】
◇江戸期のナチュラリスト（朝日選書363） 木村陽二郎著 朝日新聞社 1988.10 249, 3p 19cm

徳川 頼宣
とくがわ・よりのぶ

慶長7年3月7日(1602年4月28日)〜
寛文11年1月10日(1671年2月19日)

紀伊藩主

幼名は長福、通称は南龍公。紀伊国(和歌山県)出身。

徳川家康の十男で、母は正木氏御万(養珠院)。初め兄・武田信吉(家康の五男)の遺領である常陸水戸25万石を領する。慶長14年(1609年)駿河・遠江・三河50万石に移るが、大坂の陣の後、元和5年(1619年)紀伊と伊勢の一部55万石を領し、和歌山城に移って紀伊藩初代藩主(紀伊家の祖)となった。以後、安藤直次、水野重仲ら家老の補佐をうけ、7年(1621年)和歌山城の改築に着手したのをはじめ、城下町の整備、諸法令の発布、和歌浦東照宮の建立、藩の教育理念となる「父母状」の作成及び普及といった施策を次々と実施し、紀伊藩政の確立に努めた。また漁民の漁閑期や時化の時の副業としてミカンの栽培を奨励し、現在に至るミカン王国・和歌山の基礎を築いた。寛永2年(1626年)従二位大納言。慶安4年(1651年)には由比正雪の幕府転覆計画(慶安事件)に利用されたために幕府の嫌疑を受け、機転を利かせて切り抜けたが、以後10年間和歌山への帰国を許されず、当時進行中であった和歌山城の改修も中断を余儀なくされた。寛文7年(1667年)病気のために家督を子の光貞に譲り隠居した。

徳淵 永治郎
とくぶち・えいじろう

文久4年(元治元年?)(1864年)〜大正2年(1913年)

植物学者、博物学者
北海道箱館出生。

宮部金吾の助手を務めた。のち、岐阜、愛知、秋田、島根などの中学、農林学校で教育に携わる。北海道のヤナギ、ネコノメソウ、スミレなど多くの植物について分類学的研究を行った。牧野富太郎により氏に献名された学名 *Viola tokubuchii* Makinoがある。

土倉 庄三郎
どぐら・しょうざぶろう

天保11年(1840年)4月10日～
大正6年(1917年)7月19日

林業家

幼名は亟之助。大和国吉野郡川上村大滝(奈良県)出生。

代々吉野地方有数の山林地主。吉野スギで知られる林業で、地元だけでなく、群馬、兵庫、滋賀、台湾にも植林し、吉野林業の特徴である密植法を広めた。地元・川上村村長も務めたが、一方で自由民権運動に共鳴して活動家や政党にも資金を提供し、"立憲政党の大蔵省"と呼ばれた。共著に「林政意見」がある。

【著作】
◇再ビ林政ノ刷新ヲ論ズ　土倉庄三郎著　土倉庄三郎　1902.12　24p 23cm
◇勧業報告林業講話　土倉庄三郎述　広島県内務部　1903.6　61p 23cm

【評伝・参考文献】
◇土倉庄三郎―病臥、弔慰、略歴　佐藤藤太編　佐藤藤太　1917　62p 肖像 23cm
◇評伝土倉庄三郎　土倉祥子著　朝日テレビニュース社出版局　1966　210p 図版 22cm
◇明治百年林業先覚者群像 昭和43年[土倉庄三郎―土倉庄三郎小伝(土倉祥子)]　大日本山林会　大日本山林会　1970　118p 肖像 22cm
◇吉野―悠久の風景[土倉庄三郎と吉野林業]　上田正昭編著　講談社　1990.3　315p 19cm
◇吉野林業地帯　藤田佳久著　古今書院　1998.7　413p 21cm
◇新島襄の交遊―維新の元勲・先覚者たち[同志社大学設立運動　土倉庄三郎、板垣退助 ほか]　本井康博著　思文閣出版　2005.3　325, 13p 21cm

所 三男
ところ・みつお

明治33年(1900年)11月3日～
平成元年(1989年)6月30日

徳川林政史研究所名誉所長

長野県東筑摩郡岡田村(松本市)出生。国学院大学高等師範部日本史科〔大正15年〕中退。文学博士(国学院大学)〔昭和35年〕。囲日本林業史 囲日本古文書学会、社会経済史学会、地方史研究協議会 宣勲四等旭小綬章〔昭和48年〕、日本学士院賞(第71回)〔昭和56年〕「近世林業史の研究」、勲三等瑞宝章〔昭和63年〕。

木曽教育会嘱託ののち、昭和4年徳川林政史研究所研究員、15年主任研究員を経て、42年研究所長、56年名誉所長。この間、文部省調査員、地方史研究協議会評議員会会長、東京大学・国学院大学各講師などをつとめた。著書に「近世林業史の研究」「長野県史」など。

【著作】
◇社会経済史学の発達[林政史(所三男)]　社会経済史学会編　岩波書店　1944　690p 21cm
◇郷土研究講座 第4巻 生業[林業(所三男)]　西岡虎之助等監修　角川書店　1958　328p 21cm
◇日本民俗学大系 第5巻 生業と民族[林業(所三男)]　平凡社　1959　407p 図版 22cm
◇具体例による歴史研究法　宝月圭吾、所三男、児玉幸多編　吉川弘文館　1960　438p 22cm
◇日本生活風俗史〔第3-4〕　雄山閣出版　1961　2冊 22cm
◇金鯱叢書―史学美術史論文集 創刊号　徳川黎明会　1974　645p 22cm
◇金鯱叢書―史学美術史論文集 第2輯　徳川黎明会　1975　708p 図 22cm
◇杏野山の歴史 近世篇　所三男著　徳川林政史研究所　1975.7　231p 22cm
◇金鯱叢書―史学美術史論文集 第3輯　徳川黎明会　1976　838p 図 22cm
◇木曽式伐木運材図会　所三男解説　徳川林政史研究所〔1977〕　119, 26p 26×27cm
◇金鯱叢書―史学美術史論文集 第5輯　徳川黎明会　1978.3　742p 22cm
◇金鯱叢書―史学美術史論文集 第6輯　徳川黎明会　1979.5　710p 22cm
◇近世林業史の研究　所三男著　吉川弘文館　1980.2　858, 16p 22cm
◇金鯱叢書―史学美術史論文集 第7輯　徳川黎明会　1980.7　823p 22cm
◇金鯱叢書―史学美術史論文集 第8輯　徳川黎明会　1981.6　901p 図版20枚 22cm
◇金鯱叢書―史学美術史論文集 第9輯　徳川黎明会　1982.6　538, 171p 22cm
◇名古屋叢書―校訂復刻 第3巻 法制編2　名古屋市教育委員会編、所三男解説　愛知県郷土資料刊行会　1982.7　548p 22cm

◇名古屋叢書―校訂復刻 第10巻 産業経済編 1 名古屋市教育委員会編,所三男解説 愛知県郷土資料刊行会 1982.12 492p 22cm
◇金鯱叢書―史学美術史論文集 第10輯 徳川黎明会 1983.8 488, 176p 22cm
◇金鯱叢書―史学美術史論文集 第11輯 徳川黎明会 1984.6 452, 115p 22cm
◇金鯱叢書―史学美術史論文集 第12輯 徳川黎明会 1985.6 730p 22cm

【評伝・参考文献】
◇地方史のとびらを開く―随筆・信州と私(フマニタス選書 9) 金井円著 北樹出版,学文社〔発売〕 1989.4 169p 19cm

【その他の主な著作】
◇封建制と資本制―野村博士還暦記念論文集〔近世初期の百姓本役―役家と夫役の関係について(所三男)〕 高村象平等編 有斐閣 1956 743p 図版 22cm
◇郷土研究講座 第3巻 家〔農村社会の身分(所三男)〕 西岡虎之助等監修 角川書店 1958 337p 20cm
◇一志茂樹博士喜寿記念論集〔保証文言としての国替考(所三男)〕 一志茂樹先生喜寿記念会編 東筑摩郡・松本市・塩尻市郷土資料編纂会 1971 858p 肖像 22cm

---

土佐 光起
とさ・みつおき

元和3年10月23日(1617年11月21日)～
元禄4年9月25日(1691年11月14日)

絵師
幼名は藤満。和泉国堺(大阪府)出生。
　土佐光則の子。父と共に京都に移ったのち、承応3年(1654年)従五位下・左近衛将監に任ぜられ、宮廷絵所預となり土佐家を復興。大和絵風の土佐派に宋元の画風や狩野派の画法をとり入れて、江戸時代にふさわしい画風を確立させ、土佐派中興の祖とされる。天和元年(1681年)絵所預を子の光成に譲って剃髪、法橋に叙せられ、のち法眼に昇った。多くの花鳥画を描いたが、その作品には植物の特徴がよく表われ、ボタニカルアートと呼ぶにふさわしい内容であった。代表作に「四季花鳥図」「北野天神縁起絵巻」「厳島松島屏風」「源氏物語末摘花巻」など。

栃内 吉彦
とちない・よしひこ

明治26年(1893年)12月1日～
昭和51年(1976年)1月29日

北海道大学名誉教授
東京市麹町区(東京都千代田区)出生。父は栃内曽次郎(海軍軍人)。東北帝国大学農科大学(現・北海道大学農学部)農学科第三部〔大正7年〕卒。農学博士〔大正14年〕。[団]植物病理学団日本植物病理学会(会長)。
　大正7年北海道帝国大学農科大学実科講師、8年助手を経て、10年助教授。昭和3年から2年間、米国・英国・ドイツに留学し、5年帰国して教授に就任。11年農学部附属植物園長、27年農学部長を歴任し、32年退官。この間、25年北海道農業試験場長、26年道立農業試験場長を兼任。25～30年日本植物病理学会会長。植物病理学を専門とし、アマの立枯菌・炭疽病、コムギの銹病、イネの馬鹿苗病とごま葉枯病などを研究。樹病関係ではエゾマツの心材腐朽病と青変菌、材質腐朽菌の生理・嫌触現象、針葉樹苗立枯病などを研究した。著書に「植物病理学通論」などがある。

【著作】
◇植物病理学通論 栃内吉彦著 誠文堂新光社 1938 478p 22cm
◇南洋諸島―自然と資源〔南洋群島パラオ諸島農事管見(栃内吉彦)〕〈4版〉 太平洋協会編 河出書房 1942 432, 21, 13p 地図 22cm
◇山談花語 栃内吉彦著 青山出版社 1943 332p 19cm
◇稲の病害と其の防除 栃内吉彦著 河出書房 1944 246p 19cm
◇若菜頌(日本叢書 第19) 栃内吉彦著 生活社 1945 31p 19cm
◇帝室林野局北海道林業試験場彙報 第8号〔北日本産有毒菌覃図説(栃内吉彦編)〕 帝室林野局北海道林業試験場編 帝室林野局北海道林業試験場 1945 22cm
◇春秋夏冬(柏葉叢書) 栃内吉彦著 柏葉書院 1947 159p 19cm
◇農学講座 第2巻〔植物病理学概論(栃内吉彦)〕 木原均等編 柏葉書院 1948 303p 21cm

◇栃内吉彦・福士貞吉両教授還暦記念論文集　栃内・福士両教授還暦記念論文集刊行会　1955　346p 図版23枚 26cm
◇北海道総合開発の諸問題［北海道農業の特質（栃内吉彦）］　鹿島守之助編　ダイヤモンド社　1958　486p 図版 22cm
◇鹿島守之助経営論選集 別巻2 北海道総合開発の諸問題［北海道農業の特質（栃内吉彦）］　鹿島守之助編　鹿島研究所出版会　1975　600,6p 図・肖像12枚 21cm
◇山樹野花（ぷやら新書 第12巻）　栃内吉彦著,和田義雄編集　沖積舎　1981.10　63p 15cm

外崎 嘉七
とのさき・かしち

安政6年（1859年）3月20日～
大正13年（1924年）9月25日

農業

陸奥国中津軽郡清水村（青森県弘前市）出生。

　小作農家の三男に生まれる。明治6年弘前市の金木屋に見習い奉公。15年から岩木町の農牧社の牧夫となり農業技術を学ぶ。40年弘前市樹木に園地（外崎園）を開き、リンゴ栽培を始める。無学ではあったが、体で栽培技術を覚え、高い技術を持った生産者に成長、県内各地を回って、樹形改造・袋かけ・ボルドー液散布などの普及に努めた。"リンゴの神様""リンゴ中興の祖"と称された。

【評伝・参考文献】
◇国産林檎の指導者外崎嘉七　伊東峻一郎著　日本出版社　1943　236p 図版 肖像 19cm
◇郷土の先人を語る 第5［外崎嘉七（斎藤康司）］　弘前市立弘前図書館［ほか］　1969　167p 18cm

鳥羽 源蔵
とば・げんぞう

明治5年（1872年）1月20日～
昭和21年（1946年）5月23日

岩手県気仙郡小友村（陸前高田市）出生。

農業を営む家に生まれる。明治33年より教員となり、岩手県下の小学校を歴任して主に理科や農業学を教えた。その一方で早くから動植物に親しみ、26歳で松村松年に師事して昆虫採集を始める。また30年頃から岩手県気仙地方の植物研究に取り組み、採集した標本を中央の学者に送付して鑑別を請い、約30種の新種・新変種を発見して同地のフロラに記載した。34年頃からは牧野富太郎の指導のもと植物分類学を学ぶようになり、その勧めで37年日本植物学会に入会。その後も藻類や菌類、地衣類、岩石などに手を広げて東北における博物学界の重鎮と目され、宮沢賢治も彼にクルミの化石の鑑別を頼んでいる。中でもはじめて東北地方太平洋岸の貝類を紹介したことで知られ、日本貝類学会の設立発起人の一人でもあり、トバマイマイ、トバイソニナなど彼を記念して命名された種も多い。41年より台湾総督府農事試験場に勤務し、熱帯植物や昆虫の研究に従事。45年帰国して教職に復帰し、大正11年には招かれて岩手師範学校教諭心得となり、昭和3年同教諭に就任、以後20年まで在職し、理科教員の養成に尽くした。岩手県内の史蹟名勝天然記念物の調査や保存にも当たり、考古学の研究も行った。著書に「昆虫標本製作法」がある。

【評伝・参考文献】
◇岩手博物界の太陽―鳥羽源蔵先生を偲んで　鳥羽源蔵先生の胸像を建てる会編　鳥羽源蔵先生の胸像を建てる会　1994.7　148p 22cm

【その他の主な著作】
◇昆虫標本製作法　鳥羽源蔵著,松村松年閲　有隣堂　1899.11　102p 22cm

鳥羽 正雄
とば・まさお

明治32年（1899年）12月13日～
昭和54年（1979年）4月18日

東洋大学教授

東京市牛込区（東京都新宿区）出生。東京帝国大学文学部国史学科〔大正13年〕卒。文学博士

（東洋大学）〔昭和36年〕。團日本近世史，城郭史。

昭和8年神宮皇学館教授、11年内務省神社局考証官、15年神祇院考証官、23年林業経済研究所研究員、26年鹿児島大学教授、31年東洋大学教授、45年中京大学教授を歴任。日本城郭協会理事。著書に「城郭と文化」「日本林業史」「近世城郭史の研究」など。

【著作】
◇岩波講座日本歴史［第7 近世［2］江戸時代の林政（鳥羽正雄）］　国史研究会編　岩波書店　1933～1935　22cm
◇森林と文化　鳥羽正雄著　大日本出版社峯文荘　1943　382p 19cm
◇日本の林業（歴史新書6）　鳥羽正雄著　雄山閣　1948　265p 19cm
◇日本林業史　鳥羽正雄著　雄山閣　1951　238p 19cm
◇古文化の保存と研究—黒板博士の業績を中心として［農林省林政史料の編纂（鳥羽正雄）］　黒板博士記念会編　〔吉川弘文館〕　1953　580p 図版 22cm

【その他の主な著作】
◇江戸城の今昔—史蹟写真　鳥羽正雄編　日本史蹟研究会　1928　図版34枚（解説共）27cm
◇城郭及城址（考古学講座）　大類伸，鳥羽正雄共著　雄山閣　〔1928〕　464p 22cm

飛田 広
とびた・ひろし

明治30年（1897年）～昭和22年（1947年）

植物研究家　諏訪中学教諭
茨城県出生。東京高等師範学校〔大正14年〕卒。

大正14年東京高等師範学校を卒業後、教師として諏訪中学に赴任し、昭和17年まで在職。教職の傍ら、大正14年より約10年に渡って霧ケ峰の植物調査に従事し、三好学や本田正次らと中央の学者らと連絡をとりながら霧ケ峰全域の植物誌を明らかにした。この間、キリガミネウヒレン、オバケヒゴタイ、シロバナノハラアザミ、シナノカリヤスモドキなど多数の新種・稀少種を発見。特に昭和8年に霧ケ峰で発見したシナノトウヒレンの学名には、彼の名を記念したtobitaeの種小名が付けられている。昭和に入って観光やスキーなどの面で同地が脚光を浴びるようになると、自然破壊を懸念してその保護に尽力。彼の調査記録が重要な資料として保護運動の原動力となり、9年長野県の、14年には国の天然記念物に指定されるに至った。16年には同地における植物研究の集大成として本田と共に「霧ケ峯の植物」を刊行。また諏訪大社上社の社叢における自然林にも注目し、たびたび調査を行ってその報告を「信濃教育」に発表した。

【著作】
◇霧ケ峯の植物　本田正次，飛田広著　厚生閣　1941　296p 19cm

戸部 彪平
とべ・ひょうへい

明治14年（1881年）4月2日～
昭和20年（1945年）2月16日

農政家　嬬恋村（群馬県）村長
群馬県吾妻郡嬬恋村出生。

群馬県嬬恋村の旧家に生まれ、父は2度村長を務めた。日露戦争に従軍して戦功を立て、金鵄勲章を受けた。その後、大正10年村の消防団長、13年田代区長、14年村議を経て、昭和5年嬬恋村村長に就任。冷害や凶作の影響で窮乏しつつあった村を救うため「嬬恋村産業5カ年計画」を策定し、現金収入の向上を目指して土地柄に適した野菜であるジャガイモを作り米と交換することを勧め、またハクサイやキャベツの増産を推進した。さらにこれらを東京など大都市圏の市場へ輸送するため、大幅に道路を整備。7年には"高原野菜"と称してハクサイを大阪市場に出荷して好評を博し、高原野菜で知られる村の基礎を築いた。

冨田 守彦
とみた・もりひこ

?～平成元年（1989年）7月19日

日本盆栽協会役員
本名は冨田林之助。東京出身。長男は冨田正利（早稲田大学文学部教授）。

長年、国風盆栽展の裏方を務めて、水やり名人と呼ばれ、昭和45年の大阪万国博では盆栽の管理責任者を務めた。

冨成 忠夫
とみなり・ただお

大正8年（1919年）8月17日～
平成4年（1992年）9月25日

写真家, 洋画家　冨成写真工房主宰
山口県下関市出生。東京美術学校（現・東京芸術大学）油絵科〔昭和17年〕卒。團 植物写真団 自由美術協会 賞 絵本にっぽん賞大賞（第13回）〔平成2年〕「ふゆめがっしょうだん」。

昭和22～32年自由美術家協会会員、35～44年美術グループ"同時代"同人となり、油絵の制作を続ける。傍ら、32歳頃から写真に取り組み、昆虫、植物、顕微鏡撮影による微生物を専門に撮る。32年「ぺりかん写真文庫1 野草の美」を刊行。以後、植物写真を専門に撮影。46～57年画家としての本格的な活動を休止し、写真に専念。50年東京・千駄ケ谷に冨成写真工房を設立。同年より「朝日百科世界の植物」編集委員となり、表紙を含む植物写真の撮影を担当するなど、戦後日本の植物写真の創始者として活躍。著書に「日本の花木」「野草ハンドブック春、夏、秋、野の草と木と」「森の中の展覧会」「冬芽の貌」などがある。

【著作】
◇ぺりかん写真文庫1 野草の美　平凡社ぺりかん写真文庫編集部編　平凡社　1957　60p（図版共）17×19cm
◇花の手帖―野の花（原色写真文庫）　佐竹義輔, 冨成忠夫著　講談社　1968　150p（おもに図版）19cm
◇季節の花（ブルーガイド カラー新書）　川上幸男文, 冨成忠夫写真　実業之日本社　1968　162p（おもに図版）18cm
◇日本の花木　林弥栄著, 冨成忠夫写真　講談社　1971　344p（図共）37cm
◇現代椿集　日本ツバキ協会編, 冨成忠夫写真　講談社　1972　488p（図共）31cm
◇春の花（野草ハンドブック1）　冨成忠夫著　山と渓谷社　1974　271p（おもに図）19cm
◇夏の花（野草ハンドブック2）　冨成忠夫著　山と渓谷社　1974　271p（おもに図）19cm
◇秋の花（野草ハンドブック3）　冨成忠夫著　山と渓谷社　1974　255p（おもに図）19cm
◇原色・山菜　冨成忠夫, 秋山久治著　家の光協会　1974　206p（おもに図）18cm
◇躑躅・皐月・石楠花　田村輝夫, 芝端祥介, 和田弘一郎代表著者, 冨成忠夫写真　講談社　1974　416p（図共）31cm
◇原色薬草　伊沢凡人, 冨成忠夫, 秋山久治著　家の光協会　1975　196p 19cm
◇原色山野木　冨成忠夫, 秋山久治著　家の光協会　1976　197p 19cm
◇花（カラーフォト・シリーズ）　冨成忠夫, 飯泉優著　朝日ソノラマ　1977.5　158p（おもに図）21cm
◇現代椿集2　日本ツバキ協会編, 冨成忠夫写真　講談社　1978.3　456p 31cm
◇野の草と木と　冨成忠夫著　山と渓谷社　1978.4　198p 30cm
◇原色花木　冨成忠夫, 林弥栄著　家の光協会　1978.5　223p 19cm
◇樹木1（野外ハンドブック6）　冨成忠夫著　山と渓谷社　1979.4　255p 19cm
◇樹木2（野外ハンドブック7）　冨成忠夫著　山と渓谷社　1979.8　255p 19cm
◇日本の野生植物 草本 3 合弁花類　佐竹義輔, 大井次三郎, 北村四郎, 亘理俊次, 冨成忠夫編　平凡社　1981.10　259p 図版224p 27cm
◇日本の野生植物 草本 1 単子葉類　佐竹義輔, 大井次三郎, 北村四郎, 亘理俊次, 冨成忠夫編　平凡社　1982.1　305p 図版208p 27cm
◇日本の野生植物 草本 2 離弁花類　佐竹義輔, 大井次三郎, 北村四郎, 亘理俊次, 冨成忠夫編　平凡社　1982.3　318p 26cm
◇季―1982　冨成忠夫著　東京エディトリアルセンター　1982.6　150p 25×26cm
◇森のなかの展覧会―冨成忠夫写真集　冨成忠夫著　山と渓谷社　1984.12　1冊（頁付なし）31cm
◇冬芽の貌（Tominari mini photo series 1）　冨成忠夫著　冨成写真工房　1984.12　1冊（頁付なし）20cm
◇野草を撮る（撮影ハンドブック）　冨成忠夫著　山と渓谷社　1985.5　215p 19cm
◇花のない季節（Tominari mini photo series 2）　冨成忠夫著　冨成写真工房　1985.11　1冊（頁付なし）20cm
◇くさぐさの花　高橋治著, 冨成忠夫写真　朝日新聞社　1987.4　219p 19cm

◇草の実(Tominari mini photo series 3)　冨成忠夫著　冨成事務所　1988.2　1冊(頁付なし)　20cm
◇日本の野生植物 木本 1　佐竹義輔,原寛,亘理俊次,冨成忠夫編　平凡社　1989.2　321p　26cm
◇日本の野生植物 木本 2　佐竹義輔,原寛,亘理俊次,冨成忠夫編　平凡社　1989.2　305p　26cm
◇木々百花撰　高橋治著,冨成忠夫写真　朝日新聞社　1989.5　215p 19cm
◇ふゆめがっしょうだん(かがくのとも傑作集 34)　冨成忠夫,茂木透写真,長新太文　福音館書店　1990.1　27p 26cm
◇鵬と鯤―冨成忠夫全仕事　冨成忠夫〔著〕　冨成忠夫作品集刊行会　1994.10　2冊 25×26cm

冨野 耕治
とみの・こうじ

明治43年(1910年)9月8日～
平成4年(1992年)2月12日

三重大学名誉教授
愛知県名古屋市北区出身。三重高農林農学科卒。農学博士。
　中日園芸文化協会副会長。伊勢ハナショウブの育種研究の代表的権威で'御吉野'(みよしの)などの新品種の開発でも知られた。

【著作】
◇花菖蒲―アヤメ類(カラーブックス 園芸ガイド 3)　冨野耕治著　保育社　1976　152p 15cm

外山 三郎
とやま・さぶろう

明治43年(1910年)3月30日～
平成14年(2002年)3月10日

宮崎大学名誉教授
宮崎県宮崎市出生。宮崎高等農林学校林学科〔昭和7年〕卒,京都帝国大学農学部農林生物学科〔昭和10年〕卒。農学博士(九州大学)〔昭和27年〕。囲農林生物学,材木育種学 団日本林学会,日本育種学会,日本生態学会 賞宮崎県文化賞〔昭和28年〕「林木育種研究」,林木育種協会賞〔昭和36年〕「林木育種研究」,勲二等瑞宝章〔昭和56年〕「大学教育,行政,林木育種の研究」朝日森林文化賞(第4回)〔昭和61年〕「半世紀に及ぶスギ品種改良と遺伝子集積」。
　昭和10～21年農林省大阪営林局、同林業試験場勤務、21～46年宮崎高等農林学校(現・宮崎大学農学部)勤務。26年より宮崎大学教育学部教授、46年より学長を務め、50年退官。その後、54～60年九州東海大学教授、55～58年宮崎県教育委員会、同教育委員長を歴任した。

【著作】
◇スギの研究〔スギ苗木外部形質因子の分布及び分布頻度(外山三郎)〕　佐藤弥太郎等著　養賢堂　1950　722p 22cm
◇宮崎大学開学記念論文集〔種子の貯蔵による発芽力の変化(外山三郎)〕　宮崎大学　1953　252p 26cm
◇生観記　外山三郎著　宮崎春秋　1981.11　381p 20cm

外山 三郎
とやま・さぶろう

明治34年(1901年)10月12日～
昭和61年(1986年)9月8日

長崎大学名誉教授
福岡県朝倉郡杷木町(朝倉市)出身。福岡師範学校卒,広島高等師範学校附設第二臨時教育養成所博物科〔大正13年〕卒。囲植物分類学 賞西日本文化賞・社会文化賞(第26回)〔昭和42年〕,勲三等旭章。
　旧制中学、師範学校教諭を務めたあと、昭和24年長崎大学教授に就任。退官後、活水短期大学教授となる。昭和33年から長崎県理科教育協会会長、同生物学会名誉会員、県天然記念物―文化財審議委員、県自然環境保全審議会委員、日本自然保護協会九州支部参事。主に長崎県の植物について分類学的研究を行い、同県内でオオムラザクラ、クロカミランなど30数種の新種を発見した「長崎県植物誌」など植物誌の著書も多い。

【著作】
◇雲仙・天草(原色写真文庫)　外山三郎, 片岡弥吉著　講談社　1968　147p(図版共)19cm
◇草木歳時記　外山三郎著　八坂書房　1976.7　326p 20cm
◇長崎県植物誌　外山三郎著　長崎県生物学会　1980.7　312p 27cm

外山 八郎
とやま・はちろう

大正2年(1913年)5月22日～
平成8年(1996年)1月19日

ナショナル・トラスト運動家　天神崎保全市民協議会専務理事
和歌山県南部町(日高郡みなべ町)出生。東京帝国大学法学部〔昭和12年〕卒。

卒業後間もなく結核にかかり、田辺市に転地。県立田辺商業高校で商業法規を教える傍ら、カウンセラーとして約30年間、生徒指導に当たった。昭和49年天神崎開発計画を知り、後藤伸らと"天神崎の自然を大切にする会"(のち天神崎保全市民協議会)を結成、市民の募金で土地を買い戻す運動を始める。退職金を全額投じるなど、その中心的人物として積極的に参加、苦節10余年、4ヘクタールの別荘計画地の買い取りを達成。この活動は日本のナショナルトラスト運動のきっかけとなり、同協議会は58年第1回朝日森林文化賞を受賞、62年には全国初の自然環境保全法人(ナショナルトラスト法人)の認定をうけた。

豊国 秀夫
とよくに・ひでお

昭和7年(1932年)1月29日～
平成4年(1992年)9月26日

信州大学教養部教授
北海道出生。北海道大学理学部〔昭和30年〕卒、北海道大学大学院理学研究科〔昭和37年〕博士課程修了。理学博士〔昭和37年〕。　囲植物分類学, 植物地理学　団日本植物学会, The International Association for Plant Texonomy, The International Mountain Society。

昭和39年旭川女子短期大学助教授、43年旭川大学教授を経て、信州大学教授。分担執筆に「寺崎日本植物図譜」「日本アルプスの花と蝶」「朝日百科世界の植物」、編著に「植物学ラテン語辞典」。

【著作】
◇日本アルプスの花と蝶　創土社　1979　445p 31cm
◇植物学ラテン語辞典　豊国秀夫編　至文堂　1987.5　386p 21cm
◇日本の高山植物(山渓カラー名鑑)　豊国秀夫編　山と渓谷社　1988.9　719p 20×21cm

豊島 恕清
とよしま・じょせい

明治18年(1885年)～昭和20年(1945年)

小笠原島庁林業課長
別名はジョゼフ・ゴンザレス司祭, 小笠原恕清。
小笠原諸島の植生ならびに熱帯の有用植物資源を調査研究した。トヨシマアザミの学名 *Cirsium toyosimae* Koidz. は氏に献名されたものである。

【著作】
◇南方の植産資源[農薬デリス根について 他(豊島恕清)]　南方植産資源調査会編　錦城出版社　1943　330p 地図 22cm

鳥居 喜一
とりい・きいち

明治44年(1911年)4月3日～
平成6年(1994年)1月26日

植物研究家
愛知県新城市出身。東京歯科医学専門学校卒。
歯科医として開業する傍ら、三河地方を中心とした愛知県各地の植物を調査・採集し、標本

を作製、分類学研究を支援した。「東三河産植物目録」「鳳来寺山の植物」「本宮山の植物」などの著作があり、収集した標本は東京大学に寄贈された。

【評伝・参考文献】
◇鳥居喜一寄贈東三河の植物標本目録　鳳来町立鳳来寺山自然科学博物館　1995.3　690p　26cm

内藤 喬
ないとう・たかし

明治24年(1891年)12月18日～
昭和32年(1957年)10月31日

鹿児島大学文理学部教授
島根県能義郡伯太町(安来市)出生。鹿児島高等農林学校(現・鹿児島大学農学部)〔大正3年〕卒。賞 勲三等瑞宝章〔昭和32年〕。
　大正3年鹿児島高等農林学校(現・鹿児島大学農学部)を卒業して同校助手、島根及び長崎県の農学校に勤務を経て、11年鹿児島高等農林学校助教授、昭和5年教授。24年学制改革により鹿児島大学文理学部教授。32年同大と琉球大学による琉球諸島の合同調査中に沖縄で客死した。琉球諸島の植物相を調査研究し、「西表島植物誌」「奄美大島有用植物誌」などを著した。多数の採集標本は鹿児島大学に保管されている。

【著作】
◇鹿児島県植物方名集　内藤喬著　鹿児島県立博物館　1955～1956　2冊 22cm
◇鹿児島民俗植物記　内藤喬著, 鹿児島民俗植物記刊行会　鹿児島民俗植物記刊行会　1964　324, 62p 図版 27cm
◇鹿児島民俗植物記―遺稿　内藤喬著　青潮社　1991.3　328, 62p 27cm

永井 威三郎
ながい・いさぶろう

明治20年(1887年)11月18日～
昭和46年(1971年)9月14日

育種学者, 栽培学者
東京出生。兄は永井荷風(小説家)。東京帝国大学農科大学農学実科〔明治41年〕卒, マサチューセッツ州立農科大学〔明治44年〕卒。バチェラー・オブ・サイエンス(マサチューセッツ州立農科大学)〔明治44年〕, マスター・オブ・サイエンス・イン・アグリカルチャー(コーネル大学)〔大正元年〕, 農学博士〔大正11年〕。
　明治41年農商務省海外実業練習生として米国留学。のち渡独、ハイデルベルク大学で学び、大正6年農事試験場技師、昭和10年東京高等農林学校教授、23年日本大学教授。日本作物学会、遺伝学会、農業気象学会員、日本育種学会評議員として活躍。著書に「作物栽培各論」「日本の米」など。

【著作】
◇植物の遺伝と変異　永井威三郎著　隆文館図書　1916　410p 22cm
◇植物雑種ニ関スル試験　グレゴア・メンデル著, 永井威三郎訳　日本育種学会　1916　59p 23cm
◇日本稲作講義　永井威三郎著　養賢堂　1926　724, 2p 22cm
◇朝鮮に於ける水稲の主要品種と其分布状況　永井威三郎, 中川泰雄著　永井威三郎〔ほか〕〔1929〕　42p 図16枚 27cm
◇実験作物栽培各論 上巻　永井威三郎著　養賢堂　1940　540p 22cm
◇米と食糧(生活の科学新書 第2)　永井威三郎著　羽田書店　1941　234p 19cm
◇水陰草―随筆　永井威三郎著　桜井書店　1942　219p 図版 22cm
◇実験作物栽培各論 中巻　永井威三郎著　養賢堂　1943　403p 21cm
◇随筆野菜籠　永井威三郎著　天然社　1946　187p 19cm
◇農業綜典―技術経営　永井威三郎編　朝倉書店　1950　714p 19cm
◇稲の日本史 第3(農業総合研究所刊行物 第176号)　盛永俊太郎編　農林省農業総合研究所　1958　279p 図版 18cm

◇米の歴史（日本歴史新書）　永井威三郎著　至文堂　1959　250p 19cm
◇風樹の年輪　永井威三郎著　俳句研究社　1968　461, 2p 図23枚 22cm
◇稲の日本史 下（筑摩叢書）　盛永俊太郎等編　筑摩書房　1969　355p 図版 地図 19cm
◇日本の米　永井威三郎著　日本出版放送企画　1995.7　187p 19cm

永井 かな
ながい・かな

明治39年（1906年）～昭和59年（1984年）10月7日

植物研究家
京都府出身。京都府女子師範学校卒。

　女性の植物研究家として草分け的存在で、京都府女子師範学校在学中から植物に関心を持ち、生涯独身のまま植物研究に一生をささげた。京都をはじめ近畿地方の野山をくまなく歩き、採集した植物標本は3万点以上。京都植物同好会を主宰、一般の植物愛好家を指導した。植物分類地理学会会員の他、短歌のアララギ会員でもあり、植物の歌をよく詠んだ。「鞍馬・貴船の植物図譜」「植物短歌誌」などの著書がある。

◇短歌植物誌（林泉叢書 第37編）　永井かな著　初音書房　1972　317p 図 19cm
◇続短歌植物誌（林泉叢書 第52編）　永井かな著　初音書房　1976.12　375p 図 19cm
◇鞍馬山の植物—調査報告書 第1報　永井かな著, 鞍馬山自然科学博物苑〔編〕　鞍馬弘教総本山鞍馬寺出版部　1977.4　173p 21cm
◇花の手帖（東京美術選書 24）　永井かな著　東京美術　1980.10　195p 19cm
◇鞍馬・貴船の植物図譜〈改訂版〉　永井かな著　吉川印刷工業所　1983.5　284p 19cm
◇京都の野草図鑑　永井かな解説, 内藤登喜夫写真　京都新聞社　1985.9　316p 19cm

中井 清太夫
なかい・せいだゆう

（生没年不詳）

甲府代官
名は九敬。三河国（愛知県）出生。

　安永3年（1774年）から6年（1777年）まで甲斐上飯田代官を務め、次いで天明7年（1787年）まで甲府代官。在任中、相次ぐ長雨や凶作で農民の生活が危機に瀕した際、悪条件にも強いジャガイモに目を着け、九州から種芋を取り寄せてその栽培を奨励し、未曽有の被害といわれた天明の飢饉を乗り切った。領民はこのことからジャガイモのことを"清太夫芋"又は"セイタイモ"と呼んで感謝し、その名称は甲州のみならず隣接する信濃や越後・武蔵国秩父にも広まった。また、ジャガイモは甲斐から関東・新潟・信州に伝播したので、これらの地では"甲州芋"とも呼ばれ、さらに飛騨には信州を経由して伝わったため"信州芋"とも言われている。その他、甲府城築城のため取り潰された塩部村の再興や笛吹川の水害を防ぐため押出川に排水路を開くなど善政を敷き、各地に生祠が造られた。その後、陸奥小名浜代官に転じ、ここでもジャガイモの普及に当たったが寛政3年（1791年）罪を得て免職になったという。

中井 猛之進
なかい・たけのしん

明治15年（1882年）11月9日～
昭和27年（1952年）12月6日

植物分類学者　国立科学博物館館長、東京大学名誉教授
岐阜県厚見郡岐阜町（岐阜市）出生、山口県美祢郡綾木村（美東町）出身。父は堀誠太郎（植物学者）、三男は中井英夫（作家）、女婿は前川文夫（東京大学名誉教授）。東京帝国大学理科大学植物学科〔明治40年〕卒。理学博士〔大正3年〕。
賞 日本学士院桂記念賞〔昭和2年〕「朝鮮植物研究」。

小石川植物園事務掛などを務めた堀誠太郎の長男として生まれる。明治41年東京帝国大学理科大学助手、大正6年講師、11年助教授を経て、12年から2年間、米国、フランス、スウェーデンなどに留学。14年帰国。昭和2年教授に進み、5年理学部附属植物園長。明治40年大学院に進むと松村任三より朝鮮の植物研究を勧められ、大正2年には朝鮮総督府よりその調査を委託された。以来、台湾植物研究の早田文蔵と並ぶ、日本外地である朝鮮植物研究の権威と目され、その成果は「朝鮮森林植物篇」（全22巻）に結実した。他に11年には薬用植物調査のためインドネシア、セイロンへ、昭和8年には第一次満蒙学術調査団の熱河探検に副団長として参加するなど各地の調査に当たる傍ら、欧米留学中には各国の主要な植物標本館を訪ねて日本を含む東アジアの植物を中心に研究を積み、日本人研究者が研究を開始する以前に日本の植物を研究したケンペル、ツュンベルク、フランシェらの研究のもとになった標本を精密に研究。小泉源一も同様な研究を行い、この結果、従来判然としなかった先人の命名による不明植物の正体の多くを明らかにした。植物の分類体系についても独自の見解を抱いて500編を超える論文を著し、日本産植物図譜として「東亜植物図説」（未完）の編纂に携わった。その研究室からは女婿の前川文夫や小林義雄ら多くの門弟を送り出す一方、各地のアマチュア植物学者とも積極的に交流を持った。昭和10年代に入ると、教え子で陸軍政務次官を務める土岐章や柴田桂太らと大東亜博物館を構想し、16年の国立資源科学研究所に尽くした。太平洋戦争が始まると、17年陸軍司政長官（将官相当）として占領地であるインドネシア・ジャワ島のボイテンゾルグ（現・ボゴール）植物園長に赴任。21年帰国。22年東京科学博物館長、24年新制度により国立科学博物館長を務めた。「虚無への供物」で知られる作家の中井英夫は三男。

【著作】
◇野外植物便覧 中井猛之進編 開成館 1909 1枚 22cm

◇済州島并莞島植物調査報告書 中井猛之進〔著〕〔朝鮮総督府〕 1914 156, 35p 26cm
◇朝鮮植物 上巻 中井猛之進著 成美堂書店 1914 431, 13, 11p 23cm
◇金剛山植物調査書 中井猛之進著 朝鮮総督府 1918 204p 図 27cm
◇白頭山植物調査書 中井猛之進〔著〕、朝鮮総督府編 朝鮮総督府 1918 75p 27cm
◇大日本樹木誌 中井猛之進, 小泉源一著 成美堂書店 1922 511, 28p 22cm
◇天然紀念物調査報告 植物之部〔第5輯 対馬国竜良山及び洲藻白岳の原始林調査報告（中井猛之進）〕 内務省編 内務省 1925～1926 22cm
◇朝鮮森林植物編 第1-7輯 中井猛之進著 朝鮮総督府 1927～1932 5冊 26cm
◇岩波講座生物学〔第15 特殊問題［1］植物命名規約に就いて（中井猛之進）〕 岩波書店編 岩波書店 1930～1931 23cm
◇岩波講座生物学〔第8 植物学［3］［被子植物（中井猛之進）〕 岩波書店編 岩波書店 1930 23cm
◇岩波講座生物学〔第9 植物学［4］東亜植物区景（中井猛之進）〕 岩波書店編 岩波書店 1930～1931 23cm
◇第一次満蒙学術調査研究報告〔満州植物誌料他（中井猛之進, 本田正次, 北川政夫）〕 第一次満蒙学術調査研究団 1934～1940 26冊 図版 27cm
◇羊歯の検索と鑑定 神谷辰三郎著, 中井猛之進校 成美堂書店 1934 457p 23cm
◇東亜植物（岩波全書 52） 中井猛之進著 岩波書店 1935 281p 18cm
◇東亜植物図説 第1巻 第1輯 中井猛之進監輯 春陽堂 1935 18p 図版 27cm
◇葉による樹木の鑑定 裸子植物篇 神谷辰三郎著, 中井猛之進校 成美堂書店 1935 240p 19cm
◇東亜植物図説 第1巻 第4輯～第3巻 第4輯 中井猛之進監輯 春陽堂 1936～1940 26cm
◇大日本植物誌 第1-9 中井猛之進, 本田正次監修 三省堂 1938～1943 26cm
◇天然紀念物調査報告 植物之部 第20輯〔山口県下の植物に関するもの（中井猛之進）〕 文部省編 文部省 1942 26cm
◇大日本植物誌 第10号 おとぎりさう科 木村陽二郎著, 中井猛之進, 本田正次監修 国立科学博物館 1951 273p 27cm
◇朝鮮森林植物編 中井猛之進著 国書刊行会 1976 10冊（総索引共）27cm

【評伝・参考文献】
◇生物学史論集〔中井猛之進先生の言葉〕 木村陽二郎著 八坂書房 1987.4 431p 21cm
◇近代日本生物学者小伝 木原均ほか監修 平河出版社 1988.12 567p 22cm
◇大東亜科学綺譚 荒俣宏著 筑摩書房 1991.5 443p 21cm

◇日本植物研究の歴史—小石川植物園300年の歩み(東京大学コレクション4) 大場秀章編 東京大学総合研究博物館 1996.11 187p 25cm

長尾 円澄
ながお・えんちょう

安政6年(1859年)3月14日～
大正11年(1922年)1月28日

僧侶、園芸家 長福寺住職
備後国(広島県深安郡神辺町)出生。師は仁覚。
　9歳の時、備後小田郡にある真言宗の名刹長福寺に入り、同寺住職の仁覚に師事。次いで高野山で修行し、20歳の時に長福寺住職となった。明治16年明治維新後の混乱で荒廃した寺を再興するため、篤農家・渡辺淳一郎の協力で寺領に7ヘクタールの果樹園を造成し、モモの栽培を開始。のちには収穫や荷造りに工夫を加え、モモの遠隔地輸送を可能にした。また、品種改良の研究にも従事しモモの優良品種'土用蜜桃'を開発。この品種は、間もなく全国的に普及し、モモの名産地・岡山の名声を更に高めることとなった。

仲尾 権四郎
なかお・ごんしろう

明治19年(1886年)6月5日～
昭和49年(1974年)4月6日

実業家
沖縄県国頭郡出生。
　明治43年契約移民としてペルーへ渡航、甘藷(サツマイモ)、綿作耕地で働く。44年アルゼンチンのブエノスアイレスへ渡り、パラグアイ経由でブラジルのポルトエスペランサに着く。農園、鉄道工事などの労働者として辛苦ののち、大正6年カンポグランデ市郊外でサツマイモとジャガイモの栽培に従事しながら、ピンガ(火酒)工場を建設、9年コーヒー栽培にも成功。以後コーヒー精選工場、牧場経営なども手がけ、日系移民屈指の実業家となった。

中尾 佐助
なかお・さすけ

大正5年(1916年)8月12日～
平成5年(1993年)11月20日

民族植物学者　大阪府立大学名誉教授
愛知県豊川市金屋町出生。京都帝国大学農学部農林生物学科〔昭和16年〕卒。農学博士(京都大学)〔昭和37年〕。團遺伝、栽培植物学 閨日本エッセイスト・クラブ賞(第8回)〔昭和35年〕「秘境ブータン」、なにわ賞〔昭和37年〕、毎日出版文化賞(第14回)〔昭和62年〕「花と木の文化史」、勲三等旭日中綬章〔平成元年〕、秩父宮記念学術賞(第26回)〔平成2年〕。
　昭和16年京都帝国大学農学部副手、17年木原生物学研究所嘱託を務め、24年浪速大学(現・大阪府立大学)農学部講師、26年助教授、36年教授。40～44年附属農場長。55年定年退官し、57年まで鹿児島大学教授を務めた。少年時代から自然に親しみ、旧制八高、京都帝国大学時代は登山に明け暮れた。ヒマラヤ山系や中国、西ヨーロッパ、西アフリカ、南太平洋などへ生涯に20回に及ぶ探険を行い、33年日本人として初めてブータンに入り、35年踏査の記録をまとめた「秘境ブータン」で日本エッセイスト・クラブ賞を受賞。37年には大阪府立大学隊長としてヒマラヤの未踏峰ヌプチューの初登頂に成功。この間、新種50種を含む1万数千種の植物を採取した。栽培植物の起源と伝播や食文化についての総合的な比較研究に取り組み、日本文化のルーツが中国南部やチベットに繋がるという独創的な農耕文化系譜論"照葉樹林文化論"を提唱した。著書に「栽培植物と農耕の起源」「アジア文化探検」「照葉樹林文化」「料理の起源」「栽培植物の世界」「現代文明ふたつの源流」「稲作文化」「花と木の文化史」などがある。

【著作】

◇農学講座 第5巻［採種及び種子貯蔵（中尾佐助）］ 木原均等編 柏葉書院 1949 288p 21cm
◇生物の集団と環境［集団遺伝学（中尾佐助）］（科学文献抄 第23） 民主主義科学者協会理論生物学研究会編 岩波書店 1950 110p 26cm
◇生物の変異性［生物の変異集団（中尾佐助）］（科学文献抄 第25） 民主主義科学者協会生物学部会編 岩波書店 1953 116p 26cm
◇マナスル 1952-3［植物と動物 他（中尾佐助）］ 日本山岳会編 毎日新聞社 1954 217, 17p 図版34枚 地図 27cm
◇砂漠と氷河の探検［準備（中尾佐助 等）］ 木原均編 朝日新聞社 1956 298p 図版17枚 地図 19cm
◇集団遺伝学［植物個体群の変異について（中尾佐助, 山下幸介）］ 駒井卓, 酒井寛一共編 培風館 1956 266p 26cm
◇秘境ブータン 中尾佐助著 毎日新聞社 1959 315p 図版26枚 19cm
◇古代史講座 第2 原始社会の解体［稲・麦の起源（中尾佐助）］ 石母田正等編 学生社 1962 332p 22cm
◇世界の旅 第2インドから熱砂の国へ［秘境ブータン（中尾佐助）］ 大宅壮一, 桑原武夫, 阿川弘之編 中央公論社 1962 411p 原色図版 18cm
◇ヒマラヤの花 中尾佐助著 毎日新聞社 1964 194p（図版 解説共）27cm
◇栽培植物と農耕の起源（岩波新書） 中尾佐助著 岩波書店 1966 192p 図版 18cm
◇自然―生態学的研究 今西錦司博士還暦記念論文集［農業起原論（中尾佐助）］ 森下正明, 吉良竜夫編 中央公論社 1967 497p 図版 22cm
◇アジア文化探検（講談社現代新書） 中尾佐助著 講談社 1968 171p 18cm
◇ニジェールからナイルへ―農業起源の旅 中尾佐助著 講談社 1969 200p 図版 19cm
◇大サハラ［スーダンの農耕文化とヤム・ベルト（中尾佐助）］ 京都大学大サハラ学術探検隊編 講談社 1969 185p（図版共）31cm
◇高山の花―高山植物写真図譜 青山富士夫写真, 佐竹義輔, 中尾佐助, 亘理俊次文 毎日新聞社 1971 286p（おもに図）31cm
◇秘境ブータン（現代教養文庫） 中尾佐助著 社会思想社 1971 289p 図版12枚 15cm
◇探検と冒険［照葉樹林文化と稲作文化（中尾佐助）他］（朝日講座 2） 朝日新聞社編 朝日新聞社 1972 470p 図 20cm
◇都市銀行研修会講義集 第29回［栽培植物と農耕の起源（中尾佐助）］ 東京銀行協会 中央公論事業出版（制作） 1974 335p 図 21cm
◇栽培植物の世界（自然選書） 中尾佐助著 中央公論社 1976 250p 19cm
◇山岳森林生態学―今西錦司博士古稀記念論文集 加藤泰安, 中尾佐助, 梅棹忠夫編 中央公論社 1976 473p 図 肖像 22cm

◇照葉樹林文化 続（東アジア文化の源流）（中公新書） 上山春平, 佐々木高明, 中尾佐助著 中央公論社 1976 238p 18cm
◇形質 進化 霊長類―今西錦司博士古稀記念論文集 加藤泰安, 中尾佐助, 梅棹忠夫編 中央公論社 1977.7 417p 肖像 22cm
◇現代文明ふたつの源流―照葉樹林文化・硬葉樹林文化（朝日選書 110） 中尾佐助著 朝日新聞社 1978.5 228p 19cm
◇日本文化の系譜―対論3 中尾佐助, 上山春平著 徳間書店 1982.12 271p 20cm
◇ブータンの花 中尾佐助, 西岡京治著 朝日新聞社 1984.10 145p 27cm
◇花と木の文化史（岩波新書） 中尾佐助著 岩波書店 1986.11 216p 18cm
◇古代技術の復権―技術から見た古代人の生活と知恵 森浩一対談集［栽培植物―豊富だった古代のメニュー（中尾佐助）］ 森浩一編 小学館 1987.2 317p 19cm
◇中国の少数民族を語る―梅棹忠夫対談集［雲南に照葉樹林をたずねて（中尾佐助）］ 梅棹忠夫編 筑摩書房 1987.2 224p 19cm
◇花とひと―人間にとって花とは何か（花の万博国際シンポジウム 第1回） 開隆堂出版 1988.10 238p 26cm
◇分類の発想―思考のルールをつくる（朝日選書 409） 中尾佐助著 朝日新聞社 1990.9 331p 19cm
◇照葉樹林文化と日本（フィールド・ワークの記録 3） 中尾佐助, 佐々木高明著 くもん出版 1992.4 241p 30cm
◇海外の学術調査 1 アジアの自然と文化（学振新書 14） 中尾佐助ほか著 日本学術振興会 1993.3 323p 18cm
◇農業起源をたずねる旅―ニジェールからナイルへ（同時代ライブラリー 150） 中尾佐助著 岩波書店 1993.6 226p 16cm
◇人類の食文化［ヒトの植物食, 埋土発酵加工法（中尾佐助）］（講座食の文化 第1巻） 吉田集而責任編集 味の素食の文化センター 1998.10 437p 23cm
◇オーストロネシアの民族生物学―東南アジアから海の世界へ 中尾佐助, 秋道智彌編 平凡社 1999.1 388p 22cm
◇農耕の起源と栽培植物（中尾佐助著作集 第1巻） 中尾佐助著 北海道大学図書刊行会 2004.12 736, 30p 22cm
◇探検博物学（中尾佐助著作集 第3巻） 中尾佐助著 北海道大学図書刊行会 2004.12 588, 21p 22cm
◇景観と花文化（中尾佐助著作集 第4巻） 中尾佐助著 北海道大学図書刊行会 2005.5 744, 29p 図版13枚 22cm
◇料理の起源と食文化（中尾佐助著作集 第2巻） 中尾佐助著 北海道大学図書刊行会 2005.9 839, 22p 22cm

◇分類の発想(中尾佐助著作集 第5巻) 中尾佐助著 北海道大学出版会 2005.12 800, 23p 22cm
◇照葉樹林文化論(中尾佐助著作集 第6巻) 中尾佐助著 北海道大学出版会 2006.2 854, 22p 22cm

【評伝・参考文献】
◇一刀斎の古本市［中尾佐助『栽培植物の世界』］(ちくま文庫) 森毅著 筑摩書房 1996.9 237p 15cm
◇中尾佐助文献・資料総目—照葉樹林文化論の源流 大阪府立大学総合情報センター編 大阪府立大学総合情報センター 1997.3 159p 26cm
◇上手な老い方—サライ・インタビュー集 草緑の巻(サライブックス) サライ編集部編 小学館 1998.8 270p 19cm
◇二列目の人生 隠れた異才たち 池内紀著 晶文社 2003.4 230p 19cm

長尾 昌之
ながお・まさゆき

明治41年(1908年)2月20日～
平成11年(1999年)3月31日

東北大学名誉教授
三重県四日市市出身。東京帝国大学農学部〔昭和6年〕卒, 東北帝国大学理学部農学科〔昭和10年〕卒。理学博士。囲植物生理学。
東北帝国大学講師などを経て, 昭和25年東北大学理学部教授に就任。46年退官。我が国における植物生長ホルモン・オーキシン研究のパイオニアで, 多くの後進を育てた。

【著作】
◇生長と運動(植物生理学講座3) 長尾昌之〔等〕著, 古谷雅樹, 宮地重遠, 玖村敦彦編集 朝倉書店 1971 280p 22cm

中川 九一
なかがわ・くいち

明治41年(1908年)～平成10年(1998年)2月

変形菌学者
愛知県名古屋市出生。宇都宮高等農林学校卒。
宇都宮高等農林学校在学中, 菊池理一の指導を受け, その影響で変形菌に関心を持つ。昭和3年には菊池や小畔四郎と共に日光で変形菌採取を行い, 発見したタチフンホコリは南方熊楠の鑑定を経て, *Cribraria cylindrica* Minakata&nakagawaの学名がつけられた。卒業後は朝鮮総督府農事試験場で病理研究に従事する傍ら, 変形菌の採集と研究を続け, 小畔らの勧めで9年から朝鮮産変形菌のリストをまとめ「朝鮮博物学会誌」に発表。10年植物検疫官として新義州植物検疫所に転じ, 16年からは華中棉産改進会に勤めた。20年本土守備要員として帰国する途中, 朝鮮の釜山で終戦を迎えた。戦後は福島農業試験場に勤務し, 40年に退職して八洲化学顧問。この間も変形菌の研究を続け, 23年菊池や小畔らと那須で変形菌採集を行ったほか, 小畔の没後にはその遺族の依頼で遺品中の標本の整理に当たり, のちにそれらは国立科学博物館に収蔵された。

中川 淳庵
なかがわ・じゅんあん

元文4年(1739年)～
天明6年6月7日(1786年7月2日)

蘭方医, 本草学者
名は鱗, 玄鱗, 字は攀卿, 初名は純安。江戸出生。
名は「じゅんなん」ともいう。越前小浜藩医の子として生まれる。幼少時から植物を好み, 田村藍水に師事して本草学を修め, 19歳の頃から薬品会や物産会に薬草や植物などの収集品を出品。また江戸詰の山形藩医・安富寄碩からオランダ語を学び, 江戸参譜中のオランダ商館長と面会するなど蘭学にも通じた。平賀源内と親交があり, 源内の編んだ「会薬譜」「物類品隲」の校閲に当たったほか, 明和元年(1764年)蘭書に掲載されていたアスベストの本体を同定し, 源内と共に火浣布(燃えない布)を作成。2年(1765年)幕府医官。5年(1768年)小浜藩より

稽古料3人扶持を給され、7年（1770年）には家督を継いで120石を禄す。8年（1771年）杉田玄白がオランダ語の解剖学書「ターヘル・アナトミア」を入手する仲介を行い、同年玄白や前野良沢らと小塚原で行われた刑死体の腑分け（解剖）に立ち会う。この時、「ターヘル・アナトミア」の内容が実際に解剖された臓器と違わないのに驚嘆し、翌日から玄白、良沢と共に同書の翻訳に没頭。その作業は非常な労苦をともなったが、苦心の末に、安永2年（1773年）「解体約図」を、3年（1774年）「解体新書」を完成させ（淳庵は共に校閲を担当）、日本の学術史上に大きな足跡を刻した。その後も良沢と共にオランダ語を修業。4年（1775年）にはオランダ商館付医師として来日したツュンベルクから植物学や医学を学び、自身もツュンベルクに植物標本を提供するなどしてその研究を助けた。なおツュンベルクは自著「日本紀行」で淳庵の学識を賞賛しており、ヨーロッパでもその名が知られた。7年（1778年）小浜藩医。天明5年（1785年）小浜で勤藩中に発病し、6年（1786年）江戸に戻るが間もなく没した。訳書に「和蘭局方」「和蘭局方薬譜」「五液精要」などがある。

【評伝・参考文献】
◇中川淳庵先生事蹟　和田信二郎著　和田信二郎 1936　32p 23cm
◇中川淳庵先生　和田信二郎著　立命館出版部 1941　211p 図版20枚　表 22cm
◇蘭学者中川淳庵（若狭人物叢書 3）　小浜市立図書館　1972.12　48p 21cm
◇解体新書の時代　杉本つとむ著　早稲田大学出版部　1987.2　328p 19cm
◇江戸期のナチュラリスト（朝日選書 363）　木村陽二郎著　朝日新聞社　1988.10　249, 3p 19cm
◇福井（全国の伝承 江戸時代 人づくり風土記 18）加藤秀俊、谷川健一、稲垣史生、石川松太郎、吉田豊編　農山漁村文化協会　1990.6　372p 26cm
◇医人の探究（医学史ものがたり 3）　井上清恒　内田老鶴圃　1991.2　320, 15p 19cm
◇中川淳庵先生―伝記・中川淳庵（伝記叢書 140）和田信二郎著　大空社　1994.2　1冊 22cm

中川　新作
なかがわ・しんさく

明治26年（1893年）3月25日～
平成5年（1993年）2月24日

園芸家
徳島県出身。父は中川虎之助（衆院議員）。北海道帝国大学卒。
　大正8年家業の果樹園経営を継ぎ、カキを中心に規模拡大に尽くす。新品種の導入と普及にも取り組み、徳島県の果樹栽培技術の向上や人材育成に力を注いだ。戦後は酪農にも手を広げた。

中川　久知
なかがわ・ひさとも

安政6年（1859年）2月21日～
大正10年（1921年）11月12日

博物学者　衆院議員（中正倶楽部）
幼名は悌次郎。豊後国岡（大分県竹田市）出生。父は中川久昭（豊後岡藩主）。東京帝国大学理学部中退。団昆虫学、畜産学、農芸化学 団九州博物学会（終身会長）。
　豊後岡藩12代藩主・中川久昭の二男として生まれる。明治6年上京、英語や数学を学んで東京開成学校に入学、動物学を修める。その後、松山中学、旧制五高教諭、農商務省技師、熊本医学専門学校講師、九州学院教授、済々黌嘱託教授などを歴任。在学中から昆虫などの動物ならびに植物について研究し、「植物学雑誌」11巻（30年）に熊本県産植物の最初の報告である「List of plants collected in Kumamoto Prefecture(Kyûsyû)1895-97」を発表した。ラフカディオ・ハーン（小泉八雲）の著作にも言及が残っている。また、養蜂研究所を経営して養蜂養鶏を行い、稲に付く害虫の防除法や鶏の産卵数の増加方法を研究、のちビタミン研究に没頭。35年大分県から衆院議員に出馬・落選したが、36

年に当選し、1期務めた。大正9年九州博物学会終身会長に推された。

【著作】
◇新体博物示教　中川久知,篠本二郎著,飯島魁,松村任三閲　敬業社　1899.2　32, 38, 27p 図版 24cm
◇稲作害虫駆除予防法　中川久知述　千葉県内務部　1902.7　46, 9p 23cm

【評伝・参考文献】
◇博物学者中川久知年譜　竹田市教育委員会　2001.1　20p 30cm

長沢 利英
ながさわ・としひで

嘉永3年(1850年)8月23日～
明治38年(1905年)1月5日

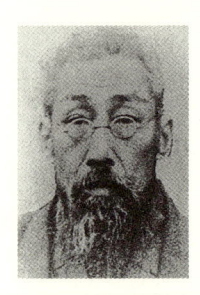

植物研究家

旧姓名は鷲田。幼名は雄之助。出羽国鶴岡(山形県)出生。慶應義塾、開拓史学校。

富商の二男として生まれる。文久元年(1861年)考証学者の都丸董庵について漢学を修めた。庄内藩士・長沢惟和と義兄弟となり、長沢を称した。明治2年上京し、慶應義塾、開拓史学校で学ぶ。帰郷後は山形師範学校教授などを歴任。山形県や愛媛県での学校教育に尽力した。また、植物採集を好んで行い、標本を国立科学博物館などに寄贈、研究に貢献した。

長沢 光男
ながさわ・みつお

(生没年不詳)

植物研究家

関東地方の植物相についての分類研究を行なった。

中島 一男
なかじま・かずお

明治37年(1904年)～昭和28年(1953年)

植物研究家

福岡県出生。東京帝国大学理学部〔昭和2年〕卒。団つくし植物研究会,福岡植物同好会。

昭和5年福岡の八女中学、8年福岡中学を経て、17年から水原高等農林学校に勤務。福岡中学在学中に、対馬に10回渡り、その成果を「植物学雑誌」に「対馬植物目録」として執筆した。また、八女時代、鍋島与市、原田万吉と共につくし植物研究会を起こした。福岡では福岡植物同好会に参加。戦後「福岡県植物目録」を著し、福岡県の植物相解明に貢献し、献名された学名に*Pteris nakasimae* Tagawa(ヒノタニシダ)などがある。九州のシダ研究でも知られる。

中島 仰山
なかじま・ぎょうざん

天保3年(1832年)7月10日～大正3年(1914年)

博物画家

本名は舟橋鍬次郎。

舟橋家の二男として生まれる。文久2年(1862年)頃に幕府の開成所に入り、慶応3年(1867年)まで高橋由一(のちの洋画家)らと洋画や写真を研究するとともに博物図譜の製作にも従事した。明治維新の前後から中島姓を称し、仰山と号す。また徳川慶喜の側近くに仕え、博覧会模写御用を務めたこともあった。明治5年博物館(現在の東京国立博物館)に出仕し、田中芳男らの依頼で動植物の写生画や教草の挿絵を製作。画家としての自己主張を抑えた写実的な画風で、この頃の代表的な作品には田中の「動物学初編 哺乳類」の挿画をはじめ、国立科学博物館収蔵の「うみがめ」や「鮭」の図、東京国立博物館収蔵の「博物館動物図」「博物館魚譜」「博物館写生図」(これらには高橋由一や関根

雲停らの図も含まれている）などがあり、植物関係では片山直人の著した「日本竹譜」の挿画が著名である。一方、7年の新古書画展に油絵を、10年の第1回内国勧業博覧会に日本画を出品するなど展覧会・博覧会でも活躍するが、30年代以降は出展していない。大正3年静岡で亡くなった。

【著作】
◇日本竹譜　片山直人著、中島仰山画　石川治兵衛　1886.2　3冊（上69、中65、下49丁）23cm

【その他の主な著作】
◇動物学　ブロムメ著、田中芳男抄訳、中島仰山画　博物館　1874.11　2冊（上54、下44丁）23cm
◇動物訓蒙　初編（哺乳類）　田中芳男選、中島仰山画　博物館　1875.7　43丁　23cm

中島 駒次
なかじま・こまじ

慶応2年（1867年）12月12日～
昭和25年（1950年）1月16日

園芸家
愛知県牟呂吉田村（豊橋市）出生。
明治34年郷里の愛知県牟呂吉田村（現・豊橋市）で油障子のフレームを用いた山椒の促成栽培を始める。のちガラス温室を導入してトマトやメロンを栽培。40年暖房用の中島式ボイラーを発明した。昭和4年豊橋温室園芸組合を設立、7年組合長に就任。

中島 定雄
なかじま・さだお

（生没年不詳）

植物研究家
武蔵野の植物相についての分類研究を行なった。著書に「武蔵野の植物」（東京緑地計画調査彙報第9号、昭和12年）があり、そのなかで石神井でタヌキモの1種、シャクジイタヌキモ Utricularia siakujiiensis をドイツ語と日本語で記載したが、有効出版とはみなされず、23年に原寛により正式発表された。

中島 藤右衛門
なかじま・とうえもん

延享2年（1745年）～文政8年（1825年）4月8日

粉コンニャク製法の発明者
名は貞詮。常陸国久慈郡諸沢村（茨城県）出生。
久慈郡の山間部はコンニャク芋の産地であったが、生芋のままでは腐敗しやすく保存・流通が困難であった。藤右衛門は、安永5年（1776年）頃に、生芋を自然乾燥して粉にすることを考案。これにより長期保存や軽量化が可能となり、販路を広く開拓することにも成功。やがて水戸藩の特産物となった。

仲宗根 善守
なかぞね・よしもり

明治36年（1903年）～?

植物研究家
沖縄県出身。沖縄県立農林学校〔大正10年〕卒。
大正13年文部省教員検定（動物）に合格、岡山県閑谷中学、沖縄県立農林学校、コザ高校などに勤務。この間、宮古島、伊良部島などの植物を調査・採集し、京都大学の小泉源一に送った。同氏を記念した学名にミヤコジシバリ Ixeris nakazonei Kitam. がある。

永田 一策
ながた・いっさく

昭和2年（1927年）12月25日～
平成11年（1999年）1月7日

永田園芸代表取締役、日本観葉植物代表取締役
愛知県知立市出身。東京農業大学〔昭和22年〕卒。

中田 覚五郎
なかた・かくごろう

明治20年(1887年)11月～
昭和14年(1939年)11月14日

植物病理学者　九州帝国大学教授
栃木県河内郡富屋村(宇都宮市)出生。東京帝国大学農科大学農学科〔明治45年〕卒。農学博士(東京帝国大学)〔昭和2年〕。

大正元年朝鮮総督府勧業模範場技手となり、5年より水原農林専門学校教授を兼任。8年より植物病理学研究のために米国に留学。10年1月九州帝国大学助教授、10月教授。15年朝鮮総督府農事試験場技師を兼務。著書に「煙草病害論」「作物病害図編」などがある。

永田 徳本
ながた・とくほん

永正10年(1513年)～
寛永7年2月14日(1630年3月27日)

医師
号は知足斎、茅庵、乾堂、別名は長田。三河国(愛知県)出生。

伝説的な人物で、出生地など不詳な点が多いが、漢方を極め、同代の曲直瀬道三とならび称される名医とされる。首に薬嚢をかけて牛の背に腰掛け、「甲斐の徳本1服18銭」と呼びかけながら諸国で薬を売り歩いたといわれる。甲斐の武田信虎に仕えたといわれ、また寛永期には将軍・徳川秀忠の病を治癒したが恩賞を固辞して薬価のみを受け取ったという逸話も残る。本草学にも通じ、「医之弁」「徳本遺方」「梅花無尽蔵」などの著書があるといわれるが確かではない。

【著作】
◇知足斎永田先生遺稿〈訂4版〉　永田知足斎著, 小松帯刀編　小松帯刀　1902.11　1冊 24cm

【評伝・参考文献】
◇仙医甲斐之徳本伝　小松帯刀著　小松帯刀　1899.7　32丁 図版 24cm
◇医聖永田徳本伝〈2版〉　小松帯刀著　小松帯刀　1899.12　2冊 24cm
◇医人の探訪(医学史ものがたり1)　井上清恒著　内田老鶴圃　1991.2　332, 15p 19cm
◇風来坊列伝　童門冬二著　毎日新聞社　1993.7　205p 19cm
◇臨床漢方診断学叢書 第25冊[永田徳本伝]　オリエント出版社　1995.12　488p 27cm
◇新編・おらんだ正月(岩波文庫)　森銑三著, 小出昌洋編　岩波書店　2003.2　404p 15cm

【その他の主な著作】
◇臨床鍼灸古典全書 第2巻 安土桃山・江戸初期 2 [徳本多賀流針穴秘伝・徳本流灸治法(永田徳本)]　オリエント出版社　1988.6　542p 27cm

長戸 一雄
ながと・かずお

明治42年(1909年)1月8日～
平成5年(1993年)9月18日

名城大学名誉教授, 名古屋大学名誉教授
愛知県出生。東京帝国大学農学部〔昭和7年〕卒。團作物学　賞勲二等旭日重光章〔昭和55年〕, 日本農学賞。

名古屋大学農学部長、名城大学学長を歴任。イネの研究者であり、昭和36年に水稲の登熟過程よりみた玄米の品質に関する研究で、日本農学会賞を受賞。著書に「稲と稲作」など。

【著作】
◇稔りを良くする稲の栽培法(地球全書)　長戸一雄著　地球出版　1960　218p 19cm
◇最新稲作診断法[米質の診断(長戸一雄)]　戸苅義次, 天辰克己共編　農業技術協会　1962　2冊 22cm

長友 大
ながとも・たかし

大正7年(1918年)10月4日～

平成14年(2002年)2月28日

宮崎大学名誉教授
宮崎県宮崎郡清武町出生。京都帝国大学農学部農学科〔昭和16年〕卒。農学博士。[団]育種学[団]日本遺伝学会, 日本育種学会, The Society for the Advancement of Breeding Researches in Asia and Oceania, 世界ソバ学会（会長）[賞]勲二等瑞宝章〔平成4年〕。

昭和17年学徒動員として応召。復員後、24年宮崎大学助教授を経て、44年教授、59年定年退官。京都大学で育種学の権威・竹崎嘉徳に学ぶ。以来、ソバ研究の第一人者で、世界ソバ学会会長も務めた。57年には36年ぶりの新品種'みやざきおおつぶ'の開発に成功。著書に「蕎麦考」「ソバの科学」、共著に「日向夏ものがたり」など。空手は3段で宮崎県空手道連盟会長も務めた。

【著作】
◇宮崎大学開学記念論文集［落花生に於ける草性の一表示法 他（片山義勇, 長友大）］　宮崎大学　1953　252p 26cm
◇蕎麦考（味覚選書）　長友大著　柴田書店　1976　286p 図 19cm
◇ソバの科学（新潮選書）　長友大著　新潮社　1984.2　332p 20cm
◇宮崎の果実酒—手作りのホームドリンク入門 照葉樹林の味（ひむか新書 11）　長友大著　鉱脈社　1989.4　165p 19cm
◇日向夏ものがたり（みやざき文庫 4）　長友大, 山本末之, 高妻達郎著　鉱脈社　2001.3　197p 19cm

中西 哲
なかにし・さとし

昭和3年(1928年)12月5日～
昭和61年(1986年)9月26日

神戸大学教育学部教授
兵庫県相生市出身。広島文理大学理学部生物学科卒。理学博士。[団]植物生態学。

神戸大学教育学部教授、同学部長を務めた。昭和43年神戸大学カナダ・ユーコン学術調査隊長を務め、採取植物の分類から、「北米大陸とアジア大陸の陸続き説」を植物的に裏付けた。49年、第16次南極地域観測隊に夏隊員として参加した。著書に「日本の植物」「日本の植生図鑑」など。

【著作】
◇淡路島南部地域学術調査報告書［淡路島南部地域の植生とフロラ（中西哲）］〔淡路島南部地域学術調査団編〕　兵庫県　1973　103p(図共) 26cm
◇日本の植生図鑑［森林（中西哲 他）］　保育社　1983.6　2冊 22cm

永野 巌
ながの・いわお

昭和5年(1930年)5月22日～
平成6年(1994年)11月11日

埼玉大学教養部教授
埼玉県北埼玉郡大利根町出生。東京教育大学（現・筑波大学）〔昭和27年〕卒。理学博士。[団]植物生態学[団]蘚苔類学会（会長）。

埼玉県の蘚苔類を研究。また、蘚苔類学会会長を務めた。

【著作】
◇日本の石灰岩地帯に発達する植物群落の特殊性（文部省科学研究費補助金研究成果報告書）　永野巌, 埼玉大学編　1985～1986
◇埼玉四季の植物　永野巌著　埼玉新聞社　1990.9　308, 6p 20cm

中野 藤助
なかの・とうすけ

天保14年(1843年)2月～大正5年(1916年)6月19日

農事改良家
武蔵国南葛飾郡細田村（東京都葛飾区）出生。[賞]東京府知事賞状〔大正2年〕, 大日本農会有功賞〔大正4年〕。

農家の子として生まれる。慶応4年(1868年)25歳で村年寄となり、明治維新後、33歳で細田

村・曲金村・鎌倉新田村に任ぜられた。町村制の施行後は奥戸村助役を4年、同村議を5期24年務めた。この間、明治19年に内務省の三田育種場でキャベツの存在を知り、その種子（アーリーサンマー種）を入手して試作を開始。もともとキャベツは高緯度で涼しいヨーロッパで栽培されていたものであるため、日本の暑い夏には適さず、栽培当初には失敗も多かったが、研究を重ねた結果、本来は春に種を播くものを夏にずらし、秋に結球したものを翌春に開花させることで種子を取ることに成功。さらにそれを発展させ、秋に播種し、翌年の春まで苗を保存・育成して採種する方法を編み出した。この農法によって生み出された秋播き早生の品種は'中野カンラン'と呼ばれ、水田の裏作になることや折からの商品作物栽培の隆盛もあいまって東京東部の郊外を中心に広く栽培されるようになった。大正2年それまでの功績により東京府知事から賞状を、4年には大日本農会から有功賞を受賞。そのキャベツ栽培・品種改良の志は息子の庫太郎、さらに孫の真一に受け継がれた。

中野 治房

なかの・はるふさ

明治16年（1883年）1月10日〜
昭和48年（1973年）5月25日

植物生態学者

千葉県東葛飾郡湖北村（我孫子市）出生。三男は中野準三（東京大学名誉教授）。東京帝国大学理科大学植物学科〔明治42年〕卒。理学博士〔大正5年〕。

東京帝国大学理科大学に学び、卒業後も大正2年まで大学院で三好学に師事。6年同大副手、8年旧制七高、鹿児島高等農林学校（現・鹿児島大学農学部）各教授となり、11年よりドイツに留学してG.ハーベルラントの下で植物の生理解剖学を研究。13年帰国途中にジャワ、インドに出張して熱帯の植物群落に接した。同年東京帝国大学理科大学助教授を経て、昭和9年教授。18年退官。戦後は請われて郷里の千葉県湖北村

長を務め、25〜34年東邦大学理学部長。植物個体の生理作用と環境条件の関係を巡る実験生理学と、植物群落の生態学的研究に従事した。著書に「植物生理及生態学実験法」「草原の研究」などがある。

【著作】
◇史蹟名勝天然紀念物調査報告 第1号［むじなも（中野治房）］ 内務省編 内務省 〔大正年間〕 8p 図版 22cm
◇水産講習所試験報告［第9巻 海苔肥料試験 第1報（中野治房、東道太郎）、第12巻 海苔肥料試験 第2報（中野治房、東道太郎）、第13巻 海苔色素試験 第1報告（中野治房、東道太郎）］ 水産講習所編 水産講習所 1912〜1918 26cm
◇史蹟名勝天然紀念物調査報告 第8号［蘭牟田池及琉球笄ノ産地ニ関スルモノ（中野治房）］ 内務省編 内務省 1920 17p 22cm
◇史蹟名勝天然紀念物調査報告 第21号［沖縄県ニ於ケル植物ニ関スルモノ（中野治房）］ 内務省編 内務省 1921 28p 図版10枚 23cm
◇天然紀念物調査報告 植物之部 第1輯［蘭牟田池及琉球笄ノ産地（中野治房）］ 内務省編 内務省 1925 22cm
◇岩波講座生物学［第7 植物学［2］植物群落と其遷移（中野治房）］ 岩波書店編 岩波書店 1930〜1931 23cm
◇植物生理及生態学実験法 中野治房著 裳華社 1933 573p 23cm
◇尾瀬天然紀念物調査報告 文部省 1933 94p 図版31枚 27cm
◇中等新制植物教科書—乙表準拠教授参考資料 中野治房著 三省堂 1935.12 66p 23cm
◇日本雪氷協会論文集 第1巻［大崎菜及雪菜の抽薹機構に就て（中野治房）］ 日本雪氷協会編 日本雪氷協会 1940 209p 26cm
◇草原の研究 中野治房著 岩波書店 1944 208p 22cm
◇花生態学 クーグレル著、中野治房訳 広川書店 1966 260, 6p 図版 27cm

【評伝・参考文献】
◇近代日本生物学者小伝 木原均ほか監修 平河出版社 1988.12 567p 22cm

中野 与右衛門

なかの・よえもん

明治22年（1889年）〜昭和16年（1941年）

教育家，植物研究家

栃木県出身。東京高等師範学校博物学科〔明治

41年〕卒。

鹿児島師範学校、朝鮮高等普通学校を経て、朝鮮海州高等普通学校校長、鹿児島私立女子興業学校校長を務めた。昭和8年東京都大田区に若竹幼稚園を創立、園長となる。この間、沖縄などの植物を調査し、標本を牧野富太郎に送った。氏を記念した学名にヒメホウビシダ *Athyrium nakanoi* Mak. などがある。

永野 芳夫

ながの・よしお

明治27年（1894年）8月29日～
昭和42年（1967年）12月22日

教育学者　玉川大学名誉教授
筆名は笹山三郎、笹山三次。大分県宇佐郡明治村畳石（宇佐市）出生。大分師範学校卒、東京高等師範学校文科〔大正8年〕卒、東京帝国大学文学部哲学科〔大正12年〕卒。文学博士〔昭和25年〕。団日本蘭協会（会長）。

和歌山師範学校教諭を経て、東京帝国大学に進み、大学院でデューイを研究。成城小学校の実践教育に関わり、昭和2年宗教大学教授。14年大正大学講師となり、28年広島大学、玉川大学各教授を務めた。32年日本デューイ学会を創立、会長。また日本蘭協会会長としてランの研究でも有名。著書に「デューイ教育思想の根本原理」「デューイ経験哲学と教育学」「デューイ心理学説」「デューイ倫理学」「唯物論哲学」「新教育の方法論」「哲学概論」「教育改造の原理」などがある。

【著作】
◇蘭譜　笹山三次著　改造社　1932　231p 図版79枚 23cm
◇栽培と鑑賞東洋蘭　笹山三次著　成美堂書店　1934　272p 23cm
◇春蘭（アルス文化叢書 第2）　笹山三次著　アルス　1941　図版64p 19cm
◇東洋蘭譜　笹山三次著　加島書店　1957　95p 図版108枚 22cm
◇東洋蘭写真集 第1 春蘭譜　永野芳夫著　加島書店　1960　110p（図版解説共）19cm
◇東洋蘭写真集 第11 寒蘭譜　永野芳夫著　加島書店　1962　146p（図版解説共）19cm
◇東洋蘭柄物譜　永野芳夫著　加島書店　1964　94p 図版208p 22cm
◇図譜洋蘭定本　永野芳夫著　加島書店　1967　18, 170p 図版26枚 22cm

中野 善雄

なかの・よしお

?～昭和60年（1985年）11月26日

日本い業技術協会会長，広島県立農業試験場長
大阪府大阪市出身。京都帝国大学農学部〔昭和10年〕卒。賞中国文化賞〔昭和39年〕, 勲四等瑞宝章〔昭和60年〕。

農林省西条農事改良実験所を経て、昭和39年に広島県立農業試験場長。42年広島農業短期大学教授。イグサ研究の第一人者で新品種"さざなみ""あさなぎ"を育成。

【著作】
◇いぐさ栽培に関する生態学的研究（広島県立農業試験場報告 第14号）　中野善雄著　広島県立農業試験場　1963　79p 図版 表 26cm

中原 源治

なかはら・げんじ

（生没年不詳）

植物採集家
はじめ福島県師範学校の植物学教諭・根本莞爾の下で助手を務める。明治36年吾妻山大根森で新種のハクサンシャクナゲを発見、のちこれは牧野富太郎の鑑定を経て、師の根本にちなんでネモトシャクナゲと命名された。39年には東京帝国大学植物標本室に雇われ（のちに嘱託）、動物学者・飯島魁らに随行して、日露戦争後に領有された樺太に赴き、約3ヶ月にわたり同地で植物調査に従事。この時に採集された約300種の高等植物は、小泉源一の手により論文「中原氏採集樺太植物」（43年）としてまとめられた。40年頃には台湾総督府殖産局の植物採集の

責任者に採用され、台湾の高山地帯を除くほぼ全土や沖縄の植物を調査した。この間、ビャッコイやゲンジウツボ、ナカハラクロキなど多数の新種を発見。その後、一時小学校で教員を務めたが、植物に対する情熱はやまず、研究のため北米に渡り、同地で客死したという。

中平 解
なかひら・さとる

明治37年(1904年)1月12日～
平成13年(2001年)11月12日

東京教育大学(現・筑波大学)教授
愛媛県出生。東京帝国大学仏文科〔昭和2年〕卒。文学博士〔昭和23年〕。[専]フランス語学。
　東京教育大学(現・筑波大学)、愛知県立大学各教授を歴任した。「スタンダード仏和辞典」の編著の一人。著書に「フランス語学新考」「フランス語語彙の探索」「フランス語語源漫筆」「郭公のパン」「フランス文学にあらわれた動植物の研究」など。

【著作】
◇フランス文学にあらわれた動植物の研究　中平解著　白水社　1981.3　550p 22cm
◇香［フランス文学と花(中平解)］(日本の名随筆 48)　塚本邦雄編　作品社　1986.10　253p 19cm
◇フランス語博物誌 植物篇(植物と文化双書)　中平解著　八坂書房　1988.3　198p 23cm
◇フランス語博物誌 動物篇(植物と文化双書)　中平解著　八坂書房　1988.9　224p 23cm
◇日本民俗文化資料集成 第12巻動植物のフォークロア 2［植物方言の話(中平解)］　谷川健一責任編集　三一書房　1993.7　490p 23cm

長松 篤棐
ながまつ・あつすけ

元治元年(1864年)4月15日～
昭和16年(1941年)4月16日

植物生理学者, 実業家, 男爵　学習院教授, 東京火災保険社長, 貴院議員

周防国吉敷郡矢原村(山口県山口市)出生。父は長松幹(元老院議官), 長男は長松太郎(広島市助役), 岳父は米倉一平(実業家), 叔父は松野硼(林学者)。東京大学選科〔明治17年〕中退, ブルツプルヒ大学(ドイツ)〔明治20年〕卒。
　元老院議官を務めた長松幹の二男で、叔父は林学者の松野硼。児童文学者として名高い巌谷小波とは幼なじみで、東京英語学校、学習院、京都中、静岡中を経て、東京大学選科に入学。明治17年ドイツに留学、ブルツプルヒ大学で植物生理学の始祖とされるJ.ザックスの下で我が国で初めて植物生理学を学び、植物の葉緑体の作用について研究により学位を取得。この間、同時期にドイツに留学していた森鷗外と交友を持った。20年帰国、学習院教授に就任。23年植物学の教科書として「植物学」を編纂・刊行したが、同年学習院の学制改革に伴い、教授を非職となった。26年財界に転じて東京火災保険に取締役として入社。44年1月常務、7月副社長を経て、昭和6年社長。また帝国海上社長、東洋火災社長なども歴任し、安田財閥系の保険会社で重きをなした。一方、明治36年襲爵して男爵となり、37年～大正14年、昭和2～7年貴院議員を務めた。

【著作】
◇植物学　長松篤棐編　文学社　1890.9　163p 21cm

【評伝・参考文献】
◇忘れられた植物学者―長松篤棐の華麗な転身(中公新書)　増田芳雄著　中央公論社　1987.9　216p 18cm

中村 磯吉
なかむら・いそきち

(生没年不詳)

篤農家
　北海道札幌の開拓民で、明治13年民間ではじめてタマネギを1町歩栽培し、東京に出荷。しかし人々の口に合わず売れなかったため、その収穫物はほとんど捨てる羽目になったという。

その後、長期間の保存が可能のため商船や軍艦内で重宝されたことから日清・日露戦争を機に需要が増え、仲買業者を通したこともあいまって次第に日本の食卓に浸透。同時に札幌はタマネギの一大産地として知られるようになった。

中村 賢太郎
なかむら・けんたろう

明治28年（1895年）11月30日～
昭和54年（1979年）9月9日

東京大学名誉教授
三重県出生。東京帝国大学農学部林学科〔大正9年〕卒。農学博士〔昭和5年〕。団林学団日本林学会（会長）。

昭和8年東京帝国大学農学部教授、31年東京大学名誉教授。この間、日本林学会会長も務めた。著書に「森と人生七十年」「育林学」「造林学概論」「森林作業法」など。

【著作】
◇天然更新論―附・伐採順序の鍵　中村賢太郎著　帝国森林会　1930　153p 22cm
◇育林学原論　中村賢太郎著　西ケ原刊行会　1935　422p 23cm
◇択伐作業論　中村賢太郎著　西ケ原刊行会　1939　102p 23cm
◇造林学随想　中村賢太郎著　西ケ原刊行会　1942　188p 図版 22cm
◇造林学随想　中村賢太郎著　地球出版　1947　184p 22cm
◇実践育林学（造林学全書 第1冊）　中村賢太郎著　朝倉書店　1948　264p 21cm
◇造林学随想 正、続〈再版〉　中村賢太郎著　地球出版　1948　2冊 21cm
◇森林の科学　中村賢太郎著　恒春閣　1949　108p 19cm
◇造林学概論　中村賢太郎著　朝倉書店　1949　177p 22cm
◇森林作業法　中村賢太郎著　朝倉書店　1950　197p 22cm
◇森林施業（林学講座 第1冊）　中村賢太郎編　朝倉書店　1952　69p 図版 22cm
◇造林学入門―植木の手引〈3版〉（林業技術叢書 第13輯）　中村賢太郎著　日本林業技術協会　1953　66p 図版 21cm
◇これからの林業経営　中村賢太郎編　朝倉書店　1954　213p 26cm
◇木をうえる　中村賢太郎著　石崎書店　1954　257p 19cm
◇山をみどりに―六十年の回顧　中村賢太郎著　石崎書店　1955　303p 図版 19cm
◇育林学　中村賢太郎著　金原出版　1956　342p 地図 22cm
◇スギ林のしたてかた（林業技術叢書 第17輯）　中村賢太郎著　日本林業技術協会　1958　68p 図版 21cm
◇造林三十五年　中村賢太郎著　石崎書店　1958　241p 19cm
◇あたらしい造林　中村賢太郎著　石崎書店　1961　244p 19cm
◇林業先人伝―技術者の職場の礎石 ［本多静六（中村賢太郎）］　日本林業技術協会　1962　605p 22cm
◇森と人生七十年　中村賢太郎著　石崎書店　1966　236p 19cm

【評伝・参考文献】
◇育林学新説―中村教授還暦記念論集　中村教授還暦記念事業会編　朝倉書店　1955　241p 22cm

中村 是好
なかむら・ぜこう

明治33年（1900年）12月6日～
平成元年（1989年）12月6日

俳優　日本小品盆栽協会会長
本名は中村愚堂。佐賀県武雄市出生。般若林卒。
京都の般若林に学んだのち、俳優として関西新派、新声劇、根岸歌劇団、曾我廼家十吾劇団、曾我廼家五九郎劇団を転々とする。昭和4年浅草で榎本健一のカジノフォーリー旗上げに参加し、エノケン一座の中堅として活躍。9年「エノケンの青春酔虎伝」を皮切りに映画にも出演するようになり、エノケンの器用さとは対照的に、とぼけた役柄で絶妙のコメディ・リリーフを演じて人気を集めた。戦後の22年黒澤明監督「素晴らしき日曜日」に饅頭屋の役で出演してからはフリーとなり、「おかあさん」「煙突の見える場所」「蟻の街のマリア」「裸の大将」「キクとイサム」といったシリアスな映画でも庶民的でおかしさをたたえた演技を見せた。47年の「地球攻撃命令・ゴジラ対ガイガン」以来映

画から離れ、時おりテレビに出演。"俳優やってんのは脇役に過ぎなくて、主役はあくまで盆栽"と言っていたように盆栽に相当熱を上げており、終戦直後から小品盆栽よりもさらに小さい鉢で楽しむ豆盆栽をはじめ、先駆者として知られた。また俳画もよくし、それらを盆栽に使用する自作の鉢にも描いている。著書に「小品盆栽」がある。

【著作】
◇豆盆栽愛好　中村是好著　徳間書店　1962　199p（図版共）18cm
◇小品盆栽　中村是好著　鶴書房　1968　290p（図版共）23cm

中村 惕斎
なかむら・てきさい

寛永6年2月9日（1629年3月3日）〜
元禄15年7月26日（1702年8月19日）

朱子学者
名は之欽、字は敬甫、通称は七左衛門、仲二郎。京都・室町二条（京都府京都市中京区）出生。

京都の呉服商に生まれる。特定の師を持たず独学で朱子学を究め、米川操軒、川井東村ら京都在住の儒者らと交流しながら自身の学問を研鑽した。また京都に私塾を開いて子弟の教育に従事したが、天和3年（1683年）55歳で伏見に隠居してからは著述に専念。70歳の時には京都東の九条宇賀辻村に移った。その学問は儒学に留まらず、天文地理や度量衡、音律、礼楽にも及び、伊藤仁斎と共に当時の代表的学者と評された。名利に関心が無く市井に隠れて終わったため、多くの著書は没後門人の増田立軒により刊行された。朱子の「四書集注」を注釈した「四書示蒙句解」は儒教を学ぶための最適な入門書といわれる。また、挿し絵入り百科事典として多くの追随書を生んだ「訓蒙図彙」第2版（寛文8年）は、ケンペルの「廻国奇観」中に引用される植物和名のもとになった。その他、女性のための教訓書「比売鏡」など多くの名著を残している。

【著作】
◇訓蒙図彙集成 第1-7巻　朝倉治彦監修、〔中村惕斎〕〔編〕、〔下河辺拾水〕〔画〕　大空社　1998.6　22cm

【評伝・参考文献】
◇叢書・日本の思想家 11 中村惕斎　柴田篤著　明徳出版社　1983.12　297p 20cm

中村 浩
なかむら・ひろし

明治43年（1910年）1月20日〜
昭和55年（1980年）12月30日

日本科学協会理事
東京出生。東京帝国大学理学部植物学科卒。理学博士。專生物学 団国際クロレラ協会、日本科学協会。

九州大学教授、共立女子大学教授などを歴任。未来の食糧として、クロレラ、スピルリナに注目、国際クロレラ協会副会長を務めた。著書に「植物名の由来」などがあり、また子供向きのファーブル昆虫記を日本で初めて翻訳するなど科学啓蒙家としても知られる。

【著作】
◇近代日本の科学者 第2巻［牧野富太郎伝（中村浩）］　堀川豊永著　人文閣　1942　267p 19cm
◇植物の生活（青年文化叢書）　中村浩著　高山書院　1948　122p 18cm
◇葉緑の科学（生物科学叢書 第1）　中村浩著　高山書院　1948　161p 19cm
◇實驗生物　中村浩著　金子書房　1948　217p 図版 19cm
◇生物学綜報 第2輯［螺旋菌の研究（中村浩）］　日本学術会議　丸善出版　1949　167p 26cm
◇微生物實驗法（角川全書）　中村浩著　角川書店　1949.11　261p 19cm
◇自然界のいろいろ（講談社の絵本 24）　中村浩詩・解説　大日本雄弁会講談社　1950.4　56p 26cm
◇家政学講座 第1部 第3巻 基礎部門 家政生物学［微生物学、応用生物学（中村浩）］　家政学講座刊行会編　恒春閣　1951　396p 22cm
◇工業細菌学　中村浩著　金子書房　1951　298p 22cm
◇最新生物（研究社学生叢書 第10）　中村浩著　研究社　1951　298p 19cm

中村 正雄

なかむら・まさお

慶応3年（1867年）11月20日～
昭和18年（1943年）1月11日

博物学者　宇都宮高等農林学校教諭
出羽国鶴岡（山形県）出生。西田川中学〔明治18年〕卒。

庄内藩士の子として生まれる。明治18年西田川中学を卒業して教員となり、庄内英学会や荘内中学、米沢尋常中学興譲館などを経て、33年新潟県の長岡中学に赴任。動植物に興味を持ち、26年山形の十王峠でナガハシスミレ（米国イリノイ州の州花でもある）を発見・採取している。34年2月文部省中等学校博物学検定試験に合格し、8月理科大学動物学実習を修了。38年から約18年に渡って柏崎中学教諭を務めた。この間に新潟県内で採集した動植物・鉱物は約6600種を数え、それらを目録として編纂し、15年「新潟県天産誌」として刊行した。12年宇都宮高等農林学校の創立にともない講師として招かれ、昭和5年退職後も事務嘱託図書館主事として同校に勤務。17年郷里の鶴岡に帰郷した。「植物学雑誌」13巻に「ひめさゆり（新称）ノ記」を発表したほか、多数の論著を発表。蔵書は鶴岡市立図書館に寄贈され、「楽之文庫」として保存されており、その中には未完の彩色図を含む「蘭譜」がある。昆虫や鳥類・魚類などに関する論文も多い。のちに京都帝国大学教授となった小泉源一は教え子のひとり。

【著作】
◇新潟県天産誌　中村正雄編　中野財団　1926　704p 23cm
◇演習で学ぶ生化学　岡本洋、木南英紀編、尾島孝男、中村正雄、上野隆、北潔、石堂一巳著　三共出版　1999.4　211p 26cm

---

◇生物の自由研究　中村浩著　金子書房　1952　221p 図版 19cm
◇植物生理微生物（研究社学生文庫 F 第5）　中村浩著　研究社出版　1952　218p 18cm
◇生物ごよみ［緑焔亭随筆（中村浩）］　内田清之助等著　筑摩書房　1952　294p 図版 19cm
◇恐るべき飢餓　中村浩編著　みすず書房　1953　256p 19cm
◇小学校理科指導細案 低学年　中村浩, 谷口孝光共著　牧書店　1953　165p 26cm
◇新しい栽培植物生理　中村浩著　高陽書院　1953　207p 19cm
◇大豆の増産技術　雑穀奨励会　1953　184p 19cm
◇小学校理科指導細案 高学年　中村浩等著　牧書店　1954　226p 27cm
◇理科教育講座 第3［植物教材の研究（中村浩）］　永田義夫等編　誠文堂新光社　1954　335p 22cm
◇読書指導講座 第10巻 教科学習と読書指導［理科学習と読書指導（中村浩）］　亀井勝一郎等編　牧書店　1955　242p 22cm
◇中学校理科指導細案　三石巌, 中村浩編　牧書店　1956　397, 29p 26cm
◇作物生理入門　中村浩著　高陽書院　1958　200p 22cm
◇養畜農家のためのクロレラ飼料　中村浩著　富民協会出版部　1962　146p 19cm
◇クロレラ飼料の実際　中村浩著　富民協会出版部　1963　150p 19cm
◇植物名の由来（東書選書 55）　中村浩著　東京書籍　1980.11　253p 19cm
◇園芸植物名の由来（東書選書 60）　中村浩著　東京書籍　1981.1　270p 19cm

【評伝・参考文献】
◇植物和名の語源探究［ツバキの花の落ち方について―中村浩著『植物名の由来』を読む］　深津正著　八坂書房　2000.4　307, 8p 21cm

【その他の主な著作】
◇食欲と性欲　中村浩著　室町書房　1954　203p 19cm
◇弥次馬放談―随筆　中村浩著　高風館　1955　228p 18cm
◇食品微生物学　中村浩著　明玄書房　1956　176p 22cm
◇食欲と生殖（河出新書）　中村浩著　河出書房　1956　175p 18cm
◇動物デカメロン　中村浩著　河出書房　1957　228p 19cm
◇動物名の由来（東書選書 66）　中村浩著　東京書籍　1981.9　240p 20cm

中村 三八夫

なかむら・みやお

明治33年(1900年)2月21日～
昭和25年(1950年)10月31日

大阪府浪速大学農学部教授
鹿児島県出生。鹿児島高等農林学校(現・鹿児島大学農学部)〔大正11年〕卒、九州帝国大学農学部〔大正15年〕卒。

台北帝国大学助教授、教授。戦後も台湾にとどまり台湾大学農学院教授を務めた後、昭和23年帰国、大阪府浪速大学農学部教授となった。果樹、特に柑橘類の細胞学的研究を行い、植物変異と環境条件との関係について考究した。著書に「南方圏の熱帯果樹」「南国の果物」「世界果樹図説」などがある。

【著作】
◇世界果樹図説　中村三八夫著　農業図書　1978.11　528p 22cm

中村 弥六

なかむら・やろく

安政元年(1854年)12月8日～
昭和4年(1929年)7月7日

林政学者　衆院議員(中央倶楽部)
号は白水、背水。信濃国東高遠(長野県)出生。東京開成学校卒。林学博士〔明治33年〕。

明治2年同郷の先輩である伊沢修二らと上京。安井息軒に漢学を師事し、3年より東京開成学校でドイツ語を学ぶ。9年東京外国語学校、10年大阪師範学校教諭を経て、11年内務省地理局山林課に移る。12年ドイツに私費留学して林学を修め、16年帰国。同年～22年農商務省山林学校教授を務め、また私財を投じて明治義塾を設立して林学を志す青年を育成した。23年第1回総選挙に当選して以来、衆院議員を8期務め、31年第一次大隈内閣(隈板内閣)の司法次官に就任した。またフィリピン独立運動を支援し、独立運動の指導者アギナルドの依頼を受けて武器弾薬を購入、布引丸に乗せ同国に送ったが、間もなく暴風のため東シナ海の寧波沖で沈没した(布引丸事件)。我が国の林政学の先駆者であり、日本最初の木材株式会社を設立した他、山林行政にも影響力を持った。33年には我が国初の林学博士となった。

【著作】
◇林業回顧録　中村弥六著、川瀬善太郎〔編〕　大日本山林会　1930　221,39p 肖像 19cm

【評伝・参考文献】
◇林業先人伝―技術者の職場の礎石〔中村弥六(小口義勝)〕日本林業技術協会　1962　605p 22cm
◇日本公園百年史　日本公園百年史刊行会編　日本公園百年史刊行会　1978.8　690p 27cm
◇中村弥六物語(高遠ふるさと叢書 歴史に学ぶ3)　森下正夫著,高遠町図書館編　高遠町　1997.12　101p 19cm

【その他の主な著作】
◇信州高遠藩浅利家の由来　中村弥六〔著〕　島信次　1930　88p 肖像 23cm

中村 喜時

なかむら・よしとき

元禄16年(1703年)～天明元年(1781年)

篤農家　小阿弥堰奉行
通称は佐兵衛。津軽国堂野前村(青森県南津軽郡田舎館村)出生。

津軽堂野前村(現・青森県田舎館村)の庄屋。代々、佐兵衛を名のっており、父・3代目佐兵衛のときに苗字帯刀を許され、中村姓を称するようになった。18歳で家督を継ぎ、農業の傍ら東光寺・堂野前両村の庄屋を務め、宝暦5年(1755年)には田舎館・浪岡・増館三ヶ組の大庄屋となり、扶持50俵を賜った。8年(1758年)には巡検使御用を命ぜられ、碇ケ関・三厩間及び青森から南部藩との境界である小湊までの案内に従事。明和3年(1766年)には郷士となり、小阿弥堰奉行を約14年間務めた。この間、安永5年(1776年)に農書「耕作噺」を著述。これは「老

人噺けるは」ではじまる談話形式で、噺発端・風土・気候・農時・日積・農具・田拵・苗代・種物・水利・鍛錬・人使など23章の津軽における農事の重要事項が相撲などのたとえ話で分りやすく記述されており、津軽の耕作人は必ず座右に置いていたといわれている。特に厳しい東北の自然下において収穫の多さを誇る晩生種栽培を危険視し、早生種の作付けを勧め、的確な作業計画の必要性を説くなど見るべきところは多い。

【評伝・参考文献】
◇近世地方経済史料 第2巻［耕作噺（中村喜時）］ 小野武夫編　吉川弘文館　1958　10冊 22cm
◇日本農書全集 第1巻［耕作噺（中村喜時）］　農山漁村文化協会　1977.4　367, 9p 図 22cm

長基 健治
ながもと・けんじ

明治31年（1898年）8月～昭和60年（1985年）3月4日

植物学者　米屋薬局主人
旧姓名は土肥。号は梅渓、梅悠。富山県中新川郡上市町出生。明治薬学校卒。賞石川県文化活動奨励賞〔昭和59年〕。

　明治薬学校卒業後、呉海軍病院に勤務。大正7年石川県鶴来の老舗・米屋薬局を営む長基孝太郎の娘・三枝と結婚して長基姓となり、のち同店を継いだ。15年土地家屋の管理や運用を目的とした長基合資会社を設立。昭和18年には白山生薬を興し、黄檗・延命草・ゲンノショウコ・ドクダミなど白山麓で採れる生薬の製品化を行った。戦後は同社を解散して薬局経営に専念するが、薬草の集荷は続け、質のよい天然生薬を白山麓の人から買い取って製薬会社などに送っていたという。傍らサクラの品種改良や収集・保存の研究を進め、金沢市泉が丘にある敷地を百桜園と名付けてサクラやツバキ、薬草を植栽。兼六園や石川県林業試験所樹木公園など石川県内の公園にあるサクラの保存・蘇生・植樹も数多く手がけた。またサクラに関する文献の収集にも熱を上げ、特に国宝級といわれる江戸中期の桜図譜『桜花籔』を入手するために田を三枚売り払ったともいわれている。日本さくらの会理事、農林水産省の指定する「桜の品種特性分類調査事業」の全国に18人しかいない研究専門委員としても活躍し、金沢大学理学部で集中講義を行うなど、まさにサクラの専門家であった。著書に『古い鶴来と米屋の歴史』がある。また、梅渓と号した俳人としても知られ、鶴来別院内に句碑がある。

名倉 闇一郎
なぐら・ぎんいちろう

安政7年（1860年）1月14日～
昭和5年（1930年）6月22日

植物学者
三河国（愛知県）出身。
　京都で医学を学ぶ。愛知県水産試験場や県林務課に嘱託として勤務し、愛知県の植物誌をまとめるために採集・研究を行う。ハナノキの自生地を同県内に発見、のち県の木に指定された。著書に『愛知県植物志料』がある。

鍋島 直孝
なべしま・なおたか

文化6年（1809年）～万延元年（1860年）7月12日

旗本, 園芸家　北町奉行
号は杏葉館、通称は内匠頭。父は鍋島斉直（佐賀藩主）、弟は鍋島直正（佐賀藩主）。
　第9代佐賀藩主・鍋島斉直の子。幕末・維新の佐賀藩主として名高い鍋島直正（閑叟）の兄に当たるが、分家である旗本鍋島家5000石を継ぐ。天保3年（1832年）寄合となり、火事場見廻、10年寄合肝煎、13年（1842年）小普請組支配を経て、14年北町奉行に就任、約5年間在職した。嘉永元年（1848年）11月大番頭に進むが、一年余りのちの2年（1849年）12月に辞職して隠居。以後は趣味の園芸に熱を上げた。早くから草花の栽培を好んだが、特にアサガオを愛し、幼時の寛政初年（文政か）からアサガオの栽培をはじ

め、杏葉館と号し、アサガオの番付には弘化4年（1847年）から登場。その後も番付にたびたび名を連ねただけでなく、自らも選者を務め、幕末期アサガオブームの中心人物となった。金に糸目をつけず奇品や変化物の珍種を購入し、品評会では当日第一級のものを金一枚で買い求めて周囲を驚かせた。嘉永6年（1853年）には幕臣でアサガオ収集家であった横山茶来の編んだ「朝顔三十六花撰」に序文を寄せている。またナデシコの栽培にも情熱を注ぎ、天保9年（1838年）同好の士を集めてナデシコの品評会を開いたほか、ナデシコの奇品20種と狂歌を収めた図譜「瞿麦草譜」を編纂している。また、文人としても知られ、家来であった随筆家・山崎美成らから聞いた珍しい話をまとめて「近世実話百物語」「近世実話」などの随筆を著した。

鍋島 与市
なべしま・よいち

明治12年（1879年）～昭和40年（1965年）

植物研究家
高等小学校卒。

　高等小学校卒業後、すぐに小学校の準教員となり、検定によって小学校・中学校の教員免許を取得。福岡県の笠原小学校、朝倉中学、鞍手中学、筑上高等女学校などに勤務する傍ら植物採集に努め、田代善太郎の指導のもとで牧野富太郎、中井猛之進らに標本を送って同定を求め、福岡県の植物相解明に貢献した。多くの採集家の指導も行い、三好学や小泉源一が福岡県を訪れた際は案内役を務めた。また、福岡県の天然記念物調査委員として沖ノ島ほか各地の調査報告を出した。著書に「朝倉郡植物目録」「古処山植物目録」「福岡県植物基本調査書」などがある。

【著作】
◇各科の国定教科書に現われたる植物の解説　鍋島与市著　鍋島与市　1934　161, 44p 23cm

並河 功
なみかわ・いさお

明治25年（1892年）5月20日～
昭和47年（1972年）2月19日

農学者
北海道出生。東北帝国大学農科大学（現・北海道大学農学部）農学科〔大正5年〕卒。農学博士〔大正14年〕。

　東北帝国大学農科大学助手、同大予科講師、北海道帝国大学予科教授。大正10年英国、米国に留学。帰国後の13年京都帝国大学農学部教授となり、農学部長を務めた。定年退官後は大阪府立大学学長となり、昭和35年まで務めた。

【著作】
◇蔬菜種類編（農業大系 園芸部門）　並河功編　養賢堂　1952　274p 22cm

行方 富太郎
なめかた・とみたろう

明治29年（1896年）10月10日～
昭和45年（1970年）3月26日

植物学者、歌人　下総植物同好会主宰, 日本シダの会会長
号は沼東。千葉県成田町（成田市）出生。成田中学中退。団日本シダの会（会長）。

　成田中学を中退後、志願兵として海軍に入隊。大正10年除隊して成田自動車に勤務。昭和17年より成田町議を務めた。一方で下総植物同好会を主宰し、シダ植物の研究と宣伝に心を砕き、27年日本シダの会を創設して会長に就任。36年にはシダ植物栽培の入門書「シダの採集と培養」を刊行。また前田夕暮門下の歌人でもあり、41年にはシダに関する歌のみを集めた歌集「羊歯帯」を出版した。日本山岳会に所属して登山も行い、油絵を描き、郷土史を研究するなど、多方面で活躍した。

【著作】
◇シダの採集と培養　行方沼東著　加島書店
　1961　357p 図版64p 19cm
◇羊歯帯―歌集　行方沼東著　日本シダの会
　1966　227p 19cm

成田屋 留次郎
なりたや・とめじろう

文化8年（1811年）～明治24年（1891年）

園芸家

別名は山崎留次郎。江戸・浅草（東京都台東区）出生。

　浅草の植木屋の二男として生まれる。弘化4年（1847年）37歳の頃には独立して入谷で植木屋を営み、熱心なファンであった歌舞伎役者・市川団十郎にちなんで成田屋と称した。傍らアサガオやサボテン栽培を趣味とし、アサガオ花合せの番付には、嘉永2年（1849年）浅草で開かれた亡き花友・朝花園の追善朝顔花合の際に出されたもので初めて登場。以来、毎度のように番付に名前が出、花合せで世話人や催主を務めることもしばしばあった。彼は熱心に奇品を求めたが、当時の入谷にはさほど珍しい朝顔もなかったので、同好者から金を集めて先進地・大坂に赴き、珍しいアサガオの種子を買い入れた。はじめは奇品だと思って高値で買った種子が、いざ発芽してみるとごく普通の種であった、というような失敗もあったが、めげずに大坂での買入れを続けた結果、見事な変化物を咲かせる種子が集まるようになり、やがては自分のもつ系統のものと交換できるようになった。このような努力によって生み出されたのが、贔屓の団十郎が狂言「暫」で着用する衣装と同じ渋色の花色をもつ'団十郎'で、当時の江戸っ子たちの間で大層もてはやされたという。こうして"入谷の成田屋"の名は愛好家の間でますます高まり、同時に"入谷の朝顔"の知名度を高まっていった。また、朝顔図譜の編集にも積極的で、嘉永7年（1854年）画家・田崎草雲が図を担当した「三都一朝」を皮切りに「両地秋」「都鄙秋興」などを刊行した。明治維新以後も変化アサガオ

の育種に力を注いだ。

【評伝・参考文献】
◇江戸の変わり咲き朝顔　渡辺好孝著　平凡社
　1996.7　173p 21cm

難波 恒雄
なんば・つねお

昭和6年（1931年）11月8日～
平成16年（2004年）7月24日

富山医科薬科大学名誉教授，民族医薬食科学研究所所長

別名は難波薬師（なにわの・くすし）。大阪府大阪市出生，広島県福山市出身。大阪大学医学部薬学科〔昭和29年〕卒，大阪大学大学院薬学研究科生薬専攻〔昭和35年〕博士課程修了。薬学博士（大阪大学）〔昭和37年〕。団化学系薬学，生薬学，薬用植物学，民族植物学団日本薬学会，日本生薬学会（名誉会員），和漢医薬学会（名誉会員），日本植物学会，日本アーユルヴェーダ学会，日本薬史学会，日本統合医学会，The American Society of Pharmacognosy，薬膳食文化研究会，日本代替相補伝統医療連合会賞富山新聞文化賞（第42回）〔平成7年〕，立夫中医薬学術奨（The Second Lifu Academic Award，台湾，第2回）〔平成8年〕，和漢医薬学会賞〔平成8年〕，日本薬学会学術貢献賞〔平成10年〕。

　昭和36年大阪大学薬学部助手，講師を経て，45年富山大学薬学部教授。51年和漢薬研究所長，53年富山医科薬科大学教授，和漢薬研究所長を4期歴任。中国において10数大学の名誉教授及び客員教授。38年から年に数回インド・ネパール・パキスタン・スリランカ・インドネシア・タイ・東アフリカ・中国・台湾・韓国などで民族薬物の現地調査に従事。我が国の和漢薬研究の第一人者として知られ，薬膳の普及やチベット医学の支援にも尽くした。主な著書に「詳解古方薬品考」「漢方薬入門」「世界を変えた薬用植物」「薬になる植物」「花とくすり」「身辺な薬用植物」「毒のある植物」「健康食品入門」

「原色百科世界の薬用植物」「薬膳入門」「漢方実用大事典」「家庭で作れる薬膳」「ハーブ大全」「和漢薬百科図鑑(I, II)」「近代中国の伝統医学」「とやまの『薬膳』料理」「和漢薬への招待」「医食同源の処方箋」「中国薬膳大辞典」「生薬学概論」「漢方生薬の謎を探る」「仏教医学の道を探る」「世界薬用植物百科事典」「天山山脈薬草紀行」「世界食文化図鑑」など多数。

【著作】
◇漢方薬入門(カラーブックス)　難波恒雄著　保育社　1970　153p(おもに図版)15cm
◇本草弁疑(漢方文献叢書 第1輯)　遠藤元理原著, 難波恒雄編集　漢方文献刊行会　1971　12, 334, 20p 13×18cm
◇世界を変えた薬用植物　ノーマン・テイラー原著, 難波恒雄, 難波洋子訳注　創元社　1972　438, 32p 19cm
◇薬になる植物(カラーブックス)　難波恒雄, 久保道徳共著　保育社　1972　153p(おもに図)15cm
◇用薬須知(漢方文献叢書 第2輯)　松岡玄達原著, 難波恒雄編集　漢方文献刊行会　1972　808, 80p 図 肖像 23cm
◇漢方薬入門(カラーブックスデラックス版 25)　難波恒雄著　保育社　1973　191p(図共)19cm
◇薬になる植物(カラーブックスデラックス版 40)　難波恒雄, 久保道徳共著　保育社　1974　190p(図共)19cm
◇一本堂薬選(漢方文献叢書 第5輯)　香川修庵原著, 難波恒雄編集　漢方文献刊行会　1976　858, 30p 図 22cm
◇日本の本草　難波恒雄著　漢方文献刊行会　1976　58p 18cm
◇日本漢方医薬変遷史　小泉栄次郎著, 難波恒雄解説　国書刊行会　1977.12　259p 19cm
◇庖厨備用倭名本草(漢方文献叢書 第6輯)　向井元升原著, 難波恒雄編集　漢方文献刊行会　1978.7　1冊 27cm
◇難波恒雄及びその協力者報文集 第2輯(1970～1979)　〔富山医科薬科大学和漢薬研究所資源開発部門〕　〔1980〕　576p 26cm
◇原色和漢薬図鑑(保育社の原色図鑑 56, 57)　難波恒雄著　保育社　1980.4　2冊 22cm
◇近世漢方医学書集成 56　内藤尚賢　大塚敬節, 矢数道明責任編集, 難波恒雄解題　名著出版　1980.10　475p 20cm
◇花とくすり―和漢薬の話(植物と文化双書)　難波恒雄著　八坂書房　1981.4　139p 23cm
◇近世漢方医学書集成 61　香月牛山 1　大塚敬節, 矢数道明責任編集, 難波恒雄解題　名著出版　1981.10　615p 20cm
◇身近な薬用植物(カラーブックス 566)　難波恒雄, 御影雅幸共著　保育社　1982.4　151p 15cm
◇中国の薬用菌類―効能と応用法　劉波著, 難波恒雄, 布目慎勇共訳　自然社　1982.5　244p 19cm
◇毒のある植物(カラーブックス 612)　難波恒雄, 御影雅幸共著　保育社　1983.7　151p 15cm
◇百品考　山本亡羊著, 難波恒雄, 遠藤正治編　科学書院　1983.8　523, 77p 22cm
◇難波恒雄及びその協力者報文集 第3輯(1980～1985)　〔富山医科薬科大学和漢薬研究所資源開発部門〕　〔1985〕　938p 26cm
◇Medicinal resources and ethnopharmacology in Sri Lanka and Nepal(Studia bonorum materierum medica, no. 1)　Edited by Tsuneo Namba　Research Institute for Wakan-Yaku　1985.3　486p 26cm
◇漢方薬入門(Hoikusha:quality books)　難波恒雄著　保育社　1985.8　205p 19cm
◇健康食品入門(カラーブックス 707)　難波恒雄, 松繁克遠共著　保育社　1986.8　151p 15cm
◇原色百科世界の薬用植物　マルカム・スチュアート原編, 難波恒雄編著, 難波洋子, 鷲谷いづみ訳　エンタプライズ　1988.2　2冊 31cm
◇薬膳入門(カラーブックス 760)　難波恒雄, 不破利民共著　保育社　1988.8　151p 15cm
◇家庭でつくれる薬膳(主婦と生活生活シリーズ 136)　難波恒雄編著　主婦と生活社　1989.11　225p 26cm
◇生薬学概論　難波恒雄, 津田喜典編　南江堂　1990.7　363, 38, 34p 26cm
◇難波恒雄及びその協力者報文集 第4輯(1985～1990)　富山医科薬科大学和漢薬研究所資源開発部門編　富山医科薬科大学和漢薬研究所資源開発部門　1990.11　1094, 50p 27cm
◇和漢薬百科図鑑 1〈全改訂新版〉　難波恒雄著　保育社　1993.11　606p 27cm
◇和漢薬百科図鑑 2〈全改訂新版〉　難波恒雄著　保育社　1994.2　525p 27cm
◇近代中国の伝統医学―なぜ中国で伝統医学が生き残ったのか　ラルフ・C. クロイツァー著, 難波恒雄〔ほか〕共訳　創元社　1994.9　322p 22cm
◇難波恒雄及びその協力者報文集 第5輯(1990～1994)　富山医科薬科大学和漢薬研究所資源開発部門編　富山医科薬科大学和漢薬研究所資源開発部門　1995.5　1055, 158p 27cm
◇薬草ハーブ―種類・効能・ハーブバス・アロマテラピー(ハーブ選書)　菅原明子, 難波恒雄, 田中孝治, トモダジュンコほか著　誠文堂新光社　1995.9　139p 19cm
◇和漢薬への招待　難波恒雄著　東方出版　1996.7　225p 19cm
◇大地からの贈り物・生きている薬―ある大学研究室の軌跡　難波恒雄編　東方出版　1997.3　257p 22cm
◇医食同源の処方箋　葉橘泉編著, 難波恒雄監修・補訳, 澤田正訳　中国漢方　1997.4　436p 22cm

◇生薬写真集　難波恒雄監修，アルプス薬品工業株式会社研究開発部編　アルプス薬品工業　1997.11　308p 31cm
◇中国薬膳大辞典―日本語翻訳版　王者悦〔主編〕，難波恒雄訳　エム・イー・ケイ　1997.11　1164p 27cm
◇漢方・生薬の謎を探る(NHKライブラリー)　難波恒雄著　日本放送出版協会　1998.8　315p 16cm
◇あの冬虫夏草を超えた新漢薬「北虫草」の凄さ!!　難波恒雄監修　現代書林　1999.2　199p 19cm
◇世界薬用植物百科事典　アンドリュー・シェヴァリエ原著，難波恒雄監訳　誠文堂新光社　2000.10　335p 29cm
◇仏教医学の道を探る　難波恒雄，小松かつ子編著　東方出版　2000.11　346p 22cm
◇難波恒雄及びその協力者報文集　第1輯(1954-1969)　難波恒雄〔ほか著〕〔難波恒雄〕〔2001〕　539p 27cm
◇難波恒雄及びその協力者報文集　第6輯(1995-2001.8)　難波恒雄〔ほか著〕〔難波恒雄〕〔2001〕　1197p 29cm
◇天山山脈薬草紀行　難波恒雄，池上正治著　平凡社　2001.8　297p 20cm
◇和漢薬の事典　富山医科薬科大学和漢薬研究所編，難波恒雄監修　朝倉書店　2002.6　419p 22cm

【評伝・参考文献】
◇フィールドとラボラトリーの狭間で―難波恒雄教授研究業績目録集　富山医科薬科大学和漢薬研究所難波恒雄教授退官記念事業会編　富山医科薬科大学和漢薬研究所難波恒雄教授退官記念事業会　1997.3　435p 31cm
◇難波恒雄教授研究業績目録集―1954年～2001年8月　難波恒雄〔著〕〔難波恒雄〕〔2001〕　268p 29cm

新島 善直
にいじま・よしなお

明治4年(1871年)7月23日～
昭和18年(1943年)2月7日

農学者，歌人　北海道帝国大学教授
東京出生。東京帝国大学農科大学林学科〔明治29年〕卒。林学博士〔明治42年〕。

代々幕府に仕えた士族の家に生まれる。自然を愛し，植物の名前を調べるのが好きな少年であったという。たまたま家にあった古い雑誌を見て林学に興味を持つようになり，明治21年東京農林学校予科に入学。ここでドイツ人林学者マイルの薫陶を受け，1年間植物学を教えられただけにも関わらずその影響を強く受けた。その後，東京帝国大学農科大学林学科に進み，同大卒業後も研究科に残って造林学と森林保護を研究。32年札幌農学校に新設された森林科の教授に抜擢され，実地教育と研究を目的とした演習林の設置に尽力し，34年から37年にかけて道内の雨竜，天塩，苫小牧の森林が同校の演習林として移管され，今日の北海道大学演習林の先駆けとなった。39年ドイツに留学，ギーセン大学のヘッスに造林学を学ぶ。この間，肺炎や日露戦争で実弟が戦死するなど心身ともに衰弱したこともあったが，彼が下宿していた家の娘エルネスチーネ・エーメルに励まされて持ち直し，41年帰国する直前に彼女と結婚。43年札幌農学校が東北帝国大学農科大学に改組すると林学科林学講座の主任教授に就任，さらに同大が北海道帝国大学になると引き続き教授を務め，北海道拓殖部技師，史蹟名勝天然記念物調査会臨時委員，北海道林業試験場長なども兼任した。昭和9年退官後は北星女学校校長となり，16年まで在職。森林害虫の黄金虫研究で知られたほか，簡易傘伐更新法や蝦夷松天然更新法といった新技術の考案，道内における鉄道暴風雪林へのドイツトウヒの導入，林業産業界・学界・行政の調和をはかるため北海道林業会の設立，子供たちを対象にした野幌林間学校の開設など，我が国林学界の発展に尽くした功績は大きい。また天然林の保護の先駆者でもあり，北海道後志にある歌才のブナ北限地に魅せられその保護と調査に奔走，大正13年同地の天然記念物指定を実現させた。敬虔なキリスト教徒としても知られた。編著に「森林保護学」「森林美学」「日本昆虫図鑑」などがある。

【著作】
◇森林保護学(帝国百科全書　第55編)　新島善直著　博文館　1900.8　374p 23cm
◇日本森林保護学　新島善直著　裳華房　1903,1912　2冊(上・下616p)23cm
◇もみの小枝―児童訓話　新島義直著　北文館　1910.11　184p 19cm

◇森林昆虫学　新島善直著　博文館　1913　412，50p 22cm
◇東北帝国大学農科大学演習林研究報告　第1巻第5号［こがねむしの被害及駆除に関する報告（新島善直 等）］　東北帝国大学農科大学演習林　1917　27cm
◇森林美学　新島善直，村山醸造著　成美堂書店　1918　680，6p 22cm
◇北海道帝国大学農学部演習林研究報告［第2巻第2号 我国ニ産スルこがねむし及其分布（新島善直，木下栄次郎）］　北海道帝国大学農学部演習林　1918～1925　27cm
◇森のしづく　新島善直著　警醒社書店　1920　195p 19cm
◇天然紀念物調査報告 植物之部［第5輯 北海道阿寒及び登別原始林調査報告（新島善直，工藤祐舜）］　内務省編　内務省　1925～1926　22cm
◇野幌林間大学講演集［第1輯］自然美と森林美（新島善直）］　北海道林業会編　北海道林業会　1925　22cm
◇森林美学　新島善直，村山醸造共著　北海道大学図書刊行会　1991.2　680，6p 23cm

【評伝・参考文献】
◇林業先人伝―技術者の職場の礎石［新島善直（中島広吉）］　日本林業技術協会　1962　605p 22cm

【その他の主な著作】
◇書簡に代へて　新島善直著　新島善直　1925　186p 19cm
◇〔新島善直歌集〕　新島善直著　新島善直　1928　178p 20cm

仁井田 一郎
にいだ・いちろう

明治45年（1912年）～昭和50年（1975年）

農芸家
栃木県足利郡御厨村（足利市）出生。足利中学中退。
　肥料商の傍ら農業を営む家に生まれる。足利中学を中退後、農業に従事。昭和15年御厨蔬菜生産出荷組合を結成したが、16年太平洋戦争勃発のため廃止を余儀なくされた。24年郷里の栃木県御厨町（現・足利市）の町議に選出。25年から静岡県焼津付近のイチゴ栽培を視察して同地のイチゴ苗を持ち帰り、早出しイチゴの研究を行って"御厨イチゴ"の作出に成功した。さらに品種の改良をはかって高冷地育苗の栽培を進め、品質・生産量ともに日本一との評判も高い"日光イチゴ"を開発。それらの普及にも尽力し、日光地方におけるイチゴ産業の発展に大きな業績を残した。

【評伝・参考文献】
◇下野人物風土記 第2集［苺作りに生きる―農芸家・仁井田一郎（佐藤行雄）］　栃木県連合教育会編　栃木県連合教育会　1973　194p 19cm

新津 恒良
にいつ・つねよし

昭和4年（1929年）12月13日～
平成7年（1995年）1月11日

東京慈恵会医科大学教授
東京出身。東京大学理学部植物学科〔昭和29年〕卒、東京大学大学院修了。理学博士。　専 細胞生物学　団 日本植物形態学会（会長）。
　細胞生物学、特に細胞の紡錘体などについての研究を行った。著書に「細胞生物学」など。

【著作】
◇細胞生物学　G. B. Wilson, John H. Morrison著，佐藤正一，新津恒良訳　丸善　1964　269p 22cm
◇現代生物学―図説　新津恒良等著　丸善　1969　1冊 27cm
◇光学・電子顕微鏡実験法（実験生物学講座 2）　新津恒良，平本幸男編　丸善　1983.1　325p 22cm
◇細胞生物学（実験生物学講座 8）　新津恒良，沖垣達編　丸善　1984.1　322p 22cm
◇要説分子・細胞生物学　E. D. P. デロバティス，E. M. F. デロバティス, Jr. 著，新津恒良監訳　ホルト・サウンダース・ジャパン　1985.2　409p 26cm

新津 宏
にいつ・ひろし

明治32年（1899年）10月7日～
平成2年（1990年）4月25日

東京農工大学教授
山梨県出身。東京帝国大学農学部〔大正13年〕卒。[専]果樹園芸学[賞]勲三等旭日中綬章〔昭和62年〕。

我が国の果樹育種のパイオニアで、昭和13年から24年まで農林省園芸試験場東北支場の支場長。リンゴ'ふじ'の生みの親として知られる。

二階 重楼
にかい・じゅうろう

安政6年（1859年）4月18日～
昭和7年（1932年）11月12日

植物学者　徳島県立農学校教諭

旧姓名は大谷。旧名は伊三郎。長門国大津郡三隅村（山口県長門市）出生。巴城学舎〔明治11年〕卒。

明治11年巴城学舎を卒業し、17年萩中学助教諭、18年山口農学校教諭となり、植物分類学、植物生理学、植物病理学、害虫学、化学、経済学など担当。特に植物分類学の講義ではいち早くベンサムやフッカーのGenera Plantarumの体系を取り入れており、のちには自身の植物採集の経験もふんだんに生かされた。21年萩市内で科学的な植物採集をはじめたのを皮切りに、山口県内各地や岡山、徳島などで精力的に標本を収集。採取した標本は東京帝国大学に送られ、中井猛之進や本田正次、小泉源一といった植物分類学者たちに活用されたが、中にはサイコクヌカボ、ウラゲウコギ、マツムライヌノヒゲ、ミビノミノボロスゲ、キビノタケ、ヤブハギをはじめ新種と認められたものも数多く含まれていた。23年二階家の養子となり、重楼と改名。35年文部省中等教員検定に合格して植物学科の教員免許を取得し、同年岡山県立農学校に赴任して物理や動物学などを教えた。37年徳島県立農学校教諭に就任。この間、加賀の白山や滋賀県の伊吹山、木曽、駒ケ岳でも植物を採集している。大正5年教職を退いた後は萩に戻り、山口県内で広く植物採集を行って同県におけるフロラ研究の基礎を築いた。没後、遺族の手により遺品の標本類が東京科学博物館に寄贈され、また一部は山口大学や山口博物館にも保存されている。

【評伝・参考文献】
◇山口県植物誌　岡国夫ほか編　山口県植物誌刊行会　1972　607p（図共）27cm

西岡 仲一
にしおか・ちゅういち

（生没年不詳）

モモ栽培業者
岡山県御津郡一宮町（岡山市）出生。

モモの産地で有名な岡山県御津郡一宮町清水（現・岡山市）で生まれる。昭和7年たび重なる旱魃や虫害で商品価値を無くした白桃を廃棄していた自宅の裏山で、従来の品種とは異なるモモの木が生えているのを発見。それについた実を食してみたところ、肉質も柔らかくとろけるような食感で、これがモモの優良品種'清水白桃'のはじまりである。以後はその品種改良に努め、12年頃には優良と認められるに至り、今日、岡山県産のモモにおける主力商品になっている。また清水白桃は傷みやすいため、出荷に際しては仲一とその子・猪久男が細心の注意を払って自転車で市の中央部まで運び、箱詰めの作業も二人が行ったという。岡山市佐山に「清水白桃発祥の地」が建立されている。

西岡 常一
にしおか・つねかず

明治41年（1908年）9月4日～
平成7年（1995年）4月11日

にしおか　　　　　　　　　　　　　　　　　　植物文化人物事典

宮大工　薬師寺伽藍復興奉行所監理設計技師　別名は鵤寺工常一。屋号は伊平。奈良県生駒郡法隆寺村西里（斑鳩町）出生。父は西岡楢光、祖父は西岡常吉、弟は西岡楢二郎。生駒農学校〔大正13年〕卒。【団】飛鳥、白鳳、天平、藤原、鎌倉、各時代の技法の実験的修習【置】吉川英治文化賞〔昭和49年〕、紫綬褒章〔昭和51年〕、日本建築学会賞〔昭和55年度〕、勲四等瑞宝章〔昭和56年〕、日本キワニス文化賞（第26回）〔平成2年〕、みどりの文化賞（第2回）〔平成3年〕、文化功労者〔平成4年〕、斑鳩町名誉町民〔平成5年〕、日刊工業新聞技術科学図書文化賞（審査員特別賞、第10回）〔平成6年〕「木のいのち 木のこころ」。

法隆寺累代棟梁西岡家3代棟梁・楢光の長子として生まれる。幼少期から祖父・常吉の下で修業。大工としての仕事がない時には農作業に従事するため、小学校卒業後には祖父の勧めで生駒農学校に進学し、土壌学や肥料学、林業、畜産などを学んだ。大正14年より祖父の下で大工見習となり、工具の使用法や諸工人との付き合い方、棟梁としての心得などを厳しく教え込まれた。昭和3年営繕大工として認められ、6年には父の代理棟梁として橿原神宮拝殿新築工事を担当。以後、同年の法隆寺西室修理工事、7年東伏見宮家別邸表唐門、洛北鞍馬寺本堂増築などに参加。8年には法隆寺大修理の修理設計で実測を行う。9年法隆寺東院の地下遺構発掘調査で土質鑑別にすぐれた手腕を振るったことが評価され、同年東院礼堂の解体修理ではじめて棟梁として一人立ち。同年以降、副棟梁、棟梁として約20年間に及ぶ法隆寺の大規模な修理工事（昭和の大修築）を指揮し、戦争や病気などに悩まされながらも同寺金堂などの重要建築の修築に成功した。31年法隆寺保存事務所技師。その後も福山の明王院大修理、法輪三重塔再建設計などを手がけ、45年からは薬師寺の修理に取り組み、同年から51年まで金堂、52年から56年まで西塔、57年から59年まで中門をそれぞれ再建した。60年から同寺三蔵新伽藍を造営。平成2年脳梗塞で倒れるが復帰。5年12月引退。"飛鳥時代の工人の足跡を踏み行う""木は鉄より強し"を信条に、コンクリートや鉄骨を用いず、あくまで創建当時と同じ材料である木材を使って寺院を修築することに心血を注いだ。また長い宮大工としての経験から遂には木と対話ができる境地に達したとも言われ、木の本質をよく見抜き"最後の宮大工"と称される。著書に「法隆寺を支えた木」「木に学べ―法隆寺・薬師寺の美」「木のいのち 木のこころ」などがある。

【著作】
◇斑鳩の匠宮大工三代　西岡常一、青山茂著　徳間書店　1977.12　266p 図 21cm
◇法隆寺を支えた木（NHKブックス 318）　西岡常一、小原二郎著　日本放送出版協会　1978.6　226p 19cm
◇法隆寺―世界最古の木造建築（日本人はどのように建造物をつくってきたか1）　西岡常一、宮上茂隆著、穂積和夫イラスト　草思社　1980.10　95p 27cm
◇蘇る薬師寺西塔　西岡常一〔ほか〕著、寺岡房雄写真　草思社　1981.4　247p 22cm
◇木のこころ 仏のこころ　松久朋琳、西岡常一、青山茂著　春秋社　1986.7　227p 21cm
◇木に学べ―法隆寺・薬師寺の美　西岡常一著　小学館　1988.3　239p 20cm
◇授業―母校の教壇に立って 2 ［一本の木（西岡常一）］　日本放送協会編　日本放送出版協会　1988.5　202p 19cm
◇木のいのち木のこころ 天　西岡常一著、塩野米松聞き書き　草思社　1993.12　167p 20cm
◇巨樹を見に行く―千年の生命との出会い（講談社カルチャーブックス 91）　梅原猛、西岡常一、C. W. ニコル、岩波洋造、宮崎駿、吉田繁著　講談社　1994.7　127p 21cm
◇西岡常一と語る木の家は三百年（人間選書 190）　原田紀子著　農山漁村文化協会　1995.10　224p 19cm
◇木のいのち木のこころ 天（新潮OH!文庫）　西岡常一著、塩野米松聞き書き　新潮社　2001.5　174p 16cm
◇木のいのち 木のこころ―天・地・人（新潮文庫）　西岡常一、小川三夫、塩野米松著　新潮社　2005.8　562p 16cm

【評伝・参考文献】
◇技と芸に生きる―プロフェッショナルの軌跡　日鉄商事経営企画室編　ダイヤモンド社　1986.4　203p 19cm
◇飛天の夢―古寺再興　長尾三郎著　朝日新聞社　1990.2　301p 20cm
◇愚者の智恵―森の心の語り部たち　今田求仁生対談集　今田求仁生編　柏樹社　1990.10

272p 19cm
◇工匠—31人のマエストロ　倉橋健一著　学芸出版社　1992.6　255p 21cm
◇名師の訓え　高田都耶子著　講談社　1994.6　270p 19cm
◇木のいのち木のこころ 人　塩野米松著　草思社　1994.12　229p 19cm
◇古寺再興—現代の名工・西岡常一棟梁（講談社文庫）　長尾三郎〔著〕　講談社　1995.3　346p 15cm
◇アジアの環境・文明・人間　山折哲雄編著　法蔵館　1998.3　297p 21cm
◇オリジナリティを訪ねて 3　輝いた日本人たち〔西岡常一—法隆寺からのメッセージを読む宮大工〕（富士通ブックス）　富士通　富士通経営研修所　1999.8　238p 19cm
◇堂宮の職人〈新装版〉〔飛鳥に生きる（西岡常一）〕（聞き書・日本建築の手わざ 第1巻）　伊藤ていじ監修　平凡社　2000.4　305p 19cm
◇薬師寺再興—白鳳伽藍に賭けた人々　寺沢龍著　草思社　2000.10　278p 19cm
◇木のいのち木のこころ 地（新潮OH!文庫）　小川三夫著, 塩野米松聞き書き　新潮社　2001.5　215p 15cm
◇建築家という生き方—27人が語る仕事とこだわり　日経アーキテクチュア編著　日経BP社, 日経BP出版センター〔発売〕　2001.8　406p 21cm
◇斑鳩の匠宮大工三代（平凡社ライブラリー）　西岡常一, 青山茂著　平凡社　2003.4　369p 16cm
◇宮大工棟梁・西岡常一「口伝」の重み　西岡常一著, 西岡常一棟梁の遺徳を語り継ぐ会監修　日本経済新聞社　2005.4　268p 20cm

西田 晃二郎
にしだ・こうじろう

大正11年（1922年）3月3日～
平成9年（1997年）3月25日

金沢大学名誉教授

台湾・新竹出生, 福井県坂井郡三国町（坂井市）出身。台北帝国大学理学部植物学科〔昭和19年〕卒。理学博士。囲植物生理学 囲日本植物学会, 日本植物生理学会 賞北国文化賞〔平成2年〕。

昭和20年台北帝国大学助手の時に終戦を迎え, 23年引き揚げ。茨城大学講師を経て, 金沢大学理学部教授。62年定年退官, 金沢女子大学（現・金沢学院大学）教授。同大副学長, 金沢女子短期大学学長も務めた。夜間に行われるペンケイソウ型光合成などを研究した。著書に「光合成の暗反応」などがある。

【著作】
◇光合成の暗反応（UP biology）　西田晃二郎著　東京大学出版会　1986.12　113p 19cm

西田 誠
にしだ・まこと

昭和2年（1927年）3月2日～
平成10年（1998年）11月18日

進化生物研究所所長, 千葉大学名誉教授

栃木県足利市出生。東京帝国大学理学部植物学科〔昭和26年〕卒。理学博士〔昭和33年〕。団植物分類学 囲日本植物学会, 日本植物分類学会, 日本シダ学会。

昭和26年千葉大学助手、33年講師を経て、36年理学部助教授、42年留学生部教授、45年留学生部長, 附属海洋生物環境解析施設長。のち進化生物研究所所長。シダ植物の形態、系統分類、化石植物の系統分類について幅広い研究を行い, 著作を通じてこの分野の知識の普及にも貢献した。

【著作】
◇植物の世界〈原書第3版〉（現代生物学入門 9）　ボールド〔著〕, 西田誠訳　岩波書店　1972　221p 21cm
◇たねの生いたち（岩波科学の本 3）　西田誠著　岩波書店　1972.5　224p 21cm
◇よくわかる生物1　西田誠, 関口晃一共著　旺文社　1973.1　478p 19cm
◇陸上植物の起源と進化（岩波新書）　西田誠著　岩波書店　1977.1　199, 5p 18cm
◇天然記念物向山フジザクラ樹林調査報告書 1　西田誠著　千葉県教育委員会　1978.7　25p 26cm
◇系統と進化（生物学教育講座 10巻）　西田誠編　東海大学出版会　1983.6　258p 22cm

◇牧野新日本植物図鑑〈改訂増補版〉 牧野富太郎著, 小野幹雄, 大場秀章, 西田誠編 北隆館 1989.7 1453p 26cm
◇植物と菌の系統と進化〈改訂版〉(放送大学教材 1991) 西田誠編著 放送大学教育振興会 1991.3 189p 21cm
◇バオバブ―ゴンドワナからのメッセージ(進化生研ライブラリー) 近藤典生編著, 西田誠, 湯浅浩史, 吉田彰行 信山社 1997.1 101p 21×21cm
◇トリバネアゲハの世界(進化生研ライブラリー 3) 近藤典生, 西田誠編 信山社 1998.1 104p 21×22cm
◇裸子植物のあゆみ―ゴンドワナの記憶をひもとく(進化生研ライブラリー 4) 西田誠編 信山社 1999.3 116p 21×22cm

西洞院 時慶
にしのとういん・ときよし

天文21年11月5日(1552年11月20日)～
寛永16年12月20日(1640年2月11日)

公家
初名は公虎, 時通, 号は円空。
　安居院僧正覚澄の子。天正元年(1573年)正五位下。叔父飛鳥井雅春の養子となり、絶えていた河鰭家を再興。天正3年(1575年)従三位・左兵衛督西洞院時当の養子となり、そのあとを継ぐ。慶長5年(1600年)参議、慶長6年(1601年)正三位兼遠江権守、16年(1611年)兼右衛門督、従二位となる。寛永元年(1624年)出家して円空と号す。天正19年(1591年)以来没年までほぼ継続して書かれた日記「時慶卿記」は、公家社会のほか庶民の生活や四季折々の植物も記された重要な史料とされる。他に家集「時慶卿集」がある。

西原 礼之助
にしはら・れいのすけ

(生没年不詳)

植物研究家　お多美鶴酒造代表取締役
早稲田大学商学部〔昭和14年〕卒, 陸軍経理学校丙種学生〔昭和16年〕卒。

早稲田大学商学部を経て、陸軍経理学校に学ぶ。お多美鶴酒造を経営する傍ら、昭和5年頃から主に中国地方の植物相についての分類研究を行い、日本植物分類学会にも参加。植物採集のために訪れた土地は、岡山にとどまらず日本全国各地に及んだ。植樹祭で岡山に来県した昭和天皇のご案内役も務め、その際、同県の植物についてのご下問もあったという。岡山県文化財保護審議会会長、県緑化委員などを歴任した。著書に「本州西部に産するフウロサウ属」「岡山の酒」「岡山の樹木」「岡山の植物」などがある。

【著作】
◇岡山の植物　西原礼之助著, 古屋野寛写真　日本文教出版　1964　223p(図版共)15cm
◇岡山の樹木(岡山文庫 100)　西原礼之助著, 古屋野寛写真　日本文教出版　1981.11　172p 15cm

【その他の主な著作】
◇岡山の酒(岡山文庫 24)　小出巌, 西原礼之助著　日本文教出版　1969　214p(おもに図版)15cm

西村 茂次
にしむら・しげじ

明治4年(1871年)～昭和20年(1945年)

小笠原修斉学園教諭
号は色即。岡山県上房郡高梁町(高梁市)出生。
　岡山県上房郡高梁町の小学校に勤務した後、明治44年から小笠原諸島の父島に設立された感化院・東京府立小笠原修斉学園に教師として勤務。大正14年の廃止後も学園に残留して再開を訴えたが、のち内地に戻った。この間、小笠原諸島全域を調査して植物の分布区域の把握に努めた。採集した標本は小泉源一、早田文蔵のもとに送られ、明治44年から昭和3年にかけて小笠原における固有種の大半が確定された。多くの標本は現在東京大学に所蔵されている。

西村 正暘
にしむら・しょうよう

昭和4年(1929年)9月14日～
平成元年(1989年)5月26日

名古屋大学農学部教授
岡山県備前市出生。京都大学農学部農林生物学科〔昭和28年〕卒。農学博士(京都大学)〔昭和37年〕。囲植物病理学 団日本植物病理学会 賞日本病理学会賞〔昭和45年〕、読売農学賞(第25回)〔昭和63年〕「植物病原糸状菌の宿主特異的毒素とその作用機構に関する研究」、勲三等旭日瑞宝章〔平成元年〕。

昭和28年鳥取大学農学部助手、31年講師、37年助教授を経て、45年教授。55年名古屋大学農学部教授。43年頃から'二十世紀ナシ'など一部の日本ナシだけがかかるナシ黒斑病の共同研究に取り組み、その複雑なメカニズムを解明した。

【著作】
◇植物感染生理学　西村正暘,大内成志編　文永堂出版　1990.7　345p 22cm

【評伝・参考文献】
◇植物感染生理学最近の進歩―西村正暘先生追悼記念　奥八郎〔ほか〕編　植物感染生理学最近の進歩刊行会　1991.3　25, 233p 26cm

西村 広休
にしむら・ひろよし

文化13年(1816年)10月23日～
明治22年(1889年)12月28日

本草学者
通称は三郎右衛門、名は秀三郎、字は君典、号は寒泉、謙斉、歴木園、双松園、成蹊園。伊勢国多気郡相可村(三重県多気町)出生。

家は呉服・両替を営む豪商・大和屋で、江戸にも出店を持った。天保元年(1830年)京に上り、山本亡羊に本草を学ぶ。山本渓愚(章夫)の「本草写生図譜」の作成を支援したことでも知られる。植物の他、貝類の収集・研究でも名高い。著書に「小品考」「バクテリアの図」などがある。

【著作】
◇随筆文学選集 11巻［小品考(西村広休)］　楠瀬恂編　書斎社　1927　20cm

【評伝・参考文献】
◇本草学者西村広休の研究　松島博著　〔松島博〕　1969　42p(図共)26cm

西村 真琴
にしむら・まこと

明治16年(1883年)～昭和31年(1956年)1月4日

生物学者　北海道帝国大学理学部教授
長野県松本市出生。二男は西村晃(俳優)。広島高等師範学校〔明治41年〕卒。理学博士(東京帝国大学)。

松本中学から広島高等師範学校に入学、博物学研究を志す。卒業後、京都の小学校教師、同校長を経て、明治43年満州に渡り、大正元年南満医学堂(のち奉天医科大学)の生物学教授となり満州の生物分布調査を手がけた。4年渡米、コロンビア大学で植物学を修めた。帰国後は北海道帝国大学理学部教授に就任、北海道の生物分布やアイヌの調査にあたり、マリモの研究で東京帝国大学より理学博士号を受けた。昭和2年退官して大阪毎日新聞論説員学芸部顧問に迎えられ、3年には昭和天皇即位の大礼記念博覧会に我が国初の人造人間「学天則」を出品。ゴム管を通した圧搾空気で表情を変え、さながら人間のように微笑み、頷き、評判を呼んだ。その後、独自の生命哲学から保育の重要性に目を開き、11年全日本保育連盟を結成、理事長に就任して保育振興に尽くし、20年には戦火で親を失った中国人孤児を引き取り中国児童愛育所を設置した。26年スライド「蛙の観察」で文部省第1回幻燈シナリオコンクール最優秀作品賞を受賞。他の著書に「水の湧くまで」「新しく

観た満鮮」「凡人経」、共編「日本凶荒史考」などがある。二男は俳優の西村晃で、映画「帝都物語」では実父の役を演じ話題となった。

【著作】
◇野幌林間大学講演集〔第1輯〕〔南洋の自然（西村真琴）〕　北海道林業会編　北海道林業会　1925　22cm
◇野幌　西村真琴編　北海道林業会　1926　106p　20cm
◇水乃湧くまで　西村真琴著　大阪毎日新聞社〔ほか〕　1927　284p 21cm
◇大地のはらわた　西村真琴著　刀江書院　1930　578p 20cm
◇綜合ヂャーナリズム講座　第4巻〔ヂャーナリズムと科学（西村真琴）〕　内外社編　内外社　1931　図版 23cm
◇科学随想　西村真琴　中央公論社　1933　350p 20cm
◇新しく観た満鮮　西村真琴著　創元社　1934　337p 19cm
◇話題の科学　西村真琴著　時汐社　1935.10　253p 19cm
◇凡人経　西村真琴著　双雅房文体社　1936　176p 27cm
◇科学綺談　西村真琴著　時潮社　1936　240p 19cm
◇日本凶荒史考　西村真琴, 吉川一郎共編　丸善　1936　1063p 図版7枚 23cm

【評伝・参考文献】
◇大東亜科学綺譚　荒俣宏著　筑摩書房　1991.5　443p 21cm

西本 チョウ
にしもと・ちょう

?〜宝暦8年（1758年）12月8日

長門国青海島仙崎大日比（山口県長門市）出生。

長州藩領であった青海島仙崎大日比の人で、元気な評判娘であったという。あるとき、島の海岸に珍しい柑橘系の果物が漂着しているので家に持ち帰って種子を播いて育ててみると数年で木が生長し、やがて大きな実をつけるようになった。当時、この果物について知るものはおらず、近隣の子供たちはその実を鞠がわりにして遊び、人にぶつけていたため、"おチョウさんは化け物を作った"と非難されたという。この果実はのちに宇樹橘と呼ばれ、あくまでも実を食せず、果汁を食酢として使っていたが、天保4年（1833年）萩藩士・杉彦兵衛が同島からその苗を持ち帰り、友人の児玉総兵衛に分けて共に栽培。たまたま総兵衛の子・正介（のち貴院議員）がその実を食べたところ甘酸っぱく美味であることがわかったため、両人は長門藩主・毛利敬親に献上、絶賛された。これが我が国における夏ミカン栽培のあらましである。なお、チョウがその種を播いたのは安永元年（1772年）とされているが、彼女は深水家に嫁ぎ宝暦8年（1758年）に亡くなっているので、その年を誤りとする人も多い。原木は現存し、史蹟名勝天然記念物に指定されている。

西山 市三
にしやま・いちぞう

明治35年（1902年）2月19日〜
平成11年（1999年）7月16日

京都大学名誉教授

群馬県出身。京都帝国大学卒。農学博士。[専]植物細胞遺伝学 [賞]勲三等旭日中綬章〔平成2年〕。

京都帝国大学食糧科学研究所教授を経て、昭和21年農学部教授、31年定年退官。のち米国ウィスコンシン大学客員教授を務め、40年ミズーリ大学に転勤。帰国後、名城大学農学部教授、47年定年退職。

【著作】
◇現代の生物学　第1集　遺伝〔細胞遺伝学の発展（西山市三）〕　木原均, 岡田要共編　共立出版　1949　320p 22cm
◇最近の生物学　第2巻〔染色体標本の作り方（西山市三）〕　駒井卓, 木原均共編　培風館　1950　380p 22cm
◇小麦の研究〈改著〉〔コムギ及び近縁植物の細胞遺伝学（西山市三）〕　木原均編著　養賢堂　1954　753p 図版 22cm
◇日本の大根　西山市三編著　日本学術振興会　1958　161p 図版15枚 29cm
◇新編細胞遺伝学研究法　西山市三編　養賢堂　1961　547p 22cm

◇植物細胞遺伝工学　西山市三著　内田老鶴圃
　1994.12　262p 22cm

新渡戸 稲造
にとべ・いなぞう

文久2年（1862年）8月8日～
昭和8年（1933年）10月15日

教育家、農学者　旧制一高校長、国際連盟事務次長、貴院議員

幼名は稲之助、別名は太田稲造。陸奥国盛岡鷹匠小路（岩手県盛岡市下ノ橋町）出生。祖父は新渡戸伝（十和田市開拓の祖）。札幌農学校（現・北海道大学）〔明治14年〕卒、ジョンズ・ホプキンス大学卒。帝国学士院会員〔大正15年〕。Ph.D.（ハレ大学）〔明治23年〕、農学博士〔明治32年〕、法学博士〔明治39年〕。

南部藩士の子として生まれる。祖父・伝は十和田市の開拓功労者として著名。明治4年叔父・太田時敏の養子となり、上京。東京外国語学校を経て、10年札幌農学校に第2期生として入学。同期に内村鑑三、宮部金吾らがいた。11年内村と共に米国メソジスト監督教会のハリスのもとで受洗し、キリスト教徒となった。卒業後は開拓使御用掛に任ぜられるが、学業の続行を希望して東京大学文学部に進学。この時、外山正一教授に述べた"太平洋の（掛け）橋になりたいと思います"という所信は有名である。しかし17年同大に不満を感じて退学し、単身渡米してジョンズ・ホプキンス大学で経済学を学ぶ。この頃、キリスト教に懐疑を持つようになるが、クエーカー教徒の集会に出席した際、その平等主義に触れてキリスト教と東洋思想とが調和した信仰に眼を開き、19年同教のボルチモア友会に入会、またこの会の席上でのちに生涯の伴侶となるメアリー・エルキントンとも知り合った。20年札幌農学校助教授となり、同年ジョンズ・ホプキンス大学を中退してドイツへ留学し、農政学・農業経済学を修めた。24年帰国後は札幌農学校教授として農政学と植民論を担当。33年世界的名著として名高い「武士道」（英文）を刊行。34年台湾の民政長官となった後藤新平に招かれ、同総督府技師・殖産課長として同地の風土に合った殖産政策を進め、特に糖業の振興に大きく貢献した。36年京都帝国大学教授。39年から大正2年まで旧制一高校長を務め、明治42年からは東京帝国大学教授を兼任。大正5年東京貿易植民学校長、6年拓殖大学学監。この間、日本の高等教育に自由主義的、人格主義的教育主義の学風をおこして生徒たちに多くの感化を与えた。7年東京女子大学初代学長に就任したが、8年国際連盟の設立に伴い事務次長に選ばれて渡欧し、15年に辞任するまで各地の領土問題の解決や連盟の発展に力を尽くした。その後、貴院議員、太平洋問題調査会理事長などを歴任し、キリスト教徒としてその生涯を国際平和のために捧げた。昭和8年カナダで客死。著書に日本近代農政学上の重要書籍である「農業本論」のほか、「修養」「婦人に勧めて」「東西相触れて」などがあり、「新渡戸稲造全集」（全23巻・別巻1、教文館）にまとめられている。59年11月～平成16年10月五千円札の肖像になった。

【著作】
◇農業本論　〈6版〉　新渡戸稲造著　裳華房
　1905　461p 24cm

【評伝・参考文献】
◇新渡戸稲造先生―その人と事業　臼田斌著　臼田斌　1967　84p 図版 21cm
◇太平洋の橋―新渡戸稲造伝　石上玄一郎著　講談社　1968　366p 20cm
◇新渡戸稲造　松隈俊子著　みすず書房　1969　276p 図版 20cm
◇新渡戸稲造研究　東京女子大学新渡戸稲造研究会編　春秋社　1969　562p 図版 23cm
◇新渡戸稲造―生涯と思想　佐藤全弘著　キリスト教図書出版社　1980.1　507p 22cm
◇新渡戸稲造―物語と史蹟をたずねて　井口朝生著　成美堂出版　1984.11　222p 19cm
◇新渡戸稲造小伝　内川永一朗著　盛岡新渡戸会　1988.10　31, 17p 21cm
◇札幌農学校 日本近代精神の源流（蝦名賢造北海道著作集 4）　蝦名賢造著　新評論　1991.7　458p 21cm
◇新渡戸稲造　杉森久英著　読売新聞社　1991.12　305p 20cm

【その他の主な著作】

◇武士道（歴史文庫）　新渡戸稲造著，名和一男訳　日本ソノサービスセンター　1969　206p 19cm
◇武士道〈改版〉（岩波文庫）　新渡戸稲造著，矢内原忠雄訳　岩波書店　1974　159p 15cm
◇武士道—現代語で読む　新渡戸稲造著，奈良本辰也訳・解説　三笠書房　1983.11　223p 19cm

丹羽 正伯

にわ・せいはく

元禄13年（1700年）〜宝暦2年（1752年）4月14日

本草学者

幼名は徳太郎，名は貞機，字は哲夫，号は称水斎。伊勢国松坂（三重県）出生。

　医師・丹羽徳応の長男。はじめ家業を継ぐが，薬種への興味から京都に上り，稲生若水に師事して医学や本草を学ぶ。享保2年（1717年）江戸へ出て医師を開業。享保5年（1720年）輸入薬種から国産薬種への切替えを計ろうとしていた江戸幕府から採薬使に任ぜられ，諸国で採薬に従事。享保6年（1721年）には植村政勝らと共に伊吹山をはじめ山城・丹波・近江・美濃地方で薬草の採集を行っている。享保7年（1722年）幕府医官となり，下総滝野台の一画に15万坪を与えられ，薬草園の開発と経営に当たった。これが現在の船橋市にある薬園台という地名の由来である。享保17年（1732年）には将軍・徳川吉宗の命で師若水が遺した未完の大著「庶物類纂」の補完を命ぜられ，元文3年（1738年）までに全1000巻のうち残りの638巻を，延享4年（1747年）までにその増補54巻を完成させた。また「庶物類纂」の資料に供するため，各地の産物調査を全国規模で行い，主だったものに解説と図を付した「産物帳」を編纂している。そのほかにも朝鮮の「東医宝鑑」の和訳や朝鮮人参の栽培，和薬種流通の管理などにも尽力し，和薬種の開発・発展に大きく貢献した。編著に貧民の疾病対策書である「普救類方」7巻（林良適と共編）がある。

【著作】

◇佐州図上　丹羽正伯採薬　藤沢長達写　〔江戸時代中期〕　34丁 27cm
◇庶物類纂 第1巻 草属・花属（近世歴史資料集成 第1期）　稲若水，丹羽正伯編　科学書院　1987.7　1694p 27cm
◇庶物類纂 第2巻 鱗属・介属・羽属・毛属（近世歴史資料集成 第1期）　稲若水，丹羽正伯編　科学書院　1987.10　656p 27cm
◇庶物類纂 第3巻 水属・火属・土属（近世歴史資料集成 第1期）　稲若水，丹羽正伯編　科学書院　1988.1　840p 27cm
◇庶物類纂 第4巻 石属・金属・玉属（近世歴史資料集成 第1期）　稲若水，丹羽正伯編　科学書院　1988.3　1430p 27cm
◇庶物類纂 第5巻 竹属・穀属（近世歴史資料集成 第1期）　稲若水，丹羽正伯編　科学書院　1988.5　822p 27cm
◇庶物類纂 第6巻 菽属・蔬属 1（近世歴史資料集成 第1期）　稲若水，丹羽正伯編　科学書院　1988.6　857p 27cm
◇享保・元文諸国産物帳集成 第8巻 備後・安芸・長門・周防［丹羽正伯老エ産物之儀問合覚］　盛永俊太郎，安田健編　科学書院　1988.7　1208, 53p 27cm
◇庶物類纂 第7巻 蔬属 2（近世歴史資料集成 第1期）　稲若水，丹羽正伯編　科学書院　1988.8　618p 27cm
◇庶物類纂 第8巻 海菜属・水菜属・菌属・瓜属・造醸属・虫属 1（近世歴史資料集成 第1期）　稲若水，丹羽正伯編　科学書院　1988.9　1264p 27cm
◇庶物類纂 第9巻 虫属 2・木属・蛇属・果属・味属（近世歴史資料集成 第1期）　稲若水，丹羽正伯編　科学書院　1988.10　1344p 27cm
◇庶物類纂 第10巻（近世歴史資料集成 第1期）　稲若水，丹羽正伯編　科学書院　1988.11　590p 27cm
◇庶物類纂 第11巻 関連文書・総索引（近世歴史資料集成 第1期）　稲若水，丹羽正伯編　科学書院　1991.3　816, 293p 27cm

【評伝・参考文献】

◇泉のほと里—附・丹羽正伯老の研究　奥山市松編　文明社（印刷）　1938　146p 19cm
◇本草学者丹羽正伯の研究　松島博　1968　67p 26cm
◇江戸諸国産物帳—丹羽正伯の人と仕事　安田健　晶文社　1987.7　139p 22cm
◇江戸期のナチュラリスト（朝日選書 363）　木村陽二郎著　朝日新聞社　1988.10　249, 3p 19cm
◇彩色江戸博物学集成　平凡社　1994.8　501p 27cm
◇江戸人物科学史—「もう一つの文明開化」を訪ねて（中公新書）　金子務著　中央公論新社　2005.12　340p 18cm

丹羽 鼎三

にわ・ていぞう

明治24年(1891年)9月18日～
昭和42年(1967年)2月23日

造園学者　東京大学名誉教授
宮城県出生。東京帝国大学農科大学農学科〔大正6年〕卒。農学博士〔昭和4年〕。団日本造園学会(会長)。

大正6年宮内省内匠寮に入り、新宿御苑に勤務しキクなどの花卉栽培に従事。13年三重高等農林学校教授、昭和4年東京帝国大学農学部助教授を経て、7年教授となり、園芸第二講座(花卉及び園芸学)を担当。この間、4年「日本菊花ニ関スル研究」で農学博士の学位を受けた。文部省督学官や新潟県立農業専門学校長、内務省専門委員、神奈川・群馬の都市計画地方委員会委員、東京府大緑地施設協議会委員などを兼ね、10年からは4期に渡り日本造園学会会長を務めた。27年定年退官し、29～35年明治大学農学部教授として園芸学や造園学を講じた。専門は花卉園芸学であるが、やがて植物を通じて独自の文化史的・文学的な観点から日本庭園に関する研究を行うようになり、「日本庭園略史」「日本庭樹要説」などの著書や多くの論文を著して今日における庭園研究の基礎を確立。晩年は眼病を病んだが、庭園に関する随筆や論文を書きつづけた。没後、彼やその弟子たちの論文を集めた「日本文化としての庭園」が刊行された。他の著書に「原色菊花図譜」「蔬菜栽培之枝折」「桂離宮の庭灯籠」「桂離宮の飛石」「日本の芝と芝生」「庭の落葉」などがある。

【著作】
◇原色菊花図譜　丹羽鼎三著　三省堂　1932　1冊 20cm
◇庭園及ビ花卉1庭園之部　丹羽鼎三述　帝大プリント聯盟　1936　164p 22cm
◇廿坪家庭菜園―実験記録　丹羽鼎三著　明文堂　1941　131p 19cm
◇蔬菜栽培之枝折　丹羽鼎三著　明文堂　1941　82p 19cm
◇日本の芝と芝生　丹羽鼎三著　明文堂　1943　150p 図版 19cm
◇日本農学発達史[日本庭園略史(丹羽鼎三)]　全国農業学校長協会編　農業図書刊行会　1943　556p 図版 22cm
◇園芸入門―蔬菜、花卉、果樹栽培　趣味と実益　丹羽鼎三,花島得二共著　川津書店　1950　318p 図版 19cm
◇桂離宮の庭灯籠　丹羽鼎三著　彰国社　1952　図版63p(解説共)26cm
◇園芸入門(入門新書)　丹羽鼎三,花島得二共著　川津書店　1953　318p 19cm
◇桂離宮の飛石　丹羽鼎三著　彰国社　1955　72p(図版50p共)地図 27cm
◇日本の芝と芝生　丹羽鼎三著　明文堂　1958　174p 図版 19cm
◇日本文化としての庭園―様式と本質　丹羽鼎三著　誠文堂新光社　1968　199p(図版共) 27cm
◇庭の落葉　丹羽鼎三著　丹羽義郎　1987.5　155p 19cm

【評伝・参考文献】
◇日本公園百年史　日本公園百年史刊行会編　日本公園百年史刊行会　1978.8　690p 27cm

沼倉 吉兵衛

ぬまくら・きちべえ

安政6年(1859年)～昭和17年(1942年)

農業技師　伊達家養種園技師
陸奥国(宮城県登米市)出生。駒場農学校(現・東京大学農学部)卒。

駒場農学校(現・東京大学農学部)を卒業後、宮城農学校に勤務。日清戦争に従軍した第二師団の兵士により同校に寄贈されたハクサイの栽培に着手。明治39年伊達家養種園技師を兼務、本格的に結球ハクサイの栽培と採種法を試みる。カブやアブラナなどとの花粉の交雑を避けるめ離島での栽培を行い、大正3年優良な種子の大量採種に成功。11年松島白菜として初めて農家に配布、12年には東京市場への出荷された。仙台から出荷されたため"仙台白菜"と呼ばれ、全国に知られた。また明治30年宮城県初の農産品評会を開催、農具の改良にも取り組むなど、農業の技術革新と発展に尽力した。

【著作】
◇肥料一覧　沼倉吉兵衛編　沼倉吉兵衛　1897.7　11p 15cm

沼田 大学
ぬまた・だいがく

明治24年(1891年)3月9日～
昭和31年(1956年)3月9日

京都大学名誉教授
東京出生。東京帝国大学農学部林学科〔大正8年〕卒。農学博士〔昭和26年〕。團森林保護学。
東京帝国大学農学部助教授を経て、大正13年京都帝国大学農学部助教授。造林研究のための米国、ドイツに留学。昭和2年教授となり、農学部長、附属演習林長などを歴任。のち陸軍司政長官に転じ、ジャワ栽培企業試験所長。21年京都大学教授に復帰、29年退官し名誉教授。森林保護全般にわたって研究業績を残し、著書に「森林保護学」がある。

【著作】
◇食用キノコの栽培・椎茸と榎茸の作り方(園芸文化叢書 第3輯)　沼田大学著　日本菜園協会　1947　59p 19cm
◇森林保護学〈4版〉(造林学全書 第7)　沼田大学著　朝倉書店　1955　244p 22cm
◇著名なる林学者(林業解説シリーズ 第84 林業解説編集室編)　沼田大学著　日本林業技術協会　1956　56p 19cm

沼田 真
ぬまた・まこと

大正6年(1917年)11月27日～
平成13年(2001年)12月30日

千葉大学名誉教授
茨城県土浦市出生, 茨城県常陸太田市出身。弟は沼田武(千葉県知事)。東京文理科大学(現・筑波大学)生物学科〔昭和17年〕卒。師は牧野富太郎。理学博士(京都大学)〔昭和28年〕。團植物生態学　団日本雑草学会、日本生態学会、日本植物学会, 日本科学史学会, 日本環境教育学会, Ecological Society of America　賞千葉県教育功労者〔昭和33年、54年〕、文化功労者(文化庁)〔昭和45年〕、紫綬褒章〔昭和58年〕、秩父宮記念学術賞〔昭和59年〕「東部ネパールの生態学的研究」、勲二等瑞宝章〔昭和63年〕、日本学士院賞エジンバラ公賞(第1回)〔昭和63年〕「植物群落の構造と生態に関する研究とその応用」、グローバル500賞〔平成11年〕。
昭和20年千葉師範学校助教授、22年東京高等師範学校講師、23年東京文理科大学(現・筑波大学)講師、26年千葉大学助教授、39年教授(東北大学教授併任、55年まで)。44～49年、51～55年理学部長、55～58年図書館長。58年から淑徳大学教授を務めた。草地生態学や都市生態学など、生態学研究の第一人者として活躍。傍ら、戦後早くから環境問題に取り組み、26年に設立された日本自然保護協会に参加。35年同協会の生態部会委員になり、日本学術会議で原生林保護のシンポジウムを開き、環境庁(現・環境省)が自然環境保全地域を作るきっかけをつくった。63年同協会会長に就任。尾瀬のオーバーユース規制のほか白神山地(秋田県、青森県)、屋久島の世界自然遺産登録を推進。我が国初の植物レッドデータブック作成にも尽力した。平成11年国連環境計画から環境保護活動で功績のあった人に贈られるグローバル500賞を受賞した。ほかに自然環境保全審議会委員、国土審議会委員、日本環境教育学会会長、農林水産技術会議委員、千葉県立中央博物館名誉館長など歴任した。著書に「生態学方法論」「自然保護と生態学」「植物たちの生」「都市の生態学」など。

【著作】
◇生物学論―現代生物学批判　沼田真著　白東書館　1948　151p 19cm
◇ゲーテを読む人のために―生誕200年記念〔ゲーテと植物学(沼田真)〕　日本独文学会、朝日新聞社共編　朝日新聞社　1949　24p 地図 表 26cm
◇近代科学のあけぼの―19世紀後半の科学史 第1輯〔生態学の成立(沼田真)〕　日本科学社編　日本科学社　1949　131p 21cm
◇生物学と自然弁証法―現代生物学批判　沼田真著　白東書館　1949　151p 19cm

- ◇生物の集団と環境［郡落調査法の基本問題（沼田真）］（科学文献抄 第23） 民主主義科学者協会理論生物学研究会編 岩波書店 1950 110p 26cm
- ◇生物学史─生命の探究（科学史大系 第9） 沼田真, 斎藤一雄共著, 菅井準一等編 中教出版 1952 276p 図版 22cm
- ◇生態学方法論（形成選書） 沼田真著 古今書院 1953 254p 18cm
- ◇生物の指導の工夫（理科室ハンドブックス 第8） 野村正二郎, 沼田真共編 東洋館出版社 1957 346p 21cm
- ◇生物実験講座 第1巻［生態学（沼田真）］ 岩崎書店 1957 21cm
- ◇現代生物学講座 第5巻 生物と環境［生物の適応性（沼田真, 森主一）］ 芦田譲治等編 共立出版 1958 397p 22cm
- ◇生態学の立場 沼田真著 古今書院 1958 246p 22cm
- ◇生態学大系 第1巻 植物生態学 第1 沼田真編 古今書院 1959 588p 図版 22cm
- ◇ダーウイン進化論百年記念論集［生態学（沼田真等）］ 丘英通編 日本学術振興会 1960 229p 27cm
- ◇近代生物学史─発展の過程を中心に（近代科学史シリーズ） 沼田真編 地人書館 1960 274p 22cm
- ◇植物・野外観察の方法 沼田真編 築地書館 1962 394p 19cm
- ◇生態学大系 第6巻 下 応用生態学 下 沼田真, 内田俊郎編 古今書院 1963 382p 図版 22cm
- ◇新生物実験講座［生態学（沼田真）］ 岩崎書店 1964 22cm
- ◇生態学大系 第6巻 上 応用生態学 上 沼田真, 内田俊郎編 古今書院 1965 342p 図版 22cm
- ◇植物生態野外観察の方法 沼田真編 築地書館 1966 396p 22cm
- ◇自然─生態学的研究 今西錦司博士還暦記念論文集［植物的環境の解析と評価（沼田真）］ 森下正明, 吉良竜夫編 中央公論社 1967 497p 図版 22cm
- ◇日本原色雑草図鑑 沼田真, 吉沢長人編 全国農村教育協会 1968 334p 24cm
- ◇植物生態学─図説 沼田真編 朝倉書店 1969 286p 22cm
- ◇日本植物生態図鑑 第1 沼田真, 浅野貞夫著 築地書館 1969 2冊（別冊共）30cm
- ◇日本植物生態図鑑 第2 沼田真, 浅野貞夫著 築地書館 1970 173p（図版共）30cm
- ◇富士山─富士山総合学術調査報告書［富士山植生の生態学的研究（沼田真編）］ 国立公園協会 富士急行 〔1971〕 2冊（別冊付図共）31cm
- ◇ゲーテ年鑑 第14巻［生物学的原型観の系譜とゲーテの位置（沼田真）］ 日本ゲーテ協会 1972 252, 31p 図 22cm
- ◇植物たちの生（岩波新書） 沼田真著 岩波書店 1972 234p 18cm
- ◇人間生存と自然環境 1［都市生態系の特性に関する基礎的研究（沼田真）］ 佐々学, 山本正編 東京大学出版会 1972 200p 27cm
- ◇都市生態系の特性に関する基礎的研究 沼田真編〔沼田真〕 1972 173p 25cm
- ◇自然保護と生態学（環境科学叢書） 沼田真著 共立出版 1973 222p 21cm
- ◇新しい生物学史─現代生物学の展開と背景 沼田真編 地人書館 1973 231, 8, 4p 27cm
- ◇生態学辞典 沼田真編 築地書房 1974 467p 22cm
- ◇千葉県天然記念物保存調査報告書 千葉県天然記念物保存調査団編, 沼田真編 千葉県教育委員会 1974 511p（図共）25cm
- ◇環境科学の方法と体系 沼田真著 環境情報科学センター 1975 203p 20cm
- ◇環境教育カリキュラムの基礎的研究 1 沼田編 〔沼田真〕 1975 76p 26cm
- ◇帰化植物（環境科学ライブラリー 13） 沼田編 大日本図書 1975 160p 19cm
- ◇図説日本の植生 沼田真, 岩瀬徹著 朝倉書店 1975 178p 図 27cm
- ◇都市生態系の構造と動態に関する研究 沼田編〔沼田真〕 1975 182p 25cm
- ◇東ネパール登山と調査報告書─マカルー2峰を中心として 1971年（東ネパール生態調査と登山 2） 沼田真編 千葉大学ヒマラヤ委員会 1975.3 417p 26cm
- ◇環境教育カリキュラムの基礎的研究 2 沼田編 〔沼田真〕 1976 84p 26cm
- ◇山岳森林生態学─今西錦司博士古稀記念論文集 加藤泰安, 中尾佐助, 梅棹忠夫編 中央公論社 1976 473p 図 肖像 22cm
- ◇自然保護ハンドブック 沼田真編 東京大学出版会 1976 390p 図 23cm
- ◇生態の事典 沼田真編 東京堂出版 1976 380p 地図 22cm
- ◇助成集報 vol. 1(1977年)［都市河川流域の生態系に関する研究(沼田真)］(とうきゅう環境浄化財団研究助成 no. 1～7) とうきゅう環境浄化財団 〔1977〕 8冊 26cm
- ◇群落の遷移とその機構（植物生態学講座 4） 沼田真編 朝倉書店 1977.4 306p 22cm
- ◇草地調査法ハンドブック 沼田真編 東京大学出版会 1978.1 309p 23cm
- ◇植物生態の観察と研究 沼田真編 東海大学出版会 1978.5 275p 22cm
- ◇千葉県指定天然記念物成東町クマガイソウ調査報告書 1 沼田真著 千葉県教育委員会 1978.7 18p 26cm
- ◇千葉県指定天然記念物富津州海浜植物群落地調査報告書 4 沼田真, 小滝一夫著 千葉県教育委員会 1978.7 26p 26cm

◇雑草の科学（のぎへんのほん）　沼田真編　研成社　1979.4　181p 19cm
◇環境教育の方法論に関する研究 3　沼田真編〔沼田真〕　1980.3　92p 26cm
◇千葉県指定天然記念物成東町クマガイソウ調査報告書 3　沼田真〔ほか〕著　千葉県教育委員会　1980.6　39p 26cm
◇地球を囲む生物圏（生物学教育講座 9巻）　沼田真編　東海大学出版会　1980.7　197p 22cm
◇都市環境と人間　斎藤平蔵, 沼田真編　講談社　1981.2　270p 20cm
◇種子の科学—生態学の立場から（のぎへんのほん）　沼田真編　研成社　1981.11　214p 19cm
◇生態学読本　沼田真編　東洋経済新報社　1982.2　268, 6p 21cm
◇環境教育論—人間と自然とのかかわり　沼田真著　東海大学出版会　1982.2　211p 22cm
◇東京の生物史　沼田真, 小原秀雄編　紀伊國屋書店　1982.2　197p 20cm
◇東ネパール・アルン谷の生態学的調査とバルンツェの登頂—1981年千葉大学東ネパール学術調査登山隊報告書（東ネパール生態調査と登山 4）　沼田真編　千葉大学ヒマラヤ委員会　1983.3　274p 27cm
◇東ネパール・タムール流域の生態学的調査とマカルー2峰の登山—1977年千葉大学東ネパール学術調査登山隊報告書（東ネパール生態調査と登山 3）　沼田真編　千葉大学ヒマラヤ委員会　1983.3　256p 27cm
◇生態学をめぐる28章　沼田真編　共立出版　1983.6　304p 19cm
◇生態学辞典（増補改訂版）　沼田真編　築地書館　1983.7　519p 22cm
◇現代総合科学教育大系—Sophia21 第3巻 生物の生態・進化と人間　沼田真, 小林弘〔編〕, 大木道則〔責任編集〕　講談社　1984.4　31cm
◇日本の天然記念物　講談社　1984.8　6冊 31cm
◇生態調査のすすめ—ヒマラヤの人々の生活と自然　沼田真編　古今書院　1984.11　214p 22cm
◇植物生態学論考　沼田真著　東海大学出版会　1987.3　918p 27cm
◇環境教育のすすめ　東海大学出版会　1987.5　235p 22cm
◇都市の生態学（岩波新書）　沼田真著　岩波書店　1987.8　225p 18cm
◇四季の博物誌（朝日文庫）　荒垣秀雄編　朝日新聞社　1988.7　539, 11p 15cm
◇学問の山なみ 2（学振新書 12）　沼田真ほか著　日本学術振興会　1993.3　221p 18cm
◇植物のくらし人のくらし　沼田真著　海鳴社　1993.11　242p 20cm
◇自然保護という思想（岩波新書）　沼田真著　岩波書店　1994.3　212p 18cm
◇現代生態学とその周辺　沼田真編　東海大学出版会　1995.12　379p 21cm
◇景相生態学—ランドスケープ・エコロジー入門　沼田真編　朝倉書店　1996.10　178p 26cm
◇都市につくる自然—生態園の自然復元と管理運営　沼田真監修, 中村俊彦, 長谷川雅美編　信山社出版　1996.12　186p 26cm
◇湾岸都市の生態系と自然保護—千葉市野生動植物の生息状況及び生態系調査報告　沼田眞監修, 中村俊彦, 長谷川雅美, 藤原道郎編　信山社サイテック　1997.1　1059p 26cm
◇東京湾の生物誌（東京湾シリーズ）　沼田真, 風呂田利夫編著　築地書館　1997.2　411p 22cm
◇自然保護ハンドブック　沼田眞編　朝倉書店　1998.4　821p 22cm
◇図説日本の植生（講談社学術文庫）　沼田眞, 岩瀬徹〔著〕　講談社　2002.2　313p 15cm
◇自然保護という思想（岩波新書）　沼田真著　岩波書店　2002.7　212p 18cm
◇環境問題の論点　沼田眞著　信山社サイテック　2002.8　164p 19cm

【評伝・参考文献】
◇沼田真年譜・著作目録　堀込静香編　日外アソシエーツ　1983.3　176p 22cm
◇沼田眞・自然との歩み—年譜著作総目録　堀込静香編纂　信山社サイテック　1998.10　240p 23cm

根本 莞爾

ねもと・かんじ

万延元年（1860年）9月15日～
昭和11年（1936年）12月14日

植物学者
陸奥国本吉郡（宮城県）出身。東京師範学校〔明治16年〕卒。
　長野師範学校、福島師範学校の教諭を務める傍ら、福島県の植物を調査に携わる。明治43年から昭和11年の間、嘱託として東京帝室博物館（現・東京国立博物館）押し葉標本室の整備に尽力。この間、内外の文献を典拠として、約1万種の植物を記載した「日本植物総覧」の出版に取組み、約20年かけて完成させ、大正14年牧野富太郎との共著として出版（牧野は実際には執筆にはあまり携わっていない）。この書は「総覧」の名で広く活用さ

れ、植物研究に大きく貢献した。また、福島県花のネモトシャクナゲなどの新種を発見したことでも有名。門下生に河野齢蔵、田代善太郎、星大吉、矢沢米三郎らがいる。

【著作】
◇東京帝室博物館天産課日本植物乾腊標本目録　牧野富太郎、根本莞爾　東京帝室博物館　1914　490、83、60p 23cm
◇日本植物総覧　牧野富太郎、根本莞爾編　日本植物総覧刊行会　1925　1942, 4p 23cm
◇日本植物総覧〈訂正増補〉　牧野富太郎、根本莞爾著　春陽堂　1931　1936, 3p 23cm
◇日本植物総覧　補遺　根本莞爾編　春陽堂　1936　1436p 23cm

【評伝・参考文献】
◇根本莞爾先生伝　根本莞爾先生記念事業会　1940　346p 20cm

野口 彰
のぐち・あきら

明治40年(1907年)7月14日～
昭和63年(1988年)9月24日

熊本大学名誉教授
宮崎県都城市出身。広島文理科大学生物学部〔昭和9年〕卒。理学博士。團蘚苔類　圍日本蘚苔類学会(会長)　圚大分県文化賞〔昭和24年〕、西日本文化賞・学術文化賞〔昭和28年〕「蘚類の分類学的・分布学的研究」、勲三等旭日中綬章〔昭和53年〕。

昭和24年大分大学教授を経て、30年熊本大学理学部教授に就任し、同学部長などを歴任。48年名誉教授。100以上のコケの新種を発見するなど、蘚類の分類の世界的権威で、日本蘚苔類学会会長も務めた。主著は「日本産蘚類概説」「日本産蘚図譜」など。

【著作】
◇日本産蘚類概説　野口彰著　図鑑の北隆館　1976　306p(図共)22cm
◇小林晶教授退官記念論文集〔蘚類の分類私見(野口彰著)〕　イカリテクノスKK　1985.5　267p 27cm

◇Illustrated moss flora of Japan　Akira Noguchi　Hattori Botanical Laboratory　1987　v. ill. 26 cm

野沢 重雄
のざわ・しげお

大正2年(1913年)8月10日～
平成13年(2001年)12月28日

協和社長
東京都杉並区出生。長男は野沢重晴(協和社長)。東京帝国大学農学部農業土木科〔昭和14年〕卒。圚科学技術庁長官賞科学技術功労者表彰〔昭和57年〕、勲四等旭日小綬章〔昭和60年〕吉川英治文化賞〔昭和61年〕。

昭和14年台湾製糖に入社。24年独立して協和プラスチック工業所を創設、28年株式に改組、協和化学工業と改称し、社長に就任。のち会長、相談役。53年協和と改称。薬品を使わない農法を研究し、土を使わず、液肥と空気を混ぜて循環させた養液槽の中で栽培する"水気耕栽培法(ハイポニカ)"を十余年の歳月をかけて開発。1万個以上の実がなるトマトをつくることに成功し、60年のつくば科学万博に出展した。著書に「生命の発見」など。

【著作】
◇トマトの巨木は何を語りたいか―ハイポニカの科学・水気耕世界　野沢重雄編著　協和　1985.4　73p 26cm
◇トマトの巨木の生命思想　草柳大蔵、野沢重雄著　ABC出版　1985.7　205p 19cm
◇こころの不思議、神の領域〔宇宙は1つの生命体である(野沢重雄)〕(PHP文庫)　遠藤周作著　PHP研究所　1991.6　248p 15cm
◇生命の発見―"新しい科学"の可能性を求めて　野沢重雄著　PHP研究所　1992.4　249p 20cm
◇ハイポニカの不思議―新しい「生命の可能性」を求めて(PHP文庫)　野沢重雄著　PHP研究所　1995.5　252p 15cm
◇地球交響曲―トマトの生命力に学ぶ(Zenbooks)　野沢重雄、原口庄輔著　善文社　1995.11　246p 20cm
◇好奇心は永遠なり―狐狸庵の不思議探検〔ハイポニカ農法はヒトにも通じます(野沢重雄)〕　遠藤周作著　講談社　1997.8　214p 19cm

◇植物は考える生きもの!?［トマトのジャングルはなぜできたのか(野沢重雄さんの話)］(ノンフィクション 未知へのとびら) 野田道子文、藤田ひおこ絵 PHP研究所 2001.5 113p 21cm

野津 良知

のず・よしとも

大正11年(1922年)～昭和43年(1968年)

植物学者 静岡大学教養学部教授

島根県松江市出生。台北帝国大学理学部植物学科〔昭和20年〕卒。

昭和20年台北帝国大学理学部植物学科を卒業、東邦理学薬学専門学校講師を経て、26年東京大学理学部助手。32年琉球大学の招聘教授として6ケ月間沖縄に滞在し、沖縄本島及び久米島でシダ植物を採集してその成果を「久米島の羊歯」としてまとめた。36年1ケ月間台湾に出張し、37年には1年間ミシガン大学に留学した。帰国後、42年静岡大学教養学部教授に就任。著書に「植物の芽」などがある。

【著作】
◇植物の芽(コロナシリーズ 第18) 野津良知著 コロナ社 1961 116p 図版 17cm

野中 兼山

のなか・けんざん

元和元年(1615年)1月21日～
寛文3年12月15日(1664年1月13日)

土佐藩士, 藩政家, 儒学者

名は止, 良継, 幼名は左八郎, 通称は伝右衛門, 主計, 伯耆。播磨国姫路(兵庫県)出生。

野中良明の子で、祖母は初代土佐藩主・山内一豊の妹に当たる。父の死後、元和4年(1618年)母と共に土佐へ戻り、分家の土佐藩家老・野中直継の養子となる。寛永8年(1631年)養父と共に奉行職に挙げられ、13年(1636年)養父の死により家督を相続し長岡郡本山6000石を領した。以後、第2代藩主・忠義及び第3代藩主・忠豊の下で27年間に渡って奉行職を専任。当初は小倉少助・三省父子と共に藩政に与っていたが、父子が死去した承応3年(1654年)より独裁体制を強化。土佐南学派の谷時中に朱子学を学び、その影響を強く受けて儒教の封建思想に基づく施策を展開し、中国から儒書を広く求めて南学の普及に尽くした。一方で河川改修や新田開発、専売制実施、村役人制の強化などを進め、旧長宗我部家臣を郷士に取り立てて領内の不平を解消するなど藩政の確立に大きな業績をあげた。また、土佐の名産として有名になるハマグリの養殖や、カツオ漁のための港湾改築、ミツバチの飼育などといった殖産興業も行っており、農産物の面では大和柿やミカン、薬草の栽培を奨励したことでも知られる。明暦2年(1656年)には隣接する宇和島藩との間で国境問題が起こり、「長曾我部地検帳」をもとにして争論を有利に進め、遂に万治2年(1659年)幕府の仲裁による和解を見た。しかし、これらの国境争論や領内開発の費用を捻出するために専売制や労役を強めたことで農民や商人の不満が高まり、加えてその独裁体制を快く思わぬ反対派重臣の弾劾に遭って寛文3年(1663年)失脚し、香美郡中野に幽閉され、間もなく失意のうちに没した。没後、野中家は改易され、男系子孫が絶えることによりはじめて帰国を許された。著書に「兼山遺草」「室戸港記」などがある。

【評伝・参考文献】
◇昔の農政と野中兼山の農業土木 寺石正路〔述〕 高知県耕地協会 1941 41p 20cm
◇野中兼山(人物叢書 第90 日本歴史学会編) 横川末吉著 吉川弘文館 1962 297p 図版 18cm
◇人物再発見 続［野中兼山(田岡典夫)］ 読売新聞社編 人物往来社 1965 237p 19cm
◇野中兼山関係文書 高知県文教協会 1965 655p 図版 22cm
◇歴史残花［野中兼山の生涯(横川末吉)］ 時事通信社 1968 371p(図版共)19cm

◇野中兼山と其の時代　平尾道雄著　高知県文教協会　1970　250p 図 肖像 22cm
◇森林を蘇らせた日本人［野中兼山—船舶輸送と「番繰山」］（NHKブックス 552）　牧野和春著　日本放送出版協会　1988.6　209p 19cm
◇江戸の経営コンサルタント　左方郁子著　博文館新社　1988.10　318p 19cm
◇山内侍兼山　海内院元宝　共生出版　1995.5　114p 19cm
◇野中兼山　小川俊夫著　高知新聞社　2001.1　177p 19cm

野村 義弘
のむら・よしひろ

明治31年（1898年）3月30日～
昭和45年（1970年）9月23日

植物学者, 俳人

号は螺岳泉。愛媛県西宇和郡双岩村（西予市）出生。東宇和郡立農蚕学校卒。 団 藻類学。

大正6年愛媛県立農業技術員養成所の農業普及員を経て、12年から愛媛県内の小・中学校で教員を務める。昭和29年伊方中学を最後に教職を退いたあとは植物研究に専念。この間、牧野富太郎や山田幸男に採取した標本を送り、特に藻類の採集に力を入れ、厳寒の時期でも夜遅くまで海に入って海藻を探したという。昭和3年西宇和郡保内町小島で緑藻のクロキヅタを見つけ、29年には伊方町仁田浜の海中で群落を発見。以来、その自生地保護に取り組み、同町の天然記念物となった他、34年にも四国南西部沖の島の付近がクロキヅタの新生息地であることを発見・報告した。また出石寺でトゲヤマルリソウ、鹿野川ダム付近では四国産では新記録となるコバノチョウセンエノキを発見している。螺岳泉と号して俳人としても活躍し、没後に遺句集「クロキヅタ」が編まれた他、伊方明治公園に句碑が建立された。

野呂 元丈
のろ・げんじょう

元禄6年12月20日（1694年1月15日）～
宝暦11年7月6日（1761年8月6日）

医師, 本草学者, 蘭学者

名は実夫, 通称は源次, 号は連山, 本姓は高橋。伊勢国波多瀬（三重県多気郡多気町）出生。

正徳2年（1712年）父の従兄弟である医師・野呂実雄の養子となる。同年京都に上り、並河天民に儒学、山脇玄修に医学、稲生若水に本草を学ぶ。享保4年（1719年）丹羽正伯の推薦で幕府の採薬御用を任され、以後、日光・白根・箱根・富士・白山・立山・妙高などの諸山や伊豆諸島など各地で採薬に従事した。享保9年（1724年）江戸の紀国橋近くに宅地を拝領。元文4年（1739年）には将軍・徳川吉宗に謁し、御目見医師となった。寛保元年（1741年）青木昆陽と共に吉宗の命を受け、久しく翻訳されないまま幕府の紅葉山文庫に蔵されていたヨンストン著の「動物図説」とドドネウス著「草木誌」（ともに蘭訳）を解読するための研究を開始。間もなく「動物図説」は動物に関するもので、医学・薬学とさして関係ないことが判ったため、「阿蘭陀禽獣虫魚図和解」1巻のみを編纂。次いで植物の産地や形態・効能などが記され、薬物と大いに関連性がある「草木誌」に的を絞り、毎年江戸に参府するオランダ貢使随行使の宿所を訪ね、通詞を解してオランダ人医師に質疑し、寛延3年（1750年）までに「辛酉阿蘭陀本草之内御用ニ付承合候和解」1巻や「阿蘭陀本草和解」8冊などをまとめた。これらが日本における近世蘭学の先駆けであり、西洋の植物学・動物学流入の濫觴である。この間、延享4年（1747年）幕府寄合医師。その他の編著に「妙高山温泉記」「救荒本草並野譜」「連山草木誌」「北陸方物」などがあり、医学・植物学・地誌など多方面に渡るが、未刊の物が多い。

【評伝・参考文献】
◇野呂元丈伝　大西源一編　大西源一　1915　94p 肖像 23cm
◇解体新書の時代　杉本つとむ著　早稲田大学出版部　1987.2　328p 19cm
◇博物学者列伝　上野益三著　八坂書房　1991.12　412, 10p 23cm

◇三重（全国の伝承 江戸時代 人づくり風土記）加藤秀俊, 谷川健一, 稲垣史生, 石川松太郎, 吉田豊編　農山漁村文化協会　1992.5　401p 26cm
◇野呂元丈関係歴史資料目録　勢和村教育委員会　2001.3　395, 68p 30cm

【その他の主な著作】
◇ヨンストン『動物図説』図版集成（図像学叢書1）　J. ヨンストン著　科学書院, 霞ケ関出版〔発売〕　1993.5　327p 37cm

野呂 武左衛門
のろ・ぶざえもん

天保7年（1836年）～明治35年（1902年）

植林家　農商務省官林一等監守
陸奥国舘岡村（青森県つがる市）出生。
　代々、弘前藩の新田・山林事業に当たってきた野呂家の9代目当主。津軽半島西部において田畑を風害から守るため野呂家の3代目当主・理左衛門が作った屏風山防風林が、天明・天保の大飢饉で盗伐されて荒廃したため、藩命を受けて安政2年（1855年）より屏風山再興を期した植林事業を開始。家督継承ののち元治元年（1864年）に屏風山新松仕立役を命じられ、近隣の農民らが資金を拠出して明治7年まで植林を続行、松苗の確保や盗伐防止に苦心し、結果的に約178万本を植林。その後、青森県の西野合樹木取締役、農商務省の官林一等監守を歴任し、屏風山の管理を続けた。15年には3代目理左衛門以来約250年に渡って一族が行ってきた植林が政府に認められ、屏風山は全国二等山林となり、武左衛門にも銀杯一個と金30円が下賜された。また、14年に明治天皇が屏風山を行幸した際、その先導を務めている。17年故郷舘岡に洪福寺を創建。

【評伝・参考文献】
◇明治百年林業先覚者群像　昭和43年　大日本山林会編　大日本山林会　1970　118p 肖像 22cm

梅寿院
ばいじゅいん

享保3年（1718年）～寛政9年（1797年）

歌人　京極高永の妻
　5代目豊岡藩主・京極高永の正室で、居住した江戸・麹町の京極屋敷の庭などで採取した70点の押し葉をつくった。国内最古の押し葉標本の作成者といわれている。

芳賀 恁
はが・つとむ

明治43年（1910年）10月7日～
昭和60年（1985年）1月20日

九州大学名誉教授
山形県出身。北海道帝国大学理学部植物学科卒。專細胞遺伝学 賞日本遺伝学会賞〔昭和29年〕、勲二等瑞宝章〔昭和58年〕。
　昭和24年九州大学理学部教授、49年退官後、56年まで福岡女子短期大学教授。実験集団遺伝学の先駆者で、植物のエンレイソウを用いた研究は世界的に知られている。

【著作】
◇染色体と遺伝（理学モノグラフ　第24）　芳賀恁著　北方出版社　1949　122p 18cm
◇集団遺伝学〔野生植物個体群の細胞遺伝学的研究（芳賀恁）〕　駒井卓, 酒井寛一共編　培風館　1956　266p 26cm

【評伝・参考文献】
◇北の科学者群像—「理学モノグラフ」1947 - 1950　杉山滋郎著　北海道大学図書刊行会　2005.6　230p 19cm

萩庭 丈寿
はぎにわ・じょうじゅ

大正6年（1917年）1月30日～
平成8年（1996年）8月24日

千葉大学名誉教授
宮城県仙台市出生。東京帝国大学医学部〔昭和15年〕卒。薬学博士。団生薬学 賞勲二等瑞宝章〔平成元年〕。

　植物の成分研究に従事し、各地で採集を行う。戦時中から50年余りで約6万点を集め、国内の花の咲く植物約5000種の約95%を網羅する標本コレクションをつくり上げた。平成11年より千葉大学の教え子たちにより同コレクションのデータベース化が行われる。

【著作】
　◇医薬資源（共立全書 第42）　萩庭丈寿, 三橋博共著　共立出版　1952　278p 図版 19cm

萩屋 薫
はぎや・かおる

大正8年（1919年）11月6日〜
平成18年（2006年）2月19日

新潟大学名誉教授
台湾・台北出生, 新潟県新潟市出身。台北帝国大学農学部〔昭和18年〕卒。農学博士〔昭和35年〕。団園芸学 団園芸学会, 日本育種学会, 植物組織培養学会, 日本ツバキ協会（会長）賞園芸学会奨励賞〔昭和35年〕「チューリップの球根栽培に関する研究」、新潟日報文化賞〔昭和39年・平成6年〕、勲三等旭日中綬章〔平成5年〕、松下幸之助花の万博記念賞（第4回）〔平成8年〕。

　台湾総督府農業試験所技手、タキイ種苗技師、鹿児島大学農学部助教授を経て、昭和31年新潟大学農学部教授。チューリップや雪ツバキの研究・品種改良に従事、日本ツバキ協会会長も務めた。一方、59年新潟いのちの電話を創設、初代理事長。著書に「ツバキとサザンカ」「球根」などがある。

【著作】
　◇蔬菜採種の研究―蔬菜採種量の構成要素及び採種環境の後作用に関する研究　藤井健雄編　養賢堂　1961　82p 26cm

　◇草花園芸 3 球根　萩屋薫著　家の光協会 1978.4　185p 22cm
　◇ツバキとサザンカ―庭植え・鉢植え・盆栽（新版）（カラー園芸入門）　萩屋薫著　主婦の友社　1979.10　227p 19cm

萩原 角左衛門
はぎわら・かくざえもん

文久元年（1861年）〜大正2年（1913年）1月6日

林業家　戸倉村（東京府）村長
本名は萩原茂能。武蔵国多摩郡戸倉村（東京都）出生。賞藍綬褒章〔明治44年〕。

　武蔵多摩郡戸倉村で代々林業・材木卸商を営む家に生まれる。のち家業を継ぎ、角左衛門と称する。明治維新後の森林の荒廃を憂い、自己所有の山林に植林して模範を示し、近郷に造林を指導。また造林総代人となり村内の共同造林用にスギ・ヒノキを24万本植えた。その後、村長となって村有林野120余ヘクタールの整理を行い、のち近隣町村の荒廃地500ヘクタールを各町村の基本財産となるよう計画・整理し、明治37年目的を達成する。村政の改革、西多摩郡農会の組織化、蚕業の改善などに尽力し、遂に模範村として認められ内相より表彰される。また44年藍綬褒章を受けた。

橋本 忠太郎
はしもと・ちゅうたろう

明治19年（1886年）7月6日〜
昭和35年（1960年）2月5日

植物研究家
滋賀県蒲生郡日野町出生。滋賀県師範学校（現・滋賀大学）二部〔明治44年〕卒。

　大正3年より滋賀県の北比都佐小学校、11年からは滋賀県女子師範学校、大津高等女学校に勤務する傍ら、滋賀県の植物研究に従事。昭和16年退職。11年近江博物同好会を起こし、研究成果を会誌に発表。戦後、滋賀大学に県内の植物標本を「近江植物標本目録」を付けて寄贈した。

琵琶湖博物館には約10点の現存する最古の県産昆虫標本が所蔵されている。滋賀県天然記念物調査委員も務めた。

長谷川 孝三
はせがわ・こうぞう

明治26年(1893年)11月29日～
昭和44年(1969年)6月3日

造林学者
東京出生。東京帝国大学農科大学林学科〔大正7年〕卒。農学博士〔昭和18年〕。賞林学賞〔昭和10年〕「金属塩類による種子の治力検定とその応力」、日本農学賞〔昭和19年〕「林木種子の活力に関する実証的研究」。

宮内省林業試験場に勤め、昭和10年同場長、のち東京営林局長、農林省林業試験場長、玉川大学教授を歴任。また学究研究会議会員、学術会議会員、日本林地肥培協会会長、農林水産技術会議専門委員、大日本山林会常務員を務めた。種子発芽検定法、種子貯蔵法、害虫防除法などに業績。

【著作】
◇林業試験報告 第1巻第1号[スギ赤枯病予防試験 特に剪枝法に就きて 他(長谷川孝三)] 帝室林野局林業試験場編 帝室林野局林業試験場 1925 26cm

長谷川 美好
はせがわ・みよし

?～平成17年(2005年)11月15日

菊師
賞大阪府労働関係産業功労者表彰〔平成12年〕、枚方市文化芸術功労者〔平成16年〕。

菊師の村瀬惣次郎の下で修業を積み、50年以上にわたって枚方市の遊園地で菊人形を作り続け、また福井県武生で行われる武生菊人形にも携わった。平成17年96年の歴史に幕を閉じる最後のひらかた大菊人形の会場に住み込んで菊人形作りに打ち込んだが、閉幕直前に病死した。

畠山 伊佐男
はたけやま・いさお

明治43年(1910年)2月6日～
平成9年(1997年)2月18日

京都大学名誉教授
富山県出身。長男は畠山卓三(大同特殊鋼専務)。京都帝国大学理学部植物学科〔昭和8年〕卒、京都帝国大学大学院理学研究科植物学専攻〔昭和11年〕修了。理学博士。団植物生理生態学 賞勲三等旭日中綬章。

植物生態学の研究者で、新設された京都大学植物生態研究施設の初代教授となった。

畠山 清二
はたけやま・せいじ

大正11年(1922年)3月28日～
昭和63年(1988年)6月7日

荏原製作所社長
東京出生。山梨高工工作機械科〔昭和17年〕卒。賞藍綬褒章〔昭和62年〕。

昭和20年荏原製作所入社。33年取締役、39年常務、48年専務を経て、51年社長に就任。新製品、新技術開発を重点方針とし、同社をポンプの単体メーカーからエンジニアリング産業へと発展させた。55年から世界自然保護基金の日本委員会の副会長として、野生の動植物の保護運動にも参加していた。

初瀬川 健増
はつせがわ・けんぞう

嘉永4年(1851年)12月～大正13年(1924年)4月3日

会津藩蝋漆木取締役
本名は宮川健増。陸奥国(福島県)出身。

元治元年（1864年）陸奥大沼郡（福島県）小谷村肝煎、会津藩蝋漆木取締役となる。明治維新後は戸長、郡書記を歴任。ウルシの栽培、掻取技術研究に取り組み、会津漆器の発展に貢献した。著作に「漆樹栽培書」などがある。

【著作】
◇漆樹栽培書　初瀬川健増著　有隣堂　1887, 1889　2冊(17, 続47丁) 23cm
◇現行森林法解釈　初瀬川健増編　有隣堂　1898.3　180p 19cm
◇人参栽培製薬法—附・薄荷栽製法　初瀬川健増著　有隣堂　1899.3　70p 24cm
◇清国漆栽培漆液掻取法　初瀬川健増著, 徐晏波閲　有隣堂　1899.11　29, 5p 23cm
◇備荒録　初瀬川健増著　有隣堂　1905.6　175p 23cm
◇明治農書全集　第5巻　特用作物 [増訂漆樹栽培書（初瀬川健増)]　岡光夫編集　農山漁村文化協会　1984.6　464, 7p 22cm

服部 静夫
はっとり・しずお

明治35年(1902年)2月22日～
昭和45年(1970年)4月17日

植物生理化学者　岡山大学学長
東京府葛飾郡吾嬬村（東京都墨田区）出生。東京帝国大学理学部植物学科〔大正14年〕卒。理学博士〔昭和7年〕。

昭和13年東京帝国大学助教授となり、植物生理化学講座を担当。19年教授、30年理学部長。37年定年退官、岡山大学学長に就任。著書に「植物色素」「植物生理化学実験」などがある。

【著作】
◇植物色素　服部静夫著　岩波書店　1936　716p 25cm
◇植物色素実験法　服部静夫著　共立社　1938　143p 23cm
◇植物生理化学実験　服部静夫著　養賢堂　1938　455p 23cm
◇植物の色　服部静夫著　弘文堂　1941　164p 18cm
◇生活の中の植物（科学新書）　服部静夫著　河出書房　1941　162p 19cm
◇豆の一生—少国民理科（正芽社少国民選書 2)　服部静夫著　正芽社　1942　176p 19cm
◇大東亜の科学　[われわれの生活と植物（服部静夫)]　日本科学協会編　文松堂出版　1944　248p 21cm
◇雌雄性の科学（日本叢書　第92）　服部静夫著　生活社　1946　31p 19cm
◇マツの瘤—植物随想　服部静夫著　酬灯社　1947　236p 21cm
◇植物学　服部静夫著　朝日新聞社　1949　336p 19cm
◇新しい物理の知識（科学新集）　服部静夫等著　大日本図書　1949　186p 19cm
◇生命と物質—植物の生活から（岩波新書）　服部静夫著　岩波書店　1949　181p 図版 18cm
◇生物ごよみ [キウリのいぼ（服部静夫)]　内田清之助等著　筑摩書房　1952　294p 図版 19cm
◇何を読むべきか [自然科学（服部静夫)]（毎日ライブラリー）　毎日新聞社出版室図書編集部編　毎日新聞社　1955　372p 19cm
◇科学の散歩 [路傍の花（服部静夫)]（NHK新書 第3)　日本放送協会編　日本放送出版協会　1956　184p 18cm
◇科学随筆全集 第8植物の世界 [マツの瘤 他14篇（服部静夫)]　吉田洋一, 中谷宇吉郎, 緒方富雄編　学生社　1961　348p 図版 20cm
◇生体色素（医学・生物学のための有機化学 6)　服部静夫, 下郡山正巳共著　朝倉書店　1967　187p 22cm
◇動植物の第二次代謝　M. ルックネル著, 服部静夫訳　南江堂　1970　310p 27cm

服部 新佐
はっとり・しんすけ

大正4年(1915年)8月10日～
平成4年(1992年)5月12日

服部植物研究所理事長
宮崎県日南市出生。東京帝国大学理学部植物学科〔昭和15年〕卒, 東京帝国大学大学院修了。フィンランド学士院外国人会員。理学博士。団植物形態・分類学（蘚苔類の研究）団日本植物学会, 日本蘚苔類学会(会長), 米国蘚苔地衣学会, 国際蘚苔類学会, 米国植物学会賞紫綬褒章〔昭和45年〕, 宮崎県文化賞〔昭和45年〕, 朝日賞（昭和51年度）〔昭和52年〕, 勲三等瑞宝章〔昭和60年〕。

山林地主の長男として生まれる。旧制七高から東京帝国大学理学部植物学科に進み、顕微鏡

で見たコケの美しさに惹かれて、蘚苔類の研究に入る。卒業後、東京科学博物館(現・国立科学博物館)に勤めるが、昭和21年家業を継ぐ傍ら研究を続けるために、郷里に服部植物研究所を設立。47年より英文学術誌「服部植物研究所報告」を毎年刊行、アジアを中心に世界各地から45万点以上の標本を集め、世界随一のコケ類専門の研究所に育て上げた。44～56年国際蘚苔類学会評議員、52～54年日本蘚苔類学会会長などを歴任した。日本各地を巡って数千点の標本を採集し、新種の発見・命名は200種類にのぼる。中でも33年名古屋大学教授より届いた標本にナンジャモンジャゴケと命名。後年、染色体の数がコケ類最少の4個で、固有の胞子体構造を持つ原始的なコケと判明し、コケの仲間に新たに一目、一科、一属、一種を付け加える世紀の発見として大きな話題となった。

服部 雪斎

はっとり・せっさい

文化4年(1807年)～?

博物画家

　その生い立ちや師系については不明なところが多い。弘化2年(1845年)に成ったとされる武蔵石寿の貝類図譜「目八譜」に初めて登場し、貝殻の独特な質感や表面の文様を写実的かつ繊細な筆致で描いており、江戸時代中期以降の写生画派の中で大いに人気を博した南蘋派の流れを汲むともいわれている。その後は主に幕府の医学館の依頼によって動物・植物・魚介類など様々な写生画や図譜を手がけた。この頃の代表作には岸和田藩医・井口楽山が師・小野蘭山の「本草綱目啓蒙」に挿図がないことを惜しんで嘉永2年(1849年)に編纂した「本草綱目啓蒙図譜」山草部(これは岸和田藩が刊行したものなので、雪斎を岸和田藩の画家であったとする説もある)や、当時医学館講師であった森立之(枳園)による安政6年(1859年)序文がある食用魚類図譜「半魚譜」及び文久元年(1861年)の「華鳥譜」、幕府医官・栗本瑞見(丹洲)の「千蟲譜」の写本2種、同時代に活躍したもう一人の博物画家・関根雲停と競作して描いたヒヤシンス図などがある。また、万花園主人・横山茶来による安政元年(1854年)の色刷り朝顔図譜「朝顔三十六花撰」でも絵筆を執っており、医学館以外の仕事にも多く携わっていたとされる。明治維新によって医学館の仕事が途絶えると、一時はその写実的画風を売りに"写真画"の看板を掲げて市井の画家として活動。明治5年ウィーン万国博覧会参加の準備を兼ねて湯島聖堂で開かれた文部省主催の博覧会では、動物の写生図を絵馬の様に描いた「写真画」を出展して評判となった。6年には「動物之写真図描写等総じて図画之事取り扱い」の命を受けて博物局の十二等に任用され、8年には内務省の管轄になった博物館掛の十二等に昇進。この間、同局の田中芳男の下で同局編「動物図」や伊藤圭介編「日本産物志」などに優れた図を残したほか、一枚刷りの動物色刷り版画や「教草」などの教育用博物図を数多く制作している。10年の第1回内国勧業博覧会では水彩画「秋草群蟲の図」で褒状を獲得、14年の第2回同博覧会でも「孔雀玉堂富貴の図」「平忠度ノ図」を出展した。80歳前後(明治17～20年頃)に描いた図譜を多く含む「服部雪斎自筆 写生帖」(国立国会図書館蔵)以降の彼の足取りはわかっていない。

【著作】
◇華鳥譜　服部雪斎筆, 森立之撰　美乃美　1977.3　1冊(はり込図65枚)39cm
◇有用植物図説 図画　田中芳男, 小野職愨撰, 服部雪斎図画　科学書院　1983.10　266p 22cm

【評伝・参考文献】
◇幕末・明治の画家たち―文明開化のはざまに　辻惟雄編著　ぺりかん社　1992.12　296p 21cm
◇彩色江戸博物学集成　平凡社　1994.8　501p 27cm

【その他の主な著作】
◇〔動物図〕　服部雪斎等画, 田中芳男等校　1875～1880　1帖 28cm
◇博物図 鳥獣之部　田中芳男編, 久保弘道校, 服部雪斎画　玉井忠造等　1877.4　2帖 19cm

服部 広太郎
はっとり・ひろたろう

明治8年（1875年）5月1日～
昭和40年（1965年）9月30日

菌類学者

東京府神田駿河台（東京都千代田区）出生。東京帝国大学理科大学植物学科〔明治32年〕卒。理学博士〔大正5年〕。賞勲二等瑞宝章〔昭和40年〕。

明治34年東京帝国大学理科大学助手、40年講師を務め、大正3年東宮御学問所御用掛となり、8年に閉鎖されるまで若き日の昭和天皇に博物学を講じた。12年徳川生物学研究所長。14年赤坂離宮に生物学御研究所が設立されると東宮職御用掛に就任、昭和元年天皇即位に際して宮内省御用掛となり、以来最晩年に高齢を理由に辞職するまで昭和天皇の生物学指導に当たり、その研究を援けた。専門は粘菌類で、昭和天皇が生物学者としての研究分野を変形菌と海産生物としたのも、その勧めによるものとされる。この間、6年尾張徳川黎明会理事長、7年黎明会生物学研究所所長、30年服部学園長を歴任した。

【著作】
◇岩波講座生物学［第9 植物学［4］細菌（服部広太郎）］ 岩波書店編 岩波書店 1930～1931 23cm
◇那須産変形菌類図説 服部広太郎 服部広太郎 1935 280p 23cm
◇那須産変形菌類図説〈増訂版〉 服部広太郎原編, 生物学御研究所編 三省堂 1964 236p 図版23枚 22cm

華岡 青洲
はなおか・せいしゅう

宝暦10年10月23日（1760年11月30日）～
天保6年10月2日（1835年11月21日）

外科医

名は震、俗名は雲平、字は伯行、通称は随賢、室号は春林軒。紀伊国那賀郡平山（和歌山県紀の川市）出生。弟は華岡鹿城（医師）。

医師・華岡直道の子。天明2年（1782年）京都に出て吉益南涯に古医方を、大和見立にオランダ流外科を学ぶ。天明5年（1785年）父が死ぬと、帰郷して家業を継ぎ、全国からの患者の診療にあたる一方、私塾・春林軒を開いて本間玄調、鎌田玄台など多くの人材を育てた。寛政7年（1795年）再び京都に上って製薬の研究に従事。当時、女性は乳房を切られると死ぬと信じられていたが、かつて牛の角で乳房を切り裂かれた女性を縫合手術で回復させた経験から、不治の病といわれた乳癌の治療を思い立ち、文化2年（1805年）チョウセンアサガオから全身麻酔剤「通仙散」を完成させた。さらにこれを導入して日本で初めて乳癌の外科手術に成功した。しかしこのチョウセンアサガオは毒性が強く、通仙散の製造には微妙な調合が必要とされたため、開発に至るまでには薬効の実験台となった母は健康を損ない、妻も盲目となってしまった。また最初に服用した青洲自身も長く両脚の麻痺に苦しめられたという。乳癌手術以外にも関節の離断や尿路結石の摘出、脱疽や鎖肛、痔ろうの治療といった難手術を次々と成功させ、内科と外科を一致させた"内外合一活物窮理"を主張し、和・漢・蘭の医学をうまく統合させつつ我が国の近代外科の発展に大きく貢献した。紀伊藩からの再三にわたる仕官の誘いを退けてきたが、特別に勝手勤めの条件での出仕を許され、天保4年（1833年）奥医師に累進。常に僻村にあって在野の医業に尽力した。

【著作】
◇近世漢方治験選集 10 原南陽・華岡青洲 安井広迪編集・解説 名著出版 1986.3 71, 200p 20cm

【評伝・参考文献】
◇医聖華岡青洲 森慶三, 市原硬, 竹林弘編 医聖華岡青洲先生顕彰会 1964 393p 図 肖像 22cm
◇甦る華岡青洲 長門谷洋治〔著〕〔長門谷洋治〕 1994.11 12枚 19×26cm

◇華岡青洲の妻　有吉佐和子著　新潮社　2004.8　220p 20cm
◇華岡青洲と麻沸散―麻沸散をめぐる謎　松木明知著　真興交易医書出版部　2006.8　246p 21cm

花房 義質
はなぶさ・よしもと

天保13年(1842年)1月1日～
大正6年(1917年)7月9日

外交官, 子爵　枢密顧問官, 駐朝鮮公使, 日本赤十字社社長
幼名は寅太郎, 号は眠雲, 長嶺居士。備前国岡山(岡山県岡山市)出生。父は花房端連(実業家), 弟は花房直三郎(外交官)。

岡山藩の儒者について漢籍を学び, 緒方洪庵門下で蘭学を学ぶ。慶応3年(1867年)欧米に留学。帰国後, 明治2年外国官御用命掛となり, 外務大丞など歴任し, 清国や朝鮮に駐在。5年朝鮮にて日韓貿易の交渉にあたる。6年ロシア公使館書記官として樺太千島交換条約締結にも携わる。13年朝鮮弁理公使。15年壬午軍乱に際し, 全権として済物浦条約を結ぶ。のちロシア特命全権公使, 農商務次官, 宮中顧問官, 宮内次官などを歴任し, 44年枢密顧問官となる。40年子爵。また大正元年日本赤十字社第3代社長に勅任された。この間, 東京帝国大学の中井猛之進による朝鮮半島植物相を支援。明治44年に特産のキキョウ科植物に命名された新属 *Hanabusaya* Nakaiは氏に献名されたものである。

【評伝・参考文献】
◇花房義質関係文書目録　東京都立大学附属図書館事務室編　東京都立大学附属図書館　1979.3　47p 26cm

塙 順
はなわ・じゅん

昭和2年(1927年)8月24日～
昭和63年(1988年)11月12日

弘前大学教授
茨城県土浦市出身。名古屋大学理学部生物学科〔昭和26年〕卒。理学博士。圏植物生理学。

名古屋大学を卒業後, 細胞学や植物形態学, 生理学に関わる研究に携わる。東京都立大学助手を経て, 弘前大学助教授, 教授となった。

馬場 大助
ばば・だいすけ

天明5年(1785年)～明治元年(1868年)9月10日

旗本, 本草家
名は克昌, 仲達, 字は利光, 号は資生圃, 紫欄。江戸出生。

代々, 番方を務めた旗本の家に生まれる。父は日光奉行も務めた馬場讃岐守尚之。寛政元年(1789年)岡本玄冶の養子となるが, 12年(1800年)実家に復し, 文化9年(1812年)兄の死にともない家督を継いで美濃釜戸など2000石を領す。以後, 小姓組使番, 持筒頭, 西丸目付などを経て, 安政4年(1857年)西丸留守居に任ぜられた。この間, 天保8年(1837年)幕命に従って関八州や伊豆を巡検。一方で本草学者としても知られ, 富山藩主・前田利保が主宰した大名・旗本による博物学同好会・赭鞭会の有力同人の一人であった。その学は設楽貞丈を師とし, 動物や鳥類, 魚介類に関する著述もあるが, とりわけ植物に深い関心を寄せ, 麻布飯倉にある資生圃と称する自邸には多数の舶来植物を収集・栽培。これらの中には長崎奉行や通詞から贈られたもの(彼の先祖もまた長崎奉行であった)や文久の遣欧施設がもたらしたもの, ペリーが持ち込んだものも含まれるといわれる。さらに増山雪斎に師事して画もよくし, それら舶来植物を自ら写生。主な編著に, 岩崎灌園の「本草図譜」を補うべく編まれ, 江戸時代の花譜としては最大級ともいわれる「群英類聚図譜」78巻(花卉花本3201種を掲載)や沖縄・中国・朝鮮から米国やインドネシアなどから舶来した植物の図を収めた「遠西舶上花譜」があり, これらの図の大部分も彼が手がけたとされている。また灌園

とは年齢も趣味も近く、灌園の編著に図を寄せているほか、ともに江戸参府中のシーボルトを訪れて植物についての質疑を行っている。文久2年(1862年)高齢を理由に隠居。

浜 栄助
はま・えいすけ

大正14年(1925年)～平成8年(1996年)6月10日

植物研究家　長野西高校校長
長野県出生。東京高等師範学校理科第三部〔昭和22年〕卒。

昭和22～23年東京第二師範学校男子部教官、24年長野県永明高校教諭、25～29年東京都立小松川高校教諭、30年から長野県内の高校教師、教頭、校長、教育委員会事務局教学指導課高校教育指導係長など歴任し、59年長野西高校校長を最後に退職。一方、30年以来、日本産スミレ属の研究に取り組み、39年植樹祭に御来県の昭和天皇・皇后両陛下にスミレについて御進講。著書に「原色日本のスミレ」、編著に「写真集・日本のすみれ」など。

【著作】
◇原色日本のスミレ　浜栄助著　誠文堂新光社　1975　280p(おもに図)31cm
◇写真集・日本のすみれ　浜栄助編著　誠文堂新光社　1987.3　188p 31cm

浜 健夫
はま・たけお

明治34年(1901年)11月26日～
昭和59年(1984年)4月13日

明治学院大学名誉教授
長野県諏訪市出身。東京帝国大学理学部植物学科〔大正14年〕卒。理学博士〔昭和18年〕。専植物学。

大正5年日本基督山梨協会の金井為一郎のもとで受洗。14年東京帝国大学理学部植物学科を卒業後、広島高等師範学校で教鞭を執る。昭和18年「本邦産硫黄細菌に関する研究」で理学博士号を取得。同年日本大学教授。24年明治学院大学の発足に伴い、招かれて同教授に就任。47年定年退職後は東京キリスト教短期大学で教えた。植物学・細菌学を専門とし、特に海洋や温泉に含まれる硫黄細菌の研究で知られた。敬虔なクリスチャンでもあり、聖書中に出てくる植物に関する研究・考察や、キリスト教信仰と自然科学との関係を論じた論文も多い。編著に「植物形態学講話」「中等植物学」「植物形態学」などがある。

【著作】
◇植物形態学講話　浜健夫著　中文館書店　1930　395, 16p 図版12枚 22cm
◇植物形態学　浜健夫著　中文館書店　1934　395, 16p 22cm
◇生物学　浜健夫等著　コロナ社　1957　356p 図版 22cm
◇生命の研究―生と死の解明　浜健夫〔ほか〕編　関東出版社　1978.1　234p 19cm

浜田 稔
はまだ・みのる

明治43年(1910年)12月18日～
昭和56年(1981年)9月29日

菌学者　京都大学農学部助教授
京都府出生。父は浜田耕作(青陵)(考古学者)。京都帝国大学理学部〔昭和9年〕卒。理学博士〔昭和15年〕。専日本菌学会(会長)。

京都帝国大学総長を務めた考古学者・浜田耕作の長男。幼い時よりランを好む。旧制三高から京都帝国大学理学部植物学科に進み、昭和8年卒業後は大学院で菌類と高等植物との共生関係に関する研究を進めた。中でも15年に完成させたナラタケとランの一種であるツチアケビとの共生に関する研究、及びナラタケの生理・生

態学的研究は先駆的かつ独創的なもので、世界的に知られた。大学院修了後は陸軍技師を務めたが、終戦に伴い京都帝国大学理学部及び農学部研究嘱託となり、22年農学部助教授に就任。戦後はマツタケの研究に専念、はじめてマツタケ菌糸の純粋培養に成功した他、マツタケの地価における生態学的研究も行い、"マツタケ学"を確立。全国のマツタケ山を巡って後進の研究者を数多く育て、人々から"マツタケ博士"と慕われた。48年退官。53～55年日本菌学会会長。著書に「マツタケ日記」「マツタケ―人工栽培の試み」などがある。

【著作】
◇植物栄養学実験〔組織培養法 他(今村駿一郎,浜田稔)〕植物栄養学実験編集委員会編 朝倉書店 1959 600p 表 22cm
◇マツタケ―人工増殖の試み―(特産シリーズ30) 浜田稔,小原弘之著 農山漁村文化協会 1970 143p 18cm

ハム
Hamm, Heinrich
1883年～1957年

ドイツの醸造技師
ドイツ・エルスハイム出生。

ブドウ栽培学校に学んだのち、ドイツの名門醸造所フィリップケーベルの技師となる。1911年桂太郎の実弟でブドウ酒醸造のためヨーロッパに留学していた桂二郎らの推薦により来日し、山梨県北巨摩郡登美村(現・甲斐市)の小山開墾事務所でブドウ栽培及び本場のワイン醸造技術を指導。またブドウにつく害虫フィロキセラに対して強い免疫性を持つ砧木を導入するなど日本のワイン技術発達に大きく貢献した。'14年第一次大戦の勃発により日本を離れ、中国にあるドイツ租借地・青島に従軍するが、同地の陥落により日本軍の捕虜となり、習志野俘虜収容所に収容された。'20年ヴェルサイユ条約の発効により帰国した後は故郷エルスハイムで引き続きワインの醸造とブドウの品種改良、技術の育成に尽力し、同市の名誉市民第一号に選ばれた。

林 憲
はやし・けん
(生没年不詳)

医師,植物研究家
伊豆諸島三宅島の植物相についての分類研究を行なった。

林 孝三
はやし・こうぞう
明治42年(1909年)2月5日～
平成7年(1995年)2月6日

東京教育大学教授
新潟県出生。東京帝国大学理学部植物学科〔昭和6年〕卒、東京帝国大学大学院生物化学修了。理学博士〔昭和12年〕。専植物,生理化学 団日本植物学会(会長),日本植物生理学会,日本遺伝学会。

東京帝国大学理学部在学中は柴田桂太に師事。東京岩田植物生理化学研究所員、文部省資源科学研究所員、国立遺伝学研究所員を経て、昭和31年東京教育大学(現・筑波大学)理学部教授となり、植物色素を中心とした研究を行い、多くの門下生を育てた。47年退官し、進化生物学研究所植物研究部主任研究員。この間、野生植物にも関心を寄せ、8年には越後白山の植物相を分類した「越後白山植物目録」を発表した。また、50～53年日本植物学会会長の任をつとめた。

【著作】
◇植物色素実験法(生物学実験法講座 第6巻C) 林孝三著,岡田弥一郎編 中山書店 1954 72p 21cm

◇植物の代謝―新しい植物生理への基礎（新生物学シリーズ9 八杉龍一，碓井益雄監修）G. A. ストラッフォード著，林孝三訳　河出書房新社　1973　195p 19cm
◇植物遺伝学2 核酸と生合成産物　林孝三編　裳華房　1977.1　526p 22cm
◇植物色素―実験・研究への手引　林孝三編　養賢堂　1980.8　500p 22cm
◇ヒオウギアヤメおよびその近縁植物における色素成分の比較分析―各種のフラボノイドを中心として　林孝三〔ほか著〕〔進化生物学研究所〕〔1989〕　60p 26cm

林 弥栄
はやし・やさか

明治44年（1911年）1月29日～
平成3年（1991年）4月23日

東京農業大学教授

愛知県出生。東京高等造園学校園芸学科卒。理学博士。団植物分類学，園芸学，造園学　団日本植物学会，日本林学会，日本造園学会，日本さくらの会　賞日本林学賞，日本造園学会賞。

農林省・林野庁に35年間勤務し，全国の植物の調査研究に携わる。農林省林業試験場浅川実験林林長を経て，東京農業大学教授。その後，立川朝日カルチャーセンターなどで植物観察指導を行った。著書に「さくら」「日本の花木」「日本の野草」など，監修書に「野に咲く花」。

【著作】
◇日本産針葉樹の分類と分布　林弥栄著　農林出版　1960　246, 202p 図版34枚　表 26cm
◇日曜植木屋（新園芸手帖）　林弥栄，相関芳郎，中村恒雄共編　誠文堂新光社　1966　187p 図版 21cm
◇有用樹木図説 材木編　林弥栄著　誠文堂新光社　1969　472p 図版 27cm
◇日本の花木　林弥栄著，冨成忠夫写真　講談社　1971　344p（図共）37cm
◇日本のサクラ　本田正次，林弥栄共編　誠文堂新光社　1974　306p 図 24cm
◇さくら百花（平凡社カラー新書）　林弥栄，戸井田道三著　平凡社　1975　144p（図共）18cm
◇原色花木　冨成忠夫，林弥栄共著　家の光協会　1978.5　223p 19cm
◇講談社カラー科学大図鑑 A-22 サクラ　林弥栄著　講談社　1981.3　55p 25cm

◇日本の野草（山渓カラー名鑑）　林弥栄編　山と渓谷社　1983.9　719p 20×21cm
◇日本の樹木（山渓カラー名鑑）　林弥栄編　山と渓谷社　1985.9　751p 20×21cm
◇原色世界植物大図鑑　林弥栄，古里和夫監修　北隆館　1986.4　902p 26cm
◇原色樹木図鑑1（コンパクト版シリーズ4）　林弥栄，古里和夫，中村恒雄監修　北隆館　1986.9　354p 19cm
◇東京の山 高尾山―身近な自然を考える［私と高尾山（林弥栄）］　アサヒタウンズ編　朝日ソノラマ　1987.1　295p 19cm
◇梅［梅の植物学（林弥栄）］（日本の文様7）　今永清二郎ほか編　小学館　1987.5　183p 28×23cm
◇樹木・果実〈改訂新版〉（原色ワイド図鑑）〔林弥栄，大場達之〕〔監修〕　学習研究社　2002.11　243p 31cm
◇樹木見分けのポイント図鑑　畔上能力，菱山忠三郎，西田尚道監修，林弥栄総監修　講談社　2003.2　335p 18cm
◇野草見分けのポイント図鑑　畔上能力，菱山忠三郎，西田尚道監修，林弥栄総監修　講談社　2003.2　335p 18cm

早田 文蔵
はやた・ぶんぞう

明治7年（1874年）12月2日～
昭和9年（1934年）1月13日

東京帝国大学教授

新潟県南蒲原郡加茂町（加茂市）出生。東京帝国大学理科大学植物学科〔明治36年〕卒。理学博士。団植物分類学　賞帝国学士院桂賞〔大正9年〕。

長岡中学を中退して家業を手伝うが，植物に興味を持ち採集や観察に励み，明治25年東京植物学会に入会。やがて植物学を志して東京の郁文館中学に学び，旧制一高から東京帝国大学理科大学植物学科に進んで松村任三に師事した。37年東京帝国大学理科大学助手，同附属植物園助手となり，41年講師。この間，38年より台湾総督府嘱託を兼務し，大正13年まで嘱託として台湾の植物調査に

従事。明治43年1月には英国に私費留学して主にキュー王立植物園標本室で台湾植物の研究を行い、ベルギー、フランス、ドイツ、ロシアを回り、10月帰国。大正6年台湾総督府の命によりフランス領インドシナに植物調査に赴き、10年にも同地とシャム(タイ)に出かけて植物調査を行った。8年東京帝国大学理科大学助教授を経て、11年教授に就任、松村の後任として植物学第一講座を担当し、13年～昭和5年(1930年)小石川植物園長を兼任した。それまでの外部形質的な植物分類学に加えて、内部形態や構造といった解剖学的・組織学的性質の重要性に着目しシダ類の中心柱に関する研究から多くの新事実を立証した他、植物群落の遷移や遺伝、分類体系などについて独特の学説を提唱。特に植物分類は一つの因子による平面的なものではなく、多くの因子が関係する立体的なもので、常に流動的に考えねばならないとした動的分類体系は欧米でも議論された。昭和4年突然の心臓発作で倒れた後は自宅で「植物分類学」の著述に勤しみ、8年第1巻「裸子植物篇」を刊行して好評を得たが、9年病没した。原稿の大部分が完成していた第2巻「被子植物篇」は後事を託されていた本田正次の手によりまとめられ、10年に刊行された。他の著書に「台湾植物図譜」(全10巻)、「台湾山地植物誌」「台湾植物誌料」などがある。

【著作】
◇The vegetation of Mt. Fuji, —with a complete list of plants found on the Mountain and a botanical map showing their distribution　By Bunzo Hayata　Maruzen　1911　125p 23cm
◇植物分類学 第1-2巻　早田文蔵著　内田老鶴圃　1933～1935　2冊 25cm

【評伝・参考文献】
◇生物学史論集　木村陽二郎著　八坂書房　1987.4　431p 21cm
◇近代日本生物学者小伝　木原均ほか監修　平河出版社　1988.12　567p 22cm
◇日本植物研究の歴史―小石川植物園300年の歩み(東京大学コレクション4)　大場秀章編　東京大学総合研究博物館　1996.11　187p 25cm

原 金市
はら・かねいち
(生没年不詳)

篤農家
　長野県諏訪郡玉川村(現・諏訪市)で農業を営む。同地で早くから洋菜に取り組み、昭和6年頃からセロリの栽培を開始。戦時中も洋菜を作りつづけるが、19年洋菜の作付けが禁じられると在郷軍人会や警察から国賊扱いされ、特高に呼び出しを受けながらも節を曲げず、極秘に種子を採って保存に努めた。戦後、10年近く苦心して守り通した種子からセロリの優良品種'高原'を作出し、31年名称登録。さらに暑さや病気にも強い'コーネル'も生み出した。

原 摂祐
はら・かねすけ
明治18年(1885年)1月9日～
昭和37年(1962年)8月5日

植物学者, 昆虫学者　静岡県農会技手
　岐阜県恵那郡川上村(中津川市)出生。岐阜県農学校中退、名和昆虫研究所附設農学校中退。團樹病学、菌類学　賞日本植物病理学会賞。
　岐阜県農学校在学中、山口篤蔵の病害講義などを聴講。明治37年名和昆虫研究所で開かれた全国害虫駆除講習会に出席して以来、同研究所に出入りし、昆虫や冬虫夏草、植物病原菌への関心を深めた。その他、独学で語学を修め、英・仏・独・伊・ラテンの諸語に通じたといわれる。40年同研究所内に設立された農学校に入学するが半年で中退、上京して東京帝国大学農科大学の無給副手となり、白井光太郎や同郷の三宅市郎の下で植物病理学を学ぶとともに教室の掛図を描いて糊口をしのいだ。43年同大助手に任ぜられるが、大正7年同大を辞職し、宮部金吾の推薦で静岡県農会技師兼静岡県農業教員養成所教授嘱託に就任。のち静岡県害虫駆除委員や農事

講習所講師、農業試験場病害調査員なども兼任した。昭和5年静岡県農会を辞して帰郷し、伴野農薬製造所技師を経て、以後は農林業に従事した。この間、南方熊楠らとの交流を深め日本産変形菌研究を進め昭和2年白井光太郎が編纂した「日本菌類目録」の増補第3版を刊行。その後も粘菌に関する資料や情報を整理し、6年「応用動物学雑誌」に6回にわたって「日本粘菌目録」を連載した。同年9月南方や平沼大三郎らの協力を得て日本菌類学会を設立し、機関誌「菌類」を刊行(第3号で廃刊)。16年それまでの研究の成果をまとめて「日本粘菌類目録」を上梓した。傍ら植物病理学に関する論文・著書も執筆し、大正12年刊の「樹病学各説」「樹病学提要」は樹病学の先駆的著作といわれる。またHaraea japonicaなど学名に彼の名を冠したチシマザサの熊斑病菌をはじめ新種の病原菌を多数発見。冬虫夏草における近代科学的研究の嚆矢としても名高い。30年日本菌類目録編纂と本邦菌学に対する貢献を評価され、日本植物病理学会賞を受賞。31年に発足した日本菌学会にも参加し、晩年まで菌類の論文を書きつづけた。他の著書に「実験樹木病害編」「園芸作物病害防除法」がある。

【著作】
◇果樹病害論　原摂祐著　日本柑橘会　1916　506,32p 19cm
◇稲の病害　原摂祐著　原摂祐　1918　12,218p 22cm
◇蔬菜花卉の病気と其予防法　原摂祐著　吉見書店　1920　145p 19cm
◇病虫害の防ぎ方〈2版〉　原摂祐編　原摂祐　1923　120p 15cm
◇実用作物病理学　原摂祐著　養賢堂　1925　594,11p 23cm
◇実験活用病虫害宝典　原摂祐著　養賢堂　1926　433p 20cm
◇実験樹木病害篇　原摂祐著　養賢堂　1927　402,9p 23cm
◇日本菌類目録〈訂正増補 原摂祐〉　白井光太郎著　原摂祐　養賢堂(発売)　1927　1冊　19cm
◇実験作物病理学　原摂祐著　養賢堂　1930　950,17p 22cm
◇園芸作物病害防除法　原摂祐著　原摂祐　1931　348p 20cm
◇柿栽培の実際〈訂再版〉　野呂癸巳次郎,原摂祐著　養賢堂　1934　311p 23cm
◇日本害菌学　原摂祐著　養賢堂　1936　358p 23cm
◇稲の病害〈訂再版〉　原摂祐著　日本菌類学会　1939　202p 22cm
◇経済農芸叢書 第21 食用蕈類栽培の実際　原摂祐著　養賢堂　1940　274p 19cm
◇日本粘菌類目録　原摂祐著　日本菌類学会　1941　97p 19cm
◇病虫害宝典—実験活用〈増改版〉　原摂祐著　養賢堂　1948　792p 図版 19cm
◇病虫害防除便覧—作物衛生十二ケ月　原摂祐著　東京農業大学出版部　1949　220p 図版 18×11cm
◇日本菌類目録　原摂祐著　日本菌類学会　1954　447p 図版 21cm
◇茶樹の病害—茶樹の菌学〈訂正増補版〉(病菌叢書 第I)　原摂祐著　原摂祐　1956　107p 19cm

原　善助
はら・ぜんすけ

明治28年(1895年)11月28日～
昭和45年(1970年)12月26日

農業功労者
東京都八王子市出生。賞 勲五等瑞宝章〔昭和41年〕。

　小学校卒業後すぐに家業の農業に専念し、生地である八王子高倉の青年会などで活躍。大正10年頃からダイコンの品種改良に取り組み、12年結婚・分家して本格的に農業経営をはじめた。以来、それまで作っていた練馬尻細系のダイコンと東京・滝野川の種苗商から買ったみの早生系のダイコンとを自然交配させ、長期にわたって淘汰を重ね、多収かつモザイク病にも強い新品種を作出。昭和21年これを育成固定して"高倉大根"と名付け、22年東京都農業会の主催する主要食糧農作物増収共進会に出品、収穫量・内容ともにすぐれたものとして一等賞を受けた。24年には高倉大根採種組合が結成されて全国的な普及がはかられ、26年ダイコンでは2番目となる農産種苗法による名称登録を受けている。その後、八王子市蔬菜出荷組合長や東京都野菜出荷組合会監事などを歴任し、盛んに品

評会や講習会を開いて農業知識の交換に努めるなど、土地の農業指導者として活躍。また温暖地よりも早く出荷できる高倉極早生ピーマンの開発やスイカの栽培なども手がけ、大都市近郊における畑作農業の増収と発展に大きな業績を残した。

原 襄
はら・のぼる

昭和6年(1931年)8月29日～
平成10年(1998年)6月8日

東京大学名誉教授
東京出生。東京大学理学部生物学科〔昭和28年〕卒、東京大学大学院生物学研究科植物学専攻博士課程修了。理学博士。 団 植物形態学 団 日本植物学会、日本植物形態学会(会長)、Botanical Society of America, International Society of Plant Morphologistsほか。
東京大学大学院で小倉謙、亘理俊次に師事。お茶の水女子大学助手、東京大学教養学部助手、助教授を経て、昭和55年教授。平成4年退官後は明星大学一般教育生物学教授。この間、日本植物学会幹事長や編集委員長を務め、また日本植物形態学会創設に尽くし、昭和63年～平成3年同会長。一貫して茎頂分裂組織と葉の初期発生をテーマに研究を続け、細胞分裂と成長との接点の解析に功績を残した。著書に「植物の形態」「植物のかたち—茎・葉・根・花」。

【著作】
◇植物の形態(基礎生物学選書3 本城市次郎〔等〕編) 原襄著 裳華房 1972 211p 22cm
◇植物のかたち—茎・葉・根・花 原襄著 培風館 1981.9 134p 26cm
◇植物観察入門—花・茎・葉・根 原襄〔ほか〕共著 培風館 1986.4 179p 21cm
◇植物形態学 原襄著 朝倉書店 1994.7 180p 22cm

原 寛
はら・ひろし

明治44年(1911年)1月5日～
昭和61年(1986年)9月24日

植物分類学者 東京大学名誉教授
長野県須坂市出生。父は原嘉道(枢密院議長・男爵)。東京帝国大学理学部植物学科〔昭和9年〕卒。理学博士。 団 植物分類学 団 日本植物学会(会長)、日本植物分類学会、国際植物分類学協会 賞 秩父宮記念学術賞(第12回・昭和51年度)。

父は枢密院議長を務め、没後に男爵位を贈られた原嘉道。父から与えられた「牧野植物図鑑」を読み植物に興味を持ち、小学校の頃から植物学者を志望。昭和4年学習院高等科時代に植物採集に出かけた尾瀬でオゼソウを発見、中井猛之進による鑑定の結果、新属の植物と判明した。6年東京帝国大学理学部植物学科に進み、中井に師事。9年卒業論文執筆のために北海道の日高山系を訪れ、日高にのみ生育する新種・ヒダカミネヤナギを発見、数多い命名記載の第一号となった。卒業後は副手として大学に残り、講師に昇任直後の13年から2年間、米国ハーバード大学に留学。同大では日本人初のリサーチフェローとして遇された。15年帰国し、19年助教授を経て、32年教授となり、46年退官。この間、35年東京大学の第一次ヒマラヤ調査隊隊長を務め、以降二次から五次まで継続され、成果は「東部ヒマラヤ植物誌」(全3巻)にまとめられた。退官後は日英交換科学者第一号として渡英、大英博物館からヒマラヤ産植物の整理の協力を求められ、「ネパール産種子植物集覧」(全3巻)の主著者となった。51年日本人としては昭和天皇に次いで2人目のロンドンのリンネ協会外国人会員に選ばれている。すぐれた生物学者であった昭和天皇とは、25年以来研究の相談相手を務め、「那須の植物」「伊豆須崎の植物」などの著作編纂を手伝った。日本植物学会会長も務めた。

【著作】
◇栗樹栽培法(勧農叢書)　梅原寛重、濱村半九郎著　有隣堂　1885.1　10丁　23cm
◇大日本植物誌［第3　ユキノシタ科(原寛)］　中井猛之進, 本田正次監修　三省堂　1938〜1940　6冊　26cm
◇日本種子植物集覧　第1冊　被子植物—双子葉植物—後生花被植物〔第1〕　原寛著　岩波書店　1949　300, 34p 27cm
◇日本種子植物集覧　第2冊　被子植物—双子葉植物—後生花被植物　第2　原寛著　岩波書店　1952　310p 27cm
◇日本種子植物集覧　第3冊　被子植物—双子葉植物—古生花被植物　第1　原寛著　岩波書店　1954　337p 27cm
◇日本種子植物分布図集　第1, 2集　原寛監修　井上書店　1958〜1959　2冊　27cm
◇植物(玉川百科大辞典　第10)　原寛編　誠文堂新光社　1959　706p 図版 27cm
◇牧野新日本植物図鑑　牧野富太郎著, 前川文夫, 原寛, 津山尚編　北隆館　1961.6　1057p 図版 27cm
◇那須の植物　生物学御研究所編　三省堂　1962.4
◇最新植物用語辞典　原寛ほか編　広川書店　1965　679p 19cm
◇東部ヒマラヤの植物写真集　東京大学インド植物調査隊, 原寛編著　井上書店　1968　図版50枚　解説28, 61p 27cm
◇軽井沢の植物　原寛, 佐ъ邦雄, 黒沢幸子著　井上書店　1974　307p(図共)　地図 22cm
◇伊豆須崎の植物　生物学御研究所編　保育社　1980.11　22, 171p 図版32枚 27cm
◇日本の野生植物　木本 1　佐竹義輔, 原寛, 亘理俊次, 冨成忠夫編　平凡社　1989.2　321p 26cm
◇日本の野生植物　木本 2　佐竹義輔, 原寛, 亘理俊次, 冨成忠夫編　平凡社　1989.2　305p 26cm

【評伝・参考文献】
◇殿様生物学の系譜(朝日選書 421)　科学朝日編　朝日新聞社　1991.3　292p 19cm

原 松次
はら・まつじ

大正6年(1917年)2月17日〜
平成7年(1995年)11月4日

文化女子大学室蘭短期大学名誉教授
神奈川県川崎市出身。北海道帝国大学農学部農業生物学科〔昭和19年〕卒。 植物分類学。

昭和9〜11年東京植物同好会で牧野富太郎の指導を受ける。宇都宮高等農林学校を経て、19年北海道帝国大学農学部を卒業。20年より帝国繊維札幌支店に勤務。44年文化女子大学室蘭短期大学教授。同年より胆振地方の植物研究を始め、45年いぶり植物友の会、50年洞爺植物調査グループを設立した。著書に「北海道植物図鑑〈上・中・下〉」「室蘭の植物」などがある。

【著作】
◇室蘭の植物—測量山を中心に　原松次著　噴火湾社　1976　190p(図共)18cm
◇北海道植物図鑑　上　原松次著　噴火湾社　1981.4　271p 19cm
◇北海道植物図鑑　中　原松次著　噴火湾社　1983.6　279p 19cm
◇北海道植物図鑑　下　原松次著　噴火湾社　1985.4　282p 19cm

原 友一郎
はら・ゆういちろう

元治2年(慶応元年?)(1865年)〜
昭和17年(1942年)

植物研究家
対馬国厳原(長崎県)出身。長崎師範学校〔明治21年〕卒。

明治38年より佐護小学校校長。対馬の植物相を調査研究した。献名された学名にヤエザキクサイチゴ Rubus hirsutus f. harae (Makino) Ohwi がある。

原田 市太郎
はらだ・いちたろう

大正5年(1916年)12月9日〜
平成6年(1994年)10月15日

北海道大学名誉教授
新潟県出生。東京帝国大学理学部植物学科〔昭和16年〕卒。理学博士。遺伝学, 植物学　水草研究会(会長)　勲三等旭日中綬章〔平成2年〕。

3歳の時に一家を挙げて上京し、東京・本郷で育つ。長じて東京帝国大学理学部植物学科に進むが町育ちのためここで初めてダイコンという植物があること知ったという。在学中は篠遠喜人の遺伝学講座に学ぶが、この時、実習の課題となっていたスロビエという単子葉水草に興味を持ち、昭和16年同大を卒業したのち斯学の泰斗と言われた京都帝国大学の三木茂の指導を受けて水草の研究と採集に着手。以来、病弱ながら日本国内のみならず朝鮮半島にまで出向き、水草を収集した。17年東京帝国大学副手、23年東京大学助手、25年名古屋大学助教授を経て、39年北海道大学理学部教授、55年琉球大学理学部教授。その水草学ははじめ細胞遺伝学的研究から出発し、染色体からみたヘロビエの分類学的考察や水媒花の花粉形成及び受粉に関する研究などですぐれた論文を発表。のちには遺伝学にとどまらず水草に関わることなら何でも関心を持ち、"水草野郎"を自称した。また54年には大滝末男らと水草研究会を設立してその初代会長となり、57年琉球大学を退官した後は学術誌「Cytologia（キトロギア）」の編集に当たった。

【著作】
◇遺伝学・細胞学文献綜説 1940-1946 第2巻［植物の染色体（原田市太郎）］ メンデル会編 北隆館 1950 203p 26cm
◇性と生殖［性の決定と性染色体（原田市太郎）］（生物学選書） ネオメンデル会編 北隆館 1950 305p 図版 19cm

原田 万吉
はらだ・まんきち

明治4年（1871年）～昭和17年（1942年）1月7日

植物学者
福岡県八女郡下広川村字一条（筑後市）出生。団九州博物研究会（会長）。

　幼時から植物を好むが、4年間学校に通った後は24歳頃まで轡鍛冶を営む父の下でその相槌を担当。しかし鍛冶業には興味がなく、父が亡くなると廃業し、かねてからの志望であった植物研究の道に入った。以来、貧困の中にありながら妻や親族の諫めにも耳を貸さず、友人からも見放され、"半狂乱の道楽息子"などと罵られながらも植物採集に専念、やがて自宅での植物園経営や教材植物の種苗の分譲といった仕事が軌道に乗り、生活も安定するようになった。明治41年頃からは毎年数回筑後地方を中心に植物採集会を開催、はじめは集う者もなく一人で植物採集に当たることもあったが、徐々に参加者も増え、昭和7年7月までに269回を数える息の長い会となった。また自宅の植物園では国内外から集められたダリア、エビネ、スイセンなどの珍種を最盛期には3000種以上も栽培したが、ここでもたびたび講習会を開き、昭和の初め頃からは牧野富太郎や田代善太郎を講師として招くようになったので、多いときには全国から400名が参加を希望することもあった。この間、自ら九州博物研究会を組織して会長となり、会員の獲得に務めた結果、九州内外に1200名の会員を擁する大所帯となったが、会員から会費をとったり篤志家から資金を募ったりすることはなく、会の運営費用はすべて自腹であったという。そのほか教材植物の売込みも兼ねて学校園の造営を積極的に行い、手がけた園は153ヶ所を数え、自身の奇人的な行動や人柄から"大正の花咲か爺"と呼ばれた。5年小倉に土地を購入してダリア園の経営に当たるが失敗。7年にも福岡の新庄園に大規模なダリア園を開くがこれも失敗し、その借金の返済に苦労したという。没後、その植物園は戦争などの影響もあって荒廃したが、園内の植物は27年観光の目玉とするため大分県日田市に買い取られた。

原田 三夫
はらだ・みつお

明治23年（1890年）1月1日～
昭和52年（1977年）6月13日

科学評論家, 科学ジャーナリスト
愛知県名古屋市出生。長男は前谷惟光（漫画家）。札幌農学校（現・北海道大学）中退、旧制

八高卒、東京帝国大学理科大学植物学科〔大正5年〕卒。

札幌農学校に首席で入学、植物学者を志しており、同校の教諭であった有島武郎に親炙した。肺結核のために退学した後、旧制八高から東京帝国大学理科大学植物学科に入学。特に海藻に興味を持ち、絵が得意であったことから岡村金太郎の下で海藻図譜の図版描きなどを手伝っている。大正5年卒業して東京府立第一中学教諭となるが、6年科学雑誌「子供と科学」を創刊して退職。7年北海道帝国大学植物学科講師。10年子供向けの科学啓蒙書「子供の聞きたがる話」を出版し、科学ジャーナリストとしての出世作となった。大正12年新光社から図像中心の科学雑誌「科学画報」を創刊、13年には誠文堂から"子供版の「科学画報」を"と望まれ「子供の科学」を創刊、初代編集長に就任した（なお同社は昭和10年合併して誠文堂新光社となった）。両誌はビジュアルを重視した児童向き、一般向きの通俗科学雑誌の先駆となり、科学の大衆化に大きな貢献をなした。その後も科学啓蒙に生涯を捧げ、昭和28年日本宇宙旅行協会の設立に参加、30年理事長となり、火星の土地の分譲を始めて話題を呼んだ。長男は「ロボット三等兵」で知られる漫画家の前谷惟光。

【著作】
◇教師及父兄の為にせる尋常科初学年自然科教授資料　原田三夫著　東京出版社　1920　298p 22cm
◇植物の生活現象 春夏の巻(通俗理科教育叢書 第1編)　原田三夫著　東京出版社　1920　254, 12p 22cm
◇面白き植物の話―通俗理科 春夏の巻　原田三夫著　誠文堂　1921　254, 12p 22cm
◇草木の驚異―通俗植物全書　原田三夫著　誠文堂　1926　426p 22cm
◇誰にもわかる科学全集 第6巻 草木の世界　原田三夫著　国民図書　1929　285p 図版10枚 19cm
◇山の科学　原田三夫著　朋文堂　1960　298p 図版 19cm
◇思い出の七十年　原田三夫著　誠文堂新光社　1966　421p 図版 19cm
◇科学者である私の信仰　原田三夫著　東明社　1989.4　157p 19cm
◇総合ジャーナリズム講座 第5巻 ［自然科學雜誌の編輯（原田三夫）］　日本図書センター　2004.6　398p 22cm

【評伝・参考文献】
◇大東亜科学綺譚　荒俣宏著　筑摩書房　1991.5　443p 21cm

原野 喜一郎

はらの・きいちろう

明治41年(1908年)6月20日～
平成13年(2001年)7月22日

服部緑地サボテン公園園長
大阪府出身。

昭和5年サラリーマンから実家の農業に転じ、清浄蔬菜の普及に努める傍ら、サツマイモの栽培指導に当たる。32年豊中市の大阪服部緑地公園横に約3ヘクタールの農園を開き、礫耕・砂耕による清浄蔬菜の試験栽培や化学肥料会社の液体肥料試験に取り組む一方、農園を一般に開放して市民の憩いの場とし提供した。やがて"関西にもサボテン園を"との声に応えて服部緑地サボテン公園として再出発し、敷地内に古い農具・民具を保存・展示する原野農芸博物館も併設。平成4年奄美大島に全施設を移転して奄美アイランド植物園を開園し、サボテン公園跡地は福祉のためにと豊中市に寄付した。

春山 行夫

はるやま・ゆきお

明治35年(1902年)7月1日～
平成6年(1994年)10月10日

詩人、随筆家、評論家
本名は市橋渉。愛知県名古屋市東区主税町出生。名古屋市立商〔大正6年〕中退。日本エッセイストクラブ、日本文芸家協会、日本ペンクラブ（名誉会員）。

独学で英語・仏語を修得。大正13年24歳のとき詩集「月の出る町」でデビュー。同年上京し、15年個人誌「謝肉祭」を創刊。昭和3年厚生閣に入り、季刊誌「詩と詩論」（のち「文学」に改

題)の編集に携わる。9年第一書房に移り、10年「セルパン」編集長、13年同書房総務を兼ね、のち雄鶏社編集局長、文化雑誌「雄鶏通信」編集長などを歴任。戦後はもっぱらエッセイストとして活躍。著書は、詩集に「植物の断面」「シルク&ミルク」「花花」、詩論・エッセイに「詩の研究」「新しき詩論」「海外文学散歩」「花の文化史」(全3巻)「西洋雑学案内」「春山行夫の博物誌シリーズ」、英文学に「ジョイス中心の文学運動」などがある。また21年よりNHKラジオ「話の泉」のレギュラー回答者として出演した。

【著作】
◇花花―詩集　春山行夫著　版画荘　1935　186p 20cm
◇花とパイプ　春山行夫著　第一書房　1936　362p 19cm
◇花ことば　春山行夫著　東都書房　1958　230p 図版18cm
◇食卓のフォークロア　春山行夫著　柴田書店　1975　250p 22cm
◇花の文化史―花の歴史をつくった人々　春山行夫著　講談社　1980.7　858,16p 27cm
◇春山行夫の博物誌1　花ことば　花の象徴とフォークロア　春山行夫著　平凡社　1986.11～1912　2冊 20cm
◇春山行夫の博物誌2　エチケットの文化史　春山行夫著　平凡社　1988.5　437p 20cm
◇春山行夫の博物誌3　おしゃれの文化史1　化粧　春山行夫著　平凡社　1988.11　417p 20cm
◇春山行夫の博物誌3-〔2〕おしゃれの文化史2　髪　春山行夫著　平凡社　1989.2　409p 20cm
◇春山行夫の博物誌4　宝石1　春山行夫著　平凡社　1989.6　295p 20cm
◇春山行夫の博物誌4-〔2〕宝石2　春山行夫著　平凡社　1989.8　295p 20cm
◇春山行夫の博物誌5　クスリ奇談　春山行夫著　平凡社　1989.10　320p 20cm
◇春山行夫の博物誌6　ビールの文化史1　春山行夫著　平凡社　1990.6　254p 20cm
◇春山行夫の博物誌6〔2〕ビールの文化史2　春山行夫著　平凡社　1990.7　311p 20cm
◇春山行夫の博物誌7　紅茶の文化史　春山行夫著　平凡社　1991.1　372p 20cm
◇植物の断面(現代の芸術と批評叢書　第10編)　春山行夫作　ゆまに書房　1995.1　103,5p 19cm
◇花の名随筆3　三月の花［三色スミレとヴィオラ(春山行夫)］　大岡信,田中澄江,塚谷裕一監修　作品社　1999.2　234p 19cm

【評伝・参考文献】
◇春山行夫ノート　小島輝正著　蜘蛛出版社　1980.11　199p 19cm
◇春山行夫(人物書誌大系 24)　中村洋子編　日外アソシエーツ　1992.6　300p 22cm

樋浦 誠
ひうら・まこと

明治31年(1898年)1月4日～
平成3年(1991年)1月14日

酪農学園大学名誉教授
新潟県西蒲原郡鎧郷村(新潟市)出生。北海道帝国大学生物学科〔大正11年〕卒。農学博士〔昭和10年〕。専植物病理学　賞勲三等瑞宝章〔昭和46年〕。

大正5年東北帝国大学農科大学予科に入学。この頃、札幌の街で見た教会の日曜学校の案内に興味を引かれ、6年キリスト教に入信。8年同大農業生物学科植物分科に進み、主任教授の宮部金吾や同郷の先輩・伊藤誠哉に師事した。11年卒業後は同大助手を経て、13年新設されたばかりの岐阜高等農林学校教授に就任。以後、植物病原菌類に関する研究を始め、昭和10年「栗ささら病の菌学的並ニ病理学的研究」で農学博士号を取得。18年にはサツマイモの重要病害の一つである黒斑病の苦味の解明に成功し、その成分をイポメアマロンと命名。24年北海道酪農学園短期大学創立に際して学長として招かれ、同大が江別市野幌に新校舎を建設した際には自ら陣頭に立ち、生徒と共に肉体労働にも従事したという。25年からは同大学内に"愛土・愛隣・愛神"の精神に基づく三愛塾を開き、農村教育にも情熱を注いだ。35年酪農学園大学長、9年同名誉教授。44年には聖隷学園浜松衛生短期大学学長に就任、49年同名誉教授。著書に「植物病原菌類」「植物病学総論」「農村青年の科学」などがあり、没後には遺稿集「求めよさらば与えられん」が編まれた。

【著作】

◇解説 植物病原菌類 樋浦誠著 養賢堂 1940 377p 23cm
◇植病学総論 樋浦誠著 産業図書 1948 358p 21cm
◇農学講座 第3巻［作物病害防除論（樋浦誠）］ 木原均等編 柏葉書院 1948 342p 21cm
◇農村青年と科学 樋浦誠著 富民社 1948 178p 19cm
◇農村青年の科学 樋浦誠著 富民社 1951 178p 19cm

【その他の主な著作】
◇北海道三愛塾運動史―樋浦誠先生の歩んだ道 福島恒雄著 北海道三愛塾運動史刊行会 1987.8 374p 19cm

樋口 繁一

ひぐち・しげいち

明治43年（1910年）6月19日～
平成7年（1995年）4月20日

植物研究家

旧姓名は阪下繁一。兵庫県篠山市西谷出生。池田師範学校専科〔昭和6年〕卒。

　大阪の池田師範学校専科を卒業後は大阪・兵庫で小学校教師を務め、樋口家の養子となった。中学校教員検定試験に合格し、昭和19年より三田高等女学校に奉職。その後、篠山農業高校、篠山鳳鳴高校、共栄高校に勤め、51年退職した。この間、師範学校在学中に堀勝に植物を教わり、10年頃より牧野富太郎や田代善太郎に学ぶ。兵庫県の植物相についての分類研究に従事し、1200種を掲載した「丹波の植物目録」の他、「丹波地方の生物」「丹波の生物」などの著書がある。

久内 清孝

ひさうち・きよたか

明治17年（1884年）3月10日～
昭和56年（1981年）4月12日

植物学者　東邦大学名誉教授

東京出生。麻布中学。師は牧野富太郎。囲高等植物分類学。

　麻布中学、横浜英語学会に学ぶ。明治42年牧野富太郎の門下となる。大正11年から1年間、「ジャパンタイムズ」横浜支店長を務める。12年朝比奈泰彦の研究室に入り、13年本牧中学教諭、昭和4年帝国女子医学薬学専門学校教授。24～44年東邦大学薬学部教授。25年外国から日本に渡ってきた帰化植物を調査・同定した労作「帰化植物」を刊行。師の牧野と同様に学歴はわずかながら独学で幅広く植物学の研究を行い、"第二の牧野富太郎"とも呼ばれる。他の著書に本田正次との共著「植物の採集と標本の製作」がある。

【著作】
◇植物採集と標本製作法 本田正次, 久内清孝著 総合科学出版協会 1931 163p 図版59枚 20cm
◇帰化植物 久内清孝著 科学図書出版社 1950.2 272, 6, 11p 22cm

【評伝・参考文献】
◇近代日本生物学者小伝 木原均ほか監修 平河出版社 1988.12 567p 22cm
◇植物学のたのしみ 大場秀章著 八坂書房 2005.8 270p 19cm

日高 醇

ひだか・じゅん

明治44年（1911年）7月29日～
平成8年（1996年）2月28日

九州大学農学部教授
宮崎県佐土原町(宮崎市)出生。九州帝国大学農学部農学科〔昭和13年〕卒。農学博士。団植物保護 団日本植物病理学会,日本菌学会,日本ウイルス学会 賞日本植物病理学会賞〔昭和34年〕「タバコ病害に関する研究」,紫綬褒章〔昭和50年〕,勲三等旭日中綬章〔昭和56年〕。

昭和13年専売局技手となり,その傍ら九州帝国大学農学部植物病理学研究室で研究。17年秦野たばこ試験場病虫部長,技術担当調査役を経て,39年九州大学教授,50年退官。同年福岡歯科大学教授,52年退職。

【著作】
◇植物ウイルス病—実験法と種類 日高醇等房 朝倉書店 1960 400p 22cm

日野 巌
ひの・いわお

明治31年(1898年)9月1日〜
昭和60年(1985年)3月13日

山口大学農学部教授
雅号は青波。山口県出生。息子は日野稔彦(農林省中国農業試験場長),弟は日野登米雄(植物病理学者)。東京帝国大学農学部農学科〔大正12年〕卒。農学博士〔昭和5年〕,理学博士〔昭和37年〕。団植物病理学 賞紺綬褒章〔昭和33年〕,中国文化賞〔昭和33年〕,山口県選奨〔昭和35年〕,勲三等旭日中綬章〔昭和39年〕。

大正12年九州帝国大学助手、15年宮崎高等農林学校講師、昭和3年教授。9〜11年フランス、ブラジル、米国に留学。太平洋戦争が始まると、17年陸軍司政官としてクアラルンプール博物館長、20年インドシナ農業畜産総監兼水利山林総監、農林研究所長、農林大学長などを歴任。21年復員。22年山口獣医畜産専門学校教授、25年山口大学農学部教授。28年学部長。37年定年退官、宇部短期大学教授。恩師の白井光太郎の影響で本草学を研究した他、ウイルス病や菌類研究にも従事。考古学や民俗学にも深い造詣を持ち、「防長本草学及生物学・農学年表」「植物怪異伝説新考」「動物妖怪譚」などの著書がある。

【著作】
◇聖上陛下の生物学御研究 日野巌著 新光社 1931 258p 23cm
◇微生物学汎論 日野巌編著 養賢堂 1931 410p 23cm
◇世界薬学史 チャールス・エイチ・ラウォール著,日野巌,久保寺十四夫共訳 厚生閣書店 1932 2冊(索引共)図版 23cm
◇植物病理学大系 第1巻 植物病理学序論・植物病理学史 日野巌編著,中田覚五郎編 養賢堂 1938 252p 25cm
◇植物病理学大系 第2巻 中田覚五郎,日野巌著 養賢堂 1941 293p 26cm
◇新撰植物病理学講義 日野巌著 養賢堂 1942 397p 22cm
◇植物疾病診断学—植物病気の見分け方(植物病学叢書) 日野巌著 朝倉書店 1948 399p 26cm
◇新制植物病理学講義〈訂3版〉 日野巌著 養賢堂 1949 328p 22cm
◇毛利元寿菌譜 日野巌著 藤本作一 1956 16p 22cm
◇防長本草学及生物学史 日野巌著 日野巌先生還暦記念 1958 247p 図版 22cm
◇防長本草学及生物学・農学年表 日野巌著 マツノ書店 1977.10 157p 21cm
◇植物怪異伝説新考 日野巌著 有明書房 〔1978〕 381p 23cm
◇植物歳時記 日野巌著 法政大学出版局 1978.6 324p 22cm
◇世界薬学史—新訳 チャールズ・H.ラウォール著,日野巌〔ほか〕訳 科学書院 1981.12 320p 図版32枚 22cm
◇植物怪異伝説新考 上(中公文庫) 日野巌著 中央公論新社 2006.6 227p 16cm
◇植物怪異伝説新考 下(中公文庫) 日野巌著 中央公論新社 2006.6 275p 16cm

日比野 信一
ひびの・しんいち

明治21年(1888年)4月23日〜
昭和43年(1968年)2月18日

植物学者 台北帝国大学附属植物園長
東京出生。東京帝国大学理科大学植物学科〔大正2年〕卒。

東京帝国大学大学院に進み、副手。大正10年東北帝国大学教授、次いで台北高等農林学校教授、昭和4年台北帝国大学教授、7年同附属植物園長。のち金沢大学教授、名城大学学長、西日本短期大学学長を歴任した。

【著作】
◇史蹟名勝天然紀念物調査報告 第3号［庚申草（日比野信一）］ 内務省編 内務省 1919 23p 22cm
◇天然紀念物調査報告 第4輯［仙脚石海岸原生林（日比野信一, 島田弥市）］ 台湾総督府内務局編 台湾総督府内務局 1937 26cm

檜山 庫三
ひやま・こうぞう

明治38年（1905年）12月12日～
昭和42年（1967年）6月1日

植物研究家
東京市小石川区雑司ケ谷町（東京都豊島区）出生。明治大学商学部〔昭和4年〕卒。団野外植物同好会。

独学で植物研究を続け、野外植物同好会を創始して、昭和10年その会誌「野草」を創刊。34年からは東京都立大学講師として理学部附属牧野標本館に勤務、牧野コレクション約40万点の同定に尽くし、約8万点を同定した。著書に「花草木」「武蔵野植物記」「武蔵野の植物」などがある。

【著作】
◇花草木―植物の名の話 檜山庫三著 国民中学会 1951.12 234p 19cm

ビュルガー
Bürger, Heinrich
1806年1月20日～1858年5月25日

オランダの植民地科学者、薬剤師
ドイツ・ハメルン出生。

姓は「ビュルゲル」とも読む。1821年ゲッティンゲン大学数学科に入学、のち、天文学科に転じる。1823年インドネシアのバタヴィアの病院に薬剤師見習いとして勤務後、シーボルトの助手として来日し、物理、化学、鉱物学などの自然科学の研究を担当した。植物採集にも力を注ぎ、多量の標本を収集し、いわゆるシーボルト植物コレクションの中核を形作った。研究面ではシーボルトとは必ずしも良好な関係ではなかったが、シーボルトの妻たきの姉つね（常、遊女名千歳）と結婚し、帰国後のシーボルトに代わりたきと子いねの生活の面倒をみた。1840年にオランダに帰国したが、再びジャワに渡り、経済的な成功を収めた。オランダ帰国中に詩人ハイネに出会い、作品「告白」（1864年）に登場する。1855年オランダに帰化した。

平井 海蔵
ひらい・かいぞう

文化6年（1809年）～明治16年（1883年）

尾張国西尾村（愛知県西尾市）出身。
シーボルトの門人。作成した標本帖はライデンの国立植物標本館所蔵のシーボルトコレクションに収蔵されている。

平井 篤造
ひらい・とくぞう

明治43年（1910年）11月19日～
平成5年（1993年）8月23日

名古屋大学名誉教授
大阪府大阪市出生。長男は平井篤志（東京大学教授）。京都帝国大学農学部農林生物学科〔昭和13年〕卒。農学博士。団植物病理学 団日本植物病理学会, American Phytopathological Society 賞日本植物病理学会賞（昭和43年度）。

農林省農事試験場勤務を経て、名古屋大学教授、近畿大学教授を歴任。昭和60年退職。日本の植物ウイルス感染分野の生理生化学研究で草

分け的存在。

【著作】
◇植物ウイルス病学　平井篤造著　南江堂　1959　338p 図版 22cm
◇植物病理学総論　平井篤造著　養賢堂　1962　270p 22cm
◇植物病理の生化学　平井篤造、鈴木直治共編　農業技術協会　1963　2冊 22cm
◇坂本正幸教授還暦記念論文集〔宿主とウイルスの相互関係の制御（平井篤造）〕坂本正幸教授還暦記念論文集刊行会　1968　372p 図版 27cm
◇植物ウイルス総論　平井篤造、山口昭共著　養賢堂　1969　261p 22cm
◇ウイルスと植物―自己増殖とその制御（化学の領域選書 5）　平井篤造著　南江堂　1972　227p 19cm
◇最新植物病理学概論　平井篤造〔等〕共著　養賢堂　1977.3　246p 図 22cm
◇新編植物ウイルス学　平井篤造〔ほか〕共著　養賢堂　1978.3　357p 22cm

【その他の主な著作】
◇兵士のみたニューギニア戦記　平井篤造著〔平井篤造〕　1985.12　113p 19cm

平賀 源内
ひらが・げんない

享保13年(1728年)～
安永8年12月18日(1780年1月24日)

本草学者, 戯作者
名は国倫、字は士彝、号は鳩渓、作家名は風来山人、天竺浪人、福内鬼外。讃岐国志度浦（香川県）出生。
高松藩士の子として生まれる。宝暦2年(1752年)藩命により長崎に留学した際、オランダの文物に触れ、帰郷ののち万歩計や磁針器を自作。のち江戸に出て田村藍水に本草学を、林家に儒学・国学を学ぶ。7年(1757年)以降、数回にわたって物産会を開いて世人の注目を集め、次第に本草学者として名声を得た。11年(1761年)高松藩を辞して浪人とな

り、以来江戸・神田白壁町に住んで民間学者として活躍した。その才能は本草学や博物学、蘭学、鉱山開発、寒暖計や耐火織物などの発明、「風流志道軒伝」や「放屁論」に代表される江戸滑稽文学の先駆ともいうべき小説、「神霊矢口渡」といった浄瑠璃脚本など多方面に発揮され、特に当時の人を驚かせたエレキテル（摩擦起電器）の発明で名高い。また洋風絵画の先駆者としても知られ、暗箱内に凸レンズ映像を生じさせるという写真の原理を利用した（現像はしない）写生器（ドンクルカームル）を発明、描画の一助とした。安永7年(1778年)誤って人を殺し、翌年獄中で病死した。

【著作】
◇平賀源内全集 上巻　平賀源内先生顕彰會編　名著刊行会　1989.9　12,670p 図版16枚 22cm
◇平賀源内全集 下巻　平賀源内先生顕彰會編　名著刊行会　1989.9　1冊 22cm
◇日本農書全集 第70巻 学者の農書 2　佐藤常雄〔ほか〕編　農山漁村文化協会　1996.12　456,13p 22cm

【評伝・参考文献】
◇洋学思想史論　高橋磧一著　新日本出版社　1972　348p 19cm
◇平賀源内　桜田常久著　東邦出版社　1976　263p 19cm
◇平賀源内の研究（創元学術双書）　城福勇著　創元社　1976　471p 肖像 22cm
◇平賀源内―その行動と思想（日本人の行動と思想 28）　塚谷晃弘、益井邦夫著　評論社　1979.2　232p 19cm
◇知的散索のたのしみ―江戸期の科学者と鍛冶技術（共立科学ブックス）　吉羽和夫著　共立出版　1986.6　201p 19cm
◇花のお江戸のエレキテル―平賀源内とその時代　サントリー美術館　1989　85p 28cm
◇博物学の愉しみ　上野益三著　八坂書房　1989.1　327p 19cm
◇平賀源内（朝日選書379）　芳賀徹著　朝日新聞社　1989.6　428p 19cm
◇平賀源内の生涯―甦える江戸のレオナルド・ダ・ビンチ（ちくま文庫）　平野威馬雄著　筑摩書房　1989.8　238p 15cm
◇花々の染め帳　足田輝一著　東海大学出版会　1990.5　202p 19cm
◇江戸洋学事情　杉本つとむ著　八坂書房　1990.12　399p 19cm
◇江戸の幾何空間　野口武彦著　福村出版　1991.12　236p 19cm

- ◇江戸の想像力—18世紀のメディアと表徴（ちくま学芸文庫）　田中優子著　筑摩書房　1992.6　316p 15cm
- ◇科学の先駆者たち—人物科学史 2 (Newton Collection2)　教育社　1992.10　211p 29×22cm
- ◇「兄弟型」で解く江戸の怪物（トクマオーブックス）　畑田国男, 武光誠著　トクマオリオン, 徳間書店〔発売〕　1993.9　308p 18cm
- ◇超発想の人・平賀源内—"日本のレオナルド・ダ・ヴィンチ"の光と陰（Kosaido books）　河野亮著　廣済堂出版　1995.2　229p 18cm
- ◇江戸の怪人たち（集英社文庫）　童門冬二著　集英社　1995.12　277p 15cm
- ◇新装世界の伝記 37 平賀源内　瀬川昌男著　ぎょうせい　1995.12　329p 20cm
- ◇日本絵画の近代—江戸から昭和まで　高階秀爾著　青土社　1996.9　323, 9p 19cm
- ◇遍路国往還記（朝日文芸文庫）　早坂暁著　朝日新聞社　1996.12　329p 15cm
- ◇江戸和学論考（ひつじ研究叢書）　鈴木淳著　ひつじ書房　1997.2　754p 21cm
- ◇日本人の技術はどこから来たか（PHP新書）　石井威望著　PHP研究所　1997.11　204p 18cm
- ◇大江戸ルネッサンス 大江戸春天烈新書　アクセラ　1998.1　114p 21cm
- ◇平賀源内—物語と史蹟をたずねて（成美文庫）　船戸安之著　成美堂出版　1999.10　316p 16cm
- ◇平賀源内 上（人物文庫）　村上元三著　学陽書房　2000.12　433p 15cm
- ◇平賀源内 下（人物文庫）　村上元三著　学陽書房　2000.12　407p 15cm
- ◇源内万華鏡（講談社文庫）　清水義範著　講談社　2001.10　283p 15cm
- ◇江戸時代洋風画史—桃山時代から幕末まで　成瀬不二雄著　中央公論美術出版　2002.6　375p 26cm
- ◇平賀源内展—2003-2004　東京都江戸東京博物館〔ほか〕編　東京新聞　2003　270p 30cm
- ◇新編・おらんだ正月（岩波文庫）　森銑三著, 小出昌洋編　岩波書店　2003.2　404p 15cm
- ◇平賀源内を歩く—江戸の科学を訪ねて　奥村正二著　岩波書店　2003.3　223p 20cm
- ◇一世を風靡した事業家たち—アークライト大河内政敏タウンズディズニー（竹内均・知と感銘の世界）　竹内均編　ニュートンプレス　2003.7　235p 19cm
- ◇絵かきが語る近代美術—高橋由一からフジタまで　菊畑茂久馬著　弦書房　2003.8　241, 5p 21cm
- ◇佐竹曙山—画ノ用タルヤ似タルヲ貴フ（ミネルヴァ日本評伝選）　成瀬不二雄著　ミネルヴァ書房　2004.1　214, 8p 19cm
- ◇日本の技術者—江戸・明治時代　中山秀太郎著, 技術史教育学会編　雇用問題研究会　2004.8　206p 21cm
- ◇探究のあしあと—霧の中の先駆者たち 日本人科学者（教育と文化シリーズ 第2巻）　東京書籍　2005.4　94p 26cm
- ◇兵学と朱子学・蘭学・国学—近世日本思想史の構図（平凡社選書）　前田勉著　平凡社　2006.3　283p 19cm
- ◇トンデモ偉人伝—天才編　山口智司著　彩図社　2006.7　191p 15cm

平木 政次
ひらき・まさつぐ

安政6年（1859年）8月11日～
昭和18年（1943年）4月7日

洋画家
江戸出生, 備前国（岡山県高梁市）出身。

名は「まさじ」ともいう。明治6年五姓田芳柳に洋画を師事。11年玄々堂印刷所に入社。10年第1回内国勧業博覧会に「九段招魂社より富嶽を望む国」、第2回同展に「不忍池畔」を出品。13年から教育博物館に入り、植物標本図を作成。20年東京府主催工芸品展覧会に「父の坐像」出品。23年明治美術会委員となり、東京帝国大学理科大学助手、東京高等師範学校助手も務めた。大正4年退官。旧藩主・板倉家の家扶となった。他に第1回文展出品の「残雪」などがあり、著書に「明治初期洋画壇回顧」。

平瀬 作五郎
ひらせ・さくごろう

安政3年（1856年）1月7日～
大正14年（1925年）1月4日

植物学者, 画家
越前国足羽郡新屋敷一番（福井県）出生。福井藩中学〔明治5年〕卒。[賞]帝国学士院恩賜賞〔大正元年〕。

　福井藩士の長男として生まれる。絵にすぐれた腕を持ち、福井藩中学を卒業後と同時に母校の図画術教授補助に任

命され、明治6年からは東京で山田成章に写実派油絵を学ぶ。8年より岐阜中学で図画や体育を教えた。21年帝国大学理科大学附属植物学教室の画工となり、23年技手、26年助手。教授用、研究用の画や顕微鏡用のプレパラートの作成などに携わる傍ら、池野成一郎の援助・指導を受けて「イチョウの受胎期及び胚の発生」に関する研究に取り組み、26年初の論文「ぎんなんノ受胎期ニ就テ」を発表。27年世界で初めてイチョウの精子を発見、29年に植物学会で報告し、論文「いてふのノ精虫ニ就テ」をまとめた。これはイチョウの植物分類学上重要な意味を持つもので、世界の学界に大きく貢献した。30年助手を退き彦根中学教諭に転じたが、この突然の辞任には教授間の争いが絡んでいるといわれる。38年京都の花園中学教諭となり、大正2年からは大阪府立高等医学校講師を兼任。この間、明治39年よりイチョウ研究を再開、またクロマツの研究にも従事。45年には恩人である池野と共に帝国学士院恩賜賞を受賞した。この時、学士院は池野にだけ恩賜賞を贈ろうとしたが、池野が"平瀬がもらわないのなら、私も断る"と言ったため平瀬にも賞が贈られたといわれている。画家としては22年に我が国初の洋画会である明治美術会の発足に参加、24年より評議員を務めた。また「用器画法図式」などの図画教科書も出版し、長く版を重ねた。

【評伝・参考文献】
◇近代日本生物学者小伝　木原均ほか監修　平河出版社　1988.12　567p 22cm
◇「イチョウ精子発見」の検証―平瀬作五郎の生涯　本間健彦著　新泉社　2004.11　292p 20cm

平田 景順
ひらた・けいじゅん

文化4年(1807年)〜明治15年(1882年)

本名は小林。初名は景韶、諱は知足、号は眠翁。
水野皓山に本草学、医学を学ぶ。のち、山本亡羊と文通して学識を深めた。因幡藩医兼掌薬園。「因伯産物薬効録」などの著作がある。

平田 駒太郎
ひらた・こまたろう

明治4年(1871年)〜大正10年(1921年)

植物研究家
対馬国厳原(長崎県)出身。長崎師範学校〔明治25年〕卒。
島根県女子師範学校(現・出雲高)に名園と称される平田植物園を残したことでしられる。また、新種ツシマノダケ(ツシマトウキ)を発見した。

平田 正一
ひらた・しょういち

大正5年(1916年)2月20日〜
平成元年(1989年)8月7日

宮崎大学名誉教授
岡山県出身。鳥取高等農林学校農学部植物病理学科〔昭和12年〕卒。農学博士〔昭和32年〕。専植物病理学, 植物学。
鳥取高等農業学校農学部では植物病理学を専攻。昭和12年卒業後、15年宮崎高等農林学校教授。17年応召し、滑空飛行戦隊や第八輸送飛行隊などに属した。戦後復職し、33年宮崎大学教授。専門の植物病理学を講じる傍ら、宮崎県の植物分布について資料・標本を採集して、49年宮崎県における植物の仮目録を作成。56年定年退官と同時にこれまで集めた植物標本約1万8000点を宮崎県総合博物館に寄贈。その後も宮崎県に関する植物文献の調査や方言などを整理し、59年地方植物志として価値の高い「宮崎県植物誌」を刊行した。他の著書に「日向路」(柳宏吉との共著)、「宮崎の植物」がある。

【著作】
◇宮崎大学開学記念論文集　宮崎大学　1953　252p 26cm

◇宮崎県文化財調査報告書 第14集 宮崎県教育委員会 1969 69p（図共）26cm
◇宮崎県文化財調査報告書 第15集 宮崎県教育委員会 1970 116p（図共）26cm
◇宮崎県文化財調査報告書 第18集 宮崎県教育委員会 1976 64p（図共）26cm
◇宮崎の植物（宮崎の自然と文化 1，2） 平田正一編 宮崎日日新聞社 1979.6 2冊 15cm
◇宮崎県植物誌 平田正一著 宮崎日日新聞社 1984.8 377p 27cm

平塚 直治

ひらつか・なおはる

明治6年（1873年）10月29日～
昭和21年（1946年）3月25日

菌類学者，実業家　北海道亜麻工業社長
北海道札幌市出生。長男は平塚直秀（菌類学者）。札幌農学校（現・北海道大学）〔明治29年〕卒。

　北海英語学校や敬業館を経て，札幌農学校に進み，宮部金吾の下で層生銹菌科に関する研究を行う。卒業論文では層生銹菌科に属する24種の菌について論じ，一部は「植物学雑誌」にも紹介された。明治29年卒業後は青森県第一中学や沖縄県中学で教職を務めるが，33年には北海道製麻に入社して技師となり，以後は帝国製麻取締役札幌支店長や北海道亜麻工業社長を務めるなど実業界で活躍した。昭和16年北星学園初代幹事に就任。一方で，亜麻立枯病や亜麻銹病をはじめアマの病害についても研究。実業界にあっても常に関係論文を読むなど植物病学に関心を持ちつづけており，座右には常に顕微鏡を置き，長男で菌類学者となった直秀とはたびたび学問上の議論を交わしたという。その直秀は直治が学生時代に着手した層生銹菌科のモノグラフを昭和19年に完成させている。敬虔なクリスチャンでもあり，生涯禁酒・禁煙を貫き，札幌組合協会の長老や北光幼稚園長として奉仕活動も行った。没後，平成18年に彼が学生時代にとっていた宮部，佐藤昌介，新渡戸稲造らの講義ノートが遺族の手により母校札幌農学校の後身である北海道大学に寄贈された。

平塚 直秀

ひらつか・なおひで

明治36年（1903年）8月28日～
平成12年（2000年）7月24日

東京教育大学（現・筑波大学）名誉教授
別名はこぶとりのおきな。北海道夕張郡栗山町出生。父は平塚直治（菌類学者）。北海道帝国大学農学部農業生物学科植物学分科〔大正15年〕卒。日本学士院会員。農学博士（北海道大学）〔昭和11年〕，理学博士（広島大学）〔昭和29年〕。囲 植物病理学，菌学分類・系統学（銹菌類）団 日本植物病理学会，日本菌学会 賞 日本植物病理学会賞〔昭和33年〕，日本学士院賞〔昭和37年〕「銹菌類に関する研究」，勲二等瑞宝章〔昭和48年〕。

　父は菌類学者・実業家の平塚直治。北海道帝国大学農学部，同大学院で宮部金吾や伊藤誠哉の指導を受ける。昭和3年同大講師，4年鳥取高等農業学校教授，21年東京農業教育専門学校教授を経て，24年東京教育大学（現・筑波大学）教授。27～29年横浜国立大学学芸学部教授を兼任。この間，実業界に転じて研究を断念せざるを得なくなった父の志を継ぎ，植物や農作物に寄生する銹菌類の分類学的研究に従事，その第一人者と目された。また菌類に関連して樹病学やキノコ類に関する研究も多い。31年「日本における植物銹菌に関する研究」で日本植物病理学会賞を受け，37年にはこれまでの銹菌類に関する研究で日本学士院賞。日本植物病理学会会長，日本菌学会会長の他，農林水産省委託の応用研究「導入外国樹種の病害虫に関する研究」の主任研究員などを歴任，42年定年退官後は日本きのこセンター菌蕈研究所長などを務めた。著書に「植物病理学概論」「植物銹菌学研究」「植物銹病とその病原菌」などがある。

【著書】
◇鳥取高等農林学校学術報告 第7巻 第1-2号［台湾銹菌類誌 他（平塚直秀）］ 鳥取高等農林学校編 鳥取高等農林学校 1943～1944 2冊

◇麦類銹病抵抗性に関する研究 第1 小麦赤銹病菌（Puccinia triticina）およびその近縁種に対するコムギ属およびその近縁植物の抵抗性に関する研究（科学研究費綜合研究報告 第8） 平塚直秀, 末岡基義共著 日本学術振興会 1953 48p 26cm
◇植物銹菌学研究 平塚直秀著 笠井出版社 1955 382p 図版10枚 27cm
◇作物保護 大後美保, 平塚直秀, 三坂和英著 天然社 1956 159p 22cm
◇病害虫の発生予察と防除（農村青年科学双書） 三坂和英, 平塚直秀共著 地球出版 1957 119p 図版 19cm
◇生態学的作物保護（生態学的農業講座 第2巻） 平塚直秀, 三坂和英共著 地球出版 1958 192p 22cm
◇問題解法生物辞典 平塚直秀, 田中雄吉, 藤本繁共著 共立出版 1959 443p 19cm

平沼 大三郎
ひらぬま・だいざぶろう

明治33年（1900年）～昭和17年（1942年）

変形菌研究家
神奈川県横浜市出生。暁星中学中退。
　実業家・平沼専蔵の孫。暁星中学中退後、家業に従事しながら園芸や人類学を学ぶ。傍ら南方熊楠に師事して変形菌を研究し、採集した標本は熊楠らに送って鑑定を依頼した。大正15年熊楠の一門が連名で変形菌の標本を皇太子（のち昭和天皇）に献上した際、英文の表啓文を起草。この献上品の中には彼が採集した変形菌も含まれている。また師のために物品や書籍の購入を行うなど、熊楠の研究を経済的側面から援助し、上松蓊、小畔四郎と並び熊楠門下の三羽烏の一人に数えられた。12年の関東大震災で負傷してから、健康にすぐれなかったといわれる。

平野 日出雄
ひらの・ひでお

（生没年不詳）

植物研究家
　伊豆半島の植物相についての分類研究を行ない、昭和24年「伊豆半島植物目録」を著した。

平野 実
ひらの・みのる

明治43年（1910年）6月2日～
平成6年（1994年）9月1日

植物学者　京都大学名誉教授
三重県津市出生。京都帝国大学理学部植物学科〔昭和12年〕卒。理学博士〔昭和36年〕。園藻類学, 植物分類学。
　昭和12年京都帝国大学理学部植物学科を卒業後、同大副手、大学院特別研究生、助手、助教授を経て、40年京都大学教授。この間、鼓藻類の研究を進め、日本各地の湿原・湿地帯を巡って水質を調査し、藻類と溶存する化学物質との関連を探った。資料不足の時期にはウエスト父子の著した英国産鼓藻の本5冊を半年かけて筆写したこともあったという。その成果はラテン語による論文「Flora Desmidiarum Japonicarum nos. 1-7」にまとめられ、36年には「日本産つづみも類誌」で理学博士号を受けた。また海外でも調査を行い、その足跡はネパールやアフガニスタン、カンボジア、アラスカ、南極にまで及んだ。49年京都大学を定年退官。50年梅花短期大学教授に転じ、鼓藻のみならず藍藻や珪藻についても考究。59年同大退職後も自宅で研究を続け、晩年はパーキンソン病に冒されながらも淡水藻類写真集などに数多く執筆。平成3年には論文「Desmids from Thailand and Malaysia」を発表した。

【著作】
◇伝説の武蔵野 平野実著 東京史談会 1955 167p 図版 18cm

広江 美之助
ひろえ・みのすけ

大正3年(1914年)6月7日～
平成12年(2000年)1月12日

筆名は広江蓑草(ひろえ・さいそう)。岐阜県出生。京都帝国大学理学部植物学科〔昭和20年〕卒。理学博士。團植物系統分類学 団日本植物学会、西アメリカ植物学会 賞京都府警察永年捜査貢献賞、神道文化奨励賞、京都大学30年間勤続賞。

京都大学に35年間勤務し、セリ科植物の分類的地理学的研究を専門とした。傍ら、昭和30年より警察の植物鑑定に協力し、定年退官後の54年からは京都府警察本部の植物分類学顧問(嘱託)に就任。"植紋"という新分野を拓き、「捜査植物学」全4巻を著した。またカリフォルニア大学、ケンブリッジ大学植物共同研究員、環境科学総合研究所委員、同附属研究圃場委員長、池坊文化学院講師などを歴任。著書に「世界産セリ科植物の分類地理学的研究」「万葉植物と姫路」などがある。

【著作】
◇尾張定光寺山に於ける高等植物の生活型 広江美之助著 東文堂 1940 111, 33p 地図 22cm
◇古典植物全集 第5巻 源氏物語の植物 広江美之助著 有明書房 1969 330, 24p 図版 26cm
◇洋蘭 広江美之助解説、徳田光円撮影 京都書院 1971 2冊 38cm
◇古典植物全集 第8巻 1 芭蕉・蕪村俳文学の植物 1 芭蕉七部集の植物 広江美之助著 有明書房 1972 571, 27p 図版 26cm
◇鞍馬山の植物(くらま山叢書 5) 広江美之助著 鞍馬弘教総本山鞍馬寺出版部 1973 246, 35p 図 18cm
◇古典植物全集 第8巻 2 芭蕉蕪村俳文学の植物 2 芭蕉おくの細道の植物 広江美之助著 有明書房 1973 348, 38p 27cm
◇古典植物全集 第8巻 3 芭蕉・蕪村俳文学の植物 3 蕪村俳句集の植物 広江美之助著 有明書房 1973.12 348, 28p 図 26cm
◇花の歴史 万葉・源氏編1 広江美之助著 自然史刊行会 1974 293p 19cm
◇伊吹の花 広江美之助著 自然史刊行会 1974.8 1冊(頁付なし) 15×21cm
◇桜と人生 広江美之助著 明玄書房 1976 270p 22cm
◇自然食山海の野草(〈花の本〉フルール双書 1) 広江美之助著 光村推古書院 1976 189p 図 18cm
◇自然農法私考 広江美之助著 光村推古書院 広江美之助先生後援会(発売) 1976 246, 67, 〔56〕p 26cm
◇花の歴史 伝承の美 広江美之助著 自然史刊行会 1979.4～8 2冊 18cm
◇捜査植物学―植紋鑑定台帳 第1巻 いね科植物の植物表皮学 広江美之助著 有明書房 1980.1 152p 26cm
◇源氏物語の庭・草木の栞 広江美之助〔著〕 城南宮 1980.5 106p 17cm
◇捜査植物学―植紋鑑定台帳 第2巻 食用植物の表皮細胞学 広江美之助著 有明書房 1981.2 316p 26cm
◇平安の苑―竹取物語、伊勢物語、古今和歌集、枕草子、源氏物語の草木 広江美之助著 平安神宮 1981.8 413, 16p 22cm
◇日本の梅 広江美之助著 道明寺天満宮文化協会 1983.11 243, 7p 22cm
◇現代雑草考―身近な植物の姿を追って 広江美之助著 青菁社 1984.10 142, 2p 26cm
◇捜査植物学 第3巻 植物の顕微化学 広江美之助著 有明書房 1984.10 217p 26cm
◇京都男山の植物―石清水八幡宮神域、男山の植物と植紋研究 広江美之助著 石清水八幡宮奉賛会 1985.1 739p 図版11枚 27cm
◇万葉植物と姫路―万葉植物と姫路城周辺、書写山の植物 広江美之助著 青菁社 1985.4 227p 21cm
◇京都祭と花―神仏ゆかりの植物 広江美之助著、高田秀利編 青菁社 1990.8 207p 18×20cm
◇捜査植物学 第4巻 植紋の人為的分類法 広江美之助著 青菁社 1991.4 125p 26cm
◇花時 豊岡東江画、冨沢信作監修、廣江美之助解説 青菁社 2004.2 206p 22cm

広瀬 弘幸

ひろせ・ひろゆき

大正元年(1912年)8月～
昭和60年(1985年)3月28日

神戸大学名誉教授

兵庫県出身。北海道帝国大学理学部植物学科卒。農学博士。團藻類系統学 団国際藻類学会(会長)、日本藻類学会(会長)。

神戸大学理学部教授、同学部附属臨海実験所長を務めた。我が国の淡水藻類の権威として知られ、昭和44～46年国際藻類学会長、44～48年日本藻類学会長を歴任。

【著作】
◇藻類学総説　広瀬弘幸著　内田老鶴圃　1959　506, 12, 87p 図版 23cm
◇日本淡水藻図鑑　広瀬弘幸，山岸高旺編　内田老鶴圃新社　1977.10　933p 27cm

フォーチュン
Fortune, Robert
1812年～1880年

英国の園芸家

英国・ベリックシャー出生。

若い頃から園芸を好み、庭師としての修業を積んだのち、エジンバラの王立植物園の園丁となる。1840年頃からはロンドン園芸協会が経営していたチズウィックの庭園に勤務した。この間、東アジアからもたらされた植物に強く惹かれ、アヘン戦争後に中国・清朝が英国に香港の租借を認めると、中国行きを強く希望。1843年には念願かなって同協会からプラントハンターとして中国に派遣され、同年7月香港に到着した。当時は清朝政府の施策により外国人の移動が厳しく制限されていたが、それでも上海、寧波、舟山列島などに出かけ、観賞用植物や茶の樹を中心に多くの植物を採集。1846年これらの土地で得た、生きたままの植物約250種を携えて帰国し、1847年中国滞在中の記録である「中国での三年間の放浪」を刊行した。この本で中国茶の移植・栽培について言及したのが認められ、1848年英国東インド会社社員となり、以後、茶をインドに移植するための調査でたびたび中国へ渡航。1858年には米国政府の要請で中国に渡り、茶の調査を行ったが、その間に日本が横浜などを開港したことを知り、1860年10月に長崎に上陸した。1週間にわたる長崎滞在では日本植物研究の先達・シーボルトに面会。次いで横浜、江戸に移り、日本人の協力者を介して植物の苗や種子を手に入れた他、自ら宿泊地となった寺院の境内や行く先々の道中で親しく植物を採集した。特にキク、ラン、ユリといった日本の園芸植物に並々ならぬ関心を持ち、江戸では染井や王子の植木村を足繁く訪れ、多くの種類を購入している。1861年春に再来日し、江戸、横浜、鎌倉で植物を収集。こうして得た日本の植物は英国本国に送られたのち同国きっての園芸商であったスタンディッシュ・アンド・ノーブル商会の手で培養・販売され、ヨーロッパに日本産園芸植物ブームを巻き起こし、特にキクは大評判となった。著書「江戸と北京」中で、江戸滞在中の見分を綴った部分は幕末の江戸の景観や暮らしを活々と伝える。

【著作】
◇外国人の見た日本　第2 幕末・維新　岡田章雄編　筑摩書房　1961　337p 図版 20cm
◇江戸と北京―英国園芸学者の極東紀行　ロバート・フォーチュン著、三宅馨訳　広川書店　1969　365p 図版 19cm
◇幕末日本探訪記―江戸と北京（講談社学術文庫）　ロバート・フォーチュン〔著〕、三宅馨訳　講談社　1997.12　363p 15cm

【評伝・参考文献】
◇江戸時代の自然―外国人が見た日本の植物と風景　青木宏一郎著　都市文化社　1999.4　229p 19cm

フォリー
Faurie, Urban Jean
1847年～1915年7月4日

フランスの宣教師，植物学者

1873年来日。以来、40年以上に渡って日本に在住、布教に従事する傍ら日本列島各地を精力的に探訪して植物の採集に当たり、その足跡は日本に留まらず、樺太、千島、朝鮮、中国、台湾、ハワイにも及んだ。高等植物から蘚苔類まで幅広く収集したが、採集に際しては重複標本を作成しており、それらを日本や世界各国の学者に送付して鑑定を要請。中には新種と認められたものも多く、北海道利尻で発見したフォーリーアザミやフォーリーガヤなどは彼の名にちなむ。1913年からは台湾に

移り、老躯を厭わず深い山中に分け入って植物の採集に心血を注いだが、'15年夏頃から体調を崩し、間もなく同地で客死した。没後、そのコレクションのうち後期の採集になる6万2000点余りが神戸の銀行家・岡崎忠雄に買い取られ、さらに京都大学植物学教室に寄贈された。また一部の重複標本は台湾で活躍していた沢田兼吉にも送られ、こちらは現在国立科学博物館に収蔵されている。

【評伝・参考文献】
◇宣教師・植物学者フォリー神父―明治のカトリック北日本宣教（キリシタン文化研究シリーズ 15） 小野忠亮著 キリシタン文化研究会 1977.4 278p 21cm

深根 輔仁
ふかねの・すけひと

昌泰元年（898年）～延喜22年（922年）

医師

祖先は中国・三国時代の呉の建国者・孫権の末裔といわれ、欽明天皇の頃に日本に渡来。代々医を業とし、和泉大鳥郡蜂田郷に住んだので蜂田薬師を称したが、承和元年（834年）深根宿禰の姓を与えられた。輔仁は仁和年間頃に医博士・針博士・加賀介を兼ねて名医と言われた深根宗継の孫で、自身も典薬頭・菅原行貞の門徒として右衛門医師から権医博士、大医博士に累進。承平6年（936年）には侍医に任ぜられ、名医との評判を得た。この間、延喜18年（918年）「掌中要方」を撰す。また同年頃、醍醐天皇の勅に奉じて撰した「本草和名」は、唐の本草書「新修本草」などに記載された薬物の漢名に和名を付したもので、収載の薬物・動植物名は1000以上であり、我が国最古の漢和薬名辞書といわれる。この書は永仁2年（1294年）成立の「仁和寺書目」に掲載され、存在は知られたものの長らく人目に触れることはなかったが、寛政8年（1796年）江戸幕府の医師・多紀元簡が紅葉山文庫でその古写本を発見し、これに校訂を加えたものが刊行され、ようやく多くの人が閲覧できるようになった。

【著作】
◇日本古典全集 第1期［本草和名（深根輔仁）］ 正宗敦夫編 日本古典全集刊行会 1925～1933 16cm

府川 勝蔵
ふかわ・かつぞう

明治22年（1889年）7月23日～
昭和48年（1973年）9月30日

植物学者，教育者

神奈川県中郡平塚町（平塚市）出生。神奈川県師範学校卒。 専 シダ植物。

神奈川県師範学校在学中の明治40年、牧野富太郎が主催する横浜植物会に参加。卒業後は、神奈川県下の小学校で長きに渡って教育に携わった。傍ら、植物研究も進め、大正13年からは定期的に慶應義塾大学の岡村周諦を訪ねて植物学分類学の基礎を教わった。中でもシダ植物に興味を持ち、各地で標本を採集。その足跡は神奈川県内にとどまらず関東近県や伊豆・愛知・紀伊・北陸にまで及び、昭和9年には帰郷する牧野に随行して高知を訪れ、伊尾木洞や室戸などで標本採集を行っている。12年横浜植物会内にシダ研究のグループを作り、斯界の権威であった伊藤洋の指導を長期的に受けるようになってからはますますシダ植物に打ち込み、16年には久保田金蔵と共に伊豆天城山での調査の結果である「伊豆天城山及びその付近産ウラボシ科植物目録」（署名は久保田のみ）を「自然科学と博物館」誌に発表。この間、横浜市教材園（現・横浜市こども植物園）の創設に関与し、4年には理科教育に顕著な功績があったとして横浜市長から表彰を受けた。24年に教職を辞めてからはシダ植物の研究に専念し、35年日本シダの会に入会。同年横浜植物会内シダ研究グループを発展させ、東京大学の倉田悟を招いて横浜シダの会を結成し、会員を指導して各地で標本採集を行った。その生涯の採集にかかる標本は、関東大震災で一度灰燼に帰したものの、最終的に380種、約

2000を数えており、それらは現在平塚市博物館に保存されている。

【著作】
◇府川勝蔵コレクション・シダ植物標本目録（平塚市博物館資料 no. 23）　平塚市博物館　1980.3　60p 図版16p 26cm

福士 貞吉
ふくし・ていきち

明治27年（1894年）9月5日～
平成3年（1991年）9月4日

北海道大学名誉教授
北海道函館市出身。長男は福士俊一（鳥取大学教授）。北海道帝国大学農学部〔昭和8年〕卒。日本学士院会員〔昭和39年〕。農学博士〔昭和9年〕。[団]植物病理学 [賞]日本農学賞〔昭和16年〕、日本学士院賞〔昭和33年〕、勲二等瑞宝章〔昭和40年〕。

昭和4年北海道帝国大学助教授、21年教授、22年附属植物園園長を歴任。33年名誉教授。35～40年酪農学園大学教授を務めた。著書に「馬鈴薯萎縮病の防除」「植物バイラス」など。

【著作】
◇植物バイラス病研究報告［馬鈴薯バライスに対する超音波の影響（福士貞吉、坂本三郎）］　明日山秀文、野口弥吉共編　養賢堂　1950　64p 図版　26cm
◇植物バイラス（新農学大系 第4冊）　福士貞吉著　朝倉書店　1952　286p 22cm
◇栃内吉彦・福士貞吉両教授還暦記念論文集　栃内・福士両教授還暦記念論文集刊行会　1955　346p 図版23枚 26cm
◇植物のウイルス病　福士貞吉〔ほか〕著　養賢堂　1986.9　514p 27cm

福嶋 才治
ふくしま・さいじ

慶応元年3月25日（1865年4月20日）～
大正8年（1919年）2月14日

農業改良者
岐阜県大野郡川崎村（瑞穂市）出生。

はじめ医者を志し、明治15年岐阜病院の実習生となるが、健康の理由で修学を断念。以後、郷里の農事改良に心血を注いだ。同地は'居倉御所'というカキの産地で、隣家にも堂々たるカキの巨木が植えられていた。17年父親から農業を任されてからは、隣家からカキの穂木を分けてもらい、その増殖に着手。さらに医学生時代に学んだ生物学と遺伝学の知識を生かして優良系統の選抜も行い、研究と苦心を重ねて30年代初めには従来の'居倉御所'よりも種子が少なく優れた風味を持つ新品種の作出に成功した。32年にはこれを岐阜県農会主催のカキ博覧会に出展したところ、1等賞を獲得。中国の古典「礼記」の一節から、この新しい品種のカキを'富有'と命名した。'富有'は36年岐阜市で開かれた共進会で農商務省農事試験場園芸部長・恩田鉄弥から最大級の賛辞を贈られて以来、全国規模で普及。3年後には恩田の勧めで宮中に献上されるという栄誉に浴した。自身は広大な畑を持っていなかったので、'富有'の大規模な栽培にまでは取り掛かれなかったが、その後も研究を続け、実生の台木に接木することで量産を可能とし、40年には岐阜県席田村（現・本巣市）をはじめ各地に産地を形成。今日では我が国のカキ栽培面積の約40パーセントを占める有力品種となっている。彼は山高帽に白足袋という装いで人力車に乗って田畑を駆け巡ったといい、俳諧や書もよくした。

福田 八十楠
ふくだ・やそな

明治28年（1895年）4月8日～
昭和45年（1970年）11月3日

植物生理学者　広島文理大学教授
和歌山県和歌山市出身。北海道帝国大学農学部卒、東京帝国大学理学部〔大正11年〕卒。理学博士。

満州医科大学、北京大学理学院教授、下関梅光女学院などを経て、昭和25年広島文理大学教授。34年定年退官。水分を表わす尺土として水度を用いて多くの植物を研究し、水分経済に新機軸をもたらした。個生態学的研究で著名。

福永 武彦
ふくなが・たけひこ
大正7年（1918年）3月19日～
昭和54年（1979年）8月13日

小説家, 評論家　学習院大学文学部教授
別名は加田伶太郎（かだ・れいたろう）, 船田学, 号は玩草亭。福岡県筑紫郡二日市町（筑紫野市大字二日市）出生。長男は池澤夏樹（小説家）, 孫は池澤春菜（声優）, いとこは秋吉光雄（牧師）。東京帝国大学文学部仏文科〔昭和16年〕卒。[賞] 毎日出版文化賞〔昭和36年〕「ゴーギャンの世界」, 日本文学大賞（第4回）〔昭和47年〕「死の島」。

東京開成中学から旧制一高に進み、同在学中からフランス象徴詩を学ぶ。昭和13年東京帝国大学仏文科に進み、学業の傍ら「映画評論」の同人となってほぼ毎号映画批評を寄稿。16年同大卒業後は日伊協会に勤務し、「日伊文化研究」の編集に従事。17年加藤周一や中村真一郎らとマチネ・ポエティクを結成し、さかんに詩、小説、評論を執筆した。同年日伊協会を退職し、参謀本部での暗号解読などを経て、日本放送協会に入り、海外向け放送の仕事に携わった。20年急性肋膜炎に罹り、養生のため北海道帯広に疎開。戦後は岡山や軽井沢、上田の療養所を転々とし、回復後は帯広で英語教師となった。21年堀辰雄の勧めで処女短編「塔」を発表。さらに22年には「世代」に加藤、中村らと連載していた時評「CAMERA EYES」に新稿を加えた「1946文学的考察」を刊行し、順調に戦後の文学活動をスタートさせるが、同年病気が再発し、東京・清瀬村の東京療養所で長い療養生活を余儀なくされた。しかしその間も、「方舟」「近代文学」などに小説や詩、随筆を寄せ、23年処女詩集「ある青春」を、27年初の長編小説「風土」を上梓。28年同所を退所後は学習院大学で教鞭を執り、29年の書き下ろし長編「草の花」で文壇的地位を確立したのちは旺盛に執筆活動を進め、「冥府」「忘却の河」「廃市」などの作品を次々と発表した。36年学習院大学教授。"愛と孤独の作家"とも云われ、挫折した芸術家を主人公に取り上げる場合が多い。また加田伶太郎の筆名で探偵小説、船田学の筆名でSFも書いている。日頃から植物に興味を持ち、療養所退所の記念として女友達からルフランの油絵具をもらったのを機に、毎年夏には体調に支障がない限り植物の彩色画を写生するのを愉しみとした。それらの画は没後の56年に「玩草亭百花譜」全3巻としてまとめられた。その他の著書に「風のかたみ」「死の島」やエッセイ「愛の試み」などがあり、「福永武彦全集」（全20巻、新潮社）がある。

【著作】
◇草の花　福永武彦著　新潮社　1954　269p 20cm
◇玩草亭百花譜—福永武彦画文集　上巻　福永武彦著　中央公論社　1981.5　167p 23cm
◇玩草亭百花譜—福永武彦画文集　中巻　福永武彦著　中央公論社　1981.6　161p 23cm
◇玩草亭百花譜—福永武彦画文集下巻　福永武彦著　中央公論社　1981.7

【評伝・参考文献】
◇福永武彦の世界　首藤基澄著　審美社　1974　139p 20cm
◇大岡昇平・福永武彦　日本文学研究資料刊行会編　有精堂出版　1978.3　313p 22cm
◇福永武彦巡礼—風のゆくえ　水谷昭夫著　新教出版社　1989.3　270p 20cm
◇福永武彦論　和田能卓著　教育出版センター　1994.10　138p 20cm
◇福永武彦（新潮日本文学アルバム 50）　新潮社　1994.12　111p 20cm
◇福永武彦・魂の音楽　首藤基澄著　おうふう　1996.10　333p 21cm
◇福永武彦ノート　河田忠著　宝文館出版　1999.1　115p 20cm
◇福永武彦論—戦争の影の下に　倉持丘著　光陽社出版　2003.2　136p 19cm
◇時の形見に—福永武彦研究論集　和田能卓編　白地社　2005.11

【その他の主な著作】

◇福永武彦全集 第1-20巻 新潮社 1986～1988 20cm

福羽 逸人

ふくば・はやと

安政3年(1856年)12月16日～
大正10年(1921年)5月19日

園芸学者,子爵 宮中顧問官,宮内省新宿御苑内苑局長

旧姓名は佐々木。石見国津和野(島根県)出生。養父は福羽美静(国学者)。学農社農学校卒。農学博士〔大正8年〕。賞勲一等瑞宝章〔大正6年〕。

明治5年国学者・福羽美静の養子となる。同年上京してドイツ語などを学習。10年勧農局試験場農場実習生となり、園芸実習と加工製造に従事した。山梨や兵庫、和歌山で果樹栽培を調査したのち、14年兵庫で播州ブドウ園の責任者となる。19～22年ブドウ栽培・ブドウ酒醸造法研究のためフランス、ドイツに留学。帰国後、内国勧業博覧会審査官、23年農商務省技師、東京農林学校講師兼任、24年宮内省御料局技師、内匠寮勤務などを歴任。語学力を買われてロシア、イタリアなど皇族の来日時に接伴員を務めることも多く、29年には宮内省式部官を兼ね、伏見宮貞愛親王のロシア皇帝戴冠式参列にも随行した。31年新宿御苑係長、37年同内苑局長となり、御苑の多種多様な樹草の育成に尽力した。大正3年大膳頭、内匠寮御用掛を経て、6年宮中顧問官。柑橘類の調査やブドウ試験地の開設などにあたり、果樹の袋掛け、蔬菜の促成栽培など画期的な技術に成功、また福羽いちご(フクバイチゴ)の開発や日本における温室栽培の創始・普及などを行い、近代園芸の基礎を築いた。一方、日比谷公園の花壇造成や、白沢保美と協力して東京市の街路並木改良に当たり、都市緑化・公園事業にも貢献した。著書に「甲州葡萄栽培法」「紀州柑橘録」「蔬菜栽培法」「果樹栽培全書」などがある。

【著作】
◇甲州葡萄栽培法 上巻 福羽逸人著 有隣堂 1881.3 67丁 23cm
◇紀州柑橘録 福羽逸人著,衣笠豪谷訂 有隣堂 1882.11 127p 図版40枚 22cm
◇伊豆諸島巡回報告 福羽逸人著 有隣堂 1883.2 185p 22cm
◇蔬菜栽培法 福羽逸人著 博文館 1893.3 507p 23cm
◇果樹栽培全書 福羽逸人著 博文館 1896 4冊 24cm
◇果樹蔬菜高等栽培論 福羽逸人著 博文館 1908.8 336p 23cm
◇花卉栽培法―福羽逸人遺稿 福羽逸人著,福羽真城編 福羽真城 1931 90p 肖像 23cm
◇明治農書全集 第6巻 野菜〔蔬菜栽培法(福羽逸人)〕 松原茂樹編集 農山漁村文化協会 1984.8 459, 7p 22cm
◇福羽逸人回顧録 福羽逸人著 国民公園協会新宿御苑 2006.4 386p 20cm
◇福羽逸人回顧録 解説編 福羽逸人著,環境省自然環境局監修,国民公園協会新宿御苑編 国民公園協会新宿御苑 2006.4 364p 20cm

【評伝・参考文献】
◇日本公園百年史 日本公園百年史刊行会編 日本公園百年史刊行会 1978.8 690p 27cm
◇実際園芸―現代園芸の礎・人と植物 1926 - 1936〔福羽逸人博士のおもかげ〕〈復刻ダイジェスト版〉 復刻版「実際園芸」編集委員会編 誠文堂新光社 1987.6 222p 26cm

福原 信義

ふくはら・のぶよし

明治30年(1897年)9月17日～
昭和33年(1958年)12月15日

資生堂会長

東京市京橋区銀座(東京都中央区)出生。父は福原有信(資生堂創業者)、長男は福原義春(資生堂名誉会長)、兄は福原信三(資生堂社長・写真家)、福原路草(写真家)。正則中学卒。

父は資生堂創業者の福原有信。中学卒業後、逗子での療養生活を経て、大正10年資生堂に入社。切花部や会計課などに勤務したのち、昭和29年会長に就任。一方で若い頃から写真に親しみ、花の写真を多く撮影、銀座七丁目の並木通りに住んでいたことに由来するペンネーム・並木透の名で作品を発表した。「峠」は日本写真

会で入選。平成17年ハウス・オブ・シセイドウで「光の詩人―福原信三・信辰・信義写真展」が開催された。

【著作】
◇光の詩人―福原信三・信辰・信義写真展　福原信三, 福原信辰, 福原信義〔撮影〕, ブライアン・ミラー訳　資生堂企業文化部　2005.6　1冊（ページ付なし）26cm

福本 日陽
ふくもと・かよう

明治45年（1912年）1月1日～
平成元年（1989年）12月17日

東京農工大学名誉教授
和歌山県出生。東京帝国大学理学部植物学科〔昭和10年〕卒。理学博士〔昭和38年〕。團植物遺伝学　賞勲三等旭日中綬章〔昭和59年〕。

粉河中学、浦和高校を経て、東京帝国大学理学部植物学科に学び、篠遠喜人に師事。昭和10年卒業後は生物学教員となり、天理中学、県立和歌山中学、公立京城中学、母校の粉河中学で教鞭を執った。21年より和歌山医学校専門学校及び同医科大学予科で植物学を教授。24年東京農工大学繊維学部に招かれ、一般教育生物学を担当した。50年退官後は淑徳大学教授を務めた。専門は植物遺伝学で、ナスの接木実験やツユクサ科の研究で知られる。著書に「植物学概論」（服部静夫監修、古澤潔夫らと共著）などがあり、訳書にレーベデフ「ミチュリン伝」がある。

【著作】
◇現代の進化論―どこに問題があるのか？〔進化と生産―ミチューリン生物学の立場から（福本日陽）〕　徳田御稔編　理論社　1953　267p 表19cm
◇ミチュリン伝―ソヴェト農業生物学の父の生涯と業績　レーベデフ著, 福本日陽訳　青銅社　1953　298p 図版 19cm
◇ミチューリン生物学の哲学的意義　ルバシェフスキー著, 福本日陽訳　三一書房　1955　320p 19cm

福山 伯明
ふくやま・のりあき

明治45年（大正元年？）（1912年）～
昭和21年（1946年）

千葉県出身。台北帝国大学理農学部生物学科〔昭和7年〕卒。

台北帝国大学理農学部生物学科卒業後、同科の助手となり、のちに台北高校教授となったが、交通事故により34歳の若さで亡くなった。琉球のラン科植物の研究で知られる。

藤井 健次郎
ふじい・けんじろう

慶応2年（1866年）10月5日～
昭和27年（1952年）1月11日

細胞遺伝学者　東京帝国大学名誉教授
加賀国金沢（石川県金沢市）出生。東京帝国大学理科大学植物学科〔明治25年〕卒。帝国学士院会員〔昭和14年〕。理学博士〔大正2年〕。賞文化勲章〔昭和25年〕, 文化功労者（第1回）〔昭和26年〕。

明治28年東京帝国大学理科大学助手となり、34年ヨーロッパへ留学。ドイツではストラスブルガーに植物細胞学、ゲーベルに植物形態学を、また英国ではオリバやスコット、ワイスに植物解剖学、植物化石学などを学ぶ。38年帰国して助教授に進み、44年教授に就任。大正7年大阪の実業家・野村徳七の寄付により我が国初の遺伝学講座が開設されると、その初代担当教授となった。昭和2年名誉教授。細胞核の中の染色体のらせん構造や、紡錘体原形質の研究で知られる我が国の遺伝学・細胞学の始祖であり、"遺伝子"という言葉の命名者でもある。4年よ

り門下の和田文吾が理事を務める和田薫幸会の助成を受けて国際細胞学雑誌「Cytologia(キトロギア)」を創刊、亡くなるまで編集主幹として活躍した。形態学、器官学、化石学、染色体学、細胞学、顕微手術など幅広い分野に通じ、化石学の分野では化石切断機を考案するなど業績を挙げたが、研究を論文にまとめて出版しなかった為、門下からは"不出版癖"と呼ばれた。

【著作】
◇新編博物教科書　藤井健次郎編、松村任三閲　三木佐助　1896.9　139, 16p 図版 24cm
◇近世博物教科書〈訂24版〉(中等教育理科叢書)　藤井健次郎編、松村任三等閲　三木佐助　1899.2　116, 15p 23cm
◇植物学教科書―普通教育(新世紀教科叢書)　藤井健次郎著　開成館　1901.3　168p 23cm
◇植物学中教科書―普通教育(新世紀教科叢書)　藤井健次郎著　開成館　1902.2　230p 23cm
◇普通植物図―教科適用　松村任三、藤井健次郎著　開成館　1902.10　7p 図版10枚 31cm
◇輓近細胞学の進歩及其研究方法(東京帝国大学理学部会科学普及叢書 第6編)　藤井健次郎著　岩波書店　1928　111p 19cm
◇岩波講座生物学〔第1 生物学通論 細胞学の過去及び現状(藤井健次郎)〕岩波書店編　岩波書店　1930～1931　23cm
◇中等植物教科書教授資料　藤井健次郎著　東京開成館　1933　116p 19cm

【評伝・参考文献】
◇近代日本生物学者小伝　木原均ほか監修　平河出版社　1988.12　567p 22cm

藤井　健雄

ふじい・たけお

明治43年(1910年)10月6日～
昭和59年(1984年)10月14日

千葉大学名誉教授、日本園芸生産研究所長
東京出身。京都帝国大学農学部農学科〔昭和9年〕卒。農学博士。園蔬菜園芸学 団園芸学会 園園芸学会会長賞。
千葉大学園芸学部の前身である、千葉高等園芸学校教授を経て、昭和25年同学部教授となり、48年から50年まで学部長を務めた。退官後、日本園芸生産研究所(松戸市)の所長。

【著作】
◇茄の栽培技術(産業叢書)　藤井健雄著　産業図書　1946　172p 18cm
◇家庭農園の科学　藤井健雄著　開発社　1947　270p 19cm
◇年中行事蔬菜増産技術　藤井健雄著　養賢堂　1947　213p 19cm
◇トマト(蔬菜園芸全書)　藤井健雄著　産業図書　1948　215p 図版 22cm
◇園芸　第1 野菜　藤井健雄著　実業教科書　1948　131p 26cm
◇果菜類の落花に関する研究(農学集書 6)　藤井健雄著　河出書房　1948　173p 21cm
◇年中行事蔬菜増産技術　藤井健雄著　養賢堂　1948　213p 19cm
◇じゃがいも・さつまいも増産の重点(園芸新書)　藤井健雄著　朝倉書店　1949　161p 19cm
◇蔬菜園芸学 総論〈4版〉　藤井健雄著　養賢堂　1949　348p 21cm
◇茄(蔬菜園芸全書)　藤井健雄著　産業図書　1950　269p 図版 22cm
◇蔬菜園芸学 各論〈7版〉　藤井健雄著　養賢堂　1950　276p 21cm
◇ジャガイモつくり―見透しと栽培の合理化[栽培技術の要点(藤井健雄)](朝日農業選書 第6)　農業朝日　朝日新聞社　1951　129p 19cm
◇新蔬菜園芸相談(農業新書)　藤井健雄著　博友社　1951　246p 図版 16cm
◇蔬菜栽培技術―実用解説　藤井健雄著　朝倉書店　1951　493p 21cm
◇トマトの栽培技術(育農シリーズ 第9巻)　藤井健雄著　タキイ種苗出版部　1952　165p 図版表 19cm
◇最新ビニール農業―技術と経営の実際　渡辺誠三、藤井健雄共編　誠文堂新光社　1953　250p 図版 19cm
◇蔬菜園芸新説　藤井健雄、清水茂共編　朝倉書店　1953　506p 22cm
◇茄の栽培技術(育農シリーズ 第13巻)　藤井健雄著　タキイ種苗出版部　1954　160p 図版 19cm
◇蔬菜品種の生態的分化に関する研究(文部省科学試験研究報告 第17)　浅見与七編　養賢堂　1954　75p 26cm
◇野菜栽培の問題点 上巻 果菜の巻(農業新書)　藤井健雄、荻原佐太郎、正林和英共著　博友社　1956　283p 図版 15cm
◇野菜栽培の問題点 下巻 葉菜・根菜の巻(農業新書)　藤井健雄、荻原佐太郎、正林和英共著　博友社　1957　257p 図版 15cm
◇蔬菜の新品種　藤井健雄監修　誠文堂新光社　1959　227p 図版 26cm
◇トマト(蔬菜生産技術 第2)　藤井健雄、岩間誠造著　誠文堂新光社　1960　330p 22cm
◇キュウリ(蔬菜生産技術 第4)　藤井健雄、板木利隆著　誠文堂新光社　1961　385p 22cm

◇蔬菜採種の研究―蔬菜採種量の構成要素及び採種環境の後作用に関する研究　藤井健雄編　養賢堂　1961　82p 26cm
◇蔬菜の新品種　第3　藤井健雄監修　誠文堂新光社　1965　217p 図版 26cm
◇蔬菜の新品種　第4　藤井健雄監修　誠文堂新光社　1967　202p 図版 26cm
◇新編蔬菜園芸学各論　藤井健雄著　養賢堂　1972　361p 22cm
◇暮しの野菜（平凡社カラー新書）　藤井健雄著　平凡社　1976　143p 18cm
◇蔬菜の栽培技術　藤井健雄編著　誠文堂新光社　1976　677p 22cm

◇生態学的園芸（生態学的農業講座 第3）　井上頼数，藤井利重，岡田正順共著　地球出版　1958　236p 表 22cm
◇果樹園の更新―改植と品種更新技術　藤井利重著　朝倉書店　1961　180p 22cm
◇やさしい農業の理科実験（図解農業技術 第4）　藤井利重著　家の光協会　1962　187p 図版 22cm
◇園芸の新資材と新技術（図解農業技術 20）　藤井利重，小杉清，松本正雄著　家の光協会　1966　186p 図版 22cm
◇園芸植物の栄養繁殖（最新園芸技術 9）　藤井利重編著　誠文堂新光社　1968　436p 22cm

藤井 利重
ふじい・としいしげ

明治44年（1911年）5月17日～
平成元年（1989年）11月15日

東京教育大学（現・筑波大学）名誉教授，大正大学名誉教授

東京出生。京都帝国大学農学部農学科〔昭和11年〕卒。農学博士。団果樹園芸学 賞勲三等旭日中綬章〔昭和58年〕。

京都帝国大学農学部在学中は果樹園芸学を専攻し，挿し木及び接木について研究。卒業後は京都府立植物園で国内外の植物園と種子の交換を行い，外国産の植物にも親しんだ。その後，京都大学助手，東京高等師範学校教授を経て，東京教育大学（現・筑波大学）教授。大学農場で果樹や作物，蔬菜などの生産栽培・管理に従事した。退官後，大正大学教授。昭和40年代にはNHK「趣味の園芸」の講師を長く務めた。また華道遠州流の師範であった母の影響で自身も嵯峨御流の華道を習い，自宅では観音竹や寒菊，バラ，盆栽などを作って楽しんでいたという。編著に「果樹園芸小辞典」「果樹園の更新」「園芸植物の栄養繁殖」「庭木・花木・果樹」などがある。

【著作】
◇果樹園芸小辞典（農業百科文庫）　藤井利重著　朝倉書店　1955　157p 16cm
◇接木挿木繁殖図説（朝倉農芸新書 第13）　藤井利重著　朝倉書店　1956　192p 図版 19cm

藤岡 一男
ふじおか・かずお

明治44年（1911年）1月10日～
平成6年（1994年）1月9日

秋田大学名誉教授，秋田県立農業短期大学名誉教授

岡山県川上郡成羽町（高梁市）出生。北海道帝国大学理学部地質・鉱物学科〔昭和12年〕卒。理学博士（北海道大学）〔昭和24年〕。団石油地質学，古植物学 団日本地質学会，日本古生物学会，鉱山地質学会，石油技術協会 賞石油技術協会賞業績賞（第16回・昭和47年度），河北文化賞，秋田県文化功労賞。

北海道大学助手を経て，昭和17年秋田鉱山専門学校教授，同年秋田大学鉱山学部教授，51年定年退職し，名誉教授。54年秋田県立農業短期大学学長となり，59年退職，名誉教授。

【著作】
◇古生物学 4 〈新版〉　藤岡一男編　朝倉書店　1978.4　456p 23cm
◇秋田の油田（さきがけ新書3）　藤岡一男著　秋田魁新報社　1983.11　236p 18cm

【評伝・参考文献】
◇藤岡一男教授退官記念論文集　藤岡一男教授退官記念会編　藤岡一男教授退官記念会　1977.3　503p 26cm

藤茂 宏
ふじしげ・ひろし

大正5年(1916年)5月9日～
平成15年(2003年)3月21日

岡山大学名誉教授

号は藤茂ひろし。東京市麻布区市兵衛町(東京都港区)出生。東京帝国大学理学部植物学科〔昭和16年〕卒。理学博士〔昭和30年〕。団植物生理学 団日本植物生理学会(会長)、日本植物学会、日本生化学会 賞山陽放送学術文化賞〔昭和59年〕「植物生理学の研究」、勲三等旭日中綬章〔平成元年〕。

田宮博に師事して光合成の機構に関する実験的研究に従事し、昭和24年光合成における酸素阻害の二酸化炭素濃度依存性についての論文を発表した。戦後は東京大学助手、講師を経て、32年岡山大学理学部教授。57年定年退官し、62年までノートルダム清心女子大学教授を務めた。57～60年日本植物生理学会会長。藤茂ひろしの号で俳句もよくした。著書に「光合成」「光合成 明反応の流れ」などがある。

【著作】
◇酵素化学の進歩 第1集[生体から取り出した葉緑体による酵素発生現象(藤茂宏)] 赤堀四郎、田宮博共編 共立出版 1949 405p 図版 22cm
◇光合成(現代科学叢書 第40) ヒル、ウィッテンガム共著、藤茂宏、伊沢清吉、宮地重遠訳 みすず書房 1957 215p 19cm
◇生物物理学講座 第6 生体機能の分子論[光合成(藤茂宏等)] 日本生物物理学会編 吉岡書店 1965 447p 22cm
◇続生物物理学講座 第11 細胞生物物理研究法第2[光合成(藤茂宏)] 日本生物物理学会 吉岡書店 丸善(発売) 1969 417p 図版 22cm
◇光合成(基礎生物学選書 4 本城市次郎〔等〕編) 藤茂宏著 裳華房 1973 322p 22cm
◇光合成―明反応研究の流れ(UP biology) 藤茂宏著 東京大学出版会 1982.1 163p 19cm
◇生命の謎―図解・生物科学入門 藤茂宏著 蒼樹書房 1982.5 216p 22cm

藤田 哲夫
ふじた・てつお

明治42年(1909年)2月9日～
平成10年(1998年)12月23日

広島大学名誉教授

鹿児島県鹿児島市出生。京都帝国大学理学部植物学科卒〔昭和8年〕、京都帝国大学大学院理学研究科植物学専攻修了。理学博士〔昭和17年〕。団植物形態学。

広島大学教養学部教授を経て、名誉教授。著書に「植物畸形学」「図解植物学」などがある。

【著作】
◇植物の器官形成(生物学集書 8) 藤田哲夫著 河出書房 1948 124p 21cm
◇植物畸形学 藤田哲夫著 共立出版 1949 300p 22cm
◇新制図解植物学 藤田哲夫著 増進堂 1949 213p 22cm

藤田 路一
ふじた・みちいち

明治35年(1902年)3月～昭和50年(1975年)1月6日

生薬学者 東京大学教授

東京市芝区(東京都港区)出生。東京薬科専門学校〔大正13年〕卒。薬学博士〔昭和20年〕。

東京薬科専門学校を卒業後、昭和16年より東京帝国大学医学部薬学科介補として同大生薬学教室に勤務。同教室の藤田直市の指導のもとで生薬形態学を学び、甘草・セネカ・大黄・人参など漢方生薬の研究に従事した。20年には漢薬の生薬学的研究により、薬学博士の学位を受ける。23年東京大学薬学科専任講師、24年助教授となり、生薬学講座を担当。この間、23年から3年間に渡り、東大寺正倉院の薬物調査団に参加した。37年生薬学講座から植物薬品化学講座が分離・増設したのに伴い、同教授に就任。38年定年退官後、東京薬科大学教授。また、12年以来長年に渡って「植物研究雑誌」の編集同人

を務めた。著書に「生薬学」がある。

【著作】
◇生薬学　藤田路一著　南山堂　1957　380p 図版 27cm

藤野 寄命
ふじの・ぎめい

弘化5年（1845年）～?

植物学者
若州（福井県南部）出身。

若州（現・福井県南部）小浜伝習学校の歴史兼植物科の教員として在職中、明治10年上京し小石川植物園で植物の研究を行う。帰郷後、校内に小植物園を設け、研究と共に植物科の教育に利用した。その後退職し、東京の博物局天産部に勤める。「ソメイヨシノ」は江戸の染井村で育成され、当初「吉野桜」と呼ばれ、奈良の吉野山のヤマザクラと混同されやすかったが、藤野による上野恩賜公園のサクラの調査でヤマザクラとは異なる種であることがわかり、33年「日本園芸雑誌」において「ソメイヨシノ」と命名された。

【著作】
◇奄美大島植物図説　藤野寄命著　藤野寄命自筆〔明治年間〕　5冊（付共）28cm

藤山 吉左衛門
ふじやま・きちざえもん

（生没年不詳）

篤農家
薩摩国西桜島村藤野（鹿児島県鹿児島市）出身。

薩摩国西桜島村藤野（現・鹿児島県鹿児島市）の人。天和年間に尾張から方領大根の種子を入手して栽培し、変形したものを選抜して新種を生み出した。これが桜島大根の起源といわれている。しかし、これには異説があり、文政年間に同じく西桜島村の久米清右衛門が国分大根か

ら選抜して作出したとの説もある。このあたりの経緯が不明なのは度重なる桜島の噴火で資料が散逸したためであるもいわれている。

藤原 玉夫
ふじわら・たまお

明治27年（1894年）～昭和48年（1973年）

園芸家　長野県農業試験場技手
岡山県立農学校卒。

岡山県立農学校卒業後、岡山県農事試験場助手、園芸試験場見習生、鹿児島県農会技手、広島県農業技手などを経て、大正10年長野県農業試験場技手となる。当時衰退の一途をたどっていた信州産リンゴの栽培技術向上を図るため、剪定の名人といわれる外崎嘉七や園芸学者の島善鄰らを招聘、さらに剪定や栽培の講習会を開催するなど、信州リンゴの復権に大きく貢献した。13年にはカキ品種展覧会を開き、カキの品種に対する基礎の確立にも力を尽くした。昭和17年退職。この間、16年から長野県更北村に農園を開き、自らもリンゴ栽培農家となった。戦時中、国策のために果樹栽培が冷遇された中にあってもリンゴの栽培と指導に情熱をかけ、長野を日本有数の果樹王国に育て上げた。38年長野県果樹振興会によって県農業試験場内に顕彰胸像が建立された。著書に「長野県に於ける苹果栽培の実際」「りんごと共に四十年」がある。

【著作】
◇長野県に於ける苹果栽培の実際　藤原玉夫著　大日本法令出版　1937　214p 20cm

二口 善雄
ふたくち・よしお

明治33年（1900年）～平成9年（1997年）

画家
石川県金沢市出生。東京美術学校（現・東京芸術大学）洋画科〔大正15年〕卒。囲植物画。

437

昭和2年東京帝国大学理学部植物学教室に勤務。19年文部省の理科図集の制作を開始。図鑑、百科事典などの植物画の挿絵を数多く手がけた。挿絵に「日本の植生」「世界大百科事典」「日本野外植物図譜」「原色植物百科図鑑」「日本椿集」「原色図譜園芸植物・露地編」「蘭花譜」「原色図譜園芸植物・温室編」「ばら花譜」「画集 椿」など多数。62年米国ハント協会主催全世界植物画コンクールに入選した。

【著作】
◇日本椿集　津山尚文、二口善雄画　平凡社　1966　468p（図版共）25cm
◇園芸植物—原色図譜　浅山英一著、太田洋愛、二口善雄画　平凡社　1971　638p（図版共）27cm
◇蘭花譜　加藤光治文、二口善雄画　平凡社　1974　2冊（解説編共）35cm（解説編:30cm）
◇園芸植物—原色図譜 vol. 2 温室編　浅山英一著、太田洋愛、二口善雄画　平凡社　1977.4　379p 27cm
◇ばら花譜　二口善雄画、鈴木省三、籾山泰一解説　平凡社　1983.4　96p 図版81枚 31cm
◇小さなグリーン（Picture book）　浅山英一著、太田洋愛、二口善雄画　平凡社　1984.7　83p 26cm
◇蘭（Picture book）　浅山英一著、二口善雄、太田洋愛画　平凡社　1984.7　71p 26cm
◇きく科の花々 1（Picture book）　浅山英一著、二口善雄、太田洋愛画　平凡社　1984.9　71p 26cm
◇大きなグリーン（Picture book）　浅山英一著、二口善雄、太田洋愛画　平凡社　1984.9　83p 26cm
◇きく科の花々 2（Picture book）　浅山英一著、二口善雄、太田洋愛画　平凡社　1984.11　73p 26cm
◇窓辺の花（Picture book）　浅山英一著、太田洋愛、二口善雄画　平凡社　1984.11　83p 26cm
◇ばら科の花木（Picture book）　浅山英一著、二口善雄、太田洋愛画　平凡社　1985.1　79p 26cm
◇ゆり科の花（Picture book）　浅山英一著、太田洋愛、二口善雄画　平凡社　1985.1　83p 26cm
◇つばき・つつじ・ふじ―庭の花木（Picture book）　浅山英一著、太田洋愛、二口善雄画　平凡社　1985.3　83p 26cm
◇花壇に咲く花（Picture book）　浅山英一著、太田洋愛、二口善雄画　平凡社　1985.3　83p 26cm
◇園芸植物図譜　浅山英一著、二口善雄、太田洋愛画　平凡社　1986.3　276, 58p 27×21cm
◇薔薇―ばら名花150 ばら栽培12カ月　朝日新聞社　1988.10　162p 26×21cm
◇画集 椿　二口善雄著　八坂書房　1992.4　132p 26cm

二見 庄兵衛
ふたみ・しょうべえ

天保3年（1832年）〜明治23年（1890年）9月25日

篤農家

相模国淘綾郡土屋村（神奈川県平塚市）出生。
相模淘綾郡山西村釜野（現・神奈川県二宮町）の二見家の養子となる。研究心に富み、製油・松脂製造・紡績・水車・鉄道の枕木搬入などの事業で活躍した。明治6年横浜の南京街で食したラッカセイが非常に美味であったので、外国人からラッカセイの種子を分けてもらい栽培を開始。入手した種子の大半は地面を這うタイプのものであったが、その中に1株だけ立つタイプを発見。この種は後に'立駱駝'と命名され、莢・実ともに長大であり、栽培も比較的容易であったことから神奈川県下で広く栽培された。

布藤 昌一
ふとう・まさかず

昭和5年（1930年）〜昭和47年（1972年）2月28日

京都薬科大学教授
専 薬用植物学。
京都薬科大学教授として薬用植物学を専門とし、学位論文は「貫衆の生薬学的研究」であった。またシダにも強い関心を持ち、日本のみならずタイなど東南アジアまで、各地のシダ植物相を調査してその分類研究を行った。晩年はシダ植物の維管束系に関する論文を多数発表した。日本シダ学会、日本生薬学会会員。没後、生涯に収集した5万点に及ぶシダ植物の標本類が大阪市立自然史博物館に寄贈された。

船津 静作
ふなつ・せいさく

安政5年(1858年)4月11日～
昭和4年(1929年)1月23日

園芸家

武蔵国北足立郡里村(埼玉県)出生。

明治4年武蔵江北村(現・東京都足立区)の船津家を継ぐ。同村長・清水謙吾の弟子で、18年荒川堤への五色桜の植栽事業に最年少で参加。以後、その育成したサクラの維持管理に従事した。同地のサクラは明治時代後半に全盛期を迎え、各地から多数の花見客が詰め掛けたが、客に枝を折られたり幹を傷つけられたりしたのが原因で枯死するサクラの樹が増えたため、その苗木の保存研究を開始。さらに三好学とはかって、当時の東京府知事・阿部浩にその保護を説き、これが認められて毎年経費が出てサクラの保存事業が行われるようになった。しかし明治末年、荒川の対岸に工場が建設されたことや河川改修工事のため、せっかく植栽し保存につとめてきたサクラが次々と伐採されてしまったことから、危機感を感じて同地のサクラを自園に移植。これを育成して日本各地はもとより、東京市の委嘱で米国ワシントンのポトマック河畔や英国ケント州に送り出した。大正13年三好らの尽力で同地のサクラは名勝天然記念物に指定されるが、昭和に入り太平洋戦争が勃発すると、薪として切り出され全滅した。戦後も56年に至って、移植したポトマック河畔のサクラの苗木が足立区政発足50周年を記念して荒川堤に植栽され、"里帰り"を果たした。

船津 伝次平
ふなつ・でんじへい

天保3年(1832年)11月1日～
明治31年(1898年)6月15日

篤農家, 農事指導者

幼名は市蔵。上野国勢多郡富士見村原之郷(群馬県)出生。賞 藍綬褒章〔明治23年〕。

生家は代々名主で、安政4年家督を継ぎ伝次平を襲名、5年名主となる。農民の経済を興すことを志し、赤城山麓400余町歩にマツを植林、また水害予防のため築堤を行うなど農政上の功労が大であった。明治維新後、地租改正御用掛などを務め、のち勧農寮に出仕して稲作、野菜作りその他に西洋農法を取り入れ、在来農法の改良に尽くした。明治10年内務卿・大久保利通に見いだされ、駒場農学校(現・東京大学農学部)農場監督となり、実習指導と農業の講義にあたった。18年農商務省農務局技師、のち国立農事試験場に移り、全国各地を巡回して農事改良の指導に務めた。31年退職、帰村。著書に「太陽暦耕作一覧」「養蚕の教」など。

【著作】

◇桑苗簾伏方法 船津伝次平述 熊谷県 1873.11 9丁 22cm

◇農談筆記 船津伝次平述 岐阜県勧業課 1882.7 2冊(上50, 下49丁) 22cm

◇栽桑実験録 船津伝次平著 有隣堂 1883.10 46p 図版25枚 23cm

◇北海道農事問答 船津伝次平述 農商務省農務局 1884.6 89p 22cm

◇滋賀県農事問答 船津伝次平述 滋賀県勧業課 1884.12 150p 23cm

◇里芋栽培法 船津伝次平著 有隣堂 1884.12 10p 18cm

◇船津甲部巡回教師演説筆記 船津伝次平述 岩手県農課 1887.1 102丁 19cm

◇新潟県巡回講話応答筆記 船津伝次平述 新潟県第一部 1888.7 150p 22cm

◇普通農事改良法口演筆記 船津伝次平述 群馬県第一部 1889.2 80p 19cm

◇農事演説筆記 船津伝次平述 神奈川県第一部 1889.4 79p 22cm

◇農事講話筆記 船津伝次平述 長野県第一部 1889.9 110p 19cm

◇農談筆記 船津伝次平述 山下篤愛 1891.10 54p 19cm

◇青森秋田山形三県下巡回復命書 船津伝次平著 船津伝次平 1892.2 74p 19cm

◇青森・秋田・山形三県下巡回復命書 船津伝次平 船津伝次平 1892.2 74p 18cm

◇稲作小言 〈2版〉 奈良軍平著, 船津伝次平訂 秀明堂 1892.7 25丁 19cm

◇船津農商務技師演説筆記 船津伝次平述 大津商報社 1893.4 132p 21cm

◇船津農商務技手演説筆記 船津伝次平述 愛知県東加茂郡 1893.7 65p 20cm

◇普通農事改良講話筆記 船津伝次平述 奈良県 1893.7 68p 18cm

◇船津農商務技手演説筆記 船津伝次平述 滋賀県勧業協会神愛支会 1893.8 53p 20cm

◇農事改良講話筆記　船津伝次平述、矢野方作記　愛知県八名郡農林会　1894.9　126p 22cm
◇直枠坪刈用表―附・客土用率　船津伝次平編　有隣堂　1895.3　20p 12×16cm
◇農事改良講話筆記　船津伝次平述、手塚光雄記　長野県西筑摩郡　1895.10　128p 19cm
◇石山騰太郎君船津伝次平君講話筆記　帝国農家一致結合南佐久郡集談会　1896.3　184p 19cm
◇普通農事改良講話筆記　船津伝次平述　新田見太忠太　1896.9　109p 21cm
◇群馬県桑樹萎縮病予防問答　船津伝次平著、角田喜右作校　有隣堂　1898.1　20p 22cm
◇明治農書全集 第2巻 稲作・一般　須々田黎吉編　農山漁村文化協会　1985.10　399, 7p 22cm

【評伝・参考文献】
◇船津伝次平翁伝　上野教育会編　煥乎堂 1907.11　154p 22cm
◇船津伝次平（土の偉人叢書）　和田伝著　新潮社　1941　269p 19cm
◇船津伝次平の事蹟（農業発達史調査会資料 第52号）　石井泰吉〔著〕　農業発達史調査会　1951.5　86p 25cm
◇日本農業発達史―明治以降における 第4巻 日本資本主義確立期の農業 上〔船津伝次平の業蹟（石井泰吉）〕　農業発達史調査会編　中央公論社　1954　795p 22cm
◇郷土の偉人船津伝次平（村の歴史シリーズ 第4集）　富士見村教育委員会　1983.3　166p 21cm
◇刻まれた歴史―碑文は語る農政史〔老農船津伝次平と内務卿大久保利通〕　中村信夫著　家の光協会　1986.5　350p 19cm
◇講座・日本技術の社会史 別巻2 人物篇 近代〔中村直三・奈良専二・船津伝次平―泰西農法から明治農法へ1（岡光夫）〕　永原慶二〔ほか〕編　日本評論社　1986.12　270p 21cm
◇森林を蘇らせた日本人〔船津伝次平・赤城山麓の水源涵養計画〕（NHKブックス 552）　牧野和春著　日本放送出版協会　1988.6　209p 19cm
◇老農船津伝次平―その生涯と業績をつづる45話　柳井久雄著　上毛新聞社　1989.12　270p 19cm
◇群馬にみる人・自然・思想―生成と共生の世界　高崎経済大学附属産業研究所編　日本経済評論社　1995.3　393p 21cm
◇船津伝次平翁伝―伝記・船津伝次平（伝記叢書 340）　石井泰吉著　大空社　2000.12　182, 7p 22cm
◇農業王―精農・船津伝次平の光芒　大屋研一著　三五館　2004.7　313p 20cm

麓　次郎
ふもと・じろう

大正6年（1917年）7月16日～
平成13年（2001年）4月6日

日本植物園協会名誉顧問、近畿大学教授
秋田県出身。京都帝国大学農学部〔昭和21年〕卒。農学博士。囲施設園芸学、花卉蔬菜園芸学。
昭和22年京都府立植物園に勤務。全国でも稀な規模を誇る同園は駐留米軍に接収されており、住宅施設の建設のための伐採から少しでも貴重な樹木を助けようと、園内に確保した用地に移植するなど腐心した。植物園再開後の37年から16年間、園長をつとめた。その後、近畿大学教授を経て、宇治市公園公社理事長。著書に「四季の花事典」、共著に「園芸ハンドブック」など。

【著作】
◇四季の花事典―花のすがた・花のこころ　麓次郎著　八坂書房　1985.11　542, 11p 図版24p 23cm
◇四季の花事典〈増訂版〉　麓次郎著　八坂書房　1999.5　721, 15p 22cm
◇季節の花事典　麓次郎著　八坂書房　1999.8　539, 14p 22cm

フランシェ
Franchet, Adrien Rene
1834年～1900年

フランスの植物分類学者
パリの国立自然史博物館で研究に従事する。ほぼ同年代で江戸幕府の横須賀製鉄所（のち横須賀造船所）医師として来日したサバチェが採集した植物標本を共同で分類研究し、その結果を「日本植物集覧」(Enumeratio plantarum in Japonia sponte crescentium, 1875～1879年)として出版した。本書によりカナウツギ *Stephanandra tanakae* Franch. & Sav. など、多数の日本産植物が新に新種として記載

された。

フーリエ
Ferrié, Joseph Bernard
1856年～1919年

フランスの宣教師
　1891年奄美大島に宣教師として赴任。宣教の傍ら、同島で昆虫、植物を採集しフランスに送った。1919年帰国。献名された学名にヒメキセワタ *Nepeta ferriei* Lév. がある。

古川 久
ふるかわ・ひさし
明治42年（1909年）2月20日～
平成6年（1994年）8月15日

東京女子大学教授
　愛知県名古屋市出生。東北帝国大学国文学科卒。国文学（狂言,能楽）中世文学会、芸能学会、日本文芸研究会紫綬褒章〔昭和48年〕。
　松本高校、宇都宮大学、東京女子大学、東京農工大学、武蔵野女子大学教授を歴任。植物に造詣が深く、「漱石と植物」を著す。その他の著書に「狂言の研究」「狂言辞典・語彙編」「夏目漱石―仏教、漢文学との関連」「明治能楽史序説」など。

【著作】
◇漱石と植物（植物と文化双書）　古川久著　八坂書房　1978.12　129p 23cm

【その他の主な著作】
◇漱石の書簡　古川久著　東京堂出版　1970　388p 図 肖像 19cm
◇夏目漱石―仏教・漢文学との関連　古川久著　仏乃世界社　1972　197p 18cm
◇夏目漱石辞典　古川久編　東京堂出版　1982.11　191p 19cm

古瀬 義
ふるせ・みよし
明治44年（1911年）11月25日～
平成8年（1996年）4月

植物研究家
　長野県飯田市出生。飯田中学〔大正15年〕卒。
　飯田中学を卒業して帝室林野局木曽支局に勤務後、東京慈恵会医科大学予科、松本高校に入学したが退学。昭和9年頃に共立女子薬科専門学校助手として小泉秀雄の下で植物標本の整理に従事したとされる。日本郵船のホテルボーイ、運送業に携わり、戦後は東京都交通局にバス運転手として勤務。傍ら、日本各地の植物相を広く調査して歩き、膨大な標本を作製した。標本は没後、毛藤圀彦により英国キュー王立植物園に寄贈され、また神奈川県立博物館にも約1万7000点が古瀬コレクションとして収蔵されている。献名された学名にレブンイワレンゲ *Orostachys furusei* Ohwiなどがある。

ベーマー
Boehmer, William George Louis Bernhard
1843年5月30日～1895年?

米国の園芸家　開拓使園芸作物主任
ドイツ・リューネブルク出生。
　ドイツ生まれ。貴族の庭園に勤め、園芸や造園を学ぶ。のちに米国に帰化したともいわれるが、はっきりしない。1872年開拓使に園芸技師として雇用され、来日。1882年雇用期間満了となり、横浜に住居して園芸植物の輸出入業を始める。1894年には離日した模様。北海道では積丹半島などで植物を採集し、標本は東京大学に収蔵された。コモチレンゲに牧野富太郎は

Cotyledon malacophylla var. *boehmeri* Makino と命名し、献名した。

【評伝・参考文献】
◇開拓の群像　北海道総務部行政資料室編　北海道　1969　3冊 18cm
◇お雇い外国人 13 開拓　原田一典著　鹿島出版会　1975　214, 23p 19cm
◇資料御雇外国人　ユネスコ東アジア文化研究センター編　小学館　1975　524p 肖像 23cm
◇お雇い外国人(さっぽろ文庫 19)　札幌市教育委員会編　札幌市　1981.12　314p 19cm

逸見 武雄
へんみ・たけお

明治22年(1889年)9月15日～
昭和34年(1959年)10月12日

京都大学名誉教授
東京市(東京都)出生。東北帝国大学農科大学(現・北海道大学農学部)農学科〔大正4年〕卒、北海道帝国大学大学院〔大正9年〕修了。農学博士〔大正9年〕。植物病理学　日本植物病理学会(会長)。

大正10年植物病理学研究のため、米国、英国、ドイツに留学。12年帰国、13年京都帝国大学農学部教授。昭和10年学部長、24年定年退官。27～33年大阪府立大学農学部教授。この間、日本植物病理学会会長を度々務めた。博士論文は炭疽病菌の形態・生理研究で、イネの各種病害や農作物及び果樹病害などを幅広く研究。赤井重恭との共著「木材腐朽菌学」では、欧米に先駆けて木質腐朽菌類を学問的に体系づけた。

【著作】
◇植物治病学汎論　逸見武雄著　書肆養賢堂　1926　408, 5p 22cm
◇植物病学汎論(岩波全書 第45)　逸見武雄著　岩波書店　1935　285, 9p 17cm
◇農作物病害講義　逸見武雄著　日本農村協会出版部　1937　265p 23cm
◇植物病学の諸問題　逸見武雄著　西ケ原刊行会　1940　490p 22cm
◇木材腐朽菌学(植物病学叢書 第1冊)　逸見武雄、赤井重恭共著　朝倉書店　1945　496p 21cm
◇麦銹病と稲熱病—植物病学の概念　逸見武雄著　朝倉書店　1947　201p 19cm
◇稲熱病の研究　逸見武雄著　朝倉書店　1949　347p 図版 22cm
◇農作物病学新講　逸見武雄著　養賢堂　1953　230p 22cm
◇蔬菜の病気　逸見武雄著　タキイ種苗出版部　1956　188p 22cm

帆足 万里
ほあし・ばんり

安永7年1月15日(1778年2月11日)～
嘉永5年6月14日(1852年7月30日)

儒学者, 理学者
名は里吉、字は鵬卿、号は文簡。豊後国(大分県)出生。

豊後日出藩家老の子。三浦梅園、脇愚山に学んだのち、寛政10年(1798年)大坂で中井竹山、京都で皆川淇園、また亀井南冥らに学ぶ。文化元年(1804年)藩校・致道館の儒員となり、また家塾を開いて門生を指導。天保3年(1832年)家老に就任し藩政改革に努めたが、6年(1835年)辞任し、家塾を再開して子弟の教育と研究に専念した。梅園の自然哲学をふまえつつ、多数の蘭書も読破して、日本の自然科学史に残る名著「窮理通」を著した。数学、医学、本草、天文、物理、仏教などに精通し、詩文にも巧みであった。他の著書に「東潜夫論」「入学新論」「医学啓蒙」など。

【著作】
◇帆足万里全集 第1巻〈増補〉　帆足記念図書館編　ぺりかん社　1988.7　708p 22cm
◇帆足万里全集 第2巻〈増補〉　帆足記念図書館編　ぺりかん社　1988.7　551p 22cm
◇帆足万里全集 第3巻〈増補〉　五郎丸延編　ぺりかん社　1988.7　476p 22cm
◇帆足万里全集 第4巻〈増補〉　小野精一編　ぺりかん社　1988.7　495p 22cm

【評伝・参考文献】
◇帆足万里先生略伝〈2版〉　帆足紀念文庫　1922　76p 図版 23cm
◇帆足万里(人物叢書)　帆足図南次著　吉川弘文館　1966　281p 19cm

◇万里祭記念講演集(図書館叢書 第1集) 万里図書館 1968 50p 22cm
◇帆足万里先生門人考 高橋英義編著 町立万里図書館 1981.6 100p 21cm
◇帆足万里と医学 帆足図南次著 甲陽書房 1983.11 148p 20cm
◇帆足万里先生小伝—日出っ子よ学んで欲しい 宇野木好雄著〔宇野木好雄〕1991.3 114p 19cm
◇帆足万里の世界 狭間久著 大分合同新聞社 1993.6 251p 19cm
◇日本の技術者—江戸・明治時代 中山秀太郎著, 技術史教育学会編 雇用問題研究会 2004.8 206p 21cm

ボアジエ

Boissieu, Henri de
1871年~1912年

フランスの植物学者
パリの自然史博物館やデュラーク氏標本室に収蔵されるフォリー採集の日本産植物を同定し、*Saxifraga japonica* H. Boiss.（フクユキノシタ）などの新種を発表した。

宝月 欣二

ほうげつ・きんじ

大正2年(1913年)7月10日～
平成11年(1999年)12月19日

東京都立大学名誉教授
長野県長野市出身。東京帝国大学理学部植物学科〔昭和13年〕卒、東京帝国大学大学院修了。理学博士。團植物生態学團日本植物学会(会長)、日本生態学会(会長)賣勲三等旭日中綬章。

東京帝国大学副手を経て、昭和27年東京都立大学助教授、29～52年教授。同大在職中は、植物の物質生産や物質経過に基づく、植物や植物群落の生長などを主に研究し、多数の門下生を育てた。日本植物学会会長、日本生態学会会長を歴任。著書に「生物と環境」「水界生態系」など。

【著作】
◇生物と環境(新しい生物学双書 第3) 宝月欣二, 北沢右三共著 大日本図書 1951 184p 図版 19cm
◇理科基礎講座 第8巻 生物学第2［生物の生態(宝月欣二)］ 石田寿老等編 岩崎書店 1957 278p 22cm
◇植物実験生態学—気候と土壌 ルンデゴルド著, 門司正三, 山根銀五郎, 宝月欣二訳 岩波書店 1964 551p 図版 地図 22cm
◇海の生態(生態学への招待6) 宝月欣二著 共立出版 1971 171, 3p 図 19cm
◇環境の科学—自然・生物・人類のシステムをさぐる(NHK市民大学叢書 25) 宝月欣二, 吉良竜夫, 岩城英夫編 日本放送出版協会 1972 409p 19cm
◇人間生存と自然環境 1［内湾生物群集と汚濁—東京湾を中心として—(宝月欣二)］ 佐々学, 山本正編 東京大学出版会 1972 200p 27cm
◇ホイッタカー生態学概説—生物群集と生態系 R. H. ホイッタカー著, 宝月欣二訳 培風館 1974 167p 21cm
◇水界生態系(生態学講座 3) 宝月欣二著 共立出版 1974 131p 21cm
◇環境と生物指標 2水界編［海洋汚染と生物(宝月欣二)］ 日本生態学会環境問題専門委員会編 共立出版 1975 310, 4p 22cm
◇微生物の生態 3［微小藻類の異常増殖 他(宝月欣二)］ 微生物生態研究会編 東京大学出版会 1976 307p 22cm
◇生態学概説—生物群集と生態系 R. H. ホイッタカー著, 宝月欣二訳 培風館 1979.5 363p 22cm
◇生物経済学—植物を中心にして(基礎生物学選書 8) 宝月欣二著 裳華房 1984.3 245p 22cm
◇藻類の生態［藻類群集の構造と多様性(宝月欣二)］ 秋山優〔ほか〕共編 内田老鶴圃 1986.10 627p 22cm
◇湖沼生物の生態学—富栄養化と人の生活にふれて 宝月欣二著 共立出版 1998.7 161p 22cm

穂坂 八郎

ほさか・はちろう

明治31年(1898年)3月1日～
平成3年(1991年)11月11日

千葉大学名誉教授

神奈川県出生。千葉高等園芸学校(現・千葉大学園芸学部)〔大正10年〕卒。團園芸学。

大正10年千葉高等園芸学校卒業後、日本球根植物試験場勤務、盛岡高等農林学校助教授、教授を経て、昭和4年千葉高等園芸学校助教授、12年教授。25年同校の千葉大学園芸学部改組に伴い同教授に就任し、38年退官。この間に球根植物の促成開花について先駆的研究を行うなど促成技術体系の根幹に関わる分野で業績を残した。著書に「原色花木図譜」「花卉園芸」「花」「花卉の有利品種と栽培法」などがある。

【著作】
◇園芸綜説花卉園芸 穂坂八郎著 西ケ原刊行会 1939 435p 図版 23cm
◇原色花木図譜〈5版〉 穂坂八郎著 三省堂 1942 164p 図版66p 19cm
◇花卉園芸―園芸綜説〈8版〉 穂坂八郎著 地球出版 1949 435p 図版 22cm
◇農学講座 第5巻〔花卉園芸(穂坂八郎)〕 木原均等編 柏葉書院 1949 288p 21cm
◇花卉の有利品種と栽培法(農業新書) 穂坂八郎著 博友社 1950 277p 図版 15cm
◇副業にもなる四季の美しい草花百種の作り方 穂坂八郎著 主婦之友社 1951 303p 図版 19cm
◇実用草花栽培(朝倉農業選書) 穂坂八郎著 朝倉書店 1952 340p 19cm
◇農業図説大系 第3巻園芸・病虫害〔花卉(穂坂八郎)〕 野口弥吉編 中山書店 1954 294p 図版 22cm
◇原色園芸植物図譜 第1巻 石井勇義、穂坂八郎編 誠文堂新光社 1954 161p(図版共)19cm
◇原色園芸植物図譜 第2巻 石井勇義、穂坂八郎編 誠文堂新光社 1955 160, 19p(図版80p共)19cm
◇原色園芸植物図譜 第3巻 石井勇義、穂坂八郎編 誠文堂新光社 1956 160, 17p(図版80p共)19cm
◇原色園芸植物図譜 第4巻 石井勇義、穂坂八郎編 誠文堂新光社 1957 160, 16p(図版80p共)19cm
◇原色園芸植物図譜 第5巻 石井勇義、穂坂八郎編 誠文堂新光社 1958 160, 20p(図版80p共)19cm
◇原色園芸植物図譜 第6巻 石井勇義、穂坂八郎編 誠文堂新光社 1959 159, 91p(図版80p共)19cm
◇日曜花作り 穂坂八郎著 池田書店 1958 325p 図版 22cm
◇花卉園芸総説 穂坂八郎著 地球出版 1963 470p 22cm
◇日曜花作りハンドブック(池田実用新書) 穂坂八郎著 池田書店 1968 286p 図版 19cm

星 大吉

ほし・だいきち

明治5年(1872年)～昭和19年(1944年)

植物学者 会津農林高校教諭
福島県南会津郡檜枝岐村出生。福島師範学校尋常師範科〔明治27年〕卒。

幼少時から学問を好み、郷里の福島県檜枝岐村の小学校で代用教員を務めるが、向学の念抑えがたく18歳の時に郷関を出て福島師範学校に入学。在学中は学費の仕送りもなく苦学したが、同校の先生であった根本莞爾の影響で植物学に開眼し、これを生涯の仕事と定めた。明治27年卒業と同時に福島市内の野田小学校の教員となり、44年には北海道の根室小学校に転任。大正2年福島に戻ったあとは砂子原小学校長、喜久田小学校長、東白川農蚕高校教諭、会津農林高校教諭などを歴任し、昭和10年教職を退いた。この間、熱心に植物の採集と研究を行い、集めた標本は散逸を防ぐため仙台の斎藤報恩会や東京上野の博物館に寄贈。彼が採取した植物の中には、貴重なアンドンマユミやオゼソウなど新種と認められたものも多く、牧野富太郎の手によって彼にちなむダイキチササの名をつけられたものもある。また尾瀬の植物や地理にも通じ、中川善之助や武田久吉、深田久弥といった植物学者や山岳人のガイドを務めるなど、その豊富な自然や植物群の紹介と保護に尽力した。岩魚釣りを趣味としていたが、19年北海道八雲鉱山にいた長男の所から渓流釣りに出かけた際に誤って崖から転落、凍死した。生涯にわたって収集した植物標本は仙台科学センターや東京大学植物学教室、京都大学植物学教室などに収められている。

星川 清親
ほしかわ・きよちか

昭和8年(1933年)2月23日～
平成8年(1996年)4月2日

東北大学農学部教授

長野県松本市出生。東京大学農学部農学科〔昭和31年〕卒、東京大学大学院生物系研究科作物学専攻〔昭和36年〕博士課程修了。農学博士(東京大学)〔昭和36年〕。専作物学 団日本作物学会、日本草地学会、Botanical Society of America 賞日本作物学会賞〔昭和46年〕「米の胚乳発達に関する組織形態学的研究」。

東京大学助手を経て、昭和51年東北大学農学部助教授、59年教授。

【著作】
◇稚苗の生理と育苗技術―田植機イナ作 星川清親著 農山漁村文化協会 1972 236p 図 22cm
◇イネの生長―解剖図説 星川清親著 農山漁村文化協会 1975 317p 図 22cm
◇作物―その形態と機能 北条良夫、星川清親共編 農業技術協会 1976 2册 22cm
◇料理・菓子の材料図説 1 スパイス 星川清親著 柴田書店 1976 177p 図 27cm
◇料理・菓子の材料図説 2 フルーツ 星川清親著 柴田書店 1976 177p 図 27cm
◇稚苗・中苗の生理と技術 星川清親著 農山漁村文化協会 1976.12 241p 19cm
◇料理・菓子の材料図説 3 糖・油・粉 星川清親著 柴田書店 1977.9 177p 図 27cm
◇栽培植物の起原と伝播 星川清親著 二宮書店 1978.5 295p 19cm
◇米―イネからご飯まで 星川清親著 柴田書店 1979.1 258p 19cm
◇新編食用作物 星川清親著 養賢堂 1980.4 697p 22cm
◇食べられる山野草―見分け方と採取の楽しみ (カラー版ホーム園芸) 星川清親著 主婦と生活社 1982.5 172p 23cm
◇山菜採りの楽しみ―採取の時期・場所・見分け方と料理法 星川清親、後藤雄佐共著 永岡書店 1983.2 191p 19cm
◇イラスト・みんなの農業教室 星川清親著 家の光協会 1984.1 142p 21cm
◇イラスト・みんなの農業教室 続 星川清親著 家の光協会 1984.12 134p 21cm
◇いも―見直そう土からの恵み(栄大選書) 星川清親編 女子栄養大学出版部 1985.3 246p 19cm
◇イラスト・みんなの農業教室 3 水稲の育苗 星川清親著 家の光協会 1987.1 174p 21cm
◇解剖図説 イネの生長 星川清親著 農山漁村文化協会 1989.3 310p 26cm
◇世界有用植物事典 堀田満、緒方健、新田あや、星川清親、柳宗民、山崎耕宇編 平凡社 1989.8 1499p 26cm
◇イラスト・みんなの農業教室 4 水稲の増収技術 星川清親著 家の光協会 1990.3 142p 21cm
◇作物 星川清親〔ほか〕著 全国農業改良普及協会 1990.4 203p 22cm
◇イラスト・みんなの農業教室 5 乳苗稲作 星川清親著 家の光協会 1994.1 94p 21cm
◇植物生産学概論〈2版〉 星川清親編著 文永堂出版 1994.4 275p 22cm
◇作物入門(基礎シリーズ) 角田公正、星川清親、石井龍一編修 実教出版 1998.6 254p 21cm

細川 重賢
ほそかわ・しげかた

享保5年12月26日(1721年1月23日)～
天明5年(1785年)10月26日

肥後熊本藩主

幼名は六之助、通称は民部、主馬、越中守、銀台候、初名は紀雄。肥後国(熊本県)出身。

肥後熊本藩主・細川宣紀の子。兄である藩主・宗孝の養子となり、延享4年(1747年)兄の死により襲封、徳川家重の一字を給わり改名。藩政の改善に積極的に取り組み、特に"宝暦の藩政改革"といわれる一連の計画を実行した。藩内における司法と行政の分離、衣服令細則の制定などを行い、専売制の実施や養蚕の奨励など殖産興業も推進。球磨川の大堤防を築いたり新田開発を行うなど施策は多岐に渡った。宝暦5年(1755年)熊本城内に藩校・時習館、7年(1757年)医学校再春館、8年(1758年)薬園蕃滋園を設立するなど、学問奨励にも努めた。上杉治憲、徳川治貞、佐竹義和らと共に江戸時代を代表する名君とされ、"肥後の鳳凰"と讃えられた。また江戸の別邸が芝の白銀台にあったことから"銀台侯"と称され、その事績は「銀台遺事」に記録が残る。

【著作】
◇重賢公日記 上巻(出水叢書9) 細川重賢〔著〕 出水神社 1988.5 428p 16×22cm
◇重賢公日記 下巻(出水叢書10) 細川重賢〔著〕 出水神社 1989.2 p431～887 16×22cm

【評伝・参考文献】
◇細川越中守重賢公伝 中野嘉太郎編 中野嘉太郎 1936 155p 肖像 23cm
◇歴史残花 第5［細川重賢と堀平太左衛門（石坂繁）］ 時事通信社 1971 363p 図 19cm
◇細川重賢公二百年祭記念誌―水前寺に仰ぐ細川重賢公 河島昌扶編 河島書店 1986.1 83p 図版10p 21cm
◇殿様生物学の系譜(朝日選書421) 科学朝日編 朝日新聞社 1991.3 292p 19cm
◇熊本一人とその時代［細川重賢(松本寿三郎)］(熊本市民大学セミナー) 工藤敬一編著 三章文庫 1993.4 282p 19cm
◇彩色江戸博物学集成 平凡社 1994.8 501p 27cm
◇細川重賢―名君肥後の銀台 童門冬二著 実業之日本社 1999.2 404p 20cm
◇非常の才―細川重賢藩政再建の知略 加来耕三著 講談社 1999.11 355p 20cm
◇細川重賢―熊本藩財政改革の名君（人物文庫） 童門冬二著 学陽書房 2002.5 422p 15cm

細川 潤次郎
ほそかわ・じゅんじろう

天保5年(1834年)2月2日～
大正12年(1923年)7月20日

法制学者, 男爵 枢密顧問官, 貴院議員(勅選), 元老院議官

幼名は熊太郎, 諱は元, 号は十洲。土佐国高知(高知県)出生。文学博士〔明治42年〕。

　父は土佐藩の儒者。土佐藩校に学び, 間崎哲馬・岩崎馬之助・岩崎弥太郎と並んで"土佐の四神童"と賞された。安政元年(1854年)長崎に遊学して蘭学を修め, さらに高嶋秋帆の下で兵学や砲術を学んだ。5年(1859年)藩命を受けて江戸に赴き, 幕府の海軍操練所に入って航海術を習得。また米国帰りの英学者・ジョン万次郎(中浜万次郎)に師事して英語を学び, 英文の世界地図などを翻訳した。文久元年(1861年)汽船・上海号を購入し, 江戸で自ら監督・育成した土佐藩の子弟を伴って帰藩。以後, 藩の制度改正局御用掛として藩政の改革に着手し, 洋式軍艦の購入や藩教育機関の充実などを主張, また「海南政典」「海南律令」といった藩の法令編纂にも従事した。2年(1862年)藩校・致道館の蕃書教授。明治維新後, 明治2年学校権判事となり, 開成学校開校に尽力するとともに同校の諸規則の起草に当たった。また反政府的な意見を封殺するべく発布された出版条例, 新聞紙条例の起草者としても知られる。3年民部権少丞, 4年工部少丞と累進し, 5年には米国に派遣。帰国後は少議官, 中議官, 二等議官, 印刷局長, 一等法制官などを経て, 9年元老院議官に就任。23年元老院廃止後は貴院議員に勅選され, 24年副議長に推された。この間, 中島信行・福羽美静らと共に国憲取調委員に選ばれ, 刑法・破産法・治罪法・陸軍刑法・海軍刑法・日本海令・日本薬局方・会社条例など各種法令の編纂・起草に参画, 14年から司法大輔を兼務するなど明治政府の法整備に多大なる功績を残した。26年～大正12年(1923年)枢密顧問官。教育界でも活躍し, 女子高等師範学校校長, 華族女学校校長, 文事秘書官長など歴任。30年には東宮大夫に任ぜられ, 皇太子(のち大正天皇)への教育輔導の功績から天皇の勅語を賜った。33年男爵。「古事類苑」編纂総裁を務めるなど学界における影響も大きく, 42年文学博士。さらに「瓶花挿法」「養蘭須知」といった華道書・園芸書を著すなど, 新しい農業法の普及に尽くしたという一面も持っている。他の著書に「新法須知」「ななしくさ」「近世画史」「十洲全集」(全3巻)がある。

【著作】
◇瓶花挿法 細川潤次郎著 細川潤次郎 1877.12 22丁 図版 23cm

細川 隆英
ほそかわ・たかひで

明治42年(1909年)5月24日～
昭和56年(1981年)5月23日

九州大学名誉教授

熊本県熊本市出身。おじは細川隆元（政治評論家）。台北帝国大学理農学部生物学科〔昭和7年〕卒。團植物生態学　賞勲三等旭日中綬章〔昭和56年〕。

　昭和7年台北帝国大学理農学部副手、17年講師を務め、南洋諸島の植物生態学及び植物地理学に関する研究に力を注ぎ、東亜温帯植物系とニューギニア・メラネシア系統の植物区系との境界として小笠原諸島とミクロネシア諸島との間に一線を画す、いわゆる細川線を提唱。戦後は中華民国国立台湾大学理学院講師として留任。21年帰国し、22年熊本師範学校授業嘱託、23年熊本県立女子専門学校教授、24年熊本女子大学教授を経て、同年助教授として九州大学理学部に赴任。26年同学部の初代生態学教授に就任した。理学部附属天草臨界実験所長も務めた。同大では主にブナ林における着生蘚苔地衣植物群落の構造及び機能について研究を進めた他、暖帯照葉樹林の生物生産に関する研究などでも業績をあげた。48年退官後は52年まで第一薬科大学教授。著書に「南方生態の植物概観」「生物の分類と生態」などがあり、小笠原和夫、岡本勇との共著で「南方共栄圏の殖産気候」がある。

【著作】
◇南方共栄圏の殖産気候　小笠原和夫,細川隆英,岡本勇共著　南支調査会　1942　29p 22cm
◇南方熱帯の植物概観　細川隆英著　朝日新聞社　1943　264, 34p 図版 地図 22cm
◇生物の分類と生態(研究社学生文庫 F 第2)　細川隆英著　研究社出版　1952　222p 表 18cm
◇究明生物1　細川隆英,宮村明正共著　文研出版　1974.9　400p 22cm

細山田 良康
ほそやまだ・よしやす

明治36年(1903年)〜?

植物研究家

鹿児島県出身。鹿児島高等農林学校(現・鹿児島大学農学部)農学別科〔大正11年〕卒。鹿児島高等農林学校(現・鹿児島大学農学部)農学別科を卒業後、同校助手となる。その後、鹿児島県下の中学、PL学園高校中学部で教育に携わった。徳之島の植物を調査し、分類研究を行い、著作に「徳之島植物分布概要」がある。標本は鹿児島大学農学部に収蔵されている。

堀田 禎吉
ほった・ていきち

明治32年(1899年)8月13日〜
昭和51年(1976年)4月9日

京都工芸繊維大学教授

号は南月。岐阜県出身。北海道帝国大学農学部農業生物科〔昭和4年〕卒。農学博士。團蚕糸学　賞蚕糸学賞「桑属植物の分類学的研究」。

　岐阜県益田農林学校教諭、京都高等蚕糸学校教授から京都工芸繊維大学教授となり、昭和38年退官。その後、平安女子短期大学、京都学園大学各教授。4〜6期日本学術会議会員。クワの品種・栽培について業績を残した。著書に「農学大系作物部門・桑編」などがある。

【著作】
◇桑　上巻(平凡社全書)　堀田禎吉著　平凡社　1950　232p 図版 19cm
◇桑編(農学体系 作物部門)　堀田禎吉著　養賢堂　1951　394p 図版 22cm

堀田 正敦
ほった・まさあつ

宝暦8年(1758年)〜
天保3年6月16日(1832年7月13日)

下野佐野藩主

初名は村由、通称は藤八郎、摂津守。下野国(栃木県)出身。

　近江堅田藩主・堀田正富の養子となり、天明7年(1787年)家督を相続。老中・松平定信に重用され、寛政2年(1790年)若年寄となる。寛政11年(1799年)「寛政重修諸家譜」の編纂を建議

し、その総裁となり14年をかけて完成させた。文政9年(1826年)下野佐野に移封となった。また、広く博物を愛し、自ら鳥類図鑑「観文禽譜」を編纂した他、大槻玄沢、本草家・岩崎灌園ら多くの学者、文人とを親交を結び、その庇護に努めた。

【著作】
◇仙台叢書 [第6巻 飯坂盛衰記.松前紀行・閑之未日記（堀田正敦）] 仙台叢書刊行会 [編] 仙台叢書刊行会 1922～1926 23cm
◇干城録 第1-15 堀田正敦 [ほか著]、林亮勝、坂本正仁校訂 人間舎 1997.4～2003.11 22cm
◇江戸鳥類大図鑑—よみがえる江戸鳥学の精華『観文禽譜』 堀田正敦著、鈴木道男編著 平凡社 2006.3 762,51p 27cm

【評伝・参考文献】
◇彩色江戸博物学集成 平凡社 1994.8 501p 27cm
◇鳥の殿さま佐野藩主堀田正敦—第33回企画展 佐野市郷土博物館 1999.10 32p 30cm

【その他の主な著作】
◇寛政重修諸家譜 第1-8輯 堀田正敦等編 栄進舎出版部 1917 9冊（索引共）27cm

堀 正太郎
ほり・しょうたろう

慶応元年(1865年)10月15日～昭和20年(1945年)

農商務省農事試験場病理部長
島根県松江市出身。札幌農学校（現・北海道大学）〔明治21年〕卒、東京帝国大学理科大学植物学科〔明治24年〕卒。農学博士〔大正8年〕。専 植物病理学。
　大学に研究生で残り、明治25年農商務省調査委員、26年農事試験場技師、同病理部長を経て大正11年退官。農林省農務局嘱託、千葉高等園芸学校（現・千葉大学園芸学部）講師、教授を務めた。著書に「主要農作物病害論」「植物病害講話」、自伝「植医五十年の回顧」がある。

【著作】
◇新撰博物示教 堀正太郎、藤田経信著 富山房 1896.10 160p 24cm
◇農作物生理学 堀正太郎著 裳華房 1899.7 166p 23cm
◇農作物病学 堀正太郎著 成美堂 1903.3 297p 23cm
◇農作物病学教科書 堀正太郎著 成美堂 1903.4 184p 23cm
◇作物病虫害予防法——名・作物の養生及衛生談 堀正太郎述 簡易農学会 1904.8 77p 16cm
◇農作物医談 堀正太郎著 成美堂 1910.4 228p 図版 22cm
◇学理応用野鼠駆除法（西ケ原叢書 第12編） 堀正太郎，卜蔵梅之丞著 青木嵩山堂 1912.6 284p 23cm
◇主要農作物病害論 堀正太郎著 愛知県立農事講習所 1913 109p 19cm
◇軍隊農事講習講演集 第1-2集 [作物の病害に就て 他（堀正太郎）] 大日本農会 1915 2冊 22cm
◇植物病害講話 第1 堀正太郎著 成美堂書店 1916 228p 23cm
◇植物病害講話 第2 堀正太郎著 成美堂書店 1916 322p 23cm
◇花の作り方〈訂補30版〉 千葉高等園芸学校草人社編、堀正太郎，水野正治校訂 京文社 1936 565p 19cm
◇明治農書全集 第12巻 病害虫・雑草・農薬 小西正泰編 農山漁村文化協会 1984.10 645,7p 22cm

堀 誠太郎
ほり・せいたろう

弘化2年(1845年)～明治35年(1902年)10月8日

農学者　山口県農学校教頭
旧姓名は内藤。長門国（山口県）出身。長男は中井猛之進（植物分類学者）、孫は中井英夫（小説家）。アマスト農科大学〔明治7年〕中退。師はクラーク。
　長州藩士。明治維新時は高杉晋作の奇兵隊に属し、一分隊長として禁門の変などに従軍した。維新後に上京して森有礼の書生となり、明治3年森に引率されて矢田部良吉、高橋是清らと共に渡米、4年マサチューセッツ州アマスト農科大学に入学した。ここで後年来日して札幌農

学校で教鞭を執るW. S. クラークと知り合い、その指導を受けて植物に興味を持つようになった。7年卒業を前に退学して帰国し、開拓使に就職。9年クラークが来日すると、書記兼通訳としてその帰国の直前まで行動を共にした。10年には東京で札幌農学校の官費生募集の演説を行い、これを聞いて感激した宮部金吾、新渡戸稲造、内村鑑三らが同校への入学を決意したといわれている。その後、開拓使を辞して旧友・矢田部のいる大学予備門で人身生理学を教えたが、13年新設の岐阜県農学校に転任。同校の廃校後は矢田部の伝手で再び上京し、東京大学附属小石川植物園の副監督となって園長であった矢田部を補佐した。24年山口県農学校教頭に就任し、27年まで在職。小石川植物園時代には蔬菜園芸を趣味とし、セロリやアーティチョークなど、当時では珍しかった洋菜を導入した。訳書にランハンス「衛生食品科学一覧表」、ナフエース「婦女生理一代鑑」がある。植物分類学者の中井猛之進は長男で、小説家の中井英夫は孫にあたり、英夫の小説「虚無への供物」には誠太郎をモデルにした人物が登場する。

堀 勝
ほり・まさる

明治32年(1899年)1月22日～
昭和51年(1976年)8月27日

植物学者 夙川女子短期大学教授

和歌山県日高郡日高町出生。和歌山県師範学校(現・和歌山大学)〔大正7年〕卒。囲 近畿植物同好会(会長) 賞 勲六等瑞宝章〔昭和18年〕、勲五等双光旭日章〔昭和45年〕。

大正7年和歌山県師範学校(現・和歌山大学)を卒業後、和歌山県和田尋常高等小学校の訓導となる。10年沖縄県師範学校教諭を経て、12年大阪府池田師範学校教諭として着任。以後は大阪府下の中学・師範学校で教え、昭和16年大阪市集英国民学校校長となり、中大江東国民学校、中大江小学校、大阪市立東中学の校長を歴任。この間、堺中学教諭時代の4年に京都帝国大学植物学教室の田代善太郎を招き、堺の浅香山で植物採集会を開催。5年河泉植物同好会、10年近畿植物同好会と改称し、戦後も長く続いたが、発会から亡くなるまでの約50年間にわたって会長の任に当たり、会員の指導に努めた。また、自身も植物研究を進め、13年田代との共著で地方植物誌の先駆的業績として知られる「大阪府植物誌」を刊行した。26年大阪市立自然学芸員(32年から同博物館嘱託)。37年には枚岡市誌編纂委員となり、同市の植物を調査した際に原始蓮を発見した。同年に帰郷した後は和歌山県文化財審議委員や和歌山県文化財研究会理事などを務め、西牟婁郡すさみ町の江須崎暖地性植物群落や日高郡美山村西の河自然林などを調査。傍ら「有田市誌」「御坊市誌」「日高町誌」などで各地の植生などについて執筆した。42年からは夙川女子短期大学教授として再び教壇に立った。晩年は万葉集に出てくるムロノキについて研究し、45年の植物分類地理学会及び46年の万葉学会で発表した「万葉集ムロノキ考」は万葉植物にも精通した歌人・土屋文明に支持されるなど、大きな反響を呼んだ。著書に「春と初夏の野外植物」「夏と秋の野外植物」「標準植物観察図鑑」などがある。

【著作】
◇原色日本植物図鑑 草本篇 第1 合弁花類(保育社の原色図鑑 第15) 北村四郎,村田源,堀勝共著 保育社 1957 297p 図版70枚 22cm
◇原色野外観察図鑑 堀勝著 保育社 1961～1962 4冊 19cm
◇大阪府植物誌 堀勝著 六月社 1962 421p 図版 27cm
◇原色植物観察図鑑 堀勝著 保育社 1973 220p 図96枚 20cm

堀内 仙右衛門
ほりうち・せんえもん

天保15年（1844年）～昭和8年（1933年）

篤農家　南陽社社長
別名は為左衛門。紀伊国那賀郡安楽川村（和歌山県紀の川市）出生。賞緑綬褒章。

紀伊那賀郡の庄屋の家に生まれる。はじめ醤油や酒の醸造を業とするが、明治2年に有田や宇治を視察して温州ミカンや茶の有望性に着目し、帰郷してそれらの栽培を開始した。百合山を開き、ミカン栽培に従事。10年仲買人から生産者を守るため、同業でのちに「ネーブル柑橘全書」を著述（森重之丈との共著）。堂本秀之進らとミカン出荷組合の南陽社（のち改進社に改称）を結成し、販路を全国に広げた。18年には温州ミカンを米国カリフォルニアに輸出するが、同地の名産ネーブルオレンジの前に苦戦。そこで、ネーブルオレンジの苗2本を入手し、ミカンへの接木の方法を編み出すなど栽培に工夫を凝らし、その普及に成功。35年には日本産のネーブルを米国に逆輸出するまでに至った。その他、河川改修や道路工事などにも功があり、緑綬褒章を受けた。

【著作】
◇ネーブル柑栽培全書　堀内兼一著　堀内仙右衛門　1897.2　33p 20cm

堀川 富弥
ほりかわ・とみや

大正9年（1920年）～昭和31年（1956年）3月

植物学者
京都大学理学部〔昭和24年〕卒。団京都植物同好会、近畿植物同好会。

昭和17年広島高等師範学校から広島文理科大学に進み、さらに21年京都大学理学部に入学して植物分類学を専攻。24年同大卒業後も大学院に残って研究を続け、短期間講師として教壇に立ち、将来を嘱望された。尾状花群の分類地理学的研究を専門とし、特にカシ類やシデ類を熱心に調査・収集。また京都植物同好会や近畿植物同好会に参加し、採集会の指導もたびたび行うなど京都の植物にも精通した。胃潰瘍に悩まされ、腹が減ると胃が痛むといい重曹を嘗めながらも植物採集を続行したが、昭和31年35歳の若さで亡くなった。

堀川 芳雄
ほりかわ・よしお

明治35年（1902年）10月6日～
昭和51年（1976年）3月18日

広島大学名誉教授
熊本県玉名郡南関町出身。東北帝国大学生物学科〔昭和4年〕卒。団植物分類学、植物生態学。賞中国文化賞〔昭和17年〕、勲二等瑞宝章〔昭和47年〕。

東北帝国大学生物学科在学中から中井猛之進の指導の下で蘚苔類の研究を始める。昭和4年広島高等師範学校教授となり、植物学を担当。同年「Studies on the Hepaticae of Japan 1」を著し、我が国における苔類研究に先鞭をつけた。のち広島文理科大学講師、助教授を経て、16年教授。25年には広島植物研究会を結成し、学術雑誌「ヒコビア」を創刊した。28年広島大学理学部教授。日本各地だけでなく北は樺太から南はミクロネシアまで様々な地域で活動し、多数の新種を発見。戦後には日本列島における植物分布図の作成にも力を注いだ。また門下から野口彰や鈴木兵二、安藤久次らすぐれた学者を育てたほか、宮島自然植物園の設置なども行った。他の著書に「植物生態学」「厳島に自生する植物種類誌」、「日本植物分布図譜」（英文）などがある。

【著作】
◇国民学校博物学提要　堀川芳雄著　積善館　1941　423p 22cm
◇蘚苔類（生物学実験法講座 第4巻 A）　堀川芳雄著、岡田弥一郎編　中山書店　1954　37p 21cm

◇生物の分類と材料の処理（初等・中等生物教育講座 第6巻） 堀川芳雄等著, 市川純彦等編　中山書店　1959　328p 図版 22cm
◇現代生物学大系 第5巻 下等植物 A　堀川芳雄監修　中山書店　1966　274p（おもに図版）27cm
◇現代生物学大系 第6巻 下等植物 B　堀川芳雄監修　中山書店　1967　330p（おもに図版）27cm
◇Atlas of the Japanese flora―, an introduction to plant sociology of East Asia 〔By〕Yoshiwo Horikawa Gakken 〔1972～1976〕2冊 38cm

本多 静六
ほんだ・せいろく

慶応2年（1866年）5月20日～
昭和27年（1952年）1月29日

森林学者　東京帝国大学名誉教授

旧姓名は柳原。武蔵国南埼玉郡河原井村（埼玉県菖浦町）出生。東京農林学校林学部本科（現・東京大学農学部林学科）〔明治23年〕卒。林学博士〔明治32年〕。

生家は里正を務めた家柄であったが、父の急死によって没落し、少年時代は苦学した。明治22年女医の先駆である本多銓子と結婚し、本多姓となる。23年東京農林学校を卒業すると自費でドイツ・ミュンヘン大学に留学して林学と経済学を修め、25年国家経済学博士の学位を得て帰国後は帝国大学農科大学助教授となって造林学を講じた。32年「日本森林植物帯論」で我が国最初の林学博士となる。33年教授に進み、大正4年には新たに造園学講座を開いた。この間、東京の水源林である奥多摩の山林が荒廃しているのを嘆き、明治30年東京府知事・千家尊福を説いて多摩川の水源林経営を行わせるのに成功。さらに33年には府の森林調査を嘱託されて御料林の払下げや民有林の保護に当たった。36年東京市の依頼で我が国初の近代的公園・日比谷公園を造成。同公園には彼が自らの首を賭けて保護・移植したという"本多博士の首賭けイチョウ"（もとは日比谷見附にあり、道路の拡張により伐採されるところであった）がある。大正4年には東京の明治神宮の造営局参与に任ぜられ、その神苑の設計に当たった。他にも北海道の大沼公園、福島県の鶴ケ城公園、石川県の卯辰山公園、長野県の小諸公園、福岡県の大濠公園など、造園・補修を手がけた公園、防雪林、水源林などは数多い。また帝国森林会、日本庭園協会を創立するなど、林学の普及・啓蒙にも力を尽くした。昭和2年定年退官。5年には国立公園調査委員に選ばれ、我が国の国立・国定公園の基礎を築いた。一方、収入の4分の1を貯蓄に充て、残りで倹約して生活する"4分の1天引き貯金"を考案・実践し、それらを山林、山地、株などに投資して学者としては珍しく財をなし、同年5000ヘクタールの美林を育英事業のため郷里の埼玉県に寄付した。身上相談や道徳訓話でも知られた。著書に「本多造林学」（全10巻）、「処世の秘訣」「新人生観と新生活」などがある。

【著作】
◇各国の公園, 運動場, 登山地其の他保健的施設　本多静六著　本多静六　〔出版年不明〕　30p 26cm
◇林政革新私議（東京専門学校政治科第1年級第7回講義録）　本多静六述　東京専門学校　〔出版年不明〕　50p 21cm
◇林政学―国家と森林の関係　本多静六著　本多静六　1894, 1895　2冊（前256, 後編286p）22cm
◇造林学各論 第1, 2編　本多静六著　池田商店　1898, 1901　2冊　23cm
◇林業講話筆記　本多静六述　徳島県那賀郡　1899.3　32p 25cm
◇学校樹栽造林法　本多静六著　金港堂　1899.10　100p 23cm
◇提要造林学（帝国百科全書 第37編）　本多静六著　博文館　1899.11　338p 24cm
◇日本森林植物帯論　本多静六著　本多静六　1900.4　89p 23cm
◇実用森林学　本多静六著　早稲田農園　1902　2冊（上246, 下巻254p）23cm
◇本多林学博士講話筆記　本多静六述　新潟県　1902.3　108p 23cm
◇林学教科書　本多静六編　中外図書局　1903.2　248, 16p 23cm
◇林政学〈増訂〉　本多静六著　博文館　1903.10　550, 38p 22cm
◇民林改良法講話筆記　本多静六述　埼玉県北足立郡農会　1904.8　41, 10p 22cm
◇森林家必携　本多静六等編　早稲田農園書籍部　1904.9　1冊 15cm

ほんた　　　　　　　　　　　　　　　　　　　　　　　　　　　　　　植物文化人物事典

◇民林改良法講話　本多静六著　早稲田農園書籍部　1904.9　41p 23cm
◇本多林学博士学林樹栽法講話　本多静六述，本郷高徳記　早稲田農園　1905　62p 19cm
◇本多林学博士之森林談　本多静六述　大阪府内務部　1908.10　17p 23cm
◇林学要論（農学叢書 第10編）　本多静六著，西師意訳　東亜公司　1909.8　182p 22cm
◇林学要義　本多静六，西垣晋作編　精美堂　1911.7　266p 地図 22cm
◇造林学本論　本多静六著　三浦書店　1912.1　1087p 22cm
◇林学教科書〈改訂〉　本多静六編　春秋堂　1912.1　260p 23cm
◇大日本老樹名木誌　本多静六編　大日本山林会　1913　343p 23cm
◇軍隊農事講習演集 第1集［森林の効用（本多静六）］　大日本農会　1915　22cm
◇日州青島ノ保護利用策　本多静六著　宮崎郡　1918　52p 22cm
◇広島県備後国帝釈風景利用策　本多静六設計　帝釈保勝会　1919　31p 23cm
◇随縁詞藻　本多晋著，本多静六編　本多静六　1922　1冊 肖像 22cm
◇信州駒ケ岳森林公園と菅の台避暑地計画案　本多静六，上原敬二著　赤穂町商工会　1923　63p 23cm
◇明治文化発祥記念誌［我林学界に貢献した四外人（本多静六）］　大日本文明協会編　大日本文明協会　1924　182p 図版 23cm
◇野幌林間大学講演集［第1輯］［世界の文化と森林の民衆化（本多静六）］　北海道林業会編　北海道林業会　1924　22cm
◇経済学全集 第42巻 現代日本経済の研究 下［日本の山林（本多静六）］　改造社　1930　665p 肖像 20cm
◇植樹デーと植樹の功徳　本多静六〔述〕　帝国森林会　1931　1冊（頁付なし）22cm
◇家庭野菜の作り方　本多静六著　教育科学社　1944　88p 19cm
◇若き日の軌跡—私の学生の頃 第2集［楽しい苦学生（本多静六）］　今井登志喜等著　学生書房　1948　221p 18cm
◇本多静六体験八十五年　大日本雄弁会講談社　1952　304p 図版 19cm
◇森林家必携〈増補改訂版〉　本多静六原著，帝国森林会改訂　林家共済会　1961　793p 15cm
◇世界ノンフィクション全集 第36［体験八十五年（本多静六）］　中野好夫，吉川幸次郎，桑原武夫共編　筑摩書房　1962　478p 図版 19cm
◇明治文化全集 第11巻教育篇［小学校樹栽日実施の方案（本多静六）］　明治文化研究会編　日本評論社　1992.10　52, 587p 23cm
◇本多静六自伝体験八十五年　本多静六著，本多健一監修　実業之日本社　2006.2　269p 19cm

【評伝・参考文献】

◇林業先人伝—技術者の職場の礎石　日本林業技術協会　1962　605p 22cm
◇日本公園百年史　日本公園百年史刊行会編　日本公園百年史刊行会　1978.8　690p 27cm
◇財運はこうしてつかめ—明治の億万長者本多静六 開運と蓄財の秘術　渡部昇一著　致知出版社　2000.3　253p 19cm
◇まちづくり人国記—パイオニアたちは未来にどう挑んだのか（文化とまちづくり叢書）　「地域開発ニュース」編集部編　水曜社　2005.4　253p 21cm
◇国立公園成立史の研究—開発と自然保護の確執を中心に　村串仁三郎著　法政大学出版局　2005.4　417p 21cm
◇本多静六日本の森林を育てた人　遠山益著　実業之日本社　2006.10　298p 20cm
◇本多静六一日一話—人生成功のヒント366　本多静六著，池田光編　PHP研究所　2006.11　221p 18cm

【その他の主な著作】

◇幸福とは何ぞや—附・子孫の幸福と努力主義　本多静六述　帝国森林会　1928　46p 23cm
◇温泉場の経営法　本多静六著　日本温泉協会　1931　101p 20cm
◇成功の秘訣　本多静六〔述〕　埼玉県人会　1936　26p 19cm
◇幸福への道（新興生活叢書 第21輯）　本多静六著　佐藤新興生活館　1940　41p 19cm
◇幸福なる生活　本多静六著　主婦之友社　1941　291p 19cm
◇決戦下の生活法　本多静六著　主婦之友社　1942　138p 19cm
◇耐乏生活の実践　本多静六著　教育科学社　1944　82p 19cm
◇克乏の食生活—現下食生活の活路　本多静六著　旺文社　1946　47p 19cm
◇人生百二十一健康長寿生活　本多静六著　佐竹書房　1950　148p 図版 19cm
◇私の財産告白　本多静六著　実業之日本社　1950.11　206p 19cm
◇たのしみを創る生活（現代教養選書 第11）　本多静六著　高風館　1951　254p 19cm
◇私の生活流儀　本多静六著　実業之日本社　1951　206p 図版 19cm
◇私の体験成功法　本多静六著　高風館　1951　279p 19cm
◇人生案内—実話身の上相談〈2版〉　本多静六著　高風館　1951　306p 18cm
◇人生計画の立て方　本多静六著　実業之日本社　1952　240p 図版 19cm
◇すぐ幸福になれる法　本多静六著　実業之日本社　1962　278p 図版 19cm
◇わが処世の秘訣—幸福・成功　本多静六著　実業之日本社　1978.7　254p 19cm
◇わが蓄財の秘訣—幸福・成功　本多静六著　実業之日本社　1978.7　221p 19cm

◇健康長寿の秘訣――幸福・成功　本多静六著　実業之日本社　1978.9　221p 19cm
◇人生設計の秘訣――幸福・成功　本多静六著　実業之日本社　1978.9　238p 19cm
◇自分を生かす人生　本多静六著　三笠書房　1992.10　232p 20cm
◇お金・仕事に満足し、人の信頼を得る法――東京帝大教授が教える『わが処世の秘訣』より　本多静六著　三笠書房　2005.9　238p 20cm
◇本多静六 人生を豊かにする言葉　本多静六著, 池田光解説　イースト・プレス　2006.5　207p 18cm
◇本多静六のようになりたいなら、その秘訣を公開しよう　本多静六著　三笠書房　2006.10　153p 19cm

本多　藤雄

ほんだ・ふじお

昭和4年(1929年)2月20日～
平成15年(2003年)5月10日

農林水産省野菜・茶業試験場長
熊本県熊本市出生, 福岡県久留米市出身。東京大学農学部農学科園芸専攻〔昭和28年〕卒。團野菜園芸学　団日本園芸学会　賞農林大臣賞功績賞〔昭和53年〕「促成イチゴの品種育成並びに栽培技術の確立」, 勲三等瑞宝章〔平成11年〕。

昭和28年九州農業試験場園芸部に入る。40年園芸試験場久留米支場そ菜第二研究室長、48年野菜試験場久留米支場栽培研究室長、51年同育種第二研究室長、57年野菜試験場久留米支場長、61年野菜・茶業試験場長。63年7月退官。作出した品種にイチゴ'はるのか''とよのか'など。

【著作】
◇生理・生態からみたイチゴの栽培技術　本多藤雄著　誠文堂新光社　1977.11　469p 22cm
◇これからのイチゴ栽培――経営と技術　本多藤雄編　家の光協会　1979.6　271p 22cm
◇果菜の上手なつくり方(野菜栽培シリーズ 1)　本多藤雄監修　家の光協会　1986.10　173p 21cm
◇葉茎菜の上手なつくり方(野菜栽培シリーズ 2)　本多藤雄監修　家の光協会　1986.12　157p 21cm

本田　正次

ほんだ・まさじ

明治30年(1897年)1月20日～
昭和59年(1984年)7月1日

東京大学名誉教授
熊本県熊本市出生。東京帝国大学理学部植物学科〔大正10年〕卒。理学博士〔昭和6年〕。團植物分類学　団日本植物友の会(会長), 日本植物園協会　賞勲三等旭日中綬章〔昭和45年〕。

尋常小学校時代から植物の研究を志したといい、旧制五高を経て、大正7年東京帝国大学理科大学植物学科に入学。在学中は松村任三の指導を受けて植物分類学を専攻し、10年卒業して同助手となる。主にイネ科植物を研究し、昭和6年「タケ類を除いた日本産イネ科植物種類誌」で理学博士号を取得。6年以降、昭和女子薬学専門学校講師、東京女子高等師範学校(現・お茶の水女子大学)、千葉高等園芸学校(現・千葉大学園芸学部)などで教鞭を執り、8年には第一次満蒙学術調査研究団に参加して中井猛之進や北川政夫らと共に満州国熱河省で植物調査に当たった。9年東京帝国大学理学部助教授、17年教授となり、植物学第一講座(植物分類学)を担当、東京・小石川の附属植物園長を兼ねた。16年文部省から植物の基礎調査研究のためインドシナに派遣され、さらに東南アジアの資源調査に関する準備で北ベトナムやタイ、マレーなども訪問している。戦後、21年日本植物園協会の設立に参画し副会長に就任、28年日本植物友の会の創立に伴い同会長に推された。32年定年退官。昭和天皇の植物学の先生役も務め、伊豆や那須での山歩きのお伴をした。天然記念物や文化財の保護にも力を尽くした。著書に「日本のサクラ」「大綱植物分類学」「日本植物名鑑」「植物の分類」「植物の世界」「実や種子の散り方」「植物学のおもしろさ」などがある。

【著作】
◇大綱日本植物分類学　本田正次, 向坂道治著　綜合科学出版協会　1930
◇大綱日本植物分類表　本田正次, 向坂道治著　綜合科学出版協会　1930　1冊 23cm
◇趣味の科学写真　野草の巻　本庄伯郎, 本田正次著　綜合科学出版協会　1931　191p 19cm
◇植物採集と標本製作法　本田正次, 久内清孝著　綜合科学出版協会　1931　163p 図版59枚 20cm
◇色彩図版全植物辞典　本田正次著　修教社　1931
◇千葉高等園芸学校学術報告［第2号 松戸附近植物目録(本田正次)］　千葉高等園芸学校編　千葉高等園芸学校　1932～1942　26cm
◇第一次満蒙学術調査研究報告　第一次満蒙学術調査研究団　1934～1940　26冊 図版 27cm
◇日独文化講演集 第9輯 シーボルト記念号［シーボルトと植物分類学(本田正次)］　日独文化協会　1935　115p 図版 表 22cm
◇世界生物写真集　岡田弥一郎, 本田正次編　三省堂　1936　150, 3, 16p 22cm
◇日本植物学名索引 昭和9-11年発表　本田正次編　内田老鶴圃　1936～1938　3冊 23cm
◇最新科学の驚異 第4巻 植物の世界　本田正次著　太陽閣　1937　250p 26cm
◇大日本植物誌 第1-9　中井猛之進, 本田正次監修　三省堂　1938～1943　26cm
◇全植物辞典―色彩図版　本田正次著　河野成光館　1939　534p 図版 17cm
◇大綱日本植物分類学〈新版〉　本田正次, 向坂道治著　厚生閣　1939　408p 23cm
◇日本植物名彙　本田正次著　三省堂　1939　201p 18cm
◇動物と植物の生活(新日本少年少女文庫 第7篇)　寺尾新, 本田正次著　新潮社　1940.5　287p 21cm
◇植物と生活　本田正次著　岡倉書房　1941　309p 19cm
◇武蔵野　田村剛, 本田正次共編　科学主義工業社　1941　529p 図版 19cm
◇霧ケ峯の植物　本田正次, 飛田広著　厚生閣　1941　296p 19cm
◇原色野外の樹木　本田正次著　三省堂　1942　図版50枚 107p 5×10cm
◇天然紀念物調査報告 植物之部 第19輯［新潟県下の植物に関するもの(本田正次)］　文部省編　文部省　1942　26cm
◇野草案内　本田正次著　科学主義工業社　1943　145, [24] p 図版 19cm
◇自然科学観察と研究叢書 日本列島篇　本田正次, 山雅寿編　1944　489p 表 22cm
◇大東亜の科学［東亜の植物(本田正次)］　日本科学協会編　文松堂出版　1944　248p 21cm
◇生物学概説　本田正次等著　師範学校教科書　1948　405p 図版 21cm

◇実や種子の散りかた　本田正次著, 本田法子画　岩崎書店　1951　54p 21cm
◇植物の種類(理科文庫 第1)　本田正次著　三省堂出版　1951　225p 15cm
◇大日本植物誌 第10号 おとぎりさう科　木村陽二郎著, 中井猛之進, 本田正次監修　国立科学博物館　1951　273p 27cm
◇動植物採集案内　鏑木外岐雄, 本田正次共著　旺文社　1952　190p 19cm
◇くだものの画報(講談社の絵本 69)　本田正次監修　大日本雄弁会講談社　1952.5　48p 26cm
◇原色高山植物　本田正次, 清棲幸保共著　三省堂出版　1953　原色図版96p(解説共) 53p 19cm
◇草木春秋　本田正次著　石崎書店　1953　253p 19cm
◇原色秋の野外植物〈3版〉　本田正次著　三省堂出版　1954　原色図版236p(解説, 索引共) 10×15cm
◇皇居に生きる武蔵野［御研究ぶりを拝して(本田正次)］　毎日新聞社社会部, 写真部編　毎日新聞社　1954　112p(図版解説共)原色図版1枚 27cm
◇採集・標本製作法［植物採集法(本田正次)］(生物学実験法講座 第2巻A)　岡田弥一郎編　中山書店　1954　118p 21cm
◇原色夏の野外植物〈4版〉　本田正次著　三省堂出版　1956　原色図版243p(解説・索引共) 10×15cm
◇原色春の野外植物〈5版〉　本田正次著　三省堂出版　1956　原色図版232p(解説, 索引共) 10×15cm
◇伊豆七島学術調査報告　東京都建設局公園緑地部　1957　133p 図版 地図 26cm
◇郷土の花(三省堂百科シリーズ)　本田正次著　三省堂　1957　175p 図版 17cm
◇植物文化財―天然記念物・植物　本田正次著　本田正次教授還暦記念会　1957　439p 図版 19cm
◇天然記念物(原色図鑑ライブラリー 第36)　内田清之助, 本田正次監修, 北隆館編集部編　北隆館　1957　図版72p(解説, 索引共)18cm
◇日本植物名彙　本田正次著　恒星社厚生閣　1957　389, 126p 19cm
◇原色高山植物　本田正次著　三省堂　1960　223p (原色図版216p共) 9×13cm
◇資料生物学　本田正次著　清水書院　1960　319p 図版 22cm
◇科学随筆全集 第8植物の世界［マリモの神秘 他20篇(本田正次)］　吉田洋一, 中谷宇吉郎, 緒方富雄編　学生社　1961　348p 図版 20cm
◇高校生物講義　本田正次, 三輪知雄, 丘英通共著　三省堂　1962　568p 22cm
◇理科観察の図鑑(小学館の学習図鑑シリーズ 23)　本田正次, 井上勤, 両角亮治共著　小学館　1962.9　149p 27cm

454

◇十人百話 第3［草木を友に十話(本田正次)］ 毎日新聞社 1963 196p 19cm
◇原色植物百科図鑑 本田正次, 水島正美, 鈴木重隆編 集英社 1964 799p(図版 解説共) 19cm
◇樹木三十六話 上原敬二, 本田正次, 三浦伊八郎共著 地球出版 1966 191p 19cm
◇生物の完全研究(事項解説・テーマ学習) 本田正次編著 清水書院 〔1966〕 480p 22cm
◇日本百科大事典 別冊［第5］原色植物図鑑 本田正次, 水島正美編 小学館 1966 475p(図版共) 27cm
◇原色県花・県鳥―物語と図鑑 中西悟堂, 本田正次編 東雲堂出版 1967 184p(図版解説共) 27cm
◇原色植物百科図鑑 本田正次, 水島正美編 小学館 1967 475p(図版共) 27cm
◇東京都文化財調査報告書 第23 北東低地帯文化財総合調査報告 第1分冊 葛西の文化財［葛西地区の植物(本田正次, 矢野佐, 小松崎一雄)］ 東京都教育委員会 1970 166p 図版 表 26cm
◇原色植物百科図鑑 本田正次, 水島正美, 鈴木重隆編 集英社 1973 798p(図共)19cm
◇私の植物紀行(三省堂ブックス) 本田正次著 三省堂 1973 259p 19cm
◇日本のサクラ 本田正次, 林弥栄共編 誠文堂新光社 1974 306p 図 22cm
◇神と杜［神への敬虔, 杜への感謝(本田正次)］ 桜井勝之進編 神と杜刊行会 1976 331p 図 22cm
◇植物の観察と標本の作り方(グリーンブックス 24) 本田正次, 矢野佐著 ニュー・サイエンス社 1979.5 99p 19cm
◇小学館の原色図鑑―ポケット版 小学館 1981.7 5冊 19cm
◇日本植物記(東書選書 68) 本田正次著 東京書籍 1981.10 242p 19cm
◇桜―花と木の文化 本田正次, 松田修著 家の光協会 1982.3 294p 20cm
◇原色牧野植物大図鑑 牧野富太郎著, 本田正次編 北隆館 1982.7～1983.5 2冊 26cm
◇植物学のおもしろさ(朝日選書 366) 本田正次著 朝日新聞社 1988.11 273p 19cm
◇花の名随筆 1 一月の花［植物歳時記［一月］(本田正次)］ 大岡信, 田中澄江, 塚谷裕一監修 作品社 1998.11 222p 19cm
◇花の名随筆 11 十一月の花［林間に酒を煖めて紅葉を焼く(本田正次)］ 大岡信, 田中澄江, 塚谷裕一監修 作品社 1999.10 221p 18×14cm
◇野草〈改訂新版〉(原色ワイド図鑑)［本田正次, 矢野佐, 高橋秀男］〔監修〕 学習研究社 2002.11 215p 31cm

真家 信太郎

まいえ・しんたろう

明治2年(1869年)9月8日～
昭和6年(1931年)6月4日

農業指導者　園部村(茨城県)村長
茨城県園部村(石岡市)出身。

　若くして郷里の茨城県園部村の農会長に押され、郡農会副会長や村長を歴任。傍ら農事改良に力を尽くし、農業の先進地を自ら調査してその長所を導入。特に大豆の品種改良で知られる。明治33年には千葉県北条町(現・館山市)で野菜の促成栽培の視察。34年以降園部村でも促成栽培の試作を開始し、試行錯誤の末これを成功させた。大正5年園部村共同蔬菜促成移出組合を結成し、同村における商業的農業の礎を築いた。

前川 文夫

まえかわ・ふみお

明治41年(1908年)10月26日～
昭和59年(1984年)1月13日

植物学者　東京大学名誉教授
三重県一志郡一志町(津市)出生。父は前川三郎(慶應義塾大学名誉教授)、岳父は中井猛之進(植物分類学者)。東京帝国大学理学部植物学科〔昭和7年〕卒。理学博士(東京帝国大学)〔昭和15年〕。团植物分類学, 植物形態学, 民俗植物学 団植物学会, 第四紀学会, 植物園協会。

　父は慶應義塾大学名誉教授・前川三郎。東京帝国大学理学部植物学科に学び、中井猛之進に師事して植物分類学を専攻、9年同大助手。この間、カンアオイ属、ギボウシ属、テンナン

455

ショウ属などの分類学的研究を進め、15年ギボウシ属のモノグラフに関する論文で理学博士の学位を得た。14年応召して中国中部に従軍したが、上官の計らいによって植物の研究を許され、同地の植物をじっくり観察することにより比較器官学的考察を進めた。この経験をもとに、植物相のよく似た中国と日本の植物を比較・検討し、有史以前に中国から日本にもたらされた植物を挙げ、18年にはこれらを史前帰化植物と命名した。同年帰国、助教授を経て、31年教授。44年定年退官。戦後は分類学の基礎となる比較器官学や牧野富太郎の影響による系統学的な研究が主となり、22年動物と植物の分化を細胞学的に説明した生活相の概念を提唱。その後、分類学に回帰し、地球上の現在の植物分布が第三紀中新世に確定したと考え、大陸移動や地磁気の観点から古赤道を想定し、これにドクウツギの隔離分布を当てはめた古赤道分布説を唱えるなど、スケールの大きい発想と学説で知られた。その他にも本州中部を縦断するフォッサマグナを植物分布の境界とする説や、北海道有珠山の爆発と植物の種の変動についての研究などがある。また植物名の語源を探るなど植物民俗学の分野でも活躍。専門及びアマチュア植物家の育成及び、初等・中等教育用理科教科書の編集など植物啓蒙にも多くの時間を割いた。著書に「日本人と植物」「日本の植物区系」「植物の進化を探る」「植物の名前の話」などがある。

【著作】
◇新しい物理の知識［分類学の基礎的問題（前川文夫）］（科学新集） 服部静夫等著 大日本図書 1949 186p 19cm
◇人文科学の諸問題—共同研究課題「稲」［植物学からみた「稲」（前川文夫）］（〔八学会年報〕〔第1集〕） 八学会連合編 関書院 1949 230p 21cm
◇生物の変異性［植物における変異と地史との関連について（前川文夫）］（科学文献抄 第25） 民主主義科学者協会生物学部会編 岩波書店 1953 116p 26cm
◇生物実験問題模範精講 前川文夫監修 関東出版社 1954 162p 19cm
◇対馬の自然と文化［対馬の植物方言 他（前川文夫）］（総合研究報告 第2） 九学会連合対馬共同調査委員会編 古今書院 1954 573p 図版 26cm
◇植物分類学研究法（生物学実験法講座 第4巻F） 前川文夫著、岡田弥一郎編 中山書店 1955 58p 21cm
◇万花譜 第1巻 3月の花 辻永画、牧野富太郎校訂、前川文夫, 佐々木尚友, 久保田美夫解説 平凡社 1955 原色図版128枚（解説共）26cm
◇万花譜 第2巻 4月の花 辻永画、牧野富太郎校訂、前川文夫, 佐々木尚友, 久保田美夫解説 平凡社 1955 原色図版128枚（解説共）26cm
◇万花譜 第3巻 4月の花 第2 辻永画, 牧野富太郎校訂, 前川文夫, 佐々木尚友, 久保田美夫解説 平凡社 1955 原色図版128枚（解説共）26cm
◇万花譜 第4巻 5月の花 第1 辻永画、牧野富太郎校訂, 前川文夫, 佐々木尚友, 久保田美夫解説 平凡社 1955 原色図版128枚（解説共）26cm
◇万花譜 第5巻 5月の花 第2 辻永画, 牧野富太郎校訂, 前川文夫, 佐々木尚友, 久保田美夫解説 平凡社 1955 原色図版128枚（解説共）26cm
◇万花譜 第6巻 6月の花 第1 辻永画、牧野富太郎校訂, 前川文夫, 佐々木尚友, 久保田美夫解説 平凡社 1955 原色図版122枚（解説共）26cm
◇植物器官学実験法（生物学実験法講座 第4巻H） 前川文夫, 竹内正幸著, 岡田弥一郎編 中山書店 1956 53p 21cm
◇万花譜 第7巻 6月の花 第2 辻永画, 牧野富太郎校訂, 前川文夫, 佐々木尚友, 久保田美夫解説 平凡社 1956 原色図版128枚（解説共）26cm
◇万花譜 第8巻 7月の花 辻永画、牧野富太郎校訂, 〔前川文夫, 佐々木尚友, 久保田美夫解説〕 平凡社 1956 原色図版128枚（解説共）26cm
◇万花譜 第9巻 8月の花 辻永画、牧野富太郎校訂, 前川文夫, 佐々木尚友, 久保田美夫解説 平凡社 1956 原色図版128枚（解説共）26cm
◇万花譜 第10巻 9月の花 辻永画、牧野富太郎校訂, 前川文夫, 佐々木尚友, 久保田美夫解説 平凡社 1956 原色図版128枚（解説共）26cm
◇万花譜 第11巻 10, 11, 12月の花 辻永画、牧野富太郎校訂, 前川文夫, 佐々木尚友, 久保田美夫解説 平凡社 1957 原色図版128枚（解説共）26cm
◇万花譜 第12巻、索引 1, 2月の花 辻永画、牧野富太郎校訂, 前川文夫, 佐々木尚友, 久保田美夫解説 平凡社 1957 2冊（索引共）26cm
◇ダーウイン進化論百年記念論集［分類学（前川文夫, 前島春雄）］ 丘英通編 日本学術振興会 1960 229p 27cm
◇牧野新日本植物図鑑 牧野富太郎著, 前川文夫, 原寛, 津山尚編 北隆館 1961.6 1057p 図版 27cm
◇稲の日本史 下［南米の野生稲（前川文夫）］（筑摩叢書） 盛永俊太郎等編 筑摩書房 1969 355p 図版 地図 19cm
◇植物の進化を探る（岩波新書） 前川文夫著 岩波書店 1969 204p 図版 18cm

◇原色日本のラン―日本ラン科植物図譜　前川文夫著　誠文堂新光社　1971　495p（図共）31cm
◇探検と冒険［野生植物の宝庫を訪ねて（前川文夫）］（朝日講座4）　朝日新聞社編　朝日新聞社　1972　455p 図 20cm
◇日本人と植物（岩波新書）　前川文夫著　岩波書店　1973　193p 18cm
◇日本の植物区系（玉川選書）　前川文夫著　玉川大学出版部　1977.4　178p 19cm
◇日本固有の植物（玉川選書）　前川文夫著　玉川大学出版部　1978.6　204p 19cm
◇雲南の植物と民俗　前川文夫〔ほか〕著　工作舎　1981.2　145p 27cm
◇植物の名前の話（植物と文化双書）　前川文夫著　八坂書房　1981.4　164, 8p 23cm
◇マメ科資源植物便覧　湯浅浩史, 前川文夫編　日本科学協会　1987.3　511p 27cm
◇植物入門〈改訂新装版〉　前川文夫著　八坂書房　1995.4　175p 20cm
◇植物の形と進化　前川文夫著　八坂書房　1998.10　262p 20cm
◇植物の来た道　前川文夫著　八坂書房　1998.11　238p 20cm
◇日本の植物と自然　前川文夫著　八坂書房　1998.12　310p 20cm
◇日本野生植物図鑑　前川文夫監修　八坂書房　1999.2　351p 19cm
◇花の名随筆6　六月の花［クリの花（前川文夫）］　大岡信, 田中澄江, 塚谷裕一監修　作品社　1999.5　230p 19cm
◇花の名随筆12　十二月の花［クリスマスのヒイラギ（前川文夫）］　大岡信, 田中澄江, 塚谷裕一監修　作品社　1999.11　238p 18×14cm

【評伝・参考文献】
◇前川文夫氏記念文庫目録　東京農業大学図書館編　東京農業大学図書館　1985.5　584p 26cm

前田　威成

まえだ・しげなり

明治24年（1891年）7月22日～
昭和52年（1977年）3月11日

細胞遺伝学者　広島大学教授
兵庫県姫路市出生。京都帝国大学理学部植物学科〔大正13年〕卒。理学博士。賞日本遺伝学会賞〔昭和22年〕。

大正13年京都帝国大学理学部助手、昭和17年広島高校教授を経て、25年広島大学教授。この間、22年日本遺伝学会賞受賞。31年定年退官後は甲南大学教授となり、42年まで務めた。植物の生殖細胞形成時における染色体の行動に関する研究を専門とし、鋭い観察力と洞察力で染色体の構造や相同染色体の接合及び分離を解明するなど、様々な業績を残した。著作に「キアズマ型の説」などがある。

【著作】
◇植物学綜説　第9巻　キアズマ型の説　前田威成著　内田老鶴圃　1943　207p 19cm

前田　曙山

まえだ・しょざん

明治4年（1871年）11月21日～
昭和16年（1941年）2月8日

小説家, 園芸家
本名は前田次郎。東京・馬喰町（東京都中央区）出生。日本英学館卒。

日本英学館や陸軍予備校に学ぶ。兄・太郎が小説家・川上眉山の友人で、自らも香縁情史と号し硯友社員であったことから、曙山も硯友社系作家として出発し、明治24年「千紫万紅」に処女作「江戸桜」を発表。28年「文藝倶楽部」に掲載された深刻小説的な「蝗うり」が出世作となり、以後「紅葉狩」「にごり水」「腕くらべ」（「千枚張」の改題）「檜舞台」「辻占売」など社会の裏側を描いたものや風刺小説などを次々と発表、通俗的ながら素材の新しさ、珍しさで好評を博した。この間、32年頃から「新小説」の編集に携わる。しかし30年代後半から自然主義が勃興すると次第に小説から園芸方面に重きを置くようになり、「新小説」や「文藝倶楽部」などに植物や園芸に関する随筆を寄稿した。36年春陽堂から「園芸文庫」を刊行。さらに40年頃には出版社橋南堂を興し雑誌「園芸之友」を創刊した他、自身の園芸書や石井研堂「明治事物起原」（初版）なども発行した。登山や高山植物にも興味を持ち、「高山植物叢書」や志村烏嶺との共著「やま」などを上梓。また俳句にも

巧みで、41年から俳誌「キヌタ」を主宰した。大正9年頃から大衆小説作家として文壇に返り咲き、「慕ひ行く影」「覆面使者」などを発表。特に12年の長編時代小説「燃ゆる渦巻」(「大阪朝日新聞」連載)、13年の「落花の舞」(「東京朝日新聞」連載)は共にマキノ・日活が映画を競作するなど人気を得た。著書はほかに「曙山園芸」「趣味の野草」「黒髪夜叉」などがある。

【著作】
◇園芸文庫 前田曙山編 春陽堂 1903〜1905 14冊 23cm
◇草木栽培書 前田次郎著 裳華房 1903.1 276p 24cm
◇高山植物叢書 前田曙山(次郎)著 橋南堂 1907〜1908 152p, 145p 23cm
◇花卉応用装飾法 前田曙山(次郎)著 博文館 1911.4 284p 図版 22cm
◇曙山園芸 前田曙山著 聚精堂 1911.5 691p 16cm
◇四季の園芸―趣味と栽培 前田曙山著 誠文堂書店 1916 691p 15cm
◇趣味の野草―採集栽培 前田曙山著 実業之日本社 1918 376p 19cm
◇和洋草花趣味の栽培 前田曙山著 鈴木書店 1918 429, 18p 19cm
◇やま 志村烏嶺,前田曙山著 岳書房 1980.11 374p 20cm

【その他の主な著作】
◇硯友社文学集(新日本古典文学大系 明治編 21) 山田有策, 猪狩友一, 宇佐美毅校注 岩波書店 2005.1 584p 21cm

前田 綱紀
まえだ・つなのり

寛永20年11月16日(1643年12月26日)〜
享保9年5月9日(1724年6月29日)

加賀藩主
幼名は犬千代、初名は綱利、号は松雲。加賀国(石川県)出身。

　加賀藩第4代藩主・前田光高の嫡男。正保2年(1645年)に父が没したため3歳で家督を継ぎ、祖父・利常が後見となる。承応3年(1654年)徳川幕府第4代将軍・徳川家綱から一字拝領して綱利を名のったが、のち綱紀を称した。利常の死後は妻の父である会津藩主・保科正之の助言を得て藩政に当たり、祖父が施行した総合的農業政策・改作仕法を制度化して農政の改革を図ったほか、村落及び町制の組織整備、職制・軍制の改革、賞罰の厳明化、福井藩との間で起きた領土問題の解決などを次々と実施して藩政の確立に尽力、名君として"政治は一加賀、二土佐"と謳われた。また学問を好み、大学頭・林鳳岡と親交を持ち、外戚の徳川光圀の訓育も受けてしばしば江戸城中で儒学を講ずるほどの学識を持った。また木下順庵を招いて和漢古典の収集や保存を積極的に行い、書物奉行を置いて前田家の尊経閣文庫の充実に努め、"加賀は天下の書府"と称された。「歴代叢書」「古蹟文徴」などといった編纂事業も行ったが、中でも京都の稲生若水を隔年詰という格別の扱いで招聘し、古今の群書から動植物や鉱物、薬品の記事を調査・分類した「庶物類纂」を編纂させたことで名高い。その他にも向井元升に江戸時代最初の食物本草書「庖厨備用倭名本草」を編纂させ、自らも天文・地理・人事・動植物の語義に注を付した「桑華字苑」や考案を加えた動植物の彩色写生図「草木鳥獣図考」を編むなど、本草学の発展にも大きく貢献した。享保8年(1723年)に隠居。

【評伝・参考文献】
◇松雲公小伝 藤岡作太郎著 高木亥三郎 1909 334p 図版41枚 24cm
◇加賀松雲公 近藤磐雄著 羽野知顕 1909 3冊(上698, 中804, 下630p) 22cm
◇先人群像 石川郷土史学会編 石川県図書館協会 1955〜1956 2冊 18cm
◇前田綱紀 若林喜三郎著 吉川弘文館 1961 219p 図版 地図 18cm
◇前田綱紀展―加賀文化の華 開館五周年記念 石川県立美術館編 石川県立美術館 1988 267p 26cm

【その他の主な著作】
◇松雲公御夜話 〔前田綱紀〕述,中村典膳著 国史研究会 1916 312p 19cm

前田 利保
まえだ・としやす

寛政12年2月28日（1800年3月23日）～
安政6年8月18日（1859年9月14日）

越中富山藩主
幼名は啓太郎、号は在樹、自知館、千歳、万香亭、恋花圃、弁物舎、清薫。越中国（富山県）出身。

　越中富山藩第8代藩主・前田利謙の二男として生まれる。文化8年（1811年）兄で第9代藩主・利幹の養嗣子となり、天保6年（1835年）襲封して第10代藩主となる。以来、産物方を設けて陶器・塗物製造や機業の振興に努めたほか、船舶の建造、貿易の奨励などで治績をあげた。また学事の改革にも着手し、その教諭書として「履校約言」を著述、藩校・広徳館では新たに古学や歌学・国語を学ばせた。自身も学芸を好み、栗本瑞見（丹洲）、岩崎灌園、宇田川榕庵に師事して本草学者としても名高く、古今の書物から本草に関する事柄に言及したものを博捜し、稲生若水の「庶物類纂」に匹敵するといわれる「本草通串」94巻や、「通串」に多色刷りの絵図を挿入した「本草通串証図」などを編纂。天保年間（1830年～1843年）には同好の士とはかって動植物・鉱産物の検討会である楮鞭会をたびたび開いている。その本草の知識は富山の地場産業である売薬業の発展にも生かされ、植物園や薬草園を設けて薬草の栽培も盛んに行われた。一方、海野幸典に和歌を学び、国学や国語学など多方面の学にも通じた。弘化3年（1846年）家督を6男の利友に譲って隠居するが、利友が病弱であったため引き続き藩政に関与。7男の利声が利友の跡を継いで第12代藩主となったのちも政務を観たが、経済政策に関して利声と対立、遂には藩を二分するお家騒動に発展した。この件は安政4年（1857年）宗藩である加賀藩の後援を受け、利保が再び政務を執ることで一応の決着を見たが、それから間もなくして没した。著書はほかに「五語脈余流」「万香亭花譜」「清薫集」「和歌の徳」など。

【著作】
◇榠樝図説―山吹異種　〔前田利保著〕　久米市郎写　1894　14丁　27cm
◇本草通串（日本古典全集　第6期）　前田利保編，正宗敦夫校　日本古典全集刊行会　1937～1939　18cm
◇竜沢公御随筆　前田利保著，綿抜豊昭編　桂書房　1994.2　95p 21cm
◇本草通串証図（内閣文庫影印叢刊）　〔前田利保〕〔著〕　国立公文書館内閣文庫　2000.3　68p 21×30cm

【評伝・参考文献】
◇殿様生物学の系譜（朝日選書 421）　科学朝日編　朝日新聞社　1991.3　292p 19cm
◇お殿さまの博物図鑑―富山藩主前田利保と本草学　特別展　富山市郷土博物館編　富山市教育委員会　1998.10　49p 30cm

前原　勘次郎
まえばら・かんじろう

明治23年（1890年）12月5日～
昭和50年（1975年）12月9日

植物学者　人吉高校講師　熊本県玉名郡南関町出生。熊本県師範学校本科第一部〔明治44年〕卒。賞熊本県近代文化功労者顕彰〔昭和28年〕，読売教育賞（第3回）〔昭和29年〕，勲六等瑞宝章〔昭和43年〕。

　明治44年熊本県師範学校を卒業後に教員となり、球磨郡梁瀬尋常高等小学校や同郡多良木尋常高等小学校、多良木農業補習学校などで訓導を務める。11年球磨高等女学校（現・人吉高校）教諭に就任。傍ら熊本県内の植物を調査し、大正7年に採集したツクシサクラバラが新種と認められたのを皮切りに数多くの新種・珍種を発見。それらは東京大学植物学教室に送られて鑑定されたが、中にはオオタチカモジやミヤマササガヤのように、同郷の植物学者・本田正次の手によって彼の名にちなむ*Mayebaranum*の語を含む学名を付けられたものもある。また採集した熊本の植物の分類・整理・標本作りにも余念がなく、それらを目録にまとめて昭和6年「南肥植物誌」を刊行。熊本の各地で開催さ

れた植物採集会の講師も務めた。36年山江村の採集より帰宅後、脳溢血で倒れたが、退院後すぐに採集を再開。47年には採集中に転落して肋骨を負傷、48年にも重態となったが、植物標本を見て意欲を取り戻すと和服にドウランを下げて植物採集に出かけたという。50年にも肺炎に罹って一週間点滴を受け、回復後、今度は車椅子に乗り家人の助けを受けながら採集と標本整理を続けたが、年末に再度発病し、間もなく没した。彼が採集した植物は数の多さもさることながら標本としての完成度も高く、小泉源一は「予日本は勿論、欧米の標品館をも視察したれども、牧野大人（富太郎）の標品以外は、如此優秀なる標本を見しことなし」と絶賛している。

【著作】
◇南肥植物誌　前原勘次郎著　前原勘次郎　1932　86p 図版10枚 27cm

マキシモヴィッチ

Maximowicz, Carl Johann
1827年11月23日～1819年

ロシアの植物学者ツーラ出生。ドルパット大学〔1850年〕卒。

医師であった父は植物を愛好し、その感化のもとで育つ。医学を修めるためドルパット大学（現・エストニアのタルテュ）に入学するが、同大でモンゴルや中国の植物を研究していたブンゲに師事したことから極東アジアの植物に深い関心を持つようになり、植物分類学に転じた。1850年同大を卒業して同大植物園副長となって引き続きブンゲの仕事を手伝い、1852年ペテルブルグ植物園に転任。1854年ロシア政府が派遣した軍艦ディアナに乗り込み、喜望峰、南米、ハワイ経由で間宮海峡沿岸のデ・カストリ湾に到着後、シベリア極東部アムール川（黒龍江）地域に約3年間滞在し、同地の植物を調査した。1857年陸路シベリアを横断してペテルブルグに戻り、1859年アムールでの研究成果をまとめて図版付きの論文「黒龍江植物初誌」を発表。これがロシアの富豪によって設立されていたデミドフ賞を受けたため、同年その賞金で再度アムールに赴き、ウスリー川やその支流スンガリー近辺を調査した。1860年日本が箱館を開港したことを知ると、直ちに渡航を決め、9月ロシアの軍艦に便乗して来日。以後、約1年間に渡り箱館のロシア領事官に寄寓して同地を中心に植物の採集に没頭、この時に奥州出身の須川長之助を雇い、身の回りの世話をさせる一方で植物学や押し葉標本の作り方、ロシア語などを教え、外国人の行けない土地の植物採集にも当たらせた。1861年には箱館を離れて横浜、長崎を拠点に研究を行い、長之助に各地の植物を収集させ、自らも富士山や箱根、九州では彦山や阿蘇山、久住連山などを調査した。1863年多数の標本を携えて帰国した後はペテルブルグ植物園に復帰し、ロシア科学アカデミーの植物博物館長などを歴任。日本での研究結果をまとめる一方、日本に残った長之助や、田中芳男、牧野富太郎、田代安定、宮部金吾ら日本の学者から送られた植物標本の鑑定に当たった。滞日中に発見した新種は多く、トガクシショウマ属など、彼の発表により世界の植物学界に知られるようになったものも多い。

【評伝・参考文献】
◇CARL JOHANN MAXIMOWICZ　菅原繁蔵著　函館市立図書館　1960　32p 図版 26cm
◇マクシモービチと須川長之助―日露交流史の人物　井上幸三　岩手植物の会　1981.6　302p 19cm
◇花の研究史（北村四郎選集4）　北村四郎著　保育社　1990.3　671p 21cm

牧野　貞幹

まきの・さだもと

天明7年（1787年）1月16日～
文政11年（1828年）8月18日

常陸笠間藩主
幼名は外之助、駒吉。

　常陸笠間藩主・牧野貞喜の二男。享和3年（1803年）兄・貞為の死に伴って嫡子となる。文化14年（1817年）父の致仕により家督を継いで笠間藩主となり、従五位下越中守に叙された。以来、父の方針を引き継いで藩政の改革を進め、緊縮施政を旨とし、父の代からの政策である借米の制及び農民への資金貸付を継続したほか農民支配機構の簡素化や囲米制の強化などを行った。特に家臣の教育に力を入れ、文政6年（1823年）藩校・時習館を拡張して学則を定め、7年には医学所である博菜館を設立。さらに9年城下にある私営の武芸場を合併し、文武の養成所である講武館を開設した。傍ら博物学にも関心を持ち、自ら絵筆をとって動植物を写生。自筆の「鳥類写生図」「草花写生」「花木写生」「写生遺編」「琉球草木写生」が国立国会図書館に収蔵されている。

牧野　富太郎
まきの・とみたろう

文久2年（1862年）4月24日～
昭和32年（1957年）1月18日

植物学者　東京帝国大学講師
幼名は誠太郎。土佐国高岡郡佐川村（高知県高岡郡佐川町）出生。小学校中退。日本学士院会員〔昭和25年〕。理学博士〔昭和2年〕。囲植物分類学 囲朝日文化賞〔昭和11年〕、文化功労者〔昭和26年〕、東京都名誉都民〔昭和28年〕、文化勲章〔昭和32年〕。

　土佐国佐川村で酒造業兼雑貨商を営む家に生まれる。明治5年頃から植物に興味を持ち、家の裏手にある山で植物を採集していたという。7年から佐川村に開校した小学校に通うが、間もなく中退し、10年小学校教師となる。12年教職を退き、高知市に出て漢学塾に学ぶがコレラ流行のため帰郷。この頃、高知師範学校に赴任してきた永沼小一郎と知り合い、欧米の植物学について知見を広めた。その他にも「本草綱目啓蒙」の写本などを読み耽り、植物の知識を深めている。14年に第2回内国勧業博覧会見物も兼ねて上京。この時に田中芳男、小野職愨らの知遇を得た。帰郷後は植物採集や標本作りの傍ら、科学啓蒙のための演説会もたびたび開催。17年再び上京し、松村任三・矢田部良吉・大久保三郎から東京大学の植物学教室への出入りを許され、同所の標本や書籍を自由に閲覧する機会を得た。20年田中（市川）延次郎、染谷徳五郎らと「植物学雑誌」を創刊。その間にも日本における植物誌の編纂を志し、自ら石版技術を取得して21年には「日本植物志図篇」の第1集を出版、図や記述の正確さから松村やロシアのマキシモヴィッチらに絶賛された。この図誌はその後も続刊されたが、同様の植物誌の作成を企てていた矢田部に疎んじられ、植物学教室への出入りを禁じられたためマキシモヴィッチを頼ってロシアへの渡航を計画するも彼の死去により頓挫。24年家財整理のため一時帰郷し、植物分類学の研究と標本の採集を続ける一方で、音楽会を開くなど西洋音楽の普及にも貢献した。25年に矢田部が罷免されると松村に呼び戻されて帝国大学助手に就任。初任給は15円であったが、標本の置き場の確保や書籍購入など研究に莫大な費用を費やしたうえ、子だくさんのためそれだけでは一家を養うにも厳しく、加えて良家の育ちで鷹揚な性格であったため生活は日増しに困窮し、家賃は滞納、借金もかさみ、時には執達吏の差し押さえに遭うという極貧の生活を送った。頻繁に借金取りにも追われたが、時には妻の寿衛子の機転に助けられたことも少なくなかったという。そんな中で植物研究と図解編纂に全力を集中させ、30年「新撰日本植物図説」を上梓。33年にはかねてから同大学長・浜尾新の依頼で編纂を進めていた大型図解「大日本植物志」第1集を刊行したが、松村との間に齟齬を来たし第4集で中絶となった。この頃から各地の植物採集会に招か

れるようになり、42年横浜植物会の創立に当たり講師を務め、44年東京植物同好会ができると会長に推された。45年講師に昇進。大正5年には自らの研究機関誌「植物研究雑誌」を創刊した。同年池長孟の助けで神戸に池長植物研究所が設立され、これまでに集めた標本のうち約30万点を収蔵。さらに教育者・中村春二の経済援助を受けて研究に邁進するが、12年の関東大震災や13年の中村の死などで再び貧窮を極め、寿衛子が待を「今村」を経営するなど内助の功をはかったが一時的な儲けに終わった(昭和3年寿衛子は病死)。14年「日本植物図鑑」を刊行。以後はその学問的業績も高まり、昭和2年には理学博士号を取得。9年「牧野植物学全集」全7巻の刊行を開始し、完結後その功績により朝日文化賞を受賞した。大正14年講師を辞任したのち、15年それまでの研究の集大成であり、その後も増補改定が繰り返されることになる我が国植物図鑑の決定版「牧野日本植物図鑑」を出した。戦後の25年学士院会員。28年尾崎行雄と共に初の東京都名誉都民となる。32年94歳で病没後に文化勲章を受章。独学で日本における植物分類学の基礎を築き上げた巨人であり、生涯に自ら発見又は命名した新種、新変種は1500種とも2500種ともいわれる。その中には明治22年に日本人として初めて学名をつけた日本産植物のヤマトグサ、翌23年に発見したムジナモ、昭和2年に妻の名を冠して命名したスエコザサなどがある。また多くの植物学者や研究者に様々な助言や資料提供を与えており、のちの日本の植物学界に与えた影響は大きい。著書は他に「牧野富太郎選集」(全5巻)、「牧野植物随筆」「牧野富太郎自叙伝」など多数。31年高知市に牧野植物園、没後の33年東京都立大学(現・首都大学東京)に牧野標本館が設置され、平成11年には高知市に牧野富太郎記念館が開館した。晩年を過ごした東京都大泉の自邸は練馬区に寄贈され、現在、牧野記念庭園として公開されている。

【著作】
◇日本植物志図編 第1巻 牧野富太郎著 敬業社 1891 図版 27cm
◇繞条書屋植物雑識 明治24-30年 牧野富太郎著 敬業社 1898.12 25cm
◇新撰日本植物図説 第1(1, 3-11集)、2巻(1-8集) 牧野富太郎著 敬業社 1899〜1903 24cm
◇日本植物調査報知 第1, 2集 牧野富太郎著 敬業社 1899, 1900 25cm
◇日本禾本莎草植物図譜 第1巻 第2-4集、第10集 牧野富太郎撰 敬業社 1901〜1903 4冊 32cm
◇普通植物図譜 第1巻 第1-7集 牧野富太郎校注, 東京博物学研究会編 参文舎〔ほか〕 1906 27cm
◇草木図説 第1, 2集〈増訂〉 飯沼長順著, 牧野富太郎訂 三浦源助 1907〜1910 2冊(442, 330p)23cm
◇日本高山植物図譜 第1, 2巻〈再版〉 三好学, 牧野富太郎共著 成美堂 1907〜1909 2冊 図版 18cm
◇野外植物の研究 博物学研究会編, 牧野富太郎校 参文社〔ほか〕 1907 2冊(536, 46, 続編389, 61p)図版 20cm
◇面白き植物 東京博物学研究会編, 牧野富太郎校 参文舎〔ほか〕 1907.7 154p 23cm
◇普通植物検索表 三好学, 牧野富太郎編 文部省 1911.12 186, 30p 19cm
◇児童野外植物のしをり 牧野富太郎等著 成美堂 1912.5 79p 14cm
◇植物学講義 第1, 2巻 植物記載学 前, 後篇 牧野富太郎著 大日本博物学会 1913 2冊 23cm
◇植物学講義 第3巻 植物採集標品製作並整理貯蔵法 牧野富太郎著 大日本博物学会 1913 114p 23cm
◇植物学講義 第4, 5巻 羊歯及種子植物ノ形態 正, 続篇 牧野富太郎著 大日本博物学会 1913 2冊 23cm
◇植物学講義 第6巻 植物自然分科検索表 牧野富太郎著 大日本博物学会 1913 114p 23cm
◇草木図説―草部 第3, 4輯〈増訂〉 飯沼慾斎著, 牧野富太郎補訂 三浦源助 1913 2冊 22cm
◇植物学講義 第7巻 植物分類学 巻1 牧野富太郎著 大日本博物学会 1914 106p 23cm
◇東京帝室博物館天産課日本植物乾腊標本目録 牧野富太郎, 根本莞爾編 東京帝室博物館 1914 490, 83, 60p 23cm
◇雑草の研究と其利用 牧野富太郎, 入江弥太郎著 白水社 1919 375p 22cm
◇植物ノ採集ト標品ノ製作整理 牧野富太郎著 中興館 1923 114p 23cm
◇日本植物図鑑 牧野富太郎著 北隆館 1925
◇日本植物総覧 牧野富太郎, 根本莞爾編 日本植物総覧刊行会 1925 1942, 4p 23cm
◇科属検索日本植物誌 牧野富太郎, 田中貢一編 大日本図書 1928 864p 図版27枚 19cm
◇日本植物総覧〈訂正増補〉 牧野富太郎, 根本莞爾著 春陽堂 1931 1936, 3p 23cm
◇岩波講座生物学〔第8 植物採集及び標本調製(牧野富太郎)〕〈補訂〉 岩波書店編 岩波書

店　1932~1934　23cm
◇植物学講話　牧野富太郎, 和田邦男著　南光社　1932　415, 12p 23cm
◇通俗植物講演集 第1巻 花シャウブの話　牧野富太郎著　文友堂　1932　31p 23cm
◇通俗植物講演集 第2巻 秋の七草の話　牧野富太郎著　文友堂　1932　35p 22cm
◇牧野植物学全集 第1巻 日本植物図説集　牧野富太郎著　誠文堂　1934　482, 6, 4p 肖像 24cm
◇趣味の植物採集　牧野富太郎著　三省堂　1935　206p 肖像 20cm
◇植物学名辞典　牧野富太郎, 清水藤太郎著　春陽堂　1935　302p 20cm
◇牧野植物学全集 第2巻 植物随筆集　牧野富太郎著　誠文堂　1935　532, 25, 16p 肖像 24cm
◇牧野植物学全集 第3巻 植物集説 上　牧野富太郎著　誠文堂新光社　1935　455, 16, 17p 23cm
◇牧野植物学全集 第5巻 植物分類研究 上　牧野富太郎著　誠文堂新光社　1935　504p 肖像 24cm
◇牧野植物学全集 第4巻 植物集説 下　牧野富太郎著　誠文堂新光社　1936　1冊 24cm
◇牧野植物学全集 第6巻 植物分類研究 下　牧野富太郎著　誠文堂新光社　1936　513, 41, 26p 24cm
◇牧野植物学全集 総索引　牧野富太郎著　誠文堂新光社　1936　292p 24cm
◇通俗植物講演集 第3巻 菊の話　牧野富太郎著　文友堂　1937　25p 24cm
◇趣味の草木志　牧野富太郎著　啓文社　1938　348p 19cm
◇日本植物図鑑　牧野富太郎著　北隆館　1940　1213p 24cm
◇牧野日本植物図鑑　牧野富太郎著　北隆館　1940　1213p 図版 25cm
◇原色野外植物図譜 上・下巻（増訂3版）　牧野富太郎著　誠文堂新光社　1942　2冊 図版175枚 19cm
◇植物記　牧野富太郎著　桜井書店　1943　415p 19cm
◇植物記 続　牧野富太郎著　桜井書店　1944　421p 19cm
◇俳諧歳時記 春, 夏, 秋, 冬　改造社編　改造社　1947~1948　4冊 14×19cm
◇牧野植物随筆　牧野富太郎著　鎌倉書房　1947　220p 19cm
◇趣味の植物誌　牧野富太郎著　壮文社　1948　277p 18cm
◇牧野植物随筆 続　牧野富太郎著　鎌倉書房　1948　256p 図版 18cm
◇牧野日本植物図鑑—學生版　牧野富太郎著　北隆館　1949.4　402, 12, 32p 18cm
◇植物学選集—宮部金吾博士九十賀記念［植物方言の小解（牧野富太郎）］　日本植物学会編　養賢堂　1950　126p 図版 26cm

◇図説普通植物検索表 第1 草本　牧野富太郎著　千代田出版社　1950　371p 図版30p 19×11cm
◇生物ごよみ［植物五題（牧野富太郎）］　内田清之助等著　筑摩書房　1952　294p 図版 19cm
◇植物一日一題—随筆　牧野富太郎著　東洋書館　1953　279p 図版 22cm
◇果樹と蔬菜（原色図鑑ライブラリー 第5）　北隆館編集部編, 牧野富太郎, 浅山英一監修　北隆館　1955　図版56p（解説, 索引共）18cm
◇原色植物大図鑑 第1　村越三千男原著, 牧野富太郎補筆改訂　誠文堂新光社　1955　図版47枚 解説269p 26cm
◇原色植物大図鑑 第2　村越三千男原著, 牧野富太郎補筆改訂　誠文堂新光社　1955　図版47枚 解説275p 27cm
◇草花 第1（原色図鑑ライブラリー 第4）　北隆館編集部編, 牧野富太郎, 浅山英一監修　北隆館　1955　図版74p（解説, 索引共）18cm
◇草花 第2（原色図鑑ライブラリー 第10）　北隆館編集部編, 牧野富太郎, 浅山英一監修　北隆館　1955　図版56p（解説, 索引共）18cm
◇万花譜 第1巻 3月の花　辻永画, 牧野富太郎校訂, 前川文夫, 佐々木尚友, 久保田美夫解説　平凡社　1955　原色図版128枚（解説共）26cm
◇万花譜 第2巻 4月の花　辻永画, 牧野富太郎校訂, 前川文夫, 佐々木尚友, 久保田美夫解説　平凡社　1955　原色図版128枚（解説共）26cm
◇万花譜 第3巻 4月の花 第2　辻永画, 牧野富太郎校訂, 前川文夫, 佐々木尚友, 久保田美夫解説　平凡社　1955　原色図版128枚（解説共）26cm
◇万花譜 第4巻 5月の花 第1　辻永画, 牧野富太郎校訂, 前川文夫, 佐々木尚友, 久保田美夫解説　平凡社　1955　原色図版128枚（解説共）26cm
◇万花譜 第5巻 5月の花 第2　辻永画, 牧野富太郎校訂, 前川文夫, 佐々木尚友, 久保田美夫解説　平凡社　1955　原色図版128枚（解説共）26cm
◇万花譜 第6巻 6月の花 第1　辻永画, 牧野富太郎校訂, 前川文夫, 佐々木尚友, 久保田美夫解説　平凡社　1955　原色図版122枚（解説共）26cm
◇温室植物（原色図鑑ライブラリー 第11）　北隆館編集部編, 牧野富太郎・浅山英一監修　北隆館　1956　図版60p（解説, 索引共）18cm
◇原色植物大図鑑 第3　村越三千男原著, 牧野富太郎補筆改訂　誠文堂新光社　1956　図版47枚 解説266p 27cm
◇原色植物大図鑑 第4　村越三千男原著, 牧野富太郎補筆改訂　誠文堂新光社　1956　図版35枚 解説245p 27cm
◇原色植物大図鑑 第5　村越三千男原著, 牧野富太郎補筆改訂　誠文堂新光社　1956　図版123p（解説共）索引75p 26cm
◇原色図鑑ライブラリー 第15 庭木と花木　北隆館編集部編, 牧野富太郎, 浅山英一監修　北隆館　1956　74p（索引共）18cm
◇原色図鑑ライブラリー 第14 春の野草 第18 樹木 第20 高山植物 第21 夏の野草 第24 有用植

物 第25 秋の野草 第29 しだ・こけ・きのこ 第30 海藻と水草　北隆館編集部編, 牧野富太郎監修　北隆館　1956　18cm
◇植物学九十年　牧野富太郎著　宝文館　1956　238p 図版 19cm
◇草木とともに　牧野富太郎著　ダヴィッド社　1956　282p 図版 19cm
◇牧野植物一家言　牧野富太郎著　北隆館　1956　221p 図版 22cm
◇牧野富太郎自叙伝　長嶋書房　1956　275p 図版 19cm
◇万花譜 第7巻 6月の花 第2　辻永画, 牧野富太郎校訂, 前川文夫, 佐々木尚友, 久保田美夫解説　平凡社　1956　原色図版128枚(解説共)26cm
◇万花譜 第8巻 7月の花　辻永画, 〔牧野富太郎校訂〕, 〔前川文夫, 佐々木尚友, 久保田美夫解説〕　平凡社　1956　原色図版128枚(解説共)26cm
◇万花譜 第9巻 8月の花　辻永画, 牧野富太郎校訂, 前川文夫, 佐々木尚友, 久保田美夫解説　平凡社　1956　原色図版128枚(解説共)26cm
◇万花譜 第10巻 9月の花　辻永著, 牧野富太郎校訂, 前川文夫, 佐々木尚友, 久保田美夫解説　平凡社　1956　原色図版128枚(解説共)26cm
◇万花譜 第11巻 10, 11, 12月の花　辻永画, 牧野富太郎校訂, 前川文夫, 佐々木尚友, 久保田美夫解説　平凡社　1957　原色図版128枚(解説共)26cm
◇万花譜 第12巻, 索引 1, 2月の花　辻永画, 牧野富太郎校訂, 前川文夫, 佐々木尚友, 久保田美夫解説　平凡社　1957　2冊(索引共)26cm
◇我が思ひ出―植物随筆 遺稿　牧野富太郎著　北隆館　1958　368p 図版 22cm
◇科学随筆全集 第8 植物の世界［親の意見とナスビの花 他16篇(牧野富太郎)］　吉田洋一, 中谷宇吉郎, 緒方富雄編　学生社　1961　348p 図版 20cm
◇牧野新日本植物図鑑　牧野富太郎著, 前川文夫, 原寛, 津山尚編　北隆館　1961.6　1057p 図版 27cm
◇牧野植物図集―精選　牧野富太郎著　学習研究社　1969　469p 図版 27cm
◇普通植物検索図説　牧野富太郎著　高陽書院　1970　1冊 18cm
◇牧野富太郎選集 第1 思い出すままに, 私の信条, 自然とともに　東京美術　1970　277p 図版 19cm
◇牧野富太郎選集 第2 春の草木, 万葉の草木　東京美術　1970　300p 図版 19cm
◇牧野富太郎選集 第3 講演再録, さまざまな樹木　東京美術　1970　256p 図版 19cm
◇牧野富太郎選集 第4 植物随想 第1　東京美術　1970　292p 図版 19cm
◇牧野富太郎選集 第5 植物随想 第2　東京美術　1970　260p 図 肖像 19cm
◇植物学名辞典　牧野富太郎, 清水藤太郎共著　第一書房　1977.11　302p 19cm

◇植物知識(講談社学術文庫)　牧野富太郎〔著〕　講談社　1981.2　122p 15cm
◇原色牧野植物大図鑑　牧野富太郎著, 本田正次編　北隆館　1982.7～1983.5　2冊 26cm
◇実際園芸―現代園芸の礎・人と植物 1926-1936〈復刻ダイジェスト版〉　復刻版「実際園芸」編集委員会編　誠文堂新光社　1987.6　222p 26cm
◇牧野新日本植物図鑑〈改訂増補版〉　牧野富太郎著, 小野幹雄, 大場秀章, 西田誠編　北隆館　1989.7　1453p 26cm
◇園芸［風に翻へる梧桐の実(牧野富太郎)］(日本の名随筆 別巻14)　柳宗民編　作品社　1992.4　251p 19cm
◇原色牧野植物大図鑑 合弁花・離弁花編〈改訂版 小野幹雄〔ほか〕編〉　牧野富太郎著　北隆館　1996.6　589p 27cm
◇牧野富太郎―牧野富太郎自叙伝(人間の記録4)　牧野富太郎著　日本図書センター　1997.2　237p 20cm
◇原色牧野植物大図鑑 離弁花・単子葉植物編〈改訂版 小野幹雄［ほか］編〉　牧野富太郎著　北隆館　1997.3　926p 27cm
◇植物一日一題　牧野富太郎著　博品社　1998.4　275, 15p 20cm
◇牧野富太郎植物画集　牧野富太郎〔画〕, 高知県立牧野植物園, 高知県牧野記念財団編著　ミュゼ　1999.11　65p 30cm
◇牧野新日本植物圖鑑〈新訂 小野幹雄, 大場秀章, 西田誠新訂・編集〉　牧野富太郎著　北隆館　2000.3　1452p 27cm
◇植物一家言―草と木は天の恵み　牧野富太郎著, 小山鐵夫監修　北隆館　2000.9　247p 22cm
◇牧野植物随筆(講談社学術文庫)　牧野富太郎〔著〕　講談社　2002.4　211p 15cm
◇牧野富太郎自叙伝(講談社学術文庫)　牧野富太郎〔著〕　講談社　2004.2　260p 15cm

【評伝・参考文献】
◇近代日本の科学者 第2巻［牧野富太郎伝(中村浩)］　堀川豊永著　人文閣　1942　267p 19cm
◇牧野富太郎　上村登著　六月社　1955　358p 図版 19cm
◇名誉都民小伝　東京都　1955　78p 図版 21cm
◇牧野富太郎(世界伝記文庫)　佐藤七郎著　国土社　1978.3　221p 22cm
◇牧野富太郎―私は草木の精である(シリーズ民間日本学者 4)　渋谷章著　リブロポート　1987.1　239, 4p 19cm
◇生物学史論集　木村陽二郎著　八坂書房　1987.4　431p 21cm
◇土佐の花―牧野植物園創立30周年記念　高知県　1988.11　118p 27cm
◇近代日本生物学者小伝　木原均ほか監修　平河出版社　1988.12　567p 22cm
◇花の研究史(北村四郎選集 4)　北村四郎著　保育社　1990.3　671p 21cm

◇谷中村から水俣・三里塚へ―エコロジーの源流（思想の海へ「解放と変革」24）宇井純編著　社会評論社　1991.2　328p 21cm
◇牧野富太郎博士からの手紙(Koshin books)　武井近三郎著　高知新聞社　1992.7　281p 20cm
◇武士の紋章(新潮文庫)　池波正太郎著　新潮社　1994.10　293p 15cm
◇牧野富太郎と西相模の自然―秋季特別展　大磯町郷土資料館編　大磯町郷土資料館　〔1995〕　40p 30cm
◇日本博覧人物史―データベースの黎明　紀田順一郎著　ジャストシステム　1995.1　293p 21cm
◇テクノ時代の創造者―科学・技術（二十世紀の千人 5）朝日新聞社　1995.8　438p 19cm
◇日本科学者伝（地球人ライブラリー）　常石敬一ほか著　小学館　1996.1　316p 19cm
◇日本植物研究の歴史―小石川植物園300年の歩み（東京大学コレクション4）　大場秀章編　東京大学総合研究博物館　1996.11　187p 25cm
◇男たちの天地　今井美沙子, 中野章子著　樹花舎, 星雲社〔発売〕　1997.8　324p 19cm
◇奇人は世界を制す　エキセントリック―荒俣宏コレクション2(集英社文庫)　荒俣宏著　集英社　1998.5　367p 15cm
◇花と恋して―牧野富太郎伝　上村登著　高知新聞社　1999.6　373p 20cm
◇牧野植物図鑑の謎(平凡社新書)　俵浩三著　平凡社　1999.9　182p 18cm
◇牧野富太郎と動物（こつう豆本 138）大野正男著　日本古書通信社　2000.11　93p 11cm
◇草を褥に―小説牧野富太郎　大原富枝著　小学館　2001.4　229p 20cm
◇牧野富太郎と鈴木長治の生誕100年を記念して　鈴木利根子著　〔鈴木利根子〕　2002.2　70p 21cm
◇探究のあしあと―霧の中の先駆者たち　日本人科学者（教育と文化シリーズ　第2巻）　東京書籍　2005.4　94p 26cm
◇花に魅せられた人々―発見と分類（自然の中の人間シリーズ）　大場秀章著, 農林水産省農林水産技術会議事務局監修, 樋口春三編　農山漁村文化協会　2005.9　36p 30cm

牧野 晩成

まきの・ばんせい

大正元年(1912年)12月15日～
平成9年(1997年)1月6日

植物学者　千代田区立西神田小学校(東京都)校長
熊本県鹿本郡山本村(植木町)出生。青山師範学校専攻科〔昭和16年〕卒。團野外植物研究会, 植物同志会賞勲五等双光旭日章〔平成6年〕。

昭和8年青山師範学校を卒業し, 板橋尋常高等小学校訓導となる。11年臨川尋常高等小学校に赴任。傍ら, 東京近郊の野草を研究し, 同年野外植物研究会に入会, 15年からは同会会誌「野草」の編集発行を担当。以後, 約半世紀に渡って同会の指導的立場に在った。16年東京青山師範学校の専攻科を卒業し, 方南尋常小学校訓導・北多摩郡三鷹第二国民小学校訓導を経て, 23年同僚の強い推薦を受け35歳の若さで三鷹町立第二小学校校長に就任。在職中には学校林の整備に力を尽くし, 同校は現在でも三鷹市内で最も緑の多い小学校として知られている。また, 自身も武蔵野の植物における生態学的研究や観察を進め, 文部省から研究奨励金を受けた。30年三鷹第五小学校校長に転任。35年からは東京都立教育研究所の指導主事を兼ね, 同所が尾瀬で開いた高原植物研修会の講師を務めた。39年芳林小学校長・同幼稚園長。44年西神田小学校校長・同幼稚園長となり, 48年定年退職した後は横浜国立大学教育学部に非常勤講師として招かれ, 植物の比較観察を主とした自然教育を教えた。東京都教職員互助会の野外植物観察会や三鷹市主催の植物観察会をはじめ, 数々の観察会やカルチャースクールの講師・指導員も引き受け, 教職員や一般の人に自然や植物と触れあうことを教えつづけた。多くの図鑑や野草ガイドブックも監修・執筆に携わった。著書に「野の植物」「山の植物」「野外植物と五十年」などがある。

【著作】

◇野外植物の観察と指導（教育実践文庫　第38）牧野晩成著　明治図書出版　1953　145p 18cm
◇4年の図説理科事典〈改訂5版〉　牧野晩成, 中山周平, 長沢俊夫共著, 入来重盛, 白井俊明監修　小学館　1966.4　205p 27cm
◇山の植物（自然観察と生態シリーズ）　牧野晩成著　小学館　1977.4　190p 21cm
◇庭木の観察（グリーンブックス 29）　牧野晩成著　ニュー・サイエンス社　1977.6　97p 19cm
◇高山・海岸の植物―公園・街路樹（自然観察と生態シリーズ）　牧野晩成著　小学館　1978.3　190p 21cm

◇果物と野菜の観察(グリーンブックス 44)　牧野晩成著　ニュー・サイエンス社　1978.9　77p 19cm
◇山菜—見分け方と料理法(自然観察シリーズ 11 実用編)　牧野晩成,甘糟幸子著　小学館　1981.5　158p 21cm
◇小学館の原色図鑑—ポケット版　小学館　1981.7　5冊 19cm
◇野外植物と五十年—草や木と語り合う(小学館創造選書 87)　牧野晩成著　小学館　1985.2　190p 19cm
◇野山の植物(自然観察シリーズ)　牧野晩成著　小学館　2000.5　359p 21cm

牧野 四子吉
まきの・よねきち

明治33年(1900年)9月9日～
昭和62年(1987年)3月21日

画家

北海道函館市出生。妻は牧野文子(詩人)。川端画学校,日本美術院研究所。団日本美術家連盟,日本山岳会。

　大正から昭和初期にかけて童話劇場運動に参加,童話雑誌「金の船」などに童画を描く。昭和4年から20年間,京都帝国大学理学部動物学教室に生物画家として勤務。研究図譜の作成を担当。その後上京し,26年日本理科美術協会を創設。「広辞苑」の動・植物関係の全カットを手がけるなど,各種の生物図鑑の原画の他,「ビアンキ動物記」「ファーブル昆虫記」などの挿絵を描いた。

【著作】
◇牧野四子吉生物画集　講談社　1986.10　163p 27cm
◇自然手帖 上(平凡社ライブラリー)　太田黒克彦〔ほか〕著,牧野四子吉画　平凡社　1998.5　329p 16cm
◇自然手帖 下(平凡社ライブラリー)　太田黒克彦〔ほか〕著,牧野四子吉画　平凡社　1998.5　348p 16cm
◇いきもの図鑑—牧野四子吉の世界 図録　牧野四子吉〔画〕,田隅本生監修,朝日新聞社編　東方出版　2003.5　227p 31cm
◇生物生態画集　牧野四子吉〔画〕,田隅本生監修　東方出版　2003.6　227p 31cm
◇いきもの図鑑—牧野四子吉の世界　牧野四子吉〔画〕,田隅本生監修　東方出版　2005.8　227p 31cm

【評伝・参考文献】
◇精巧な父子—牧野紋吉・四子吉　高橋誠一著　牧野紋吉・四子吉顕彰会　2000.4　198p 21cm

孫福 正
まごふく・ただし

明治40年(1907年)2月2日～?

教育者,植物研究家

三重県宇治山田市(伊勢市)出生。宇治山田中学〔大正14年〕卒。

　中学卒業後,修道尋常高等小学校代用教員を皮切りに三重県下の小・中学校教師を歴任。傍ら同県内の植物相についての分類研究を始め,昭和10年頃からは蘚苔類の研究にも手を染めて県内各地で採集を行った。17年病気のため休職するが,戦後は教壇に復帰。40年神社小学校教諭を最後に退職。41年山田耕作と共に三重コケの会を設立。54年「三重県の蘚類」を刊行。クモ類など昆虫の研究でも知られた。他の著書に「郷土の生物方言調査」「伊勢市のサクラ」などがあり,山田との共編で「伊勢神宮宮域産苔類図鑑」がある。なお,アサマシダの学名 $Diplazium\ magofukui$ Nakaiは彼にちなむものである。

【著作】
◇郷土の生物方言調査　孫福正編　宇治山田市教育会　1933　51p 20cm
◇神宮宮域産生物目録[第3冊 蘚苔類(孫福正)]　神宮農業館　1952～1961　26cm
◇伊勢神宮宮域産苔類図鑑　孫福正,山田耕作共著　六月社　1964　178p 22cm
◇三重県の蘚類　孫福正著〔孫福正〕　1979.2　114p 22cm
◇伊勢市のサクラ〈増補版〉　孫福正著　孫福正　1982.4　53p 26cm
◇孫福正植物標本目録　孫福正著　伊勢の自然を勉強する会　1986.7　1冊(頁付なし)26cm

【評伝・参考文献】
◇孫福正先生業績集録　三重コケの会　1990.4　20p 26cm

正宗 巌敬
まさむね・げんけい

明治32年(1899年)4月23日～
平成7年(1995年)6月19日

植物学者　金沢大学教授　岡山県出生。兄は正宗白鳥(小説家)、正宗敦夫(国文学者)、正宗得三郎(洋画家)。東京帝国大学理学部植物学科〔昭和4年〕卒。

昭和4年東京帝国大学理学部植物学科を卒業後、台北帝国大学理学部助手となり、7年農林専門部講師嘱託、9年台北帝国大学助教授兼附属農林専門学校教授を歴任。この間、台湾や沖縄、石垣、西表、奄美大島の植物を調査した。10年より1年半にわたり欧米に留学。15年台北帝国大学教授。戦後、東京大学農学部講師委嘱、神奈川師範学校講師、横浜国立大学講師などを経て、25年金沢大学教授に就任。屋久島の植物について分類学的研究やランの研究で知られる。没後、遺品中の植物標本は神奈川県立博物館に寄贈された。著書に「海南島植物誌」「小豆島の植物」「植物地理学」「屋久島植物目録」などがある。小説家・正宗白鳥、国文学者・正宗敦夫、洋画家・正宗得三郎は兄にあたる。

【著作】
◇郷土の自然［石川県の植物帯(正宗巌敬)］(郷土シリーズ 第5)　石川郷土史学会編　石川県図書館協会　1955　135p 18cm

真島 利行
まじま・りこう

明治7年(1874年)11月13日～
昭和37年(1962年)8月19日

有機化学者　東北帝国大学名誉教授、大阪帝国大学名誉教授

京都府京都市出生。東京帝国大学理科大学化学科〔明治32年〕卒。帝国学士院会員〔大正15年〕、ドイツ学士院会員〔昭和11年〕。理学博士〔明治43年〕。圕桜井賞〔大正2年〕、帝国学士院賞〔大正6年〕、文化勲章〔昭和24年〕。

名は「としゆき」ともいう。祖父は眼科医で、父は緒方洪庵の適塾に学んだ医家。明治19年父が病没し、21年14歳で上京。旧制一高から東京帝国大学理科大学に進み、化学を専攻した。32年助手、36年助教授を経て、40年から欧州に留学。ドイツのキール大学でハリエス、チューリッヒ大学でR. M. ヴィルシュテッター、英国のデービー・ファラデー研究所でデュワーに師事。44年帰国すると新設の東北帝国大学理科大学教授に就任。大正15年～昭和3年理学部長。14年定年退官。我が国の有機化学の先駆者であり、研究テーマや手法を探す為に欧米の有機化学論文を読み調べる自称"大研究の研究"に取り組む中で、日本人に合ったテーマとしてウルシの研究を選び取り、ウルシの主成分であるウルシオールの構造決定に成功。ウルシ研究が一段落した後は、トリカブト属アルカロイドやインドール誘導体、天然色素などを研究し、天然物有機化学の基礎を築いた。また大学・研究所の創設が相次ぐ中で、昭和4年東京工業大学教授、5年北海道帝国大学教授、6年理化学研究所主任研究員、7年大阪帝国大学教授を次々と兼務。その研究室からは小竹無二雄、野副鉄男、赤堀四郎や、我が国初の女性化学者である黒田チカなど、我が国の有機化学界を担う多くの俊英を輩出した。18年大阪帝国大学総長。24年文化勲章を受章。また日本の化学文献の集大成を思い立って日本化学研究会を設立、昭和2年から明治以来の化学文献を抄録する「日本化学総覧」の編纂・刊行を始めた。

【著作】

◇無機化学(帝国百科全書 第65編)　真島利行著　博文館　1901.4　340p 24cm
◇新編中等化学教科書〈2版〉　真島利行, 岡田徹平著　三省堂書店　1913　390, 10p 22cm
◇最新化学教科書　真島利行著　三省堂　1918　272, 9p 22cm
◇最新理科講演集［二十世紀に於ける化学の進歩(真島利行)］　国民教育奨励会編　民友社　1921　255p 20cm
◇化学実験学 第1部 第1巻［有機化学研究心得(真島利行)］　河出書房　1940　23cm
◇化学実験学［第2部 第13巻 有機化学・生物化学 漆主成分研究の回顧(真島利行)］　河出書房　1941～1944　22cm
◇染料と染色の問題点—パーキンの合成染料100年記念　有機合成化学協会　1956　152p 26cm

【評伝・参考文献】
◇真島利行先生—遺稿と追憶　真島利行著　真島利行先生遺稿集刊行委員会　1970　567p 肖像 22cm
◇生命とは—思索の断章［忘れ得ぬ先師と友人・悍惜の辞 真島利行先生］　赤堀四郎著　共立出版　1988.3　361p 19cm
◇眞島先生と日本化学総覧—眞島記念有機化学シンポジウムによせて　日本化学研究会　1993.11　111p 26cm
◇日本科学者伝(地球人ライブラリー)　常石敬一ほか著　小学館　1996.1　316p 19cm
◇大阪大学歴代総長余芳　大阪大学編　大阪大学出版会　2004.3　262p 19cm
◇日本の有機化学の開拓者眞島利行　久保田尚志著　久保田一郎　2005.1　92p 26cm

松浦 茂寿
まつうら・しげとし

明治31年(1898年)～昭和32年(1957年)

植物研究家

　武蔵高校で生物学を教え、多くの生徒に生物学への関心を湧かせた。また、箱根の植物相を調査し、分類研究を行なった。

【著作】
◇箱根植物目録　松浦茂寿著　箱根博物会　1958　90, 25p 図版 地図 21cm
◇小田原市郷土文化館研究報告—自然科学 no. 8　小田原市郷土文化館　1972　45p 26cm

松浦 武四郎
まつうら・たけしろう

文政元年2月6日(1818年3月12日)～
明治21年(1888年)2月10日

探検家

　名は弘、字は子重、雅号は多気志楼、号は北海、雲津、柳田、柳湖、幼名は竹四郎。伊勢国一志郡須川村(三重県松阪市)出生。

　伊勢一志郡須川村の郷士の子。津藩の平松楽斎に経史を学んだ後、京都で山本亡羊に師事して本草学を修める。傍ら篆刻も修得したが、これは北方遊歴の際に貴重な収入源として役立った。天保4年(1833年)より諸国を遊歴し、9年(1838年)長崎で出家して僧となり平戸の宝曲寺や千光寺に居住。この間、長崎で津川蝶園から蝦夷地など北方の事を聞いて関心を高め、弘化元年(1844年)帰郷して還俗したのち、単身北方へ出発。2年(1845年)蝦夷地に上陸し、嘉永2年(1847年)までの約4年間、同地や国後、択捉、樺太を探検して「初航蝦夷日誌」「再航蝦夷日誌」「三蝦夷日誌」を著した。安政2年(1855年)幕府の蝦夷地御用掛に抜擢され、約6年にわたって蝦夷地をくまなく探査。この間に「東西蝦夷山川地理取調図」をまとめたほか、数々の日誌を書き残したが、その蝦夷調査は地理的なものにとどまらず、アイヌの民俗や伝承、同地の自然などにも及び、本草を学んだだけあって植物に関する記述も豊富である。6年(1859年)江戸に帰還。幕末期は水戸藩主・徳川斉昭に蝦夷地の開拓や防備を提言して厚遇を受けたほか、藤田東湖、藤森天山、吉田松陰ら志士とも親交を持った。明治維新後は新政府に出仕し、明治2年蝦夷開拓御用掛に任ぜられ、間もなく開拓判官に進み、北海道の道名を考案(原案では"蝦夷"を"カイ"と読むことから北加伊道を提案した)。また道内各地の地名選定などを進めたが、酷薄な新政府の対アイヌ政策と相容れず、3年退職。その後は全国遊歴と著述を続ける一方、アイヌの人権擁護にも尽力した。著書に幕府に

呈上した蝦夷地誌「蝦夷日誌」などがある。

【著作】
◇網走市史 上巻［近世蝦夷人物誌（松浦武四郎）］ 網走市史編纂委員会編 網走市 1958 1411p 図版 22cm
◇松浦武四郎蝦夷日誌集（釧路叢書 第1巻） 釧路叢書編纂委員会編 釧路市 1960 228p（図版共）22cm
◇蝦夷日誌（時事新書） 松浦武四郎著, 吉田常吉編 時事通信社 1962 2冊 18cm
◇東奥沿海日誌（時事新書） 松浦武四郎著, 吉田武三編 時事通信社 1969 348p 図版 18cm
◇三航蝦夷日誌 上巻 松浦武四郎著, 吉田武三校註 吉川弘文館 1970 618p 22cm
◇三航蝦夷日誌 下巻 松浦武四郎著, 吉田武三校註 吉川弘文館 1971 520p 22cm
◇蝦夷漫画 多気志楼主人著 国書刊行会 1972 1冊（頁付なし）19cm
◇蝦夷奇勝図巻―松浦武四郎自筆考証文付、蝦夷紀行 谷元旦画, 谷元旦撰, 佐藤慶二編著 朝日出版 1973 図27枚 90p 31×44cm（蝦夷紀行：18×26cm）
◇松浦武四郎紀行集 上・中・下 吉田武三編 富山房 1975〜1977.2 図 肖像 22cm
◇多気志楼蝦夷日誌集（覆刻日本古典全集） 松浦竹四郎著, 正宗敦夫編纂校訂 現代思潮社 1978.10 3冊 16cm
◇竹四郎廻浦日記 上・下 松浦武四郎〔著〕, 高倉新一郎解読 北海道出版企画センター 1978.10〜1912 649p 22cm
◇アイヌ人物誌（人間選書 47） 松浦武四郎原著, 更科源蔵, 吉田豊共訳 農山漁村文化協会 1981.8 342p 19cm
◇丁巳東西蝦夷山川地理取調日誌 松浦武四郎著, 高倉新一郎校訂, 秋葉実解説 北海道出版企画センター 1982.11 2冊 22cm
◇戊午東西蝦夷山川地理取調日誌 上・中・下 松浦武四郎著, 高倉新一郎校訂, 秋葉実解説 北海道出版企画センター 1985.3〜1910 22cm
◇簡約松浦武四郎自伝―校注 松浦武四郎研究会編 北海道出版企画センター 1988.9 436p 22cm
◇武四郎蝦夷地紀行―渡島日誌1〜4 西蝦夷日誌7〜8 松浦武四郎著, 秋葉実解説 北海道出版企画センター 1988.9 631p 22cm
◇松浦武四郎知床紀行集―松浦武四郎没後百年記念 秋葉実解説 斜里町立知床博物館協力会 1994.9 97p 20×22cm
◇武平千島日誌―松浦武四郎「三航蝦夷日誌」より 榊原正文編著 北海道出版企画センター 1996.2 223p 19cm
◇松浦武四郎選集 1 蝦夷婆奈誌・東西蝦夷場所境取調書・下田日誌 秋葉実翻刻・編 北海道出版企画センター 1996.12 503p 22cm

◇植物名一覧―松浦武四郎翁著作より 和名・漢名・アイヌ名 秋葉實編 北海道出版企画センター 1997.6 209p 21cm
◇松浦武四郎選集 2 蝦夷訓蒙図彙・蝦夷山海名産図会 松浦武四郎著, 秋葉実翻刻・編 北海道出版企画センター 1997.12 425, 10p 22cm
◇校訂蝦夷日誌 1-3編 松浦武四郎著, 秋葉實翻刻・編 北海道出版企画センター 1999.12 22cm
◇東海道山すじ日記 松浦武四郎原著, 宮本勉翻字・解説 羽衣出版 2001.8 113p 26cm
◇松浦武四郎選集 3 辰手控 1-8（安政3年） 松浦武四郎著, 秋葉実翻刻・編 北海道出版企画センター 2001.10 545p 22cm
◇竹四郎廻浦日記―安政三年 下〈復刻〉 松浦武四郎著, 高倉新一郎解説 北海道出版企画センター 2001.10 608p 22cm
◇竹四郎廻浦日記―安政三年 上〈復刻〉 松浦武四郎著, 高倉新一郎解説 北海道出版企画センター 2001.10 649p 22cm
◇丁巳東西蝦夷山川地理取調日誌―安政四年 上・下〈復刻〉 松浦武四郎著, 高倉新一郎校訂, 秋葉実解説 北海道出版企画センター 2001.12 22cm
◇松浦武四郎選集 4 巳手控 1-7（安政4年） 松浦武四郎著, 秋葉實翻刻・編 北海道出版企画センター 2004.6 403p 22cm

【評伝・参考文献】
◇松浦武四郎伝―北方の先覚（北海道翼壮文庫 3） 中津川俊六著 北海道翼賛壮年団本部 1944.6 135p 18cm
◇評伝松浦武四郎 吉田武三著 松浦武四郎刊行会 1963 411p 図版 表 地図 22cm
◇拾遺松浦武四郎 吉田武三著 松浦武四郎刊行会 1964 535p 図版32枚 22cm
◇増補松浦武四郎 吉田武三著 松浦武四郎刊行会 1966 2冊（別冊共）22cm
◇松浦武四郎（人物叢書 日本歴史学会編） 吉田武三著 吉川弘文館 1967 269p 図版 18cm
◇定本松浦武四郎 上 吉田武三著 三一書房 1972 501p 図 肖像 23cm
◇定本松浦武四郎 下 吉田武三著 三一書房 1973 578p 23cm
◇オホーツク探険史―北方領土を拓いた人たち 推理史話会編 波書房 医事薬業新報社（発売） 1973 268p 19cm
◇日本の旅人 14 松浦武四郎 蝦夷への照射 更科源蔵著 淡交社 1973 232p（図共）22cm
◇松浦武四郎とアイヌ 新谷行著 麦秋社 1978.10 285p 20cm
◇128年前の積丹・古平・余市―松浦武四郎の西エゾ日誌から 本多貢著 本多貢 1984.1 80p 18cm
◇歴史のなかの紀行 北日本・海外 中田嘉種著 そしえて 1986.7 314, 12p 19cm
◇新しい大地よ―探検と冒険の時代（ものがたり北海道 2） 塩沢実信著, 北島新平絵 理論社

◇静かな大地―松浦武四郎とアイヌ民族　花崎皋平著　岩波書店　1988.9　353p 20cm
◇北への視角―第34回特別展・松浦武四郎没後百年記念展　北海道開拓記念館編　北海道開拓記念館　1988.10　40p 26cm
◇日本考古学史の展開(日本考古学研究 3)　斎藤忠著　學生社　1990.1　595p 21cm
◇北への視角―シンポジウム「松浦武四郎」　松浦武四郎研究会編　北海道出版企画センター　1990.9　313p 19cm
◇決断のとき―歴史にみる男の岐路　杉本苑子著　文藝春秋　1990.10　278p 19cm
◇武四郎のタルマイ越え　地蔵慶護著　みやま書房　1991.3　175p 18cm
◇北の国の誇り高き人びと―松浦武四郎とアイヌを読む(人の世界シリーズ 11)　横山孝雄著　かのう書房　1992.5　390p 19cm
◇御一新の光と影(日本の『創造力』1)　富田仁編　日本放送出版協会　1992.12　477p 21×16cm
◇泰山荘―松浦武四郎の一畳敷の世界　ヘンリー・スミス著, 国際基督教大学博物館湯浅八郎記念館編　国際基督教大学博物館湯浅八郎記念館　1993.3　260p 26cm
◇奇々怪紳士録(平凡社ライブラリー 27)　荒俣宏著　平凡社　1993.11　327p 16cm
◇炎の旅人―松浦武四郎の生涯　本間寛治著　七賢出版　1995.5　217p 20cm
◇サハリン松浦武四郎の道を歩く(道新選書 31)　梅木孝昭著　北海道新聞社　1997.3　216p 19cm
◇松浦武四郎―伝記・松浦武四郎(伝記叢書 260)　横山健堂著　大空社　1997.5　467, 4, 5p 22cm
◇北海道人―松浦武四郎　佐江衆一著　新人物往来社　1999.10　329p 20cm
◇北海道 身近な歴史紀行　地蔵慶護著　北海道新聞社　1999.11　197p 21cm
◇松浦武四郎と「常呂」2(ところ文庫 17)　佐々木覺, 常呂町郷土研究同好会編　常呂町郷土研究同好会　2001.3　102p 17cm
◇松浦武四郎「刊行本」書誌　高木崇世芝編　北海道出版企画センター　2001.10　103p 22cm
◇松浦武四郎―シサム和人の変容　佐野芳和編　北海道出版企画センター　2002.4　306p 22cm
◇松浦武四郎上川紀行(旭州叢書 第28巻)　秋葉實著　旭川振興公社　2003.3　193p 18cm
◇松浦武四郎関係文献目録　高木崇世芝編　北海道出版企画センター　2003.6　145p 21cm
◇山の旅 明治・大正篇(岩波文庫)　近藤信行編　岩波書店　2003.9　445p 15cm
◇松浦武四郎江別での足跡(ふるさと読本 no. 4)　野口久男著　江別市教育委員会　2003.10　45p 21cm
◇ゆたかなる大地―松浦武四郎が歩く　小松哲郎著　北海道出版企画センター　2004.1　548p 19cm
◇松浦武四郎時代と人びと　北海道開拓記念館　北海道出版企画センター　2004.4　79p 30cm
◇松浦武四郎関係歴史資料目録―三重県―志郡三雲町(松浦武四郎関係資料史料調査報告書 2)　三雲町教育委員会, 松浦武四郎記念館編　三雲町教育委員会　2004.11　231p 図版12枚 30cm
◇江戸の旅日記―「徳川啓蒙期」の博物学者たち(集英社新書)　ヘルベルト・プルチョウ著　集英社　2005.8　238p 18cm
◇辺境を歩いた人々　宮本常一著　河出書房新社　2005.12　224p 19cm
◇松浦武四郎と江戸の百名山(平凡社新書)　中村博男著　平凡社　2006.10　198p 18cm

松浦 一

まつうら・はじめ

明治33年(1900年)3月5日～
平成2年(1990年)8月14日

北海道大学名誉教授
東京出生。東京帝国大学植物学科〔大正14年〕卒。理学博士〔昭和9年〕。[団]植物遺伝学[賞]勲二等旭日重光章〔昭和46年〕、日本遺伝学会賞(第1回)〔昭和47年〕。

　昭和5年北海道帝国大学理学部助教授を経て、7年教授。理学部長も務め、38年退官。「エンレイソウ属植物の細胞学的研究」などで高い評価を受けた。北海道平和委員会会長も務めた。北海道大学理学部長時代の25年、各地の大学でレットパージを唱えてきた連合国軍総司令部(GHQ)民間情報局顧問W. C. イールズが同大を訪れて「大学の自由について」という講演を行った際、それに対する学生の質問が集中して混乱し、大学評議会が学生を処分したイールズ事件の責任を取り辞任した。

松岡 恕庵

まつおか・じょあん

寛文8年（1668年）～
延享3年7月11日（1746年8月27日）

本草・博物学者
字は成章、別号は怡顔斎、苟完居、真鈴潮翁、埴鈴、名は玄達。京都出生。

はじめ儒学を伊藤仁斎、山崎闇斎に学んだが、中国の書物を読み進めるうち、そこに登場する動植物の名を知る必要が生じたため、稲生若水に師事して本草学を修める。やがて若水門下の第一人者として著名になり、京都で医業の傍ら本草学を講じ、小野蘭山、浅井図南、戸田旭山、島田充房らすぐれた本草学者を育てた。その口述の筆記が「本草会誌」「本草紀聞」として伝えられている。享保6年（1721年）幕命を受け、医師・古見宜ら と共に江戸に下って薬品の鑑定に従事し、同年7月京都に戻った。その著書は数多く、代表的なものに薬物の名物学的研究の所産である「用薬須知」や、食療本草の書である「食療正要」があるほか、薬用・食用に限らず自然全般に範囲を広げて観察や研究を行っている。特に「怡顔斎介品」「怡顔斎菌品」「怡顔斎蘭品」など「怡顔斎○品」と称する一連の著作集では、そこに取り上げられた魚介・菌・蘭・桜・竹・石・梅といった動植物の品類を学問的に整理、薬品としての効用よりも形態や産出の状態などに重点をおいており、博物学的な業績として名高い。編著はほかに「千金方薬註」「本草一家言」「大和本草一家言」などがある。

【著作】
◇怡顔斎博蒐編―海錯諸疏　〔松岡恕庵編〕　松岡恕庵写　〔出版年不明〕　35丁 23cm
◇海苔譜　松岡恕庵著　山本紋六手写　1726　5丁 23cm
◇小学講釈 第1-4号　松岡玄達述, 貝原益軒釈　山中市兵衛　1883.6　4冊 19cm
◇用薬須知（漢方文献叢書 第2輯）　松岡玄達原著, 難波恒雄編集　漢方文献刊行会　1972　808, 80p 図 肖像 23cm
◇食物本草本大成 第11巻［食療正要（松岡玄達）］　吉井始子編　臨川書店　1980.9　22cm
◇続日本漢方腹診叢書 第3巻 傷寒論系 2［鑑方方定（松岡恕庵）］　オリエント出版社　1987.12　410p 27cm
◇臨床実践家伝・秘伝・民間薬叢書 第5巻　オリエント出版社　1995.4　450p 27cm

【評伝・参考文献】
◇江戸期のナチュラリスト（朝日選書 363）　木村陽二郎著　朝日新聞社　1988.10　249, 3p 19cm
◇博物学者列伝　上野益三著　八坂書房　1991.12　412, 10p 23cm

松崎 直枝

まつざき・なおえ

明治22年（1889年）12月18日～
昭和24年（1949年）2月21日

植物学者　東京帝国大学理学部附属小石川植物園園芸主任
熊本県熊本市出生。鹿児島高等農林学校（現・鹿児島大学農学部）卒。 園　園芸学。

鹿児島高等農林学校（現・鹿児島大学農学部）在学中から南方植物について学び、卒業後の大正2年より東京帝国大学理学部附属小石川植物園に勤務。3年同園園芸主任であった中井猛之進に随行して朝鮮に渡り、同地の植物調査に従事した。次いで横浜植木会社に転じ、5年から約3年のあいだ南米のチリで野生植物を調査。帰国後は小石川植物園に戻り、14年同園園芸主任となった。この間、当時手を着けるものがほとんどいなかった渡来園芸植物について研究を進め、新聞・雑誌にそれらについての文章を執筆。同園や東京帝国大学図書館などの豊富な蔵書を活用し、渡来植物の歴史的考証にも意を用いた。石井勇義の編纂した「原色植物図譜」「園芸大辞典」の執筆者、同じく石井の主宰した園芸雑誌「実際園芸」や小林憲雄主宰の「盆栽」の寄稿者としても活躍。昭和17年には興亜院の

命で資源植物を調べるため、中国華北地方や蒙古に渡っている。19年園芸文化協会の設立にともない理事に就任。戦後、戦争で荒廃した植物園を復興させるため、植物園協会の創設を提唱するとともにその準備に当たり、22年の日本植物園協会発会への道を作った。大正から昭和を通じて園芸植物・観葉植物の第一人者と目され、英語、スペイン語、ラテン語、マレー語などに通じ、米国からはわざわざ彼をガイドに指名して来日する学者もあったといい、「花のことなら松崎に訊け」とまでいわれた。24年胃癌で死去。その弔辞は88歳の牧野富太郎が読んだ。著書に「一樹一話趣味の樹木」「近世渡来園芸植物」「草木有情」などがある。

【著作】
◇趣味の有用植物 園芸篇　松崎直枝、松島種美共著　修教社書院　1931　586, 36p 22cm
◇一樹一話趣味の樹木　松崎直枝著　博文館　1932　280p 20cm
◇近世渡来園芸植物　松崎直枝著　誠文堂　1934　548, 12p 23cm
◇草木有情　松崎直枝著　洋々書房　1947　228p 19cm

松下 仙蔵
まつした・せんぞう

明治14年（1881年）7月2日～
昭和33年（1958年）5月11日

林業家　富栖村（兵庫県）村長
兵庫県宍粟郡富栖村皆河（姫路市）出生。

　兵庫県宍粟郡富栖村皆河集落で代々農林業を営む家に生まれる。当時、同集落は畑作のために森林を乱伐したため、それを遠因とする山地の崩壊や水害が頻発し、復旧に多くの労力と資材を消費し、村の経済を圧迫していた。仙蔵はそれを目の当たりにして早くから植林の重要性に着目し、13歳のときに父からの土地提供を受けてスギやヒノキの植林を開始。19歳で集落の総代を任されたのを皮切りに村会議員や助役などを歴任し、村の行政に参画する一方、熱心に造林の研究を続けた。はじめ、その植林は他村から買い入れたスギの苗木を中心に種類などを考慮せず行われていたため、たびたび赤枯病などの病虫害にさいなまれてなかなか思うように事がはかどらず、抵抗力の強い品種が求められていた。大正初期、京都に旅行した仙蔵はそこでたまたまスギ苗の挿し木による造林を見、これが病虫害に強いことを知った。以来、挿し木による植林の研究を進め、大正2年頃には村費で林業の先進地である九州を視察し、九州産のスギ苗木を移入。さらに独学で栽培法の工夫や実験・開発・品種改良に試行錯誤を繰り返し、病虫害に強く広範な適応性を持つ優良品種を開発。これらは自身の姓から'松下1号'～'松下5号'と名付けられ、富栖地区の林業を飛躍的に発展させる礎となった。昭和10年代には富栖村長も務め、手先が器用なことから村の桶修理や大工仕事・左官なども引き受けるなど、不言実行の人柄で多くの村民に慕われた。

松田 英二
まつだ・えいじ

明治27年（1894年）～昭和53年（1978年）2月12日

植物学者
長崎県島原市出生。台湾総督府国語学校音声学科卒。理学博士（東京大学）〔昭和37年〕。[賞]勲四等瑞宝章〔昭和44年〕。

　台湾総督府国語学校音声学科に学ぶ。また内村鑑三に私淑し、熱心なクリスチャンでもあった。大正10年メキシコ南部エクスイントラに渡り、日本における同国移住の先駆であるエスペランサ農場を購入。同農場ははじめ300町歩、さらにのち250町歩を買い足して計550町歩という大規模なもので、カカオやコーヒーの植栽及び乳牛の飼育を行った。しかしたびたび土地の盗賊に荒らされたため、現地民の教化を思い立ち、農場内に学校を建設。地元の青年教師を雇用しただけでなく、自ら聖書を手に授業することもあった。やがて民情が落ち着いてきたので、かねてから関心があったメキシコの植生研究を志し、昭和10年頃から農場内や周辺の土

地の植物採集を開始。顕花植物から地衣類や菌類までを幅広く研究対象とし、成果は米国の植物学雑誌にも発表。またメキシコにおいていち早く粘菌の調査に着手したことでも知られる。動物の分野に関しても海外から積極的に研究者を招聘し、これら各部門を総合して「南メキシコ博物学誌」の編纂を夢見たが、太平洋戦争開戦のため日本とメキシコが敵対関係となり、農場は没収され計画は頓挫した。戦時中はメキシコシティへの移住を余儀なくされたが、戦後はメキシコ大学に招かれ、植物学を教えた。37年「南メキシコの植物生態学研究」で東京大学から理学博士号を取得。44年日本国政府から勲四等瑞宝章を授与された。その生涯に発見した新種は750種以上であり、特にフルクレア種の研究では世界的権威といわれる。さらに新大陸における6つの新属も発表している。米国の研究者らの手によって彼を記念するマツデエ属 (*Matudaea*)、エイジア属 (*Eigia*) などが命名された。

【著作】
◇墨国を語る[南墨に残された先人の足跡(松田英二)] 伊藤敬一編 伊藤節夫, 伊藤襄治 1956 145p 19cm

松田 修
まつだ・おさむ

明治36年(1903年)6月28日～
平成2年(1990年)2月26日

植物学者 日本植物友の会名誉会長
山形県東村山郡大久保村(村山市)出生。東京帝国大学農学部〔昭和3年〕卒。専植物文化史, 植物文学, 万葉植物 団日本植物友の会(会長)。
山形県北村山郡の名家の出身で、父は郡会議員を務めた。師範学校卒業後、大正13年東村山郡明治村(現・山形市)の小学校で教員となる。のち兄の勧めで東京帝国大学農学部に進み、昭和3年卒業後は鹿児島県庁に勤務した。戦時中の18年からはボルネオ島の海軍司政官として活躍。戦後は都立園芸高校に勤める傍ら万葉集の植物などを研究し、万葉植物園の造園にも関与した。退職後は請われて日赤子供の家の園長に就任。この間、28年日本植物友の会の設立に参画し、本田正次の後を受けて2代目同会会長となり、植物講座や花のサロンなどで講話を行った。著書に「季節の花」「万葉の花」「花の文化史」など多数。

【著作】
◇万葉植物新考 松田修著 春陽堂 1934
◇植物と伝説 松田修著 明文堂 1935 443p
◇季節の花 松田修著 毎日新聞社 1956 242p 18cm
◇万葉の花 松田修著 芸艸堂 1957 316p 17cm
◇源氏の花 松田修著 芸艸堂 1958 203p 17cm
◇花と文学 松田修著 芸艸堂 1959 200p 19cm
◇日本の花(現代教養文庫) 松田修著 社会思想研究会出版部 1959 131p 15cm
◇花ごよみ(現代教養文庫) 松田修著 社会思想研究会出版部 1960 268p(図版共)15cm
◇植物と伝説 松田修著 正文館 1960 309p 19cm
◇野の花・山の花(現代教養文庫) 松田修著 社会思想研究会出版部 1960 156p(図版解説共)16cm
◇路傍の草花(現代教養文庫) 松田修著 社会思想研究会出版部 1961 174p(図版共)16cm
◇あの花・この草—万葉植物研究と植物随想 松田修著 牧書店 1963 221p 19cm
◇花の歳時記(現代教養文庫) 松田修著 社会思想社 1964 418, 32p 16cm
◇花の巡礼—植物文学と随想 松田修著 牧書店 1965 255p 19cm
◇実用いけばな花材事典(主婦の友新書) 松田修編著 主婦の友社 1965 382p 18cm
◇万葉の植物(カラーブックス) 松田修著 保育社 1966 153p(図版共)15cm
◇カラー歳時記花木(カラーブックス) 松田修著 保育社 1967 153p(おもに図版)15cm
◇カラー歳時記草花(カラーブックス) 松田修著 保育社 1968 153p(図版共)15cm
◇花を読む—植物随想 松田修著 弥生書房 1968 203p 19cm
◇県花県木(カラーブックス) 松田修著 保育社 1969 153p(おもに図版)15cm
◇万葉植物新考(増訂版) 松田修著 社会思想社 1970 588, 6p 22cm
◇植物世相史—古代から現代まで 松田修著 社会思想社 1971 286p 図 19cm
◇野草―カラー歳時記(カラーブックス) 松田修著 保育社 1971 153p(おもに図)15cm
◇植物図鑑—季節別場所別 松田修著 社会思想社 1972 409p 図 19cm

まつた

◇県の花・県の木（グリーン・シリーズ1）　松田修編著　高橋書店　〔1974〕　207p（おもに図）21cm
◇野の花・山の花（グリーン・シリーズ2）　松田修編著　高橋書店　1974　239p（図共）21cm
◇高原の花・高山の花（グリーン・シリーズ3）　松田修編著　高橋書店　1974　207p（図共）22cm
◇植物の旅　松田修著　芸艸堂　1975　251p 図 19cm
◇古典の花―植物文学研究とエッセイ　松田修著　蝸牛社　1976.11　230p 20cm
◇花の文化史（東書選書9）　松田修著　東京書籍　1977.8　289p 19cm
◇花万葉　松田修著　ジャパン・パブリッシャーズ　1978.1　230p 19cm
◇古典植物辞典　松田修著　講談社　1980.11　349p 19cm
◇秋の百花譜―カラー版歳時記　松田修解説　国際情報社　1981.8　143p 18×20cm
◇冬の草木譜―カラー版歳時記　松田修解説　国際情報社　1981.11　143p 18×20cm
◇万葉花譜　春・夏（カラー版古典の花）　松田修文，田中真知郎写真　国際情報社　1982.2　143p 18×20cm
◇桜―花と木の文化　本田正次，松田修著　家の光協会　1982.3　294p 20cm
◇万葉花譜　秋・冬（カラー版古典の花）　松田修文，田中真知郎写真　国際情報社　1982.4　143p 18×20cm
◇古今・新古今集の花（カラー版古典の花）　松田修文　国際情報社　1982.8　143p 18×20cm
◇花の文化史（Large print booksシリーズ）　松田修著　埼玉福祉会　1982.9　2冊 16×22cm
◇源氏物語の花（カラー版古典の花）　松田修文　国際情報社　1982.11　143p 18×20cm
◇枕草子・徒然草の花（カラー版古典の花）　松田修文　国際情報社　1983.2　143p 18×20cm
◇奥の細道野ざらし紀行の花（カラー版古典の花）　松田修文　国際情報社　1983.5　143p 18×20cm

松田　定久
まつだ・さだひさ

安政4年（1857年）5月～大正10年（1921年）1月16日

植物学者　東京帝国大学理学部助手
江戸出生，静岡県出身。帝国大学選科〔明治24年〕。

　幕臣の家に生まれ，明治維新により静岡に転居。明治17年静岡県師範学校教諭，高等師範学校助教を経て，帝国大学選科に入り，24年卒業。その後，高等師範学校教諭，大阪府堺の府立中学，陸軍中央幼年学校教諭を経て，32年東京帝国大学植物学教室助手。植物標本の整理に携わった他，中国植物の研究に従事した。

松田　孫治
まつだ・まごじ

明治42年（1909年）10月14日～?

植物研究家
秋田県北秋田郡田代町（大館市）出生。秋田師範学校第二部卒。

　秋田県鷹巣農林学校農業科を経て，秋田県師範学校第二部に学ぶ。卒業後は教員となり，文部省検定に合格して師範学校・中学・高等女学校の動物並びに植物科の教員免状を取得した。傍ら秋田県の植物相についての分類研究に取り組んだ。昭和15年満州に渡り，在留邦人の中等教育に従事するとともに南満州地方の植物を研究。終戦後，ソ連軍の下で労務に服し，22年帰国。45年鷹巣農林高校教授を最後に退職した後は，それまでの動植物研究の成果を整理する一方，東北地方や北海道の動植物の調査に当たった。著書に「秋田県産植物地名考」がある。

【著作】
◇秋田県産植物地方名考　松田孫治著　〔松田孫治〕　1979.11　176p 22cm

松平　君山
まつだいら・くんざん

元禄10年3月27日（1697年5月17日）～
天明3年4月18日（1783年5月18日）

漢学者，儒学者
本姓は千村，名は秀雲，字は士龍，通称は太郎左衛門，別号は龍吟子，幼名は弥之助。尾張国（愛知県）出生。

　尾張藩士・千村氏の子として生まれる。幼い頃より読書を好み，常師を持たず独学で勉学に

松平 定朝

まつだいら・さだとも

安永2年(1773年)～安政3年(1856年)7月8日

園芸家　京都町奉行

通称は左金吾、定太郎、織部、伊勢守、号は菖翁。父は松平定寅(旗本)。

　江戸幕府の旗本・松平定寅(通称・左金吾)の子。寛政3年(1791年)はじめて将軍・徳川家斉に拝謁。8年(1796年)家督を継いで小普請となり2000石を禄した。文政5年(1822年)西丸御目付から禁裏附に転じ、さらに10年(1827年)京都町奉行に就任。ハナショウブの栽培家として知られた父の影響を受け、幼少時より植物を好んだが、あるとき伊予松山の人から陸奥安積沼の花且実を贈られたので試しに栽培してみたところ、代を重ねるごとに花の色や形が様々に変化、これに興味を覚えて以後、ハナショウブの栽培に没頭した。京都在勤時には官舎の庭でハナショウブを育て、作出した名花を天皇に献上している。のち江戸に戻って天保6年(1835年)小普請組支配となり、7年(1836年)官を辞してからはますますハナショウブに打ち込んだという。その生涯で生み出したハナショウブの品種は数百といわれ、中には"宇宙""霓裳羽衣""昇竜"竜田川"五湖の遊""月下の波"など"菖翁花"の称で現在も栽培されているものも含まれている。また本所・北割下水に住んだ花卉園芸愛好家の旗本・万年562三郎や熊本ハナショウブの祖・吉田潤之助、堀切菖蒲園の祖である小高園の小高伊左衛門らにハナショウブの実物を与えて栽培法を伝授しており、"花菖蒲中興の祖"とも称される。主著である「花菖培養録」は由来、培養法、虫附などハナショウブ栽培の要諦を示した書で、弘化3年(1846年)に「花鏡」の題で著述をはじめて以来、5回に渡って改訂している。その他の著書に「百花培養集」「花菖蒲花銘」「菖花譜」などがある。

励み博覧強記で知られた。宝永6年(1709年)同藩士・松平氏の養子となり、享保9年(1724年)義父の死により家督をついで250石を禄す。寛保3年(1743年)藩書物奉行となり、主命により藩内を巡検して尾張地方の地誌である「尾張府志」や尾張藩士の系譜図「士林泝洄」などを編んだ。太田宜春堂との交友から本草学にも通じ、各地で珍草を採集したほか、延享元年(1744年)には官命に従って藩の御薬園開発に尽力。安永5年(1776年)「本草綱目」や貝原益軒、松岡恕庵ら先人の説の誤りを正すため「本草正譌」を刊行し、尾張における本草学の端緒を開いたが、のち同国人の山岡守全が「本草正々譌」を著してこれを批判し、さらに君山の弟子・杉山維敬が「本草正々譌刊誤」をもって師の説を擁護するといった論争が起こった。安永9年(1780年)それまでの書物奉行としての業務における集大成として「馬場御文庫御蔵書目録」を編纂。天明元年(1781年)致仕。人格にも優れ、教えを乞う者が多かったという。また蔵書家としても知られた。編著は他に「濃州志略」「吉蘇志略」「三世唱和」などがある。

【著作】
◇中国産物誌 信濃国部上　内藤閑水著、松平君山補記　〔出版年不明〕　75丁 27cm
◇濃州志略―10巻付1巻　松平秀雲撰　写本　〔出版年不明〕　1冊 26cm
◇尾濃葉栗見聞集、岐阜志略　吉田正直稿、松平秀雲稿　一信社出版部　1934　448p図 23cm
◇名古屋叢書 第13巻科学編〔本草正譌(松平君山)〕　名古屋市教育委員会編　名古屋市教育委員会　1963　481p 図版 21cm
◇尾濃葉栗見聞集、岐阜志略　吉田正直稿、松平秀雲稿　大衆書房　1971　448p 図 22cm
◇名古屋叢書 校訂復刻 第13巻科学編〔本草正譌(松平君山)〕　名古屋市教育委員会編　愛知県郷土資料刊行会　1983.4　481p 22cm

【評伝・参考文献】
◇医学・洋学・本草学者の研究―吉川芳秋著作集　吉川芳秋著、木村陽二郎、遠藤正治編　八坂書房　1993.10　462p 24×16cm
◇尾張徳川家蔵書目録 第9巻〔御側御書物目録―松平君山旧蔵書目録〕(書誌書目シリーズ 49)　名古屋市蓬左文庫監修　ゆまに書房　1999.8　548p 22cm

松平 定信

まつだいら・さだのぶ

宝暦8年12月27日（1759年1月15日）～
文政12年5月13日（1829年6月14日）

陸奥白河藩主、老中
幼名は賢丸、字は貞卿、号は楽翁、風月翁、花月翁。江戸出生。

　徳川（田安）宗武の七男で、江戸幕府第8代将軍・徳川吉宗の孫に当たる。幼時より英邁をもって知られ、安永3年（1774年）幕命により陸奥白河藩主・松平定邦の養子となる。天明3年（1783年）養父に譲られて陸奥白河藩11万石を襲封し、従四位下越中守に叙任。この頃、東北地方を中心に未曾有の飢饉が起こったが（天明の大飢饉）、倹約を奨励し、藩士の減給・租税免除・物資の回送・窮民への授産などを断行して遂に一人の餓死者も出さなかった。さらに引き続いて農政重視、家臣の教育、殖産興業などを行って藩財政の再建に成功。その声望は江戸にも響き渡り、7年（1787年）6月老中首座に抜擢され、8年（1788年）には第11代将軍・家斉の将軍補佐となって幕政の改革を指導した。それまでの田沼意次による重商政策を糺し、賄賂の横行によって乱れた風紀を矯正することに始まり、倹約を基調として財政の整理を進め、奢侈禁止、男女混浴の禁止や私娼取締りなど風紀の粛正、大奥の改革、物価及び米価の引下げ、救荒のための囲米や七分積金の創設、特権商人を規制すべく株仲間や専売制を廃止、金銀流出を防ぐため長崎貿易を制限、江戸の町会所の設立など次々と施策を断行。これらの改革は一定の治績を上げ、それらのほとんどが寛政年間に行われたことから「寛政の改革」と呼ばれたが、その締め付けの厳しい政策は商人層や江戸庶民に忌避され、狂歌に「白河の清きに魚も住みかねてもとのにごりの田沼恋しき」と歌われるほどであった。また尊号事件などが原因で家斉とも合わなくなり、5年（1793年）辞職。以後は藩政に戻って名君と謳われた。文化9年（1812年）健康上の理由から家督を子の定永に譲って致仕。文人として知られ、博学多識で詩文、和歌、書画、謡曲、柔術などを得意とし、多数の著作を著した。博物学の分野では、長崎通詞・石井庄助や吉田正恭らに「ドドネウス和蘭本草書」を翻訳させたことが著名だが、他にも自邸にさまざまな植物を栽培し、「浴恩園蓮譜」「清香画譜」などの植物図譜を制作した。他の著作に「国本論」「物価論」「花月双紙」「宇下人言」「三草集」などがある。

【著作】
◇白河楽翁文集　松平定信著, 境野正編　学海指針社　1911.11　100p 22cm
◇随筆集［花月草子（松平定信）］　国民文庫刊行会　1912　822p 22cm
◇日本人の自伝 別巻1 山鹿素行, 新井白石, 松平定信, 勝小吉, 初世中村仲蔵　平凡社　1982.9　494p 20cm
◇旅の落葉―松平定信の松島紀行　松平定信〔著〕, 橋本登行訳・解説　橋本登行　1988.9　157p 21cm

【評伝・参考文献】
◇白河楽翁公伝　広瀬典撰, 佐久間律堂標註　堀川古楓堂　1937　130, 16p 24cm
◇楽翁公伝　渋沢栄一著　岩波書店　1938 2刷　430, 6p 図版22枚 23cm
◇松平定信―その人と生涯　山本敏夫著　山本敏夫　1983.1　1冊 20cm
◇松平定信公展―襲封二百年記念　白河市歴史民俗資料館編　白河市歴史民俗資料館　1983.10　116p 26cm
◇松平定信―天理ギャラリー第六十八回展　天理大学附属天理図書館編　天理ギャラリー　1984.5　1冊（頁付なし）26cm
◇松平定信小伝　桑名市博物館　1988.3　15p 21cm
◇松平定信公―東京都の恩人　東京都慰霊協会編　東京都慰霊協会　1988.6　22p 19cm
◇禿筆余興―少年松平定信の自然・人生観　松平定信〔著〕, 橋本登行訳・解説　橋本登行　1990.3　189p 19cm
◇江戸洋学事情　杉本つとむ著　八坂書房 1990.12　399p 19cm
◇定信と文晁―松平定信と周辺の画人たち 平成4年度第3回企画展図録　福島県立博物館編　福島県立博物館　1992.10　118p 30cm
◇定信と画僧白雲―集古十種の旅と風景 特別企画展　〔松平定信, 白雲〕〔筆〕, 白河市歴史民俗資料館編　白河市歴史民俗資料館　1998.11　122p 30cm

◇江戸絵画と文学―「描写」と「ことば」の江戸文化史　今橋理子著　東京大学出版会　1999.10　339, 21p 21cm
◇松平定信蔵書目録　第1巻（書誌書目シリーズ 73）　朝倉治彦監修　ゆまに書房　2005.6　194p 22cm
◇松平定信蔵書目録　第2巻（書誌書目シリーズ 73）　朝倉治彦監修　ゆまに書房　2005.6　552p 22cm
◇大江戸曲者列伝―太平の巻（新潮新書）　野口武彦著　新潮社　2006.1　255p 18cm

松平　康荘

まつだいら・やすたか

慶応3年（1867年）2月6日～
昭和5年（1930年）11月17日

農学者, 侯爵　貴院議員
越前国福井（福井県）出身。

越前福井藩主・松平茂昭の二男に生まれる。明治17年ドイツに、20年英国に留学。帰国後、福井に農事試験場を設立する。23年父が没し襲爵して侯爵となり、25年から貴院議員。44年から旧城址において園芸指導を行う。また大日本農会会頭などを務めた。

松平　頼恭

まつだいら・よりたか

正徳元年（1711年）5月20日～
明和8年（1771年）7月18日

高松松平藩主
幼名は帯刀, 大助, 字は子敬, 号は白岳, 諡は穆公。江戸出生。

奥州守山藩主・松平頼貞の第三子として生まれる。元文4年（1739年）29歳で讃岐高松藩第5代藩主となり、従四位下侍従・讃岐守に叙された。先代の頃からの相次ぐ天変地異のために悪化の一途をたどっていた財政を立て直すため、寛保2年（1742年）より藩財政の再建に乗り出し、家臣の禄を切り詰めるなど倹約政策を施行。さらに領内を巡検して民情を視察し、不作の際には莫大な米や銀を出して貧民を救った。宝暦4年（1754年）からは本格的な藩政改革に着手し、常にすぐれた人材を登用してことに当たらせ、質素倹約の励行、領内の御用金の賦課、知行米の借上、藩札の発行、目安箱の設置などを次々と断行した。物産面では向山元慶に当時高級品であった砂糖の製造を研究させ一定の成果を上げたほか、梶原景山に命じて領内の山田郡西潟元村に塩田を築造させ、また平賀源内を招いて藩主の別荘栗山園に薬園を開き全国から薬草を収集・栽培させた。これらの施策によって高松藩の財政再建に成功し、藩中興の名君と称えられている。一方、二条家所蔵の「礼儀類典」500巻の写本を作らせ、儒者藤原世釣に「職原鈔考証」を編纂させるなど学術にも力を入れた。博物学にも並々ならぬ感心を持ち、海釣りを好み、参勤交代の際には画家を帯同させ道中の植物や動物などの写生画を描かせている。また源内の手引きで禽獣や草木虫魚の収集も行い、保存に適さないものは画工に写生させ「衆芳画譜」「写生画帖」「衆鱗図」「衆禽図」といった図譜を作成。特に魚介類の図譜である「衆鱗図」は生物の質感そのままを浮き彫りの技法を用いて描かれており、生物学的にも美術的にも価値が高いものである。なお、種類のわからないものに関しては図譜を長崎まで送り、同地にいた幕府の漢学者を介して清国人に尋ねたといわれ、現存する植物図譜「写生画帖」にはその時の回答が記されているものもある。明和8年（1771年）江戸屋敷で没し、高松の仏生山法然寺に葬られた。

【評伝・参考文献】
◇江戸の動植物図―知られざる真写の世界　朝日新聞社編　朝日新聞社　1988.10　161p 26×21cm
◇彩色江戸博物学集成　平凡社　1994.8　501p 27cm
◇日本の博物図譜―十九世紀から現代まで（国立科学博物館叢書）　国立科学博物館編　東海大学出版会　2001.10　10, 112p 26cm

松戸 覚之助
まつど・かくのすけ

明治8年(1875年)5月24日～
昭和9年(1934年)6月2日

果樹農業
千葉県東葛飾郡八柱村(松戸市)出生。松戸高等小学校〔明治23年〕卒。

10歳の頃に父がナシ園を始め、13歳の時にゴミ捨て場から見慣れないナシの苗木を見つけ父のナシ園に移植。青みがかり、水分豊かな甘味のある新種を収穫し'新太白'と名付けた。37年'新太白'を含む3種のナシが渡瀬寅次郎、池田伴親らにより、日露戦争にちなんで"二十世紀"(はじめ天慶)"天佑""全勝"と名付けられ、38年には「興農雑誌」に'二十世紀'として広告された。その後、岡山、鳥取、新潟など全国各地で栽培されるようになった。大正10年には'二十世紀'を皇太子(のち昭和天皇)に献上している。他にそのナシ園より'八千代'などの新品種を送り出した。

【著作】
◇実験応用梨樹栽培新書 松戸覚之助著,田中芳男訂 東京興農園 1906.8 130p 図版 23cm
◇明治農書全集 第7巻 果樹 松原茂樹編集 農山漁村文化協会 1983.12 507,7p 22cm

【評伝・参考文献】
◇はばたけ二十世紀梨―松戸覚之助君の大発見物語 特別展図録(文化ホール紀要14) 松戸市文化ホール編 松戸市文化ホール 1990.8 38p 26cm

松波 秀実
まつなみ・ひでみ

元治2年(1865年)3月14日～
大正11年(1922年)9月14日

農商務省山林局林務課長
旧姓名は松波誠次郎。岩手県盛岡市出生。東京農林学校林学科〔明治21年〕卒。林学博士〔大正8年〕。専林学 賞勲二等。

明治22年農商務技手として山林局に勤務、26年農商務技師を経て、27年大阪大林区署長。29年山林局に戻り、30年林務課長。大正11年退職。国有林野特別経営事業、大正10年創設の公有林野官行造林事業などを手掛けた。著書に「明治林業史要後輯」がある。

【著作】
◇明治林業史要 松波秀実著 大日本山林会 1919 1086,42p 22cm
◇明治林業史要 後輯 松波秀実著 大日本山林会 1924 249p 22cm
◇明治林業史要 上巻(明治百年史叢書) 松波秀実著 原書房 1990.5 587p 22cm
◇明治林業史要 下巻(明治百年史叢書) 松波秀実著 原書房 1990.5 p587～1086,42p 22cm
◇明治林業史要後輯(明治百年史叢書) 松波秀実著 原書房 1990.6 249,2,8p 22cm

【評伝・参考文献】
◇林業先人伝―技術者の職場の礎石［松波秀実(早尾丑麿)］ 日本林業技術協会 1962 605p 22cm

松野 重太郎
まつの・しげたろう

明治元年(1868年)5月3日～
昭和22年(1947年)5月7日

植物学者
旧姓名は原島。号は輪水。江戸・深川(東京都江東区)出生。

江戸・深川の原島家に生まれるが、のち松野家の養子となる。教師を志し、明治16年神奈川県都田村川和分校助教となったのを皮切りに、同訓導、同主任、豊永中学校長兼訓導などを歴任。この間に、川和の地を訪れた寺崎留吉や牧野富太郎の手引きで植物学をはじめるようになったといわれる。30年神奈川県尋常中学に転任。42年牧野を講師に招

き、発起人の一人として地方初の植物研究組織である横浜植物会を結成。以後、その中心人物として会の運営や後進の指導に尽力した。植物研究家としても多くの業績を残し、県内各地で標本を採集してヨコハマダケやハコネグミを発見している。また少壮時から俳諧を嗜み、大正13年より6世青夢庵を嗣ぎ、のちには第二の郷里である川和にちなんで輪水と号した。その句作は植物採集の際にも行われたという。昭和2年教職を退いてからは植物研究や俳諧・俳画に明け暮れた。

【著作】
◇都市講演会講演集［横浜に於ける動植鉱物（松野重太郎）］　横浜市教育課編　横浜市教育課　1921

【その他の主な著作】
◇輪水俳句集 第1,2輯　松野輪水著　松野重太郎　1937～1939　2冊 20cm

松原 新之助
まつばら・しんのすけ

嘉永6年(1853年)1月31日～
大正5年(1916年)2月14日

水産学者, 生物学者　水産講習所初代所長
本名は松原友摂。字は儀卿、号は瑜narimath。出雲国松江（島根県）出生。東京医学校（現・東京大学医学部）。

松江藩士の長男として生まれ、藩医・山本泰安に本草学を学ぶ。明治4年19歳の時に藩費生として上京、英語やドイツ語を学ぶ。5年東京医学校に入りドイツ人教師ヒルゲンドルフについて近代生物学を修め、9年から東京医学校、11年から駒場農学校（現・東京大学農学部）で動植物学を講じた。傍ら、農務局御用掛を兼務。12年から2年間、ドイツに留学、ベルリン大学で水産動物を研究。帰国後は水産学研究に転じ水産講習所設立に尽力、44年まで初代所長を務めた。植物学関係の著書に「植物名称一斑」「植物綱目提要」などがある。

【著作】
◇植物名称一斑　松原新之助編　島村利助　1878.5　15丁 18cm
◇薬用植物篇―講筵筆記　松原新之助述, 安本徳寛記　安本徳寛　〔1879〕　21cm
◇生物新論 第1編　松原新之助著　晩翠堂　1879.4　17p 20cm
◇植物綱目撮要　松原新之助著　晩翠園　1879.6　17, 40, 32丁 18cm
◇植物学　松原新之助著　文部省編輯局　1882.10　167p 20cm
◇植物書　安本徳寛編, 松原新之助閲　製紙会社　1885.5　214p 19cm
◇水産共進会開設趣旨及規制　松原新之助編　大日本水産会　1885.7　40p 19cm
◇大日本水産会年報 第1回　松原新之助編　大日本水産会　1888.8　80p 22cm
◇水産講話概旨　松原新之助述　伊勢新聞社　1891.5　20p 23cm
◇水産事業拡張ニ関スル講話ノ大要　松原新之助述　静岡県君沢田方郡　1895.6　33p 19cm
◇露国聖彼得堡府万国漁業博覧会報告　松原新之助述　農商務省水産局　1903.4　321p 図版 26cm
◇水産教科書教授資料 上の巻　宮崎賢一編, 松原新之助閲　学海指針社　1907.6　341p 23cm
◇水産養殖学教科書　松原新之助著　文会堂　1910.6　111p 22cm

松村 任三
まつむら・じんぞう

安政3年(1856年)1月9日～
昭和3年(1928年)5月4日

植物学者　東京帝国大学名誉教授
常陸国多賀郡下手綱村（茨城県高萩市）出生。東京開成学校中退。理学博士。

父は常陸松岡藩士で、明治3年14歳で藩の貢進生に選ばれて大学南校に入り、同校が東京開成学校となるまで在学して法律学を修めた。中退して漢学を学んだ後、10年東京大学の小石川植物園に就職。モースや矢田部良吉の採集旅行に随行し、本格的に植物学を学び始めた。13年小石川植物園植物取調

方、14年東京大学御用掛、15年植物学教場補助に進み、16年東京大学助教授。それまでに矢田部が日本各地からの収集してきた植物標本の整理と分類・同定に従事して、17年日本人の手になる最初の日本植物の総覧である「日本植物名彙」を出版。19年には「帝国大学理科大学植物標品目録」の編集実務に携わった。同年ドイツに私費留学してヴュルツブルク大学のJ.ザックス、ハイデルブルク大学のW.フィッシャーに植物分類学などを学び、21年帰国。23年帝国大学理科大学教授、24年帝国大学植物園管理（附属植物園長）に就任、26年大学に講座制が導入されると植物学講座担任を命じられ、28年同講座が2講座となると第一講座を担当して学界を主導した。大正11年名誉教授。明治37年我が国の植物を集大成した総合目録「帝国植物名鑑」を出版（45年全巻刊行）、44年からは日本植物の新たなる図説である「新撰植物図編」の刊行を始めるなど（大正10年まで、全272図版）、分類学者として目録類の充実や新植物の記載に尽くし、草創期にある日本植物学の基礎を築いた。また江戸期からの本草学を、近代植物学という学問体系の中に位置づける架け橋としての役目を果たし、その研究は学名と漢名を対比させた「改訂植物名彙前編漢名一部」に結実した。なお、妹きく（幾玖）は植物学者・池野成一郎の妻となった。

【著作】
◇植物小学　松村任三編、伊藤圭介閲　錦森閣　1881.9　2冊（上34、下34丁）23cm
◇日本植物名彙　松村任三編　丸善　1884.2　209p 22cm
◇植物学語鈔　松村任三著　丸善　1886.3　54p 16cm
◇植物分科要覧　松村任三著　丸善　1890.11　90p 図版 23cm
◇実験植物学入門　松村任三著　金港堂　1891.5　128p 22cm
◇植物ノ内景及生理（普通教育22）　松村任三著　金港堂　1891.9　96p 21cm
◇本草辞典―和漢洋対訳　松村任三著　敬業社　1892.10　213p 15cm
◇植物学―簡易実験　松村任三著　金港堂　〔1893〕　85p 21cm
◇植物学教科書　松村任三著　三省堂　1893.3　2冊（上259、下274p）20cm

◇日光山植物目録　松村任三著　敬業社　1894.4　93, 14, 18p 20cm
◇中等植物教科書　松村任三、斎田功太郎著　大日本図書　1897.7　192p 22cm
◇新撰日本植物図説　第2巻（第1-5集）　松村任三、三好学編　敬業社　1900～1903　23cm
◇植物採集便覧　松村任三著　大日本図書　1900.11　189p 15cm
◇近世植物学教科書　〈修正18版〉（中等教育理科叢書）　大渡忠太郎編、松村任三、宮部金吾閲　開成館　1901.1　192, 12p 23cm
◇植物教本　松村任三著　大日本図書　1901.1　130p 22cm
◇普通植物　松村任三著　大日本図書　1901.4　467p 23cm
◇新撰日本植物図説―下等隠花類部　松村任三、三好学編　敬業社　1902　1冊 22cm
◇植物の形態　松村任三著　大日本図書　1902.9　315p 23cm
◇普通植物図―教科適用　松村任三、藤井健次郎著　開成館　1902.10　7p 図版10枚 31cm
◇帝国植物名鑑　上・下巻　松村任三著　丸善　1904～1912　3冊 22cm
◇植物講話（早稲田通俗講話 第2編）　松村任三述、種村宗八編　早稲田大学出版部　1906.4　211p 23cm
◇植物雑話（学芸叢書 第6編）　松村任三著、木村定次郎編　博文館　1907.12　161, 29p 24cm
◇顕花植物分類学　神谷辰三郎著、松村任三閲　成美堂　1909～1910　2冊（上・下992p）23cm
◇新撰植物図編　第2, 3編　松村任三編　丸善　1914～1917　2冊 22cm
◇溯源語彙　松村任三著　松村任三　1921　230p 22cm
◇近代日本学術用語集成　第5巻　化学・植物・鉱物学関係［植物学語鈔（松村任三）］　竜渓書舎　1988.6　1冊 22cm

【評伝・参考文献】
◇生物学史論集　木村陽二郎著　八坂書房　1987.4　431p 21cm
◇近代日本生物学者小伝　木原均ほか監修　平河出版社　1988.12　567p 22cm
◇日本植物研究の歴史―小石川植物園300年の歩み（東京大学コレクション4）　大場秀章編　東京大学総合研究博物館　1996.11　187p 25cm
◇世界的植物学者松村任三の生涯　長久保片雲著　暁印書館　1997.7　237p 22cm
◇ソメイヨシノやワサビの名づけ親松村任三―マンガと写真で一挙紹介　高萩市生涯学習推進本部・協議会編　高萩市生涯学習推進本部・協議会　1998.3　72p 26cm
◇植物学史・植物文化史（大場秀章著作選1）　大場秀章著　八坂書房　2006.1　419, 11p 22cm

【その他の主な著作】

◇語原類解　松村任三著　松村任三　1916　361p　23cm
◇漢字和音　松村任三著　青岡樹園　1924　128p　23cm
◇地名の語源　松村任三著　青岡樹園　1927　18p　22cm
◇田家集　松村任三著　青岡樹園　1927　101p　19cm
◇神名の語源　松村任三著　青岡樹園　1928　25p　23cm

松村 義敏
まつむら・よしはる

明治39年（1906年）～昭和42年（1967年）7月21日

植物学者　頌栄短期大学教授
奈良県大和郡山市出生。京都帝国大学理学部植物学科〔昭和17年〕卒、コロラド州立大学ミズーリ大学院〔昭和28年〕卒。

　大阪府立農学校を卒業後、奈良女子高等師範学校教諭や京都帝国大学理学部植物学研究室助手などを経て、昭和10年より関東学院中学部教諭。この間、奈良教会のJ. A. クートから洗礼を受けた。17年京都帝国大学理学部植物学科を卒業。のち東京帝国大学助手に任ぜられて日光高山植物園に勤務し、太平洋戦争中には同地に疎開してきた皇太子（今上天皇）や義宮（常陸宮）に植物学の手ほどきをした他、昭和天皇の植物採集の相手も務めた。傍ら同大総長南原繁の後援を受け、日光新生教会の創立にも尽力している。26～28年米国ミズーリ大学大学院に留学。帰国後は仙台の尚絅女学院長に就任し、保育科の設置を進めるなど同学院の発展に貢献した。31年神戸の頌栄短期大学教授に転じて自然研究ゼミナールを主宰、同大を幼児教育学年における自然研究の領域で日本有数の大学に育て上げた。晩年はミズーリ大学嘱託としてコロラド州内の山野を跋渉し、毒草の採集と研究に従事した。また昭和7年牧野富太郎の勧めで植物趣味の会を設立し、30年以上にわたってその運営と会誌「植物趣味」を発行してきたことでも知られる。著書に「植物の社会」「聖書の植物」「コロラド州の植物」などがある。

【著作】
◇大和植物志　岡本勇治著、久米道民、松村義敏増訂　大和山岳会事務取扱所　1937　158p 肖像　26cm
◇山の生物［高山植物（松村義敏）］　岩田正俊編　文祥堂　1942　182p 図版 22cm
◇植物の越冬（科学文庫）　松村義敏著　彰考書院　1947　96p 図版 19cm
◇植物の社会（平凡社全書）　松村義敏著　平凡社　1949　131p 図版 19cm
◇聖書の植物　松村義敏著　富山房　1953　400p 図版7枚 表 地図 22cm
◇採集と観察　松村義敏、辻本修編著　ひかりのくに昭和出版　1965　561p 22cm

松本 治郎吉
まつもと・じろうきち

文化10年（1813年）6月10日～明治20年（1887年）

カキ栽培業者
遠江国（静岡県周智郡森町）出生。

　遠江国（現・静岡県周智郡森町）の人。弘化年間に太田川の堤防普請に出役した際、寄せ洲に流れ着いていたカキの幼木を発見。これを庭に植えてみたところ、数年後に結実し味も美味であったことから発見者の名をとって"治郎柿"と呼ばれるようになった。明治2年原木が火災に遭ったが、数年後には根から新芽が出て再び甘味のおいしいカキができるようになったという。治郎柿は彼の没後、25年頃に雑誌で公表されたのを機に全国に広まり、41年からは皇室にも献上されている。なお"治郎柿"はいつしか"次郎柿"に名称が変化し、今日ではその名で広く知られる。また焼け跡から出た新芽を元にした原木は森町の町有となり、昭和27年静岡県の天然記念物に指定された。

松森 胤保
まつもり・たねやす

文政8年（1825年）6月21日～
明治25年（1892年）4月3日

博物学者

旧姓名は長坂。幼名は欣之助、通称は嘉世右エ門、号は南郊。出羽国鶴岡(山形県)出生。 団 奥羽人類学会(会長)。

庄内藩士・長坂家の長男に生まれる。庄内藩の藩校・致道館の助教、典学を経て、文久3年(1863年)支藩である松山藩の付家老に転じた。幕末の混乱期によく藩を支え、戊辰戦争に際しては多くの功を上げた。この時に藩主から"松山を守った"という意味で松守の性を賜ったが、これを固辞して松森に改姓したという。明治以後も藩の大参事や旧松山藩校の校長、山形県議、酒田戸長といった要職を歴任した。一方、幼い頃より動植物に関心を抱いて、その後も諸務の傍ら趣味に心を砕き、公職を退いてからは文筆一筋の生活を送った。23年奥羽人類学会を結成、会長に就任した。著作には「培植小論」(園芸)、「視道和言」(光学)、「聴道和言」(音響学)、「求理私言」(理学、博物学)、「陽光画譜」(写真)、「弄石余談」(考古学)、「銃猟誌」(狩猟の記録)、「家蔵五玩雑録」(諸物の収集の記録)などがあり、稿本は160余部約400冊を数える。中でも自らが編み出した独自の進化論・万物一系理に基いて動植物を記した「両羽博物図譜」全59冊は、動物(獣類、禽類、爬虫類、魚類、貝類、昆虫)が31冊、植物が28冊あり、動植物併せて約5000点が図示されている。これは山形県の有形文化財に指定されており、東北巡幸の際に当地を訪れた昭和天皇が一晩夜明かしして楽しんだといわれる。また発明日記「開物径歴」には嘉永2年(1849年)から逝去の年の明治25年までに考案した約120件もの発明の設計図が書き込まれているが、飛行機の設計図まであり、この事から"日本のダ・ヴィンチ"とも評される。

【評伝・参考文献】

◇松森胤保—幕末明治の隠れたる科学者　中村清二著　自文社　1947　173p 21cm

◇松森胤保の世界—幕末明治の科学者　致道博物館　〔1987〕　1冊(頁付なし)26cm

◇考古学の先覚者たち(中公文庫)　森浩一編　中央公論社　1988.4　410p 15cm

◇郷土の偉才松森胤保　志田正市文、松森胤保翁顕彰会編　松森胤保翁顕彰会　1989.7　69p 22cm

◇殿様生物学の系譜(朝日選書421)　科学朝日編　朝日新聞社　1991.3　292p 19cm

◇彩色江戸博物学集成　平凡社　1994.8　501p 27cm

◇幕末畸人伝　松本健一著　文藝春秋　1996.2　257p 19cm

【その他の主な著作】

◇博物図譜ライブラリー2 鳥獣虫魚譜 「両羽博物図譜」の世界　松森胤保〔著〕、磯野直秀解説　八坂書房　1988.11　127p 27cm

◇両羽博物図譜—翻刻版 禽類図譜 巻1-14, 補遺　松森胤保著　両羽博物図譜刊行会　1993.10〜1995.9　28cm

眞砂 久哉

まなご・ひさや

昭和5年(1930年)〜平成元年(1989年)5月26日

植物学研究家

同志社大学文学部〔昭和27年〕卒。団 紀州シダの会(会長)。

昭和22年同志社大学予科入学、27年文学部を卒業。今久(いまきゅう)の屋号をもち、備長炭を扱う実家の眞砂商店を継ぐかたわら、田辺市を中心とした紀伊の林業、自然、音楽などの発展に尽くした。創設した紀州林業懇話会の事務局長、同じく紀州シダの会会長を務めたほか、田辺市文化財審議委員などを歴任した。

【著作】

◇享保・元文諸国産物帳集成 第6巻 紀伊　盛永俊太郎、安田健編、眞砂久哉解題　科学書院　1987.7　962, 46p 27cm

◇南紀から地球の植物をみる—シダに惹かれたナチュラリストの記(のぎへんのほん)　眞砂久哉著　研成社　1996.12　164p 19cm

◇眞砂久哉氏収集和歌山県産シダ植物標本目録(大阪市立自然史博物館収蔵資料目録 第29集)　中篤章和、瀬戸剛、佐久間大輔編　大阪市立自然史博物館　1997.3　118p 26cm

曲直瀬 道三(1代目)

まなせ・どうさん

永正4年9月18日(1507年10月23日)～
文禄3年1月4日(1594年2月23日)

医師
旧姓名は堀部。名は正盛、正慶、号は雖知苦斎、翠竹院、蓋静翁、寧固、字は一渓。京都府出生。

宇多源氏の佐々木氏の流れをくむ堀部家の出身。生後間もなく父母を失い、姉と伯母に養われ、永正11年(1514年)近江守山の天光寺に入って僧となる。享禄元年(1528年)下野の足利学校で経史や諸子百家を学び、4年(1531年)会津柳津の名医・田代三喜に入門して李朱医学を修めた。天文14年(1545年)京都に帰り、還俗して医業に専念。以来、名医としての評判は天下に轟き、室町幕府第13代将軍・足利義輝や細川晴元、松永久秀、織田信長ら畿内の大名の愛顧を受けた他、毛利元就が出雲出陣中に病んだ際には請われて治療を施した。また京都に我が国初の医学校・啓迪院を設立して多くの秀才を養成し、日本医学中興の祖と称される。天正2年(1574年)自著「啓迪集」8巻を正親町天皇の叡覧に供し、20年(1592年)に後陽成天皇より橘姓と今大路の家号を賜った。晩年は亨徳院と号し、豊臣秀吉や徳川家康にも重く用いられた。のち甥の玄朔が養嗣子となり、2代目道三を継いだ。著書に「百腹図説」「弁証配剤医燈」などの他、「本草異名記并製剤記」「能毒」「宜禁本草」など植物、本草学に関するものも多い。

【著作】
◇病態栄養古典叢書［宜禁本草(曲直瀬道三)］日本栄養士会編　第一出版　1977.2　461p 16×22cm
◇近世漢方医学書集成 2 曲直瀬道三 1　大塚敬節、矢数道明責任編集　名著出版　1979.5　593p 20cm
◇近世漢方医学書集成 3 曲直瀬道三 2　大塚敬節、矢数道明責任編集　名著出版　1979.5　648p 20cm
◇近世漢方医学書集成 4 曲直瀬道三 3　大塚敬節、矢数道明責任編集　名著出版　1979.6　600p 20cm
◇近世漢方医学書集成 5 曲直瀬道三 4　大塚敬節、矢数道明責任編集　名著出版　1979.7　583p 20cm
◇食物本草本大成　第1集［宜禁本草(曲直瀬道三)］　吉井始子編　臨川書店　1980.9　22cm
◇類証弁異全九集 7巻　曲直瀬道三〔著〕　勉誠社　1982.11　546, 145p 22cm
◇松本書屋貴書叢刊　第2巻　啓迪集　巻1～5　曲直瀬道三著、松本一男編　谷口書店　1993.12　756p 27cm
◇松本書屋貴書叢刊　第3巻　啓迪集　巻6～8　曲直瀬道三著、松本一男編　谷口書店　1993.12　681p 27cm
◇臨床本草薬理学選集　第6冊　オリエント出版社　1995.1　544p 27cm
◇臨床実践家伝・秘伝・民間薬叢書　第3巻　オリエント出版社　1995.4　504p 27cm
◇臨床実践家伝・秘伝・民間薬叢書　第6巻　オリエント出版社　1995.4　509p 27cm
◇啓迪集―現代語訳　曲直瀬道三原著、北里研究所東洋医学総合研究所医史学研究部温知会有志編訳　思文閣出版　1995.6　2冊 22cm
◇曲直瀬道三全集　第1巻　類証弁異全九集・授蒙聖功方　オリエント出版社　1995.10　617p 27cm
◇曲直瀬道三全集　第2巻　辞俗坳聖方・日用薬性能毒・雲陣夜話・鍼灸集要・遐齢小児方・可有録　オリエント出版社　1995.10　572p 27cm
◇曲直瀬道三全集　第3巻　広嵆摘英集・弁証配剤医灯・切紙　オリエント出版社　1995.10　660p 27cm
◇曲直瀬道三全集　第4巻　啓迪集 1　オリエント出版社　1995.10　594p 27cm
◇曲直瀬道三全集　第5巻　啓迪集 2　オリエント出版社　1995.10　648p 27cm
◇曲直瀬道三全集　第6巻　脈論・医家要語集・診脈口伝集・捷径弁治集・老師雑記記・薬種性味功能ది・炮炙撮要・診切枢要　オリエント出版社　1995.10　651p 27cm
◇臨床漢方処方解説　第18冊　オリエント出版社　1996.8　424p 27cm

【評伝・参考文献】
◇近世漢方医学史―曲直瀬道三とその学統　矢数道明著　名著出版　1982.12　434p 22cm
◇近世医方治験選集1 半井慶友・曲直瀬道三　安井広迪編集・解説　名著出版　1985.5　97, 329p 20cm
◇逃げない男たち―志に生きる歴史群像　上　戸部新十郎、安西篤子、赤木駿介、徳永真一郎、山上笙介、小島貞二、網淵謙錠著　旺文社　1987.3　318p 19cm

真鍋 左武郎
まなべ・さぶろう

明治28年(1895年)10月11日～
昭和62年(1987年)10月7日

実業家，農芸化学者　全日本蘭協会会長
東京帝国大学農芸化学科卒。囲全日本蘭協会（会長）。

　東京帝国大学農芸化学科を卒業後，三共製薬に入社して研究員となり，パン用イースト菌の製造・開発などに従事。昭和18年磯村産業に招かれ，80歳という高齢に至るまで専務して同社の発展に貢献。傍ら，戦前よりランの栽培をはじめ，戦後に温室を再構築・拡張してからは栽培する品種や株数を増やし，交配も行うようになった。33年発足の全日本蘭協会にも参加し，49年同第4代会長に就任。当時同会最年長者の一人でありながら例会には必ず参加して会員の指導に当たったほか，小田急百貨店本店春の洋蘭展の開催や各国ラン協会・栽培家との交流に尽くした。カトレアの栽培や実験も進め，同会誌上に研究成果をたびたび報告しており，後年同会の審査におけるカトレア種の年間最優秀賞として真鍋賞が設けられた。

間宮　七郎平
まみや・しちろべい

明治26年（1893年）10月19日～
昭和33年（1958年）9月25日

花卉栽培家
千葉県出生。明治薬学校中退。

　小学校修了後，家の農業を手伝っていたが，19歳の時に上京し，苦学の末に薬剤師の資格を取得。房総の温暖な気候と都会に近い地の利は花づくりに適していると思いつき，大正10年帰郷後，寒菊を育て，東京市街を大八車で売り回った。翌年には赤花ダルマエンドウを出荷，1俵が4円で売れたという。13年和田浦生花組合を結成，組合長となり，房総に花卉栽培を根づかせた。

【評伝・参考文献】
　◇間宮七郎平と和田の花　和田小学校社会科研究部　1983.1　117p 22cm

円山　応挙
まるやま・おうきょ

享保18年5月1日（1733年6月12日）～
寛政7年7月17日（1795年8月31日）

画家
字は仲均，号は夏雲。丹波国桑田郡（京都府）出生。

　幼少より絵を好み，上洛して玩具商に奉公しつつ彩色技法を覚えた。初め石田幽汀に狩野派の画法を学んだが，それに飽きたらず西洋画の遠近法も研究し，写実性を加味した独自の画風を確立させて，円山派の祖となった。植物についても写実性の高い描画を残し，日本の植物画史に足跡を残すことになった。襖絵や障壁画などの大画面の制作に画風を活かし，但馬香住大乗寺，讃岐金刀比羅宮などに作品を残す。代表作に「雪松図屏風」「保津川図屏風」など。

【著作】
◇応挙画集―百三十年祭　円山応挙画，土橋永昌堂編　土橋永昌堂　1924　図版32枚 37cm
◇金刀比羅宮応挙画集　金刀比羅宮社務所第一課編　金刀比羅宮　1935　1冊（頁付なし）22cm
◇応挙名画譜　円山応挙画，恩賜京都博物館編　小林写真製版所出版部　1936　図版114枚 45cm
◇応挙洋風画集　円山応挙〔著〕，外山卯三郎編　芸術学研究会　1936　61p 図版88枚 30cm
◇応挙写生帖　円山応挙著，日本の文様研究会編　フジアート出版　1970　4冊（解説共）34cm
◇応挙眼鏡絵古版復刻　円山応挙〔画〕，栗原直編　栗原直　1977.12　図版10枚 42cm
◇応挙写生画集　円山応挙〔画〕，佐々木丞平編　講談社　1981.6　183p 38cm
◇江戸の動植物図―知られざる真写の世界　朝日新聞社編　朝日新聞社　1988.10　161p 26×21cm
◇大雅と応挙　江戸の絵画3・建築2（日本美術全集19）　講談社　1993.4　245p 38×27cm
◇日本近代の美意識（高階秀爾コレクション）　高階秀爾著　青土社　1993.9　551,9p 19cm
◇名画読本　日本画編　どう味わうか（カッパ・ブックス）　赤瀬川原平著　光文社　1993.9　199p 18cm
◇円山応挙（新潮日本美術文庫 13）　円山応挙〔画〕，日本アート・センター編　新潮社　1996.11　93p 20cm

◇円山応挙画集　円山応挙〔画〕，源豊宗監修，狩野博幸〔ほか〕編集　京都新聞社　1999.7　2冊　43cm
◇週刊日本の美をめぐる no. 37(江戸 8)リアルに描く円山応挙(小学館ウイークリーブック)　円山応挙〔ほか画〕　小学館　2003.1　42p 30cm

【評伝・参考文献】
◇応挙画譜　田中治兵衛　1891.1　図版20枚 25cm
◇円山応挙(美術叢書 第2編)　姑射若氷著　美術叢書刊行会　1916　108p 肖像 16cm
◇江戸の画家たち　小林忠著　ぺりかん社　1987.1　254p 19cm
◇円山応挙の写生と風景―特別展　三井文庫編　三井文庫　1988.11　46p 30cm
◇円山応挙 上　田辺栄一著　京都新聞社　1995.1　388p 20cm
◇円山応挙 下　田辺栄一著　京都新聞社　1995.1　413p 20cm
◇円山応挙研究　佐々木丞平，佐々木正子著　中央公論美術出版　1996.12　2冊 31cm
◇でこぼこの名月〔円山応挙の『難福図巻』について〕　安岡章太郎著　世界文化社　1998.10　350p 21cm
◇円山応挙と三井家　三井文庫編　三井文庫　2000.1　55p 30cm
◇江戸時代洋風画史―桃山時代から幕末まで　成瀬不二雄著　中央公論美術出版　2002.6　375p 26cm
◇江戸の動物画―近世美術と文化の考古学　今橋理子著　東京大学出版会　2004.12　344，27p 21cm

三浦 昭雄
みうら・あきお

昭和3年(1928年)12月27日～
平成15年(2003年)7月12日

植物学者　東京水産大学名誉教授
秋田県山本郡八竜町(三種町)出生。第一水産講習所養殖科〔昭和25年〕卒。理学博士〔昭和52年〕。［専］藻類栽培学　［団］日本植物学会，日本藻類学会，日本水産学会。
　生家は代々大地主で、父は町長を務めたほどの名望家であった。郷里は秋田県の八郎潟に近く、海苔や海草をよく食べる土地柄であり、彼も幼少時から釣りなどを通じて海草や生物に親しんだ。昭和20年旧制秋田中学を卒業してから鹿渡国民学校で1年間助教を務め、21年水産講習所本科養殖科に入学。25年卒業後、東京水産大学第一水産講習所助手となり、海苔分類学研究の権威であった殖田三郎の指導を受けた。36年助手、40年講師、50年助教授を経て、60年教授に昇任し、藻類増殖学講座を担当。この間、53～63年東京大学非常勤講師として毎年海藻学の臨海実習指導を受け持った。平成3年定年退官、青森大学工学部教授。水産植物増殖学の中でも海苔養殖の基礎的学術研究とその応用に関して日本有数の研究者といわれ、養殖海苔の分類学的研究のため各地の養殖場を巡るとともに天然のアマノリ属海藻の標本採集にも尽力、"海苔の神様"と呼ばれる。3年にはスサビノリの赤型と緑型の色素変色体交雑によるバイオノリ'あかつき'を開発した。浅海増殖研究中央協議会会長として浅海増殖研究発表全国大会や海苔養殖夏季大学を開くなど、海苔生産者に対しての育成・指導も積極的に行い、中国・韓国や米国でも現地指導を行った。著書に「水産植物学」(殖田三郎、岩本康三と共著)、「食用藻類の栽培」などがある。

【著作】
◇水産植物学(水産学全集 第10巻)　殖田三郎，岩本康三，三浦昭雄著　恒星社厚生閣　1963　640p 22cm
◇食用藻類の栽培(水産学シリーズ 88)　三浦昭雄編　恒星社厚生閣　1992.4　150p 22cm

三浦 肆玖楼
みうら・しくろう

明治23年(1890年)9月21日～
昭和36年(1961年)10月4日

農学者　東京農業大学学長
島根県那賀郡井野村(三隅町)出生。東京農業大学〔大正6年〕卒。
　明治39年松江農学校へ入学、大正6年東京農業大学を卒業してシンガポールの三五公司社員となりゴムの木の芽接ぎ技術を完成、熱帯ゴム樹栽培の技術を確立した。14年島根県に帰り邑智郡農会技師、昭和3年岐阜高等農業学校勤務

を経て、6年母校の東京農業大学講師、米国のネブラスカ大学に留学して、9年帰国、教授となる。戦後、戦火で焼けた同大の復興に尽力。34年卒業生として初の学長に就任した。

【著作】
◇熱帯農業 作物篇 三浦肆玖楼著 西ケ原刊行会 1942 105p 22cm
◇食用作物各論 三浦肆玖楼著 アヅミ書房 1952 363p 22cm
◇熱帯作物 三浦肆玖楼著 アヅミ書房 1955 191p 22cm

三上 希次
みかみ・まれつぐ

?～平成13年(2001年)11月18日

青秋林道に反対する連絡協議会会長
青森県弘前市出生。東奥義塾高卒、明治大学中退。

サラリーマン生活を経て、昭和55年帰郷。のち登山用具店を経営。61～63年天然記念物クマゲラなど野生動植物の宝庫である白神山地を通る青秋林道の建設中止を求める"青秋林道に反対する連絡協議会"の会長を務めた。62年林道建設に伴う保安林解除に対し、日本の林政史上空前の約1万4000通の異議意見書を集めた。これが青森県知事・北村正哉に林道建設中止を決断させ白神山地保護の道を開き、世界遺産登録に結び付いた。

三木 茂
みき・しげる

明治34年(1901年)1月1日～
昭和49年(1974年)2月21日

古植物学者 大阪市立大学理学部教授
香川県木田郡奥鹿村(三木町)出生。盛岡高等農林学校(現・岩手大学農学部)林科〔大正10年〕卒、京都帝国大学理学部植物学科〔大正14年〕卒。理学博士。賞朝日文化賞〔昭和25年〕。

大正10年盛岡高等農林学校(現・岩手大学農学部)林科を卒業後、京都帝国大学理学部植物学科に進み、郡場寛に師事。大学時代から京都の南にある巨椋池で水生植物の研究に取り組み、昭和2年「巨椋池の植物生態」、4年「深泥ケ池特に浮島の生態研究」、12年「山城水草誌」などの論文を発表。この間、6年巨椋池調査のために登った万福寺裏山で、粘土層の中に埋もれていた化石化の途上にある植物の亜化石に着目。以後、自ら"植物遺体"と呼び、それまで学問的に顧みられなかった亜化石の研究に没頭。世界一の巨木として知られるセコイアの日本産亜化石を集成することにより、16年新属メタセコイア(和名アケボノスギ)として発表。21年中国・四川省で同属の生きた樹木が発見され、"生きている化石"として大きな話題となった。24年米国の古植物学者R. W. チェニーが現地に赴いて種子を採集し若木まで育てたメタセコイアが昭和天皇に献上され、宮城に第一号が植樹された。大きく育つため記念樹として好まれ、その後も日本各地に植えられている。戦後は大阪教育大学、大阪市立大学、武庫川女子大学の各教授を歴任した。著書に「メタセコイア 生ける化石植物」がある。

【著作】

◇巨椋池の植物生態　三木茂著　〔三木茂〕　1927　82-145p 図版25枚 27cm
◇深泥ケ池特に浮島の生態研究　三木茂著　三木茂　1929　61-145p 図版 27cm
◇神宮神域の植物生態調査　三木茂著, 神宮司庁林苑課編　神宮司庁林苑課　1932　75p 27cm
◇山城水草誌　三木茂著　〔三木茂〕　1937　127p 27cm
◇メタセコイア―生ける化石植物　三木茂著　日本礦物趣味の会　1953　141p（図版20p共）26cm
◇大阪城の研究［大阪合同庁舎建築地から得た植物遺体について（三木茂）］（研究予察報告 第2）　大阪市立大学大阪城址研究会　1954　72, 57p 図版 21cm
◇生物学―大学課程一般教育　森為三, 三木茂編　新元社　1958　272p 22cm

【評伝・参考文献】
◇大阪市立自然史博物館収蔵資料目録 第10集 三木茂博士寄贈水草腊葉標本目録　〔大阪市立自然史博物館〕　1978　42p 26cm
◇忘れられた博物学　上野益三著　八坂書房　1987.10　277p 19cm
◇近代日本生物学者小伝　木原均ほか監修　平河出版社　1988.12　567p 22cm
◇博物学者列伝　上野益三著　八坂書房　1991.12　412, 10p 23cm
◇メタセコイア―昭和天皇の愛した木（中公新書 1224）　斎藤清明著　中央公論社　1995.1　238p 18cm
◇コダイアマモの化石―三木茂教授コレクション（大阪市立自然史博物館収蔵資料目録 第31集）　那須孝悌編, 樽野博幸写真撮影　大阪市立自然史博物館　1999.3　10, 2, 11p 26cm
◇三木茂博士の足跡―メタセコイアの命名者　斎藤清明著　三木茂博士生誕100周年記念事業委員会　2001.12　94p 19cm

右田 半四郎
みぎた・はんしろう

明治2年（1869年）5月26日～
昭和26年（1951年）1月1日

東京帝国大学名誉教授
熊本県出生。東京帝国大学農科大学林学科〔明治27年〕卒。林学博士〔明治40年〕。団森林経理学。

林務官から明治28年東京大学助教授、39年教授となり、昭和5年退官、名誉教授。大正時代の森林経理学の権威で、土地純収穫主義を提唱、3年施行された国有林施業案規定の指導者。著書に「明治林業逸史」。

【著作】
◇森林経理利用学講義筆記　右田半四郎, 和田義正述　徳島県山林会　1908.12　94p 23cm

ミクェル
Miquel, Friedrich Anton Wilhelm
1811年～1871年

オランダの植物学者　王立植物標本館長
ドイツ・ノイエハウス出生。

現在はドイツに属するノイエハウスに生まれる。フロニンヘン大学で医学を学ぶ。1846年にアムステルダム大学の医師養成大学、ユトレヒト大学植物学教授。1862年からはライデンの王立植物標本館長。東南アジアを中心とした熱帯植物の分類学研究を行なったほか、シーボルトとビュルガーら後継者が日本で採取し王立植物標本館に収蔵されていた日本植物の分類を行い、「日本植物誌試論」（Prolusio florae japonicae, 1865～67年）を著すなど、日本の植物相の分類の基礎を築いた。

御江 久夫
みご・ひさお

明治38年（1905年）～?

植物研究家
東京大学理学部植物学科〔昭和3年〕卒。

東京大学理学部植物学科卒業。上海自然科学研究所勤務を経て、山口大学文理学部教授。中国、琉球などの植物について分類学的研究を行った。

【著作】
◇植物分類・地理―小泉博士還暦記念　植物分類地理学会編　星野書店　1944　320p 26cm

三沢 正生
みさわ・ただお

大正3年(1914年)2月23日～
昭和55年(1980年)11月19日

東北大学名誉教授
京都帝国大学農学部卒。[団]植物病理学 [団]日本植物病理学会(会長) [賞]日本植物病理学会賞〔昭和48年〕

東北大学教授、玉川大学教授を務めた。植物ウイルス病研究の草分け的存在で、昭和48年植物ウイルスの感染と増殖に関する研究成果により日本植物病理学会賞を受賞。50年には同学会長をつとめた。

水島 正美
みずしま・まさみ

大正14年(1925年)4月14日～
昭和47年(1972年)9月9日

東京都立大学理学部助教授
東京・府中町(府中市)出生。北海道帝国大学予科農類〔昭和19年〕卒、東京大学理学部植物学科〔昭和24年〕卒、東京大学大学院〔昭和29年〕修了。理学博士(東京大学)〔昭和36年〕。[団]植物分類学。

昭和19年北海道帝国大学予科農類を卒業して同大農学部水産学科に進むが、宮部金吾の勧めにより21年東京大学理学部植物学科に転じ、29年同大大学院を修了。同年より資源科学研究所研究員。東京都立大学による牧野標本館新設に伴い、33年東京都立大学に移り、35年助教授に就任。ナデシコ科を専門とし、特にツメクサ属、ハコベ属、ワチガイソウ属などについて詳しい研究を発表した。

【著作】
◇下水内郡植物誌　水島正美、横内斎著　下水内教育会　1956　129p 図版 21cm

◇原色植物百科図鑑　本田正次、水島正美、鈴木重隆編　集英社　1964　799p(図版 解説共) 19cm
◇日本百科大事典 別冊〔第5〕原色植物図鑑　本田正次、水島正美編　小学館　1966　475p(図版共) 27cm
◇原色植物百科図鑑　本田正次、水島正美編　小学館　1967　475p(図版共) 27cm

水谷 豊文
みずたに・ほうぶん

安永8年(1779年)4月19日～
天保4年(1833年)3月20日

本草学者
字は士献、通称は助六、号は鉤致堂。尾張国名古屋(愛知県)出生。

父は尾張藩士で松平君山門下の本草家でもあった水谷光和。はじめ父に従って本草を学んだが、寛政7年(1795年)頃から京都帰りの医師・浅野春道に師事。さらに師の紹介で小野蘭山を知り、密かに京都の蘭山を訪ねたり、押し葉標本を送って質問するなど、大いに研鑽に努めた。8年(1796年)には名古屋で初めて蘭方医となった野村立栄に入門して蘭学を修めた。享和2年(1802年)父の隠居に伴い家督を相続し、藩の馬廻組に所属。文化2年(1805年)には本草学に対する学識の深さから藩の薬園御用に任ぜられ、以来、終生その職に在り、各地で採薬を行うとともに自邸の薬園で2000種以上もの薬草を栽培した。また文化年間の初め頃より、門弟の大窪太兵衛、大河内存真、伊藤圭介、吉田雀巣庵ら尾張近在の本草家が毎月植物や物品を持参してそれについて効能や性質などを検討する集まりが出来、中国神話上の人物である神農が百草を嘗めて薬を鑑定したという故事から嘗百社と名付けられた。やがて会の席上で出される物品は植物にとどまらず金石や禽獣虫魚にも及び、呼称の方言や培養法、絵図に至るまで検討が加えられるようになるなど学問的向上を怠らず、さらに専門の本草家だけでなく一般人の縦覧に供したこともあり、尾張地方における本草学の発展に大きな役割を果たした。文政9年(1826

年)には伊藤らと江戸参府途中のシーボルトを名古屋近郊の宮駅(熱田)に訪ね面会。この時にシーボルトは自身未見の標本を多数持参し、蘭語やリンネによる属名をも解した彼の学識に舌を巻き、"大学者""日本のリンネ"と最大級の賛辞を贈った。なお、シーボルトは江戸からの帰り道にも宮駅を訪れ、深夜まで豊文らと薬品の鑑定を行った。天保4年(1833年)死去し、弟子たちはその三回忌に本草会を開き、彼を追善した。代表的な著作である「本草綱目紀聞」60冊は各地を採種旅行した成果をもとに、約2000種の植物図説を手書きと拓本によってまとめたものであるが、従来の「本草網目」の分類を用いながら、ホッタインの「蘭文リンネ博物誌」に拠ったラテン名も付記されているところに特色がある。その他にも国産金石動植物の索引である「物品識名」や「虫譜」「禽譜」「熊野採薬記」など多数あるが、未刊のものが多い。

【著作】
◇豊文図篆　水谷豊文著　写本　〔江戸末期〕　4冊22cm
◇名古屋叢書 第13巻科学編〔木曽採薬記(水谷豊文)〕　名古屋市教育委員会編　名古屋市教育委員会　1963　481p 図版 21cm
◇名古屋叢書三編 第19巻〔物品識名・物品識名拾遺(水谷豊文)〕　名古屋市蓬左文庫編　名古屋市教育委員会　1982.11　536p 22cm
◇名古屋叢書 校訂復刻 第13巻科学編〔木曽採薬記(水谷豊文)〕　名古屋市教育委員会編　愛知県郷土資料刊行会　1983.4　481p 22cm
◇富士日記, 木曽採薬記(江戸期山書翻刻叢書6)　芙蓉亭蟻乗〔著〕, 水谷豊文〔著〕　国立国会図書館山書を読む会　1983.12　106p 26cm
◇草木性譜, 有毒草木図説　清原重巨著, 水谷豊文, 大窪昌章画　八坂書房　1989.6　279p 21cm
◇採薬志 1〔木曽採薬記(水谷豊文)〕(近世歴史資料集成 第2期 第6巻)　浅見恵, 安田健訳編　科学書院　1994.10　1257, 63p 27cm
◇本草綱目記聞―杏雨書屋蔵 1(第1巻―第16巻)　水谷豊文著, 武田科学振興財団杏雨書屋編　武田科学振興財団　2005.12　732p 27cm
◇本草綱目記聞―杏雨書屋蔵 2(第17巻―第32巻)　水谷豊文著, 武田科学振興財団杏雨書屋編　武田科学振興財団　2006.9　698p 27cm

【評伝・参考文献】
◇江戸期のナチュラリスト(朝日選書 363)　木村陽二郎著　朝日新聞社　1988.10　249, 3p 19cm
◇博物学者列伝　上野益三著　八坂書房　1991.12　412, 10p 23cm
◇医学・洋学・本草学者の研究―吉川芳秋著作集　吉川芳秋著, 木村陽二郎, 遠藤正治編　八坂書房　1993.10　462p 24×16cm
◇彩色江戸博物学集成　平凡社　1994.8　501p 27cm
◇植物学史・植物文化史(大場秀章著作選 1)　大場秀章著　八坂書房　2006.1　419, 11p 22cm

水野 忠暁
みずの・ただとし

明和4年(1767年)～天保5年(1834年)9月24日

幕臣, 園芸家
別名は忠敬, 号は逸斎, 通称は宗次郎。
　先祖は徳川家康譜代の家臣・水野忠政。幕府の旗本で、武州都筑、多摩、入間に采地500石を賜り、江戸・四谷に住む。通称宗次郎、号は逸斎といったが、「水のげんちうきやう」(〔水野・源・忠暁〕によるか)と署名することが多かったといわれる。寛政元年(1789年)家督を継ぎ、4年(1792年)初めて将軍に謁見。幼少の頃から草木の栽培に熱中し、やがて本職の植木屋が師と仰ぐほどの腕前となり、特に斑入や変わり咲きの草花を愛好して江戸奇品家の総師格のような人物であった。文政12年(1829年)「草木錦葉集」7冊を刊行。これは斑入植物の集大成というべき図説書であり、大岡雲峰や関根雲停らが絵筆を執ったもので、植物学的・博物学的にも価値が高い。他に忠暁が撰し、雲停が写生図を描いたものに「小おもと名寄」がある。「草木奇品家雅見」の著者・繁亭金太は弟子。また父・守政は代々木で得たマツの実を拾って庭に植え、変わったマツが出来たのを愛玩したとされ、親子そろって奇品を愛好した。

【著作】
◇草木錦葉集 前, 後編　水野忠暁著　大雅堂　1944　8冊26cm

【評伝・参考文献】
◇植物文化史(北村四郎選集 3)　北村四郎著　保育社　1987.12　613p 21cm

水野 豊造
みずの・ぶんぞう

明治31年（1898年）7月16日～
昭和43年（1968年）2月16日

園芸家　富山県花卉球根農業協同組合組合長
富山県東礪波郡庄下村（礪波市）出生。賞黄綬褒章〔昭和30年〕。

　小作農の長男として生まれる。農家を継ぎ、小作以外の収入の道として農閑期の裏作を考える中で、大正7年当時珍しかったチューリップを購入。栽培してみたところ高値で売れたことから研究を始め、切り花より球根に着目。12年より本格的な栽培を開始し、昭和13年には富山県輸出球根出荷組合連合会を設立して球根の海外輸出に乗り出した。太平洋戦争が始まり主食以外の作物の栽培が禁止されると有志と密かに球根を植えて150種の品種を守り抜き、富山県がチューリップ王国となる礎を築いた。23年富山県花卉球根農業協同組合を設立、38年組合長。

【評伝・参考文献】
◇チューリップが咲いた―メルヘンの花を咲かせた水野豊造（いきいき人間ノンフィクション3）伊藤真智子作、井口文秀絵　小峰書店　1990.10　114p 21cm
◇礪波チューリップ成功の秘密　東潔著　コスモトゥーワン、文園社〔発売〕1996.4　142p 19cm
◇農業技術を創った人たち2　西尾敏彦著　家の光協会　2003.1　379p 19cm

水野 元勝
みずの・もとかつ

（生没年不詳）

旗本
　日本で最初の園芸書「写本花段綱目」（1681年）の著者。経歴その他は不明である。

三谷 慶次郎
みたに・けいじろう

明治7年（1874年）7月18日～
昭和38年（1963年）7月12日

農事改良家
広島県金江村（福山市）出生。
　大正4年自身の田畑に広島県農事試験場の委託試験地をもうけ、イグサの蛇紋病の病原と防除法を研究。品種改良にも取り組み、'広島1号'から'広島4号'までを育成した。

三谷 和合
みたに・わごう

昭和3年（1928年）～平成9年（1997年）9月14日

漢方医　木津川厚生会加賀屋病院名誉院長
京都府京都市出生。京都府立医科大学〔昭和27年〕卒，京都府立医科大学大学院博士課程修了。師は森田幸門（漢方研究医）。博士号。
　大学、大学院を通じ寄生虫を研究し、博士号を取得。大阪市内の病院に内科医として勤務した時、漢方研究で知られる丸山修三と出会い、漢方の道に。その後、漢方研究医・森田幸門のもとに弟子入りし、本格的に漢方を勉強。昭和38年加賀屋診療所を開業以来、西洋医学と漢方を組みあわせた独自の治療を続けた。54年木津川厚生会加賀屋病院を開設、63年名誉院長。日本東洋医学会副会長も務めた。

【その他の主な著作】
◇原色漢方舌診法　三谷和合著　自然社　1980.1　100p 31cm
◇漢方保険診療―循環器科領域　三谷和合，谿忠人編著　医薬ジャーナル社　1991.12　260p 19cm
◇漢方保険診療―呼吸器科領域　三谷和合，谿忠人編　医薬ジャーナル社　1994.1　234p 19cm

三井 邦男
みつい・くにお

昭和15年(1940年)12月6日～
昭和63年(1988年)5月10日

植物学者　日本歯科大学新潟歯学部教授
神奈川県横浜市出生。東京学芸大学学芸学部初等教育課程〔昭和34年〕卒,東京教育大学(現・筑波大学)大学院理学研究科植物分類学専攻〔昭和43年〕博士課程修了。理学博士。專植物形態・分類学 団日本植物分類学会,日本植物学会,International Association for Plant, Taxonomy。

昭和45年日本歯科大学歯学部助手、46年歯学部講師、47年新潟歯学部助教授、57年教授を歴任。シダ植物の細胞遺伝学について研究した。

【著作】
◇生物系統学―理論と方法　ソルブリッヒ著,川崎次男,鈴木昌友,三井邦男共訳　広川書店　1973　263p 22cm
◇シダ植物の胞子(講座・現代植物学)　三井邦男著　豊饒書館　1982.5　206p 21cm

三井 進午
みつい・しんご

明治43年(1910年)1月1日～
昭和63年(1988年)9月4日

東京大学名誉教授

雅号は三井夢生(みつい・むせい)。東京出生。東京帝国大学農学部農芸化学科〔昭和7年〕卒。日本学士院会員〔昭和58年〕。農学博士(東京大学)〔昭和23年〕。專植物栄養学,肥料学 団日本農芸化学会(名誉会員),日本土壌肥料学会(名誉会員)賞仁科記念賞(第2回)〔昭和31年〕,日本農学賞〔昭和35年〕,日本学士院賞〔昭和42年〕,勲二等瑞宝章〔昭和57年〕。

昭和7年農林省農業試験場技手となり、技師、土壌肥料部長を経て、23年東京大学農学部助教授、27年教授、38年大学院化学系研究科委員長を歴任。アイソトープを初めて農学に利用したことで知られる。45年名誉教授となり、58年日本学士院会員。著書に「植物栄養と肥料の研究」「水田の脱窒現象」「作物の要素欠乏」など。

【著作】
◇施肥改善奨励資料〔第37輯　水稲作に対する濃厚窒素質肥料の分施,特第3輯　畑作物に対する焼土の肥効(三井進午)〕　大日本農会　1942～1944　21cm
◇最近の農業技術〔農事試験場に於ける近年の土壌肥料研究の動向(三井進午)〕　農林省農事試験場内農業技術研究会編　養賢堂　1949　236p 21cm
◇土壌学―その本質と特性・立地土壌学概論　T. L. ライオン,H. O. バックマン共著,三井進午等訳　朝倉書店　1950　496p 22cm
◇稲作新説〈3版〉〔土壌肥料(三井進午 等)〕(農業シリーズ 第1冊)　戸苅義次編　朝倉書店　1951　566p 22cm
◇イネつくりの問題点〔土壌の改良と施肥の重点(三井進午)〕〈3版〉(朝日農業選書 第2)　農業朝日編　朝日新聞社　1952　171p 19cm
◇尿素―新しい肥料新しい飼料　三井進午等著　高陽書院　1952　272p 22cm
◇新らしい土壌肥料の知識　三井進午等編　朝倉書店　1953　272p 26cm
◇尿素　三井進午等著　高陽書院　1955　272p 22cm
◇肥料と食糧(三省堂百科シリーズ 第7)　三井進午著　三省堂出版　1955　154p 図版 17cm
◇土壌・肥料新事典　三井進午,今泉吉郎監修　博友社　1956　328p 22cm
◇作物の要素欠乏―診断と対策 原色図解　三井進午,今泉吉郎監修　博友社　1958　366p(図版共)27cm
◇アイソトープ農業応用技術〔実用篇〕(アイソトープ応用技術講座 第6巻)　三井進午編　地人書館　1958　243p 22cm
◇土と肥料〈改訂版〉　三井進午著　博文社　1960　154p 19cm
◇水稲に対する液体肥料(農薬を含む)の機械化流入の効果に関する研究　三井進午等著　日本農業研究所　1968　104p 図版 26cm
◇植物栄養と肥料の研究―三井進午博士論文選集　三井進午著　養賢堂　1970　386p 27cm
◇最新土壌・肥料・植物栄養事典　博友社　1971　387p 図　22cm
◇水田の脱窒現象―発見と波紋　三井進午著　養賢堂　1978.9　128p 22cm
◇重窒素利用研究法　三井進午〔ほか〕編　学会出版センター　1980.1　279p 22cm

南方 熊楠
みなかた・くまぐす

慶応3年(1867年)4月15日～
昭和16年(1941年)12月29日

生物学者, 民俗学者, 人類学者
紀伊国和歌山(和歌山県)出生。娘は南方文枝, 女婿は岡本清造(日本大学名誉教授)。和歌山中学〔明治16年〕卒, ミシガン州立ランシング農学校〔明治19年〕中退。

金物商の二男として生まれる。幼少時より人並みはずれた記憶力を持ち,「太平記」「本草綱目」「大和本草」「和漢三才図会」「諸国名所図会」など古本屋で読んだ書物を諳んじ, 帰宅後すぐさまそれらの写本を作ったといわれている。和歌山中学時代には博物学から天文学・歌学・漢学まで幅広い知識をもった鳥山啓(「軍艦マーチ」の作詞者としても著名)に師事。卒業後に上京し, 共立学校を経て, 大学予備門に入るが, 学業よりも遺跡の発掘や菌類の採集に没頭し, 落第を機に中退した。明治19年渡米, ミシガン州立ランシング農学校などに学んだが, 卒業せず曲馬団の事務員となって中南米, 西インド諸島を巡遊。この間, 独学で各種の標本や地衣類, 菌類の採集に努める。25年英国に渡り, 大英博物館東洋調査部員として「大英博物館日本書籍目録」の編纂に協力し, 館員となることを請われたが, 辞退している。また自然科学雑誌「Nature」「Notes and Queries」などを中心に多数の論文を発表し, ロンドン学会の天文学懸賞論文第1位となってその名を知られた。33年帰国し, 勝浦, 那智, 熊野を中心として隠花, 顕花植物, 菌類の採集と分類整理に没頭。37年より和歌山県田辺に居を定め, 以後, 生物学・博物学・仏教・民俗学・天文学・考古学・風俗など広範な分野で研究と著述を行い,「人類学雑誌」「植物学雑誌」「太陽」などに寄稿した。特に粘菌(変形菌)の研究では世界的な学者として知られ, 発見したものは英国の変形菌研究の第一人者アーサー・リスターとその娘グリエルマ・リスターに送って鑑定を依頼(彼は自らの手で新種を発表するのを好まなかったといわれる)。大正6年自宅のカキの木から発見し, グリエルマによって"ミナカテラ・ロンギフィラ"の学名が付けられたミナカタホコリの他, 生前に知られていた約200種の日本産粘菌のうち, 半数以上は彼が発見したといわれている。昭和4年には田辺を訪れた昭和天皇に粘菌に関する進講を行っており, 貴重な粘菌標本をキャラメルの箱に入れて献上したというエピソードは有名である。また藻類や蘚苔類にも詳しく, この分野でも多くの新種や希少種を発見している。傍ら, 明治39年神社合祀令が発布されると, 合祀によって社林が伐採され貴重な樹木や菌類が絶滅するのを憂い, 日本における自然保護運動の先駆けともいえる神社合祀反対運動を展開, 後年世界遺産に登録された熊野古道が保存される契機を作った。その学問は一つの分野に関連するすべての事項を追求するといった莫大なものであり, そこから形成された途方もない知識の網は"南方マンダラ""歩くエンサイクロペディア"と評された。古今東西に及ぶ博大な学識と, ナチュラリストとしての見識, 十数ケ国語を操ったといわれる天才的な語学力を持ち合わせ, 日本における民俗学, 博物学, 仏教学その他に与えた影響は計り知れない。その主要業績は「南方熊楠全集」(全12巻, 平凡社)にまとめられており, 昭和62年未整理のまま残されていた菌類図譜稿本が「南方熊楠菌誌」として出版された。平成2年には民俗学・博物学分野を対象とした南方熊楠賞が制定された。

【著作】
◇南方熊楠全集 全12巻 渋沢敬三編 乾元社 1951～1952 図版 19cm
◇南方熊楠全集 全10巻, 別巻2巻 平凡社 1971～1975 肖像 図 22cm
◇南方熊楠文集 1-2(東洋文庫) 岩村忍編 平凡社 1979.4～5 18cm
◇日本人の自伝 13 南方熊楠, 柳田国男 平凡社 1981.11 430p 20cm

◇南方熊楠書簡集(紀南郷土叢書 第11輯) 紀南文化財研究会編 紀南文化財研究会 1981.12 196p 22cm
◇南方熊楠選集 全6巻,別巻 平凡社 1984.9～1985.3 21cm
◇南方熊楠菌誌 第1巻 小林義雄〔ほか〕編 南方文枝 1987.7 177p 27cm
◇南方熊楠日記 1 1885～1896 長谷川興蔵校訂 八坂書房 1987.7 458p 22cm
◇南方熊楠日記 2 1897～1904 長谷川興蔵校訂 八坂書房 1987.11 513p 22cm
◇南方熊楠書簡抄―宮武省三宛 笠井清編 吉川弘文館 1988.1 242p 20cm
◇南方熊楠書簡集〈増補〉(紀南郷土叢書 第11輯) 紀南文化財研究会編 紀南文化財研究会 1988.3 202p 22cm
◇南方熊楠日記 3 1905～1910 長谷川興蔵校訂 八坂書房 1988.5 458p 22cm
◇南方熊楠書簡―盟友毛利清雅へ 中瀬喜陽編 日本エディタースクール出版部 1988.7 277p 20cm
◇南方熊楠日記 4 1911～1913 長谷川興蔵校訂 八坂書房 1989.1 391, 56p 22cm
◇南方熊楠菌類彩色図譜百選 南方熊楠〔著〕 エンタプライズ 1989.3 図版100枚 36cm
◇南方熊楠菌誌 第2巻 小林義雄編 南方文枝 1989.5 381p 27cm
◇南方熊楠土宜法竜往復書簡 飯倉照平,長谷川興蔵編 八坂書房 1990.11 445p 23cm
◇門弟への手紙―上松蓊へ 南方熊楠著,中瀬喜陽編 日本エディタースクール出版部 1990.11 375p 20cm
◇南方熊楠コレクション 1 南方マンダラ(河出文庫) 中沢新一責任編集 河出書房新社 1991.6 390p 15cm
◇南方熊楠菌誌 第1巻 小林義雄〔ほか〕編 南方文枝 1991.7 177p 27cm
◇南方熊楠コレクション 2 南方民俗学(河出文庫) 中沢新一責任編集 河出書房新社 1991.9 584p 15cm
◇熊楠漫筆―南方熊楠未刊文集 飯倉照平〔ほか〕編 八坂書房 1991.10 383p 20cm
◇南方熊楠コレクション 3 浄のセクソロジー(河出文庫) 中沢新一責任編集 河出書房新社 1991.10 548p 15cm
◇南方熊楠の図譜 荒俣宏,環栄賢編 青弓社 1991.12 229p 19cm
◇南方熊楠コレクション 4 動と不動のコスモロジー(河出文庫) 中沢新一責任編集 河出書房新社 1991.12 391p 15cm
◇南方熊楠、独白―熊楠自身の語る年代記 中瀬喜陽編著 河出書房新社 1992.1 250p 20cm
◇南方熊楠「芳賀郡土俗研究」 高橋勝利編 日本図書刊行会 1992.2 231p 20cm
◇南方熊楠コレクション 5 森の思想(河出文庫) 中沢新一責任編集 河出書房新社 1992.3 535p 図版16枚 15cm

◇園芸[きのふけふの草花(南方熊楠)](日本の名随筆 別巻 14) 柳宗民編 作品社 1992.4 251p 19cm
◇南方熊楠随筆集(ちくま学芸文庫) 益田勝実編 筑摩書房 1994.1 490p 15cm
◇植物(書物の王国 5) オスカー・ワイルド,クリスティナ・ロセッティ,ジャン・アンリ・ファーブル,幸田露伴,一戸良行ほか著 国書刊行会 1998.5 222p 21cm
◇南方とその周辺の画家たち展 〔南方熊楠〕〔ほか作〕,田辺市立美術館編 田辺市立美術館〔1999〕 53p 28cm
◇南方熊楠―履歴書ほか(人間の記録 84) 南方熊楠著 日本図書センター 1999.2 220p 20cm
◇日本人の手紙 村尾清一著 岩波書店 2004.2 206p 19cm
◇南方熊楠英文論考―「ネイチャー」誌篇 南方熊楠著,飯倉照平監修,松居竜五,田村義也,中西須美訳 集英社 2005.12 421p 22cm
◇南方二書―原本翻刻 松村任三宛南方熊楠原書簡〔南方熊楠〕〔著〕,南方熊楠顕彰会学術部編 南方熊楠顕彰会 2006.5 65p 21cm

【評伝・参考文献】
◇博物学者―南方熊楠の生涯 平野威馬雄著 牧書房 1944 522p 図版11p 22cm
◇近代神仙譚 佐藤春夫著 乾元社 1952 186p 図版6枚 22cm
◇南方熊楠(人物叢書 日本歴史学会編) 笠井清著 吉川弘文館 1967 368p 図版 18cm
◇くまくす外伝 平野威馬雄著 濤書房 1972 413p 20cm
◇南方熊楠人と思想 飯倉照平編 平凡社 1974 320p 肖像 20cm
◇日本民俗文化大系 4 南方熊楠 地球志向の比較学 鶴見和子編著 講談社 1978.9 416p 20cm
◇南方熊楠―人と学問 笠井清著 吉川弘文館 1980.5 292p 20cm
◇父南方熊楠を語る 南方文枝,南方熊楠著,谷川健一〔ほか〕編 日本エディタースクール出版部 1981.7 282p 20cm
◇南方熊楠―親しき人々 笠井清著 吉川弘文館 1982.1 286p 20cm
◇くまくす外伝 平野威馬雄著 誠文図書 1982.4 413p 20cm
◇大博物学者―南方熊楠の生涯 平野威馬雄著 リブロポート 1982.7 423p 22cm
◇紫の花天井に―南方熊楠物語 楠本定一著 あおい書店 1982.9 433p 20cm
◇超人―十八か国語に通じた南方熊楠と妻 阿井景子著 講談社 1985.11 250p 20cm
◇南方熊楠外伝 笠井清著 吉川弘文館 1986.10 182p 20cm
◇音は幻 川村湊評価 3[木を伐るものの伝説―天降り・大樹・南方熊楠] 川村湊著 国文社

1987.5　219p 19cm
◇縛られた巨人―南方熊楠の生涯　神坂次郎著　新潮社　1987.6　389p 20cm
◇花千日の紅なく―南方熊楠と妻（集英社文庫）　阿井景子著　集英社　1989.2　226p 16cm
◇素顔の南方熊楠（続田奈部豆本　第10集）　中瀬喜陽　吉田弥左衛門　1989.2　2冊　7.5×10cm
◇境界の発生［南方熊楠　山人への訣れ］（ディヴィニタス叢書 1）　赤坂憲雄著　砂子屋書房　1989.4　370p 19cm
◇巨人伝　津本陽著　文藝春秋　1989.7　525p 19cm
◇日本的自然観の変化過程［若き南方熊楠における《自然研究》の意味］　斎藤正二著　東京電機大学出版局　1989.7　877, 39p 21cm
◇南方熊楠アルバム　中瀬喜陽, 長谷川興蔵編　八坂書房　1990.5　199p 23cm
◇言霊と他界　川村湊著　講談社　1990.12　316p 19cm
◇谷中村から水俣・三里塚へ―エコロジーの源流（思想の海へ「解放と変革」24）　宇井純編著　社会評論社　1991.2　328p 21cm
◇南方熊楠百話　飯倉照平, 長谷川興蔵編　八坂書房　1991.4　502p 23cm
◇南方熊楠物語―信念を貫いた自由人の生涯　高沢明良著　評伝社　1991.4　226p 19cm
◇南方熊楠、その他　谷川健一編　思潮社　1991.7　215p 20cm
◇南方熊楠―切智の夢（朝日選書 430）　松居竜五著　朝日新聞社　1991.7　261, 11p 19cm
◇開かずの間の冒険　荒俣宏著, 須田一政写真　平凡社　1991.10　232p 21cm
◇孤高の叫び―柳田国男・南方熊楠・前田正名　松本三喜夫著　近代文芸社　1991.10　328p 20cm
◇南方熊楠とその時代―没後50周年記念 1991年秋季特別展　和歌山市立博物館編　和歌山市教育委員会　1991.10　79p 26cm
◇修羅を生きる［世界を駆け抜けた博物学者―南方熊楠］　神坂次郎著　中央公論社　1991.11　249p 19cm
◇異彩天才伝―東西奇人尽し（福武文庫）　荒俣宏著, 日本ペンクラブ編　福武書店　1991.12　359p 15cm
◇猫楠―南方熊楠の生涯　上　水木しげる著　講談社　1991.12　217p 22cm
◇縛られた巨人―南方熊楠の生涯（新潮文庫）　神坂次郎著　新潮社　1991.12　502p 15cm
◇猫楠―南方熊楠の生涯　下　水木しげる著　講談社　1992.2　208p 22cm
◇対談「熊野」太平記　神坂次郎, 梅原猛著　創樹社　1992.3　221p 19cm
◇地球時代の先駆者たち（知ってるつもり?!　4）　日本テレビ放送網　1992.4　249p 19cm
◇社会科教育と法社会史［南方熊楠の環境権思想と西村伊作の自由主義教育思想］　後藤正人著　昭和堂　1992.5　205p 21cm
◇スーパーサイエンス―異形の科学を拓いたサイエンティストたち　井村宏次著　新人物往来社　1992.9　379p 21cm
◇自由のたびびと南方熊楠―こどもの心をもちつづけた学問の巨人（PHP愛と希望のノンフィクション）　三田村信行作, 飯野和好絵　PHP研究所　1992.9　173p 22cm
◇南方曼陀羅論　鶴見和子著　八坂書房　1992.9　235p 20cm
◇森のバロック　中沢新一著　せりか書房　1992.10　529p 20cm
◇心に不思議あり―南方熊楠・人と思想　高橋康雄著　JICC出版局　1992.11　260p 20cm
◇南方熊楠―永遠なるエコロジー曼荼羅の光芒（Diamond comics）　長谷邦夫著　ダイヤモンド社　1992.12　203p 19cm
◇覚書南方熊楠　中瀬喜陽著　八坂書房　1993.4　275p 20cm
◇南方熊楠（新文芸読本）　河出書房新社　1993.4　231p 21cm
◇南方熊楠を知る事典（講談社現代新書）　松居竜五〔ほか〕編　講談社　1993.4　653p 18cm
◇世紀末の文化史―19世紀の暮れかた　大江一道著　山川出版社　1994.2　277, 5p 19cm
◇南方熊楠―ラビリンスのクマグス・ランド　田中宏和著　新風舎　1994.3　100p 20cm
◇サムライたちの自由時間　神坂次郎著　毎日新聞社　1994.4　238p 19cm
◇南方熊楠の生涯　仁科悟朗著　新人物往来社　1994.5　350p 20cm
◇草木虫魚録　高田宏著　福武書店　1994.6　289p 19cm
◇黙示録的情熱と死　笠井潔著　作品社　1994.6　277p 19cm
◇日本民俗学のエッセンス―日本民俗学の成立と展開（増補版）（ぺりかん・エッセンス・シリーズ）　瀬川清子, 植松明石編　ぺりかん社　1994.7　507p 21cm
◇南方熊楠高野山登山行奇譚　田中宏和著　白地社　1994.9　79p 20cm
◇素顔の南方熊楠（朝日文庫）　谷川健一〔ほか〕著　朝日新聞社　1994.10　238p 15cm
◇南方熊楠（新潮日本文学アルバム 58）　新潮社　1995.4　111p 20cm
◇南方熊楠―奇想天外の巨人　荒俣宏〔ほか〕著　平凡社　1995.10　110p 22cm
◇岳父・南方熊楠　岡本清造者, 飯倉照平, 原田健一編　平凡社　1995.11　380p 20cm
◇クニオとクマグス　米山俊直著　河出書房新社　1995.12　289p 20cm
◇南方熊楠―森羅万象を見つめた少年（岩波ジュニア新書）　飯倉照平著　岩波書店　1996.3　210p 18cm
◇天才の誕生―あるいは南方熊楠の人間学　近藤俊文著　岩波書店　1996.5　238p 20cm

◇独学のすすめ―時代を超えた巨人たち　谷川健一著　晶文社　1996.10　253, 24p 19cm
◇知的巨人たちの晩年―生き方を学ぶ　稲永和豊著　講談社　1997.1　177p 19cm
◇中上健次発言集成―対談4　中上健次著　第三文明社　1997.2　351p 19cm
◇漱石、賢治、啄木のひとり歩きの愉しみ（プレイブックス）　辻真先著　青春出版社　1997.3　221p 18cm
◇およどん盛衰記―南方家の女たち（中公文庫）　神坂次郎著　中央公論社　1997.4　244p 15cm
◇賢者の山へ　[南方熊楠とミクロの原生林―熊野・那智]　遠藤ケイ著　山と溪谷社　1997.6　254p 21cm
◇環境社会学の理論と実践―生活環境主義の立場から　[生活環境と自然的環境―南方熊楠と森林保護運動]　鳥越皓之著　有斐閣　1997.7　280p 21cm
◇偏愛的作家論―渋沢龍彦コレクション（河出文庫）　渋沢龍彦著　河出書房新社　1997.7　344p 15cm
◇男たちの天地　今井美沙子, 中野章子著　樹花舎, 星雲社〔発売〕　1997.8　324p 19cm
◇コレクション鶴見和子曼荼羅 5（水の巻）南方熊楠のコスモロジー　鶴見和子著　藤原書店　1998.1　542p 20cm
◇怪物科学者の時代　田中聡著　昌文社　1998.3　279p 19cm
◇南方熊楠記念館蔵品目録 資料・蔵書編　南方熊楠記念館　1998.3　63p 27cm
◇奇人は世界を制す エキセントリック―荒俣宏コレクション2（集英社文庫）　荒俣宏著　集英社　1998.5　367p 15cm
◇物語・20世紀人物伝―人間ドラマで20世紀を読む5 信念に生きた生涯　竹野栄, 真鍋和子, 浜野卓也, 白取春彦, 稲垣純, 森一歩著　ぎょうせい　1999.10　253p 19cm
◇世界的な博物学者南方熊楠へのいざない（南方熊楠記念館資料1）　南方熊楠記念館　〔2000〕　157p 30cm
◇南方熊楠を知っていますか？―宇宙すべてをとらえた男　阿部博人著　サンマーク出版　2000.3　284p 20cm
◇海をこえて 近代知識人の冒険　高沢秀次著　秀明出版会　2000.6　329p 19cm
◇熊野まんだら街道（新潮文庫）　神坂次郎著　新潮社　2000.6　538p 15cm
◇日本学者フレデリック・V. ディキンズ（神奈川大学評論ブックレット 8）　秋山勇造著, 神奈川大学評論編集専門委員会編　御茶の水書房　2000.8　69p 21cm
◇柳田学前史（常民大学研究紀要 1）　後藤総一郎編　岩田書院　2000.11　355p 21cm
◇稲垣足穂全集 第3巻 ヴァニラとマニラ　[南方熊楠児談義]　稲垣足穂著　筑摩書房　2000.12　409p 21cm

◇南方熊楠賞のあゆみ―第10回記念南方熊楠賞受賞者講演記録集　南方熊楠邸保存顕彰会　2000.12　133p 26cm
◇世界的な博物学者南方熊楠へのいざない（南方熊楠記念館資料2）　南方熊楠記念館　〔2001〕　205p 30cm
◇斑猫の宿　奥本大三郎著　JTB　2001.1　254p 19cm
◇南方熊楠・萃点の思想―未来のパラダイム転換に向けて　鶴見和子著　藤原書店　2001.5　190p 22cm
◇南方熊楠が撃つもの―長谷川興蔵集　長谷川興蔵〔ほか〕著, 南方熊楠資料研究会編　〔南方熊楠資料研究会〕　2001.8　198p 21cm
◇ジパング江戸科学史散歩　金子務著　河出書房新社　2002.2　310p 19cm
◇日本人の足跡―世紀を超えた「絆」求めて 2　産経新聞「日本人の足跡」取材班著　産経新聞ニュースサービス, 扶桑社〔発売〕　2002.2　644p 19cm
◇南方熊楠の思想と運動（Sekaishiso seminar）　後藤正人著　世界思想社　2002.6　346p 19cm
◇英国と日本―日英交流人物列伝　イアン・ニッシュ編, 日英文化交流研究会訳　博文館新社　2002.9　424, 16p 21cm
◇文人暴食　嵐山光三郎著　マガジンハウス　2002.9　431p 19cm
◇森と建築の空間史―南方熊楠と近代日本　千田智子著　東信堂　2002.12　278p 22cm
◇両性具有の美（新潮文庫）　白洲正子著　新潮社　2003.3　203p 15cm
◇南紀と熊野古道（街道の日本史 36）　小山靖憲, 笠原正夫編　吉川弘文館　2003.10　234, 18p 19cm
◇南方熊楠―進化論・政治・性　原田健一著　平凡社　2003.11　267p 20cm
◇想像力の地球旅行―荒俣宏の博物学入門（角川ソフィア文庫）　荒俣宏著　角川書店　2004.2　462p 15cm
◇東国科学散歩　西条敏美著　裳華房　2004.3　174p 21cm
◇「南方熊楠の学際的研究」プロジェクト報告書　奈良女子大学大学院人間文化研究科学術交流センター〔著〕　奈良女子大学人間文化研究科　2004.3　194p 30cm
◇旅と人生の嬉遊曲　[南方熊楠の庭（吉増剛造）]（二十世紀名句手帖 8）　斎藤慎爾編　河出書房新社　2004.6　231, 7p 19cm
◇柳田国男全集 32 昭和25年～昭和29年　[南方熊楠について]　柳田国男著　筑摩書房　2004.7　699p 26cm
◇南方熊楠邸蔵書目録　田辺市　2004.8　526p 27cm
◇「イチョウ精子発見」の検証―平瀬作五郎の生涯　[南方熊楠との共同研究に賭けた在野魂]　本間健彦著　新泉社　2004.11　292p 19cm

◇その時歴史が動いた30　NHK取材班編　KTC中央出版　2004.12　253p 19cm
◇おたくの本懐―「集める」ことの叡智と冒険（ちくま文庫）　長山靖生著　筑摩書房　2005.1　271p 15cm
◇南方熊楠の宇宙―末吉安恭との交流　神坂次郎著　四季社　2005.2　221p 22cm
◇未来につなぐナショナル・トラスト運動―第22回ナショナル・トラスト全国大会天神崎大会の記録［エコロジスト南方熊楠の叛乱―ひとりぼっちの自然保護運動(神坂次郎)］　日本ナショナル・トラスト協会編　第22回ナショナル・トラスト全国大会実行委員会　2005.2　98p 30cm
◇南方熊楠邸資料目録　田辺市　2005.3　526p 27cm
◇探究のあしあと―霧の中の先駆者たち　日本人科学者(教育と文化シリーズ　第2巻)　東京書籍　2005.4　94p 26cm
◇ガイアの樹―南方熊楠の風景　田中宏和〔著〕　白地社　2005.10　228p 20cm
◇南方熊楠と「事の学」　橋爪博幸著　鳥影社・ロゴス企画部　2005.11　260p 22cm
◇南方熊楠記念館40周年記念誌　開館40周年記念事業準備委員会編　南方熊楠記念館　2005.11　171p 図版12p 27cm
◇南方熊楠の森　松居竜五, 岩崎仁編　方丈堂出版　2005.12　215p 22cm

南方　文枝

みなかた・ふみえ

明治44年(1911年)10月13日～
平成12年(2000年)6月10日

南方熊楠記念館理事
和歌山県田辺市中屋敷町出生。夫は岡本清造（日本大学名誉教授），父は南方熊楠(生物学者・民俗学者)。田辺高等女学校専攻科卒。賞田辺市文化賞(第23回)〔平成4年〕。

植物学・民俗学の泰斗，南方熊楠の娘として生まれ，晩年の父親を助けキノコ類の写生などを手伝う。昭和22年岡本清造(日本大学教授)と結婚したが54年に死別。熊楠の直系最後の人として，52年旧姓に復し，田辺市の熊楠旧邸を一人で守り，熊楠の残した蔵書や標本類の資料の保存に尽力した。著書に「父南方熊楠を語る」がある。

【その他の主な著作】

◇父南方熊楠を語る　南方文枝，南方熊楠著, 谷川健一〔ほか〕編　日本エディタースクール出版部　1981.7　282p 20cm
◇素顔の南方熊楠(朝日文庫)　谷川健一, 中瀬喜陽, 南方文枝著　朝日新聞社　1994.10　238p 15cm

南　鷹次郎

みなみ・たかじろう

安政6年(1859年)3月16日～
昭和11年(1936年)8月9日

農学者　北海道帝国大学総長
肥前国彼杵郡大村町（長崎県）出生。札幌農学校(現・北海道大学)〔明治14年〕卒。農学博士〔明治32年〕。

肥前大村藩士・南仁兵衛の二男で，明治19年分家。幼少の頃藩校，ついで長崎広運館で英語を学び，上京して公部寮，10年公部大学校に入学したが，間もなく札幌農学校2期生に転じ，14年卒業。獣医学・農学研究のため駒場農学校(現・東京大学農学部)に内国留学して，16年母校・札幌農学校助教授となり主に農場経営を担当した。22年教授。世界博覧会審査官として渡米。帰国後，農学全般の講義を担当し，28年には舎監を兼任した。40年東北帝国大学農科大学教授兼農場長。42年米国に派遣される。大正7年北海道帝国大学として独立すると初代農学部長として佐藤昌介総長を補佐した。12年欧米各国に派遣される。昭和2年退官して名誉教授となったが，5年佐藤総長が勇退したため北大初の選挙による2代目総長に就任。老朽化した農学部講堂を新築，篤志家から寄付された温室を植物園に受け入れたり，厚岸臨海実験所・室蘭海藻研究所を付設するなど，教育と北海道農業の発展に尽力した。任期中に病に冒され，8年総長を辞任。学外では北海道農会会長，北連会長を務めた。

【評伝・参考文献】
◇南鷹次郎　南鷹次郎先生伝記編纂委員会編　南鷹次郎先生伝記編纂委員会　1958.12　328, 5p 19cm

宮城 鉄夫
みやぎ・てつお

明治10年(1877年)9月4日〜
昭和9年(1934年)8月27日

農事改良家
沖縄県国頭郡羽地村(名護市)出身。札幌農学校(現・北海道大学)〔明治39年〕卒。
沖縄の国頭農学校教師、校長を経て、大正9年台南製糖へ入社。台湾からサトウキビの大茎種を導入するなど、沖縄糖業の発展に力を注いだ。農学校勤務時代に沖縄県の植物を調査・採集し、標本を研究のために東京大学に寄贈した。オキナワウラジロガシ Quercus miyagii Hayataやオキナワギク Aster miyagii Koidz. などの学名が氏に献名された。

【評伝・参考文献】
◇琉球植物誌　初島住彦著　沖縄生物教育研究会　1971　940p 図 肖像20枚 27cm

三宅 馨
みやけ・かおる

明治24年(1891年)5月15日〜
昭和44年(1969年)10月24日

製薬化学者　武田薬品工業会長
岡山県岡山市出生。東京帝国大学医科大学薬学科〔大正4年〕卒。薬学博士。団製薬化学。
朝比奈泰彦門下。東京帝国大学医科大学薬学科卒業後、武田長兵衛商店(現・武田薬品工業)に入社。大学で同窓だった長兵衛の二男である武田二郎の片腕として医薬品開発に携わり、台湾でキナ樹、沖縄でコカ樹の栽培に成功した。昭和14年武田長兵衛商店取締役、22年専務、35年副社長を経て、37年会長。武田科学振興財団の初代理事長も務めた。また幕末に来日したプラントハンター・R. フォーチュンの日本紀行「江戸と北京」の訳者でもある。

【著作】
◇江戸と北京―英国園芸学者の極東紀行　ロバート・フォーチュン著，三宅馨訳　広川書店　1969　365p 図版 19cm
◇幕末日本探訪記―江戸と北京(講談社学術文庫)ロバート・フォーチュン〔著〕，三宅馨訳　講談社　1997.12　363p 15cm

三宅 驥一
みやけ・きいち

明治9年(1876年)11月11日〜
昭和39年(1964年)3月30日

東京帝国大学農科大学教授
兵庫県城崎出生。岳父は徳富蘇峰(ジャーナリスト)。同志社ハリス理化学校〔明治29年〕卒，東京帝国大学理科大学植物学科選科〔明治32年〕修了。理学博士〔明治39年〕。団植物学 団日本遺伝学会(会長)，日本水産学会(会長)。
同志社理科学校大学部、東京帝国大学理科大学に学び、明治33年米国のコーネル大学に留学、アトキンソンの指導を受ける。35年ボン大学に転じストラスブルガーに師事して細胞分裂の研究に従事し、藤井健次郎と共に門下の四天王に数えられた。38年帰国、39年東京帝国大学農科大学講師、44年助教授を経て、昭和7〜12年教授。日本遺伝学会長、日本水産学会長も歴任した。研究分野は植物細胞学、生理学、海藻学、遺伝学と幅広く、特にコンブの有性生殖(精子の発見)とドクダミの単為生殖は世界的な発見であり、チョウセンニンジンの病害駆除やアサガオの遺伝研究でも名高い。面倒見の良い人柄で、牧野富太郎の植物図鑑改訂には門下の向

坂道治を専任の編纂係として派遣した他、場所の世話や出版社との交渉などにあたり、学位論文提出にも骨を折った。また今井喜孝を庇護して卒業後も農科大学植物学教室で研究を続けさせ、そのアサガオ遺伝研究の大成を援けた。農科大学動物学教室へのリチャード・ゴールドシュミット、東北帝国大学生物学科へのハンス・モーリッシュの招聘にも関わった。訳書に「ストラスブルガーの植物学」などがある。

【著作】
◇植物学 上 第1-2冊、下 第1冊 エドワード・ストラスブルガー等著、三宅驥一、草野俊助訳 隆文館書店 1913～1916 3冊 25cm
◇種の起原（万有文庫 第3巻）ダーウイン著、三宅驥一〔訳〕潮文閣 1928 452p 17cm
◇原色朝顔図譜 三宅驥一、今井喜孝著 三省堂 1934 46,2p 図版82枚 20cm

【評伝・参考文献】
◇近代日本生物学者小伝 木原均ほか監修 平凡出版社 1988.12 567p 22cm

三宅 忠一

みやけ・ちゅういち

明治28年（1895年）3月23日～
昭和58年（1983年）3月24日

農業技術者
岡山県児島郡灘村宗津（岡山市）出生。岡山農学校〔大正3年〕卒。囲温室葡萄協会（会長）賞黄綬褒章〔昭和44年〕。

大正3年大原農業研究所助手となり、植物病害防除を研究。昭和2年岡山県庁農林技手に転じ、農作物病害虫の防除を指導した。20年岡山県農会に入り参事、21年岡山県園芸協会の創立に参加し専務理事、22年温室葡萄協会を創立し会長に就任。26～56年岡山県園芸連合会生産課長、参事、技術顧問を歴任、果樹生産の指導に当たる。著書に「岡山の果樹園芸史」「続岡山の果樹園芸史」「岡山の果物」など。

【著作】

◇岡山の果樹園芸史 三宅忠一著 岡山県園芸農業協同組合連合会 1963 617p 図版 地図 表 26cm
◇岡山の果物―果物の百年史―（岡山文庫）三宅忠一著 日本文教出版 1968 167p 図版 15cm
◇続 岡山の果樹園芸史 三宅忠一編 岡山県経済農業協同組合連合会 1975 436p 図 27cm

宮崎 安貞

みやざき・やすさだ

元和9年（1623年）～
元禄10年7月23日（1697年9月8日）

農学者
通称は文太夫。安芸国広島（広島県）出生。

広島藩士の子として生まれる。正保4年（1647年）福岡藩主・黒田忠之に仕え、200石を禄したが、数年後には致仕して筑前志摩郡女原村（現・福岡市）に帰農し、以後40年以上に渡って自ら開墾に当たる一方、殖産興業と農民の指導に努めた。同村近隣には資産をなげうって開いた東開西開と呼ばれる開拓地があり、生涯に開墾した土地は約4町4段に及ぶといわれる（没後、そのうちの田約2町、畑4畝が遺族に下賜され、その名にちなんで宮崎開と呼ばれるようになった）。当時の農民がほとんど農業の技術を知らず、それ故にしばしば貧困に陥るのを嘆いて本格的な農業書の編纂を企画し、中国の農書「農業全書」などを参考にしながら、自身の農業経験や、山陽・畿内・紀州・伊勢の諸国を巡って実見した各地の農業技術、またはその土地の老農の話から得た知見などをまとめ、元禄9年（1696年）「農業全書」10巻を完成させた。同書は我が国初の体系的農業書であり、農業の方法や時期、農事に適した土地の見方などを平明な文章で説明。さらに貝原益軒と交流して本草学を学んでおり、有用植物約150種についての特徴や栽培法なども載せられている。10年（1697年）には益軒の叙跋及び益軒の兄・楽軒の刪補が付されて京都で上梓され、水戸藩主・徳川光圀らに認められて全国に広まり、以後の農書や農業自体のあり方に大きな影響を与えたが、自身は

刊行前後に没しており、その反響を知ることは出来なかった。なお晩年は福岡藩に再出仕し、切扶持を賜っている。大蔵永常、佐藤信淵と共に、江戸時代の三大農学者の一人として数えられる。

【著作】
◇農業全書（岩波文庫 1256-1258）　宮崎安貞著，貝原楽軒補，土屋喬雄校訂　岩波書店　1936　376p 16cm
◇日本農書全集 第12巻 農業全書 巻1～5　宮崎安貞，山田龍雄〔ほか〕翻刻・現代語訳・校注　農山漁村文化協会　1978.3　393, 13p 22cm
◇日本農書全集 第13巻 農業全書 巻6～11　農山漁村文化協会　1978.8　430, 13p 22cm

【評伝・参考文献】
◇先覚宮崎安貞（日本先覚者叢書 第2篇）　中村吉次郎著　多摩書房　1944　246p 図版 19cm
◇日本の農書―農業はなぜ近世に発展したか（中公新書 852）　筑波常治　中央公論社　1987.9　219p 18cm
◇稼穡の方―農聖宮崎安貞伝　西島冨善著　葦書房　2003.5　111p 19cm

宮沢 賢治
みやざわ・けんじ

明治29年（1896年）8月27日～
昭和8年（1933年）9月21日

詩人，童話作家
岩手県稗貫郡花巻町（花巻市）出生。弟は宮沢清六（文芸評論家）。盛岡高等農林学校（現・岩手大学農学部）〔大正7年〕卒。

　花巻の質古着商の長男として生まれ，浄土真宗の信仰の中に育う。幼少から鉱物や植物採集に熱中。盛岡中学（現・盛岡一高）から盛岡高等農林学校（現・岩手大学農学部）に進み農芸化学を専攻，さらに研究科で地質学，土壌学，肥料学を学んだ。卒業後は引き続き母校の助手として土質調査に携わり，のち実家の質屋を手伝った。この間，在学中から法華経を読んで日蓮宗への信仰を深め，大正9年国柱会に入会。10年1月には父に日蓮宗への改宗を勧めるが，聞きいれられず，家出して上京し，日蓮宗伝道に携わりながら詩や童話を創作した。しかし，半年ほどで妹の発病のため帰郷。同年12月稗貫郡立農学校（のち花巻農学校）教諭に就任。13年には生前唯一の刊行物である詩集「春と修羅」，童話集「注文の多い料理店」を自費出版したが，一部の人々に推賞されたのみで，ほとんど無名に近かった。15年同校を退職し，花巻郊外の別荘で農耕自炊生活を開始。傍ら羅須地人協会を設立し，若い農民に農学を講じるとともに，音楽鑑賞や幻灯会などを通じて芸術をも教えた。さらに岩手県内の各地で農事相談所を開き，無償で農業の指導や肥料の設計を行ったが，やがて治安当局の疑惑を招き，また自身の健康状態の悪化により挫折。昭和6年頃一時回復し，東北砕石工場技師を務めるが，病を得て37歳で夭折した。生涯に多くの童話，詩，短歌，評論を残したが，その詩の中には農業との関わりを明確に示す作品が少なくない。また彼が生涯に設計した肥料は2000とも3000とも言われ，死の前日にも不意に訪れた農民の肥料相談に応じるなど，その熱心さは終生変わらなかった。没後，人間愛，科学的な宇宙感覚にあふれた独自の作風が再評価され，次第に多くの読者を獲得した。6年11月の手帳に記された「雨ニモマケズ」は有名。他の童話集に「風の又三郎」「銀河鉄道の夜」「セロ弾きのゴーシュ」「オツベルと象」「どんぐりと山猫」「よだかの星」「グスコーブドリの伝記」などがある。昭和57年花巻市に宮沢賢治記念館が開館した。

【著作】
◇花と風の変奏曲〔黄色のトマト（宮沢賢治）〕　渡辺誠編　北宋社　1994.11　213p 20cm
◇〈新〉校本宮沢賢治全集 1-16巻　宮沢清六〔ほか〕編纂　筑摩書房　1995.5～2001.12　22cm

【評伝・参考文献】
◇現代日本文学アルバム 10 宮沢賢治　足立巻一〔等〕編集委員　学習研究社　1974　246p（図共）27cm
◇農民の地学者・宮沢賢治　宮城一男著　築地書館　1975　211p 図 肖像 20cm
◇宮沢賢治―地学と文学のはざま（玉川選書）　宮城一男著　玉川大学出版部　1977.4　228p 19cm

◇宮沢賢治初期研究資料集成　国書刊行会　1977.10　19冊(別冊とも) 19～28cm
◇賢治博物誌　板谷英紀著　れんが書房新社　1979.7　286p 21cm
◇教諭宮沢賢治―賢治と花巻農学校　佐藤成編　岩手県立花巻農業高等学校同窓会　1982.10　477p 19cm
◇宮沢賢治―文献研究(宮沢賢治論叢書1)　和田寛著　矢立出版　1984.7　156p 20cm
◇宮沢賢治作品・研究図書資料目録　昭和61年版　宮沢賢治記念館編　宮沢賢治記念館　1986.7　147p 26cm
◇教師宮沢賢治のしごと　畑山博著　小学館　1988.11　248p 20cm
◇宮沢賢治必携　佐藤泰正編　学灯社　1989.4　214p 22cm
◇草木夜ばなし・今や昔［クルミを宮沢賢治がみつけること］　足田輝一著　草思社　1989.4　334p 19cm
◇宮沢賢治と植物の世界　宮城一男，高村毅一著　築地書館　1989.7　193p 19cm
◇宮沢賢治農民の地学者　宮城一男著　築地書館　1989.7　211p 19cm
◇宮沢賢治研究資料集成 第1-21巻, 別巻2　続　橘達雄編　日本図書センター　1990.6～1992.2　22cm
◇宮沢賢治幻想辞典―全創作鑑賞　畑山博著　六興出版　1990.10　450, 5p 20cm
◇宮沢賢治年譜　堀尾青史編　筑摩書房　1991.2　325p 22cm
◇年譜宮沢賢治伝(中公文庫)　堀尾青史著　中央公論社　1991.2　471p 16cm
◇宮沢賢治花の図誌　松田司郎〔著〕, 笹川弘三写真　平凡社　1991.5　238p 24cm
◇素顔の宮沢賢治　板谷栄城著　平凡社　1992.6　235p 20cm
◇アニミズムを読む―日本文学における自然・生命・自己　平川祐弘，鶴田欣也編　新曜社　1994.1　447p 19cm
◇宮沢賢治自然のシグナル　万田務著　翰林書房　1994.11　297p 20cm
◇生誕百年記念「宮沢賢治の世界」展図録　朝日新聞社文化企画局東京企画部編　朝日新聞社文化企画局東京企画部　1995　155p 29cm
◇宮沢賢治をめぐる冒険―水や光や風のエコロジー　高木仁三郎著　社会思想社　1995.4　156p 19cm
◇銀河系と宮沢賢治―落葉広葉樹林帯の思想　斎藤文一著　国文社　1996.3　257p 20cm
◇図説宮沢賢治　上田哲〔ほか〕著　河出書房新社　1996.3　111p 22cm
◇宮沢賢治のレストラン　中野由貴著, 出口雄大絵　平凡社　1996.4　169p 18cm
◇宮沢賢治ハンドブック(Literature handbook)　天沢退二郎編　新書館　1996.6　238p 21cm
◇宮沢賢治キーワード図鑑(コロナ・ブックス12)　平凡社　1996.7　110p 22cm

◇宮沢賢治の山旅―イーハトーブの山を訪ねて　奥田博著　東京新聞出版局　1996.8　211p 21cm
◇賢治のイーハトーブ植物園　桜田恒夫解説・写真, 岩手日報社出版部編　岩手日報社　1996.10　214p 19cm
◇賢治のイーハトーブ植物園 続　桜田恒夫解説・写真, 岩手日報社出版部編　岩手日報社　1997.4　217p 19cm
◇宮沢賢治と環境教育　杉浦嘉雄著　日本文理大学文化講演会編集室　1997.5　106p 19cm
◇拡がりゆく賢治宇宙―19世紀から21世紀へ　宮沢賢治生誕百年記念特別企画展図録　宮沢賢治学会イーハトーブセンター図録編集委員会編　宮沢賢治イーハトーブ館　1997.8　159p 30cm
◇宮沢賢治と植物―植物学で読む賢治の詩と童話　伊藤光弥著　砂書房　1998.1　216p 18cm
◇宮澤賢治フィールドノート(徳間文庫)　林由紀夫著　徳間書店　1998.7　189p 16cm
◇濁酒に関する調査(第一報)―宮沢賢治の農民観を知るために　〈復刻〉　センダート賢治の会編　センダート賢治の会　1998.7　117p 26cm
◇東北 庭と花と文学の旅 下　岩手・秋田・青森［花巻と小岩井農場］　青木登著　のんぶる舎　1998.9　262p 21cm
◇宮沢賢治作品・研究図書資料目録　宮沢賢治記念館編　宮沢賢治記念館　1999.3　131p 30cm
◇宮沢賢治の，短歌のような―幻想感覚を読み解く(NHKブックス)　板谷栄城著　日本放送出版協会　1999.4　247p 19cm
◇検証・宮沢賢治論　山下聖美著　D文学研究会　1999.7　404, 8p 22cm
◇新宮澤賢治語彙辞典　原子朗著　東京書籍　1999.7　930, 139p 22cm
◇市民科学者として生きる(岩波新書)　高木仁三郎著　岩波書店　1999.9　260p 18cm
◇データベース宮沢賢治の世界―魅せられし人々の軌跡　中西敏夫編　出版文化研究会　1999.10　663p 21cm
◇ベジタリアン宮沢賢治　鶴田静著　晶文社　1999.11　269p 20cm
◇宮沢賢治の美学　押野武志著　翰林書房　2000.5　338, 4p 20cm
◇宮沢賢治と秋田―石灰肥料セールスの旅(緑の笛豆本 第381集)　宮城一男著　緑の笛豆本の会　2000.7　45p 9.4cm
◇イーハトーヴの植物学―花壇に秘められた宮沢賢治の生涯　伊藤光弥著　洋々社　2001.3　285p 20cm
◇人間の顔をした科学(市民科学ブックス1)　高木仁三郎著　七つ森書館　2001.5　154p 19cm
◇宮沢賢治16 賢治の愛した植物　洋々社　2001.6　264p 21cm
◇宮沢賢治新聞を読む―社会へのまなざしとその文学　対馬美香著　築地書館　2001.7　229p 20cm
◇宮沢賢治研究資料探索　奥田弘著　蒼丘書林　2001.10　302p 20cm

植物文化人物事典　　　　　　　　　　　　　　　　　　　　　　　　　　　みやさわ

◇いま、宮沢賢治を読みなおす(かわさき市民アカデミー講座ブックレット no. 7)　小森陽一著　川崎市生涯学習振興事業団かわさき市民アカデミー出版部　2001.11　86p 21cm
◇宮澤賢治を読む(笠間ライブラリー)　笠間書院　2002.5　197p 19cm
◇ベジタリアンの文化誌(中公文庫)　鶴田静著　中央公論新社　2002.11　260p 15cm
◇宮沢賢治の世界―銀河系を意識して　斎藤文一著　国文社　2003.2　197p 20cm
◇物語のガーデン―子どもの本の植物誌　和田まさ子著　てらいんく　2003.5　259p 19cm
◇宮沢賢治心象の宇宙論〈新版〉　大塚常樹著　朝文社　2003.6　331p 20cm
◇宮沢賢治を創った男たち　米村みゆき著　青弓社　2003.12　236p 20cm
◇世界の作家宮沢賢治―エスペラントとイーハトーブ　佐藤竜一著　彩流社　2004.2　185p 19cm
◇宮沢賢治展inセンダード―永久の未完成　開館5周年記念特別展　仙台文学館編　仙台文学館　2004.3　79p 26cm
◇森からの手紙―宮沢賢治地図の旅　伊藤光弥著　洋々社　2004.5　295p 20cm
◇宮沢賢治研究―時代人間童話　石岡直美著　碧天舎　2004.6　159p 19cm
◇宮沢賢治に学ぶ植物のこころ　石井竹夫著　蒼天社　2004.12　164p 19cm
◇宮澤賢治と東北砕石工場の人々　伊藤良治著　国文社　2005.3　302p 20cm
◇植物と宮沢賢治のこころ　石井竹夫著　蒼天社　2005.5　152p 19cm
◇宮澤賢治の〈ファンタジー空間〉を歩く　遠藤祐著　双文社出版　2005.7　238p 20cm
◇宮沢賢治イーハトーブ札幌駅　石本裕之著　響文社　2005.8　195p 19cm
◇野の教育者・宮沢賢治　三上満著　新日本出版社　2005.8　254p 19cm
◇宮沢賢治―妖しい文字の物語　吉田文憲著　思潮社　2005.10　237p 20cm
◇宮沢賢治イーハトヴ自然館―生きもの・大地・気象・宇宙との対話　ネイチャー・プロ編集室編　東京美術　2006.8　207p 22cm
◇宮沢賢治交響する魂　佐藤栄二著　蒼丘書林　2006.8　270p 20cm
◇農への銀河鉄道―いま地人・宮沢賢治を　小林節夫著　本の泉社　2006.9　295p 20cm
◇「耕す教育」の時代―大地と心を耕す人びと　星寛治著　清流出版　2006.10　215p 19cm

宮沢 文吾
みやざわ・ぶんご

明治17年(1884年)5月10日〜
昭和43年(1968年)3月20日

大分県立温泉熱利用農業研究所長

長野県上伊那郡上片桐村(松川町)出生。東京帝国大学農科大学〔明治43年〕卒。農学博士〔昭和10年〕。団花卉園芸学。

明治43年東京府立園芸学校(現・東京都立園芸高)教諭、大正9年神奈川県農事試験場長に就任、シャクヤクやハナショウブの品種改良に従事して「芍薬の品種改良の成績」「花菖蒲の品種改良成績」を著す。のち宮崎高等農林学校教授となり、同校農園に世界各国の植物や江戸時代からの珍しい草木を栽培した他、グローブフロックスの品種改良で世界的に知られた。昭和11年同校を退任後は坂田育苗顧問、大日本種苗研究所長などを歴任。戦後は名城大学農学部講師、大分県立温泉熱利用農業研究所長などを務めた。この間にも栽培キクの原種の追求調査や日本ツツジにおける群生種と栽培種の研究を進めた。広く園芸全般に及ぶ文筆活動を通じて、日本での園芸ならびに園芸植物の知識普及に貢献をした。日本園芸の歴史研究に欠かせないその膨大な図書コレクションは現在、神奈川県大船フラワーセンターに収蔵されている。編著に「有用野生植物図説」「観賞植物図説」「草花園芸」「花木園芸」「盆栽」などがある。

【著作】

◇盆栽―附・鉢植花卉　宮沢文吾著　裳華房〔ほか〕　1922　336, 9p 22cm
◇文化生活に関する講演集〔蔬菜及果実(宮沢文吾)〕　横浜市社会課編　横浜市社会課　1923　148p 22cm
◇草花園芸―宮沢氏観賞植物集　宮沢文吾著　養賢堂　1925　564, 20p 23cm
◇盆栽　宮沢文吾著　養賢堂　1931　433, 15p 23cm
◇花木園芸　宮沢文吾著　養賢堂　1940　570p 23cm
◇日本園芸発達史〔花卉及観賞植物の発達(宮沢文吾)〕　日本園芸中央会編　朝倉書店　1943　800p 22cm
◇有用野生植物図説　宮沢文吾, 田中長三郎共著　養賢堂　1948　442p 22cm
◇枝物切花の栽培(花卉栽培シリーズ 第4)　宮沢文吾著　タキイ種苗出版部　1953　172p 図版19cm
◇観賞樹木―図説・栽培　宮沢文吾著　養賢堂　1954　570p 図版 22cm

◇観賞植物図説　宮沢文吾著　養賢堂　1960　912p　図版 23cm
◇花木園芸　宮沢文吾著　八坂書房　1978.8　575p　23cm
◇実際園芸―現代園芸の礎・人と植物 1926-1936〈復刻ダイジェスト版〉　復刻「実際園芸」編集委員会編　誠文堂新光社　1987.6　222p　26cm

宮田 敏雄
みやた・としお

明治37年(1904年)～昭和59年(1984年)10月6日

日本蘭友会会長, 嵐山堂宮田医院院長
群馬県出身。女婿は神津昭平(長野電鉄社長), 林義紘(モーターマガジン社社長)。
日本の洋ランの草分け、日本蘭友会創設メンバーの一人。日本直腸肛門病学会副会長などを歴任。

【著作】
◇洋らんづくり(カラーブックス)　宮田敏雄、松沢正二共著　保育社　1979.1　150p 15cm

宮武 省三
みやたけ・しょうぞう

明治15年(1882年)3月～昭和39年(1964年)4月

香川県高松市出生。早稲田大学卒。
早稲田大学在学中は英語が得意であったため、お雇い外国人のイーストレーキの邸宅に仮寓。卒業後は大阪商船に就職し、小倉・鹿児島・神戸の各支店長や東洋部次長を歴任した。傍ら変形菌や民俗学にも興味を持ち、大正12年南方熊楠に質問の手紙を送って以来、熊楠が没する昭和16年まで300通以上もの手紙をやり取りするなど親しく付き合い、採集した粘菌を送ってその研究を支援した他、経済的にも大きく貢献した。定年退職後は関西汽船の相談役などを務め、戦後は妹の婚家のある香川県多度津で悠々自適に暮らした。著書に「讃州高松叢誌」「習俗雑記」「九州路の祭儀と民俗」などがあり、南方との往復書簡は甥で国文学者・笠井清の手によって「南方熊楠書簡抄―宮武省三宛」としてまとめられた。

【評伝・参考文献】
◇南方熊楠書簡抄―宮武省三宛　笠井清編　吉川弘文館　1988.1　242p 20cm

【その他の主な著作】
◇讃州高松叢誌　宮武省三著　宮武省三　1925　174p 22cm
◇習俗雑記　宮武省三著　坂本書店　1927　198p 19cm
◇九州路の祭儀と民俗　宮武省三著　三元社　1943　432p 図版 19cm

宮地 数千木
みやち・やちぎ

明治21年(1888年)5月21日～
昭和52年(1977年)1月28日

植物学者, 歌人　信州大学教授
三重県出生。東京帝国大学理学部植物学科〔大正2年〕卒。
土佐の国学者・宮地春樹の子孫に当たる。東京帝国大学理学部植物学教室で藤井健次郎に師事。大正初年頃に淑徳高等女学校の博物科教員となり、職員室で席が隣であった国語科教員・島木赤彦の影響で短歌をはじめ、「アララギ」に入会。大正6年より慶應義塾医科大学勤務となり、8年には当時新設されたばかりの松本高校教授に就任。この時に赤彦より「またひとり人へりにけり垣の宮地数千木も信濃に行くも」の一首を贈られた。昭和初年ドイツに留学。その後は信州大学で教鞭を執った。専門は植物遺伝学であり、キク科やスミレ属の植物をもとに系統及び染色体研究を行ったが、中でもスミレに関しては日本屈指の権威として知られる存在であった。なお松本に移ってからは研究や校務に忙殺され、長らく作歌のほうから遠ざかったが、24年頃より再開し、51年歌集「山上の菫」を刊行した。

【著作】
◇山上の菫―歌集　宮地数千木著　椎の木書房　1977.2　187p 20cm

宮部 金吾
みやべ・きんご

安政7年(1860年)3月7日～
昭和26年(1951年)3月16日

植物病理学者　北海道帝国大学名誉教授

江戸・下谷御徒町(東京都台東区)出生。娘婿は宮部一郎(家の光協会会長)。札幌農学校(現・北海道大学)〔明治14年〕卒。帝国学士院会員〔昭和5年〕。理学博士〔明治32年〕。圀文化勲章〔昭和21年〕、札幌名誉市民〔昭和24年〕。

　幕臣・宮部孫八郎の五男として江戸に生まれる。東京英語学校を卒業後、官費生として札幌農学校に2期生として学び、明治14年卒業。同期には新渡戸稲造、内村鑑三、町村金弥らがいた。開拓使御用掛として東京大学理学部に内地留学して植物学を修め、16年札幌農学校助教授に就任。19年米国のハーバート大学に留学、菌類学を専攻。22年帰国、教授となり植物学、植物病理学などを担当した。同校が東北帝国大学農科大学、北海道帝国大学と変遷しても一貫して教授職にあり、同大附属植物園を設計・創設した。昭和2年定年退官。5年帝国学士院会員、21年文化勲章を受章。退官後も大学の植物学教室に通い、北海道・千島列島・樺太の植物相研究や、道産の昆虫科植物の分類学的研究などに従事した。我が国の植物病理学の先駆者としてその基礎を築くと共に、地元産業と関係深いテンサイの斑点病、ホップの露菌病、リンゴの花腐病などを重点に研究を進めた。教育者としてもすぐれ、門下からは松村松年、半沢洵、田中義麿、伊藤誠哉、坂村徹、平塚直治ら多くの学者を輩出した。択捉島―得撫島間の生物境界分布線である宮部線は、その業績を記念して名付けられている。

【著作】
◇近世植物学教科書(中等教育理科叢書)　大渡忠太郎編、松村任三、宮部金吾閲　開成館　1899.2　192, 12p 23cm
◇樺太植物誌　宮部金吾, 三宅勉著　樺太庁　1915　677p 図版 26cm
◇北海道主要樹木図譜 第1-28輯　宮部金吾, 工藤祐舜共著、須崎忠助画　三秀舎　1920～1931　28冊 39cm
◇野幌林間大学講演集［第1輯］［樹木の病(宮部金吾)］　北海道林業会編　北海道林業会　1924　22cm
◇新渡戸稲造全集 第1巻［小伝(宮部金吾)］　教文館　1969　454p 図版 20cm
◇北海道主要樹木図譜　宮部金吾, 工藤祐舜共著, 須崎忠助画　北海道大学図書刊行会　1984.8　図版87枚 37cm
◇明治後期産業発達史資料 第596巻 樺太植物誌上(外国事情篇8)　〔宮部金吾, 三宅勉〕〔共著〕　龍溪書舎　2001.10　375p 22cm
◇明治後期産業発達史資料 第597巻 樺太植物誌下(外国事情篇8)　〔宮部金吾, 三宅勉〕〔共著〕　龍溪書舎　2001.10　1冊 22cm

【評伝・参考文献】
◇宮部博士あての書簡による内村鑑三　内村鑑三著, 山本泰次郎訳編　東海大学出版部　1950　560p 図版 19cm
◇植物学選集―宮部金吾博士九十賀記念　日本植物学会編　養賢堂　1950　126p 図版 26cm
◇新渡戸稲造の手紙　鳥居清治訳註　北海道大学図書刊行会　1976.10　205, 39p 図 肖像 19cm
◇新渡戸稲造全集 第22巻［宮部金吾宛書簡］　新渡戸稲造全集編集委員会編　教文館　1986.8　700, 16p 20cm
◇新渡戸稲造全集 第23巻［宮部金吾宛書簡(追補)］　新渡戸稲造全集編集委員会編　教文館　1987.2　772p 20cm
◇札幌とキリスト教(さっぽろ文庫41)　札幌市教育委員会文化資料室編　北海道新聞社　1987.6　318p 19cm
◇近代日本生物学者小伝　木原均ほか監修　平河出版社　1988.12　567p 22cm
◇宮部金吾―伝記・宮部金吾(伝記叢書232)　宮部金吾博士記念出版刊行会編　大空社　1996.10　365, 6p 22cm
◇北海道の青春―北大80年の歩みとBBAの40年〈増補版〉　北大BBA会, 能勢之彦編　はる書房　2000.1　275p 19cm
◇日本の農業・アジアの農業　石塚喜明著　北海道大学図書刊行会　2004.3　181, 6p 19cm

宮本 行一郎
みやもと・ぎょういちろう

明治7年(1874年)9月14日～
昭和35年(1960年)3月20日

農業　大野村(茨城県)村長
茨城県出生。茨城県中央農事講習所卒。
　中国・金州の白菜の種子から結球ハクサイをつくり、明治44年茨城ハクサイとした。昭和6年大野村村長。

宮本 佐四郎
みやもと・さしろう

明治26年(1893年)3月16日～
昭和37年(1962年)4月14日

園芸家　大分県柑橘協会長
大分県杵築市出生。東国東郡立実業学校農学科卒。賞大分合同新聞文化賞〔昭和30年〕。
　岡山県の大原農業研究所でミカン栽培の研究に従事。次いで朝鮮で果樹栽培の実験を行うが、病気のために中途で帰郷。大正7年大分県津久見の農業会技師となりミカン栽培の改良に着手。栽培法の向上や品種改良をはかり、小ミカンが中心であった同地方に温州ミカンを定着させた。また、津久見産業組合や柑橘出荷組合を設立して関西方面へ販路を拡大。次いで昭和5年には県の柑橘試験場を再興するなど、大分県における柑橘栽培業の基盤を固めた。戦後は大分県柑橘協会長や津久見市助役などを歴任した。

明恵
みょうえ

承安3年1月8日(1173年2月21日)～
貞永元年1月19日(1232年2月11日)

僧侶(華厳宗)
名は高弁(こうべん)、栂尾上人(とがのおのしょうにん)。紀伊国(和歌山県)出生。
　平重国の子、母は湯浅宗重の娘。8歳の時に相次いで母と父を亡くし、叔母に養われる。9歳の時より母方の叔父である高雄山の上覚に師事。華厳を景雅・聖詮に、密教を実尊・興然に、悉曇を尊印に、禅を栄西に学ぶ。また上覚の師である神護寺の文覚にもつき、将来を嘱望された。文治4年(1188年)出家。建久6年(1195年)23歳で紀伊有田の白上峰に庵を結び、修行に励む。のち文覚の求めにより高雄山に戻って「探玄記」を講じたが、ほどなく紀州筏立に庵居した。建永元年(1206年)後鳥羽上皇より栂尾を賜り、高山寺を開いて華厳宗の道場とし、後高倉院、建礼門院、九条兼実、九条道家、北条泰時、安達景盛ら、皇族、公家から関東の武士まで広く帰依を受けた。承久の乱に際しては賀茂に移住して京方の武士の保護救済に尽力し、戦災による未亡人のために尼寺善妙寺を開創。その後、栂尾に戻って観行と講経に努めた。戒律を重んじ、新興する浄土宗などの念仏諸宗、特に法然に対して強く反発。旧仏教界の改革に努めて南部仏教の復興を目指した。また栄西が宋よりもたらした茶の種を栂尾山に植えたことでも知られる。入寂に至るまで世俗を避け、遁世の聖としての生涯を全うした。著書に「摧邪輪」「摧邪輪荘厳記」「光明真言土砂勧信記」などのほかに、40年余りの観行の中から得た夢想を記した「夢記」がある。

【評伝・参考文献】
◇栂尾明恵上人伝記―2巻　〔喜海撰〕　藤井佐兵衛　〔出版年不明〕　2冊 26cm

明道 博
みょうどう・ひろし

大正7年(1918年)6月28日～
昭和63年(1988年)5月12日

北海道大学名誉教授

北海道小樽市出生。北海道帝国大学農学部農学科〔昭和16年〕卒。農学博士。 園 造園学。

昭和22年北海道大学農学部助教授、37年教授、48年農学部長を歴任して57年定年退官、名誉教授。この間ユリを研究、57年には札幌市のユリ園の設計をした。

【著作】
◇花卉園芸講座 第1［花壇の設計と管理、一・二年草の播種、草花の採種と種子貯蔵（明道博）他］ 塚本洋太郎編 朝倉書店 1957 248p 図版 22cm
◇草花（最新農業講座 第18） 明道博著 朝倉書店 1958 204p 図版 22cm

三好 学
みよし・まなぶ

文久元年（1862年）12月5日～
昭和14年（1939年）5月11日

植物学者 東京帝国大学名誉教授

江戸出生、美濃国（岐阜県）出身。岳父は矢野龍渓（小説家）。帝国大学理科大学（現・東京大学理学部）植物学科〔明治22年〕卒。帝国学士院会員〔大正9年〕。理学博士〔明治28年〕。 賞 勲二等旭日重光章〔昭和14年〕。

美濃岩村藩士・三好友衛の二男として江戸藩邸で生まれる。明治維新により江戸から岐阜県に移るが、明治5年父を失い、福井県三国にいた伯父の寺に預けられた。石川県第三師範学校を卒業すると岐阜県に戻り、弱冠18歳で光迪小学校（現・土岐小学校）校長に就任。校長職の傍ら、毎週土曜日に10里の道を歩いて旧犬山藩の儒者・村瀬太乙の下に通い、漢籍と書を学ぶ。この間、石川県第三師範学校の生徒時代に白山へ登った際、高山植物の美観に打たれて植物学に興味を持ち、18年東京大学理科大学植物学科に進んだ。全国各地へ植物採集行に出かけ、学生ながら高山植物帯の区分を企図して我が国の高山植物の生態研究に先鞭を付けた。22年卒業、卒業論文は「日本地衣類の解剖」。24年ドイツに留学、植物生理学の第一人者であったW. ペッファーの指導を受け、糸状菌や花粉管の屈化性を発見する業績を挙げた。28年帰国、帝国大学教授に就任。同年「欧洲植物学輓近之進歩」を出版、同著において"Pflanzenbiologie"の訳語として初めて"生態学"を用い、その造語者となった。またこの年、小説家・矢野龍渓の長女と結婚。大学では植物生理学講座を担当、鉄バクテリアや硫黄バクテリアの生理学的研究、根圧測定の研究に取り組んだ他、特にサクラやハナショウブの研究で名高い。分類学が主であった我が国の植物学に生理学や生態学を導入し、その基礎を作った。大正9年帝国学士院会員。13年退官し、名誉教授。同大附属小石川植物園長も務めた。また巨樹名木の保護など、植物学者の視点から熱心に天然記念物保護の必要性を訴え、ドイツの天然記念物保存法を範にとって保存規法の制定に尽力し、8年の史蹟名勝天然記念物保存法制定に大きく貢献した。退官後は主に天然記念物の調査・指定に力を注いだ。初め文学を志して漢学を学んだことから流麗な美文を書き、植物学者中随一の名文家としても知られた。著書に「植物学講義」「実験植物学」「日本生態美観」「最新植物学」「桜」「学軒集」などがある。

【著作】
◇生物学進歩略史（普通教育 18） 三好学著 金港堂 〔出版年不明〕 10p 21cm
◇生理小学 三好学編、大岩貫一郎閲 栗田東平 1880.12 35丁 23cm
◇土岐郡地誌略 三好学編 成美堂 1881.12 21丁 22cm
◇紀伊伊勢植物採集紀行・紀州植物採集目録 三好学著 山田金三郎 1888.1 16,36p 図版 地図 23cm
◇植物自然分科一覧 三好学著 丸善 1888.7 1冊 16cm
◇隠花植物解説―幻燈応用 三好学編 進成社 1889.3 40p 19cm

◇隠花植物大意―植物教科　三好学著　敬業社　1889.7　82p 19cm
◇植物学教科書―中等教育　三好学著, 松村任三閲　敬業社　1890　2冊（上274, 下216, 75p）19cm
◇生物学　ハックスレー著, 三好学訳　金港堂　1890.12　109p 22cm
◇普通植物学教科書　三好学著　敬業社　1891.3　199, 6p 19cm
◇欧州植物学輓近之進歩　三好学著　敬業社　1895.10　109p 22cm
◇新編植物初歩　三好学著　金港堂　1897.5　82p 23cm
◇植物記載用紙―植物記載用語図解付　敬業社編輯所編, 三好学閲　敬業社　1898.10　1冊 23cm
◇植物学実験初歩　三好学編　敬業社　1899.4　141p 23cm
◇植物学中教科書　三好学著　敬業社　1899.4　335p 23cm
◇植物学講義　三好学著　富山房　1899.5　576p 23cm
◇新撰日本植物図説 第2巻（第1-5集）　松村任三, 三好学編　敬業社　1900～1903　23cm
◇中学植物教科書（博物叢書統合叢書）　三好学著　金港堂　1901, 1902　2冊（188, 補遺68p）23cm
◇新撰日本植物図説―下等隠花類部　松村任三, 三好学編　敬業社　1902　1冊 22cm
◇実験植物学　三好学著　富山房　1902.2　528p 図版 23cm
◇植物界の話―学芸叢談　三好学著　開成館　1902.10　106p 23cm
◇植物生態美観　三好学著　富山房　1902.11　201p 図版 23cm
◇植物之感覚（博物叢書 第1編）　三好学著　富山房　1903.4　136p 23cm
◇植物と昆虫との関係　雪吹敏光著, 三好学閲　富山房　1903.10　162p 22cm
◇植物社会（博物叢書 第3編）　三好学著　富山房　1903.10　91p 23cm
◇新編植物学講義　三好学著　富山房　1904～1905　2冊（上681, 下794, 4, 67p）22cm
◇日本植物景観 第1-15集　三好学編　丸善　1905～1914　図版 28cm
◇日本高山植物図譜 第1, 2集〈再版〉　三好学, 牧野富太郎共著　成美堂　1907～1909　2冊 図版 18cm
◇植物学叢話（学芸叢書 第2編）　三好学著, 木村定次郎編　博文館　1907.5　241p 23cm
◇普通植物生態学　上篇　三好学著　成美堂　1908.4　225p 22cm
◇印度馬来熱帯植物奇観　三好学著　富山房　1908.5　302p 図版 23cm
◇日本之植物界　三好学著　丸善　1910.1　740p 22cm
◇最新植物学講義　上巻　三好学著　富山房　1911.4　852p 23cm
◇普通植物検索表　三好学, 牧野富太郎編　文部省　1911.12　186, 30p 19cm
◇欧米植物観察　三好学著　富山房　1914　346p 23cm
◇天然記念物　三好学著　富山房　1915　144, 78p 23cm
◇日本植物景観 第1-15集　三好学編　丸善　1915　26cm
◇人生植物学　三好学著　大倉書店　1918　582, 20p 22cm
◇市橋長昭撰花譜の解題並に其文献的価値 1, 2　三好学著　三好学　〔1919〕　2冊 24cm
◇最新植物学講義 上・中・下巻〈増訂〉　三好学著　富山房　1920～1921　3冊 図版 23cm
◇桜に関する図書解題略　三好学編　南葵文庫　1920　76p 19cm
◇史蹟名勝天然紀念物調査報告 第2号［長野岐阜千葉三県下天然紀念物（三好学）］　内務省編　内務省　1920　21p 22cm
◇史蹟名勝天然紀念物調査報告 第7号［岐阜県下ノ植物ニ関スルモノ（三好学）］　内務省編　内務省　1920　14p 22cm
◇史蹟名勝天然紀念物調査報告 第9号［長崎大分鹿児島三県下ノ植物ニ関スルモノ（三好学）］　内務省編　内務省　1920　24p 22cm
◇史蹟名勝天然紀念物調査報告 第14号［岐阜滋賀三重三県下ノ植物ニ関スルモノ（三好学）］　内務省編　内務省　1920　18p 22cm
◇桜花概説　三好学著　芸艸堂　1921　103p 図30枚 23cm
◇桜花図譜 上・下巻　三好学著　芸艸堂　1921　2帖 27cm
◇史蹟名勝天然紀念物調査報告 第12号［桜草ノ自生地ニ関スルモノ（三好学）］　内務省編　内務省　1921　15p 22cm
◇史蹟名勝天然紀念物調査報告 第13号［東京府下及長野岐阜二県下ノ植物ニ関スルモノ（三好学）］　内務省編　内務省　1921　15p 22cm
◇史蹟名勝天然紀念物調査報告 第19号［北海道ノ植物ニ関スルモノ（三好学）］　内務省編　内務省　1921　16p 図版14枚 22cm
◇史蹟名勝天然紀念物調査報告 第25号［愛知福岡両県下ノ植物ニ関スルモノ（三好学）］　内務省編　内務省　1921　15p 23cm
◇史蹟名勝天然紀念物調査報告 第28号［鹿児島大分岩手三県ニ於ケル植物ニ関スルモノ・玫瑰分布ニ南限ニ関スルモノ（三好学）］　内務省編　内務省　1921　40p 図版26枚 23cm
◇史蹟名勝天然紀念物保存要目解説［植物之部（三好学）］　内務省編　内務省　1921～1922　3冊 24cm
◇花菖蒲図譜 1-4　三好学著　芸艸堂　1922　4冊 22cm
◇史蹟名勝天然紀念物調査報告 第30号［三重、滋賀、茨城、新潟、青森五県下ノ植物ニ関スルモノ（三好学）］　内務省編　内務省　1922　37p 図版27枚 23cm

◇史蹟名勝天然紀念物調査報告 第32号［滋賀、大分、山口三県下ノ植物ニ関スルモノ（三好学）］ 内務省 内務省 1922 26p 23cm
◇史蹟名勝天然紀念物調査報告 第34号［和歌山・香川・広島・埼玉・福島・静岡・山梨・宮城・秋田・岐阜・奈良十一県下ノ植物ニ関スルモノ（三好学）］ 内務省編 内務省 1922 57p 図版34枚 23cm
◇史蹟名勝天然紀念物調査報告 第35号［東京京都大阪三府及山形県以外二十県下ノ天然紀念物ニ関スルモノ・桜、花菖蒲、牡丹並ニ松原ノ名勝ニ関スルモノ（三好学）］ 内務省編 内務省 1924 144p 図版66枚 23cm
◇東京府史蹟名勝天然記念物調査報告書［第8冊 荒川堤の桜（三好学編）］ 東京府 1924～1932 26cm
◇天然紀念物解説 三好学著 富山房 1926 502p 23cm
◇天然紀念物調査報告 植物之部 第1, 5, 6輯［長野千葉二県下ノ植物 他（三好学）］ 内務省編 内務省 1926～1926 3冊 22cm
◇ハワイノ植物景観及天然紀念物 三好学著 内務省 1927 38p 27cm
◇小金井桜花図説 第1輯 三好学著 東京市 1927 14, 14p 31cm
◇万有科学大系 第2巻［植物（三好学）］ 伊藤靖編 万有科学大系刊行会 1927 26cm
◇太平洋地方ノ天然保護及蘭領東印度ノ天然紀念物保存 三好学著 文部省 1929 48p 26cm
◇岩波講座生物学［第14 実際問題［2］天然紀念物（三好学）］ 岩波書店編 岩波書店 1930～1931 23cm
◇最新植物学 上・中・下巻 三好学著 富山房 1931 3冊 25cm
◇史蹟名勝天然紀念物保存ニ就テ 三好学著 国際観光委員会 1931 27p 23cm
◇東京府史蹟名勝天然紀念物調査報告 第8冊 荒川堤の桜 三好学著 東京府 1931 30p 図版22枚 27cm
◇東京府史蹟名勝天然紀念物調査報告 第12冊 名勝堀切小高園の花菖蒲 三好学著 東京府 1935 32p 図版15枚 27cm
◇日本巨樹名木図説 三好学著 刀江書院 1936 486p（図版222枚共）23cm
◇桜 三好学著 富山房 1938 467p 図版 23cm
◇学軒集―随筆 三好学著 岩波書店 1938 597p 20cm
◇明治後期産業発達史資料 第489巻 印度馬来熱帯植物奇観（外国事情篇6） 三好学著 龍溪書舎 1999.7 302, 11, 7p 22cm

【評伝・参考文献】
◇近代日本の科学者［第2巻 三好学伝（渡辺清彦）］ 人文閣編 人文閣 1941～1942 19cm
◇世界的な日本科学者 現代篇 寺島柾史著 泉書房 1944 274p 19cm
◇近代日本生物学者小伝 木原均ほか監修 平河出版社 1988.12 567p 22cm
◇世界の植物学者三好学博士（岩村町歴史シリーズ その3） 樹神弘著 岩村町教育委員会〔1989〕 4p 26cm
◇博物学者列伝 上野益三著 八坂書房 1991.12 412, 10p 23cm
◇評伝三好學―日本近代植物学の開拓者 酒井敏雄著 八坂書房 1998.9 733, 9p 23cm
◇国立公園成立史の研究―開発と自然保護の確執を中心に 村串仁三郎著 法政大学出版局 2005.4 417p 21cm

三好 保徳
みよし・やすのり

文久2年（1862年）4月21日～
明治38年（1905年）3月19日

果樹農業
伊予国温泉郡持田村（愛媛県松山市持田町）出生。

若い頃から全国各地を旅行して果樹栽培を視察、松山に大規模な果樹園を開く。山口県が貧しい士族に奨励していた夏ミカンの苗木を愛媛県に持ち帰り自宅に植えるが、寒波により枯死。明治22年再び山口を訪れ、日雇い人夫の約1年分の収入である50円という大金を払って夏ミカンの母樹を購入。接ぎ木した苗木を農民に配り、普及のために各地で講演を行うなど、今日"イヨカン"の名に代表される柑橘王国愛媛の基礎を築いた。また除虫菊栽培も広め、'二十世紀ナシ'の栽培にも成功した。

【著作】
◇木の実・草の実（グリーンブックス 25） 三好保徳著 ニュー・サイエンス社 1977.3 160p 19cm

【評伝・参考文献】
◇三好保徳シダ植物コレクション標本目録（愛媛県総合科学博物館資料目録 第3号） 愛媛県総合科学博物館編 愛媛県総合科学博物館 2006.3 114p 30cm

三輪 知雄
みわ・ともお

明治32年(1899年)12月27日～
昭和54年(1979年)12月27日

植物生理学者 筑波大学初代学長

長野県諏訪郡上諏訪町(諏訪市)出生。東京高等師範学校理科第三部〔大正11年〕、東京帝国大学理学部植物学科〔昭和2年〕卒、東京帝国大学大学院修了。圏植物生理学圏日本植物学会(会長)。

大正11年東京高等師範学校を卒業して千葉県の安房中学で教鞭を執ったが、12年東京帝国大学理学部に入学し、昭和2年大学院に進み柴田桂太の下で植物生理化学を研究。4年東京高等師範学校講師、5年同校の東京文理科大学に改組により同助教授を経て、15年教授。戦後の24年再改編され東京教育大学教授。理学部長を務め、37年学長。38年から同大の筑波移転を主導し、43～44年には移転反対闘争が激化したが、49年には実現にこぎ着け、筑波大学の初代学長に就任した。当初はコガネバナの配糖体バイカリの水解酵素バイカリナーゼとエムルシンなどのβグルコナーゼとの間における酵素学的異同の研究を進め、それを畢生の仕事の一つとする一方、師の一人であった岡村金太郎の勧めで海藻の生化学的研究をはじめ、アサクサノリやカワノリの細胞壁多糖組成に関する研究で業績を挙げた。日本植物学会会長も務めた。

【著作】
◇植物学用語新辞典—英和・独和対訳 三輪知雄、池田康共著 太陽堂 1942 601p 19cm
◇生物実験法 三輪知雄、久米又三共編 共立出版 1950 356p 22cm
◇比較形態学, 植物生化学 〈再版〉(生理學講座 第3巻 2A, 第4巻 5) 工藤得安〔著〕、三輪知雄〔著〕 生理學講座刊行會 1951.10 59, 36p 21cm
◇生物学実験指導書 三輪知雄等共著 産業図書 1956 276p 22cm
◇生物化学最近の進歩 第6集[B—グルコシダーゼ(三輪知雄、石沢敬子)] 生物化学最近の進歩編集委員会編 技報堂 1960 347p 22cm
◇高校生物学講義 本田正次、三輪知雄、丘英道共著 三省堂 1962 568p 22cm
◇生物学の進歩と生物教育 三輪知雄等著 大日本図書 1967 189p(図版10)22cm
◇現代生物学大系 第10巻 植物の生理・生化学 三輪知雄監修 中山書店 1968 421p 図版12枚 27cm

向井 元升
むかい・げんしょう

慶長14年2月2日(1609年3月7日)～
延宝5年11月1日(1677年11月25日)

医師, 儒学者

初名は玄松、字は以順、素柏、号は観水子、霊蘭。肥前国神埼郡(佐賀県)出生。長男は向井元瑞(医師)、二男は向井去来(俳人)、三男は向井元成(漢学者)。

幼い頃に父に従って長崎に移り住み、林吉兵衛の下で天文・数学を修めたほか、儒学や本草学も学ぶ。医学は20歳の時から始めたが、刻苦勉励して開業し、やがて名医として人々の崇敬を集めた。肥前平戸藩主・松浦氏や筑前藩主・黒田氏といった大名を治療したこともあり、それぞれに仕官を勧められたがことごとく固辞して受けなかった。傍ら、慶安年間から社学輔仁堂を建てて子弟を教育。正保4年(1647年)には長崎・東上町に聖堂を建立し、学舎を設けて儒学を教えた。また書物改役に任ぜられていた春徳寺住職を助け、主に唐船のもたらした書物を幕府の紅葉山文庫に納本する際の選定に当たった。万治元年(1658年)京都に上って開業。後水尾天皇の詔によって八条金剛寿院宮の病気を治したことから、多くの皇族や公家が彼の診療を受けるようになり、当時の良医の第一人者と謳われた。著書に西洋天文学を紹介・批判した「乾坤弁説」や蘭館医の口述を筆記した「紅毛流外科秘要」などがあるが、本草にも明るく、加賀藩主・前田綱紀の委嘱により食用に供する動植

物400種とその和漢名、形状、産地、調理法などを述べた江戸時代最初の食物本草書「庖厨備用倭名本草」を著した。なお、二男の元淵は松尾芭蕉門下の俳人・向井去来である。

【著作】
◇庖厨備用倭名本草(漢方文献叢書 第6輯) 向井元升原著、難波恒雄編集 漢方文献刊行会 1978.7 1冊 27cm
◇食物本草本大成 第7巻［庖厨備用倭名本草 巻之1～7(向井元升)］第8巻［庖厨備用倭名本草 巻之8～13(向井元升)］ 吉井始子編 臨川書店 1980.9 22cm

村井 菊蔵
むらい・きくぞう

明治8年(1875年)2月1日～
昭和22年(1947年)3月19日

育種家 秋田県農会技手
初名は喜久蔵。秋田県能代市出生。
小学校を卒業したのち、370ヘクタール余りの荒廃地を整理し、野菜・果樹園を造成。のち親類が持っていた果樹園の経営を任され、ナスやキュウリの温床栽培を試み、ナスの'菊千代'やマクワの'菊マクワ'などの新種を開発。その手腕が認められ、国立興津園芸試験場の依頼を受けて砂丘地での洋ナシの実験栽培に着手し、'村井1号''村井2号'などの品種を発見した。明治41年能代青年園芸研究会を結成。以後、秋田県農会種苗交換審査員・山本郡農業技手・秋田県農会技手などを歴任して技術の指導を行った。

村井 三郎
むらい・さぶろう

明治42年(1909年)～昭和57年(1982年)

植物学者, 樹木学者
岩手県盛岡市出生。盛岡高等農林学校農学科卒。賞日本森林学会賞〔昭和26年〕。

盛岡高等農林学校在学中に岩淵初郎を知り、卒業後の昭和5年、岩手植物同好会を結成。その後、農林省青森営林局計画課、林業試験場青森支場長、東北林木育種場長を経て、林業試験場東北支場長となる。この間、岩手県及び東北地方の植物相についての分類研究を進め、昭和5年「岩手植物志」を、10年には「宮城県植物目録」を出版した。26年「青森営林局管内森林植生に関する研究」で日本森林学会賞を受賞。また全世界のカバノキ科ハンノキ属樹種の樹木学・分類学的研究を行った。植物のみならず陸産貝類についても深い関心を寄せて多くの標本を収集し、それらは没後、岩手県立博物館に収蔵された。他の編著に「十和田湖八甲田山の植物」「盛岡の天然記念物(植物)」などがある。

【著作】
◇岩手植物志 村井三郎著 盛岡高等農林学校 1930 118p 27cm
◇技術的に見た有名林業 第2集 日本林業技術協会 1962 148p 21cm
◇天然記念物調査報告［天台寺境内の植物調査並びに附近の天然記念物調査 他(村井三郎、村井貞允、瀬川経郎)］ 岩手県教育委員会 1972 34p 26cm
◇盛岡市文化財シリーズ 第4集 盛岡の天然記念物(植物) 村井三郎著 盛岡市教育委員会 1980.9 27p 図版4枚 19cm

村上 勘兵衛
むらかみ・かんべえ

明治15年(1882年)3月1日～
昭和53年(1978年)11月25日

農事改良家 重井村(広島県)村長
広島県御調郡重井村(尾道市)出身。広島師範学校卒。
明治40年頃から除虫菊の栽培普及をすすめる。昭和4年広島県重井村村長となり、10年農事試験場除虫菊試験地の誘致に尽くした。

村上 道太郎
むらかみ・みちたろう

大正8年（1919年）2月10日～
平成4年（1992年）1月28日

染色家　万葉染研究所長
高知県高知市出生。中央大学法学部〔昭和19年〕卒。団草木染。

　旧満州で終戦を迎え、シベリアに抑留。昭和24年に復員し、独学で草木染めの道に入る。草木など植物による染色を"万葉染め"と名付け、研究し続けた。縄文、万葉の時代からの日本人と色のかかわり、当時の染めの技術の解明、又さまざまな材料による染色の楽しみなどについて書いた「万葉草木染め」を昭和59年に執筆。他に「着物・染と織の文化」「色の語る日本の歴史（上・中・下）」「染料の道」など著書多数。

【著作】
◇日本の染織1 友禅 日本の伝統的な模様染め　村上道太郎〔等〕　泰流社　1975　211p（図12枚共）22cm
◇万葉草木染め（新潮選書）　村上道太郎著　新潮社　1984.9　213p 20cm
◇色の語る日本の歴史1（そしえて文庫11 神々の色編）　村上道太郎著　そしえて　1985.9　267p 20cm
◇色の語る日本の歴史2 万葉の色編（そしえて文庫12）　村上道太郎著　そしえて　1985.10　214p 20cm
◇着物・染と織の文化（新潮選書）　村上道太郎著　新潮社　1986.3　248p 20cm
◇色の語る日本の歴史3 あふれゆく色編（そしえて文庫13）　村上道太郎著　そしえて　1987.7　263p 20cm
◇草木で染める（シリーズ・子どもとつくる17）　村上道太郎著　大月書店　1987.8　74p 21×22cm
◇染料の道—シルクロードの赤を追う（NHKブックス580）　村上道太郎著　日本放送出版協会　1989.8　213p 19cm
◇藍が来た道（新潮選書）　村上道太郎著　新潮社　1989.10　219p 20cm
◇草木染めの世界　村上道太郎著　大月書店　1990.2　197p 21×22cm
◇色想う時間の旅（ネイチャーブックス）　村上道太郎文，竹内敏信写真　世界文化社　1991.11　264p 22cm
◇もう一つの色　村上道太郎著，子供を育てる万葉染めの会編　文化書房博文社　1998.2　367p 21cm

村越 三千男
むらこし・みちお

明治5年（1872年）3月13日～
昭和23年（1948年）4月1日

編集者
埼玉県出生。埼玉師範学校〔明治27年〕卒，東京美術学校（現・東京芸術大学）講習科。

　埼玉師範学校，東京美術学校（現・東京芸術大学）講習科に学び，浦和高等女学校や熊谷中学教諭として植物学と絵画を教えたが，当時の地方教員における動植物の知識不足を目の当たりにし，教育指導参考用の植物図譜作成を志す。明治38年教職を辞して上京し，東京博物学研究会を創立。さらに図鑑の自費出版を行うべく自宅に石版印刷工場を設け，自ら野山を散策して植物を採集し，写生画を描いた。それらをもとにして埼玉師範学校時代からの友人・高柳友三郎の解説・編集を付し，さらに牧野富太郎の校訂を受け，39年から月刊の「普通植物図譜」を発行（40年まで継続，全60冊）。これは牧野の名声や石版多色刷りの植物図を科ごとにまとめるなどの分りやすい編集から教職員の間で好評を博し，一時は毎月7000部も売れたといわれる。これと並行して40年同じく牧野の校訂で野外植物を解説した小型本の「野外植物の知識」正続を刊行。41年には自身が企画し，牧野校訂・東京博物学研究会編纂で普及型植物図鑑の先駆けといわれる「植物図鑑」を参文社から出版，これも好評をもって迎えられ，同社が社主の死のために経営不振に陥ったあとも北隆館に版権が移され，長く版を重ねた。しかしこの頃を境に牧野と疎遠になり，以後の植物関係の刊行物は牧野の校訂を得ず，大正2年石版多色刷りの「園芸植物図譜」，12年山内繁雄の校訂を受けた「図解植物名鑑」などを刊行。大正14年9月には松村任三，丹波敬三，本多静六の後援を受け，それまで自身が手がけてきた植物図鑑の集大成ともいえる「大植物図鑑」を刊行した。なお，同年同月には牧野もかつて自らが校訂した

「植物図鑑」を改訂して「日本植物図鑑」を出しており、両者間に何らかの出版競争があったとする見方もある。その後も昭和3年「集成新植物図鑑」、8年「内外植物原色大図鑑」、13年小野田伊久馬と共編で「図解動物小事典」など動植物に関する図鑑を多数世に送り出し、動植物知識の啓蒙と普及に尽くした。

【著作】
◇大植物図鑑　村越三千男編　大植物図鑑刊行会　1925　1冊 22cm
◇図解薬用植物と其用途―附・病気の容態並手当法　村越三千男, 和漢薬研究所共編　照文社出版部　1927　331, 39, 24p 19cm
◇集成新植物図鑑　村越三千男編　大地書院　1928
◇有毒植物と其注意―図解　村越三千男, 和漢薬研究所編　玉井清文堂　1929　1冊 19cm
◇応用新植物図鑑　村越三千男編　大地書院　1930
◇趣味の有用植物 果樹・蔬菜篇　村越三千男, 飯田弥助共著　修教社書院　1932　835, 32p 22cm
◇内外植物原色大図鑑　村越三千男編並画　植物原色大図鑑刊行会　1933〜1935　13冊 28cm
◇綜合新植物図説　村越三千男著　照文社　1936　784p 図版 25cm
◇図説植物辞典　村越三千男編　中文館　1937　778p 20cm
◇植物大辞典―原色図説　村越三千男編　中文館書店　1938　1冊 27cm
◇内外植物原色大図鑑〈再版〉　村越三千男編並画　誠文堂新光社　1941　1362p 図版 27cm
◇薬用植物ト其実際的応用治療　村越三千男著　新教社　1942　266p 18cm
◇日本植物図鑑　村越三千男編　風間書房　1951　923p 17×10cm
◇薬用植物図説　村越三千男著　福村書店　1952　759p 19cm
◇薬用植物事典　村越三千男著　福村書店　1954　698, 61p 19cm
◇原色植物大図鑑 第1　村越三千男原著, 牧野富太郎補筆改訂　誠文堂新光社　1955　図版47枚 解説269p 26cm
◇原色植物大図鑑 第2　村越三千男原著, 牧野富太郎補筆改訂　誠文堂新光社　1955　図版47枚 解説275p 27cm
◇原色植物大図鑑 第3　村越三千男原著, 牧野富太郎補筆改訂　誠文堂新光社　1956　図版47枚 解説266p 27cm
◇原色植物大図鑑 第4　村越三千男原著, 牧野富太郎補筆改訂　誠文堂新光社　1956　図版35枚 解説245p 27cm
◇原色植物大図鑑 第5　村越三千男原著, 牧野富太郎補筆改訂　誠文堂新光社　1956　図版123p（解説共）索引75p 26cm
◇薬用植物辞典　村越三千男編著　泰文館　1956　200, 46p 19cm
◇薬用植物辞典　村越三千男著　福村出版　1966　760p 22cm
◇薬用植物研究（郷土の研究 13）　村越三千男著　翠楊社　1983.8　760p 20cm
◇薬用植物事典　村越三千男著　五月書房　1985.9　760p 20cm

【評伝・参考文献】
◇牧野植物図鑑の謎（平凡社新書）　俵浩三著　平凡社　1999.9　182p 18cm

【その他の主な著作】
◇図解動物小辞典 陸棲動物　小野田伊久馬, 村越三千男編　照文社　1938　827p 17cm

村里 保平
むらさと・やすへい

明治2年（1869年）〜昭和10年（1935年）

植物研究家

別名は金子保平。長崎県佐世保日宇（佐世保市）出身。長崎師範学校〔明治22年〕卒。
長崎師範学校を卒業後、日宇小学校長を経て、成徳高等女学校に勤める。千葉常三郎と共に長崎県各地で植物相の調査を行った。明治37年佐賀県黒髪山で見い出したウラジロに類似したシダは、同氏を記念してカネコシダと名付けられた。

村瀬 稔之
むらせ・としゆき

?〜平成12年（2000年）5月23日

菊師

愛知県出身。賞現代の名工〔平成11年〕。
17歳の時、祖父の手ほどきを受けて以来菊師の道を歩み、枚方市の遊園地で菊人形を作り続ける。昭和48年から菊師頭領。平成11年初めて米国で菊人形展を開くなど活動を展開。同年

菊人形製作の分野で初めて現代の名工に選ばれた。

村田 久造
むらた・きゅうぞう

明治35年(1902年)6月23日～
平成3年(1991年)9月6日

盆栽家 九霞園(造園)主
岐阜県高山市出生。慶應義塾大学経済学部中退。

慶應義塾大学経済学部を病気のため中退して、大宮の盆栽村に九霞園を設立。昭和初年、皇居の盆栽の出入り作業盆栽家グループのリーダーを務め、戦後は日本盆栽組合の組合長も務めた。昭和9年、三重の盆栽コレクターの笹野長拮が秘蔵の五葉松「君が代松」を、皇太子誕生記念に宮中に献上した際に仲介の労をとり、この木が病んだ31年7月、55歳の夏には名木の恢生のため寝食を忘れ苦闘した。しかし松は遂に枯死、笹野氏も翌32年他界した。

【著作】
◇四季の盆栽(マイフルール・シリーズ) 村田久造監修 講談社 1988.11 253p 26cm

村田 経舩
むらた・けいとう

(生没年不詳)

本草学者

薩摩の本草学者で、安永年間の末頃に薬園掛の総裁を務める。藩主・島津重豪より薩南諸島や琉球諸島の植物誌編纂の命を受け、琉球の学士・呉継志を援助する形で「質問本草」5冊を編纂。同書は琉球・薩南の植物で、それまで日本の本草学者が知らなかった物も含めて160種の植物が掲載されており、天保8年(1837年)には刊本となり、薩摩本草学中、出色の書といわれる。後年の研究で、呉継志という人物は中国の学者たちに質問するため仕立て上げられた架空の人であり、実際の記述や編集作業は村田が行ったのではないかとの説もある。

邨田 丹陵
むらた・たんりょう

明治5年(1872年)7月20日～
昭和15年(1940年)1月27日

日本画家
本名は邨田鋺。字は申申、別号は雪営霜舎主人、泰山楼主。東京出生。

母方の邨田家を継ぎ、吉沢素山、川辺御楯に師事。第3回内国勧業博覧会の「石橋山合戦図」で褒賞。翌年岡倉天心の日本青年絵画協会創立に参加、委員、審査員として作品を発表。明治29年同会は日本絵画協会と改称、31年日本美術院と連合したが、引き続き審査員を務めた。37～38年の日露戦争では海軍に従事。40年第1回文展で受賞したが、以後画壇を退き、晩年キク作りの大家となった。代表作に「大政奉還図」(明治神宮絵画館)、「富士牧狩図」(宮内庁)、「大宮人図」(同)などがある。

村田 吉男
むらた・よしお

大正9年(1920年)7月21日～
平成元年(1989年)3月25日

東京大学名誉教授
山口県美東町出生。東京帝国大学農学部農学科〔昭和21年〕卒。農学博士(東京大学)〔昭和35年〕。專作物生理学 団日本作物学会, 日本植物生理学会, 日本生物環境調節学会 賞日本作物学会賞〔昭和38年〕、日本農学賞〔昭和50年〕、読売農学賞〔昭和50年〕、紫綬褒章「水稲の光合成の研究, 作物の光合成の種間差, 作物の光合成に関する研究」。

昭和21年農林省農事試験場に入場。32年農業技術研究所生理第1研究室長、41年同所生理第

1科長、45年東京大学農学部教授、51～54年附属農場長兼務。56年東京農業大学教授となる。

【著作】
◇稲の形態と機能―稲作多収の基礎理論［同化作用と物質生産（村田吉男，武田友四郎）］ 松尾孝嶺編 農業技術協会 1960 235p 22cm
◇作物生理講座 第5巻 呼吸・光合成編［各種作物の光合成（村田吉男等）］ 戸苅義次，山田登，林武編 朝倉書店 1962 248p 22cm
◇韓国における稲作指導に関する報告書 村田吉男〔ほか著〕 海外技術協力事業団 1967.11 63p 25cm
◇人間と環境［植物の働き（村田吉男）］（東京大学公開講座 14） 東京大学出版会 1971 329p 19cm
◇作物の光合成と生態―作物生産の理論と応用 村田吉男，玖村敦彦，石井龍一共著 農山漁村文化協会 1976 276p 22cm
◇光合成と物質生産―植物による太陽エネルギーの利用 宮地重遠，村田吉男編集 理工学社 1980.6 535p 22cm

村松 七郎
むらまつ・しちろう

明治32年（1899年）～昭和60年（1985年）

植物研究家
静岡県出生。東京帝国大学農科大学教員養成所〔大正14年〕卒。
秋田県師範学校（現・秋田大学）教諭などを歴任。各地の植物相を調査・研究するため鹿児島、大阪、滋賀に転勤した。「秋田県植物誌」「彦根城城山植物誌」などを著す。収集した植物標本は東京大学に寄贈された。

【著作】
◇秋田県植物誌 村松七郎著 秋田県師範学校郷土室 1932 185, 20p 23cm
◇博物科の実地指導学習園 村松七郎著 日本園芸研究会 1934 276, 78p 20cm
◇彦根の植物 村松七郎著〔村松七郎〕 1980.3 143p 19cm
◇彦根山・佐和山対照植物目録―彦根城城山植物誌補遺3 村松七郎著〔村松七郎〕 1981.2 73p 21cm
◇彦根の植物 追記 村松七郎著〔村松七郎〕 1982.4 31p〔32〕枚 27cm

◇花の解剖図説―写生画並に図解説明文 村松七郎著 村松七郎 1984.11 292p 30cm

村松 標左衛門
むらまつ・ひょうざえもん

宝暦12年（1762年）～天保12年（1841年）

本草学者
能登国能登羽咋郡町居村（石川県志賀町）出生。
能登国の豪農の家に生まれる。多数の押し葉標本を作製し、それらは現在、石川県立図書館に保存されている。小野蘭山に教えを受け、晩年まで交流があった。菜園をつくり、貝類も収集した。「馬療本草」「村松家訓」の著作がある。

【著作】
◇日本農書全集 第27巻 村松家訓 村松標左衛門〔著〕，清水隆久翻刻・現代語訳・解題 農山漁村文化協会 1981.8 483, 13p 22cm
◇日本農書全集 第48巻 特産 4 佐藤常雄，徳永光俊，江藤彰彦編 農山漁村文化協会 1998.8 398, 13p 22cm
◇日本農書全集 第49巻 特産 5 佐藤常雄，徳永光俊，江藤彰彦編 農山漁村文化協会 1999.8 4, 348, 13p 22cm

村元 政雄
むらもと・まさお

明治40年（1907年）～昭和61年（1986年）2月4日

丸和食品会長
青森県黒石市出生。宇都宮高等農林〔昭和3年〕卒。賞河北文化賞〔昭和49年〕。
昭和6年青森県苹果試験場（県リンゴ試験場の前身）技手となりリンゴの育種研究に当たり'陸奥''津軽''恵'などの品種を育成。その後農林省東北農試園芸部に移り、'ふじ'の品種改良を進め、49年「リンゴ優良品種'ふじ'の育成」で農林省果樹試験場盛岡支場リンゴ育成グループの一員として河北文化賞を受賞した。

室田 老樹斎
むろだ・ろうじゅさい

(生没年不詳)

植物学者
東京帝国大学理科大学〔明治42年〕卒。
　小石川植物園に出入りし、植栽樹種子などの来歴に詳しかった。著書に「小石川植物園史話1」「東京府内の桜」などがある。

【その他の主な著作】
◇東京府内時代人物名鑑　室田老樹齋著　室田老樹齋　1922.11　79×55cm（折りたたみ27×15cm）
◇江戸史蹟電車案内　室田老樹斎講話速記　室田老樹斎著　江戸協会　〔1922〕　60p 22cm

毛藤 勤治
もうとう・きんじ

明治43年（1910年）～平成9年（1997年）1月12日

岩手緑化研究会長
岩手県盛岡市出生。盛岡高等農林学校（現・岩手大学農学部）卒。農学博士。賞国土緑化推進機構会長賞〔平成元年〕。
　昭和22年岩手県庁入り、40年久慈農林事務所長で退官。のち岩手緑化研究会を設立し、会長。岩手大学講師、盛岡市指定保存樹木保護委員も務め、自然保護などに尽力。著書に「ユリノキという木―魅せられた樹の博物誌」（共著）「岩手の俗言」など。

【著作】
◇ユリノキという木―魅せられた樹の博物誌　毛藤勤治〔ほか〕著　アボック社出版局　1989.12　301p 図版14枚 19cm

【その他の主な著作】
◇岩手の俗言　毛藤勤治編, 岩手日報社出版部編　岩手日報社　1992.8　325p 19cm
◇北東北のたとえ　毛藤勤治編, 岩手日報社出版部編　岩手日報社　1994.2　477p 21cm

毛利 虎雄
もうり・とらお

?～昭和63年（1988年）4月12日

長崎県農業試験場長, 福岡県農業講習所教授
福岡県鞍手郡若宮町出身。東京帝国大学農学部〔昭和2年〕卒。
　ラッカセイや阿波ダイコンなどの農作物の品種改良に尽力。戦時中には故郷の若宮町でイネの新品種'トラオイネ'も栽培された。昭和21年から長崎県農業試験場長、26～31年まで福岡県農業講習所教授を務めた。

毛利 梅園
もうり・ばいえん

寛政10年（1798年）～嘉永4年（1851年）

幕臣, 博物画家
名は元寿、幼名は釟三郎、号は梅竜園、攅華園。
　父は「皇代系譜」の著者・毛利元苗。祖先は豊臣秀吉配下の武将・森重政で、四国の毛利氏に人質となっていた時代に毛利姓を名のるようになり、江戸開府後は300石取りの旗本となった。父の死後、御小姓組を務めながら父の遺作である「皇代系譜」の増補校訂に当たる傍ら、博物画家としても活躍。「梅園菌譜」「梅園魚譜」「梅園介譜」「梅園禽譜」「梅園海石榴花譜」など多数の博物画譜を遺し、伊藤圭介に"精巧真に迫る、参考に裨益多し、珍玩すべきものなり"と賞された。中でも「梅園百花画譜」（「草木花譜」とも）は春の部4冊、夏の部8冊、秋の部4冊、冬の部1冊の計17冊にわたる大著で、彩色による写生画に解説が付されている。その他にも「梅園雑話」などの著書や、本郷台を王子から北にかけて俯瞰した図「梅園毛利氏採薬紀行図会」などがある。

【評伝・参考文献】
◇彩色江戸博物学集成　平凡社　1994.8　501p 27cm

籾山 泰一
もみやま・やすいち

明治37年(1904年)1月11日～
平成12年(2000年)3月3日

植物研究家　資源科学研究所研究員

本名は籾山泰一(たいいち)。俳号は梓山。東京市京橋区築地(東京都中央区)出生。父は籾山梓月(俳人)、従兄は籾山徳太郎(籾山鳥学研究所主宰)。慶應義塾中等部中退。

俳人で籾山書店を経営した籾山梓月の長男として生まれる。本名は"たいいち"だが、イニシャルが従兄で籾山鳥学研究所を主宰した籾山徳太郎と同じになる為、研究上は"やすいち"と名のった。身体が弱く、慶應義塾中等部を病気で中退した後、大正11年から約7年間、東京帝国大学理学部植物学教室の中井猛之進の下で樹木を中心とする植物分類学を学ぶ。昭和11年より同大農学部の猪熊泰三の下で樹木学研究に従事し、17年資源科学研究所に入所、46年の業務停止まで勤務した。その後は東京都立大学牧野標本館で牧野富太郎標本の整理に当たり、また東京大学総合研究資料館植物部門の標本整理にも携わった。植物分類学を中心に研究を行い、特にグミ属、ブドウ属、バラ属、キイチゴ属、クロウメモドキ科、クスノキ科に造詣が深く、地元の鎌倉、三浦半島をはじめとする神奈川県の植物相解明に尽力した。また植物学の図書に造詣が深く、珍しい図書を入手して恩師の中井に見せると直ぐに取り上げられ、"籾山泰一氏寄贈"として植物学教室図書室に収められてしまったという。

【著作】
◇鎌倉市文化財資料　第3集　鎌倉樹木志畧　籾山泰一著　鎌倉市教育委員会　1964　62p　図版21cm
◇ばら花譜　二口善雄画, 鈴木省三, 籾山泰一解説　平凡社　1983.4　96p 図版81枚 31cm

桃沢 匡勝
ももざわ・まさかつ

明治39年(1906年)4月18日～
平成元年(1989年)1月12日

全国果樹研究連合会顧問

長野県上伊那郡飯島町出身。上伊那農学校〔大正13年〕卒。賞信毎文化賞・農業部門(第2回)〔昭和31年〕、勲五等旭日双光章〔昭和52年〕。

大正十五年伊那谷で初めて'二十世紀ナシ'の栽培を始める。昭和31年長野県園芸農業協同組合連合会を設立し、会長に就任。全国果樹研究連合会長、県経済事業連副会長、全国西洋梨協議会長などを歴任した。

【著作】
◇果樹とともに50年—技術と経営のあゆみ　桃沢匡勝著　農山漁村文化協会　1978.4　219p　19cm
◇果物随想　桃沢匡勝著　桃沢匡勝先生記念誌出版事業会　1979.6　247p 22cm

【評伝・参考文献】
◇産地作りの父桃沢匡勝—追悼集　追悼記念誌出版会　1991.3　432p 22cm

百瀬 静男
ももせ・しずお

明治39年(1906年)～昭和43年(1968年)3月6日

植物分類学者　千葉大学教授

長野県出生。東京帝国大学理学部植物学科〔昭和10年〕卒。理学博士〔昭和18年〕。

昭和21年より文部省大学学術局に勤務。39年千葉大学教授。日本やタイ産のシダ植物の前葉体(配偶体)の形態について研究した。また、配偶体世代の特徴に基づくシダ植物の系統につい

て独自の説を提唱した。

【著作】
◇植物学上より見たる緑の江の島　百瀬静男著　江ノ島神社　1936　19p 図版 20cm
◇日本産シダの前葉体　百瀬静男著　東京大学出版会　1967　627p 27cm

森 喜作
もり・きさく

明治41年（1908年）10月4日～
昭和52年（1977年）10月23日

菌学者, 実業家　森産業創立者
群馬県桐生市出生。長男は森喜美男（森産業社長），叔父は羽仁五郎（歴史学者），従弟は森寛一（日本きのこ研究所長），羽仁進（映画監督），従妹は羽仁協子（コダーイ芸術教育研究所所長）。京都帝国大学農学部〔昭和10年〕卒。農学博士〔昭和37年〕。團シイタケ栽培　賞有栖川宮賞〔昭和23年〕，発明賞〔昭和26年〕，藍綬褒章〔昭和28年〕。

昭和11年群馬県桐生市にシイタケの人工培養の森食用菌蕈研究所を設立，18年種駒によるシイタケ栽培に成功，森式種駒として特許をとり，同年森農場を開設，社長となった。戦後21年森産業設立，種駒の量産体制を確立，特許の切れた32年まで独占事業として続けられた。37年「シイタケ生産の基礎的研究」で農学博士。種駒の販路を海外にまで広めた。群馬県椎茸組合長，全日本椎茸組合連合会理事，日本椎茸農業組合連合会副会長などを歴任。シイタケ栽培技術の開発普及などの功績で23年有栖川宮賞，26年発明賞，28年藍綬褒章を受けた。48年，学生時代に人工栽培の啓示を得たといわれる大分県日田郡大山町に銅像が建てられた。著書に「しいたけ健康法」「家庭きのこ」「新しい椎茸栽培」などがある。

【著作】
◇シイタケの研究（森食用菌蕈研究所報告 第1号）森喜作著　森食用菌蕈研究所　1963　94p 図版 27cm
◇シイタケ栽培の研究　森喜作著　養賢堂　1963　94p 図版 27cm
◇シイタケのつくり方　森喜作著　農山漁村文化協会　1974　238p 19cm
◇家庭きのこ―作り方・食べ方　森喜作, 森登喜子著　家の光協会　1974　237p（図共）19cm
◇しいたけ健康法―ついに明らかにされた菌食効果　森喜作著　光文社　1974　208p 18cm

【評伝・参考文献】
◇きのこの巨人森喜作　藪孝平著　富民協会　1974　308p 図 肖像 19cm

森 邦彦
もり・くにひこ

明治38年（1905年）～?

山形大学農学部教授
福井県出生。台北高等農林学校林学科〔昭和3年〕卒。團樹木学。

大正3年台湾に渡り，昭和3年台北高等農林学校林学科を卒業。4年台北帝国大学助手，14年附属専門部助教授を経て，17年より三井農林に勤務し，一時期ジャワに駐在。戦後の23年山形県立農林専門学校教授，25年山形大学農学部教授。45年定年退官。台湾，奄美大島，北日本の木本植物を調査研究した。著書に「北日本産樹木図集」がある。

【著作】
◇台北帝国大学海南島学術調査報告 第1回〔造林学上より見たる海南島の林業（田添元, 森邦彦）〕（台湾総督府外事部調査資料 第52）　台北帝国大学海南島学術調査団第二班編　台湾総督府外事部　1942　541p 図版 26cm
◇北日本産樹木図集　森邦彦著　エビスヤ書店　1979.7　463p 19cm

森 英男
もり・ひでお

明治44年（1911年）～昭和55年（1980年）4月15日

農林省園芸試験場長
東京出身。東京帝国大学農学部〔昭和9年〕卒。

賞 河北文化賞〔昭和50年〕,青森県褒賞〔昭和54年〕。

昭和37年園芸試験場盛岡支場長のとき、リンゴの新品種'ふじ'を開発した。'国光'と'デリシャス'をかけ合わせたもので、貯蔵がきき、果汁が豊かで甘いため、'スターキング'と並んでリンゴの主流になっている。

【著作】
◇今後の果樹つくり―経営と技術(朝日農業選書10) 梶浦実、永沢勝雄、森英男共著 朝日新聞社 1950 189p 19cm
◇果樹栽培の新技術―剪定・施肥・土壌管理 永沢勝雄、森英男編 朝倉書店 1957 288p 図版 26cm
◇りんご栽培全書 森英男編 朝倉書店 1958 418p 図版 22cm
◇果樹つくりの技術と経営 第6 リンゴ 梶浦実、森英男編 農山漁村文化協会 1959 387p 19cm
◇果樹園芸講座 第1巻 永沢勝雄、小林章、森英男編 朝倉書店 1964 269p 22cm
◇果樹園芸講座 第2巻 永沢勝雄、小林章、森英男編 朝倉書店 1964 267p 22cm
◇果樹園芸講座 第3巻 永沢勝雄、小林章、森英男編 朝倉書店 1964 261p 22cm

盛田 達三
もりた・たつぞう

明治25年(1892年)3月19日～
昭和44年(1969年)8月27日

林業家 青森県森林組合連合会会長
青森県下北郡七戸町出生。盛岡高等農林学校(現・岩手大学農学部)卒。

青森の名家に生まれ、祖父・広精は幕末期に南部藩の御山奉行を務め、明治維新後は造林事業を手がけた。盛岡高等農林学校(現・岩手大学農学部)卒業後、50年以上の長きに渡り林業に従事。もともと秋田・岩手両県を北限とするクヌギを大正10年より青森に移植し、良質の炭を生産して首都圏に出荷した他、スギとヒバ、コバノヤマハンノキと牧草などの2段林を提唱したことで知られ、青森県森林組合連合会会長、県林業改良普及協会会長などを歴任した。

また盛田農民文化研究所を運営し、自宅に設けた敬斎文庫に先々代からの収集にかかる農書や経済書などを保存して閲覧に供するなど農村文化の指導・発展にも力を注いだ。傍ら、特定郵便局長として郵便局の経営にも当たり、七戸郵便局長、東北地方特定郵便局町会連合会長、郵政省郵政調査室委員なども務めた。昭和31年自身の長い林業体験から「山造り随想」を刊行。他の著書に「東北地方冷害ニ依ル凶作ノ歴史的研究」などがある。

【著作】
◇青森県史に現はれたる農政及林政に関する文献目次 津軽編 盛田達三著 青森県農会 1927 26p 23cm
◇山造り随想 盛田達三著 青森県綜合林業組合 1956 63,30p 図版 22cm

森田 雷死久
もりた・らいしきゅう

明治5年(1872年)1月26日～
大正3年(1914年)6月8日

俳人、僧侶
本名は森田愛五郎。法号は貫了。愛媛県伊予郡西高柳村(松前町)出生。仏教大学林卒。

明治15年僧侶となり、22年京都の仏教大学林に入学。28年愛媛県南山崎村の真成寺、36年潮見村の常福寺住職。この間、28年頃から俳句を詠み始め、34年より海南新聞の俳壇選者。37年には松山松風会復興大会を中心となって催すなど、愛媛俳壇の振興に尽くした。晩年は荏原村で行われた河東碧梧桐の俳夏行に参加して以来、新傾向俳句に共鳴し、新傾向の句作に励んだ。一方で果樹栽培の必要性を強く説いて常福寺の寺領2反歩をナシ園に変え、42年小野村にも赤々園というナシ園を開園。大正2年には伊予果物同業組合を結成、初代専務に就任した。

【評伝・参考文献】
◇森田雷死久(松山子規会叢書 第6集) 鶴村松一編著 岡田印刷 1979.12 356p 19cm

モーリッシュ

Molish, Hans
1856年12月6日～1937年12月8日

オーストリアの植物学者　ウィーン大学総長
オーストリア帝国ブリュン（ブルノ）出生。ウィーン大学理学部〔1880年〕卒。
　先祖代々の園芸農家に6人きょうだいの5人目として生まれ、幼い頃から父の仕事場に連れられ自然と植物や園芸に親しむ。同家は遺伝の法則を発見したカトリック司祭のメンデルと親交があり（メンデルがエンドウマメなどを用いて交配実験を続けた修道院とモーリッシュ家の葡萄園の一つは隣り合わせであった）、少年時代にはたびたび同家を訪れたメンデルから直接様々な話を聞く機会を得た。ギムナジウム第5学年の夏の学期、博物学教師のA.トマシェクから大学で教えるような難しいゲーテの植物形態論を教わって大きな刺激を受け、自力でジャガイモのかたまりが茎の変形したものであることをまとめあげ試験の日に発表。その才能に驚いたトマシェクは成績表の書いてある手帖を差し出して、モーリッシュ自身の手で「優」と書き込むように促し、この経験をきっかけとして本格的に植物学の道に進んだ。1876年ウィーン大学に入学、ユリウス・ウィズナーに植物生理学を師事。1879年「カキノキ科植物およびその類縁種の木質の比較解剖学」という論文を発表、1880年同論文で理学博士号を得、母校の助手となった。1886年ナフトールのアルコール溶液と濃硫酸を用いて糖を検出する"モーリッシュ反応"を発見。1889年グラーツ高等工芸学校教授、1894年プラハ大学教授を経て、1909年恩師ウィズナーの退官に伴いウィーン大学植物生理学教室の主任教授に就任。この間、植物と鉄分の関係に着目、鉄が植物の緑化成長に不可欠な栄養素であるが、葉緑素自体には鉄分を含まないことを突き止めた他、刺激生理学の視点から根の屈湿性や花粉管の屈化性を発見した。また1897年から1年間の研究旅行に出、ジャワや中国を歴訪、日本にも約半月滞在した。1921年日本の東北帝国大学生物学科新設に伴い、総長の8000円より高い年俸1万円の好条件で招聘を受け、'22年来日。1年目の'23年は植物解剖学を、2年目の'24年は植物生理学を講じ、実験を主とした講義は学生たちに強い印象を残した。'25年3月米国経由で帰国。'26年ウィーン大学総長に就任し、退任後の'28～29年にはインドの植物生理学者ジャガディーシュ・チャンドラ・ボースの要請により研究旅行に赴き、カルカッタで実験と講義を行った。'32年ウィーン学士院副院長。東北帝国大学時代は休暇の合間を縫って樺太から鹿児島まで日本各地を訪れ、帰国後に滞日旅行記「Im Lande der aufgehenden Sonne（日出づる国にて）」を刊行、2003年には日本で「植物学者モーリッシュの大正ニッポン観察記」（瀬野文教訳）として出版された。また1年目の講義に先立つ1922年12月、物理学者のアルバート・アインシュタインが東北帝国大学を訪れた際、歓迎会の席でアインシュタインと共に会場壁面に墨汁で大きくサインを残したが、戦災により焼失した。

【著作】
◇回想のモーリッシュ―ある自然科学者の人間像　渋谷章著　内田老鶴圃新社　1979.6　289p 19cm
◇植物学者モーリッシュの大正ニッポン観察記　ハンス・モーリッシュ著、瀬野文教訳　草思社　2003.8　421p 19cm

【評伝・参考文献】
◇近代日本生物学者小伝　木原均ほか監修　平河出版社　1988.12　567p 22cm

盛永　俊太郎

もりなが・としたろう
明治28年（1895年）9月13日～
昭和55年（1980年）1月25日

作物育種学者　九州大学名誉教授、農林省農事試験場長
俳号は汀夢。富山県新川郡上野方村（魚津市）出生。東京帝国大学農科大学〔大正8年〕卒, 東京帝国大学大学院修了。日本学士院会員〔昭和36

年〕。理学博士。⑰日本育種学会（会長）⑳日本学士院賞〔昭和30年〕「アブラナ属及イネ属の細胞遺伝学的研究」，朝日賞〔昭和34年〕，勲二等旭日重光章〔昭和42年〕。

昭和10年九州帝国大学農学部助教授，15年教授を経て，21年農林省農事試験場長。太平洋戦争後の農業近代化政策の中心機関として同試験場の再建に従事し，研究室制度や企画室・企画委員会の導入により研究の自主性と責任制を確立した。29年農業技術研究所長。36年退官。26年日本育種学会初代会長。イネ属，アブラナ属の細胞遺伝学の権威で，30年日本学士院賞を受賞。またイネの系譜，稲作・農耕史に興味を持ち，民俗学者の柳田国男らと稲作史研究会を作り討議を重ねた他，農業経済学者の東畑精一とは農業発達史調査会を主宰し，遺伝学者の木原均や博物史家の上野益三とは古代から明治初年までの生物史についての共同研究を行った。

【著作】
◇最近の農業技術［最少の法則と平均の法則（盛永俊太郎）］　農林省農事試験場内農業技術研究会編　養賢堂　1949　236p 21cm
◇富山県農事略年表稿—明治初年より終戦前に至る（農業発達史調査会資料 第27号）　盛永俊太郎著　農業発達史調査会　1950　25p 25cm
◇農業發達史調査會資料 第27号［富山縣農事略年表稿—明治初年より終戦前に至る（盛永俊太郎）］　農業發達史調査會　1950　25cm
◇農学考　盛永俊太郎著　養賢堂　1951　201p 22cm
◇農業發達史調査會資料 第54號［稲の種子場の見聞（盛永俊太郎）］　農業發達史調査會　1951　25cm
◇日本稲の種類と改良 其1 明治時代（農業発達史調査会資料 第69号）　盛永俊太郎著　農業発達史調査会　1952　20p 26cm
◇北海道の稲作発展と稲の種類改良（農業発達史調査会資料 第79号）　盛永俊太郎著　農業発達史調査会　1953　16p 25cm
◇農業発達史調査会資料 第77号—第83号　農業発達史調査会　1953.3～1954.7　25cm
◇日本農業発達史—明治以降における 第2巻農業における近代の黎明とその展開 中［明治期における日本稲の種類と改良（盛永俊太郎）］　農業発達史調査会編　中央公論社　1954　769p 22cm
◇稲の日本史〔第1〕（稲作史研究叢書 第1集）　盛永俊太郎編　農林協会　1955　256p 図版 19cm
◇稲の日本史（農業綜合研究所刊行物 第127号）　盛永俊太郎編　農業省農業綜合研究所　1956　256p 図版 19cm
◇新農村建設と生産性向上の諸問題（新農村建設叢書 第1集）　農林省振興局　1956　91p 21cm
◇日本農業発達史—明治以降における 第9巻農学の発達［育種の発展—稲における（盛永俊太郎）］　農業発達史調査会編　中央公論社　1956　775p 22cm
◇稲の日本史 第2（農業総合研究所刊行物 第149号）　盛永俊太郎編　農林省農業総合研究所　1957　247p 図版 地図 18cm
◇稲の日本史 第2（稲作史研究叢書 第2集）　盛永俊太郎編　農林協会　1957　247p 図版 地図 19cm
◇日本の稲—改良小史　盛永俊太郎著　養賢堂　1957　324p 図版 22cm
◇稲の日本史 第3（農業総合研究所刊行物 第176号）　盛永俊太郎編　農林省農業総合研究所　1958　279p 図版 18cm
◇稲の日本史 第3（稲作史研究叢書 第3集）　盛永俊太郎編　農林協会　1958　279p 図版 19cm
◇日本古代稲作史研究（稲作史研究叢書）　安藤広太郎著，盛永俊太郎編　農林協会　1959　383p 図版 19cm
◇稲の日本史 第4（稲作史研究叢書 第4集）　盛永俊太郎編　農林協会　1961　254p 図版 19cm
◇稲の日本史 第5（稲作史研究叢書 第5集）　盛永俊太郎編　農林協会　1963　267p 図版 地図 19cm
◇稲の日本史 上（筑摩叢書）　盛永俊太郎等編　筑摩書房　1969　374p 図版10枚 地図 19cm
◇稲の日本史 下（筑摩叢書）　盛永俊太郎等編　筑摩書房　1969　355p 図版 地図 19cm
◇享保元文諸国産物帳集成 第1巻 加賀・能登・越中・越前　盛永俊太郎，安田健編　科学書院　1985.5　585, 80p 27cm
◇享保・元文諸国産物帳集成 第2巻 常陸・下野・武蔵・伊豆七島　盛永俊太郎，安田健編　科学書院　1985.12　917, 39p 図版44p 27cm
◇江戸時代中期における諸藩の農作物—享保・元文諸国物産帳から　盛永俊太郎，安田健編著　日本農業研究所　1986.2　272p 21cm
◇享保・元文諸国産物帳集成 第3巻 佐渡・信濃・伊豆・遠江　盛永俊太郎，安田健編　科学書院　1986.6　1274, 45p 図版20p 27cm
◇享保・元文諸国産物帳集成 第4巻 参河・美濃・尾張　盛永俊太郎，安田健編　科学書院　1986.12　1041, 68p 27cm
◇享保・元文諸国産物帳集成 第5巻 飛騨・近江・伊勢・伊賀・摂津・河内・和泉　盛永俊太郎，安田健編　科学書院　1987.4　1063, 28p 27cm
◇享保・元文諸国産物帳集成 第6巻 紀伊　盛永俊太郎，安田健編　科学書院　1987.7　962, 46p 27cm
◇享保・元文諸国産物帳集成 第7巻 隠岐・出雲・播磨・備前・備中　盛永俊太郎，安田健編　科

学書院　1987.12　1229, 49p 27cm
◇享保・元文諸国産物帳集成 第8巻 備後・安芸・長門・周防　盛永俊太郎, 安田健編　科学書院 1988.7　1208, 53p 27cm
◇享保・元文諸国産物帳集成 第12巻 筑前・筑後　盛永俊太郎, 安田健編　科学書院　1989.7　890, 33p 27cm
◇享保・元文諸国産物帳集成 第9巻 周防 続　盛永俊太郎, 安田健編　科学書院　1989.9　1210, 48p 27cm
◇享保・元文諸国産物帳集成 第13巻 豊後・肥後　盛永俊太郎, 安田健編　科学書院　1989.11　8, 706, 32p 27cm
◇享保・元文諸国産物帳集成 第14巻 薩摩・日向・大隅　盛永俊太郎, 安田健編　科学書院　1989.12　712, 19p 27cm
◇享保・元文諸国産物帳集成 第15巻 蝦夷・陸奥・出羽　盛永俊太郎, 安田健編　科学書院　1990.4　994, 80p 27cm
◇享保・元文諸国産物帳集成 第16巻 諸国　盛永俊太郎, 安田健編　科学書院　1990.7　834, 6p 27cm
◇享保・元文諸国産物帳集成 第11巻 対馬・肥前　盛永俊太郎, 安田健編　科学書院　1991.2　830, 132p 27cm
◇享保・元文諸国産物帳集成 第10巻 長門 続　盛永俊太郎, 安田健編　科学書院　1991.5　964, 146p 27cm
◇享保・元文諸国産物帳集成 第17巻（補遺編1）常陸・下野・下総・越中・信濃・美濃・尾張　盛永俊太郎, 安田健編　科学書院　1992.7　972, 20p 27cm
◇享保・元文諸国産物帳集成 第18巻（補遺編2）陸奥・越中・尾張・和泉・安芸・伊予・壱岐　盛永俊太郎, 安田健編　科学書院　1993.2　566, 68p 27cm
◇享保元文諸国産物帳集成 第19巻（補遺編3）類別索引・総合索引　盛永俊太郎, 安田健編　科学書院　1995.2　1073p 27cm
◇享保・元文諸国産物帳集成 第20巻（補遺編 3）出雲（諸国産物帳集成 第1期）　盛永俊太郎, 安田健編　科学書院　2003.6　1172p 27cm
◇享保・元文諸国産物帳集成 第21巻（補遺編 4）出雲（続）・隠岐（諸国産物帳集成 第1期）　盛永俊太郎, 安田健編　科学書院　2003.8　p1173-1928, 101p 27cm

【評伝・参考文献】
◇近代日本生物学者小伝　木原均ほか監修　平凡出版社　1988.12　567p 22cm

森野 藤助
もりの・とうすけ

元禄3年（1690年）～明和4年（1767年）6月6日

本草家

名は通貞、号は賽郭。大和国宇陀郡松山（奈良県）出生。

家は代々、大和宇陀郡松山で農業と葛粉の製造を営んだ。長じて家業を継ぎ、傍ら幼少時から薬草に関心を持ち、その栽培も行った。享保14年（1729年）大和国を訪れた幕府の採薬使・植村政勝の薬草見習に任ぜられ、約4ケ月にわたって同国内で採薬に従事。同年その功績により幕府から甘草、東京肉桂、天台烏薬、烏臼木、牡荊樹、山茱萸といった駒場薬園にあった貴重な薬草木を下付され、これを機に自宅の裏山に薬園を開いた。またこの採薬行のとき、大和・伊賀国境の神末でカタクリを発見しており、のちに葛粉とあわせて片栗粉をも製造するようになった。その後も17年（1732年）、20年（1735年）、寛保3年（1743年）の3度、植村に従って採薬を行い、薬草に関する知識と検分能力を高めるとともに、採集した植物や幕府から下付を受けた薬草をもとに自園を充実させた。この間、享保20年（1735年）江戸に上り、苗字帯刀を許された。52歳で家督を子の武貞に譲って隠居してからは、山上の桃岳庵で郷里の薬草木に関する、当時としては科学的な植物図譜「松山本草」10巻を著述した。彼の開いた薬園は森野旧薬園と称され、その後も子孫によって守られて現在に至っている。

森本 彦三郎
もりもと・ひこさぶろう

明治19年（1886年）～昭和24年（1949年）

全国食用茸連合会顧問

和歌山県出身。和歌山中学卒。[専]キノコ人工栽培。

和歌山中学卒業後、明治38年18歳で渡米。カリフォルニア州でアルバイトをしながらキノコの人工栽培を学び、フランスで菌類の学術研究を修める。大正10年帰国、京都桃山に栽培舎を建てキノコの人工栽培に乗り出し、エノキダケやナメコなど日本産キノコの人工栽培に初めて

成功した。キノコの缶詰化や今日行われている瓶に詰めたおがくずとぬかを培養土にしてエノキダケやナメコ、マイタケを栽培する技術を開発した他、マッシュルームを"西洋マツタケ"の名前で売り出すなど、日本におけるキノコ栽培の基礎を築いた。

【著作】
◇食用茸ナメ茸(榎たけ)・橅シメジ(ナメコ)・ヒラ茸・椎茸・フランス茸人工培養法〈25版〉 森本彦三郎著 森本養菌園 1930 134p 20cm

【評伝・参考文献】
◇森の妖精—キノコ栽培の父・森本彦三郎 吉見昭一著 偕成社 1979.4 250p 20cm

森谷 憲
もりや・あきら

大正3年(1914年)〜?

植物学者 宇都宮大学名誉教授
山形県寒河江市出生。宇都宮高等農林学校〔昭和10年〕卒。農学博士。団育種学 団栃木県植物同好会。

台湾総督府糖業試験所勤務を経て、昭和22年終戦とともに帰国。宇都宮大学に勤務し、のち名誉教授。栃木県の植物相についての分類研究も行ない、平成元年栃木の自然100選の選定委員となる。著書に「栃木の植物」などがあり、「栃木県植物目録」「白根山植物目録」「栃木県の植物、天然記念物」編者。

【著作】
◇野外における植物実験 森谷憲著 恒星社厚生閣 1956 87p 図版 22cm
◇アルプス・シリーズ［第282輯 サツキ(森谷憲)］ アルプス 1964.3〜1965.7 19cm
◇皐月(日本の花シリーズ) 森谷憲著 泰文館 1966 192p 図版 19cm
◇スライドガイドブック—学術講演用のスライドの作りかた 森谷憲著 農業技術協会 1966 102p 図版 22cm
◇栃木県の動物と植物［花の名所・紅葉の名所および湿原 他(森谷憲)］ 栃木県の動物と植物編纂委員会編 下野新聞社 1972 582p 図地図2枚 27cm

◇たべられるしょくぶつ 森谷憲文, 寺島龍一絵 福音館書店 1972.3 22p 26cm
◇栃木の植物(しもつけ文庫2) 森谷憲著 月刊さつき研究社 1976 180p(図共)17×18cm
◇オーストラリアの花—園芸家必携 森谷憲著 下野新聞社 2002.8 173p 21cm
◇ツツジ讃花—栃木のつつじ名所ガイド 森谷憲監修,小林隆写真・文,下野新聞社編 下野新聞社 2003.5 174p 21cm

守屋 富太郎
もりや・とみたろう

嘉永5年(1852年)〜大正10年(1921年)3月

植林家
信濃国伊那郡片倉村(長野県高遠町)出生。

明治10年頃より生地の長野片倉村で小学校の建設、共有地への造林を提唱し私費を投じる。また杖突峠の荒れ地一帯を買収し、40年余に渡って落葉マツ約40万本などを植林、道路改修を行い、クワを試植して開墾にも努め、村民10数戸が移り住んだ。

森屋 初
もりや・はつ

明治2年(1869年)〜昭和6年(1931年)

出羽国白山林村(山形県鶴岡市)出生。弟は森屋理吉(水稲品種改良者)。

明治40年長女の嫁ぎ先から"娘茶豆"という枝豆の種子を入手。収穫時に味の良い変種を見つけて選種を始め、選抜を繰り返して育成。43年頃から安定した形質を得ることができるようになり、集落の女性たちに広めた。この枝豆は森屋家の屋号を冠した"藤十郎だだちゃ"と呼ばれ、のち山形県庄内地方で生産される枝豆のブランド"白山だだちゃ豆"の原形となった。平成14年業績を頌えた記念碑が建立された。

門司 正三

もんじ・まさみ

大正3年(1914年)10月2日～
平成9年(1997年)12月21日

東京大学名誉教授 福岡県北九州市出身。東京帝国大学理学部植物学科〔昭和12年〕卒。理学博士。団植物生態学賞朝日賞〔昭和52年度〕「群落光合成理論の開拓と展開」、紫綬褒章〔昭和55年〕。

昭和18年東京帝国大学助教授、29～50年東京大学教授、附属植物園長を歴任。退官後、東京農業大学教授をつとめた。弟子である佐伯敏郎と植物群落の生産力を見積もる群落光合成理論を創出、モデルを表す"門司・佐伯の式"を考案した。著書に「生態学総論」「緑と人間」などがある。

【著作】
◇植物実験生態学—気候と土壌　ルンデゴルド著、門司正三、山根銀五郎、宝月欣二訳　岩波書店　1964　551p 図版 地図 22cm
◇人間と環境〔生態系のなかの(門司正三)〕(東京大学公開講座 14)　東京大学出版会　1971　329p 19cm
◇人間生存と自然環境 2〔植物の汚染環境改善機能について—とくに大気汚染との関係—(戸塚績、門司正三)〕 佐々学、山本正編　東京大学出版会　1973　302p 27cm
◇人間生存と自然環境 3〔数種重金属の高等植物に対する影響について—特にカドミウムおよび亜鉛による生育阻害と、イオン吸収蓄積よりみた植物の種特異性について—(牛島忠広、田崎忠良、門司正三)〕 佐々学、山本正編　東京大学出版会　1975　306p 27cm
◇植物群落の物質代謝による環境保全に関する基礎的研究論文集〔門司正三〕　1976　173p 26cm
◇生態学総論(生態学講座 1)　門司正三著　共立出版　1976　126, 8p 21cm
◇大気環境の科学 5 大気環境の変化と植物　門司正三、内嶋善兵衛編　東京大学出版会　1979.6　199p 22cm

◇植物の物質生産　ボイセン・イェンセン〔著〕、門司正三、野本宣夫共訳　東海大学出版会　1982.9　248p 22cm
◇陸水と人間活動—多摩川・霞ヶ浦・諏訪湖・中海・三河湾・琵琶湖　門司正三、高井康雄編　東京大学出版会　1984.3　310p 22cm

矢数 道明

やかず・どうめい

明治38年(1905年)12月7日～
平成14年(2002年)10月21日

医師　北里研究所東洋医学総合研究所名誉所長　本名は矢数四郎(しろう)。茨城県那珂郡大宮町(常陸大宮市)出生。東京医科専門学校(現・東京医科大学)基礎医学部薬理学科〔昭和5年〕卒。医学博士〔昭和34年〕、文学博士〔昭和56年〕。団漢方団日本東洋医学会、日本医史学会、日本薬史学会賞日本医師会最高優功賞〔昭和55年〕、文部大臣表彰状〔昭和56年〕、東京医科大学同窓会賞。

昭和13年東亜医学協会結成に協力。25年日本東洋医学会創立に尽力。さらに29年全日本漢方医師連盟を結成、委員長として医薬分業問題で厚生省などと交渉にあたり、機関誌「全漢医報」を発刊。55年北里研究所附属東洋医学総合研究所長。漢方薬の研究や治療の普及に貢献した。29年以来月刊誌「漢方の臨床」の発行者もつとめた。著書に「漢方後世要方解説」「漢方百話」「近世漢方医学史」など多数。

【著作】
◇漢方医学処方解説　矢数道明著　日本漢方医学会　1940　319p 21cm
◇漢方診療の実際　大塚敬節、矢数道明、清水藤太郎共著　南山堂　1941　426p 図版 19cm
◇漢方後世要方解説　矢数道明著　医道の日本社　1959　270p 22cm
◇漢方百話—臨床三十年　矢数道明著　医道の日本社　1960　620p 図版 22cm
◇漢方百話—臨床三十五年 続　矢数道明著　医道の日本社　1965　772p 図版 22cm
◇漢方処方解説—臨床応用(東洋医学選書)　矢数道明著　創元社　1966　721p 22cm
◇明治百年漢方略史年表　矢数道明著　温知会　1968　127p(図版共) 21cm

◇漢方診療医典　大塚敬節, 矢数道明, 清水藤太郎　南山堂　1969　640p 19cm
◇続・続漢方治療百話―臨床四十年　矢数道明著　医道の日本社　1971　604p（図共）22cm
◇東洋医学をさぐる［明治百年漢方医学の変遷とその現況（矢数道明）］　大塚恭男編　日本評論社　1973　448p 19cm
◇ブーゲンビル島兵站病院の記録―第76兵站病院付軍医大尉　矢数道明著　医道の日本社　1976　267p 図 19cm
◇漢方治療百話―臨床四十五年　第4集　矢数道明著　医道の日本社　1976　711p（図共）22cm
◇矢数道明・矢数圭堂博士の病気別・症状別漢方処方　矢数道明, 矢数圭堂著　主婦の友社　1979.8　319p 19cm
◇明治110年漢方医学の変遷と将来・漢方略史年表〈増補改訂版〉　矢数道明著　春陽堂書店　1979.12　231p 22cm
◇漢方治療百話 第5集　矢数道明著　医道の日本社　1981.1　662p 22cm
◇漢方治療百話索引―病名症候・薬方　矢数道明著　医道の日本社　1981.3　1冊 21cm
◇近世漢方医学史―曲直瀬道三とその学統　矢数道明著　名著出版　1982.12　434p 22cm
◇漢方治療百話 第6集　矢数道明著　医道の日本社　1985.7　682p 22cm
◇漢方医学の変遷と将来・漢方略史年表―明治117年 続　矢数道明著　春陽堂書店　1986.7　114, 41p 22cm
◇漢方治療百話―病症と薬方　総目次と索引（第1集～第6集）　矢数道明著　医道の日本社　1986.7　77, 63p 22cm
◇漢方処方解説―臨床応用〈増補改訂版〉　矢数道明著　創元社　1988.4　761p 22cm
◇漢方治療百話 第7集　矢数道明著　医道の日本社　1990.4　756p 22cm
◇漢方医学の変遷と将来・漢方略史年表―明治122年 続々　矢数道明著　春陽堂書店　1991.7　143p 22cm
◇質疑応答 漢方Q&A（質疑応答 内科系疾患Q&A）　矢数道明編　日本医事新報社　1991.8　148p 21cm
◇漢方無限―現代漢方の源流　矢数道明, 坂口弘纂　緑書房　1992.12　392p 19cm
◇明治初期漢洋脚気病院担当の漢方医遠田澄庵について―遠田家秘伝の売薬, 漢方脚気薬の処方箋が突如出現するまでの経過　矢数道明著　温知会　1992.10　99p 21cm
◇漢方治療百話 第8集　矢数道明著　医道の日本社　1995.12　750p 22cm

【評伝・参考文献】
◇矢数道明先生喜寿記念文集　工藤訓正, 細川喜代治編　温知会　1983.9　768p 図版14枚 22cm
◇東洋医学論集―矢数道明先生退任記念　北里研究所附属東洋医学総合研究所編　北里研究所附属東洋医学総合研究所　1986.7　394p 22cm
◇精神科漢方治療ケース集―矢数道明を読む　松橋俊夫著　誠信書房　1991.5　177p 22cm

八木 繁一

やぎ・しげいち

明治26年（1893年）1月15日～
昭和55年（1980年）6月9日

植物研究家

愛媛県越智郡波方村（今治市）出生。

　大正3年より愛媛県内の小学校教師を務め、11年～昭和16年愛媛師範学校博物科教諭。その後、旧制松山中学、新制余土中学、松山北高校に勤務した。31年からは愛媛県立博物館の設立活動に尽力。傍ら、愛媛県内の植物研究に従事し、特に瀬戸内海・豊後水道産海藻類の究明に取り組み、「伊予の海藻目録」をまとめた。13年同県温泉郡で発見したオキチモズクや、ツバキカンザクラなどの新種も発見。25年には愛媛県を訪れた昭和天皇を迎え、松山市沖の興居島での植物採集の案内役を務めた。

【著作】
◇愛媛県植物誌　八木繁一著　松山堂書店　1928　354, 22p 23cm
◇Flora der Algen in Setouchi und Bungo-str　八木繁一著　福田合資会社（印刷）　1940　24p 27cm
◇愛媛の植物　八木繁一著　松菊堂　1962　185p 18cm
◇伊予の名木　八木天方著　八木繁一　1973　82p 図 21cm

【その他の主な著作】
◇愛媛県動物誌　八木繁一著　松山堂書店　1931　148p 23cm

八木岡 新右衛門

やぎおか・しんえもん

明治14年（1881年）7月27日～
昭和5年（1930年）6月7日

園芸技術者
茨城県水戸市出生。東京帝国大学農学部実科卒。

　水戸中学から東京帝国大学農学部実科に進み、卒業後は6年間に渡って京都府農事試験場に勤務。この間、主に丹波クリについて研究し、明治38年頃には接木法によるクリの品種改良に成功。これは学界で絶賛されたが、一般には余り普及しなかった。帰郷後、新治郡で栽培されている茨城クリにも接木法を導入して品種改良を行い、同地の名産として日本のみならず世界にも知られる品種に成長させた。著作に「実験栗の栽培」がある。

【著作】
◇実験栗の栽培　八木岡新右衛門著　大日本農業奨励会　1915　507p 23cm

薬師寺 英次郎
やくしじ・えいじろう

明治36年（1903年）4月12日～
昭和63年（1988年）7月1日

東邦大学名誉教授
東京出生。東京帝国大学理学部植物学科卒。理学博士。[専]植物生理化学。

　柴田桂太門下。葉緑体チトクロームの研究で知られる。岩田植物生理化学研究所を経て、東邦大学に所属。

【著作】
◇植物の事典　佐竹義輔、薬師寺英次郎、亘理俊次編　東京堂　1957　594p 図版 22cm

薬師寺 清司
やくしじ・きよし

大正4年（1915年）8月20日～
平成13年（2001年）11月16日

愛媛県立果樹試験場長
愛媛県北宇和郡吉田町（宇和島市）出生。宇和農〔昭和8年〕卒。農学博士〔昭和46年〕。[専]果樹栽培　[賞]農業技術協会賞〔昭和42年〕、園芸学会賞〔昭和46年〕、井邦賞〔昭和48年〕。

　昭和12年愛媛県立農事試験場助手、14年宮崎県立農事試験場技手、18年愛媛県立農事試験場技手を経て、23年愛媛県立果樹試験場長。県特産のミカン栽培研究、普及に努めた。特に未収益期間を大幅に短縮する温州ミカンの計画密植栽培技術を確立、果樹農業振興に寄与した。49年愛媛県参与。58年退職。著書に「楽々・増益のミカンづくり―樹形と園地の改造で高品質・低コスト生産」「ミカンの計画密植栽培」「柑橘栽培新説」などがある。

【著作】
◇柑橘栽培新説―増益・経営　薬師寺清司著　養賢堂　1962　398p 図版 表 22cm
◇楽々・増益のミカンづくり―樹形と園地の改造で高品質・低コスト生産　薬師寺清司著　農山漁村文化協会　1995.9　144p 21cm
◇最新ミカンの樹形改造とせん定―園内空間を上手につくる　薬師寺清司著　農山漁村文化協会　1999.5　152p 19cm

矢沢 米三郎
やざわ・よねさぶろう

慶応4年（1868年）5月16日～
昭和17年（1942年）3月31日

教育家, 動植物学者　長崎師範学校校長
信濃国（長野県）出生。長野師範学校卒、東京高等師範学校卒。

　長野師範学校を経て、東京高等師範学校に学び、斎田功太郎の指導を受ける。明治26年卒業後、長野師範学校教諭となり、また長野博物学会を設立。友人・河野齢蔵と共に学術研究のため乗鞍岳に登ったのを皮切りに、木曽駒ケ岳や戸隠山、白馬岳、妙高、黒姫などで高山における採集調査を通じて動植物の生態観察・研究を行い、長野県における学術登山の開祖とされる。31年東京高等師範学校研究科に入学し、在学のまま同校の博物科講師を嘱託された。33年同校修了後、長野師範学校に復職。教職の傍ら

研究を進め、35年信濃博物学会を組織して機関紙「信濃博物学雑誌」を創刊。また皇太子(のち大正天皇)が同校に行啓した際、戸隠山で採取したトガクシショウマを鉢植えにして台覧に供し、東宮御所に献上した。38年長野県松本女子師範学校校長に就任。39年日本山岳会に入会し、43年には信濃山岳研究会を興してその会長に推された。大正13年同校附属小学校の川井清一郎訓導が赤化した事件の責任を問われ長崎師範学校長に遷り、2ヶ月後に自主退職。以後は長野県史蹟名勝天然記念物調査委員として県内の動植物調査に従事した。ヒメスミレサイシン、ミヤマハナワラビ、タカネキンポウゲ、ムカゴユキノシタなど生涯に多数の新種を発見したことで知られる。著書に「雷鳥」「鳥獣虫魚」「日本アルプスの研究」「日本アルプス登山案内」がある。

【著作】
◇植物学講義(帝国通信講習会理科講義) 矢沢米三郎述 〔出版年不明〕 208p 21cm
◇帝国植物学提綱 矢沢米三郎著、帝国通信講習会編 金港堂 1899.3 320p 23cm
◇植物図説明書―理科教授用 第2 矢沢米三郎著 杉山辰之助 1900.10 42p 19cm
◇中学新植物教科書 矢沢米三郎著 六盟館 1901.1 119p 23cm
◇普通理科教科書 理化学及礦物之部 矢沢米三郎, 河野齢蔵著 帝国通信講習会 1901.4 132p 24cm
◇植物実験法 矢沢米三郎著 六盟館 1901.8 63p 12cm
◇信濃天然記念物 〈4版〉(信濃郷土叢書 第9編) 矢沢米三郎著 信濃郷土文化普及会 1929 61p 19cm

【その他の主な著作】
◇鉱物学講義(帝国通信講習会理科講義) 矢沢米三郎述 〔出版年不明〕 129p 21cm
◇人身生理学講義(帝国通信講習会理科講義) 矢沢米三郎述 〔出版年不明〕 192p 21cm
◇動物学講義(帝国通信講習会理科講義) 矢沢米三郎述 〔出版年不明〕 211p 21cm
◇理科教授革新之着歩 矢沢米三郎著 小林仙鶴堂 1899.1 146p 23cm
◇帝国生理学提綱 矢沢米三郎著 金港堂 1899.12 166p 22cm
◇動物図説明書―理科教授用 第2 矢沢米三郎著 杉山辰之助 1902.8 30p 19cm
◇昆虫生態学(二十世紀理科叢書) 矢沢米三郎他著 光風館 1903.7 182p 23cm
◇日本アルプス登山案内 矢沢米三郎, 河野齢蔵共著 岩波書店 1923 323p 図版 17cm
◇鳥獣虫魚 矢沢米三郎著 1927
◇上高地 矢沢米三郎著 岩波書店 1928
◇日本アルプス―附・登山案内 矢沢米三郎, 河野齢蔵著 岩波書店 1929
◇雷鳥 矢沢米三郎著 岩波書店 1929 110p 図版14枚 20cm
◇白馬岳 矢沢米三郎著 岩波書店 1930 72p 図版27枚 17cm
◇日本アルプスの研究 矢沢米三郎著 三省堂 1935 247, 10p 図版 23cm

八代田 貫一郎
やしろだ・かんいちろう

明治34年(1901年)7月13日～
昭和54年(1979年)5月16日

植物研究家

香川県小豆郡渕崎村(土庄町)出生。英国キュー王立植物園研究生コース〔大正14年〕卒。賞 香川県文化功労者〔昭和51年〕。

大正14年英国のキュー王立植物園研究生コースを卒業。帰国後、郷里の香川県土庄町に植物馴化園を開いた。日本の園芸・植物に関する多くの論文を発表、米国ブルックリン植物園の客員教授として2回渡米した。米国から導入したメスレー種のスモモは小豆島名産の'レッド・スター'として定着した。

【著作】
◇野草のたのしみ 八代田貫一郎著 朝日新聞社 1968 293p 18cm
◇野草のたのしみ 続 八代田貫一郎著 朝日新聞社 1969 318p 17cm
◇野草のたのしみ 続々 八代田貫一郎著 朝日新聞社 1972 234, 11p 図 17cm

安井 公一
やすい・こういち

昭和4年(1929年)5月12日～
平成17年(2005年)1月9日

岡山大学名誉教授

岡山県出身。岡山大学農学部〔昭和28年〕卒。農学博士〔昭和49年〕。囲花卉園芸学。

岡山大学農学部助手、講師、助教授を経て、昭和56年教授。この間、49年花卉球根の発育に関する研究で農学博士。国際協力事業団（JICA）の派遣専門家としても活躍し、ブラジルやアルゼンチンなどで指導した。監修に「岡山の庭づくり花づくり」などがある。

【著作】
◇岡山の庭づくり花づくり　山陽新聞社　1994.4　377p 21cm

保井 コノ
やすい・この
明治13年（1880年）10月16日～
昭和46年（1971年）3月24日

植物細胞学者　お茶の水女子大学名誉教授
香川県大川郡三本松村（東かがわ市）出生。東京女子高等師範学校（現・お茶の水女子大学）理科〔明治35年〕卒、東京女子高等師範学校研究科〔明治40年〕修了。理学博士〔昭和4年〕。賞紫綬褒章〔昭和30年〕、勲三等宝冠章〔昭和40年〕。

香川県に実業家の長女として生まれる。幼い頃から勉強を好み尋常小学校では常に一番の成績で、郡に一つしかない高等小学校に進む。卒業後は香川師範学校女子部を志望するが、明治29年4月に満16歳以上という入学要件を満たさなかった為、役場に届け出て戸籍を10月生まれから2月生まれに書き換えてもらい、入学を果たした。31年東京女子高等師範学校を卒業して岐阜高等女学校教諭となり、恩師の飯盛挺造の勧めにより高等女学校向けの物理学教科書を執筆したが、"女性に書ける内容ではない"との偏見から文部省の検定を通らなかった。37年神田共立女学校教諭に転じ、38年東京女子高等師範学校に新設された研究科に応募。一人だけであった理科の募集に通って動物学の岩川友太郎の指導を受け、同年「動物学雑誌」に我が国で初めての女性による科学論文「鯉のウエベル氏器官について」が掲載された。40年卒業して同校の助教授に就任。この間、岩川よりヒルの発生を研究するようにいわれるが、ヒルが大嫌いであったため植物学への転向を申し出、"おれは植物学者ではないから、これからは自分でやれ"と言われ、植物学研究に転じた。42年「サンショウモの原葉体に関する管見」を「植物学雑誌」に発表、同論文を読んだ三宅驥一の知遇を得、細胞学などの手ほどきを受けた。44年には「On the life history of Salvinia natans」を国際的な植物研究雑誌「Annals of Botany」に発表、外国雑誌に論文を発表した日本女性第一号となり、同論文を読んだドイツ・ボン大学のストラスブルガーが研究室に席を用意してくれたが、三宅の口添えもむなしく、"女性が科学をやってもものにならない"と文部省から許可が下りなかった。大正3年科学分野では初の官費女子留学生として米国留学を許され、シカゴ大学ではJ. M. コールターとC. J. チェンバレンの下で細胞学を、ハーバード大学ではE. C. ジェフリーに石炭研究を学び、ジェフリーからは日本の石炭研究を託された。5年帰国すると東京女子高等師範学校助教授の傍ら、東京帝国大学に通い藤井健次郎の下で石炭研究を続け、7年同大に藤井が主宰する我が国最初の遺伝学講座が開設されると、講座の実験を受け持った。8年東京女高師教授に昇進。昭和2年「日本産石炭の構造の研究」で女性初の理学博士を授与された。4年藤井が国際細胞学雑誌「Cytologia（キトロギア）」を創刊すると、庶務・会計・編集を担当、以後世界的雑誌に育てることに貢献した。24年東京女高師がお茶の水女子大学に改組されると引き続き教授を務め、27年退官するまで研究と教育に打ち込んだ。我が国の女性で初めて国内と外国の学会誌に科学論文を発表、博士号を得た女性科学者の先駆者で、後進の為に道を切り開いた。

【評伝・参考文献】

◇理学博士保井コノ氏論文目録及ビ抄録　保井先生庚辰会編　保井先生庚辰会　1940　27p 27cm
◇近代の異能者たち（讃岐人物風景14）　四国新聞社編　丸山学芸図書　1986.4　214, 4p 19cm
◇おおちの三賢人　大内町　1986.12　55p 22cm
◇女の近代365日　上　円谷真護著　柘植書房　1987.2　200p 19cm
◇近代日本生物学者小伝　木原均ほか監修　平河出版社　1988.12　567p 22cm
◇日本科学者伝（地球人ライブラリー）　常石敬一ほか著　小学館　1996.1　316p 19cm
◇拓く―日本の女性科学者の軌跡　都河明子, 嘉ノ海暁子著　ドメス出版　1996.11　220p 19cm
◇科学に魅せられて（20世紀のすてきな女性たち 3）　岩崎書店　2000.4　163p 20cm

安井 小洒

やすい・しょうしゃ

明治11年（1878年）12月9日～
昭和17年（1942年）9月5日

俳人

本名は安井知之。号は寒冷紗草堂, 睡紅舎, 杉の実山人。東京・麹町（東京都千代田区）出生。

明治31年にはじめて句作し, 日本新聞や「ホトトギス」などに投句するが, のち松瀬青々に師事して「宝船」に属した。西洋草花栽培を業とし, 傍ら出版社なつめやを経営。蕉門の研究を多年にわたって行い, 出版物に「蕉門珍書百種」「和露文庫」の復刻があり, 特に「蕉門名家句集」は俳文学界に裨益するところが大きい名著とされる。句集「杉の実」がある。

安田 篤

やすだ・あつし

明治元年（1868年）9月8日～
大正13年（1924年）5月12日

菌類学者　旧制二高教授

東京府下谷練塀町（東京都台東区）出生。二男は安田勲（岡山大学名誉教授）。帝国大学理科大学植物学科〔明治28年〕卒。旗本の子として生まれる。東京府中学校, 旧制一高を経て, 帝国大学理科大学植物学科に進み, 大学院では松村任三, 三好学に師事して菌類生理学を研究。30年5月旧制二高講師, 10月同教授。蘚苔類, 地衣類, 菌類研究の先駆者で, 同年日本人として初めて変形菌に関する生理学的論文を発表した。特に森林樹林・木材の病害や腐朽の原因であるイボタケ科, ハリタケ科, サルノコシカケ科などの分類学的研究で知られる。

【著作】
◇中学植物学教科書　安田篤著　六盟館　1901.4　172, 23p 23cm
◇中学植物学小教科書　安田篤著　六盟館 1901.11　132, 21p 23cm
◇植物学汎論　安田篤著　博文館　1901.12　460, 102p 22cm
◇植物学各論 隠花部　安田篤著　博文館　1911.4　2冊（附冊共）図版 22cm

安田 勲

やすだ・いさお

明治39年（1906年）6月5日～
平成4年（1992年）4月26日

岡山大学名誉教授

東京出生。父は安田篤（菌類学者）。京都帝国大学農学部〔昭和6年〕卒。団 花卉園芸学 賞 岡山県文化賞〔昭和46年〕。

菌類学者・安田篤の二男。東京府立園芸学校（現・東京都立園芸高）教諭, 長野県立農業専門学校教授を経て, 昭和20年岡山農業専門学校（現・岡山大学農学部）教授。47年定年退官。我が国の花卉園芸学の草分け的存在で,「植木園芸ハンドブック」「花壇作りと花卉栽培」「草花栽培の実際」などを著して花卉園芸の発展に寄与した。

【著作】
◇草花栽培の実際 上・下（農芸叢書 第23, 25）　安田勲著　養賢堂　1941～1943　2冊 19cm
◇草苺（蔬菜栽培各論 第1）　安田勲著　新青年文化協会　1947　194p 図版 22cm

◇草苺(蔬菜栽培各論1)　安田勲著　新青年文化協会　1947　194p 21cm
◇綜合農学大系　第3巻［花卉園芸学(総論)第3(安田勲)］　綜合農学大系刊行会編　群芳園　1948　309p 図版 26cm
◇綜合農学大系　第1巻［花卉園芸学—総論(安田勲)］　綜合農学大系刊行会編　群芳園　1949　275p 26cm
◇実用切花花卉の栽培(新農業文庫　第5集)　安田勲著　育種と農芸社　1950　260p 22cm
◇花卉の栽培行事(タキイ園芸文庫)　安田勲著　タキイ種苗出版部　1951　56p 19cm
◇花卉園芸総論(農学大系　園芸部門)　安田勲著　養賢堂　1951　276p 22cm
◇営利・趣味花卉栽培全編　安田勲著　養賢堂　1955　713p 図版 22cm
◇温室の花卉栽培―趣味・実益　安田勲著　養賢堂　1960　227p 図版 22cm
◇実用草花園芸　安田勲著　富民協会出版部　1961　345p 19cm
◇花木・枝物の促成技術と経営(花生産技術シリーズ)　安田勲著　誠文堂新光社　1965　362p 図版 22cm
◇花壇園芸―見事な花壇と花卉の作り方　安田勲著　養賢堂　1966　408p 図版 22cm
◇植木園芸ハンドブック　安田勲著　養賢堂　1973　827p 図 22cm
◇花壇作りと花卉栽培　安田勲著　養賢堂　1976.10　484p 図 22cm
◇花の履歴書(東海科学選書)　安田勲著　東海大学出版会　1982.4　187, 34p 19cm

矢田部　良吉

やたべ・りょうきち

嘉永4年(1851年)9月19日～
明治32年(1899年)8月8日

植物学者, 詩人, 翻訳家
東京大学理学部教授
号は尚今。伊豆国田方郡韮山(静岡県伊豆の国市)出生。父は矢田部卿雲(幕末の蘭学者)。コーネル大学〔明治9年〕卒。理学博士。

父の卿雲は蘭学者・砲術家で, のち幕府に召されて江川太郎左衛門輩下, 講武所教授などを務めた。安政4年(1857年)に父を亡くし, 沼津で漢学を習う。慶応初年母と共に横浜に移り, 中浜万次郎(ジョン万次郎)や大鳥圭介らから英学を学んだ。明治維新後, 明治2年に開成学校教授試補となる。次いで大学校少助教, 中助教と累進したが, 3年外務省に転じ同省文書大令史に任ぜられ, 少弁務使・森有礼(のち文部卿)に随行して渡米。4年外務権少録に昇進するが, 5年には辞官し, 官費留学生としてコーネル大学に入学, 植物学を専攻した。在学中には分類学や生理学を修め, D.イートンの影響でシダ植物も研究したとされる。またハーバード大学の夏季学校の植物講座も受講し, W.ファローによる海藻の実験にも参加している。9年同校を卒業し, バチェラー・オブ・サイエンスの学位を取得。卒業前から東京開成学校教授の職を嘱されていたようで, 同年帰国した直後に同校五等教授に就任し, 教育博物館館長も兼ねた。10年同校が東京大学に改組されたのに伴い, その理学部植物学教室の初代教授となった。この時, 共に同学部教授に任ぜられた者のうち, 日本人は彼を含めて3人だけで, 残りはみな外国人であった。以来, 同教室の整備や標本室の充実, 小石川植物園の管理などに尽力。その講義はグレイやザックスなど西洋の植物学教科書をテキストに用い, 分類学に重きを置き, 終始英語で行われた。19年帝国大学令の発布により同校が帝国大学理科大学となると, その教授兼分頭に任ぜられ, 帝国大学評議員を兼務。さらに20年から東京盲唖学校校長を, 21年から東京高等女学校校長を兼職している。一方, 日本の植物相の構成を明らかにすべく米国留学時からの課題であった分類学の研究を進め, 各地に出かけて標本を採集した。しかし当時は植物の分類を行うに当たり, 同定のための信頼すべき標本や文献が日本に不足していたことなどから, 採取した標本を外国の専門家に送って鑑定してもらわねばならなかった。そこで23年「植物学雑誌」に「泰西植物学者諸氏に告ぐ」(英文)を発表, 標本室の収集も整ってきており, 今後は日本人の発見した新種の植物は日本人の手で分類し, 学名を付けるべきと主張した。次いで, 宣言どおりシチョウゲとシナザクラの2新種や新属新種のキレンゲショウ

マを公表。この宣言は東京大学の研究水準が植物学と呼べる域まで達してきたということの自己確認とも取れ、近代植物学史上重大な意味をなすものと受け取れる。しかし24年突如として帝国大学教授を非職となり、27年免官。28年高等師範学校教授に転じ、31年同校校長兼音楽学校長として熱心に教育に当たった。彼は恬淡豪放な性格であり、細心の注意を払うといった事務家や学究肌とは一線を画していたようで、採取した標本も放置したままにしてあるものが多々あったという。むしろ彼の後任として植物学教室を主宰した松村任三の"豪放なる行政家"という評が適当であり、それが多少影響して東大を非職になったとも言われている。また演劇改良や音楽教育にも力を注ぐなど文化事業でも活躍。鹿鳴館時代には布袋の仮装をして舞踏会に出席、そのときの写真も現存している。文学に関しては明治15年外山正一、井上哲次郎らと共編で明治新体詩の幕開けを告げるとして名高い「新体詩抄初篇」を刊行。その中の「カムプベル氏海軍英国海軍の詩」「グレー氏墳上感懐の詩」「テニソン氏船将の詩」など9編を尚今居士の号で訳している。さらに国語改良の一環としてローマ字表記を提唱し、17年外山や山川健次郎らとローマ字会を興した。32年鎌倉由比ケ浜で遊泳中溺死。著書に「日本植物図解」「日本植物篇」などがある。

【著作】
◇植物通解 グレー著, 矢田部良吉訳 文部省編輯局 1883.2 395p 19cm
◇日本植物図解 第1冊 第1-3号 矢田部良吉著 丸善 1891～1893 3冊 図版 27cm
◇植物学初歩 フーカー著, 矢田部良吉訳 丸善 1891.8 190p 19cm
◇日本植物篇 第1冊 矢田部良吉編 大日本図書 1900.12 437p 23cm

【評伝・参考文献】
◇生物学史論集 木村陽二郎著 八坂書房 1987.4 431p 21cm
◇モースの発掘―日本に魅せられたナチュラリスト(恒和選書11) 椎名仙卓著 恒和出版 1988.1 216, 6p 19cm
◇近代日本生物学者小伝 木原均ほか監修 平河出版社 1988.12 567p 22cm

◇花の研究史(北村四郎選集4) 北村四郎著 保育社 1990.3 671p 21cm
◇日本植物研究の歴史―小石川植物園300年の歩み(東京大学コレクション4) 大場秀章編 東京大学総合研究博物館 1996.11 187p 25cm

【その他の主な著作】
◇動物学初歩 イー・エス・モールス著, 矢田部良吉訳 丸善 1888.11 243p 19cm
◇日本現代詩大系 第1巻 創成期 [新体詩抄(外山正一, 矢田部良吉, 井上哲次郎)] 山宮允編 河出書房新社 1974 493p 図 20cm
◇明治文化全集 第13巻文学芸術篇 [羅馬字早学び(矢田部良吉)] 明治文化研究会編 日本評論社 1992.10 41, 567p 23cm

---

矢頭 献一
やとう・けんいち

明治44年(1911年)～昭和53年(1978年)2月23日

植物学者 三重大学教授
岐阜県恵那郡岩村町(恵那市)出生, 三重県出身。三重県立農林学校林科卒。林学博士(北海道大学)〔昭和35年〕。

　岐阜県に生まれ、三重県津で育ち、三重県立農林学校林科に学ぶ。背が高く、集会のときには目立つ存在であったという。卒業後、教師として大阪府立生野中学などで教え、その傍ら牧野富太郎に親炙して植物分類学の指導を受けた。特に紀伊半島における植物分類学的研究や森林生態学的研究を進め、昭和19年東京大学農学部助手となった後も紀伊半島の植物研究を続けたが、2度の戦災に遭い、収集した標本を焼失しただけでなく、最愛の母も失った。25年三重大学農学部講師となり、助教授、教授を歴任。この間、紀伊半島における研究を再開したほか、中部山岳地帯の縞枯れについて調査するなど様々な業績を残し、35年論文「紀伊半島森林植物の研究」で北海道大学から林学博士の号を受けた。また、紀伊半島奥地の秘境といわれる大杉谷をたびたび訪れ、同地にダム建設の議が持ち上がると、その自然保護に尽力し、東海テレビ賞を受賞している。50年三重大学を定年退官。敬虔なキリスト教徒として知られ、"学問と信仰とが一致した立派な先生"として学生

や同僚たちの尊敬を集めた。著書に「日本の野生植物」「植物百話」「文学植物記」「図説日本の樹木」などがある。

【著作】
◇日本の野生植物(Kawade paper backs 52) 矢頭献一著 河出書房新社 1963 272p 図版 18cm
◇矢作川の自然［矢作川水源地帯の森林植物（矢頭献一）］ 名古屋女学院短期大学生活科学研究所 1963.6 287p 26cm
◇図説樹木学 針葉樹編 矢頭献一著 朝倉書店 1964 189p 図版 22cm
◇図説樹木学 落葉広葉樹編 矢頭献一、岩田利治著 朝倉書店 1966 216p 22cm
◇大杉谷・大台ガ原自然科学調査報告書［大杉谷産植物目録 他（矢頭献一）］ 三重県自然科学研究会 1972 285p 図 26cm
◇植物百話 矢頭献一著 朝日新聞社 1975 222p 19cm
◇神と杜［神宮の森（矢頭献一）］ 桜井勝之進編 神と杜刊行会 1976 331p 図 22cm
◇文学植物記 矢頭献一著 朝日新聞社 1976 213p 19cm
◇図説日本の樹木 矢頭献一著 朝倉書店 1977.8 176p 図 27cm
◇真珠の小箱 2奈良の夏［大台ケ原の自然（矢頭献一）］ 角川書店編 角川書店 1980.5 245p 19cm

【評伝・参考文献】
◇矢頭献一植物標本―三重県立博物館収蔵資料目録 三重県立博物館 2003.3 85p 30cm

柳沢 吉保
やなぎさわ・よしやす

万治元年(1658年)12月8日～
正徳4年11月2日(1714年12月8日)

甲斐甲府藩主, 老中
初名は房安, 保明, 号は保山, 楽只堂, 通称は主税, 弥太郎。甲斐国(山梨県)出身。息子は柳沢吉里(大和郡山藩主)。

父が館林藩主時代の徳川綱吉の家臣であったことから、幼時より綱吉の小姓を務める。延宝8年(1680年)綱吉の第5代将軍就任に伴って幕臣に加えられ、元禄元年(1688年)側用人となって1万石を禄し、大名に取り立てられた。その後も昇進を続け、5年(1692年)には武蔵川越城主に任ぜられて同国に7万2000石を領し、7年(1694年)には老中格に昇る。14年(1701年)には綱吉から一字拝領して吉保に改名。宝永元年(1704年)綱吉の継嗣として甲府藩主・徳川家宣が定められると、その功績により家宣の旧領であった甲斐・駿河15万石を与えられ、のち駿河の領地を甲斐一国に移されて山梨・八代・巨摩3郡全土の15万石(実際の高は22万石相当といわれる)を領した。3年(1706年)老中首座(大老格)に就任。この間、幕政においては荻生徂徠や細井広沢といった儒者を登用し、本草学などの学問の奨励や古典籍の翻刻、文化の育成に努めるなど、文治政治を推進。綱吉とその母・桂昌院に厚く信任されて権勢をふるったため、"側用人政治"との非難を浴びたが、実際は老中の合議制を重んじる清廉で中正な人物であったともいわれている。また藩政にも力を注ぎ、川越城主時代には家臣団が私用で領民から金銭や米、馬を借用するのを禁じたり、三富新田の開発を行うなど善政を敷き、領民から慕われた。同時に土埃による洗濯物の汚れや飲料水の汚染に悩まされていた同地の領民のために、畑の周りを茶の木で囲んで土埃を防ぐよう提言し、これが狭山茶の元になったといわれている(異説あり)。6年(1709年)に綱吉が没すると、自らの権勢が弱まるのを察知し、早々と身を引いて隠居。以後は和歌の世界を体現した庭園・六義園の造営に当たり、同所でたびたび歌会を催した。著書に「伊勢物語便閭抄」「軍法本書」「柳沢吉保詠百首」「楽只堂年録」などがある。

【評伝・参考文献】
◇柳沢吉保 森田義一著 新人物往来社 1975 293p 20cm
◇柳沢吉保の生涯―元禄時代の主役のすがお(NKTブックス) 塩田道夫著 日本経済通信社 1975 236p 19cm
◇柳沢吉保の実像(みよしほたる文庫 3) 野沢公次郎著 三芳町教育委員会 1996.3 159p 19cm
◇お江戸探訪「忠臣蔵」を歩く ブルーガイド編集部編 実業之日本社 2002.11 127p 21cm

柳島 直彦
やなぎしま・なおひこ

大正13年(1924年)11月8日～
昭和62年(1987年)3月28日

名古屋大学理学部教授
京都府京都市出身。妻は柳島静江(京都大学教授)。京都帝国大学理学部植物学科卒。理学博士。[団]植物生理学[団]日本植物学会,日本植物生理学会,酵母遺伝学集談会。

大阪市立大学教授を経て、昭和49年名古屋大学教授に就任。酵母菌の接合研究の権威。

【著作】
◇生物の変異性[酵母の変異現象に関する研究(柳島直彦等著)](科学文献抄 第25) 民主主義科学者協会生物学部会編 岩波書店 1953 116p 26cm
◇生命現象の調節—植物ホルモンを中心に(紀伊國屋新書) 柳島直彦、増田芳雄著 紀伊國屋書店 1967 170p 18cm
◇微生物の生態 1[ホルモンを中心としてみた高等植物と微生物(柳島直彦)] 微生物生態研究会編 東京大学出版会 1974 204p 22cm
◇菌類および藻類における生殖器官および配偶子の分化[柳島直彦] 1978.3 52p 26cm
◇酵母の生物学(UP biology) 柳島直彦著 東京大学出版会 1981.1 164p 19cm
◇酵母の解剖 柳島直彦[ほか] 講談社 1981.5 186p 27cm
◇微生物の生態 14進化をめぐって[酵母における性的分化と相互作用の比較生理学(柳島直彦)] 日本微生物生態学会編 学会出版センター 1986.11 253p 22cm

柳田 由蔵
やなぎた・よしぞう

明治5年(1872年)～昭和20年(1945年)

樹木学者,植物学者
日本産樹木の実生の形態を詳細に調べ、特長を明らかにし、図示も行なった。また、北海道の植物相についての分類研究を行なった。

【著作】
◇林業試験彙報[第11号 濶葉樹挿木試験(柳田由蔵)、特別号 火災ト樹林並樹木トノ関係(河田杰、柳田由蔵)、第14号 しらかしノ挿木造林試験(柳田由蔵)] 農商務省林業試験場編 農商務省林業試験場 1920～1925 22cm

矢野 佐
やの・たすく

明治38年(1905年)8月7日～
昭和53年(1978年)1月16日

都立新宿高校教諭として生物の教育に携わる傍ら、日本植物友の会の会員として、植物の観察・分類などについての研究を進めた。著書に「植物用語小辞典」(ニュー・サイエンス社)「原色植物県検索図鑑」(石戸忠・画, 北隆館)などがある。

【著作】
◇一般生物表解 矢野佐著 科学評論社 1950 180p 19cm
◇生物学辞典 矢野佐等編 科学評論社 1950 641p 図版 19×11cm
◇生物学辞典 矢野佐等編 桜井書店 1952 641p 図版5枚 19cm
◇表解生物学要項 矢野佐編 櫻井書店 1952 181p 19cm
◇生物学[生物の進北と種類(矢野佐)](大学教養演習講座 第5) 沼野井春雄編 青林書院 1959 438p 22cm
◇原色植物検索図鑑 矢野佐著,石戸忠画 北隆館 1962 108,138p(図版共)22cm
◇原色樹木検索図鑑 矢野佐著,石戸忠画 北隆館 1964 図版83p 原色図版190p 22cm
◇東京都文化財調査報告書 第23 北東低地帯文化財総合調査報告 第1分冊 葛西の文化財[葛西地区の植物(本田正次,矢野佐,小松崎一雄)] 東京都教育委員会 1970 166p 図版 表 26cm
◇植物漫筆—花と木の心をつたえる 矢野佐著 ジャパン・パブリッシャーズ 1977.5 228p 19cm
◇植物用語小辞典(グリーンブックス 20) 矢野佐 ニュー・サイエンス社 1978.12 82p 19cm
◇植物の観察と標本の作り方(グリーンブックス 24) 本田正次,矢野佐著 ニュー・サイエンス社 1979.5 99p 19cm
◇野草[改訂新版](原色ワイド図鑑)[本田正次,矢野佐,高橋秀男][監修] 学習研究社 2002.11 215p 31cm

矢野 悟道

やの・のりみち

大正11年(1922年)10月10日～
平成14年(2002年)10月27日

神戸女学院大学名誉教授
愛媛県出身。広島文理科大学理学部生物学科卒。理学博士。専 植物生態学 団 日本生態学会,日本植物学会,日本雑草学会。

神戸女学院大学教授,副学長を歴任。共著に「生態学講座〈8〉」「日本の植生」、編書に「日本の植生図鑑〈II〉人里・草原」「日本の植生」などがある。

【著作】
◇霧ケ峰の植物　矢野悟道,布施みち子,鬼頭英子〔著〕　諏訪市教育委員会　1971　3冊(付表共)27cm
◇六甲山,林山地区の植物生態学的調査報告書　矢野悟道〔著〕　兵庫県　〔1974〕　7p 26cm
◇甲山湿原の植生調査報告書　矢野悟道,大川徹,武井良子〔共著〕　西宮市教育委員会　1975　24p 図 26cm
◇日本の植生図鑑　保育社　1983.6　2冊 22cm
◇日本の植生—侵略と攪乱の生態学　矢野悟道編　東海大学出版会　1988.10　226,16p 21cm

矢部 吉禎

やべ・よしさだ

明治9年(1876年)3月3日～
昭和6年(1931年)8月23日

東京文理科大学教授
東京出身。東京帝国大学理科大学植物学科〔明治33年〕卒。理学博士。専 植物学。

明治33年東京帝国大学理科大学助手,37年助教授となり,同年助教授在任のまま中国・清朝の招きで京師大学堂(現・北京大学)師範館教習に就任。以来,約5年間に渡って滞在し,中国各地の植物を採集・研究した。42年1月帰国するが,8月には関東都督府中央試験所嘱託として満州の植物調査を行い,43年東京女子高等師範学校(現・お茶の水女子大学)教授となった夏にも再度の調査行に赴いた。その成果は大正元年「南満州植物目録」、3年「満州植物図説」として刊行され,5年には学位論文「北京植物誌」をまとめた。昭和4年東京文理科大学教授。5年上海自然科学研究所創設に尽くしたが,6年55歳で急逝した。遺された研究資料は満州の大陸科学院に移されたが,21年国共内戦の兵火で灰燼に帰した。

【著作】
◇支那研究［動植物学上より観たる支那(矢部吉禎)］　教育学術研究会編　同文館雑誌部　1916　1冊 23cm
◇岩波講座生物学 第12 研究技術及び施設［植物園(矢部吉禎)］　岩波書店編　岩波書店　1930　23cm
◇岩波講座生物学［第9 植物学［4］概説植物地理(矢部吉禎)］　岩波書店編　岩波書店　1930～1931　23cm
◇富士の研究［富士の植物(矢部吉禎)］　浅間神社社務所編　名著出版　1973　6冊 22cm
◇明治後期産業発達史資料 第723巻［南満州植物目録(矢部吉禎編)］(外国事情篇 含旧植民地資料 10)　龍溪書舎　2004.10　122,16,184p 図版6枚 22cm

【評伝・参考文献】
◇近代日本生物学者小伝　木原均ほか監修　平河出版社　1988.12　567p 22cm

山内 穐叢園
やまうち・しゅうそうえん

（生没年不詳）

アサガオ育種家

　天保年間（1830年～1843年）から幕末にかけて大坂で活躍したアサガオ育種家。弘化4年（1847年）大坂・難波新地で開催され番付も発行されたアサガオ花合に自ら栽培したアサガオを9品出品。嘉永2年（1847年）には大坂・淡路町心斎橋東入の高砂亭で開かれた花合では花撰を務めた。安政3年（1856年）成田屋留次郎が催した江戸・坂本入谷でのアサガオ花合では、はるばる大坂から出品している。

山川 黙
やまかわ・しずか

明治19年（1886年）7月26日～
昭和41年（1966年）2月11日

植物学者、登山家　慶應義塾大学教授
旧姓名は河田。東京出身。父は河田烋（政治家）、兄は河田烈（政治家）、弟は河田杰（林学者）、河田黨（森林生態学者）、染木煦（洋画家）。東京帝国大学理学部植物学科〔大正2年〕卒。
　政治家・河田烈の弟で、東京帝国大学総長を務めた山川健次郎の姉・操の養嗣子となり山川姓を継ぐ。大正2年東京帝国大学理学部植物学科を卒業後、京北中学教諭、慶應義塾大学予科教授を経て、7年武蔵高校教授となり、昭和17年同校長。22年定年退職。一方、早くから登山をはじめ、明治34年日光奥白根、36年富士山、金峰山にそれぞれ登山。東京府立一中在学中には同好の武田久吉や梅沢親光らと日本博物学同志会（のち日本山岳会）を結成して創立発起人として活躍、北アルプスや南アルプスの山々に登るとともに、これらの高山植物や昆虫を調査した。"北アルプス"（飛騨山脈）、"南アルプス"（明石山脈）の称は41年彼が日本山岳会機関誌「山岳」誌上で提言したものが始まりといわれる。また「原色貝類図」「原色蝶類図」「原色高山植物」など原色写真図鑑などの監修も行った。

【著作】
◇原色高山植物　山川黙編　三省堂　1928
◇原色日本高山植物図鑑〈改訂版〉　山川黙編　風間書房　1954　図版92p 解説92p 22cm

【その他の主な著作】
◇原色蝶類図　山川黙編　三省堂　1929　1冊　18cm
◇原色貝類図　山川黙編　三省堂　1930　1冊　19cm
◇原色新貝類図鑑　山川黙著　風間書房　1953　図版60p 解説80p 19cm
◇原色新蝶類図鑑　山川黙著　風間書房　1953　図版66p 解説92p 19cm

八巻 敏雄
やまき・としお

大正5年（1916年）1月21日～
平成6年（1994年）9月19日

東京大学名誉教授、産業医科大学名誉教授
茨城県日立市出生。東京帝国大学理学部植物学科〔昭和16年〕卒。理学博士。專植物生理学、環境生物学　賞勲三等旭日中綬章〔平成元年〕。
　文部省資源科学研究所、千葉工業大学教授を経て、東京大学教養学部教授となり、植物生理学を講じた。昭和34年日本生理学会の設立に参加、初代幹事長。53年創立間もない産業医科大学教授に招かれ、54年副学長に就任。植物ホルモン研究の権威で知られ、癌細胞中に植物ホルモンであるインドール酢酸が含まれているのをつきとめるなど、植物学的側面から癌のメカニズム解明に当たった。また趣味として俳句をたしなんだ。著訳書に「植物ホルモン」「生物の発生」「アレロパシー」などがある。

【著作】

◇植物ホルモン　F. W. ウエント,ケネート・V. ティーマン共著,川田信一郎,八巻敏雄共訳　養賢堂　1951　299p 22cm
◇生物の発生［植物の生活とホルモン（八巻敏雄）］（生物学選書）　ネオメンデル会編　北隆館　1951　216p 図版 19cm
◇新しい内分泌学　第2［植物ホルモン（八巻敏雄）］　医歯薬出版　1955　21cm
◇発芽と生長の実験法（生物学実験法講座　第7巻 B）　八巻敏雄著,岡田弥一郎編　中山書店　1955　54p 21cm
◇植物の生長（新生物学シリーズ 5　八杉龍一,碓井益雄監修）　M. ブラック, J. エーデルマン〔等〕著,八巻敏雄,八巻良和訳　河出書房新社　1974　264,5p 図 19cm
◇アレロパシー　Elroy L. Rice著,八巻敏雄〔ほか〕訳　学会出版センター　1991.8　488p 22cm

山口　清三郎
やまぐち・せいざぶろう

明治40年（1907年）12月16日～
昭和28年（1953年）4月14日

植物学者
東京帝国大学理学部植物学科〔昭和7年〕卒。
　浦和高校時代、生物学の教師であった島地威雄の影響で植物学に興味を持つ。のち東京帝国大学理学部植物学科に進み、柴田桂太に師事して細胞呼吸の研究に従事。昭和7年卒業後は徳川生物学研究所、岩田植物生理化学研究所、千葉工業大学に勤務。大学時代からのテーマであった細胞呼吸におけるチトクロームの役割の解明に尽力し、種々な細菌による各種の呼吸基質の利用度とその酸化洋式に関する系統的研究を進めた。太平洋戦争中はアセトンブタノール菌の生長及びその他の代謝に対する微量作用因子及ぶ阻害物の影響についての研究にも当たった。一方、生化学的進化論への関心も深め、生化学者としての視点から生命の起源を探究し、27年鎮目恭夫と共にバナールの「生命の起源」を共訳するなど先駆的な業績を残した。戦後は資源科学研究所に勤めたが、物資や資金の不足による同所の窮状の打開に奔走するうちに体調を崩し、病に倒れた。著書に「地球と人類が生れるまで」「生物の歴史」「醗酵」などがあり、

訳書にパストゥールの「自然発生説の検討」がある。

【著作】
◇自然発生説の検討（生物学選書）　パストウール著,山口清三郎訳　北隆館　1948　249p 19cm
◇生命論の展望［生命の起原（山口清三郎）］（生物学叢書）　ネオメンデル会編　北隆館　1949　276p 19cm
◇地球と人類が生れるまで―目でみる世界史　山口清三郎等著　日本評論社　1951　88p 27cm
◇生命の起原―その物理学的基礎（岩波新書　第119）　J. D. バナール著,山口清三郎,鎮目恭夫共訳　岩波書店　1952　161p 18cm
◇生物の歴史（毎日ライブラリー）　山口清三郎編　毎日新聞社　1953　322p 19cm
◇醗酵（岩波全書 第173）　山口清三郎著　岩波書店　1953　245p 18cm

山口　弥輔
やまぐち・やすけ

明治21年（1888年）8月3日～
昭和41年（1966年）6月14日

遺伝学者,植物生理学者　東北大学名誉教授
茨城県稲敷郡大須賀村（稲敷市）出生。東京帝国大学理科大学植物学科〔大正3年〕卒。団日本遺伝学会（会長）。
　大正4年岡山県倉敷の大原奨農会農業研究所研究員となり、イネの遺伝研究に従事。11年ヨーロッパに留学し、デンマークの遺伝学者ヨハンセンに師事した。この間、第一次大戦後の超インフレーションにより、三好学らの師であるドイツの植物学者W. ペッファーの蔵書が売りに出されると大原家に依頼してその購入を図った。この蔵書は現在、岡山大学附属研究所ににペッファー文庫として所蔵されている。帰国後の昭和2年、東北帝国大学理学部教授に転じ、太平洋戦争中の18年には日本遺伝学会会長。25年東北大学を定年退官すると、新設の茨城大学文理学部教授となり、30年まで務めた。イネの遺伝子分析と連鎖関係の研究の他、電気生理学の分野でナタマメの葉枕が電位変動の首座であることを解明した。門下からは柴田萬年、中山

包、井口昌一郎らを輩出した。訳書にヨハンセン「精密遺伝学原理」がある。

【著作】
◇精密遺伝学原理　ウィルヘルム・ヨハンゼン著，山口弥輔訳　同人社書店　1928　1冊　23cm
◇岩波講座生物学［第7 植物学［2］植物の運動（山口弥輔）］　岩波書店編　岩波書店　1930〜1931　23cm

【評伝・参考文献】
◇近代日本生物学者小伝　木原均ほか監修　平河出版社　1988.12　567p 22cm

山崎 斌
やまざき・あきら

明治25年(1892年)11月9日〜
昭和47年(1972年)6月27日

小説家, 評論家

長野県東筑摩郡麻績村出生。長男は山崎青樹（染色家・日本画家），二男は山崎桃麿（染色家）。上田中学卒，国民英学会。

5歳の時に山崎家の養子となる。国民英学会で学び，23歳から漂浪生活に入り「京城日報」編集を経て，大正8年帰京。10年処女小説「二年間」を発表，島崎藤村の評価を受けた。その後，短編集「郊外」「静かなる情熱」，評論集「病める基督教」を刊行。13年鷹野つぎらと「芸術解放」を創刊した。昭和初期の農村不況の中で農民の生活を豊かにしようと，農家の副業として，明治中期頃に途絶えた草の根や木の皮を使った染物と手織り物の復興運動に取り組み，昭和5年東京で第1回手織紬復興展覧会を行った際に，化学染料と区別するために植物染料を用いた染色を"草木染"と命名した。8年「日本固有草木染色譜」を刊行，35年には川崎市に草木寺を建立した。長男の山崎青樹，二男の山崎桃麿は長じて染色家として活躍。他の著書に「草木染百色鑑」「草木染手織抄」「日本草木染譜」「女主人」「犠牲」「藤村の歩める道」などがある。

【著作】
◇日本固有草木染色譜　山崎斌著　日本植物染料研究所　1933.8　57p 28cm
◇草木染　山崎斌著　文藝春秋新社　1957　249p 20cm
◇草木染百色鑑　山崎斌著・染色　月明会　1958　66p 29cm
◇草木染手織抄　山崎斌著・染色　月明会　1960　57枚 29cm
◇日本草木染譜　山崎斌著　月明会出版部　1961　78p はり込み原色図版2枚　27cm
◇自然の手帖（現代教養文庫）　山崎斌編　社会思想社　1963　236p 15cm

【その他の主な著作】
◇結婚　山崎斌著　アルス　1922　212p 19cm
◇二年間―ある女の手紙五十八　山崎斌著　東洋出版社　1922　148p 20cm
◇郊外（表現叢書 第14）　山崎斌著　二松堂書店　1923　134p 16cm
◇静かなる情熱―山崎斌創作選集　山崎斌著　アルス　1923　293p 19cm
◇病める基督教（人類叢書）　山崎斌著　弘文館　1923　77p 19cm
◇女主人―短篇小説集　山崎斌著　アルス　1924　217p 19cm
◇犠牲　山崎斌著　芸術解放社　1925　161p 肖像 19cm
◇藤村の歩める道　山崎斌著　弘文社　1926　355p 19cm
◇夕陽　山崎斌著　山崎斌著作集刊行会　1927　78p 20cm
◇早春　山崎斌著　千曲書房　1930　119p 19cm
◇竹葉集　山崎斌著　草木屋　1932　40p 20cm
◇桃橙集　山崎斌著　岡倉書房　1935　119p 19cm
◇西行百首（清寥抄 第2編）　山崎斌編　草木屋出版　1938　54p 19cm
◇季題秀句帖　山崎斌編　月明会出版部　1942　84p 19cm
◇橘曙覧歌抄（月明文庫）　山崎斌編　月明会出版部　1942　69p 19cm
◇日本の菓子（月明文庫）　山崎斌著　月明会出版部　1942　48p 19cm
◇月夜の雪国（月明文庫）　山崎斌著　月明会出版部　1944　108p 19cm
◇牧水　山崎斌著　紀元社　1944　527p 図版5枚 19cm
◇随筆・草木寺　山崎斌著　アポロン社　1960　282p 図版 19cm
◇二年間―ある女の手紙五十八（山崎斌創作選集 第1輯）　山崎斌著　月明出版部　1963　123p 19cm
◇犠牲（山崎斌創作選集 第3輯）　山崎斌著　月明出版部　1964　114p 19cm
◇結婚（山崎斌創作選集 第2輯）　山崎斌著　月明出版部　1964　134p 19cm
◇月明竹青　山崎斌著　草木染研究所　1973.5　295p 19cm

山崎 肯哉
やまさき・こうや

明治45年(1912年)4月～
平成11年(1999年)11月8日

東京教育大学(現・筑波大学)農学部教授
愛媛県松山市出身。東京帝国大学農学部農学科卒。農学博士。團蔬菜園芸学。

　山形県農事試験場技師、農林省園芸試験場技官、同支場長を経て、東京教育大学(現・筑波大学)農学部教授。この間、園芸試験場興津支場では堀裕、青木正孝、東隆夫らと、久留米支場では大和茂八、藤枝国光らと養液栽培の技術確立の研究に従事。東京教育大学でも水耕培養液の作物別組成・濃度の研究を進めた。定年退官後は伊豆・函南の自宅で養液栽培を実施した。著書に「蔬菜の肥培」「蔬菜栽培のはなし」などがある。

【著作】
◇蔬菜の肥培(地球全書)　山崎肯哉著　地球出版　1960　218p 図版12枚 19cm
◇蔬菜栽培のはなし(農業の基礎知識 第3)　山崎肯哉著　家の光協会　1961　254p 図版 19cm
◇養液栽培全編　山崎肯哉著　博友社　1982.1　251p 22cm

山崎 敬
やまざき・たかし

大正10年(1921年)～平成19年(2007年)

東京大学名誉教授
東京帝国大学理学部植物学科〔昭和19年〕卒。理学博士。團植物分類学。

　昭和19年東京帝国大学を卒業した後も同大で植物分類学、系統分類学などの研究・教育に従事した。琉球、台湾、小笠原諸島やヒマラヤなどの植物についても研究し、多数の新植物を記載。また、高等植物の系統分類を解説した「現代生物学大系」中の「高等植物」(56～59年)は好評をもって迎えられた。

【著作】
◇植物系統進化学　井上浩責任編集、山崎敬〔等〕著　築地書館　1974　311p 22cm
◇現代生物学大系 第7巻 b 高等植物 B　山崎敬編集　中山書店　1981.11　300p 27cm
◇現代生物学大系 第7巻 c 高等植物 C　山崎敬編集　中山書店　1982.3　316p 27cm
◇現代生物学大系 第7巻 a1 高等植物 A1　山崎敬編集　中山書店　1983.12　257p 27cm
◇現代生物学大系 第7巻 a2 高等植物 A2　山崎敬編集　中山書店　1984.7　322p 27cm
◇日本の高山植物　山崎敬編　平凡社　1985.6　160, 139p 19cm
◇フィールド版 日本の高山植物　山崎敬編　平凡社　1996.5　139p 19cm

山崎 利彦
やまざき・としひこ

昭和5年(1930年)～昭和62年(1987年)9月10日

農水省果樹試験場栽培第二研究室長
長野県長野市若穂綿内出身。農学博士。賞園芸学会賞。

　昭和24年農林省園芸試験場に入り、48年から果樹試験場(筑波)栽培第二研究室長。30年、世界で初めてリンゴの水耕栽培に成功。リンゴの無袋栽培法の確立、果実の収穫期を見分けるカラーチャートの開発など果樹栽培の効率化に寄与した。

【著作】
◇リンゴ栽培の新技術　山崎利彦, 神戸和猛登, 高橋俊作共著　農山漁村文化協会　1971　337p 19cm
◇果樹の生育調節　山崎利彦〔ほか〕編著　博友社　1989.12　388p 22cm

山崎 又雄
やまざき・またお

明治10年(1877年)～昭和44年(1969年)

植物研究家
熊本県出身。熊本師範学校〔明治33年〕卒。

　熊本師範学校で田代善太郎の教えを受ける。明治38年から島原中学、長崎中学などで教職に

山崎 林治
やまざき・りんじ

明治30年(1897年)7月22日～
平成13年(2001年)1月9日

植物研究家　信濃生物会会長
長野県更級郡上山田町(千曲市)出身。長野師範学校〔大正5年〕卒。賞信毎文化賞(第13回)。

　高校の生物教師として教壇に立った頃から遺伝学に興味を持ち、傍ら信濃博物会を通じて"信州の博物学"を打ち立てた長谷川五作など先人たちの中で、その伝統を受け継ぐ。戦後、信濃生物会として独立、昭和35年から25年間、会長を務めた。環境問題がクローズアップされ、公害問題が頂点に達した47年に発足した松本市環境をよくする会では緑の部会長を務め、"縄手の模木論争"の際に活躍、シナノキとナナカマドの街路誕生に貢献した。また24年には従来は上高地が唯一とされていた本州のケショウヤナギを梓川下流で発見した。教員退職後は長野県文化財審議委員を20年間務めた。

【著作】
◇生物実験室ノート(理科教養文庫 第2)　山崎林治著　内田老鶴圃　1951　270p 図版6枚 19cm
◇顕微鏡の実習(実験叢書)　千野光茂, 山崎林治共著　中教出版　1952　139p 図版 19cm
◇生物実験入門(実験叢書)　山崎林治著　中教出版　1952　174p 図版 19cm
◇信州の花と木　山崎林治著　令文社　1967　177p 図版 18cm
◇信州の花と実と―写真と文(編集:オフィスマゼンタ)　山崎林治著　郷土出版社　1986.7　271p 19cm
◇雑木林―山崎林治先生遺稿選集 遺稿　山崎林治〔著〕、山崎林治先生の会遺稿選集編集委員会編　山崎林治先生の会　2002.11　351p 26cm

【評伝・参考文献】
◇雑木林―山崎林治先生遺稿選集 追悼編　山崎林治先生の会遺稿選集編集委員会編　山崎林治先生の会　2002.11　119p 26cm

山下 孝介
やました・こうすけ

明治42年(1909年)6月15日～
昭和63年(1988年)4月30日

京都大学名誉教授
岐阜県中津川市出身。京都帝国大学農学部農林生物学科〔昭和9年〕卒。農学博士〔昭和22年〕。団植物遺伝学 賞日本遺伝学会賞〔昭和28年〕、京都新聞文化賞〔昭和52年〕、勲三等旭日中綬章〔昭和56年〕。

　大阪府立浪速大学(現・大阪府立大学)教授などを経て、昭和25年京都大学教養部教授。京都大学学園紛争時の44年など2期にわたり教養部長を歴任して、48年に退官。コムギの研究の権威で30年の京都大学カラコルム・ヒンズークシ学術探検隊に参加するなど"コムギの祖先"を求め、海外でも幅広く研究。収集した各種コムギは京都大学で系統保存され、世界各国のコムギ研究に貢献した。著書に「小麦の研究」(共著)、「メンデリズムの基礎」。

【著作】
◇進化学説の展望［染色体の変異(山下孝介)］(生物学選書)　ネオメンデル会編　北隆館　1949　282p 19cm
◇最近の生物学 第1巻［植物の胚子培養(山下孝介)］　駒井卓, 木原均共編　培風館　1950　323p 22cm
◇細胞遺伝学 第1巻 基礎篇［染色体環とその遺伝学的意義(山下孝介)］　木原均編　養賢堂　1951　308p 図版 22cm
◇進化学説の展望［染色体の変異(山下孝介)］(生物学選書)　ネオメンデル会編　北隆館　1951　282p 18cm
◇小麦の研究〈改著〉［人為突然変異 他(山下孝介, 松村清二)］　木原均編著　養賢堂　1954　753p 図版 22cm
◇砂漠と氷河の探検　木原均編　朝日新聞社　1956　298p 図版17枚 地図 19cm
◇現代教養全集 第17 探険・発掘の記録［コムギ発祥の地を探る(山下孝介)］　臼井吉見編　筑摩書房　1960　407p 22cm
◇生物学実験ノート　山下孝介, 上野益三共著　養賢堂　1961　131p 22cm

537

◇大サハラ［エチオピアの植物、農耕、部族（山下孝介, 阪本寧男, 福井勝義)］ 京都大学大サハラ学術探検隊編 講談社 1969 185p(図版共)31cm
◇知好楽—京大文化の流れ 山下孝介編 ナカニシヤ書店 1969 215p 19cm
◇メンデリズムの基礎—メンデルの〈植物雑種に関する実験〉ほか 山下孝介訳編 裳華房 1972 116p 肖像 19cm
◇植物遺伝学 1 細胞分裂と細胞遺伝 山下孝介編集 裳華房 1980.9 647p 22cm

山下 幸平
やました・こうへい
（生没年不詳）

植物研究家
佐賀県出生。佐賀県師範学校卒。
　出身地は肥前における植物の一大産地として名高い黒髪山に近く、早くから植物に関心を持つ。佐賀県師範学校を卒業後は佐賀県下の小・中学校で教員を務め、大正9年より佐賀中学に勤務。傍ら佐賀の植物相についての分類研究を行い、標本を牧野富太郎、中井猛之進、田代善太郎、本田正次らに送付して同定を請い、11年には佐賀を訪れた田代と共に多良岳で植物採集を行った。同年「佐賀県植物目録」を編纂。12年愛媛県の大洲中学に赴任。以後は、愛媛県内各地をくまなく跋渉して植物を精査し、昭和11年「愛媛県植物便覧」を刊行した。また各地で植物採集会を開いて牧野や田代を招くなど、植物趣味の隆盛に貢献した。

【著作】
◇愛媛県植物便覧 山下幸平著 山下幸平 1936 250p 20cm

山城 学
やましろ・まなぶ
明治43年（1910年)3月1日〜
平成10年（1998年)1月2日

熊本記念植物採集会会長、福岡教育大学助教授
熊本県上益城郡御船町出身。御船中学（旧制）〔昭和2年〕卒。団生物学。
　昭和5年旧制五高植物動物地質鉱物学助手、15年熊本師範学校教諭、25年第一高等学校教諭。43年から熊本記念植物採集会会長。同会の活動に対し、45年熊日社会賞、46年西日本文化賞を受賞。一方、45年福岡教育大学講師、47〜48年助教授。

山田 勢三郎
やまだ・せいざぶろう
天保14年（1843年）〜大正8年（1919年）

豪農
　現在の兵庫県多可郡多可町に広大な水田を持っていた豪農で、毎年2000俵もの酒米を収穫し、酒造業者に売っていたといわれる。その所有地の広さは、長男が結婚する際、新妻が現在の西脇市郷瀬町から彼の家までの約5キロの道のりを、山田家の敷地だけを通って来られたという逸話にもよく現れている。明治10年頃、水田の中に他よりも穂の長いイネが実っているのを小作農が発見、勢三郎はすぐさまこれを試作して増殖させ、自身の名にちなんで"山田稲"と名付けた。彼は山田稲を無償で近隣の人に配布したといい、その後、これに山渡50-7を交配して出来たものが酒造米として最適な'山田錦'であると伝えられているが、その来歴に関しては諸説がある。37年彼の還暦を祝い、地元の有志たちによって頌徳碑が建立された。

山田 常雄
やまだ・つねお
明治42年（1909年)1月20日〜
平成9年（1997年)8月28日

生物学者　スイス国立がん研究所名誉研究員
東京出生、福岡県出身。東京帝国大学理学部動物学科〔昭和7年〕卒。理学博士。団発生学。

ドイツに留学、昭和17年応召、復員後の22年名古屋大学医学部助教授、26年教授。36年渡米、オークリッジ国立研究所勤務。49年スイス実験がん研究所特別研究員。その間、両生類を材料として形態形成の重複ポテンシャル論を提唱。また29年には形成体に含まれる誘導物質が蛋白質であると主張、発生学の正統において重きをなした。日本における化学発生学の創始者としても優れ、門下から大沢省三、岡崎令治ら分子生物学者が輩出した。一方、20年に及ぶスイスでの研究生活の傍ら、アルプスの高山植物の写真を撮り続けた。

【著作】
◇現代の生物学 第2集 発生［形成体（山田常雄）］ 岡田要, 木原均共編 共立出版 1950 400p 21cm
◇岩波生物学辞典 山田常雄等編 岩波書店 1960 1278p 22cm
◇戦後日本思想大系 9 科学技術の思想［現代生物学の進路（山田常雄等）］ 星野芳郎編集・解説 筑摩書房 1971 451p 20cm
◇東京大学図書館情報学セミナー研究集録 19 （1982年 後期）［イギリス分類研究グループ（CRG）における分類理論の展開（山田常雄）］ 東京大学情報図書館学研究センター 1983 320p 26cm
◇スイス・アルプス花の旅―アルプスの名花を訪ねて牧歌の里へ（講談社カルチャーブックス 98） 山田常雄, 鈴木光子著 講談社 1995.6 127p 21cm

【その他の主な著作】
◇脊椎動物実験発生（生物学実験法講座 第11 H 第1） 山田常雄著, 岡田弥一郎編 中山書店 1955 85p 21cm
◇現代生物学講座 第6巻 発生と増殖［動物の発生（山田常雄等）］ 芦田譲治等編 共立出版 1958 321p 22cm
◇発生生理の研究 団勝磨, 山田常雄共編 培風館 1958 339p 22cm

山田 寿雄
やまだ・としお

明治15年（1882年）6月4日～
昭和16年（1941年）4月17日

植物画家
福島県出生。早稲田中学卒。

家は代々会津藩士で、父は明治維新の後に東京で開業した医者であった。少年時代から動植物に親しむ一方で、早くから絵画を好み、果物や野菜の写生や写真の模写、さらに進んで細密な木炭画を描いたが、誰かに教わった形跡はなくほとんど独学であったという。生まれつき心臓が悪かったようで早稲田中学を卒業後は定職につかなかったが、当時東京帝国大学講師であった牧野富太郎と出会い、自身も植物の写生に長けた牧野の指導を受けて盛んに植物画を描くようになった。奇を衒ったり芸術性を狙ったりするものではなく、あくまで植物を自然そのままに描く画風で、牧野から全幅の信頼を寄せられてその仕事を一手に引き受け、昭和15年に刊行された「牧野日本植物図鑑」でも匿名で多くの挿図を担当。また牧野以外に中井猛之進の「大日本樹木誌」や「朝鮮森林植物編」でも挿図を手がけ、中井からは"Scientific Artistの唯一人者"と最大級の賛辞を贈られている。このほか小泉源一や武田久吉、今井喜孝といった学者たちの求めに応じて植物画を描いたが、特に園芸研究家の石井勇義と懇意であり、石井のライフワークとなったツバキ・サザンカ研究に協力してその大部分の作図を請け負った。その成果に「石井勇義 ツバキ・サザンカ図譜」（54年）がある。

【著作】
◇石井勇義ツバキ・サザンカ図譜 山田寿雄図, 津山尚編 誠文堂新光社 1979.2 210p 36cm

山田 幸男
やまだ・ゆきお
明治33年(1900年)8月14日～
昭和50年(1975年)7月6日

海藻分類学者　北海道大学名誉教授
京都府出生。長男は山田真弓(無脊椎動物分類学者)。東京帝国大学理学部植物学科〔大正13年〕卒。園植物分類学、藻類学　国日本藻類学会(会長)。

大正10年東京帝国大学理学部に進み早田文蔵の指示で海藻を専門とすることにし、岡村金太郎の指導を受けた。昭和3年米国に留学し、カリフォルニア大学で学ぶ。5年北海道帝国大学理学部助教授、6年教授。37年学部長。39年定年退官。10年に岡村が亡くなると、病床でも校正を続けていたその畢生の大著「日本海藻誌」の出版作業に従事し、標本や遺著の整理にも携わった。岡村没後は我が国海藻学の第一人者として指導的な役割を果たし、27年日本藻類学会設立に際して初代会長に就任した。海藻の増産や磯焼けの研究など、産学連携にも力を注いだ他、北海道文化財保護委員として阿寒湖の特別天然記念物であるマリモの調査も行った。自伝に「わが海藻研究五十年」がある。長男は無脊椎動物分類学者で、北海道大学名誉教授の山田真弓。

【著作】
◇岩波講座生物学[第9 植物学 藻類(山田幸男)]　岩波書店編　岩波書店　1930～1931　23cm
◇コンブ(理学モノグラフ 第10)　山田幸男著　北方出版社　1948　77p 18cm
◇最近の生物学 第4巻[緑藻と褐藻の生活史と分類(山田幸男)]　駒井卓, 木原均共編　培風館　1951　377p 22cm

【評伝・参考文献】
◇近代日本生物学者小伝　木原均ほか監修　平河出版社　1988.12　567p 22cm

山田 孝雄
やまだ・よしお
明治6年(1873年)5月10日～
昭和33年(1958年)11月20日

国語学者, 国文学者, 日本史学者　神宮皇学館大学学長, 東京帝国大学教授
富山県富山市総曲輪出生。長男は山田忠雄(国語学者), 二男は山田英雄(日本史学者), 三男は山田俊雄(国語学者), 二女は山田みづえ(俳人), 孫は山田貞雄(国立国語研究所主任研究員)。富山県尋常中学(現・富山高)中退。文学博士(東京帝国大学)〔昭和4年〕。圚文化功労者〔昭和28年〕, 文化勲章〔昭和32年〕。

貧困のため尋常中学校を中退、東京に丁稚奉公に出されたが、すぐに徒歩で富山に帰る。独学で教員免許を取得、小学校の教壇に立つ。兵庫県の鳳鳴義塾で教鞭を執るうち、生徒から"は"という助詞について質問され返答に窮したことから文法を研究、明治41年「日本文法論」を刊行した。在来の文法論を踏まえ、かつ西洋の言語理論を導入したその文法大系は、今も山田文法として学界で評価されている。だが、同書は一介の中学教師の論文として21年間も放置され、学位授与もやっと昭和4年になってからであった。この間、大正9年日本大学講師、14年東北帝国大学法文学部講師を経て、昭和2～8年同教授。15年神宮皇学館大学学長に就任。19年には貴院議員に勅選された。20年国史編修院長となったが終戦で退職。32年文化勲章受章。他の主な著書に「平家物語につきての研究」「奈良朝文法史」「平安朝文法史」「万葉集講義」(全3巻)「古事記序文講義」「漢文の訓読によりて伝へられたる語法」「日本文法学概論」「古事記上巻講義」「国語学史」などがある。

【著作】
◇色葉字類抄攷略　山田孝雄著　西東書房　1928　198p 24cm
◇桜史(講談社学術文庫)　山田孝雄〔著〕, 山田忠雄校訳　講談社　1990.3　504p 15cm

【評伝・参考文献】
◇山田孝雄博士著作年譜　山田俊雄編　山田孝雄博士功績記念会　1954　39p 図版 21cm
◇山田孝雄年譜　山田忠雄, 山田英雄, 山田俊雄編　宝文館　1959　42, 10, 42p 図版 21cm
◇山田孝雄追憶史学・語学論集　山田忠雄著　宝文館　1963　648p 図版 22cm
◇山田孝雄想い出の記　大田栄太郎著　富山市民文化事業団　1985.3　184p 22cm
◇日本語学者列伝（日本語学叢書）　明治書院企画編集部編　明治書院　1997.12　221p 19cm
◇晩年の父―回想の山田孝雄　今野さなへ著　今野さなへ　1999.9　118p 20cm

【その他の主な著作】
◇日本文法論　山田孝雄著　宝文館　1908　1500p 表 23cm
◇文部省の仮名遣改定案を論ず　山田孝雄著　山田孝雄　1925　69p 19cm
◇本邦教育の源　山田孝雄著　東京府養正館　1938.2　59p 22cm
◇万葉集講義　巻第1-3　山田孝雄著　宝文館　1939～1943　3冊 22cm
◇古事記上巻講義 第1　山田孝雄述　志波彦神社, 塩竈神社, 古事記研究会　1940　341p 23cm
◇国学の本義　山田孝雄著　献傍書房　1942　219p 図版 22cm
◇日本文法学概論〈3版〉　山田孝雄著　宝文館　1948　1174p 22cm
◇万葉五賦（美夫君志会選書 第1編）　山田孝雄著　一正堂書店　1950　234p 図版 22cm
◇三宝絵略注　山田孝雄著　宝文館　1951　531p 図版 22cm
◇私の欽仰する近代人　山田孝雄著　宝文館　1954　173p 19cm
◇万葉集考叢　山田孝雄著　宝文館　1955　408p 22cm
◇君が代の歴史　山田孝雄著　宝文館　1956　192p（附録共）図版 22cm
◇万葉集と日本文芸―生きて来た万葉集　山田孝雄著　中央公論社　1956　652p 22cm
◇国語の中に於ける漢語の研究〈訂正版〉　山田孝雄著　宝文館　1958　504p 22cm
◇敬語法の研究　山田孝雄著　宝文館出版　1970　408p 22cm
◇国語学史　山田孝雄著　宝文館出版　1971　780, 28p 22cm
◇近代日本の倫理思想　山田孝雄編　大明堂　1981.2　520p 22cm
◇山田孝雄新村出（近代浪漫派文庫）　山田孝雄, 新村出著　新学社　2006.11　331p 15cm

山蔦　一海
やまつた・かずみ

明治11年（1878年）～昭和17年（1942年）

植物学者

　明治39～41年秋田県師範学校（現・秋田大学）に勤務し、教職の傍ら県内の植物を研究。駒ケ岳・烏帽子岳方面において多くの標本を採集した。この間、田沢村の奥地でトガクシショウマを発見。のち日本語教師として中国に派遣され、「満州植物誌」を著した。

山鳥　吉五郎
やまどり・きちごろう

明治14年（1881年）～昭和21年（1946年）

植物研究家
東京高等師範学校博物学部卒。
　兵庫県の御影師範学校教諭、神戸高等商業学校講師、明石女子師範学校教諭を経て、西宮高等女学校校長。大正2年「参考動物学講義」を著述、我が国に動物学を通俗的に普及。また植物に詳しく、特に兵庫県下各地の植物相を調査し、「六甲山・摩耶山植物目録」など、いくつかの報告をまとめた。他の著書に「随筆の植物」「六甲山の植物」がある。

【著作】
◇随筆の植物　山鳥吉五郎著　文友堂　1943　238p 図版 19cm
◇六甲山の植物　山鳥吉五郎著　新民書房　1944　406, 12p 図版 19cm

【その他の主な著作】
◇参考動物学講義　山鳥吉五郎著　東京宝文館　1913　428, 10p 22cm

山中 二男
やまなか・つぎお

大正14年（1925年）1月1日～
平成10年（1998年）3月11日

高知大学教育学部教授
愛媛県伊予三島市出身、高知県長岡郡本山町出身。広島文理科大学生物学科〔昭和24年〕卒。理学博士。 團植物生態学 圑日本植物学会，日本生態学会，日本植物分類学会。

昭和24年高知師範学校助教授、26年高知大学教育学部助手、33年助教授を経て、44年教授。56～58年附属図書館長。63年定年退官。この間に「高知大学30年史」編集にも従事。高知県内における植物生態学の権威で、特に四国の蛇紋岩や石灰岩地など特殊岩石地帯の植物相や植生に関する論文を多く発表した。著書に「高知県の植生と植物相」「山と林への招待」などがある。

【著作】
◇日本の森林植生　山中二男著　築地書館　1979.4　219p 23cm
◇土佐の野草（Koshin books）　山中二男著　高知新聞社　1993.7　279p 21cm

山中 寅文
やまなか・とらふみ

大正15年（1926年）～平成15年（2003年）1月6日

樹木博物学者　東京大学農学部林学科森林植物学教室文部技官
鹿児島県出身。伊佐農林学校林学科〔昭和19年〕卒。

東京大学農学部林学科に勤務して、昭和62年春に退官。その後、森林文化協会グリーンセミナー講師、森林文化協会評議員などを務めた。新潟県津南町のメグスリノキ育成運動にも携わった。編著に「グリーンセミナー」など。

【著作】
◇植木の実生と育て方　山中寅文著　誠文堂新光社　1975　256p 図 22cm
◇グリーンセミナー――たのしい自然観察の手帖　山中寅文編著　誠文堂新光社　1987.4　155p 19cm
◇アメニティを考える［グリーン・アメニティー五感で植物を覚える（山中寅文）］　アメニティ・ミーティング・ルーム編　未来社　1989.1　360p 21cm

山根 銀五郎
やまね・ぎんごろう

明治44年（1911年）11月28日～
平成9年（1997年）10月27日

鹿児島大学名誉教授
東京出生。兄は山根銀二（音楽評論家）、岳父は後藤弘毅（鹿児島大学名誉教授）、娘婿は千代田邦夫（立命館大学理学部教授）。東京帝国大学理学部植物学科〔昭和11年〕卒。理学博士。 團植物生理学 圚勲二等瑞宝章〔昭和59年〕。

東京の実業家の家に生まれ、昭和16年旧制七高教授、24年鹿児島大学理学部教授。学部長や図書館長を務めた後、名誉教授。兄の影響で声楽に親しみ、同大学男声合唱団の指導も行なう。鹿児島経済大学社会学部教授も務めた。鹿児島生物学会会長、鹿児島県自然愛護協会理事長などを歴任。1970年代暖帯植物の宝庫、鹿児島市の城山の開発計画に植物学者として反対して以来、屋久島の原生林の伐採禁止を訴えるなどの自然保護運動や甲突川の石橋保存の市民運動の草分けとして奔走、保存団体を結成した。平成5年脳梗塞で倒れた後も、7年病をおして高麗橋撤去時座り込みをするなど街頭活動も行なった。著書に「生命への考察」「生物学新講」、訳書にルンデゴルド「実験植物生態学」などがある。

【著作】
◇植物実験生態学―気候と土壌　ルンデゴルド著，門司正三，山根銀五郎，宝月欣二訳　岩波書店　1964　551p 図版 地図 22cm
◇生命への考察　山根銀五郎著　明玄書房　1965　310p 22cm
◇生物学新講　山根銀五郎等著　明玄書房　1966　386p 図版 21cm

山野 忠彦
やまの・ただひこ

明治33年（1900年）〜平成10年（1998年）9月25日

樹医　日本樹木保護協会名誉会長
大阪府大阪市出生。善隣商（旧朝鮮）〔大正7年〕卒。囲 国際樹木保護協会 賞 朝日森林文化賞（自然保護奨励賞、第4回）〔昭和61年〕、吉川英治文化賞（第22回）〔昭和63年〕、関西大賞（さわやか賞、第3回）〔昭和63年〕、みどりの日功労賞〔平成2年〕。

　大阪の油問屋に生を受けたが、母が産後の肥立ちが悪く亡くなったため実業家・山野丑松の下に養子に出され、3歳で旧朝鮮の京城（現・ソウル）に移住。徴兵検査で出生の秘密を知った直後に養父が他界し、煩悶から受け継いだ遺産を蕩尽したが、その後心を入れ替えて再び財産を築き、山林や鉱山などを経営した。昭和21年植民地であった朝鮮の独立により無一文となって日本に引き揚げ、連合国軍総司令部（GHQ）の依頼により日本全国の鉱物調査に従事。その中で荒れるにまかせた神社仏閣の古木の多いことに気づき樹木保護の道に入ることを決意し、独学で薬剤や土壌を研究、33年58歳で"樹医"となることを宣言した。35年日本樹木保護協会を設立、会長に就任。44年から全国治療行脚に出、石川県粟津温泉の黄門杉を手がけたのを皮切りに、金沢・兼六園、奈良・法隆寺のマツ、大阪・御堂筋のイチョウ並木、広島の被爆エノキなどの古木、名木を青々と蘇らせ、63年には治療1000本を達成した。

【著作】

◇木の声がきこえる―樹医の診療日記　山野忠彦著，根岸佐千子写真　講談社　1989.6　206p 19cm
◇愚者の智恵―森の心の語り部たち　今田求仁生対談集［樹医（山野忠彦）］　今田求仁生編　柏樹社　1990.10　272p 19cm
◇木を癒す―樹医として歩んで（対話講座 なにわ塾叢書 44）　山野忠彦講話，大阪府なにわ塾編　ブレーンセンター　1991.11　191p 18cm
◇木を癒す―樹医として歩んで（対話講座 なにわ塾叢書 44）　山野忠彦講話　ブレーンセンター　1992.7　191p 18cm

【評伝・参考文献】
◇森に訊け［樹医山野忠彦1000本との対話］　橋本克彦著　講談社　1990.5　302p 19cm
◇森を継ぐもの―FOREST HANDBOOK　C・Wニコルほか著　KDDクリエイティブ　1994.11　231p 21cm
◇聞き得!―嵐山光三郎対談集［樹との対話（山野忠彦）］　嵐山光三郎著　清水書院　1997.4　199p 19cm
◇上手な老い方―サライ・インタビュー集「檸檬の巻」（SERAI BOOKS）　サライ編集部編　小学館　1997.12　269p 19cm
◇職人が語る「木の技」（建築ライブラリー 13）　安藤邦廣著　建築資料研究社　2002.12　197p 21cm

山羽 儀兵
やまは・ぎへい

明治28年（1895年）2月2日〜
昭和23年（1948年）2月4日

三重県出生。東京帝国大学理科大学植物学科〔大正7年〕卒。理学博士〔昭和2年〕。囲 植物細胞学。

　大正8年〜昭和3年東京帝国大学講師、4年ドイツ、フランスに留学。帰国後東京文理大学教授兼東京高等師範学校教授となった。細胞学の権威で、原形質学の発展に貢献した。戦後は日本共産党に入党、科学技術の研究を通じ民主運動に参加した。著書に「一般細胞学」「高等教育植物学解説」「細胞学概論」などがある。

【著作】
◇岩波講座生物学［第8 研究技術及び施設 生体顕微技術（山羽儀兵）］〈補訂〉　岩波書店編　岩波書店　1932〜1934　23cm

◇一般細胞学　山羽儀兵著　裳華房　1933　661p 23cm
◇細胞学概論（岩波全書 第12）　山羽儀兵著　岩波書店　1933　241p 17cm
◇細胞学実験法　山羽儀兵著　地人書館　1934　218p 22cm
◇実験生物学集成 第3 透過性と生体染色　山羽儀兵著　養賢堂　1934　224p 25cm
◇中等新植物教授資料　山羽儀兵著　東京開成館　1935　180, 4p 23cm
◇ストラスブルガー植物学—通論　ハンス・フィッチング、ヘルマン・ジールプ共著、山羽儀兵訳　開成館　1943　310, 14p 22cm
◇生物学の進歩 第1-2輯　野村七録、山羽儀兵共監修　共立出版　1943～1944　2冊 21cm
◇普通植物図解　山羽儀兵著　東京開成館　1944　164p 図版 22cm
◇科学叢話（愛育社文化叢書 3）　山羽儀兵著　愛育社　1946　194p 18cm
◇細胞学概論（岩波全書 第12）　山羽儀兵著　岩波書店　1948　246p 図版 17cm
◇高等教育植物学図集　山羽儀兵著　養賢堂　1948　91枚 21cm
◇生物学の進歩 第3輯　野村七録、山羽儀兵監修　共立出版　1948　362p 22cm
◇生物学の進歩 第4集　野村七録、山羽儀兵共監修　共立出版　1949　285p 22cm

山本 岩亀
やまもと・いわひさ

明治23年（1890年）～昭和20年（1945年）

植物研究家

北海道余市実科高等女学校教諭。北海道の植物相についての分類研究を行ない、函館を中心に植物を収集して成蹊高校の学生・塚本角次郎と共に昭和7年「函館植物誌」を編纂した。

【著作】
◇函館植物志（函館図書館学術叢刊 第1）　山本岩亀、塚本角次郎共著　函館図書館　1932　1冊 27cm

山本 金蔵
やまもと・きんぞう

嘉永元年（1848年）～昭和2年（1927年）

材木商　花屋敷創業者

江戸・神田（東京都千代田区）出生。息子は山本笑月（ジャーナリスト）、長谷川如是閑（評論家）、大野静方（画家）。

幕府の棟梁の家に生まれ、明治初年木場で材木商に転じて成功。18年浅草・奥山に動植物園、茶席を備えた花屋敷を建設、開業した。27年に破産。

山本 渓愚
やまもと・けいぐ

文政10年（1827年）1月9日～
明治36年（1903年）10月27日

本草学者，博物学者，写生画家

本名は山本章夫（やまもと・しょうふ）。通称は藤十郎、号は渓山、聚芳、園主人。京都・油小路五条（京都府京都市下京区）出身。父は山本亡羊。

儒医で本草学者・山本亡羊の六男として生まれ、家学を修める傍ら、絵画を円山派の森徹山、蒲生竹山に学び、本草動植物の写生に優れた。父・亡羊のあと、聚芳社を組織し、30余年にわたって毎年本草会を開催して公益に尽くした。明治元年太政官に聘せられ、内国事務局書記となり、ついで会計官駅逓司、同知事試補、駅逓司判事頭取を歴任。いったん職を退いたが、5年博覧会事務局に出仕し、奥国博覧会事務に従事、8年京都博物館御用掛となり、18年京都御苑内での博覧会では特別品評部長を務めた。のち辞職し、27年京都府立美術学校講師、日本弘道会京都支部講師となる。また14年には久邇宮朝彦王の叡意を受けて賛育社を創立し、本草医薬学の育英に尽力した。多数の草木を写生した「本草写生図譜」が有名。他に「花暦七十二候名花詩」「万葉古今二集動植正名」などを著した。

山本 四郎

やまもと・しろう

明治37年（1904年）8月8日～
平成15年（2003年）1月4日

植物学者　今治明徳短期大学名誉教授、愛媛植物研究会名誉会長

兵庫県多紀郡丹南町（篠山市）出生。小浜水産講習所〔大正13年〕卒。賞愛媛新聞賞〔昭和58年〕。

大正13年愛媛県立水産試験所に赴任。当初はプランクトンや海藻を研究していたが、同所で西条中学の教師であった山本一と出会い、その娘と結婚してからは岳父について植物の研究・調査を行うようになった。昭和3年文部省高等学校教員免許植物及び中等学校教員免許動物・植物を取得し、8年新居浜高等女学校教師に就任。以来、愛媛県師範学校女子部、松山南高校、新田高校教師や今治明徳短期大学教授を歴任した。30年松山植物趣味の会（現・愛媛植物研究会）を結成して会長に推され、同年会誌「エヒメアヤメ」を創刊。平成11年名誉会長。昭和41年には植樹祭で来県した昭和天皇に愛媛の植物について御進講を行った。53年「愛媛県産植物の研究」を刊行、愛媛県下に生息する植物約3000種を記録した。他の著書に「愛媛県植物目録」「愛媛の植物記」などがある。

【著作】
◇郷土の植物（新居浜郷土研究叢書1）　山本四郎著　新居浜郷土研究会　1942　99p 地図 22cm
◇愛媛県老樹名木図説―愛媛県植樹祭記念　秋山英一, 山本四郎共編　愛媛県老樹名木図説刊行会　1966　158p 26cm
◇愛媛の植物記（愛媛文化双書29）　山本四郎著　愛媛文化双書刊行会　1977.8　211p 19cm
◇愛媛県産の山草　山本四郎著　愛媛山草同好会　1981.4　57p 21cm

山本 亡羊

やまもと・ぼうよう

安永7年（1778年）～安政6年（1859年）11月27日

（左段）

植物文化人物事典　やまもと

【著作】
◇対竹斎詩集　山本章夫著, 真下敬之編　山本規矩三　1916.6　58丁 24cm
◇万葉古今二集動植正名　山本章夫著　山本規矩三　1926　183丁 図版 23cm
◇本草写生図譜―読書室所蔵　山本渓愚筆, 上野益三, 北村四郎監修, 美乃美編集製作　雄渾社　1981.10～83.12　9冊 37cm
◇蛮草写真図（図像学叢書3）　山本章夫著　科学書院　1993.5　232, 3p 22cm

【評伝・参考文献】
◇彩色江戸博物学集成　平凡社　1994.8　501p 27cm

山本 静山

やまもと・じょうざん

大正5年（1916年）1月8日～
平成7年（1995年）4月12日

尼僧, 華道家　山村御流家元, 円照寺住職

戸籍名は山本絲子。京都府京都市上京区出生。

旧華族（子爵）山本実康の末女として生まれる。すぐに嵯峨へ里子にだされ、5歳半になったとき京都の大聖寺に入る。大正10年7月奈良市山村町の門跡寺院・円照寺へ入山。13年5月得度。伏見宮文秀女王、近衛秀山尼より仏学を修める。昭和14年8月第10世円照寺門跡住職。また山村御流家元として、いけ花の指導にあたる。著書に「花のこころ」「花のすがた」「花のながれ」など。

【著作】
◇花のこころ―奈良円照寺尼門跡といけばな　山本静山著　主婦の友社　1967　182p 図版 22cm
◇花のすがた―円照寺山村御流のいけばな　山本籍山編著　主婦の友社　1973　166p（おもに図）27cm
◇花のむれ―円照寺山村御流のいけばな　山本静山編著　主婦の友社　1981.2　174p 27cm
◇花のながれ―円照寺山村御流のいけばな　山本静山編著　主婦の友社　1992.10　151p 27cm

【評伝・参考文献】
◇昭和天皇の妹君―謎につつまれた悲劇の皇女　河原敏明著　ダイナミックセラーズ　1991.3　315p 19cm

本草家
本名は多々良。名は世孺、字は仲直。京都出生。二男は山本榕室、六男は山本渓愚(本草学者)。

儒医・山本封山の子。父に従って儒学と医術を修める。16歳のとき本草家の小野蘭山に入門。以来、蘭山が江戸に移るまで約5年に渡って薫陶を受ける。その後、父の跡を継いで儒医を業とする傍ら、二七の日は医書を、三八の日は本草を、四九の日は経書を講じた。文化5年(1808年)からは毎年読書室と呼ばれる自邸の一室で物産会を開催。これは彼の没する安政6年(1859年)まで44回行われ、近隣の本草家たちを刺激するとともに毎回詳細な物品目録が作られ、多くの人々に回覧された。また自邸に設けた薬園で薬用植物を栽培し、時には門弟たちと京都近郊の山野に出て実地に薬草や救荒植物について教授している。楮鞭会を主宰した富山藩主・前田利保や津藩主・藤堂高猷らも彼に教えを請うており、求めに応じて出張講義を行うこともあった。さらに文政9年(1826年)には江戸参府途次のシーボルトと会見し、日本と欧州の物産比較について談じたと伝えられているが異説もある。嘉永年間に幕府から仕官を求められたが固辞するなど、寡欲で生涯官に仕えることはなかった。その深い学識と篤実な人柄から蘭山の江戸下向後における京都本草学派の中心と目されたが、彼が本草を研究した意図は医師として役目柄、薬品の効用や植物における毒の有無を知ろうとしたことにあり、師に比べてより狭義の本草学・物産学的傾向が強い。本草学の弟子に松浦武四郎、江馬元益、百々三郎、岡安定、賀来飛霞らがおり、二男の沈三郎(榕室)、六男の章夫(渓愚)ともに本草家として名を成した。また、尊王の志篤く、儒学の門下からは田中河内介のような勤王家も出ている。編著に「秘伝花鏡記聞」「百品考」「物産志稿」「虚字註釈備考」「薬名考輯」「洛医彙講」「医学字林」「大和本草拾遺」「格致類編」「本草講録」「救荒本草講録」「亡羊集」など多数。

【著作】
◇江戸科学古典叢書44博物学短篇集 上 [蘭山先生生卒考(山本亡羊 編)] 恒和出版 1982.12 400, 17p 22cm
◇百品考 山本亡羊著、難波恒雄、遠藤正治編 科学書院 1983.8 523, 77p 22cm
◇松本書屋貴書叢刊 第10巻 松本一男編 谷口書店 1993.12 705p 27cm
◇平松楽斎文書 24 山本亡羊・榕室書簡 付新宮涼閣・畑柳平外書簡 山本亡羊、山本榕室〔著〕津市教育委員会 2001.3 49p 21cm

山本 昌木
やまもと・まさき

大正10年(1921年)9月13日～
平成元年(1989年)5月4日

島根大学名誉教授

雅号は緋竹。大阪府泉佐野市出生。京都帝国大学農学部農林生物学科〔昭和19年〕卒。農学博士〔昭和37年〕。 専 植物病理学 団 日本植物病理学会(会長)、日本菌学会、日本植物生理学会 賞 三島海雲記念財団学術奨励賞(昭和52年度)「ジャガイモ疫病抵抗性機作に関する研究」。

京都大学農学部副手、厚生技官、農林技官を経て、昭和27年島根農科大学講師、28年助教授、31年島根大学農学部教授、37年京都大学農学部教授を歴任し、60年退官。日本植物病理学会長、関西菌類談話会会長、米国植物病理学会名誉会員もつとめた。白いあごひげがトレードマークで、"ジャガイモ博士"として親しまれた。平成2年絵画遺作展が開催された。

【著作】
◇ジャガイモ疫病に関する研究(島根農科大学植物病学研究室特別報告 第1号) 山本昌木著 島根農科大学植物病学研究室 1961 151p 26cm
◇偲び草—山本雷一・トメ追悼文集 山本昌木編 山本昌木 1971 261p 図12枚 19cm
◇植物病学概論 山本昌木著 共立出版 1985.1 238p 22cm

【その他の主な著作】
◇欧州の細道 山本昌木著 〔山本昌木〕 1984.9 274p 20cm
◇ある旅路 山本昌木著 〔山本昌木〕 1985.3 427, 27p 20cm

山本 光男

やまもと・みつお

大正13年(1924年)3月16日～
平成12年(2000年)5月16日

山形大学名誉教授
東北大学理学部生物科卒。理学博士。專環境生物学、植物生態学。
山形大学理学部教授を経て、名誉教授。

【著作】
◇新農業水利学〔灌漑施設（山本光男）〕 志村博康〔ほか〕共著 朝倉書店 1987.2 222p 22cm

山本 由松

やまもと・よしまつ

明治26年(1893年)12月～
昭和22年(1947年)6月28日

植物学者 台湾大学院教授
福井県今立郡片上村(鯖江市)出生。福井県師範学校卒、広島高等師範学校卒、東京帝国大学理学部植物学科〔大正12年〕卒。
福井県師範学校を経て、広島高等師範学校に学び、卒業後は鹿児島県第一師範学校教諭。大正9年東京帝国大学理学部に入学して台湾植物学の第一人者であった早田文蔵に師事、在学中から台湾総督府中央研究所の嘱託を務めた。卒業後は小石川植物園に勤務したが、昭和3年台北帝国大学理農学部助教授として台湾に赴任し、以後25年に渡って台湾の植物研究に従事した。この間、沖縄、奄美、西表やジャワ、スマトラ、海南島、フィリピンまで調査の足を伸ばして主に防己科植物の調査に当たり、約180種類の新種を発見、薬学の発展にも大きく寄与した。8～9年米国のカリフォルニア大学や英国のキュー王立植物園に留学。戦後は中国政府に招かれて台湾大学院教授に就任したが、22年植物の採集中にツツガムシに刺されて高熱を発し、病死した。同大では開学以来初の大学葬を営んで彼を追悼した。著書に「防己科植物論集」「蘭印植物紀行」などがある。

【著作】
◇黎族及其環境調査報告 第1輯〔海南島植物誌料 第1(山本由松)〕 海南海軍特務部政務局編 海南海軍特務部政務局 1943 37p 26cm

湯浅 明

ゆあさ・あきら

明治40年(1907年)12月13日～
平成14年(2002年)1月5日

東京大学名誉教授、日本女子大学名誉教授
長野県大町市出生。東京帝国大学理学部植物学科〔昭和7年〕卒、東京帝国大学大学院〔昭和13年〕修了。理学博士。專細胞学、遺伝学、生物学 団日本植物学会、日本遺伝学会、染色体学会、日本菌学会(名誉会員)、日本人類遺伝学会、日本電子顕微鏡学会、酵母遺伝集談会(名誉会員)、コーボ細胞研究会(名誉会長)賞勲三等瑞宝章、日本遺伝学会賞。
昭和19年東京帝国大学理学部講師、24年教養学部教授、28年理学部生物系研究科担当を経て、43年東京大学名誉教授。45年東邦大学理事、51年日本女子大学名誉教授・理事、同年明星大学教授。この間、30～38年カナダ・米国出張(4回)、42年シドニー大学交換教授。また、皇太子時代の天皇陛下に生物学を御進講した。随筆に「いま、花について」がある。

【著作】
◇植物学綜説 第2 植物の受精並にそれに関する細胞学的諸問題 湯浅明著 内田老鶴圃 1937 193, 24p 18cm
◇植物学綜説 第4 新しい細胞学 湯浅明著 内田老鶴圃 1938 121, 8p 19cm
◇生物学新研究の一展望 湯浅明著 同文館 1938 187p 20cm

◇生とは何か―生命の機構　湯浅明著　同文館　1939　214p 20cm
◇生物学新叢　湯浅明著　同文館　1939　237p 20cm
◇性の決定　湯浅明著　同文館　1940　233p 22cm
◇細胞の話　湯浅明著　三省堂　1941　228p 19cm
◇生物学新叢 第2輯　湯浅明, 鈴木治著　同文館　1941　227p 19cm
◇生物学入門　湯浅明著　三省堂　1941　323p 19cm
◇科学人の世界　湯浅明著　同文館　1942　221p 18cm
◇細胞学　湯浅明著　同文館　1942　1006p 22cm
◇ダーウィニズム―自然淘汰説の説明とその若干の応用(科学古典叢書3)　アルフレッド・ラッセル・ウォーレス著, 湯浅明訳編　大日本出版　1943　263p 肖像 22cm
◇科学する乙女たち　湯浅明著　同文館　1943　251p 19cm
◇生活の単位　湯浅明著　大日本雄弁会講談社　1943　258p 19cm
◇生物覚書　湯浅明著　昭森館　1943　450p 19cm
◇生物学概論　湯浅明著　同文館　1943　152, 22p 22cm
◇生物学の進歩 第1-2輯　野村七録, 山羽儀兵共監修　共立出版　1943～1944　2冊 21cm
◇細胞学研究法総説(科学技術叢書)　湯浅明著　春陽堂　1944　298, 22p 22cm
◇生物学の進歩 第2輯[フォイルゲンの核染色反応綜説(湯浅明)]　共立出版　1944　629p 図版 22cm
◇生物学のてびき　湯浅明著　力書房　1947　305p 19cm
◇てぢかな細胞学(愛育社文化叢書12)　湯浅明著　愛育社　1948　212p 19cm
◇細胞と実験(生物学文庫 第2)　湯浅明著　力書房　1948　201p 19cm
◇細胞学の近代的発展(生物学集書6)　湯浅明著　河出書房　1948　151p 21cm
◇新制生学の生物学　湯浅明著　清水書院　1948　263p 19cm
◇世界哲学講座 第7哲学の諸問題[生命(湯浅明)]　日本科学哲学会ロゴス自由大学編　光の書房　1948　324p 19cm
◇生物学のてびき 〈3版〉　湯浅明著　力書房　1948　305p 19cm
◇生物学の進歩 第3輯　野村七録, 山羽儀兵監修　共立出版　1948　362p 22cm
◇日本植物学史(日本生物誌 第8巻)　湯浅明著　研究社　1948　277p 19cm
◇最近の生物学 第2巻　駒井卓, 木原均共編　培風館　1950　380p 22cm
◇植物学概論　湯浅明著　培風館　1950　352p 図版 22cm
◇生物学　湯浅明著　紀元社　1950　556p 22cm
◇生物学(一般教育叢書)　湯浅明著　同文館　1950　449p 図版 21cm

◇受験生物学　湯浅明著　清水書院　1950　242p 19cm
◇顕微鏡実験法　湯浅明著　紀元社出版　1951　358p 図版 22cm
◇生物の完成8週間―大学入試〈新訂増補〉(完成8週間叢書 第7)　湯浅明著　山海堂　1951　332p 19cm
◇生物の細胞と器官(新しい生物学双書 第4)　湯浅明著　大日本図書　1951　100p 図版 19cm
◇現代自然科学講座 第3巻[進化(湯浅明)]　朝永振一郎, 伏見康治共編　弘文堂　1951　189p 図版 22cm
◇植物実習の手びき　湯浅明編　北隆館　1951　164p 18cm
◇あなたは何を遺伝するか　湯浅明著　北隆館　1952　194p 図版 22cm
◇生物学史(アテネ新書 第47)　湯浅明著　弘文堂　1952　132p 19cm
◇生物事典―学生の事典　湯浅明著　紀元社出版　1952　318p 19cm
◇生物用語辞典(アテネ文庫 第201)　湯浅明著　弘文堂　1952　63p 15cm
◇生物学講話　湯浅明著　紀元社出版　1954　512p 22cm
◇生物学入門―生命をいかに学ぶか(有信堂文庫)　湯浅明著　有信堂　1955　234p 18cm
◇遺伝―カエルの子はカエルの子か(ミリオン・ブックス)　湯浅明著　大日本雄弁会講談社　1957　219p 18cm
◇教材に準じた学習植物写真集　湯浅明, 清水清共著　北隆館　1957　132p 図版 27cm
◇植物学入門　湯浅明著　北隆館　1958　260, 12p 図版 22cm
◇遺伝学(東大教養生物学 第3巻)　湯浅明著　東京創元社　1958　288p 22cm
◇生物学(玉川百科大辞典 第8)　湯浅明編, 玉川大学出版部編　誠文堂新光社　1958　709p 図版 27cm
◇生物学実験器具と薬品　湯浅明編　北隆館　1958　385p 図版 22cm
◇顕微鏡下の人生―人は細胞から　湯浅明著　中外書房　1959　259p 19cm
◇細胞学　湯浅明著　紀元社出版　1959　743p 図版 27cm
◇生活の中の遺伝―ウリのつるにナスビはならぬか(ミリオン・ブックス)　湯浅明著　講談社　1959　228p 18cm
◇生物演習1200題　湯浅明編　山田書院　1960　568p 20cm
◇あなたの遺伝に答える―やさしい遺伝学(老鶴圃新書)　湯浅明著　内田老鶴圃　1961　186p 18cm
◇調理科学講座 第1 基礎調理学第1[調理と細胞化学(湯浅明)]　下田吉人編　朝倉書店　1961　234p 22cm
◇要約生物　湯浅明著　旺文社　1961　350p 19cm

- ◇生命の科学　湯浅明著　東大学術助成協会　1962　328p 19cm
- ◇遺伝の知識（パール新書）　湯浅明著　真珠書院　1964　242p 18cm
- ◇生物学入門―分子生物学をいかに学ぶか〈全訂版〉（有信堂全書）　湯浅明著　有信堂　1964　329p 17cm
- ◇生物学（College books）　湯浅明編　有信堂　1965　290p 21cm
- ◇細胞学入門―生命探求の焦点に立つ細胞生物学（有信堂全書）　湯浅明著　有信堂　1966　308p 18cm
- ◇科學史（大學講座 8巻）　湯浅明著　通信教育大学講座　1966.12　279, 9p 22cm
- ◇遺伝学入門―メンデリズムから分子遺伝学へ（有信堂全書）　湯浅明著　有信堂　1967　264p 18cm
- ◇細胞の構造と機能―生命の構成　湯浅明著　朝倉書店　1967　265p 図版 22cm
- ◇生物学（大學講座 7巻）　湯浅明著　通信教育大学講座　1967.11　281p 22cm
- ◇現代の植物学　湯浅明著　培風館　1968　229p 22cm
- ◇植物の精子　湯浅明著　東京大学出版会　1969　201p 27cm
- ◇カエルの子はカエル―やさしい遺伝の話　湯浅明著　北隆館　1969　202p 19cm
- ◇生物学実験器具と薬品　湯浅明編　北隆館　1969　458p 22cm
- ◇新生物学入門―生物学から分子生物学へ　湯浅明著　有信堂　1971　252p 19cm
- ◇生物学（玉川新百科 8）　湯浅明編、玉川大学出版部編　誠文堂新光社　1971　700p 図16枚　25cm
- ◇核と細胞質の遺伝（現代の遺伝学 1）　湯浅明〔等〕著、大島長造〔等〕編集　朝倉書店　1973　272p 22cm
- ◇子に伝える命（教養選書 3）　湯浅明著　めいせい出版　1976　234p 19cm
- ◇生物学概論―細胞と遺伝の生物学　湯浅明著　朝倉書店　1976　254p 22cm
- ◇花―細胞と生物学　湯浅明著　朝倉書店　1976　188p 22cm
- ◇植物学ガイダンス（グリーンブックス 28）　湯浅明著　ニュー・サイエンス社　1977.5　116p 19cm
- ◇遺伝学研究の基礎―新旧遺伝学の接点（科学研究の基礎 1）　湯浅明著　東洋館出版社　1977.5　183p 22cm
- ◇生物レポートの書き方（グリーンブックス 31）　湯浅明著　ニュー・サイエンス社　1977.10　68p 19cm
- ◇細胞学研究の基礎―自然科学者への道（科学研究の基礎 2）　湯浅明著　東洋館出版社　1978.2　189p 22cm
- ◇生物学者と四季の花（めいせい教養選書 7）　湯浅明著　めいせい出版　1978.4　281p 20cm
- ◇生物学研究の基礎―細胞と遺伝（科学研究の基礎 3）　湯浅明著　東洋館出版社　1979.4　219p 22cm
- ◇花との対話（玉川選書 124）　湯浅明著　玉川大学出版部　1980.6　198p 19cm
- ◇ネズミ人間の誕生―分子生物学―自然への新たなる挑戦　湯浅明著　自由国民社　1980.12　220p 19cm
- ◇理科教育　湯浅明著　明星大学出版部　1981.4　217p 22cm
- ◇新旧細胞学の接点と展開　湯浅明著　明星大学出版部　1982.7　430p 22cm
- ◇生物学顕微鏡実験法　湯浅明著　紀元社出版　1983.4　337p 27cm
- ◇女性科学者に明るい未来を　湯浅明ほか著　ドメス出版　1990.5　229p 20cm
- ◇いま、花について―日本の四季を彩る100の花々　湯浅明著　ダイヤモンド社　1992.9　211p 20cm
- ◇女性科学者21世紀へのメッセージ　湯浅明, 猿橋勝子編　ドメス出版　1996.5　182p 19cm

結城 嘉美

ゆうき・よしみ

明治37年（1904年）3月～平成8年（1996年）

植物研究家
山形県村山市出生。村山農学校卒。賞斎藤茂吉文化賞〔昭和39年〕、勲四等旭日小綬章〔昭和49年〕、村山市名誉市民〔昭和58年〕、山形市特別功労者〔平成5年〕。

大正11年尋常高等小学校訓導。12年中等学校教員植物科検定試験に合格し、14年より山形中学教諭として博物科を担当。昭和23年楯岡高校校長、34年山形市教育長、46年山形県立博物館館長を歴任した。長らく山形県各地に植物調査を行い、分類研究した。「山形県植物誌」「山形県の植物誌」など、植物についての著作がある。

【著作】
- ◇荘内博物学会研究録 第2輯〔飛嶋及びその近接地域に於ける新種植物に就て（結城嘉美）〕　荘内博物学会編　荘内博物学会　1937　37cm
- ◇山形県の植物誌　結城嘉美著　山形県の植物誌刊行会　1972　401p 図 地図1枚（袋入）27cm
- ◇やまがた植物記　結城嘉美著　郁文堂書店　1974　315p 図 20cm

◇やまがた植物記　続　結城嘉美著　金馬会　1977.9　281p　図　20cm
◇山形県文学全集　第2期(随筆・紀行編)第4巻(昭和戦後編2)[エノキの径(結城嘉美)]　近江正人、川田信夫、笹沢信、鈴木実、武田正、堀司朗、吉田達雄編　郷土出版社　2005.5　475p　20cm

【評伝・参考文献】
◇山形県立博物館収蔵資料目録　植物資料目録2　結城嘉美コレクション　山形県立博物館編　山形県立博物館　1994.8　376p　26cm
◇山形県立博物館収蔵資料目録　植物文献資料目録1　山形県立博物館編　山形県立博物館　2000.3　55p　30cm

湯川　制

ゆかわ・おさむ

明治40年(1907年)3月5日〜
昭和58年(1983年)9月14日

美術評論家　日本大学名誉教授
三重県四日市市出生。日本大学法文学部文学科〔昭和11年〕卒。専美学、芸術学、芸術史、美術史、いけ花研究　賞勲三等旭日中綬章。
　昭和22年日本大学助教授、26〜52年教授。のち名誉教授。著編書に「桂ノ離宮―伝統と創造との造形的な追体験」「美学」「芸術辞典」「華道史」「現代華」(6冊)「利休の茶花」「いけばな事典」など。

【著作】
◇華道史　湯川制著　至文堂　1947　416p　図版18cm
◇いけばな事典　湯川制等編　興洋社　1952　348p　19cm
◇華道手帖(創元手帖文庫)　湯川制著　創元社　1957　358p　図版18cm
◇桂の離宮　湯川制著　郁文社　1961　146,20p　図版32枚　26cm
◇利休の茶花　湯川制著　東京堂出版　1970　242p　19cm
◇花の心―いけばな名言集　湯川制著　東京堂出版　1971　220p　19cm
◇いけばな創作法(創元手帖文庫)　湯川制著　創元社　1973　294p　図　18cm
◇伝花事典　湯川制編　東京堂出版　1976　297p　22cm
◇利休の茶花　湯川制著　東京堂出版　1990.2　242p　19cm

湯山　五策

ゆやま・ごさく

?〜平成17年3月7日

植物学者　印野中学長
御殿場高〔昭和2年〕卒、豊島師範学校卒。
　御殿場高校を昭和2年卒業後、東京の豊島師範学校に学び教師となる。昭和13年大泉師範学校附属小学校在職時、近くに住んでいた牧野富太郎を訪ねたのがきっかけで植物に興味を持つようになり、牧野の採集行にもたびたび同行した。戦後、郷里の御殿場に帰り、印野小・中学校長などを歴任。傍ら植物の採集・研究も進め、特にシダ類とフジザクラを専門とした。30年富士山でシダを採集中、日本におけるシダの権威・倉田悟と出会い、その勧めでシダの分類に着手。富士山で採取した新種のシダの中には、倉田の鑑定を経て、ユヤマイノデ、ゴサクイノデといった彼の名にちなむ名を付けられたものもある。また雑種は出来ないといわれたチャボイノデと別のシダとの交配種といわれる、日本で初めての珍種(スヤマイノデ)を発見した。フジザクラに関しては新種6種を発見したほか、地元の生産組合を助けてフジザクラの分類を行っている。43年教職を退職。

【評伝・参考文献】
◇富士山―歴史と風土と人と　中日新聞静岡支局編　中日新聞本社　1980.7　280p　20cm

与口　虎三郎

よぐち・とらさぶろう

慶応3年(1867年)〜大正15年(1926年)

篤農家　槇原村(新潟県)村長
越後国刈羽郡橋場村(新潟県柏崎市)出生。子は与口重治(篤農家)。
　古くからキュウリの産地として知られた越後刈羽郡橋場村に生まれる。早くからキュウリの改良に取り組み、明治の初めに"刈羽節成キュ

ウリ"を創出。以後、息子の重治と共にその普及と改善、農業技術の革新に力を尽くした。明治43年刈羽節成胡瓜橋場採種組合を設立し、初代組合長に就任。当初の組合員は30名余りであったが、病害に強く寒地栽培に適することが評判となり、たちまち組合員は増加、その種子も新潟県内や国内のみならず遠く樺太や満州、米国にまでもたらされたという。また人望に篤く、槙原村村長なども務めた。あとを継いで2代目の組合長となった重治もキュウリの栽培指導に一生を捧げ、土地の人に感謝された。没後、与口親子の功績を称えて大国玉神社に彰功碑が建立された。

余吾 一角
よご・いっかく

明治21年(1888年)4月16日〜
昭和40年(1965年)2月20日

植物研究家
愛媛県周布郡吉田村(西条市)出生。愛媛県師範学校〔明治42年〕卒。

　明治42年愛媛県師範学校を卒業後、小学校で教鞭を執る。この間、文部省教員検定試験に合格し、大正2年西条高等女学校、6年滋賀県女子師範学校、8年西条農業学校、9年周桑高等女学校などの教師を歴任した。教職の傍ら、郷里・周桑郡の植物について研究。特に同郡の南部にそびえ、特殊な植物が数多く分布するといわれる石鎚山や近接する山地を精査して植物標本採集に力を注ぎ、数々の新種・珍種を発見した。一方で、不明な点は田代善太郎ら斯学の先達に質問し、田代や牧野富太郎らが石鎚山を訪れた際にはその斡旋・案内役を買って出ている。昭和4年地方植物志として特色ある「周桑郡植物誌」を刊行し、同地に生育する被子植物1440種、裸子植物18種、シダ植物130種を記録。15年には「伊予周桑郡植物目録」を編纂した。16年退職。その植物標本は現在は愛媛県立博物館に保管されている。

【著作】
◇周桑郡植物誌　余吾一角著　余吾一角　1929　124, 16p 24cm

横井 時敬
よこい・ときよし

万延元年(1860年)1月7日〜
昭和2年(1927年)11月1日

農学者，農政学者，農業指導者　東京農業大学初代学長，東京帝国大学名誉教授
肥後国(熊本県)出生。駒場農学校(現・東京大学農学部)〔明治13年〕卒。農学博士〔明治32年〕。

　熊本藩士の家に生まれ、熊本洋学校で英語を学んだのち、上京。駒場農学校(現・東京大学農学部)の第2回卒業生。明治14年兵庫県に出仕し、15年福岡県立農学校教諭に転じ、この頃種もみの"塩水選種法"を発明。一時退職して雑誌「農業時論」を創刊。22年M.フェスカの推薦で農商務省に技師として迎えられたが、翌23年辞任。同年農学会幹事長(のち会長)となり"興農論策"策定の中心的役割を果した。24年帝国大学農科大学教授となり、32年ドイツ留学、大正11年辞職し12年名誉教授となる。この間、明治44年〜昭和2年東京農業大学初代学長を務める。また明治30年代から農政理論家として活躍、農民教育に尽力。39年から死去まで大日本農会の副会頭、理事長を務め、この間全国の町村を遊説してまわり、農民に農業振興を訴えた。農学教育研究会会長、帝国耕畜協会会長その他多くの農政関係の団体・機関に参画し、農業界諸分野に重きをなした。著書「栽培汎論」は日本農学史上の名著とされる。他の著書に「稲作改良法」「農業汎論」「農業経済学」「農村制度の改造」、「横井時敬全集」(全10巻)など。

【著作】
◇農学科講義(尋常師範学科講義録)　横井時敬述　明治講学会　〔出版年不明〕　376p 21cm
◇稲作改良法　横井時敬著　奎文堂　1888.5　162p 19cm
◇農業小学補遺　横井時敬著，吉田昌七郎校補　魁玉堂　1888.6　31丁 23cm

- ◇重要作物塩水撰種法　横井時敬著　産業時論社　1891.7　27p 19cm
- ◇農業汎論(実用教育農業全書 第1編)　横井時敬著　博文館　1892.1　196p 23cm
- ◇農学士横井時敬氏農談筆記　福島県安達郡　1892.5　39p 23cm
- ◇横井農学士普通農事談　横井時敬述　静岡県庵原郡　1893.8　45p 22cm
- ◇横井時敬講話ノ要領筆記　山形県　1895.7　62p 19cm
- ◇通俗農用種子学　横井時敬編　東京興農園　1896.4　96p 23cm
- ◇栽培汎論(帝国百科全書 第13編)　横井時敬著　博文館　1898.9　348p 24cm
- ◇農学大全　横井時敬等著　博文館　1901.5　1556p 23cm
- ◇作物改良論　横井時敬著　大日本実業学会　1901.6　187p 23cm
- ◇農業経済学(帝国百科全書 第69編)　横井時敬,沢village真著　博文館　1901.6　348p 24cm
- ◇農業要項　横井時敬,石坂橘樹著　大日本実業学会　1901.7　171p 23cm
- ◇初等農業科教授法　横井時敬著　開発社　1902.2　252,8p 22cm
- ◇作物園芸教科書　横井時敬,八鍬儀七郎著　普及社　1903～1905　3冊 23cm
- ◇作物の話(言文一致農芸叢書 第1編)　横井時敬著　富山房　1903.6　182p 23cm
- ◇穀類の話(言文一致農芸叢書 第2編)　横井時敬著　富山房　1903.8　179p 23cm
- ◇小学農業教授法　横井時敬,矢野鶴之助著　宝文館〔ほか〕　1903.8　274p 22cm
- ◇蔬菜の話(言文一致農芸叢書 第3編)　横井時敬著　富山房　1903.10　178p 23cm
- ◇果物の話(言文一致農芸叢書 第4編)　横井時敬著　富山房　1903.12　163p 23cm
- ◇工芸作物の話(言文一致農芸叢書 第5編)　横井時敬著　富山房　1904.2　176p 23cm
- ◇稲作改良論(帝国百科全書 第110編)　横井時敬著　博文館　1904.6　319p 24cm
- ◇農業教授要項　横井時敬述　金港堂　1904.7　306p 23cm
- ◇農業新論　横井時敬編　成美堂　1905.6　523p 21cm
- ◇農政経済要論　横井時敬著　成美堂　1905.7　230p 21cm
- ◇農業時論 第1(虚遊軒文庫 第1編)　横井時敬著　読売新聞日就社　1905.8　226p 23cm
- ◇農業汎論(農学叢書 第1編)　横井時敬著,西師意訳　東亜公司　1906.6　158p 22cm
- ◇農業振興策　横井時敬著　弘道館　1906.10　162p 23cm
- ◇模範町村　横井時敬著　読売新聞社　1907.10　172p 22cm
- ◇現今農業政策　横井時敬著　成美堂　1908.4　183p 24cm

- ◇農業経済論(農学叢書 第11編)　横井時敬著,西師意訳漢訳　東亜公司　1910.1　140p 22cm
- ◇文部省編纂小学農業書私解　横井時敬著　日本農業雑誌社　1911　2冊(186, 220p) 22cm
- ◇農業経済学教科書　横井時敬,佐藤寛次著　成美堂　1911.4　231p 22cm
- ◇農業要覧　横井時敬,白鳥吾市著　博文館　1911.7　546p 13cm
- ◇小学農業教授法　横井時敬著　宝文館　1912　317p 23cm
- ◇農学講義(新撰百科全書 第129編)　横井時敬著　修学堂　1915　376p 22cm
- ◇農village改良の話　横井時敬,吉川祐輝講述,福島県農会編　二松堂書店　1915　185p 20cm
- ◇農村発展策〈再版〉　横井時敬著　実業之日本社　1915　353p 22cm
- ◇合関率―農学研究　横井時敬著　成美堂書店　1917　268p 23cm
- ◇農業と農学―農学研究　横井時敬著　成美堂書店　1917　314p 22cm
- ◇農村改造論　横井時敬著　大日本農会　1917　190p 19cm
- ◇経済側の耕地整理　横井時敬著　成美堂書店　1921　232p 23cm
- ◇農業原論 上・中・下巻〈増訂〉　横井時敬,佐々木祐太郎著　興文社　1921　3冊 22cm
- ◇横井博士全集 第1-10巻　横井時敬著,大日本農会編　横井全集刊行会　1924～1925　10冊 肖像 23cm
- ◇農民の負担軽減と地租委譲(農民叢書)　横井時敬著　東京農業大学出版部　1924　47p 22cm
- ◇農村制度の改造　横井時敬著　有斐閣　1925　346p 22cm
- ◇農業教育及教授法　横井時敬著　東京宝文館　1926　429p 22cm
- ◇比較農業―農学研究　横井時敬著　成美堂書店　1926　228p 23cm
- ◇小農に関する研究　横井時敬著　丸善　1927　286p 23cm
- ◇比較農業―農学研究　横井時敬著　成美堂書店　1930　228p 図 地図 23cm
- ◇師範教科農業原論 巻1-5〈全訂〉　横井時敬,佐々木祐太郎合著　興文社　1941～1941　84p 22cm
- ◇第一農業時論・農村行脚三十年(明治大正農政経済名著集 17)　横井時敬著,近藤康男編　農山漁村文化協会　1976　451p 図 肖像 20cm
- ◇農業土木古典選集 明治・大正期 3巻 耕地整理[経済側の耕地整理(横井時敬)]　農業土木学会古典復刻委員会編　日本経済評論社　1989.7　1冊 22cm

【評伝・参考文献】
- ◇稲のことは稲にきけ―近代農学の始祖横井時敬　金沢夏樹,松田藤四郎編著　家の光協会　1996.5　369p 19cm

◇横井時敬と東京農大(シリーズ・実学の森) 松田藤四郎著 東京農業大学出版会 2000.4 111p 19cm
◇横井時敬と日本農業教育発達史(産業教育人物史研究 2) 三好信浩著 風間書房 2000.11 405p 22cm

横内 斎
よこうち・いつき

明治28年(1895年)～昭和55年(1980年)9月13日

植物研究家
長野県東筑摩郡四賀村(松本市)出生。賞勲五等瑞宝章,長野県知事賞,信毎文化賞。
　明治44年から昭和19年まで長野県内各地の小学校勤務の傍ら,信州の植物の分類分布を研究。昭和2年には大火に遇い1万5000点にのぼる標本が灰になったが,再起して研究を続けた。また博物史家の上野益三の知遇を得,20～38年京都大学木曽生物研究所に勤務。43年には脳卒中で倒れるも,病をおして「長野県の植物」「長野県植物分布の由来」「信濃の植物分布区系」などを著した。「横内斎著作集」(全2巻)がある。

【著作】
◇下水内郡植物誌 水島正美,横内斎著 下水内教育会 1956 129p 図版 21cm
◇日本中央アルプス植物誌 横内斎編著 横内斎 1957.5 279p 22cm
◇日本南アルプス寒地植物誌 小泉秀雄著,横内斎増改補 〔横内斎〕 1959.4 621p 21cm
◇信濃の湖沼 横内斎著 古今書院 1966 170p 図版 18cm
◇美ケ原の植物 横内斎著 美ケ原観光連盟 1968 57p 図版 地図 21cm
◇戸隠—総合学術調査報告〔戸隠高原の植物(小清水卓二,横内斎)〕 信濃毎日新聞社戸隠総合学術調査実行委員会編集 信濃毎日新聞社 1971 534p 図75p 27cm
◇長野県の植物 横内斎著 信濃教育会出版部 1971 446p 図 22cm
◇新信濃の植物(りんどう双書15) 横内斎著 信濃教育会出版部 1980.12 194p 19cm
◇信濃植物誌—1983 横内斎著 銀河書房 1983.11 401p 22cm
◇草木漫筆(横内斎著作集 1) 横内斎著 銀河書房 1985.10 347p 20cm

◇草木寸景(横内斎著作集 2) 横内斎著 銀河書房 1986.12 301p 20cm

横木 清太郎
よこぎ・せいたろう

明治40年(1907年)9月12日～
平成13年(2001年)11月29日

東京教育大学(現・筑波大学)教授,武蔵野音楽大学教授
福島県出身。東京高等師範学校園芸学科卒。専園芸学,生物学。
　東京教育大学教授(現・筑波大学)、武蔵野音楽大学教授を歴任。著書に「園芸学」「野菜づくり」「温室・ビニルハウス園芸」などがある。

【著作】
◇職業指導 横木清太郎著 文化書房 1960 149p 22cm
◇実験花卉栽培と経営 横木清太郎,渡部弘共著 養賢堂 1967 594p 図版 22cm
◇温室—ビニルハウス園芸ハンドブック 横木清太郎,神谷円一共著 養賢堂 1972 715p 図 22cm
◇野菜づくり1 ナス・イチゴ・トマト他13種(ドゥ・ブックス) 横木清太郎著 池田書店 1977.3 159p 図 18cm
◇野菜づくり2 ダイコン・ニンジン・サツマイモ他17種(ドゥ・ブックス) 横木清太郎著 池田書店 1977.4 159p 図 18cm
◇野菜づくり3 コマツナ・サラダナ・ホウレンソウ他19種(ドゥ・ブックス) 横木清太郎著 池田書店 1977.5 159p 図 18cm
◇園芸学 横木清太郎著 和広出版 1977.10 206p 21cm

横山 潤
よこやま・じゅん

? ～寛政11年(1799年)

画家
字は仲徳,号は南郊,吻々斎。
　江戸の人。ハギ類のモノグラフともいえる「秋はぎの譜」(安永4年(1775年)刊行)の著者として知られる。

吉井 義次
よしい・よしじ

明治21年(1888年)5月28日～
昭和52年(1977年)2月4日

植物生態学者　東北大学名誉教授，岐阜大学名誉教授，日本生態学会初代会長

群馬県多野郡吉井町出生。東京帝国大学理科大学植物学科〔大正5年〕卒。理学博士〔大正14年〕。団日本生態学会（会長）。

名は「よしつぐ」ともいう。東京帝国大学理科大学で三好学に師事。大正11年同大講師、12年東北帝国大学理学部生物学教室設立に伴い助教授として赴任。15年欧米に留学し、主にルンデゴルドの指導を受ける。昭和3年帰国して東北帝国大学教授に就任、八甲田山の山腹に八甲田山植物実験所を開設して運営に当たるとともに、10年には機関誌として「生態学研究」を創刊、我が国の植物生態学発展に貢献した。25年定年退官。29年日本生態学会の初代会長となり、30～36年岐阜大学の第2代学長を務めた。火山植生の研究で知られ、我が国の火山における植生の一次遷移を解明。また内務省史蹟名勝天然記念物考査員も務め、植物生態学の面から自然保護にも携わった。著書に「植物生理学」「植物学大要」「植物群落の観察」などがある。

【著作】
◇史蹟名勝天然紀念物調査報告　第18号〔高知県並ニ愛媛県ニ於ケル植物ニ関スルモノ（吉井義次）〕内務省編　内務省　1921　22p 22cm
◇史蹟名勝天然紀念物調査報告　第27号〔大阪府下及徳島県下ノ植物ニ関スルモノ（吉井義次）〕内務省編　内務省　1921　26p 23cm
◇東京府史蹟名勝天然記念物調査報告書〔第2冊天然記念物老樹大木の調査（稲村坦元、吉井義次編）〕東京府　1924～1932　26cm
◇天然紀念物調査報告　植物之部　第1, 5, 6輯〔北海道ニ於ケル天然記念物　他（吉井義次）〕内務省編　内務省　1925～1926　3冊22cm
◇岩波講座生物学〔第7　植物学［2］植物と環境（吉井義次）〕岩波書店編　岩波書店　1930～1931　23cm
◇植物学大要　吉井義次著　養賢堂　1933　394p 23cm
◇植物生態学集説　第1　植物の光週性　附：開花の問題　吉井義次著　養賢堂　1949　149p 22cm
◇生理学講座〔第4巻　生物生理　下1　生理遺伝学　植物実験生態学（吉井義次）〕日本生理学会編　生理学講座刊行会　1950～1952　21cm
◇植物生態学実験法　群落の調査法（生物学実験法講座第9条 B）吉井義次著，岡田弥一郎編　中山書店　1955　90p 21cm
◇ダーウイン進化論百年記念論集〔生態学と進化（吉井義次）〕丘英通編　日本学術振興会　1960　229p 27cm

【評伝・参考文献】
◇近代日本生物学者小伝　木原均ほか監修　平河出版社　1988.12　567p 22cm

吉岡 邦二
よしおか・くにじ

明治43年(1910年)7月26日～
昭和52年(1977年)3月20日

植物学者　東北大学教授

宮城県仙台市出生。東北帝国大学理学部生物学科〔昭和9年〕卒。師は吉井義次。理学博士〔東北大学〕〔昭和24年〕。団植物群落　賞河北文化賞〔昭和52年〕。

昭和9年東北帝国大学理学部植物学科を卒業ののち同大副手となり、吉井義次の指導を受け、同大八甲田山高山植物研究所などで研究に従事。14年講師、22年助教授、25年福島大学教授を経て、35年東北大学教授に就任、生物学第五講座を担当。また同理学部附属八甲田山植物実験所長や同理学部附属植物園長なども兼任した。49年定年退官後は東北学院大学で教鞭を執った。専門は植物群落の研究で、八甲田山や金華山、蔵王、尾瀬など東北地方東部の山地を跋渉して調べ上げ、それらの区分や植物相などについて論文を発表、特にマツ林の生態学的研究で知られた。また自然に対する人為的な影響にも深い関心を持ち、文化庁文化財保護審議会専門委員として天然記念物の調査や尾瀬ケ原の保護にも力を尽くした。著書に「植物地理学」「仙台市とその周辺の現存植生図」などがある。

【著作】
◇植物地理学(生態学講座12) 吉岡邦二著 共立出版 1973 84,4p 21cm
◇人間生存と自然環境2［人為による森林植生の変化—とくに二次植生について—］(吉岡邦二)］ 佐々学,山本正編 東京大学出版会 1973 302p 27cm
◇福島県文化財調査報告書 第41集 尾瀬の保護と復元 4 吉岡邦二〔等〕 福島県教育委員会 1973 65p 図 26cm
◇仙台市とその周辺の現存植生図—昭和26・48年現在(仙台都市科学研究会・調査研究シリーズ no.4) 吉岡邦二,広木詔三調査者 仙台都市科学研究会 1974 地図2枚 解説8p 26cm(解説:21cm)

【評伝・参考文献】
◇植物生態論集 吉岡邦二博士追悼論文集出版会編 東北植物生態談話会 1978.3 532p 26cm

吉岡 重夫
よしおか・しげお

明治39年(1906年)10月24日～
昭和40年(1965年)11月28日

植物研究家
福岡県北九州市門司区出生。門司商卒。
銀行に勤務する傍ら、福岡県の植物相についての分類研究を進め、特に企救郡や北筑豊地方を精査した。昭和8年立石敏雄と共に北筑豊植物研究会を結成。北九州の自生植物・植物相の研究と植物目録の完成に取り組み、8～11年「郷土植物」にその採集目録を連載。12年には「豊前企救郡植物目録」を著した。30年退職後は植物採集と研究に専念。他の著書に「北九州市の植物」がある。

【著作】
◇北九州市の植物 吉岡重夫著 北九州植物友の会 1964 190p 図 26cm

吉川 純幹
よしかわ・すみもと

明治22年(1889年)～昭和42年(1967年)12月18日

植物学者 新潟大学教育学部高田分校講師
新潟県刈羽郡出生。新潟師範学校本科第二部〔明治44年〕卒。
明治44年に新潟師範学校本科第二部を卒業して新潟県下の小学校や女学校で教師を務める。この間、難関といわれた文部省教員検定で日本画・西洋画・植物・動物・鉱物・生理衛生の6教科合格を果たし、特に鉱物科については合格者も稀であったため請われて「文検鉱物科受験法」を執筆・刊行した。大正15年石川県輪島高等女学校に赴任。この頃から本格的に植物の研究をはじめ、職務の傍ら標本採集に当たり、分からないものに関しては京都大学の小泉源一や田代善太郎に標本を送って鑑定を依頼。その結果、フゲシザサやコウノスザサなど新種のササを発見している。また能登のフロラ究明にも力を注ぎ、舳倉島や七ツ島といった離島にもたびたび足を運んでいる。昭和14年高田中学教師を経て、22年新潟第二師範学校教諭となってからは妙高や黒姫など新潟県下の山々を対象に調査を行った。26年新潟大学教育学部高田分校講師に就任。この間、分類困難といわれたスゲ属を課題に選んで研究を進め、35年記事のみならず挿図も自ら手がけた(彼は画家としても一家を成していた)「日本スゲ属植物図譜」3巻を完成させた。39年には新潟国体のため同県を訪れた昭和天皇に植物について説明するという栄誉に浴した。そのスゲ属標本を含む膨大なコレクションは、現在新潟大学高田分校に吉川標本として収められている。

【評伝・参考文献】
◇新潟の自然 第1集 新潟の自然刊行委員会〔編〕 新潟県学校教育用品 1968
◇新潟の自然 第2集 新潟の自然刊行委員会〔編〕 新潟県学校教育用品 1972

【その他の主な著作】
◇最新指導文検鉱物科受験法 吉川純幹著 大同館 1935 294p 20cm

吉川 芳秋

よしかわ・よしあき

明治41年(1908年)10月10日～
平成4年(1992年)11月9日

郷土史家

愛知県中島郡千代田村(稲沢市)出生。名古屋商業学校〔昭和2年〕卒。

農家の家に生まれ、2歳で建築業を営む叔父の養子となる。幼い頃から植物を好み、同好者と植物採集に勤しんでいたという。のち本草学者・梅村甚太郎の知遇を得、さらにその紹介で知り合った小島清三と共に中京植物学会を設立し、大正13年雑誌「植物界」を創刊した。昭和2年名古屋商業学校を卒業するが、就職難のため日本車輌に事務見習として入社。しかし喧噪に耐えられず間もなく退社し、諸職を転々とした後、9年矯正院書記として国立瀬戸少年院に勤務。この間も植物研究を続け、3年小型雑誌「サイエンス」を発刊した他、半紙一葉の「植物之友」を発行して郷土・愛知の本草家の伝記を掲載。6年には名古屋商業時代の友人たちとCA趣味社を組織して郷土史や民俗学にも手を広げ、ラジオで伊藤圭介やシーボルトの事績を講演するなど、徐々にその活動が世に知られるようになった。8年名古屋図書館内に事務局を置き、郷土史研究団体・むかしの会を結成。戦後は瀬戸少年院庶務課長、中部地方少年保護事務局審査部長、四国地方更正保護委員会事務局総務部長、中部地方更正保護委員会事務局総務部長など務める傍ら郷土史家、博物史家として活躍。水谷豊文、飯沼慾斎ら中京の博物家や蘭学者・医者の伝記的研究を専門としたが、特に伊藤圭介の研究と顕彰に力を注ぎ、圭介の遺稿類が保存されていた東山植物園内の伊藤文庫の整理をほぼ独力で行い、43年その調査報告書を発表した。著書に「尾張郷土文化医科学史攷」「蘭医学郷土文化史考」「医学・洋学・本草学者の研究」などがある。

【著作】
◇日本科学の先覚宇田川榕菴　吉川芳秋著　CA趣味社　1932　92p 19cm
◇苦心努力した人々と郷土尾張科学の片影　吉川芳秋著　吉川芳秋　1954　63p 25cm
◇尾張郷土文化医科学史攷拾遺　吉川芳秋著　尾張郷土文化医科学史攷刊行会　1955　219p 図版 19cm
◇尾張郷土文化医科学史攷―随筆　吉川芳秋著　尾張郷土文化医科史攷刊行会　1955　851p 図版 19cm
◇伊藤圭介翁―日本最初の理学博士尾張医科学文化の恩人　吉川芳秋著　伊藤圭介先生顕彰会　1957　75p 図版 19cm
◇紙魚のむかし語り　吉川芳秋著　吉川芳秋　1958　219p 図版 19cm
◇蘭医学郷土文化史考　吉川芳秋著　吉川芳秋　1960　263p（図版共）19cm
◇蘭医学郷土史雑考　吉川芳秋著　吉川芳秋　1967　491p 19cm
◇本草蘭医科学郷土史考　吉川芳秋著　吉川芳秋　1971　337p 図 19cm
◇医学・洋学・本草学者の研究―吉川芳秋著作集　吉川芳秋著, 木村陽二郎, 遠藤正治編　八坂書房　1993.10　462p 23cm

吉田 茂

よしだ・しげる

明治11年(1878年)9月22日～
昭和42年(1967年)10月20日

政治家, 外交官　首相, 自由党総裁

東京出生, 高知県出身。実父は竹内綱（衆院議員）, 長男は吉田健一（評論家）, 二女は麻生和子（麻生セメント取締役）, 孫は麻生太郎（衆院議員）, 麻生泰（麻生セメント社長）, 三笠宮信子, 岳父は牧野伸顕（政治家）, 女婿は麻生太賀吉（政治家・実業家）。東京帝国大学法科大学政治学科〔明治39年〕卒。 団日本盆栽協会（会長）置大勲位菊花大綬章〔昭和39年〕。

高知の自由党の名士・竹内綱の五男として生まれ, 福井の貿易商・吉田健三の養子として成長。明治22年養父の死に伴い莫大な遺産を相続するが, その事業は継承せず, 39年外務省に入

り、外交官となった。同年領事官補として天津に在勤したのを皮切りに、奉天在勤、在安東領事、在済南領事などを務め、大正11年在天津総領事、14年在奉天総領事。この間、明治42年政治家・牧野伸顕の娘・雪子と結婚し、大正8年には岳父が全権を務めた第一次大戦後のパリ講和会議で随員として参加した。昭和3年田中義一内閣で外務次官に就任し、駐イタリア大使、11年駐英大使などを経て、14年退官。太平洋戦争中は牧野や近衛文麿ら宮中の重臣グループと連絡をとり和平工作に当たるが、20年それが露見して憲兵隊に拘束されたこともあった。終戦後、東久邇内閣の外相として初入閣し、続く幣原内閣でも留任。21年には公職追放に遭った鳩山一郎の後任として自由党総裁となり組閣し、憲法改正、農地改革を実施したが、22年の日本国憲法公布に伴う衆議院選挙で自身はトップ当選を果たすも、与党の日本自由党が日本社会党に敗れたため辞職した。23年昭電疑獄事件で総辞職した芦田均内閣の後を受けて第二次内閣を組閣し、以後29年に造船疑獄事件の指揮権発動などで批判が強まって辞職するまでの間、連続して四次に渡って内閣を組織し、親米政策の推進、26年サンフランシスコ講和条約・日米安保条約の調印などを行い、戦後日本の復興及び国際社会復帰に力を尽くした。ユーモラスな言動と思い切った行動で知られ、28年には議場でバカヤローと叫び、衆院解散に至ったこともあった（バカヤロー解散）。また池田勇人、佐藤栄作ら官僚出身者や若手議員、財界人から戦後を担う政治家を養成して"吉田学校"と称され、首相辞任後も政界に影響力を持ち続けた。37年皇学館大学総長、38年二松学舎大学舎長。23年以来、衆議院議員当選7回（高知県全県区）。園芸をこよなく愛し、バラの栽培に心血を注いだ。また大磯の自邸で多数の盆栽を愛玩し、40年日本盆栽協会発足とともに初代会長に就任した。死後、葬儀は国葬で行われたが、同協会は追悼盆栽水石展を開催し、太幹のケヤキなど遺愛の盆栽水石683点が出品された。著書に「回想十年」（全4巻）「大磯随想」「世界と日本」などがある。

【著作】
◇日本を決定した百年 吉田茂著 日本経済新聞社 1967 213p 図版 19cm
◇回想十年1（中公文庫） 吉田茂著 中央公論社 1998.9 340p 16cm
◇回想十年2（中公文庫） 吉田茂著 中央公論社 1998.10 364p 16cm
◇回想十年3（中公文庫） 吉田茂著 中央公論社 1998.11 361p 16cm
◇回想十年4（中公文庫） 吉田茂著 中央公論社 1998.12 442p 16cm
◇大磯随想〈改版〉（中公文庫） 吉田茂著 中央公論新社 2001.12 141p 16cm

【評伝・参考文献】
◇録音吉田茂 芸術出版 1968 73p（図版共） 27cm
◇"吉田茂"人間秘話—側近が初めて明かす（マイ・ブック） 細川隆一郎，依岡顕知著 文化創作出版 1983.3 254p 18cm
◇吉田茂の遺言 加瀬俊一著 日本文芸社 1993.9 231p 20cm
◇父吉田茂 麻生和子著 光文社 1993.12 216p 21cm
◇評伝吉田茂1 青雲の巻（ちくま学芸文庫） 猪木正道著 筑摩書房 1995.1 371p 15cm
◇評伝吉田茂2 獅子の巻（ちくま学芸文庫） 猪木正道著 筑摩書房 1995.1 445p 15cm
◇評伝吉田茂3 雌伏の巻（ちくま学芸文庫） 猪木正道著 筑摩書房 1995.2 411p 15cm
◇評伝吉田茂4 山嵐の巻（ちくま学芸文庫） 猪木正道著 筑摩書房 1995.2 460, 24p 15cm
◇吉田茂—怒濤の人（人物文庫） 寺林峻著 学陽書房 1998.8 305p 15cm
◇祖父・吉田茂の流儀 麻生太郎著 PHP研究所 2000.6 173p 20cm
◇吉田茂とその時代—サンフランシスコ講和条約発効五十年 特別展 衆議院憲政記念館編 衆議院憲政記念館 2002.5 79p 22cm
◇吉田茂とその時代—敗戦とは 岡崎久彦著 PHP研究所 2002.8 328p 20cm
◇吉田茂—写真集 吉岡専造撮影 吉田茂国際基金 2004.7 111p 27cm

吉田 茂
よしだ・しげる

?～昭和53年（1978年）5月

日本画家
東京芸術大学日本画科〔昭和33年〕卒。
在学中は前田青邨に師事したこともあり、ひまわりの花を好んで描いたことから"ひまわり

の吉田"とも呼ばれた。その一方で海や馬などを題材にしたのも多い。

吉田 昌一
よしだ・しょういち

昭和5年(1930年)8月25日～
昭和59年(1984年)1月23日

国際稲研究所(IRRI)植物生理部長
東京出身。妻は吉田よし子(食品コンサルタント)。北海道大学卒。団農学。

農林省から国際稲研究所に転じ、昭和41～59年フィリピンに赴任。イネの多収穫品種の改良に尽力し、東南アジアを貧困から救う"緑の革命"に貢献したとして、同研究所からプリンシパル・サイエンティストの称号を贈られた。

【著作】
◇土壌肥料講座 第1［土壌および河川による養分の天然供給(吉田昌一)］ 小西千賀三,高橋治助編 朝倉書店 1961 258p 22cm
◇21世紀の熱帯植物資源 ナショナル・アカデミー・オブ・サイエンス編,吉田よし子,吉田昌一訳 農政調査委員会 1979.2 188p 19cm
◇稲作科学の基礎 吉田昌一著,村山登〔ほか〕共訳 博友社 1986.10 316p 22cm

【評伝・参考文献】
◇土にとりくむ人(自然の中の人間シリーズ 土と人間編 10) 川井一之著,農林水産省農林水産技術会議事務局監修 農山漁村文化協会 1991.4 39p 31×24cm

吉田 弥右衛門
よしだ・やえもん

(生没年不詳)

篤農家
武蔵国入間郡柳瀬村南永井(埼玉県所沢市)出生。

武蔵入間郡柳瀬村南永井(現・所沢市)の4代目名主。同地は江戸時代に開かれた新田地帯で、土地が貧弱で地下水位も低かったためたびたび干魃に見舞われており、土地に適した作物が求められていた。そこで、寛延4年(1751年)江戸・木挽町の川内屋八郎兵衛の仲介で24歳であった長男の弥左衛門を上総志井津村に派遣し、サツマイモの種芋を購入。すぐに幕府の許可を得て栽培に着手し、その年の秋には試作に成功した。やがて彼の尽力によって近隣の村々にもサツマイモ栽培が広がり、川越地方の名産として江戸庶民に好まれた"川越いも"の礎を築いた。

吉永 虎馬
よしなが・とらま

明治4年(1871年)7月15日～
昭和21年(1946年)2月22日

植物学者 高知高校教授
高知県高岡郡佐川村(佐川町)出生。高知県師範学校〔明治25年〕卒。

佐川小学校・須崎小学校・県立第一中学・県立第三中学・県立高等女学校の教員を経て、昭和9年高知高校講師に就任。

郷土の先輩である牧野富太郎と交遊し、自身も早くから高知県各地で植物採集に従事。キレンゲショウマやナカガワノギクなどの新種を発見したほか、高等から下等まであらゆる植物に通暁し、後進や高知に来県した研究者らを誘掖した。また、菌類やコケ類の研究も行い、明治26年高知で採集したコケ類の標本をコケ類研究の世界的権威であるドイツのステファニーに提供し、日本におけるコケ類研究の端緒を開いた。サカワヤスデゴケ・ミカンゴケの発見者としても知られる。19年高知高校教授に進み、教職を退いた。現在彼の収集した標本類は国立科学博物館に収められている。

吉永 悦郷
よしなが・よしさと

文久2年(1862年)～明治41年(1908年)

植物研究家
　高知・岐阜県などの植物相についての分類研究を行なった。

吉野 善介
よしの・ぜんすけ

明治10年(1877年)5月5日～
昭和39年(1964年)12月11日

植物研究家　吉野植物研究所所長
岡山県上房郡本町(高梁市)出生。賞岡山県文化賞(第1回)〔昭和23年〕。
　家業である薬種業を営みながら独学で植物の研究を進め、明治32年には日本で初めて野生のカザグルマを発見。33年より高梁中学で教鞭を執る西原礼之助の指導を受け、植物の名前や研究法を教わった。以来、岡山県内の各地で植物の調査を行い、採集した標本を牧野富太郎・中井猛之進・田代善太郎らに送付するなどして学界を裨益した。ナツアサドリやビッチュウミヤコザサなど数多くの新種や、チトセカズラの自生地を発見したことでも知られる。また、山陽新報などにも寄稿し、備中の植物には中国大陸との関係が深いものが多いことを指摘した。昭和7年より大阪の製薬会社・武田商店に勤務し、近畿地方の植物調査に従事。戦後、帰郷して岡山での調査を再開し、28年には吉野植物研究所を設立して機関誌「備中の植物」を刊行した。この間、23年に第1回岡山文化賞を受賞。著書に「備中植物誌」「備中植物誌補遺」などがある。

吉村 鋭治
よしむら・としじ

明治24年(1891年)7月5日～
昭和50年(1975年)7月5日

盆栽家
東京市神田区猿楽町(東京都千代田区)出生。師は木部米吉。
　子供の頃から植物栽培に興味が深く、17歳で近代盆栽界の先駆者、米翁こと木部米吉に入門、17年間修業を積んで芝苔香園の一番弟子といわれる。交詢社の盆栽グループ、小天地会の運営につくす一方、明治の愛好家たちの座敷陳列の奥義を会得。昭和6年の東京盆栽倶楽部設立以来、その指導に当たった。また水石についての造詣が深く、戦後の水石ブーム招来にもひと役買っている。

与世里 盛春
よせざと・もりはる

明治23年(1890年)4月17日～
昭和51年(1976年)8月20日

教育者,植物研究家　小御門農学校校長
沖縄県出生。沖縄師範学校卒。
　千葉県の成東中学教頭を経て、昭和14年同県小御門農学校校長となる。牧野富太郎の指導を受け、独自の博物教育を実践した。県中学博物科研究会などの結成に参加する。郷里・沖縄の研究書も残した。著書に「千葉県の植物」「大和民族の由来と琉球」など。

【著作】
◇千葉県の植物　与世里盛春編　千葉県植物採集会　1932　77p 23cm
【その他の主な著作】
◇反省の教育　与世里盛春述　与世里盛春　1938　42p 19cm
◇大和民族の由来と琉球　与世里盛春著　生態同好会　1956　169p 19cm
◇日本のふるさと―琉球　与世里盛春著　生態同好会　1969　287p 19cm

依田 恭二
よだ・きょうじ

昭和6年(1931年)11月6日～

平成8年(1996年)12月11日

大阪市立大学名誉教授
長野県長野市出生。千葉大学文理学部生物学科〔昭和29年〕卒, 大阪市立大学大学院理学研究科植物生態学専攻〔昭和36年〕博士課程修了。理学博士。團生態系学,森林学 團日本生態学会,日本植物学会,日本林学会。
　昭和36年大阪市立大学助手, 46年講師, 49年助教授, 59年理学部教授。平成5年教養部長。のち滋賀県立大学教授。

【著作】
◇森林の生態学(生態学研究シリーズ4 沼田真監修) 依田恭二著 築地書館 1971 331p 図 21cm
◇もりのいのち―森林(えほん・こどもの科学6) 吉良竜夫,依田恭二文,石津博典絵 ポプラ社 1978.4 1冊 24×27cm
◇21世紀の地球環境―気候と生物圏の未来〔生物圏の動態(依田恭二)〕(NHKブックス525) 高橋浩一郎,岡本和人編著 日本放送出版協会 1987.4 225p 19cm

米沢 耕一
よねざわ・こういち
?～昭和62年(1987年)4月3日

日本蘭協会顧問
大阪府大阪市出身。千葉高等園芸学校(現・千葉大学園芸部)卒。賞中国文化賞〔昭和48年〕。
　ランの育種業者として1000種以上の新品種を開発した西日本のラン栽培の先駆者。昭和48年,中国新聞社の中国文化賞を受賞した。

米田 勇一
よねだ・ゆういち
明治40年(1907年)11月5日～
昭和52年(1977年)5月6日

藻類学者　奈良女子大学理学部教授
兵庫県養父郡養父町(養父市)出生。京都帝国大学理学部植物学科〔昭和9年〕卒。理学博士〔昭和19年〕。團藻類学 團日本藻類学会。
　中学時代にファーブルの昆虫記を読み, 生物学を志す。旧制三高理科から京都帝国大学理学部植物学科に進み, 小泉源一のもとで植物分類学を学ぶ。在学中から畢生の仕事となる温泉藻類の研究に着手。昭和7年植物分類地理学会の創立に参画し, 学生でありながら幹事に任ぜられ, 25年まで続けた。9年卒業して同大学院に進み, 次いで同副手となる。12年には処女論文「Cyanophyceae of Japan」を発表, これは同年における広瀬弘幸の「北海道産藍藻類」と並び, 藍藻類分類学のまとまった論文としては我が国初のものであるといわれる。18年同理学部助手。19年「日本温泉藍藻類の研究」で理学博士号を受けた。22年には京都大学農学部助教授に昇ると同時に舞鶴に新設された水産学教室に移り, 赤潮プランクトンなど水産植物学の研究・講義を行った。45年奈良女子大学理学部教授に就任し, 植物形態学講座を担当。46年定年退官後は講師として近畿大学や光華女子短期大学に出講した。この間, 専門の藻類研究のため北は北海道から南は九州まで各地の温泉や湖沼を訪ね, 日本の温泉藻・淡水藻の分類に尽力するとともに数多くの新種を発見。和歌山県田辺市の民家で飼育されているイシガメの甲羅から, シオグサ科の一種である Basicladia crassa を発見したこともある。日本藻類学会の発起人・評議員も務めた。

米本 正
よねもと・まさし
明治41年(1908年)5月13日～
平成7年(1995年)2月9日

実業家　丸一証券社長
石川県金沢市出生, 東京都港区出身。岳父は米本卯吉(日本体育大学理事長), 息子は米本豊(セゾン証券副社長)。法政大学法文学部〔昭和10年〕卒。

昭和15年東宝に入社。総務課長、総務部長、配給部長を歴任後、24年取締役、27年新東宝取締役、29年ロサンゼルス国際東宝社長を経て、30年東宝本社に復帰し、外国担当重役となる。この間、ロサンゼルス在勤中からラン栽培に興味を持ち、31年ホノルルに出張した際には同市長の部屋に飾ってあったカトレアの美しさに惹かれ、帰国後、3坪の温室でシンビジウムとカトレアの栽培を開始した。その後も国際映画祭の団長としてハワイ、タイ、シンガポールなどに出張し、仕事の合間に各地のラン栽培家と交流した。49年岳父・米本卯吉の後を継ぎ、丸一証券社長、日本体育大学理事長に就任、サマーランド社長、東京都競馬会長なども務めた。53年真鍋左武郎の後任として全日本蘭協会の第5代会長となり12年に渡って在職、ランを通じての国際交流に貢献した。ランのコレクターとしても著名。現在、全日本蘭協会では最もすぐれたランの栽培株の出品者に対する最高級の賞として米本賞が設けられている。

ライト

Wright, Charles
1811年10月29日～1885年8月11日

米国の植物学者
米国・コネチカット州ウェザーズフィールド出生。イエール大学〔1835年〕卒。
米国各地の学校で教鞭を執った後、1845年テキサス州リューターズヴァイル・カレッジ教授。テキサスの植物相を研究、メキシコ産植物の採集に励んだ。1853～56年北米合衆国北太平洋探検船の一員として来日し、日本本土、小笠原諸島、加計呂麻島、喜界島、沖縄まで幅広く植物を採集し、採集品の研究は主にハーバード大学のエーサ・グレイが研究した。のち、キューバ植物採集監督の任にも就いた。同氏を記念した学名に、ギーマ *Vaccinium wrightii* A. gray、イソマツ *Limonium wrightii* Kuntzeなどがある。

李 時珍

り・じちん
1518年～1593年

中国の本草学者
字は東璧。

中国・蘄州（現在の湖北省）の人。代々、医者を業とする家に生まれる。父に就いて医学を学び、傍ら本草学を好む。当時の本草学は「神農本草経」を原点として多くの増補・改訂が繰り返されてきたが、時代を経るに従って乱雑になり、まとまりがつかなくなっていた。これを憂いて800冊以上の典籍を参照、自身も多数の薬品を実験し、約30年の歳月をかけて1578年「本草綱目」52巻を編纂。これは動植物や鉱物の名称を考証し、製造法や形色、気味、主治、処方などに関して詳述したもので、中国本草書の総決算といえるものであった。なお植物に関しては草部（12～21巻）、穀部（22～25巻）、菜部（26～28巻）、果部（29～33巻）、木部（34～37巻）に分類、配列されて記述されている。この書が著された当時は旧来の本草学者や医者より黙殺されたが、明の皇帝・万暦帝が国史編纂のため広く史書を求めた際、自珍の子・建元がこれを献上し、皇帝の絶賛を受けて以降、中国国内に広まった。日本には慶長7年（1602年）に輸入され、林道春、中村惕斎、貝原益軒、新井白石らによって研究が進められ、我が国の本草学・植物学発展の礎となった。なお晩年の徳川家康も常に座右に置いたといわれている。

【著作】
◇頭註国訳本草綱目—52巻、拾遺10巻　李時珍著、白井光太郎校註、鈴木真海訳　春陽堂　1929～1934　15冊 23cm
◇国訳本草綱目 第1冊　李時珍著、鈴木真海訳、白井光太郎校注、木村康一〔等〕新注校定　春陽堂書店　1973　33, 281, 163p 図10枚 22cm
◇国訳本草綱目 第2冊　李時珍著、鈴木真海訳、白井光太郎校注、木村康一〔等〕新注校定　春陽堂書

店　1973　568p 22cm
◇国訳本草綱目 第4冊　李時珍著，鈴木真海訳，白井光太郎校注，木村康一〔等〕新註校定　春陽堂書店　1973　650p 22cm
◇国訳本草綱目 第3冊　李時珍著，鈴木真海訳，白井光太郎校注，木村康一〔等〕新註校定　春陽堂書店　1974　735p 22cm
◇国訳本草綱目 第5冊　李時珍著，鈴木真海訳，白井光太郎校注，木村康一〔等〕新註校定　春陽堂書店　1974　628p 22cm
◇国訳本草綱目 第6冊　李時珍著，鈴木真海訳，白井光太郎校注，木村康一〔等〕新註校定　春陽堂書店　1974　634p 22cm
◇国訳本草綱目 第7冊　李時珍著，鈴木真海訳，白井光太郎校注，木村康一〔等〕新註校定　春陽堂書店　1975　482p 22cm
◇国訳本草綱目 第8冊　李時珍著，鈴木真海訳，白井光太郎校注，木村康一〔等〕新註校定　春陽堂書店　1975　596p 22cm
◇国訳本草綱目 第9冊　李時珍著，鈴木真海訳，白井光太郎校注，木村康一〔等〕新註校定　春陽堂書店　1975　726p 22cm
◇国訳本草綱目 第11冊　李時珍著，鈴木真海訳，白井光太郎校注，木村康一〔等〕新註校定　春陽堂書店　1976　402p 22cm
◇国訳本草綱目 第10冊　李時珍著，鈴木真海訳，白井光太郎校注，木村康一〔等〕新註校定　春陽堂書店　1976.12　649p 22cm
◇国訳本草綱目 第12冊　李時珍著，鈴木真海訳，白井光太郎校注，木村康一〔等〕新註校定　春陽堂書店　1977.4　568p 22cm
◇国訳本草綱目 第13冊 本草綱目拾遺　李時珍著，鈴木真海訳，白井光太郎校注 新註校定，木村康一〔等〕新註校定　春陽堂書店　1977.9　438p 22cm
◇国訳本草綱目 第14冊 本草綱目拾遺　李時珍著，鈴木真海訳，白井光太郎校注，木村康一〔ほか〕新註校定　春陽堂書店　1977.12　643p 22cm
◇国訳本草綱目 第15冊 度量衡・索引　李時珍著，鈴木真海訳，白井光太郎校注，木村康一〔ほか〕新註校定　春陽堂書店　1978.10　97, 367p 22cm
◇奇経八脈攷全釈　李時珍編著，小林次郎訳注　燎原書店　1991.2　345p 22cm

【評伝・参考文献】
◇明清時代の科学技術史［本草綱目の植物記載―李時珍の形態・色の表現について―（森村謙一）］（京都大学人文科学研究所研究報告）　藪内清，吉田光邦編　京都大学人文科学研究所　1970　582p 27cm

龍胆寺 雄
りゅうたんじ・ゆう

明治34年（1901年）4月27日～

平成4年（1992年）6月3日

小説家，サボテン研究家
本名は橋詰雄。茨城県下妻市出生。慶應義塾大学医学部〔昭和2年〕中退。囲日本沙漠植物研究会（会長），国際多肉植物学会賞「改造」懸賞創作1等（第1回）〔昭和3年〕「放浪時代」。

　昭和2年慶應義塾大学医学部を中退。3年「放浪時代」が「改造」創刊10周年記念の懸賞小説に当選して文壇デビューを果たし，さらに同誌に発表した「アパアトの女たちと僕と」が谷崎潤一郎に激賞を受けるなど，当時の風俗を斬新に取り入れた小説で新進作家として一躍注目を集める。4年モダニズムの潮流から現れた他の作家たちと，全盛を誇ったプロレタリア文学に抗するため，反プロレタリア文学を標榜して芸術派十字軍を名のる十三人倶楽部を結成。5年には梶井基次郎，井伏鱒二らも糾合して新興芸術派クラブを結成し，新興芸術派の中心作家として活躍。しかし，9年「文芸」に発表した「M・子への遺書」で菊池寛や川端康成らの実名を挙げて代作横行などの文壇暗部の暴露を行って大きな波紋を起こし，このことにより作家としての地位を失った。18年長編「鳳輦京に還る」で直木賞候補に選ばれたが落選。戦後は小説を書き続ける傍ら，サボテンの栽培と研究に没頭し，神奈川県中央林間の自邸に温室を築き，最盛期には数千種のサボテンや多肉植物を栽培。浩瀚な「原色シャボテンと多肉植物大図鑑」を編んだ他，日本沙漠植物研究会長，国際多肉植物学会員なども務め，サボテンの世界的権威として知られた。49年にはこれまでのサボテン研究から得た話題に，サボテンについて詠った自作の詩を付した随筆集「シャボテン幻想」を刊行した。他の著書に「街のエロテシズム」「街のナンセンス」「化石の街」「魔子」「人生遊戯派」などの他，「龍胆寺雄全集」（全12巻）がある。

【著作】
◇シャボテンと多肉植物の栽培智識　龍胆寺雄著　成美堂書店　1935　317p 21cm

◇シャボテンと多肉植物（園芸手帖シリーズ第5集）　龍胆寺雄編著　誠文堂新光社　1953　118p（図版16枚共）19×19cm
◇シャボテン　龍胆寺雄著　誠文堂新光社　1960　432, 22p（図版共）図版20枚 27cm
◇シャボテン新入門　龍胆寺雄著　誠文堂新光社　1961　143, 30p 図版 22cm
◇シャボテンを楽しむ（主婦の友新書）　龍胆寺雄著　主婦の友社　1962　282p（図版共）18cm
◇シャボテン・四季のアルバム　龍胆寺雄著　大泉書店　1962　227p（図版共）19cm
◇シャボテン小百科（主婦の友小百科シリーズ）　龍胆寺雄著　主婦の友社　1964　512p（図版共）19cm
◇原色シャボテン多肉植物大図鑑　第1巻　龍胆寺雄著　誠文堂新光社　1965　図版88p 解説159p 27cm
◇原色シャボテン多肉植物大図鑑　第2巻　龍胆寺雄著　誠文堂新光社　1968　図版84p 解説225p 27cm
◇原色シャボテン多肉植物大図鑑　第3巻　龍胆寺雄著　誠文堂新光社　1972　図91p 解説227p 27cm
◇シャボテン幻想　龍胆寺雄著　毎日新聞社　1974　216p 図 20cm

若名 英治
わかな・えいじ

明治3年（1870年）3月4日～
明治40年（1907年）3月18日

園芸家

　豪農の家に生まれる。25歳の頃、名古屋からアサガオの種子を6種持ち帰ったのがきっかけで本格的にアサガオ栽培を開始。以来、農業の傍ら奨農園と名づけた約1500坪の農園に拠り、花卉園芸に関する文献を読み漁ったり、疑問が生ずれば上京して松村任三や牧野富太郎らに教えを請うなどし、アサガオの研究や変化物作出に没頭した。明治35年1月には同好の士と共に朝顔研究会を結成。同会には牧野や園芸趣味で知られた公爵・島津忠済、母校・東京専門学校の創立者で自らも菜園・花園を営んでいた大隈重信らも会員として名を連ねていた。さらに同年4月からは同会の会誌「朝顔の研究」を刊行し、「媒助論」「牽牛花名鑑」「牽牛花新論」「牽牛子葉図譜」などアサガオ栽培に関するすぐれた論文を寄稿。その農園には大隈や海軍大将・伊東祐享など園芸に興味をもつ著名人が多数訪れたといい、また自身も関西や四国に出向き講演などを通じて後進の指導を行うなど、明治後期アサガオブームの牽引者として大きな役割を果たした。彼は、アサガオの品種間交雑によって多数の品種を作り出し、その経験からメンデルの法則再発見以前に配偶淘汰と色彩淘汰という遺伝学的に重要な二つの法則を導き出すなどアサガオの変化物の発展に多大なる足跡を残したが、若くして死去した。

【著作】
◇牽牛子葉図譜　若名英治著　奨農園　1905.3　38, 14p 23cm

若浜 汐子
わかはま・しおこ

明治36年（1903年）9月13日～
平成11年（1999年）3月26日

歌人、国文学者　国士舘大学文学部教授
　本名は大窪梅子。大阪府出生。父は田中智学（仏教学者）。駒沢大学大学院上代文学専攻〔昭和31年〕修士課程修了。文学博士〔昭和37年〕。
　立正安国会を創立した田中智学の二女として、明治36年大阪に生まれ、のち鎌倉で育つ。幼少より歌作にはげみ、43年8歳で海上比左子に師事。昭和2年「アララギ」入会。21年「白路」入会、編集同人。52年「白路」主宰。この間、2年に27歳で夫と死別。自立すべく18年から教師を務めながら、31年大学院を修了。41年国士舘大学文学部教授となり、53年定年退職。歌集に「日本琴」「結び松」「五百重浪」、歌文集「隠岐吟懐」、著書に「万葉植物原色図譜」「万葉旅情」「万葉の山河」など多数。

【著作】
◇万葉植物概説　若浜汐子著　潤光社　1959　374p 図版 19cm
◇万葉植物全解　若浜汐子著　潤光社　1959　417p 図版 22cm

◇万葉植物原色図譜　若浜汐子著　高陽書院　1965　269p 図版18枚 22cm

【その他の主な著作】
◇紀記建国篇　里見岸雄, 大窪梅子共編　錦正社　1964　287p 19cm
◇はちす花一歌集(白路叢書 第98篇)　大窪梅子著　〔大窪梅子〕　1990.9　101p 20cm

脇坂 誠
わきさか・まこと

大正14年(1925年)12月10日～
昭和57年(1982年)9月5日

登山家　神奈川県フラワーセンター大船植物園業務部長
京都大学農学部卒。

昭和27年に京都大学山岳部、同学士山岳会の知床半島冬季初縦走、28年アンナプルナ遠征、33年チョゴリザ遠征などの中心メンバーとして戦後日本の登山界で活躍。「シャクナゲ」「庭木全科」などの植物関係の著書も多い。

【著作】
◇趣味のばら　脇坂誠著　保育社　1956　166p 図版12枚 19cm
◇花壇づくり(カラーブックス)　脇坂誠著　保育社　1969　153p(おもに図版)15cm
◇シャクナゲ(NHK趣味の園芸:作業12か月)　脇坂誠著　日本放送出版協会　1977.6　142p 19cm
◇ツツジ・サツキ・シャクナゲ(カラー版・花と庭木シリーズ)　脇坂誠著　家の光協会　1977.9　201p(図共)22cm
◇庭木全科―カラー版　脇坂誠著　家の光協会　1979.5　310p 22cm
◇庭木づくりと配植(NHK趣味の園芸)　脇坂誠著　日本放送出版協会　1983.4　2冊 27cm

脇田 正二
わきた・しょうじ

大正3年(1914年)1月7日～平成16年(2004年)8月

横浜国立大学名誉教授、鎌倉女子大学名誉教授
神奈川県鎌倉市出身。東農教専芸化学科卒。農学博士。 応用生物化学 日本農芸化学会, 日本菌学会。

昭和24年横浜国立大学教育学部講師、33年助教授を経て、教授。54年退官、名誉教授。のち京浜女子大学(現・鎌倉女子大学)短期大学部教授となり、平成2年退任、名誉教授。著書に「図説・植物のステロイド」、「クコの効能と栽培法」(共著)他がある。

【著作】
◇山菜・果実酒・薬酒―採り方・作り方から効用まで　脇田正二〔ほか〕著　有紀書房　1982.5　246p 19cm
◇山菜・キノコハンドブック―176種の特徴が一目でわかる　脇田正二〔ほか〕共著　主婦の友社　1986.3　223p 19cm
◇クコの効能と栽培法　脇田正二, 福田利雄共著　富民協会　1991.8　197p 19cm

和気 俊郎
わけ・としろう

大正15年(1926年)1月3日～
平成15年(2003年)4月23日

植物研究家　香川植物の会会長
香川県善通寺市出身。香川師範学校卒。

昭和19年香川県多度津小学校教諭、24年大手前高校教諭などを務め、平成7年退職。傍ら、植物研究家として知られ、昭和48年香川植物の会を結成。県内の植物実態調査などに取り組んだほか、「香川県植物誌」の執筆にも当たった。

和田 文吾
わだ・ぶんご

明治33年(1900年)12月18日～
昭和63年(1988年)4月26日

東京大学名誉教授
大分県出身。東京帝国大学植物学科〔大正14年〕卒。理学博士〔昭和9年〕。 植物細胞学, 植物遺伝学 日本遺伝学会(会長) 日本遺伝学会賞〔昭和23年〕。

我が国の植物細胞学の権威。生体細胞における核分裂機構の研究で、昭和23年に日本遺伝学会賞を受賞。36年から2年間にわたり、日本遺伝学会会長を務めた。また、世界的に知られる細胞学の学術誌「Cytologia（キトロギア）」の創刊、発展に尽くした。東京大学教授、静岡大学教授、帝京大学教授を歴任。著書に「基礎細胞学」（共著）など。

【著作】
◇基礎細胞学　和田文吾，佐藤重平共著　裳華房　1956　352p 図版 22cm
◇細胞分裂〔有糸分裂像に関する二三の問題（和田文吾）〕（科学文献抄 第30）藤井隆編　岩波書店　1956　86p 図版 26cm

渡瀬 寅次郎
わたせ・とらじろう

安政6年（1859年）6月25日〜
大正5年（1916年）11月8日

教育家　関東学院初代院長
江戸出生。札幌農学校（現・北海道大学）〔明治13年〕卒。

明治9年札幌農学校に入学、クラークによる「イエスを信ずる者の契約」に署名し、10年受洗。13年農学校卒業後、開拓使御用掛として勤務。15年内村鑑三らと札幌基督教会（札幌独立基督教会）を設立。のち、E.W.クレメントの勧めで東京中学院（関東学院）の初代院長に就任、少数精鋭主義の人格教育をめざした。また、千葉県八住村の松戸覚之助のつくったナシ'新太白'を'二十世紀'と命名したことで知られる。

【著作】
◇農学（大日本中学会29年第3学級講義録）　渡瀬寅次郎述　大日本中学会　〔出版年不明〕138p 21cm
◇農学講義（大日本中学会29年第2学級講義録）　渡瀬寅次郎述　大日本中学会　〔出版年不明〕148p 21cm
◇農学（大日本中学会30年度第3学級講義録）　渡瀬寅次郎述　大日本中学会　〔出版年不明〕138p 21cm
◇農学講義（大日本中学会30年度第2学級講義録）　渡瀬寅次郎述　大日本中学会　〔出版年不明〕148p 21cm
◇農学（大日本中学会31年度第3学級講義録）　渡瀬寅次郎述　大日本中学会　〔出版年不明〕138p 21cm
◇農学講義（大日本中学会31年度第2学級講義録）　渡瀬寅次郎述　大日本中学会　〔出版年不明〕148p 21cm
◇農学講義（大日本中学会第2学級講義録）　渡瀬寅次郎述　大日本中学会　〔出版年不明〕190p 19cm
◇薄荷栽培並製造法　山本駒吉著　渡瀬寅次郎　1896.4　23p 19cm

渡辺 篤
わたなべ・あつし

明治34年（1901年）9月29日〜
平成8年（1996年）4月23日

成城大学名誉教授
石川県出生。東京帝国大学理学部〔大正15年〕卒。理学博士〔昭和13年〕。 専 植物学 賞 勲三等瑞宝章〔昭和47年〕。

昭和5年東京帝国大学副手、25年成城大学教授、32年東京大学応用微生物研究所教授、37年再び成城大学教授を歴任。著書に田宮博との共著で「藻類実験法」がある。

【著作】
◇藻類実験法　田宮博，渡辺篤編　南江堂　1965　455p 22cm

渡辺 頴二
わたなべ・えいじ

明治31年（1898年）1月20日〜
昭和56年（1981年）8月9日

園芸家
宮城県出身。小牛田農林学校卒。

宮城県立農事試験場勤務を経て、大正11年渡辺採種場を創設。仙台ハクサイなどの新品種を数多く開発した。また稲作の保温折衷苗代の普及にもあたった。

渡辺 清彦
わたなべ・きよひこ

明治33年（1900年）4月5日～
平成12年（2000年）2月7日

千葉大学名誉教授
静岡県出身。東京帝国大学理学部植物学科〔大正13年〕卒。理学博士。團植物形態学。
千葉大学教授、和洋女子大学文家政学部教授を歴任。

【著作】
◇近代日本の科学者 第1巻［三好学伝（渡辺清彦）］ 人文閣編 人文閣 1941 19cm
◇植物分類学 種子植物 渡辺清彦著 風間書房 1966 235p 図版 27cm
◇生物学 渡辺清彦著 風間書房 1968 273p 27cm
◇図集熱帯圏と南半球の種子植物 渡辺清彦〔著〕〔渡辺清彦〕 1981 3冊 37cm
◇図集熱帯圏と南半球の種子植物 4 補遺 索引 渡辺清彦〔著〕〔渡辺清彦〕 1981 p2836～3252 37cm
◇図説熱帯植物集成 E. J. H. Corner, 渡辺清彦著 広川書店 1983.3 1147p 27cm

渡辺 慶次郎
わたなべ・けいじろう

天保12年（1841年）～大正3年（1914年）4月18日

農業改良家
相模国淘綾郡寺坂村（神奈川県中郡大磯町）出生。
明治4年横浜の知人の家で当時"異人豆"と呼ばれていたラッカセイを食したところ非常に美味であったため、種子を得て試作をはじめる。5年には横浜居留地の中国人よりラッカセイの種子を5合譲り受け、さらに栽培の研究を進めた。種子は野ネズミやキツネ、小鳥などに食い荒らされることもしばしばであったが、その後も豆の成熟期や性質を見極めるなど栽培法の改善を重ねて良品種を作出し、西湘地方におけるラッカセイ生産の礎を築いた。その頃、同地方は葉タバコを生産する農家が多かったが、31年葉タバコ専売法の施行によりタバコの自由栽培が禁じられたためラッカセイの耕作に転換する農家が続出。これにより同地方は一躍ラッカセイの産地として急成長し、西湘地方の"ラッカセイの父"と呼ばれるに至った。

渡部 鍬太郎
わたなべ・しゅうたろう

（生没年不詳）

画家
明治時代に"自来集"という美術家集団を結成。植物画家として東京大学理学部附属植物園で植物画を描き、矢田部良吉教授の著書「日本植物図解」では図版の製作を担当した。

渡辺 淳一郎
わたなべ・じゅんいちろう

安政5年（1858年）4月30日～
明治27年（1894年）11月30日

園芸家
備後国小田郡広浜村（岡山県笠岡市）出生。
明治6年徒歩で上京し、三田勧農寮から樽屋桃の配布を受け、帰郷してモモの栽培を開始。さらにナシやリンゴ、夏ミカン、カキ、ブドウなどにも手を広げ、17年からは果実袋の研究・製造も行った。一方、郷里・小田郡広浜村の副戸長や戸長を歴任するなど地方政界でも活動したが、20年には一切の公職を辞し、桃梨園と命名した自身の果樹園の経営に専念。同年岡山県ではじめてオリーブを栽培したほか、23年にはその夏ミカン300個が宮内省買い上げになるなど高い評価を得た。その後も土質の調査や品種・栽培技法の研究を重ね、山の急斜面を利用した大規模農園経営に成功するなど、岡山における果樹園芸の先駆者として他の生産者に大きな影響を与えたが、36歳の若さで急逝した。

渡辺 禎三
わたなべ・ていぞう

?〜平成12年(2000年)10月15日

ラン押し花工芸家

福岡県鞍手郡小竹町出身。賞英国園芸協会名誉会員〔昭和48年〕、韓国蘭協会名誉会員〔昭和56年〕、世界蘭会議金賞(第13回)〔平成2年〕。

民放テレビ局のカメラマンを経て、ランを栽培する傍ら、昭和25年頃からランの押し花を始め、色のあせない方法を、と研究を重ねる。ランを生きた花そのままによみがえらせることに成功、独自の芸術世界を創造。平成2年世界蘭会議に出品した屏風の作品で最高の金賞を受賞。同会議招待作家。

亘理 俊次
わたり・しゅんじ

明治39年(1906年)6月10日〜
平成5年(1993年)7月17日

植物学者、写真家
東京大学教授

東京出生。東京帝国大学理学部植物学科〔昭和7年〕卒、東京帝国大学大学院理学研究科植物学専攻修了。理学博士。専植物形態学、古生物学、化石木材。

東京大学理学部教授、千葉大学理学部教授を歴任。昭和47年退官。植物写真家としても知られた。著書に「写真集植物」「芝棟—屋根の花園を訪ねて」、「日本の野生植物・草本」「日本の野生植物・木本」(以上共編)他。

【著作】
◇生物学の進歩 第2輯〔材解剖の進歩(亘理俊次)〕 共立出版 1944 629p 図版 22cm
◇現代生物学講座 第2巻生体の様相〔組織・器管・体制(亘理俊次、高谷博)〕 芦田譲治等編 共立出版 1957 345p 22cm
◇植物の事典 佐竹義輔、薬師寺英次郎、亘理俊次編 東京堂 1957 594p 図版 22cm
◇写真集植物 第1-6巻 亘理俊次著 第一法規出版 1961〜4 28cm
◇考古学講座 1〈新版〉〔木器(亘理俊次)〕 大場磐雄、内藤政恒、八幡一郎監修 雄山閣出版 1968 299p 図版 表 22cm
◇高山の花—高山植物写真図譜 青山富士夫写真、佐竹義輔、中尾佐助、亘理俊次文 毎日新聞社 1971 286p(おもに図)31cm
◇日本の野生植物 草本 3 合弁花類 佐竹義輔、大井次三郎、北村四郎、亘理俊次、冨成忠夫編 平凡社 1981.10 259p 図版224p 27cm
◇日本の野生植物 草本 1 単子葉類 佐竹義輔、大井次三郎、北村四郎、亘理俊次、冨成忠夫編 平凡社 1982.1 305p 図版208p 27cm
◇日本の野生植物 草本 2 離弁花類 佐竹義輔、大井次三郎、北村四郎、亘理俊次、冨成忠夫編 平凡社 1982.3 318p 26cm
◇日本の野生植物 木本 1 佐竹義輔、原寛、亘理俊次、冨成忠夫編 平凡社 1989.2 321p 26cm
◇日本の野生植物 木本 2 佐竹義輔、原寛、亘理俊次、冨成忠夫編 平凡社 1989.2 305p 26cm
◇芝棟—屋根の花園を訪ねて 亘理俊次著 八坂書房 1991.11 302p 23cm
◇図説 植物用語事典 清水建美著、梅林正芳画、亘理俊次写真 八坂書房 2001.7 323p 21cm

ワールブルグ
Warburg, Otto

1859年〜1931年

ドイツの植物学者
ストラスブルグ大学。

1883年ストラスブルグ大学で学位を取得した後、1888年より3年間ドイツ政府の命により東インド、日本、朝鮮、中国、スンダ諸島、モルッカ諸島、セイラム島、ニュージーランドなどを旅行し、日本ではおよそ3ケ月の間小笠原諸島、西表島、石垣島、及び台湾の諸島を調査した。その採集品は、現在

ベルリンの博物館に所蔵されている。帰国後1891年ベルリン大学講師、1894年ベルリン東洋学院講師、教授、1921年パレスチナのシオン団体の農業研究所所長、ヘブライ大学のパレスチナ自然科学研究所所長などを務めた。著書に「Monsunia 1」(1899～1900年)がある。

人名索引

【あ】

アインシュタイン
　▷モーリッシュ ……… 518
饗庭篁村
　▷幸田露伴 ………… 214
亜欧堂田善
　▷池長孟 …………… 35
　▷宇田川玄真 ……… 93
青木昆陽 ……………… 3
　▷大瀬休左衛門 …… 115
　▷陶山鈍翁 ………… 285
　▷徳川吉宗 ………… 354
　▷野呂元丈 ………… 401
青木玉
　▷幸田文 …………… 212
　▷幸田露伴 ………… 214
青木敦書
　→青木昆陽 ………… 3
青木奈緒
　▷幸田文 …………… 212
青木文蔵
　→青木昆陽 ………… 3
青木正孝
　▷山崎肯哉 ………… 536
青木龍山
　▷川浪養治 ………… 173
青葉高 ………………… 4
赤井重恭
　▷逸見武雄 ………… 442
赤澤時之 ……………… 4
赤堀四郎
　▷真島利行 ………… 467
アギナルド
　▷中村弥六 ………… 380
秋元末吉 ……………… 4
秋山茂雄 ……………… 4
秋山庄太郎 …………… 5
秋吉光雄
　▷福永武彦 ………… 431
芥川鑑二 ……………… 7
明峰正夫 ……………… 7
麻井宇介 ……………… 7
浅井吉兵衛
　▷大蔵永常 ………… 112
浅井貞庵

　▷浅井図南 ………… 8
　▷大河内存真 ……… 114
浅井東軒
　▷浅井図南 ………… 8
浅井図南 ……………… 8
　▷菅江真澄 ………… 273
　▷松岡恕庵 ………… 471
浅井南溟
　▷浅井図南 ………… 8
浅井惟寅
　→浅井図南 ………… 8
浅井政直
　→浅井図南 ………… 8
安積艮斎
　▷栗本鋤雲 ………… 201
朝香宮鳩彦王
　▷相馬孟胤 ………… 290
浅田識此
　→浅田宗伯 ………… 9
浅田節夫 ……………… 8
浅田宗伯 ……………… 9
浅田直民
　→浅田宗伯 ………… 9
浅野恒進
　▷飯沼慾斎 ………… 29
浅野貞夫 ……………… 10
浅野春道 ……………… 11
　▷水谷豊文 ………… 488
浅野多吉 ……………… 11
浅野梅堂
　▷椿椿山 …………… 339
浅野栗亭
　→浅野春道 ………… 11
朝比奈正二郎
　▷朝比奈泰彦 ……… 11
朝比奈泰彦 …………… 11
　▷石館守三 ………… 47
　▷緒方正資 ………… 126
　▷刈米達夫 ………… 166
　▷木村雄四郎 ……… 190
　▷佐藤正己 ………… 243
　▷清水藤太郎 ……… 262
　▷高橋真太郎 ……… 298
　▷久内清孝 ………… 419
　▷三宅馨 …………… 497
浅平端 ………………… 12
下見吉十郎 …………… 12
浅海重夫
　▷津山尚 …………… 341
浅見与七 ……………… 13

足利義輝
　▷曲直瀬道三(1代目) 482
足利義政
　▷一条兼良 ………… 51
芦田譲治 ……………… 13
　▷郡場寛 …………… 217
　▷高宮篤 …………… 300
足田輝一 ……………… 14
飛鳥井雅春
　▷西洞院時慶 ……… 390
東隆夫
　▷山崎肯哉 ………… 536
明日山秀文 …………… 15
麻生慶次郎 …………… 15
安達潮花(1代目) …… 16
　▷安達瞳子 ………… 16
安達潮花(2代目)
　▷安達潮花(1代目) … 16
　▷安達瞳子 ………… 16
安達瞳子 ……………… 16
　▷安達潮花(1代目) … 16
安達良雄
　→安達潮花(1代目) … 16
アトキンソン
　▷三宅驥一 ………… 497
跡見花蹊
　▷跡見玉枝 ………… 17
跡見玉枝 ……………… 17
阿部明士
　▷阿部近一 ………… 18
安部有義
　▷小野職孝 ………… 140
阿部亀治 ……………… 17
阿部亨父
　→阿部喜任 ………… 19
安部熊之助 …………… 18
阿部将翁 ……………… 18
　▷阿部喜任 ………… 19
　▷植村政勝 ………… 90
　▷田村藍水 ………… 331
阿部丹山
　→阿部将翁 ………… 18
阿部近一 ……………… 18
阿部忠三郎 …………… 19
阿部照任
　→阿部将翁 ………… 18
阿部享
　→阿部将翁 ………… 18
阿部友之進
　→阿部将翁 ………… 18

あへ　　　　　　　　　人名索引　　　　　　植物文化人物事典

→阿部喜任 19

阿部浩
　▷船津静作 438

阿部喜任 19
　▷岩崎灌園 76
　▷小野職愨 140

阿部与之助 19

阿部櫟斎
　→阿部喜任 19

安部井磐根
　▷上松蓊 89

天野鉄夫 20

雨宮敬次郎
　▷雨宮竹輔 20

雨宮竹輔 20

アモア, H. E.
　▷上山英一郎 91

新井白石
　▷徳川吉宗 354
　▷李時珍 561

荒尾宏 20

荒木英一 21

新崎盛敏 21

新崎輝子
　▷新崎盛敏 21

有島武郎
　▷原田三夫 416

淡島寒月
　▷幸田露伴 214

安西安周 21

安藤確龍堂
　→安藤昌益 22

安藤幸
　▷幸田露伴 214

安藤昌益 22

安藤忠彦 23

安藤久次
　▷堀川芳雄 450

安藤広太郎 23
　▷遠藤吉三郎 103

安藤良中
　→安藤昌益 22

安楽庵策伝 24

【い】

飯柴永吉 25

飯島魁
　▷中原源治 375

飯島隆志 25

飯島衛
　▷児玉親輔 221

飯塚くに
　▷鹿島清兵衛 152

飯泉優 25

飯田倫子 26

飯田深雪
　▷飯田倫子 26

飯沼二郎 27

飯沼龍夫
　→飯沼慾斎 29

飯沼長顕
　▷飯沼慾斎 29

飯沼長意
　▷飯沼慾斎 29

飯沼長順
　▷飯沼慾斎 29

飯沼慾斎 29
　▷小野職愨 140
　▷小野蘭山 141
　▷木村陽二郎 191
　▷吉川芳秋 556

飯盛挺造
　▷保井コノ 526

井岡桜仙
　▷宇田川榕庵 94

五百城熊吉
　→五百城文哉 30

五百城文哉 30
　▷城数馬 266

猪飼敬所
　▷浅田宗伯 9

鋳方貞亮 31

鋳方末彦 31

鶙寺工常一
　→西岡常一 387

伊川鷹治 32

井口昌一郎
　▷山口弥輔 534

井口樹生 32

井口楽山
　▷服部雪斎 406

池上太郎左衛門 32
　▷落合孫右衛門 138

池上幸豊
　→池上太郎左衛門 32

池上幸政
　→池上太郎左衛門 32

池上義信 33

池澤夏樹
　▷福永武彦 431

池田勝彦
　▷池田利良 34

池田潔
　▷池田成功 33

池田謙蔵 33
　▷池田伴親 34

池田成功 33

池田成彬
　▷池田成功 33

池田瑞月
　▷加賀正太郎 148

池田利良 34

池田伴親 34
　▷池田謙蔵 33
　▷松戸覚之助 478

池田弥三郎
　▷井口樹生 32

池田理英 35

池長通
　▷池長孟 35

池長孟 35
　▷牧野富太郎 461

池野成
　▷池野成一郎 36

池野成一郎 36
　▷大沼宏平 120
　▷田中貢一 314
　▷平瀬作五郎 423
　▷松村任三 479

池大雅
　▷木村蒹葭堂 186

池坊専応 37

池坊専慶
　▷池坊専応 37

池坊専好（1代目） 37

池坊専好（2代目） 37

生駒義博 38

井坂宇吉 38

井坂節古
　→井坂宇吉 38

井坂直幹 38

伊沢一男 39

伊沢辞安
　→伊沢蘭軒 39

伊沢修二	▷宮武省三 ………… 502	伊藤伊兵衛(3代目・三之丞)
▷中村弥六 ………… 380	泉豊洲	…………………… 53
伊沢蘭軒 …………… 39	▷伊沢蘭軒 ………… 39	伊藤伊兵衛(4代目・政武) 54
石井研堂	和泉屋勘十郎	伊藤悦夫 …………… 54
▷前田曙山 ………… 457	▷佐原鞠塢 ………… 247	伊藤音市 …………… 55
石井庄助	伊勢屋利八	伊藤一隆
▷宇田川玄随 ……… 94	▷田中屋喜兵衛 …… 325	▷クラーク ………… 199
▷松平定信 ………… 476	井芹経平	伊東金士 …………… 55
石井宗謙	▷東郷彪 …………… 347	伊藤貫斎
▷シーボルト ……… 255	磯永吉 ……………… 48	▷津田仙 …………… 337
石井柏亭	井田白圭	伊藤清民
▷木下杢太郎 ……… 182	→井田昌胖 ………… 49	→伊藤圭介 ………… 55
石井勇義 …………… 40	井田昌胖 …………… 49	伊藤錦窠
▷松崎直枝 ………… 471	板倉重宗	→伊藤圭介 ………… 55
▷山田寿雄 ………… 539	▷安楽庵策伝 ……… 24	伊藤圭介 …………… 55
石井賀孝 …………… 41	"イタチ"	▷伊藤篤太郎 ……… 60
石川格 ……………… 41	→杉山彦三郎 ……… 279	▷伊藤譲 …………… 62
石川武彦 …………… 42	伊谷以知二郎 ……… 49	▷梅村甚太郎 ……… 98
石川光明	伊谷原一	▷江馬元益 ………… 102
▷石川光春 ………… 42	▷伊谷純一郎 ……… 49	▷大窪昌章 ………… 110
石川光春 …………… 42	伊谷純一郎 ………… 49	▷大河内存真 ……… 114
石川元助 …………… 43	伊谷腎蔵	▷賀来飛霞 ………… 150
石川林四郎 ………… 43	▷伊谷純一郎 ……… 49	▷サバチェ ………… 247
石倉成行 …………… 44	伊谷信太郎	▷シーボルト ……… 255
石黒忠篤 …………… 44	▷伊谷純一郎 ……… 49	▷田中芳男 ………… 324
石黒忠悳	市川幸吉 …………… 50	▷服部雪斎 ………… 406
▷石黒忠篤 ………… 44	市河三喜 …………… 50	▷水谷豊文 ………… 488
石崎融思	市河三禄	▷毛利梅園 ………… 514
▷川原慶賀 ………… 173	▷市河三喜 ………… 50	▷吉川芳秋 ………… 556
石津博典 …………… 45	市川政司 …………… 51	伊藤謙三郎
石塚喜明 …………… 45	市川団十郎	→伊藤譲 …………… 62
石墨慶一郎 ………… 46	▷佐原鞠塢 ………… 247	伊藤玄朴
石田毅司	▷成田屋留次郎 …… 383	▷シーボルト ……… 255
▷石田竹次 ………… 46	市川延次郎	伊藤孝重 …………… 57
石田竹次 …………… 46	→田中延次郎 ……… 320	伊藤三之丞
石田博英	市河米庵	→伊藤伊兵衛(3代目) 53
▷後藤兼吉 ………… 221	▷市河三喜 ………… 50	伊藤若冲 …………… 57
石田幽汀	市河万庵	伊藤重兵衛(4代目) … 58
▷円山応挙 ………… 484	▷市河三喜 ………… 50	伊藤舜民
石館守三 …………… 47	一条兼良 …………… 51	→伊藤圭介 ………… 55
石戸谷勉 …………… 47	一条禅閣	伊藤仁斎
石守林太郎	→一条兼良 ………… 51	▷稲生若水 ………… 66
▷石渡秀雄 ………… 48	一条経嗣	▷中村惕斎 ………… 378
伊集院兼知 ………… 48	→一条兼良 ………… 51	▷松岡恕庵 ………… 471
伊集院兼寛	一条桃花翁	伊藤清三 …………… 58
▷伊集院兼知 ……… 48	→一条兼良 ………… 51	伊藤誠哉 …………… 59
石渡秀雄 …………… 48	市村俊英 …………… 52	▷島善鄰 …………… 257
イーストレーキ	市村塘 ……………… 52	▷樋浦誠 …………… 418
	伊藤五彦 …………… 52	▷平塚直秀 ………… 425
		▷宮部金吾 ………… 503
		伊藤仙右衛門

573

いとう

→伊藤孫右衛門 …… 61	
伊藤武夫 …………… **59**	
伊藤東涯	
▷青木昆陽 …………… 3	
伊藤篤太郎 ………… **60**	
▷伊藤圭介 ………… 55	
▷河口慧海 ………… 168	
▷川村清一 ………… 174	
伊藤斗米庵	
→伊藤若冲 ……… 57	
伊藤春夫	
▷菊池理一 ………… 178	
伊藤洋 ……………… **61**	
▷井上浩 …………… 68	
▷川崎次男 ………… 169	
▷昭和天皇 ………… 267	
▷田川基二 ………… 301	
▷府川勝蔵 ………… 429	
伊藤翻紅軒	
→伊藤伊兵衛(4代目) … 54	
伊藤孫右衛門 ……… **61**	
伊藤政武	
→伊藤伊兵衛(4代目) … 54	
伊東弥恵治 ………… **61**	
伊東祐享	
▷若名英治 ………… 563	
伊藤譲 ……………… **62**	
▷伊藤圭介 ………… 55	
▷サバチェ ………… 247	
伊藤芳夫 …………… **62**	
伊藤良玄	
▷寺島良安 ………… 346	
イートン, D.	
▷矢田部良吉 ……… 528	
稲垣乙丙	
▷安藤広太郎 ……… 23	
稲塚権次郎 ………… **63**	
稲田又男 …………… **63**	
井波一雄 …………… **64**	
稲村三伯	
▷宇田川玄真 ……… 93	
稲村隆正	
▷秋山庄太郎 ……… 5	
稲荷山資生 ………… **64**	
乾純水 ……………… **65**	
▷高良斎 …………… 211	
乾溘	
→乾純水 ………… 65	
乾善八	
→乾純水 ………… 65	

乾桐谷	
→乾純水 ………… 65	
犬丸愨 ……………… **65**	
井野喜三郎 ………… **65**	
猪野俊平 …………… **65**	
稲生恒軒	
▷稲生若水 ………… 66	
稲生若水 …………… **66**	
▷小野蘭山 ………… 141	
▷貝原益軒 ………… 147	
▷後藤梨春 ………… 223	
▷徳川吉宗 ………… 354	
▷丹羽正伯 ………… 394	
▷野呂元丈 ………… 401	
▷前田綱紀 ………… 458	
▷前田利保 ………… 458	
▷松岡恕庵 ………… 471	
稲生正助	
→稲生若水 ……… 66	
伊能忠敬	
▷木村蒹葭堂 ……… 186	
稲生宣義	
→稲生若水 ……… 66	
井上円了	
▷河口慧海 ………… 168	
▷杉浦重剛 ………… 276	
井上健 ……………… **67**	
井上覚 ……………… **67**	
井上哲次郎	
▷矢田部良吉 ……… 528	
井上浩 ……………… **68**	
井上靖	
▷石渡秀雄 ………… 48	
井上隆吉 …………… **69**	
猪熊泰三 …………… **69**	
▷倉田悟 …………… 200	
▷小南清 …………… 228	
▷籾山泰一 ………… 515	
井下清 ……………… **69**	
▷市川政司 ………… 51	
伊延敏行 …………… **70**	
井原西鶴	
▷幸田露伴 ………… 214	
井原子柳	
→井原豊 ………… 70	
井原豊 ……………… **70**	
茨木一	
▷竹内敬 …………… 302	
伊吹庄蔵 …………… **71**	
井伏鱒二	

▷龍胆寺雄 ………… 562	
井部栄範 …………… **71**	
今井伊太郎 ………… **71**	
▷今井佐次平 ……… 71	
今井栄	
▷今井貞吉 ………… 72	
今井佐次平 ………… **71**	
▷今井伊太郎 ……… 71	
今井貞吉 …………… **72**	
今井三子 …………… **72**	
今井親輔	
▷今井精三 ………… 73	
今井精三 …………… **73**	
今井友之助	
▷今井精三 ………… 73	
今井裕久	
▷今井精三 ………… 73	
今井風山	
→今井貞吉 ……… 72	
今井喜孝 …………… **73**	
▷鈴木省三 ………… 282	
▷三宅驥一 ………… 497	
▷山田寿雄 ………… 539	
今泉今右衛門(13代目)	
▷川浪養治 ………… 173	
"今紀文"	
→鹿島清兵衛 …… 152	
今関常次郎	
▷今関六也 ………… 73	
今関六也 …………… **73**	
今西錦司	
▷伊谷純一郎 ……… 49	
今堀和友	
▷今堀宏三 ………… 74	
今堀宏三 …………… **74**	
今堀誠二	
▷今堀宏三 ………… 74	
今村駿一郎 ………… **75**	
今村成一郎	
▷今村駿一郎 ……… 75	
"芋宗匠"	
→島利兵衛 ……… 258	
"芋殿様"	
→種子島久基 …… 327	
井山憲太郎 ………… **75**	
入江静加 …………… **75**	
入江相政	
▷昭和天皇 ………… 267	
入野義朗	

▷柴田南雄	……………	253
イールズ, W. C.		
▷伊藤誠哉	……………	59
▷松浦一	……………	470
巌垣月洲		
▷杉浦重剛	……………	276
岩川友太郎		
▷保井コノ	……………	526
岩倉具視		
▷木部米吉	……………	185
岩佐正一	……………………	**76**
岩佐吉純	……………………	**76**
岩崎馬之助		
▷細川潤次郎	…………	446
岩崎灌園	…………………	**76**
▷阿部喜任	……………	19
▷宇田川榕庵	…………	94
▷大沼宏平	……………	120
▷馬場大助	……………	408
▷堀田正敦	……………	447
▷前田利保	……………	458
岩崎源蔵		
→岩崎灌園	……………	76
岩崎小弥太		
▷岩崎俊弥	……………	77
▷相馬孟胤	……………	290
岩崎常正		
→岩崎灌園	……………	76
岩崎俊弥	……………………	**77**
岩崎弥太郎		
▷岩崎俊弥	……………	77
▷川田龍吉	……………	172
▷細川潤次郎	…………	446
岩崎弥之助		
▷岩崎俊弥	……………	77
岩田正二郎		
▷柴田桂太	……………	252
岩田吉人	…………………	**78**
岩野貞雄	…………………	**78**
岩野裕一		
▷岩野貞雄	……………	78
岩野頼三郎		
▷荒木英一	……………	21
岩淵初郎	…………………	**78**
▷村井三郎	……………	509
岩政正男	…………………	**79**
岩松助左衛門		
▷安部熊之助	…………	18
岩宮武二		
▷秋山庄太郎	…………	5

岩本康三		
▷三浦昭雄	……………	485
巌谷小波		
▷長松篤棐	……………	376
イング	……………………	**79**
隠元	…………………………	**79**
印東弘玄	…………………	**80**

【 う 】

禹長春	…………………	**81**
禹範善		
▷禹長春	……………	81
宇井格生	…………………	**81**
宇井縫蔵	…………………	**82**
ウィズナー		
▷モーリッシュ	………	518
ヴィルシュテッター, R. M.		
▷朝比奈泰彦	…………	11
▷真島利行	……………	467
"ウィルヘルム・ボタニクス"		
→桂川甫賢	……………	155
ウィンクラー, H.		
▷木原均	………………	183
植木秀幹	…………………	**82**
上杉治憲		
▷細川重賢	……………	445
ウエスト		
▷平野実	………………	426
ウェストン, ウォルター		
▷小島烏水	……………	218
▷志村烏嶺	……………	263
上田弘一郎	………………	**82**
殖田三郎		
▷三浦昭雄	……………	485
上田三平	…………………	**83**
植田正治		
▷秋山庄太郎	…………	5
植田義方		
▷菅江真澄	……………	273
植田利喜造	………………	**84**
上田良二		
▷柴田桂太	……………	252
上野実朗	…………………	**84**
上野俊一		
▷上野益三	……………	85
上野彦馬		

▷今井貞吉	……………	72
上野益三	…………………	**85**
▷盛永俊太郎	…………	518
▷横内斎	………………	553
上原敬二	…………………	**86**
植松栄次郎		
▷飯柴永吉	……………	25
上松蓊	……………………	**89**
▷平沼大三郎	…………	426
植村佐平次		
→植村政勝	……………	90
上村茂	……………………	**90**
植村新甫		
→植村政勝	……………	90
植村利夫	…………………	**90**
植村政勝	…………………	**90**
▷丹羽正伯	……………	394
▷森野藤助	……………	520
上山英一郎	………………	**91**
ウェルニー	………………	**91**
▷サバチェ	……………	247
ウォーカー	………………	**91**
浮田和民		
▷牛島謹爾	……………	92
宇佐美正一郎	……………	**91**
宇佐美誠次郎		
▷宇佐美正一郎	………	91
牛島謹爾	…………………	**92**
牛島別天		
→牛島謹爾	……………	92
後沢憲志	…………………	**92**
薄井宏	……………………	**93**
▷鈴木時夫	……………	283
宇田川槐園		
→宇田川玄随	…………	94
宇田川玄真	………………	**93**
▷飯沼慾斎	……………	29
▷岩崎灌園	……………	76
▷宇田川玄随	…………	94
▷宇田川榕庵	…………	94
宇田川玄随	………………	**94**
▷宇田川玄真	…………	93
▷宇田川榕庵	…………	94
▷佐藤信淵	……………	242
宇田川興斎		
▷飯沼慾斎	……………	29
宇田川晋		
→宇田川玄随	…………	94
宇田川榛斎		
→宇田川玄真	…………	93

宇田川東海
　→宇田川玄随 ………… 94
宇田川道紀
　▷宇田川玄随 ………… 94
歌川広重
　▷大岡雲峰 ………… 107
宇田川明卿
　→宇田川玄随 ………… 94
宇田川榕
　→宇田川榕庵 ………… 94
宇田川榕庵 …………………… 94
　▷飯沼慾斎 ……………… 29
　▷伊藤圭介 ……………… 55
　▷伊藤篤太郎 …………… 60
　▷宇田川玄真 …………… 93
　▷シーボルト ………… 255
　▷前田利保 …………… 458
宇田川璘
　→宇田川玄真 …………… 93
内田清之助
　▷市河三喜 ……………… 50
内田百閒
　▷織田一麿 …………… 136
内田平四郎 ……………… 96
内野東庵 ………………… 96
内村鑑三
　▷大賀一郎 …………… 107
　▷大賀歌子 …………… 109
　▷クラーク …………… 199
　▷新渡戸稲造 ………… 393
　▷堀誠太郎 …………… 448
　▷松田英二 …………… 472
　▷宮部金吾 …………… 503
　▷渡瀬寅次郎 ………… 565
内山覚仲
　▷稲生若水 ……………… 66
内山富治郎 ……………… 96
宇都宮貞子 ……………… 96
梅崎勇 …………………… 97
梅沢親光
　▷山川黙 ……………… 533
梅田倫平 ………………… 97
梅原寛重 ………………… 98
梅村甚太郎 ……………… 98
　▷岡田松之助 ………… 126
　▷吉川芳秋 …………… 556
雲華 ……………………… 99

【 え 】

栄西 ……………………… 99
　▷明恵 ………………… 504
永田藤兵衛 …………… 101
江川太郎左衛門
　▷矢田部良吉 ………… 528
江口庸雄 ……………… 101
江碕済
　▷牛島謹爾 …………… 92
エドワード7世
　▷阪谷芳郎 …………… 235
榎本健一
　▷中村是好 …………… 377
榎本中衛 ……………… 101
江馬活堂
　→江馬元益 …………… 102
江馬元益 ……………… 102
　▷山本亡羊 …………… 545
江馬元弘
　▷江馬元益 …………… 102
江馬子友
　→江馬元益 …………… 102
江馬春齢
　→江馬元益 …………… 102
江馬蘭斎
　▷飯沼慾斎 …………… 29
　▷江馬元益 …………… 102
エーメル, エルネスチーネ
　▷新島善直 …………… 385
江本義数 ……………… 102
　▷徳川義親 …………… 353
エルキントン, メアリー
　▷新渡戸稲造 ………… 393
円空
　→西洞院時慶 ………… 390
エングラー …………… 102
　▷大沼宏平 …………… 120
遠藤吉三郎 …………… 103
　▷安藤広太郎 ………… 23
　▷木原均 ……………… 183
遠藤吉平
　▷遠藤吉三郎 ………… 103
遠藤周作
　▷竹本常松 …………… 306
遠藤元一 ……………… 103

【 お 】

大井次三郎 …………… 104
　▷北村四郎 …………… 180
　▷杉野辰雄 …………… 278
　▷園原咲也 …………… 291
大家百次郎 …………… 104
大石三郎 ……………… 105
大泉滉 ………………… 105
大泉黒石
　▷大泉滉 ……………… 105
大井上久麿
　▷大井上康 …………… 105
大井上康 ……………… 105
大岩雅泉堂
　▷加賀正太郎 ………… 148
大岩金右衛門 ………… 106
大上宇市 ……………… 106
大内幸雄 ……………… 107
大内良雄（内蔵助）
　▷種子島久基 ………… 327
大内山茂樹 …………… 107
大岡雲峰 ……………… 107
　▷斎田雲岱 …………… 229
　▷繁亭金太 …………… 249
　▷関根雲停 …………… 288
　▷水野忠暁 …………… 489
大岡金十郎
　→大岡雲峰 …………… 107
大岡公栗
　→大岡雲峰 …………… 107
大岡春ト
　▷木村蒹葭堂 ………… 186
大岡成寛
　→大岡雲峰 …………… 107
大岡忠相
　▷青木昆陽 ……………… 3
　▷徳川吉宗 …………… 354
大岡傅十郎
　→大岡雲峰 …………… 107
大賀一郎 ……………… 107
　▷大賀歌子 …………… 109
　▷太田洋愛 …………… 116
大賀歌子 ……………… 109
　▷大賀一郎 …………… 107
大垣智昭 ……………… 109

植物文化人物事典　　　人名索引　　　おおやき

正親町天皇
　▷曲直瀬道三(1代目)　482
大久保一翁
　▷大久保三郎 ……… 109
大窪梅子
　→若浜汐子 ……… 563
大窪光風
　▷大窪昌章 ……… 110
大久保三郎 **109**
　▷牧野富太郎 ……… 461
大窪詩仏
　▷佐原鞠塢 ……… 247
大久保重五郎 **110**
大窪舒三郎
　→大窪昌章 ……… 110
大窪薜茘庵
　→大窪昌章 ……… 110
大久保善左衛門
　→大久保常吉 ……… 110
大窪太兵衛
　▷水谷豊文 ……… 488
大久保常吉 ……… **110**
大久保利通
　▷大隈重信 ……… 111
　▷船津伝次平 ……… 439
大窪昌章 ……… **110**
　▷伊藤圭介 ……… 55
　▷大河内存真 ……… 114
大久保夢遊
　→大久保常吉 ……… 110
大隈重信 ……… **111**
　▷尾崎行雄 ……… 134
　▷杉浦重剛 ……… 276
　▷若名英治 ……… 563
大隈信保
　▷大隈重信 ……… 111
大隈信幸
　▷大隈重信 ……… 111
大蔵亀翁
　→大蔵永常 ……… 112
大倉喜八郎
　▷井坂直幹 ……… 38
大蔵孟純
　→大蔵永常 ……… 112
大蔵徳兵衛
　→大蔵永常 ……… 112
大蔵永常 ……… **112**
　▷宮崎安貞 ……… 498
大倉半兵衛

　▷加賀正太郎 ……… 148
大河内恒庵
　→大河内存真 ……… 114
大河内重敦
　→大河内存真 ……… 114
大河内重徳
　→大河内存真 ……… 114
大河内子厚
　→大河内存真 ……… 114
大河内周碩
　→大河内存真 ……… 114
大河内存真 **114**
　▷伊藤圭介 ……… 55
　▷シーボルト ……… 255
　▷水谷豊文 ……… 488
大崎六郎 ……… **115**
大崎鷲舟
　→大崎六郎 ……… 115
大沢省三
　▷山田常雄 ……… 538
大下一真
　▷大下豊道 ……… 115
大下豊道 **115**
大島正健
　▷クラーク ……… 199
大宿安平
　→槇賀安平 ……… 337
大瀬休左衛門 **115**
　▷種子島久基 ……… 327
太田稲造
　→新渡戸稲造 ……… 393
太田宜春堂
　▷松平君山 ……… 474
太田元逹
　▷渋江長伯 ……… 254
太田澄元
　▷伊沢蘭軒 ……… 39
太田時敏
　→新渡戸稲造 ……… 393
大田南畝
　▷木村蒹葭堂 ……… 186
　▷佐原鞠塢 ……… 247
太田正雄
　→木下杢太郎 ……… 182
太田紋助 **115**
太田安定 **116**
太田洋愛 **116**
　▷冨樫誠 ……… 349
大滝末男 **117**
　▷原田市太郎 ……… 415

大谷茂 ……… **117**
大谷重楼
　→二階重楼 ……… 387
大谷毅
　▷大谷茂 ……… 117
大谷嘉兵衛
　▷杉山彦三郎 ……… 279
大塚恭男
　▷大塚敬節 ……… 118
大塚敬節 ……… **118**
大槻玄沢
　▷宇田川玄真 ……… 93
　▷宇田川玄随 ……… 94
　▷桂川甫賢 ……… 155
　▷木村蒹葭堂 ……… 186
　▷シーボルト ……… 255
　▷堀田正敦 ……… 447
大槻只之助 ……… **119**
大槻虎男 ……… **119**
大坪二市 ……… **119**
大鳥圭介
　▷矢田部良吉 ……… 528
大西常右衛門 ……… **120**
大沼宏平 ……… **120**
大野茂男
　▷大野直枝 ……… 121
大野静方
　▷山本金蔵 ……… 544
大野直枝 ……… **121**
　▷郡場寛 ……… 217
大野直輔
　▷大野直枝 ……… 121
大野典子 ……… **121**
大野俶嵩 ……… **121**
大野守衛
　▷大野直枝 ……… 121
大野義輝 ……… **122**
大庭季景 ……… **122**
大場秀章
　▷常谷幸雄 ……… 266
大政正隆 ……… **122**
大町桂月
　▷郡場ふみ子 ……… 217
大森熊太郎 ……… **123**
大森常七
　▷大槻只之助 ……… 119
大森政光
　→大森熊太郎 ……… 123
大谷木一 ……… **123**

577

▷竹本要斎 ……… 307	岡野金次郎	尾崎斑象
大谷木備一郎	▷小島烏水 ……… 218	▷清水謙吾 ……… 261
▷大谷木一 ……… 123	岡部正義 **128**	尾崎行雄 **134**
岡安定	岡村金太郎 **128**	▷熊谷八十三 … 198
▷山本亡羊 ……… 545	▷原田三夫 ……… 416	▷栗本鋤雲 ……… 201
岡国夫 **123**	▷三輪知雄 ……… 508	▷阪谷芳郎 ……… 235
岡研介 **124**	▷山田幸男 ……… 540	▷清水謙吾 ……… 261
岡蒼石	岡村周諦 **129**	▷牧野富太郎 … 461
→岡不崩 ……… 124	▷府川勝蔵 ……… 429	尾崎行輝
岡梅渓	岡村尚謙	▷尾崎行雄 ……… 134
→岡不崩 ……… 124	▷岩崎灌園 ……… 76	尾崎行信
岡不崩 **124**	岡村喬生	▷尾崎行雄 ……… 134
▷大谷木一 ……… 123	▷岡村金太郎 … 128	長田武正 **135**
岡倉天心	岡本勇	小沢圭次郎 **136**
▷邨田丹陵 ……… 512	▷細川隆英 ……… 446	小沢善平
岡崎忠雄	岡本綺堂	▷雨宮竹輔 ……… 20
▷フォリー ……… 428	▷田中澄江 ……… 317	織田一麿 **136**
岡崎令治	岡本省吾 **129**	小田常太郎 **137**
▷山田常雄 ……… 538	岡本清造	▷田代善太郎 … 309
小笠原和夫	▷南方熊楠 ……… 492	織田東禹
▷細川隆英 ……… 446	▷南方文枝 ……… 496	▷織田一麿 ……… 136
小笠原恕清	岡本東洋 **130**	織田信雄
→豊島恕清 ……… 362	▷加賀正太郎 … 148	▷織田一麿 ……… 136
岡島錦也 **124**	岡本勇治 **130**	織田信長
尾形乾山	小川一真	▷織田一麿 ……… 136
▷尾形光琳 ……… 125	▷鹿島清兵衛 … 152	▷徳川家康 ……… 351
緒方洪庵	小川信太郎 **131**	▷曲直瀬道三(1代目) 482
▷小沢圭次郎 … 136	小川由一 **131**	織田信徳
▷花房義質 ……… 408	荻生徂徠	▷織田一麿 ……… 136
▷真島利行 ……… 467	▷柳沢吉保 ……… 530	織田信愛
尾形光琳 **125**	奥貫一男 **132**	▷織田一麿 ……… 136
▷伊藤若冲 ……… 57	奥原弘人 **132**	お滝
▷佐原鞠塢 ……… 247	奥平昌高	▷高良斎 ……… 211
尾形昭逸 **125**	▷島津重豪 ……… 259	▷シーボルト ……… 255
尾形宗謙	小熊掉	▷ビュルガー ……… 421
▷尾形光琳 ……… 125	▷市河三喜 ……… 50	小田切真助
岡田種雄 **126**	奥山春季 **133**	▷高木春山 ……… 293
岡田東作	小倉少助	小田野直武
▷佐藤栄助 ……… 239	▷野中兼山 ……… 400	▷池長孟 ……… 35
尾形惟富	小倉謙 **133**	御旅屋太作 **138**
→尾形光琳 ……… 125	▷原襄 ……… 414	越智一男 **138**
岡田正堅	オーケン	落合英二 **138**
▷岡田松之助 … 126	▷シーボルト ……… 255	▷菊池理一 ……… 178
緒方正資 **126**	尾崎咢堂	落合孫右衛門 **138**
緒方松蔵 **126**	→尾崎行雄 ……… 134	▷徳川吉宗 ……… 354
岡田松之助 **126**	尾崎喜八 **134**	小野梓
岡田要之助 **127**	▷串田孫一 ……… 194	▷大隈重信 ……… 111
岡田利左衛門 **127**	尾崎紅葉	小野喜内
岡西為人 **127**	▷幸田露伴 ……… 214	→小野蘭山 ……… 141
		小野薫山
		→小野職愨 ……… 140

小野士徳		▷小原豊雲	143	香川冬夫	149
→小野職孝	140	小原俊悦		蝸牛庵	
小野哲夫	138	→小原春造(1代目)	143	→幸田露伴	214
小野道風		小原春造(1代目)	143	賀来章輔	150
▷近衛家熙	223	▷乾純水	65	賀来季和	
小野知夫	139	小原桃洞		→賀来飛霞	150
▷木原均	183	▷畔田翠山	204	賀来飛霞	150
小野友五郎		小原秀雄		▷山本亡羊	545
▷津田仙	337	▷小原雅子	144	賀来睦三郎	
小野記彦	139	小原豊雲	143	→賀来飛霞	150
小野職孝	140	小原雅子	144	賀来睦之	
▷小野職愨	140	表与兵衛	144	→賀来飛霞	150
▷小野蘭山	141	"オラン・ヤング・バイ・サカリ"		笠井清	
小野職博		→郡場寛	217	▷宮武省三	502
→小野蘭山	141	折下吉延	144	笠原安夫	151
小野職愨	140	オリバ		風間八左衛門	
▷小野職孝	140	▷藤井健次郎	433	▷津村重舎(2代目)	341
▷小野蘭山	141	恩田経介	145	梶井基次郎	
▷サバチェ	247	恩田鉄弥	145	▷龍胆寺雄	562
▷牧野富太郎	461	▷福嶌才治	430	梶浦実	151
小野勇次郎		恩地邦郎		"梶浦天皇"	
→小野哲夫	138	▷恩地孝四郎	146	→梶浦実	151
小野以文		恩地孝四郎	146	鹿島清兵衛	152
→小野蘭山	141	恩地三保子		鹿島安太郎	152
小野蘭山	141	▷恩地孝四郎	146	賀集久太郎	153
▷浅野春道	11			勧修寺顕允	
▷飯沼慾斎	29			▷勧修寺経雄	153
▷伊藤篤太郎	60	【 か 】		勧修寺経雄	153
▷岩崎灌園	76			梶原景山	
▷宇田川榕庵	94	海上比左子		▷松平頼恭	477
▷小野職孝	140	▷若浜汐子	563	加田伶太郎	
▷小野職愨	140	海東久		→福永武彦	431
▷小原春造(1代目)	143	▷織田一麿	136	片平信明	
▷木村蒹葭堂	186	貝原益軒	147	▷田村又吉	331
▷サバチェ	247	▷松平君山	474	片山直人	
▷島田充房	261	▷宮崎安貞	498	▷中島仰山	370
▷服部雪斎	406	▷李時珍	561	片山北海	
▷松岡恕庵	471	貝原勘三郎		▷木村蒹葭堂	186
▷水谷豊文	488	→貝原益軒	147	片山正英	153
▷村松標左衛門	513	貝原子誠		勝井信勝	154
▷山本亡羊	545	→貝原益軒	147	香月繁孝	154
小野苔庵		貝原楽軒		桂琦一	
→小野職愨	140	▷宮崎安貞	498	→桂樟蹊子	154
小野田伊久馬		加賀正太郎	148	桂小文治	
▷村越三千男	510	▷後藤兼吉	221	▷桂文治(10代目)	155
小野寺透	142	加賀誠太郎		桂樟蹊子	154
小幡蔵人		→加賀正太郎	148	桂二郎	
→小幡高政	142	加賀屋伝蔵	149	▷ハム	410
小幡高政	142			桂太郎	
小原玄住					
▷小原春造(1代目)	143				
小原光雲					

579

▷ハム ……………… 410	加藤照吉	狩野亨吉
桂文治（10代目）……… 155	▷加藤秀男 …… 158	▷安藤昌益 ……… 22
桂籠風	加藤督信	▷幸田露伴 ……… 214
→桂文治（10代目）. 155	→加藤竹斎 ………… 157	嘉納治五郎
桂川国寧	加藤留吉（1代目）	▷田代善太郎 …… 309
→桂川甫賢 ………… 155	▷加藤留吉（2代目）. 158	狩野四郎次郎
桂川公鑑	**加藤留吉（2代目）… 158**	→狩野探幽 ……… 162
→桂川甫周（4代目）. 156	▷加藤秀男 …… 158	→狩野光信 ……… 163
桂川国瑞	加藤秀男 ………… **158**	狩野生明
→桂川甫周（4代目）. 156	▷加藤留吉（2代目）. 158	→狩野探幽 ……… 162
桂川清遠	加藤文子	狩野孝信
→桂川甫賢 ………… 155	▷加藤秀男 …… 158	→狩野探幽 ……… 162
桂川甫安	加藤元助 ……… **159**	**狩野探幽 ……… 162**
→桂川甫賢 ………… 155	"加藤三兄弟"	▷狩野常信 ……… 163
→桂川甫周（4代目）. 156	▷加藤秀男 …… 158	**狩野常信 ……… 163**
桂川甫謙	門田正三 ……… **159**	狩野友信
→桂川甫周（4代目）. 156	金井国夫	▷岡不崩 ……… 124
桂川甫賢 ……… 155	→岡国夫 ……… 123	狩野尚信
▷桂川甫周（4代目）. 156	金井紫雲 ……… **159**	→狩野常信 ……… 163
▷シーボルト ……… 255	金井泰三郎	狩野芳崖
桂川甫三	→金井紫雲 ……… 159	▷岡不崩 ……… 124
→桂川甫周（4代目）. 156	金井為一郎	**狩野光信 ……… 163**
桂川甫周（4代目）… 156	▷浜健夫 ……… 409	樺山主税
▷宇田川玄真 …… 93	金城三郎 ……… **160**	▷島津重豪 ……… 259
▷宇田川玄随 …… 94	金城鉄郎	**鏑木徳二 ……… 163**
▷桂川甫賢 ……… 155	→天野鉄夫 ……… 20	鎌田玄台
▷ツンベルク …… 342	金丸重嶺	▷華岡青洲 ……… 407
桂川甫筑	▷恩地孝四郎 …… 146	**上村登 ……… 164**
▷桂川甫賢 ……… 155	金森長近	**神谷辰三郎 …… 164**
加藤枝直	▷安楽庵策伝 …… 24	**神谷伝蔵 ……… 165**
▷青木昆陽 ……… 3	金行幾太郎 ……… **160**	神谷伝兵衛（1代目）
加藤完治	兼岩伝一	▷神谷伝蔵 ……… 165
▷石黒忠篤 ……… 44	▷木村資生 ……… 189	神谷伝兵衛（2代目）
加藤邦三	兼岩芳夫 ……… **160**	→神谷伝蔵 ……… 165
▷小野哲夫 ……… 138	金子金陵	**神谷宣郎 ……… 165**
加藤三郎	▷椿椿山 ……… 339	神谷美恵子
▷加藤秀男 ……… 158	金子健太郎 ……… **161**	▷神谷宣郎 ……… 165
加藤茂苞	金子政次郎	神谷律
▷安藤広太郎 …… 23	▷織田一麿 …… 136	▷神谷宣郎 ……… 165
加藤周一	金子善一郎 ……… **161**	**神山恵三 ……… 166**
▷福永武彦 ……… 431	金子英人	亀井昭陽
加藤楸邨	▷金子善一郎 …… 161	▷岡研介 ……… 124
▷小川信太郎 …… 131	金子保平	亀井南冥
加藤誠平 ……… 157	→村里保平 …… 511	▷帆足万里 ……… 442
加藤千蔭	金平亮三 ……… **162**	亀谷了
▷青木昆陽 ……… 3	狩野右近	▷児玉親輔 ……… 221
▷佐原鞠塢 ……… 247	→狩野常信 ……… 163	亀田鵬斎
加藤竹斎 ……… 157	狩野永徳	▷佐原鞠塢 ……… 247
加藤鉄一	▷狩野光信 …… 163	蒲生竹山
▷飯柴永吉 …… 25		

▷山本溪愚 ………… 544	川島佐次右衛門（2代目）170	▷織田一麿 ………… 136
賀茂真淵	川瀬勇 ……………… 170	川村幸八 …………… **174**
▷菅江真澄 ………… 273	川瀬善太郎 ………… 171	川村茂博
茅誠司	河田黨	→川村幸八 ………… 174
▷田宮博 …………… 329	▷河田杰 ………… 171	川村只水
栢森貞助	▷山川黙 ………… 533	→川村幸八 ………… 174
▷内田平四郎 ……… 96	河田烈	川村純二 …………… **174**
烏丸光広	▷河田杰 ………… 171	川村清一 …………… **174**
▷俵屋宗達 ………… 332	▷山川黙 ………… 533	川村多実二
狩谷棭斎	川田小一郎	▷上野益三 ……… 85
▷伊沢蘭軒 ………… 39	▷川田龍吉 ……… 172	▷川村清一 ……… 174
刈米達夫 …………… **166**	河田黙	▷清棲幸保 ……… 193
▷木村雄四郎 ……… 190	→山川黙 ………… 533	川村修就 …………… **175**
カール	河田杰 …………… 171	川村良次郎
▷シーボルト ……… 255	▷山川黙 ………… 533	▷川村清一 ……… 174
カレン,ローザ	河田休	"柑橘の父"
▷辻村伊助 ………… 336	▷河田杰 ………… 171	→高橋郁郎 ……… 297
川合玉堂	▷山川黙 ………… 533	"韓国農業の父"
▷川浪養治 ………… 173	川田龍吉 …………… **172**	→禹長春 ………… 81
河合正一	川内屋八郎兵衛	"甘藷翁"
▷木下杢太郎 ……… 182	▷吉田弥右衛門 …… 558	→川村幸八 ……… 174
川井清一郎	川名りん …………… **172**	→島利兵衛 ……… 258
▷矢沢米三郎 ……… 524	川浪貞次	"甘藷先生"
河井継之助	▷川浪養治 ……… 173	→青木昆陽 ……… 3
▷小畔四郎 ………… 209	川浪竹山	玩草亭
川井東村	▷川浪養治 ……… 173	→福永武彦 ……… 431
▷中村惕斎 ………… 378	川浪重年	上林諭一郎
河上謹一	▷川浪養治 ……… 173	▷谷川利善 ……… 326
▷大野直枝 ………… 121	川浪平吉	
川上澄生	▷川浪養治 ……… 173	
▷恩地孝四郎 ……… 146	川浪養治 …………… **173**	【き】
川上善兵衛（6代目）… **167**	川西英	
川上滝弥 …………… **167**	▷恩地孝四郎 …… 146	
▷佐々木舜一 ……… 237	川辺御楯	木内石亭
▷佐藤泉 …………… 239	▷邨田丹陵 ……… 512	▷木村蒹葭堂 …… 186
川上眉山	川端康成	菊池秋雄 …………… **176**
▷前田曙山 ………… 457	▷龍胆寺雄 ……… 562	▷菊池楯衛 ……… 177
川上不白	川原慶賀 …………… **173**	菊池寛
▷佐原鞠塢 ………… 247	▷池長孟 ………… 35	▷田中澄江 ……… 317
川喜多久太夫	▷シーボルト …… 255	▷龍胆寺雄 ……… 562
▷伊藤武夫 ………… 59	川原香山	菊池九郎
河口慧海 …………… **168**	▷川原慶賀 ……… 173	▷イング ………… 79
河越重紀 …………… **169**	川原種美	菊池松軒
川崎次男 …………… **169**	→川原慶賀 ……… 173	▷幸田露伴 ……… 214
川崎哲也 …………… **169**	川原登与助	菊池卓郎
川崎敏男 …………… **170**	→川原慶賀 ……… 173	▷菊池楯衛 ……… 177
川島吉蔵	河東碧梧桐	菊池楯衛 …………… **177**
▷川島佐次右衛門（2代	▷森田雷死久 …… 517	▷菊池秋雄 ……… 176
目）…………… 170	河辺敬太郎 ………… **174**	▷楠美冬次郎 …… 195
	川村清雄	菊地政雄 …………… **177**

菊池理一 ‥‥‥‥‥ **178**
　▷小畔四郎 ‥‥‥‥ 209
　▷中川九一 ‥‥‥‥ 368
菊屋宇兵衛
　→佐原鞠塢 ‥‥‥‥ 247
岸田日出男
　▷岡本勇治 ‥‥‥‥ 130
岸田松若 ‥‥‥‥‥ **178**
木島才次郎 ‥‥‥‥ **178**
貴島恒夫 ‥‥‥‥‥ **178**
岸本定吉 ‥‥‥‥‥ **179**
北川政夫 ‥‥‥‥‥ **179**
　▷本田正次 ‥‥‥‥ 453
北野屋平兵衛
　→佐原鞠塢 ‥‥‥‥ 247
北原白秋
　▷恩地孝四郎 ‥‥‥ 146
　▷木下杢太郎 ‥‥‥ 182
北見秀夫 ‥‥‥‥‥ **179**
喜多村槐園
　▷栗本鋤雲 ‥‥‥‥ 201
北村四郎 ‥‥‥‥‥ **180**
　▷飯沼慾斎 ‥‥‥‥ 29
　▷大井次三郎 ‥‥‥ 104
　▷北村四郎 ‥‥‥‥ 180
　▷古家儀八郎 ‥‥‥ 228
　▷昭和天皇 ‥‥‥‥ 267
　▷薗原咲也 ‥‥‥‥ 291
喜多村信節
　▷栗本鋤雲 ‥‥‥‥ 201
北村正哉
　▷三上希次 ‥‥‥‥ 486
北脇永治 ‥‥‥‥‥ **181**
木梨延太郎 ‥‥‥‥ **182**
"キノコ博士"
　→川村清一 ‥‥‥‥ 174
木下貞幹
　▷稲生若水 ‥‥‥‥ 66
木下順庵
　▷稲生若水 ‥‥‥‥ 66
　▷貝原益軒 ‥‥‥‥ 147
　▷陶山鈍翁 ‥‥‥‥ 285
　▷前田綱紀 ‥‥‥‥ 458
木下道円 ‥‥‥‥‥ **182**
木下利恭
　▷関口長左衛門 ‥‥ 288
木下杢太郎 ‥‥‥‥ **182**
　▷大沼宏平 ‥‥‥‥ 120
木原均 ‥‥‥‥‥‥ **183**
　▷遠藤吉三郎 ‥‥‥ 103
　▷大井次三郎 ‥‥‥ 104

▷小野知夫 ‥‥‥‥ 139
▷坂村徹 ‥‥‥‥‥ 235
▷徳川義親 ‥‥‥‥ 353
▷盛永俊太郎 ‥‥‥ 518
木部米翁
　→木部米吉 ‥‥‥‥ 185
木部米吉 ‥‥‥‥‥ **185**
　▷吉村鋭治 ‥‥‥‥ 559
"キムチの恩人"
　→禹長春 ‥‥‥‥‥ 81
木村有香 ‥‥‥‥‥ **185**
　▷昭和天皇 ‥‥‥‥ 267
　▷相馬寛吉 ‥‥‥‥ 290
木村伊兵衛
　▷薗部澄 ‥‥‥‥‥ 291
木村蒹葭堂 ‥‥‥‥ **186**
　▷池長孟 ‥‥‥‥‥ 35
木村康一 ‥‥‥‥‥ **187**
木村孔恭
　→木村蒹葭堂 ‥‥‥ 186
木村荘八
　▷伊川鷹治 ‥‥‥‥ 32
木村達明 ‥‥‥‥‥ **188**
木村桐斎
　▷佐藤信淵 ‥‥‥‥ 242
木村彦右衛門 ‥‥‥ **188**
木村允 ‥‥‥‥‥‥ **189**
木村素衛
　▷木村有香 ‥‥‥‥ 185
木村資生 ‥‥‥‥‥ **189**
木村雄四郎 ‥‥‥‥ **190**
木村陽二郎 ‥‥‥‥ **191**
　▷児玉親輔 ‥‥‥‥ 221
　▷清水東谷 ‥‥‥‥ 262
木村亘 ‥‥‥‥‥‥ **192**
帰山信順
　▷市河三喜 ‥‥‥‥ 50
"救らいの父"
　→石館守三 ‥‥‥‥ 47
京極高永
　▷梅寿院 ‥‥‥‥‥ 402
清棲家教
　▷清棲幸保 ‥‥‥‥ 193
清棲幸保 ‥‥‥‥‥ **193**
きり嶋屋伊兵衛
　→伊藤伊兵衛（3代目・
　三之丞） ‥‥‥‥‥ 53
桐野忠兵衛 ‥‥‥‥ **193**
銀台侯
　→細川重賢 ‥‥‥‥ 445

【く】

空海
　▷近衛家熙 ‥‥‥‥ 223
陸羯南
　▷杉浦重剛 ‥‥‥‥ 276
陸井鉄男
　▷飯田倫子 ‥‥‥‥ 26
草野俊助 ‥‥‥‥‥ **194**
　▷今関六也 ‥‥‥‥ 73
　▷大野直枝 ‥‥‥‥ 121
草野心平
　▷串田孫一 ‥‥‥‥ 194
"叢の画家"
　→高坂和子 ‥‥‥‥ 212
串田和美
　▷串田孫一 ‥‥‥‥ 194
串田孫一 ‥‥‥‥‥ **194**
串田万蔵
　▷串田孫一 ‥‥‥‥ 194
串田光弘
　▷串田孫一 ‥‥‥‥ 194
櫛部国三郎 ‥‥‥‥ **195**
九条兼実
　▷明恵 ‥‥‥‥‥‥ 504
九条道家
　▷明恵 ‥‥‥‥‥‥ 504
楠美太素
　▷楠美冬次郎 ‥‥‥ 195
楠美冬次郎 ‥‥‥‥ **195**
楠美晩翠
　▷楠美冬次郎 ‥‥‥ 195
楠本イネ
　▷高良斎 ‥‥‥‥‥ 211
　▷シーボルト ‥‥‥ 255
　▷ビュルガー ‥‥‥ 421
久世治作
　▷飯沼慾斎 ‥‥‥‥ 29
クート，J.A.
　▷松村義敏 ‥‥‥‥ 481
工藤祐舜 ‥‥‥‥‥ **196**
久邇宮朝彦王
　▷山本渓愚 ‥‥‥‥ 544
久保田金蔵 ‥‥‥‥ **197**
　▷府川勝蔵 ‥‥‥‥ 429
久保田尚志 ‥‥‥‥ **197**

久保田秀夫	198	▷杉浦重剛	276	▷宇田川榕菴	94
熊井喜和子	198	黒田子観		ケッセル	
熊谷八十三	198	→黒田長溥	205	▷多田智満子	311
"熊狩りの殿様"		畔田翠嶽		ゲーテ	
→徳川義親	353	→畔田翠山	204	▷モーリッシュ	518
久米清右衛門		畔田翠山	204	ゲーベル	
▷藤山吉左衛門	437	黒田清輝		▷藤田健次郎	433
倉石晋	198	▷伊川鷹治	32	ケリー, H. C.	
クラーク	199	▷辻永	335	▷田宮博	329
▷堀誠太郎	448	▷寺内萬治郎	345	ケンペル	207
▷渡瀬寅次郎	565	黒田忠之		▷中井猛之進	364
倉田悟	200	▷貝原益軒	147	▷中村惕斎	378
▷府川勝蔵	429	▷宮崎安貞	498		
▷湯山五策	550	黒田チカ	205		
倉田益二郎	201	▷黒田チカ	205	【 こ 】	
倉富勇三郎		▷真島利行	467		
▷城数馬	266	畔田伴存		呉継志	208
クラマー	201	→畔田翠山	204	▷島津重豪	259
グリエルマ		黒田長知		▷村田経絆	512
▷南方熊楠	492	▷黒田長溥	205	胡秉枢	
栗本元東		黒田長溥	205	▷杉山彦三郎	279
→栗本瑞見	202	▷島津重豪	259	小畔四郎	209
栗本鯤		黒田斉清		▷上松蓊	89
→栗本鋤雲	201	▷江馬元益	102	▷菊池理一	178
栗本鋤雲	201	▷黒田長溥	205	▷佐藤清明	240
栗本瑞見（4代目）	202	黒田斉溥		▷沢田兼吉	248
▷田村藍水	331	→黒田長溥	205	▷中川九一	368
▷服部雪斎	406	黒田光之		▷平沼大三郎	426
栗本丹洲		▷貝原益軒	147	小泉源一	209
→栗本瑞見	202	黒田龍風		▷荒木英一	21
栗本昌綱		▷黒田長溥	205	▷大井次三郎	104
→栗本瑞見	202	黒沼勝造		▷大庭季景	122
栗本昌友		▷岡村金太郎	128	▷岡本勇治	130
▷栗本瑞見	202	"クロレラ博士"		▷小田常太郎	137
グレイ	203	→田宮博	329	▷河越重紀	169
▷矢田部良吉	528	桑田道夫		▷北村四郎	180
▷ライト	561	▷桑田義備	206	▷木村有香	185
クレマンソー		桑田義備	206	▷小泉秀雄	210
▷阪谷芳郎	235	▷徳川義親	353	▷高嶺英言	300
クレメント, E. W.		桑原義晴	206	▷田川基二	301
▷渡瀬寅次郎	565	郡司成忠		▷竹内敬	302
黒岩恒	203	▷幸田露伴	214	▷田代善太郎	309
黒川喬雄	203			▷中井猛之進	364
黒木宗尚	204	【 け 】		▷仲宗根善守	371
黒田清隆				▷中原源治	375
▷大久保常吉	110	ケイリン, D.		▷中村正雄	379
黒田源次		▷田宮博	329	▷鍋島与市	382
▷岡西為人	127	ゲスナー		▷二階重楼	387
黒田麹廬				▷西村茂次	390
				▷前原勘次郎	459
				▷山田寿雄	539
				▷吉川純幹	555
				▷米田勇一	560

小泉秀雄 …………… **210**
　▷小泉源一 ………… 209
　▷古瀬義 …………… 441
小泉八雲
　▷石川林四郎 ……… 43
　▷中川久知 ………… 369
小出信吉 …………… **210**
小祝三郎 …………… **211**
高錦国
　▷高良斎 …………… 211
高良斎 ……………… **211**
　▷シーボルト ……… 255
"公園行政の祖"
　→折下吉延 ………… 144
纐纈理一郎 ………… **211**
高坂和子 …………… **212**
上坂伝次 …………… **212**
孔子
　▷白沢保美 ………… 271
香淳皇后
　▷跡見玉枝 ………… 17
　▷昭和天皇 ………… 267
　▷浜栄助 …………… 409
神津昭平
　▷宮田敏雄 ………… 502
上妻博之 …………… **212**
幸田文 ……………… **212**
　▷幸田露伴 ………… 214
甲田栄佑 …………… **213**
幸田成友
　▷幸田露伴 ………… 214
幸田成行
　→幸田露伴 ………… 214
幸田延
　▷幸田露伴 ………… 214
甲田綏郎
　▷甲田栄佑 ………… 213
幸田露伴 …………… **214**
　▷幸田文 …………… 212
晃天園瑞 …………… **215**
幸堂得知
　▷幸田露伴 ………… 214
河野一郎
　▷片山正英 ………… 153
河野剛
　→河野禎造 ………… 216
河野禎造 …………… **216**
河野齢蔵 …………… **216**
　▷田中貢一 ………… 314
　▷根本莞爾 ………… 398

▷矢沢米三郎 ……… 524
高弁
　→明恵 ……………… 504
合屋武城 …………… **216**
郡場寛 ……………… **217**
　▷木原均 …………… 183
　▷郡場ふみ子 ……… 217
　▷小清水卓二 ……… 220
　▷徳川義親 ………… 353
　▷三木茂 …………… 486
郡場直也
　▷郡場ふみ子 ……… 217
郡場ふみ子 ………… **217**
　▷郡場寛 …………… 217
粉川昭平 …………… **218**
国分寛 ……………… **218**
古在由直
　▷鈴木梅太郎 ……… 280
"コシヒカリの父"
　→石墨慶一郎 ……… 46
小島烏水 …………… **218**
　▷市河三喜 ………… 50
小島久太
　→小島烏水 ………… 218
小島清三
　▷吉川芳秋 ………… 556
小島仙
　→津田仙 …………… 337
小島利徳 …………… **219**
小島隼太郎
　▷小島烏水 ………… 218
小島均 ……………… **219**
小島柳蛙
　▷飯沼慾斎 ………… 29
小清水亀之助 ……… **219**
小清水卓二 ………… **220**
五姓田芳柳
　▷平木政次 ………… 423
小関三英
　▷桂川甫賢 ………… 155
　▷シーボルト ……… 255
　▷高野長英 ………… 296
小高伊左衛門 ……… **220**
　▷市川政司 ………… 51
　▷松平定朝 ………… 475
小竹無二雄
　▷久保田尚志 ……… 197
　▷真島利行 ………… 467
児玉正介
　→西本チョウ ……… 392

児玉親輔 …………… **221**
児玉総兵衛
　▷西本チョウ ……… 392
後藤兼吉 …………… **221**
　▷加賀正太郎 ……… 148
後藤弘毅
　▷山根銀五郎 ……… 542
後藤光生
　→後藤梨春 ………… 223
後藤実慶
　▷高野長英 ………… 296
後藤捷一 …………… **222**
後藤伸 ……………… **222**
　▷外山八郎 ………… 362
後藤新平
　▷伊藤武夫 ………… 59
　▷新渡戸稲造 ……… 393
後藤節三郎
　→田中節三郎 ……… 318
後藤太仲
　→後藤梨春 ………… 223
五島八左衛門
　▷池田成功 ………… 33
後藤又兵衛
　▷木村蒹葭堂 ……… 186
後藤梨春 …………… **223**
　▷田村藍水 ………… 331
コーナー，E. J. H.
　▷郡場寛 …………… 217
　▷徳川義親 ………… 353
近衛家久
　▷近衛家熙 ………… 223
近衛家熙 …………… **223**
近衛吾楽軒
　→近衛家熙 ………… 223
近衛信尋
　▷安楽庵策伝 ……… 24
近衛文麿
　▷石黒忠篤 ………… 44
　▷吉田茂(政治家) … 556
近衛基熙
　▷近衛家熙 ………… 223
木島正夫 …………… **223**
後花園天皇
　▷一条兼良 ………… 51
小林新 ……………… **224**
小林純子 …………… **224**
小林貞作 …………… **224**
小林伝蔵
　→神谷伝蔵 ………… 165

小林憲雄	▷笠原安夫 ……… 151	坂口総一郎 ……… **234**
▷松崎直枝 ……… 471	今野円蔵 ………… **229**	坂田武雄 ………… **234**
小林弘 …………… **225**		阪谷希一
小林勝 …………… **225**	【さ】	▷阪谷芳郎 ……… 235
小林万寿男 ……… **225**		阪谷俊作
小林義雄 ………… **226**		▷阪谷芳郎 ……… 235
▷中井猛之進 …… 364	西園寺公望	阪谷芳郎 ………… **235**
こぶとりのおきな	▷熊谷八十三 …… 198	阪谷朗廬
→平塚直秀 ……… 425	▷阪谷芳郎 ……… 235	▷阪谷芳郎 ……… 235
小堀遠州	▷昭和天皇 ……… 267	嵯峨根遼吉
▷安楽庵策伝 …… 24	西郷従道	▷田宮博 ………… 329
▷狩野探幽 ……… 162	▷池長謙蔵 ……… 33	坂上田村麻呂
小松茂 …………… **227**	"最後の宮大工"	▷田村藍水 ……… 331
小松春三 ………… **227**	→西岡常一 ……… 387	坂村徹 …………… **235**
小松崎一雄 ……… **227**	斎田雲岱 ………… **229**	▷木原均 ………… 183
小水内長太郎 …… **227**	斎田鵲	▷宮部金吾 ……… 503
後水尾天皇	→斎田雲岱 ……… 229	向坂道治
▷安楽庵策伝 …… 24	斎田功太郎 ……… **229**	▷三宅驥一 ……… 497
▷池坊専好(2代目) … 37	▷大久保三郎 …… 109	桜井半三郎 ……… **236**
▷隠元 …………… 79	▷矢沢米三郎 …… 524	櫻井久一
▷近衛家煕 ……… 223	斎田万蔵	▷越智一男 ……… 138
▷住吉如慶 ……… 285	→斎田雲岱 ……… 229	"サクラのあしながおじさん"
▷俵屋宗達 ……… 332	"斎田聖人"	→瀬川쓔太郎 …… 287
▷向井元升 ……… 508	→斎田功太郎 …… 229	"サクラ博士"
小南清 …………… **228**	斎藤謙綱 ………… **230**	→佐野藤右衛門 … 246
小南ミヨ子	斎藤賢道 ………… **231**	迫静男 …………… **236**
▷小南清 ………… 228	斎藤拙堂	笹岡久彦 ………… **237**
"米将軍"	▷大蔵永常 ……… 112	佐々木玄龍
→徳川吉宗 ……… 354	斉藤龍本 ………… **231**	▷伊藤伊兵衛(4代目・政武) ……… 54
古家儀八郎 ……… **228**	斎藤方策	佐々木舜一 ……… **237**
▷田代善太郎 …… 309	▷岡研介 ………… 124	▷大内山茂樹 …… 107
小山益太	斎藤昌美 ………… **232**	佐々木甚蔵 ……… **237**
▷大久保重五郎 … 110	斉藤吉永 ………… **232**	佐々木好之
後陽成天皇	斎藤義政 ………… **232**	▷佐藤和韓鴮 …… 244
▷曲直瀬道三(1代目) … 482	佐伯伝蔵 ………… **233**	笹野長拮
ゴールストン, ボナー	佐伯敏郎 ………… **233**	▷村田久造 ……… 512
▷高宮篤 ………… 300	▷門司正三 ……… 522	笹部新太郎
コールター, J. M.	酒井忠興 ………… **233**	▷高碕達之助 …… 295
▷保井コノ ……… 526	酒井忠勝	笹村祥二 ………… **237**
ゴールドシュミット, リチャード	▷隠元 …………… 79	笹山三郎
▷三宅驥一 ……… 497	酒井忠邦	→永野芳夫 ……… 375
コレンス, C.	▷酒井忠興 ……… 233	笹山三次
▷木原均 ………… 183	酒井忠正	→永野芳夫 ……… 375
ゴンザレス, ジョゼフ	▷酒井忠興 ……… 233	佐竹健三 ………… **238**
→豊島恕清 ……… 362	酒井文三	佐竹覚
近藤典生 ………… **228**	▷小野記彦 ……… 139	▷佐竹利彦 ……… 238
近藤平三郎	酒井抱一	佐竹曙山
▷落合英二 ……… 138	▷佐原鞠塢 ……… 247	▷池長孟 ………… 35
近藤萬太郎		

佐竹利彦		**238**
佐竹義輔		**238**
佐竹義和		
▷菅江真澄		273
▷細川重賢		445
佐竹利市		
▷佐竹利彦		238
ザックス, J.		
▷長松篤棐		376
▷松村任三		479
▷矢田部良吉		528
サトウ, アーネスト		
▷武田久吉		304
佐藤愛子		
▷佐藤弥六		244
佐藤泉		**239**
佐藤一斎		
▷栗本鋤雲		201
佐藤栄助		**239**
佐藤庚		**240**
佐藤清明		**240**
佐藤元海		
→佐藤信淵		242
佐藤紅緑		
▷佐藤弥六		244
佐藤潤平		**241**
佐藤昌介		
▷遠藤吉三郎		103
▷平塚直治		425
▷南鷹次郎		496
佐藤達夫		**241**
▷木村有香		185
▷昭和天皇		267
佐藤信季		
▷佐藤信淵		242
佐藤信淵		**242**
▷宮崎安貞		498
サトウハチロー		
▷佐藤弥六		244
佐藤春義		
→佐藤広喜		243
佐藤広喜		**243**
佐藤正己		**243**
佐藤弥六		**244**
佐藤愛麿		
▷イング		79
佐藤和韓鶏		**244**
里見信生		**245**
真田幸民		

▷清棲幸保		193
真田幸保		
→清棲幸保		193
佐波一郎		
▷サバチェ		247
佐野吉郎兵衛		
→佐野楽翁		246
佐野藤右衛門		**246**
佐野煕		
▷楠美冬次郎		195
佐野楽翁		**246**
佐橋丘三郎		
▷斎田雲岱		229
サバチェ		**247**
▷ウェルニー		91
▷クラマー		201
▷デュポン		344
▷フランシェ		440
佐原鞠塢		**247**
佐原平八		
→佐原鞠塢		247
寒川光太郎		
▷菅原繁蔵		276
サーモン, S. C.		
▷稲塚権次郎		63
佐山万次郎		
▷甲田栄佑		213
沢田兼吉		**248**
▷フォリー		428
沢田武太郎		**248**
沢田秀三郎		
▷沢田武太郎		248
三条実美		
▷酒井忠興		233

【 し 】

慈胤法親王		
▷近衛家煕		223
ジェフリー, E. C.		
▷保井コノ		526
塩尻歌子		
→大賀歌子		109
志賀重昂		
▷小島烏水		218
▷杉浦重剛		276
重森三玲		
▷勅使河原蒼風		343

繁亭金太		**249**
▷大岡雲峰		107
▷関根雲停		288
▷水野忠暁		489
鎮目恭夫		
▷山口清三郎		534
篠崎信四郎		**249**
篠遠喜人		**250**
▷小野記彦		139
▷原田市太郎		415
▷福本日陽		433
司馬江漢		
▷池長孟		35
▷木村蒹葭堂		186
柴田和雄		**251**
柴田圭三		
▷田代安定		310
柴田桂太		**252**
▷大野直枝		121
▷柴田南雄		253
▷田宮博		329
▷中井猛之進		364
▷林孝三		410
▷三輪知雄		508
▷薬師寺英次郎		524
▷山口清三郎		534
柴田栄		
▷片山正英		153
柴田純子		
▷柴田南雄		253
柴田承桂		
▷柴田桂太		252
▷柴田南雄		253
柴田承二		
▷柴田桂太		252
柴田萬年		**252**
▷山口弥輔		534
柴田南雄		**253**
▷柴田桂太		252
柴田雄次		
▷柴田桂太		252
▷柴田南雄		253
渋江西園		
→渋江長伯		254
渋江潜夫		
→渋江長伯		254
渋江抽斎		
▷伊沢蘭軒		39
渋江長伯		**254**
渋江陳胤		
▷渋江長伯		254

渋佐信雄	254	島津秋碧園		志村寛	
渋沢栄一		→島津忠済	260	→志村烏嶺	263
▷阪谷芳郎	235	島津貴子		志村昌章	
シーボルト	255	▷昭和天皇	267	→大窪昌章	110
▷伊藤圭介	55	島津忠重	260	志村義雄	264
▷岩崎灌園	76	島津忠承		下啓助	
▷大窪昌章	110	▷島津忠済	260	▷伊谷以知二郎	49
▷大河内存真	114	島津忠済	260	下郡山正巳	264
▷岡研介	124	▷若名英治	563	下沢伊八郎	264
▷桂川甫賢	155	島津忠義		下田晶久	
▷川原慶賀	173	▷島津忠重	260	▷下田喜久三	264
▷木村陽二郎	191	▷島津忠済	260	下田喜久三	264
▷栗本瑞見	202	島津斉彬		下斗米直昌	265
▷黒田長溥	205	▷呉継志	208	下村湖人	
▷高良斎	211	▷種子島久基	327	▷川浪養治	173
▷河野禎造	216	島津斉宣		下山順一郎	265
▷島津重豪	259	▷島津重豪	259	▷朝比奈泰彦	11
▷清水東谷	262	島津南山		"ジャガイモ博士"	
▷高野長英	296	→島津重豪	259	→山本昌木	546
▷馬場大助	408	島津久大		シャガール	
▷ビュルガー	421	▷島津忠済	260	▷大野典子	121
▷平井海蔵	421	島津久光		朱子	
▷フォーチュン	428	▷黒田長溥	205	▷中村惕斎	378
▷ミクェル	487	▷島津忠済	260	シュトルム	266
▷水谷豊文	488	島津兵庫		"守農太神"	
▷山本亡羊	545	→島津重豪	259	→安藤昌益	22
▷吉川芳秋	556	島田宗淳		シュミット, フリードリッヒ	
シーボルト, アレクサンダー		→島田充房	261	▷工藤祐舜	196
▷シーボルト	255	島田充房	261	徐葆光	
シマ, ジョージ		▷小野蘭山	141	▷田村藍水	331
→牛島謹爾	92	▷サバチェ	247	城数馬	266
島善鄰	257	▷松岡恕庵	471	▷小島烏水	218
▷藤原玉夫	437	島田弥市		松花堂昭乗	
島利兵衛	258	▷川上滝弥	167	▷安楽庵策伝	24
島木赤彦		島田雍南		昭憲皇太后	
▷宮地数千木	502	→島田充房	261	▷木部米吉	185
嶋倉巳三郎	258	島村環	261	常谷幸雄	266
島崎藤村		清水謙吾	261	昭和天皇	267
▷恩地孝四郎	146	▷高木孫右衛門	294	▷秋元末吉	4
▷栗本鋤雲	201	▷船津静作	438	▷朝比奈泰彦	11
▷田中貢一	314	清水大典	261	▷伊藤洋	61
▷山崎斌	535	清水淡如		▷上松蕢	89
島地威雄		→清水謙吾	261	▷薄井宏	93
▷山口清三郎	534	清水東谷	262	▷小川由一	131
島津重年		清水藤太郎	262	▷菊池理一	178
▷島津重豪	259	清水利太郎		▷北村四郎	180
島津重豪	259	▷加藤留吉(2代目)	158	▷木村有香	185
▷黒田長溥	205	▷木部米吉	185	▷小畔四郎	209
▷呉継志	208	志村烏嶺	263		
▷シーボルト	255	▷田中貢一	314		
▷白尾国柱	271	▷前田曙山	457		
▷曽占春	289				
▷田村藍水	331				
▷村田経鉐	512				

587

▷坂口総一郎	234	▷伊川鷹治	32	杉村濬	
▷佐竹義輔	238	白戸寛		▷柴田南雄	253
▷沢田兼吉	248	→郡場寛	217	杉本順一	**278**
▷杉浦重剛	276	白鳥庫吉		杉山吉良	**278**
▷西原礼之助	390	▷昭和天皇	267	杉山維敬	
▷服部広太郎	407	沈南蘋		▷松平君山	474
▷浜栄助	409	▷大岡雲峰	107	杉山彦三郎	**279**
▷原寛	414	進野久五郎	**272**	スクーンメーカー	
▷平沼大三郎	426	真保一輔	**272**	▷津田仙	337
▷本田正次	453	神保忠男	**273**	スコット	
▷松戸覚之助	478	▷相馬寛吉	290	▷藤井健次郎	433
▷松村義敏	481			調所広郷	
▷松森胤保	481	【 す 】		▷島津重豪	259
▷三木茂	486			鈴木梅太郎	**280**
▷南方熊楠	492			鈴木貫太郎	
▷八木繁一	523	垂仁天皇		▷石黒忠篤	44
▷山本四郎	545	▷田中長三郎	319	鈴木貞雄	**281**
▷吉川純幹	555	末松直次	**273**	鈴木重隆	**281**
"昭和の花咲かじいさん"		菅江真澄	**273**	鈴木重太郎	
→竹中義雄	305	▷浅井図南	8	▷加藤留吉（2代目）	158
"植物道楽学者"		菅谷貞男	**275**	鈴木重良	**282**
→大沼宏平	120	須川長之助	**276**	鈴木俊三	
ショメール		▷マキシモヴィッチ	460	▷木村資生	189
▷宇田川榕庵	94	菅原繁蔵	**276**	鈴木省三	**282**
ジョルダン		菅原行貞		鈴木善幸	
▷槌賀安平	337	▷深根輔仁	429	▷伊谷以知二郎	49
ジョンソン		菅原道真		鈴木貞次郎	**283**
▷竹中義雄	305	▷一条兼良	51	鈴木時夫	**283**
白井英二		杉彦兵衛		鈴木兵二	**284**
→菅江真澄	273	▷西本チョウ	392	▷堀川芳雄	450
白井光太郎	**269**	杉浦重剛	**276**	鈴木丙馬	**284**
▷市川政司	51	▷昭和天皇	267	鈴木孫八	
▷大久保三郎	109	杉浦徳次郎		▷木部米吉	185
▷大沼宏平	120	▷杉浦寅之助	277	鈴木由告	**285**
▷岡不崩	124	杉浦寅之助	**277**	スタウディンガー	
▷岡本勇治	130	杉田玄白		▷落合英二	138
▷小田常太郎	137	▷宇田川玄真	93	ステフアニー	
▷川村清一	174	▷宇田川玄随	94	▷吉永虎馬	558
▷草野俊助	194	▷小野蘭山	141	須藤千春	**285**
▷原摂祐	412	▷桂川甫周（4代目）	156	ストラスブルガー	
▷日野巌	420	▷高野長英	296	▷藤井健次郎	433
白井義男		▷中川淳庵	368	▷三宅驥一	497
▷加藤秀男	158	杉田晋		▷保井コノ	526
白尾国倫		▷大谷木一	123	須永長春	
▷白尾国柱	271	▷竹本要斎	307	→禹長春	81
白尾国柱	**271**	杉田伯元		ズーフ	
▷島津重豪	259	▷高野長英	296	▷桂川甫賢	155
▷曽占春	289	杉野辰雄	**278**	住吉如慶	**285**
白尾助之進		杉原美徳	**278**		
→白尾国柱	271				
白沢保美	**271**				
▷福羽逸人	432				
白滝幾之助					

陶山庄右衛門
　→陶山鈍翁 ……… 285
陶山訥庵
　→陶山鈍翁 ……… 285
陶山鈍翁 ……………… **285**

【せ】

"成長農産物の育ての親"
　→梶浦実 …………… 151
瀬尾昌宅
　▷井田昌胖 ………… 49
瀬川宗吉 ……………… **286**
　▷岡村金太郎 ……… 128
瀬川経郎 ……………… **286**
瀬川弥右衛門
　▷島善鄰 …………… 257
瀬川弥太郎 …………… **287**
瀬木紀男 ……………… **287**
関江きよ
　▷関江重三郎 ……… 288
関江重三郎 …………… **288**
関口長左衛門 ………… **288**
関口梨昌
　→関口長左衛門 …… 288
関根雲停 ……………… **288**
　▷大岡雲峰 ………… 107
　▷繁亭金太 ………… 249
　▷中島仰山 ………… 370
　▷服部雪斎 ………… 406
　▷水野忠暁 ………… 489
関根栄吉
　→関根雲停 ………… 288
関本平八 ……………… **289**
千少庵
　▷俵屋宗達 ………… 332
千家尊福
　▷本多静六 ………… 451
千家元麿
　▷尾崎喜八 ………… 134

【そ】

曽占春 ………………… **289**
　▷阿部喜任 ………… 19

▷島津重豪 ………… 259
▷白尾国柱 ………… 271
▷高木春山 ………… 293
▷田村藍水 ………… 331
曽槃
　→曽占春 …………… 289
左右田謙
　▷角田重三郎 ……… 338
相馬寛吉 ……………… **290**
相馬政治
　→相馬貞一 ………… 290
相馬孟胤 ……………… **290**
　▷後藤兼吉 ………… 221
相馬貞一 ……………… **290**
相馬禎三郎 …………… **291**
相馬貞三
　▷相馬貞一 ………… 290
相馬恵胤
　▷尾崎行雄 ………… 134
相馬雪香
　▷尾崎行雄 ………… 134
相馬順胤
　▷相馬孟胤 ………… 290
園原咲也 ……………… **291**
薗部澄 ………………… **291**
ソーパー
　▷津田仙 …………… 337
染木煦
　▷河田杰 …………… 171
　▷山川黙 …………… 533
染谷徳五郎 …………… **292**
　▷牧野富太郎 ……… 461

【た】

大後美保 ……………… **292**
大黒屋光太夫
　▷桂川甫周(4代目)・ 156
醍醐天皇
　▷深根輔仁 ………… 429
"大根博士"
　→鹿島安太郎 ……… 152
大正天皇
　▷浅田宗伯 ………… 9
　▷昭和天皇 ………… 267
　▷田中貢一 ………… 314
　▷細川潤次郎 ……… 446
　▷矢沢米三郎 ……… 524

"大正の花咲か爺"
　→原田万吉 ………… 416
"大雪山の父"
　→小泉秀雄 ………… 210
大典顕常
　▷伊藤若冲 ………… 57
"第二の牧野富太郎"
　→久内清孝 ………… 419
平良芳久 ……………… **293**
ダーウィン
　▷グレイ …………… 203
高木春山 ……………… **293**
高木哲雄 ……………… **294**
高木虎雄 ……………… **294**
高木八太郎
　→高木春山 ………… 293
高木孫右衛門 ………… **294**
　▷清水謙吾 ………… 261
高木正年
　→高木春山 ………… 293
高木以孝
　→高木春山 ………… 293
高礒達之助 …………… **295**
高階隆景 ……………… **295**
高嶋秋帆
　▷細川潤次郎 ……… 446
高杉晋作
　▷堀誠太郎 ………… 448
高田豊四郎 …………… **296**
高田英夫 ……………… **296**
鷹司和子
　▷昭和天皇 ………… 267
高野玄斎
　→高野長英 ………… 296
高野譲
　→高野長英 ………… 296
高野長英 ……………… **296**
　▷佐藤信淵 ………… 242
　▷シーボルト ……… 255
鷹野つぎ
　▷山崎斌 …………… 535
高野鷹蔵
　▷市河三喜 ………… 50
高橋郁郎 ……………… **297**
高橋丑治
　→高橋萬右衛門 …… 300
高橋景保
　▷シーボルト ……… 255
高橋克彦

589

▷高橋延清 ………… 298

高橋喜平
　▷高橋延清 ………… 298

高橋健三
　▷杉浦重剛 ………… 276

高橋是清
　▷堀誠太郎 ………… 448

高橋是太郎
　▷高橋萬右衛門 …… 300

高橋真太郎 ……… **298**

高橋坦堂
　▷杉浦重剛 ………… 276

高橋忠助 ………… **298**

高橋延昭
　▷高橋延清 ………… 298

高橋延清 ………… **298**

高橋裕
　▷高橋郁郎 ………… 297

高橋萬右衛門 …… **300**

高橋由一
　▷五百城文哉 ……… 30
　▷中島仰山 ………… 370

高橋悠治
　▷柴田南雄 ………… 253

高橋雪人
　▷高橋延清 ………… 298

高嶺英言 ………… **300**

高宮篤 …………… **300**

高村光太郎
　▷尾崎喜八 ………… 134

高柳友三郎
　▷村越三千男 ……… 510

田川基一
　▷田川基二 ………… 301

田川基二 ………… **301**
　▷荒木英一 ………… 21
　▷北村四郎 ………… 180

田川基三
　▷田川基二 ………… 301

滝和亭
　▷大岡雲峰 ………… 107

多紀元簡
　▷深根輔仁 ………… 429

多紀藍渓
　▷曽占春 …………… 289

滝井治三郎 ……… **301**
　▷滝井治三郎 ……… 301

沢庵
　▷狩野探幽 ………… 162

田口啓作 …………… 301
田口亮平 …………… 302
竹内敬 ……………… 302
竹内正幸 …………… 303
竹腰徳蔵（1代目）… 303
竹崎嘉徳 …………… 303
　▷長友大 …………… 372
竹嶋儀助 …………… 304
武田叔安
　▷伊沢蘭軒 ………… 39
武田二郎
　▷三宅馨 …………… 497
武田長兵衛
　▷三宅馨 …………… 497
武田信虎
　▷永田徳本 ………… 372
武田範之
　▷川上善兵衛（6代目）… 167
武田久吉 …………… 304
　▷五百城文哉 ……… 30
　▷市河三喜 ………… 50
　▷尾崎喜八 ………… 134
　▷北見秀夫 ………… 179
　▷小島烏水 ………… 218
　▷城数馬 …………… 266
　▷多湖実輝 ………… 308
　▷田辺和雄 ………… 325
　▷星大吉 …………… 444
　▷山川黙 …………… 533
　▷山田寿雄 ………… 539
竹鶴政孝
　▷加賀正太郎 ……… 148
竹中要 …………… **305**
竹中義雄 ………… **305**
武内才吉 …………… 306
竹内綱
　▷吉田茂 …………… 556
竹内亮 ……………… 306
"竹博士"
　→上田弘一郎 ……… 82
竹久夢二
　▷恩地孝四郎 ……… 146
建部到 ……………… 306
武満徹
　▷柴田南雄 ………… 253
竹本其日庵
　→竹本要斎 ………… 307
竹本常松 …………… 306
竹本隼太
　→竹本要斎 ………… 307

竹本隼人正
　→竹本要斎 ………… 307
竹本正明
　→竹本要斎 ………… 307
竹本要斎 ………… **307**
　▷大谷木一 ………… 123
多湖実輝 ………… **308**
田崎草雲
　▷成田屋留次郎 …… 383
田崎忠良 ………… **308**
田崎愛林
　→田島直之 ………… 308
田島直之 ………… **308**
田島政人 ………… **309**
田島与次右衛門
　→田島直之 ………… 308
田尻栄太郎 ……… **309**
田尻清五郎（3代目）… **309**
田代三喜
　▷曲直瀬道三（1代目）… 482
田代善太郎 ……… **309**
　▷荒木英一 ………… 21
　▷古家儀八郎 ……… 228
　▷杉野辰雄 ………… 278
　▷竹内敬 …………… 302
　▷鍋島与市 ………… 382
　▷根本莞爾 ………… 398
　▷原田万吉 ………… 416
　▷樋口繁一 ………… 419
　▷堀勝 ……………… 449
　▷山崎又雄 ………… 536
　▷山下幸平 ………… 538
　▷余吾一角 ………… 551
　▷吉川純幹 ………… 555
　▷吉野善介 ………… 559
田代安定 ………… **310**
　▷マキシモヴィッチ … 460
多田智満子 ……… **311**
多田元吉 ………… **311**
　▷杉山彦三郎 ……… 279
橘秋筑堂
　→橘保国 …………… 312
橘大助
　→橘保国 …………… 312
立花保
　→大後美保 ………… 292
橘守国
　→橘保国 …………… 312
橘保国 …………… **312**
立原翠軒
　▷木村蒹葭堂 ……… 186

辰野金吾		
▷鈴木梅太郎	………	280
辰野誠次	………………	312
伊達邦宗	………………	312
伊達慶邦		
▷伊達邦宗	………	312
立石敏雄	………………	313
▷吉岡重夫	………	555
舘岡亜緒	………………	313
建部恵潤	………………	313
館脇操	…………………	313
田中治	…………………	314
田中恭吉		
▷恩地孝四郎	……	146
田中貢一	………………	314
田中孝治	………………	315
田中秋園		
→田中延次郎	……	320
田中彰一	………………	316
田中正三	………………	316
田中澄江	………………	317
田中節三郎	……………	318
田中聖夫		
▷田中澄江	………	317
田中剛	…………………	319
田中千禾夫		
▷田中澄江	………	317
田中智学		
▷若浜汐子	………	563
田中長三郎	……………	319
田中東泉		
▷浅井図南	…………	8
田中長嶺	………………	320
▷田中延次郎	……	320
田中延次郎	……………	320
▷田中長嶺	………	320
▷牧野富太郎	……	461
田中信徳	………………	321
田中正雄	………………	321
田中正武	………………	321
田中瑞穂	………………	322
田中稔	…………………	322
田中諭一郎	……………	323
田中芳男	………………	324
▷飯沼慾斎	…………	29
▷伊藤武夫	…………	59
▷伊藤譲	……………	62
▷岡田松之助	……	126

▷小野職愨	…………	140
▷畔田翠山	…………	204
▷サバチェ	…………	247
▷関根雲停	…………	288
▷竹本要斎	…………	307
▷田代安定	…………	310
▷田中節三郎	……	318
▷津田仙	……………	337
▷中島仰山	…………	370
▷服部雪斎	…………	406
▷マキシモヴィッチ		460
▷牧野富太郎	……	461
田中義廉		
▷田中芳男	………	324
田中義麿		
▷宮部金吾	………	503
田中館秀三		
▷下斗米直昌	……	265
田中屋喜兵衛	…………	325
田中屋金蔵		
▷田中屋喜兵衛	…	325
棚橋五郎		
▷大坪二市	………	119
田辺和雄	………………	325
▷武田久吉	………	304
田部長右衛門(21代目)		326
谷元旦		
▷渋江長伯	………	254
谷時中		
▷野中兼山	………	400
谷利一	…………………	326
谷文晁		
▷小野蘭山	………	141
▷繁亭金太	………	249
谷川利善	………………	326
谷口信一	………………	327
谷崎潤一郎		
▷龍胆寺雄	………	562
田沼意次		
▷松平定信	………	476
種子島栖林		
→種子島久基	……	327
種子島久時		
▷種子島久基	……	327
種子島久基	……………	327
▷大瀬休左衛門	…	115
種樹屋金太		
→繁亭金太	………	249
田能村竹田		
▷雲華	………………	99
▷木村蒹葭堂	……	186

田原正人	………………	328
▷猪野俊平	…………	65
▷小野知夫	…………	139
玉城哲	…………………	328
玉城徹		
▷玉城哲	……………	328
玉城素		
▷玉城哲	……………	328
"玉葱王"		
→今井伊三郎	………	71
玉虫文一		
▷木村陽二郎	……	191
玉利喜造	………………	329
田宮猛雄		
▷田宮博	……………	329
田宮博	…………………	329
▷高宮篤	……………	300
▷徳川義親	…………	353
▷藤茂宏	……………	436
▷渡辺篤	……………	565
田村憲造		
▷石館守三	…………	47
田村江東		
▷金井紫雲	…………	159
田村西湖		
▷栗本瑞見	…………	202
▷田村藍水	…………	331
田村輝夫	………………	330
田村登		
→田村藍水	…………	331
田村又吉	………………	331
田村元雄		
→田村藍水	…………	331
田村藍水	………………	331
▷稲生若水	…………	66
▷木村蒹葭堂	……	186
▷栗本瑞見	…………	202
▷後藤梨春	…………	223
▷島津重豪	…………	259
▷曽占春	……………	289
▷中川淳庵	…………	368
▷平賀源内	…………	422
ダライ・ラマ		
▷河口慧海	…………	168
多和田真淳	……………	332
俵屋宗達	………………	332
▷尾形光琳	…………	125
團伊玖磨		
▷柴田南雄	…………	253
丹沢善利(1代目)	……	333
丹沢善利(2代目)		

たんは

▷丹沢善利(1代目)・ 333

丹波敬三
　▷村越三千男 ……… 510

【ち】

チェニー, R. W.
　▷三木茂 ………… 486
チェンバレン, C. J.
　▷保井コノ ……… 526
秩父太郎
　▷島津重豪 ……… 259
千葉周作
　▷多田元吉 ……… 311
千葉常三郎 ………… 333
　▷村里保平 ……… 511
千葉保胤 …………… 333
チャールズ11世
　▷ケンペル ……… 207
朝花園
　▷成田屋留次郎 … 383
長嶺居士
　→花房義質 ……… 408
千代田邦夫
　▷山根銀五郎 …… 542
珍田捨己
　▷イング ………… 79

【つ】

塚律蔵
　▷津田仙 ………… 337
塚本洋太郎 ………… 333
柘植千嘉衛 ………… 334
辻永 ………………… 335
辻利右衛門 ………… 335
津島桂庵
　▷稲生若水 ……… 66
　▷木村蒹葭堂 …… 186
対馬竹五郎 ………… 336
　▷斎藤義政 ……… 232
辻村伊助 …………… 336
津田梅子
　▷津田仙 ………… 337
津田栄七

▷津田仙 …………… 337
津田仙 ……………… 337
槌賀安平 …………… 337
　▷伊藤武夫 ……… 59
土屋銀之助
　▷田中貢一 ……… 314
土屋文明
　▷堀勝 …………… 449
ツッカリニ
　▷シーボルト …… 255
"ツツジ博士"
　→田村輝夫 ……… 330
つね
　▷ビュルガー …… 421
恒石熊次 …………… 338
恒川敏雄 …………… 338
常子内親王
　▷近衛家煕 ……… 223
角田重三郎 ………… 338
椿角太郎 …………… 339
椿琢華堂
　→椿椿山 ………… 339
椿椿山 ……………… 339
椿守
　→岡田種雄 ……… 126
坪井信道
　▷桂川甫賢 ……… 155
坪井洋文 …………… 339
坪井屋吉右衛門
　→木村蒹葭堂 …… 186
坪内逍遙
　▷鹿島清兵衛 …… 152
　▷金井紫雲 ……… 159
津村昭
　▷津村重舎(1代目)・ 340
　▷津村重舎(2代目)・ 341
津村幸男
　▷津村重舎(1代目)・ 340
　▷津村重舎(2代目)・ 341
津村重孝
　▷津村重舎(1代目)・ 340
　▷津村重舎(2代目)・ 341
津村重舎(1代目) … 340
　▷津村重舎(2代目)・ 341
津村重舎(2代目) … 341
　▷津村重舎(1代目)・ 340
津山尚 ……………… 341
ツュンベルク ……… 342
　▷伊藤伊兵衛(4代目・政武) ……………… 54

▷伊藤圭介 ………… 55
　▷桂川甫周(4代目)・ 156
　▷中井猛之進 …… 364
　▷中川淳庵 ……… 368
鶴高雲樹
　▷大谷木一 ……… 123
鶴田章逸 …………… 342
鶴町猷 ……………… 343
鶴見俊輔
　▷飯沼二郎 ……… 27

【て】

ティチング
　▷島津重豪 ……… 259
貞明皇后
　▷斎藤義政 ……… 232
　▷昭和天皇 ……… 267
出口勇蔵
　▷木村有香 ……… 185
勅使河原霞
　▷勅使河原蒼風 … 343
勅使河原蒼風 ……… 343
勅使河原宏
　▷勅使河原蒼風 … 343
勅使河原和風久次
　▷勅使河原蒼風 … 343
手嶋謹爾
　→牛島謹爾 ……… 92
デーダーライン …… 344
デュポン …………… 344
　▷サバチェ ……… 247
デュワー
　▷真島利行 ……… 467
寺内萬治郎 ………… 345
寺尾新
　▷昭和天皇 ……… 267
寺崎武男
　▷織田一麿 ……… 136
寺崎留吉 …………… 345
　▷大谷茂 ………… 117
　▷松野重太郎 …… 478
寺島尚順
　→寺島良安 ……… 346
寺島良安 …………… 346
"デラ葡萄の父"
　→雨宮竹輔 ……… 20
天海

▷住吉如慶 ………	285	
天皇明仁		
▷坂口総一郎 ………	234	
▷昭和天皇 ………	267	
▷松村義敏 ………	481	
▷湯浅明 ………	547	

【 と 】

土井脩司 …………	346
土井八郎兵衛 ………	347
土井美夫 …………	347
十市石谷	
▷賀来飛霞 ………	150
稲若水	
→稲生若水 ………	66
ド・ヴィルヌーヴ	
▷川原慶賀 ………	173
東郷茂徳	
▷石黒忠篤 ………	44
東郷彪 …………	347
東郷平八郎	
▷昭和天皇 ………	267
▷東郷彪 ………	347
東畑精一	
▷盛永俊太郎 ………	518
ドゥーフ	
▷島津重豪 ………	259
"東北の青木昆陽"	
→川村幸八 ………	174
当麻辰次郎 …………	347
堂本秀之進	
▷堀内仙右衛門 ……	449
遠山正瑛 …………	348
遠山富太郎 …………	348
遠山友啓 …………	348
遠山柾雄	
▷遠山正瑛 ………	348
遠山三樹夫 …………	349
遠山義春	
→遠山友啓 ………	348
富樫常治 …………	349
冨樫誠 …………	349
栂尾上人	
→明恵 ………	504
戸苅義次 …………	350
土岐章	

▷中井猛之進 ………	364
土岐資生	
→稲荷山資生 ………	64
時田郁 …………	350
徳川昭武	
▷栗本鋤雲 ………	201
徳川篤敬	
▷徳川宗敬 ………	352
徳川家重	
▷細川重賢 ………	445
徳川家綱	
▷隠元 ………	79
▷前田綱紀 ………	458
徳川家斉	
▷桂川甫賢 ………	155
▷島津重豪 ………	259
▷松平定朝 ………	475
徳川家宣	
▷柳沢吉保 ………	530
徳川家治	
▷渋江長伯 ………	254
徳川家光	
▷安楽庵策伝 ………	24
徳川家康 …………	351
▷狩野探幽 ………	162
▷徳川秀忠 ………	352
▷徳川頼宣 ………	355
▷曲直瀬道三(1代目)	482
▷水野忠暁 ………	489
▷李時珍 ………	561
徳川圀斉 …………	351
徳川圀順	
▷徳川圀斉 ………	351
徳川敬信	
→徳川宗敬 ………	352
徳川綱吉	
▷柳沢吉保 ………	530
徳川斉昭	
▷大蔵永常 ………	112
▷徳川圀斉 ………	351
▷松浦武四郎 ………	468
徳川治貞	
▷細川重賢 ………	445
徳川治宝	
▷畔田翠山 ………	204
徳川秀忠 …………	352
▷狩野探幽 ………	162
▷狩野光信 ………	163
▷徳川家康 ………	351
▷永田徳本 ………	372
徳川光圀	

▷前田綱紀 ………	458
▷宮崎安貞 ………	498
徳川宗武	
▷松平定信 ………	476
徳川宗敬 …………	352
▷徳川圀斉 ………	351
徳川幹子	
▷徳川宗敬 ………	352
徳川義親 …………	353
▷木原均 ………	183
▷郡場寛 ………	217
徳川慶喜	
▷大隈重信 ………	111
▷中島仰山 ………	370
徳川吉宗 …………	354
▷青木昆陽 ………	3
▷伊藤伊兵衛(4代目・政武)	54
▷稲生若水 ………	66
▷植村政勝 ………	90
▷落合孫右衛門 ……	138
▷川村修就 ………	175
▷丹羽正伯 ………	394
▷野呂元丈 ………	401
▷松平定信 ………	476
徳川頼宣 …………	355
▷伊藤孫右衛門 ……	61
徳大寺実則	
▷島津忠重 ………	260
徳富蘇峰	
▷三宅驥一 ………	497
徳永重康	
▷柴田南雄 ………	253
徳永康元	
▷柴田南雄 ………	253
徳淵永治郎 …………	355
土倉庄三郎 …………	356
所三男 …………	356
土佐隆兼	
▷高階隆景 ………	295
土佐光起 …………	357
土佐光則	
▷土佐光起 ………	357
土佐光吉	
▷住吉如慶 ………	285
戸田旭山	
▷木村蒹葭堂 ………	186
▷松岡恕庵 ………	471
栃内曽次郎	
▷栃内吉彦 ………	357
栃内吉彦 …………	357

百々三郎		鳥居喜一 ……………	362	▷松崎直枝 ……………	471
▷山本亡羊 …………	545	鳥尾小弥太		▷籾山泰一 ……………	515
ドドネウス		▷木部米吉 …………	185	▷山下幸平 ……………	538
▷野呂元丈 …………	401	鳥山啓		▷山田寿雄 ……………	539
▷松平定信 …………	476	▷南方熊楠 …………	492	▷吉野善介 ……………	559
戸波虎次郎		どろ亀さん		中井竹山	
▷大谷木一 …………	123	→高橋延清 …………	298	▷帆足万里 ……………	442
利根川進				中井英夫	
▷田中正三 …………	316			▷中井猛之進 ………	364
外崎嘉七 ……………	358	【 な 】		▷堀誠太郎 ……………	448
▷対馬竹五郎 ………	336			長尾円澄 ……………	366
▷藤原玉夫 …………	437			仲尾権四郎 …………	366
鳥羽源蔵 ……………	358	内藤誠太郎		中尾佐助 ……………	366
鳥羽正雄 ……………	358	→堀誠太郎 …………	448	長尾昌之 ……………	368
戸張孤雁		内藤喬 ………………	363	長岡安平	
▷織田一麿 …………	136	那珂通博		▷井下清 ………………	69
土肥慶蔵		▷菅江真澄 …………	273	中川一政	
▷木下杢太郎 ………	182	永井威三郎 …………	363	▷伊川鷹治 ……………	32
飛田広 ………………	359	永井かな ……………	364	中川九一 ……………	368
戸部彪平 ……………	359	永井荷風		▷菊池理一 ……………	178
トマシェク, A.		▷永井威三郎 ………	363	▷小畔四郎 ……………	209
▷モーリッシュ ……	518	中井九敬		中川淳庵 ……………	368
トーマス		→中井清太夫 ………	364	▷伊藤伊兵衛(4代目・政	
▷木村彦右衛門 ……	188	中井厚沢		武) …………………	54
冨田正利		▷岡研介 ……………	124	▷宇田川玄随 ………	94
▷冨田守彦 …………	359	中井清太夫 …………	364	▷桂川甫周(4代目)	156
冨田守彦 ……………	359	中井誠太郎		▷ツュンベルク ……	342
冨田林之助		→堀誠太郎 …………	448	中川新作 ……………	369
→冨田守彦 …………	359	中井猛之進 …………	364	中川善之助	
冨成忠夫 ……………	360	▷池上義信 …………	33	▷星大吉 ………………	444
冨野耕治 ……………	361	▷石戸谷勉 …………	47	中川虎之助	
外山亀太郎		▷伊藤洋 ……………	61	▷中川新作 ……………	369
▷稲塚権次郎 ………	63	▷伊藤芳夫 …………	62	中川久昭	
外山三郎 ……………	361	▷小田常太郎 ………	137	▷中川久知 ……………	369
外山三郎 ……………	361	▷金平亮三 …………	162	中川久知 ……………	369
外山正一		▷木村陽二郎 ………	191	中川鱗	
▷新渡戸稲造 ………	393	▷小泉源一 …………	209	→中川淳庵 ……………	368
▷矢田部良吉 ………	528	▷古家儀八郎 ………	228	長久保赤水	
外山八郎 ……………	362	▷佐竹義輔 …………	238	▷木村蒹葭堂 ………	186
豊国秀夫 ……………	362	▷佐藤正己 …………	243	長坂胤保	
豊島恕清 ……………	362	▷津山尚 ……………	341	→松森胤保 ……………	481
豊臣秀吉		▷寺内萬治郎 ………	345	長沢利英 ……………	370
▷狩野光信 …………	163	▷鍋島与市 …………	382	長沢光男 ……………	370
▷徳川家康 …………	351	▷二階重楼 …………	387	中島一男 ……………	370
▷曲直瀬道三(1代目)	482	▷花房義質 …………	408	中島仰山 ……………	370
"虎狩りの殿様"		▷原寛 ………………	414	中島駒次 ……………	371
→徳川義親 …………	353	▷堀誠太郎 …………	448	中島貞詮	
		▷堀川芳雄 …………	450	→中島藤右衛門 ……	371
		▷本田正次 …………	453	中島定雄 ……………	371
		▷前川文夫 …………	455	中島藤右衛門 ………	371

中島信行	→中村是好 …… 377	▷中島一男 …… 370
▷細川潤次郎 …… 446	中村敬甫	並河功 …… 382
仲宗根善守 …… 371	→中村惕斎 …… 378	並河天民
永田一策 …… 371	中村賢太郎 …… 377	▷野呂元丈 …… 401
中田覚五郎 …… 372	中村佐兵衛	並木透
永田可峰	→中村喜時 …… 380	→福原信義 …… 432
→永田藤兵衛 …… 101	中村之欽	行方沼東
永田知足斎	→中村惕斎 …… 378	→行方富太郎 …… 382
→永田徳本 …… 372	中村真一郎	行方富太郎 …… 382
永田藤平	▷福永武彦 …… 431	▷倉田悟 …… 200
▷永田藤兵衛 …… 101	中村是好 …… 377	成田屋留次郎 …… 383
永田徳本 …… 372	▷加藤秀男 …… 158	▷山内穉叢園 …… 533
長田徳本	中村惕斎 …… 378	名和吉寿
→永田徳本 …… 372	▷李時珍 …… 561	→岡不崩 …… 124
長田秀雄	中村暢夫	難波大助
▷木下杢太郎 …… 182	▷久保田尚志 …… 197	▷昭和天皇 …… 267
長戸一雄 …… 372	中村白水	難波恒雄 …… 383
長友大 …… 372	→中村弥六 …… 380	南原繁
中西哲 …… 373	中村春二	▷松村義敏 …… 481
中西深斎	▷牧野富太郎 …… 461	南部信順
▷浅田宗伯 …… 9	中村浩 …… 378	▷島津重豪 …… 259
永沼小一郎	中村正雄 …… 379	南龍公
▷牧野富太郎 …… 461	中村正直	→徳川頼宣 …… 355
永野巌 …… 373	▷斎田功太郎 …… 229	
中野庫太郎	中村三八夫 …… 380	
▷中野藤助 …… 373	中村弥六 …… 380	【に】
中野準三	中村喜時 …… 380	
▷中野治房 …… 374	長基健治 …… 381	
中野真一	長基孝太郎	新島善直 …… 385
▷中野藤助 …… 373	▷長基健治 …… 381	仁井田一郎 …… 386
中野藤助 …… 373	長基梅渓	新津恒良 …… 386
中野治房 …… 374	→長基健治 …… 381	新津宏 …… 386
中野与右衛門 …… 374	中山包	二階伊三郎
永野芳夫 …… 375	▷山口弥輔 …… 534	→二階重楼 …… 387
中野善雄 …… 375	名倉闇一郎 …… 381	二階重楼 …… 387
中浜万次郎	夏目漱石	▷田代善太郎 …… 309
▷細川潤次郎 …… 446	▷石川林四郎 …… 43	西岡猪久男
▷矢部良吉 …… 528	▷古川久 …… 441	→西岡仲一 …… 387
中原源治 …… 375	難波薬師	西岡仲一 …… 387
▷川上滝弥 …… 167	→難波恒雄 …… 383	西岡常二
中平解 …… 376	鍋島杏葉館	▷西岡常一 …… 387
長松篤棐 …… 376	→鍋島直孝 …… 381	西岡常吉
中御門天皇	鍋島直孝 …… 381	▷西岡常一 …… 387
▷近衛家熙 …… 223	鍋島直正	西岡楢二郎
中上川彦次郎	▷大隈重信 …… 111	▷西岡常一 …… 387
▷池田成功 …… 33	▷鍋島直孝 …… 381	西岡楢光
中村磯吉 …… 376	鍋島斉直	▷西岡常一 …… 387
中村愚堂	▷鍋島直孝 …… 381	西田晃二郎 …… 389
	鍋島与市 …… 382	西田誠 …… 389

西洞院時当
　▷西洞院時慶 ……… 390
西洞院時慶 ……………… 390
西原礼之助 ……………… 390
　▷吉野善介 …………… 559
西村晃
　▷西村真琴 …………… 391
西村権左衛門
　▷種子島久基 ………… 327
西村三郎右衛門
　→西村広休 …………… 391
西村色即
　→西村茂次 …………… 390
西村茂次 ………………… 390
西村時乗
　▷大瀬休左衛門 ……… 115
西村正暘 ………………… 391
西村秀三郎
　→西村広休 …………… 391
西村広休 ………………… 391
　▷梅村甚太郎 ………… 98
西村真琴 ………………… 391
西本チョウ ……………… 392
西山市三 ………………… 392
西山玄道
　▷伊藤圭介 …………… 55
　▷大河内存真 ………… 114
二条綱平
　▷尾形光琳 …………… 125
二条良基
　▷一条兼良 …………… 51
新渡戸稲造 ……………… 393
　▷クラーク …………… 199
　▷平塚直治 …………… 425
　▷堀誠太郎 …………… 448
　▷宮部金吾 …………… 503
新渡戸伝
　▷新渡戸稲造 ………… 393
二宮敬作
　▷高良斎 ……………… 211
　▷シーボルト ………… 255
二宮尊徳
　▷石黒忠篤 …………… 44
"日本最高の園丁"
　→後藤兼吉 …………… 221
"日本のダ・ヴィンチ"
　→松森胤保 …………… 481
"日本のリンネ"
　→水谷豊文 …………… 488
"日本のワインぶどうの父"

　→川上善兵衛（6代目） 167
ニーランド
　▷宇田川玄随 ………… 94
丹羽貞機
　→丹羽正伯 …………… 394
丹波修治
　▷梅村甚太郎 ………… 98
　▷岡田松之助 ………… 126
丹羽称水斎
　→丹羽正伯 …………… 394
丹羽正伯 ………………… 394
　▷稲生若水 …………… 66
　▷植村政勝 …………… 90
　▷徳川吉宗 …………… 354
　▷野呂元丈 …………… 401
丹羽孝興
　▷稲生若水 …………… 66
丹羽鼎三 ………………… 395
丹羽哲夫
　→丹羽正伯 …………… 394
丹羽徳応
　▷丹羽正伯 …………… 394
丹羽正光
　▷高碕達之助 ………… 295
丹羽嘉言
　▷菅江真澄 …………… 273

【ぬ】

額田六福
　▷田中澄江 …………… 317
沼倉吉兵衛 ……………… 395
沼田大学 ………………… 396
沼田武
　▷沼田真 ……………… 396
沼田真 …………………… 396
沼田頼輔
　▷沢田武太郎 ………… 248

【ね】

根本莞爾 ………………… 398
　▷田代善太郎 ………… 309
　▷中原源治 …………… 375
　▷星大吉 ……………… 444

【の】

ノイベルク
　▷落合英二 …………… 138
"農政の神様"
　→石黒忠篤 …………… 44
野上三枝子
　▷市河三喜 …………… 50
乃木希典
　▷昭和天皇 …………… 267
野口彰 …………………… 399
　▷堀川芳雄 …………… 450
野口幽谷
　▷椿椿山 ……………… 339
野口六也
　→今関六也 …………… 73
野沢重雄 ………………… 399
野沢重晴
　▷野沢重雄 …………… 399
野島康三
　▷恩地孝四郎 ………… 146
野津良知 ………………… 400
野副鉄男
　▷真島利行 …………… 467
野田宇太郎
　▷織田一麿 …………… 136
野中兼山 ………………… 400
野中忠豊
　▷野中兼山 …………… 400
野中忠義
　▷野中兼山 …………… 400
野中伝右衛門
　→野中兼山 …………… 400
野中直継
　▷野中兼山 …………… 400
野中良明
　▷野中兼山 …………… 400
野中良継
　→野中兼山 …………… 400
野村徳七
　▷藤井健次郎 ………… 433
野村義弘 ………………… 401
野村螺岳泉
　→野村義弘 …………… 401
野村立栄
　▷水谷豊文 …………… 488

"海苔の神様"
　→三浦昭雄 ･････････ 485
野呂元丈 ･････････････ 401
　▷青木昆陽 ･････････････ 3
　▷稲生若水 ････････････ 66
野呂武左衛門 ･･･････ 402

【は】

梅寿院 ･･････････････ 402
ハイネ
　▷ビュルガー ･･･････ 421
芳賀态 ･･････････････ 402
萩庭丈寿 ････････････ 402
萩屋薫 ･･････････････ 403
萩原角左衛門 ･･･････ 403
萩原朔太郎
　▷恩地孝四郎 ･･････ 146
萩原茂能
　→萩原角左衛門 ･･･ 403
白雲道人
　→稲生若水 ････････ 66
パークス
　▷大隈重信 ･･････････ 111
橋本忠太郎 ････････ 403
巴蕉園
　→阿部喜任 ････････ 19
パスカル
　▷串田孫一 ･･･････ 194
"ハス博士"
　→大賀一郎 ････････ 107
長谷川孝三 ････････ 404
長谷川五作
　▷山崎林治 ･･････ 537
長谷川如是閑
　▷池長孟 ･･････････ 35
　▷山本金蔵 ･･････ 544
長谷川美好 ････････ 404
畠山伊佐男 ････････ 404
畠山清二 ･･････････ 404
畠山卓三
　→畠山伊佐男 ････ 404
バッケベルグ
　▷伊藤芳夫 ･･････ 62
初瀬川健増 ････････ 404
服部静夫 ･･････････ 405
　▷福本日陽 ･･････ 433

服部新佐 ･･････････ 405
　▷池上義信 ･･････ 33
　▷井上浩 ･･････････ 68
服部雪斎 ･･････････ 406
　▷関根雲停 ･････ 288
服部広太郎 ･･････ 407
　▷大野直枝 ･････ 121
　▷昭和天皇 ･････ 267
　▷田宮博 ･････････ 329
　▷徳川義親 ･････ 353
初見靖一
　→串田孫一 ･････ 194
華岡震
　→華岡青洲 ･･･ 407
華岡随賢
　→華岡青洲 ･･･ 407
華岡青洲 ･･････ 407
華岡鹿城
　→華岡青洲 ･･･ 407
"花菖蒲中興の祖"
　→松平定朝 ･････ 475
"花仙人"
　→岡田種雄 ･････ 126
花戸群芳
　▷宇田川榕庵 ･･ 94
花房端連
　▷花房義質 ････ 408
花房直三郎
　▷花房義質 ････ 408
花房眠雲
　→花房義質 ････ 408
花房義質 ････････ 408
　▷大森熊太郎 ･･ 123
バナール
　▷山口清三郎 ･･ 534
塙順 ･･･････････ 408
塙保己一
　▷白尾国柱 ････ 271
羽仁協子
　▷森喜作 ･･･････ 516
羽仁五郎
　▷森喜作 ･･･････ 516
羽仁進
　▷森喜作 ･･･････ 516
羽根田弥太
　▷郡場寛 ･･･････ 217
　▷徳川義親 ･････ 353
馬場克昌
　→馬場大助 ････ 408
馬場貞由
　▷宇田川榕庵 ･･ 94

馬場資生圃
　→馬場大助 ･････ 408
馬場大助 ････････ 408
　▷黒田長溥 ･････ 205
　▷関根雲停 ･････ 288
馬場胤義
　→千葉常三郎 ･ 333
馬場仲達
　→馬場大助 ･････ 408
馬場利光
　→馬場大助 ･････ 408
土生玄碩
　▷シーボルト ･･ 255
ハーベルラント, G.
　▷中野治房 ･････ 374
パーマー，ハロルド
　▷石川林四郎 ･･ 43
浜栄助 ････････ 409
浜健夫 ････････ 409
浜尾新
　▷牧野富太郎 ･ 461
浜田和雄
　→田辺和雄 ････ 325
浜田耕作（青陵）
　▷浜田稔 ･･･････ 409
浜田稔 ････････ 409
ハム ････････････ 410
早崎鉄意
　▷今井貞吉 ････ 72
林鴬峯
　▷貝原益軒 ････ 147
林吉兵衛
　▷向井元升 ････ 508
林憲 ･･････････ 410
林孝三 ････････ 410
林忠彦
　▷秋山庄太郎 ･ 5
林鳳岡
　▷前田綱紀 ････ 458
林道春
　▷李時珍 ･･･････ 561
林弥栄 ････････ 411
林義紘
　▷宮田敏雄 ････ 502
早田文蔵 ････････ 411
　▷伊藤武夫 ･････ 59
　▷エングラー ･･ 102
　▷木村有香 ･････ 185
　▷佐々木舜一 ･･ 237

▷佐竹義輔	238	"ヒガンバナの稲荷山"		平田景順	**424**
▷沢田武太郎	248	→稲荷山資生	64	平田駒太郎	**424**
▷城数馬	266	樋口繁一	**419**	平田正一	**424**
▷中井猛之進	364	"肥後の鳳凰"		平田眠翁	
▷西村茂次	390	→細川重賢	445	→平田景順	424
▷山田幸男	540	久内清孝	**419**	平塚直治	**425**
▷山本由松	547	▷奥山春季	133	▷平塚直秀	425
原金市	**412**	久宮祐子		▷宮部金吾	503
原摂祐	**412**	▷昭和天皇	267	平塚直秀	**425**
原善助	**413**	日高醇	**419**	→平塚直治	425
原襄	**414**	常陸宮正仁		平沼専蔵	
原寛	**414**	▷昭和天皇	267	→平沼大三郎	426
▷木村有香	185	▷松村義敏	481	平沼大三郎	**426**
▷昭和天皇	267	"筆峰大居士"		▷原摂祐	412
▷津山尚	341	→狩野探幽	162	平野日出雄	**426**
▷中島定雄	371	日野巌	**420**	平野実	**426**
原松次	**415**	日野資勝		平松楽斎	
原友一郎	**415**	▷池坊専好(2代目)	37	▷松浦武四郎	468
原嘉道		日野青波		平山行蔵	
→原寛	414	→日野巌	420	▷椿椿山	339
原島重太郎		日野稔彦		ヒルゲンドルフ	
→松野重太郎	478	▷日野巌	420	▷大沼宏平	120
原田市太郎	**415**	日野登米雄		▷松原新之助	479
原田禎造		▷日野巌	420	広江蓑草	
→河野禎造	216	日比翁助		→広江美之助	426
原田万吉	**416**	▷牛島謹爾	92	広江美之助	**426**
▷中島一男	370	日比野信一	**420**	広瀬淡窓	
原田三夫	**416**	"ひまわりの吉田"		▷岡研介	124
原野喜一郎	**417**	→吉田茂(画家)	557	広瀬弘幸	**427**
ハリエス		"百会長"		▷米田勇一	560
▷真島利行	467	→阪谷芳郎	235	広瀬元恭	
ハリス		檜山庫三	**421**	▷佐藤弥六	244
▷新渡戸稲造	393	ビュルガー	**421**	閔妃	
ハリス, T. M.		▷ミクェル	487	▷禹長春	81
▷木村達明	188	平井篤志			
バルトン		▷平井篤造	421		
▷鹿島清兵衛	152	平井海蔵	**421**	【ふ】	
春山行夫	**417**	平井篤造	**421**		
半沢洵		平賀鳩渓		ファーブル	
▷宮部金吾	503	→平賀源内	422	▷米田勇一	560
万暦帝		平賀源内	**422**	ファルク	
▷李時珍	561	▷田村藍水	331	▷シーボルト	255
		▷中川淳庵	368	ファロー, W.	
【ひ】		▷松平頼恭	477	▷矢田部良吉	528
		平木政次	**423**	フィッシャー, E.	
樋浦誠	**418**	平瀬作五郎	**423**	▷朝比奈泰彦	11
東久邇成子		▷池野成一郎	36	▷鈴木梅太郎	280
▷昭和天皇	267	平田篤胤		フィッシャー, W.	
		▷佐藤信淵	242	▷松村任三	479

フェイト	福山徳潤	藤原冬嗣
▷桂川甫周（4代目） 156	▷稲生若水 ………… 66	▷勧修寺経雄 ……… 153
フェスカ, M.	福山伯明 ……………… **433**	二口善雄 …………… **437**
▷横井時敬 ………… 551	藤井健次郎 …………… **433**	▷津山尚 …………… 341
フォーチュン ………… **428**	▷石川光春 ………… 42	二見庄兵衛 ………… **438**
▷三宅馨 …………… 497	▷大賀一郎 ………… 107	フッカー, ジョセフ
フォリー ……………… **428**	▷桑田義備 ………… 206	▷伊藤篤太郎 ……… 60
▷木梨延太郎 ……… 182	▷坂村徹 …………… 235	▷二階重楼 ………… 387
▷ボアジエ ………… 443	▷杉浦寅之助 ……… 277	布藤昌一 …………… **438**
深田久弥	▷田原正人 ………… 328	船田学
▷星大吉 …………… 444	▷三宅驥一 ………… 497	→福永武彦 ……… 431
深田祝	▷宮地数千木 ……… 502	船津静作 …………… **438**
▷木村亘 …………… 192	▷保井コノ ………… 526	船津伝次平 ………… **439**
深根宗継	藤井健雄 ……………… **434**	舟橋鍬次郎
▷深根輔仁 ………… 429	藤井利重 ……………… **435**	→中島仰山 ……… 370
深根輔仁 ……………… **429**	藤井方亨	フーバー
府川勝蔵 ……………… **429**	▷飯沼慾斎 ………… 29	▷高碕達之助 ……… 295
福井榕亭	藤枝国光	麓次郎 ……………… **440**
▷飯沼慾斎 ………… 29	▷山崎肯哉 ………… 536	フランシェ …………… **440**
福沢諭吉	藤岡一男 ……………… **435**	▷サバチエ ………… 247
▷池田成功 ………… 33	藤茂宏 ………………… **436**	▷中井猛之進 ……… 364
▷井坂直幹 ………… 38	藤島淳三	プランテル
▷上山英一郎 ……… 91	▷小原雅子 ………… 144	▷エングラー ……… 102
▷佐藤弥六 ………… 244	藤島武二	フーリエ ……………… **441**
福士俊一	▷寺内萬治郎 ……… 345	ブリューメ
▷福士貞吉 ………… 430	藤瀬新一郎	▷桂川甫賢 ………… 155
福士貞吉 ……………… **430**	▷久保田尚志 ……… 197	古川久 ……………… **441**
福嶌才治 ……………… **430**	藤田哲夫 ……………… **436**	ブルーク，ファン・デン
福田邦三	藤田東湖	▷河野禎造 ………… 216
▷川村清一 ………… 174	▷東郷彪 …………… 347	古澤潔夫
福田越夫	▷松浦武四郎 ……… 468	▷福本日陽 ………… 433
▷片山正英 ………… 153	藤田直市	古瀬義 ……………… **441**
福田八十楠 …………… **430**	▷藤田路一 ………… 436	古林見宜
福永武彦 ……………… **431**	藤田路一 ……………… **436**	▷松岡恕庵 ………… 471
▷串田孫一 ………… 194	藤田茂吉	フルベッキ
福羽逸人 ……………… **432**	▷栗本鋤雲 ………… 201	▷大隈重信 ………… 111
▷後藤兼吉 ………… 221	藤野寄命 ……………… **437**	ブルマン
福羽美静	藤林泰助	▷ツュンベルク …… 342
▷福羽逸人 ………… 432	▷伊藤圭介 ………… 55	古海正福
▷細川潤次郎 ……… 446	▷江馬元益 ………… 102	▷田辺和雄 ………… 325
福原信三	伏見宮貞愛親王	フロイント
▷福原信義 ………… 432	▷福羽逸人 ………… 432	▷柴田桂太 ………… 252
福原信義 ……………… **432**	藤森静雄	プロテルス
福原有信	▷恩地孝四郎 ……… 146	▷槌賀安平 ………… 337
▷福原信義 ………… 432	藤森天山	ブロンホフ
福原義春	▷松浦武四郎 ……… 468	▷桂川甫賢 ………… 155
▷福原信義 ………… 432	藤山吉左衛門 ………… **437**	▷川原慶賀 ………… 173
福原路草	藤原世釣	フンク, C.
▷福原信義 ………… 432	▷松平頼恭 ………… 477	▷鈴木梅太郎 ……… 280
福本日陽 ……………… **433**	藤原玉夫 ……………… **437**	

599

ふんけ　　　　　　　　　　　人名索引　　　　　　　　　植物文化人物事典

ブンゲ
　▷マキシモヴィッチ ・ 460

【へ】

ヘッス
　▷新島善直 ………… 385
ペッファー, W.
　▷大野直枝 ………… 121
　▷柴田桂太 ………… 252
　▷三好学 …………… 505
　▷山口弥輔 ………… 534
ベーマー …………… 441
ペリー
　▷グレイ …………… 203
　▷黒田長溥 ………… 205
ベンサム
　▷二階重楼 ………… 387
逸見武雄 …………… 442
　▷郡場寛 …………… 217

【ほ】

帆足里吉
　→帆足万里 ………… 442
帆足万里 …………… 442
　▷賀来飛霞 ………… 150
帆足文簡
　→帆足万里 ………… 442
ボアジエ …………… 443
ポアンカレ
　▷阪谷芳郎 ………… 235
ホーイブレンク
　▷津田仙 …………… 337
宝月欣二 …………… 443
　▷木村允 …………… 189
卜蔵梅之丞
　▷北脇永治 ………… 181
穂坂八郎 …………… 443
星大吉 ……………… 444
　▷根本莞爾 ………… 398
星川清親 …………… 445
保科正之
　▷前田綱紀 ………… 458

ボース, ジャガディーシュ・チャンドラ
　▷モーリッシュ …… 518
細井広沢
　▷柳沢吉保 ………… 530
細川重賢 …………… 445
細川十洲
　→細川潤次郎 ……… 446
細川潤次郎 ………… 446
細川隆英 …………… 446
細川隆元
　▷細川隆英 ………… 446
細川宣紀
　▷細川重賢 ………… 445
細川晴元
　▷曲直瀬道三（1代目） 482
細川宗孝
　▷細川重賢 ………… 445
細山田良康 ………… 447
堀田禎吉 …………… 447
堀田藤八郎
　→堀田正敦 ………… 447
堀田南月
　→堀田禎吉 ………… 447
堀田正敦 …………… 447
　▷岩崎灌園 ………… 76
　▷小野蘭山 ………… 141
堀田正富
　▷堀田正敦 ………… 447
ホッタイン
　▷水谷豊文 ………… 488
"ポテト王"
　→牛島謹爾 ………… 92
堀正太郎 …………… 448
堀誠太郎 …………… 448
　▷中井猛之進 ……… 364
堀辰雄
　▷福永武彦 ………… 431
堀勝 ………………… 449
　▷樋口繁一 ………… 419
堀裕
　▷山崎肯哉 ………… 536
堀内仙右衛門 ……… 449
堀内為左衛門
　→堀内仙右衛門 …… 449
堀内初太郎
　▷秋山庄太郎 ……… 5
堀川富弥 …………… 450
堀川芳雄 …………… 450

▷池上義信 ………… 33
▷佐藤和韓鴉 ……… 244
▷鈴木兵二 ………… 284
ホルテル, J.
　▷宇田川玄随 ……… 94
ボーローグ, ノーマン
　▷稲塚権次郎 ……… 63
本阿弥光悦
　▷尾形光琳 ………… 125
　▷俵屋宗達 ………… 332
本庄伯郎
　▷小野哲夫 ………… 138
本荘宗武
　▷伊集院兼知 ……… 48
本多静六 …………… 451
　▷井下清 …………… 69
　▷白沢保美 ………… 271
　▷徳川宗敬 ………… 352
　▷村越三千男 ……… 510
本多銓子
　▷本多静六 ………… 451
本多藤雄 …………… 453
本田正次 …………… 453
　▷北見秀夫 ………… 179
　▷木村有香 ………… 185
　▷清棲幸保 ………… 193
　▷昭和天皇 ………… 267
　▷鈴木重隆 ………… 281
　▷関本平八 ………… 289
　▷飛田広 …………… 359
　▷二階重楼 ………… 387
　▷早田文蔵 ………… 411
　▷久内清孝 ………… 419
　▷前原勘次郎 ……… 459
　▷松田修 …………… 473
　▷山下幸平 ………… 538
本多庸一
　▷イング …………… 79
本間玄調
　▷華岡青洲 ………… 407

【ま】

真家信太郎 ………… 455
マイル
　▷新島善直 ………… 385
前川三郎
　▷前川文夫 ………… 455
前川文夫 …………… 455
　▷津山尚 …………… 341

▷中井猛之進 …… 364	▷五百城文哉 …… 30	▷三宅驥一 …… 497
前田在樹	▷池上義信 …… 33	▷村越三千男 …… 510
→前田利保 …… 458	▷池長孟 …… 35	▷籾山泰一 …… 515
前田威成 …… **457**	▷伊沢一男 …… 39	▷矢頭献一 …… 529
前田松雲	▷伊藤武夫 …… 59	▷山下幸平 …… 538
→前田綱紀 …… 458	▷井波一雄 …… 64	▷山田寿雄 …… 539
前田曙山 …… **457**	▷梅村甚太郎 …… 98	▷湯山五策 …… 550
前田青邨	▷大上宇市 …… 106	▷余吾一角 …… 551
▷吉田茂（画家）…… 557	▷大久保三郎 …… 109	▷吉永虎馬 …… 558
前田綱紀 …… **458**	▷大谷茂 …… 117	▷吉野善介 …… 559
▷稲生若水 …… 66	▷岡本東洋 …… 130	▷与世里盛春 …… 559
▷向井元升 …… 508	▷岡本勇治 …… 130	▷若名英治 …… 563
前田利常	▷小川由一 …… 131	牧野伸顕
▷前田綱紀 …… 458	▷奥山春季 …… 133	▷吉田茂（政治家）…… 556
前田利保 …… **458**	▷長田武正 …… 135	**牧野晩成** …… **465**
▷江馬元益 …… 102	▷小田常太郎 …… 137	牧野文子
▷黒田長溥 …… 205	▷金城三郎 …… 160	▷牧野四子吉 …… 466
▷斎田雲岱 …… 229	▷上村登 …… 164	**牧野四子吉** …… **466**
▷関根雲停 …… 288	▷川崎哲也 …… 169	馬越恭平
▷馬場大助 …… 408	▷菊地政雄 …… 177	▷阪谷芳郎 …… 235
▷山本亡羊 …… 545	▷北見秀夫 …… 179	**孫福正** …… **466**
前田斉清	▷小泉源一 …… 209	間崎哲馬
▷関根雲停 …… 288	▷小泉秀雄 …… 210	▷細川潤次郎 …… 446
前田正名	▷上妻博之 …… 212	正宗敦夫
▷池田謙蔵 …… 33	▷笹村祥二 …… 237	▷正宗巌敬 …… 467
前田光高	▷佐野藤右衛門 …… 246	**正宗巌敬** …… **467**
▷前田綱紀 …… 458	▷柴田南雄 …… 253	▷高嶺英言 …… 300
前田夕暮	▷清水藤太郎 …… 262	正宗得三郎
▷行方富太郎 …… 382	▷須川長之助 …… 276	▷正宗巌敬 …… 467
前谷惟光	▷鈴木兵二 …… 284	正宗白鳥
▷原田三夫 …… 416	▷関本平八 …… 289	▷正宗巌敬 …… 467
前野良沢	▷高木哲雄 …… 294	**真島利行** …… **467**
▷飯沼慾斎 …… 29	▷田代善太郎 …… 309	▷久保田尚志 …… 197
▷宇田川玄随 …… 94	▷田中貢一 …… 314	▷黒田チカ …… 205
▷桂川甫周（4代目）…… 156	▷津村重舎（1代目）…… 340	増岡平右衛門
▷中川淳庵 …… 368	▷津山尚 …… 341	▷川島佐次右衛門（2代目）…… 170
前原勘次郎 …… **459**	▷徳淵永治郎 …… 355	増田金太郎
マキシモヴィッチ …… **460**	▷鳥羽源蔵 …… 358	→繁亭金太 …… 249
▷須川長之助 …… 276	▷中野与右衛門 …… 374	増田立軒
▷田代安定 …… 310	▷中原源治 …… 375	▷中村惕斎 …… 378
▷牧野富太郎 …… 461	▷鍋島与市 …… 382	増山雪斎
牧野貞幹 …… **460**	▷沼田真 …… 396	▷大岡雲峰 …… 107
牧野貞喜	▷根本莞爾 …… 398	町田久成
▷牧野貞幹 …… 460	▷野村義弘 …… 401	▷田中芳男 …… 324
牧野寿衛子	▷原松次 …… 415	町村金弥
▷牧野富太郎 …… 461	▷原田万吉 …… 416	▷宮部金吾 …… 503
牧野誠太郎	▷樋口繁一 …… 419	**松浦茂寿** …… **468**
→牧野富太郎 …… 461	▷久内清孝 …… 419	松浦多気志楼
牧野富太郎 …… **461**	▷府川勝蔵 …… 429	→松浦武四郎 …… 468
▷飯泉優 …… 25	▷ベーマー …… 441	**松浦武四郎** …… **468**
▷飯沼慾斎 …… 29	▷星大吉 …… 444	
	▷前川文夫 …… 455	
	▷前原勘次郎 …… 459	
	▷マキシモヴィッチ …… 460	
	▷松崎直枝 …… 471	
	▷松野重太郎 …… 478	
	▷松村義敏 …… 481	

まつうら

▷山本亡羊	…………	545
松浦一	……………	**470**
松浦弘		
→松浦武四郎	………	468
松岡怡顔斎		
→松岡恕庵	…………	471
松岡玄達		
→松岡恕庵	…………	471
松岡恕庵	……………	**471**
▷浅井図南	…………	8
▷稲生若水	…………	66
▷小野蘭山	…………	141
▷木村蒹葭堂	………	186
▷近衛家熙	…………	223
▷島田充房	…………	261
▷松平君山	…………	474
マッカーサー		
▷昭和天皇	…………	267
松崎直枝	……………	**471**
松下仙蔵	……………	**472**
松田英二	……………	**472**
松田修	………………	**473**
松田定久	……………	**474**
松田孫治	……………	**474**
松平織部		
→松平定朝	…………	475
松平君山	……………	**474**
▷浅井図南	…………	8
▷水谷豊文	…………	488
松平左金吾		
→松平定朝	…………	475
松平定邦		
▷松平定信	…………	476
松平定朝	……………	**475**
▷小高伊左衛門	……	220
松平定寅		
→松平定朝	…………	475
松平定信	……………	**476**
▷堀田正敦	…………	447
松平菖翁		
→松平定朝	…………	475
松平太郎左衛門		
→松平君山	…………	474
松平白岳		
→松平頼恭	…………	477
松平広忠		
▷徳川家康	…………	351
松平茂昭		
▷松平康荘	…………	477
松平康荘	……………	**477**

松平康民		
▷城数馬	…………	266
松平慶民		
▷徳川義親	…………	353
松平慶永(春嶽)		
▷白井光太郎	………	269
▷徳川義親	…………	353
松平頼貞		
▷松平頼恭	…………	477
松平頼恭	……………	**477**
"マツタケ博士"		
→浜田稔	……………	409
松戸覚之助	……………	**478**
▷北脇永治	…………	181
▷渡瀬寅次郎	………	565
松永尺五		
▷貝原益軒	…………	147
松永久秀		
▷曲直瀬道三(1代目)		482
松永安左エ門		
▷杉山吉良	…………	278
松波誠次郎		
→松波秀実	…………	478
松波秀実	……………	**478**
松野硯		
▷長松篤棐	…………	376
松野重太郎	……………	**478**
▷大谷茂	……………	117
松野輪水		
→松野重太郎	………	478
松原新之助	……………	**479**
松原瑜州		
→松原新之助	………	479
松村松年		
▷鳥羽源蔵	…………	358
▷宮部金吾	…………	503
松村任三	……………	**479**
▷池野成一郎	………	36
▷伊藤篤太郎	………	60
▷遠藤吉三郎	………	103
▷大久保三郎	………	109
▷川村清一	…………	174
▷工藤祐舜	…………	196
▷小泉源一	…………	209
▷児玉親輔	…………	221
▷城数馬	……………	266
▷田中節三郎	………	318
▷中井猛之進	………	364
▷早田文蔵	…………	411
▷本田正次	…………	453
▷牧野富太郎	………	461
▷村越三千男	………	510

▷安田篤	……………	527
▷矢田部良吉	………	528
▷若名英治	…………	563
松村義敏	……………	**481**
松本治郎吉	……………	**481**
松本慎思		
▷岩崎灌園	…………	76
松本伝太郎		
▷小清水亀之助	……	219
松森嘉世右エ門		
→松森胤保	…………	481
松森胤保	……………	**481**
松森南郊		
→松森胤保	…………	481
マードック,G.		
▷石黒忠篤	…………	44
眞砂久哉	……………	**482**
曲直瀬一渓		
→曲直瀬道三(1代目)		482
曲直瀬篁庵		
▷小野職愨	…………	140
曲直瀬道三(1代目)	…	**482**
▷永田徳本	…………	372
曲直瀬正盛		
→曲直瀬道三(1代目)		482
曲直瀬養安院		
▷栗本鋤雲	…………	201
間部詮房		
▷徳川吉宗	…………	354
真鍋左武郎	……………	**483**
▷米本正	……………	560
間宮七郎平	……………	**484**
黛敏郎		
▷柴田南雄	…………	253
円山応挙	……………	**484**
丸山修三		
▷三谷和合	…………	490
万年録三郎		
▷小高伊左衛門	……	220
▷松平定朝	…………	475

【み】

三浦昭雄	……………	**485**
三浦梧楼		
▷木部米吉	…………	185
三浦肆玖楼	……………	**485**

三浦梅園
　▷帆足万里 ………… 442
三笠宮信子
　▷吉田茂（政治家）… 556
三上ふみ子
　→郡場ふみ子 ……… 217
三上希次 …………… 486
"ミカンの父"
　→高橋郁郎 ………… 297
三木茂 ……………… 486
　▷粉川昭平 ………… 218
　▷原田市太郎 ……… 415
三木助月（如月）
　→鹿島清兵衛 ……… 152
三木武夫
　▷片山正英 ………… 153
三木鶏郎
　▷柴田南雄 ………… 253
右田半四郎 ………… 487
ミクェル …………… 487
御江久夫 …………… 487
三沢正生 …………… 488
水上勉
　▷上田弘一郎 ……… 82
水島正美 …………… 488
　▷鈴木重隆 ………… 281
水谷鈎致堂
　→水谷豊文 ………… 488
水谷光和
　→水谷豊文 ………… 488
水谷士献
　→水谷豊文 ………… 488
水谷助六
　→水谷豊文 ………… 488
水谷豊文 …………… 488
　▷浅野春道 ………… 11
　▷飯沼慾斎 ………… 29
　▷伊藤圭介 ………… 55
　▷江馬元益 ………… 102
　▷大窪昌章 ………… 110
　▷大河内存真 ……… 114
　▷小野蘭山 ………… 141
　▷シーボルト ……… 255
　▷吉川芳秋 ………… 556
"ミスター・ローズ"
　→鈴木省三 ………… 282
水野逸斎
　→水野忠暁 ………… 489
水野皓山
　▷平田景順 ………… 424
水野宗次郎

　→水野忠暁 ………… 489
水野忠邦
　▷大蔵永常 ………… 112
　▷川村修就 ………… 175
　▷繁亭金太 ………… 249
　▷高木春山 ………… 293
水野忠敬
　→水野忠暁 ………… 489
水野忠暁 …………… 489
　▷大岡雲峰 ………… 107
　▷繁亭金太 ………… 249
　▷関根雲停 ………… 288
水野忠政
　▷徳川家康 ………… 351
　▷水野忠暁 ………… 489
水野豊造 …………… 490
水野元勝 …………… 490
水野守政
　▷水野忠暁 ………… 489
水原秋桜子
　▷桂樟蹊子 ………… 154
御薗中渠
　▷浅井図南 ………… 8
三田恭子
　▷田中澄江 ………… 317
三谷慶次郎 ………… 490
三谷和合 …………… 490
三井邦男 …………… 491
三井進午 …………… 491
三井夢生
　→三井進午 ………… 491
箕作秋坪
　▷阪谷芳郎 ………… 235
三土忠造
　▷金城三郎 ………… 160
緑川洋一
　▷秋山庄太郎 ……… 5
南方熊楠 …………… 492
　▷朝比奈泰彦 ……… 11
　▷池上義信 ………… 33
　▷宇井縫蔵 ………… 82
　▷上松蓊 …………… 89
　▷菊池理一 ………… 178
　▷小畔四郎 ………… 209
　▷後藤伸 …………… 222
　▷小林義雄 ………… 226
　▷坂口総一郎 ……… 234
　▷佐藤清明 ………… 240
　▷昭和天皇 ………… 267
　▷中川九一 ………… 368
　▷原摂祐 …………… 412
　▷平沼大三郎 ……… 426

　▷南方文枝 ………… 496
　▷宮武省三 ………… 502
南方文枝 …………… 496
　▷南方熊楠 ………… 492
皆川淇園
　▷帆足万里 ………… 442
南鷹次郎 …………… 496
南仁兵衛
　▷南鷹次郎 ………… 496
源実朝
　▷栄西 ……………… 99
源頼家
　▷栄西 ……………… 99
美馬順三
　▷シーボルト ……… 255
耳野卯三郎
　▷寺内萬治郎 ……… 345
宮川謙吉
　▷田中長三郎 ……… 319
宮城鉄夫 …………… 497
三宅市郎
　▷原摂祐 …………… 412
三宅馨 ……………… 497
三宅驥一 …………… 497
　▷今井喜孝 ………… 73
　▷小南清 …………… 228
　▷保井コノ ………… 526
三宅雪嶺
　▷杉浦重剛 ………… 276
三宅忠一 …………… 498
宮崎文太夫
　→宮崎安貞 ………… 498
宮崎道正
　▷杉浦重剛 ………… 276
宮崎安貞 …………… 498
　▷陶山鈍翁 ………… 285
宮沢賢治 …………… 499
　▷鳥羽源蔵 ………… 358
宮沢清六
　▷宮沢賢治 ………… 499
宮沢文吾 …………… 501
　▷田中長三郎 ……… 319
宮田敏雄 …………… 502
宮武省三 …………… 502
宮地春樹
　▷宮地数千木 ……… 502
宮地数千木 ………… 502
宮部一郎
　▷宮部金吾 ………… 503

| みやへ | 人名索引 | 植物文化人物事典 |

宮部金吾 503
　▷川上滝弥 167
　▷工藤祐舜 196
　▷島善鄰 257
　▷時田郁 350
　▷徳淵永治郎 355
　▷新渡戸稲造 393
　▷原摂祐 412
　▷樋浦誠 418
　▷平塚直治 425
　▷平塚直秀 425
　▷堀誠太郎 448
　▷マキシモヴィッチ 460
　▷水島正美 488
宮部孫八郎
　▷宮部金吾 503
宮本行一郎 504
宮本佐四郎 504
明恵 504
明道博 504
三好友衛
　▷三好学 505
三好学 505
　▷市川政司 51
　▷岡田要之助 127
　▷岡本勇治 130
　▷恩田経介 145
　▷川村清一 174
　▷草野俊助 194
　▷郡場寛 217
　▷小島均 219
　▷飛田広 359
　▷中野治房 374
　▷鍋島与市 382
　▷船津静作 438
　▷安田篤 527
　▷山口弥輔 534
　▷吉井義二 554
三好保徳 507
三輪知雄 508

【 む 】

向井以順
　→向井元升 508
向井去来
　▷向井元升 508
向井元升 508
　▷貝原益軒 147
　▷前田綱紀 458

向井元瑞
　▷向井元升 508
向井元成
　▷向井元升 508
向井素柏
　→向井元升 508
向山元慶
　▷松平頼恭 477
武蔵石寿
　▷服部雪斎 406
夢窓疎石
　▷大下豊道 115
村井菊蔵 509
村井三郎 509
　▷岩淵初郎 78
村上勘兵衛 509
村上道太郎 509
村越三千男 510
村里保平 511
村瀬惣次郎
　▷長谷川美好 404
村瀬太乙
　▷三好学 505
村瀬稔之 511
村田久造 512
村田経鰌 512
　▷呉継志 208
　▷島津重豪 259
邨田申申
　→邨田丹陵 512
邨田丹陵 512
村田春海
　▷白尾国柱 271
村田吉男 512
村松七郎 513
村松標左衛門 513
村松操
　▷市河三喜 50
村元政雄 513
室生犀星
　▷恩地孝四郎 146
室田老樹斎 514

【 め 】

明治天皇

　▷イング 79
　▷大隈重信 111
　▷サバチェ 247
　▷島津忠済 260
　▷野呂武左衛門 402
迷蘇愚奴
　→笹岡久彦 237
目黒道琢
　▷伊沢蘭軒 39
メンデル
　▷篠遠喜人 250
　▷モーリッシュ 518

【 も 】

毛藤勤治 514
毛藤囡彦
　▷古瀬義 441
毛利敬親
　▷西本チョウ 392
毛利虎雄 514
毛利梅園 514
毛利元苗
　▷毛利梅園 514
毛利元就
　▷曲直瀬道三(1代目) ... 482
毛利元寿
　→毛利梅園 514
最上徳内
　▷木村蒹葭堂 186
　▷シーボルト 255
モーガン, T. H.
　▷今井喜孝 73
モース
　▷松村任三 479
本居大平
　▷畔田翠山 204
本居宣長
　▷白尾国柱 271
籾山梓月
　▷籾山泰一 515
籾山梓山
　→籾山泰一 515
籾山徳太郎
　▷籾山泰一 515
籾山泰一 515
桃沢匡勝 515
百瀬静男 515

▷田川基二	301	森谷憲	**521**	矢田部尚今		
森有礼		守屋富太郎	**521**	→矢田部良吉	528	
▷堀誠太郎	448	森屋初	**521**	矢田部良吉	**528**	
▷矢田部良吉	528	森屋理吉		▷伊藤篤太郎	60	
森鴎外		▷森屋初	521	▷大久保三郎	109	
▷遠藤吉三郎	103	諸井三郎		▷斎田功太郎	229	
▷長松篤棐	376	▷柴田南雄	253	▷染谷徳五郎	292	
森寛一		門司正三	**522**	▷田中長嶺	320	
▷森喜作	516	▷佐伯敏郎	233	▷堀誠太郎	448	
森喜作	**516**	モンテーニュ		▷牧野富太郎	461	
森喜美男		▷串田孫一	194	▷松村任三	479	
▷森喜作	516			▷渡部鍬太郎	566	
森邦彦	**516**	**【 や 】**		矢頭献一	**529**	
森重之丞				▷倉田悟	200	
▷堀内仙右衛門	449			矢内原伊作		
森重政		矢数四郎		▷串田孫一	194	
▷毛利梅園	514	→矢数道明	522	柳沢淇園		
森徹山		矢数道明	**522**	▷木村蒹葭堂	186	
▷山本渓愚	544	八木繁一	**523**	柳沢保明		
森英男	**516**	八木岡新右衛門	**523**	→柳沢吉保	530	
森芳滋		薬師寺英次郎	**524**	柳沢吉里		
▷大森熊太郎	123	薬師寺清司	**524**	▷柳沢吉保	530	
森立之		矢沢米三郎	**524**	柳沢吉保	**530**	
▷伊沢蘭軒	39	▷田中貢一	314	柳島静江		
▷服部雪斎	406	▷根本莞爾	398	▷柳島直彦	531	
森島中良		屋代弘賢		柳島直彦	**531**	
▷木村蒹葭堂	186	▷岩崎灌園	76	柳田国男		
森田愛五郎		八代田貫一郎	**525**	▷南方熊楠	492	
→森田雷死久	517	安井公一	**525**	▷盛永俊太郎	518	
森田幸門		保井コノ	**526**	柳田由蔵	**531**	
▷三谷和合	490	安井小洒	**527**	柳原静六		
森田思軒		安井息軒		→本多静六	451	
▷幸田露伴	214	▷中村弥六	380	柳家蝠丸（1代目）		
盛田達三	**517**	安岡玄真		▷桂文治（10代目）	155	
森田恒友		→宇田川玄真	93	矢野佐	**531**	
▷木下杢太郎	182	安田篤	**527**	矢野悟道	**532**	
森田雷死久	**517**	▷今関六也	73	矢野龍渓		
モーリッシュ	**518**	▷遠藤吉三郎	103	▷大隈重信	111	
▷三宅驥一	497	▷鶴田章逸	342	▷三好学	505	
盛永汀夢		▷安田勲	527	矢部吉禎	**532**	
→盛永俊太郎	518	安田勲	**527**	▷大賀歌子	109	
盛永俊太郎	**518**	▷安田篤	527	山内一豊		
森野賽郭		安田長穂		▷野中兼山	400	
→森野藤助	520	▷畔田翠山	204	山内繁雄		
森野藤助	**520**	安富寄碩		▷村越三千男	510	
▷上田三平	83	▷中川淳庵	368	山内穊叢園	**533**	
森野通貞		矢田部卿雲		山内善男		
→森野藤助	520	▷矢田部良吉	528	▷入江静加	75	
森本彦三郎	**520**			▷大森熊太郎	123	
				山岡守全		
				▷松平君山	474	

605

山鹿素行	山田勢三郎 ……… **538**	▷恩地孝四郎 ……… 146
▷種子島久基 ……… 327	山田忠雄	山本金蔵 ……………… **544**
山県伊三郎	▷山田孝雄 ………… 540	山本渓愚 ……………… **544**
▷阪谷芳郎 ………… 235	山田常雄 …………… **538**	▷西村広休 ………… 391
山縣悌三郎	山田寿雄 …………… **539**	▷山本亡羊 ………… 545
▷小島烏水 ………… 218	▷津山尚 …………… 341	山本渓山
山川健次郎	山田俊雄	→山本渓愚 ………… 544
▷昭和天皇 ………… 267	▷山田孝雄 ………… 540	山本実康
▷矢田部良吉 ……… 528	山田英雄	▷山本静山 ………… 545
▷山川黙 …………… 533	▷山田孝雄 ………… 540	山本笑月
山川黙 ………………… **533**	山田文助	▷山本金蔵 ………… 544
▷河田杰 …………… 171	▷杉山彦三郎 ……… 279	山本静山 …………… **545**
八巻敏雄 ……………… **533**	山田真弓	山本章夫
山口清三郎 ………… **534**	▷山田幸男 ………… 540	→山本渓愚 ………… 544
山口篤蔵	山田みづえ	山本四郎 ……………… **545**
▷原摂祐 …………… 412	▷山田孝雄 ………… 540	山本世孺
山口弥輔 ……………… **534**	山田安民	→山本亡羊 ………… 545
山崎斌 ………………… **535**	▷津村重舎(1代目)・ 340	山本素軒
山崎闇斎	山田幸男 …………… **540**	▷尾形光琳 ………… 125
▷貝原益軒 ………… 147	▷梅崎勇 …………… 97	山本泰安
▷松岡恕庵 ………… 471	▷瀬川宗吉 ………… 286	▷松原新之助 ……… 479
山崎肯哉 ……………… **536**	▷田中剛 …………… 319	山本藤十郎
山崎青樹	▷野村義弘 ………… 401	→山本渓愚 ………… 544
▷山崎斌 …………… 535	山田孝雄 …………… **540**	山本仲直
山崎敬 ………………… **536**	山蔦一海 …………… **541**	→山本亡羊 ………… 545
山崎利彦 ……………… **536**	▷古家儀八郎 ……… 228	山本一
山崎留次郎	山手樹一郎	▷山本四郎 ………… 545
→成田屋留次郎 …… 383	▷井口樹生 ………… 32	山本緋竹
山崎又雄 ……………… **536**	大和茂八	→山本昌木 ………… 546
山崎桃麿	▷山崎肯哉 ………… 536	山本亡羊 ……………… **545**
▷山崎斌 …………… 535	大和見立	▷飯沼慾斎 ………… 29
山崎好直	▷華岡青洲 ………… 407	▷江馬元益 ………… 102
▷高良斎 …………… 211	"山と高原の詩人"	▷小原春造(1代目)・ 143
山崎良directory	→尾崎喜八 ………… 134	▷賀来飛霞 ………… 150
→高良斎 …………… 211	山鳥吉五郎 ………… **541**	▷西村広休 ………… 391
山崎林治 ……………… **537**	山中二男 …………… **542**	▷平田景順 ………… 424
山下孝介 ……………… **537**	山中寅文 …………… **542**	▷松浦武四郎 ……… 468
山下幸平 ……………… **538**	山根銀五郎 ………… **542**	▷山本渓愚 ………… 544
▷田代善太郎 ……… 309	山根銀二	山本昌木 ……………… **546**
山科宗伝	▷山根銀五郎 ……… 542	山本光男 ……………… **547**
▷浅井図南 ………… 8	山野丑松	山本榕室
山科道安	▷山野忠彦 ………… 543	▷山本亡羊 ………… 545
▷近衛家熙 ………… 223	山野忠彦 …………… **543**	山本由松 ……………… **547**
山城学 ………………… **538**	山羽儀兵 …………… **543**	山脇玄修
山田耕作	山本岩亀 …………… **544**	▷野呂元丈 ………… 401
▷孫福正 …………… 466	山本鼎	
山田貞雄	▷伊川鷹治 ………… 32	
▷山田孝雄 ………… 540	▷織田一麿 ………… 136	
山田成章		

606

【ゆ】

湯浅明 ･････････････ 547
湯浅宗重
　▷明恵 ･････････････ 504
結城嘉美 ･･････････ 549
又新園主人
　→大谷木一 ･･･････ 123
湯川制 ･････････････ 550
湯原清次
　▷坂口総一郎 ･････ 234
湯本求真
　▷大塚敬節 ･･･････ 118
湯山五策 ･･････････ 550
ユルスナール
　▷多田智満子 ･････ 311

【よ】

"洋蘭の神様"
　→後藤兼吉 ･･･････ 221
与口重治
　▷与口虎三郎 ･････ 550
与口虎三郎 ･･･････ 550
余吾一角 ･･････････ 551
横井時敬 ･･････････ 551
横内斎 ･････････････ 553
横木清太郎 ･･･････ 553
横山潤 ･････････････ 553
横山茶来
　▷大谷木一 ･･･････ 123
　▷鍋島直孝 ･･･････ 381
　▷服部雪斎 ･･･････ 406
横山仲徳
　→横山潤 ･････････ 553
横山南郊
　→横山潤 ･････････ 553
横山白虹
　▷太田安定 ･･･････ 116
与謝野鉄幹
　▷木下杢太郎 ･････ 182
吉井義次 ･･････････ 554
　▷吉岡邦二 ･･･････ 554

吉雄幸載
　▷シーボルト ･････ 255
吉雄権之助
　▷岡研介 ･･･････････ 124
　▷高良斎 ･･･････････ 211
吉雄俊蔵
　▷宇田川榕庵 ･････ 94
吉岡邦二 ･･････････ 554
吉岡重夫 ･･････････ 555
　▷立石敏雄 ･･･････ 313
吉川純幹 ･･････････ 555
吉川芳秋 ･･････････ 556
吉沢素山
　▷邨田丹陵 ･･･････ 512
吉田健一
　▷吉田茂(政治家) ･･ 556
吉田茂(政治家) ･･ 556
　▷小出信吉 ･･･････ 210
吉田茂(画家) ･････ 557
吉田雀巣庵
　▷伊藤圭介 ･･･････ 55
　▷大河内存真 ･････ 114
　▷水谷豊文 ･･･････ 488
吉田潤之助
　▷松平定朝 ･･･････ 475
吉田昌一 ･･････････ 558
吉田松陰
　▷小幡高政 ･･･････ 142
　▷松浦武四郎 ･････ 468
吉田長淑
　▷高野長英 ･･･････ 296
吉田平九郎
　▷飯沼慾斎 ･･･････ 29
吉田正恭
　▷松平定信 ･･･････ 476
吉田弥右衛門 ････ 558
吉田よし子
　▷吉田昌一 ･･･････ 558
吉永虎馬 ･･････････ 558
吉永悦郷 ･･････････ 558
芳野金陵
　▷小沢圭次郎 ･････ 136
吉野作造
　▷遠藤吉三郎 ･････ 103
吉野善介 ･･････････ 559
吉益南涯
　▷華岡青洲 ･･･････ 407
吉村鋭治 ･･････････ 559
与世里盛春 ･･･････ 559

依田恭二 ･･････････ 559
四谷南蘋
　→大岡雲峰 ･･･････ 107
米川操軒
　▷中村惕斎 ･･･････ 378
米倉一平
　▷長松篤棐 ･･･････ 376
米沢耕一 ･･････････ 560
米沢幸作
　▷田中正雄 ･･･････ 321
米田勇一 ･･････････ 560
　▷梅崎勇 ･････････ 97
米谷平和
　▷香月繁孝 ･･･････ 154
米本卯吉
　▷米本正 ･････････ 560
米本正 ･････････････ 560
米本豊
　▷米本正 ･････････ 560
ヨハンセン
　▷山口弥輔 ･･･････ 534
ヨンストン
　▷野呂元丈 ･･･････ 401

【ら】

頼山陽
　▷浅田宗伯 ･･･････ 9
　▷雲華 ･･･････････ 99
ライト ･････････････ 561
ラウンケル
　▷佐藤和韓鴉 ･････ 244
ラスキン
　▷小島烏水 ･･･････ 218
ラッカー
　▷高宮篤 ･････････ 300
"ラッカセイの父"
　→渡辺慶次郎 ･････ 566
ランゲロン
　▷木下杢太郎 ･････ 182

【り】

李鴻章
　▷大隈重信 ･･･････ 111

【り】

李時珍 ················ 561
　▷稲生若水 ··········· 66
　▷貝原益軒 ·········· 147
　▷徳川家康 ·········· 351
リスター，アーサー
　▷南方熊楠 ·········· 492
リビングストン，B. E.
　▷大賀一郎 ·········· 107
隆琦
　→隠元 ··············· 79
龍胆寺雄 ·············· 562
"緑化の父"
　→徳川宗敬 ········· 352
"リンゴ中興の祖"
　→外崎嘉七 ········· 358
"リンゴの神様"
　→島善鄰 ············ 257
　→外崎嘉七 ········· 358
リンネ
　▷飯沼慾斎 ··········· 29
　▷伊藤圭介 ··········· 55
　▷宇田川榕庵 ········ 94
　▷桂川甫周（4代目）· 156
　▷ケンペル ·········· 207
　▷ツュンベルク ····· 342
　▷水谷豊文 ·········· 488

【る】

ルーズベルト，セオドア
　▷阪谷芳郎 ·········· 235
ルードベック
　▷ケンペル ·········· 207
ルンデゴルド
　▷山根銀五郎 ······· 542
　▷吉井義人 ·········· 554

【れ】

霊芝庵菊仙
　→大坪二市 ········· 119
レーブ
　▷鈴木梅太郎 ······· 280

【ろ】

盧貞吉
　▷岩崎俊弥 ··········· 77
ロジャース
　▷グレイ ············· 203
ロッシュ
　▷ウェルニー ········ 91

【わ】

ワイス
　▷藤井健次郎 ······· 433
ワインマン
　▷岩崎灌園 ··········· 76
　▷宇田川玄真 ········ 93
若名英治 ·············· 563
　▷大隈重信 ·········· 111
若浜汐子 ·············· 563
若林省三
　→鈴木省三 ········· 282
脇愚山
　▷帆足万里 ·········· 442

脇坂誠 ················ 564
脇田正二 ·············· 564
ワグネル
　▷津田仙 ············ 337
和気俊郎 ·············· 564
和気仲安
　▷寺島良安 ·········· 346
和田文吾 ·············· 564
　▷藤井健次郎 ······· 433
渡瀬庄二郎
　▷清棲幸保 ·········· 193
渡瀬寅次郎 ··········· 565
　▷松戸覚之助 ······· 478
渡辺篤 ················ 565
渡辺穎二 ·············· 565
渡辺崋山
　▷大蔵永常 ·········· 112
　▷桂川甫賢 ·········· 155
　▷佐藤信淵 ·········· 242
　▷高野長英 ·········· 296
　▷椿椿山 ············ 339
渡辺清彦 ·············· 566
渡辺慶次郎 ··········· 566
渡辺玄對
　▷大岡雲峰 ·········· 107
渡辺洪基
　▷清水謙吾 ·········· 261
渡部鍬太郎 ··········· 566
渡辺淳一郎 ··········· 566
　▷長尾円澄 ·········· 366
渡辺千秋
　▷田代安定 ·········· 310
渡辺禎三 ·············· 567
亘理俊次 ·············· 567
　▷原襄 ··············· 414
ワールブルグ ········ 567

事項名索引

事項名索引

【あ】

アイ
- ▷後藤捷一 ………… 222

アイソトープ
- ▷三井進午 ………… 491

'青島温州'
- ▷田中諭一郎 ………… 323

青谷梅林
- ▷大西常右衛門 …… 120

アカエゾマツ
- ▷舘脇操 ………… 313

秋田木材
- ▷井坂直幹 ………… 38

「秋はぎの譜」
- ▷横山潤 ………… 553

アサガオ
- ▷今村駿一郎 ………… 75
- ▷大谷木一 ………… 123
- ▷岡不崩 ………… 124
- ▷小川信太郎 ………… 131
- ▷賀集久太郎 ………… 153
- ▷島津忠済 ………… 260
- ▷竹本要斎 ………… 307
- ▷鍋島直孝 ………… 381
- ▷成田屋留次郎 …… 383
- ▷三宅驥一 ………… 497
- ▷山内穀叢園 ………… 533
- ▷若名英治 ………… 563

'あさなぎ'
- ▷中野善雄 ………… 375

アジサイ
- ▷塚本洋太郎 ………… 333

アスパラガス
- ▷下田喜久三 ………… 264

熱川バナナワニ園
- ▷木村亘 ………… 192
- ▷常谷幸雄 ………… 266

愛宕柿
- ▷櫛部国三郎 ………… 195

安達流
- ▷安達潮花(1代目) … 16

アツケシソウ
- ▷国分寛 ………… 218

アートフラワー
- ▷飯田倫子 ………… 26

アブラナ
- ▷岩佐正一 ………… 76

- ▷盛永俊太郎 ………… 518

アマチャヅル
- ▷竹本常松 ………… 306

荒川堤の桜
- ▷小清水亀之助 …… 219
- ▷清水謙吾 ………… 261
- ▷高木孫右衛門 …… 294
- ▷船津静作 ………… 438

【い】

イグサ
- ▷中野善雄 ………… 375
- ▷三谷慶次郎 ………… 490

育種学
- ▷明峰正夫 ………… 7
- ▷禹長春 ………… 81
- ▷近藤典生 ………… 228
- ▷高橋萬右衛門 …… 300
- ▷角田重三郎 ………… 338
- ▷永井威三郎 ………… 363
- ▷長友大 ………… 372
- ▷村井菊蔵 ………… 509
- ▷森谷憲 ………… 521

育林学
- ▷猪熊泰三 ………… 69
- ▷遠山富太郎 ………… 348

池長植物研究所
- ▷池長孟 ………… 35

池の平小屋
- ▷田中正雄 ………… 321

池坊流
- ▷池坊専応 ………… 37
- ▷池坊専好(1代目) … 37
- ▷池坊専好(2代目) … 37

石井林業
- ▷石井賀孝 ………… 41

伊勢神宮
- ▷伊藤武夫 ………… 59
- ▷槌賀安平 ………… 337

伊谷草
- ▷伊谷以知二郎 …… 49

イチゴ
- ▷仁井田一郎 ………… 386
- ▷福羽逸人 ………… 432
- ▷本多藤雄 ………… 453

イチョウ
- ▷平瀬作五郎 ………… 423

遺伝育種学
- ▷中尾佐助 ………… 366

遺伝学
- ▷安藤忠彦 ………… 23
- ▷池野成一郎 ………… 36
- ▷今井喜孝 ………… 73
- ▷宇佐美正一郎 …… 91
- ▷木原均 ………… 183
- ▷木村資生 ………… 189
- ▷篠遠喜人 ………… 250
- ▷杉原美徳 ………… 278
- ▷舘岡亜緒 ………… 313
- ▷田中信徳 ………… 321
- ▷原田市太郎 ………… 415
- ▷福本日陽 ………… 433
- ▷藤井健次郎 ………… 433
- ▷松浦一 ………… 470
- ▷三宅驥一 ………… 497
- ▷宮地数千木 ………… 502
- ▷山口弥輔 ………… 534
- ▷山下孝介 ………… 537
- ▷湯浅明 ………… 547
- ▷若名英治 ………… 563

遺伝子
- ▷藤井健次郎 ………… 433

イトグサ
- ▷瀬木紀男 ………… 287

井波植物研究所
- ▷井波一雄 ………… 64

イネ
- ▷明峰正夫 ………… 7
- ▷阿部亀治 ………… 17
- ▷阿部忠三郎 ………… 19
- ▷安藤広太郎 ………… 23
- ▷石塚喜明 ………… 45
- ▷石墨慶一郎 ………… 46
- ▷磯永吉 ………… 48
- ▷伊藤音市 ………… 55
- ▷伊藤誠哉 ………… 59
- ▷井原豊 ………… 70
- ▷榎本中衛 ………… 101
- ▷佐竹利彦 ………… 238
- ▷鈴木梅太郎 ………… 280
- ▷高橋萬右衛門 …… 300
- ▷舘岡亜緒 ………… 313
- ▷田中稔 ………… 322
- ▷玉城哲 ………… 328
- ▷坪井洋文 ………… 339
- ▷長戸一雄 ………… 372
- ▷本田正次 ………… 453
- ▷盛永俊太郎 ………… 518
- ▷山口弥輔 ………… 534
- ▷山田勢三郎 ………… 538
- ▷吉田昌一 ………… 558
- ▷渡辺穎二 ………… 565

茨城クリ
- ▷八木岡新右衛門 … 523

いはら　　　　　　　　　　事項名索引　　　　　　　植物文化人物事典

茨城ハクサイ
　▷宮本行一郎 …… 504
伊吹植物園
　▷伊吹庄蔵 …… 71
イモ
　▷坪井洋文 …… 339
イモチ病
　▷伊藤誠哉 …… 59
　▷田中正三 …… 316
イヨカン
　▷三好保徳 …… 507
入谷の朝顔
　▷成田屋留次郎 …… 383
岩手植物同好会
　▷岩淵初郎 …… 78
　▷村井三郎 …… 509
岩手植物の会
　▷菊地政雄 …… 177
インゲンマメ
　▷隠元 …… 79

【 う 】

ウイルス
　▷建部到 …… 306
　▷平井篤造 …… 421
　▷三沢正生 …… 488
植木屋
　▷伊藤伊兵衛(3代目・三之丞) …… 53
　▷伊藤伊兵衛(4代目・政武) …… 54
　▷伊藤重兵衛(4代目) …… 58
　▷内山富治郎 …… 96
　▷繁亭金太 …… 249
　▷東郷彪 …… 347
　▷成田屋留次郎 …… 383
ウタコスミレ
　▷大賀歌子 …… 109
ウメ
　▷大西常右衛門 …… 120
ウルシ
　▷伊藤清三 …… 58
　▷初瀬川健増 …… 404
　▷真島利行 …… 467
温州ミカン
　▷浅野多吉 …… 11

【 え 】

エゾマツ
　▷加藤留吉(2代目) …… 158
エダマメ
　▷森屋初 …… 521
エビネ
　▷伊藤五彦 …… 52
園芸
　▷伊集院兼知 …… 48
　▷岩佐吉純 …… 76
　▷岩崎俊弥 …… 77
　▷大隈重信 …… 111
　▷門田正三 …… 159
　▷金子善一郎 …… 161
　▷木部米吉 …… 185
　▷酒井忠興 …… 233
　▷坂田武雄 …… 234
　▷島津忠重 …… 260
　▷島津忠済 …… 260
　▷志村烏嶺 …… 263
　▷関江重三郎 …… 288
　▷高田豊四郎 …… 296
　▷滝井治三郎 …… 301
　▷竹本要斎 …… 307
　▷田中孝治 …… 315
　▷辻村伊助 …… 336
　▷東郷彪 …… 347
　▷徳川圀斉 …… 351
　▷徳川秀忠 …… 352
　▷中島駒次 …… 371
　▷永田一策 …… 371
　▷永野芳夫 …… 375
　▷鍋島直孝 …… 381
　▷成田屋留次郎 …… 383
　▷フォーチュン …… 428
　▷藤井利重 …… 435
　▷前田曙山 …… 457
　▷松平定朝 …… 475
　▷真鍋左武郎 …… 483
　▷水野忠暁 …… 489
　▷水野豊造 …… 490
　▷水野元勝 …… 490
　▷宮田敏雄 …… 502
　▷郉田丹陵 …… 512
　▷八木岡新右衛門 …… 523
　▷安井小洒 …… 527
　▷山内亀叢園 …… 533
　▷吉田茂(政治家) …… 556
　▷米沢耕一 …… 560
　▷米本正 …… 560
　▷若名英治 …… 563

　▷脇坂誠 …… 564
園芸学
　▷浅平端 …… 12
　▷池田謙蔵 …… 33
　▷池田伴親 …… 34
　▷恩田鉄弥 …… 145
　▷勧修寺経雄 …… 153
　▷伊達邦宗 …… 312
　▷田村輝夫 …… 330
　▷富樫常治 …… 349
　▷簏次郎 …… 440
　▷ベーマー …… 441
　▷穂坂八郎 …… 443
　▷細川潤次郎 …… 446
　▷松崎直枝 …… 471
　▷松平康荘 …… 477
　▷横木清太郎 …… 553
園芸学(花卉)
　▷石井勇義 …… 40
　▷伊藤五彦 …… 52
　▷塚本洋太郎 …… 333
　▷丹羽鼎三 …… 395
　▷萩屋薫 …… 403
　▷宮沢文吾 …… 501
　▷安井公一 …… 525
　▷安田勲 …… 527
園芸学(果樹)
　▷浅見与七 …… 13
　▷安部熊之助 …… 18
　▷岩政正男 …… 79
　▷大垣智昭 …… 109
　▷大森熊太郎 …… 123
　▷梶浦実 …… 151
　▷菊池秋雄 …… 176
　▷菊池楯衛 …… 177
　▷熊谷八十三 …… 198
　▷谷川利善 …… 326
　▷中川新作 …… 369
　▷新津宏 …… 386
　▷福羽逸人 …… 432
　▷藤井利重 …… 435
　▷三宅忠一 …… 498
　▷桃沢匡勝 …… 515
　▷薬師寺清司 …… 524
　▷山崎利彦 …… 536
　▷渡辺淳一郎 …… 566
園芸学史
　▷小沢圭次郎 …… 136
　▷三宅忠一 …… 498
園芸学(蔬菜)
　▷青葉高 …… 4
　▷岩佐正一 …… 76
　▷江口庸雄 …… 101
　▷大泉渙 …… 105
　▷藤井健雄 …… 434
　▷本多藤雄 …… 453

612

▷村井菊蔵	509	
▷山崎肯哉	536	
▷渡辺頴二	565	
「園芸之友」		
▷前田曙山	457	
塩水選種法		
▷横井時敬	551	
「園林叢書」		
▷小沢圭次郎	136	
エンレイソウ		
▷芳賀恙	402	
▷松浦一	470	

【 お 】

応用植物生理学		
▷末松直次	273	
応用生物科学		
▷脇田正二	564	
'王林'		
▷大槻只之助	119	
'大岩五号'		
▷大岩金右衛門	106	
大賀ハス		
▷大賀一郎	107	
'大久保'		
▷大久保重五郎	110	
オオクボシダ		
▷大久保三郎	109	
大島梨		
▷関口長左衛門	288	
岡田穂		
▷岡田種雄	126	
岡村文庫		
▷岡村金太郎	128	
'置賜1号'		
▷阿部忠三郎	19	
オーシキン		
▷長尾昌己	368	
押し葉		
▷木下杢太郎	182	
▷佐藤泉	239	
▷梅寿院	402	
▷村松標左衛門	513	
押し花		
▷熊井喜和子	198	
▷渡辺禎三	567	
"小野寺ローズ"		
▷小野寺透	142	

小原流		
▷小原豊雲	143	
オリザニン		
▷鈴木梅太郎	280	
オリーブ		
▷ウェルニー	91	
音楽		
▷串田孫一	194	
▷柴田南雄	253	
▷田宮博	329	
▷牧野富太郎	461	
▷眞砂久哉	482	
▷宮沢賢治	499	
▷矢田部良吉	528	
温室培養		
▷田中延次郎	320	
温泉藻類		
▷米田勇一	560	

【 か 】

「花彙」		
▷小野蘭山	141	
▷島田充房	261	
絵画		
▷浅井図南	8	
▷跡見玉枝	17	
▷五百城文哉	30	
▷伊川鷹治	32	
▷石津博典	45	
▷伊藤若冲	57	
▷雲華	99	
▷大岡雲峰	107	
▷大窪昌章	110	
▷太田洋愛	116	
▷大野俶嵩	121	
▷岡不崩	124	
▷尾形光琳	125	
▷織田一磨	136	
▷小原雅子	144	
▷桂文治(10代目)	155	
▷加藤竹斎	157	
▷金井紫雲	159	
▷狩野探幽	162	
▷狩野常信	163	
▷狩野光信	163	
▷川崎哲也	169	
▷川浪養治	173	
▷川原慶賀	173	
▷木下杢太郎	182	
▷木村蒹葭堂	186	
▷高坂和子	212	

▷近衛家熙	223	
▷斎田雲岱	229	
▷斎藤謙綱	230	
▷佐藤広喜	243	
▷清水東谷	262	
▷シュトルム	266	
▷住吉如慶	285	
▷関根雲停	288	
▷高階隆景	295	
▷橘保国	312	
▷俵屋宗達	332	
▷辻永	335	
▷椿椿山	339	
▷寺内萬治郎	345	
▷遠山友啓	348	
▷土佐光起	357	
▷中島仰山	370	
▷中村是好	377	
▷服部雪斎	406	
▷平木政次	423	
▷福永武彦	431	
▷二口善雄	437	
▷牧野四子吉	466	
▷円山応挙	484	
▷邨田丹陵	512	
▷山田寿雄	539	
▷吉田茂(画家)	557	
▷渡部鍬太郎	566	
「廻国奇観」		
▷ケンペル	207	
▷中村惕斎	378	
海藻学		
▷新崎盛敏	21	
▷梅崎勇	97	
▷遠藤吉三郎	103	
▷岡村金太郎	128	
▷瀬川宗吉	286	
▷時田郇	350	
▷原田三夫	416	
▷三浦昭雄	485	
▷三宅驥一	497	
▷八木繁一	523	
▷山田幸男	540	
海藻発生学		
▷猪野俊平	65	
海藻分類学		
▷多湖実輝	308	
海洋植物病理学		
▷新崎盛敏	21	
街路樹		
▷市川政司	51	
▷井下清	69	
▷折下吉延	144	
▷白沢保美	271	
▷津田仙	337	

かかふ　　　　　　　　　事項名索引　　　　　　　植物文化人物事典

花芽分化
▷江口庸雄 ……… 101
加賀レンコン
▷表与兵衛 ……… 144
カキ
▷鋳方末彦 ……… 31
▷遠藤元一 ……… 103
▷櫛部国三郎 ……… 195
▷小松茂 ……… 227
▷中川新作 ……… 369
▷野中兼山 ……… 400
▷福嶌才治 ……… 430
▷藤原玉夫 ……… 437
▷松本治郎吉 ……… 481
花卉栽培
▷川名りん ……… 172
▷栗本鋤雲 ……… 201
▷間宮七郎平 ……… 484
「燕子花図」
▷尾形光琳 ……… 125
角太郎ユズ
▷椿角太郎 ……… 339
花芸安達流
▷安達瞳子 ……… 16
カザグルマ
▷吉野善介 ……… 559
火山植生
▷吉井義次 ……… 554
果樹栽培
▷菊池楯衛 ……… 177
▷桐野忠兵衛 ……… 193
▷佐々木甚蔵 ……… 237
▷森田雷死久 ……… 517
カタクリ
▷鈴木由告 ……… 285
▷森野藤助 ……… 520
学校園植物
▷田中貢一 ……… 314
合掌法
▷石渡秀雄 ……… 48
華道
▷安達潮花（1代目） ……… 16
▷安達瞳子 ……… 16
▷池田理英 ……… 35
▷池坊専応 ……… 37
▷池坊専好（1代目） ……… 37
▷池坊専好（2代目） ……… 37
▷大野典子 ……… 121
▷小原豊雲 ……… 143
▷勅使河原蒼風 ……… 343
▷藤井利重 ……… 435
▷細川潤次郎 ……… 446
▷山本静山 ……… 545

華道史
▷湯川制 ……… 550
蚊取り線香
▷上山英一郎 ……… 91
カネコシダ
▷村里保平 ……… 511
カーネーション
▷井野喜三郎 ……… 65
金行式栽培法
▷金行幾太郎 ……… 160
カビ
▷印東弘玄 ……… 80
花粉
▷上野実朗 ……… 84
▷榎本中衛 ……… 101
▷木原均 ……… 183
▷粉川昭平 ……… 218
▷嶋倉巳三郎 ……… 258
▷神保忠男 ……… 273
▷相馬寛吉 ……… 290
▷徳川義親 ……… 353
「花木真写」
▷近衛家煕 ……… 223
「画本野山草」
▷橘保国 ……… 312
'亀の尾'
▷阿部亀治 ……… 17
花明山植物園
▷竹内敬 ……… 302
カラマツ
▷浅田節夫 ……… 8
ガラモ場
▷梅崎勇 ……… 97
川越いも
▷吉田弥右衛門 ……… 558
カワゴケソウ
▷今村駿一郎 ……… 75
河田式造林法
▷河田杰 ……… 171
"考える農業"
▷大坪二市 ……… 119
柑橘
▷井田昌胖 ……… 49
▷高橋郁郎 ……… 297
▷田中彰一 ……… 316
▷田中長三郎 ……… 319
▷中村三八夫 ……… 380
▷西本チョウ ……… 392
▷宮本佐四郎 ……… 504
韓国農業科学研究所
▷禹長春 ……… 81
かんざし

▷石田竹次 ……… 46
甘藷　→サツマイモを見よ
寒地植物
▷小泉秀雄 ……… 210
寒天
▷隠元 ……… 79
漢方
▷浅田宗伯 ……… 9
▷安西安周 ……… 21
▷安藤昌益 ……… 22
▷石戸谷勉 ……… 47
▷伊東弥恵治 ……… 61
▷大塚敬節 ……… 118
▷桂川甫賢 ……… 155
▷永田徳本 ……… 372
▷三谷和合 ……… 490
▷矢数道明 ……… 522
観葉植物
▷瀬川弥太郎 ……… 287

【き】

帰化植物
▷岡島錦也 ……… 124
▷長田武正 ……… 135
▷小松崎一雄 ……… 227
▷久内清孝 ……… 419
キク
▷石川光春 ……… 42
▷上村茂 ……… 90
▷北村四郎 ……… 180
▷フォーチュン ……… 428
▷邨田丹陵 ……… 512
「菊花写生図巻」
▷住吉如慶 ……… 285
菊人形
▷長谷川美好 ……… 404
▷村瀬稔之 ……… 511
紀州シダの会
▷眞砂久哉 ……… 482
紀州ミカン
▷伊藤孫右衛門 ……… 61
木津川厚生会加賀屋病院
▷三谷和合 ……… 490
キチン
▷下田喜久三 ……… 264
「喫茶養生記」
▷栄西 ……… 99
切手
▷小倉謙 ……… 133

614

植物文化人物事典　　　事項名索引　　　こうえ

「キトロギア」
　▷藤井健次郎 ……… 433
　▷保井コノ ………… 526
　▷和田文吾 ………… 564
キナ
　▷田代安定 ………… 310
　▷三宅馨 …………… 497
キノコ類
　▷今関六也 ………… 73
　▷金行幾太郎 ……… 160
　▷川村清一 ………… 174
　▷森本彦三郎 ……… 520
奇品
　▷浅野春道 ………… 11
　▷繁亭金太 ………… 249
　▷水野忠暁 ………… 489
君が代松
　▷村田久造 ………… 512
木村理化学研究所
　▷木村彦右衛門 …… 188
キャベツ
　▷中野藤助 ………… 373
球根
　▷水野豊造 ………… 490
　▷安井公一 ………… 525
九州博物研究会
　▷原田万吉 ………… 416
キュウリ
　▷上村茂 …………… 90
　▷木島才次郎 ……… 178
　▷与口虎三郎 ……… 550
教育
　▷幸田露伴 ………… 214
　▷斎藤功太郎 ……… 229
　▷与世里盛春 ……… 559
玉露
　▷辻利右衛門 ……… 335
'巨峰'
　▷大井上康 ………… 105
巨木
　▷里見信生 ………… 245
清見ミカン
　▷岩政正男 ………… 79
銀座千疋屋
　▷斎藤義政 ………… 232
「錦繍枕」
　▷伊藤伊兵衛(3代目・三
　　之丞) …………… 53
菌類学
　▷今井三子 ………… 72
　▷今関六也 ………… 73
　▷印東弘玄 ………… 80

▷川村清一 ………… 174
▷小南清 …………… 228
▷田中長嶺 ………… 320
▷田中延次郎 ……… 320
▷服部広太郎 ……… 407
▷浜田稔 …………… 409
▷原摂祐 …………… 412
▷平塚直治 ………… 425
▷平塚直秀 ………… 425
菌類生態学
　▷草野俊助 ………… 194
菌類生理学
　▷安田篤 …………… 527

【く】

クコ
　▷脇田正二 ………… 564
草木染
　▷甲田栄佑 ………… 213
　▷後藤捷一 ………… 222
　▷村上道太郎 ……… 509
　▷山崎斌 …………… 535
草花
　▷辻永 ……………… 335
釧路湿原
　▷田中瑞穂 ………… 322
果物
　▷斎藤義政 ………… 232
クリ
　▷八木岡新右衛門 … 523
クルミ
　▷鳥羽源蔵 ………… 358
クロキヅタ
　▷野村義弘 ………… 401
クロマツ
　▷外山三郎 ………… 361
　▷平瀬作五郎 ……… 423
クロレラ
　▷柴田萬年 ………… 252
　▷田宮博 …………… 329
　▷中村浩 …………… 378
クワ
　▷鋳方貞亮 ………… 31
　▷栄西 ……………… 99
　▷鈴木梅太郎 ……… 280
　▷田口亮平 ………… 302
　▷田崎忠良 ………… 308
　▷堀田禎吉 ………… 447
クワイ

▷大熊徳太郎 ……… 112

【け】

京成バラ園芸
　▷鈴木省三 ………… 282
珪藻
　▷小林弘 …………… 225
ゲノム
　▷木原均 …………… 183
ケヤキ
　▷大賀一郎 ………… 107
「検索入門野草図鑑」
　▷長田武正 ………… 135
検索表
　▷杉本順一 ………… 278
「原色日本林業樹木図鑑」
　▷倉田悟 …………… 200
建築
　▷西岡常一 ………… 387
顕微鏡
　▷飯沼慾斎 ………… 29
　▷桂川甫周(4代目) ・ 156

【こ】

小石川御薬園
　▷岡田利左衛門 …… 127
小石川植物園
　▷伊藤圭介 ………… 55
　▷内山富治郎 ……… 96
　▷大久保三郎 ……… 109
　▷賀来飛霞 ………… 150
　▷加藤竹斎 ………… 157
　▷杉浦重剛 ………… 276
　▷早田文蔵 ………… 411
　▷室田老樹斎 ……… 514
小石川薬園
　▷木下道円 ………… 182
「広益国産考」
　▷大蔵永常 ………… 112
公園
　▷市川政司 ………… 51
　▷井下清 …………… 69
　▷上原敬二 ………… 86
　▷小沢圭次郎 ……… 136
　▷折下吉延 ………… 144

615

▷加藤誠平 157
▷阪谷芳郎 235
▷白沢保美 271
▷福羽逸人 432
▷本多静六 451

工芸
　▷石田竹次 46

'高原'
　▷原金市 412

高原野菜
　▷戸部彪平 359

光合成
　▷藤茂宏 436

考古植物学
　▷粉川昭平 218

高山植物
　▷五百城文哉 30
　▷清棲幸保 193
　▷河野齢蔵 216
　▷小島烏水 218
　▷佐伯伝蔵 233
　▷桜井半三郎 236
　▷佐竹義輔 238
　▷志村烏嶺 263
　▷城数馬 266
　▷武田久吉 304
　▷田中貢一 314
　▷田中正雄 321
　▷田辺和雄 325
　▷辻村伊助 336
　▷前田曙山 457
　▷三好学 505
　▷山川黙 533
　▷山田常雄 538

'幸水'
　▷梶浦実 151

酵素化学
　▷奥貫一男 132

酵素学
　▷三輪知雄 508

紅茶
　▷杉山彦三郎 279
　▷竹崎嘉徳 303
　▷多田元吉 311

興農論策
　▷横井時敬 551

「紅白梅図」
　▷尾形光琳 125

酵母菌
　▷柳島直彦 531

国際いけ花協会
　▷大野典子 121

国有林

▷片山正英 153

国立科学博物館
　▷中井猛之進 364

国立公園
　▷加藤誠平 157
　▷本多静六 451

'穀良都'
　▷伊藤音市 55

コケ　→蘚苔類学を見よ

"五色桜"
　▷清水謙吾 261

コシヒカリ
　▷石墨慶一郎 46

ゴショイチゴ
　▷小田常太郎 137

湖沼学
　▷神保忠男 273

壺状菌類
　▷草野俊助 194

古植物学
　▷大石三郎 105
　▷木村達明 188
　▷粉川昭平 218
　▷嶋倉巳三郎 258
　▷藤岡一男 435
　▷三木茂 486

小高園
　▷小高伊左衛門 220

「古都名木記」
　▷勧修寺経雄 153

「子供の科学」
　▷原田三夫 416

'コーネル'
　▷原金市 412

コーヒー
　▷宇田川榕庵 94
　▷仲尾権四郎 366

ゴマ
　▷小林貞作 224

駒場臘葉会
　▷大沼宏平 120

駒場薬園
　▷植村政勝 90

コムギ
　▷池田利良 34
　▷稲塚権次郎 63
　▷木原均 183
　▷坂村徹 235
　▷田中正武 321
　▷山下孝介 537

ゴム樹

▷三浦肆玖楼 485

コメ
　▷徳川吉宗 354

コヤスノキ
　▷大上宇市 106

ゴヨウザンヨウラク
　▷菊地政雄 177

五葉松
　▷小出信吉 210

'コーラル'
　▷井野喜三郎 65

コリヤナギ
　▷田尻栄太郎 309

古流松藤会
　▷池田理英 35

コルクガシ
　▷ウェルニー 91

混合農業
　▷玉利喜造 329

コンニャク
　▷中島藤右衛門 371

コンブ
　▷三宅驥一 497

【 さ 】

栽培学
　▷永井威三郎 363

栽培植物起源学
　▷田中正武 321

「栽培汎論」
　▷横井時敬 551

細胞遺伝学
　▷近藤典生 228
　▷坂村徹 235
　▷島村環 261
　▷下斗米直昌 265
　▷須藤千春 285
　▷辰野誠次 312
　▷芳賀忞 402
　▷前田威成 457
　▷三井邦男 491
　▷盛永俊太郎 518

細胞学
　▷藤井健次郎 433
　▷湯浅明 547

細胞生物学
　▷新津恒良 386

材木育種学

植物文化人物事典　　　　　　事項名索引　　　　　　　　　したる

- ▷外山三郎 ……… 361
- 採薬
  - ▷阿部将翁 ……… 18
  - ▷植村政勝 ……… 90
  - ▷小野蘭山 ……… 141
  - ▷菅江真澄 ……… 273
  - ▷丹羽正伯 ……… 394
  - ▷森野藤助 ……… 520
- サカタのタネ
  - ▷岩佐吉純 ……… 76
  - ▷金子善一郎 …… 161
  - ▷坂田武雄 ……… 234
- サキシマフヨウ
  - ▷常谷幸雄 ……… 266
- 作物育種学
  - ▷安藤広太郎 …… 23
  - ▷磯永吉 ………… 48
  - ▷田口啓作 ……… 301
  - ▷竹崎嘉徳 ……… 303
- 作物学
  - ▷榎本中衛 ……… 101
  - ▷佐藤庚 ………… 240
  - ▷田中節三郎 …… 318
  - ▷田中稔 ………… 322
  - ▷戸苅義次 ……… 350
  - ▷長戸一雄 ……… 372
  - ▷星川清親 ……… 445
- 作物生理学
  - ▷村田吉男 ……… 512
- サクラ
  - ▷跡見玉枝 ……… 17
  - ▷大井次三郎 …… 104
  - ▷大久保常吉 …… 110
  - ▷太田洋愛 ……… 116
  - ▷尾崎行雄 ……… 134
  - ▷川崎哲也 ……… 169
  - ▷久保田秀夫 …… 198
  - ▷熊谷八十三 …… 198
  - ▷小清水亀之助 … 219
  - ▷佐野藤右衛門 … 246
  - ▷清水謙吾 ……… 261
  - ▷瀬川弥太郎 …… 287
  - ▷大後美保 ……… 292
  - ▷高木孫右衛門 … 294
  - ▷高碕達之助 …… 295
  - ▷竹中義雄 ……… 305
  - ▷徳川吉宗 ……… 354
  - ▷長基健治 ……… 381
  - ▷藤野寄命 ……… 437
  - ▷船田静作 ……… 438
  - ▷室田老樹斎 …… 514
- 桜島大根
  - ▷藤山吉左衛門 … 437
- 「桜前線」
  - ▷薗部澄 ………… 291

- サクラソウ
  - ▷伊藤重兵衛(4代目) · 58
- サクランボ
  - ▷佐藤栄助 ……… 239
- ササ
  - ▷鈴木貞雄 ……… 281
  - ▷鈴木貞次郎 …… 283
  - ▷高木虎雄 ……… 294
- 'さざなみ'
  - ▷中野善雄 ……… 375
- 雑草
  - ▷織田一麿 ……… 136
  - ▷笠原安夫 ……… 151
  - ▷昭和天皇 ……… 267
  - ▷遠山友啓 ……… 348
- 札幌農学校
  - ▷遠藤吉三郎 …… 103
  - ▷クラーク ……… 199
  - ▷新島善直 ……… 385
  - ▷新渡戸稲造 …… 393
  - ▷堀誠太郎 ……… 448
  - ▷南鷹次郎 ……… 496
  - ▷宮部金吾 ……… 503
- サツマイモ
  - ▷青木昆陽 ……… 3
  - ▷下見吉十郎 …… 12
  - ▷池上太郎左衛門 · 32
  - ▷大瀬休左衛門 … 115
  - ▷川村幸八 ……… 174
  - ▷久保田尚志 …… 197
  - ▷島利兵衛 ……… 258
  - ▷陶山鈍翁 ……… 285
  - ▷種子島久基 …… 327
  - ▷徳川吉宗 ……… 354
  - ▷仲尾権四郎 …… 366
  - ▷吉田弥右衛門 … 558
- サトイモ
  - ▷柴田南雄 ……… 253
- 砂糖
  - ▷池上太郎左衛門 · 32
- サトウキビ
  - ▷落合孫右衛門 … 138
  - ▷徳川吉宗 ……… 354
  - ▷宮城鉄夫 ……… 497
- '佐藤錦'
  - ▷佐藤栄助 ……… 239
- 銹菌類
  - ▷平塚直治 ……… 425
  - ▷平塚直秀 ……… 425
- 砂防
  - ▷川村修就 ……… 175
  - ▷佐々木甚蔵 …… 237
- サボテン

- ▷伊藤芳夫 ……… 62
- ▷瀬川弥太郎 …… 287
- ▷田中芳男 ……… 324
- ▷原野喜一郎 …… 417
- ▷龍胆寺雄 ……… 562
- 狭山茶
  - ▷柳沢吉保 ……… 530
- サルノコシカケ
  - ▷今関六也 ……… 73
- 三期作
  - ▷小林貞作 ……… 224
- 蚕糸学
  - ▷堀田禎吉 ……… 447

【し】

- シイタケ
  - ▷石渡秀雄 ……… 48
  - ▷森喜作 ………… 516
- 寺院
  - ▷大下豊道 ……… 115
- 塩野義研究所
  - ▷岡西為人 ……… 127
- 「四季草花下絵和歌巻」
  - ▷俵屋宗達 ……… 332
- シクラメン
  - ▷伊藤孝重 ……… 57
- 自然科学写真連盟
  - ▷小野哲夫 ……… 138
- 史前帰化植物
  - ▷前川文夫 ……… 455
- シダ類
  - ▷伊藤洋 ………… 61
  - ▷稲田又男 ……… 63
  - ▷大谷茂 ………… 117
  - ▷緒方正資 ……… 126
  - ▷小倉謙 ………… 133
  - ▷織田一麿 ……… 136
  - ▷川村純二 ……… 174
  - ▷倉田悟 ………… 200
  - ▷黒川喬雄 ……… 203
  - ▷児玉親輔 ……… 221
  - ▷斉藤吉永 ……… 232
  - ▷佐竹健三 ……… 238
  - ▷志村義雄 ……… 264
  - ▷下沢伊八郎 …… 264
  - ▷田川基二 ……… 301
  - ▷行方富太郎 …… 382
  - ▷西田誠 ………… 389
  - ▷野津良知 ……… 400
  - ▷府川勝蔵 ……… 429

617

| しつけ | 事項名索引 | 植物文化人物事典 |

▷布藤昌一	438
▷眞砂久哉	482
▷三井邦男	491
▷百瀬静男	515
▷湯山五策	550

実験集団遺伝学
| ▷芳賀惣 | 402 |

湿原植物
| ▷田中瑞穂 | 322 |

「実際園芸」
| ▷石井勇義 | 40 |

「質問本草」
| ▷呉継志 | 208 |
| ▷村田経船 | 512 |

老舗花重
| ▷関江重三郎 | 288 |

芝
| ▷相馬孟胤 | 290 |
| ▷谷利一 | 326 |

柴田記念館
| ▷柴田桂太 | 252 |

柴田シフト
| ▷柴田和雄 | 251 |

ジベレリン
| ▷芦田譲治 | 13 |

島津賞
| ▷島津忠重 | 260 |

'清水白桃'
| ▷西岡仲一 | 387 |

ジャガイモ
▷牛島謹爾	92
▷川田龍吉	172
▷高野長英	296
▷中井清太夫	364
▷仲尾権四郎	366
▷山本昌木	546

シャクナゲ
| ▷中原源治 | 375 |
| ▷脇坂誠 | 564 |

シャクヤク
| ▷賀集久太郎 | 153 |

写真
▷秋山庄太郎	5
▷岡本東洋	130
▷尾崎喜八	134
▷小野哲夫	138
▷恩地孝四郎	146
▷鹿島清兵衛	152
▷清棲幸保	193
▷河野齢蔵	216
▷酒井忠奥	233
▷佐藤信淵	242
▷杉山吉良	278

▷薗部澄	291
▷武田久吉	304
▷谷口信一	327
▷冨成忠夫	360
▷福原信義	432
▷山川黙	533
▷山田常雄	538
▷亘理俊次	567

シャトーブリヤン
| ▷今井精三 | 73 |

楮鞭会
▷関根雲停	288
▷馬場大助	408
▷前田利保	458

「写本花段綱目」
| ▷水野元勝 | 490 |

樹医
| ▷山野忠彦 | 543 |

酒造米
| ▷山田勢三郎 | 538 |

出版
| ▷村越三千男 | 510 |

樹病学
| ▷原摂祐 | 412 |

シュミット・ライン
| ▷工藤祐舜 | 196 |

樹木
| ▷里見信生 | 245 |
| ▷西岡常一 | 387 |

樹木学
▷岡本省吾	129
▷倉田悟	200
▷林弥栄	411
▷籾山泰一	515
▷村井三郎	509
▷森邦彦	516
▷柳田由蔵	531
▷室田老樹斎	514
▷亘理俊次	567

樹木学 →植物分類学を見よ

「樹木大図説」
| ▷上原敬二 | 86 |

樹木博物学
| ▷山中寅文 | 542 |

樹木分類学
| ▷植木秀幹 | 82 |
| ▷白沢保美 | 271 |

荘川桜
| ▷高碕達之助 | 295 |

聖護院大根
| ▷田中屋喜兵衛 | 325 |

昭南植物園

| ▷郡場寛 | 217 |
| ▷徳川義親 | 353 |

ショウノウ
| ▷朝比奈泰彦 | 11 |
| ▷石館守三 | 47 |

誉百社
| ▷大河内存真 | 114 |
| ▷水谷豊文 | 488 |

ショウブ
| ▷小高伊左衛門 | 220 |

生薬
| ▷丹沢善利(1代目) | 333 |

生薬学
▷伊沢一男	39
▷刈米達夫	166
▷木村雄四郎	190
▷木島正夫	223
▷清水藤太郎	262
▷高橋真太郎	298
▷竹本常松	306
▷田中治	314
▷萩庭丈寿	402
▷藤田路一	436

照葉樹林文化論
| ▷中尾佐助 | 366 |

植医
| ▷堀正太郎 | 448 |

植生学
| ▷鈴木時夫 | 283 |
| ▷遠山三樹夫 | 349 |

食虫植物
| ▷田島政人 | 309 |

植物育種学 →育種学を見よ

植物遺体
| ▷三木茂 | 486 |

植物遺伝学 →遺伝学を見よ

植物栄養生理学
| ▷尾形昭逸 | 125 |

植物園
▷石川格	41
▷伊吹庄蔵	71
▷郡場寛	217
▷竹内敬	302
▷田中信徳	321
▷徳川義親	353
▷平田駒太郎	424
▷麓次郎	440
▷本田正次	453
▷松崎直枝	471

植物画
▷五百城文哉	30
▷大岡雲峰	107
▷大窪昌章	110

▷太田洋愛	116	
▷岡不崩	124	
▷小原雅子	144	
▷加藤竹斎	157	
▷川崎哲也	169	
▷川原慶賀	173	
▷木村兼葭堂	186	
▷近衛家熈	223	
▷斎藤謙綱	230	
▷佐藤広喜	243	
▷清水東谷	262	
▷鈴木兵二	284	
▷関根雲停	288	
▷高階隆景	295	
▷橘保国	312	
▷寺内萬治郎	345	
▷寺崎留吉	345	
▷土佐光起	357	
▷中島仰山	370	
▷平木政次	423	
▷二口善雄	437	
▷牧野四子吉	466	
▷円山応挙	484	
▷山田寿雄	539	
▷渡部鍬太郎	566	

植物解剖学
　▷井上隆吉　　69

植物学
　▷伊藤圭介　　55
　▷伊藤譲　　62
　▷小野職愨　140
　▷斎田功太郎　229
　▷染谷徳五郎　292
　▷デーダーライン　344
　▷寺崎留吉　345
　▷林孝三　410
　▷日比野信一　420
　▷牧野富太郎　461
　▷松原新之助　479
　▷三宅驥一　497
　▷ライト　561

植物学史
　▷木村陽二郎　191

「植物学雑誌」
　▷田中延次郎　320
　▷染谷徳五郎　292
　▷牧野富太郎　461

植物化石
　▷大石三郎　105
　▷木村達明　188
　▷粉川昭平　218
　▷今野円蔵　229

植物気候
　▷佐藤和韓鶉　244

植物群落

▷中野治房	374	
▷門司正三	522	
▷吉岡邦二	554	

植物形態学
　▷井上隆吉　　69
　▷植田利喜造　84
　▷上野実朗　84
　▷菅谷貞男　275
　▷竹内正幸　303
　▷新津恒良　386
　▷浜健夫　409
　▷原襄　414
　▷藤田哲夫　436
　▷百瀬静男　515
　▷渡辺清次　566
　▷亘理俊次　567

植物系統学　→植物分類学を見よ

植物系統進化分布学　→植物分類学を見よ

植物研究
　▷大沼宏平　120
　▷奥山春季　133
　▷久保田秀夫　198
　▷桜井半三郎　236
　▷志村烏嶺　263
　▷須川長之助　276
　▷鈴木由告　285
　▷田代善太郎　309
　▷浜栄助　409
　▷檜山庫三　421
　▷平田駒太郎　424
　▷フォリー　428
　▷古瀬義　441
　▷松村義敏　481
　▷村松七郎　513
　▷矢野佐　531

植物研究（愛知）
　▷恒川敏雄　338
　▷鳥居喜一　362
　▷名倉閭一郎　381

植物研究（青森）
　▷木梨延太郎　182
　▷郡場ふみ子　217

植物研究（秋田）
　▷小林新　224
　▷古家儀八郎　228
　▷松田孫治　474
　▷山嵩一海　541

植物研究（奄美大島）
　▷大庭季景　122
　▷神谷辰三郎　164
　▷フーリエ　441

植物研究（石川）

▷市村塘	52	
▷里見信生	245	

植物研究（伊豆諸島）
　▷常谷幸雄　266
　▷林憲　410

植物研究（伊豆半島）
　▷平野日出雄　426

植物研究（茨城）
　▷鶴町猷　343

植物研究（岩手）
　▷岩淵初郎　　78
　▷小水内長太郎　227
　▷笹村祥二　237
　▷鳥羽源蔵　358
　▷村井三郎　509

植物研究（愛媛）
　▷芥川鑑二　　7
　▷越智一男　138
　▷佐藤清明　240
　▷長沢利英　370
　▷八木繁一　523
　▷山下幸平　538
　▷山本四郎　545

植物研究（大分）
　▷伊東金士　　55

植物研究（小笠原）
　▷岡部正義　128
　▷小林純子　224
　▷高宮篤　300
　▷西村茂次　390

植物研究（岡山）
　▷佐藤清明　240
　▷西原礼之助　390
　▷吉野善介　559

植物研究（沖縄）
　▷天野鉄夫　　20
　▷ウォーカー　　91
　▷金城三郎　160
　▷黒岩恒　203
　▷坂口総一郎　234
　▷鈴木重良　282
　▷園原咲也　291
　▷平良芳久　293
　▷高嶺英言　300
　▷田代安定　310
　▷多和田真淳　332
　▷内藤喬　363
　▷仲宗根善守　371
　▷中野与右衛門　374
　▷福山伯明　433
　▷御江久夫　487
　▷宮城鉄夫　497
　▷与世里盛春　559

植物研究（尾瀬）

619

しょく

事項名索引　植物文化人物事典

▷武田久吉 ………… 304
▷星大吉 …………… 444
植物研究（香川）
　▷八代田貫一郎 …… 525
　▷和気俊郎 ………… 564
植物研究（鹿児島）
　▷川村純二 ………… 174
　▷土井美夫 ………… 347
　▷細山田良康 ……… 447
植物研究（神奈川）
　▷大谷茂 …………… 117
　▷久保田金蔵 ……… 197
　▷松野重太郎 ……… 478
　▷籾山泰一 ………… 515
植物研究（樺太）
　▷工藤祐舜 ………… 196
　▷小松春三 ………… 227
　▷菅原繁蔵 ………… 276
　▷中原源治 ………… 375
植物研究（関東地方）
　▷小祝三郎 ………… 211
　▷小松崎一雄 ……… 227
　▷篠崎信四郎 ……… 249
　▷長沢光男 ………… 370
植物研究（岐阜）
　▷吉永悦郷 ………… 558
植物研究（九州地方）
　▷山崎又雄 ………… 536
　▷山城学 …………… 538
植物研究（京都）
　▷荒木英一 …………   21
　▷高木虎雄 ………… 294
　▷竹内敬 …………… 302
　▷永井かな ………… 364
　▷堀川富弥 ………… 450
植物研究（霧ケ峰）
　▷飛田広 …………… 359
植物研究（近畿地方）
　▷木梨延太郎 ……… 182
　▷堀勝 ……………… 449
植物研究（熊本）
　▷荒尾宏 ……………   20
　▷上妻博之 ………… 212
　▷前原勘次郎 ……… 459
植物研究（高知）
　▷赤澤時之 …………   4
　▷上村登 …………… 164
　▷山中二男 ………… 542
　▷吉永虎馬 ………… 558
　▷吉永悦郷 ………… 558
植物研究（佐賀）
　▷山下幸平 ………… 538
「植物研究雑誌」

▷朝比奈泰彦 ………   11
▷津村重舎（1代目）・ 340
▷牧野富太郎 ……… 461
植物研究（佐渡）
　▷北見秀夫 ………… 179
植物研究（滋賀）
　▷橋本忠太郎 ……… 403
植物研究（四国地方）
　▷余吾一角 ………… 551
植物研究（台湾）
　▷金平亮三 ………… 162
　▷川上滝弥 ………… 167
　▷工藤祐舜 ………… 196
　▷佐々木伊八郎 …… 237
　▷下沢伊八郎 ……… 264
　▷鈴木重隆 ………… 281
　▷鈴木重良 ………… 282
　▷相馬禎三郎 ……… 291
　▷田代安定 ………… 310
　▷中原源治 ………… 375
　▷早田文蔵 ………… 411
　▷山本由松 ………… 547
植物研究（種子島）
　▷大内山茂樹 ……… 107
植物研究（千葉）
　▷浅田貞夫 …………   10
　▷斉藤吉永 ………… 232
　▷与世里盛春 ……… 559
植物研究（中国）
　▷石戸谷勉 …………   47
　▷佐藤潤平 ………… 241
　▷松田定久 ………… 474
　▷御江久夫 ………… 487
　▷矢部吉禎 ………… 532
植物研究（中部地方）
　▷小祝三郎 ………… 211
植物研究（朝鮮）
　▷石戸谷勉 …………   47
　▷斉藤龍本 ………… 231
　▷中井猛之進 ……… 364
　▷花房義質 ………… 408
植物研究（対馬）
　▷原友一郎 ………… 415
植物研究（東京）
　▷飯泉優 ……………   25
植物研究（東北地方）
　▷菊地政雄 ………… 177
　▷村井三郎 ………… 509
植物研究（徳島）
　▷阿部近一 …………   18
　▷伊延敏行 …………   70
植物研究（栃木）
　▷秋元末吉 …………   4

▷渋佐信雄 ………… 254
▷関本平八 ………… 289
▷森谷憲 …………… 521
植物研究（鳥取）
　▷生駒義博 …………   38
植物研究（富山）
　▷御旅屋太作 ……… 138
　▷進野久五郎 ……… 272
植物研究（長崎）
　▷梅田倫平 …………   97
　▷千葉常三郎 ……… 333
　▷外山三郎 ………… 361
　▷村里保平 ………… 511
植物研究（長野）
　▷奥原弘人 ………… 132
　▷矢沢米三郎 ……… 524
　▷山崎林治 ………… 537
　▷横内斎 …………… 553
植物研究（奈良）
　▷岡本勇治 ………… 130
植物研究（新潟）
　▷池上義信 …………   33
　▷真保一輔 ………… 272
　▷中村正雄 ………… 379
　▷吉川純幹 ………… 555
植物研究（日本）
　▷サバチェ ………… 247
　▷ビュルガー ……… 421
　▷フランシェ ……… 440
　▷ボアジエ ………… 443
　▷マキシモヴィッチ・ 460
　▷ミクェル ………… 487
　▷ワールブルグ …… 567
植物研究（箱根）
　▷沢田武太郎 ……… 248
　▷松浦茂寿 ………… 468
植物研究（兵庫）
　▷稲田又男 …………   63
　▷大上宇市 ………… 106
　▷建部恵潤 ………… 313
　▷樋口繁一 ………… 419
　▷山鳥吉五郎 ……… 541
植物研究（広島）
　▷高木哲雄 ………… 294
　▷土井美夫 ………… 347
植物研究（福岡）
　▷合屋武城 ………… 216
　▷杉野辰雄 ………… 278
　▷竹内亮 …………… 306
　▷立石敏雄 ………… 313
　▷中島一男 ………… 370
　▷鍋島与市 ………… 382
　▷吉岡重夫 ………… 555
植物研究（福島）

▷小林勝	…………	225
▷鈴木貞次郎	…………	283
▷根本莞爾	…………	398
▷星大吉	…………	444

植物研究(富士山)
▷梅村甚太郎	…………	98

植物研究(米国)
▷河越重紀	…………	169

植物研究(北海道)
▷工藤祐舜	…………	196
▷桑原義晴	…………	206
▷徳淵永治郎	…………	355
▷原松次	…………	415
▷松浦茂四郎	…………	468
▷柳田由蔵	…………	531
▷山本岩亀	…………	544

植物研究(満州)
▷石戸谷勉	…………	47
▷稲荷山資生	…………	64
▷榎本中衛	…………	101
▷大賀一郎	…………	107
▷岡西為人	…………	127
▷折下吉延	…………	144
▷北川政夫	…………	179
▷小林義雄	…………	226
▷佐藤潤平	…………	241
▷清水大典	…………	261
▷竹内亮	…………	306
▷谷川利善	…………	326
▷中井猛之進	…………	364
▷西村真琴	…………	391
▷本田正次	…………	453
▷松田孫治	…………	474
▷矢部吉禎	…………	532
▷山蔦一海	…………	541

植物研究(三重)
▷伊藤武夫	…………	59
▷黒川喬雄	…………	203
▷槌賀安平	…………	337
▷孫福正	…………	466
▷矢頭献一	…………	529

植物研究(ミクロネシア)
▷河越重紀	…………	169

植物研究(宮城)
▷緒方松蔵	…………	126

植物研究(宮崎)
▷平田正一	…………	424

植物研究(武蔵野)
▷中島定雄	…………	371
▷牧野晩成	…………	465

植物研究(メキシコ)
▷松田英二	…………	472

植物研究(屋久島)
▷正宗厳敬	…………	467

植物研究(山形)
▷佐藤泉	…………	239
▷長沢利英	…………	370
▷結城嘉美	…………	549

植物研究(山口)
▷岡国夫	…………	123
▷小田常太郎	…………	137
▷加藤元助	…………	159
▷合屋武城	…………	216
▷二階重楼	…………	387

植物研究(和歌山)
▷宇井縫蔵	…………	82
▷小川由一	…………	131
▷後藤伸	…………	222
▷坂口総一郎	…………	234
▷眞砂久哉	…………	482
▷南方熊楠	…………	492

植物採集
▷冨樫誠	…………	349

植物細胞遺伝学
▷稲荷山資生	…………	64
▷小野知夫	…………	139
▷小野記彦	…………	139
▷香川冬夫	…………	149
▷竹中要	…………	305
▷西山市三	…………	392

植物細胞学
▷石川光春	…………	42
▷桑田義備	…………	206
▷杉浦寅之助	…………	277
▷田原正人	…………	328
▷中村三八夫	…………	380
▷保井コノ	…………	526
▷山口清三郎	…………	534
▷山羽儀兵	…………	543
▷和田文吾	…………	564

植物細胞生理学
▷小島均	…………	219

植物色素
▷黒田チカ	…………	205
▷林孝三	…………	410

植物趣味の会
▷松村義敏	…………	481

植物進化学 →植物分類学を見よ

植物図鑑
▷牧野富太郎	…………	461
▷村越三千男	…………	510

植物生化学
▷大槻虎男	…………	119

植物生態学
▷木村允	…………	189
▷郡場寛	…………	217

▷佐伯敏郎	…………	233
▷佐藤和韓鶚	…………	244
▷神保忠男	…………	273
▷田辺和雄	…………	325
▷中西哲	…………	373
▷永野巌	…………	373
▷中野治房	…………	374
▷畠山伊佐男	…………	404
▷宝月欣二	…………	443
▷細川隆英	…………	446
▷門司正三	…………	522
▷矢野悟道	…………	532
▷山中二男	…………	542
▷山本光男	…………	547
▷吉井義次	…………	554

植物生理化学
▷柴田桂太	…………	252
▷田宮博	…………	329
▷服部静夫	…………	405
▷薬師寺英次郎	…………	524

植物生理学
▷芦田譲治	…………	13
▷麻生慶次郎	…………	15
▷飯島隆志	…………	25
▷今村駿一郎	…………	75
▷宇佐美正一郎	…………	91
▷太田安定	…………	116
▷大野直枝	…………	121
▷恩田経介	…………	145
▷賀来章輔	…………	150
▷神谷宣郎	…………	165
▷倉石晋	…………	198
▷纐纈理一郎	…………	211
▷郡場寛	…………	217
▷国分寛	…………	218
▷小清水卓二	…………	220
▷小林万寿男	…………	225
▷坂村徹	…………	235
▷柴田萬年	…………	252
▷下郡山正巳	…………	264
▷高田英夫	…………	296
▷高宮篤	…………	300
▷田口亮平	…………	302
▷建部到	…………	306
▷千葉保胤	…………	333
▷長尾昌之	…………	368
▷長松篤棐	…………	376
▷西田晃二郎	…………	389
▷塙順	…………	408
▷福田八十楠	…………	430
▷藤茂宏	…………	436
▷三好学	…………	505
▷三輪知雄	…………	508
▷柳島直彦	…………	531
▷八巻敏雄	…………	533
▷山根銀五郎	…………	542

しょく　　　　　　　　　　事項名索引　　　　　　　　　植物文化人物事典

植物生理生態学
　▷田崎忠良 ………… 308
植物代謝生理学
　▷石倉成行 ………… 44
植物地理学
　▷北村四郎 ………… 180
　▷小泉源一 ………… 209
　▷小泉秀雄 ………… 210
　▷豊国秀夫 ………… 362
　▷吉岡邦二 ………… 554
植物同好じねんじょ会
　▷池上義信 ………… 33
植物病理学
　▷明日山秀文 ……… 15
　▷鋳方末彦 ………… 31
　▷今井三子 ………… 72
　▷岩田吉人 ………… 78
　▷宇井格生 ………… 81
　▷桂樟蹊子 ………… 154
　▷沢田兼吉 ………… 248
　▷常谷幸雄 ………… 266
　▷白井光太郎 ……… 269
　▷田中彰一 ………… 316
　▷田中正三 ………… 316
　▷谷利一 …………… 326
　▷栃内吉彦 ………… 357
　▷中田覚五郎 ……… 372
　▷西村正暘 ………… 391
　▷原摂祐 …………… 412
　▷樋浦誠 …………… 418
　▷日高醇 …………… 419
　▷日野巌 …………… 420
　▷平井篤造 ………… 421
　▷平田正一 ………… 424
　▷福士貞吉 ………… 430
　▷逸見武雄 ………… 442
　▷堀正太郎 ………… 448
　▷三沢正生 ………… 488
　▷宮部金吾 ………… 503
　▷山本昌木 ………… 546
植物文化史
　▷北村四郎 ………… 180
　▷春山行夫 ………… 417
　▷松田修 …………… 473
植物分類学
　▷秋山茂雄 ………… 4
　▷池野成一郎 ……… 36
　▷井上健 …………… 67
　▷大井次三郎 ……… 104
　▷岡本省吾 ………… 129
　▷川崎次男 ………… 169
　▷北川政夫 ………… 179
　▷北村四郎 ………… 180
　▷木村有香 ………… 185
　▷木村陽二郎 ……… 191

　▷倉田悟 …………… 200
　▷グレイ …………… 203
　▷小泉源一 ………… 209
　▷常谷幸雄 ………… 266
　▷杉本順一 ………… 278
　▷鈴木貞雄 ………… 281
　▷鈴木時夫 ………… 283
　▷田川基二 ………… 301
　▷田中長三郎 ……… 319
　▷津山尚 …………… 341
　▷豊国秀夫 ………… 362
　▷中井猛之進 ……… 364
　▷西田誠 …………… 389
　▷林弥栄 …………… 411
　▷早田文藏 ………… 411
　▷原寛 ……………… 414
　▷久内清孝 ………… 419
　▷平瀬作五郎 ……… 423
　▷堀川芳雄 ………… 450
　▷本田正次 ………… 453
　▷マキシモヴィッチ・460
　▷松村任三 ………… 479
　▷ミクェル ………… 487
　▷水島正美 ………… 488
　▷村井三郎 ………… 509
　▷室井老樹斎 ……… 514
　▷籾山泰一 ………… 515
　▷百瀬静男 ………… 515
　▷森邦彦 …………… 516
　▷矢田部良吉 ……… 528
　▷柳田由蔵 ………… 531
　▷山崎敬 …………… 536
　▷亘理俊次 ………… 567
植物分類地理学
　▷堀川富弥 ………… 450
植物ホルモン
　▷長尾昌之 ………… 368
　▷八巻敏雄 ………… 533
植物民俗学
　▷宇都宮貞子 ……… 96
　▷倉田悟 …………… 200
　▷日野巌 …………… 420
　▷前川文夫 ………… 455
　▷南方熊楠 ………… 492
植物薬品化学
　▷川崎敏男 ………… 170
植紋
　▷広江美之助 ……… 426
植林
　▷阿部与之助 ……… 19
　▷井部栄範 ………… 71
　▷シュトルム ……… 266
　▷鈴木丙馬 ………… 284
　▷竹腰徳蔵(1代目) … 303
　▷野呂武左衛門 …… 402

　▷守屋富太郎 ……… 521
除虫菊
　▷上山英一郎 ……… 91
　▷三好保徳 ………… 507
　▷村上勘兵衛 ……… 509
「庶物類纂」
　▷丹羽正伯 ………… 394
　▷前田綱紀 ………… 458
白神山地
　▷三上希次 ………… 486
シラビソ
　▷木村允 …………… 189
次郎柿
　▷松本治郎吉 ……… 481
新エングラー体系
　▷エングラー ……… 102
進化生物学
　▷今堀宏三 ………… 74
「新校正本草綱目」
　▷稲生若水 ………… 66
森林医学
　▷今関六也 ………… 73
森林学
　▷高橋延清 ………… 298
　▷本多静六 ………… 451
森林経営学
　▷大内幸雄 ………… 107
森林経理学
　▷谷口信一 ………… 327
　▷右田半四郎 ……… 487
森林植生学　→植生学を見よ
森林生態学
　▷伊谷純一郎 ……… 49
　▷薄井宏 …………… 93
　▷館脇操 …………… 313
森林土壌学
　▷大政正隆 ………… 122
森林保護学
　▷新島善直 ………… 385
　▷沼田大学 ………… 396
森林浴
　▷神山恵三 ………… 166
森林利用学
　▷加藤誠平 ………… 157

【　す　】

水産学
　▷伊谷以知二郎 …… 49

植物文化人物事典　　　事項名索引　　　　そうる

▷松原新之助 ……… 479
水産講習所
　▷岡村金太郎 ……… 128
水産植物学
　▷犬丸愨 …………… 65
　▷遠藤吉三郎 ……… 103
水生植物
　▷大滝末男 ………… 117
スイバ
　▷小野知夫 ………… 139
水分経済
　▷福田八十楠 ……… 430
スギ
　▷土倉庄三郎 ……… 356
　▷松下仙蔵 ………… 472
スゲ
　▷秋山茂雄 ………… 4
　▷大井次三郎 ……… 104
　▷吉川純幹 ………… 555
炭やきの会
　▷岸本定吉 ………… 179
スミレ
　▷大賀歌子 ………… 109
　▷竹内亮 …………… 306
　▷浜栄助 …………… 409
　▷宮地数千木 ……… 502
スモモ
　▷八代田貫一郎 …… 525

【 せ 】

「成形図説」
　▷白尾国柱 ………… 271
　▷曽占春 …………… 289
聖書
　▷石川武彦 ………… 42
生盛薬館
　▷丹沢善利(1代目) … 333
生態学
　▷沼田真 …………… 396
　▷三好学 …………… 505
生態系学
　▷依田恭二 ………… 559
生物海洋学
　▷市村俊英 ………… 52
生物化学
　▷柴田和雄 ………… 251
　▷田中正三 ………… 316
生物学

▷坂口総一郎 ……… 234
▷中村浩 …………… 378
▷横木清太郎 ……… 553
生物学御研究所
　▷昭和天皇 ………… 267
製薬化学
　▷三宅馨 …………… 497
西洋果樹
　▷菊池楯衛 ………… 177
世界遺産
　▷沼田真 …………… 396
　▷三上希次 ………… 486
　▷南方熊楠 ………… 492
「尺素往来」
　▷一条兼良 ………… 51
石炭
　▷保井コノ ………… 526
セリ
　▷広江美之助 ……… 426
セロリ
　▷原金市 …………… 412
前衛いけ花
　▷小原豊雲 ………… 143
尖閣列島
　▷黒岩恒 …………… 203
染色
　▷山崎斌 …………… 535
染色体
　▷桑田義備 ………… 206
　▷篠遠喜人 ………… 250
仙台白菜
　▷沼倉吉兵衛 ……… 395
蘚苔類学
　▷飯柴永吉 ………… 25
　▷井上覚 …………… 67
　▷井上浩 …………… 68
　▷岡村周諦 ………… 129
　▷長田武正 ………… 135
　▷上村登 …………… 164
　▷笹岡久彦 ………… 237
　▷白井光太郎 ……… 269
　▷鈴木兵二 ………… 284
　▷辰野誠次 ………… 312
　▷柘植千嘉衛 ……… 334
　▷槌賀安平 ………… 337
　▷永野巌 …………… 373
　▷野口彰 …………… 399
　▷服部新佐 ………… 405
　▷堀川芳雄 ………… 450
　▷孫福正 …………… 466
　▷南方熊楠 ………… 492
　▷安田篤 …………… 527
蘚類エキシカータ

▷笹岡久彦 ………… 237

【 そ 】

造園
　▷佐野藤右衛門 …… 246
　▷瀬川経郎 ………… 286
造園学
　▷石川格 …………… 41
　▷井下清 …………… 69
　▷上原敬二 ………… 86
　▷小沢圭次郎 ……… 136
　▷折下吉延 ………… 144
　▷丹羽鼎三 ………… 395
　▷林弥栄 …………… 411
　▷明道博 …………… 504
早期全面緑化方式
　▷倉田益二郎 ……… 201
草月流
　▷勅使河原蒼風 …… 343
捜査植物学
　▷広江美之助 ……… 426
草地学
　▷尾形昭逸 ………… 125
　▷川瀬勇 …………… 170
「草木奇品家雅見」
　▷繁亭金太 ………… 249
「草木誌」
　▷野呂元丈 ………… 401
「草木図説」
　▷飯沼慾斎 ………… 29
造林学
　▷浅田節夫 ………… 8
　▷伊藤悦夫 ………… 54
　▷薄井宏 …………… 93
　▷金平亮三 ………… 162
　▷白沢保美 ………… 271
　▷中村賢太郎 ……… 377
　▷長谷川孝三 ……… 404
藻類学
　▷小林弘 …………… 225
　▷瀬木紀男 ………… 287
　▷田中剛 …………… 319
　▷時田郇 …………… 350
　▷野村義弘 ………… 401
　▷平野実 …………… 426
　▷広瀬弘幸 ………… 427
　▷南方熊楠 ………… 492
　▷山田幸男 ………… 540
　▷米田勇一 ………… 560
　▷渡辺篤 …………… 565

623

藻類系統学　→藻類学を見よ	'立駱駝'	▷明恵 …………… 504
藻類栽培学	▷二見庄兵衛 …… 438	茶花
▷三浦昭雄 ………… 485	タテヤマアザミ	▷安達瞳子 ………… 16
促成栽培	▷御旅屋太作 …… 138	▷奥山春季 ………… 133
▷中島駒次 ………… 371	タヌキノショクダイ	中立説対淘汰説論争
▷穂坂八郎 ………… 443	▷阿部近一 ………… 18	▷木村資生 ………… 189
▷真家信太郎 ……… 455	タヌキモ	チューリップ
ソテツ	▷田島政人 ………… 309	▷黒田長溥 ………… 205
▷池野成一郎 ……… 36	タネナシスイカ	▷進野久五郎 ……… 272
▷佐竹利彦 ………… 238	▷近藤典生 ………… 228	▷水野豊造 ………… 490
ソバ	タバコ	'長十郎'
▷高野長英 ………… 296	▷日高醇 …………… 419	▷当麻辰次郎 ……… 347
▷長友大 …………… 372	タバコ病害	チョウセンアサガオ
ソメイヨシノ	▷鶴田章逸 ………… 342	▷華岡青洲 ………… 407
▷川崎哲也 ………… 169	多摩川ナシ	チョウノスケソウ
▷藤野寄命 ………… 437	▷川島佐次右衛門(2代目) …… 170	▷須川長之助 ……… 276
【た】	タマネギ	【つ】
	▷今井伊太郎 ……… 71	
	▷今井佐次平 ……… 71	
	▷中村磯吉 ………… 376	
耐寒作物	多磨霊園	通仙散
▷玉利喜造 ………… 329	▷井下清 …………… 69	▷華岡青洲 ………… 407
ダイコン	ダリア	'つがる'
▷鹿島安太郎 ……… 152	▷原田万吉 ………… 416	▷後沢憲志 ………… 92
▷田中屋喜兵衛 …… 325	段階変異	ツツジ
▷原善助 …………… 413	▷植村利夫 ………… 90	▷伊藤伊兵衛(3代目・三之丞) …… 53
▷藤山吉左衛門 …… 437	男爵芋	▷小松春三 ………… 227
大豆	▷川田龍吉 ………… 172	▷田村輝夫 ………… 330
▷真家信太郎 ……… 455	淡水藻類　→藻類学を見よ	鼓藻
「泰西植物学者諸氏に告ぐ」	炭疽病菌	▷平野実 …………… 426
▷矢田部良吉 ……… 528	▷逸見武雄 ………… 442	ツバキ
台湾大学院		▷安達瞳子 ………… 16
▷山本由松 ………… 547		▷安楽庵策伝 ……… 24
台湾博物館	【ち】	▷石井勇義 ………… 40
▷川上滝弥 ………… 167		▷岡田種雄 ………… 126
高倉大根		▷津山尚 …………… 341
▷原善助 …………… 413	地衣類	▷徳川秀忠 ………… 352
高松塚古墳	▷朝比奈泰彦 ……… 11	▷萩屋薫 …………… 403
▷江本義数 ………… 102	▷佐藤正己 ………… 243	ツムラ
タキイ種苗	チトクローム	▷津村重舎(1代目) ・ 340
▷滝井治三郎 ……… 301	▷奥貫一男 ………… 132	▷津村重舎(2代目) ・ 341
タケ	チベット	ツユクサ
▷浅井図南 ………… 8	▷河口慧海 ………… 168	▷福本日陽 ………… 433
▷上田弘一郎 ……… 82	茶	ツレサギソウ
▷雲華 ……………… 99	▷栄西 ……………… 99	▷井上健 …………… 67
▷鈴木貞雄 ………… 281	▷杉山彦三郎 ……… 279	
武田薬品	▷竹崎嘉徳 ………… 303	
▷三宅馨 …………… 497	▷多田元吉 ………… 311	
ダダチャマメ	▷辻利右衛門 ……… 335	
▷森屋初 …………… 521	▷フォーチュン …… 428	

【て】

庭園
▷大下豊道 ……… 115
▷佐原鞠塢 ……… 247
▷丹羽鼎三 ……… 395
帝国駒場農園
▷田中貢一 ……… 314
'デラウェア'
▷雨宮竹輔 ……… 20
「寺崎日本植物図譜」
▷寺崎留吉 ……… 345
寺田芋
▷島利兵衛 ……… 258
テングサ
▷瀬木紀男 ……… 287
▷田村又吉 ……… 331
テンサイ
▷河辺敬太郎 ……… 174
電照菊
▷上村茂 ……… 90
テンナンショウ
▷岸田松若 ……… 178
天然記念物
▷川村清一 ……… 174
▷進野久五郎 ……… 272
▷三好学 ……… 505
天然物化学
▷久保田尚志 ……… 197
天然物有機化学
▷勝井信勝 ……… 154
天然林
▷新島善直 ……… 385

【と】

糖業
▷池上太郎左衛門 …… 32
▷新渡戸稲造 ……… 393
東京医学校
▷クラマー ……… 201
「東京大学小石川植物園草木図説」
▷加藤竹斎 ……… 157
東京盆養法

▷市川政司 ……… 51
東大寺
▷藤田路一 ……… 436
冬虫夏草
▷小林義雄 ……… 226
▷清水大典 ……… 261
トガクシショウマ
▷伊藤篤太郎 ……… 60
▷マキシモヴィッチ ……… 460
▷矢沢米三郎 ……… 524
▷山蔦一海 ……… 541
トキワマンサク
▷荒尾宏 ……… 20
徳川生物学研究所
▷徳川義親 ……… 353
徳川林政史研究所
▷徳川義親 ……… 353
▷所三男 ……… 356
毒草
▷石川元助 ……… 43
ドクダミ
▷三宅驥一 ……… 497
篤農
▷下見吉十郎 ……… 12
▷大坪二市 ……… 119
▷田中屋喜兵衛 ……… 325
▷田村又吉 ……… 331
▷中村喜時 ……… 380
▷船津伝次平 ……… 439
▷与口虎三郎 ……… 550
土佐植物研究会
▷赤澤時之 ……… 4
土壌微生物学
▷岡田要之助 ……… 127
土壌肥料学
▷麻生慶次郎 ……… 15
▷石塚喜明 ……… 45
「ドドネウス和蘭本草書」
▷松平定信 ……… 476
'土用蜜桃'
▷長尾円澄 ……… 366
'とよのか'
▷本多藤雄 ……… 453
渡来植物
▷松崎直枝 ……… 471
'トラオイネ'
▷毛利虎雄 ……… 514
トリカブト
▷勝井信勝 ……… 154
▷白井光太郎 ……… 269

【な】

ナシ
▷梶浦実 ……… 151
▷川島佐次右衛門(2代目) ……… 170
▷北脇永治 ……… 181
▷関口長左衛門 ……… 288
▷高田豊四郎 ……… 296
▷当麻辰次郎 ……… 347
▷西村正暘 ……… 391
▷松戸覚之助 ……… 478
▷桃沢匡勝 ……… 515
▷森田雷死久 ……… 517
▷渡瀬寅次郎 ……… 565
ナシ黒斑病
▷西村正暘 ……… 391
ナショナルトラスト運動
▷後藤伸 ……… 222
▷外山八郎 ……… 362
ナス
▷福本日陽 ……… 433
ナチュラリスト
▷足田輝一 ……… 14
夏ミカン
▷西本チョウ ……… 392
▷三好保徳 ……… 507
ナデシコ
▷鍋島直孝 ……… 381
▷水島正美 ……… 488
ナラタケ
▷浜田稔 ……… 409
縄手の模木論争
▷山崎林治 ……… 537
ナンジャモンジャゴケ
▷服部新佐 ……… 405
南洋材
▷貴島恒夫 ……… 178
南陽社
▷堀内仙右衛門 ……… 449

【に】

「新潟県植物分布図集」
▷池上義信 ……… 33
'二十世紀'

にっこ　　　　　　　　　　事項名索引　　　　　　　　　植物文化人物事典

　▷北脇永治 ………… 181
　▷松戸覚之助 ……… 478
　▷桃沢匡勝 ………… 515
　▷渡瀬寅次郎 ……… 565
日光イチゴ
　▷仁井田一郎 ……… 386
「日光高山植物写生図」
　▷五百城文哉 ……… 30
日光杉並木
　▷薄井宏 …………… 93
　▷鈴木丙馬 ………… 284
日光分園
　▷城数馬 …………… 266
日本園芸
　▷池田成功 ………… 33
「日本化学総覧」
　▷真島利行 ………… 467
「日本菌類誌」
　▷伊藤誠哉 ………… 59
「日本誌」
　▷ケンペル ………… 207
日本シダの会
　▷倉田悟 …………… 200
　▷行方富太郎 ……… 382
「日本羊歯類図集」
　▷緒方正資 ………… 126
「日本植物誌」
　▷大井次三郎 ……… 104
「日本植物総覧」
　▷根本莞爾 ………… 398
日本植物友の会
　▷飯泉優 …………… 25
　▷本田正次 ………… 453
　▷松田修 …………… 473
「日本植物名彙」
　▷松村任三 ………… 479
「日本博物学史」
　▷上野益三 ………… 85
「日本博物学年表」
　▷白井光太郎 ……… 269
「日本野生植物目録」
　▷サバチェ ………… 247
ニンジン
　▷田村藍水 ………… 331

【ぬ】

ヌクレアーゼ
　▷安藤忠彦 ………… 23

【ね】

ネコノメソウ
　▷須藤千春 ………… 285
熱帯植物
　▷阿部喜任 ………… 19
　▷井坂宇吉 ………… 38
　▷大内山茂樹 ……… 107
　▷金平亮三 ………… 162
　▷木村亘 …………… 192
　▷酒井忠興 ………… 233
　▷佐々木舜一 ……… 237
　▷瀬川弥太郎 ……… 287
　▷田代安定 ………… 310
　▷ミクェル ………… 487
熱帯農林業
　▷田代安定 ………… 310
ネーブル
　▷堀内仙右衛門 …… 449
練馬大根
　▷鹿島安太郎 ……… 152
粘菌　→変形菌を見よ

【の】

農学
　▷禹長春 …………… 81
　▷大蔵永常 ………… 112
　▷岡田要之助 ……… 127
　▷菊池理一 ………… 178
　▷クラーク ………… 199
　▷黒岩恒 …………… 203
　▷河野禎造 ………… 216
　▷伊達邦宗 ………… 312
　▷玉利喜造 ………… 329
　▷津田仙 …………… 337
　▷中村喜時 ………… 380
　▷並河功 …………… 382
　▷野沢重雄 ………… 399
　▷堀誠太郎 ………… 448
　▷松平康荘 ………… 477
　▷三浦肆玖楼 ……… 485
　▷南鷹次郎 ………… 496
　▷宮崎安貞 ………… 498
　▷宮沢賢治 ………… 499
　▷横井時敬 ………… 551
　▷吉田昌一 ………… 558
農業

　▷市川幸吉 ………… 50
　▷井原豊 …………… 70
　▷梅原寛重 ………… 98
　▷大熊徳太郎 ……… 112
　▷太田紋助 ………… 115
　▷加賀屋伝蔵 ……… 149
　▷上坂伝次 ………… 212
　▷種子島久基 ……… 327
　▷富樫常治 ………… 349
　▷原善助 …………… 413
　▷真家信太郎 ……… 455
　▷毛利虎雄 ………… 514
　▷渡辺慶次郎 ……… 566
農業気象学
　▷大後美保 ………… 292
農業経済学
　▷飯沼二郎 ………… 27
　▷石川武彦 ………… 42
　▷玉城哲 …………… 328
農業史（古代）
　▷鋳方貞亮 ………… 31
「農業全書」
　▷宮崎安貞 ………… 498
農芸化学
　▷飯島隆志 ………… 25
　▷中川久知 ………… 369
農耕文化
　▷坪井洋文 ………… 339
農政
　▷青木昆陽 ………… 3
　▷安部熊之助 ……… 18
　▷石黒忠篤 ………… 44
　▷陶山鈍翁 ………… 285
　▷戸部彪平 ………… 359
　▷新渡戸稲造 ……… 393
　▷野中兼山 ………… 400
農本主義
　▷石黒忠篤 ………… 44
農薬
　▷香月繁孝 ………… 154
'農林10号'
　▷稲塚権次郎 ……… 63
農林番号
　▷安藤広太郎 ……… 23
野沢菜
　▷晃天園瑞 ………… 215
'のぞみ'
　▷小野寺透 ………… 142
ノーベル賞
　▷稲塚権次郎 ……… 63
　▷田中正三 ………… 316
海苔
　▷岡研介 …………… 124

▷新崎盛敏 ……… 21
▷三浦昭雄 ……… 485

【 は 】

「梅園百花画譜」
　▷毛利梅園 ……… 514
「馬医草紙」
　▷高階隆景 ……… 295
パイナップル
　▷阿部喜任 ……… 19
ハイビスカス
　▷常谷幸雄 ……… 266
ハイポニカ
　▷野沢重雄 ……… 399
ハイルリソウ
　▷井波一雄 ……… 64
ハギ
　▷横山潤 ……… 553
ハクサイ
　▷沼倉吉兵衛 ……… 395
　▷宮本行一郎 ……… 504
　▷渡辺顕二 ……… 565
「白山記」
　▷畔田翠山 ……… 204
'白桃'
　▷大久保重五郎 ……… 110
博物画
　▷大岡雲峰 ……… 107
　▷大窪昌章 ……… 110
　▷加藤竹斎 ……… 157
　▷斎田雲岱 ……… 229
　▷島田充房 ……… 261
　▷中島仰山 ……… 370
　▷服部雪斎 ……… 406
　▷牧野貞幹 ……… 460
　▷松平頼恭 ……… 477
　▷毛利梅園 ……… 514
博物学
　▷市河三喜 ……… 50
　▷今井貞吉 ……… 72
　▷シーボルト ……… 255
　▷田中芳男 ……… 324
　▷ツュンベルク ……… 342
　▷寺島良安 ……… 346
　▷鳥羽源蔵 ……… 358
　▷中村惕斎 ……… 378
　▷中村正雄 ……… 379
　▷平賀源内 ……… 422
　▷牧野貞幹 ……… 460
　▷松平頼恭 ……… 477

▷松森胤保 ……… 481
博物学史
　▷上野益三 ……… 85
　▷白井光太郎 ……… 269
　▷盛永俊太郎 ……… 518
　▷吉川芳秋 ……… 556
ハス
　▷大賀一郎 ……… 107
ハゼ
　▷内野東庵 ……… 96
　▷大蔵永常 ……… 112
　▷田尻清五郎(3代目) ……… 309
服部植物研究所
　▷服部新佐 ……… 405
服部緑地サボテン公園
　▷原野喜一郎 ……… 417
花
　▷大野俶嵩 ……… 121
　▷田中澄江 ……… 317
　▷松田修 ……… 473
「花」(田宮虎彦)
　▷川名りん ……… 172
花御所柿
　▷遠藤元一 ……… 103
ハナショウブ
　▷市川政司 ……… 51
　▷冨野耕治 ……… 361
　▷松平定朝 ……… 475
ハナツルボラン
　▷岡島錦也 ……… 124
バナナ
　▷阿部喜任 ……… 19
　▷木村亘 ……… 192
花の会
　▷秋山庄太郎 ……… 5
ハナノキ
　▷名倉閭一郎 ……… 381
花の前線
　▷大野義輝 ……… 122
「花の文化史」
　▷春山行夫 ……… 417
花の輪運動
　▷土井脩司 ……… 346
花屋敷
　▷山本金蔵 ……… 544
ハマオモト線
　▷小清水卓二 ……… 220
破門草
　▷伊藤篤太郎 ……… 60
バラ
　▷大隈重信 ……… 111

▷小野寺透 ……… 142
▷賀集久太郎 ……… 153
▷クラマー ……… 201
▷小島利徳 ……… 219
▷鈴木省三 ……… 282
▷吉田茂(政治家) ……… 556
ハンザキ
　▷生駒義博 ……… 38
阪神植物同好会
　▷池長孟 ……… 35
ハンセン病
　▷石館守三 ……… 47
ハンノキ
　▷猪熊泰三 ……… 69
　▷村井三郎 ……… 509

【 ひ 】

比較器官学
　▷前川文夫 ……… 455
東山植物園
　▷石川格 ……… 41
ヒガンバナ
　▷稲荷山資生 ……… 64
「ヒコビア」
　▷鈴木兵二 ……… 284
　▷堀川芳雄 ……… 450
微生物学
　▷小南清 ……… 228
　▷斎藤賢道 ……… 231
ビタミン
　▷鈴木梅太郎 ……… 280
ビート
　▷河辺敬太郎 ……… 174
日の丸ミカン
　▷大家百次郎 ……… 104
ヒマワリ
　▷吉田茂(画家) ……… 557
「百椿集」
　▷安楽庵策伝 ……… 24
百名山
　▷田中澄江 ……… 317
ヒヤシンス
　▷黒田長溥 ……… 205
「百花譜」
　▷木下杢太郎 ……… 182
屏風山
　▷野呂武左衛門 ……… 402
ひらかた大菊人形

▷長谷川美好	………	404
▷村瀬稔之	…………	511

平田植物園
▷平田駒太郎	………	424

肥料学
▷三井進午	…………	491

'広島1号'
▷三谷慶次郎	………	490

【 ふ 】

ファレノプシス
▷岩崎俊弥	…………	77

フィトンチッド
▷神山恵三	…………	166

福羽イチゴ
▷福羽逸人	…………	432

'ふじ'
▷斎藤昌美	…………	232
▷新津宏	……………	386
▷村元政雄	…………	513
▷森英男	……………	516

フジザクラ
▷湯山五策	…………	550

富士山
▷遠山三樹夫	………	349

物産学
▷田中芳男	…………	324

ブドウ
▷雨宮竹輔	…………	20
▷今井精一	…………	73
▷入江静加	…………	75
▷岩野貞雄	…………	78
▷大井上康	…………	105
▷大森熊太郎	………	123
▷神谷伝蔵	…………	165
▷川上善兵衛(6代目)		167
▷ハム	……………	410

フノリ
▷岡研介	……………	124

'富有'
▷福嶌才治	…………	430

プランクトン
▷金子健太郎	………	161

プラントハンター
▷冨樫誠	……………	349

プリンスメロン
▷坂田武雄	…………	234

フルクレア

▷松田英二	…………	472

文学
▷足田輝一	…………	14
▷井口樹生	…………	32
▷石川林四郎	………	43
▷市河三喜	…………	50
▷宇都宮貞子	………	96
▷尾崎喜八	…………	134
▷木下杢太郎	………	182
▷串田孫一	…………	194
▷幸田文	……………	212
▷幸田露伴	…………	214
▷小島烏水	…………	218
▷佐藤達夫	…………	241
▷多田智満子	………	311
▷田中澄江	…………	317
▷永井かな	…………	364
▷中平解	……………	376
▷行方富太郎	………	382
▷西洞院時慶	………	390
▷春山行夫	…………	417
▷福永武彦	…………	431
▷古川久	……………	441
▷宮沢賢治	…………	499
▷宮地数千木	………	502
▷三好学	……………	505
▷森田雷死久	………	517
▷安井小洒	…………	527
▷矢田部良吉	………	528
▷龍胆寺雄	…………	562

文学(万葉集)
▷岡不崩	……………	124
▷小清水卓二	………	220
▷広江美之助	………	426
▷山田孝雄	…………	540
▷若浜汐子	…………	563

【 へ 】

平安四竹
▷浅井図南	…………	8

ペチュニア
▷坂田武雄	…………	234

ペニシリン
▷小南清	……………	228

ベニバナ
▷黒田チカ	…………	205
▷高橋忠助	…………	298

への字型イナ作
▷井原豊	……………	70

'ベリーA'
▷川上善兵衛(6代目)		167

変形菌
▷朝比奈泰彦	………	11
▷上松蓊	……………	89
▷江本義数	…………	102
▷香月繁孝	…………	154
▷菊池理一	…………	178
▷小畔四郎	…………	209
▷小林義雄	…………	226
▷佐藤清明	…………	240
▷沢田兼吉	…………	248
▷昭和天皇	…………	267
▷田中延次郎	………	320
▷鶴協章逸	…………	342
▷中川九一	…………	368
▷服部広太郎	………	407
▷原摂祐	……………	412
▷平沼大三郎	………	426
▷南方熊楠	…………	492
▷南方文枝	…………	496
▷宮武省三	…………	502
▷安田篤	……………	527

【 ほ 】

蓬莱米
▷磯永吉	……………	48

法隆寺
▷江本義数	…………	102

牧草
▷川瀬勇	……………	170

保護
▷佐伯伝蔵	…………	233
▷佐竹義輔	…………	238
▷白井光太郎	………	269
▷高碕達之助	………	295
▷高橋延清	…………	298
▷田島政人	…………	309
▷立石敏雄	…………	313
▷田中剛	……………	319
▷田中正雄	…………	321
▷田中瑞穂	…………	322
▷種子島久基	………	327
▷徳川宗敬	…………	352
▷飛田広	……………	359
▷外山八郎	…………	362
▷沼田真	……………	396
▷畠山清二	…………	404
▷三上希次	…………	486
▷南方熊楠	…………	492
▷三好学	……………	505
▷毛藤勤治	…………	514
▷矢頭献一	…………	529
▷山崎林治	…………	537

▷山根銀五郎	542	
▷山野忠彦	543	
▷吉岡邦二	554	

ホシクサ
▷佐竹義輔 …… 238

細川線
▷細川隆英 …… 446

「菩多尼訶経」
▷宇田川榕菴 …… 94

ボタニカルアート →植物画を見よ

北海道
▷松浦武四郎 …… 468

ホモノ
▷大井次三郎 …… 104

堀切菖蒲園
▷小高伊左衛門 …… 220

盆栽
▷大隈重信 …… 111
▷桂文治(10代目) ‥ 155
▷加藤留吉(2代目) ‥ 158
▷加藤秀男 …… 158
▷金井紫雲 …… 159
▷木部米吉 …… 185
▷小出信吉 …… 210
▷冨田守彦 …… 359
▷中村是好 …… 377
▷宮沢文吾 …… 501
▷村田久造 …… 512
▷吉田茂(政治家) ‥ 556
▷吉村鋭治 …… 559

ポンジュース
▷桐野忠兵衛 …… 193

本草学
▷浅井図南 …… 8
▷浅野春道 …… 11
▷阿部将翁 …… 18
▷阿部喜任 …… 19
▷飯沼慾斎 …… 29
▷井坂宇吉 …… 38
▷伊沢蘭軒 …… 39
▷伊藤圭介 …… 55
▷伊藤篤太郎 …… 60
▷乾純水 …… 65
▷稲生若水 …… 66
▷岩崎灌園 …… 76
▷植村政勝 …… 90
▷宇田川玄真 …… 93
▷宇田川玄随 …… 94
▷宇田川榕菴 …… 94
▷梅村甚太郎 …… 98
▷江馬元益 …… 102
▷大窪昌章 …… 110
▷大河内存真 …… 114

▷岡田松之助 …… 126
▷岡西為人 …… 127
▷小野職孝 …… 140
▷小野蘭山 …… 141
▷小原春造(1代目) ‥ 143
▷貝原益軒 …… 147
▷賀来飛霞 …… 150
▷桂川甫賢 …… 155
▷木村蒹葭堂 …… 186
▷栗本鋤雲 …… 201
▷栗本瑞見 …… 202
▷畔田翠山 …… 204
▷黒田長溥 …… 205
▷呉継志 …… 208
▷後藤梨春 …… 223
▷斎田雲岱 …… 229
▷佐藤信淵 …… 242
▷渋江長伯 …… 254
▷島津重豪 …… 259
▷島田充房 …… 261
▷白尾国柱 …… 271
▷菅江真澄 …… 273
▷曽占春 …… 289
▷田村藍水 …… 331
▷徳川家康 …… 351
▷徳川吉宗 …… 354
▷中川淳庵 …… 368
▷永田徳本 …… 372
▷西村広休 …… 391
▷丹羽正伯 …… 394
▷野呂元丈 …… 401
▷平井海蔵 …… 421
▷平賀源内 …… 422
▷平田景順 …… 424
▷深根輔仁 …… 429
▷帆足万里 …… 442
▷細川重賢 …… 445
▷堀田正敦 …… 447
▷前田綱紀 …… 458
▷松浦武四郎 …… 468
▷松岡恕庵 …… 471
▷松平君山 …… 474
▷松平定信 …… 476
▷曲直瀬道三(1代目) ‥ 482
▷水谷豊文 …… 488
▷宮崎安貞 …… 498
▷向井元升 …… 508
▷村田経黼 …… 512
▷森野藤助 …… 520
▷柳沢吉保 …… 530
▷山本渓愚 …… 544
▷山本亡羊 …… 545
▷李時珍 …… 561

本草学史
▷日野巌 …… 420
▷吉川芳秋 …… 556

「本草綱目」
▷李時珍 …… 561

「本草綱目啓蒙」
▷小野蘭山 …… 141

「本草図」
▷黒田長溥 …… 205

「本草図彙」
▷江馬元益 …… 102

「本草図説」
▷高木春山 …… 293

「本草図譜」
▷岩崎灌園 …… 76

「本草正譌」
▷松平君山 …… 474

「本草和名」
▷深根輔仁 …… 429

【ま】

マイコプラズマ
▷明日山秀文 …… 15

牧野コレクション
▷檜山庫三 …… 421

「牧野日本植物図鑑」
▷牧野富太郎 …… 461

マグサイサイ賞
▷遠山正瑛 …… 348

麻酔薬
▷華岡青洲 …… 407

'マスカット・オブ・アレキサンドリア'
▷入江静加 …… 75

マツ
▷浅田節夫 …… 8
▷植木秀幹 …… 82
▷加藤留吉(2代目) ‥ 158
▷川村修就 …… 175
▷館脇操 …… 313
▷外山三郎 …… 361
▷平瀬作五郎 …… 423

'松下1号'
▷松下仙蔵 …… 472

マッシュルーム
▷森本彦三郎 …… 520

マツタケ
▷金行幾太郎 …… 160
▷浜田稔 …… 409

マメ
▷隠元 …… 79

豆盆栽
　▷中村是好 ……… 377
マリモ
　▷川上滝弥 ……… 167
　▷黒木宗尚 ……… 204
　▷西村真琴 ……… 391
　▷山田幸男 ……… 540
円山派
　▷円山応挙 ……… 484
蔓青園
　▷加藤留吉（2代目）・ 158
　▷加藤秀男 ……… 158
万葉植物
　▷井口樹生 ……… 32
　▷岡不崩 ………… 124
　▷小清水卓二 …… 220
　▷広江美之助 …… 426
　▷堀勝 …………… 449
　▷松田修 ………… 473
　▷山田孝雄 ……… 540
　▷若浜汐子 ……… 563
万葉染め
　▷村上道太郎 …… 509

【み】

三浦大根
　▷鹿島安太郎 …… 152
三重博物学会
　▷岡田松之助 …… 126
ミカン
　▷浅野多吉 ……… 11
　▷安部熊之助 …… 18
　▷井田昌胖 ……… 49
　▷伊藤孫右衛門 … 61
　▷井山憲太郎 …… 75
　▷岩政正男 ……… 79
　▷上山英一郎 …… 91
　▷内野東庵 ……… 96
　▷大家百次郎 …… 104
　▷大岩金右衛門 … 106
　▷大垣智昭 ……… 109
　▷小幡高政 ……… 142
　▷高橋郁郎 ……… 297
　▷田中諭一郎 …… 323
　▷田村又吉 ……… 331
　▷徳川頼宣 ……… 355
　▷野中兼山 ……… 400
　▷堀内仙右衛門 … 449
　▷宮本佐四郎 …… 504
　▷薬師寺清示 …… 524
水草

　▷大滝末男 ……… 117
　▷小松崎一雄 …… 227
　▷原田市太郎 …… 415
水気耕栽培法
　▷野沢重雄 ……… 399
ミズゴケ
　▷鈴木兵二 ……… 284
'ミスターコジマ'
　▷小島利徳 ……… 219
三田育種場
　▷池田謙蔵 ……… 33
ミツマタ
　▷内田平四郎 …… 96
　▷恒石熊次 ……… 338
緑の革命
　▷稲塚権次郎 …… 63
　▷吉田昌一 ……… 558
みどりの日
　▷昭和天皇 ……… 267
'みやざきおおつぶ'
　▷長友大 ………… 372
宮部線
　▷宮部金吾 ……… 503
'御吉野'
　▷冨野耕治 ……… 361
民俗学
　▷日野巌 ………… 420
　▷南方熊楠 ……… 492
民族植物学
　▷石川元助 ……… 43
　▷中尾佐助 ……… 366
民族薬物学
　▷難波恒雄 ……… 383

【む】

ムギ
　▷香川冬夫 ……… 149
向島百花園
　▷佐原鞠塢 ……… 247
ムニンビャクダン
　▷岡部正義 ……… 128

【め】

メグスリノキ

　▷山中寅文 ……… 542
メタセコイア
　▷三木茂 ………… 486
メルシャン
　▷麻井宇介 ……… 7

【も】

木材学
　▷貴島恒夫 ……… 178
　▷デュポン ……… 344
木質腐朽菌類
　▷逸見武雄 ……… 442
木籍簿
　▷石井賀孝 ……… 41
木炭
　▷岸本定吉 ……… 179
　▷眞砂久哉 ……… 482
木本類
　▷恩田経介 ……… 145
門司・佐伯の式
　▷佐伯敏郎 ……… 233
　▷門司正三 ……… 522
モミジ
　▷伊藤伊兵衛（4代目・政武）………… 54
モモ
　▷大久保重五郎 … 110
　▷長尾円澄 ……… 366
　▷西岡伸一 ……… 387
モーリッシュ反応
　▷モーリッシュ … 518
森野旧薬園
　▷森野藤助 ……… 520

【や】

薬園
　▷上田三平 ……… 83
　▷植村政勝 ……… 90
　▷岡田利左衛門 … 127
　▷小原春造（1代目）・ 143
　▷木下道円 ……… 182
　▷栗本鋤雲 ……… 201
　▷徳川吉宗 ……… 354
　▷丹羽正伯 ……… 394
　▷森野藤助 ……… 520

薬学
　▷朝比奈泰彦 ………… 11
　▷石館守三 …………… 47
　▷落合英二 ………… 138
　▷木村彦右衛門 …… 188
　▷高良斎 …………… 211
　▷下山順一郎 ……… 265
　▷竹本常松 ………… 306
　▷田中冶 …………… 314
　▷藤田路一 ………… 436

薬史学
　▷木村雄四郎 ……… 190
　▷高橋真太郎 ……… 298

屋久島
　▷山根銀五郎 ……… 542

薬用植物
　▷伊沢一男 ………… 39
　▷上松翁 …………… 89
　▷梅村甚太郎 ……… 98
　▷金城三郎 ………… 160
　▷岸田松若 ………… 178
　▷木村康一 ………… 187
　▷木島正夫 ………… 223
　▷佐藤潤平 ………… 241
　▷清水藤太郎 ……… 262
　▷下山順一郎 ……… 265
　▷田中孝治 ………… 315
　▷長基健治 ………… 381
　▷難波恒雄 ………… 383
　▷布藤昌一 ………… 438
　▷森野藤助 ………… 520

野菜作り
　▷大泉滉 …………… 105

ヤシ
　▷佐竹利彦 ………… 238
　▷武内才吉 ………… 306

ヤナギ
　▷木村有香 ………… 185
　▷相馬寛吉 ………… 290

'やぶきた'
　▷杉山彦三郎 ……… 279

山形県60万トン米づくり運動
　▷阿部忠三郎 ……… 19

'山田錦'
　▷山田勢三郎 ……… 538

ヤマトグサ
　▷大久保三郎 ……… 109
　▷牧野富太郎 ……… 461

「大和本草」
　▷貝原益軒 ………… 147

山村御流
　▷山本静山 ………… 545

【ゆ】

有機化学
　▷久保田尚志 ……… 197
　▷小松茂 …………… 227
　▷真島利行 ………… 467

有機合成化学
　▷落合英二 ………… 138

有用植物
　▷豊島恕清 ………… 362

ユズ
　▷椿角太郎 ………… 339

ユリ
　▷明道博 …………… 504

【よ】

養液栽培
　▷山崎肯哉 ………… 536

洋菜
　▷イング …………… 79

横浜シダの会
　▷府川勝蔵 ………… 429

横浜植物会
　▷大谷茂 …………… 117
　▷松野重太郎 ……… 478

吉川標本
　▷吉川純幹 ………… 555

吉野スギ
　▷土倉庄三郎 ……… 356

米本賞
　▷米本正 …………… 560

【ら】

ラッカセイ
　▷二見庄兵衛 ……… 438
　▷毛利虎雄 ………… 514
　▷渡辺慶次郎 ……… 566

ラン
　▷池田成功 ………… 33
　▷伊集院兼知 ……… 48
　▷井上健 …………… 67
　▷岩崎俊弥 ………… 77
　▷雲華 ……………… 99
　▷加賀正太郎 ……… 148
　▷桂文治(10代目) … 155
　▷門田正三 ………… 159
　▷後藤兼吉 ………… 221
　▷小林純子 ………… 224
　▷島津忠重 ………… 260
　▷相馬孟胤 ………… 290
　▷徳川圀斉 ………… 351
　▷永田一策 ………… 371
　▷永野芳夫 ………… 375
　▷浜田稔 …………… 409
　▷福山伯明 ………… 433
　▷真鍋左武郎 ……… 483
　▷宮田敏雄 ………… 502
　▷米沢耕一 ………… 560
　▷米本正 …………… 560
　▷渡辺禎三 ………… 567

蘭学
　▷シーボルト ……… 255
　▷高野長英 ………… 296
　▷野呂元丈 ………… 401
　▷堀田正敦 ………… 447

「蘭花譜」
　▷岡本東洋 ………… 130
　▷加賀正太郎 ……… 148
　▷後藤兼吉 ………… 221

蘭方
　▷岡研介 …………… 124
　▷桂川甫賢 ………… 155
　▷桂川甫周(4代目) … 156
　▷高良斎 …………… 211
　▷中川淳庵 ………… 368

【り】

六義園
　▷柳沢吉保 ………… 530

陸水生物学
　▷上野益三 ………… 85

「両羽博物図譜」
　▷松森胤保 ………… 481

緑化
　▷阪谷芳郎 ………… 235
　▷高橋延清 ………… 298
　▷遠山正瑛 ………… 348
　▷徳川宗敬 ………… 352
　▷毛藤勤治 ………… 514

緑化工学
　▷倉田益二郎 ……… 201

林学

▷大政正隆	122	
▷鏑木徳二	163	
▷河田杰	171	
▷岸本定吉	179	
▷迫静男	236	
▷白沢保美	271	
▷鈴木丙馬	284	
▷高橋延清	298	
▷外山三郎	361	
▷中村賢太郎	377	
▷新島善直	385	
▷長谷川孝三	404	
▷林弥栄	411	
▷右田半四郎	487	

林業
- ▷井坂直幹 …… 38
- ▷石井賀孝 …… 41
- ▷井部栄範 …… 71
- ▷永田藤兵衛 …… 101
- ▷片山正英 …… 153
- ▷加藤誠平 …… 157
- ▷田島直之 …… 308
- ▷田部長右衛門(21代目) …… 326
- ▷土井八郎兵衛 …… 347
- ▷徳川圀斉 …… 351
- ▷徳川宗敬 …… 352
- ▷土倉庄三郎 …… 356
- ▷豊島恕清 …… 362
- ▷萩原角左衛門 …… 403
- ▷松下仙蔵 …… 472
- ▷松波秀実 …… 478
- ▷盛田達三 …… 517

林業史

- ▷所三男 …… 356
- ▷鳥羽正雄 …… 358

リンゴ
- ▷イング …… 79
- ▷後沢憲志 …… 92
- ▷大槻只之助 …… 119
- ▷菊池楯衛 …… 177
- ▷楠美冬次郎 …… 195
- ▷斎藤昌美 …… 232
- ▷佐藤弥六 …… 244
- ▷佐野楽翁 …… 246
- ▷島善鄰 …… 257
- ▷相馬貞一 …… 290
- ▷竹嶋儀助 …… 304
- ▷対馬竹五郎 …… 336
- ▷椿角太郎 …… 339
- ▷外崎嘉七 …… 358
- ▷新津宏 …… 386
- ▷藤原玉夫 …… 437
- ▷村元政雄 …… 513
- ▷森英男 …… 516
- ▷山崎利彦 …… 536

林政
- ▷大崎六郎 …… 115
- ▷兼岩芳夫 …… 160
- ▷川瀬善太郎 …… 171
- ▷中村弥六 …… 380

【れ】

'レッド・スター'

- ▷八代田貫一郎 …… 525

レッドデータブック
- ▷井上健 …… 67
- ▷沼田真 …… 396

レンゲ
- ▷上坂伝次 …… 212

レンコン
- ▷表与兵衛 …… 144

【ろ】

老農
- ▷船津伝次平 …… 439

【わ】

ワイン
- ▷麻井宇介 …… 7
- ▷今井精三 …… 73
- ▷岩野貞雄 …… 78
- ▷神谷伝蔵 …… 165
- ▷川上善兵衛(6代目) …… 167
- ▷ハム …… 410

「和漢三才図会」
- ▷寺島良安 …… 346

和漢薬
- ▷津村重舎(2代目) …… 341

編者略歴

大場 秀章（おおば・ひであき）

1943年、東京生まれ。1970年東北大学理学部助手、73年東京大学総合研究資料館助手、78年同理学部助手、講師を経て、81年同総合研究資料館助教授、96年同総合研究博物館教授。2006年東京大学名誉教授、同総合研究博物館特任研究員。専門は植物分類学、植物文化史。
　主な著書に「秘境・崑崙を行く －極限の植物を求めて－」（岩波書店、1989年）、「植物学と植物画」（八坂書房、1996年）、「バラの誕生－技術と文化の高貴なる結合－」（中央公論社、1997年）、「江戸の植物学」（東京大学出版会、1997年）、「ヒマラヤを越えた花々」（岩波書店、1999年）、「サラダ野菜の植物史」（新潮社、2004年）、「ヒマラヤの青いケシ」（山と渓谷社、2006年）、「花の肖像」（創土社、2006年）、「大場秀章著作選集、I, II」（八坂書房、2006・07年）などがある。

植物文化人物事典
─江戸から近現代・植物に魅せられた人々

2007年4月25日　第1刷発行

編　集／大場秀章
発行者／大髙利夫
発　行／日外アソシエーツ株式会社
　〒143-8550 東京都大田区大森北1-23-8 第3下川ビル
　電話(03)3763-5241(代表)　FAX(03)3764-0845
　URL　http://www.nichigai.co.jp/

電算漢字処理／日外アソシエーツ株式会社
印刷・製本／光写真印刷株式会社

©Hideaki Ohba　2007
不許複製・禁無断転載　　　　　《中性紙三菱クリームエレガ使用》
〈落丁・乱丁本はお取り替えいたします〉
ISBN978-4-8169-2026-4　　　　Printed in Japan, 2007

200種類以上の図鑑に掲載された図版・写真の総索引

図鑑レファレンス事典シリーズ

ハーブから熱帯植物まで27,220種を収録
植物レファレンス事典
A5・1,380頁　定価40,950円（本体39,000円）　2004.1刊

11,610種の動物（哺乳類・鳥類・爬虫類・両生類）を収録
動物レファレンス事典
A5・930頁　定価45,150円（本体43,000円）　2004.6刊

魚類・貝類からサンゴ・ヒトデ・クラゲまで20,982種を収録
魚類レファレンス事典
A5・1,350頁　定価45,150円（本体43,000円）　2004.12刊

チョウ・トンボ・甲虫・クモなど25,916種収録
昆虫レファレンス事典
A5・1,480頁　定価45,150円（本体43,000円）　2005.5刊

図鑑・学術書から実用書・エッセイ・児童書まで12,060点の図書を収録
動物・植物の本全情報 1999-2003
A5・760頁　定価29,400円（本体28,000円）　2004.10刊

地球・自然環境全般から気象、地質、鉱物まで7,456点の図書を収録
地球・自然環境の本全情報 1999-2003
A5・690頁　定価29,400円（本体28,000円）　2004.8刊

●お問い合わせ・資料請求は…　データベースカンパニー　日外アソシエーツ
〒143-8550　東京都大田区大森北1-23-8
TEL. (03)3763-5241　FAX. (03)3764-0845
http://www.nichigai.co.jp/